Landschaft – Region – Identität

Siedlungsforschung
Archäologie – Geschichte – Geographie 39, 2022

Siedlungsforschung

Archäologie – Geschichte – Geographie 39, 2022

Die 47. internationale Tagung des Arbeitskreises für historische Kulturlandschaftsforschung in Mitteleuropa e.V. (ARKUM) ist für den 15. bis 18. September 2021 in Leinefelde-Worbis und Heilbad Heiligenstadt im Eichsfeld zum Thema „Landschaft – Region – Identität" geplant. Sie wird in Zusammenarbeit mit der Hochschule für angewandte Wissenschaft und Kunst (HAWK Göttingen), Professur für Regionalmanagement und regionale Geographie, und dem HVE Eichsfeld Touristik e.V. durchgeführt.

Landschaft – Region – Identität

Winfried Schenk zum 65. Geburtstag

Für den Arbeitskreis für historische Kulturlandschaftsforschung in Mitteleuropa ARKUM e. V. herausgegeben von Haik Thomas Porada, Ulrich Harteisen, Matthias Hardt, Andreas Dix und Ute Wardenga

Mit Beiträgen der Jahrestagung 2021 in Leinefelde-Worbis und Heilbad Heiligenstadt im Eichsfeld

wbg Academic

Die Deutsche Nationalbibliothek verzeichnet diese Publikation in der Deutschen Nationalbibliographie; detaillierte bibliographische Daten sind im Internet über http://dnd.d-nb.de abrufbar

wbg Academic ist ein Imprint der wbg

Die Herausgabe des Werkes wurde durch die Vereinsmitglieder der wbg ermöglicht.
Herausgeber und Redaktion: Prof. Dr. Haik Thomas Porada, Abt. Theorie, Methodik und Geschichte der Geographie, Leibniz-Institut für Länderkunde e.V. – Schongauerstraße 9, D-04328 Leipzig. Tel. 0341-60055146, E-Mail: h_porada@leibniz-ifl.de

Satz und eBook: Satzweiss.com Print, Web, Software GmbH

Umschlagabbildung: Die zu Christi Himmelfahrt stattfindende Männerwallfahrt zum Klüschen Hagis bei Wachstedt im Eichsfeld wurde 1957 als mutige Glaubensbekundung unter den kirchenfeindlichen äußeren Bedingungen in der DDR begründet. Mit mehreren tausend Menschen, die, wie hier am 30. Mai 2019, aus dem gesamten Eichsfeld und darüber hinaus in das bewaldete Tal strömen, an dessen Grund die mittelalterliche Kapelle steht, ist sie auch heute noch ein bemerkenswertes Zeugnis für eine ausgeprägte regionale Identität (Foto: Haik Thomas Porada).

Gedruckt auf säurefreiem und alterungsbeständigem Papier
Printed in Germany

Für die Mitglieder des Arbeitskreises für historische Kulturlandschaftsforschung in Mitteleuropa (ARKUM e. V.) ist der Bezugspreis im Jahresbeitrag enthalten. Nähere Informationen zu ARKUM unter: https://www.kulturlandschaft.org

ISBN 978-3-534-40582-4

Elektronisch ist folgende Ausgabe erhältlich:
eBook (PDF): 978-3-534-40584-8

Inhalt

Die Zukunft der Vergangenheit

Allgemeiner Teil

Siedlungsforschung. Archäologie – Geschichte – Geographie 39, 2021, S. 11–28

Winfried Schenk zum 65. Geburtstag

Andreas Dix, Jan-Erik Steinkrüger und Klaus-Dieter Kleefeld

Als langjährige Mitarbeiter und Kollegen von *Winfried Schenk* haben wir uns vorgenommen, anlässlich seines Ausscheidens aus dem aktiven Hochschuldienst mit jeweils eigenen Perspektiven auf sein Werk zurückzublicken. Natürlich verbindet sich dies mit vielen persönlichen Begegnungen, Diskussionen, mit gemeinsam besuchten Tagungen, Exkursionen und nicht zuletzt durchstandenen mündlichen Prüfungen. Vom Alltag soll hier aber nicht so sehr die Rede sein, sondern die Frage im Mittelpunkt stehen, was den Forscher und Hochschullehrer *Winfried Schenk* ausmacht und auszeichnet. *Andreas Dix* (I) beginnt mit einem Überblick über den Lebensweg von *Winfried Schenk* und seine wissenschaftlichen Publikationen, worauf eine ausführlichere Betrachtung des Hochschullehrers *Winfried Schenk* von *Jan-Erik Steinkrüger* (II) folgt. Den Reigen beschließt *Klaus-Dieter Kleefeld* (III), der am Beispiel einer anwendungsbezogenen Lehrveranstaltung die kontinuierliche Arbeit des Jubilars an der Schnittstelle zur Praxis beleuchtet.

I

Als *Winfried Schenk* am 15. Dezember 2000 seinen öffentlichen Probevortrag anlässlich der Wiederbesetzung des Lehrstuhls für Historische Geographie an der Universität Bonn hielt, entfaltete er unter dem Titel „Beiträge der Historischen Geographie zur Erforschung vorindustriezeitlicher Waldentwicklungen in Mitteleuropa" aus seiner bisherigen Forschung heraus ein Konzept der Historischen Geographie, wie er es in Bonn zu vertreten beabsichtigte. Wenn ich mir zwei Jahrzehnte später, nunmehr zum Ende seiner Bonner Zeit, meine seinerzeit gemachten Notizen anschaue, dann stelle ich fest, dass der Jubilar selbst bereits vor seinem Ruf nach Bonn die zentralen Stichworte für die Würdigung seines heutigen Œuvres formuliert hat. Die klare Struktur, mit der er hier vortrug und die im Übrigen alle seine Vorträge auszeichnet, erleichtert die eigene Rückschau ganz erheblich. Und sie ist die Gelegenheit, seine Forschungen anhand dieser Aspekte zu überblicken, ohne einem streng diachronen Ablauf folgen zu müssen. Für manche Entwicklungen kann ich meine Zeitzeugenschaft beanspruchen, da ich zwischen 2001 und 2006 sein Wissenschaftlicher Mitarbeiter in Bonn sein durfte. Aber schon vor dieser Zeit, als Student der Historischen Geographie bei *Klaus Fehn* wurden die Arbeiten *Winfried Schenks* immer wieder erwähnt. Die wegweisende, von Helmut Jäger mit ihm zusammen organisierte 14. Tagung des Arbeitskreises für genetische Siedlungsforschung in Mitteleuropa zum Themenfeld der historischen Umweltforschung 1987 in Würzburg war dann nicht nur eine erste persönliche Begegnung, sondern auch für den eigenen wissenschaftlichen Werdegang von großer Bedeutung.

Hier mag eine kurze Rückblende gestattet sein, die vielleicht erklärt, warum *Winfried Schenk* schließlich mit seinem Bewerbungsvortrag erfolgreich war und den Ruf auf den Bonner Lehrstuhl erhielt. Geboren wurde *Winfried Schenk* am 6. Oktober 1956 in Gemünden am Main, einer vormalig fürstbischöflich-würzburgischen Landstadt. Nach Schulbesuch und Abitur auf dem Frobenius-Gymnasium in Hammelburg 1976 nahm er im gleichen Jahr ein Studium in Würzburg auf, das seinen breiten Interessen entgegenkam. Es umfasste anfänglich die Fächer Latein, Volkskunde, Geschichte, Deutsch und Erdkunde; am Ende schloss er in den drei letztgenannten Fächern mit dem Staatsexamen für das Lehramt an Gymnasien ab. Es entspricht nicht *Winfried Schenk*s Art, im Nachhinein teleologische Begründungen für seinen wissenschaftlichen Werdegang zu formulieren. So hat er immer wieder von glücklichen Zufällen und von Personen erzählt, die ihn gefördert haben. Sicherlich könnte man aber im Elternhaus eines Volksschullehrers und -rektors sowie in der Heimat der Kindheit und Jugend viele Begebenheiten und Gründe finden, die es dann doch sehr schlüssig erscheinen lassen, dass der Jubilar genau diesen Weg eingeschlagen hat. Für einen Start in der Historischen Geographie war die Situation am damaligen Geographischen Institut der Universität Würzburg günstig. Mit einem Staatsexamen war eine sehr breite Grundlage sowohl in der Physischen wie auch der Humangeographie gelegt. Gleichzeitig war dort mit *Helmut Jäger* einer der profiliertesten Vertreter der Historischen Geographie aktiv, der das große Potential und das spezielle Interesse seines Studenten erkannte. Zunächst legte *Schenk* aber nach seinem Referendariat in Würzburg und Bad Kissingen das Zweite Staatsexamen 1985 mit einem sehr guten Ergebnis (auf bayerisch: mit einer sehr guten Platzziffer) ab, was der Beginn einer höchst respektablen Lehramtslaufbahn hätte werden können. Aber es sollte anders kommen: Er ließ sich stattdessen auf drei Jahre beurlauben und war zunächst Wissenschaftlicher Mitarbeiter am Lehrstuhl von *Helmut Jäger*. Nach erfolgreicher Promotion 1988 mit der Arbeit über das Kloster Ebrach (*Schenk* 1988) entschied er sich dann endgültig für die akademische Geographie und konnte als Wissenschaftlicher Assistent 1993 sein Habilitationsverfahren abschließen. Diese Würzburger Phase war eine akademisch sehr fruchtbare Zeit, die besonders von vielen engen kollegialen Kontakten geprägt war. Mit der Zwischenstation einer Vertretung der C3-Professur für Regionale Geographie an der TU München bekam er dann einen Ruf auf die C3-Professur für Anthropogeographie und Landeskunde Südwestdeutschlands nach Tübingen. Schließlich wurde er 2000 auf den Lehrstuhl für Historische Geographie als Nachfolger *Klaus Fehn*s nach Bonn berufen. Auch wenn diese Stationen das Bild einer sehr stringenten und folgerichtigen akademischen Karriere zeichnen, so war es doch bereits damals durchaus riskant, sich auf historisch-geographische Themen einzulassen, denn traditionelle Schwerpunkte der Geographie hatten sich spätestens seit den 1970er Jahren mit der Einführung der Diplomstudiengänge an den Geographischen Instituten grundlegend geändert. Die bis dahin alles dominierende, bildungsorientierte Lehramtsausbildung trat zugunsten anwendungsorientierter Fachinhalte zurück. Themen, die im Lehramt durchaus ihren Platz hatten, wurden nun zunehmend in Frage gestellt. Diese Situation mag erklären, warum es immer ein Kernanliegen des Jubilars war, traditionelle Stärken und Themenfelder der Geographie mit aktuellen Themen zu verknüpfen.

So war in seinem Bewerbungsvortrag eine zentrale und in der damaligen Situation in Bonn wichtige Aussage sein vorab formuliertes Verständnis von Historischer Geographie als integralem Bestandteil kulturgeographischer Forschung. Wichtig insofern, als mit der damals bereits beschlossenen Integration des Seminars für Historische Geographie in das Institut für Geographie eine langjährige, ganz eigene Entwicklung in Bonn ihren Abschluss gefunden hatte (*Kleefeld u. Burggraaff* 1997).

Seine erste Aufgabe nach der Berufung bestand darin, diese Integration umzusetzen und mit Leben zu füllen. Hierzu gehörte zunächst ganz praktisch der Umzug des Seminars mit seiner umfangreichen Bibliothek und den Arbeitsplätzen aus dem Erdgeschoss des alten Oberbergamtes der preußischen Rheinprovinz in das sanierte große Gebäude der Alten Chemie in der Meckenheimer Allee 166–168, zur Zeit seiner Vollendung 1867 größtes naturwissenschaftliches Institutsgebäude der Welt. Die Gegensätze konnten nicht größer sein. Von einem Seminar mit einem Lehrstuhl, wie es sie bis dahin an der Universität gerade in der Philosophischen Fakultät häufiger gegeben hatte, wurde die Historische Geographie nun zu einem festen Bestandteil eines der größten Geographischen Institute an einer deutschen Universität, das damals bedingt durch universitätsinterne Restrukturierungen am Beginn einer neuerlichen Expansionsphase stand. Nicht nur äußerlich war der repräsentative Institutsbau, waren die neuen Räume mit ihren Deckenhöhen von über vier Metern sehr beeindruckend. Auch die personellen Ressourcen, die große Bibliothek, die Sammlungen und das Archiv boten zum Dienstantritt eine attraktive Perspektive. Hinzu kam die Verortung in der Naturwissenschaftlichen Fakultät, die eine wesentlich bessere materielle und finanzielle Ausstattung ermöglichte. Gleichwohl sollte es sich im Verlauf der Zeit noch als sehr wichtig erweisen, dass der Lehrstuhl Mitglied in der Philosophischen Fakultät blieb. Der größte Vorzug zu Beginn war aber sicher die Vielfalt der am Institut vertretenen Teildisziplinen der Geographie, die sowohl im physisch-geographischen wie humangeographischen Bereich interessante Kontakte und Austausch versprachen. Gleichzeitig bedeutete die Größe des Instituts aber auch, dass sich hier Abläufe nicht mehr einfach ohne weiteres regeln ließen. Vielmehr war eine sehr viel größere, bürokratische Ordnung notwendig, die diverse Ämter und Funktionen mit sich brachte. Die Übernahme solcher Ämter, wie das des Geschäftsführenden Institutsdirektors oder Vorsitzenden der Fachgruppe Erdwissenschaften in der Fakultät, kam nun zu anderen, fachlichen Verpflichtungen hinzu. Hier ist an erster Stelle der Vorsitz des Arbeitskreises für Historische

Kulturlandschaftsforschung in Mitteleuropa ab 2003 zu nennen, daneben aber auch der Vorsitz der Deutschen Akademie für Landeskunde. Der Arbeitskreis, der sich unter der langjährigen Leitung von *Klaus Fehn* bis 2005 unter seinem alten Namen „Arbeitskreis für genetische Siedlungsforschung in Mitteleuropa" zu einem der größeren Arbeitskreises innerhalb der Deutschen Gesellschaft für Geographie entwickelt hatte und mit seiner interdisziplinären Ausrichtung zwischen Archäologie, Geographie und Geschichte zum wichtigsten Knotenpunkt der Historischen Geographie im deutschsprachigen Raum geworden war, erforderte gerade in den ersten Jahren des Übergangs erhebliche Zuwendung. Hierzu gehörten die Umbenennung und die organisatorisch notwendig gewordene Umwandlung in einen eingetragenen Verein. Aber auch die vom Arbeitskreis herausgegebene Zeitschrift „Siedlungsforschung. Archäologie – Geschichte – Geographie" erforderte zu ihrer Weiterentwicklung ganzen Einsatz. Ging die Fülle dieser Verpflichtungen in den ersten Jahren gelegentlich bis an die Belastungsgrenze, so blieben auch die folgenden Umstrukturierungen nicht ohne tiefgreifende Auswirkungen auf die Historische Geographie. Wie überall bedeutete die Umsetzung der Bologna-Reformen sicher den folgenreichsten Einschnitt. So wurde der gut eingeführte Magisterstudiengang der Historischen Geographie eingestellt. Die Inhalte dieses Studienganges mussten sich nun in die Bachelor- und Masterstudiengänge der Geographie in Bonn einreihen. Aber auch dabei blieb es nicht, vielmehr wurde darüber hinaus die Lehramtsausbildung an der Universität Bonn im Jahre 2001 eingestellt, womit gleichsam ihre historischen Wurzeln aus der Gründungszeit 1818 gekappt wurden. Gerade für *Winfried Schenk*, der wie wenige andere für die Bedeutung der Geographie als Lehramtsfach steht, war dies ein herber Einschnitt. Aber die Stimmung in diesen Jahren war eine andere. Die heraufziehende Exzellenzinitiative und Wünsche nach einem „Harvard am Rhein" führten zu Strukturveränderungen in der Universität, die durch die Eingliederung der Historischen Geographie gleichsam vorweggenommen worden waren. Die Dinge haben sich dann in der Folgezeit oft nicht so geradlinig entwickelt; so ist das Lehramt 2011 nach der Umstellung auf die Bachelor- und Masterstruktur teilweise wieder an die Universität zurückgekehrt. Manche Exzellenzträume sind nicht in Erfüllung gegangen, andere hingegen schon (*Schenk* 2011a).

Nach der Aufzählung seines Engagements in der akademischen Selbstverwaltung mag es nicht verwundern, dass der Jubilar im Laufe der Jahre auch an vielen anderen Stellen Verantwortung übernommen und so über die Jahre hinweg einen wichtigen Beitrag zur Kontinuität und Fortentwicklung der Historischen Geographie geleistet hat. Die an dieser Stelle vermutlich unvollständige Liste seiner Ämter umfasst Mitgliedschaften wie im Alemannischen Institut in Freiburg im Breisgau, in Akademien, wie der Kommission für Landesgeschichte der Bayerischen Akademie der Wissenschaften, der Kommission für Landeskunde der Sächsischen Akademie der Wissenschaften, der Akademie für Raumentwicklung in der Leibniz-Gemeinschaft in Hannover und in Wissenschaftlichen Beiräten, wie dem des Niedersächsischen Instituts für historische Küstenforschung in Wilhelmshaven, des Instituts für vergleichende Städtegeschichte in Münster sowie der Reihe „Landschaften in Deutschland“ am Leibniz-Institut für Länderkunde in Leipzig.

Bei all diesen zeitraubenden Aktivitäten ist Schenk aber vor allem eins geblieben: verwurzelt in seiner unterfränkischen Heimat und seinem Familienwohnort Würzburg, der es auch über die Tübinger und Bonner Zeiten hinweg blieb. Daraus ergab sich, dass viele wissenschaftliche Aktivitäten Franken und speziell der Region Unterfranken gegolten haben und weiterhin gelten. Groß ist die Zahl der entsprechenden Arbeiten zu historisch-geographischen und regionalgeographischen Fragen. Stellvertretend hierfür stehen als grundlegende und bisher unübertroffene Überblicksdarstellungen seine Beiträge im Band Unterfranken der Reihe Bauernhäuser in Bayern und im Band 5 der Unterfränkischen Geschichte (*Schenk* 1996a, 2002a).

Ein erster und fulminanter Auftritt war seine Dissertation zur Zisterzienserabtei Ebrach als raumwirksamer Institution vom 16. Jahrhundert bis zur Säkularisation 1803 (*Schenk* 1988), die gleichzeitig die Prägung durch die Arbeit am Lehrstuhl von *Helmut Jäger* beweist. Diese Arbeit ist aus vielerlei Gründen innovativ. Gerade in der Zisterzienserforschung hatte man sich über viele Jahre mit der Gründung als Reformorden im Jahre 1098 und seiner spektakulären, nahezu europaweiten Ausdehnung im Hohen Mittelalter beschäftigt. Häufig gilt bis heute die weitere Entwicklung des Ordens in der Frühen Neuzeit als eine Zeit des Niedergangs und der Entfremdung von den ursprünglichen Werten und Zielen. Die Abtei Ebrach und ihre oberfränkische Filiation Langheim zeigen aber nicht nur in ihrem baulichen Erbe, dass dieses Urteil viel zu pauschal und oberflächlich ist. Der Zisterzienserorden ist weiterhin deswegen interessant, weil er aufgrund seiner Regeln, die in der Carta Caritatis 1119 festgelegt worden waren, ein Orden wurde, der eine bestimmte Siedlungs- und Wirtschaftsweise verfolgte, die von der Norm anderer Ordensgemeinschaften abwich. Die Anlage der Klöster in der „Wildnis“, die Bewirtschaftung des eigenen Grundbesitzes nicht durch abhängige Bauern, sondern mit Hilfe von Grangien, also Eigenhöfen mit eigenem Personal und die intensiven Rodungs-, Meliorations- und Wasserbauten, finden sich an allen Standorten regelhaft wieder. Hier nun wurde eine Zisterzienserabtei in ihrer neuzeitlichen Entwicklung als ein komplexer Wirtschaftsorganismus mit seinen räumlichen Strukturen detailliert auf einer beeindruckend breiten archivalischen Quellenbasis untersucht. Gleichzeitig – und das ist sicherlich das Besondere an dieser Arbeit – wird analysiert, wie sich die enorme wirtschaftliche Entwicklung der Abtei, die schließlich sogar die Reichsunmittelbarkeit anstrebte, mit dem eigenen Selbstverständnis der Zisterzienser in jener Zeit verbinden konnte. Dies gelingt durch eine genaue Analyse der „Brevis Notitia“, der Begründungsschrift für die angestrebte Reichsunmittelbarkeit, die Abt Wilhelm Sölner (1714–1741) 1738 drucken ließ (*Schenk* 1996b). Von dieser Arbeit gehen verschiedene Stränge der Forschung aus, die Winfried Schenk bis heute beschäftigen. Der Orden der Zisterzienser eignet sich aufgrund seiner institutionellen Struktur und geographischen Verbreitung ganz besonders für regionale und vergleichende Untersuchungen. So hat Winfried Schenk sich auch mit anderen Zisterzienserniederlassungen, darunter auch Frauenklöstern, beschäftigt. In jüngster Zeit hat sich der Kreis durch eine intensive Mitarbeit an dem großen transnationalen LEADER-Projekt „Cisterscapes – Cistercian Landscapes connecting Europe“ (www.cisterscapes.eu) geschlossen, in dem Zisterzienserabteien in sechs Ländern mit ihren Kulturlandschaften nach gemeinsamen Kriterien untersucht werden. Hier ergab sich die Möglichkeit, bisher noch weniger beachtete Klöster, wie das böhmische Plasy/Plaß mit einzubeziehen. Auf der langjährigen Basis der Arbeiten *Schenk*s zu Ebrach rückt nun bei diesem Projekt neben der hochmittelalterlichen Expansionsphase des Ordens die zweite Blütephase in der Gegenreformation, in der nicht so sehr das bestehende Netz an Filiationen weiter ausgebaut, vielmehr die bestehenden Klöster mit zum Teil riesigen Konventsanlagen ausgestattet wurden, in den Vordergrund (*Schenk* 2019). Wie es diese Abteien geschafft haben, eine wirtschaftliche Grundlage für diese Expansion zu legen, hat *Schenk* in bis heute unübertroffener Art und Weise für Ebrach erforscht.

Es blieb aber nicht nur bei den Zisterziensern, vielmehr vertiefte *Schenk* seine Forschung von hier ausgehend in verschiedenen Bereichen der Kulturlandschaftsgeschichte und von dort aus in die Umweltgeschichte hinein. Seine Arbeiten zur Waldgeschichte stehen dann auch paradigmatisch wie keine andere für den zweiten Punkt, den *Winfried Schenk* in seiner Probevorlesung hervorgehoben hatte, nämlich dass es eine Aufgabe der Historischen Geographie sei, historische Prozessanalysen zum geographischen Kernparadigma der Mensch-Umwelt-Beziehungen beizusteuern. Hier ist es die auf die Forschungen zu Ebrach aufbauende Habilitationsarbeit zu Waldnutzung, Waldzustand und regionale Entwicklung in vorindustrieller Zeit im mittleren Deutschland, die als ein prägnantes Beispiel erwähnt werden muss (*Schenk* 1996c). Ausgehend von der Holznotdebatte, die in den 1990er Jahren geführt wurde und sich um die Frage drehte, inwieweit wirklich eine extreme Holzknappheit in Deutschland geherrscht, diese zu einer flächendeckenden Waldverwüstung und wiederum zur Nutzung fossiler Brennstoffe geführt habe, beließ es *Schenk* nun nicht wie so oft bei einem Resümee zeitgenössischer Aussagen, vielmehr ging er einen innovativeren Weg, indem er die tatsächlichen Verhältnisse in ausgewählten Waldgebieten in Mainfranken und Nordhessen vom 18. bis in die Mitte des 19. Jahrhunderts hinein miteinander verglich. Der grundlegende Fortschritt bestand jetzt darin, dass *Schenk* anhand einer detaillierten Auswertung archivalischer Quellen verschiedene Waldentwicklungstypen ableitete. So konnte er nachweisen, dass es in seinem Untersuchungsgebiet nicht die eine große Waldverwüstung gab, sondern die Intensität der Nutzung je nach herrschaftlichen und wirtschaftlichen Verhältnissen ganz unterschiedliche Zustände geben konnte. Es sind gerade die heute weithin gerühmten alten Buchenbestände im Steigerwald, die eben auf die extensive Nutzung durch die geistliche Herrschaft des Klosters Ebrach zurückzuführen sind, während bäuerlicher Nutzungsdruck, der Fernholzhandel oder die Bedürfnisse einer kleineren weltlichen Herrschaft mit wenig Waldbesitz zu wesentlich größeren Veränderungen und Schäden führen konnte. Diese Arbeit führt exemplarisch den Vorteil eines historisch-geographischen Ansatzes vor, der es erst ermöglicht, oft in didaktischer

Absicht verkürzte Feststellungen räumlich und zeitlich zu differenzieren. Abgeleitet aus diesen Forschungen hat *Schenk* eine Zeitlang sehr intensiv zu wald- und forsthistorischen Themen gearbeitet und auch im internationalen Rahmen publiziert (*Schenk* 1996d).

Konnte *Helmut Jäger* in seinen Publikationen noch unangefochten die Geographie in ihrer physisch-geographischen und humangeographischen Breite abbilden, wie in seinen Länderkunden zu Großbritannien und Irland (*Jäger* 1976, 1990), so ist dies bereits für die nachfolgende Generation wegen der sich immer weiter ausdifferenzierenden und spezialisierenden Forschungsfelder nicht mehr so ohne weiteres möglich gewesen. Gleichwohl bleiben für *Schenk* der Kontakt und Austausch mit der Physischen Geographie immer wichtig; deshalb hatte er für die Vernetzung mit physisch-geographischen Themen im Vortrag einen eigenen Spiegelstrich reserviert. Sicherlich wurde dies gefördert durch die langjährige kollegiale Zusammenarbeit mit seinem früheren Würzburger Kollegen *Rüdiger Glaser*, einem der wichtigsten deutschsprachigen Vertreter der Historischen Klimatologie. Hieraus resultierten gemeinsame Arbeiten zur Klimageschichte, wie z. B. zu den historischen Veränderungen der Albedo, die sich über eine Geschichte der Landnutzung bzw. Landbedeckung zurückverfolgen lässt (*Glaser u. Schenk* 1991; *Glaser, Schenk u. Schröder* 1991; *Glaser, Schenk u. Saurer* 1991).

Es deutet sich bereits bis hierhin an, dass *Schenk*s Forschungsschwerpunkte eher im Ländlichen Raum, und hier eher in der Landnutzungsgeschichte und der damit zusammenhängenden Agrar- und Forstwirtschaft liegen. So ist ein weiteres Thema neben dem Wald auch der Weinbau, der wiederum in den Landschaften am Main vielfältiges Anschauungsmaterial für eine Intensivkultur mit einer langen Tradition bietet (*Schenk* 1992, 1994a). Aber auch zum Ländlichen Raum allgemein hat *Winfried Schenk* intensiv gearbeitet. Insbesondere hier gibt es eine enge thematische Verknüpfung mit Fragen der Raumplanung. Belege sind seine Arbeiten über die Planungskontinuitäten in der bayerischen Rhön und in jüngerer Zeit zu suburbanen Kulturlandschaften (*Schenk* 1993; *Schenk* et al. 2012; *Kleefeld u. Schenk* 2012). Zur Agrargeographie im Überblick hat *Schenk* einen längeren Beitrag zusammen mit *Marcus Nüsser* und *Gerrit Bub* in dem von ihm herausgegebenen Lehrbuch der Anthropogeographie verfasst (*Schenk u. Schliephake* 2005; *Nüsser, Schenk u. Bub* 2005). Nun ließen sich noch eine Vielzahl von Artikeln aufzählen, besonders erwähnt werden müssen aber die zahlreichen Artikel zu agrarhistorischen, agrargeographischen und kulturlandschaftsgeschichtlichen Lemmata in wichtigen Lexika. Hierzu gehören die sehr materialreichen Artikel in der Neuauflage des Reallexikons der Germanischen Altertumskunde, wie z. B. zum Hochacker (veröffentlicht in Band 15, 2000), der sicherlich das Beste ist, was man zu diesem Phänomen im Überblick lesen kann. Sehr umfangreich sind auch seine Beiträge im dreibändigen Lexikon der Geographie, erschienen 2001/02 im Spektrum-Verlag. In insgesamt 54 Artikeln, von Altsiedelland bis Zelgenwirtschaft, werden viele wichtige Themen, Methoden und Quellenarten aufgegriffen. Diese Artikel sind auch digital abrufbar (https://www.spektrum.de/lexikon/geographie/).

Es ist nicht zu übersehen, dass *Winfried Schenk* Themen der Historische Geographie in der großen Breite überblickt und vertritt. Erstmals nach *Helmut Jäger* 1969 legte er deshalb eine deutschsprachige Einführung in die Historische Geographie vor. Bereits 2005 hatte er eine Einführung in die Historische Geographie als Kapitel in dem von ihm mitherausgegebenen Lehrbuch zur Anthropogeographie veröffentlicht. Ihm folgte schon 2006 das zunächst zusammen mit *Andreas Dix* und dann auch zusammen mit *Jan-Erik Steinkrüger* verfasste Kapitel zur Historischen Geographie in dem heute führenden allgemeinen Lehrbuch zur Geographie, das 2006 in einer ersten Auflage erschien und mittlerweile 2020 in der dritten Auflage vorliegt (*Jäger* 1969; *Schenk* 2005, 2011 b; *Dix, Schenk u. Steinkrüger* 2020).

Der stärkste Kontrast zur wissenschaftlichen Tradition, die von *Helmut Jäger* vertreten wurde, ergibt sich indes auf dem Feld der Angewandten Historischen Geographie, das *Winfried Schenk* in seinem Bonner Vortrag als letzten Spiegelstrich anführte, das aber quantitativ gesehen bis heute einen breiten Raum einnimmt. Anwendungsfragen ziehen sich wie ein roter Faden durch seine gesamte Schaffenszeit. Er startete noch in Würzburg mit einer Publikation von Projekten im Rahmen von Lehrveranstaltungen, wie Analysen zur Fremdenverkehrssituation am Untermain (*Pinkwart, Glaser u. Schenk* 1989). Später folgten viele Arbeiten zu wirtschaftsgeographischen Fragen und zur Situation des Einzelhandels. Vor allem in der Tübinger Zeit war er mit einer Serie großer Gutachten zur Entwicklung des Einzelhandels an so prominenten Standorten wie Metzingen, Leinfelden-Echterdingen und Zuffenhausen aktiv. Diese Aktivitäten standen nur phasenweise isoliert neben seinen anderen historisch-geographischen Aktivitäten, vielmehr sieht man auch hier eine zunehmend engere Verknüpfung seiner genuin historisch-geographischen Themen mit Fragen aktueller Angewandter Geographie. Exemplarisch lässt sich dies bereits früh am Beispiel seiner Forschungen zu Ebrach zeigen. So weist seine Publikationsliste eine beträchtliche Anzahl von Arbeiten auf, die im Zusammenhang aktueller Fragestellungen entstanden sind. Hierzu gehören historisch-geographische Wanderführer (*Schenk, Stöhr u. Layer* 1994; *Schenk u. Heistermann* 1995) oder Arbeiten zu Museums- und Ausstellungskonzepten (*Schenk* 1990; *Schenk, Stöhr u. Layer* 1996).

Bereits am Anfang drehen sich die Arbeiten um „Kulturlandschaft" als einem zentralen Begriff der älteren deutschsprachigen Kulturgeographie, der dann aber ab den 1980er Jahren unter dem Einfluss immer drängenderer Fragen eines nachhaltigeren Umgangs mit den natürlichen Ressourcen eben nicht nur in einem ökologischen Sinne, sondern im Hinblick auf weitere Funktions- und Bedeutungsinhalte an Relevanz gewann. Kulturlandschaft wurde so zu einem Arbeitsfeld, mit dem sowohl klassische als auch neue Themen der Humangeographie ideal zu verbinden sind. Der Begriff ist allerdings spätestens seit den immer noch bedenkenswerten Interventionen *Gerhard Hard*s umstritten und durch seine historische Kontamination problematisch (*Hard* 1970). Aus diesem Grunde könnte man mit der Literatur, die sich daran abarbeitet, mittlerweile eine ganze Bibliothek zusammenstellen. Auch an Vorschlägen für alternative Benennungen fehlt es nicht. Vielleicht ist es der sprachlichen Sensibilität eines studierten Germanisten geschuldet, die *Schenk* eben bewusst die Begriffe Landschaft und Kulturlandschaft hat weiterverwenden lassen. Sprechfähigkeit in eine nichtwissenschaftliche Öffentlichkeit hinein, Bewusstsein für Traditionslinien, in denen man selber steht und die man seit jeher auch kritisch reflektiert, sind hier Aspekte, die eine Rolle spielen mögen.

Genau an dieser Stelle hat *Schenk* durch eine Vielzahl von Artikeln Grundlegendes zu einer Geschichte und Konzeptionalisierung des Begriffs beigetragen und die Historische Geographie mit ihren Forschungen in einem ausgesprochen multidisziplinären Forschungsfeld positioniert (*Schenk* 2002b, 2006a, 2013; 2017; *Berr u.Schenk* 2019). Eine historische Perspektive ist hier ein wichtiger und eben nicht der einzige Blick auf ein komplexes Thema (*Gailing* 2014). Neben den vielen weitgestreuten Publikationen hat er auf einer Unzahl internationaler und prominenter Foren vorgetragen und damit der Historischen Geographie eine gewichtige Stimme gegeben. Warum sich aber trotz dieser langjährigen und erfolgreichen Arbeit das süffige Narrativ der historischen Forschungsperspektive als einem aus der Zeit gefallenen und allenfalls an „Reliktstandorten" betriebenen Zweig der Humangeographie hält, wäre andernorts zu diskutieren (*Gebhardt* 2015, 2019; *Steinkrüger* 2015). Jedenfalls kann an der gesellschaftlichen Relevanz historisch-geographischer Fragestellungen, wie man es in den 1970er Jahren formuliert hätte, gerade auch wegen der vielen und grundlegenden Arbeiten *Winfried Schenk*s kein Zweifel bestehen.

Aus der Vielzahl von Beiträgen zur Angewandten Historischen Geographie sind deshalb besonders seine Arbeiten zur Entwicklung einer Kulturlandschaftspflege herauszuheben. An erster Stelle muss hier der von ihm herausgegebene Sammelband zur Kulturlandschaftspflege genannt werden, den er als Leiter des entsprechenden, dafür eigens eingerichteten Arbeitskreises zur Kulturlandschaftspflege in der Deutschen Akademie für Landeskunde maßgeblich konzipiert und bearbeitet hat (*Schenk, Fehn u. Denecke* 1997). Dieser Band kann mit Fug und Recht als ein sehr vollständiger Überblick über den bereits damals erreichten Arbeitsstand gelesen werden. Bereits vorher und auch danach hat sich *Schenk* in Zusammenarbeit mit anderen Autoren mit vielen methodischen und grundsätzlichen Fragen beschäftigt. Es ist diesen Arbeiten und darüber hinaus dem hartnäckigen und langjährigen Engagement anderer im Umfeld des Bonner Lehrstuhls zu verdanken, dass dieses Thema schließlich seit vielen Jahren Eingang in die Raumplanung gefunden hat. Die gewachsene Bedeutung macht die Entscheidung der Ministerkonferenz für Raumordnung von 2006 deutlich, die Entwicklung von Kulturlandschaften als ein zentrales Thema der bundesweit geltenden Leitbilder für die Raumordnung zu formulieren (*Schenk* 2006b; *Schenk u. Tillmann* 2018).

Als methodischen Zugang hatte *Winfried Schenk* in seinem Bonner Vortrag die Auswertung archivalischer Quellen ins Zentrum gerückt. Dies spiegelt sich in seinen Forschungen wider, beruhen sie doch immer auf intensiver Auswertung von Archivalien der Frühen Neuzeit bis in die jüngste Vergangenheit. Damit setzt er die große Tradition seines akademischen Lehrers *Helmut Jäger* fort, der selbst schon viele interessante Archivbestände z. B. zu umweltgeschichtlichen Fragen ausgewertet hat, mithin bereits damals explizit Themen aufgriff, die mit einer eher typologisch orientierten genetischen Siedlungsforschung nicht mehr viel zu tun hatten (*Jäger* 1987, 1994). Diese Tradition hat *Schenk* mit seinen eigenen Themenschwerpunkten fortgesetzt und methodische Beiträge zu einer historisch-geographischen Quellenkritik formuliert. So hat er sich in seinen Forschungen zur historischen Waldwirtschaft mit den Problemen der Auswertung serieller Quellen, wie Amts- und Lagerbüchern, Rechnungen oder Urbaren beschäftigt, die einen oft ungeliebten Großteil herrschaftlicher Überlieferung ausmachen. Ihre meist recht lange Laufzeit ermöglicht es, Entwicklungen in ihrer räumlichen und zeitlichen Differenzierung hoch aufgelöst abzubilden. Gleichwohl ist eine historisch-geographisch informierte Quellenkritik grundlegend wichtig, um die Aussagereichweite der Quellen hinreichend genau zu bestimmen. So hat der Jubilar Arbeiten zu Eichelmastdaten, Holzverkaufseinnahmen und Forststrafgeldern vorgelegt und sich mit der Frage auseinandergesetzt, wie aus diesen Beständen lange und in ihren Aussagen konsistente Datenreihen zu gewinnen sind (*Schenk* 1994b, 1994c, 1997, 1999b). Hierzu hat er einen grundlegenden Band noch in seiner Tübinger Zeit herausgegeben (*Schenk* 1999a). Die lange Tradition der Forstverwaltungen seit der Frühen Neuzeit begünstigt solche Forschungen, allerdings konnte *Schenk* an konkreten Beispielen auch zeigen, wie schwierig diese Interpretationen im Detail sind und damit vor einer zu naiven, positivistischen Übernahme von Daten warnen.

Schließlich hat *Winfried Schenk* auch zur Geschichte der historisch-geographischen Forschung gewichtige Beiträge vorgelegt. Die Frage, ob die Wissenschaftsgeschichte der Geographie, integraler Bestandteil einer Historischen Geographie sei, ist durchaus umstritten. Hier gehen z. B. in der anglophonen Forschung die Bereiche sehr viel mehr ineinander über. Wenngleich der Jubilar hier eher eine Grenze ziehen würde, so liegt es nahe, sich der Forschungsgeschichte anzunehmen, ist doch gerade in diesen Zusammenhängen der historische Blickwinkel fruchtbar, wie die positive Entwicklung der Wissenschaftsgeschichte als historischer Disziplin belegt. Noch in Tübingen hat *Schenk* einen Sammelband zu *Robert Gradmann*, einem seiner frühen Vorgänger auf der Professur vorgelegt und damit einem wichtigen Vertreter der frühen deutschen Historischen Geographie und Landeskunde, der durch seine Steppenheidetheorie bekannt geworden war, ein Denkmal gesetzt (*Schenk* 2002c).

Dieses Buch war gewissermaßen das Abschiedsgeschenk an das Geographische Institut in Tübingen, denn seine Professur dort wurde nicht mehr in dieser Denomination wiederbesetzt. Dass nun dasselbe in Bonn eingetreten ist, gehört sicherlich zu den großen Enttäuschungen seines Forscherlebens.

Davon unbeeinflusst bleibt ein wissenschaftliches Werk von beeindruckender Vielfalt – ein großer Bau, von dem zu hoffen ist, dass der Jubilar in den nächsten Jahren an ihm, dann mit größerer Freiheit, weiterbaut.

2

Winfried Schenk aber ausschließlich durch die Linse seiner Publikationen zu würdigen, griffe zu kurz. Denn ganz in der Lehramtstradition des Faches, seinen eigenen Wurzeln in dieser folgend und aus einer gewissen Demut gegenüber seinem Amt, verstand und versteht er sich vor allem als Hochschullehrer. In mehr als einem Gespräch über die inzwischen 15 Jahre, die wir uns kennen und wertschätzen gelernt haben, betonte er mir gegenüber, dass er in seinem Verständnis vor allem für die Ausbildung von Studierenden bezahlt würde und ihm dadurch erst zweitrangig das Privileg zuteil werde, sich mit eben jenen Themen der Historischen Geographie auseinanderzusetzen, die für manche Kolleginnen und Kollegen abwegig und für die meisten Studierenden zutiefst exotisch seien.

Es war eine Umbruchsphase, als ich 2008 als Wissenschaftlicher Mitarbeiter in *Winfried Schenks* Arbeitsgruppe für Historische Geographie am Geographischen Institut der Universität Bonn anfing. Der Bachelorstudiengang Geographie war gerade in Bonn eingeführt worden – kurze Zeit später auch der Masterstudiengang Geographie –, während der Magisterstudiengang Historische Geographie und die Magister- und Diplomstudiengänge für Geographie langsam ausliefen. Dies bedeutete nicht nur das Ende des eigenen Studiengangs Historische Geographie, sondern zunächst vor allem erhebliche Mehrarbeit. Abschlussarbeiten mussten betreut und letzte Scheine in den auslaufenden Studiengängen ermöglicht werden, während gleichzeitig die Fachinhalte, so gut es ging, in ein neues Studiensystem übersetzt werden mussten, das linearer modularisiert und notenorientierter war, keine Nebenfächer im alten Sinne – mit eigenem Grundstudium in drei Fächern – mehr kannte und vor allem deutlich weniger Freiräume für Lehrende und Studierende ließ.

Bereits ein Blick auf die von *Winfried Schenk* zwischen 2008 und 2013 betreuten Abschlussarbeiten lässt deutlich erkennen, wie die Anzahl der Diplom- und Magisterarbeiten – und damit einhergehender Prüfungen anstieg.[1] Diese Übersicht zeigt aber auch, wie bunt und vielfältig die Themen sind, über die sich Studierende von ihm prüfen lassen. Ganz dem Ideal seiner Ausbildung zum (Hochschul-)Lehrer verpflichtet, gilt für *Winfried Schenk* hier das Credo, dass alle Studierenden – auch diejenigen, die nur knapp bestehen werden oder mehr Betreuung benötigen – ein Anrecht auf eine Prüfungsabnahme haben und dass nicht der Prüfende, sondern der oder die Geprüfte die Schwerpunkte einer Prüfung bestimmen sollten. Vor allem zeigt sich hierin auch, dass *Winfried Schenk* Humangeographie in Abschlussarbeiten in ihrer ganzen Fülle und Breite thematisch wie regional vertrat und vertritt: von Studien zum Einzelhandel, zum Demographischen Wandel oder zur Gentrifizierung über Themen der Tourismusgeographie und Regionalplanung bis hin

[1] https://www.geographie.uni-bonn.de/forschung/ags/ag-schenk/Studium/abschlussarbeiten-schenk-aushang.pdf (Zugriff: 2. Juni 2021).

zu Weltkonstruktionen in der Landschaftsmalerei und in Facebook; von Goch und Köln-Neuehrenfeld, über Prag und Sarajewo bis Costa Rica, Nordkorea und Mittelerde. Viele Themen hätten vermutlich ohne seine Offenheit keinen Betreuer und ohne seine Lehrerstrenge viele Studierende keinen Abschluss erhalten. Ebenso gilt dies sicherlich für viele Promotionen; meine eigene eingeschlossen. Diese Vielfältigkeit, Offenheit und Breite der Themen sind es auch, welche *Winfried Schenk* in seinen Lehrveranstaltungen auszeichnen. Dies wird meines Erachtens bereits in seinen Anteilen an der Einführungsvorlesung Humangeographie im Bachelorstudiengang Geographie deutlich, die er seit Einführung des Bachelorstudiengangs in Bonn in regelmäßigen Ergänzungen und Überarbeitungen hält: In sechs Sitzungen schlägt er einen Bogen von einem ersten Überblick über die Entwicklungslinien der Humangeographie, die Grundlagen der Agrar- und Forstgeographie, die Geographie Ländlicher Räume und die Historische Geographie bis hin zu „traditionellen“ und neueren Ansätzen Kulturgeographie. Von ihm selbst gerne scherzhaft als Bauchladen bezeichnet, ging und geht es ihm darum, Themenfelder präsent zu halten, die vielleicht nicht immer en vogue sind, aber das Fach prägten und vielleicht in neuem Gewand wieder an Bedeutung gewinnen könnten.

Eine besondere Stellung nimmt für ihn in der Lehre das Regionale ein, das historisch kontingent, pfadabhängig, an die naturräumlichen Bedingungen rückgebunden, kulturell geprägt und von sozialen Prozessen geformt ist und zugleich Welt- und Wertvorstellungen bedingt und von ihnen bedingt wird. Entsprechend hat er sich seit Jahren stark gemacht für den Erhalt eines Moduls Regionale Geographie im Bachelorstudium, in welchem er regelmäßig eine Vorlesung Regionale Geographie Deutschlands anbietet. Diese Vorlesung schlägt – basierend auf seinem gemeinsamen Buch und damit einhergehenden fachlichen Austausch mit *Rüdiger Glaser* und *Hans Gebhardt* (*Glaser, Gebhardt u. Schenk* 2007) wiederum einen Bogen von Physischer Geographie und Humangeographie über Historische Kulturlandschaftsforschung zu gegenwärtigen Raumentwicklungen und deutschem Nationaldiskurs.

In unseren zwölf gemeinsamen Jahren an seinem Lehrstuhl hat *Winfried Schenk* unterschiedliche Seminarthemen aufgegriffen, die stets den Anschluss an aktuelle Debatten des Fachs und zu den Schwerpunkten der Ausbildung und Forschung am Bonner Geographischen Institut gesucht haben – sei es zu Risiko, Wasser, Grenzen, Hochschule, Zwischenstadt. Ein Anliegen war und ist ihm dabei, zwischen etablierten oder älteren und neueren Ansätzen zu vermitteln, den Themen historische Tiefe zu geben. Auch kam stets der Kulturlandschaft – in ihren mannigfaltigen Wortbedeutungen – eine besondere Rolle zu. Eine besondere Leidenschaft und ein Thema, zu dem er mehrfach zurückkehrte und den Bogen zu seiner eigenen Promotion schlägt, war und ist für ihn allerdings die Religionsgeographie. Sie verbindet auch mich mit ihm auf besondere Weise, da es das erste Seminar war, das ich bei ihm besuchte. Ausgehend vom Bochumer Modell der Religionsgeographie (*Büttner* 1985) zeigt er hier wie an kaum einem anderen Thema, wie Kultur Räume symbolisch, sozial und materiell prägte und von diesen Räumen geprägt wird, wie kontingent, von der Vergangenheit bedingt unsere Vorstellungen der Welt sind und wie leidenschaftlich man sich auch für Dinge interessieren kann, die er selbst scherzhaft liebevoll als Tertiär- und Quartärwissen bezeichnete. Das Seminar war (Historische) Kulturgeographie in all ihrer Breite. Höhepunkt dieser geteilten Leidenschaft war sicherlich eine gemeinsame USA-Exkursion, die sich intensiv mit Themen der Religionsgeographie beschäftigte und die Studierenden und uns an exotische, religiöse Plätze wie eine Megachurch in Chicago und einen christlichen Themenpark in Orlando führte. Unser letzter gemeinsamer Artikel über Kulturlandschaft als kultureller Prozess (*Schenk u. Steinkrüger* 2021) beginnt entsprechend bei der Religionsgeographie, um hieraus eine Historische Kulturgeographie mit Kulturlandschaft als ihrem zentralen Begriff zu entwickeln. Die Reise von dem Seminar vor 15 Jahren bis heute zeigt für mich *Winfried Schenks* Qualitäten als Hochschullehrer: offen für Neues und Kritik, aber immer wieder erdend, die Leine lockerlassend, Freiräume gebend, aber auch ermahnend und bei der Stange haltend, den intellektuellen Austausch suchend, aber auch menschlich seiend, mitfühlend, schroff-herzlich.

3

Die Schnittstelle zur Praxis und das Einbringen der eigenen Forschungen in gesellschaftliche Diskurse ist *Winfried Schenk* immer wichtig gewesen. Zusammen mit den jeweiligen Akteuren vor Ort, zuletzt besonders mit dem Landschaftsverband Rheinland, hat er sich oft in Formate der Vermittlung und Partizipation eingebracht, die Grundvoraussetzung für eine bürgernahe Planung sind. Als eines von zahllosen Beispielen soll hier ein Geländepraktikum im Wintersemester 2008/09 am Geographischen Institut der Universität Bonn unter der Leitung von *Winfried Schenk* und *Klaus-Dieter Kleefeld* herausgegriffen werden, das die Qualität und Reichweite dieser Arbeit verdeutlicht.

Ausgangspunkt war der Diskurs um regionale Identität und Heimat als einem immer wichtiger werdenden Thema der Landesentwicklung und Raumplanung. Nach dem Motto der Regionale 2010, einem Instrument der regionalen Förderung in Nordrhein-Westfalen, sollten Schülerinnen und Schüler, Bürgerinnen und Bürger, Planerinnen und Planer sowie Fachleute dazu angeregt werden, bewusster und mit offeneren Augen die Spuren des Kulturellen Erbes kennenzulernen und zu erhalten. Arbeitsgebiet des Geländepraktikums war eine Region, die sonst nicht im Fokus der Forschung steht, dem suburbanisierten Stadtrand, der „Landschaft dazwischen" um Köln, Pulheim, Frechen und Hürth. Das Seminar teilte sich in fünf Arbeitsgruppen auf, die sich jeweils mit einem der Teilräume beschäftigten und anschließend eine „Heimatkiste" mit Gegenständen füllten. Diese physischen Gegenstände in einer aufklappbaren Holzkiste mit transparentem Deckel zeigten, was für diese einzelnen Landschaften der Teilräume auffällig und prägend ist. Diese „Außenbereiche" zeigen zunehmende Eigenständigkeiten gegenüber der jeweiligen Kernstadt; sie werden sogar zu eigenen Aktionsräumen, denn es entstehen Pendler- und Lieferbeziehungen,

Abb. 1: Winfried Schenk im Sommer 2021 (Foto: Friederike Pauk).

bei denen weder Quell- noch Zielort in der Großstadt liegen. Dieser Raum wird insgesamt vielfältiger, da die Sozialstrukturen sich infolge neuer Wohnformen verändern, und es gibt ein oft verwirrendes Nebeneinander von Gewerbe und Wohnen und viel Verkehr. Entscheidend ist: Es leben, arbeiten und durchfahren viele Menschen diese Kulturlandschaft. Diese Räume als Kulturlandschaften zu denken und zu erfahren, war die Motivation der Veranstaltung, konkret in den Teilräumen Spuren der jeweiligen innewohnenden kulturellen Identität oder Heimat zu suchen (*Kleefeld u. Schenk* 2012).

Eine Erkenntnis dieser Veranstaltung war: Der oberflächliche Blick erschließt nicht das Ganze. Um so wichtiger sind Projekte wie die Integrierte Interkommunale Raumanalyse (IIRA) der Agglomeration Köln, damit eine Diskussion beginnen kann, die sich diesen Räumen widmet. Die Ausstellung der Heimatkisten wurde zusammen mit Erläuterungen erstmals am 12. Januar 2010 im Technischen Rathaus der Stadt Köln in Anwesenheit des damaligen Baudezernenten der Stadt Köln gezeigt und zog danach als „Wanderausstellung" durch die IIRA-Region, um Menschen zu motivieren, ebenfalls Kisten zu füllen. Weitere bisherige Stationen waren das Geographische Institut der Universität Bonn und das „Keramion", das Keramikmuseum in Frechen. Nach den Ausstellungen erfolgte die Auswertung innerhalb der IIRA, ergänzt durch einen kulturlandschaftlichen Fachbeitrag im rechtsrheinischen Köln, um dann entsprechende Leitbilder zur Förderung der kulturellen Identität zu formulieren.

Diesem Beispiel aus der Lehre wären noch viele andere aus dem Bereich dessen anzuführen, was heute die „Third Mission" der Universitäten genannt wird, die Vermittlung in außerakademische Kreise, die oft unbefangen und offen auf Themen der Historischen Geographie reagieren. Gerne hat er z. B. von seinen Seminaren mit Winzern erzählt, die sich zu Landschaftsführern ausbilden ließen.

Wir sind uns bewusst, dass wir bis hierhin nur einen kleinen Ausschnitt aus dem Ertrag eines reichen forscherischen Lebens haben darstellen können, von dem wir alle, soviel dürfte deutlich geworden sein, enorm profitiert haben. Das trifft aber nicht nur auf uns zu und in diesem Sinne sagen wir auch im Namen vieler Kolleginnen und Kollegen und nicht zuletzt vieler Studierender: Danke und ad multos annos!

Literatur

Berr, K. u. Schenk, W. (2019): Begriffsgeschichte. – In: *Kühne, Olaf; Weber, Florian; Berr, Karsten u. Jenal, Corinna [Hrsg.]*: Handbuch Landschaft. – Wiesbaden, S. 23–38.

Büttner, M. (1985): Grundfragen der Religionsgeographie. – Berlin.

Dix, A.; Schenk, W. u. Steinkrüger, J.-E. (2020): Historische Geographie. – In: *Gebhardt, Hans u. a. [Hrsg.]*: Geographie. Physische Geographie und Humangeographie. – Berlin, 3. Auflage, S. 1063–1075.

Gailing, L. (2014): Kulturlandschaftspolitik. Die gesellschaftliche Konstituierung von Kulturlandschaft durch Institutionen und Governance. – Detmold (Planungswissenschaftliche Studien zu Raumordnung und Regionalentwicklung, 4).

Gebhardt, H. (2015): Historische Geographie und kritische Humangeographie – einige vorläufige Überlegungen. – In: *Steinkrüger, Jan-Erik u. Schenk, Winfried [Hrsg.]*: Zwischen Geschichte und Geographie, zwischen Raum und Zeit. Beiträge der Tagung vom 11. und 12. April 2014 an der Universität Bonn. – Münster (Historische Geographie/Historical Geography, 1), S. 1–6.

Gebhardt, H. (2019): Landeskunde und Landschaft – eine kritische Betrachtung. – In: *Kühne, Olaf; Weber, Florian; Berr, Karsten u. Jenal, Corinna [Hrsg.]*: Handbuch Landschaft. – Wiesbaden, S. 289–298.

Glaser, R.; Gebhardt, H. u. Schenk, W. (2007): Geographie Deutschlands. – Darmstadt.

Glaser, R. u. Schenk, W. (1991): Der wissenschaftliche Wert von Hauschroniken zur Erforschung früher Umwelten, zugleich ein Forschungsbericht zu Teilaspekten der Historischen Umweltforschung. – In: Siedlungsforschung, 9, S. 243–257.

Glaser, R.; Schenk, W. u. Schröder, A. (1991): Die Hauschronik der Wiesenbronner Familie Hüßner. Ihre Aufzeichnungen zu Wirtschaft, Geschichte, Klima und Geographie Mainfrankens 1750–1894. – Würzburg (Materialien zur Erforschung früher Umwelten, 1).

Glaser, R.; Schenk, W. u. Saurer, H. (1991): Abschätzung von Albedoänderungen in historischer Zeit und ihre Auswirkungen auf den Strahlungshaushalt im mainfränkischen Raum. – In: Meteorologische Rundschau, 44 (5), S. 152–156.

Hard, G. (1970): „Was ist eine Landschaft?“ Über Etymologie als Denkform in der geographischen Literatur. – In: *Bartels, Dietrich [Hrsg.]*: Wirtschafts- und Sozialgeographie. – Köln u. Berlin (Neue Wissenschaftliche Bibliothek, 35), S. 66–84.

Jäger, H. (1969): Historische Geographie. Braunschweig.

Jäger, H. (1976): Großbritannien. – Darmstadt.

Jäger, H. (1987): Entwicklungsprobleme europäischer Kulturlandschaften. – Darmstadt.

Jäger, H. (1990): Irland. - Darmstadt.

Jäger, H. (1994): Einführung in die Umweltgeschichte. - Darmstadt.

Kleefeld, K.-D. u. Burggraaff, P. [Hrsg.] (1997): Perspektiven der Historischen Geographie. Siedlung - Kulturlandschaft - Umwelt in Mitteleuropa. ... Anläßlich des 25jährigen Dienstjubiläums von Klaus Fehn in Bonn und seines 60. Geburtstages. - Bonn.

Kleefeld, K.-D. u. Schenk, W. (2012): „Heimatkisten" - Ein kommunikativ-assoziativer Zugang zum kulturellen Erbe in der suburbanen Kulturlandschaft westlich von Köln. - In: *Schenk, Winfried; Kühn, Manfred; Leibenath, Markus u. Tzschaschel, Sabine [Hrsg]*: Suburbane Räume als Kulturlandschaften. - Hannover (Forschungs- und Sitzungsberichte des ARL, 236), S. 286–302.

Nüsser, M.; Schenk, W. u. Bub, G. (2005): Agrar- und Forstgeographie. - In: *Schenk, Winfried u. Schliephake, Konrad [Hrsg.]*: Allgemeine Anthropogeographie. - Gotha u. Stuttgart (Perthes GeographieKolleg), S. 353–399.

Pinkwart, W.; Glaser, R. u. Schenk, W. (1989): Fremdenverkehrsgeographische Untersuchungen am bayerischen Untermain. - Kronach u. München (Kommunal- und Regionalstudien, 5).

Schenk, W. (1988): Mainfränkische Kulturlandschaft unter klösterlicher Herrschaft. Die Zisterzienserabtei Ebrach als raumwirksame Institution vom 16. Jahrhundert bis 1803. - Würzburg (Würzburger Geographische Arbeiten, 71).

Schenk, W. (1990): „Vom Kloster zum Dorf" - Kulturgeographische Arbeiten im Museumsprojekt „Zisterzienserinnenkloster Frauental". - In: Information der Bayerischen Julius-Maximilians-Universität Würzburg, 4 (24), S. 15–17.

Schenk, W. (1992): Viticulture in Franconia along the river Main - human and natural influences since 700 AD. - In: Journal of Wine Research, 3 (3), S. 185–203.

Schenk, W. (1993): Strukturverbessernde Programme für die bayerische Rhön im 19. und 20. Jahrhundert. Zur Kontinuität von Planungsideen. - In: *Akademie für Raumforschung und Landesplanung [Hrsg.]*: Biosphärenreservat Rhön. Beiträge zu einer Raumnutzungskonzeption für die Rhön. - Hannover (Arbeitsmaterial, 199), S. 49–62.

Schenk, W. (1994a): 1200 Jahre Weinbau in Mainfranken - eine Zusammenschau aus geographischer Sicht. - In: *Schenk, Winfried u. Schliephake, Konrad [Hrsg.]*: Mensch und Umwelt in Franken. Festschrift für Alfred Herold. - Würzburg (Würzburger Geographische Arbeiten, 89), S. 179–201.

Schenk, W. (1994b): Eichelmastdaten aus 350 Jahren für Mainfranken - Probleme der Erfassung und Ansätze für umweltgeschichtliche Interpretationen. - In: Allgemeine Forst- und Jagdzeitung, 165 (7), S. 122–132.

Schenk, W. (1994c): Forstrechnungen als umweltgeschichtliche Quellen. Probleme und Ergebnisse der Auswertung von Rechnungsreihen der würzburgisch-hochstiftischen Forstverwaltung. - In: *Gundermann, Egon u. Volz, Karl-Reinhard [Hrsg.]*: Forum Forstgeschichte. Ergebnisse des Arbeitskreises Forstgeschichte in Bayern 1994. - München (Forstliche Forschungsberichte München, 137), S. 53–80.

Schenk, W. (1996a): Räumliche Grundlagen und zeitliche Entwicklung. Landschaft und Siedlung in Unterfranken. - In: *Gebhard, Helmut; Bedal, Konrad u. Wald, Albrecht [Hrsg.]*: Bauernhäuser in Bayern. Unterfranken. München (Bauernhäuser in Bayern. Dokumentation, 3), S. 19–46.

Schenk, W. (1996b): Raumgestaltung zwischen Ideal und Wirklichkeit: geographische Interpretationen eines landschaftsgeschichtlichen Abschnittes aus der „Brevis Notitia" des Ebracher Zisterzienserabtes Wilhelm Sölner (1714–1741). - In: *Rinschede, Gisbert u. Vossen, Joachim [Hrsg.]*: Beiträge zur Religionsgeographie 1995. - Berlin 1996 (Geographia Religionum, 10).

Schenk, W. (1996c): Waldnutzung, Waldzustand und regionale Entwicklung in vorindustrieller Zeit im mittleren Deutschland. Historisch-geographische Beiträge zur Erforschung von Kulturlandschaften in Mainfranken und Nordhessen. - Stuttgart (Erdkundliches Wissen, 117).

Schenk, W. (1996d): Forest development types in Central Germany in pre-industrial times. A contribution by historical geography to the solution of a forest history argument about the „wood scarcity" in the 18th century. - In: *Istituto internazionale di storia economica „F. Datini" [Hrsg.]*: L'uomo e la foresta secc. XIII–XVIII. - Prato (Serie II - Atti delle Settimane di Studi e altra Convegni, 27), S. 201–223.

Schenk, W. (1997): Nebennutzungen im Spiegel von herrschaftlichen Forstrechnungen des 17.–19. Jahrhunderts aus Franken - zugleich ein Diskussionsbeitrag zum „Aufbau Langer Reihen" für die Umweltgeschichte. - In: News of Forest History, 25/26, S. 98–110.

Schenk, W. (1998): Ländliche Gesellschaft und Raumnutzung. - In: *Kolb, Peter u. Krenig, Ernst-Günther [Hrsg.]*: Unterfränkische Geschichte. Band 4/1. - Würzburg, S. 275–334.

Schenk, W. [Hrsg.] (1999a): Aufbau und Auswertung „Langer Reihen" zur Erforschung von historischen Waldzuständen und Waldentwicklungen. Ergebnisse eines Symposiums in Blaubeuren vom 26.–28. Februar 1998. - Tübingen (Tübinger Geographische Studien, 125).

Schenk, W. (1999b): Möglichkeiten und Begrenzungen des Aufbaus und der Auswertung „Langer Reihen" aus Archivalien für die Erfassung vorindustrieller Waldzustände und -entwicklungen, diskutiert an frühneuzeitlichen Rechnungsbeständen aus dem mittleren Deutschland. - In: *Schenk, Winfried [Hrsg.]*: Aufbau und Auswertung „Langer Reihen" zur Erforschung von historischen Waldzuständen und Waldentwicklungen. Ergebnisse eines Symposiums in Blaubeuren vom 26.–28. Februar 1998. - Tübingen (Tübinger Geographische Studien, 125), S. 3–22.

Schenk, W. (2002a): Ländliche Räume im Wandel. - In: *Kolb, Peter u. Krenig, Ernst-Günther [Hrsg.]*: Unterfränkische Geschichte. Band 5,1. - Würzburg, S. 75–136.

Schenk, W. (2002b): „Landschaft" und „Kulturlandschaft" - getönte Leitbegriffe für aktuelle Konzepte geographischer Forschung und räumlicher Planung. - In: Petermanns Geographische Mitteilungen, 146 (6), S. 6–13.

Schenk, W. [Hrsg.] (2002c): Robert Gradmann: Vom Landpfarrer zum Professor für Geographie - Würdigung seiner wissenschaftlichen Leistungen. Beiträge zum Symposium anlässlich des 50. Todestages von Robert Gradmann. - Leinfelden-Echterdingen (Schriften zur Südwestdeutschen Landeskunde, 42).

Schenk, W. (2005): Historische Geographie. - In: *Schenk, Winfried u. Schliephake, Konrad [Hrsg.]*: Allgemeine Anthropogeographie. - Gotha u. Stuttgart (Perthes GeographieKolleg), S. 216–264.

Schenk, W. (2006a): Der Terminus „gewachsene Kulturlandschaft" im Kontext öffentlicher und raumwissenschaftlicher Diskurse zu „Landschaft" und „Kulturlandschaft". - In: *Matthiesen, Ulf; Danielzyk, Rainer; Heiland, Stefan u. Tzschaschel, Sabine [Hrsg.]*: Kulturlandschaften als Herausforderung für die Raumplanung. Verständnisse - Erfahrungen - Perspektiven. - Hannover (Forschungs- und Sitzungsberichte der ARL, 228), S. 9–21.

Schenk, W. (2006b): Ansätze zur planungsbezogenen Analyse von gewachsenen Kulturlandschaften aus der Sicht der Kulturlandschaftspflege. - In: *Matthiesen, Ulf; Danielzyk, Rainer; Heiland, Stefan u. Tzschaschel, Sabine [Hrsg.]*: Kulturlandschaften als Herausforderung für die Raumplanung. Verständnisse - Erfahrungen - Perspektiven. - Hannover (Forschungs- und Sitzungsberichte der ARL, 228), S. 99–119.

Schenk, W. (2011a): Historische Geographie in Bonn seit 2001 zwischen Kontinuität und Umbrüchen. - In: *Haffke, Jürgen; Kleefeld, Klaus u. Schenk, Winfried [Hrsg.]*: Historische Geographie. Konzepte und Fragestellungen, gestern - heute - morgen. Festschrift für Klaus Fehn zum 75. Geburtstag. - Bergisch Gladbach (Colloquium Geographicum, 33), S. 61–86.

Schenk, W. (2011b): Historische Geographie. - Darmstadt.

Schenk, W. (2013): Landschaft als zweifache sekundäre Bildung – historische Aspekte im aktuellen Gebrauch von Landschaft im deutschsprachigen Raum, namentlich in der Geographie. – In: *Bruns, Diedrich u. Kühne, Olaf [Hrsg.]*: Landschaften: Theorie, Praxis und internationale Bezüge.- Schwerin, S. 23–36.

Schenk, W. (2017): Landschaft. – In: *Kühnhardt, Ludger u. Meyer, Tilman [Hrsg.]*: Bonner Enzyklopädie der Globalität. - Wiesbaden, S. 671-684.

Schenk, W. (2019): Vielfalt in der Einheit – von Zisterziensern geprägte Kulturlandschaften zwischen Typus und Individualität. Zehn Thesen zur raumbezogenen Forschung zum Zisterzienserorden. – In: *Gunzelmann, Thomas u. Kastner, Birgit [Hrsg.]*: Vielfalt in der Einheit – Zisterziensische Kulturlandschaften in Mitteleuropa. – München (Schriftenreihe des Bayerischen Landesamtes für Denkmalpflege, 19), S. 45–54.

Schenk, W.; Fehn, K. u. Denecke, D. [Hrsg.] (1997): Kulturlandschaftspflege. Beiträge der Geographie zur räumlichen Planung. - Berlin u. Stuttgart.

Schenk, W. u. Heistermann, C. (1995): Auf den Spuren der Zisterzienser. Historisch-geographische Wanderziele rund um Ebrach. - Ebrach.

Schenk, W.; Kühn, M.; Leibenath, M. u. Tzschaschel, S. [Hrsg.] (2012): Suburbane Räume als Kulturlandschaften. - Hannover (Forschungs- und Sitzungsberichte des ARL, 236).

Schenk, W. u. Schliephake, K. [Hrsg.] (2005): Allgemeine Anthropogeographie. – Gotha u. Stuttgart (Perthes GeographieKolleg).

Schenk, W. u. Steinkrüger, J.-E. (2021): Kulturlandschaft als kultureller Prozess, illustriert am Orden der Zisterzienser und an den frühen Trägern der Rheinromantik. – In: *Duttmann, Rainer; Kühne, Olaf u. Weber, Florian [Hrsg.]*: Landschaft als Prozess. - Wiesbaden, S. 119–134.

Schenk, W.; Stöhr, L. u. Layer, G. (1994): „Wege in die Landschaft" – Wanderungen rund um Frauental. - Creglingen.

Schenk, W.; Stöhr, L. u. Layer, G. (1996): Volkskunde und Geographie. Zur Zusammenarbeit von Volkskundlern und Geographen in Museums- und Ausstellungsprojekten in Mainfranken. – In: Bayerische Blätter für Volkskunde, 23 (1), S. 21–28.

Schenk, W. u. Tillmann, E. (2018): Kulturlandschaft. – In: *Akademie für Raumforschung und Landesplanung [Hrsg.]*: Handwörterbuch der Stadt- und Raumentwicklung. – Hannover, S. 1255–1267.

Steinkrüger, J.-E. (2015): Jenseits der Gründungsmythen – Kiel und die Historische Geographie. – In: Geographica Helvetica, 70 (3), S. 251–254.

Siedlungsforschung. Archäologie – Geschichte – Geographie 39, 2021, S. 29–48

Veröffentlichungen von Winfried Schenk

Irene Zerza und Haik Thomas Porada

* = nach Begutachtung angenommene Arbeit
A = angeforderte Arbeit (Auftrags-/Vertragsarbeit) mit Nennung der beauftragenden Institutionen

1 Monographien

**(1988)*: Mainfränkische Kulturlandschaft unter klösterlicher Herrschaft. Die Zisterzienserabtei Ebrach als raumwirksame Institution vom 16. Jahrhundert bis 1803. – Würzburg u. Ebrach (Würzburger Geographische Arbeiten, 71, zugleich Veröffentlichung des Forschungskreises Ebrach).

**(1996)*: Waldnutzung, Waldzustand und regionale Entwicklung in vorindustrieller Zeit im mittleren Deutschland. Historisch-geographische Beiträge zur Erforschung von Kulturlandschaften in Nordhessen und Mainfranken. – Stuttgart (Erdkundliches Wissen, 117; zugleich Habilitationsschrift Geowissenschaftliche Fakultät Universität Würzburg 1993).

2 Herausgabe von Sammelbänden sowie Hand- und Lehrbüchern

(2020, Hrsg. zusammen Matthias Bickert u. Daniel Göler): Albanien im Transformationsprozess. Historische Elemente, räumliche Entwicklung und Bildung. – Würzburg (Würzburger Geographische Manuskripte, 89).

(2020, Hrsg. zusammen Tobit Nauheim u. Shigekazu Kusune): Japan 1873–1875: Die Tagebücher des Bonner Geographieprofessors Johannes Justus Rein, Band 1. – Bonn (Colloquium Geographicum, 36).

(2020, Hrsg. zusammen mit Thomas Meier u. Ulrich Müller): Inklusion/Exklusion – Transkulturalität im Raum. – Bonn (Siedlungsforschung, 37).

(2019, Hrsg. zusammen mit Matthias Hardt, Orsolya Heinrich-Tamáska u. Maté Tamáska): Orte und Landschaften der Mobilität. – Bonn (Siedlungsforschung, 36).

(2018, Hrsg. zusammen mit Volkmar Eidloth u. Andreas Dix): Orte und Landschaften der Muße, Freizeit und Erholung. – Bonn (Siedlungsforschung, 35).

(2018, Hrsg. zusammen mit Andrey Levchenko): Die Region Kaliningrad (ehem. Ostpreußen) – aktuelle räumliche Prozesse und geographische Kontinuitäten. – Würzburg (Würzburger Geographische Manuskripte, 87).

(2017, Hrsg.): Carl Troll. Dokumente zu seiner Biographie und seinem wissenschaftlichen Werk. – Bonn (Colloquium Geographicum, 35).

(2017, Hrsg. zusammen mit Peter Burggraaff, Milena Karabaic, Klaus-Dieter Kleefeld): Landschaft als Ressource. – Bonn (Siedlungsforschung, 34).

(2016, Hrsg. zusammen mit Thomas Meier): Tod und Gedenken in der Landschaft. – Bonn (Siedlungsforschung, 33).

(2015, Hrsg. zusammen mit Haik Thomas Porada u. Martin Heinze): Jagdlandschaften in Mitteleuropa. – Bonn (Siedlungsforschung, 32).

(2015, Hrsg. zusammen mit Jan-Erik Steinkrüger): Zwischen Geschichte und Geographie, zwischen Raum und Zeit. Beiträge der Tagung vom 11. und 12. April 2014 an der Universität Bonn. – Münster (Historische Geographie/Historical Geography, 1).

(2014, Hrsg. zusammen mit Orsolya Heinrich-Tamáska, Matthias Hardt u. Laszlo Revesz): Offene Landschaften. – Bonn (Siedlungsforschung, 31).

(2013, Hrsg. zusammen mit Martin Pries): Rohstoffgewinnung und Stadtentwicklung. – Bonn (Siedlungsforschung, 30).

**(2012, Hrsg. zusammen mit Markus Kühn, Markus Leibenath u. Sabine Tzschaschel)*: Suburbane Räume als Kulturlandschaften. – Hannover (Forschungs- und Sitzungsberichte des ARL, 236).

(2011, Hrsg. zusammen mit Jürgen Haffke u. Klaus-Dieter Kleefeld): Historische Geographie – Konzepte und Fragestellungen – Gestern – Heute – Morgen. Festschrift für Klaus Fehn zum 75. Geburtstag. – Bonn (Colloquium Geographicum, 33).

(2011): Historische Geographie. Geowissen kompakt. Wissenschaftliche Buchgesellschaft. – Darmstadt.

(2009, Hrsg. zusammen mit Hans-Rudolf Egli): Seen als Siedlungs-, Wirtschafts- und Verkehrsräume. – Bonn (Siedlungsforschung, 27).

(2009, Hrsg. zusammen mit Tilmann Schenk): Forschung im Spannungsfeld zwischen Geographie und Ökonomie. Zum 65. Geburtstag von Konrad Schliephake. – Würzburg (Würzburger Geographische Manuskripte, 75).

(2008, Hrsg. zusammen mit Hans Renes): Städtische Siedlungen und ihr Umland. – Bonn (Siedlungsforschung, 26).

(2007, Hrsg. zusammen mit Rüdiger Glaser u. Hans Gebhardt): Deutschland – eine Geographie. – Darmstadt.

(2005, Hrsg. zusammen mit Andreas Dix): Naturkatastrophen und Naturrisiken. – Bonn (Siedlungsforschung, 23).

(2005, Hrsg. zusammen mit Konrad Schliephake): Allgemeine Anthropogeographie. – Gotha (Perthes Geographie Kolleg).

(2002; Themenheft-Moderator zusammen mit Hans-Rudolf Bork): Kulturlandschaftsforschung. – In: Petermanns Geographische Mitteilungen, 146 (6).

(2002): Robert Gradmann: Vom Landpfarrer zum Professor für Geographie – Würdigung seiner wissenschaftlichen Leistungen. Beiträge zum Symposium anlässlich des 50. Todestages von Robert Gradmann. – Leinfelden-Echterdingen (Schriften zur Südwestdeutschen Landeskunde, 42).

(1999): Aufbau und Auswertung „Langer Reihen" zur Erforschung von historischen Waldzuständen und Waldentwicklungen. Ergebnisse eines Symposiums in Blaubeuren vom 26.–28. Februar 1998. – Tübingen (Tübinger Geographische Studien, 125).

(1997; federführender Herausgeber, zusammen mit Klaus Fehn u. Dietrich Denecke): Kulturlandschaftspflege. Beiträge der Geographie zur räumlichen Planung. – Stuttgart u. Berlin.

(1993, Hrsg. zusammen mit Rüdiger Glaser u. Stefan Militzer): Wetter – Witterung – Umwelt. Aufzeichnungen und Daten aus Franken, Sachsen, Sachsen-Anhalt und Thüringen. – Würzburg (Materialien zur Erforschung früher Umwelten, 2).

(1991, Hrsg. zusammen mit Rüdiger Glaser u. a. Schröder): Die Hauschronik der Wiesenbronner Familie Hüßner. Ihre Aufzeichnungen zu Wirtschaft, Geschichte, Klima und Geographie Mainfrankens von 1750–1894. – Würzburg (Materialien zur Erforschung früher Umwelten, 1).

(1984, Hrsg. zusammen mit Konrad Schliephake): Mensch und Umwelt in Franken. Festschrift für Alfred Herold. –Würzburg (Würzburger Geographische Arbeiten, 89).

3 Herausgeberschaften und Beirat von Zeitschriften und Reihen

Arbeiten zur Rheinischen Landeskunde (eingestellt). – Bonn (federführender Herausgeber im Auftrag des Bonner Geographischen Instituts).

Berichte. Geographie und Landeskunde; bis 2012 Berichte zur deutschen Landeskunde. – Leipzig (Mithrsg. bis 2016).

Bonner Geographische Arbeiten (eingestellt). – Bonn (federführender Herausgeber im Auftrag des Bonner Geographischen Instituts).

Colloquium Geographicum. – Bonn (federführende Herausgeber im Auftrag des Bonner Geographischen Instituts).

Erdkunde, Archiv für wissenschaftliche Geographie. – Bonn (Mithrsg. bis Ende 2014).

Historische Geographie/Historical Geography. – Berlin, Münster u. a. *(Hrsg. zusammen mit Andreas Dix, Matthew G. Hannah, Gordon Winder u. Jan-Erik Steinkrüger).*

Kulturlandschaft – Zeitschrift für Angewandte Historische Geographie. – Bonn (Mithrsg.; Reihe ist eingestellt).

Landschaften in Deutschland, hrsg. vom Leibniz-Institut für Länderkunde u. der Sächsischen Akademie der Wissenschaften zu Leipzig. – Leipzig (Wissenschaftlicher Beirat).

Siedlungsforschung. Archäologie – Geschichte – Geographie. – Bonn (federführender Herausgeber ab 2005).

Zeitschrift für Agrargeschichte und Agrarsoziologie. – Frankfurt am Main (editorial board).

4 Unselbständige Arbeiten (Aufsätze in Zeitschriften, Sammelbänden, etc.)

4.1 Kulturgeographie – Historische Geographie/Historische Umweltforschung, historisch-genetische Siedlungsforschung, Kulturlandschaftsforschung, Disziplingeschichte

Methodische und zusammenfassende Beiträge, Fallstudien

(2020): Der Wert von Kulturlandschaften für die Umweltbildung in Deutschland aus kulturgeografischer und ideengeschichtlicher Perspektive. – In: *Kühne, Olaf; Strobel, Thomas; Traba, Robert u. Wiatr, Marcin [Hrsg.]*: Kulturlandschaften in Deutschland und Polen. – Göttingen, S. 63–73.

(2020, zusammen mit Andreas Dix u. Jan-Erik Steinkrüger): Historische Geographie. – In: *Gebhardt, Hans; Glaser, Rüdiger; Radtke, Ulrich; Reuber, Paul u. Vött, Andreas [Hrsg.]*: Geographie. 3. Auflage. – Berlin, S. 1063–1075.

(2019): Vielfalt in der Einheit – von Zisterziensern geprägte Kulturlandschaften zwischen Typus und Individualität. Zehn Thesen zur raumbezogenen Forschung zum Zisterzienserorden/Diversity in Unity – Cultural Landscapes Shaped by Cistercians between Archetype an Individuality. Ten Theses about Spatial Research on the Cistercian Order. – In: *Gunzelmann, Thomas u. Kastner, Birgit [Hrsg./ed.]*: Vielfalt in der Einheit – Zisterziensische Kulturlandschaften in Mitteleuropa/Diversity in Unity – Cistercian Landscapes in Central Europe. – München (Schriftenreihe des Bayerischen Landesamtes für Denkmalpflege, 19), S. 45–54.

(2019, zusammen mit Dongy Kong): Inventories and Regionalization of Historical Cultural Landscapes in Germany in the Context of Cultural Landscape Conservation, In: Landscape Architecture (Bejing) 2019, 26 (12), S. 41–51.

(2019, zusammen mit Karsten Berr): Begriffsgeschichte (Landschaft). – In: *Kühne, Olaf et al. [Hrsg.]*: Handbuch Landschaft, RaumFragen: Stadt – Region – Landschaft. – Wiesbaden, S. 23–38.

(2019): Landscape. – In: *Kühnhardt, Ludger u. Meyer, Tilman (ed.)*: The Bonn Handbook of Globality. Vol. 1. – Wiesbaden, S. 621–633.

(2018, zusammen mit Andreas Reuschel): Hagenhufensiedlungen in der Ithbörde bei Eschershausen? – Ein Beitrag zur Lokalisation, Rekonstruktion und Terminologie dieses Siedlungstyps. – In: Braunschweigisches Jahrbuch für Landesgeschichte, 99, S. 143–156.

(2018, zusammen mit Elena Tillmann): Kulturlandschaft. – In: *Akademie für Raumforschung und Landesplanung [Hrsg.]*: Handwörterbuch der Stadt- und Raumentwicklung. – Hannover, S. 1255–1268.

(2018): Der räumliche und zeitliche Wandel von Verkehr, Energie und Raumstrukturen in ländlichen Räumen in seiner Bedeutung für die Gegenwart. – In: *Kützemeier, M., Grundmeier, F. u. Kamp, M. [Hrsg.]*: Mobilität in der Krise? – Lindlar (Schriften des LVR-Freilichtmuseums Lindlar), S. 16–26.

(2018): Defining and exploring Cultural landscape from the perspective of Historical Geography in German speaking Countries. – In: *Sychev, Viktor G. u. Mueller, Lothar [ed.]*: Novel Methods and Results of Landscape Research in Europe, Central Asia and Siberia, Vol. 1. Landscapes in the 21st Century: Status Analyses, Basic Processes and Research, Concepts. – Moscow, S. 52–56.

(2018, zusammen mit Elena Tillmann): Beiträge der Rechtsgeographie zur Kulturlandschaftspflege. – In: *Burggraaff, Peter; Kleefeld, Klaus-Dieter; König, Dieter u. Köppen, Bernhard [Hrsg.]*: Koblenz und das nördliche Rheinland-Pfalz – Forschungen und Themen. Festschrift zum 65. Geburtstag von Prof. Dr. Rainer Graafen am 15. April 2018. – Koblenz (Koblenzer Geographisches Kolloquium, 40), S. 337–346.

(2018): Kontinuitäten und Diskontinuitäten der geographischen Forschung und Lehre in Bonn im Spiegel der Entwicklung der Professuren. – In: *Becker, Thomas u. Rosin, Philip [Hrsg.]*: Die Natur- und Lebenswissenschaften. – Göttingen (Geschichte der Universität Bonn, 4), S. 391–408.

(2017): Landschaft als Ressource in Geschichte und Gegenwart. Eine Einführung in die gleichnamige Tagung. – In: Siedlungsforschung 34, S. 27–33.

(2017, zusammen mit Klaus Kleefeld): „Energiewenden" und ihr Niederschlag in der Kulturlandschaft. – In: *LVR-Industriemuseum [Hrsg.]*: Energiewenden – Wendezeiten. – Münster (Katalog zur Ausstellung Energiewenden – Wendezeiten im LVR-Industriemuseum Zinkfabrik Altenberg), S. 132–138.

(2017): Znaczenie krajobrazów kulturowych dla edukacji ekologicznej w Niemczech z perspektywy historii kultury i historii idei. In: *Traba, Robert; Julkowska, Violetta u. Stryjakiewicz, Tadeusz [Hrsg.]*: Krajobrazy Kulturowe. – Warszawa u. Berlin, S. 69–78.

(2017): Einordnung der Ansätze des Projekts „Kulturlandschaftsschutz auf der kommunalen Ebene – KulaKOMM" in den Forschungsstand zum Thema Kulturlandschaft. – In: *Recker, Udo; Kleefeld, Klaus-Dieter u. Burggraaff, Peter [Hrsg.]*: Kulturlandschaftsmanagement. Planung – Perspektive – Vermittlung. – Wiesbaden (Fundberichte aus Hessen, Beiheft 9), S. 11–16.

(2017): Überlegungen zum Verhältnis von Landschaft und Nostalgie. – In: *Sielke, Sabine [Hrsg.]*: Nostalgie/Nostalgia. – Frankfurt am Main, S. 211–221.

(2017): Landschaft. – In: *Kühnhardt, Ludger u. Mayer, Tilman [Hrsg.]*: Bonner Enzyklopädie der Globalität. – Wiesbaden 2017, S. 671–684.

(2016): Beiträge der Historischen zur Erforschung der gebauten und natürlichen Umwelt des mittelalterlichen Menschen. – In: *Mersch, Margit [Hrsg.]*: Mensch-Natur-Wechselwirkungen in der Vormoderne. Beiträge zur mittelalterlichen und frühneuzeitlichen Umweltgeschichte. – Göttingen, S. 73–94.

(2016): „Ländliche, städtische, industrielle Kulturlandschaft – mögliche Abgrenzungen". – In: *Stiftung Industriedenkmalpflege und Geschichtskultur [Hrsg.]*: Industrielle Kulturlandschaften im Welterbe-Kontext. – Berlin (ICOMOS – Hefte des Deutschen Nationalkomitees, 62), S. 74–81.

(2016): Kulturlandschaft als gedankliches Konstrukt auf der Basis eines realen Substrats. – In: *Deutsche Gesellschaft für Gartenkultur [Hrsg.]*: Landschaftskultur. Zwischen Bewahrung und Entwicklung. – München, S. 18–21.

(2015, zusammen mit Annegret Simms, Haik Thomas Porada u. Stefan Klotz): Dietrich Denecke zum 80. Geburtstag – Laudatio. – In: Siedlungsforschung 32, S. 9–22.

(2013): Landschaft als zweifache sekundäre Bildung. Historische Aspekte im aktuellen Gebrauch von Landschaft im deutschsprachigen Raum, namentlich in der Geographie. – In: *Bruns, Diedrich u. Kühne, Olaf [Hrsg.]*: Landschaften: Theorie, Praxis und internationale Bezüge. – Schwerin 2013, S. 23–34.

(2013): Historical Geography in Germany in the tension between basic research and practical orientation. In: Revue des Géographie historique, Mai 2013, http://rgh.univ-lorraine.fr/reviews/view/4 (Zugriff: 31. Dezember 2013).

(2013): Traditionelle Agrarlandschaften. In: *Gebhardt, Hans; Glaser, Rüdiger u. Lentz, Sebastian [Hrsg.]*: Europa – eine Geographie. – Berlin u. Heidelberg, S. 249–252.

(2013): Der Landwirt als Kulturlandschaftspfleger – Tendenzen der Agrarlandschaftsentwicklung in Europa u. Ansätze einer europäischen Kulturlandschaftspolitik, In: *Gebhardt, Hans; Glaser, Rüdiger u. Lentz, Sebastian [Hrsg.]*: Europa – eine Geographie. – Berlin u. Heidelberg, S. 277–278.

(2012): De l'espace résiduel aux paysages culturels: les nouvelles conceptions de la ruralité et ses ressources dans les politiques territoriales en Allemagne, In: *Lacquement, G.; Born, K. M. u. Hirschhausen, B. von [Hrsg.]*: Réinventer les campagnes en Allemange. – Lyon, S. 43–58.

(2011) Landschapskenmerken von cistercienzers: identificatie, conservatie en gebuik in het kader van landschapsbeheer en regionale ontwikkeling. Vorbeelden uit Zuid- en West-Duitsland. – In: Vorming van landschapen? – Koksijde (NoviiMonasterii, 11), S. 33–24.

(2011, zusammen mit Andreas Dix): Historische Geographie. – In: *Gebhardt, Hans; Glaser, Rüdiger; Radtke, Ulrich u. Reuber, Paul [Hrsg.]*: Geographie. – Heidelberg; 2. Aufl., S. 1063–1075.

(2011): Fachübergreifende Zugänge und Arbeitsfelder der Historischen Geographie im Forschungsfeld „Historische Mensch-Umwelt-Beziehungen". – In: *Meier, Th. u. Tillessen, P. [Hrsg.]*: Über die Grenzen zwischen den Disziplinen. – Budapest, S. 435–445.

(2011): Historische Geographie in Bonn seit 2001 zwischen Kontinuität und Umbrüchen. – In: *Haffke, Jürgen; Schenk, Winfried u. Kleefeld, Klaus-Dieter [Hrsg.]*: Historische Geographie – Konzepte und Fragestellungen – Gestern – Heute – Morgen. Festschrift für Klaus Fehn zum 75. Geburtstag. – Bonn (Colloquium Geographicum, 33), S. 61–86.

(2010): 'Central Places' as a point of discussion from German geography in (pre)historical research. – In: *Ludowici, Babette; Jöns, Hauke; Kleingärtner, Sunhild; Scheschkewitz, Jonathan u. Hardt, Matthias [Hrsg.]*: Trade and Communication Networks of the First Millennium AD in the northern part of Central Europe: Central Places, Beach Markets, Landing Places and Trading Centres. – Stuttgart (Neue Studien zur Sachsenforschung, 1), S. 11–13.

(2009): Chûô Yôrappa ni okeru tochi riyô to keikan – 1500 nen zengo no keinan kaga kara (Landnutzung und Landschaftsbilder in Mitteleuropa im Spiegel historischer Landschaftsgemäde aus der Zeit um 1500. – In: *Kondô, Shigekazu; Kojita, Yasunao; Horres, Robert u. Taranczewski, Detlev [Hrsg.]*: Chûsei – Nihon to Seiô. Takyoku to bunken no jidai (Mittelalter – Epoche der Denzentralisierung und Machtteilung. Japan und Westeuropa im Vergleich). – Tôkyô, S. 125–135.

(2009): Ländliche Siedlungsräume in Deutschland: Grundzüge ihrer Entwicklung seit dem frühen Mittelalter bis zur gesellschaftlichen und energetischen Wende „um 1800" sowie nach dem Zweiten Weltkrieg. – In: *Denecke, Dietrich u. Porada, Haik Thomas [Hrsg.]*: Die Erfassung und Darstellung ländlicher Siedlungsräume, der Siedlung und Bausubstanz in einer landeskundlichen Bestandsaufnahme. – Leipzig (forum ifl, 12), S. 9–18.

(2008): Der Wandel der Kulturlandschaft seit dem frühen Mittelalter bis zum Beginn der Industrialisierung als Variable der Bevölkerungszahl. – In: *Landschaftsverband Rheinland [Hrsg.]*: Demographie und Kulturlandschaft. – Köln (Beiträge zur Landesentwicklung, 61), S. 9–13.

(2008): Landschaft als materialisiertes Gedächtnis – historisch-geographische Erfassung und Bewertung des räumlichen Erbes der Zisterzienser im Rahmen der Kulturlandschaftspflege. – In: *Czaja, Roman; Heimann, Heinz-Dieter u. Wemhoff, Matthias [Hrsg.]*: Klosterlandschaften. Methodisch-exemplarische Annäherungen. – München, S. 53–62.

(2008, zusammen Rainer Schreg): Grundlinien der Siedlungs- und Kulturlandschaftsentwicklung in Südwestdeutschland von den ersten Bauern bis zum Ende des Mittelalters. – In: *Gebhardt, Hans [Hrsg.]*: Geographie Baden-Württembergs. Raum, Entwicklung, Regionen. – Stuttgart (Schriften zur politischen Landeskunde Baden-Württembergs, 36), S. 183–199.

(2007, zusammen mit Pamela Nienkemper u. Marie Kubota): Kulturlandschaften als kulturelle Schutzgüter in Japan - rechtliche Grundlagen und Auswahlverfahren. - In: *Legeland, M.-L. u. a. [Hrsg.]*: Von Bauern, Beamten und Banditen. Beiträge zur historischen Japanforschung für Detlev Taranczewski zur seinem sechzigsten Geburtstag von seinen Schülern und Kollegen. - Bonn (Bonner Japanforschung, 27), S. 297-310.

(2007, zusammen mit Rüdiger Glaser u. M. Nestle): Würzburgs Umwelt in der Transformation von der vorindustriellen Zeit in die Dienstleistungsgesellschaft. - In: *Wagner, U. [Hrsg.]*: Geschichte der Stadt Würzburg III,1. - Stuttgart, S. 351-368 (Anmerkungen dazu in Band III, 2, S. 1295-1296).

(2007): Deutschlands Lage in Europa - von der „Mittellage" zum Zentrum der „Blauen Banane". - In: *Institut für den Donauraum und Mitteleuropa [Hrsg.]*: Info Europa. Kulturführer Mitteleuropa Sonderheft 2007. - Wien, S. 4-9.

(2007): Historische Geographie als historische Regionalwissenschaft. Zur „Produktion" von Regionen durch historisch-geographische Forschung. - In: *Groten, Manfred u. Rutz, Andreas [Hrsg.]*: Rheinische Landesgeschichte an der Universität Bonn. Traditionen - Entwicklungen - Perspektiven. - Bonn, S. 251-264.

(2007): Von den Niederlanden lernen! - In: *Beenakker, Jan; Horsten, F.; Kraker, A. de u. Renes, Hans [Hrsg.]*: Landschap in ruimte en tijd. - Amsterdam, S. 333-343.

(2006, zusammen mit Sabine Weizenegger): Cultural Landscape Management in Europe and Germany. - In: *Agnoletti, M. [Hrsg.]*: The Conservation of Cultural Landscapes. - Wallingford (CABI), S. 183-196.

(2006, zusammen mit Andreas Dix): Historische Geographie. - In: *Gebhardt, Hans; Glaser, Rüdiger; Radtke, Ulrich u. Reuber, Paul [Hrsg.]*: Geographie. - Heidelberg, S. 817-828.

(2006): Holznöte im 18. Jahrhundert? - Ein Forschungsbericht zur „Holznotdebatte" der 1990er Jahre. - In: Schweizerische Zeitschrift für Forstwesen, 157 (6), S. 377-383.

(2005): „Kulturlandschaft" als Forschungskonzept und Planungsauftrag - aktuelle Themenfelder der Kulturlandschaftsforschung. - In: *Denzer, Vera; Hasse, Jürgen; Kleefeld, Klaus-Dieter u. Recker, Udo [Hrsg.]*: Kulturlandschaft. Wahrnehmung - Inventarisation - Regional Beispiele. - Bonn (Fundberichte aus Hessen, Beiheft 4), S. 15-33.

(2005): Historical Geography - an environmental historical bridge between History and Geography. - In: Rekishi-chiri-gaku, 9 (The Historical Geography). - Tokyo, S. 1-12.

(2005, zusammen mit Wilfried Krings): Zum Stand der historisch-geographischen Forschung zu Bayern. - In: *Ackermann, Konrad u. Rumschöttel, Hermann [Hrsg.]*: Bayerische Geschichte. Landesgeschichte in Bayern. Festgabe für Alois Schmid zum 60. Geburtstag. - München (Zeitschrift für bayerische Landesgeschichte, 68, 1), S. 27 -50.

(2005): Historische Geographie. - In: *Schenk, Winfried u. Schliephake, Konrad [Hrsg.]*: Allgemeine Anthropogeographie. - Gotha, S. 215-264.

(2005): Kulturlandschaftspflege und Naturschutz: Strategische Folgerungen aus der Analyse der energetischen und ökonomischen „Logik" hinter dem säkulären Agrarlandschaftswandel im 19. und 20. Jahrhundert. - In: *Erdmann, Karl-Heinz u. Schell, Christiane (Bearb.)*: Zukunftsfaktor Natur - Blickpunkt Naturnutzung. - Münster-Hiltrup u. Bonn (Bundesamt für Naturschutz, Sonstige Veröffentlichungen), S. 49-61.

(2004): Spuren in der Landschaft des ebrachischen Mönchgaus. - In: *Wiemer, Wolfgang [Hrsg.]*: Festschrift Ebrach 200 Jahre nach der Säkularisation 1803. - Ebrach, S. 247-269.

(2004): „Städtelandschaft" als Begriff in der Historischen Geographie und Anthropogeographie. - In: *Gräf, Holger Th. u. Keller, Katrin [Hrsg.]*: Städtelandschaft, réseau urbain, urban network - Städte im regionalen Kontext in Spätmittelalter und Früher Neuzeit. - Köln u. a. (Städteforschung, A 62), S. 25-45.

(2004): Zisterzienser im Fokus historisch-geographischer Forschungen. Ein Literaturbericht. – In: Cistercienser Chronik, 111 (1), S. 79–84.

(2004, zusammen mit Rüdiger Glaser): Aspekte der vorindustriellen Umweltgeschichte des Würzburger Siedlungsraums. – In: *Wagner, Ulrich [Hrsg.]*: Geschichte der Stadt Würzburg, 2: Vom Bauernkrieg 1525 bis zum Übergang an das Königreich Bayern 1814. – Stuttgart, S. 21–36.

(2003): Bilanzierung von Wald und Offenland in vorindustrieller Zeit. Dargestellt an Beispielen vor allem aus Süd- und Westdeutschland. – In: *Ackermann, Konrad u. Schmid, Alois [Hrsg.]*: Staat und Verwaltung in Bayern. Festschrift für Wilhelm Volkert zum 75. Geburtstag. – München (Schriften zur bayerischen Landesgeschichte, 139), S. 373–383.

(2003): Historische Geographie. Umwelthistorisches Brückenfach zwischen Geschichte und Geographie. – In: *Siemann, Wolfram [Hrsg.]*: Umweltgeschichte. Themen und Perspektiven. – München, S. 129–146.

(2002): Religion und Kulturlandschaft: Annäherungen an ein dialektisches Prozessfeld aus historisch-geographischer Perspektive. – In: Siedlungsforschung 20, S. 9–24.

(2002): Die Versorgung der Stadt Würzburg mit Brennholz im 18. und 19. Jahrhundert. – In: *Siemann, Wolfram; Freytag, Nils u. Piereth, W. [Hrsg.]*: Städtische Holzversorgung. Machtpolitik, Armenfürsorge und Umweltkonflikte in Bayern und Österreich 1750–1850 (Zeitschrift für bayerische Landesgeschichte, Beiheft 22 Reihe B), S. 155–172.

(2002): Ländliche Räume im Wandel. – In: *Kolb, Peter u. Krenig, Ernst-Günther [Hrsg.]*: Unterfränkische Geschichte, 5,1. – Würzburg, S. 75–136 (A = Bezirk Unterfranken).

(2002, zusammen mit H.-G. Wagner): Dynamik und Struktur der Bevölkerung in Unterfranken seit 1815. – In: *Kolb, Peter u. Krenig, Ernst-Günther [Hrsg.]*: Unterfränkische Geschichte, 5,1. – Würzburg, S. 55–71.

(2002, zusammen mit Hans-Rudolf Bork): Literaturempfehlungen: Kulturlandschaftsforschung. – In: Petermanns Geographische Mitteilungen, 146 (6), S. 70–73.

(2002): Aktuelle Tendenzen der Landschaftsentwicklung in Deutschland und Aufgaben der Kulturlandschaftspflege. – In: Petermanns Geographische Mitteilungen, 146 (6), S. 54–57.

(2002): „Landschaft" und „Kulturlandschaft" – „getönte" Leitbegriffe für aktuelle Konzepte geographischer Forschung und räumlicher Planung. – In: Petermanns Geographische Mitteilungen, 146 (6), S. 6–13.

(2002): Robert Gradmann als Siedlungsgeograph und Landeskundler. – In: *Schenk, Winfried [Hrsg.]*: Robert Gradmann: Vom Landpfarrer zum Professor für Geographie – Würdigung seiner wissenschaftlichen Leistungen. Beiträge zum Symposium anlässlich des 50. Todestages von Robert Gradmann. – Leinfelden-Echterdingen (Schriften zur Südwestdeutschen Landeskunde, 42), S. 69–94.

(2002: zusammen mit Wolfgang Andres): Kulturlandschaften – Archive der Vergangenheit oder Wirtschaftsräume der Gegenwart? – In: *Ehlers, Eckart u. Leser, Hartmut [Hrsg.]*: Geographie von heute – für die Welt von morgen. – Gotha, S. 67–74.

(2002): Zisterzienser als Gestalter von Kulturlandschaft. Forschungsstand, offene Fragen und Konzept zum Umgang mit dem landschaftlichen Erbe. – In: *Otten, Thomas u. Wiemer, K. P. [Hrsg.]*: Ora et labora. Quellen und Elemente der Nachhaltigkeit zisterziensischen Lebens. – Köln (Zisterzienser im Rheinland, 5), S. 71–88.

(2001): Das Forschungsfeld „Wald und Siedlung" aus der Sicht der Historischen Geographie. – In: Siedlungsforschung, 19, S. 9–34.

(2001, zusammen mit Rüdiger Glaser): Würzburgs Lage im Naturraum – natürliche Potenziale und Begrenzungen. – In: Geschichte der Stadt Würzburg, 1: Von den Anfängen bis zum Ausbruch des Bauernkriegs. – Stuttgart, S. 18–30 (A = Stadt Würzburg).

(2001): Identifizierung, Erhaltung und Pflege sowie mediale Vermittlung des landschaftlichen Erbes des Zisterzienserordens, dargestellt an Beispielen aus Süddeutschland. – In: *Rückert, Peter u. Schwarzmaier, Hans [Hrsg.]*: 850 Jahre Kloster Herrenalb. – Stuttgart 2001 (Oberrheinische Studien, 19), S. 211–222.

(2001, zusammen mit Liane Stöhr): Geschichte und kulturhistorische Bedeutung von Steinriegellagen auf der Gemarkung von Weikersheim. – In: Württembergisch Franken, 85, S. 227–245.

(2001): Auen als Siedlungs- und Wirtschaftsräume vor den ingenieurtechnischen Veränderungen des 19. Jahrhundert. – das Mittelmaingebiet als Beispiel. – In: Zeitschrift für Geomorphologie, N. F., Suppl.-Bd. 124, S. 55-67.

(2001): Süddeutsche Kulturlandschaften unter zisterziensischem Einfluss: Historisch-geographische Ausprägungen und aktuelle planerische Anforderungen. – In: *Knefelkamp, Ulrich [Hrsg.]*: Zisterzienser. Norm, Kultur, Reform – 900 Jahre Zisterzienser. – Berlin u. a., S. 211–238.

(2000): Aufgaben der genetischen Siedlungsforschung in Mitteleuropa aus der Sicht der Geographie. – In: Siedlungsforschung 18, S. 29–50.

(2000): Preindustrial Forests in Central Europe as Objects of Historical-Geographical Research. – In: *Agnoletti, Mauro u. Anderson, S. [ed.]*: Methods and Approaches in Forest History. – Wallingford u. New York, S. 129–138 (IUFRO Research Series, 3).

(1999): Möglichkeiten und Begrenzungen des Aufbaus und der Auswertung „Langer Reihen" aus Archivalien für die Erfassung vorindustrieller Waldzustände und -entwicklungen, diskutiert an frühneuzeitlichen Rechnungsbeständen aus dem mittleren Deutschland. – In: *Schenk, Winfried [Hrsg.]*: Aufbau und Auswertung „Langer Reihen" zur Erforschung von historischen Waldzuständen und Waldentwicklungen. Ergebnisse eines Symposiums in Blaubeuren vom 26.–28. Februar 1998. – Tübingen, S. 3–22 (Tübinger Geographische Studien, 125).

(1998): Zisterzienser als Gestalter von Kulturlandschaften – Bewertung der landeskulturellen Leistungen und planerischer Umgang mit dem landschaftlichen Erbe. – In: *Schich, Winfried [Hrsg.]*: Zisterziensische Wirtschaft und Kulturlandschaft. – Berlin (Studien zur Geschichte, Kunst und Kultur der Zisterzienser, 3), S. 8–32.

(1998): Ländliche Gesellschaft und Raumnutzung. – In: *Kolb, Peter u. Krenig, Ernst-Günther [Hrsg.]*: Unterfränkische Geschichte, 4/1. – Würzburg, S. 275–334 (A = Bezirk Unterfranken).

(1997): Holzschnitzerei und Regionalentwicklung – Anatomie gescheiterter Versuche zur Verbesserung der wirtschaftlichen Lage in mainfränkischen Randgebirgen im 19. Jahrhundert. – In: Zeitschrift für Agrargeschichte und Agrarsoziologie, 4 (1), S. 40–56.

(1997): Nebennutzungen im Spiegel von herrschaftlichen Forstrechnungen des 17.–19. Jahrhunderts aus Franken – zugleich ein Diskussionsbeitrag zum „Aufbau Langer Reihen" für die Umweltgeschichte. – In: News of Forest History, 25/26, S. 98–110.

(1997): Der Blick auf die Landschaft. Die Geschichte unserer Umwelt im Spiegel von Landschaftsgemälden. – In: Praxis Geschichte, 11 (4), S. 40–42.

(1997): Landschaften vom Reißbrett. Agrarlandschaftswandel – Ökonomische Hintergründe und kulturräumliche Folgen. – In: Praxis Geschichte, 11 (4), S. 33–39.

(1997): Beiträge der Geographie zur Erforschung vorindustriezeitlicher Waldentwicklungen und Waldzustände in Deutschland – ein Literatur- und Forschungsbericht. – In: *Gundermann, E. u. Beck, R. [Hrsg.]*: Forum Forstgeschichte. Ergebnisse des Arbeitskreises Forstgeschichte in Bayern 1996. – München (Forstliche Forschungsberichte München, 161), S. 129–154.

(1996): Landschaft und Siedlung in Unterfranken. – In: *Gebhard, H.; Bedal, K. u. Wald, A. [Hrsg.]*: Bauernhäuser in Bayern. Dokumentation 3, Unterfranken. – München, S. 19–46 (A = Bayer. Staatsministerium für Ernährung, Landwirtschaft und Forsten und Bayerischer Landesverein für Heimatpflege).

(1996): Forest Development Types in Central Germany in Pre-Industrial Times. A Contribution by Historical Geography to the Solution of a Forest History Argument about the „Wood Scarcity“ in the 18th Century. – In: *Istituto internazionale di storia economica „F. Datini“ [Hrsg.]*: L'uomo e la foresta secc. XIII–XVIII. – Prato, S. 201–223 (Serie II – Atti delle „Settimane di Studi e altra Convegni“, 27).

(1995): Raumgestaltung zwischen Ideal und Wirklichkeit – geographische Interpretationen eines landschaftsgeschichtlichen Abschnittes aus der „Brevis Notitia“ des Ebracher Zisterzienserabtes Wilhelm Sölner (1714–1741). – In: *Rinschede, Gisbert u. Vossen, Joachim [Hrsg.]*: Beiträge zur Religionsgeographie 1995. – Berlin (Geographia Religionum, 10), S. 71–95.

(1995, zusammen mit Rüdiger Glaser): Grundzüge der Klimaentwicklung in Mitteleuropa seit dem Jahr 1000. – In: *Hofrichter, H. [Hrsg.]*: Fenster und Türen in historischen Wehr- und Wohnbauten. Kolloquium des Wissenschaftlichen Beirats der Deutschen Burgenvereinigung. – Marksburg/Braubach (Veröff. der Deutschen Burgenvereinigung, Reihe B, Schriften 4; zugleich Sonderheft der Zeitschrift „Burgen und Schlösser“), S. 13–25.

(1995): Die mainfränkische Landschaft unter dem Einfluss von Gewerbe, Handel, Verkehr und Landwirtschaft (im konfessionellen Zeitalter). – In: *Kolb, Peter u. Krenig, Ernst-Günther [Hrsg.]*: Unterfränkische Geschichte, 3. – Würzburg, S. 519–588 (A = Bezirk Unterfranken).

(1995): Graphik „Idealisierte Phasen der agrarräumlichen Entwicklung im mittleren und westlichen Deutschland vom Frühmittelalter bis zur Industrialisierung.“ – In: *Wagner, Horst-Günter*: Wirtschaftsgeographie. – Braunschweig (Das Geographische Seminar), S. 155.

(1994): Eichelmastdaten aus 350 Jahren für Mainfranken – Probleme der Erfassung und Ansätze für umweltgeschichtliche Interpretationen. – In: Allgemeine Forst- und Jagdzeitung, 165 (7), S. 122–132.

(1994): Forstrechnungen als umweltgeschichtliche Quellen. Probleme und Ergebnisse der Auswertung von Rechnungsreihen der würzburgisch-hochstiftischen Forstverwaltung. – In: *Gundermann, E. u. Volz, K.-R. [Hrsg.]*: Forum Forstgeschichte. Ergebnisse des Arbeitskreises Forstgeschichte in Bayern 1994. – München (Forstliche Forschungsberichte München, 137), S. 53–80.

(1993): The use of CAD and GIS systems in the reconstruction of large-scale historic field systems and land utilisation – an example out of the 16th century in southern Germany. – In: History and Computing, 5 (1), S. 25–34 (Edinburgh, GB).

(1993): Der Rindhof bei Maria Bildhausen in Franken – religiöse Minderheiten als Kulturlandschaftsgestalter. – In: Mainfränkisches Jahrbuch, 45, S. 179–214.

(1992): Städtische Siedlungen und Verkehr (vom hohen Mittelalter bis zum Beginn des konfessionellen Zeitalters). – In: *Kolb, Peter u. Krenig, Ernst-G. [Hrsg.]*: Unterfränkische Geschichte, 2. – Würzburg, S. 495–528 (A = Bezirk Unterfranken).

(1992): Fundamental Changes in the Forest Landscapes of Lower Franconia in the 19th Century. – In: *Verhoeve, A. u. Vervloet, J.A.J. [ed.]*: The Transformation of the European Rural Landscape: Methodological issues and agrarian change 1770–1914. – Brüssel, S. 249–258.

(1992): Die Fruchtfolgeverhältnisse auf dem mainfränkischen Ackerland in den letzten beiden Jahrhunderten als landschaftliche Widerspiegelung agrarischer Entwicklungsphasen. – In: Frankenland, 44 (3), S. 64–73.

(1991/92): Nutzung und Zustand der Gemeinschaftlichen Waldungen in der Grafschaft Wertheim am Ende des 18. Jahrhunderts – ein Beitrag zur Kulturlandschaftsgeschichte Frankens. – In: Wertheimer Jahrbuch 1991/92, S. 97–119.

(1991, zusammen mit Rüdiger Glaser): Der wissenschaftliche Wert von Hauschroniken zur Erforschung früher Umwelten, zugleich ein Forschungsbericht zu Teilaspekten der Historischen Umweltforschung. – In: Siedlungsforschung, 9, S. 243–257.

(1991, zusammen mit Rüdiger Glaser u. H. Saurer): Abschätzung von Albedoänderungen in historischer Zeit und ihre Auswirkungen auf den Strahlungshaushalt im mainfränkischen Raum. – In: Meteorologische Rundschau, 44 (5), S. 152–156.

(1991): Zisterziensisches Erbe in der mainfränkischen Kulturlandschaft am Beispiel von Ebrach und Frauental. – In: *Brückner, Wolfgang u. Lenssen, Jürgen [Hrsg.]*: Zisterzienser in Franken. – Würzburg (Kirche, Kunst und Kultur in Franken, 2), S. 55–68 (A = Referat für Kunst und Kultur der Diözese Würzburg).

(1990): Vom Kloster zum Dorf: Kulturlandschaftswandel auf der Gemarkung des ehemaligen Zisterzienserinnenklosters Frauental. Exemplarisches und Besonderheiten zur Landschaftsgeschichte Frankens seit 1500. – In: Württembergisch Franken, 74, S. 121–161.

(1990): Das Klosterdorf Neudorf. Stabilität von Siedlungsstrukturen im Steigerwald unter ebrachischer Herrschaft in der Frühneuzeit. – In: Heimat Bamberger Land, 2 (1), S. 25–30.

(1989): Zur Raumwirksamkeit einer Heilsidee: eine Forschungs- und Literaturübersicht zu historisch-geographischen Fragestellungen der Zisterzienserforschung. – In: Siedlungsforschung, 7, S. 249–262.

(1989): Eine „Thematische Karte" aus dem 17. Jahrhundert: die „Chorographia locorum" aus der Abtei Ebrach als historisch-landeskundliche Quelle. – In: Jahrbuch für fränkische Landesforschung, 49, S. 141–157.

(1988, zusammen mit Rüdiger Glaser u. bei Mitarbeit von Hans-Ulrich Hahn): Einflussgrößen auf die Anbau- und Ertragsverhältnisse des Ackerlandes im frühneuzeitlichen Mainfranken – Forschungsstand, Ergebnisse und offene Fragen. – In: Mainfränkisches Jahrbuch, 40 (1988), S. 43–69.

Artikel im Reallexikon der Germanischen Altertumskunde (Hoops). – Berlin.

(2006, zusammen mit Ingo Eichfeld): Weidewirtschaft. – Bd. 32, S. 348–355.

(2005): Siedlungswesen. – Bd. 28, S. 364–365.

(2005): Siedlungsgeographie. – Bd. 28, S. 323–335.

(2003): Rodung. – Bd. 25, S. 59–61.

(2003): Rain. – Bd. 24, S. 117–119.

(2002): Nomadismus. – Bd. 21, S. 262–264.

(2001): Lesesteine. – Bd. 18, S. 274–277.

(2001): Landwirtschaft. – Bd. 18, S. 30–42.

(2001): Landschaft. – Bd. 17, Berlin, S. 617–630.

(2000): Hochacker. – Bd. 15, Berlin, S. 5–8.

Artikel im Lexikon der Geographie. - Heidelberg 2001 f.:

Altsiedelland, Bd. 1, S. 50.

Angewandte Historische Geographie Bd. 1, S. 57.

Archivforschung, Bd. 1, S. 78.

Bauernlegen, Bd. 1, S. 124.

Bifang, Bd. 1, S. 160.

Binnenkolonisation, Bd. 1, S. 166.

Blockflur, Bd. 1, S. 182.

Esch, Bd. 1, S. 338.

Fehnsiedlung, Bd. 1, S. 370.

Flurnamen, Bd. 1, S. 391.

Forstbetriebsform, Bd. 1, S. 406.

Genese, Bd. 2, S. 10.

Geschichtliche Landeskunde, Bd. 2, S. 40.

Haus- und Gehöftformen, Bd. 2, S. 98.

Historische Atlanten, Bd. 2, S. 110.

Historische Geographie, Bd. 2, S. 110.

Historische Karten, Bd. 2, S. 111.

Historische Karten, Bd. 2, S. 111.

Historische Klimaforschung, Bd. 2, S. 111.

Historische Kulturlandschaft, Bd. 2, S. 112.

Historische Umweltforschung, Bd. 2, S. 112.

Historisch-geographische Betrachtungsweisen, Bd. 2, S. 112.

Hochwald, Bd. 2, S. 118.

Hohlweg, Bd. 2, S. 125.

Hufe, Bd. 2, S. 128.

Kataster, Bd. 2, S. 217.

Kulturlandschaftsgenese, Bd. 2, S. 286.

Kulturlandschaftsgeschichte, Bd. 2, S. 286.

Kulturlandschaftspflege, Bd. 2, S. 287.

Kulturlandschaftswandel, Bd. 2, S. 287.

Kulturstufe, Bd. 2, S. 288.

Landesausbau, Bd. 2, S. 299.

Landnahme, Bd. 2, S. 303.

Landschaftsentwicklung, Bd. 2, S. 306.

Landschaftspflege, Bd. 2, S. 310.

Leibeigenschaft, Bd. 2, S. 324.

Mittelwald, Bd. 2, S. 389.

Niederwald, Bd. 2, S. 445.

Ortsnamen, Bd. 3, S. 16.

Plaggenwirtschaft, Bd. 3, S. 52.

Realerbteilung, siehe Realteilung, Bd. 3, S. 122.

Relikt (z. T.), Bd. 3, S. 155.

Rodung, Bd. 3, S. 164.

Rückschreibung, Bd. 3, S. 168.

Säkularisation, Bd. 3, S. 172.

Siedlungsperioden, Bd. 3, S. 225.

Streifenflur, Bd. 3, S. 304.

Umweltgeschichte, Bd. 3, S. 389.

Urkataster, Bd. 3, S. 403.

Wald- und Forstgeographie, Bd. 3, S. 462.

Wölbacker, Bd. 4, S. 52–53.

Wüstung, Bd. 4, S. 60–61.

Wüstungsquotient, Bd. 4, S. 61.

Zelgenwirtschaft, Bd. 4, S. 67–68.

Angewandte Historische Geographie und Kulturlandschaftspflege

(2012): „Heimatkisten" – Ein kommunikativ-assoziativer Zugang zum kulturellen Erbe in der suburbanen Kulturlandschaft westlich von Köln. – In: *Schenk, Winfried; Kühn, Markus Leibenath, Markus u. Tzschaschel, Sabine [Hrsg.]*: Suburbane Räume als Kulturlandschaften. – Hannover (Forschungs- und Sitzungsberichte des ARL, 236), S. 286–302.

(2012): Suburbane Räume als Kulturlandschaften – Einführung. – In: *Schenk, Winfried; Kühn, Markus Leibenath, Markus u. Tzschaschel, Sabine [Hrsg.]*: Suburbane Räume als Kulturlandschaften. – Hannover (Forschungs- und Sitzungsberichte des ARL, 236), S. 1–12.

(2011): Landschapskenmerken van cistercienzers: identificatie, conservatie en gebuik in het kader van landschapsbeheer en regionale ontwikkeling. Vorbeelden uit Zuid- en West-Duitsland. – In: Vorming van landschapen? – Koksjide (Novii Monasterii, 11), S. 33–24.

(2009): Merkmale urbaner Kulturlandschaft im Kontext aktueller Planungsdiskurse um „Kulturlandschaft". – In: *Deutsche Bundesstiftung Umwelt u. Deutsche Gesellschaft für Gartenkunst und Landschaftskultur [Hrsg.]*: Stadt – Kultur – Landschaft. – Osnabrück, S. 11–14.

(2009): Die Pflege des landschaftlichen Erbes des Zisterzienserordens als Auftrag an die die Bürgergesellschaft. – In: *Meier, Johannes [Hrsg.]*: Klöster und Landschaft. Das kulturräumliche Erbe der Orden. – Münster (Schriftenreihe des Westfälischen Heimatbundes), S. 125–144.

(2009): Was meint „Kulturlandschaft" in der Raumplanung und Regionalentwicklung? – In: *Verband Deutscher Schulgeographen u. Akademie für Raumforschung und Landesplanung [Hrsg.]*: Kulturlandschaften in Geographie und Raumplanung. – Bretten, S. 12–15.

(2008): Bringt es einen planerischen Mehrwert, Stadtregionen als Kulturlandschaft zu verstehen? Zwischenbilanz eines Fachdiskurses. – In: *Institut für Landes- und Stadtentwicklungsforschung [Hrsg.]*: Gestaltung urbaner Kulturlandschaften: Vom Fachdiskurs zur Planungspraxis. Dokumentation der 13. Konferenz für Planerinnen und Planer NRW am 25. Oktober 2007, Bonn. – Dortmund, S. 5–13 (http://www.ils-forschung.de/down/13_konferenz_planerinnen_planer.pdf).

(2008): Cultural Landscape Management in Europe: a Survey in Consideration of Historico-geographical Contributions. – In: The Historical Geography, 50 (1, 237), S. 119–129 (in japanischer Sprache).

(2008): Die Pflege der Kulturlandschaft als bürgerschaftliche Aufgabe. – In: *Bund für Heimat und Umwelt in Deutschland [Hrsg.]*: Kulturlandschaftliche Informationssysteme in Deutschland. – Erfassen – Erhalten – Vermitteln, S. 9–14.

(2008): Aktuelle Verständnisse von Kulturlandschaft in der deutschen Raumplanung. – In: Informationen zur Raumentwicklung 5, S. 271–277.

(2007): Europäische Landschaftskonvention (European Landscape Convention, ELC) und Kulturlandschaftspflege – zwei nahezu kompatible Ansätze zur Kulturlandschaftspflege. – In: *Landschaftsverband Rheinland [Hrsg.]*: Europäische Landschaftskonvention. Tagungsdokumentation 2006. – Köln (Beiträge zur Landesentwicklung, 60), S. 185–190.

(2006, zusammen mit Klaus Fehn): Die Historische Geographie in Bonn als Akteur der landeskundlichen Forschung und Kulturlandschaftspflege im Rheinland. – In: Dem Erbe verpflichtet. 100 Jahre Kulturlandschaftspflege im Rheinland. Festschrift zum 100jährigen Bestehen des Rheinischen Vereins für Denkmalpflege und Landschaftsschutz. – Köln, S. 339–353.

(2006): Ansätze zur planungsbezogenen Analyse von gewachsenen Kulturlandschaften aus der Sicht der Kulturlandschaftspflege. – In: *Matthiessen, Ulf; Danielzyk, Rainer; Tzschaschel, Sabine u. Heiland, Stefan [Hrsg.]*: Kulturlandschaften. Herausforderung für die Raumordnung. – Hannover (Forschungs- und Sitzungsberichte der Akadmie für Raumforschung und Landesplanung, 228), S. 99–119.

(2006): Der Terminus „gewachsene Kulturlandschaft“ im Kontext öffentlicher und raumwissenschaftlicher Diskurse zu „Landschaft“ und „Kulturlandschaft“. – In: *Matthiessen, Ulf; Danielzyk, Rainer; Tzschaschel, Sabine u. Heiland, Stefan [Hrsg.]*: Kulturlandschaften. Herausforderung für die Raumordnung. – Hannover (Forschungs- und Sitzungsberichte der Akademie für Raumforschung und Landesplanung, 228), S. 9–21.

(2006, zusammen mit Sabine Weizenegger): Cultural Landscape Management in Europe and Germany. – In: *Agnoletti, Mauro [Hrsg.]*: The Conservation of Cultural Landscapes. – Wallingford (CABI), S. 183–196.

(2005): Freilichtmuseen – Retrospektive oder aktiver Lern- und Gestaltungsraum? – In: *Fechter, Sabine u. Schliephake, Konrad [Hrsg.]*: Das Fränkische Freilandmuseum Fladungen – Standort und räumliche Verflechtungen. – Würzburg (Würzburger Geographische Manuskripte, 68), S. 17–20.

(2005: zusammen mit Tobias Blesch): Nahezu 20 Jahre „Städtebauliche Dorferneuerung“ in Wipfeld – Versuch einer Bilanz. – In: Ländliche Räume in Franken – Zustand und Entwicklungsimpulse. Festgabe für Wolfgang Pinkwart. – Würzburg (Würzburger Geographische Manuskripte, 70), S. 105–122.

(2003, zusammen mit Volker Kracht u. Christoph Morissey): Naturschutz und historische Kulturlandschaft – zur Integration geschichtlicher Aspekte in Planung und Management von Naturschutzgebieten. – In: Natur und Landschaft, 78 (12), S. 527–533.

(2003): Historische Kulturlandschaften als Faktor der Regionalentwicklung. – In: local land & soil news, 7/8, III/IV, S. 16–18.

(2002): Wir brauchen ein Kulturlandschaftskataster! – In: *Landschaftsverband Rheinland [Hrsg.]*: Rheinisches Kulturlandschaftskataster. 11. Fachtagung am 25./26. Oktober 2001 in Heinsberg. Tagungsbericht. – Köln (Beiträge zur Landesentwicklung, 55), S. 9–15.

(2001): Kulturlandschaft in Zeiten verschärfter Nutzungskonkurrenz: Genese, Akteure, Szenarien. – In: *Akademie für Raumforschung und Landesplanung [Hrsg.]*: Die Zukunft der Kulturlandschaft zwischen Verlust, Bewahrung und Gestaltung. – Hannover (Forschungs- und Sitzungsberichte ARL, 215), S. 30–44.

(2001, zusammen mit Norbert Nagel): Kulturlandschaftsforschung und Industriearchäologie – eine Standortbestimmung (Ergebnisse der Fachsitzung des 52. Deutschen Geographentags Hamburg). – In: Mitteilungen der Geographischen Gesellschaft in Hamburg, 91, 2001, S. 1–20.

(2000): Zum nachhaltigen Umgang mit räumlichen kulturhistorischen Werten in der bundesdeutschen Planung. – In: Berichte zur deutschen Landeskunde, 74 (3), S. 221–235.

(1999, zusammen mit Thomas Gunzelmann): Kulturlandschaftspflege im Spannungsfeld von Denkmalpflege, Naturschutz und Raumordnung. – In: Informationen zur Raumentwicklung, 5/6, S. 347–360.

(1999, zusammen mit Liane Stöhr): Steinriegel um Weikersheim als Dokumente der Wirtschafts- und Sozialgeschichte Tauberfrankens. – In: *Schliephake, Konrad u. Pinkwart, Wolfgang [Hrsg.]*: Geographische Exkursionen in Franken und benachbarten Regionen. – Würzburg (Würzburger Geographische Manuskripte, 50), S. 297–308.

(1998): Der Arbeitskreis „Kulturlandschaftspflege“ in der Deutschen Akademie für Landeskunde. – In: *Karrasch, H. [Hrsg.]*: Geographie: Tradition und Fortschritt. Festschrift zum 50jährigen Bestehen der Heidelberger Geographischen Gesellschaft. (HGG-Journal, 12). – Heidelberg, S. 240–244.

(1997): Kulturlandschaftliche Vielfalt als Entwicklungsfaktor im Europa der Regionen. – In: *Ehlers, Eckart [Hrsg.]*: Deutschland und Europa. Festschrift zum 51. Deutschen Geographentag. – Bonn (Colloquium Geographicum, 24), S. 209–229.

(1997): Gedankliche Grundlegung und Konzeption des Sammelbandes „Kulturlandschaftspflege“. – In: *Schenk, Winfried; Fehn, Klaus u. Denecke, Dietrich [Hrsg.]*: Kulturlandschaftspflege. Beiträge der Geographie zur räumlichen Planung. – Stuttgart u. Berlin, S. 3–9.

(1997): Wie man „wertvolle Landschaften" macht – Geographische Kritik an einer Karte der „30 Landschaften Europas" und am zugehörigen Kapitel in „Europe's Environment – The Dobrís Assessment". – In: Kulturlandschaft, 7 (1), S. 33–37.

(1996): Expert Meeting on European Cultural Landscapes of Outstanding Universal Value der UNESCO in Wien am 21. April 1996. – In: Kulturlandschaft, 6 (1), S. 38–39.

(1996, zusammen mit Liane Stöhr u. Gerhard Layer): Volkskunde und Geographie. Zur Zusammenarbeit von Volkskundlern und Geographen in Museums- und Ausstellungsprojekten in Mainfranken. – In: Bayerische Blätter für Volkskunde, 23 (1), S. 21–28.

(1994): Planerische Auswertung und Bewertung von Kulturlandschaften im südlichen Deutschland durch Historische Geographen im Rahmen der Denkmalpflege. – In: Berichte zur deutschen Landeskunde, 68 (2), S. 463–475.

(1994): Zisterziensische Elemente und Strukturen in der fränkischen Kulturlandschaft – Anregungen für ein erweitertes Verständnis der Dorferneuerungsmaßnahme Klosterlangheim. – In: Klosterlangheim. – München (Arbeitshefte des Bayerischen Landesamtes für Denkmalpflege, 65), S. 73–77.

(1994, zusammen mit Reiner Bittner): Möglichkeiten der Angewandten Historischen Geographie im Rahmen der Dorferneuerungsplanung in Thüringen. – In: Kulturlandschaft. Zeitschrift für Angewandte Geographie, 4 (1), S. 16–19.

(1993, zusammen mit Klaus Fehn): Das historisch-geographische Kulturlandschaftskataster – eine Aufgabe der geographischen Landeskunde. Ein Vorschlag insbesondere aus der Sicht der Historischen Geographie in Nordrhein-Westfalen. – In: Berichte zur deutschen Landeskunde, 67 (2), S. 479–488.

(1993): Die Rolle der genetischen Kulturlandschaftsforschung im Museumsprojekt „Zisterzienserinnenkloster Frauental". – In: Kulturlandschaft. Zeitschrift für Angewandte Historische Geographie, 3 (1), S. 30–32 (A = Verein für Tauberfränkische Volkskultur, Weikersheim, Baden-Württemberg).

(1991): Der historisch-genetische Ansatz in anwendungsorientierten Arbeitsfeldern des Geographischen Instituts der Universität Würzburg. – In: Kulturlandschaft. Zeitschrift für Angewandte Historische Geographie, 1, S. 99–103.

(1990): „Vom Kloster zum Dorf" – Kulturgeographische Arbeiten im Museumsprojekt „Zisterzienserinnenkloster Frauental". – In: Information der Bayerischen Julius-Maximilians-Universität Würzburg, 4 (24), S. 15–17 (A = Verein für Tauberfränkische Volkskultur, Weikersheim, Baden-Württemberg).

(1989): Aus dem Kontaktbereich von Bauforschung und Historischer Geographie. Für die Bauforschung relevante Ergebnisse aus dem historisch-geographischen Forschungsprojekt „Fränkische Kulturlandschaft unter klösterlicher Herrschaft – die Abtei Ebrach als raumwirksame Institution 1525–1803". – In: Kurzberichte aus der Bauforschung, 3 (30), S. 207–212.

Gutachten und Abschlussberichte von Auftragsarbeiten zur Kulturlandschaftspflege

(1994, zusammen mit Wolfgang Thiem): Fachliche Stellungnahme aus der Sicht der Historischen Geographie zur denkmalpflegerischen Bedeutung der Klostergemarkung Bronnbach, Landkreis Main-Tauber. – Würzburg u. Bamberg (Ms., A = Landesdenkmalamt Baden-Württemberg, Stuttgart).

(1992, zusammen mit Wolfgang Thiem): Fachliche Stellungnahme zur denkmalpflegerischen Bedeutung des Planungsgebietes „Golfplatz" im Bereich des Rindhofes bei Maria Bildhausen, Landkreis Rhön-Grabfeld. – Würzburg u. Bamberg (Ms., A = Bayerisches Landesamt für Denkmalpflege, Bamberg).

4.2 Siedlungs-, Wirtschafts- und Sozialgeographie (eher gegenwartsbezogen)

Fallstudien und methodische Beiträge

(2005, zusammen mit Marcus Nüsser u. Gerrit Bub): Agrar- und Forstgeographie. – In: *Schenk, Winfried u. Schliephake, Konrad [Hrsg.]*: Allgemeine Anthropogeographie. – Gotha, S. 353–399.

(2002, zusammen mit Dirk Eisenreich): Abbkopplungstendenzen des suburbanen Raums von der Kernstadt – das Beispiel der Filderregion südlich von Stuttgart. – In: Standort. Zeitschrift für Angewandte Geographie, 26 (4), S. 173–179.

(2002, zusammen mit Gisbert Rinschede u. Ph. Sprongel): Klöster – Träger von Bildungseinrichtungen. – In: *Institut für Länderkunde [Hrsg.]*: Nationalatlas Bundesrepublik Deutschland,. 6: Bildung und Kultur. – Heidelberg u. Berlin, S. 126–127 (leicht veränderter Wiederabdruck 2005, in: 125 Jahre Collegium Josephinum Bonn 1880-2205. – Bonn, S. 54–57).

(2000): Freilichtmuseen – Besuchermagneten im Kulturtourismus. – In: *Institut für Länderkunde [Hrsg.]*: Nationalatlas Bundesrepublik Deutschland, 10: Freizeit und Tourismus. – Heidelberg u. Berlin, S. 38–39.

(1999, zusammen mit Gerhard Halder, Ursel Habermann u. Heike Valley): Zentrenkonzepte und Warentypologie: Komplementarität und Divergenzen. – In: *Priebs, Axel [Hrsg.]*: Zentrale Orte, Einzelhandelsstandorte und neue Zentrenkonzepte in Verdichtungsräumen. – Kiel, S. 22–36 (Kieler Arbeitspapiere zur Landeskunde und Raumordnung, 39).

(1997, zusammen mit Liane Stöhr): Die Umsetzung des EU-Förderprogrammms LEADER: Ergebnisse einer bundesweiten Evaluierung. – In: Raumforschung und Raumordnung, 55 (6), S. 421–431.

(1997, zusammen mit Rüdiger Glaser): Geoökologische Aspekte in der Raumplanung des semiariden Südwestens der USA – das Beispiel „Big Bend" bei Lauhglin, Nevada. – In: Petermanns Geographische Mitteilungen, 141 (4), S. 251–262.

(1996, zusammen mit Doris Hihn): Aussiedlungsmotive, Standortwahl und Integration von Siebenbürger Sachsen in Deutschland. Untersucht an der ehemaligen Bewohnerschaft von Reussen. – In: Zeitschrift für Siebenbürgische Landeskunde, 19 (2), S. 167–188.

(1996, zusammen mit Rüdiger Glaser): Natürliche Potentiale und ihre Veränderungen. – In: *Brückner, Wolfgang [Hrsg.]*: Heimat und Arbeit in Thüringen und Franken. – Würzburg, S. 23–28 (A= Bezirk Unterfranken).

(1995): Mitteleuropa – typologische Annäherungen an einen schwierigen Begriff aus der Sicht der Geographie. – In: Europa Regional, 3 (4), S. 25–36.

(1995, zusammen mit Rüdiger Glaser): Glücksspiel als Entwicklungsfaktor in der Stadtregion von Las Vegas. – In: Geographische Rundschau, 47 (7/8), S. 457–463.

(1995): Salz in Franken – historische und geographische Aspekte. – In: *Treml, Manfred; Jahn, Wolfgang u. Brockhoff, Evamaria [Hrsg.]*: Salz Macht Geschichte, Aufsätze. – Augsburg (Veröffentlichungen zur Bayerischen Geschichte und Kultur, 29), S. 267–278 (A = Haus der Bayerischen Geschichte, Augsburg).

(1994): The role of Regional Vintners' Cooperatives in the development of rural areas in Germany. – In: Journal of Wine Research, 5 (3), S. 187–203.

(1994): Wine marketing and rural development in Franconia, Northern Bavaria. – In: *Bideau, A. [ed.]*: L'avenir des paysages ruraux européens entre gestion des héritages et dynamique changement. – Lyon (Proceedings of the 20th Permanent European Conference for the Study of the Rural Landscape Lyon 1992), S. 171–178.

(1994): 1200 Jahre Weinbau in Mainfranken – eine Zusammenschau aus geographischer Sicht. – In: *Schenk, Winfried u. Schliephake, Konrad [Hrsg.]*: Mensch und Umwelt in Franken. Festschrift für Alfred Herold. – Würzburg (Würzburger Geographische Arbeiten, 89), S. 179–201.

(1994): Grundzüge der Bevölkerungsentwicklung Südthüringens 1945 bis 1990: Regionale Differenzierung, Phasen und Verursachungen. – In: Beiträge zur Landeskunde Südthüringen. – Würzburg (Würzburger Geographische Arbeiten, 88), S. 73–90.

(1993): Wirtschafts- und sozialräumliche Effekte der Politik der Gebietswinzergenossenschaft Franken. – In: Zeitschrift für Wirtschaftsgeographie, 37 (3/4), S. 217–233.

(1993): Strukturverbessernde Programme für die bayerische Rhön im 19. und 20. Jahrhundert. – Zur Kontinuität von Planungsideen. – In: *Akademie für Raumforschung und Landesplanung [Hrsg.]*: Biosphärenreservat Rhön. Beiträge zu einer Raumnutzungskonzeption für die Rhön. – Hannover (Arbeitsmaterial, 199), S. 49–62 (A = Arbeitsgruppe Hessen, Saarland und Rheinland-Pfalz der ARL).

(1992): Viticulture in Franconia Along the River Main – human and natural influences since 700 AD. – In: Journal of Wine Research, 3 (3), S. 185–203 (Abingdon, GB).

(1991): Anmerkungen zum Verhältnis von Politik und Kulturlandschaftsentwicklung in Albanien. – In: *Becker, Hans [Hrsg.]*: Jüngere Fortschritte der regional-geographischen Kenntnis über Albanien. Beiträge des Herbert-Louis-Gedächtnissymposions 1990. – Bamberg (Bamberger Geographische Schriften, 10), S. 69–81.

(1990): Infrastrukturen in ländlichen Räumen – Beobachtungen zu deren Zustand und künftigen Entwicklung in Unterfranken. – In: *Schliephake, Konrad [Hrsg.]*: Infrastruktur im ländlichen Raum – Analysen und Beispiele aus Franken. – Hamburg (Material zur Angewandten Geographie, 18), S. 170–190.

(1989, zusammen mit Konrad Schliephake): Zustand und Bewertung ländlicher Infrastrukturen: Idylle oder Drama? – Ergebnisse aus Unterfranken. – In: Berichte zur deutschen Landeskunde, 63 (1), S. 157–179.

(1987): Phasen und Konstanten der Bevölkerungsentwicklung Würzburgs im 19. und 20. Jarhundert. – In: *Wagner, Horst-Günter u. Pinkwart, Wolfgang [Hrsg.]*: Würzburg. Stadtgeographische Forschungen. – Würzburg (Würzburger Geographische Arbeiten, 68), S. 65–88.

(1987, zusammen mit Helmut Geist): Persistenz und Wandel von Entwicklungsfaktoren in Rottenbauer. Von der Landgemeinde zum Stadtteilgebiet. – In: *Wagner, Horst-Günter u. Pinkwart, Wolfgang [Hrsg.]*: Würzburg. Stadtgeographische Forschungen. – Würzburg (Würzburger Geographische Arbeiten, 68), S. 207–231; *Langfassung zusammen mit Helmut Geist (1987)*: Strukturmerkmale und Funktionswandel in Würzburg-Rottenbauer. Landwirtschaft und Steinindustrie als retardierende Momente im suburban-städtischen Prozeßfeld. – In: Schliephake, Konrad u. Kitz, Egon [Hrsg.]: Urbanisierung und Suburbanisierung am Südrand der Stadt Würzburg – Strukturen und Mobilitäten in den neuen Stadtteilen Heuchelhof und Rottenbauer. Würzburg (Würzburger Geographische Manuskripte, 18), S. 87–131.

Angewandte Wirtschafts- und Sozialgeographie, Raum- und Regionalplanung

(2017, Hrsg. zusammen mit Konrad Schliephake): Mobilität in Würzburg und Umland – Entwicklung und Perspektiven von Straßenbahnen, Bussen und Bahnen. Festschrift anlässlich des 125-jährigen Bestehens der Würzburger Straßenbahn und des 40-jährigen Bestehens der Interessengemeinschaft Würzburger Straßenbahn e.V. – Würzburg (Würzburger Geographische Manuskripte, 85).

(1993, zusammen mit Wolfgang Pinkwart): Zwischen Wein und Wald – Fremdenverkehr in Oberschwarzach. – Würzburg (A = Direktion für Ländliche Entwicklung, Würzburg).

(1992): Lokale Weinvermarktung und Dorferneuerung. Zur Definition eines weinorientierten Fremdenverkehrs. – In: *Schliephake, Konrad [Hrsg.]*: Kleinräumliche Planung im Europa der Regionen. – Würzburg (Würzburger Geographische Arbeiten, 85), S. 335–345.

(1991, zusammen mit Wolfgang Pinkwart): Kommunale Fremdenverkehrsplanung. Ein Erfahrungsbericht aufgrund empirischer Arbeiten. – In: *Knemeyer, F.-L. u. Wagner, Horst-Günter [Hrsg.]*: Verwaltungsgeographie. Geographie und Kommunalverwaltung. – Stuttgart, München u. Hannover (Kommunalforschung für die Praxis, 26/27), S. 55–75.

(1990, Hrsg. zusammen mit Konrad Schliephake, F. Zimmermann u. H. Vogel): Räumliche Elemente des Fremdenverkehrs am Ossiacher See. Angebot und Nachfrage, Standorte, Perspektiven und planerische Beeinflussung im Rahmen einer Funktionszuweisung. – Klagenfurt (Raumplanung in Kärnten, 20; A = Touristikgemeinschaft Ossiacher See und Amt der Kärntner Landesregierung, Landesplanung, Österreich).

(1989): Klingenberg – Kleine Stadt mit großem touristischen Potential. Ergebnisse einer fremdenverkehrsgeographischen Untersuchung. – In: Wirtschaft am bayerischen Untermain, 9/89, S. 422–426 (A = IHK Aschaffenburg, Unterfranken).

(1989): Konvergenzen und Divergenzen von Anbieter- und Nachfragerstrukturen fremdenverkehrlicher Leistungen – exemplarisch untersucht an den Gemeinden Großheubach und Klingenberg, Landkreis Miltenberg. – In: *Jurczek, Peter [Hrsg.]*: Fremdenverkehrsgeographische Untersuchungen am Untermain. – Kronach u. München (Kommunal- und Regionalstudien, 5), S. 206–286 (A = Landkreis Miltenberg, Unterfranken).

(1988, zusammen mit Konrad Schliephake): Ländliche Infrastruktur unter Bedingungen steigender Individualmobilität und überörtlicher Konkurrenz. – In: *Schliephake, Konrad [Hrsg.]*: Infrastrukturen in ländlichen Räumen Unterfrankens. – Würzburg (Würzburger Geographische Manuskripte, 21), S. 242–248.

(1988): Mellrichstadt-Frickenhausen: Bevölkerungswachstum ohne lokale Versorgung. – In: *Schliephake, Konrad [Hrsg.]*: Infrastrukturen in ländlichen Räumen Unterfrankens. Würzburg (Würzburger Geographische Manuskripte 21), S. 184–205 (A = verschiedene unterfränkische Kommunen).

Gutachten und Abschlussberichte von wirtschaftsgeographischen Auftragsarbeiten

(2002, zusammen mit Heike Bartenbach): Der Einzelhandel in Leinfelden-Echterdingen. Teil 1: Bestandsanalyse; Teil 2: Potentialanalyse; Teil 3: Ergebnisse und Handlungsempfehlungen. – Tübingen u. Bonn (A= Stadt Leinfelden-Echterdingen).

(2001, zusammen Heike Bartenbach u. Dirk Eisenreich): Strukturanalyse der Metzinger Wirtschaft, Teil 1: Industrie und Dienstleistungsunternehmen; Teil 2: Einzelhandel. – Tübingen (A = Stadt Metzingen).

(2000, zusammen Dirk Eisenreich, Heike Bartenbach u. Kerstin Paulus): Wirtschaftsanalyse von Leinfelden-Echterdingen. – Tübingen (A= Stadt Leinfelden-Echterdingen).

(1999, zusammen mit Gerhard Halder): Dossier zum Fabrikverkauf in Metzingen. – Tübingen (A = Stadt Metzingen).

(1998, zusammen mit Ursel Habermann, Gerhard Halder u. Heike Valley): Einzelhandelsentwicklung in Zuffenhausen unter besonderer Berücksichtigung eines Bauvorhabens an der Stammheimer Straße. Gutachten der Arbeitsgruppe Einzelhandelsforschung an der Professur für Anthropogeographie und Landeskunde Südwestdeutschlands. – Tübingen (A = Stadtplanungsamt Stuttgart).

(1997, zusammen mit Ursel Habermann, Gerhard Halder u. Heike Valley): Struktur und Entwicklung des Tübinger Einzelhandels. Gutachten der Arbeitsgruppe Einzelhandelsforschung an der Professur für Anthropogeographie und Landeskunde Südwestdeutschlands. – Tübingen (A = Wirtschaftsförderungsgesellschaft Tübingen mbH).

(1991, zusammen mit Wolfgang Pinkwart): Fremdenverkehrliche Entwicklungsmöglichkeiten in Oberschwarzach im Rahmen einer Dorferneuerungsmaßnahme. – Würzburg (Ms., A = Direktion für Ländliche Entwicklung, Würzburg).

(1990, zusammen mit Wolfgang Pinkwart): Ansätze einer touristischen Entwicklung Wipfelds im Kontext der Fremdenverkehrsregion Volkacher Mainschleife. – Würzburg (Ms., A = Ortsplanungsstelle der Regierung von Unterfranken, Würzburg).

(1988): Nachfrager- und Anbieterstrukturen fremdenverkehrlicher Leistungen in Klingenberg und Großheubach, Landkreis Miltenberg. Ergebnisse von Untersuchungen einer Arbeitsgruppe des Geographischen Instituts der Universität Würzburg im Juli/August 1987 im Auftrag des Landkreises Miltenberg. – Würzburg u. Miltenberg (Ms.).

(1988): Zur Akzeptanz der „Ebracher Abteiserenade" vom 26.7.1987. Eine fremdenverkehrsgeographische Potentialanalyse. – Würzburg u. Ebrach (A = Touristikgemeinschaft Steigerwald, Oberfranken).

(1987, zusammen mit Konrad Schliephake): Wildflecken (KBS 508 und 8057). Umfang, Ausrichtung und Potential der Nachfrage anhand von Untersuchungen im März 1987. – Würzburg (A = Bundesbahndirektion Nürnberg).

Popularisierung der Geographie und Landeskunde/Disziplingeschichte

(2009): Gerhard Henkel und sein Arbeitskreis: Pioniere des Weges der Historischen Geographie zur anwendungsorientierten Forschung. – In: *Schmied, Doris u. Henkel, Gerhard [Hrsg.]*: Was Dörfer stark und lebendig macht. – Göttingen (Rural, 2), S. 11–15.

(2007): Umweltzerstörung vor 500 Jahren. – In: Geo, 5/2007, S. 24 (Rubrik Kunst trifft Wissenschaft).

(2006): Das „Angestelltendorf" Großgressingen. – In: *Dippold, Günter; Kühhorn, Renate u. Rössler, Wolfgang [Hrsg.]*: Der Vergangenheit auf der Spur. Eine Entdeckungsreise durch das Bamberger Land. – Bamberg, S. 40–41.

(2006): Palimpsest – Geschichte einer Landschaft – das Beispiel Heisterbach bei Bonn, Feature im Deutschlandfunk, gesendet 16. März 2007.

(2001): Mitarbeit an Hörfunksendung „Mein Wasser – Dein Wasser: Ist Wasser zum Privatisieren dar? Die Situation in Bayern.“, Bayerischer Rundfunk, 2. Programm, „Forum der Wissenschaft“, gesendet am 21. März 2001, 19.30.

(2000, zusammen mit Hermann Grees): Die Landeskunde Südwestdeutschlands am Geographischen Institut Tübingen: Tradition und Perspektiven. – In: *Kohlhepp, Gerd u. Pfeffer, Karl-Heinz [Hrsg.]*: 100 Jahre Geographie an der Universität Tübingen. – Tübingen (Tübinger Geographische Studien, 118), S. 147–160.

(2000), zusammen mit Dirk Eisenreich): Wirtschaftsfaktor Universität: Kommt Tübingen auf seine Kosten? – In: attempto! Forum der Universität Tübingen, 8, S. 18–19.

(1999, zusammen mit Matthias Wagner): Unterwegs im „steilen Wald“. Natur- und Landschaftsführer für den Steigerwald westlich von Ebrach. – Ebrach (A = Touristikgemeinschaft Steigerwald).

(1995; bei Zuarbeit von Christoph Heistermann): Auf den Spuren der Zisterzienser – Historisch-geographische Wanderziele rund um Ebrach. – Ebrach (A = Touristikgemeinschaft Steigerwald).

(1995): Grobkonzept und Drehbuch für die Ausstellung „Dorf und Flur in Unterfranken“ im Fränkischen Freilandmuseum Fladungen. – Würzburg (Ms., A = Direktion für Ländliche Entwicklung Würzburg).

(1994, zusammen mit Konrad Schliephake): Alfred Herold – Geograph in der Region. – In: *Schenk, Winfried und Schliephake, Konrad [Hrsg.]*: Mensch und Umwelt in Franken. Festschrift für Alfred Herold. – Würzburg (Würzburger Geographische Arbeiten, 89), S. 1–3.

(1994, zusammen mit Gerhard Layer u. Liane Stöhr): „Wege in die Landschaft“ – Wanderungen rund um Frauental. – Creglingen (A = Verein für Tauberfränkische Volkskultur, Weikersheim, Baden-Württemberg).

(1993; Herausgeber gemeinsam mit Horst Hagedorn u. Rüdiger Glaser): Der amerikanische Nordwesten. Ein Exkursionsführer. – Würzburg (Würzburger Geographische Manuskripte, 32).

(1993, zusammen mit H. Berger): Verkehrsknoten Gemünden am Main. – In: *Schliephake, Konrad u. Knopp, H.-J. [Hrsg.]*: Main-Spessart-Bahn. RegionalSchnellBahn Würzburg-Hanau. – Fürstenfeldbruck, S. 52–55.

(1993): Mitarbeit an Hörfunksendung des Bayerischen Rundfunks „Das Fränkische Dorf im Jahr 2000 – Bedrohung und Chance“, gesendet am 4. November 1993, Bayern 2.

(1991; Mitarbeiter): Museum „Vom Kloster zum Dorf“ Creglingen-Frauental. Weikersheim (Beiträge zur Tauberfränkischen Volkskultur, 1; Museumsführer).

Didaktik der Geographie

(1987): Zur Verknüpfung von „Strukturanalyse“ und „Forschungsprojekt“. Eine Hilfe zur Unterrichtsplanung in Matrixform. – In: Der Bayerische Schulgeograph, 8 (22), S. 2–6.

(1987): Die Neubaustrecken der Deutschen Bundesbahn in Unterfranken. – In: *Böhn, Dieter [Hrsg.]*: Unterfranken im Erdkundeunterricht. Beispiele regionalgeographischer Arbeiten aus allen Schularten und Schulstufen. – Würzburg (Würzburger Geographische Manuskripte, 19), S. 137–162.

(1987): Ein Vorschlag zur Verknüpfung von „Strukturanalyse“ und „Forschungsprojekt“. – In: *Böhn, Dieter [Hrsg.]*: Unterfranken im Erdkundeunterricht. Beispiele regionalgeographischer Arbeiten aus allen Schularten und Schulstufen. – Würzburg (Würzburger Geographische Manuskripte, 19), S. 163–180.

Siedlungsforschung. Archäologie – Geschichte – Geographie 39, 2021, S. 49–72

Raumbegriffe der Kulturlandschaftsforschung

Archäologie, Geschichte und Geographie im Gespräch. Eine Einführung

Ute Wardenga

1 Einleitung

Eigentlich habe ich mir fest vorgenommen, keinen Beitrag für eine Festschrift zu schreiben. Denn 2005 haben Eugen Wirth und ich einen Aufsatz publiziert, in dem wir uns kritisch mit dem Festschriftenwesen in der Geographie auseinandergesetzt haben (*Wardenga und Wirth* 1995). Offensichtlich waren wir mit unserer Analyse früh dran, denn der Beitrag hat mittlerweile nicht nur Karriere im eigenen Fach, sondern neuerdings auch in der Soziologie gemacht (*Hannappel und Fries* 2020, *Dimbarth* 2020). Welche nachvollziehbaren Gründe man auch immer gegen Festschriften anführen mag: Sie sind ein wissenschaftssoziologisch höchst interessantes Phänomen, weil – darauf hat Eugen Wirth hingewiesen – Wissenschaft auch ein soziales, d. h. sich selbst organisierendes System ist, das implizite und explizite Regeln des Miteinanders, z. B. durch Pflege von Gefühlen der Zusammengehörigkeit herausbildet. Man mag dieses Miteinander in Zeiten neoliberaler Wissenschaftspraktiken und ihren projektspezifisch-strategisch-temporären Allianzen belächeln. Ganz dysfunktional sind solche Verbindungen zwischen Wissenschaftlerinnen und Wissenschaftlern indessen nicht. Denn sie schaffen über viele Jahre hinweg jenes Vertrauen, das z. B. in großen Verbundvorhaben der Drittmittelforschung als soziales Kapital für belastbare Kooperationsnetzwerke ausgeflaggt werden kann – und von (inter-)nationalen Gutachtenden in der Regel als hohes Gut geschätzt wird. Für mich persönlich ist der folgende Beitrag also in gewisser Weise ein „Abschied vom Prinzipiellen“ (*Marquard* 2015a), damit ein Stück weit aus der altersmilden Einsicht geboren, dass wir Menschen zwar gerne Prinzipien vertreten, indessen bei genauerem Hinsehen „mehr unsere Zufälle als unsere Wahl“ sind (*Marquard* 2015b, S. 156), wobei im Folgeschluss gilt: „Sollenshypertrophie bewirkt Seinsvermiesung“ (ebd.). An diesem Sammelband *nicht* mitzuschreiben wäre für mich daher ein Stück „Seinsvermiesung" gewesen – weil mit Blick auf geschätzte Weggefährten auch folgender Satz gilt: Geben macht stärker als Nehmen!

Winfried Schenk und ich teilen ein Schlüsselerlebnis im Kontext eines Workshops, der Ende der 1990er Jahre in Oberflockenbach im Gästehaus der Universität Heidelberg stattfand. Anlass war die damals schon zu beobachtende Formierung des (heute zum Mainstream gewordenen) Paradigmas der „Neuen Kulturgeographie" (*Steinbrink und Aufenvenne* 2016). Eingeladen waren die (damals) „Jungen Wilden" einer konstruktivistischen Geographie, um gemeinsam über ihre Arbeiten zu debattieren. Winfried und ich waren zu jener Zeit zwar auch jung, aber nicht „wild" in dem Sinne, als dass wir geneigt gewesen wären, die nun zum Novum ausgerufene „Konstrukthaftigkeit von Räumen" für etwas grundstürzend Neues zu halten. Als Hermeneutiker blieben wir also skeptisch, wohl wissend, dass Zukunft Herkunft braucht und gerade historisches Arbeiten jene „Kontingenzerfahrungskultur" (*Marquard* 2015c, S. 76) erzeugt, die im *doing geographies* jüngst (wieder) zunehmend geschätzt wird.

In Oberflockenbach saßen *Winfried* und ich vor 25 Jahren allerdings auf verlorenem Posten. Denn als bevorzugt historisch Forschende gehörten wir zu einer immer kleiner werdenden Minderheit in einem Fach, das seit den 1970er Jahren eine radikale Umstellung seiner Temporalitätsregime durchlaufen hatte. Seitdem steht es eher auf Seiten der Zukunft als auf Seiten der Vergangenheit, zumal der Vergangenheit von „Landschaften" (*Wardenga* 2020). Also haben wir unseren eigenen Weg gesucht, zwar nicht zusammen, sondern getrennt – vom biographischen Muster her betrachtet jedoch im selben Modus. Denn wir sind nicht etwa abgewandert in die Geschichtswissenschaft, sondern blieben in der Geographie und wurden unter sukzessiver Verstärkung und Pflege unserer Außenkontakte schließlich inter- und transdisziplinäre Netzwerker: *Winfried Schenk* in der Historischen Geographie und ich in der Historiographie des Faches, beide auf die Herstellung von historischem Sinn unter widrigen Umständen in der Geographie spezialisiert.

Herstellung von Sinn heißt in der (Fach-)Historiographie auch immer, nach dem zu suchen, was Menschen und (wissenschaftliche) Perspektiven miteinander verbindet. Für die in diesem Sammelband Schreibenden darf man mit einiger Berechtigung annehmen, dass sie *Winfried Schenk* als Wissenschaftler und Kollegen schätzen, manche davon ihm sogar freundschaftlich seit Jahren verbunden sind. Durch das in diesem Sammelband abgebildete *Schenk*sche Netzwerk entsteht – festschrifttypisch – ein sehr breites Beitragsspektrum, weil drei Fächer miteinander ins Gespräch kommen: Archäologie, Geschichtswissenschaft und Geographie.

Dass dies keineswegs ein neues Phänomen ist, zeigt *Eike Gringmuth-Dallmer*, der am Beispiel des Prähistorikers *Paul Grimm* Lehrer-Schüler-Beziehungen im Verflechtungsfeld von Geographie und Archäologie beschreibt. Eine enge Beziehung von Geographen und Archäologen führt – wie man aus diesem Beitrag lernen kann – unter günstigen Umständen zu einer Aufweitung des Blicks auf *beiden* Seiten. Denn *Grimm* zog in seiner Dissertation unter dem Einfluss seines Lehrers *Otto Schlüter* – dem langjährigen Lehrstuhlinhaber der Hallenser Geographie – auch naturräumliche Strukturen und Prozesse als einen möglichen Erklärungshorizont für die Archäologie heran. Während die Arbeit eines Geographen also die Forschung eines Archäologen inspirierte, war es dann aber der Archäologe, der mit seinen empirischen Befunden einige zentrale Hypothesen des Geographen – insbesondere zur Konstanz der Siedlungsgebiete – durch seine weitaus diffizileren Datierungsmethoden widerlegen konnte. Der Beitrag von *Gringmuth-Dallmer* kann daher als Blaupause für den gesamten Band gelesen werden. Denn bei genauerem Hinsehen lässt sich zeigen, dass die im folgenden abgedruckten Beiträge – sei es implizit, sei es explizit – mehr Gemeinsamkeit besitzen als dies auf den ersten Blick der Fall zu sein scheint. Denn ihr Referenzrahmen wird durch räumliches Denken, empirisches raumbezogenes Forschen sowie die Herstellung und Nutzung von Visualisierungen aufgespannt. „Raumbegriffe" sowie die damit einhergehenden „Visualisierungen" sind daher einer der zentralen Bezugspunkte dieser Einführung. Und beide Bezugspunkte sind – wie sich im Folgenden zeigen wird – in hohem Maße zukunftsfähig, und zwar gerade dadurch, dass „Raum" nicht allein das *proprium* von Geographen und Geographinnen ist.

2 Raumbegriffe – auch jenseits der Geographie

2002 habe ich zwei Aufsätze veröffentlicht, die grundlegende Raumbegriffe der Geographie in ihrem Entwicklungszusammenhang diskutieren (*Wardenga* 2002). Entstanden sind beide Beiträge im Kontext einer (schwierigen und nicht immer konfliktfreien) verbandsübergreifenden Arbeit von Geographinnen und Geographen am „Curriculum 2000+". Innovativ an diesem Basiscurriculum für die Schule war der Gedanke, dass es in einer zunehmend globalisierten Welt nicht mehr zielführend ist, „den" Raum unter einer homogenisierenden und damit auch normativen Perspektive zu betrachten. Vielmehr hat das Curriculum 2000+ Raumbegriffe pluralisiert, indem es zwischen vier möglichen Perspektiven der Betrachtung von Räumen unterschied (*Curriculum 2000+*, 2002). In der Perspektive „Containerraum" geraten vor allem Sachverhalte der Verortung und das naturräumliche Gefüge als „Boden" für menschliche Handlungen und Kulturen in den Blick. Die Perspektive „Räume als Systeme von Lageziehungen" fokussiert das Augenmerk auf Prozesse der Verbindung und Verflechtung. Zentrale Begriffe sind hier: Lagebeziehungen, Distanzen, Wechselwirkungen. Die Perspektive „Räume als Kategorie der Sinneswahrnehmung" stellt die im Raumbegriff mitlaufende Ordnungssemantik zentral, indem sie „Raum" als „Anschauungsform" setzt, mit deren Hilfe Menschen und Institutionen ihre Wahrnehmungen einerseits ordnen, sie andererseits aber auch zur Grundlage von Bewertungsprozessen machen. Die vierte Perspektive „Raum als Konstruktion" knüpft hier an und lenkt den Blick auf die Herstellung von Räumen. Denn sie fragt danach, „wer unter welchen Bedingungen und aus welchen Interessen wie über bestimmte Räume kommuniziert und sie durch alltägliches Handeln fortlaufend produziert und reproduziert" (*Curriculum* 2000+, 2002, S. 5).

Der Beitrag von *Peter Tanner* „Region Oberaargau im Kanton Bern“ nutzt dieses Konzept. Dabei zeigt er, dass man auf der Suche nach „der Identität eines Übergangsraumes“ sowohl Tatsachen der Verortung, des naturräumlichen Gefüges, der kulturräumlichen Formen, des Musters von Siedlungen und Fluren sowie der Verkehrslage einbeziehen muss, um subjektiven Erfahrungs- und Erlebnisräumen auf die Spur zu kommen, die ihrerseits wiederum konstitutiv für die Herausbildung von Identität sein können.

2.1 Containerräume

Andere Autoren in diesem Sammelband nutzen den Begriff des Containerraumes. Sie zielen damit auf eine Inventarisierung der Verteilung und Verbreitung von differenten Phänomenen *in* einem Raum. Die Semantik dieses Raumbegriffs enthält also implizit die „Beobachtungsanweisung“, Fragen der Verortung, des naturräumlichen Gefüges und der kulturräumlichen Muster (z. B. Formen von Siedlungen und Fluren) ins Zentrum der Aufmerksamkeit zu stellen. Wie virtuos diese Perspektive z. B. durch die Archäologie gehandhabt werden kann, zeigt der Aufsatz von *Rudolf Bergmann,* der Spuren mittelalterlicher Besiedlung und Wüstungsbildung im Lößboden am westfälischen Hellweg nachgeht. Dabei diskutiert der Verfasser zunächst die früh- bis hochmittelalterliche Besiedlung der Bördenlandschaft im Spiegel der Verteilung archäologischer Befunde und geht dann auf Fragen der Wüstungsbildung im Kreis Soest ein. Zentral ist hierfür die Beobachtung räumlicher Disparitäten in der Wüstungsintensität für den Zeitraum 1200–1400. Sie nimmt im (heutigen) Kreis Soest von Ost nach West ab, und zwar wahrscheinlich deshalb, weil im Unterschied zum Hochstift Paderborn im Westen zahlreiche (kleinere) fortifikatorische Anlagen existierten. Während Geographen wie z. B. *Peter Tanner* dazu tendieren, die mesoskalige Ebene zu bevorzugen, liegt die Stärke dieses archäologischen Aufsatzes in der intensiven grabungs- und archivgestützten Analyse von Örtlichkeiten, wie sie hier am Fallbeispiel des Hauses Schweckhausen mit Hilfe rückschreibender Verfahren vorgestellt wird.

Auch der Beitrag von *Dirk Wübbenhorst* zu „Lüchow-Dannenberger Hauslandschaften im 19. Jahrhundert“ arbeitet – nun aus bauhistorischer Perspektive – mit dem Ansatz des Containerraumes. Die durch zahlreiche instruktive Abbildungen gestützte Argumentation des Verfassers lenkt den Blick auf die Verteilung unterschiedlicher Hausformen sowie die Verbreitung verschiedener Baumerkmale in der Region. Der Begriff „Hauslandschaften“ fungiert dabei als Hilfsmittel für die Herausarbeitung von kleinräumigen Differenzen, deren mögliche Ursachen der Beitrag abschließend auf zwei Erklärungsebenen diskutiert. Der Begriff der „Landschaft“ wird von *Wübbenhorst* also nicht – wie in der Geographie – im Sinne eines räumlichen „Totalzusammenhangs“, sondern als Instrument für kleinräumige Regionalisierungen genutzt. Hier können Geographen also lernen, wie man mit einem – zumindest in der Geographie – sehr schwierig gewordenen Begriff im Sinne einer räumlichen Differenzierung erkenntnisleitend umgehen kann.

Einen starken Stellenwert nimmt der Containerraum auch in einem dritten Aufsatz ein: *Alistair Adam Hernández* untersucht die Möglichkeiten einer integrierten und eigenständigen Regionalentwicklung in der Sierra de Albarracín. Dabei interessieren den Autor vor allem Phänomene der Persistenz und damit Fragen „Regionale[r] Resilienz und historische[r] Pfadabhängigkeiten in der spanischen Peripherie". Denn die Gemeinschaft von 22 Dörfern und der Stadt Albarracín stellt, wie der Verfasser zeigt, aufgrund einer über die Jahrhunderte gewachsenen, bis heute erhalten gebliebenen quasi-genossenschaftlichen kommunalen Organisationsstruktur eine kulturhistorische Singularität in Spanien dar. Während die Rechtsstruktur der Gemeinschaft sich vom 14. bis zum 18. Jahrhundert als Vorteil erwies und sich die Region zu einer Drehscheibe des Handels entwickeln konnte, verlor sie bereits im 19. Jahrhundert sukzessive an Bedeutung. Die Situation heute ist, wie der Verfasser nachdrücklich beschreibt, durch eine Art Selbst-Containerisierung geprägt, weil die ehedem ausgesprochen resiliente Struktur einer lukrativen Gütergemeinschaft im heutigen Dickicht des staatlich-administrativen Mehrebenensystems über eine nur noch begrenzte Wandlungsfähigkeit verfügt. Der Aufsatz mag daher auch als ein Beleg dafür gelesen werden, wie eine historisch geschaffene und tradierte Identität enge Verbindungen mit „Raum" und der Folge eingehen kann, dass „Raum" und „Identität" verschmelzen.

2.2 Räume als Systeme von Lagebeziehungen

Die im Aufsatz von *Hernández* aufgeworfene Frage nach (sozialen) Grenzziehungsprozessen tangiert bereits die Semantik des zweiten Raumbegriffs. In dieser Perspektive werden „Räume" als „Systeme von Lageziehungen ..." betrachtet, wobei der Akzent der Fragestellung besonders auf der „Bedeutung von Standorten, Lagerelationen und Distanzen für die Schaffung gesellschaftlicher Wirklichkeit liegt." (*Curriculum 2002+* 2002, S. 4). Dieser Raumbegriff triggert den Blick auf die Herstellung von Verbindungen und damit vor allem auf Fragen des Verkehrs als einer Standorte schaffenden und verändernden Dimension, auch historisch gewordener gesellschaftlicher Wirklichkeit. Ein wunderbares Beispiel hierfür ist der Beitrag von *Hansjörg Küster* „Vom natürlichen Gradienten zur kulturellen Grenze – ein Beispiel von der Nordseeküste", der Räume als Systeme von Lagebeziehungen und der dadurch hervorgerufenen Veränderungen von Standorten „auf historisch" durchbuchstabiert.

Als Ausgangspunkt seiner Analysen nutzt *Küster* die Beschreibung der Entstehungsgeschichte der Nordseeküste, um regional differenzierte Prozesse der Akkumulation und Erosion herauszuarbeiten, in deren Gefolge dann unterschiedliche Landschaftsformen entstanden, die ihrerseits wiederum durch einen von West nach Ost zunehmenden Tidenhub in Form beobachtbarer natürlicher Gradienten modifiziert wurden. Obwohl von Natur aus durch Waldfreiheit und fruchtbare Böden für Besiedlung bestens geeignet, gab es in den stets vom Salzwasser bedrohten Marschen kaum Süßwasser und kein Bau- bzw.

Brennholz. Die Marschenbewohner waren deshalb notwendigerweise auf Austauschbeziehungen angewiesen, für die – je nach Höhe des Tidenhubs – und bei fortschreitendem Prozess der Eindeichung unterschiedliche Bootstypen, Ewer und Tjalk, signifikant wurden. Als Antwort auf Herausforderungen des Naturraums erfunden, stellten beide Bootstypen – wie *Küster* überzeugend zeigt – über mehrere Jahrhunderte hinweg eine hervorragende Anpassungsstrategie für die Kompensation von naturräumlich bedingten Nachteilen dar. Ewer und Tjalk wurden daher – um es in der theorieorientierten Sprache von Geographen mit *Bruno Latour* (1987) auf den Punkt zu bringen – zu „Aktanten", weil sie als bevorzugtes Transportmittel nun ihrerseits Reichweiten zu bestimmen begannen. Das gilt besonders für den Standort Hamburg, an dessen Beispiel der Autor herausarbeitet, wie nicht zuletzt durch Ewer ein auf unterschiedliche Produkte spezialisierter Verflechtungsraum im Umfeld einer schnell wachsenden Großstadt entstand.

Auch ein zweiter Aufsatz des Sammelbandes arbeitet implizit mit dem Raumbegriff „Standort". Er stammt aus der Feder von *Tobias Uhlig* und *Silke Grefen-Peters*, die am Beispiel von „Tierniederlegungen an der Hünenburg bei Watenstedt" die „Regionalität eines jungbronze-/früheisenzeitlichen Phänomens" beschreiben. Der Beitrag befasst sich im Kern mit Mensch-Tierverhältnissen und diskutiert anhand einer breiten Palette von Forschungsbefunden die wirtschaftliche, soziale und kultische Bedeutung von Tieren für Menschen im Untersuchungszeitraum. Dabei wird mit Blick auf die Methodik sehr deutlich, welche überragende Rolle Fund-Standorte in der Archäologie als Kontexte und Datenbasen für einen dann sorgfältig reflektierten Vergleich unterschiedlicher Befunde aus verschiedenen Regionen darstellen. Das führt sowohl zu erhellenden Erkenntnissen bezüglich der Regionalität des beobachteten Phänomens am gewählten Standort, als auch zu einer spezifischen „Geographie von Tierniederlegungen", und damit zu einer durch vergleichende Zusammenschau von thematisch orientierten Beobachtungsdaten erst hergestellten räumlichen Ordnung.

Ein dritter Aufsatz, der dieser Kategorie zugeordnet werden kann, stammt aus der Feder von *Franz Irsigler*. Er diskutiert „Weinlagen namens Grav, Grau, Gravos", bevorzugt an der Mosel. Zentrales Element dieses Aufsatzes bilden mehrere, zwischen 860 und 886 abgefasste Urkunden des Prümer Abts Ansbald, der durch Bildung von acht Großlagen die Qualität des vom Kloster hergestellten Weins zu verbessern suchte und hierfür eine Reihe von Hörigen durch Zuweisung neuer Parzellen in Streulage entschädigte. Auffällig ist, dass der Abt einige vom Kloster offensichtlich wenig geschätzte Weinlagen mit der Bezeichnung *grav* (Grau, Grav) vergab, deren Untergrund sandig und kiesig, mithin also Ergebnis fluviatiler Erosions- und Akkumulationsprozesse war. Wein- und Flurlagen mit der Bezeichnung *grau* finden sich zwischen Trier und Pommern an der Mosel, wie der Autor durch kritische Re-Lektüre von weiteren Belegen aus dem 10. bis 12. sowie dem 15., 16. und 18. Jahrhundert zeigt, noch an neun anderen Orten. Alle weisen im Ergebnis der nun vorgelegten Interpretationen ähnliche (historische) Lagemerkmale eines am Ufer von Gerinnen im Übergang zum leicht geneigten Hang liegenden Standorts mit typischen Merkmalen des Bodensubstrats auf. Das von *Irsigler* mit Gewinn angewandte Verfahren ist das eines Analogieschlusses: Es basiert erkenntnislogisch auf der induktiven Herstellung von (Ideal-)Typen, die durch ein festes Sample von Merkmalen definiert sind. Dieses wesentlich durch Kartenpraktiken geförderte Verfahren lässt sich in der internationalen Physischen Geographie bereits Ende des 19. Jahrhunderts als Beobachtungsschema nachweisen. Sein Vorteil bestand darin, dass bei fehlenden Daten eines z. B. in Sedimentarchiven überlieferten Geschehens trotzdem – deduktiv – auf bestimmte Akkumulations- und/oder Erosionsprozesse der Vergangenheit geschlossen werden konnte. Diese äußerst reizvolle Kombination von Induktion und Deduktion wurde in der Zwischenkriegszeit kennzeichnend für eine boomende historisch-genetische Kulturlandschaftsforschung (*Wardenga* 2006). *Franz Irsigler* wendet das Verfahren nun auf die quellengestützte Interpretation von Weinlagen an. Dabei typisiert er durch Quellenkritik bereits eindeutig bestätigte Befunde von mehreren Standorten und überträgt die den Typus kennzeichnenden Merkmale auf die Interpretation gleicher oder ähnlicher Orts- und Flurnamen an anderen Standorten. In der Zusammenschau dieses klassischen Ansatzes ergibt sich dann ein anderer/neuer Blick auf bereits bekanntes Quellenmaterial, der hilft, historischen Topographien und vergangenen Mustern der Landnutzung besser als bisher auf die Spur zu kommen.

Bleibt ein vierter Aufsatz. Er stammt aus der Feder von *Viviane Diederich* und *Michal Preusz* und untersucht „Entlang der Goldenen Straße" die „Archäologie der bayerisch-böhmischen Grenzlandschaft" im „Bereich Bärnau – Tachau/Tachov". Hierzu nutzen die Autoren den methodisch-theoretischen Ansatz der „borderland-matrix", in dessen Kontext sie den speziell in der deutschen Sprache mit Imaginationen einer linienhaft ausgeprägten Grenze aufgeladenen Begriff relativieren. Denn im Licht dieses Ansatzes erscheinen Grenzräume nun nicht mehr als Peripherien von weit entfernten Zentren, sondern als eigenständige Arenen von Interaktionen. Im Ergebnis zeigt sich ein komplexes Lagerungsverhältnis. Zum einen handelt es sich mit Blick auf die naturräumliche Ausstattung um die Kammlagen eines Mittelgebirges, deren grenzüberschreitende Nutzungsmuster über viele Jahrhunderte hinweg den vorgegebenen Bedingungen durch Waldwirtschaft folgten und seit der Neuzeit durch Glasproduktion ein eigenständiges Profil gewannen. Seit dem Frühmittelalter war der Raum Bärnau-Tachau (Tachov), worauf die Autoren durch Untersuchung von Ortsnamen hinweisen, wahrscheinlich durchgängig besiedelt, seit dem 12. Jahrhundert erlebte das Gebiet, nicht zuletzt durch Gründung der Klöster Kladrau (Kladruby) und Waldsassen eine Ausbauphase, zunächst aus Gründen des Handelsschutzes für die „Goldene Straße". Der Schutz der Handelsstraße lässt sich auch als bestimmendes Motiv für den Burgenbau beobachten, denn der dicht bewaldete Mittelgebirgskamm wurde von Reisenden bis ins 14. Jahrhundert hinein als ein gefährliches, weil von „Räubernestern" und „Wegelagerern" bedrohtes Gelände wahrgenommen, zumal in Kriegszeiten.

Der Beitrag macht schlagend deutlich, dass eine durchlässige Grenze den Wohlstand förderte, eine schwer überwindbare Grenze sich dagegen nachteilig für die Region auswirkte, zumal in der Gestalt des „Eisernen Vorhangs", der der über Jahrhunderte belegbaren Funktion der Region als Durchgangsgebiet ein Ende bereitete, mit entsprechenden Folgen: Bevölkerungsverlust, Siedlungsstagnation, wirtschaftlicher Niedergang. Das korrespondierende Bild zeigt sich in der Archäologie, die mit ihren empirischen Untersuchungen die räumlichen und kulturellen Zusammenhänge wechselnder Grenzregime detailreich belegen kann. Man mag diesen Beitrag mit seiner überzeugenden Empirie deshalb auch als ein dringend überfälliges Plädoyer für weitere grenzüberschreitende Forschungen lesen, weil er nämlich den Blick auf die Geschichte von Verflechtungs- und Austauschprozessen richtet, sich daher von einer territorialisierten Variante historischer Kulturlandschaftsforschung löst und damit implizit die Grenzen zwischen den Fächern Archäologie, Geschichte und Geographie permeabel macht.

2.3 Wahrgenommene und bewertete Räume

Der dritte Raumbegriff fokussiert die Beobachtungsperspektive auf Fragen der (subjektiven) Wahrnehmung und damit auch der Bewertung. Hierfür steht der Aufsatz von *Ulrich Harteisen* „Kulturlandschaften als Konzept zur Steuerung einer wissensbasierten Regionalentwicklung. Wahrnehmung und Entwicklung der Kulturlandschaft Senne in Nordrhein-Westfalen". Ziel dieses Beitrags ist es zu zeigen, dass kulturlandschaftsbezogenes Wissen, wie es in den Historischen Geographien erarbeitet wird, keineswegs bloß *l'art pour l'art* und damit eine Form der Andacht zum Unbedeutenden darstellt. Denn gerade mit Blick auf zukunftsorientierte Planung und Regionalentwicklung wird der Nutzen von Kulturlandschaftsforschung nach Meinung des Autors immer noch unterschätzt, nicht zuletzt durch das seit dem Kieler Geographentag von 1969 bis heute in der Geographie anhaltende Verdikt einer angeblichen Unwissenschaftlichkeit, Theorielosigkeit und Politikferne der klassischen Kulturlandschaftsforschung. Wozu also kann man das von der (interdisziplinären) Kulturlandschaftsforschung bereitgestellte Wissen im Kontext von Raumentwicklungsprozessen brauchen? Die durch die Autorin dieser Einleitung möglicherweise etwas überpointiert auf den Punkt gebrachte Antwort des Verfassers lautet: weil Regionalentwicklungsprozesse für Menschen gemacht werden und diese Menschen Erinnerungen und Symbolisierungsleistungen, gerade für ihr zukünftiges Leben in einer spezifischen, also unterscheidbaren Heimat brauchen!

Harteisen beschreibt die Sennelandschaft deshalb als Geschichte menschlicher Nutzungen und menschlicher Wahrnehmungen. Denn noch im 19. Jahrhundert wurde die Region aufgrund ihrer naturräumlichen Ausstattung als „wüst" und „öd" erlebt und als ein Landstrich bewertet, der „von aller Welt abgeschnitten", von Elend und Krankheit geprägt war. Um dieser inneren Peripherie fortschrittsorientiert ein Ende zu setzen, wurden große Teile der Senne deshalb in der Zwischenkriegszeit kultiviert. Allerdings waren, wie der Autor zeigt, die damit einhergehenden Aufwertungsmaßnahmen auch durch massive Eingriffe in den Naturhaushalt geprägt, was prompt den Lippischen Bund für Heimatschutz und

Heimatpflege auf den Plan rief, der die Notwendigkeit der Eingriffe zwar einsah, jedoch den Verlust der alten landschaftlichen Schönheit bedauerte. Die damit entstehenden Ambivalenzen von technischem Fortschritt und ästhetisierender romantischer Bewahrung führten – wie *Harteisen* durch Zitate und Abbildungen wunderbar nachvollziehbar veranschaulicht – schon in den 1930er Jahren zu einer Wahrnehmungsfigur, die den Fortschritt in der Senne als Verlust an Natur *erlebbar* machte. Paradoxerweise begründete jedoch die seit 1892 bestehende militärische Nutzung von Teilen der Senne seit den 1990er Jahren zunächst ein Bündnis von Militär und Naturschutz. Mit Blick auf die Zukunft der Senne existieren heute zwei unterschiedliche Wahrnehmungen – einerseits die Fortsetzung einer ausschließlichen militärischen Nutzung, anderseits die Verwandlung des Areals in einen durch gesicherte Wege für alle begehbar gemachten Nationalpark. Kulturlandschaftsforschung, so die Pointe des lesenswerten Beitrags, liefert deshalb nicht nur instrumentelles Wissen über die Vergangenheit von Ausschnitten aus der Erdoberfläche. Kulturlandschaftsforschung liefert in Form einer Geschichte von Wahrnehmungen zugleich auch eine Geschichte von (schließlich Identitäten prägenden) Gefühlen und Emotionen – und dies ist just der blinde Fleck einer zum Teil noch stark in funktionalistischen Zusammenhängen denkenden und zukunftsorientiert agierenden Planung. *Weil* Kulturlandschaftsforschung Dimensionen dieses Erlebens traditionell inkorporiert, könnte sie mithin auch das Feld sein, das den im Modus der Zukunft arbeitenden Regionsbegriff der Planung (*Wardenga* 2020) um eine Semantik des Wandels in langen Zeithorizonten bereichert und hierbei z. B. den Begriff der „Kontingenzerfahrungskultur“ zentral stellt.

Ein zweiter Aufsatz, den man in die Gruppe der wahrgenommenen und bewerteten Räume einordnen kann, stammt aus der Feder von *Matthias Hardt* und *Melanie Augstein*. Er trägt den provozierenden Titel: „Nach Sachsen kamen Sachsen zuletzt“ und versteht sich als ein Beitrag über „Die Produktivität des Sachsen-Namens zur Konstruktion regionaler Identität“. „Raum“ und „Identität“, so könnte man aus geographiehistorischer Sicht die Hypothese des Beitrags auf den Punkt bringen, sind in vielerlei Hinsicht reziprok verflochten. Raumsemantiken prägen Identitäten wie umgekehrt Semantiken von Identität wiederum die Wahrnehmung von Räumen als distinkten Einheiten beeinflussen können. Wie „Räume“ sind „Identitäten“ allerdings nicht einfach „da“, sondern sollten – auch nach Meinung der beiden Autoren – als Produkte von Selbst- bzw. Fremdwahrnehmungen und entsprechenden Zuschreibungen interpretiert werden. Im Ergebnis einer breiten *tour d'horizon* aus der jüngeren und älteren quellenbasierten Forschung zeigt sich, dass der Name „Sachsen“ in Europa vergleichsweise weit verbreitet war. Seit der Spätantike lassen sich Befunde aus Gallien, dem nachrömischen Britannien ebenso wie für das Mittelalter aus Deutschland und Ungarn, für die neuere Geschichte aus Finnland und Polen beibringen. Dabei zeigen *Hardt* und *Augstein* im Ergebnis zum einen, dass sich einzelne Gruppen, insbesondere der spätrömischen Zeit, durch prestigeträchtige Übernahmen von Gentilnamen neu erfinden konnten, ohne Verbindungen zu den ehemaligen Trägern dieser Namen in zum Teil weit entfernten Regionen gehabt zu haben. Wahrscheinlich, so ihre zweite

These, hat mit Blick auf Britannien die missionarische Fremdwahrnehmung eine Rolle in der Zuschreibung von Gentilnamen gespielt, denn sie beruhte auf der Lektüre der Bibel und den darin eingebetteten ethnischen Kategorien. Zum anderen lassen sich, dies ist der dritte Befund – zumal für Deutschland – raumbezogene Genealogien von Herrscher- und Fürstenhäusern namhaft machen, die den Namen „Sachsen" für sich und/oder die von ihnen beherrschten Länder/Territorien reklamierten, darin den mittelalterlichen Glauben an die Zugehörigkeit zum „Stamm" als entscheidendem Merkmal tradierend. Möglicherweise hat – so die im Fluss der Narration der Autoren naheliegende Hypothese – die Kodifizierung des Rechts durch den zwischen 1220 und 1235 entstandenen „Sachsenspiegel" Eike von Repgows eine Rolle gespielt, zumal was die Außenwahrnehmung von Migranten bzw. die Fremdbezeichnung von Deutschland anlangt. Denn die in die Zips und nach Siebenbürgen im Rahmen des Landesausbaus zugewanderten Menschen wurden als „Sachsen" bezeichnet, kamen jedoch vorwiegend aus den Einzugsgebieten von Mosel und Rhein. Die Bezeichnung „Sachsen" hat deshalb, wie *Hardt* und *Augstein* notieren, die über Jahrhunderte nachweisbare „Migrationsgeschichte" eines „erbeuteten Markennamens". Dieser „Markenname" wird auch im jüngeren (wahl-)politischen Diskurs des Freistaats Sachsen – und das möchte man als Geographin pointierend hinzufügen – in eine strukturelle Kopplung mit einem containerisierten Raumbegriff gebracht. In Wiederanknüpfung an ältere Raumsemantiken verschmelzen dergestalt „Identität" und „Raum" zu „regionaler Identität" und so zu einem im Modus der Territorialisierung erzeugten, in sich geschlossenen Raum=Identität-Konzept.

2.4 Hergestellte Räume

Der vierte Raumbegriff bezieht sich auf Herstellungspraktiken von Räumen und fokussiert u. a. die Beobachtungsperspektive auf die Frage, wie Menschen durch alltägliches Handeln bestimmte Räume schaffen und sie z. B. durch Reproduktion bestimmter Praktiken auf Dauer stellen. Für diese Perspektive steht beispielgebend der Aufsatz von *Peter Rückert* über „Sakrallandschaften der Zisterzienser im deutschen Südwesten – Abgrenzung und Identität im späten Mittelalter". „Sakrallandschaften" könnte man in pointierter Zusammenfassung der Darstellung des Autors als Kulturlandschaften definieren, deren (zum Teil heute noch zu beobachtende) prägenden (materiellen) Elemente letztlich auf Lebenshaltungsregeln religiöser Gemeinschaften und den daraus resultierenden (spezifischen) Praktiken der Gestaltung ihrer jeweiligen Umwelt beruhen. Anhand von zahlreichen Beispielen aus dem deutschen Südwesten zeigt *Rückert*, wie sich die in die Programmatik des Ordens eingelassene Regel einer auf Autarkie beruhenden Abgrenzung in die südwestdeutschen (Kultur-)Landschaften einschrieb. Das betraf zunächst den Bau der Klosteranlagen selbst, einschließlich ihrer steinernen Einfriedungen, dann jedoch auch die sukzessive Umgestaltung der umgebenden (Natur-)Landschaft für die Klosterwirtschaft. Im Ergebnis entstand so ein mit Hilfe von Bauern und Konversen, nicht zuletzt aber durch eigene Arbeit der Mönche neu geschaffenes Kulturlandschaftsgefüge mit kleinteiligen Obst- und Gemüsegärten, großen Klosterhöfen inmitten ausgedehnter Parzellen, zu denen ggfs. auch Weinberge gehörten, ausgefeilten Teich- und Kanalsystemen sowie Klosterwäldern, deren Erträge vorrangig dem Eigenbedarf, aber auch der Vermarktung dienten. Man kann im Lichte dieses Aufsatzes annehmen, dass sich erfolgreich geschaffenes Werk und zisterziensische Identität wechselseitig verstärkten, zumal die Mönche, wie der Beitrag zeigt, z. B. in Salem den inneren Klosterbezirk als „Heiliges Land" inszenierten, der Orden die jeweilige Umgebung auch anderer Klöster mit Wappen und Zeichen z. B. auf Grenzsteinen markierte, oder Kloster- und Flurnamen gezielt performativ nutzte. Die durch Glauben und Ordensregeln erst hergestellten Sakrallandschaften, so mag man aus der Sicht einer zunehmend an Emotionen interessierten Geographie folgern, wurden durch solche Symbolisierungen für die Dimension einer alltäglichen Erlebbarkeit geöffnet. Dieses (alltägliche) Erleben berührte indessen nicht nur Mönche, Konversen und Reisende im Spätmittelalter, sondern stellt sich auch bei manchen Besucherinnen und Besuchern der erhalten gebliebenen Klosteranlagen noch heute ein, nun allerdings als das *außeralltägliche* Erleben einer längst vergangenen Welt.

Einen anderen Herstellungsprozess von Räumen beschreibt *Haik Thomas Porada* in seinem Beitrag „Die kartographische Erfassung von Landschaften im 17. Jahrhundert". Dabei untersucht er den frühmodernen schwedischen Staat und zeigt, wie die durch gezielte Vermessung entstandenen Kataster zu einem Herrschaftsinstrument wurden. Der Aufsatz macht nachdrücklich klar, in welch engem Zusammenhang Vermessung, Kartographie und die Herausbildung des modernen Staatswesens standen. Denn die kartographische Erfassung erwies sich sukzessive als ein geeignetes Instrument für neue Formen der Besteuerung, die ihrerseits wiederum zu einer verlässlichen Einkommensquelle für die horrenden Militärausgaben frühmoderner Staaten wurden. Im Lichte dieses mit dichter Quellenempirie und eingehender Kenntnis der heutigen transnationalen Archivsituation geschriebenen Beitrags mag man daher pointiert formulieren: Vermessung, Kartographie und Herausbildung des frühmodernen Staates als *Fiskalraum* bedingen sich wechselseitig.

Schon allein die hierfür benötigten Spezialisten waren, was *Porada* an den Lebensläufen dreier schwedischer Landmesser – *Gunno Eurelius Dahlstierna, Brynolf Hesselgren* und *Per Örneklou* – zeigt, markante, teils hoch mobile Persönlichkeiten, die durch ihre Arbeiten halfen, das gesamte schwedische Steuerwesen umzuorganisieren. Mit und durch Kartographie entstand, wie der Autor verdeutlicht, der *vermessene* Raum, zunächst als Grundlage für eine systematische Bestandsaufnahme des Landes, die dann mehr und mehr zur Basis frühmoderner Fiskalpolitik und der damit verbundenen, jetzt *taxierbar* gewordenen materiellen und finanziellen Leistungsfähigkeit der ‚Landeskinder' wurde. Zentralisierung, Professionalisierung, fortlaufende Qualitätskontrolle, enge Verbindungen zur parallel laufenden militärischen Kartierung des Landes waren dabei – was sich anhand des Aufsatzes wunderbar nachverfolgen lässt – die ausschlagenden Handlungsleitlinien, die schon bald auch außerhalb der schwedischen Territorien, wie z. B. in Preußen, Mecklenburg, Hannover und Bayern sowie in Russland Nachahmung fanden.

Wie zielgerichtet die Landmesser dabei am Ende des 17. Jahrhunderts vorgingen, veranschaulicht ein Blick des Autors auf die Praxis der Datenerhebung. Während z. B. die livländischen und pommerschen Gutsbesitzer entsprechend tradierter Ständepraxis ihren steuerbaren Grundbesitz bis in die 1670er Jahre noch nach Gutdünken im Zuge einer Art Selbstauskunft angaben, erhoben die Landmesser des Stockholmer Generallandmesserkontors ihre Daten seit den 1680er bzw. 1690er Jahren *vor Ort*. Hierzu befragten sie Gutsherren, Bauern und Pastoren sowie die ältesten Einwohner nach wirtschaftlichen, sozialen, administrativen und historischen Verhältnissen und scheuten sich auch nicht, Einblick in Lehnbriefe, Kaufkontrakte und andere Verträge nehmen. Dass derartige „Tiefeninterviews“ und „teilnehmende Beobachtungen“ für beide Seiten wahrscheinlich nicht immer einfach waren und vor allem von den Landmessern erhebliches Geschick in der Befragung und der Kombination der wahrscheinlich oft widersprüchlichen Informationen verlangten, kann man sich lebhaft vorstellen.

Wer Karten im Alltag nutzt, geht gemeinhin davon aus, dass die auf ihnen zu findenden Orts- und Landschaftsnamen so sind, wie sie sind und deshalb keiner weiteren Beachtung bedürfen. Dass dies nicht so ist, und dass es sich beim Akt der Benennung um einen teilweise hoch politischen und auch strategischen Akt von Zuschreibungen handelt, zeigt *Andreas Dix* in seinem Beitrag „Landschaften benannt und umbenannt – Landschaftsnamen als Quellen historischer Regionalisierungsprozesse“. Neben der Ergründung der Etymologie geht es in jüngerer Zeit auch, wie der Autor hervorhebt, mehr um die Frage danach, welche Funktion Toponyme übernehmen, was sie signalisieren und wie mit ihnen in der Vergangenheit umgegangen wurde und heute umgegangen wird. Was vielen Lesenden nicht klar sein dürfte: Die Namengebung für Orts-, Flur- und Straßennamen ist rechtlich mittels einer amtlich verbindlich gemachten Schreibung geregelt. Für Landschaftsnamen gilt dies aber nicht, weshalb sie ein hoch interessantes Feld für die Namenpragmatik, also die Untersuchung von Prozessen der Namengebung und Namenverwendung sind.

Aus dem Akt der Benennung kann man Prozesse der Individualisierung zwar deduzieren; gleichwohl existieren hier – wie *Dix* hervorhebt – noch große Forschungslücken, zumal was Fragen der mit der Benennung vollzogenen räumlichen In- und Exklusionen auf der Landschaftsebene anlangt. Dass die beiden Großvorhaben der „Naturräumlichen Gliederung“ sowohl in der Bundesrepublik als auch in der DDR in den 1950er und 1960er Jahren aus allerdings unterschiedlichen Gründen recht großzügig mit der Um- und Neubenennung von Landschaften umgingen, ist bislang kaum bekannt. In der DDR sollten die alten Landschaftsnamen aus ideologischen Gründen nicht tradiert werden; deshalb wurden neue Landschaftsnamen im Umfeld der Fachsprache der Geomorphologie erfunden. Ähnliches lässt sich, wenn auch nicht in gleichem Umfang in der Bundesrepublik beobachten – eine der vielen Konvergenzen zweier differenter politischer Systeme. Sie ist in diesem Fall den Machtverhältnissen in der Geographie zuzuschreiben, denn jenseits aller

Differenzen in der Weltanschauung setzten sich in beiden Teilen Deutschlands die Geomorphologen als die bei weitem einflussreichste Gruppe von Geographen als anerkannte Experten für Fragen der „richtigen" naturräumlichen Gliederung durch. Für die Verbreitung der in den 1950/60er Jahren neu erfundenen Namen sorgten, wie der Beitrag zeigt, wiederum die Naturschutzbehörden, die im Rahmen ihrer Arbeit auf die vorhandenen wissenschaftlich erarbeiteten naturräumlichen Gliederungen zurückgriffen, sie amtlich festschrieben und damit auch die stark geomorphologisch beeinflussten Regionalisierungen übernahmen.

Vor allem die ehedem von Kolonialmächten in Übersee vorgenommenen Benennungen sind heute ein Stein des Anstoßes. Denn die für die europäische Kartographie seit den 1870er Jahren neu erfundenen Orts-, Fluss-, Gebirgs- und Landschaftsnamen haben bereits vorhandene indigene Bezeichnungen mit dem Ergebnis überschrieben, dass, wie *Dix* zurecht folgert, sie auch Raum für den Aufbau europäischer Strukturen z. B. der Landnutzung schufen, die selbst nach der Unabhängigkeit der ehemaligen Kolonien bestehen blieben. Wie hochpolitisch derartige Akte der Umbenennung sein können, zeigen nicht zuletzt Beispiele aus der europäischen Geschichte selbst, die aus der Zwischenkriegszeit stammen. Das im Aufsatz näher erläuterte Beispiel Südtirol mag als Blaupause auch für den ostmitteleuropäischen Raum mit seiner ganz eigenen Tektonik von Toponymen gelesen werden. Dabei haben – zumindest bis in die jüngste Zeit hinein – nationalstaatliche Interessen bezüglich der Herausbildung einer entsprechenden *nationalen* Identität den Ausschlag gegeben, jenseits der jahrhundertelang gelebten Alltagspraktiken in vielen europäischen Regionen. Und wie überfällig gerade auf diesem Feld transnational vergleichende weitere Forschungen sind, macht dieser zum Nachdenken anregende Beitrag schlagend deutlich.

3 Visualisierungen

Ein auffälliges Kennzeichen dieser Festschrift ist, dass sie reich mit visuellem Material wie z. B. Karten, Ansichten, Fotos, synoptischen Darstellungen, Diagrammen und Schemata ausgestattet ist. Würde man diese Opulenz als bloß anlasstypische Form der Veredelung interpretieren, griffe man zu kurz. Denn Visualisierungen – so die im Folgenden zu belegende Hypothese – sind ein zentrales Element historisch-genetischer Kulturlandschaftsforschung, und zwar nicht erst in jüngerer Zeit, sondern schon seit gut einem Jahrhundert. So nutzt der Aufsatz von *Anngret Simms* zu „Stadtmorphologien im Mittelalter" den Reiz von synoptischen Darstellungen, Karten und Ansichten, um Leserinnen und Lesern gemeinsame Grundzüge mittelalterlicher europäischer Städte bzw. deren sozialräumliche Strukturen nahe zu bringen. Ein besonderes Highlight dieses Beitrags ist die zwischen 1578 und 1586 entstandene, aus der Feder von *Vicke Schorler* stammende Bilderchronik der Hansestadt Rostock. Anhand dieser Bilderchronik nimmt die Verfasserin Lesende mit auf eine kleine Stadtexkursion und zeigt dabei, wie durch stadtmorphologische Ansätze vergangene Bau-, Sozial- und Alltagswelten einer mittelalterlichen Stadt lesbar werden können.

Unter den visuellen Medien spielen Karten in der Kulturlandschaftsforschung eine besondere Rolle. Sie sind schon seit der Wende zum 20. Jahrhundert sowohl Mittel als auch Ergebnis von Analysen. Denn Karten fungieren im Prozess der Forschung als hervorragende Medien der Herstellung von Einheit und Konsens, weil mit ihnen z. B. Muster räumlicher Verteilungen sichtbar gemacht werden können. Karten tragen daher erheblich zur Ordnung von disparatem Wissen bei, haben allerdings auch die Eigenschaft, dass sie als soziotechnische Artefakte im und durch Gebrauch dieses Wissen wiederum selbst formen können. Für die Geographie zumindest lässt sich nachweisen, dass Karten seit Mitte des 19. Jahrhunderts als „Schule des Sehens“ gewirkt haben, weil genau das, was durch sie und mit ihnen zu sehen geübt worden war, sich schließlich im Gelände als beobachtungsfähig und beobachtungswürdig erwies (*Wardenga* 2012; *Möhring, Pisarz-Ramirez, Wardenga* 2019, insbes. S. 9–20).

Die historisch-genetische Kulturlandschaftsforschung ist, wenn man so will, ein Kind dieser Kartenpraxis. Sie wurde in der Geographie – anknüpfend an Vorarbeiten von *Otto Schlüter* – in der Zwischenkriegszeit (und zwar international) zum Mainstream des Faches. Dabei handelte es sich keineswegs um einen nur aus endogenen Entwicklungsprozessen zu erklärenden Paradigmenwechsel. Vielmehr reagierten Geographen weltweit mit ihrem nun auf „Kultur“ verlagerten und die Ausdifferenzierung der Anthropogeographie rasch vorantreibenden Forschungen auf Herausforderungen der Globalisierung. Das betraf insbesondere den mitteleuropäischen Bereich, dessen Bewohner sich im Nachgang des Ersten Weltkriegs mit der Tatsache einer neu konfigurierten Welt von Nationalstaaten mit linearen Grenzen auseinanderzusetzen hatten. Dass die Geographie hierauf – durchaus im Kontext des zeittypischen intellektuellen Milieus (*Schultz* 1980) – mit Etablierung und Proliferation des Landschaftsbegriffs reagierte, ist keineswegs eigenartig, sondern nur konsequent. Denn mit der Semantik des Landschaftsbegriffs – darauf hat nicht zuletzt *Winfried Schenk* aufmerksam gemacht (z. B. *Schenk* 2017, 2019) – kamen Momente der Ästhetisierung, Historisierung und Symbolisierung mit ins Spiel. Dahinter stehen bis in die 1960er Jahre hinein fünf unterläufige Triebkräfte.

Zum einen ist die Karriere des Landschaftsbegriffs in der Geographie Effekt der bereits seit den 1880er Jahren etablierten Kartenpraktiken. Sie hatten Geographen darauf trainiert, kleinere Ausschnitte aus der Erdoberfläche als einen relationierten Gesamtzusammenhang von Mensch und Natur wahrzunehmen. Im Kontext der Explorationsgeographie des 19. Jahrhunderts waren Karten zum wichtigsten Medium einer schnell standardisierten verwissenschaftlichten Inventarisierung der Welt geworden. Einmal existent, waren sie es, mit deren Hilfe man dann Reliefverhältnisse sowie Häufung, Streuung und Linienverläufe hydrographischer, vegetationsbezogener und anthropogener Sachverhalte wie z. B. Siedlungen und Verkehrswege aufgrund der Standardisierung *vergleichend* studieren konnte. Implizit haben diese Kartenpraktiken einen Blick formiert, der zunächst die Gegenwart des auf der Karte Sichtbaren auf Dauer stellte. Das änderte sich – nun der zweite Punkt – um 1900, als die US-amerikanische Geomorphologie begann, Oberflächenformen als Ergebnis historisch relationierbarer Erosions- und Akkumulationsprozesse zu beobachten (vgl. auch zum folgenden *Wardenga* 1995). Jede auf der Erde beobachtbare Form, so die These, konnte durch ihre Merkmale einem zyklisch verlaufenden Prozess der Formbildung mit dem Ergebnis zugeschrieben werden, dass *nebeneinander* liegende *unterschiedliche* Formen als Produkte eines in der Vergangenheit stattgehabten und regelhaft wiederkehrenden Erosionszyklus beobachtbar wurden.

Dieses Konzept trat im ersten Jahrzehnt des 20. Jahrhunderts seinen Siegeszug auch in der europäischen Geographie an. Selbst die zunächst skeptisch eingestellten mitteleuropäischen Geomorphologen erlagen binnen weniger Jahre reihenweise der Evidenz des Beobachtungskonzepts. Und sie haben es auf andere Bereiche der Geographie übertragen – das ist der dritte Punkt. Denn in der mitteleuropäischen Geographie stand im Ergebnis der bis um 1900 erfolgenden ersten Berufungswelle in der Zwischenkriegszeit ein Generationenwechsel an. Er war dadurch gekennzeichnet, dass die Mehrheit der infrage kommenden Kandidaten (alles Männer) in der Geomorphologie trainiert worden war. Vor die Aufgabe gestellt, jetzt möglichst schnell eine neue, auch schultaugliche *Anthropo*-Geographie zu erfinden, übertrugen viele Vertreter dieser Geographengeneration das in der Geomorphologie erlernte, die materielle Welt in den Vordergrund stellende Schema auf die Beobachtung menschlicher Dinge. Das ist der vierte Punkt. Mit dem ursprünglich aus der Geomorphologie stammenden Forschungsansatz wurden auch dessen Kartenpraktiken mit dem langfristigen Ergebnis verstetigt, dass nun eine stark *historisch* arbeitende Kulturgeographie entstand, die gegenwärtige Ausschnitte aus der Erdoberfläche als Ergebnis historischer Entwicklungen zu verstehen suchte. Mit der Karriere des Landschaftsbegriffs erbte der Forschungsansatz allerdings auch die ältere, auf ein ästhetisches Betrachten der „Landschaft" ausgerichtete Verbildlichung. Das ist der fünfte Punkt. Denn in und mit dieser Semantik waren Ausschnitte aus der Erdoberfläche nun ziemlich umstandslos als „Landschaft" und damit als ein vorwiegend harmonisches Bild von überlieferten Mensch-Natur-Verhältnissen sichtbar. Mithin verschränkten sich also Kartenpraktiken, Beobachtungsmuster, wissenschaftssoziale und weltpolitische Kontexte und führten im Ergebnis der hier nur knapp skizzierend dargelegten Entwicklungslinien zu einer *reziproken* Verschränkung der Interpretationspraxis, die sowohl in der Physischen Geographie wie in der Humangeographie bis in die 1960er Jahre hinein – nicht nur in der mitteleuropäischen Geographie – zum Mainstream wurde. Der besondere Reiz bestand darin, dass Räume nun als Gleichzeitigkeit des Ungleichzeitigen sichtbar wurden und deshalb einer *historischen Beschreibung, Visualisierung und Erklärung* bedürftig erschienen.

Der Aufsatz von *Niels Petersen* „Vom Exkursionsführer zur Gesamtaufnahme der historischen Landschaft – ein halbes Jahrhundert Historisch-Landeskundliche Exkursionskarte von Niedersachsen" spiegelt mit Blick auf das 1958 in Göttingen gegründete „Institut für Historische Landesforschung" die Geschehnisse. Dabei zeigt sich, dass regionalhistorisches Wissen vor allem dann einen auch politischen Stellenwert besitzt, wenn es darum geht, einem neu ins Leben gerufenen Bundesland bei anhaltend unterschwelligen Rivalitäten seiner historisch geprägten Regionen eine eigenständige Identität zu verleihen. Hierzu rief das Institut als Langfristprojekt die „Historisch-Landeskundliche Exkursionskarte von Niedersachsen" als ein von Anfang an interdisziplinär betriebenes Projekt ins Leben. Zumindest in der Anfangszeit traten, wie der Autor zeigt, die engen Verbindungen von Forschung, Karte und Vermittlung klar zutage: So waren die nach und nach erscheinenden Einzelblätter zum einen Ergebnis intensiver Forschung, teils mit Schließung von Forschungslücken, teils aber auch Anlass, um die Existenz bestimmter Forschungslücken erst wahrnehmen zu können. Andererseits konnten die fertiggestellten Karten aber auch gewinnbringend in Lehrzusammenhängen eingesetzt werden. Das betraf insbesondere die Geographie und ihr konstitutives Unterrichtsformat „Exkursion", weil historisch-landeskundliche Karten nämlich halfen – weit über das auf Topographischen Karten Sichtbare hinaus – „Kulturlandschaft" als Gleichzeitigkeit des Ungleichzeitigen zu begreifen. Auch die hier schreibende Autorin verbindet mit diesem Kartenwerk einige „Aha-Erlebnisse", zumal mit dem im Beitrag *Petersen* abgebildeten Blatt Duderstadt.

Gleichwohl haben Langfristprojekte, die sich anfangs vornehmen, in und durch ihre Kartensprachen aus einem Guss zu sein, auch ihre Tücken. Denn – wie der Autor zeigt – wurden mit regional wechselnden Arbeitsgebieten Signaturen und Leitthemen von Karten notwendig. Und mit steigenden Erwartungen von Nutzerkreisen wuchsen auch Themenvielfalt und Inhalte von Begleitheften. Hier das richtige Maß zwischen Erwartungen, Wünschen und Können der meist ehrenamtlichen Bearbeiter vor Ort, dem Programm des Gesamtwerkes, geeigneten Blattschnitten sowie den zur Verfügung stehenden Finanzen und den jeweiligen Zeitbudgets zu halten, ist ein schwieriges Unterfangen. Dadurch wurde die Redaktion bei wachsenden Anforderungen an Diplomatie immer wieder zu Kompromissen gezwungen, wie *Petersen* anschaulich am Beispiel der Blätter Osterode, Diepholz/Rahden, Wolfsburg, Esens, Lüneburg, Rotenburg (Wümme), Stadthagen, Wangerland, Barsinghausen, Höxter, Harsefeld-Stade und Hannover erläutert. Ein weiteres Problem liegt bei rasch fortschreitendem Forschungsstand in der wachsenden Veraltungsgeschwindigkeit mancher Karten. Hier kann jedoch, wie der Aufsatz zeigt, Digitalisierung helfen. Sie erfordert zwar hohe Anfangsinvestitionen und bei manchen Beteiligten ein bisweilen schwieriges Umdenken auf die Logiken des neuen Mediums. Aber Digitalisierung erzeugt auch höhere Flexibilität und neue Synergieeffekte. Denn durch die aufgrund von Digitalisierung sprunghaft gestiegenen Möglichkeiten einer Verarbeitung großer Datenmengen ergeben sich z. B. auch reizvolle Chancen neuer themengebundener Kombinationen von Karteninhalten sowie die Möglichkeit, dass Nutzende die Karte per App herunterladen und – je nach eigenen Bedürfnissen und Wünschen – am jeweiligen Standort konkret einsetzen können.

Ähnliche Erfahrungen bezüglich der durch Digitalisierung umsetzbar werdenden neuen Möglichkeiten für die Kontextualisierung von Objekten beschreiben auch *Utz Böhner* und *Christina Krafczyk* in ihrem Beitrag zum „Denkmalatlas Niedersachsen – Kulturmerkmale im Kontext". Denn mit diesem Atlas, der in den Masterplan Digitalisierung des Landes Niedersachsen eingebunden ist, kann das Niedersächsische Landesamt für Denkmalpflege in einen breit angelegten Dialog mit der breiten Öffentlichkeit treten und zugleich im Prozess der Herstellung des Atlas seine bereits vorhandenen Datensätze auf Aktualität und Plausibilität nach einheitlichen Standards prüfen. Der Aufsatz gibt einen tieferen Einblick in Methoden der Verzeichnisqualifizierung am Beispiel der Archäologie, der verwendeten Techniken und Zugangsmöglichkeiten zum Portal einschließlich der entstehenden Möglichkeiten, die Daten in ein Geographisches Informationssystem (GIS) mit weiteren Filtermöglichkeiten einzulesen. Der Reiz des Atlas besteht, wie beide Autoren zeigen, zum einen in einer besseren Verknüpfung der institutionell vorgehaltenen Daten und einer damit entstehenden stärkeren Verschränkung von Forschung und datenbasierter Dokumentation. Ähnlich wie ehedem Karten könnte ein solcher Atlas deshalb zugleich Ausgangspunkt als auch Ergebnis von Forschung sein, allerdings unter enorm gewachsenen Anforderungen bezüglich des Datenmanagements, einschließlich der sich daraus ergebenden Anforderungen an die Laufendhaltung der Daten, deren Migration und Langfristarchivierung in einer digitalisierten Welt. Zum anderen eröffnen Digitalisierungsstrategien, wie die Verfasser zeigen, eine viel engere Verflechtung mit der Öffentlichkeit, und zwar nicht nur durch Installationen von Twitter- und Instagram-Accounts, sondern vor allem dadurch, dass sich ein solcher Atlas auch als „effektiver Denkmalführer in der Hosentasche" eignet, dergestalt Wissen *und* Erleben vor Ort auf ganz neue Weise zueinander in Bezug setzen kann. Das, so scheint mir, ist ein vielversprechender Weg in die Zukunft.

4 Die Zukunft der Vergangenheit

Die Zukunft der Vergangenheit. Das ist auch das Thema des Beitrags von *Carl-Hans Hauptmeyer*, der sich fragt, ob „Vernetzte Lokalität und Regionalität als Zukunftsmodell" dienen und sich daraus neue „Perspektiven für die Historische Geographie" ergeben könnten. Um die Argumentation des temperamentvoll geschriebenen Essays vorwegzunehmen, lässt sich das appellative Plädoyer des Autors in folgende Teilfragen übersetzen: Wer, wenn nicht die Historische Geographie als eine Wissenschaft von Raum-Zeit-Modellen könnte durch stärkere Fokussierung ihrer Forschungsfragen auf Nachhaltigkeit und Resilienz mit dazu beitragen, den drohenden „Ökozid" zu verhindern? Wer, wenn nicht dieses Fach könnte durch seine traditionelle Fokussierung auf die Skalenebenen des Lokalen und Regionalen helfen, das endogene Potenzial des Historischen und des regionalen Miteinanders (wieder) zu entdecken? Wer, wenn nicht die Historische Geographie könnte Regional- und Lokalgeschichten auf exemplarische Weise neu erzählen, und zwar als komplexe, sich wandelnde Erfahrungsräume sowohl geglückter als auch missglückter Mensch-Kultur-Natur-Verhältnisse?

Einen Beitrag zu dem, was *Carl-Hans Hauptmeyer* in etwa vorschwebt, haben *Peter Burggraaff* und *Klaus-Dieter Kleefeld* in ihrem Aufsatz vorgelegt, der die Ergebnisse umfangreicher Forschungen der Jahre 1985–2012 mit Blick auf „Das Klevische Kataster als Quelle für die regionale Historische Geographie am Unteren Niederrhein" zusammenfasst. Der Forschungsansatz der Autoren richtet sich auf die Dynamik der Kulturlandschaftsentwicklung in langen Zeitreihen, um den Kulturlandschaftswandel modellier-, erklär-, erleb- und bewertbar zu machen. Vor allem für die Modellierung braucht es jedoch Daten, was im Umkehrschluss heißt, dass publiziertes und archivalisch gesichertes Quellenmaterial unter Umständen völlig neu gelesen und z. B. für die Erarbeitung historischer Landnutzungskarten und für die Flächenbilanzierung ausgewählter Indikatoren komplett neu aufbereitet werden muss. Hierzu hat die Bonner Arbeitsgruppe, speziell im interdisziplinär bearbeiteten Rhein-LUCIFS-Projekt im Umfeld des Klevischen Katasters neue Methoden entwickelt, weil sich die projektimplizit vorgesehene Modellierung u. a. auf festgelegte Zeitskalen sowie auf Flächen verschiedenen Typs bezog (z. B. Offenland, Wasser, Wald). Dabei hat sich im Ergebnis gezeigt, dass im Untersuchungsgebiet heute der Ackerbau und die Grünlandwirtschaft überwiegen, während die Waldflächen durch Rodungen und Kultivierung seit dem 8./9. Jahrhundert kontinuierlich reduziert wurden. Die seit dem 14. Jahrhundert entstandenen Heideflächen fehlen heute ganz. Vor allem aber nahmen Siedlungsflächen und infolgedessen auch das Ausmaß der Versiegelung zu; Kiesabgrabungen haben überdies die Hydrologie des Gebiets erheblich verändert.

Ein differenziertes Bild ergibt sich bei Vergrößerung des Maßstabs der Betrachtung, was die Autoren am Beispiel des Uedemer Bruchs und des Reichswalds erläutern. Für die vorindustrielle Zeit zeigt sich sowohl im Falle des Reichswaldes als auch des Uedemer Bruches, dass die Eingriffe von Menschen in die Naturlandschaft zunächst überschaubar blieben, weil extensive Nutzungsformen dominierten. Die Rahmenbedingungen von Fauna und Flora haben sich kaum verändert, obwohl z. B. der Reichswald stets im Spannungsfeld menschlicher Nutzungsansprüche stand, sei es durch Rodung, durch das aufkommende städtische Textilgewerbe, das stadtnah gelegene Weideflächen für die Schafhaltung benötigte, durch Nadelholzaufforstungsprojekte und die Anlage von Alleen oder durch Motive der ertragreichen Investition von Kapital in große landwirtschaftliche Güter. Erst mit der Industrialisierung veränderte sich das Landschaftsbild. Im Falle des Uedemerbruchs durch Umwandlung von Waldland in Grünland sowie durch Siedlungsverdichtung; in beiden Fällen durch Verkehrserschließung und Aufforstung mit schnell wachsenden Nadelholzbeständen. Die größten Einschnitte sind im und seit dem Zweiten Weltkrieg zu verzeichnen, als der Reichswald zunächst mit Befestigungsanlagen, Stellungen und Kampfgrabensystemen überzogen, schließlich zum Kriegsschauplatz wurde. Zwar versuchten umfangreiche Aufforstungsmaßnahmen die entstandenen Schäden in der Nachkriegszeit zu heilen. Trotzdem blieb das Waldareal reduziert, weil weitere Flächen – auch im Falle des Uedemerbruchs – gerodet und für eine nun zunehmend mechanisierte, mit Schädlingsbekämpfungsmitteln arbeitende Landwirtschaft oder für den flächenversiegelnden Siedlungsbau einer von eklatantem Wohnraummangel bedrohten Gesellschaft benötigt wurden.

Wie man sieht, befindet sich die Historische Geographie schon seit längerem auf einem Weg, den *Hauptmeyer* für zukunftsfähig hält. Gleichwohl braucht sie weitere Drittmittelforschung, um auf dem Weg in die Zukunft voranzukommen. Wie das gehen könnte und womit zu rechnen ist, zeigen zwei weitere Beiträge des Sammelbandes.

Dass man Ortsgeschichte z. B. auch als Umweltgeschichte analysieren kann, zeigt der Aufsatz dreier Autorinnen: *Claudia Höhnke, Kim J. Krahn und Kristin Haas.* Sie berichten über ein interdisziplinäres, von der Deutschen Forschungsgemeinschaft (DFG) gefördertes Projekt, dessen Ziel es ist, das „Zusammenspiel von Mensch und Umwelt in Bad Waldsee" vom Mittelalter bis zur Frühneuzeit zu verfolgen. Der Beitrag beweist nachdrücklich, wie weit man kommen kann, wenn sich einschlägige Expertinnen aus Historischer Landeskunde, Stadt- und Landesarchiven, Denkmalpflege, Sedimentgeologie und geobiowissenschaftlicher Systemforschung zu gemeinsamer projektbezogener Arbeit zusammenfinden. Gerade der Standort Bad Waldsee eignet sich in hohem Maße für eine anspruchsvolle Grundlagenforschung, weil im Stadtsee zum einen Warven und damit jahreszeitlich geschichtete Sedimente erhalten sind, die eine hochauflösende Klimarekonstruktion erlauben, zum anderen mit einem Multi-Proxy-Ansatz gearbeitet wird, der eine umfassende Umweltrekonstruktion erlaubt und nicht zuletzt auch anthropogen verursachte Umweltveränderungen durch Pollenanalysen sichtbar machen kann. Andererseits gibt es genügend archivalische Überlieferung bisher noch nicht *in extenso* ausgewerteter Quellen z. B. zur Entwicklung des Getreidepreises. Naturwissenschaftliche Befunde können so mit der Analyse historischen Quellenmaterials zur Wirtschaftsentwicklung der Stadt, zum Wandel von Landnutzungsmustern und der Transformation von Herrschaftsverhältnissen auf der Basis umfangreicher Daten kombiniert werden. Das schützt vor der Tradierung unreflektierter Kontinuitätsannahmen, weil Brüche und Disruptionen gerade im naturwissenschaftlichen Datenmaterial unweigerlich sichtbar werden und damit auch wichtige Anhaltspunkte für eine Neuinterpretation bereits bekannter Quellen geben können.

Freilich sind historische Texte, die z. B. für die Datengewinnung der Historischen Klimatologie notwendig sind, nicht immer einfach zu interpretieren, weil häufig Verfassernamen fehlen, Kontexte der Textentstehung nicht überliefert wurden, Datierungen und Ortsnamen mühevoll recherchiert werden müssen, zumal wenn Kalenderreformen und/oder die Umbenennung von Orten berücksichtigt werden müssen. Diese Schwierigkeiten nimmt der Beitrag von *Rüdiger Glaser, Michael Kahle, Franck Borel, Rafael Hologa, Oliver Rau und Antje Kellersohn* zum Anlass, um eine Genealogie der Transformation von Forschungspraktiken zu beschreiben. Der signifikante Titel „Texte als Bausteine der Umweltforschung – von der analogen Analyse über Datenbanken und virtuelle Forschungsumgebungen zum Crowdsourcing und Maschinellen Lernen" enthält bereits die Ultrakurzversion dieser Entwicklungsgeschichte. Dabei wird deutlich, dass klassische hermeneutische Verfahren der Quellenkritik und Textinterpretation in einer auf die Modellierung von Daten ausgerichteten Forschungsperspektive keineswegs überflüssig werden, weil nur sie sicherstellen können, dass das aus historischen Quellen z. B. für die Klima- und oder Umweltforschung isolierte Datenmaterial unter Verwendung einer intersubjektiv überprüfbaren Methode extrahiert wurde. Das Verfahren ist, wenn es manuell durchgeführt wird – wie der Beitrag von *Glaser et al.* am Beispiel der Sammlung *Weikinn* und auch der Beitrag von *Burggraaff* und *Kleefeld* mit Blick auf das Rhein-LUCIFS-Projekt implizit zeigen – extrem zeit- und deshalb personalintensiv, mithin: ohne Drittmittelförderung kaum zu bewerkstelligen.

Mittlerweile stehen aber auch mehr und mehr bereits digitalisierte Quellenbestände zur Verfügung, die nun mittels neu zu entwickelnder Kodierverfahren erschlossen werden können, die ihrerseits wiederum die Voraussetzung bilden, um das Material in maschinenlesbare Codes zu überführen. Auch hier wird, wie *Glaser et al.* zeigen, die Methodenentwicklung erheblich stimuliert, weil nun zahllose z. B. klimatische Angaben aus verschiedensten Quellen einer Indizierung unterworfen und für Plausibilitätsverfahren der Cross Validierung geöffnet werden müssen, damit auch transregionale Schlüsse auf das in den historischen Daten abgebildete Klimageschehen gezogen werden können. Ein weiterer (großer) Entwicklungsschritt besteht darin, eine kollaborative Forschungsumgebung aufzubauen – im Falle der Klimaforschung von *Glaser et al.*: tambora.org – die dann ihrerseits wiederum als IT-basierte Plattform für innovative Formen der Wissenskommunikation eingesetzt wird. Denn virtuelle Forschungsumgebungen, so kann man es im Spiegel des Beitrags sowie des Beitrags von *Böhner* und *Krafczyk* pointiert formulieren, nutzen gezielt die Kompetenz und das Wissen vieler Menschen vor Ort, um Datenbestände z. B. mittels Quellenrecherchen, quellenkritischen hermeneutischen Verfahren und Verfahren der Transkription anzureichern. Diese können dann mittels statistischer Methoden, u. a. Kalibrierungsverfahren, Varianz Scalings und Regressionsansätzen weiter entwickelt, analysiert und visualisiert werden, um z. B. – wie der Beitrag von *Glaser et al.* zeigt, das Klimageschehen seit der Zeit um 1500 noch feinkörniger abzubilden. Von hier aus ist der Schritt in die Automatisierung der Texterkennung und -analyse nicht mehr ausgeschlossen. Allerdings erfordert besonders dieser Schritt auf Seiten von Historikern und Historikerinnen den unerschrockenen Einstieg in Verfahren der *Digital Humanities* respektive in die *Digital History.* Hier ist in der mitteleuropäischen Historischen Geographie zugegebenermaßen noch ziemlich viel Luft nach oben. Allerdings besteht kein Grund, die Flinte entnervt ins Korn zu werfen. Denn nach meinen Beobachtungen sind Teile der jungen Generation jetzt schon in den Startlöchern, wenn nicht sogar auf dem noch schmalen Pfad bereits unterwegs, nicht zuletzt im Leipziger Sonderforschungsbereich 1199. Er befasst sich mit „Verräumlichungsprozessen unter Globalisierungsbedingungen" und inspiriert hierzu – standorttypisch – Wissenschaftlerinnen und Wissenschaftler aus der Geschichtswissenschaft, den *Area Studies,* den Kultur- und Literaturwissenschaften, der Anthropologie, Soziologie und Geographie zu gemeinsamem Tun.

Digitalisierung und Digitalität der Forschung werden sich in allernächster Zukunft meiner Meinung nach als unhintergehbar erweisen. Sie ersetzen die klassische historische Forschung und deren hermeneutische Zugriffe nicht, erfordern jedoch eine gewisse Aufgeschlossenheit für die neuen Zugänge und in mancher Hinsicht auch den Mut, sich unter Aufrechterhaltung der hohen Standards historischer Methodik unerschrocken in das Feld der interdisziplinären Methodenentwicklung zu begeben. Die Investitionen hierfür sind jetzt schon hoch und werden erwartbar weiter steigen, was heißt: Derartige Forschungs- und Arbeitsprogramme können zum allergrößten Teil nur durch Drittmittelforschung und/oder Sonderzuwendungen z. B. der Länder bewerkstelligt werden. Im Endeffekt führen derartige Vorhaben zum Aufbau interdisziplinärer Konsortien; speziell im Bereich der drittmittelgeförderten Grundlagenforschung werden hohe Anforderungen an internationale Wettbewerbsfähigkeit gestellt. Denn die in den Exzellenzprogrammen z. B. der DFG von einem internationalen Gutachterkreis als förderfähig angesehenen Vorhaben dürfen vor allem eines *nicht* sein – auf Zeit zusammengewürfelte Beutegemeinschaften, in denen alle Beteiligten unabhängig voneinander das machen, was sie immer schon gemacht und gekonnt haben. Eine solche Forschung erfordert stete Bezugnahmen aufeinander – forschungsinhaltlich und workflowtechnisch – und vor allem auch den Mut, den eigenen Fachcontainer wenigstens manchmal zu verlassen, um dann zu merken: Gemeinsam und von außen sieht man mehr! Der Fähigkeit im interdisziplinären Team zu arbeiten, über das eigene Fach hinaus den Stand der internationalen Forschung zu rezipieren, hierzu Netzwerke aufzubauen und zu pflegen, gehört meiner Meinung nach deshalb auch die Zukunft.

Wenn man sich überlegt, wie das Feld der „Kulturlandschaft" zukunftsfähig gemacht werden könnte, muss man sich keineswegs nur an der Liga international-interdisziplinärer Exzellenzforschung orientieren. Denn die Stärken des Forschungsfelds – und das zeigt m.E. gerade dieser Sammelband – liegen eindeutig im Überschneidungsbereich von Forschung, Anwendung und Transfer. Kennzeichnend für diese Festschrift ist z. B., dass nicht nur Wissenschaftlerinnen und Wissenschaftler, sondern auch Vertreterinnen und Vertreter von Behörden mitschreiben, die den Digitalisierungsprozess, wie man z. B. aus den drei Beiträgen von *Petersen, Böhner* und *Krafczyk, Burggraaff* und *Kleefeld* lernen kann, keineswegs verschlafen haben. Denn gerade Infrastruktureinrichtungen nutzen den technischen Transformationsprozess zum Teil schon seit Jahren als willkommene Chance, um im Medium der Digitalität durch komplexe Kontextualisierungen von Objekten die breite Öffentlichkeit anzusprechen und besser in ihre Arbeit einzubinden.

In abgewandelter Weise gilt dies auch für die Reihe „Landschaften in Deutschland" (LiD), die seit 2000 vom Leibniz-Institut für Länderkunde (IfL) und der Sächsischen Akademie der Wissenschaften gemeinsam herausgegeben und von einem wissenschaftlichen Beirat, zu dem u. a. *Winfried Schenk* gehört, begleitet wird. Pro Jahr erscheint nach Expertenreviews ein gedruckter Band, der seit 2015 um ein identisches E-Book erweitert worden ist. Ergänzend zum Buch bzw. E-Book gibt es wiederum einen frei zugänglichen Online-Auftritt, der weiteres umfangreiches Material für den Wissenstransfer enthält. Jedes dieser LiD-Produkte entsteht durch intensive Zusammenarbeit unterschiedlicher Institutionen (Universitäten, Fachhochschulen, außeruniversitäre Forschungseinrichtungen, Bundes- und Landesbehörden, kirchliche Institutionen) sowie einer in den letzten Jahren gewachsenen Beteiligung von Behörden, Vereinen und Menschen vor Ort. Das Autorenspektrum ist weit gefächert und reicht von natur- und geisteswissenschaftlichen Disziplinen bis zu den daraus abgeleiteten Anwendungsbereichen wie z. B. Naturschutz, Denkmalpflege, Raumordnung und Landesplanung.

Wie stark das Interesse an einer solchen Reihe vor Ort ist, zeigen nicht zuletzt die regelmäßig von bis zu 400 Gästen besuchten öffentlichen Präsentationen von Buch- und Online-Auftritt sowie die vergleichsweise hohen Absatzzahlen der Reihe und die Zugriffsdaten auf das Online-Portal. Parallel zur Buchproduktion arbeitet das IfL mittlerweile in einem vom Bundesministerium für Bildung und Forschung (BMBF) geförderten Projekt an der Entwicklung neuer Methoden für eine spielerische Vermittlung von landeskundlichem Wissen auf digitalen Endgeräten. Bei der Zielgruppe handelt es sich derzeit vorwiegend um Schülerinnen und Schüler der Mittelstufe (Klassen 8/9). Sie reagieren durchweg positiv auf die entwickelten Spielformate, weil sie dadurch in ihrer durch Digitalität geprägten Lebenswelt abgeholt werden. Dabei setzen wir den Faktor „Erleben" gezielt ein, um landeskundliches Wissen begreifbar zu machen und damit die Lust (!) auf noch mehr landeskundliches Wissen zu steigern.

5 Fazit

Ich glaube, dass diese Einführung hinreichend dargelegt hat, wie eng die impliziten Verflechtungen von Archäologie, Geschichte und Geographie im Medium der Kulturlandschaftsforschung sind, und wie tragfähig diese Plattform für gemeinsame weitere Gespräche und zukünftige Unternehmungen ist. Dass der Arbeitskreis für historische Kulturlandschaftsforschung in Mitteleuropa (ARKUM) heute Forschung, Anwendung und Transfer umstandslos miteinander verbinden kann und das interdisziplinäre Gespräch hier nicht Ausnahme, sondern selbstverständlich gewordene Praxis ist, haben wir alle nicht zuletzt *Winfried Schenk* zu verdanken. Wie viel Zukunft in einem klassischen Feld der Forschung verborgen sein kann, zeigt auch dieser Band. Man muss die Zeichen der Zeit nur richtig zu deuten wissen, um dann „auf Lücke" gehen. Und eine dieser Lücken ist sicherlich, dass sich z. B. ARKUM im Vergleich mit großen Teilen der Exzellenzforschung sehr viel leichter tut, Forschung, Anwendung und Transfer in einen engen Zusammenhang zu bringen. Denn hinter ARKUM steht eine seit Jahren aufgebaute und sukzessiv verdichtete Netzwerkarbeit, die Menschen und Institutionen aus verschiedenen Gesellschaftsbereichen zu gemeinsamem Tun motiviert. Dass eine künftige Generation auf diesem *regional* geschaffenen sozialen und symbolischen Kapital nun aufbauen kann, hat sehr viel mit dem Wirken von *Winfried Schenk* zu tun, der mit und durch seine Arbeit etwas gepflegt hat, auf dessen weitere und sorgfältige Kultivierung wir alle in Zukunft dringend angewiesen sind. Nämlich den Umgang mit und das Erlernen von *Kontingenzerfahrungskultur* (*Marquard* 2015c, S. 76).

Zusammenfassung

Der vorliegende Sammelband beschäftigt sich mit Kulturlandschaftsforschung als einem interdisziplinären Arbeitszusammenhang von Archäologie, Geschichte und Geographie. Hierfür nutzt der Beitrag die Beobachtung, dass das Forschungsfeld durch zwei Elemente gekennzeichnet ist, die alle drei Fächer miteinander verbinden: zum einen räumliches Denken und empirische raumbezogene Forschung; zum anderen Praktiken der Herstellung und Nutzung von visuellem Material, wie z. B. historische Ansichten, Karten, Diagrammen oder synoptische Darstellungen. Die Einführung zeigt, dass das Forschungsfeld über ein komplexes Geflecht an Raumsemantiken und Visualisierungspraktiken verfügt, die beide quer zu Epocheneinteilungen und Disziplingrenzen liegen. Die Stärke des Arbeitszusammenhangs liegt deshalb auch darin, dass er Forschung, Anwendung und Transfer vergleichsweise umstandslos miteinander verkoppeln kann und dadurch in hohem Maße zukunftsfähig ist.

Summary: Spatial concepts in cultural landscape research – Archaeology, history and geography in dialogue. An introduction

This publication deals with cultural landscape research as an interdisciplinary work setting archaeology, history and geography in context. For this purpose, the article uses the observation that the field of research is characterised by two elements, which link all three subjects: on one hand spatial reasoning and empirical spatial research and, on the other hand, practices of production and use of visual materials, for example images, maps, diagrams or synoptic representations. The introduction shows that the field of research has a complex web of spatial semantics and visualisation practices at its disposal, both of which lie across epochal divisions and disciplinary boundaries. The strength of the working relationship therefore also lies in the fact that it can link research, application and transfer with each other comparatively easily and is thus fit for the future.

Literatur

Curriculum 2000+ (2002): Curriculum 2000+. Grundsätze und Empfehlungen für die Lehrplanarbeit im Schulfach Geographie. – In: geographie heute, H. 200, S. 4–7.

Dimbarth, O. (2020): Die Festschrift ist ein wissenschaftliches Tributsystem. Überlegungen zur Soziologie der Festschrift aus der Perspektive einer Theorie der Gabe. – In: *Hannappel, M.* und *Fries, F. [Hrsg.]*: Die Freunde der italienischen Oper. Wiesbaden, S. 1–18, https://doi.org/10.1007/978-3-658-30529-1_2.

Hannappel, M. u. Fries, F. (2020): Die Freunde der italienischen Oper. Einleitende Gedanken über eine Soziologie der Festschrift. – In: *Hannappel, M. u. Fries, F. [Hrsg.]*: Die Freunde der italienischen Oper. – Wiesbaden, S. 1–18, https://doi.org/10.1007/978-3-658-30529-1_1.

Latour, B. (1987): Science in Action: How to Follow Scientists and Engineers Through Society. – Milton Keynes.

Marquard, O. (2015a): Abschied vom Prinzipiellen. Auch eine autobiographische Einleitung. In: *Marquard, O.*: Zukunft braucht Herkunft. Philosophische Essays. – Stuttgart, S. 11–29.

Marquard, O. (2015b): Apologie des Zufälligen. Philosophische Überlegungen zum Menschen. – In: *Marquard, O.*: Zukunft braucht Herkunft. Philosophische Essays. – Stuttgart, S. 146–168.

Marquard, O. (2015c): Frage nach der Frage, auf die die Hermeneutik eine Antwort ist. In: *Marquard, O.*: Zukunft braucht Herkunft. Philosophische Essays. – Stuttgart, S. 72–101.

Möhring, M.; Pisarz-Ramirez, G. u. Wardenga, U. (2019): Imaginationen. Dialektik des Globalen. Kernbegriffe, – Berlin u. Boston.

Schenk, W. (2017): Landschaft. In: *Kühnhardt, L. u. Mayer, T. [Hrsg.]*: Bonner Enzyklopädie der Globalität. – Wiesbaden, S. 671–684.

Schenk, W. u. Berr, K. (2019): Begriffsgeschichte (Landschaft). In: *Kühne, O. et al. [Hrsg.]*: Handbuch Landschaft, RaumFragen: Stadt – Region – Landschaft. – Wiesbaden, S. 23–38.

Schultz, H. D. (1980): Die deutschsprachige Geographie von 1800 bis 1970. Ein Beitrag zur Geschichte ihrer Methodologie. Berlin 1980.

Steinbrink, M. u. Aufenvenne, P. (2016): Über Othering, Entgrenzung und Mainstreamisierung der Neuen Kulturgeographie. Eine kleine Disziplinbeobachtung. Mitteilungen der Österreichischen Geographischen Gesellschaften 159, 83–104, https//:doi.org/10.23781/moegg159-083.

Wardenga, U. u. Wirth, E. (1995): Geographische Festschriften – Institution, Ritual oder Theaterspielen? – In: Geographische Zeitschrift 83, H. 1, S. 1–20.

Wardenga, U. (1995): Geographie als Chorologie: Zur Genese und Struktur von Alfred Hettners Konstrukt der Geographie. – Stuttgart.

Wardenga, U. (2002): Alte und neue Raumkonzepte für den Geographieunterricht. – In: geographie heute, H. 200, S. 8–11.

Wardenga, U. (2006): Zwischen Innovation und Tradition: Geographische Siedlungsforschung in den 1960er Jahren. In: *Schenk, W. u. Bergmann, R. [Hrsg.]*: Historische Kulturlandschaftsforschung im Spannungsfeld von älteren Ansätzen und aktuellen Methoden. Institutioneller Hintergrund, methodische Ausgangsüberlegungen und inhaltliche Zielsetzungen. Siedlungsforschung. Archäologie – Geschichte – Geographie. – Bonn 2006, S. 35–49.

Wardenga, U. (2012): Kartenkonstruktion und Kartengebrauch im Spannungsfeld von Kartentheorie und Kartenkritik. – In: *Hüttermann, A. et al. [Hrsg.]*: Räumliche Orientierung, Karten und Geoinformation im Unterricht. – Braunschweig, S. 134–143.

Wardenga, U. (2020): Vergangene Zukünfte – oder: Die Verhandlung neuer Möglichkeitsräume in der Geographie. – In: Geographische Zeitschrift 108, H. 1, S. 4–22.

Siedlungsforschung. Archäologie – Geschichte – Geographie 39, 2021, S. 73–83

Archäologie und Geographie

Der Prähistoriker Paul Grimm als Schüler von Otto Schlüter

Eike Gringmuth-Dallmer

Über die Bedeutung *Otto Schlüters* für die historische Geographie[1] und damit für Winfried Schenk muss in diesem Zusammenhang nicht gesprochen werden. Weniger oder gar nicht bekannt ist, dass er auch einen wichtigen deutschen Prähistoriker nachhaltig geprägt hat.

Paul Grimm[2] wurde am 18. August 1907 in Torgau geboren, hier und in Aschersleben besuchte er Volksschule und Realgymnasium. Prägende Eindrücke für seinen zukünftigen Beruf und die dort verfolgte Arbeitsweise vermittelten ausgedehnte Fahrradtouren zu historischen Stätten.

Nach dem Abitur studierte er in Halle Vorgeschichte, Geschichte, Geographie und Geologie und wurde 1931 mit einer Dissertation über „Die vor- und frühgeschichtliche Besiedlung des Unterharzes und seines Vorlandes auf Grund der Bodenfunde" promoviert (*Grimm* 1930). 1938 habilitierte *Grimm* sich in Halle mit einer Arbeit über „Die Salzmünder Kultur in Mitteldeutschland" und wurde dort zum Dozenten für Vor- und Frühgeschichte ernannt.

Seit 1929 in verschiedenen Funktionen am jetzigen Landesmuseum für Vorgeschichte in Halle angestellt (zuletzt 1935 Kustos und Stellvertreter des Direktors sowie Stellvertretender Vertrauensmann für Kulturgeschichtliche Bodenaltertümer), wurde er 1942 vom Ministerium für die besetzten Ostgebiete (Zivilverwaltung der Ukraine) nach Kiew geschickt. Seine Aufgabe dort war die Erhaltung der durch Kriegshandlungen gefährdeten vorgeschichtlichen Sammlungen und Institute, was ihm unter schwierigsten Bedingungen auch gelang. Obwohl voll in die völkerrechtswidrigen Kriegziele Deutschlands einbezogen, hat er sich offensichtlich gegenüber seinen ukrainischen Mitarbeitern und Mitarbeiterinnen außerordenlich fair verhalten (*Silina, Pokrowska u. Machno* 1989, *Gringmuth-Dallmer* 1994). Ende 1942 bis 1944 wieder zur Wehrmacht eingezogen, verbrachte er die

[1] Vgl. *Lautensach* 1952.

[2] Ausführlicher *Gringmuth-Dallmer* 1994; 2016.

Abb. 1: Paul Grimm in den 1930er Jahren (Quelle: Landesamt für Denkmalpflege und Archäologie Sachsen-Anhalt, Archiv).

letzten Kriegsmonate in der Bergungsstätte Schloss Höchstädt, wohin u. a. Kulturgüter von Museen aus der Ukraine verbracht worden waren.

Nach Kriegsende ins Museum in Halle zurückgekehrt, wurde er dort wegen seiner Mitgliedschaft in der NSDAP bald wieder entlassen, nach einer Denunziation im Februar 1946 verhaftet und in den sowjetischen Speziallagern Torgau und im ehemaligen KZ Buchenwald inhaftiert, aus dem er erst am 3. Februar 1950 entlassen wurde. Anschließend arbeitete er zunächst als freiberuflicher Mitarbeiter im Landesmuseum für Vorgeschichte Halle und im Stadtmuseum Bitterfeld, bevor er am 1. Januar 1951 an der Kommission für Vor- und Frühgeschichte, dem späteren Institut für Vor- und Frühgeschichte der Deutschen Akademie der Wissenschaften zu Berlin (DAW), als wissenschaftlicher Mitarbeiter übernommen wurde.

Bereits seit 1952 in der Lehre tätig, wurde er am 1. September 1955 zum Professor mit Lehrauftrag für das Fach Ur- und Frühgeschichte an der Humboldt-Universität zu Berlin ernannt, 1971 zum Honorarprofessor für slawische und frühdeutsche Archäologie. 1957 wurde er Stellvertreter des Direktors des Instituts für Vor- und Frühgeschichte der DAW, nach dessen Einbeziehung in das neu gegründete Zentralinstitut für Alte Geschichte und Archäologie der Akademie der Wissenschaften der DDR (ZIAGA) 1969 verblieb er dort bis zu seinem Ruhestand 1972.

Von seinen vielen Mitgliedschaften und Ehrungen sei nur erwähnt, dass er zum ersten Ehrenmitglied des 1991 nach der friedlichen Revolution gegründeten Mittel- und Ostdeutschen Verbandes für Altertumsforschung ernannt wurde. Er hat eine umfängliche Festschrift erhalten (*Otto u. Herrmann* 1969), und sein – direkter als Hochschullehrer oder indirekter über die Literatur – Einfluss auf die nachfolgende Generation von Archäologen und Archäologinnen in der DDR ist hoch zu veranschlagen. *Paul Grimm* verstarb am 19. November 1993 in Berlin.

Obwohl sich *Grimm* – für einen an einem Museum angestellten Archäologen seiner Generation selbstverständlich – mit sämtlichen ur- und frühgeschichtlichen Epochen beschäftigt hat, bildeten sich doch drei Schwerpunkte heraus: das Neolithikum (der Salzmünder und Baalberger Kultur hat er den Namen gegeben), die Mittelalterarchäologie, zu deren Gründungsvätern er gezählt werden darf,[3] und die Burgenforschung, die neben einem epochemachenden großen Inventarwerk über Sachsen-Anhalt (*Grimm* 1958) in der vollständigen Ausgrabung und Publikation der Pfalz Tilleda am Kyffhäuser ihren Höhepunkt fand (*Grimm* 1968; 1990). Schon viel früher hatte er für die noch gar nicht als solche etablierte Mittelalterarchäologie eine wichtige Grundlage mit der Freilegung der Wüstung Hohenrode bei Grillenberg im Südharz 1935–1937 gelegt. Es war die erste vollständige Ausgrabung einer Wüstung in Mitteleuropa. Ihre Veröffentlichung (*Grimm* 1939) zeichnet sich auch dadurch aus, dass sie, für ihre Zeit noch nicht üblich, Beiträge von Nachbardisziplinen (Petrographie, Numismatik und Vegetationskunde) aufnahm, die die Grabung betrafen.

Grimm hat sich immer bemüht, die einzelne Fundstelle in größere historische und landschaftliche Zusammenhänge einzufügen, als Beispiel sei ein nur vier Seiten umfassender Artikel über „Die Reichsburg Volkenrode bei Mühlhausen (Thür.). Ein Beitrag des Einbaues von Klöstern in Burgen" genannt (*Grimm* 1962). Bei dieser, auf das Allgemeine zielende Betrachtungsweise hat sicher auch sein geographischer Lehrer *Otto Schlüter* Pate gestanden.

Eine engere Beziehung zwischen historischer Geographie, jedenfalls wenn sie wie bei *Schlüter* vornehmlich als Landeskunde verstanden wurde (*Schenk* 2011, S. 5), und Ur- und Frühgeschichtsforschung ist an sich naheliegend, spielt doch bei beiden die Siedlung eine zentrale Rolle. So ist auch, mit der Entstehung einer wissenschaftlichen Archäologie in Deutschland um die Wende vom 19. zum 20. Jahrhundert, innerhalb des Faches ein zentraler Zweig unter der Bezeichnung „Siedlungsarchäologie" entstanden, der bis in die 1930er Jahre die Forschung weitgehend bestimmen sollte. Sein Schöpfer *Gustaf Kossinna* verstand darunter jedoch nicht die Beschäftigung mit prähistorischen Siedlungen. Vielmehr wollte er aus der Gesamtverbreitung des den Germanen zugeschriebenen Fundstoffs

---

3 Programmatisch „Der Beitrag der Archäologie für die Erforschung des Mittelalters" (*Grimm* 1966). Er wurde auf einer Tagung 1964 in Leipzig gehalten, auf der erstmals in der DDR das Mittelalter als eigenständiger Forschungsbereich innerhalb der Archäologie behandelt wurde.

deren „Urheimat“ und Ausbreitung bestimmen, programmatisch dafür ist der Titel „Die Herkunft der Germanen. Zur Methode der Siedlungsarchäologie“ (*Kossinna 1911*). Erst nach dem Zweiten Weltkrieg wurde, maßgeblich bestimmt durch *Herbert Jankuhn*, auch sprachlich eine Siedlungsarchäologie etabliert, die diesen Namen verdient.[4] Ihre beiden Hauptsäulen sind die Untersuchung der Siedlungen selbst sowie der Besiedlungsgeschichte ganzer Landschaften in ihrer Beziehung zu den naturräumlichen Verhältnissen.

Aber inhaltlich wurde dieser Schritt natürlich von einigen schon früher vollzogen. Bereits 1906 thematisierte *Alfred Schliz* „Die geologische Unterlage der neolithischen Besiedlung“. 1918 untersuchte *Ernst Wahle* „Ostdeutschland in jungneolithischer Zeit, ein prähistorisch-geographischer Versuch“, 1921 „Die Besiedlung Südwestdeutschlands in vorrömischer Zeit nach ihren natürlichen Grundlagen“. In die gleiche Richtung weist die Dissertation des zum Zeitpunkt der Drucklegung 23-jährigen *Paul Grimm* über „Die vor- und frühgeschichtliche Besiedlung des Unterharzes und seines Vorlandes auf Grund der Bodenfunde“ von 1930, die mit folgenden Worten beginnt: „Das Ziel dieser Arbeit ist, die Siedlungs- und Volksgeschichte eines bestimmten Gebietes durch die Vorgeschichtsforschung zu unterbauen, zu versuchen, wie weit sich die Besiedlung über die historischen Nachrichten hinaus zurückverfolgen läßt“. Und um die geistige Herkunft dieses Satzes ganz klar zu machen, wird er mit der Anmerkung versehen „So ist meine Arbeit gedacht als Unterbau zu der siedlungsgeographischen Arbeit Schlüters ‚Die Siedlungen im nordöstlichen Thüringen‘“.[5] Methodsch wichtig ist der Ansatz, bewusst von den vorhandenen Funden auszugehen und erst später siedlungsgeographische Fragen zu erörtern (*Grimm* 1930, S. 1 f.). Die bei vielen nicht selbstverständliche strikte Trennung von Argumentationslinien, die zunächst streng disziplinorientiert sein müssen und erst zum Schluss einer Synthese zugeführt werden dürfen – Gegensatz ist die „gemischte Argumentation“ – ist bis zuletzt konsequentes Prinzip seiner Arbeit gewesen.

Nach einem geologischen Überblick wird in der Dissertation die menschliche Besiedlung des Untersuchungsgebietes – begrenzt etwa durch die Städte Quedlinburg und Aschersleben im Norden, Eisleben im Osten, die Sachsenburgpforte im Süden sowie Worbis und Herzberg im Westen, im Kern also der Unterharz und die Goldene Aue – vom ersten Auftreten im Paläolithikum bis ins Mittelalter anhand von Befund- und Fundbeschreibungen, einem Fundverzeichnis und Karten abgehandelt. Die anschließenden allgemeinen Fragen basieren zunächst auf Karten der Regenmenge, des Grundsteuerreinertrages und der Lössverbreitung (*Grimm* 1930, Karten XXVI–XXVIII). Diese Überlegungen, bis heute nicht selbstverständlich, zeigen eindeutig die geographische Schule, durch die der Autor gegangen ist. Die Regenmenge nimmt in den Harz hinein stark zu. Die relativ starke neolithische Besiedlung des Unterharzes wird folgendermaßen erklärt: „Da wir nun wissen, daß die jüngere Steinzeit in die Zeit des Klimaoptimums fiel, ist es leicht erklärlich,

4 Zusammenfassend *Jankuhn* 1977.

5 *Grimm* 1930, S. 1 mit Anm. 1.

daß da die Siedlungen und Einzelfunde soweit in den Harz hineinreichen. Der Klimasturz führte dann ein Vernässen der Äcker herbei und zwang die Bewohner zum Verlassen der Hochfläche" (*Grimm* 1930, S. 119). Ein Vergleich mit der Grundsteuerreinertragskarte, basierend auf den Angaben von 1862/63, führt zu dem nicht überraschenden Schluss: „Die geschlossene Masse der Siedlungen aller Zeiten liegen in dem ertragreichsten Gebiet" (ebd. S. 120). Andererseits ergibt sich eine zwanglose Erklärung für die erst im Mittelalter erfolgte Besiedlung des Eichsfeldes. Die Fundkarten im Vergleich zur Lössverbreitung bedürfen keines Kommentares.

Nach einer Behandlung der Burgen, denen später sein Hauptinterresse galt, kommt *Grimm* zur „Ausdehnung des Siedlungsgebietes" und damit zur direkten Auseinandersetzung mit den Auffassungen seines Lehrers *Otto Schlüter.* Dessen Überzeugung von der Konstanz der Siedlungsflächen vom Neolithikum bis zur „Rodungsperiode", also dem Mittelalter,[6] stellt er die des Bautzener Prähistorikers *Walter Frenzel* (1922, 1924) gegenüber, der von einer wechselnden Größe des Siedlungsgebietes ausging und dessen Auffassung *Grimm* eindeutig für sein Untersuchungsgebiet bestätigt. „In der jüngeren Steinzeit und der Bronzezeit ist der Harz bis zu einer gewissen Linie (etwa Grenze der Vereisung!) besiedelt, im übrigen Teile leicht betretbar. Seit dem Klimasturz fehlen bis zur inneren Kolonisation jegliche Funde. Die Rodungen zu ackerbaulichen Zwecken reichen dann wieder etwa so weit auf den Harz hinauf, wie die jungsteinzeitlichen Siedlungen" (*Grimm* 1930, S. 128 f.).

Im folgenden Kapitel über die Kontinuität der Bevölkerung, die ja auch etwas mit der Frage zu tun hat, ob mit kontinuierlichen Offenlandschaften zu rechnen ist, führt *Grimm* (1930, S. 131) zu dem Schluss, dass der Harz immer Durchgangsland gewesen ist, in dem aber „eine gewisse Kontinuität wenigstens eines gewissen Teiles der Bevölkerung" anzunehmen ist.

Ein letztes Kapitel fragt nach einer Verbindung zwischen Bodenfunden und Ortsnamenforschung. Es ist zweifellos von den methodischen Grundlagen *Otto Schlüters* angeregt, waren doch solche Überlegungen zumindest der Archäologie Mitteldeutschlands zu dieser Zeit völlig fremd. *Grimm* beschränkt sich auf eine Aufzählung derjeniger Orte, die nach *Schlüter* in die Zeit vor 500 zu setzen sind und in der Ortslage oder ihrer unmittelbaren Umgebung archäologische Funde erbracht haben, die diesen zeitlichen Ansatz bestätigen können. Vorher verweist er auf Orte, bei denen schriftlich oder durch die Onomastik nachgewiesene Slawen durch archäologische Funde bestätigt werden (*Grimm* 1930, S. 115 f.).

Dem auf *Schlüter* zurückgehenden weitgehend geographischen Ansatz, dem hier, teilweise noch tastend, gefolgt wurde, ist *Grimm* treu geblieben. Besonders deutlich wird das in seiner Antrittsvorlesung als Dozent an der Universität Halle 1938 unter dem Titel

6 *Schlüter* 1903, basierend auf seiner Dissertation von 1896.

„Möglichkeiten der Unterbauung siedlungsgeographischer Fragen durch vorgeschichtliche Methoden" (Abb. 2).[7]

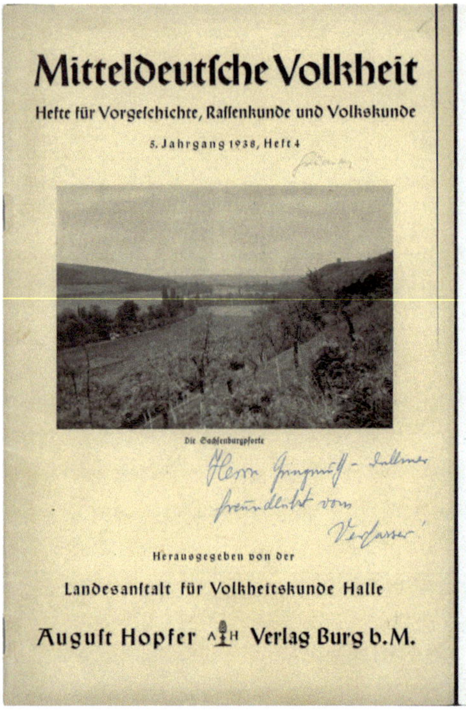

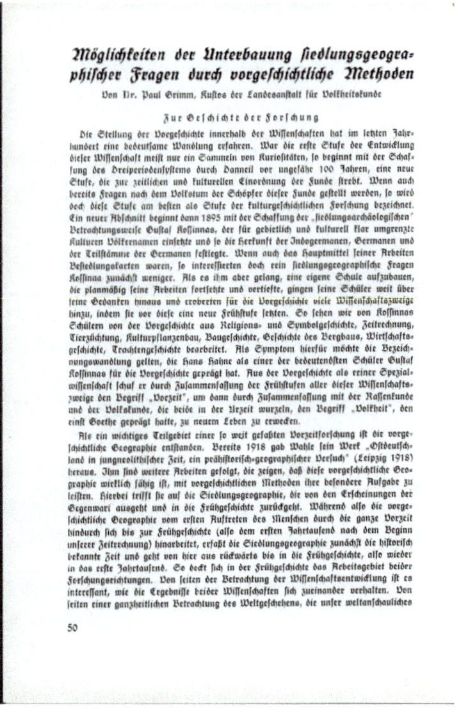

Möglichkeiten der Unterbauung siedlungsgeographischer Fragen durch vorgeschichtliche Methoden

Von Dr. Paul Grimm, Kustos der Landesanstalt für Volkheitskunde

Zur Geschichte der Forschung

Die Stellung der Vorgeschichte innerhalb der Wissenschaften hat im letzten Jahrhundert eine bedeutsame Wandlung erfahren. War die erste Stufe der Entwicklung dieser Wissenschaft meist nur ein Sammeln von Kuriositäten, so beginnt mit der Schaffung des Dreiperiodensystems durch Danneil vor ungefähr 100 Jahren, eine neue Stufe, die zur zeitlichen und kulturellen Einordnung der Funde strebt. Wenn auch bereits Fragen nach dem Volkstum der Schöpfer dieser Funde gestellt werden, so wird doch diese Stufe am besten als Stufe der kulturgeschichtlichen Forschung bezeichnet. Ein neuer Abschnitt beginnt dann 1895 mit der Schaffung der „siedlungsarchäologischen" Betrachtungsweise Gustaf Kossinnas, der für gebietlich und kulturell klar umgrenzte Kulturen Völkernamen einsetzte und so die Herkunft der Indogermanen, Germanen und der Teilstämme der Germanen festlegte. Wenn auch das Hauptmittel seiner Arbeiten Besiedlungskarten waren, so interessierten doch rein siedlungsgeographische Fragen Kossinna zunächst weniger. Als es ihm aber gelang, eine eigene Schule aufzubauen, die planmäßig seine Arbeiten fortsetzte und vertiefte, gingen seine Schüler weit über seine Gedanken hinaus und eroberten für die Vorgeschichte viele Wissenschaftszweige hinzu, indem sie vor diese eine neue Frühstufe setzten. So sehen wir von Kossinnas Schülern von der Vorgeschichte aus Religions- und Symbolgeschichte, Zeitrechnung, Tierzüchtung, Kulturpflanzenbau, Baugeschichte, Geschichte des Bergbaus, Wirtschaftsgeschichte, Trachtengeschichte bearbeitet. Als Symptom hierfür möchte die Bezeichnungswandlung gelten, die Hans Hahne als einer der bedeutendsten Schüler Gustaf Kossinnas für die Vorgeschichte geprägt hat. Aus der Vorgeschichte als reiner Spezialwissenschaft schuf er durch Zusammenfassung der Frühstufen aller dieser Wissenschaftszweige den Begriff „Vorzeit", um dann durch Zusammenfassung mit der Rassenkunde und der Volkskunde, die beide in der Urzeit wurzeln, den Begriff „Volkheit", den einst Goethe geprägt hatte, zu neuem Leben zu erwecken.

Als ein wichtiges Teilgebiet einer so weit gefaßten Vorzeitforschung ist die vorgeschichtliche Geographie entstanden. Bereits 1918 gab Wahle sein Werk „Ostdeutschland in jungneolithischer Zeit, ein prähistorisch-geographischer Versuch" (Leipzig 1918) heraus. Ihm sind weitere Arbeiten gefolgt, die zeigen, daß diese vorgeschichtliche Geographie wirklich fähig ist, mit vorgeschichtlichen Methoden ihre besondere Aufgabe zu leisten. Hierbei trifft sie auf die Siedlungsgeographie, die von den Erscheinungen der Gegenwart ausgeht und in die Frühgeschichte zurückgeht. Während also die vorgeschichtliche Geographie vom ersten Auftreten des Menschen durch die ganze Vorzeit hindurch sich bis zur Frühgeschichte (also dem ersten Jahrtausend nach dem Beginn unserer Zeitrechnung) hinarbeitet, erfaßt die Siedlungsgeographie zunächst die historisch bekannte Zeit und geht von hier aus rückwärts bis in die Frühgeschichte, also wieder in das erste Jahrtausend. So deckt sich in der Frühgeschichte das Arbeitsgebiet beider Forschungsrichtungen. Von seiten der Betrachtung der Wissenschaftsentwicklung ist es interessant, wie die Ergebnisse beider Wissenschaften sich zueinander verhalten. Von seiten einer ganzheitlichen Betrachtung des Weltgeschehens, die unser weltanschauliches

50

Abb. 2: Die Antrittsvorlesung von 1938 (Quelle: Mitteldeutsche Volkheit 5, 1938, Umschlag und S. 51).

Er spricht direkt von einer „vorgeschichtlichen Geographie", die „wirklich fähig ist, mit vorgeschichtlichen Methoden ihre besondere Aufgabe zu leisten. Hierbei trifft sie auf die Siedlungsgeographie, die von den Erscheinungen der Gegenwart ausgeht und in die Frühgeschichte zurückgeht" (*Grimm* 1938, S. 50). Wobei mit dem nicht genau definierten Begriff Frühgeschichte etwa das 1. Jahrtausend n. Chr. gemeint ist. „Von seiten einer ganzheitlichen Betrachtung des Weltgeschehens, die unser weltanschauliches Ziel ist, ist es aber unbedingt notwendig, beide Richtungen zu vereinen, um daraus den klaren Ablauf siedlungsgeschichtlichen Geschehens von der Urzeit über Vorzeit und Frühgeschichte bis zur Gegenwart zu erkennen. Diese Aufgabe ist noch nicht zu leisten, jedoch sollen hier einige Beispiele den Arbeitsweg zeigen, der zur Lösung führen kann" (ebd. S. 50 f.). Diese Beispiele sind vielfach aus der Dissertation übernommen.

[7] Die Information, dass es sich um die Antrittsvorlesung handelt, verdankt Verf. der freundlichen Mitteilung von *Paul Grimm.*

Hinsichtlich der Konstanz der Siedlungsgebiete stellt er wiederum fest, dass von einer solchen nicht die Rede sein kann, sondern dass das Siedlungsgebiet des Steinzeitmenschen beträchtlich größer war als das bisher von den Siedlungsgeographen als Siedlungsland angenommene Gebiet. Andererseits steht fest, „daß im älteren Mittelalter tatsächlich im allgemeinen der Wald eine Ausdehnung besaß, wie sie auf den Urlandschaftskarten angegeben wird. Es müssen also weitgehende Änderungen in dem Siedlungsgebiet vorgekommen sein" (*Grimm* 1938, S. 53). Als Gründe für die Inanspruchnahme bisher bewaldeter Gebiete werden Übervölkerung und Klimaänderungen genannt, die bis dahin kaum das Interesse der Archäologen auf sich gezogen hatten. Unbestritten jedoch scheint auch *Grimm*, dass „die von Schlüter erschlossene Waldverbreitung tatsächlich für die Zeit der Frühgeschichte stimmt" (ebd.), eine Beobachtung, die noch zu präzisieren ist, im Prinzip aber bis heute Bestand hat (*Gringmuth-Dallmer* 1983, Kap. 3.2.).

Der von der *Schlüter*schen Karte zumindest nahegelegten generellen Siedlungsfeindlichkeit der Sumpfflächen steht *Grimm* kritisch gegenüber, indem er vor allem auf Auelehmablagerungen in der Saale- und Elbeaue sowie der Goldenen Aue verweist, bei Mehringen in der Wipperaue ist eine schon in der Dissertation ausgewertete bandkeramische Siedlung von 2–2,5 m Auelehm überdeckt (*Grimm* 1938, S. 54 f.).

Grimms nächste Überlegungen gelten der Entstehung der Hausformen der Gegenwart. Er weist darauf hin, dass aus der Zeit vor 1500 nur wenige Häuser erhalten sind und für die Siedlungsgeographie die Erschließung der Frühformen nur auf Grund theoretischer Überlegungen möglich ist. Trotz einem gegenüber heute sehr geringem Forschungsstand meint er, die Entstehung des Vorhallenhauses und des dreischiffigen Niedersachsenhauses anhand von Grabungsbefunden näher fassen zu können. Dass er ersteres als „eine der typischen nordisch-indogermanischen Wohnhausformen" interpretiert (*Grimm* 1938, S. 56) ist zeitbedingt, ist doch die ethnische Ansprache von Haustypen weitgehend überwunden. Für die anderen Hausformen ist er optimistisch, dass künftige Grabungen weitere Klärung bringen werden, und er hat Recht behalten.

Konsequent anschließend wird das Alter der dörflichen Siedlungen verfolgt. Interessant ist hier, dass *Grimm* als einer der ersten die Gräberfelder zur Analyse der Größe der Wohnplätze mit heranzieht ebenso wie, wieder sehr zeitgemäß, dass er geschlossene Siedlungsweise in neu erschlossenen Gebieten mit der Notwendigkeit der Abwehr von Feinden in Verbindung bringt. Entsprechend erklärt er die Planformen in Grenzgebieten oder erobertem Neuland. Im gleichen Zusammenhang wird die Frage der Bevölkerungskonstanz erörtert mit dem schon in der Dissertation formulierten Ergebnis, dass, im Unterschied zu Teilen Nordwestdeutschlands, „von einer Konstanz der Bevölkerung in Mitteldeutschland im allgemeinen nicht gesprochen werden kann, daß aber mit einem Fortbestehen bestimmter Volksteile immer gerechnet werden muß" (*Grimm* 1938, S. 62).

Detaillierter sind seine Ausführungen zum Alter der Ortsnamen. *Schlüter* hat sie für Mitteldeutschland in sechs Perioden eingeteilt in dem Bewusstsein, dass ein Ort im Einzelfall älter oder jünger als sein Name sein kann.[8] Voraussetzung für ein solches Vorgehen ist natürlich, dass die einzelnen Grundwörter einigermaßen eng datiert werden können. Als Möglichkeit, von archäologischer Seite dem Problem näher zu kommen, sieht *Grimm* einen zweiteiligen Weg: „eine genaue Zusammenstellung der Funde aus einer Dorfflur, um festzustellen, wie viele Zeitstufen vertreten sind, und dann der Vergleich dieses Ergebnisses mit der Gesamtsiedlungs- und Volksgeschichte der Landschaft, um Fehler, die sich aus dem zufälligen Fehlen einer Fundgruppe ergeben, auszumerzen und die großen Gesetzmäßigkeiten zu erkennen" (*Grimm* 1938, S. 64). An einem Beispiel macht er deutlich, wie schwierig dieses Vorhaben im Einzelfall umzusetzen ist. Gleiches gilt für den Versuch, etwas über prähistorische Straßen auszusagen.

Zusammenfassend kommt *Grimm* zu folgendem Schluss: „Mit diesen Beispielen, die bewußt so ausgewählt sind, daß sie beide Forschungsrichtungen berühren, glaube ich die Grundzüge der Beziehungen beider Wissenschaftszweige aufgezeigt zu haben. Es ergeben sich daraus drei Tatsachen:

1. Die vorgeschichtlichen Methoden können mit Sicherheit auch zur Aufhellung der Siedlungsgeschichte herangezogen werden.
2. Für die Zeit der Frühgeschichte ringen zunächst vorgeschichtliche Methoden mit den Methoden der Siedlungsgeographie.
3. Bei Weiterausbau der vorgeschichtlichen geographischen Forschung wird das Wissensgebiet der deutschen Siedlungsgeographie, die bisher nur knapp zwei Jahrtausende umfasst, erweitert zu einem Wissen um das Wohnen und Siedeln des Menschen auf deutschem Boden in vielen Jahrtausenden" (*Grimm* 1938, S. 67 f.).

Soweit zum Prähistoriker *Paul Grimm* und zu seinem Verhältnis zu seinem Lehrer in der Siedlungsgeographie *Otto Schlüter.* Wie stark *Grimm* seinem Lehrer auch emotional verbunden war, zeigt eine Begebenheit zwischen ihm und dem Verfasser dieser Zeilen. Meine Dissertation galt der frühgeschichtlichen Kulturlandschaft auf dem Territorium der DDR. Zentrale Voraussetzung war die Entwicklung einer Altlandschaftkarte. Sie knüpfte direkt an *Otto Schlüter* an, mußte sich dabei aber zunächst mit den methodischen und sachlichen Fortschritten auseinandersetzen, die seit dem Erscheinen seiner Karten[9] zu verzeichnen waren. Noch vor Abschluss der Dissertation hatte ich in einem Aufsatz die wichtigsten Kritikpunkte zusammengestellt und einleitend zu *Schlüters* Buch geschrieben: „Die Konzeption dieser Arbeit geht auf den Beginn unseres Jahrhunderts zurück, und die Karte

8 Ausführlich *Schlüter* 1903, S. 140–143.

9 Insbesondere die Mitteleuropakarte in seinem großen Werk *Schlüter* 1952–1958 und die Karte „Frühgeschichtliche Wohnflächen" im Mitteldeutschen Heimatatlas (*Schlüter* 1935–1945, Karte 3) und mit vergrößertem Ausschnitt im Atlas des Saale- und mittleren Elbegebietes *(Schlüter u. August* 1959–1961, Blatt 5).

wurde vor dem Zweiten Weltkrieg abgeschlossen. Jüngere Untersuchungen haben nun ergeben, daß Schlüters Methoden einige Ansätze enthalten, die nicht mehr den neuesten Erkenntnissen entsprechen. Die wichtigsten seien hier ohne Anspruch auf Vollständigkeit genannt" (*Gringmuth-Dallmer* 1972, S. 65). Als wichtigste Punkte nannte ich die weitgehend nicht gegebene Konstanz der Siedlungsflächen und die Probleme bei der Datierung von Ortsnamen, auf denen Schlüters Rekonstruktion großenteils beruhte. *Paul Grimm* bekam einen Sonderdruck und regte sich dann berechtigterweise sehr darüber auf, dass ich sofort mit der Kritik begonnen hatte, ohne *Schlüters* Verdienste gebührend herausgestellt zu haben. In der Dissertation habe ich diesen Fehler dann natürlich behoben (*Gringmuth-Dallmer* 1983, S. 15).

Der Archäologe *Paul Grimm* hat insbesondere für die Mittelalterforschung Wichtiges geleistet. Dass er dafür wesentliche Anregungen von dem Geographen *Otto Schlüter* erhalten hat, ist viel zu wenig bekannt und sollte mit diesen Zeilen ins Gedächtnis gerufen werden.

Zusammenfassung

Paul Grimm (1907–1993) gehörte zu den prägenden Prähistorikern Deutschlands. Neben wichtigen Arbeiten zum Neolithikum haben insbesondere seine Forschungen zur Mittelalterarchäologie und zur Burgenforschung seinen Ruf begründet. Er ist einer der Begründer der deutschen Mittelalterarchäologie, 1935–1937 hat er mit der Wüstung Hohenrode bei Grillenberg im Unterharz erstmals in Mitteleuropa eine Wüstung vollständig ausgegraben. Seine Bearbeitung der Burgwälle Sachsen-Anhalts hat internationale Maßstäbe gesetzt. Die vollständige Ausgrabung der Königspfalz Tilleda am Kyffhäuser krönte sein Lebenswerk. Der Aufsatz untersucht anhand der Dissertation und der Habilitationsvorlesung den Einfluss des Geographen Otto Schlüter, der zu seinen Lehrern gehörte, auf Paul Grimm.

Summary: Archaeology and geography – the prehistorian Paul Grimm as a student of Otto Schlüter

Paul Grimm (1907–1993) was one of the most influential prehistorians in Germany. In addition to important work on the Neolithic, his research on medieval archaeology and castle research in particular established his reputation. He is one of the founders of German medieval archaeology. In 1935–37, he was the first to completely excavate a deserted village in Central Europe, the Hohenrode abandoned village near Grillenberg in the Lower Harz Mountains. A treaty on the castle ramparts of Saxony-Anhalt has set international standards. The complete excavation of the royal palace of Tilleda at Kyffhäuser has crowned his life's work. The essay examines the influence of the geographer Otto Schlüter on Paul Grimm, who was one of his teachers, on the basis of Grimm's dissertation and habilitation lecture.

Literatur

Frenzel, W. (1922): Siedlungsgeschichtliche Betrachtungen aus der Oberlausitz. – Reichenau.

Frenzel, W. (1924): Die vorgeschichtlichen Siedlungen und das Siedlungsland im herzynischen Urwaldgebiet. – Crimmitschau.

Grimm, P. (1930): Die vor- und frühgeschichtliche Besiedlung des Unterharzes und seines Vorlandes auf Grund der Bodenfunde. – Halle (Jahresschrift für die Vorgeschichte der sächsisch-thüringischen Länder 18).

Grimm, P. (1938): Möglichkeiten der Unterbauung siedlungsgeographischer Fragen durch vorgeschichtliche Methoden. – In: Mitteldeutsche Volkheit 5, S. 50–68.

Grimm, P. (1939): Hohenrode, eine mittelalterliche Siedlung im Südharz. – Halle.

Grimm, P. (1958): Die vor- und frühgeschichtlichen Burgwälle der Bezirke Halle und Magdeburg. – Berlin.

Grimm, P. (1962): Die Reichsburg Volkenrode bei Mühlhausen (Thür.). Ein Beitrag des Einbaues von Klöstern in Burgen. – In: Ausgrabungen und Funde 7, S. 249–252.

Grimm, P. (1966): Der Beitrag der Archäologie für die Erforschung des Mittelalters. – In: Probleme des frühen Mitelalters in archäologischer und historischer Sicht. – Berlin, S. 39–74.

Grimm, P. (1968): Tilleda. Eine Königspfalz am Kyffhäuser. Teil 1: Die Hauptburg. – Berlin.

Grimm, P. (1990): Tilleda. Eine Königspfalz am Kyffhäuser. Teil 2: Die Vorburg und Zusammenfassung. – Berlin.

Gringmuth-Dallmer, E. (1972): Zur Kulturlandschaftsentwicklung in frühgeschichtlicher Zeit im germanischen Gebiet. – In: Zeitschrift für Archäologie 6, S. 64–90.

Gringmuth-Dallmer, E. (1983): Die Entwicklung der frühgeschichtlichen Kulturlandschaft auf dem Territorium der DDR unter besonderer Berücksichtigung der Siedlungsgebiete. – Berlin.

Gringmuth-Dallmer, E. (1994): Paul Grimm 1907–1993. – In: Zeitschrift für Archäologie 28, S. 145–147.

Gringmuth-Dallmer, E. (2016): Grimm, Paul. – In: Germanische Altertumskunde Online. – Berlin u. Boston.

Kossinna, G. (1911): Die Herkunft der Germanen. Zur Methode der Siedlungsarchäologie. – Würzburg.

Jankuhn, H. (1977): Einführung in die Siedlungsarchäologie. – Berlin.

Lautensach, H. (1952): Otto Schlüters Bedeutung für die methodische Entwicklung der Geographie. – In: Petermanns Geographische Mitteilungen 96, S. 219–231.

Otto, K.-H. u. Herrmann, J. [Hrsg.] (1969): Siedlung, Burg und Stadt. Studien zu ihren Anfängen. – Berlin.

Schenk, W. (2011): Historische Geographie. – Darmstadt.

Schliz, A. (1906): Die geologische Unterlage der neolithischen Besiedlung. In: Zeitschrift für Ethnologie 38, S. 334–336.

Schlüter, O. (1896): Siedlungskunde des Thales der Unstrut von der Sachsenburger Pforte bis zur Mündung. - Diss. Halle.

Schlüter, O. (1903): Die Siedelungen im nordöstlichen Thüringen. - Berlin.

Schlüter, O. [Hrsg.] (1935–1945): Die frühgeschichtlichen Wohnflächen. In: Mitteldeutscher Heimatatlas. - Magdeburg, Karte 3.

Schlüter, O. (1952–1958): Die Siedlungsräume Mitteleuropas in frühgeschichtlicher Zeit, 2 Bde. - Remagen.

Schlüter, O. u. August, O. [Hrsg.] (1959–1961): Atlas des Saale- und mittleren Elbegebietes, 3 Teile. - Leipzig.

Silina, L.; Pokrowska, E. u. Machno, E. (1989): Ein Dokument der Museumsgeschichte. - In: Informationen für die Museen in der DDR 21/1989, S. 63–66.

Wahle, E. (1921): Ostdeutschland in jungneolithischer Zeit, ein prähistorisch-geographischer Versuch. - Leipzig.

Wahle, E. (1921): Die Besiedlung Südwestdeutschlands in vorrömischer Zeit nach ihren natürlichen Grundlagen. - In: 12. Bericht der Römisch-Germanischen Kommission, 1920, S. 1–75.

Siedlungsforschung. Archäologie – Geschichte – Geographie 39, 2021, S. 85–123

Region Oberaargau im Kanton Bern

Zur Frage der Identität eines Übergangsraumes

Rolf Peter Tanner

> „Man mag den Begriff Oberaargau fassen, wie man will, stets bleibt er Kompromiss." (*Christian Lerch*, 1893–1977, Schriftsteller und Staatsarchivar)

Es gibt wohl wenige Regionen in der Schweiz, die von ihrer natur- wie kulturräumlichen Ausstattung her so wenig Eigenständigkeit aufweisen wie der Oberaargau. Das Hauptcharakteristikum, dies der Hauptfokus dieses Artikels, ist gerade dessen ausgeprägter Übergangscharakter in jeder Beziehung. So hält sich hartnäckig die Legende, der Hauptort der Region, die Stadt Langenthal, sei Erhebungsfeld von Marktforschern gewesen, da der Ort am ehesten dem Schweizer Durchschnitt entsprechen würde.[1]

Das folgende Portrait der Region folgt dem Ansatz von *Ute Wardenga*, die bereits 2002 vier Raumkonzepte unterschied, die sich fachhistorisch entwickelt und auch den fachdidaktischen Diskurs erfasst haben. Räume können entsprechend dieser Grundlagen aus vier Perspektiven betrachtet werden (*Bürki, Gautschi, Reuschenbach, Steinkrüger u. Tanner 2016*, S. 351 f., nach *Wardenga 2002*, S. 47–52):

- Räume als Container (traditionelle und eher geodeterministische Betrachtung von Räumen, die die „Wahrheit" suggeriert: „so ist es");
- Räume als Systeme von Lagebeziehungen (Berücksichtigung von Wechselwirkungen, Lage-Beziehungen, Distanzen);
- Räume als Kategorie der Sinneswahrnehmung (subjektive Wahrnehmung ist bedeutsam, Wahrnehmungen werden eingeordnet und Handlungen differenziert);
- Räume als Konstruktion (Räume sind soziologisch und durch alltägliches Handeln definiert und fortlaufend neu produziert).

---

1 So z. B. in der Berner Zeitung vom 25. Juni 2011, https://www.bernerzeitung.ch/news/standard/-typisch-langenthal---/story/21019333 (Zugriff: 31. Mai 2021).

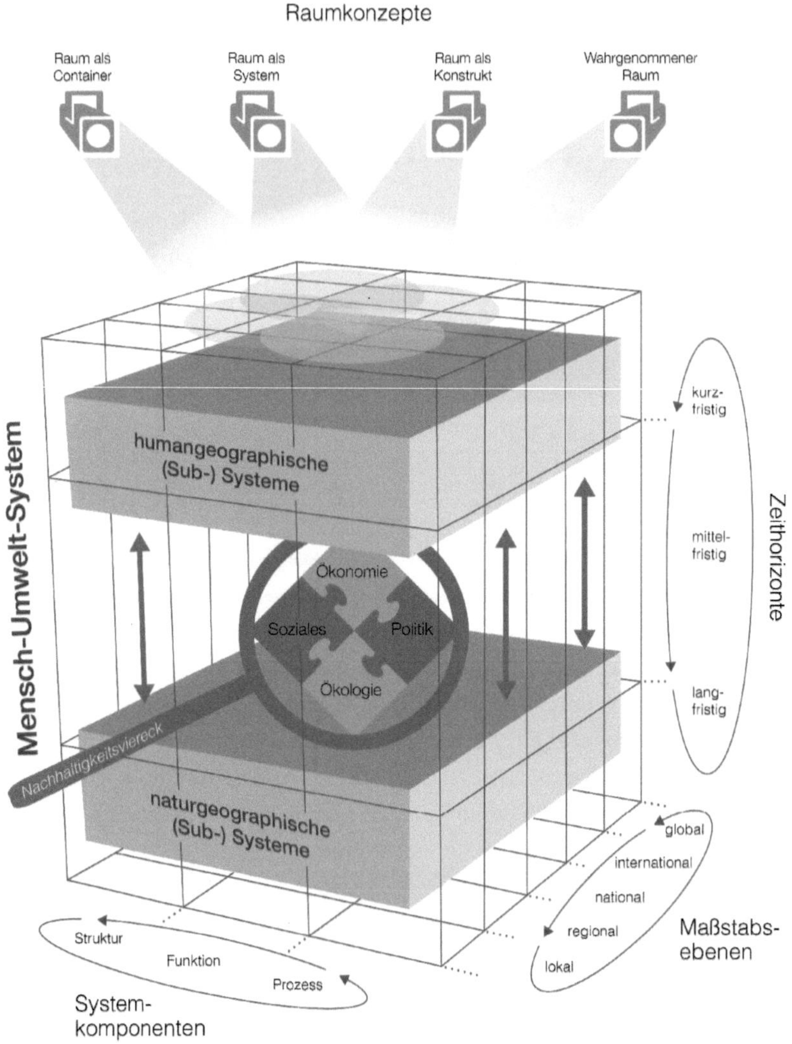

Abb. 1: Basiskonzepte der deutschsprachigen Geographiedidaktik (Quelle: Fögele 2016, S. 73).

Kurze Zeit später wurde im Rahmen der Diskussion um Kompetenzentwicklung und Bildungsstandards im Geographieunterricht ein Systemkonzept der Disziplin Geographie entwickelt, wobei im Zentrum das Mensch-Umweltsystem mitsamt den humangeographischen und physiogeographischen Untersystemen mit den jeweiligen Systemkomponenten, den Maßstabsebenen und den Zeithorizonten steht (Deutsche Gesellschaft für Geographie 2014, S. 11). *Janis Fögele* (2016, S. 73) hat dieses Modell mit den erwähnten Raumkonzepten ergänzt und zusätzlich darin ein vierteiliges Nachhaltigkeitsmodell (Ökonomie, Ökologie, Soziales und Politik) eingebettet. Die Raumkonzepte werden in seiner Darstellung gleichsam zu „Brillen“ oder „Scheinwerfern“, mit denen man dieses Mensch-Umwelt-System betrachtet bzw. beleuchtet (s. Abb. 1). Die folgende Darstellung des Raumes „Oberaargau“ soll der Versuch sein, genau dies in einer bestimmten Region anzuwenden, wobei der Nachhaltigkeitsaspekt in diesem Zusammenhang ausgeklammert bleibt.

1 Der Raum als Container

1.1 Verortung

Will man einem nichteingeweihten Schweizer begreiflich machen, wo der Oberaargau liegt, ist es notwendig, ein paar Missverständnisse zu beseitigen. Als erstes muss festgehalten werden, dass dieser Raum im Kanton Bern und nicht im Kanton Aargau liegt und zweitens muss man klären, dass es sich dabei nicht um den so genannten „Berner Aargau“ handelt, der wiederum im Kanton Aargau liegt. Letztgenannte Region umfasst die Territorien, die zwischen 1415 und 1798 bernisch waren und 1803 dem neu gegründeten Kanton Aargau zugeschlagen wurden, während der Oberaargau seit 1406 bis heute bernisch ist. Ähnliche Konfusionen gibt es natürlich auch außerhalb der Schweiz, z. B. im Oldenburger Münsterland oder in der belgischen Provinz Luxembourg.

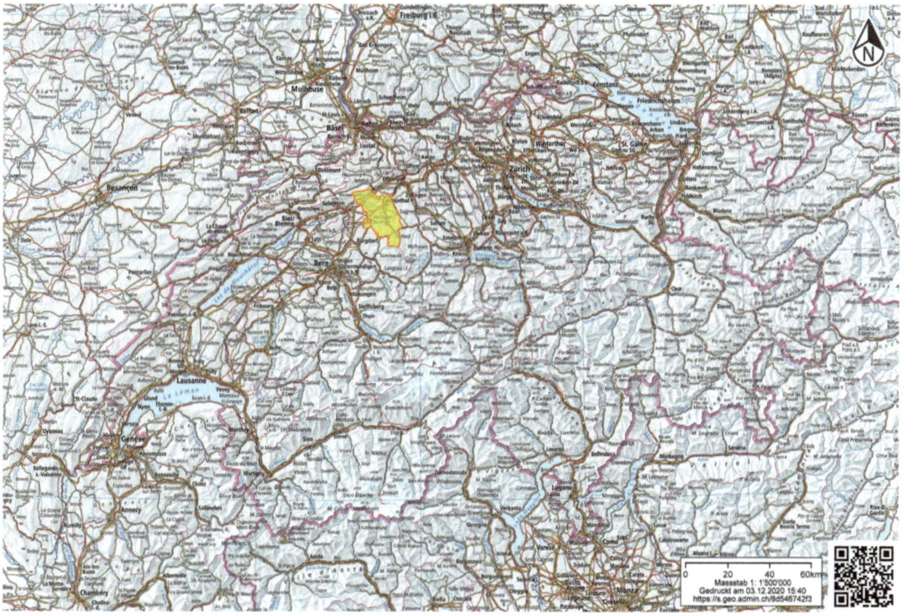

Abb. 2: Die Lage des Oberaargaus im Schweizer Mittelland (Quelle: © swisstopo).

Obwohl der Raum im Laufe der Geschichte verschiedentlich neu umgrenzt worden ist, versteht man heute unter dem Begriff Oberaargau meistens den bernischen Verwaltungskreis gleichen Namens (s. Abb. 2), der sich quer durch das zentrale Mittelland legt.

1.2 Das naturräumliche Gefüge

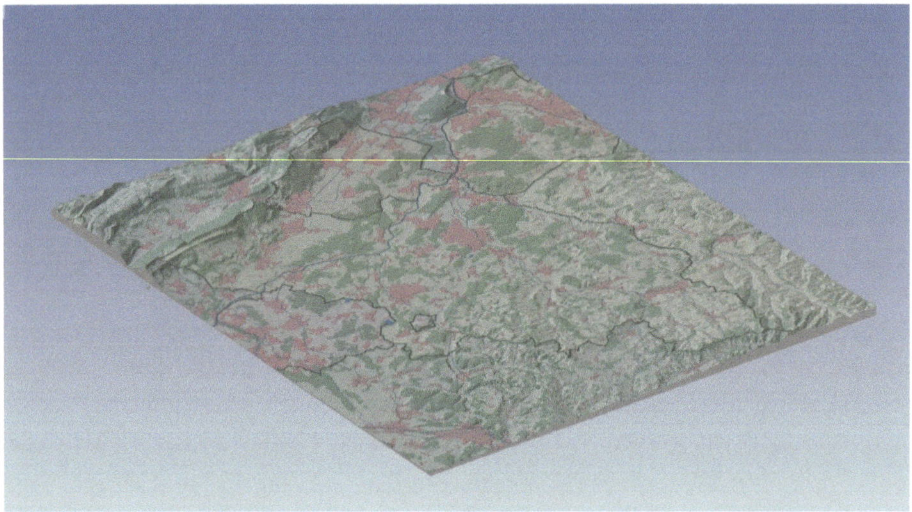

Abb. 3: Blockbild der Region Oberaargau. Offenland in Hellgrün, Wald in Dunkelgrün, Siedlungsflächen in Rosa (Quelle: Atlas der Schweiz 3.0, 2010).

Abb. 2 zeigt, dass die Region sowohl einen Anteil am Juragebirge hält und von dort über das Becken des Mittellandes bis in die Ausläufer des Berglandes des Napf (1.406 m. ü. M.) reicht. Der nördliche und der südliche Endpunkt sind rund 1.200 m. ü. M. hoch, die tiefste Stelle im Lauf der Aare um 400 m. ü. M. Eine Besonderheit besteht darin, dass hier das Molassehügelland[2] vom Napf her weit gegen Norden ausgreift, oder wie es ein Mundartschriftsteller aus dem gleich südlich angrenzenden Unteremmental ausdrückte, „wo der Napf mit sine Stockwürzen i's Land ahe gryft".[3] Dadurch wird das Schweizer Mittelland in zwei Becken aufgeteilt, was eine Grenzsituation hervorruft, die historisch möglicherweise bis in die Vorgeschichte zurückreicht (s. Abb. 4 und Kapitel 4.1).

---

2 Als Molasse bezeichnet man im Alpenvorland klastische Sedimente verschiedener Korngrößen, von Konglomeraten („Nagelfluh") über Kalksandsteine bis zu Mergeln und Tonsteinen.

3 Die Metapher stammt von *Simon Gfeller* (1868–1943). *Gfeller* vergleicht das Napfbergland mit einem Baumstrunk („Stock"), dessen Wurzeln rund herum in die Erde greifen (*Gfeller* 1919).

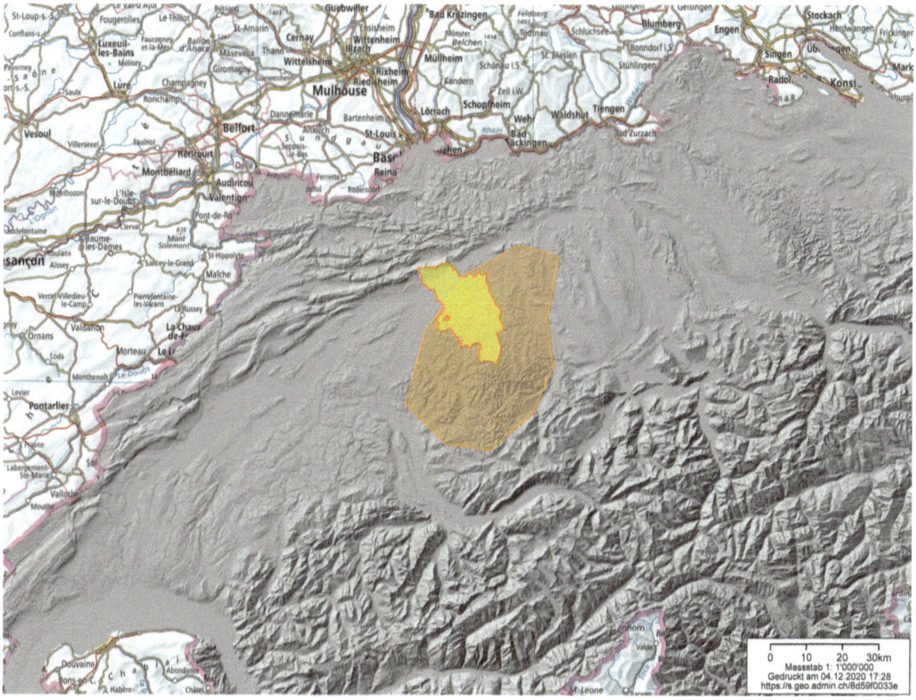

Abb. 4: Das Napfbergland (Orange) mit seinen Ausläufern teilt das Schweizer Mittelland in zwei Becken. Der Oberaargau in Gelb (Quelle: © swisstopo).

Glazialmorphologisch ist der Oberaargau ebenfalls eine Übergangslandschaft, denn genau bis an den Rand der Region reichten die Gletscher der letzten Vereisung („Würm"/„Weichsel", s. Abb. 4). In der größten Vereisung hingegen („Riss"/„Saale"), war praktisch der gesamte Raum vergletschert. Das bedeutet – und dies war für die Siedlungsentwicklung des Raumes von entscheidender Bedeutung (s. Kapitel 3) – dass ein großer Teil des Raumes des Oberaargaus von der pleistozänen Morphogenese her der norddeutschen Geest entspricht.

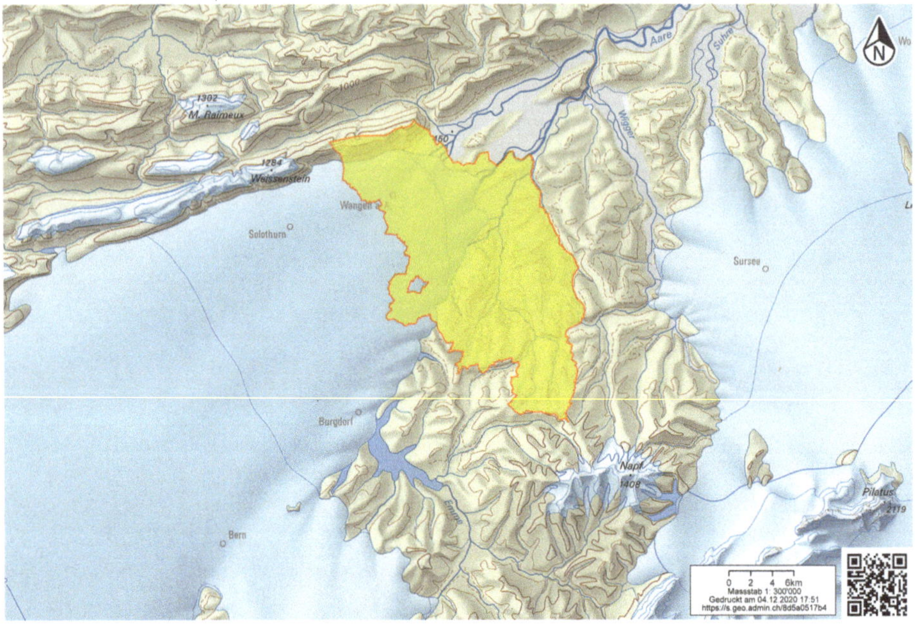

Abb. 5: Würm- bzw. weichseleiszeitliche Maximalausdehnung der Vergletscherung (Quelle: © swisstopo).

1.3 Kulturräumliche Muster der Siedlungen und Fluren

„Auf keinem zweiten Stück bernischen Landes tritt der Gegensatz gesammelten und zerstreuten ländlichen Wohnens so augenfällig hervor" (*Walser* 1974, S. 11). Diese Aussage von *Hermann Walser*, Professor für Geographie an der Universität Bern und - vielleicht noch einprägsamer - Bruder des Dichters *Robert Walser*, gilt auch heute noch.

In der Tat weisen nur wenige Gegenden im Schweizer Mittelland eine so große Vielfalt an Siedlungsformen auf wie der Oberaargau:

- Kompakte Haufen- und Liniendörfer am Jurasüdfuß,
- Dichtere sowie eher lockere Haufendörfer im tieferen Mittelland an der Aare und in den Seitentälern,
- Weiler und Einzelhöfe im Molassebergland und auf den Jurahöhen,
- Große Marktflecken wie Langenthal und Herzogenbuchsee,
- Mittelalterliche Kleinstädte wie Wangen an der Aare oder Huttwil.

Somit ist der Oberaargau auch kulturräumlich eine ausgesprochene Übergangslandschaft, sowohl was die Siedlungen als auch die Flurformen betrifft, wie wir sehen werden. Man könnte höchstens als Besonderheit den Umstand hervorheben, dass es keine größere Stadt mit einer ausgeprägten Zentrumsfunktion gibt; so erreicht keine der Siedlungen in der Region eine Einwohnerzahl über 20.000. Am größten sind die Regionalzentren Langenthal mit 15.644 Einwohnerinnen und Einwohnern, gefolgt von Herzogenbuchsee mit 7.255 und Huttwil mit 5.004 (alle im Jahr 2019, *Statistischer Atlas der Schweiz*). Die beiden größten Orte sind nicht einmal Städte mit althergebrachtem Recht, sondern bloß Marktflecken, lediglich Huttwil kann dies für sich beanspruchen. Die übrigen mittelalterlichen Städte (Wangen an der Aare und Wiedlisbach) sind Zwergstädte. Aber auch dies hat die Region mit den umliegenden Gebieten gemeinsam; es ist geradezu ein Merkmal des Schweizer Mittellandes, dass zwischen Bern und Zürich zwar ein fast durchgehendes Siedlungsband existiert, aber ohne größere Zentren. Es ist in diesem Zusammenhang auch schon von „zentraler Peripherie" gesprochen worden.

1.3.1 Flur- und Siedlungsformen

In den tieferen Teilen der Region hat sich wie vielerorts im Schweizer Mittelland die Dreizelgenwirtschaft mit Gewannflur etabliert (s. Abb. 6), an etlichen Orten durch Flurbereinigungen überprägt. In den gebirgigsten Regionen im Oberaargau hingegen finden wir eine klassische Einzelhofsiedlung mit Hufenflur (s. Abb. 8), dies ebenso in Übereinstimmung mit ähnlich ausgestatteten Räumen des Schweizer Alpenvorlandes. Im Zwischenbereich erstreckt sich eine Übergangszone zwischen diesen beiden Typen mit lockeren Dorfsiedlungen und Weilern, dies mit einer so genannten großflächigen Blockflur, die jedoch durch ihre Mittelstellung schwierig fassbar ist und häufig Elemente beider umgebenden Formen aufweist (s. Abb. 7).

Abb. 6: Das Gewannflurdorf Bleienbach mit der typischen Flur und Siedlungsform (Quelle: © swisstopo).

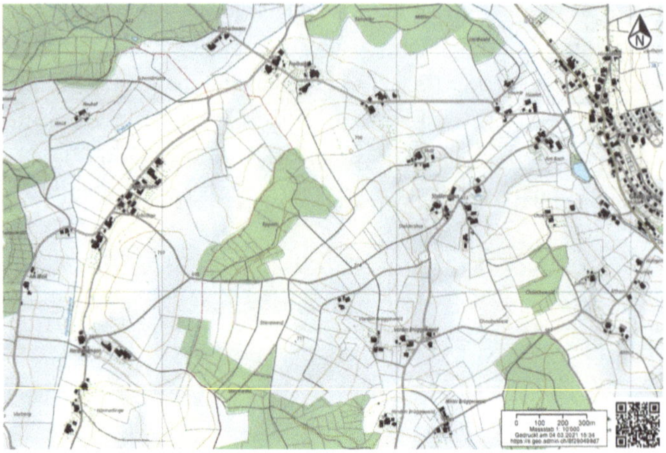

Abb. 7: Die Weiler- und Hofgruppenlandschaft mit großflächiger Blockflur zwischen Gondiswil (ganz im Osten) und Auswil (gleich außerhalb des westlichen Bildrandes, Quelle: © swisstopo).

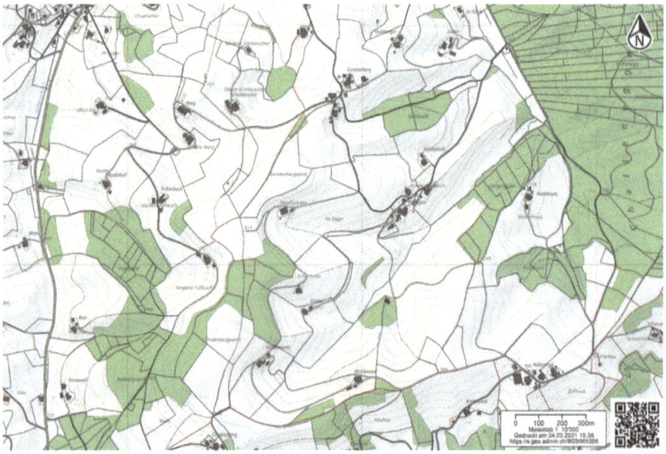

Abb. 8: Die Einzelhoflandschaft mit Hufenflur im südlichen Hügelland an der Grenze zum Emmental (Quelle: © swisstopo).

Aus den vorliegenden Formen ließe sich leicht ein Besiedlungs- bzw. Kolonisierungsvorgang seit dem Frühmittelalter aus den flacheren, schon in der Antike besiedelten Regionen in die höhere Hügelzone ableiten, und tatsächlich folgt die Toponomastik in der Region den diesbezüglichen Standardvorstellungen mehrheitlich (s. Abb. 9, dazu grundlegend *Schenk* 2011, S. 21 ff., auf die Schweiz bezogen *Zinsli* 1975, passim; regional *Binggeli* 1983, S. 134 ff.), wären da nicht auch „Ausreißer“, wie das vorerwähnte Gewannflurdorf Bleienbach (s. Abb. 6) oder die Weiler Ärbolligen (das Kleindorf im Westen der Abb. 7) oder

Flückigen (s. Abb. 8, leider schlecht lesbar in der Mitte der östlichen Hälfte der Karte). In Bleienbach, das einen typischen Namen von Ausbaugebieten trägt, wird eine Holzkirche bereits für das 8./9. Jahrhundert vermutet (*Dubler* 2004), die beiden „Ingen"-Formen würden eigentlich auf eine spätantik/frühmittelalterliche Besiedlung hindeuten. Möglicherweise haben sich Benennungssitten, die auf einen Personenverband Bezug nehmen, hier länger gehalten als anderswo.[4]

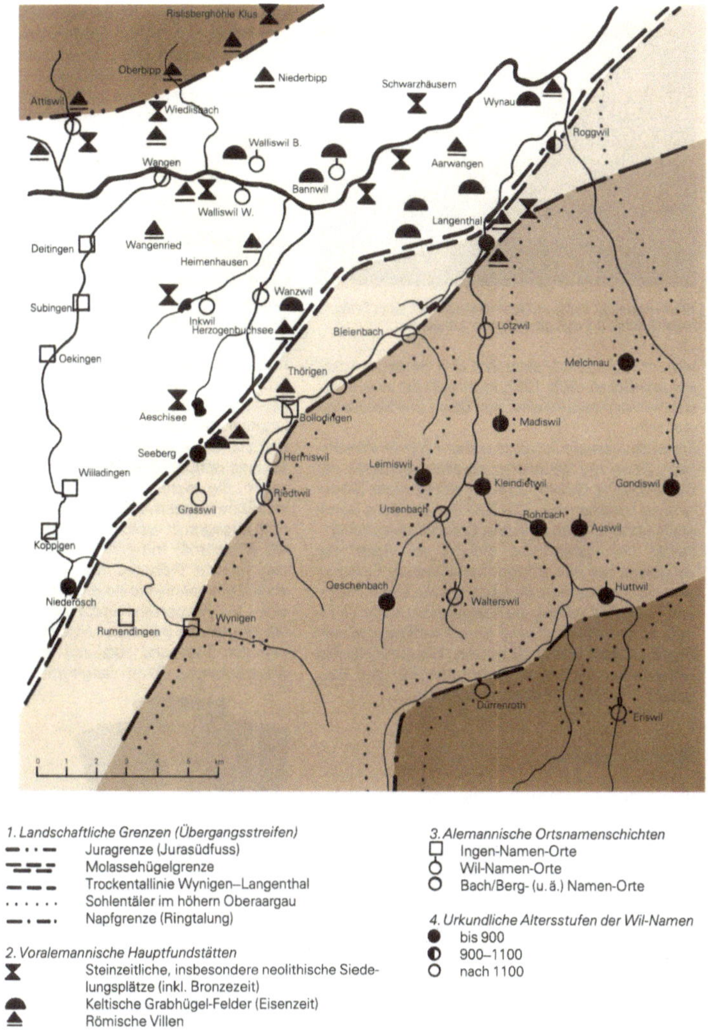

Abb. 9: Besiedlungszonen im Oberaargau (Quelle: Binggeli 1983, S. 133).

[4] Im Goms im Kanton Wallis gibt es z. B. auf rund 1.300 m über Meer ebenfalls eine ganze Dorfreihe mit „Ingen"-Namen.

1.3.2 Hausformen

Neben traditionellen städtischen Bauten, die auch in den Marktflecken Langenthal und Herzogenbuchsee anzutreffen sind, dominieren im Oberaargau drei ländliche Haustypen: das Hochstudhaus mit seinem „Nachfolger", dem Ständerbau, und das Steinhaus des Jurasüdfußes (für das Folgende *Tanner* 2013b). Gemeinsam haben die ländlichen Vielzweckhäuser, dass sie Wohnteil, Tenne, Stall, Heu- und Strohbühne unter einem einzigen Dach umfassen. Bis etwa 1850 herrschte das Strohdach vor, vereinzelt gab es auch Schindeldächer. Ziegeldächer waren ein Merkmal kirchlicher und obrigkeitlicher Bauten.

Wie überall kann man aus der Konstruktionsweise und den Baumaterialien Rückschlüsse auf die Entwicklung der Landnutzung, der Verkehrsverhältnisse oder auf die verfügbaren Rohstoffe ziehen. Das strohgedeckte Hochstudhaus (s. u.) zeugt von verbreiteter Ackerbaukultur. Das Vordringen eines späteren Ständerbautyps ab ca. 1750 vom stärker grünlandgeprägten Emmental her weist auf die zunehmende Bedeutung der Viehzucht im Rahmen der Agrarinnovationen in dieser Zeit hin. Häufig wurden diese Häuser dann auch mit Schindeln anstelle von Stroh gedeckt. Diese Bedachung war stabiler, andererseits wurde das Stroh nun vermehrt als Einstreu und zum Aufbau eines Misthaufens zur Düngung benötigt. Die Hochstudhäuser wie auch die späteren Formen von Ständerbauten erforderten lange, gerade gewachsene Bäume für die Balken, die südlich der Aare in den ausgedehnten Tannenwäldern (s. Kapitel 3) in genügender Menge vorhanden waren. Im Buchenwaldgebiet des Juras wich man hingegen schon früh auf Kalkbruchsteine aus und verwendete Holz nur für die tieferen Seitenwände, später sogar nur für den Dachaufbau. Andererseits ist im gesamten Oberaargau besonders an Bauten aus der zweiten Hälfte des 19. Jahrhunderts, die besonders in den größeren Orten zahlreich entstanden, sichtbar, wie immer häufiger Solothurner Kalkstein verwendet wurde anstelle des brüchigen einheimischen Sandsteins, weil damals das Straßennetz massiv verbessert und ausgebaut wurde, so dass dieser Import nun möglich wurde.

Das Hochstudhaus

Hochstudbauten sind im Oberaargau südlich der Aare die ursprünglichen ländlichen Häuser schlechthin. Man findet sie aber auch in den umliegenden Regionen westlich und östlich davon.

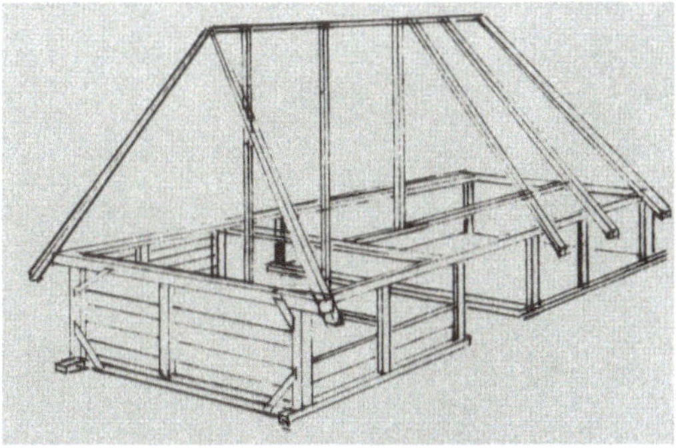

Abb. 10: Schemazeichnung zu einem Hochstudhaus (oben, Binggeli 1983, S. 156) und ein Vertreter davon in Herzogenbuchsee (Foto: R. P. Tanner).

Dieses Vielzweckhaus ist spätmittelalterlich geprägt, man kennt es seit vorreformatorischer Zeit. Es besteht aus einem Wand-Dachgerüst, welches sich gegenseitig verstrebt und versteift. Stehende und liegende Bohlen bilden die Wände. Das auffälligste Element sind die sogenannten Hochstüde („Stud" ist ein Dialektwort für Firstsäule), die von der Grundschwelle oder von einem Trägerbalken aus aufragen und den First stützen. Über diesen First sind Rafen gehängt, die ihrerseits das große, tief herunterreichende Strohdach tragen. Das Hochstudgerüst und das relativ leichte Stroh- oder Schindeldach gehören zusammen.

Der Ständerbau des „Emmenthalerstyls"

Um 1750 bricht in der landwirtschaftlichen Produktion und in der bäuerlichen Architektur eine neue Zeit an: Man beginnt, die tiefen Dachwalme zu verkürzen „nach dem bekannten Emmenthalerstyl" (*Käser* 1855, S. 7), um mehr Licht in die Stuben und Gaden zu bringen, man baut Quergiebel oder schöne Giebelfronten. Neu sind auch die Hocheinfahrten und Jauchegruben.

Abb. 11: Typischer Vertreter der späteren Ständerbauweise („Salzmannhaus" in Melchnau von 1818) als Zeichnung von 1961 (Zeichnung von Carl Rechsteiner) und aktueller Zustand mit der Hocheinfahrt links (Foto: R. P. Tanner).

Fachwerkbauten

Mit der „obrigkeitlichen Verordnung über Dachungen von 1828" der Berner Regierung, die aus Brandschutzgründen erlassen wurde, ist in den Dörfern zum Ziegeldach gewechselt worden, und die Häuser wurden nun mehrheitlich in „Rieg" (Fachwerk) gebaut (*Käser* 1855, S. 7 f.). Ein möglicher Auslöser könnte der Dorfbrand von Bleienbach (s. Abb. 6) zwei Jahre zuvor gewesen sein. Daher ist der dortige Dorfkern ein geschlossenes Ensemble von Riegbauten.

Abb. 12: Typisches Fachwerkhaus aus dem 19. Jahrhundert in Herzogenbuchsee (Foto: R. P. Tanner).

Das Haus des Jurasüdfußes

Diesen Haustyp finden wir nördlich der Aare. Baumaterial ist bei den älteren Häusern mehrheitlich noch Holz, gemischt mit Stein an der Giebelseite, ab dem 19. Jahrhundert sind es nur noch Bruchsteine aus Kalk. Auch hier sind wie südlich der Aare alle Teile unter einem Dach zusammengefasst. Die „Schauseite" befindet sich jedoch – anders als bei den reinen Holzhäusern südlich der Aare – auf der Trauf- anstelle der Giebelseite, die meist gegen die Hauptwindrichtung gerichtet ist. Wie im übrigen Oberaargau gibt es auch hier ab 1800 einen Wechsel zu einerseits herrschaftlicheren und andererseits auch wohnlicheren Häusern.

Abb. 13: Haus des Jurasüdfußes. Dieser Typus ist entlang des Gebirges bis in die Westschweiz verbreitet. Oben ein Haus aus dem späten 17. Jahrhundert in gemischter Holz- und Steinbauweise, unten eines aus der ersten Hälfte des 19. Jahrhunderts nur aus Stein (Quelle: Affolter, Egli 2019, S. 66 und 107, Foto: markusbeyeler.ch).

2 Der Raum als System von Lagebeziehungen

2.1 Verkehrslage

In dieser Beziehung zeichnet sich der Raum des Oberaargaus erneut als „zentrale Peripherie“ aus, indem sowohl die Straßen- wie die Eisenbahnhauptachsen das Gebiet als Verkehrskorridor nutzen, ohne dass hingegen die Züge der Hochgeschwindigkeitsstrecke zwischen Bern und Olten je in der Region anhalten würden (s. Abb. 14 und Abb. 15).

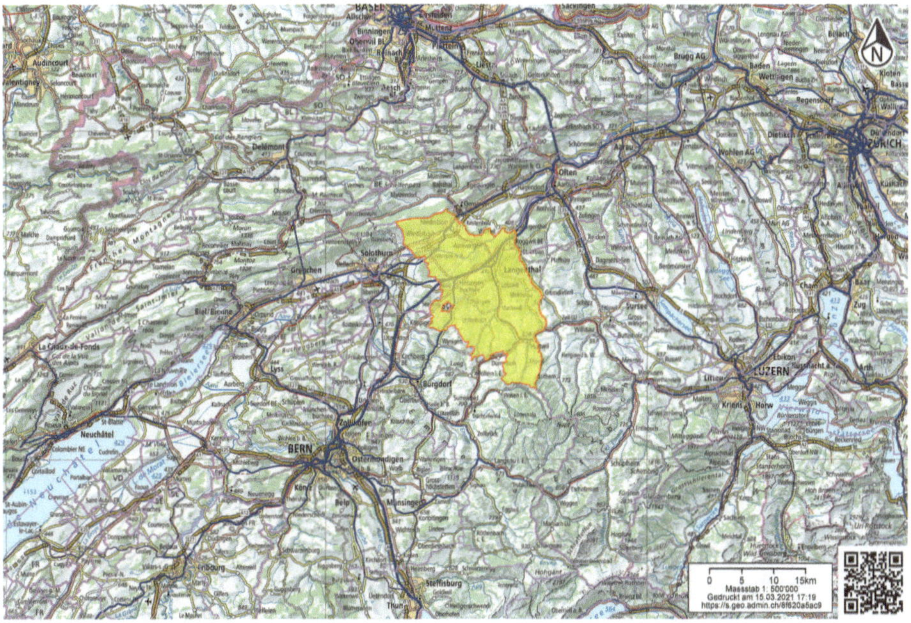

Abb. 14: Die Eisenbahnachsen durch den Oberaargau (Quelle: © swisstopo).

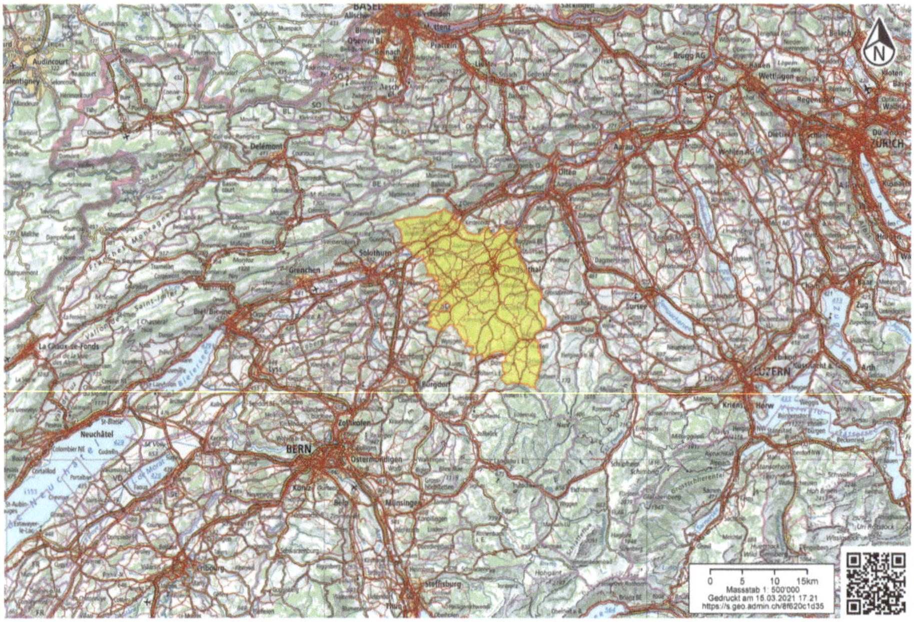

Abb. 15: Der Straßengüter- und Personenverkehr durch den Oberaargau (Quelle: © swisstopo).

Schon in historischer Zeit waren der Oberaargau und das gesamte Mittelland zwischen Bern und Olten vom Transversalverkehr von Südwest nach Nordost geprägt (s. Abb. 16). Dennoch darf, in einer sekundären Bedeutung, die gegenläufige Achse aus Nordwestfrankreich und der Franche Comté nach der Innerschweiz nicht vernachlässigt werden. Zahlreiche Wegrelikte zeichnen diese Verbindungen aus dem Raum Solothurn nach dem luzernischen Gebiet um Willisau/Sursee nach, wie Abb. 17 zeigt (in Dunkelblau). Diesen Linien ist im Rahmen des Inventars der historischen Verkehrswege der Schweiz (IVS) lediglich regionale Bedeutung zugewiesen worden, wohl eher unter dem vorherrschenden Paradigma, dass der Gotthardpass und somit auch seine Zugänge erst im 13. Jahrhundert an Bedeutung gewonnen hätten. Dies wird durch neuere Erkenntnisse zumindest bezweifelt (s. dazu *Tanner* 2007, S. 33 ff. und zuletzt 2019, S. 265 ff.). Als Konsequenz ergibt sich, dass der Oberaargau bereits früh ein ausgesprochenes Durchgangsgebiet in alle Richtungen darstellte.

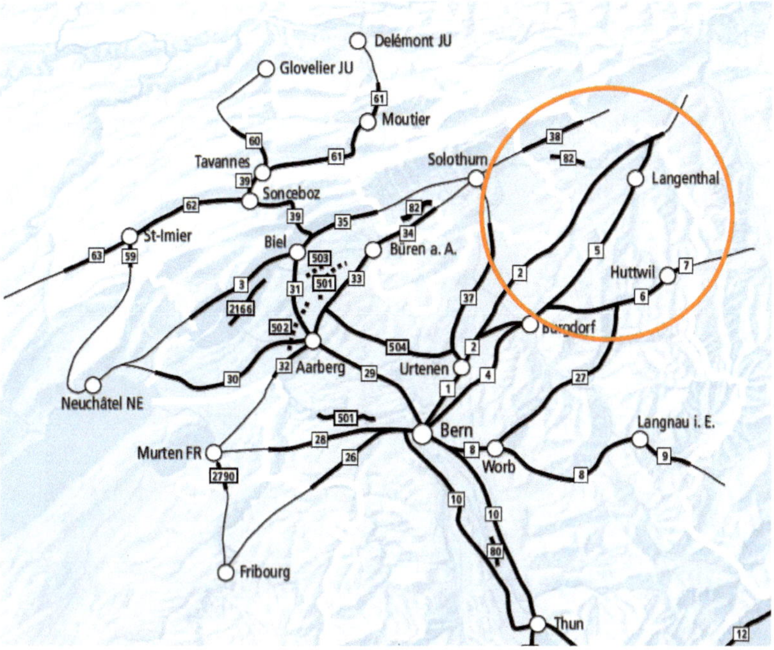

Abb. 16: Historische südwest-nordöstliche Transversalrouten durch den Oberaargau (markiert durch orangen Kreis. Quelle: Inventar Historischer Verkehrswege der Schweiz 2004, S. 63).

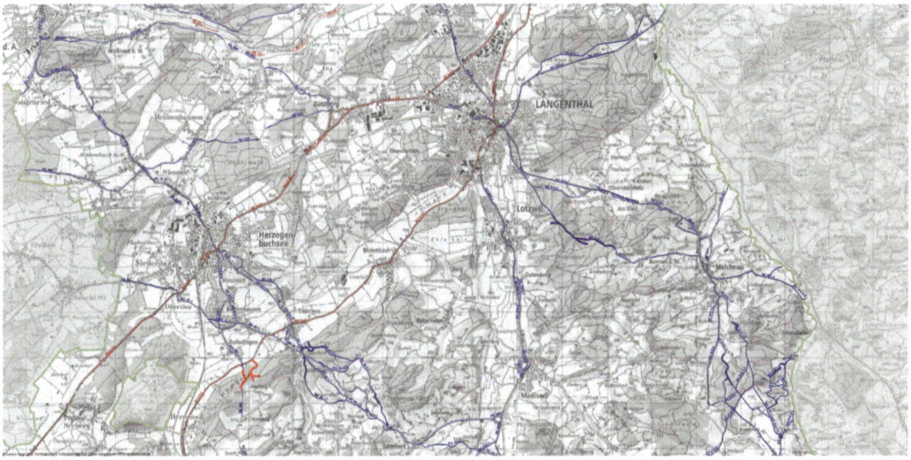

Abb. 17: Das historische Straßenkreuz im Oberaargau gemäß dem Inventar der historischen Verkehrswege der Schweiz (IVS). In Rot die Transversalrouten durch das Mittelland von nationaler Bedeutung, in Blau die Routen vom Jura zur Innerschweiz und zum Gotthardpass (Quelle: © swisstopo und Geoportal des Kantons Bern, für den Maßstab s. das Kilometerraster).

2.2 Lage bezüglich Dialektregionen

Wie jede andere Region hatte (und hat) der Oberaargau auch seine Mundartschriftsteller. Eine besondere Bekanntheit erlangte *Jakob Käser*, der schreibende Schmied von Madiswil (1884–1969), Träger des Literaturpreises der Stadt Bern im Jahr 1954, dies erst im Alter von 70 Jahren. Denn bei früherer Gelegenheit hatte sich *Otto von Greyerz* (1863–1940), der damalige bernische „Mundartpapst" und ordentlicher Professor für Sprache und Literatur der deutschsprachigen Schweiz abschätzig über *Käser* geäußert und unterstellte ihm, dass er kein Berndeutsch schreiben könne bzw. sich einer „unordentlichen" Mundart bediene und Anleihen an Schriftstellern benachbarter Idiome mache. Er hatte schlicht den Übergangscharakter der Oberaargauer Mundart nicht verstanden (*Kuert* 2019, S. 12). Wie Abb. 18 sehr schön zeigt, liegt der Dialekt des Oberaargaus eben tatsächlich zwischen den umliegenden Idiomen, indem große Ähnlichkeiten relativ tief in die Nachbarkantone aber auch ins westlich angrenzende bernische Umland reichen. Häufig werden Oberaargauer wegen ihres Dialekts auswärts wahlweise für Aargauer, Solothurner oder Luzerner gehalten.

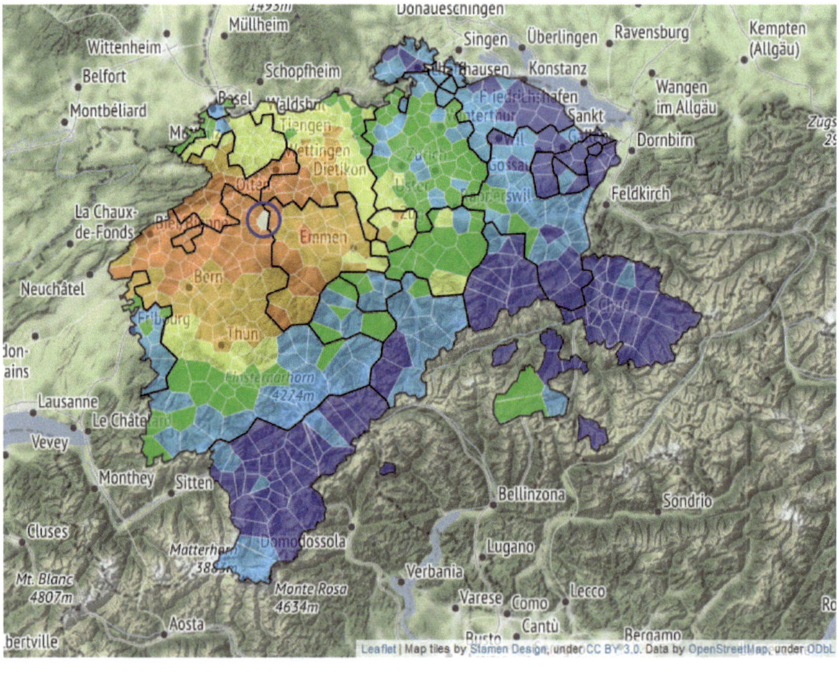

Abb. 18: Ähnlichkeitskarte mit Referenzpunkt des Dialekts des Verfassers (heller Punkt im blauen Kreis; © Dialektkarten.ch; Yves Scherrer).

3 Der Raum als Kategorie der Sinneswahrnehmung

Will man sich einem Raum unter dem Gesichtspunkt der Wahrnehmung nähern, gerät man unweigerlich in die Nähe des Landschaftsbegriffes. In den vorangegangenen Kapiteln ist der Raum und damit auch die Landschaft des Oberaargaus in einer positivistischen Sicht beschrieben worden, nach welcher Landschaft eine beobachterunabhängige Einheit bildet, die sich aufgrund bestimmter quantifizierbarer Verteilung von Objekten von anderen Landschaften unterscheidet (*Kühne* 2018, 135 ff.). Nun soll es darum gehen, die Landschaft oder die Region aus phänomenologischer Sicht zu verstehen und zwar als individuellen, subjektiven Erfahrungs- und Erlebensraum von [objektiven] Phänomenen, die aus dieser Erfahrung heraus beschrieben und interpretiert werden unter Einbezug auch von emotionalen Komponenten (*Kühne* 2019, 135 ff., *Schlottmann u. Wintzer* 2019, S. 236).

Landschaften werden bekanntlich geprägt von ihren Elementen. Aber Landschaften sind mehr als die Summe dieser Elemente, die durch unsere Wahrnehmung erst zur Landschaft zusammengesetzt werden. Die Wahrnehmung eines Raumes, einer Landschaft ist grundsätzlich einmal ein sehr individueller Vorgang. Ein Landwirt sieht denselben Raum anders als ein Städter, ein Kind anders als ein älterer Mensch. Aus unserer Wahrnehmung formen wir ein inneres Bild, ein „Image", indem wir frühere Wahrnehmungen verknüpfen mit der momentanen, Unsichtbares mit Sichtbarem. So führt Wahrnehmung zur Konstruktion eines inneren Bildes dieses wahrgenommenen Raumes. Dies erzeugt nun aber im Diskurs mit anderen Menschen ein „Image" im übertragenen Sinn, es führt zu einem kollektiven inneren Bild, das den Menschen einer Region Identität verleiht.

Abb. 19 zeigt anschaulich den Zusammenhang zwischen der physisch vorhandenen Landschaft und den inneren Bildern auf, indem diese inneren Bilder ein Mittel zur Raumaneignung darstellen und zum Aufbau einer Identität in Bezug auf den eigenen Lebensraum verhelfen.

Abb. 19: In der Kongruenz von Landschaftstexturen und inneren Bildern entwickelt sich „landschaftliche Identität" (Quelle: Tanner 2013a, S. 44, nach Meier u. Bucher 2010, S. 41).

In Melchnau (südöstlich des Hauptortes Langenthal gelegen) wurden Schülerinnen und Schüler einer 5./6. Klasse befragt, was sie mit dem Begriff Oberaargau verbänden (für das

Folgende *Tanner* 2013a, S. 43 ff.). Den meisten Aussagen war gemein, dass die Landschaft „schön" sei. Aber was ist eine „schöne" Landschaft, bzw. was macht unsere oberaargauische Kulturlandschaft aus? Im Oberaargau gibt es kein Matterhorn, kein Rütli, keinen Alpensee, keine Gletscher. Die identitätsbildenden Landschaftselemente sind viel bescheidener. Es gibt zwar ein breites Spektrum der Formen von den Jurahöhen im Norden bis ins Napfbergland im Süden, wie Abb. 20 und Abb. 21 zeigen.

Diese Landschaften heben sich jedoch nicht von entsprechenden Räumen in der Umgebung ab. Dennoch gibt es ein paar Besonderheiten. Dazu gehören z. B. die „Wässermatten" (Bewässerungswiesen, s. Abb. 22) des Rot- und des Langetentals, die nirgendwo sonst in der Schweiz noch so gut erhalten sind und deren Bewirtschaftung mittlerweile durch eine kantonsübergreifende Stiftung (Bern und Luzern) gestützt wird.

Eine weitere Besonderheit ist der wahrnehmbare Waldreichtum der Region. „Denke ich heute an den Oberaargau …, nimmt zunächst der Wald den größten Raum ein. Je länger ich darüber sinniere, desto mehr Wälder sehe ich, rieche ich, atme ich ein." So erinnert sich der regional sehr bekannte Schriftsteller Pedro Lenz (*Lenz* 2011, S. 141). Den Oberaargau bedecken auch heute noch auffällig große Waldgebiete, meist fast reine Nadelwälder, dies seltsamerweise eher in den flacheren Gebieten. Vielerorts sind im Mittelland seit dem 19. Jahrhundert anstelle der ursprünglichen Laubholzbestände schnellwachsende Koniferen gepflanzt worden. Die Wälder des Oberaargaus hingegen gehören in den Bereich eines natürlichen Nadelwaldes (Peitschenmoos-Fichten-Tannenwald, s. *Fasel u. Wegmüller* 2000, S. 134 ff.), der im Mittelland nur in einem eng begrenzten Gebiet vorkommt. Entstanden ist dieser Vegetationstyp auf Böden, die während der ausgedehntesten Vergletscherungsperiode, der Risseiszeit (Saaleglazial), vergletschert waren, jedoch in der letzten Eiszeitperiode, im Würmglazial (Weichselglazial), nicht mehr (s. Kapitel 1.2). D. h., die sonst weitverbreiteten jungen Ablagerungen der Würmeiszeit fehlen in dieser Lücke zwischen Reuß- und Rhône-/Aaregletscher (s. o. Abb. 5). Die hier anstehende risseiszeitliche Grundmoräne ist tiefgründig ausgewaschen. Konkret bedeutet dies, dass diese Böden staunass und vergleyt, nährstoffarm und ursprünglich wenig geeignet waren für die ackerbauliche Nutzung. Erst durch Düngung und Entwässerung konnten sie allmählich intensiver genutzt werden. Die Böden der meisten offenen Flächen in der Region unterscheiden sich heute auch kaum mehr von anderen, fruchtbareren Bodentypen (z. B. Parabraunerden), in den Wäldern hingegen lassen sich immer noch vielerorts saure Braunerden oder Braunpodsole ausmachen (Atlas der Schweiz 3.0), und man kann annehmen, dass diese Bodenverhältnisse ursprünglich im ganzen Gebiet auch außerhalb der Wälder verbreitet waren.

Diese Gegend wurde somit ursprünglich wohl eher spät und dünn besiedelt. Hier dürfte auch der Grund für die Berufung von Zisterziensermönchen am Ende des 12. Jahrhunderts zur Urbarmachung zu suchen sein (*Tanner* 2000, S. 154 f.), die das Kloster St. Urban unmittelbar östlich der heutigen Grenze zwischen Bern und Luzern begründeten. Auch die extensive Ausdehnung von Wässermatten zur Düngung der Wiesen ist ein Indiz dafür.

Abb. 20: Weideland im Bipper Jura und Aarelandschaft bei Wynau (Fotos: R. P. Tanner).

Abb. 21: Molassehügellandschaft bei Melchnau und Grenzhecke („Hagstelli") zum Luzernischen am Ahorn im Napfbergland (Fotos: R. P. Tanner).

Abb. 22: Parklandschaft der „Wässermatten" an der Rot an der Grenze zwischen Bern und Luzern in Betrieb (Quelle: Werner Stirnimann, Biodiversia GmbH Langenthal).

Denn diese sind zwar nicht durch die Zisterzienser eingeführt, wohl aber gefördert worden. Ertragreiche Wiesen erlaubten große Viehbestände, die durch den anfallenden Dung wiederum die Verbesserung der mageren Ackerböden ermöglichten (*Tanner* 2000, S. 158 f.).

Die Wälder des Oberaargaus verbindet Schriftsteller *Pedro Lenz* mit einem dritten Element, mit der Aare, dem namensgebenden Fluss. „Das Gefühl für die Wälder wurde im Teenageralter allmählich schwächer. Dafür bekam mein Bild vom Oberaargau eine ganz neue Facette: ich begann die Aare zu entdecken … Von da weg verknüpfte ich mit dem Begriff Oberaargau nicht mehr das Grün der Wälder, sondern das Grün der Aare" (*Lenz* 2011, S. 142). Diese Besonderheiten wirken aber offensichtlich nicht sonderlich identitätsbildend, was selbst den regionalen politischen Behörden nicht verborgen geblieben ist. Wie darauf auf politischer und gesellschaftlicher Ebene reagiert worden ist, soll am Schluss dieses Beitrages erörtert werden (s. Kapitel 4.4).

Abb. 23: Die waldreiche Region im tieferen Oberaargau und der typische Aspekt des Peitschenmoos-Fichten-Tannenwald (Quelle: © swisstopo und Foto: R. P. Tanner).

4 Der Raum als Konstrukt

Hier soll herausgearbeitet werden, wie eine Region „Oberaargau" in der Zeitspanne von mehr als einem Jahrtausend „gemacht" wurde und sich in ihrer Erstreckung gewandelt hat.

4.1 Grenzen und Räume zwischen Burgund und Schwaben

Trotz all der Übergänge in benachbarte Regionen, die bis hier aufgezeigt worden sind, bleibt der Fakt bestehen, dass sich heute in der Nachbarschaft des Oberaargaus viele Grenzen bündeln. An seinem Ostrand treffen sich vier Kantone fast in einem Punkt bzw. in einer kurzen Linie, die vom Flüsschen Murg gebildet wird (s. Abb. 24), die wiederum von den beiden Zuflüssen Langete (namengebend für den Hauptort des Oberaargaus, s. die Einleitung und Kapitel 1.3) und Rot (als Grenzfluss zum Luzernischen) gebildet wird.

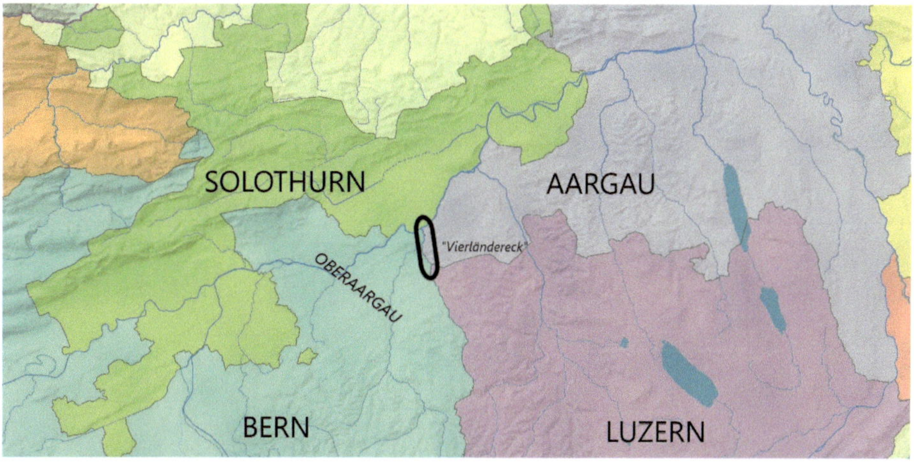

Abb. 24: Lage des Oberaargaus in den heutigen Kantonen, schwarz markiert die Murggrenze (Quelle: Atlas der Schweiz – online, 2021).

Nun gibt es in der Schweiz verschiedene Flüsse, die den Namen „Murg" tragen oder ein anderes Derivat des voralthochdeutschen *Morgia (ortsnamen.ch, Eintrag „Murg").[5] Offenbar ist das Wort keltischen Ursprungs, jedoch verwandt mit dem deutschen „Mark" oder schweizerdeutschen „March" für Grenze. Und so bezeichnete der Fluss La Morge bis 1476 die Grenze der Republik der VII Zehnden des Wallis gegen das Herzogtum Savoyen

[5] Nicht zu vergessen in der deutschen Nachbarschaft das Dorf und das Flüsschen Murg bei Waldshut und die Murg im Nordschwarzwald!

Abb. 25: Das jüngere Burgunderreich in der Spätantike (Quelle: wikipedia, Marco Zanoli, https://upload.wikimedia.org/wikipedia/commons/4/46/Map_Burgundian_Kingdom_EN.png).

(*Zanoli u. Walter* 2020, S. 77) oder eine Murg markiert die Grenze der Kantone St. Gallen und Glarus, aber eventuell auch schon die Grenze zwischen den frühmittelalterlichen Diözesen Chur und Konstanz (*Zanoli, Walter* 2020, S. 35) und eine weitere Murg im heutigen Kanton Thurgau bildete die Grenze zwischen den spätrömischen Präfekturen Maxima Sequanorum und Raetia Prima (*Zanoli u. Walter* 2020, S. 28). Bleibt die Frage, welche Territorien „unsere" Murg, die den heutigen Oberaargau vom Kanton Aargau trennt, voneinander schied. In Kapitel 1.2 wurde gezeigt, dass die Ausläufer des Napfberglandes das Mittelland in zwei ungefähr gleich große Becken teilen. Man kann daher annehmen, dass sich hier tatsächlich eine Grenze ausgebildet hat, die möglicherweise sehr weit zurückreicht. Über die vorantike Zeit gibt es in dieser Hinsicht keine Gewissheiten, außer eben,

Abb. 26: Grenzbildung zwischen (Hoch-)Burgund und Schwaben im 10. Jahrhundert (Quelle: wikipedia, Marco Zanoli, https://upload.wikimedia.org/wikipedia/commons/9/9b/Alamannien_Hochburgund_ca_1000.png).

dass der Flussname keltischen Ursprungs ist. Hingegen entwickelte sich in der Spätantike zwischen den als Foederati angesiedelten Burgundern und der Alemannia im Oberaargau offenbar ein Grenzraum heraus (s. Abb. 25, der Oberaargau im Kreis).

Während der karolingischen Epoche mit den diversen Reichteilungen hingegen scheint die Rhein-Aarelinie weiter westlich zur Grenze geworden zu sein, wie auch die Diözesangrenze zwischen den Bistümern Basel, Lausanne und Konstanz dieser Linie folgten (*Zanoli u. Walter* 2020, S. 39, 48). Hingegen kommt die Murggrenze mit der Fortsetzung in der Rot und dem Napfbergland bis hin zu den Alpen möglicherweise ein zweites Mal zum Zug, als sich ab 888 das dritte Burgunderreich etablierte, das zwar keinen Kontinuitätsbezug zum zweiten aufweist, diesem aber wohl als Legitimationshintergrund diente. Ebenso bildete sich in der Alemannia ein Herrschaftsgebiet als Herzogtum Schwaben aus, das sich genauso wenig direkt auf das frühmittelalterliche Alemannenherzogtum beziehen konnte, da dieses bereits 746 aufgelöst worden war (*Marti* 2000, S. 303 f.). Nach einem Übergriff des Burgunderreiches über die Aarelinie nach Osten unterlagen dessen Truppen 919 bei Winterthur dem Heer des schwäbischen Herzogs (*Zanoli u. Walter* 2020, S. 37). Als neue Grenze wurde nun offenbar im Jahr 926 die Murggrenze im Oberaargau festgelegt (s. Abb. 26) mit der Fortsetzung nach Südosten über den Napf bis zum Alpenkamm.

Beachtenswert ist, dass die burgundische Vergangenheit des Landstriches zwischen Aare und Murg noch lange nachwirkte, obwohl die Westgrenze des „Alemannenbistums“

Abb. 27: Das Gebiet der Landgrafschaft Burgund (Quelle: wikipedia, Marco Zanoli, https://upload.wikimedia.org/wikipedia/commons/0/04/Landgrafschaft_Burgund.png).

Konstanz an der Aare verblieb. Bis in die Frühneuzeit existierte nämlich genau in diesem Übergangsbereich die Landgrafschaft Burgund (*Dubler* 2015, s. Abb. 27). Auch hier scheint keine Kontinuität zu den frühmittelalterlichen Gebilden vorzuliegen, und diese Landgrafschaft „Burgundia circa Ararim" (Burgund jenseits der Aare) ist möglicherweise sogar erst nach der Auflösung der zähringischen Herrschaft und dem Rektorat über Burgund errichtet worden. Dennoch ist auffällig, dass die Erinnerung an die doch eher ephemeren Burgunderreiche im Früh- und Hochmittelalter nach wie vor wach war und bis in die frühe Neuzeit nachwirkte. „Obschon die Landgrafschaften ab dem 15. Jahrhundert ihre Funktion als Reichsämter verloren hatten, diente ihr Besitz Bern bis ins 17. Jahrhundert zur Stützung von Ansprüchen der Landesherrschaft" (*Dubler* 2015).

Zusätzlich zu beachten ist, dass der oberaargauische Bereich nördlich der Aare (das noch heute so genannte „Bipper Amt"), der in der Frühneuzeit durch die altbernische Verwaltung zum Oberaargau geschlagen wurde, bis zum Ende des Ancien Régime nicht zum „Alemannenbistum" Konstanz, sondern seit jeher als Teil des alten „Buchsgaues" kirchlich zum Bistum Basel gehörte und weltlich zur gleichnamigen Landgrafschaft. Der Buchsgau ging durch Kauf im Jahr 1426 gemeinsam an die Städte Solothurn und Bern über und wurde anschließend 1463 zwischen diesen beiden Ständen geteilt (*Gamper* 2011). Somit bildet dieser Teil des Oberaargaus – gefühlt bis zum heutigen Tag – einen Übergangsraum im Übergangsraum.

4.2 Die kirchliche Durchdringung

Auch in geistlicher Hinsicht nahm der Oberaargau keine besondere Rolle ein. Wie fast allerorts in Europa war die kirchliche Durchdringung ein Element der protostaatlichen Stabilisierung im frühen und hohen Mittelalter bzw. zeichnete den Kolonisierungs- und Ausbauvorgang nach. Daher überrascht es nicht, wenn z. B. eine ganze Kette von frühmittelalterlichen Kirchen mit demselben Patrozinium (Martin von Tours) eine der in Kapitel 2.1 identifizierten Routen aus dem Raum nördlich des Juras bis in die Innerschweiz markieren (s. Abb. 17, die westlichste der „blauen" Routen, die von Nordwest nach Südost verlaufen. *Tanner* 2007, S. 127 ff., und *Tanner* 2008, S. 173 ff.). Bei allen diesen Kirchen deuten archäologische Befunde auf ein hohes Alter hin.

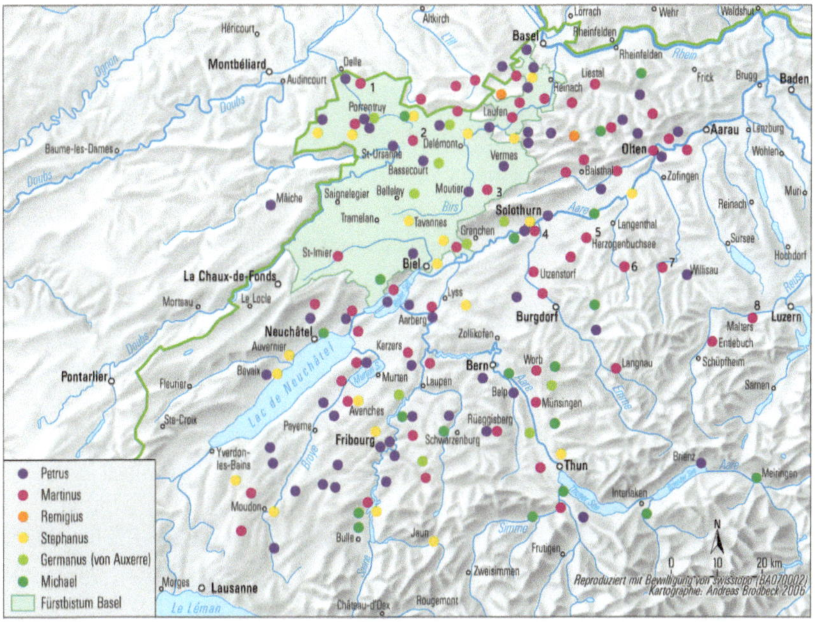

Abb. 28: Kirchen und ihre Patrozinien in der Nordwestschweiz im Frühmittelalter (Quelle: Tanner 2007, S. 128). Die Nummern 1 bis 8 bezeichnen die Kirchen von (1) Montignez, (2) Le Repais, (3) Grandval, (4) Zuchwil, (5) Herzogenbuchsee, (6) Rohrbach, (7) Zell und (8) Malters.

Selbstverständlich ließe sich das Muster einer solchen Patrozinienkette inmitten all der anderen Kirchen niemals stringent belegen und in Zusammenhang bringen, wären da nicht die später durch Quellen und Karten eindeutig belegbaren Verbindungen, die diese Route zumindest für die Frühneuzeit nachweisen (*Tanner* 2007, S. 127 ff.). Ein Beispiel zeigt Abb. 29.

Auch in Bezug auf Klostergründungen war der Oberaargau ein Nebenschauplatz (s. Abb. 31). Die meisten klösterlichen Einrichtungen waren Propsteien von weiter entfernten Abteien, so Herzogenbuchsee von St. Peter im Schwarzwald oder Wangen von Trub im Oberemmental. Die Johanniterkomturei Thunstetten bleibt ein seltsam schwierig zu fassendes Gebilde, von dem nicht einmal ein genaues Gründungsdatum bekannt ist, von dem praktisch keine Bauten mehr übrig sind und das in der Reformation ein abruptes Ende nahm. Lediglich die Zisterze St. Urban, gerade außerhalb des heutigen Gebietes des Oberaargaus im Kanton Luzern gelegen, entwickelte sich ab dem Gründungsjahr 1194 zur wichtigen Grundherrin in der Region und zu einem religiösen Zentrum. Zur Gründungszeit des Kloster hatten die Stadtstaaten Luzern und Bern gerade ihren Anfang genommen und waren noch weit davon entfernt, die Umgebung des Klosters unter sich aufzuteilen, dies geschah erst zu Beginn des 15. Jahrhunderts. Mit der Reformation hingegen kam die alte burgundisch-schwäbische Grenzlinie sehr trennend zum Vorschein, diesmal nicht an der Murg, da dort der bernische Staat seit 1415 beide Ufer beherrschte, aber südlich davon auf der Linie der Fortsetzung der Murglinie im Rotbach und weiter wiederum zum Napf und zum Alpenkamm, da Bern protestantisch wurde, Luzern hingegen altgläubig blieb. Aus der Zeit der konfessionellen Spannungen vom 16. bis ins frühe 18. Jahrhundert wird ein Spottvers kolportiert, der sich auf die politische Abstützung der katholisch verbliebenen Orte der Eidgenossenschaft auf die Großmächte Österreich und das habsburgische Spanien bezog: „Ist ein Fluss, die Roth genannt, trennt Spanien vom Schweizerland" (*Binggeli* 1983, S. 11).

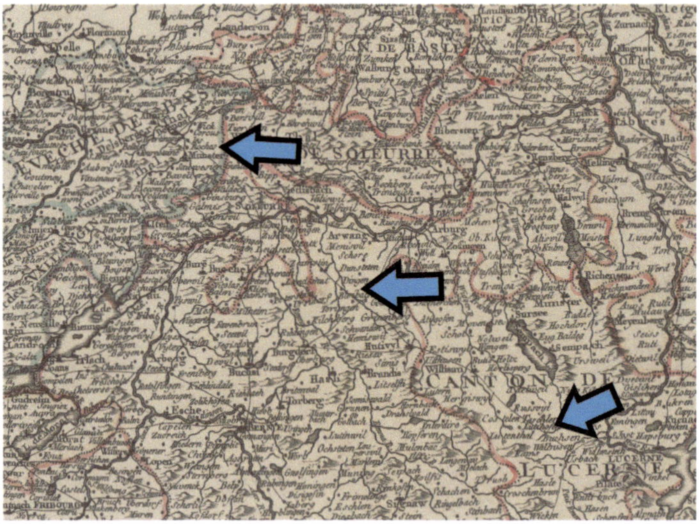

Abb. 29: Die Karte von Hauman aus dem Jahr 1777, die die Route durchweg verzeichnet.[6]

[6] Der Kartenautor darf nicht verwechselt werden mit dem Nürnberger Kartenverleger *Johann Baptist Homann.*

Abb. 30: Die mächtige Westfassade des Klosters St. Urban aus der ersten Hälfte des 18. Jahrhunderts (Foto: R. P. Tanner).

Auch baulich wurde die Abgrenzung unterstrichen, indem beim Neubau der Anlage ab 1711 die Westseite des Klosters, die nur knapp 100 m von der Grenze zum bernischen Gebiet liegt, besonders prächtig, aber auch abweisend ausgestaltet wurde (s. Abb. 30). Die Grundherrschaften der Abtei St. Urban auf der bernischen Seite hingegen wurden bis zum Ende des Ancien Régimes 1798 nie bestritten; hier waren sich die regierenden Oberschichten hüben und drüben einig.

Ordnet man die Abteien und Propsteien des Oberaargaus in den Gesamtzusammenhang der Nordwestschweiz ein, erkennt man, wie viel reichhaltiger die dortige Klosterlandschaft ist. Angefangen mit den frühmittelalterlichen Klöstern im Jura aus der Merowingerzeit über die cluniazensischen und benediktinischen Gründungen bis hin zu den Reformklöstern der Zisterzienser und Prämonstratenser, darunter Lucelle (Lützel), die Mutterabtei von St. Urban.

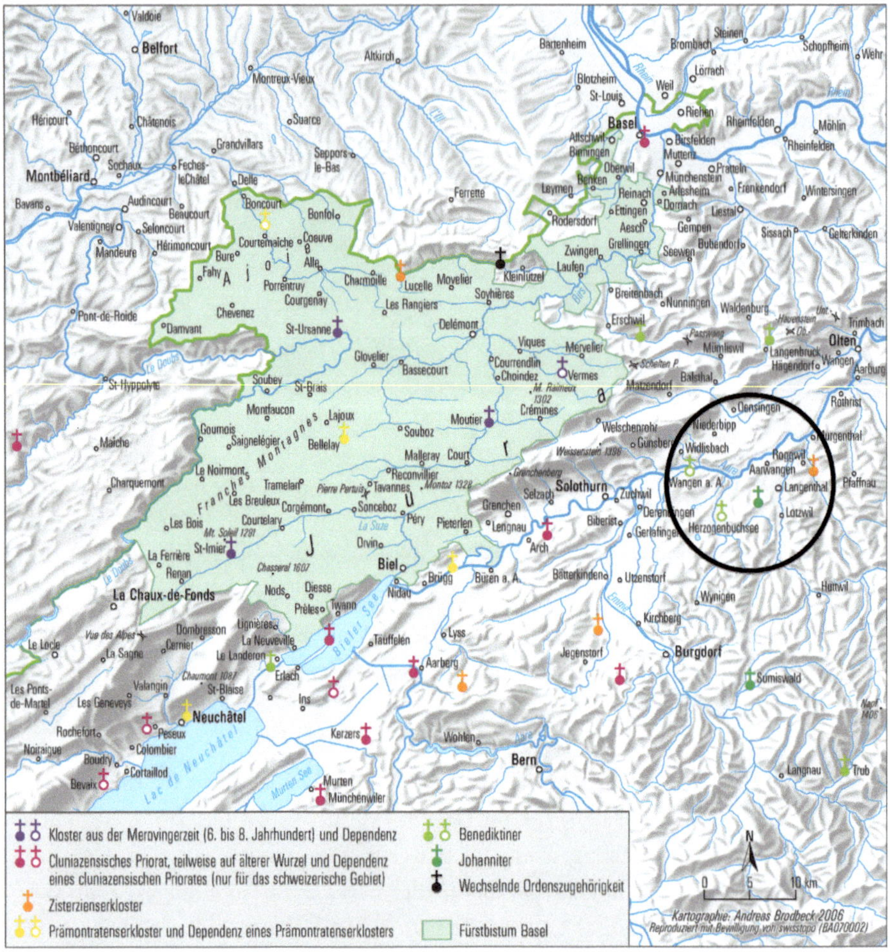

Abb. 31: Klostergründungen in der Nordwestschweiz (Quelle: Tanner 2007, S. 131), die oberaargauischen Klöster am Ostrand der Karte im Kreis.

4.3 Neuere „Grenzziehungen"

Der in der Schweiz vielbeachtete Volkskundler *Richard Weiß* hat sogar im 20. Jahrhundert aufzuzeigen versucht, dass die Grenzlinie an der Murg und südöstlich davon, die er als „Brünig-Napf-Reuß-Linie" bezeichnete, immer noch bedeutsam sei, wobei er diese Kulturgrenze nur der bernisch-luzernischen Grenze entlang führte und dann aber nach Osten umbiegen und der Grenze zwischen den Kantonen Aargau und Luzern bis zur Reuß folgen ließ (*Weiß* 1947, S. 145 ff.). *Weiß* hat den „Atlas der schweizerischen Volkskunde“, der damals noch in Ausarbeitung war, in Bezug auf verschiedenste Zeigergrößen bzw. Gebräuche untersucht und diese kartographisch dargestellt (ein Beispiel in Abb. 32). Die Hauptaussage seines Artikels besteht darin, dass die Fixierung auf die Sprachgrenzen den Blick auf andere, ebenso bedeutende Scheidelinien verstelle, dass die westliche Hälfte des (schweizer-)deutschen Sprachraums in vielerlei Hinsicht mehr dem französischsprachigen Gebiet entspreche als der deutschsprachigen Osthälfte. Und gerne würde man glauben, dass sich hier eine Kontinuität seit dem frühen Mittelalter oder sogar seit der Vorantike zeigt. Aber die Fallgruben sind natürlich zahlreich: Hieße die Unterteilung des Mittellandes durch die Ausläufer des Napfberglandes („wo der Napf mit sine Stockwürzen i's Land ahe gryft“, s. Kapitel 1.2) nicht, einem überholten Naturdeterminismus zu erliegen? Ist es nicht nachvollziehbar, dass der Staat Bern sich durch seine jahrhundertlange, auch territoriale Ausrichtung gegen Westen weit ins frankophone Gebiet hinein und seine privilegierten Verbindungen nach Frankreich eben auch in Sitten und Gebräuchen diesem westlichen Landesteil angenähert hat? Nicht wegzuwischen bleibt hingegen das unscheinbare Flüsschen Murg mit seinem uralten Namen.

Abb. 32: Die Bündelung von Brauchtumsgrenzen an der Brünig-Napf-Reuß-Grenze (Quelle: Weiß 1947, S. 169).

4.4 Entstehung und Wandel der Bezeichnung „Oberaargau“

Wie und wann aber wurde der Oberaargau als Raumbegriff „gemacht“? Die folgende Reihe von Karten mag dies etwas erhellen, sowohl im Hinblick auf die Zeitachse wie auch auf die räumliche Ausdehnung:

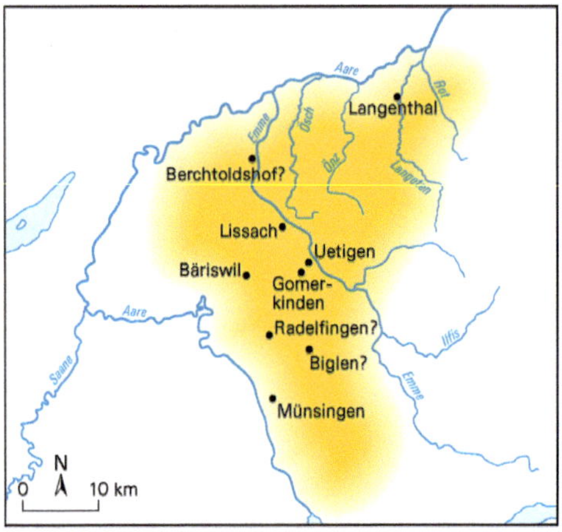

Urkundenbelege für Oberaargau und Aargau zwischen 795 und 1040

	Belege für «Oberaargau»
861	*in superiori pago Aragauginse in villa, quae dicitur Perolteswilare* (Bäriswil) *et ... in Langatum* (Langenthal) ... *testes de Aragouwe*
891	Bach (nicht lokalisierbar) *in comitatu Eburhardi in superiore Argowe*
894	*in superiori Aragouue in comitatu Hebarhardi in locis nominatis, id est ad Riete* (nicht lokalisierbar) *et in Utingun* (Uetigen?, Gem. Hasle bei Burgdorf) *et in Pigiluna* (Biglen) *et in Lihsacho* (Lissach) *et in Albineseuuilare* (?) *et Perehtoltespuron* (Berchtoldshof? Büren im Hof?) *et ad Eichi* (?) *et ubicumque habuit in prefato pago,* [mit Ausnahme] *quod habuit in Comirichingun* (Gomerkinden, Gem. Hasle) *et unam hobam in Ratolingun* (Radelfingen?, Gem. Vechigen) *sitam*
993–1011	*curtis Munsingan* (Münsingen) *infra comitatum superioris Aragaugensis coniacens*
1040	*in comitatu Oberargeuue*
	Belege für «Aargau» von Oberaargauer Orten
795	*in pago Argue in villa, que dicitur Madalestwilare* (Madiswil)... *Actum ... in loco qui dicitur Roorbah* (Rohrbach)
816–837	*in pago nuncupato Arageuvi et in loco qui nominatur Rorpah* (Rohrbach) *et in Diotinwilare* (Dietwil) *et in Leimolteswilare* (Leimiswil)
886	*in pago Arageuve ... in Leimolteswillaro marcho* (Leimiswil) ... *ad Puhsa* (Herzogenbuchsee) ... *in Rumaningun* (Rumendingen) *et ... in Osse marcho* (Oesch) ... *actum in Madaleswilare* (Madiswil)
994	*curtes Kyrchberg* (Kirchberg) *in Argouwe situm*

Abb. 33: „Oberer Aargau“ bzw. „Oberaargau“ aus neun Urkundenbelegen von 861 bis 1040 (Quelle: Dubler 2001, S. 77–79).

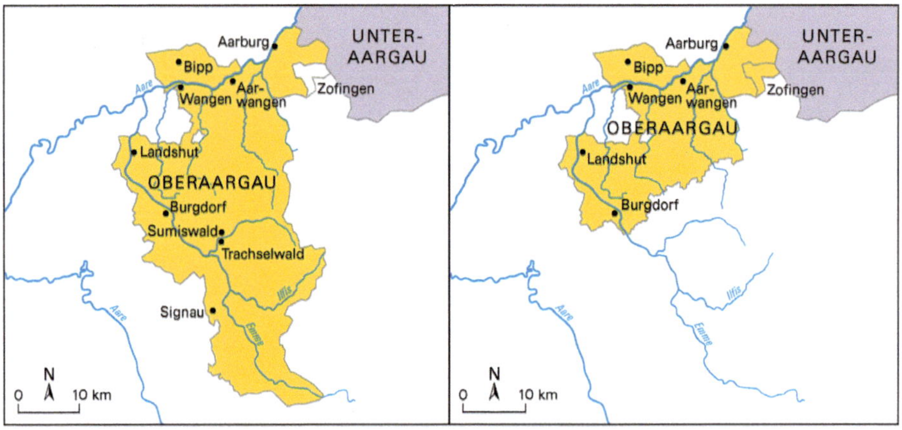

Abb. 34: „Oberaargauer“ Rekrutierungskreis 1628–1798 und „Oberaargau“ in der bernischen Landesverwaltung 1640–1798 (Quelle: Dubler 2001, S. 79).

Die auffällige Lücke vom 11. bis zum 17. Jahrhundert ist nicht zufällig, denn dazwischen verschwindet der Begriff („in superiori pago Aragauginse") aus den Quellen und wird ersetzt durch lokale Vogteinamen oder durch den erwähnten Begriff „Landgrafschaft Burgund" (s. Kapitel 4.1). Seit dem 17. Jahrhundert hingegen ist der Name wieder fester Bestandteil in der Verwaltungssprache bis in die heutige Zeit. Mit dem Ende des Ancien Régimes löste sich die Region wieder in zwei Amtsbezirke auf (Wangen und Aarwangen), die den Regionsnamen nicht mehr führten (*Dubler* 2001, S. 90).

1967 entstand der Planungsverband Oberaargau (*Guggenheim* 1970: S. 25 ff) als erste regionale Körperschaft im Oberaargau, die sich der Regionalentwicklung und -planung widmete. Daraus ist heute die „Region Oberaargau" geworden, als Verein organisiert, wobei die Mitglieder aus den politischen Gemeinden und weiteren Mitgliedsorganisationen bestehen (s. https://www.oberaargau.ch/). Die Region ist gebietsmäßig praktisch identisch mit der kantonalen Verwaltungseinheit Oberaargau (s. Abb. 35).

Erwähnenswert ist hier, dass sich diese Körperschaft konstituiert hat, bevor eine gesamtschweizerische kohärente Raumordnungspolitik im Rahmen des Eidgenössischen Raumplanungsgesetzes lanciert worden ist.[7] Ebenso auffällig ist der Umstand, dass die mittlerweile etablierte Bezirksstruktur aufgebrochen wurde und sich neben den erwähnten Amtsbezirken Aarwangen und Wangen auch fünf Gemeinden des „unteremmentalischen" Amtsbezirk Trachselwald angeschlossen haben. Offenbar scheint hier neben pragmatischen Gründen der verkehrsbezogenen und wirtschaftlichen Verflechtungen auch ein Zugehörigkeitsgefühl zum „Raum" des Oberaargaus bestanden zu haben. Aus eigener Wahrnehmung äußert sich dies in den Geschäftsbeziehungen, aber nota bene auch im Dialekt in dieser Region. Am 1. Januar 2010 ist praktisch mit identischer Fläche der Verwaltungskreis „Oberaargau" im Rahmen der Bezirksreform neu gegründet worden Das bedeutet, dass offenbar mit der Übernahme der durch sozioökonomische und raumplanerische Verflechtung geprägten Grenzziehung auch die politische Integration angestrebt wurde. Im Gegensatz zu anderen Regionen des Kantons fehlt es dem Oberaargau aber tatsächlich an gewissen Identitätsmerkmalen, dies jedenfalls war auch der vorherrschende Eindruck des Geschäftsführers des Vereins „Region Oberaargau" (s. o.). Daher hat die Region zusammen mit den Gemeinden und dem Regierungsstatthalter des neuen Verwaltungskreises das Projekt „Identität Oberaargau" lanciert. Ziel ist es, der Bevölkerung den neuen Verwaltungskreis Oberaargau mit seiner Geschichte, der Geographie, der Kultur sowie seiner volkswirtschaftlichen Bedeutung vertrauter zu machen. „Identität Oberaargau" umfasst mehrere Teilprojekte (Wappen/Logo, Musik, Literatur), darunter auch als ein Kernstück eine Webseite mit Lehrinhalten und

[7] Die schweizerische Raumordnungspolitik beruht mit dem Raumplanungsgesetz von 1979 auf dem Subsidiaritätsprinzip der drei Stufen Bund – Kanton – Gemeinde. Der für Schweizer Verhältnisse flächenmäßig große Kanton Bern hat im Bereich der sogenannten Richtplanung zwischen der Ebene der Gemeinden und der kantonalen Ebene eine Zwischenstufe mit den Planungsregionen eingefügt, https://www.jgk.be.ch/jgk/de/index/raumplanung/raumplanung/regionale_raumplanung.html (Zugriff: 2. Juni 2021).

Unterrichtsideen zum Oberaargau, die Schulplattform Oberaargau (https://schulplattform-oberaargau.ch/). Wieweit diese Projekte aber tatsächlich identitätsbildend wirken und einen über tausendjährigen Raumbegriff fortschreiben können, wird die Zukunft zeigen müssen.

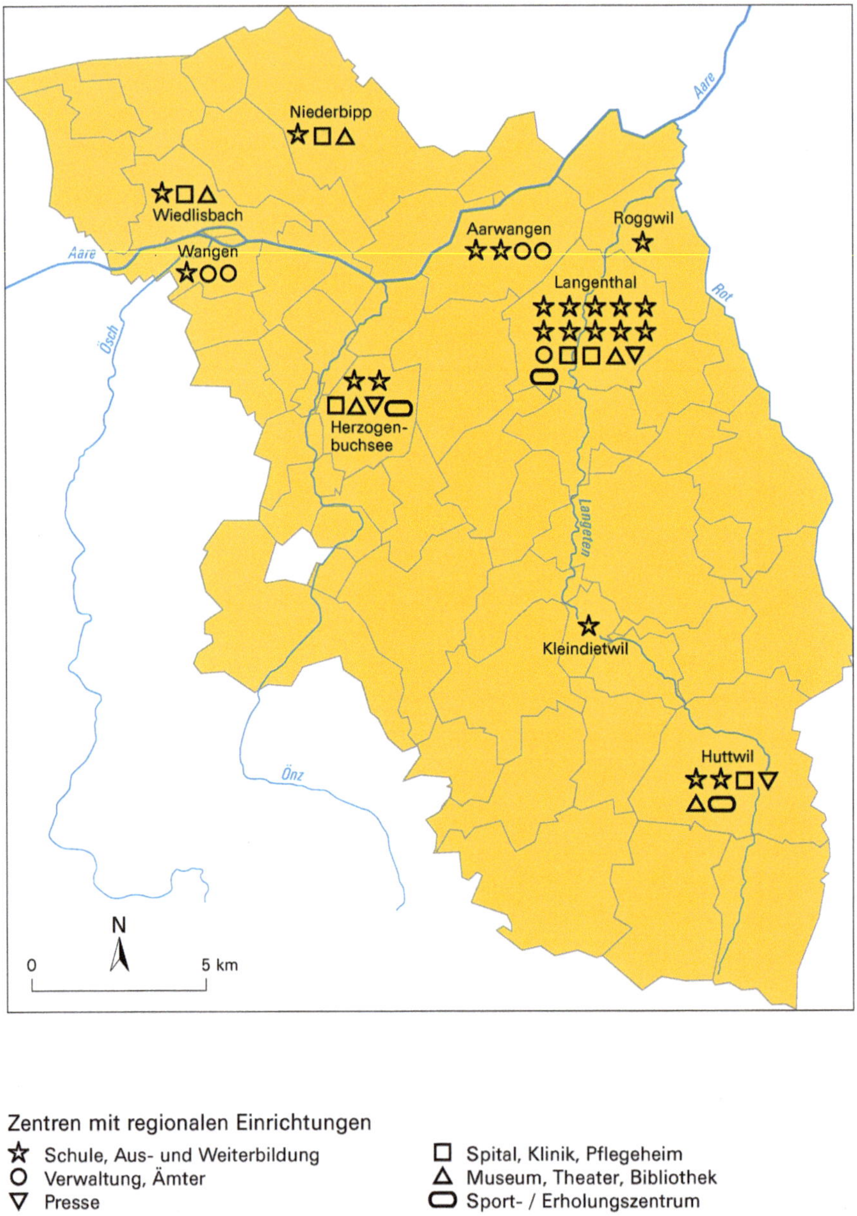

Abb. 35: Die „Region Oberaargau“ mit ihren regionalen Einrichtungen (Quelle: Dubler 2001: S. 107).

Zusammenfassung

Es gibt zahlreiche Regionen, die sich leicht abgrenzen lassen, sei es durch naturräumliche, historische oder kulturelle Kriterien, und die den Bewohnerinnen und Bewohnern eine entsprechende Identität vermitteln. In der Schweiz sind dies z. B. das Emmental, das Tessin oder das Wallis. Dann gibt es jedoch auch Gebiete, die vor allem durch ihren Übergangscharakter geprägt sind.

Einer solchen Region – dem bernischen Oberaargau – soll in diesem Beitrag nachgespürt werden. Anhand theoretischer Raumkonzepte wird gerade die Abwesenheit von offensichtlich abgrenzenden und identitätsbildenden physischen und ideellen Raumelementen herausgearbeitet. Dieser Zustand hat sogar dazu geführt, dass vor einigen Jahren eigens ein Verein mit dem Namen „Identität Oberaargau" zu deren Stärkung gegründet worden ist. Trotzdem hat die Raumbezeichnung seit mehr als 1.000 Jahren Bestand, wenn auch in wechselnder räumlicher Ausdehnung. Bei raumzeitlichen Tiefenbohrungen kann man sehr wohl gleichsam „subkutane" identitätsbildende Abgrenzungen und Merkmale zutage fördern.

Summary: Oberaargau region in the canton of Bern – on the question of identity of a transitional area

There are numerous regions that are easily demarcated, whether by natural, historical or cultural criteria, and these regions convey a certain identity to their inhabitants. In Switzerland the Emmental, the Ticino or the Valais are typical examples of these kind of regions. However, there are also areas that are primarily characterised by their transitional nature. One such region – the Oberaargau in Bern – will be explored in this article. The paper elaborates on precisely the lack of obvious delimiting and identity-forming physical and ideational spatial elements using theoretical concepts. This situation has even led to the fact that a few years ago, an association with the name „Identity Oberaargau" was founded specifically to strengthen their identity. Nevertheless, the spatial designation has endured for more than a thousand years, albeit in changing spatial extent and looking deeper into the time-space relation one will be able to detect identity-building delimitations and features underneath the surface.

Literatur

Affolter, H. C. u. Egli, H.-R. (2019): Seeland und Bipperamt. – Basel (Die Bauernhäuser des Kantons Bern, Teilband 4.1).

Atlas der Schweiz 1.4.8.0 (2021), https://atlasderschweiz.ch/de/ (Zugriff: 31. Mai 2021).

Atlas der Schweiz 3.0 (2010). DVD.

Binggeli, V. (1983): Geographie des Oberaargaus. – Langenthal.

Bundesamt für Statistik: Statistischer Atlas der Schweiz, https://www.atlas.bfs.admin.ch/de/index.html (Zugriff: 31. Mai 2021).

Bürki, R.; Gautschi, P.; Reuschenbach, M.; Steinkrüger, J.-E. u. Tanner, R. P. (2016): Zwischen Skylla und Charybdis – Gedanken zur Entwicklung des Fachs „Räume, Zeiten, Gesellschaften" auf der Sekundarstufe I und in der Lehrerinnen- und Lehrerbildung. – In: Beiträge zur Lehrerinnen- und Lehrerbildung, 34 (3), S. 344–358.

Deutsche Gesellschaft für Geographie [Hrsg.] (2014): Bildungsstandards im Fach Geographie für den Mittleren Schulabschluss. – Bonn.

Dialektkarten.ch: Schweizerdeutsche Dialektometrie, http://dialektkarten.ch/dmviewer/swg/index.de.html (Zugriff: 31. Mai 2021).

Dubler, A.-M. (2001): Die Region Oberaargau. Entstehung, Begriff und Umfang im Wandel der Zeit. – In: Jahrbuch des Oberaargaus 2001, S. 74–114.

Dubler, A.-M. (2004): „Bleienbach". – In: Historisches Lexikon der Schweiz (HLS), https://hls-dhs-dss.ch/de/articles/000187/2004-06-02/ (Zugriff: 31. Mai 2021).

Dubler, A.-M. (2015): „Burgund (Landgrafschaften)". – In: *Historisches Lexikon der Schweiz* (HLS), https://hls-dhs-dss.ch/de/articles/008572/2015-01-28/ (Zugriff: 31. Mai 2021).

Fasel, A. u. Wegmüller, S. (2000): Der Peitschenmoos-Fichten-Tannenwald. Eine bemerkenswerte Waldgesellschaft des Oberaargaus und der angrenzenden Gebiete. – In: Jahrbuch des Oberaargaus 2000, S. 134–153.

Fögele, J. (2016): Entwicklung basiskonzeptionellen Verständnisses in geographischen Lehrerfortbildungen. Rekonstruktive Typenbildung – Relationale Prozessanalyse – Responsive Evaluation. – In: *Hemmer, Michael; Nebel, Jürgen und Krautter, Yvonne [Hrsg.]*: Geographiedidaktische Forschungen, Bd. 61. – Münster.

Gamper, R. (2011): „Buchsgau". – In: Historisches Lexikon der Schweiz (HLS), https://hls-dhs-dss.ch/de/articles/008463/2011-12-21/ (Zugriff: 31. Mai 2021).

Geoportal des Kantons Bern, https://www.geo.apps.be.ch/de/karten/kartenangebot.html (Zugriff: 31. Mai 2021).

Gfeller, S. (1919): Em Hag no. – Bern.

Guggenheim, T. (1970): Regionalplanung im Oberaargau. – In: Jahrbuch des Oberaargaus 1970, S. 25–40.

Hauman, J. E. (1777): Carte de la république des Suisses. – Paris. STUB Ryh 3203:47.

Inventar Historischer Verkehrswege der Schweiz (2004): Historische Verkehrswege im Kanton Bern. – Bern.

Käser, J. (1855): Topographische, historische und statistische Darstellung des Dorfes und Gemeindebezirkes Melchnau in seinen Beziehungen zur Vergangenheit, Gegenwart und Zukunft. – Langenthal.

Kuert, S. (2019): Aus dem Briefwechsel von Jakob Käser mit Senta Simon. – In: Jahrbuch des Oberaargaus 2019, S. 8–33.

Kühne, O. (2018): Landschaftstheorie und Landschaftspraxis. Eine Einführung aus sozialkonstruktivistischer Perspektive. – Wiesbaden.

Kühne, O. (2019): Phänomenologische Landschaftsforschung. – In: *Kühne, Olaf; Weber, Florian; Berr, Karsten u. Jenal, Corinna [Hrsg.]*: Handbuch Landschaft. – Wiesbaden.

Lenz, P. (2011): Mein Oberaargau. – In: *Gaberell, Daniel [Hrsg.]*: Oberaargauer Lesebuch. – Bern.

Marti, R. (2000): Zwischen Römerzeit und Mittelalter. Forschungen zur frühmittelalterlichen Siedlungsgeschichte der Nordwestschweiz. – Liestal (Archäologie und Museum, 41 A).

Meier, C. u. Bucher, A. (2010): Die zukünftige Landschaft erinnern. Eine Fallstudie zu Landschaft, Landschaftsbewusstsein und landschaftlicher Identität in Glarus Süd. – Bern.

Ortsnamen.ch. Das Portal der schweizerischen Ortsnamenforschung, https://search.ortsnamen.ch/de/ (Zugriff: 31. Mai 2021).

Schenk, W. (2011): Historische Geographie. – Darmstadt.

Schlottmann, A. u. Wintzer, J. (2019): Weltbildwechsel. Ideengeschichte geographischen Denkens und Handelns. – Bern.

Schweizerdeutsche Dialektometrie, http://dialektkarten.ch/dmviewer/swg/index.de.html#app=-similarity&dataset=TOT&intalg=MEDMW&ref=111&seg=6&sim=RIW&version=v1 (Zugriff: 31. Mai 2021).

Statistischer Atlas der Schweiz, https://www.atlas.bfs.admin.ch/maps/13/de/15464_72_71_70/24208.html (Zugriff: 31. Mai 2021).

Steiger, P. (1994): Wälder der Schweiz. – Thun.

Tanner, R. P. (2000): „Um einsam zu sein, schaffen sie sich eine Einöde". Zur Gründungsphase des Klosters St. Urban. – In: Jahrbuch des Oberaargaus 2000, S. 154–168.

Tanner, R. P. (2007): „Die Bistums-Lande, wie bekant, rauch, ohnwegsam, mithin zum Commercio auf keine Weiss bequemlich". Geopolitische Dynamik und Verkehr im Fürstbistum Basel von der Antike bis zum Eisenbahnbau. – Bern (Geographica Bernensia, G76).

Tanner, R. P. (2008): Wegmarken an einem frühmittelalterlichen Gotthardweg? Martinskirchen im Oberaargau. – In: Jahrbuch des Oberaargaus 2008, S. 173–186.

Tanner, R. P. (2013a): Zur Geschichte der Kulturlandschaft im Oberaargau. – In: Jahrbuch des Oberaargau 2013, S. 43–64.

Tanner, R. P. (2013b): Landschafts- und Siedlungsentwicklung. – In: Schulplattform Oberaargau, https://schulplattform-oberaargau.ch/modules/siedlungen-flurnamen/ (Zugriff: 31. Mai 2021).

Tanner, R. P. (2019): Die Verkehrslandschaft am Gotthardpass im europäischen Kontext. – In: Siedlungsforschung. Archäologie – Geschichte – Geographie, 36, S. 261–278.

Walser, H. (1974): Dörfer und Einzelhöfe. In: Jahrbuch des Oberaargaus 1974, S. 9–15.

Wardenga, U. (2002): Räume der Geographie und zu Raumbegriffen im Geographieunterricht. – In: Wissenschaftliche Nachrichten, Nr. 120, S. 47–52.

Weiß, R. (1947): Die Brünig-Napf-Reuß-Linie als Kulturgrenze zwischen Ost- und Westschweiz auf volkskundlichen Karten. – In: Geographica Helvetica, 2, S. 153–175.

Zanoli, M. u. Walter, F. (2020): Atlas historique de la Suisse. – Neuchâtel.

Zinsli, P. (1975): Ortsnamen. Strukturen und Schichten in den Siedlungs- und Flurnamen der deutschen Schweiz. – In: Schriften des deutschschweizerischen Sprachvereins, Heft Nr. 7. – Frauenfeld.

Siedlungsforschung. Archäologie – Geschichte – Geographie 39, 2021, S. 125–153

Mittelalterliche Besiedlung und Wüstungsbildung in den Lössbörden am westfälischen Hellweg im intermethodischen Arbeitsansatz

Rudolf Bergmann

1 Einleitung

Mitteleuropa ist in unterschiedlich starkem Ausmaß von spätmittelalterlicher Entsiedlung betroffen gewesen. Ein hohes Wüstungsaufkommen besteht in Teilräumen Hessens, im Weserbergland, dem südlichen Niedersachsen und Teilen Thüringens. Eine ähnlich hohe Wüstungsintensität zeigen mehrere Gebiete Süd- und Südwestdeutschlands sowie Schlesiens. In einer breiten Zone, die sich vom Elsass über große Teile der süddeutschen Schichtstufenlandschaften bis in den ostelbischen Raum erstreckt, besteht eine mittlere Häufung von Ortswüstungen. Das Innere der Westfälischen Bucht und der Raum zwischen Ems und Weser hingegen ist durch eine tendenziell unbedeutende Wüstungsanfälligkeit gekennzeichnet (*Pohlendt* 1950, S. 13–23 und Abb. 1; *Bergmann* 2007, S. 274–276; *Schenk* 2011, S. 90 f. und Abb. 5.7). In Westfalen grenzt das Kerngebiet hohen bis extremen Wüstungsausmaßes unvermittelt an die wüstungsschwachen Räume im Inneren der westfälischen Bucht. Die bestehenden räumlichen Disparitäten sollen nachfolgend anhand des Kreises Soest untersucht werden, der durch eine wüstungsstarke Ost- und erheblich weniger wüstungsanfällige Westhälfte gekennzeichnet ist (Abb. 1). Im nachfolgenden soll einleitend auf die Entstehung der regionalen mittelalterlichen Siedlungsstrukturgefüge eingegangen werden.

Kreis Warendorf
Lippetal
Cobbincthorpe
Heckentrup
Brugele
(Motte „Bröggelburg")
Everingsen
Jockenhöfel
Friedha
N.N. „in der Borg"
N.N. „Lumpenhorst"
Assen
Ethelinchusen (bei Kesseler)
Vestorpe
N.N. „Loder Hofe"
Twentrup
Hovestadt: „Alt[e]hof"
Osthof
Hundorp
Berge
Lütttiken Alpe
Echtrop
Hündlingsen
Westholte
Schoneberg
Mettorp
N.N. „Osthusen"
Alpe
Dinker
Berksen
An der Ahse
Haus Ahse
Humbergehusen
Hamm
Dorfwelver
(Motte Galen,
Haus Bockhövel
und Haus Matena)
Nateln
N.N. „Potthof"
Krewinkel
N.N. „Aschhoff"
Hildewarenchusen
Böck
Ostinghausen
Os
Loh
Honrode
Brockhausen
Velthusen
N.N. „Im Kirchhofe"
(bei Lohe)
Distelhoven
Schweckhausen
Balksen
Hagen
Hillingsen
Witinchusen
Bukele
Berglar
Dornhof
N.N. „Grote Lohoff"
Meyerich
Fahnen
Kotten
Windhüvel
Mehrhof
Sieningsen
N.N.
(bei
Dincborgelo
Scheidingen
Welver
Overbeck
(bei Kutmecke)
Greling
Jungelinchusen
Flerke
N.N. „Beckum"
Gembecke
Ballevan
N.N. Stemmerk
und N.N. nahe
des Hofes Flerke
Odinchusen
Spriada
N.N. „Kirchhoff"/
„Aufm Kirchhöfche
(bei Lohne)
Eineckerholsen
Dudinghof
Ardeya
prope
Nuthene
Hinderking
Gelmene
Köningen
N.N.
„Hofestadt"
Edinchusen
St. Walburga extra muros
N.N. „Südhuse"
N.N. „Bishoff"
Soest
Bad
Brungelinchusen
(=Brünningsen)
Werl
Alvelinchuson
Lohager
Melkestere
Nutenen
Sassen-
Kreis
Unna
Rithem
Mowen
Werl
Uffeln (jetzt: Ostuffeln)
N.N. „Auf der Wurth"
Berdinkhoven
Ampen
Soest
Elfsen
dorf
Slammede
Basthusen
Müllingsen
Berninchusen
(jetzt: Hof Benhusen)
Köchlingsen
Ense
Oevinghausen
Rikelinghove
Wulfhardinchusen
Waltringen
Möhnesee
Haarhöfe
Wickede
(Ruhr)
Wiboldinchusen
(ehemals: Kloster Himmelpforten)
Westrich
Ethelinchusen
(bei Wamel)
Beynchusen
Welinchusen
Sirenchusen
Möhnetalsperre
Perreclo
Hevendenhusen
N.N
Ruhr
Märkischer
Kreis
Hochsauerlandkreis

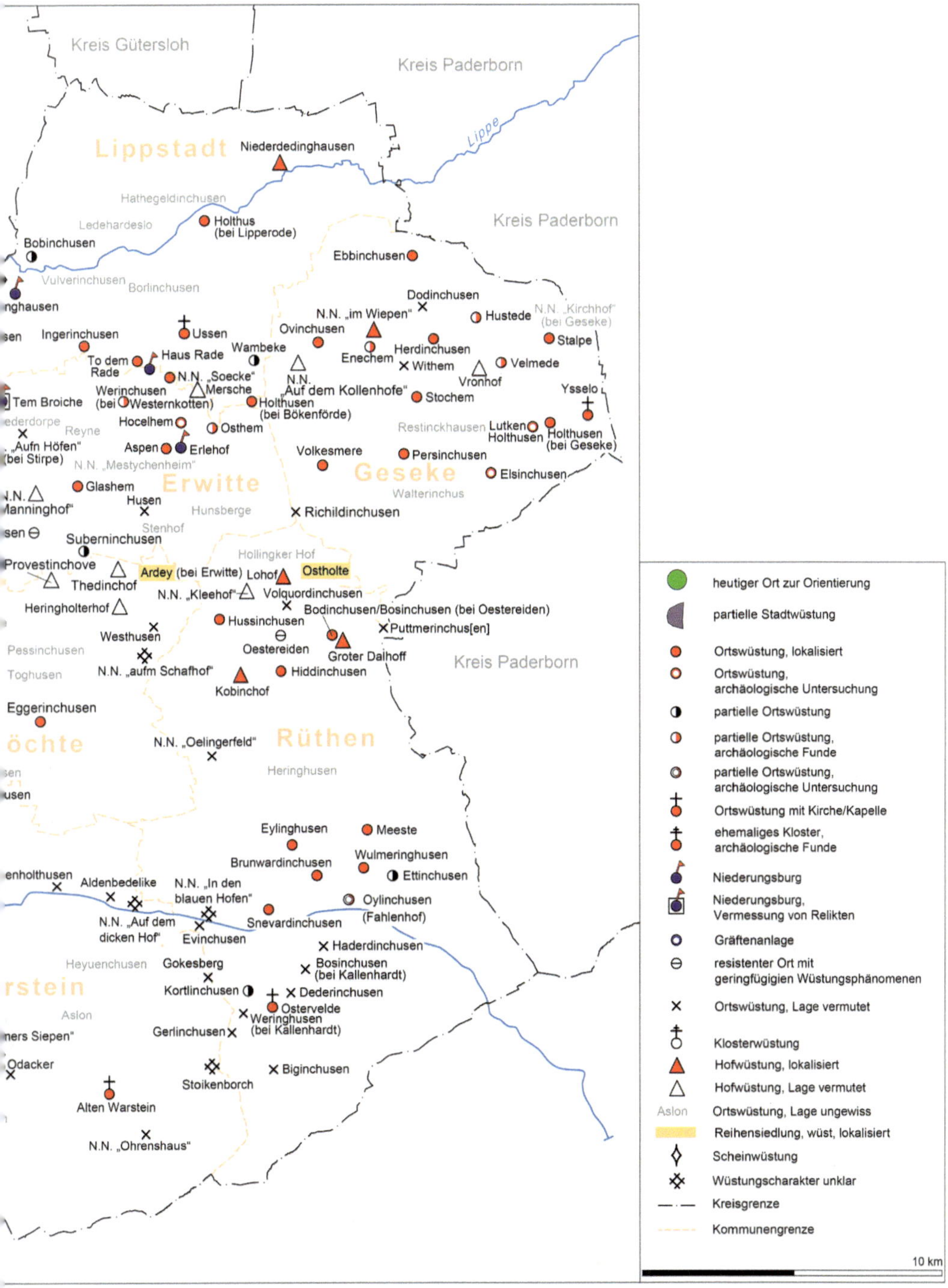

Abb. 1: Wüstungsverbreitung im Kr. Soest. Arbeitsstand 2021 (Entwurf: Rudolf Bergmann; Kartographie: Maja Thede, LWL-Archäologie für Westfalen)

2 Die früh- bis hochmittelalterliche Besiedlung der Bördenlandschaft im Spiegel archäologischer Funde

Mit der Werler, Soester und Geseker Börde umfasst der Kreis Soest einen Kernraum Westfalens, der wegen seiner günstigen Lage am Hellweg als Durchgangsraum zwischen West und Ost fungierte. Von diesen Bördenlandschaften ist der Geseker Hellwegraum, der als geographisch definierter Raum über die Kreisgrenze in den Kreis Paderborn hineinragt, eingehend untersucht worden: Der knapp südlich des Dauerquellhorizontes in west-östlicher Richtung verlaufende Hellweg markiert die Übergangszone zwischen zwei naturräumlichen Untereinheiten, zwischen denen ein ausgeprägter physisch-geographischer Kontrast besteht. Südlich des Hellweges erstreckt sich die Karstlandschaft der Haarabdachung mit ihrem von den Plänerkalken der Oberkreide gebildeten geologischen Untergrund. In der gewässerreichen Niederbörde hingegen treten ausgedehnte Lösslehmplatten auf, die durch Auen und Bruchgelände voneinander getrennt werden. Die mittelalterliche Besiedlung des Geseker Hellwegraumes setzt den keramischen Funden zufolge in der Merowingerzeit ein, nachdem sich bereits für eine Vielzahl von Orten der Niederbörde der Nachweis einer prähistorischen Besiedlungsphase während der vorrömischen Eisenzeit und/oder der römischen Kaiserzeit erbringen ließ (*Bergmann* 1989, S. 164 f.). Die Siedlungstätigkeit beschränkte sich während der merowingerzeitlichen Phase auf den schmalen Geländestreifen bester Lössböden in der unmittelbaren Nähe des Dauerquellhorizontes. Die Orte dieser Phase gehen offensichtlich ohne Bruch in diejenige der westfälisch-frühkarolingischen Phase über. Im späten 7. und bis zum Ende des zweiten Drittels des 8. Jahrhunderts kommt es, wenn überhaupt, nur in sehr eingeschränktem Ausmaß zu einer Neuanlage von Orten. Vom Siedlungsbild ergeben sich keine Hinweise auf eine mehrfach postulierte „Saxonisierung“ des Raumes (*Bergmann* 1989, S. 167–170). Nachfolgend werden im letzten Drittel des 8. Jahrhunderts oder um 800 n. Chr. im Zusammenhang mit einer Durchsetzung und Festigung der karolingischen Herrschaftsorganisation *Karls des Großen* nahe der für Erwitte und Geseke belegten bzw. anzunehmenden Königshöfe mehrere *-hem* Orte gegründet, deren Entstehen in dieser für Westfalen wichtigen Umbruchphase sich auch archäologisch absichern ließ. Andererseits wird der *-hem* Ortsname auch für altbestehende Siedlungen wie (+)Glashem und (+)Osthem fassbar (*Bergmann* 2010a, S. 84 f. und Abb. 1) und es stellt sich die im historischem Zusammenhang interessante Frage, ob es aus diesen Orten während der Sachsenkriege zu einer potentiellen Deportation der autochthonen Bevölkerung gekommen ist. Im 9. und 10. Jahrhundert erfolgte eine erhebliche, gleichwie explosionsartige Verdichtung des Siedlungsnetzes, in deren Verlauf es sowohl in den verkarsteten Abschnitten der Haarabdachung als auch in der Niederbörde zur Anlage zahlreicher *-inghausen-* und *-hausen*-Orte kommt. Das noch im 9. Jahrhundert bestehende Waldgebiet im Bereich der extrem stark verkarsteten *Schloenbachi*-Plänerkalke südlich und südwestlich von Erwitte wird im 10./11. Jahrhundert unter maßgeblicher Beteiligung der Grafen von Werl und der Edelherren von Büren gerodet und durch Reihensiedlungen sowie Einzelhöfe erschlossen. Der Vorgang der Siedlungsneugründungen, durch den ein engmaschiges Netz an Orten entstanden war, gelangte weitgehend um die Jahrtausendwende bzw. spätestens im 11. Jahrhundert zum Abschluss (*Bergmann* 1989, S. 170–172).

Archäologisch haben die Landbewohner ihre Spuren in Form meist bronzener Kleinfibeln der Merowingerzeit bis zum beginnenden Hochmittelalter hinterlassen. Insgesamt besteht mit dem Geseker Hellwegraum der Raum mit der europäisch größten Dichte von Fibeln dieser Zeitstellung, der von einem gewissen Wohlstand zeugt. Dabei erweisen sich die Lössbörden im Vergleich zu anderen Räumen Westfalens als eine „reiche" Fundlandschaft.[1] Das Auftreten „westfränkischer" gleicharmiger Fibeln u. a. im Umfeld des Königshofes in Erwitte, zu denen sich gehäuft Parallelen aus den nördlichen Rheinlanden, dem Rhein-Maas-Schelde-Delta und dem nordfranzösisch-belgischen Raum anführen lassen,[2] kann derzeit noch nicht abschließend bewertet werden. Wahrscheinlich zeugen die als Metalldetektorfunde geborgenen Gewandschließen u. a. von intensiven Kontakten zu Handelszentren des frühen Mittelalters. Sie können andererseits in einem Zusammenhang zur karolingische Expansionspolitik stehen.

3 Wüstungsbildung

Die Entsiedlung des Geseker Hellwegraumes vollzog sich unter dem Druck zahlreicher Kleinfehden lokaler Grundherren, unsicherer Rechtsverhältnisse und den im 13. Jahrhundert eskalierenden territorialen Gegensätzen zwischen den Erzbischöfen von Köln und den Bischöfen von Paderborn, deren grundherrschaftliche Rechte in den von Köln beanspruchten Raum hineinragten. Für die städtische Feldmark von Geseke hat der Historiker *Lappe* zu Anfang des 20. Jahrhunderts die in der Siedlungsforschung viel beachtete These aufgestellt, dass der Landesherr, in diesem Fall der Erzbischof von Köln, die Bewohner der ländlichen Orte des Stadtumfeldes gezwungen habe, in die Stadt umzusiedeln (*Lappe* 1908, S. 26–28). Die These konnte rund 80 Jahre nach ihrer Aufstellung mit einem intermethodischen, historisch-geographisch-archäologischen Arbeitsansatz für den von *Lappe* definierten Raum erneut aufgegriffen und kritisch bewertet worden. Der Wüstungsvorgang stellte sich nun als differenzierter Vorgang dar, der sich über einen längeren Zeitraum erstreckt hat. Bestimmte Weiler sind bereits während der frühen städtischen Entwicklungsphase von Geseke während der ersten Hälfte des 13. Jahrhunderts aufgelassen worden, wohingegen andere, ebenfalls nach Prospektionsbefund, noch bis in die zweite Hälfte

---

1 Z. B. in dem Vorliegen von Vierfüßlerfibeln (*Bergmann* 2017, S. 325–340) und qualitativ hochwertigen Kreuz- und Heiligenfibeln.

2 Grundlegend zu diesen Fibeltypus im zentraleuropäischen Raum: *Thörle* 2001.

des 14. Jahrhunderts existierten. Am Hellweg gelegene Dorfwüstungen lassen ein zeitlich ähnlich frühes Einsetzen des Wüstungsvorganges in der ersten Hälfte des 13. Jahrhunderts erkennen, das somit zeitlich weit vor dem Eintreffen der Pest liegt. Das Schrumpfen der größeren Orte erstreckte sich bis in das 14. Jahrhundert hinein. Dörfer entvölkerten sich sukzessive und durchliefen mehrere Phasen einer partiellen Wüstungsbildung, bevor sie endgültig aufgelassen wurden. In der von *Lappe* geäußerten Form ist die These des Synoikismus somit nicht mehr haltbar (*Bergmann* 1987, S. 80; *Bergmann* 1989, S. 201 f.). Außerhalb der Stadtfeldmarken vollzog sich der Vorgang der Entsiedlung mit einem deutlichen Schwerpunkt im 14. Jahrhundert, jedoch sind auch hier bereits im 13. Jahrhundert totale und partielle Ortswüstungen entstanden. In den Stadtfeldmarken des östlichen Kreises Soest erreicht die Wüstungsintensität mit einem zwischen 80 und 94 % schwankenden Wüstungsquotienten ein extremes Ausmaß und im Bereich der ländlichen Kirchspiele von 56 bis 86 % (*Bergmann* 1989, S. 200 f. und Abb. 8).

4 Ursachenforschung

Der Vorgang der Entsiedlung als eine erfolgte Verlagerung von Hofstellen aus ungeschützten ländlichen Siedlungen in die Stadt lässt sich durch Grabungsbefunde aus dem Kleinweiler Elsinchusen südlich von Geseke stützen. Der Ort entstand im 9./10. Jahrhundert in einem Bereich, an dem eine wasserstauende, tonhaltige Lokalmoräne die wasserdurchlässigen Kalkschichten des tieferen geologischen Untergrundes überzog und somit eine permanente Wasserversorgung aus Brunnen ermöglicht hat. Ein um 1380 abgefasstes Güterverzeichnis überliefert, dass der ehemals in dem Ort gelegene Haupthof (*curia*) nunmehr von der Stadt aus bebaut werde (*Seibertz* 1869, S. 295). Bei der Ausgrabung einer der drei in Elsinchusen durch Prospektion nachzuweisenden Gehöfte – die untersuchte Fundstelle war vorher durch aufgepflügte Mörtelbrocken aufgefallen – erwies sich, dass die Hofanlage, wie auch die Kleinsiedlung insgesamt, bereits im frühen 13. Jahrhundert aufgelassen worden sein musste. Die Geschichtsquelle überliefert somit einen historisch um etwa anderthalb Jahrhunderte zurückliegenden Vorgang. Die Mörtelfunde stammten von einem niedergelegten, mehrgeschossig zu rekonstruierenden Wohnturm, dessen Erdgeschoss in zwei Räume untergliedert war (Abb. 2) und dessen Obergeschosse durch eine in das Außenmauerwerk eingefügte Treppe erreicht werden konnten. Dieser Wohnturm ist in einer Fehde erobert worden. Dabei drangen Personen in das durch eine massive Tür gesicherte Untergeschoss ein, zerschlugen das vorhandene keramische Inventar und machten weitere häusliche, handwerkliche und landwirtschaftliche Arbeitsgeräte unbrauchbar (*Bergmann* 1993, S. 93–102, S. 187–193: Nr. 34, 37 und 40–42, S. 195: Nr. 45, S. 199–204: Nr. 55 f. und 59 f., S. 215 f.: Nr. 74, S. 218: Nr. 77, S. 220–224: Nr. 80, 82 und 85, S. 228 f.: Nr. 94 f., S. 235–239, Nr. 105–107, S. 246 f.: Nr. 118, S. 253 f., Nr. 126 und 128, S. 258, Nr. 136, S. 269: Nr. 144).

Der Hellwegraum war im hohen und späten Mittelalter eine agrarisch hochintensiv genutzte Getreidebausteppe, deren Bewirtschaftung u. a. in der Form eines Mehrfelder-Brachsystems in geschlossenen Zelgen erfolgte. Mittelalterlicher Weinbau ist historisch nicht überliefert, lässt sich jedoch aus neuzeitlichen kartographischen Quellen erschließen. In der Nähe von Soest erfolgte weiterhin ein Anbau von Färbepflanzen (*Bergmann* 2014, S. 597). Für die regionale Bördenlandschaft wäre eine erhebliche Schädigung der Wirtschaftskraft durch die Agrarkrise des Spätmittelalters zu erwarten gewesen.[3] Eine grundlegende Zäsur des Agrarstrukturgefüges während der Krise des Getreidebaus ist jedoch trotz der guten historischen Quellenlage nicht erkennbar (*Bergmann* 1989, S. 178–190). Partielle Flurwüstungserscheinungen lassen sich ausschließlich für periphere Flurbereiche erkennen und können bis in das 16. Jahrhundert andauern.

Abb. 2: Wüstung Elsinchusen: Inneres des Wohnturm-Erdgeschosses. Rekonstruktion auf der Basis des archäologischen Befundes (Zeichnung: Rudolf Bergmann).

5 Die wüstungsschwache Westhälfte des Kreises

Die sich indirekt stellende Ausgangsfrage war diejenige nach den Ursachen der ausgeprägten regionalen Disparitäten in der Wüstungsintensität. Hinsichtlich der Formen der persönlichen Unfreiheit auf dem Land – vorherrschender Eigenhörigkeit der bäuerlichen und unterbäuerlichen Schichten –, dortiger Siedlungsformen – vorherrschend Weilerstruktu-

[3] Zu Wüstungsursachen im Überblick siehe *Bergmann* 2007, S. 276-278; *Schenk* 2011, S. 91 f.

ren – und in seiner zonalen naturräumlichen Ausstattung lassen sich innerhalb des Kreisgebiets keine Unterschiede erkennen, die bestehenden Unterschiede erläutern könnten. Es ist auch nicht begründbar, dass die Pest im Ostteil des Kreises ein etwaig stärkeres Ausmaß als im Westen besessen und z. B. dort zu einer vermehrten Aufgabe von Orten geführt haben könnte. Somit lassen sich die räumlichen Unterschiede zunächst nur als räumliche Phänomene beschreiben. Die geringe Wüstungsanfälligkeit der Westhälfte des Kreises hatte sich bereits in einer Vorstudie erwiesen (*Bergmann* 2001, Abb. S. 115). Westlich einer Linie, die sich von der an der Möhne gelegenen kölnischen Stadtgründung Belecke im Süden über das durch seine heutige Grünsandsteinindustrie bekannte Anröchte zu dem an der Lippe gelegenen Kloster Benninghausen im Norden erstreckt, nimmt die Anzahl totaler Ortswüstungen merklich ab. Das von Weilern des *-inghausen*-Typs dominierte spätmittelalterliche Siedlungsstrukturgefüge ist hier, im Westen, weitgehend erhalten geblieben.

Das Wüstungsgeschehen im Ostteil des Kreises setzt sich im Westteil in Form von Wüstungsinseln fort, welche die Städte Werl und Soest umgeben. Die Wucht, mit der das Umfeld der Städte von der Wüstungsbildung erfasst worden ist, zeigt sich daran, dass ehemals flächig ausgedehnte, den ältesten mittelalterlichen Besiedlungsschichten zuzurechnende Orte mit schwer deutbaren Ortsnamen wie Slanmode, Melkestere, Gelmene, Ballevan und Spriada vollständig aufgelassen worden sind. Werl selbst ist eine partielle Stadtwüstung. Seine westliche Stadthälfte, deren Umriss noch dem Ur-Handriss des preußischen Katasters von 1828 am Verlauf einer aufgelassenen städtischen Befestigungslinie zu entnehmen ist (Kreiskatasteramt Soest, Ur-Handriss Werl, Flur XIII.10, 1828), wurde aufgegeben. Die innerhalb der vormaligen Stadtbefestigung ehemals bestehende mittelalterliche Bebauung ist mittlerweile durch Grabungen archäologisch abgesichert (Evers 2018, S. 182–185).

Außerhalb der Stadtfeldmarken zeigt sich in der Westhälfte des Kreises ein unübersichtliches Gemenge unterschiedlicher Typen von Wüstungen. Eine Quelle von 1323, die sich auf die Villikation Horn zwischen Soest und Erwitte bezieht, macht hier Raub, Brand und das Fehdewesen für Wüstungserscheinungen im ländlichen Raum verantwortlich (*Seibertz* 1843, Nr. 602). Permanente Flurwüstungen sind, sieht man von Kleinstarealen mit Wölbackerrelikten ab, unbekannt. Zu beobachten ist ein mehrfaches Auftreten von Scheinwüstungen. Bei diesen handelt es sich um Klein(st)siedlungen, deren mittelalterlicher Siedlungsname verlorengegangen ist. Z. B. besteht bei Anröchte-Mellrich im Urkataster ein *Frühlingsweg/Frühlinger Weg* (Kreiskatasteramt Soest, Ur-Handriss Mellrich, Flur IV, 1828). Diese Wegbezeichnung, die zunächst keinen Sinn ergab, führt zu einer noch heute bestehenden, jetzt namenlosen Zwei-Höfe-Gruppe. Diese ist mit dem mittelalterlichen Kleinweiler Vrilinchusen zu identifizieren, der folglich keine Ortswüstung darstellt. Im westlichen Kreisgebiet sind weiterhin partielle Ortswüstungen verbreitet. In der Osthälfte des Kreises ist bei partiellen Ortswüstungen meist zu beweisen, dass bei dem betreffenden mittelalterlichen Ort eine Rückentwicklung zu einer isolierten Mühle oder zu einem Einzelhof (bzw. Gutsbetrieb) der Neuzeit stattgefunden hat. Im Westen des Kreisgebietes verbergen sich hinter partiellen Ortswüstungen hingegen ländliche Siedlungen mit allenfalls geringfügigen Wüstungserscheinungen, d. h. aufgelassenen Einzelobjekten innerhalb weiterbestehender Siedlungen.

Ein weiteres Phänomen im westlichen Kreis sind die teilweise gehäuft auftretenden Gräftenanlagen,[4] unter anderen an der die Niederbörde durchziehenden Ahse und ihren Zuflüssen. Im Urkataster sind sie noch mehrfach nachzuweisen und sind im Zeitraum von etwa 1850 bis 1950 vielfach eingeebnet worden. Die Varianzbreite derartiger Wüstungsobjekte reicht von Adelssitzen, die aus einer Turmhügelburg (Motte) und einem ebenfalls umgräfteten Wirtschaftshof bestehen über aufgelassene Gräftenhöfe bis hin zu ehemals meist unbewohnten Gräftenspiekern, von denen letztere nicht im eigentlichen Sinn als „Wüstungen" zu bezeichnen sind, da sie meist zu wüstungsresistenten Höfen gehört haben. – Ein beeindruckendes Beispiel einer Burgwüstung ist die im Verlauf der Soester Fehde 1445 zerstörte und nicht wieder aufgebaute kölnische Landesburg *tem Broiche* nordwestlich von Erwitte, eine Niederungsburg mit Doppelmotte und vorgelagertem rechteckig umgrenzten Wirtschaftshof (*Bergmann* 2010b, S. 92–94). Im Umfeld der Adelssitze treten zudem gehäuft u. a. spätmittelalterliche Hofwüstungen auf, die mittlerweile im Umfeld von Werl mehrfach archäologisch teiluntersucht sind (*Cichy* 2016, S. 136–139).

5.1 Wüstungen und Gutsbildung. Transformation eines Kulturlandschaftsraumes am Nordrand der Soester Börde

Anders als im Münsterland, wo die Hauptmenge umgräfteter Anlagen von bäuerlichen Höfen gestellt wird bzw. wurde, handelt es sich bei derartigen Objekten in den Niederbörden des Hellwegs häufig um Niederadelssitze. Schweckhausen, heute ein Gutsbetrieb, liegt 6,1 km nordnordwestlich von Soest außerhalb der Zone flächenhafter Verbreitung von Ortswüstungen. Das in der Ahseniederung gelegene Gut wurde für eine intermethodische Fallstudie ausgewählt, deren Ziel es war, potentielle kulturlandschaftliche Veränderungen im Umfeld des Gutshofes nachzuweisen. Dabei wurde rückschreitend (regressiv) vorgegangen, in diesem Fall vom Urkataster des 19. Jahrhunderts über verschiedene Zwischenstufen bis ins Mittelalter. Eine wesentliche Voraussetzung für die durchgeführte Kartenrückschreibung war das Vorliegen einer gemalten Karte der Zeit um 1600 (Landesarchiv NRW, Abteilung Westfalen [Münster], Karten A, Nr. 7807; Druck: *Sagebiel* 1985, S. 172, Abb. 125). Die Altkarte zeigt eine Wasserburg und deren Umgebung. Man würde annehmen, dass das heutige Gut mit seinen an eine Schlossanlage erinnernden Gräften,

[4] Unter Gräften versteht man im niederdeutschen Raum künstlich angelegte, breite Wassergräben die man nicht überspringen kann. Differenziert wird in Westfalen u. a. zwischen Hofesgräften und Schlossgräften. Als Gräftenhöfe werden bäuerliche Höfe bezeichnet, die umgräftet sind. Um nicht zwischen bäuerlichen und niederadeligen Objekten differenzieren zu müssen, ist der verallgemeinernde Begriff „Gräftenanlage" gebräuchlich.

dem in die Jahre gekommenen Herrenhaus und dem Bestand an historischen Scheunen den Standort der frühneuzeitlichen Burg einnimmt. An dieser Annahme tauchten jedoch berechtigte Zweifel auf, denn bestimmte Details der Altkarte ließen sich keinesfalls mit der heutigen topographischen Situation in Übereinstimmung bringen. Daher wurde versucht, die Altkarte auf der Grundlage des Urkatasters zu entzerren. Die Rückschreibung erwies, dass die Niederungsburg zweifelsfrei nicht im Bereich des heutigen Gutes, sondern westlich davon gelegen hatte. Dadurch ergab sich die Möglichkeit einer konventionellen archäologischen Prospektion, die sich zunächst auf die aus einer Haupt- und Vorburg bestehende Anlage beschränkte und die nachfolgend auf das Umfeld der Burg ausgeweitet wurde. Dabei konnten mehrere Hofwüstungen verortet werden, deren Existenz bereits der um 1600 gefertigten Altkarte zu entnehmen war. Durch die Bergung von Fundmaterial konnten Anhaltspunkte für eine Datierung der kulturlandschaftsbezogenen Vorgänge gewonnen werden. Durch die Einbeziehung der archäologischen Quellen in die historisch-geographische Darstellung ergaben sich neuartige Gesichtspunkte für die lokale Wüstungsbildung und die Ausbildung des arrondierten Gutsbezirks Schweckhausen.

5.1.1 Naturräumliche Voraussetzungen der Besiedlung am Rand der Ahse-Niederung

Im Umfeld des Adelssitzes stehen im tieferen geologischen Untergrund wasserundurchlässige Tonmergelsteine des Santon an, bei denen es sich um Ablagerungen des Oberkreidemeeres handelt.[5] Der südliche Blattbereich der Historischen Kulturlandschaftskarte (vgl. Abb. 6) wird von einer Lösslehmplatte eingenommen, die eine Höhenlage von um 75 m aufweist. Diese setzt sich mit unterschiedlich, teils scharf, ausgeprägten Terrassenrändern von der sich im Norden anschließenden um 5 m tiefer gelegenen Niederung der Ahse, eines Zuflusses der Lippe, ab. Nördlich der Ahse bzw. des Weilers Krewinkel steigt das Gelände im Oestinghauser Flachwellenland erneut auf Höhen um 75 m über NN an.

Die lokale Bodenbildung (Abb. 3) ist in unterschiedlich starkem Umfang von glazialen Ablagerungen beeinflusst worden. Nordöstlich von Krewinkel bestehen inselartige Grundmoränenvorkommen, die zu Geschiebelehmen verwittert sind. Diese haben sich, z. B. in den Urkatasterfluren „Kamp“ und „Auf den Winkel“, zu Braunerden entwickelt, die infolge des Auftretens schwer durchlässiger Bodenhorizonte pseudovergleyt sind. Der aus Tonmergeln unter Beimengung von Geschiebelehm entstandene staunasse, tonige Lehmboden nördlich und nordwestlich von Krewinkel liegt überwiegend als Pseudogley vor. Die Niederungszone der Ahse nehmen alluviale Auelehme ein, die im oberen Hori-

5 Geologische Karte von Nordrhein-Westfalen 1:100.000, Blatt C 4314 Gütersloh, hrsg. v. Geologischen Dienst Nordrhein-Westfalen, bearbeitet von *H. von Kamp*, *A. Lenz* und *K. Skupin*, Krefeld ^{2}2002.

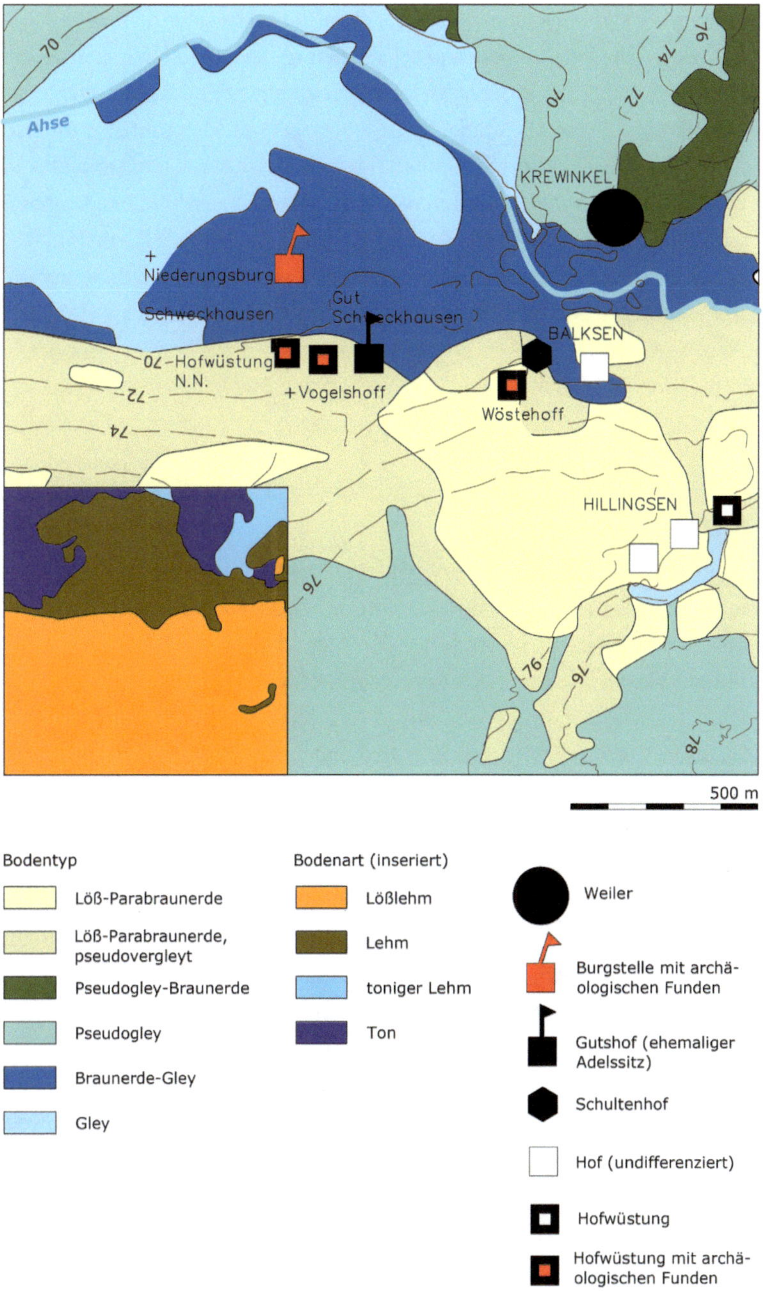

Abb. 3: Böden und Siedlungsstellen in der Umgebung des heutigen Gutes Schweckhausen (Entwurf: Rudolf Bergmann; Kartographie: Maja Thede, LWL-Archäologie für Westfalen).

zont zumeist aus umgelagertem Löss bestehen. Bei ständig hohem und nur geringfügig schwankendem Grundwasserstand haben sich in der zeitweilig überfluteten Aue Gleyböden entwickelt. Sie gehen insbesondere auf den höher gelegenen Auenrandflächen in Braunerde-Gley über. Südlich der Ahsetalung überlagert der Löss als Ausgangsmaterial der Bodenbildung in einer Mächtigkeit von mehr als zwei Metern den geologischen Untergrund. Der Grundwasserhorizont unterliegt in diesem Bereich erheblichen jahreszeitlichen Schwankungen. Auf weniger intensiv grundwasserbeeinflussten Standorten haben sich, u. a. im *Balker Feld*, Löss-Parabraunerden entwickelt. Unter landwirtschaftlichen Gesichtspunkten handelt es sich bei diesen Standorten um bevorzugte Flächen. Bei stärkerer Durchfeuchtung gehen die Parabraunerden in pseudovergleyte Parabraunerden und Pseudogley-Parabraunerden über. Durch Staunässe geprägte Bereiche unter anderen im *Frohnholz* und *Schmerbrauck* weisen Löss-Pseudogley Böden auf.[6]

5.1.2 Das Kulturlandschaftsgefüge in der Umgebung des Gutshofes zur Zeit der Urkatasteraufnahme

Der Landschaftsraum am Nordsaum der Soester Niederbörde ist topographisch durch die zu Beginn des 19. Jahrhunderts von freien Mäandern durchzogene und durch Totarme gegliederte Niederungszone der Ahse geprägt (vgl. Abb. 6). Westlich von Krewinkel weitet sich die um 150 m breite Aue auf etwa 1 km Breite. Flurnamen wie *Im Bruche*, *Westbruch*, *Balker Bruch*, *Höggersbruch*, *Neuemersch*, *Sostermersch* und *Grosse Mersch* verweisen darauf, dass es sich damals um einen Feuchtbereich handelte. Dieser ist als Grünland, zumeist als Weidefläche, genutzt worden. Das durch Hecken gegliederte und vom umgebenden Ackerland ebenfalls durch Hecken abgetrennte Feuchtgelände wies verschiedene Parzellierungsmuster auf. In der Umgebung des Gutes bestanden im höher gelegenen Auenbereich die unregelmäßig begrenzten Großblöcke der Gutsflur. Unter Ausnahme der *Sostermersch* war nahezu die gesamte Fläche des Bruchs in geradlinig begrenzte Besitzstreifen unterschiedlicher Breite untergliedert und gibt sich als eine in jüngerer Zeit aufgeteilte Gemeinheitsfläche (= Allmende) zu erkennen. Sie war im *Balker Bruch* und *Höggersbruch* unter den weideberechtigten Höfen in Hillingsen und Balksen (unter Ausnahme des Hofes Arens) einschließlich des Gutes Schweckhausen aufgeteilt. Die Höfegruppe Krewinkel, die Zweihöfesiedlungen Balksen und Hillingsen wie auch der von Doppelgräften umgebene Adelssitz waren im Übergangsbereich der Lösslehmplatten zur Niederung am Terrassenrand angelegt. Den Gutshof und die auf ihn zuführende Allee überlagerten ein augenscheinlich älteres Parzellen- bzw. Kulturlandschaftsgefüge.

6 Bodenkarte 1:5.000, hrsg. vom Landesvermessungsamt Nordrhein-Westfalen, Blatt Hillingsen (1965), Oestinghausen (1967), Stocklarn (1963) und Wiltrop (1966).

Die Randzone der Lösslehmplatte wurde ackerbaulich genutzt. Sie zeigte im *Stocklarfeld*, das zur Gemarkung des im Kartenblatt nicht mehr erfassten Haufendorfes Stocklarn gehörte, zumeist kurzstreifige, aus der Teilung von Blöcken oder Breitstreifen hervorgegangene Parzellen. In dem ebenfalls zu Stocklarn gehörigen Geländeabschnitt westlich des *Frohnholz* bestand auf schlecht drainierten Böden ein Blockparzellargefüge, das wahrscheinlich jüngerer Entstehung ist als das Strukturgefüge des Stocklarfeldes. An letztere Flur schloss sich im Osten die Gutsblockflur des Adelssitzes an. Sie umfasste wesentliche Teile des *Frohnholz*, dessen Flurname (= Herrenholz) auf die Zugehörigkeit zum Adelsgut hinweist. In der Umgebung der Zweihöfe-Siedlungen Balksen und Hillingsen bestand eine Blockgemengeflur, teilweise mit zwischengeschalteten Kurzstreifen. Das Nebeneinander von Parzellen des Hofes Balks und des Adelsgutes im *Balker Feld* ist durch die Übernahme eines wüsten Hofes in Balksen durch die Guts- bzw. Grundherrschaft entstanden, worauf noch einzugehen sein wird. Der Landschaftsraum der Lösslehmplatte war durch Hecken und schmale Gehölzstreifen gegliedert. Ihre stärker vernässten, inneren Bereiche waren mit Hoch- und Niederwald bestanden.

5.1.3 Das lokale Kulturlandschaftsgefüge im Bördekataster von 1685

Der Kulturlandschaftszustand im Kernbereich der Soester Nieder- wie auch Oberbörde ist in einem Textkataster, dem Bördekataster von 1685, dokumentiert. Dieser enthält jedoch keine Angaben zum eigentlichen adeligen Eigenbesitz des Hauses Schweckhausen, wohl aber zu dem von der Grundherrschaft eingezogenen Vogelskotten, weiterhin einem in der Flur *Hausstätte* der Urkatasteraufnahme zu verortenden Kotten unbekannten Namens und schließlich dem *Woestenhoff* in Balksen. Die Angaben zu den von der Grundherrschaft eingezogenen („gelegten“) Kotten sind teils wenig ausführlich: Für den *vorm Schweckhaus* gelegenen *Vogels Kotte* fehlen im Textkataster von 1685 Angaben zur Ausdehnung der ehemals zu diesem gehörenden Landflächen. Zu dem in der Flur *Hausstätte* zu lokalisierenden wüsten Kotten scheinen zwei Kämpe gehört zu haben. Der ebenfalls von der Grundherrschaft eingezogene *Woestenhoff zu Balckesen* ist mit einer Fläche von 30 Morgen Acker, zehn Morgen Weide und zehn bis 13 Morgen Gehölz ausgewiesen. Das Ackerland dieses Hofes bildete einen Besitzblock aus.

Im Unterschied zu den wenig ausführlichen Angaben bezüglich des damaligen von Hatzfeld'schen Gutsbesitzes liegen zu den bäuerlichen Höfen in den Kleinstsiedlungen Balksen und Hillingsen detaillierte Besitzbeschreibungen vor: Der Hof des *Schulten zu Balckhusen* (Urkataster: Balks) umfasste damals 59,5 Morgen Acker, also etwa zwei mittelalterliche Landhufen. Die Lage der Ackerkämpe ist genau umschrieben und stimmt weitgehend mit den Verhältnissen zur Zeit der Urkatasteraufnahme überein. Dem Umfang des Ackerlandes dieses Hofes entsprach die Haltung von Zugvieh, die mit fünf Arbeitspferden angegeben ist. Zum Schultenhof gehörte die Weideberechtigung für Kühe und Schweine, nicht jedoch für Schafe, im *Balkeser Brock(e)*. Zehn Morgen Wiesenland des Hofes waren vom eigentlichen Bruch abgetrennt worden, weiteres befand sich nahe des Adelssitzes. Der Schultenhof wurde jeweils für die Dauer von zwölf Jahren verpachtet (*gewonnen*); der erste nachgewiesene *Gewinn* des Schultenhofes war 1571 durch *Johann Woisthof* und *Bertram Meiberch* erfolgt. Der ebenfalls im *Balkeser Brock(e)* triftberechtigte, auf Lebenszeit des jeweils Bemeierten gewonnene Hof Arent umfasste 23 Morgen Äcker. Der erste nachgewiesene *Gewinn* des *Arendt to Balckhuse* war 1580 erfolgt. Er war durch den *Kämmerermeister Joh(ann) Breckerfeld* vorgenommen worden, der aber nur ein Drittel des Hofes besaß; die übrigen 2/3 gehörten dem *Arendt* selbst.

Für Hillingsen sind 1685 neben dem wüsten Hof Jürgen der 48 Morgen Ackerfläche umfassende Hof Thomas und der mit 47 bis 48 Morgen Saatland nahezu ebenso große Hof Peters nachgewiesen. Beide resistenten Höfe waren zur Nutzung der Gemeinheitsflächen im *Balkeser Brock(e)* berechtigt. Die Blockfluren von Balksen und Hillingsen wurden individuell zum Anbau von Getreide (Roggen, Gerste, Weizen, Hafer), Erbsen, Wicken, Bohnen, Linsen und Lein genutzt; zudem sind gebrachte (= dreischliegende[7]) Parzellen benannt (*Koske* 1960, S. 9 ff.). Abgesehen von Flächen, die mit einer Feldfrucht bestellt waren, bestanden Parzellen, innerhalb derer, wahrscheinlich auf getrennten Ackerbeeten, sowohl Getreide als auch z. B. Hülsenfrüchte angebaut wurden. Der geringe Anteil der Brachflächen – diese nahmen zwischen 5 % und rund 16 % des Ackerlandes ein – verdeutlicht, dass in der Zeit nach dem Dreißigjährigen Krieg in der Niederbörde ein kompliziertes, individuelles Fruchtfolgesystem bestanden hat, dessen charakteristisches Merkmal neben dem Anbau von Getreide derjenige von Leguminosen war.[8]

5.1.4 *Die frühneuzeitliche Besteuerung von Hof- und Kottenwüstungen als Quelle der Wüstungsforschung*

Im Zusammenhang mit der Erstellung des Katasters der „kontribuablen" Güter in der Grafschaft Mark (1705) fand unter dem Preußenkönig *Friedrich I.* eine „Überprüfung" des von Hatzfeld'schen Besitzes statt, der ergänzende Angaben zu den von dieser Grundherrschaft eingezogenen Höfen und Kotten zu entnehmen sind. Ziel der damaligen Ermittlungen war es, eine Besteuerbarkeit der Hofwüstungen nachzuweisen, wobei auf ältere

---

7 Dreischländer sind Ackerflächen, welche zwecks Bodenregeneration nicht mit einer Feldfrucht bestellt worden sind. In preußischen Karten werden sie allgemein mit dem Kürzel D.L. bezeichnet. Sie sind somit den „Brachen" vergleichbar. Allerdings meint „Brache" im Rahmen einer Mehrfelderbrachwirtschaft tendenziell etwas zeitlich Begrenztes, z. B. eine „brakzede" eine Einsaat von Roggen in die Vorjahresbrache.

8 Zu den komplexen Fruchtfolgesystemen unter Einschaltung von Zwischenfrüchten und Leguminosen in der ersten Hälfte des 19. Jhs. *auf dem Hellwege* in der Grafschaft Mark und im Herzogtum Westfalen siehe *Schwerz* 1836, S. 277–294.

Archivalien zurückgegriffen werden konnte. In diesem Zusammenhang wurde nachgewiesen, dass ein *Johan Kotter to Schweckhuß* 1558 und ein *Herman Kotter to Schweckhuß* 1542 schatzungspflichtig gewesen waren und dass dieser Hof somit zu den sogenannten kontribuablen Gütern der Grafschaft Mark gehört habe. Weiteres ließ sich dazu nicht in Erfahrung bringen. Zudem wurde von der Kommission des Preußenkönigs herausgefunden, dass in einem von der Witwe von Hatzfeld besessenen Garten, dem *Vogels Garte*, ehemals der *Vogels Kotte* gestanden habe, zu dem, soweit festgestellt werden konnte, 1689 neun Morgen Land gehört hatten. Dieser Kotten sei jedoch ursprünglich vom Haus Füchten lehnsabhängig gewesen. Weitere Recherchen ergaben, dass eine *Vogelsche to Schweckhauß* 1542 mit acht Gulden schatzungspflichtig gewesen war und bei der *Johan Vogels* zu *Schweckhaus' Kottstätte* 1568 eine Aufteilung des zugehörigen Landes erfolgt war. Als Marginalie wurde vermerkt, dass zum Besitz der Frau von Hatzfeld ein weiterer eingezogener Kotten gehöre, dessen Lage nahe an *Mons[ieur] Walraben Kuhlkampff* angegeben ist. Ein Hofname ließ sich 1705 nicht mehr feststellen und irrtümlich hielt man den die Hofwüstung tradierenden Flurnamen *die Hausstätte* für den Hofnamen. Festgestellt wurde weiterhin die Besteuerbarkeit des *Woesthoff zu Balcksen*, dessen Zubehör sich aus einem Lagerbuch von 1687 nachweisen ließ (*Timm* 1980, S. 5 f.). – Auffällig und symptomatisch an den Ergebnissen der Nachforschungen des frühen 18. Jahrhunderts ist, dass sich für die Gutsflur Hof- und Kottenwüstungen nachweisen ließen, deren zugehörige Landflächen von ihrem Umfang häufig unklar waren bzw. sich nicht genau rekonstruieren ließen. Insofern ist davon auszugehen, dass der tatsächliche Umfang der wüstgelegten bzw. zum Adelsgut eingezogenen Besitzeinheiten aus Gründen einer Verringerung der Steuerlast bewusst verunklart bzw. verschleiert worden ist.

5.1.5 Der Adelssitz und sein Umfeld um 1600

Der in Prozessakten erhaltenen Altkarte der Zeit um 1600 (Abb. 4) liegt keine genaue Vermessung des Geländes zu Grunde und sie verdankt ihre Entstehung mehreren, zwischen den Familien von Hatzfeld und Droste geführten Prozessen um den Besitz des Gutes, das zum Lehnserbe des 1556 verstorbenen *Jobst Droste* zu Erwitte gehört hatte.[9] Der Adelssitz befand sich bereits 1535 im Besitz des *Jobst*, dessen Vorfahre *Johann Droste* zu Erwitte 1351 von *Hermann Wulff* von Lüdinghausen mit diesem belehnt worden war (*Ludorff* 1905, S. 96). In der Karte sind die Landschaftselemente teils bildhaft-perspektivisch eingefügt. Wie sich aus dem Vergleich mit dem Urkataster ergibt, hat ihr Zeichner das Gelände schematisiert dargestellt, indem er das Parzellengefüge „begradigt" und in Abweichung von den bestehenden Verlaufsrichtungen der Parzellen in ein Schema Nord–Süd bzw. West–Ost verlaufender Blöcke untergliedert hat. Durch diese Vorgehensweise be-

---

[9] *Sagebiel* 1985, S. 172; nach anderer Angabe (*Ludorff* 1905, S. 96) verstarb dieser 1557.

dingt sind schmalstreifige Flurstücke zum Teil als Blockparzellen wiedergegeben worden. Wie die Karte wiedergibt, lag das Haupthaus der Niederungsburg auf einer ovalen, über eine Zugbrücke zugänglichen Insel, an die sich im Westen eine größere, auf drei Seiten von einer Graben-Wall-Befestigung umgebene Wasserfläche anschloss. Inmitten letzterer befand sich eine künstlich angelegte kleine, rechteckige und unbewohnte Insel. Der Wirtschaftshof (Bauhof) war von der eigentlichen Burg getrennt und dieser im Süden vorgelagert. Sein Baubestand umfasste ein langgestrecktes Gebäude, das giebelseitig durch ein Deelentor aufgeschlossen war. Der im hinteren Bereich des Gebäudes dargestellte Quergiebel dürfte darauf verweisen, dass es auch Wohnzwecken diente und von der Nutzungsaufteilung wahrscheinlich dem Typus des westfälischen (niederdeutschen) Hallenhauses entsprach. Die Hofanlage vervollständigten mehrere Nebengebäude, das Hoftor (*Drosten Porte*) und eine abseits gelegene Remise. Unmittelbar südlich der Gräftenanlage verzeichnet die Altkarte den wüstungsweisenden Flurname *Vogelshoff* sowie westlich von Balksen den Flurnamen *Auff dem Wostenhove*, die auf lokale Entsiedlungsvorgänge bzw. die Lage bereits genannter Hofwüstungen verweisen.

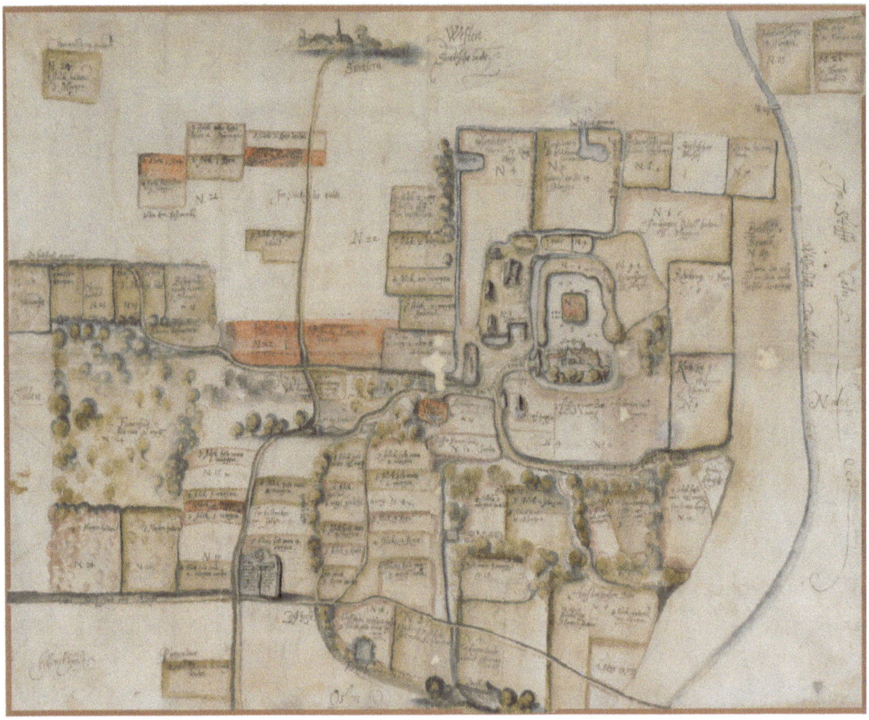

Abb. 4: Der Adelssitz Haus Schweckhausen auf einer um 1600 gezeichneten, gewesteten Altkarte (Quelle: Landesarchiv NRW, Abteilung Westfalen, W 051, Karten A Nr. 7807, veröffentlicht mit Genehmigung vom 19. April 2021).

Die räumliche Auswertung der Altkarte erwies (wie bereits eingangs angeführt), dass die frühneuzeitliche Niederungsburg nicht den Standort des im Urkataster verzeichneten Gutes eingenommen hat, sondern westlich des Gutes in der Flur *Kleineber* der Urkatasteraufnahme gelegen hat. Weiterhin war festzustellen, dass sich im Urkataster Rudimente einer früheren Fluraufteilung erhalten hatten: So ist der am südlichen Rand der Parzelle *Kleineber* im Jahr 1827 bestehende Teich mikrotopographisch mit demjenigen Teich zu identifizieren, der um 1600 das Vorburgareal bzw. den Bauhof im Osten begrenzte und somit ehemals südlich der Hauptburg gelegen hatte. Weiterhin ist der von der *Grossen Mersch* auf die Gutsanlage des 19. Jahrhunderts zuführende trichterförmige Parzellenfortsatz das Relikt des auf der Altkarte verzeichneten *Sogestraßes Wech*. Durch die Verlegung des Adelssitzes nach Osten ist das ursprüngliche Parzellengefüge weitgehend ausgelöscht worden. Jedoch bestanden durch die Gelände- bzw. Parzellierungsrelikte Ansatzpunkte, um die Altkarte auf der Grundlage des Urkatasters von 1827/28 zu entzerren.[10]

Das Ergebnis dieser Rückschreibung ist eine topographische Karte der Kulturlandschaft um 1600 (Abb. 5). Entsprechend der hydrologischen Situation und der Bodenverhältnisse war der Landschaftsraum damals deutlich zonal gegliedert. Die Überschwemmungsaue mit dem Flusslauf der Ahse (*Aessel*) war mit Ausnahme des *Balckerheumerschbroich* unparzelliert und diente als baumfreier *Balckhuser Broeck* der Viehhude. Der geringfügig höher gelegene Niederungsbereich zwischen der Flussaue und der Lösslehmplatte besaß ein sehr differenziertes Landschaftsmuster: Das Gelände war in größere Blöcke unterteilt. Nach dem Ausweis von Flurnamen wie *Pferdebroich*, *Kuhkamp* und *Kalverkamp/ Kalverkampke(n)* wurde es zum Teil als Weideland genutzt. Hier befanden sich mehrere Fischteiche, wobei aufgrund der charakteristischen, doppelbogigen Form des *Spijck* zu erkennen ist, dass es sich bei diesen Teichen teils um Totarme der Ahse gehandelt haben dürfte. In der Umgebung der Burg unterlagen mehrere Parzellen einer Sondernutzung als Garten, Hopfengarten und Obsthof (*Bomhoff*). Östlich dieser bestanden in demjenigen Auenrandbereich, für den die moderne Bodenkartierung Braunerde-Gleye und Gleye als Bodentyp bzw. mineralische Naßböden ausweist, ackerbaulich genutzte Kämpe (*Auffm klenen Beer, Ostkamp, Kouekampken, Sogestrates Kamp, Auff dem grossen Beer*), die von Waldresten und Baumreihen gesäumt waren. Die besser drainierten Lösslehmböden südlich der Niederungszone waren im *Gerlichskamp, Stochuser* Velde und *Hillincker Fellde* nahezu ausschließlich dem Getreidebau vorbehalten und wurden durch Baumreihen wie

[10] Die Entzerrung wurde auf folgender Datenbasis vorgenommen: Die um 1600 entstandene Altkarte enthält ungefähre Flächenangaben in (Lokal-)Morgen und (Lokal-)Ruten (*Roen*). Um die Fläche des Lokalmorgens (eine Rute entspricht einem Viertel Morgen) zu berechnen, sind durch Kartenvergleich diejenigen Parzellen ermittelt worden, die im Zeitraum von um 1600 bis zur Zeit der Urkatasteraufnahme keiner Veränderung unterlegen gewesen sind. Für diese ist auf der Grundlage des Urkatasters die Parzellengröße errechnet und in Beziehung zu den Flächenangaben der Altkarte gesetzt worden, wobei sich für den Lokalmorgen der Altkarte mit einer Toleranzabweichung von ca. 10 % eine Fläche von rund 3.350 m^2 errechnen ließ.

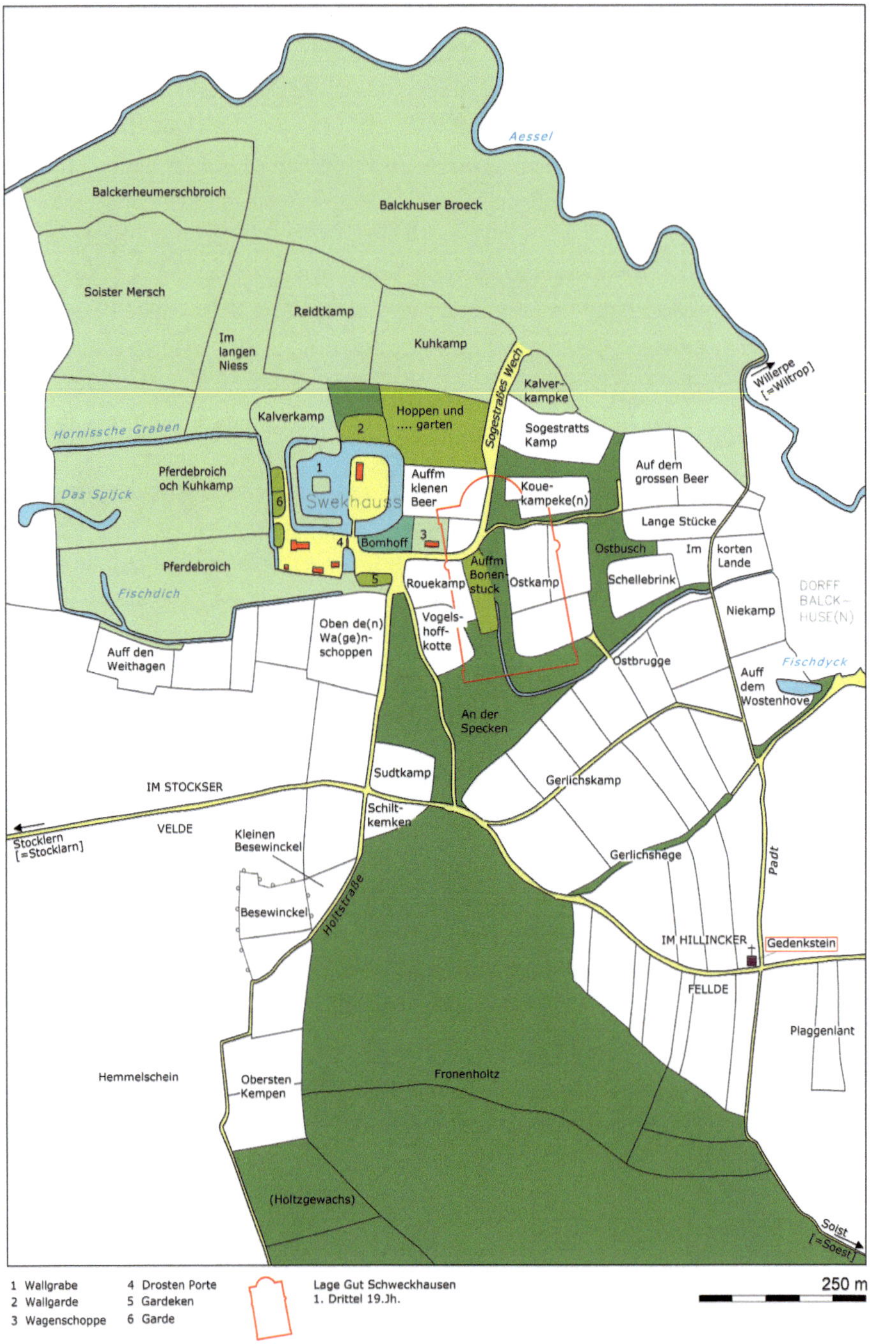

Abb. 5: Rekonstruktion des Aussehens der frühneuzeitlichen Kulturlandschaft in der Umgebung des Hauses Schweckhausen (Entwurf: Rudolf Bergmann; Kartographie: Maja Thede, LWL-Archäologie für Westfalen).

die *Gerlichshege* gegliedert. Die hier um 1600 bestehenden Blockfluren und kurzstreifigen Parzellen waren entsprechend der vorherrschenden Entwässerungsrichtung in Nord-Süd orientiert verlaufende Ackerbeete (*Rugge*, *Stucke*) unterteilt. Weiter vom Terrassenrand entfernte Bereiche im Inneren der Lösslehmplatte waren von Wald bestanden, wobei das *Fronenholtz* um 1600 durch die später erfolgte Herausrodung des Kampes *Auf der Hür* eine größere Ausdehnung besessen hat als 1827. Die gesamte Burganlage ist heute bis auf geringe Spuren eingeebnet und ihre Fläche wird landwirtschaftlich genutzt. Sie ist somit nicht mehr visuell erfahrbar, bot jedoch den entscheidenden Vorteil einer archäologischen Prospektierbarkeit. Das Haus Schweckhausen entspricht einem charakteristischen Burgentyp, der eine Kombination einer umgräfteten Hauptburg mit einem später entstandenen, rechteckig begrenzten Wirtschaftshof darstellt.

5.1.6 Die Entstehung des Adelsgutes im Spiegel der archäologischen Prospektionsmaßnahme

Durch die intensive moderne landwirtschaftliche Nutzung auch der höher gelegenen Auenbereiche als Ackerland war es möglich, nahezu alle sich aus den historischen Karten ergebenden Besiedlungshinweise archäologisch zu überprüfen. Von der Niederungsburg hat sich ein winkelförmiger Teich erhalten. Dieser ist in Teilen mit demjenigen Teich identifizierbar, der in der um 1600 entstandenen Altkarte östlich des damaligen Bauhofes verzeichnet ist. Die übrigen Wassergräben sind verfüllt und im Gelände zumeist als Verflachungszonen erkennbar. Anzeichen, dass die Hauptburganlage ehemals eine Turmhügelburg (Motte) enthalten hat, sind nicht erkennbar. Die frühere Hauptburg zeichnet sich im Mikrorelief als ovaler, sich im Dezimeterbereich über das umgebende Gelände erhebender ovaler Flachhügel von etwa 40 m Breite und 70 m Länge ab. Dieses Areal ist mit dem Schutt von Dachziegeln und Backsteinen, in geringerem Umfang auch von Dachschiefer, bedeckt. Fragmente von Trinkgefäßen aus vollentwickeltem Steinzeug Siegburger Art lassen darauf schließen, dass eine Besiedlung der Hauptburg seit dem 14. Jahrhundert bestanden hat. In erheblichem Umfang ist unter den Funden eine weißlich-gelb gebrannte Irdenware des 16. Jahrhunderts mit einer monochromen grünen Bleiglasur vertreten. Die Hauptburg ist, den archäologischen Funden nach zu urteilen, wahrscheinlich bis in das 18. Jahrhundert bewohnt gewesen. Im Südwesten schloss sich an die Hauptburg das Areal des Bauhofes an, welches durch eine fundsterile Zone vom Flachhügel der Hauptburg getrennt ist. Spuren der den Bauhof begrenzenden schmalen Gräben sind im weithin ebenen Gelände nicht erkennbar. Als ausgeprägte Fundkonzentration ließ sich eine etwa 15 m x 30 m große Fläche aussondern, die mit dem Standort des auf der Altkarte verzeichneten Bauhauses zu identifizieren ist. Neben dem Schutt von Dachpfannen und Backsteinen sind in diesem Bereich häufig plattige Kalk- und Glaukonitkalksteine (‚Soester Grünsandstein') aufgepflügt worden. Aus dem Mittelbereich der Fundkonzentration konnten u. a.

ein Spinnwirtel, Fragmente von gehenkelten Grapentöpfen aus gelbweißer Irdenware mit grüner Bleiglasur, ein Schlüssel und ein nicht zugehöriges Schloss(?) geborgen werden. Die archäologischen Funde sprechen für ein Bestehen der Vorburg seit dem 15./16. Jahrhundert. Innerhalb des Vorburgareals tritt ein weiterer Bereich durch häufige Funde von Dachziegelschutt in Erscheinung, bei dem es sich um den Standort der in der Altkarte verzeichneten Remise handelt. Der Fund einer hochmittelalterlichen Randscherbe aus granitgrusgemagerter Irdenware aus dem Vorburgareal ist als Streufund zu deuten, der in einem Zusammenhang mit der südlich davon nachgewiesenen Hofwüstung stehen dürfte.

An der Terrassenkante oberhalb der Aue ließen sich zwei ehemalige Hofstellen der ursprünglichen ländlichen Siedlung Schweckhausen erfassen. Die beiden Fundareale werden durch einen fundleeren Streifen voneinander getrennt, durch den um 1600 ein Weg verlief. Die etwa 40 m x 65 m große Fundstreuung A befindet sich in einer Blockparzelle des Urkatasters. Die etwa 30 m x 65 m große Fundstreuung B liegt in der Parzelle *Vogelshoiff* der um 1600 entstandenen Altkarte. Die archäologischen Funde von den beiden Hofstellen des Kleinweilers datieren vom Hochmittelalter bis in das 14. Jahrhundert. Da die beiden Höfe offensichtlich noch um die Mitte des 16. Jahrhunderts existent gewesen sind,[11] ist nicht davon auszugehen, dass ein unmittelbarer siedlungshistorischer Zusammenhang zwischen der Aufgabe dieser Höfe bzw. Kotten und den Anfängen der Niederungsburg im 14. Jahrhundert bestanden hat. Der ehemalige Standort des in die Gutsblockflur des Hauses Schweckhausen integrierten dritten Hofes ließ sich westlich der heutigen Zwei-Höfe-Siedlung Balksen in der Parzelle *Auff dem Wostenhove* der frühneuzeitlichen Altkarte lokalisieren. Sein Fundareal ist 30 m x 60 m groß. Der ebenfalls im hohen Mittelalter am Terrassenrand angelegte Hof bestand bis in des 14. Jahrhundert.

5.1.7 Spätmittelalterliche Quellenüberlieferung

In den Geschichtsquellen ist für das Jahr 1349 der dem *Conrad de Meninchusen* eigenhörige *Hermann scultheto thon Svechus* benannt (*Klocke* 1964, Regest 50, S. 46). Der Schulte steht wahrscheinlich in einer Beziehung zum Haupthof Schweckhausen, der 1303 als *curtis Sweychus* bezeichnet ist. Der Hof wurde damals von den Soester Bürgern *Conrad* und *Alexander von Meyninchusen* für die Dauer von drei Jahren dem Kloster Welver (Kr. Soest) überlassen, und zwar zur Wiedergutmachung eines dem Kloster eventuell zugefügten Schadens (Westfälisches Urkundenbuch 9, Nr. 216; vgl. *Ludorff* 1905, S. 96). Eine Identifikation dieses Hofes mit der Niederungsburg, die sich 1351 im Besitz des *Hermann Wulff von Lüdinghausen* befand, ist unsicher. Daher ist möglicherweise davon auszugehen, dass die Curtis mit einer der Hofwüstungen zu identifizieren ist; jedoch bleibt unklar, mit welcher davon.

---

11 Siehe nachfolgendes Unterkapitel.

Eintragungen zu Balksen finden sich u. a. im Bestand des westfälischen Marschallsamtes, denen zufolge *Henr[icus] Balken* 1371 als Burglehen in Hovestadt (bei Herzfeld, Kr. Soest) u. a. Einkünfte aus dem Gut *Juttendach in Balkhus* überwiesen worden waren. Weitere Geldrenten waren an *Henrich Balken* von dem Besitz des *Herm[an] de Balkhus*, von zwei Hufen in dem Balksen benachbarten Kleinweiler *Hillinckhus* und weiterhin vom Besitz eines *Henr[icus (in?)] Kredenwinckel* zu entrichten (*Seibertz* 1839, Nr. 484, S. 632). Letzterer ist wahrscheinlich mit dem an anderer Stelle angeführten *Hoff op Krewinckel* (*Seibertz* 1839, Nr. 484, S. 628, Zeile 20) gleichzusetzen. 1302 werden dann die Brüder *Hinrich*, *Winand* und *Werner de Balchusen* genannt und als *Rotland* bezeichnete Äcker in der Nähe des Dorfes (*villa*) *Balchusen*. Die Rottländer gehörten zur Villikation Soest und sollten an das außerhalb der Soester Stadtmauer gelegene Walburgisstift verkauft werden (*Seibertz* 1843, Nr. 497). Balksen ist 1225 durch die Nennung eines Ritters (*miles*) *Henricus de Balchusen* erstüberliefert (Westfälisches Urkunden-Buch 7, Nr. 260).

Zusammenfassung

Forschungsgegenstand des Beitrages sind die früh- und hochmittelalterliche Besiedlung sowie die spätmittelalterliche Wüstungsbildung in der Bördenregion des westfälischen Hellwegs, der als Fernweg eine Verbindung zwischen Rhein und Weser herstellte. Die mittelalterliche Besiedlung des Geseker Hellwegraumes setzte in der Merowingerzeit ein, wobei sich für mehrere Orte in der Niederbörde der Nachweis einer prähistorischen Besiedlungsphase während der vorrömischen Eisenzeit und/oder der römischen Kaiserzeit erbringen lässt. Die merowingerzeitliche Siedlungstätigkeit beschränkte sich auf den schmalen Geländestreifen bester Lössböden in der unmittelbaren Nähe des Dauerquellhorizontes, wobei die Orte dieser Phase offensichtlich ohne Bruch in diejenige der westfälisch-frühkarolingischen Phase übergehen. Im späten 7. und bis zum Ende des zweiten Drittels des 8. Jahrhunderts kam es, wenn überhaupt, nur in sehr eingeschränktem Ausmaß zu einer Neuanlage von Orten. Vom Siedlungsbild her ergeben sich keine Hinweise auf eine mehrfach postulierte „Saxonisierung" des Raumes. Während der von kriegerischen Auseinandersetzungen begleiteten Eingliederung Sachsens in das Karolingerreich kam es aus Gründen einer Sicherung der politischen Situation zur Anlage von Königshöfen als Etappenstationen am Hellweg. Um diese effektiv sichern zu können, wurden in deren Umfeld ländliche Siedlungen mit *-hem*(= heim)-Suffix angelegt, bei denen es sich um Fremdkörper in dem durch abweichende Ortsnamen dominierten Raum handelt. Da sich einige der *-hem*-Orte jedoch durch merowingerzeitliche Funde zum Teil als altbesiedelt erweisen, stellte sich die Frage, ob von Deportationen der autochthonen westfälischen Bevölkerung aus diesen Siedlungen in den reichsfränkischen Raum auszugehen sei. Im 9./10. Jahrhundert kommt es zu flächigen Rodungen mit einem explosionsartigen Anstieg ländlicher Siedlungen, meist Weilern mit *-inchusen*-Suffix. Um die Jahrtausend-

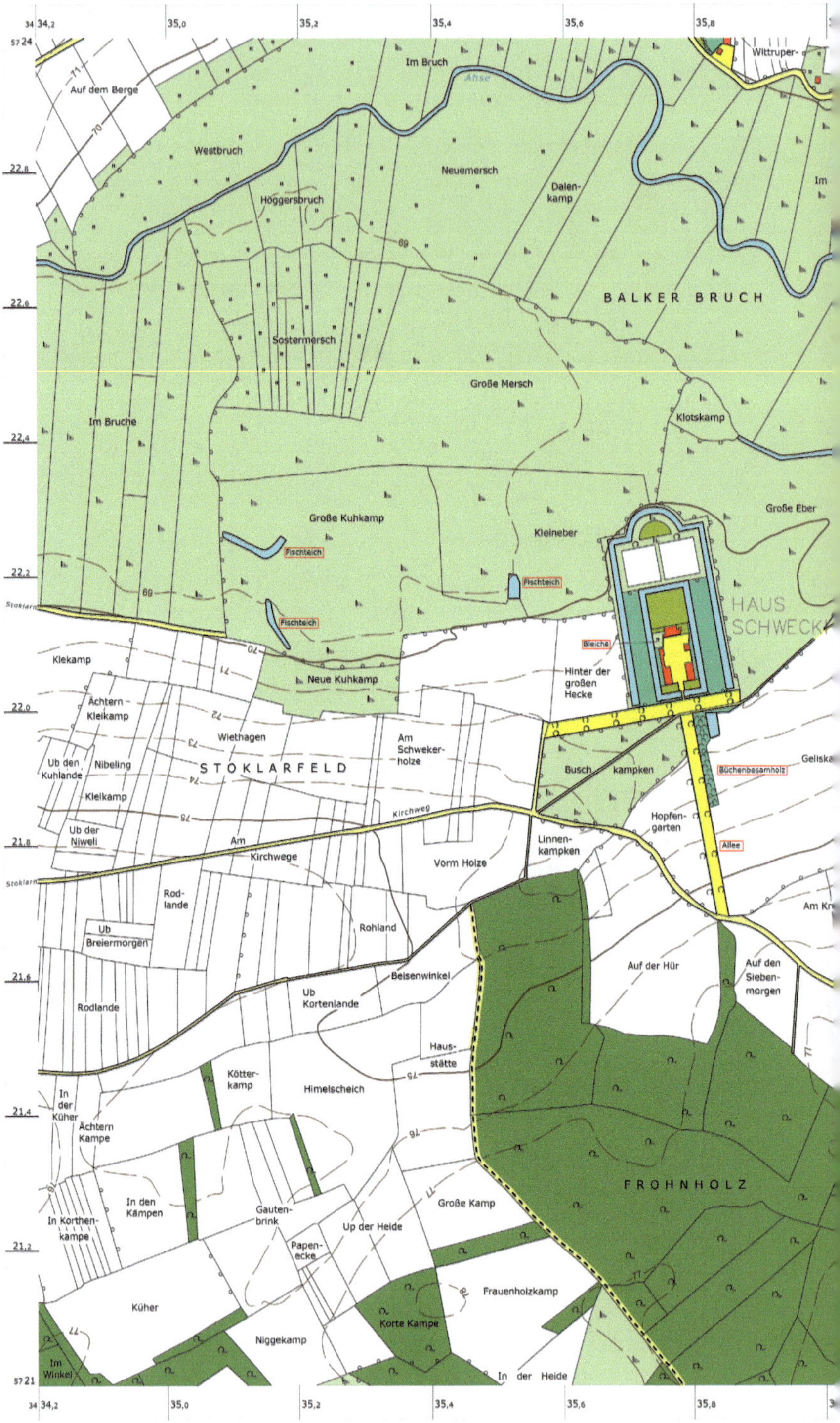
Auf dem Berge
Westbruch
Im Bruch
Ahse
Neuemersch
Dalen-kamp
Höggersbruch
BALKER BRUCH
Sostermersch
Große Mersch
Im Bruche
Klotskamp
Große Kuhkamp
Kleineber
Große Eber
Fischteich
Fischteich
Fischteich
HAUS SCHWECK
Bleiche
Klekamp
Neue Kuhkamp
Hinter der großen Hecke
Achtern-Kleikamp
Wiethagen
Am Schweker-holze
Ub den Kuhlande
Nibeling
STOKLARFELD
Busch kampken
Büchenbesamholz
Kleikamp
Kirchweg
Hopfen-garten
Ub der Niweli
Am Kirchwege
Vorm Holze
Linnen-kampken
Allee
Rod-lande
Rohland
Ub Breiermorgen
Auf der Hür
Auf den Sieben-morgen
Beisenwinkel
Rodlande
Ub Kortenlande
Haus-stätte
Kötter-kamp
Himelscheich
In der Küher
Achtern Kampe
FROHNHOLZ
In den Kämpen
Gauten-brink
Große Kamp
In Korthen-kampe
Up der Heide
Papen-ecke
Frauenholzkamp
Küher
Korte Kampe
Niggekamp
Im Winkel
In der Heide

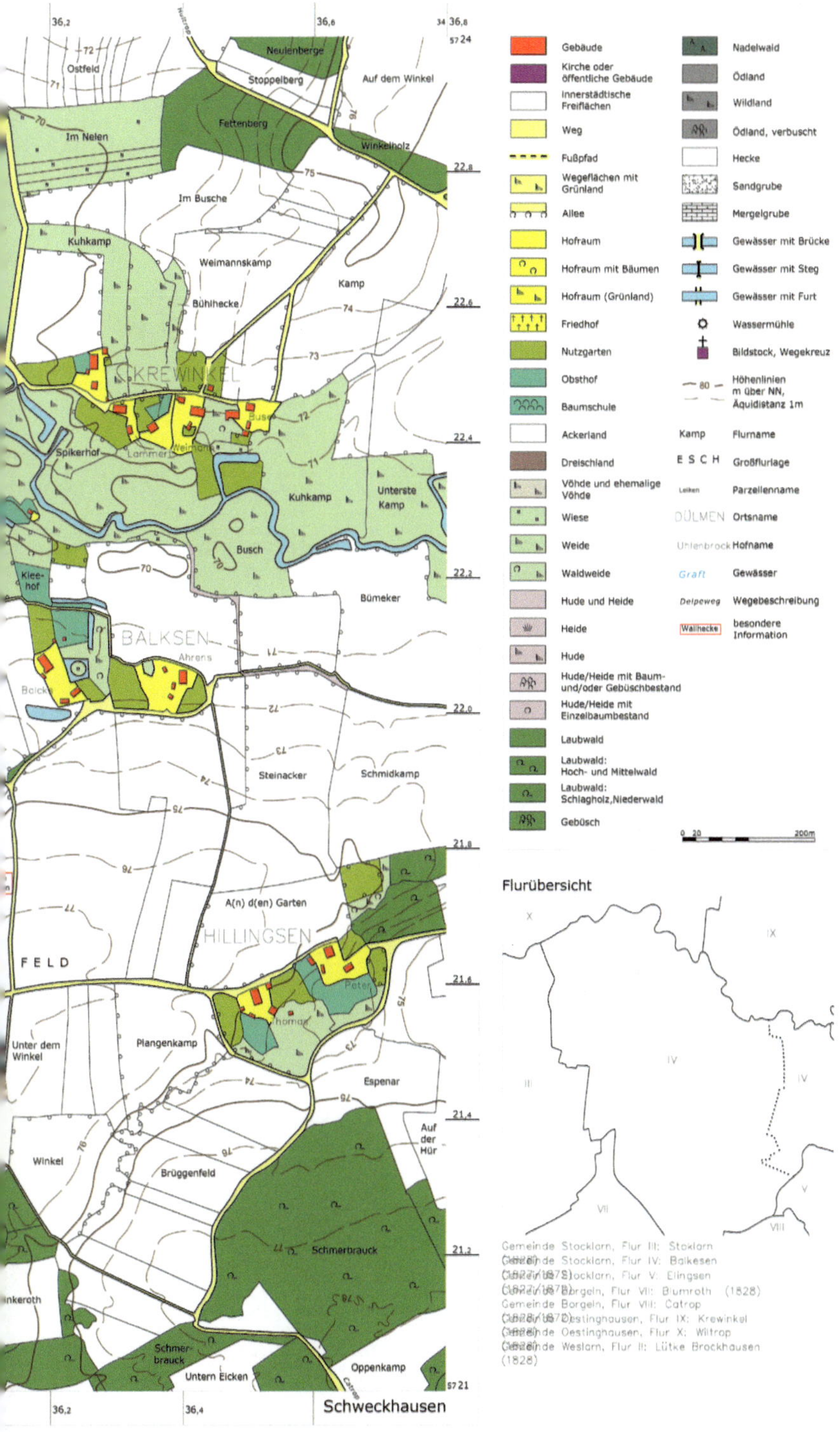

Abb. 6: Das Gut Schweckhausen im ersten Drittel des 19. Jahrhunderts. Zusammenstellung aus verschiedenen Inselkarten des Kreiskatasteramtes Soest (Entwurf: Rudolf Bergmann; Kartographie: Maja Thede, LWL-Archäologie für Westfalen).

wende ist das Siedlungsstrukturgefüge fast vollständig ausgeprägt. Nachzügler sind z. B. wenige reihenartige, geplant angelegte Orte, die das stark verkarstete Gelände im Bereich der *Schloenbachii*-Plänerkalke südlich des Hellwegs erschließen und die älter sind als die Hägerhufensiedlungen Ostwestfalens.

Die im Umfeld der Städte beginnende Wüstungsbildung setzte um 1200/in der ersten Hälfte des 13. Jahrhunderts ein und erstreckte sich bis in die Zeit um 1380/90. Sie führte zu einer Verlagerung von Betrieben aus ungeschützten Agrarsiedlungen in die Städte und die Zentralorte des ländlichen Raumes, wobei die Bewirtschaftung der zu den Höfen gehörigen Nutzflächen nunmehr von diesen aus erfolgte. Als wesentliches Motiv der spätmittelalterlichen Wüstungsbildung ist die Rechtsunsicherheit auf dem Land fassbar. Die Anziehungskraft der Städte ist im gesamten Kreisgebiet ähnlich intensiv gewesen und führte zur Ausbildung von Wüstungsinseln um diese. Auffällig ist die von Osten nach Westen abnehmende Wüstungsintensität, bei der wüstungsintensive Räume relativ unvermittelt an solche geringer Häufigkeit von Ortswüstungen grenzen (Abb. 1). Aufgrund der ähnlichen naturräumlichen und historischen soziokulturellen Ausstattung der ländlichen Räume ist eine geringere Betroffenheit der Westhälfte des Kreisgebietes von den Auswirkungen des Fehdewesens als Ursache der räumlichen Disparitäten anzunehmen. Den zahlreichen fortifikatorischen Anlagen im Westen, häufig Niederungsburgen, weiterhin spätmittelalterlichen umgräfteten ‚Häusern', aber auch kleineren bäuerlichen Wehranlagen stand im Osten nichts quantitativ Vergleichbares gegenüber. Insofern ist anzunehmen, dass der intensive Bau von Kleinburgen und ähnlichem einer spätmittelalterlichen Eskalation des Fehdewesens, wie sie für das Hochstift Paderborn und seine Randgebiete nachzuweisen ist, entgegengewirkt haben dürfte. Die Verschiedenartigkeiten des spätmittelalterlichen Entsiedlungsvorganges haben dazu geführt, dass die landschaftstypischen Klein(st)siedlungen im Westen häufig erhalten geblieben sind und im Osten des Kreises weitgehend verschwanden.

Hinsichtlich des Burgenbaus als solchem, insbesondere der Entstehung der ‚befestigten Häuser' vermochte das Fallbeispiel des Hauses Schweckhausen in der wüstungsarmen Westregion ergänzende Informationen zu liefern. Durch die Studie konnte nachgewiesen werden, dass im Umfeld der Burg und des nachmaligen Gutes Schweckhausen eine komplexe Umgestaltung der Siedlungsstrukturen erfolgt ist. In der ältesten Phase, dem Hochmittelalter – die Niederungsburg bestand zu diesem Zeitpunkt noch nicht – waren in diesem Bereich zwei Kleinweiler, Schweckhausen und Balksen, existent. Diese lagen, für den Landschaftsraum der Niederbörden am Hellweg charakteristisch, am Rand der Lösslehmplatten. Die heutige Zwei-Höfe-Siedlung Balksen ist im Spätmittelalter von Wüstungsvorgängen erfasst worden: Ein dritter Hof, der später unter dem Namen *Wöstenhoff* fassbar ist, fiel im 14. Jahrhundert wüst. Etwa gleichzeitig entstand in der Niederungszone nördlich der damaligen ländlichen Siedlung Schweckhausen ein Adelssitz. Dessen Aussehen und dasjenige des Landschaftsgefüges im Umfeld der Niederungsburg bzw. des ‚Hauses' Schweckhausen und des benachbarten Balksen überliefert eine gemalte Karte der

Zeit um 1600 (Abb. 4). Deren Zeichner hat die Parzellen häufig in blockartige Flurstücke transformiert, so dass die Altkarte nicht ohne weiteres lesbar ist. Bei ihrer vom Urkataster des 19. Jahrhunderts (Abb. 6) ausgehend vorgenommenen Rückschreibung erwies sich, dass das heutige Gut Schweckhausen nicht im Bereich der auf der Altkarte dargestellten Burganlage errichtet worden war. Stattdessen lag die Burg westlich des heutigen Gutsbetriebes (Abb. 3 und 5), woraus sich die Voraussetzungen für gezielte archäologische Prospektionen ergaben.

Im Ergebnis konnte der Standort des Hauses Schweckhausen nachgewiesen werden. Die Niederungsburg entstand im 14. und die Vorburg war seit dem 15./16. Jahrhundert existent. Die beiden im Nahumfeld des Hauses Schweckhausen gelegenen Höfe (u. a. der *Vogelskotten*), deren ältestes Fundmaterial dem hohen Mittelalter angehört, sind offensichtlich erst im Verlauf des 16. Jahrhunderts wüstgefallen, was sich am archäologischen Fundmaterial weniger deutlich abzeichnet. Da die Landflächen der aufgelassenen Höfe in beiden Orten in der Gutsblockflur des Hauses Schweckhausen aufgegangen sind, ist davon auszugehen, dass die Besitzungen von der Grundherrschaft eingezogen bzw. gelegt worden sind. Die Ausdehnung der zu diesen Hofwüstungen gehörigen landwirtschaftlich genutzten Flächen ist später von der Adelsherrschaft geschickt gegenüber dem preußischen Staat verschleiert worden und bei den neuzeitlich nur noch als Kotten fassbaren Höfen dürfte es sich ursprünglich um Vollerwerbsbetriebe gehandelt haben. – Der Adelssitz wurde in der ausgehenden Neuzeit von seinem ursprünglichen an seinen jetzigen Standort verlegt; das Aussehen der neu entstandenen axialen Gutsanlage überliefert das Urkataster. Wie durch eine Kartenrückschreibung verdeutlicht werden konnte, war dieser Eingriff in der Umgebung des Adelssitzes mit erheblichen Veränderungen des Kulturlandschaftsmusters verbunden: Die nur noch relikthaft ältere Parzellengrenzen enthaltende neuzeitliche Gutsblockflur löste ein älteres, klein gekammertes Landschaftsmuster ab, das in der Umgebung der spätmittelalterlich-frühneuzeitlichen Niederungsburg bestanden hatte. Von den landschaftsbezogenen Veränderungen wurde die weitere Umgebung des Adelssitzes nicht erfasst, so dass sich das hier im Soester Bördekataster von 1685 überlieferte Raumgefüge bis zu Beginn der Flurbereinigungsverfahren des 19. Jahrhunderts weitgehend unverändert erhalten hatte.

Summary: Medieval settlement and desertion in the loess-zone of the Westphalian Hellweg, seen from an inter-methodical point of view

The subject of this article deals with the early and high medieval settlement process as well as the late medieval desertification in the Börden region of the Westphalian Hellweg, a 60 km long stretch of finest loess soil. The region derives its name from a long-distance route connecting the rivers Rhine and Weser. Medieval settlement of the Geseke Hellweg region began in the Merovingian period, although evidence of a prehistoric settlement phase during the pre-Roman Iron Age and/or the Roman Imperial period can be found for several sites in the Niederbörde. During the Merovingian period settlement activity was limited to the narrow strip of land with the best loess soil near to a spring horizon in the immediate vicinity of Hellweg, forming a band-like structure. There is no break in settlement continuity between the Merovingian and the following Saxon-Westphalian phase. In the late 7th century and until the end of the 2nd third of the 8th century, there was, if at all, only a very limited number of new settlements, and there is no evidence of the repeatedly postulated "Saxonisation" of the area. During the integration of Saxony into the Carolingian Empire, which was accompanied by warlike conflicts, royal courts were established as staging posts along the Hellweg for reasons of securing the political situation. In order to be able to secure these effectively, rural settlements with *-hem* (= heim e. g. Glashem, Hocelhem, Osthem etc.) suffixes were established in their vicinity, which were foreign bodies in the area dominated by deviating place names. However, since the *-hem* places are partly proven to be old settlements by Merovingian finds, it can be assumed that the autochthonous Westphalian population was deported from these settlements to the area of the Frankish Empire. In the 9th/10th century due to extensive clearings rural settlements came into existence, mostly hamlets with *-inchusen* suffix. Around the turn of the millennium, the settlement structure was almost completely developed. Latecomers were, for example, a few row-like, planned villages that opened up the heavily limestone-karstified terrain in the area of the Schloenbachii Plänerkalke south of the Hellweg, which are older than the Hägerhufensiedlungen of East Westphalia.

Abandonment of the areas surrounding the towns started around 1200 in the first half of the 13th century and lasted until the years around 1380/90. It led to a relocation of farms from unprotected agricultural settlements to the towns and the central places of the rural area. From then on the cultivation of the farmland belonging to the abandoned hamlets, villages and farms took place from there. Local feuds, e.g. between the archbishop of Cologne and the bishop of Paderborn, were the main reason for late medieval desertion and led to very instable political conditions. Archaeological evidence exists for example that the ground floor of the Elsinchusen tower house (fig. 2) near to the town of Geseke was devastated in a feud. The attraction of the towns had been similarly intense throughout the district and led to the formation of deserted areas around them. As can be seen from fig. 1 within the district of Soest the intensity of desolation decreased from the east to the west. Whereas totally abandoned settlement areas were typical for the east, in the west even shrunken settlements were rare leading to the question what might have caused the differences.

The natural geography or historical socio-economic factors cannot be the reasons for this as they were similar. Spatial disparities may explain the differences. The western half of the district was less affected by the effects of feuding due to the establishment of numerous fortifications, often lowland castles, late medieval enclosed 'houses', but also smaller rural fortifications, which were not matched by anything comparable in numbers in the east. In this respect, it can be assumed that the intensive construction of small castles and the like may have counteracted a late medieval escalation of feuding, as can be proven for the high diocese of Paderborn and its peripheral areas reaching its peak in the 14th century. The diversity of the late medieval settlement process has led to the fact that the small(est) settlements (e.g. small hamlets and isolated farmsteads) typical of the landscape have often been preserved in the west and have largely disappeared in the east of the district of Soest.

With regard to the construction of castles as such, in particular the emergence of the 'fortified estates', the case study of the Estate of Schweckhausen in the western region was able to provide additional information. The study is able to prove that a complex transformation of settlement structures took place in the vicinity of the castle and the subsequent Schweckhausen estate. In the earliest phase, the High Middle Ages, two small hamlets existed in this area, Schweckhausen and Balksen. The lowland castle did not yet exist at this time. These were located on the edge of the loess clay plates, characteristic of the landscape of the Niederbörden on the Hellweg. The present-day two-farm settlement of Balksen was affected by desertification processes in the late Middle Ages: a third farm, later known as Wöstenhoff, became abandoned in the 14th century. At about the same time, an aristocratic manor arose in the lowland zone north of the then rural settlement of Schweckhausen. Its appearance and that of the landscape in the vicinity of the lowland castle or the estate of Schweckhausen respectively and the neighbouring Balksen are documented in a painted map from around 1600 (fig. 4). Their cartographer often transformed the plots into block-like allotments, so that the old map is not easily readable. When the original cadastre of the 19th century (fig. 6) was rewritten, it turned out that today's Schweckhausen estate had not been built in the area of the castle shown on the old map. Instead, the castle was located to the west of the present estate (figs. 3 and 5), which set the stage for targeted archaeological prospections. As a result, the location of the Schweckhausen estate could be proven. The lowland castle was built in the 14th century and the outer fortification existed since the 15th/16th century.

The two farms in the vicinity of the Schweckhausen house (among others the *Vogelskotten*) only became deserted in the course of the 16th century. One cannot conclude this from the archaeological material found in this area as the oldest remains can be dated back to the High Middle Ages. Since the land areas of the abandoned farms in both places have been included in the Schweckhausen estate block, it can be assumed that the possessions were confiscated or laid down by the lordship. The extent of the agricultural land belonging to these farm desertions was later cleverly concealed from the Prussian state by the nobility, and the farms, which in modern times are only known as *Kotten*, were probably originally full-time agricultural holdings. The aristocratic manor was moved from its original location to its present site at the end of the modern era; the appearance of the newly created axial estate is preserved in the original cadastre. As could be clarified by a map rewrite, this intervention in the surroundings of the aristocratic manor was associated with considerable changes in the cultural landscape pattern: the estate's present-day plot, which contains only relicts of the older plot boundaries, replaced an older, smaller compartmental landscape pattern that had existed in the vicinity of the late-medieval/early-modern lowland castle. The wider surroundings of the estate were not affected by the landscape-related changes, so that the spatial structure preserved here in the Soester Börde cadastre of 1685 had remained largely unchanged until the beginning of the land consolidation procedures of the 19th century.

Literatur

Bergmann, R. (1987): Die Wüstungsbildung im Grenzraum zwischen dem Kölnischen Westfalen und dem Bistum Paderborn. – In: *Nitz, H.-J. [Hrsg.]*: The medieval and early-modern rural landscape of Europe under the impact of the commercial economy. Papers presented at the meeting of the Permanent European Conference for the Study of the Rural Landscape, held at Rastede and Hagen, Federal Republic of Germany, 2.–9. September 1985. – Göttingen, S. 75–81.

Bergmann, R. (1989): Die Wüstungen des Geseker Hellwegraumes. Studien zur mittelalterlichen Siedlungsgenese einer westfälischen Getreidebaulandschaft. – Münster 1989 (Bodenaltertümer Westfalens, 23).

Bergmann, R. (1993): Der hochmittelalterliche Wohnturm in der Ortswüstung Elsinchusen bei Geseke, Kr. Soest. – In: *Bergmann, R.*: Zwischen Pflug und Fessel. Mittelalterliches Landleben im Spiegel der Wüstungsforschung, Teil 1. Unter Mitarbeit von *Först, Elke; Ilisch, Peter; Reichstein, Hans; Sondermann-Fastrich, Claudia; Stephan, Hans-Georg u. Weisgerber, Andreas.* – Münster, S. 93–102, S. 187–193: Nr. 34, 37 und 40–42, S. 195: Nr. 45, S. 199–204: Nr. 55 f. und 59 f., S. 215 f.: Nr. 74, S. 218: Nr. 77, S. 220–224: Nr. 80, 82 und 85, S. 228 f.: Nr. 94 f., S. 235–239, Nr. 105–107, S. 246 f.: Nr. 118, S. 253 f., Nr. 126 und 128, S. 258, Nr. 136, S. 269: Nr. 144.

Bergmann, R. (2001): Wüstungsforschung. Die ländliche Besiedlung im Mittelalter. – In: Der Kreis Soest. Führer zu archäologischen Denkmälern in Deutschland 39. – Stuttgart, S. 113–123.

Bergmann, R. (2007): Wüstung. – In: Reallexikon der Germanischen Altertumskunde 34. – Berlin u. New York, S. 272–301.

Bergmann, R. (2010a): „-heim" Orte: Strukturelemente einer karolingischen Siedlungspolitik im südöstlichen Westfalen. – In: *Heineberg, H.; Wieneke, M. u. Wittkampf, P. [Hrsg.]*: Westfalen Regional, Band 2: Aktuelle Themen, Wissenswertes und Medien über die Region Westfalen-Lippe. – Münster, S. 84 f.

Bergmann, R. (2010b): Die in der Soester Fehde zerstörte kölnische Landesburg tem Broiche bei Erwitte-Stirpe. – In: Archäologie in Westfalen-Lippe 2009. – Langenweißbach 2010, S. 92–94.

Bergmann, R. (2014): Mittelalterliche Agrarwirtschaft und Wüstungsbildung in Westfalen. Rural economy and desertion in medieval Westfalia. – In: *Gringmuth-Dallmer, E.; Klápste, J.; in Zusammenarbeit mit Hasil, J. [Hrsg.]*: Tradition – Umgestaltung – Innovation. Transformationsprozesse im hohen Mittelalter. – Praha (Praehistorica XXXI.2, Acta Instituti Archaeologici Universitatis Carolinae Pragensis), S. 585–612.

Bergmann, R. (2017): Vierfüßlerfibeln des frühen und hohen Mittelalters von westfälischen Ortswüstungen. – In: *Brieske, V.; Dickers, A. u. Rind, M. M. [Hrsg.]*: Tiere und Tierdarstellungen in der Archäologie. Beiträge zum Kolloquium in Gedenken an Torsten Capelle, 30.–31. Oktober 2015 in Herne. – Münster, S. 325–340.

Cichy, E. (2016): Steinerne Fundamente und ein Pilgerzeichen – eine neuentdeckte Hofwüstung in Welver. – In: Archäologie in Westfalen-Lippe 2015. – Langenweißbach 2016, S. 136–139.

Evers, T. (2018): Auch vor der Mauer war was los – frühe Siedlungsspuren westlich der Werler Altstadt. – In: Archäologie in Westfalen-Lippe 2017. – Langenweißbach 2018, S. 182–185.

Klocke, F. von [Bearb.] (1964): Urkunden-Regesten der Soester Wohlfahrtsanstalten, Band 1: Urkunden des Hohen Hospitals bis 1600. – Münster u. Soest (Veröffentlichungen der Historischen Kommission Westfalens, XXV).

Koske, M. (1960): Das Bördekataster von 1685. – Soest 1960 (Soester wissenschaftliche Beiträge, 19).

Lappe, J. (1908): Die Bauerschaften der Stadt Geseke. Ein Beitrag zur Geschichte der deutschen Stadtverfassung. – Breslau (Untersuchungen zur deutschen Staats- und Rechtsgeschichte, 97).

Ludorff, A. (1905): Die Bau- und Kunstdenkmäler des Kreises Soest. Mit geschichtlichen Einleitungen von Professor Vogel. – Münster.

Pohlendt, H. (1950): Die Verbreitung der mittelalterlichen Wüstungen in Deutschland. – Göttingen 1950 (Göttinger Geographische Abhandlungen, 3).

Sagebiel, M. D. (1985): Die Welt des Adels. – In: *Behr, H.-J. u. Heyen, F.-J. [Hrsg.]*: Geschichte in Karten, Historische Ansichten aus den Rheinlanden und Westfalen. – Düsseldorf, S. 159–184.

Schenk, W. (2011): Historische Geographie. – Darmstadt (Geowissen kompakt).

Schwerz, J. N. von (1836): Beschreibung der Landwirtschaft in Westfalen (Original-Titel: Beschreibung der Landwirthschaft in Westfalen und Rheinpreußen. Mit einem Anhang über den Weinbau in Rheinpreußen, Teil 1. – Stuttgart), Faksimiledruck nach der Ausgabe von 1836. – Münster-Hiltrup.

Seibertz, J. S. [Hrsg.] (1869): Quellen der westfälischen Geschichte, 3. – Arnsberg.

Seibertz, J. S. (1839): Urkundenbuch zur Landes- und Rechtsgeschichte des Herzogthums Westfalen, Band 1: 799–1300. – Arnsberg.

Seibertz, J. S. (1843): Urkundenbuch zur Landes- und Rechtsgeschichte des Herzogthums Westfalen, Band 2: 1300–1400. – Arnsberg.

Timm, W. (1980): Kataster der kontribuablen Güter in der Grafschaft Mark 1705. – Münster 1980 (Westfälische Schatzungs- und Steuerregister Band 6; Veröffentlichungen der historischen Kommission für Westfalen, XXX).

Thörle, S. (2001): Gleicharmige Bügelfibeln des frühen Mittelalters. – Bonn 2001 (Universitätsforschungen zur prähistorischen Archäologie, 81).

Westfälisches Urkunden-Buch 7, Fortsetzung von Erhards Regesta Historiae Westfaliae. Band 7: Personen- und Orts-Register. Nachträge und Berichtigungen zu den Urkunden. Glossar und Sach-Register. Nachträge und Berichtigungen zum Personen- und Orts-Register. Nachwort. Neudruck der Ausgabe Münster 1919. – Osnabrück 1980.

Westfälisches Urkundenbuch 9, bearb. von *Prinz, Joseph*: Die Urkunden des Bistums Paderborn 1301–1325. – Münster 1972–1993.

Siedlungsforschung. Archäologie – Geschichte – Geographie 39, 2021, S. 155–168

Lüchow-Dannenberger Hauslandschaften im 19. Jahrhundert

Dirk Wübbenhorst

1 Einführung

Eine Besonderheit des Landkreises Lüchow-Dannenberg ist die ungewöhnlich hohe Zahl historischer ländlicher Bauten. Die ältesten erhaltenen Bauernhäuser wurden um 1600 errichtet, allerdings gibt es nur sehr wenige Beispiele aus dieser Zeit. Den mit Abstand größten Anteil am Bestand haben Gebäude aus dem 19. Jahrhundert. Um 1850 ist ein deutlicher Bauboom erkennbar, der vermutlich mit der verbesserten wirtschaftlichen Situation der Bauern zusammenhängt, die sich als Folge einer umfassenden Flurbereinigung (Verkoppelungen in der ersten Hälfte des 19. Jahrhunderts) und der Ablösung von grundherrschaftlichen Lasten (Ablösegesetz von 1831) ergab. Außerdem kam es in der Mitte des 19. Jahrhunderts zu besonders vielen Dorfbränden, in deren Folge zahlreiche Neubauten entstanden. Aufgrund der bereits etablierten Feuerversicherungen handelt es sich dabei aber nicht um Notbauten, sondern um voll ausgebildete, zeittypische Beispiele.

In großen Teilen der norddeutschen Tiefebene bis in die Niederlande hinein sind vom ausgehenden Mittelalter bis in die Zeit um 1900 Hallenhäuser als typische Bauernhäuser nachweisbar. Kennzeichnend für diesen Haustyp ist die längsaufgeschlossene, dreischiffige Konstruktion mit zentraler, großer Halle oder Diele. Regional sind zahlreiche Sonderentwicklungen und Speziallösungen bekannt. Die Weiterentwicklung der Konstruktion verlief uneinheitlich. Die Diversität dieses Haustyps steht im Zusammenhang mit der Tatsache, dass es sich um vernakuläre Bauten handelt, die in regionaler Bautradition von örtlichen Zimmerleuten ohne die Hilfe überregional wirksamer Architekten geplant und ausgeführt worden sind.

Die Beschreibung der regionalen Unterschiede ist seit jeher Gegenstand der Haus- und Gefügeforschung in Deutschland. So findet man beispielsweise bei *Schepers* (1976) die Verbreitung verschiedener Grundrissformen in Westfalen, bei *Baumgarten* (1970) die Verbreitungsgebiete mecklenburgischer Hallenhausformen um 1900 und bei *Eitzen* (2006) eine Übersichtskarte über die Gerüstformen des Hallenhauses in Niedersachsen im 16. Jahrhundert. Anders als bei den genannten großräumiger angelegten Ansätzen, werden in dieser Arbeit kleinräumige Unterschiede, bezogen auf einen Landkreis und dessen direktes Umfeld, betrachtet.

2 Untersuchungsgebiet und Vorgehensweise

Im Zentrum des ausgewählten Gebietes von rund 45 x 55 km Größe liegt der Landkreis Lüchow-Dannenberg (Abb. 1). Abgesehen von den größeren Waldgebieten Göhrde, Lucie und Gartower Forst gibt es hier fast durchgehend eine hohe Dichte an kleineren Dörfern. Im östlichen und südlichen Teil des Kartenausschnittes sind deutlich weniger Hallenhäuser vorhanden als in den übrigen Bereichen. Ganz im Südosten endet das Verbreitungsgebiet des Hallenhauses.

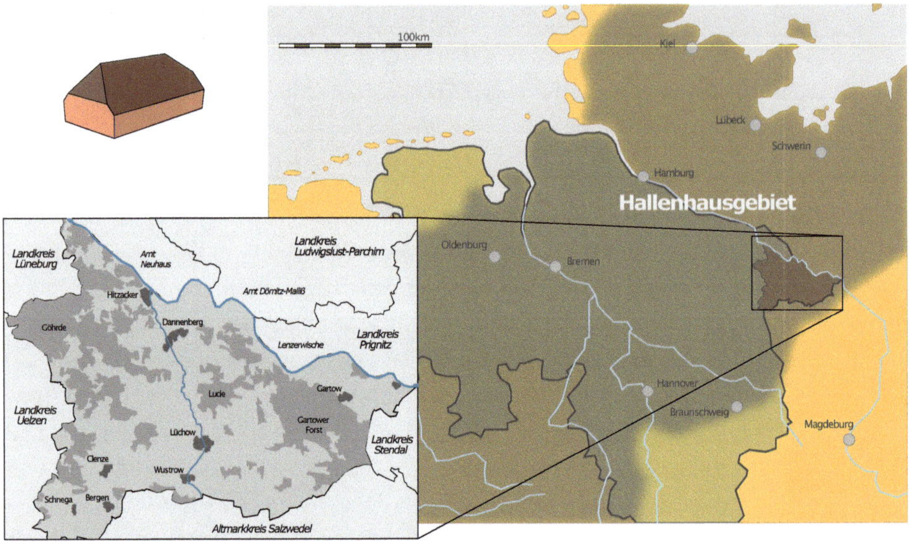

Abb. 1: Am südöstlichen Rand des Hallenhausgebietes liegt der Landkreis Lüchow-Dannenberg. Der Kartenausschnitt zeigt das Untersuchungsgebiet (Quelle: nach Carl Ingwer Johannsen, 1974, in Seedorf u. Meyer 1996).

Anhand zahlreicher Zeichnungen beschreibt *Eitzen* bereits 1951 ausführlich regionaltypische Charakteristika der Hallenhäuser im Landkreis Lüchow-Dannenberg.[1] Er konstatiert eine außergewöhnlich große hauskundliche Formenfülle und weist auf regionale Unterschiede innerhalb des Landkreises und zu benachbarten Gebieten hin. In seinen Ausführungen bezieht er sich vor allem auf die älteren, deutlich vor 1800 errichteten Gebäude und nennt das frühere Auftreten von Dreiständerbauten, die Verlegung der Herdstelle in

1 Von *Gerhard Eitzen* verkürzt als Kreis Dannenberg bezeichnet; der Landkreis Lüchow-Dannenberg besteht aber bereits seit 1932.

den Wohnteil des Hauses und die ausgeprägteren Fachwerkzierformen als Besonderheiten des südlichen Teils von Lüchow-Dannenberg.

Im vorliegenden Aufsatz werden in erster Linie die Bauten aus dem 19. Jahrhundert betrachtet. Meistens handelt es sich dabei um sogenannte Vierständerhäuser (vgl. Abb. 2). Da in fast jedem Dorf im betrachteten Gebiet Hallenhäuser aus dieser Zeit erhalten sind, lässt sich die Verbreitung verschiedener Baumerkmale gut kartieren und in ihrer räumlichen Verteilung darstellen.

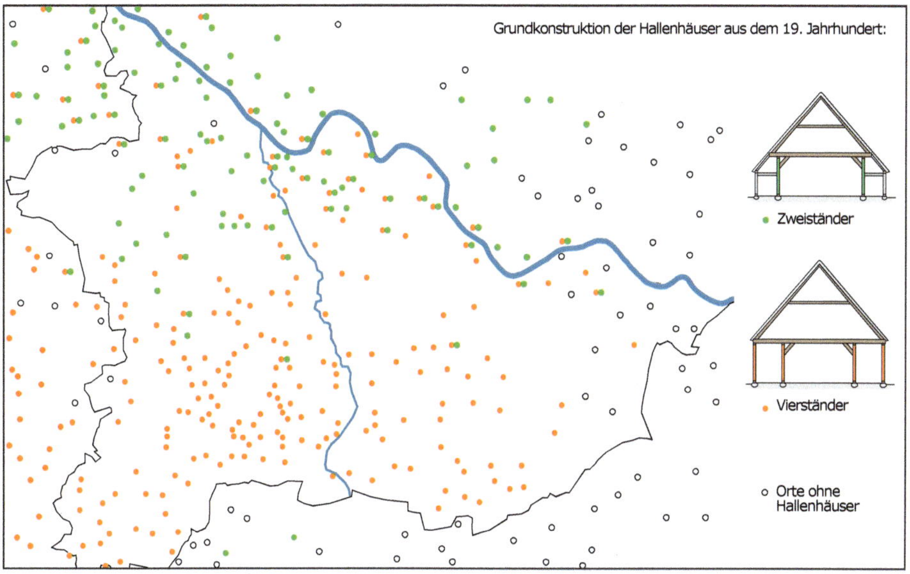

Abb. 2: Deutlich ungleichmäßig verteilt sind Zwei- und Vierständerhäuser im Untersuchungsgebiet (Quelle: eigener Entwurf).[2]

Es wurden Merkmale ausgewählt, die bei äußerer Anschauung zugeordnet werden können, da eine Betrachtung des Hausinneren in einem so großen Gebiet den Rahmen der Arbeit gesprengt hätte. Dabei wurden nicht einzelne Häuser, sondern die Dörfer als Grundeinheit für das Vorhandensein der Merkmale gewählt und die Kartierung erhaltener Gebäude wurde zum Teil durch Informationen ergänzt, die historischen Fotografien entnommen werden konnten.

Zusätzlich zu dieser Kartierung wurden von mir bislang rund 50 Hallenhäuser in Lüchow-Dannenberg aufgemessen und bauhistorisch untersucht. Erkenntnisse aus diesen

2 Die wesentlich selteneren Dreiständerhäuser wurden aus dieser Betrachtung herausgelassen. Sie kommen in großen Teilen Lüchow-Dannenbergs und in der Gemeinde Lenzerwische vor.

Arbeiten und aus den Aufmaßen von *Eitzen* (2006, 1950 und 1967) und *Baumgarten* (1970) fließen ebenfalls in die Betrachtung ein.

3 Verbreitung verschiedener Baumerkmale

3.1 Zweiständer- und Vierständerhäuser

Man unterscheidet verschiedene Hallenhauskonstruktionen anhand der Anzahl der Ständer, die jeweils einen Balken tragen. Insgesamt können Zweiständer als ältere und Vierständer als modernere Konstruktion angesehen werden, aber die Entwicklung verlief im gesamten Hallenhausgebiet sehr uneinheitlich. Vierständer sind beispielsweise im Münsterland schon für das frühe 16. Jahrhundert nachweisbar (*Busch u. Schröer* 2017), während man andernorts erst deutlich später dazu überging oder bis zum Ende des Hallenhausbaus bei der Zweiständerbauweise blieb.

Auch im Untersuchungsgebiet gibt es deutliche Unterschiede (Abb. 2). Im südlichen Landkreis Lüchow-Dannenberg traten Vierständer ab 1750 auf und setzten sich danach rasch durch, im Dannenberger Raum entstanden hingegen noch bis weit in das 19. Jahrhundert hinein zahlreiche Zweiständer.

3.2 Walmgiebel und Steilgiebel

Ähnlich uneinheitlich ist die Ausbildung der Giebelformen bei Hallenhäusern. Steilgiebel prägen beispielsweise das Alte Land bei Hamburg, das Artland bei Osnabrück und das Münsterland, abgewalmte Giebel sind typisch für die Landschaften um Oldenburg und Bremen oder Schleswig-Holstein.

Auch die Hallenhäuser in den Landkreisen Lüneburg und Uelzen sowie in weiten Teilen Mecklenburgs und in der nördlichen Altmark haben Walmgiebel. Das gleiche gilt für den nördlichen Teil von Lüchow-Dannenberg (Abb. 3). Im südlichen Teil des Landkreises gibt es hingegen eine inselartige Steilgiebelregion, in der schon die ältesten bekannten Bauernhäuser so gebaut wurden. Hier kam es dann im Laufe des 19. Jahrhunderts zu einer uneinheitlichen Entwicklung, als man östlich von Lüchow zunehmend zu Walmgiebeln überging, während man westlich von Lüchow fast ausschließlich bei Steilgiebeln blieb.

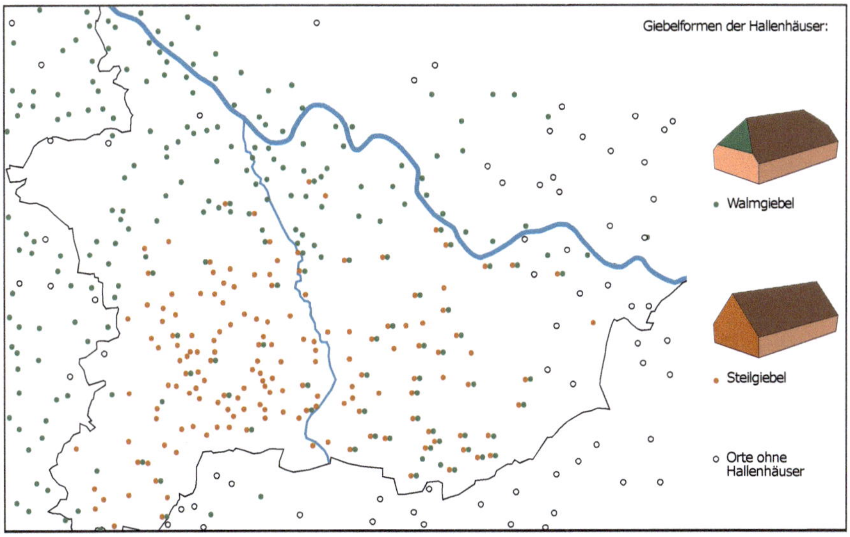

Abb. 3: In den meistens Fällen wurden sowohl der vordere als auch der hintere Giebel in gleicher Weise entweder als Steil-, oder als Walmgiebel ausgeführt. Betrachtet wurde hier nur der Wirtschaftsgiebel mit der Groot Dör (Quelle: eigener Entwurf).

3.3 Groot Dör mit und ohne Vorschauer

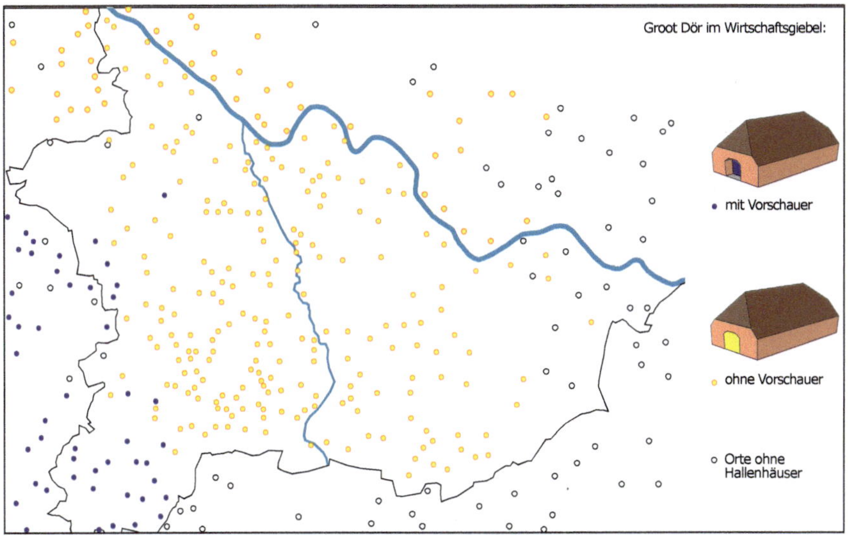

Abb. 4: Zum Teil wurde die Groot Dör um ein Fach nach hinten verlegt, so dass ein sogenannter Vorschauer entstand. Im größten Teil des Untersuchungsgebietes war das jedoch nicht üblich (Quelle: eigener Entwurf).

Die Toreinfahrt zur Diele wird in Lüchow-Dannenberg „Groot Dör" genannt. Im Westen des Untersuchungsgebietes war es im 19. Jahrhundert üblich, die Toreinfahrt um ein Fach zurückzusetzen, so dass ein sogenannter Vorschauer entstand (Abb. 4). In den meisten übrigen Gebieten befindet sich die Groot Dör dagegen direkt im Wirtschaftsgiebel.

3.4 Enges und weites Fachwerkraster

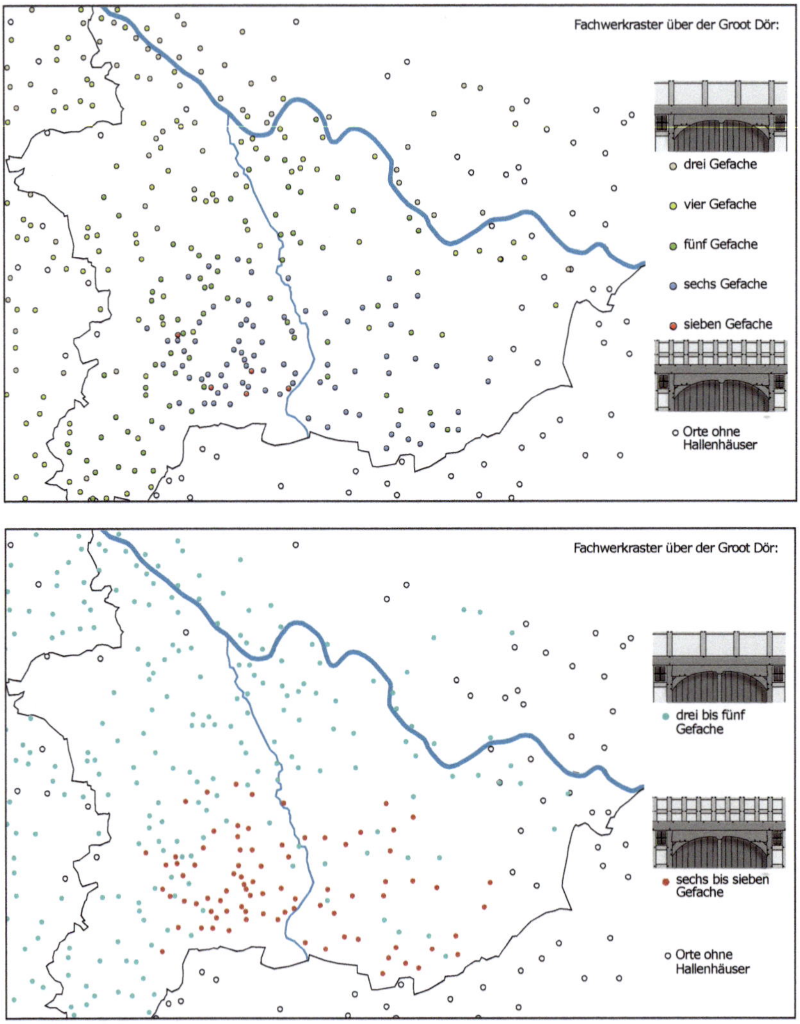

Abb. 5: Die Kleinteiligkeit des Fachwerkrasters ist in der oberen Abb. (a) in fünf Abstufungen dargestellt. Für die zusammenfassende Darstellung der Hauslandschaften (Abb. 8) wurden in der zweiten Abb. (b) vereinfachend nur zwei Kategorien gebildet (Quelle: eigener Entwurf).

Die Wirtschaftsgiebel der Hallenhäuser wurden im Laufe der Jahrhunderte mit verschiedenen zeittypischen Fachwerkzierformen ausgestattet. Im 19. Jahrhundert herrschte rechtwinkliges Fachwerk vor, wobei insgesamt die Tendenz erkennbar ist, mit einem engen Fachwerkraster repräsentative Schmuckgiebel zu gestalten.

Bei der Kartierung wurde die Größe der Gefache der Einfachheit halber nicht genau ausgemessen, sondern in Relation zur Breite der Groot Dör bestimmt. Es ist leicht erkennbar, ob die Breite des Tores etwa zwei, drei oder mehr Gefachen entspricht. In Abb. 5 erkennt man, dass im Gebiet westlich von und um Lüchow besonders viel enges Fachwerk zu finden ist. Besucht man die verschiedenen Dörfer im Untersuchungsraum, fällt dieser Unterschied noch stärker ins Auge, weil solche Häuser in den Rundlingsdörfern der Samtgemeinde Lüchow/Wendland nicht nur vereinzelt, sondern in größerer Zahl zu finden sind.

3.5 Eckstuben mit Stockwerkszimmerung

Im 19. Jahrhundert war es noch nicht üblich, die Abluft von Öfen über längere Strecken einem Rauchabzug zuzuführen. Öfen zum Heizen einer Stube befanden sich daher immer an einer Innenwand, auf deren anderer Seite die Herdstelle lag, so dass der Ofenrauch gemeinsam mit dem Rauch von der Herdstelle das Haus verlassen oder zuvor noch zum Räuchern genutzt werden konnte. Da die Feuerstelle im Hallenhaus üblicherweise am Ende der Diele, vor der sogenannten Herdwand, lag, konnten mit Öfen beheizbare Stuben nur in der Mitte des Wohnteils liegen, denn von den Abseiten des Wohnteils lässt sich der Rauch ohne Ofenrohre nicht in die Hausmitte leiten.

Im Gebiet um Lüchow verlegte man die Herdstelle schon sehr früh in den Wohnteil des Hauses. Dies ermöglichte später den Bau von Eckstuben mit zwei durchfensterten Außenwänden. Eitzen nahm an, dass die Eckstuben mit der heimischen Leinenproduktion in Zusammenhang stehen (*Eitzen* 1951).[3] Im Zusammenhang mit dem Bau dieser Eckstuben wurden die Traufwände im Wohnteil der Häuser in Stockwerksbauweise ausgeführt, was wiederum leicht von außen erkannt werden kann. Abb. 6 zeigt die räumliche Verteilung dieser Bauweise.

---

[3] Vor allem im 19. Jahrhundert spielte das Leinengewerbe im Raum Lüchow eine große Rolle als Einkommensquelle der Bauern.

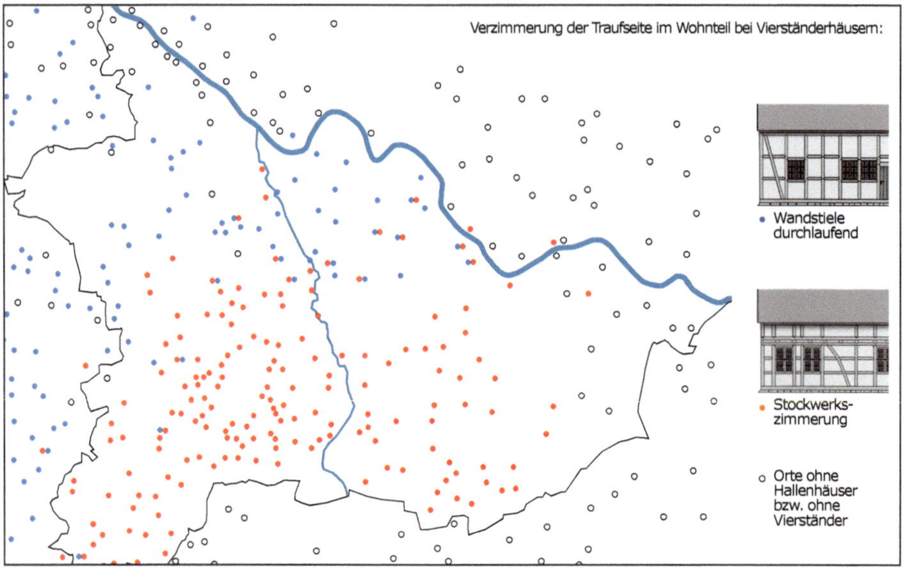

Abb. 6: Die Traufwände der Wohnteile weisen unterschiedliche Arten der Verzimmerung auf. Typisch für den südlichen Landkreis ist die aufwändigere Stockwerkszimmerung (Quelle: eigener Entwurf).

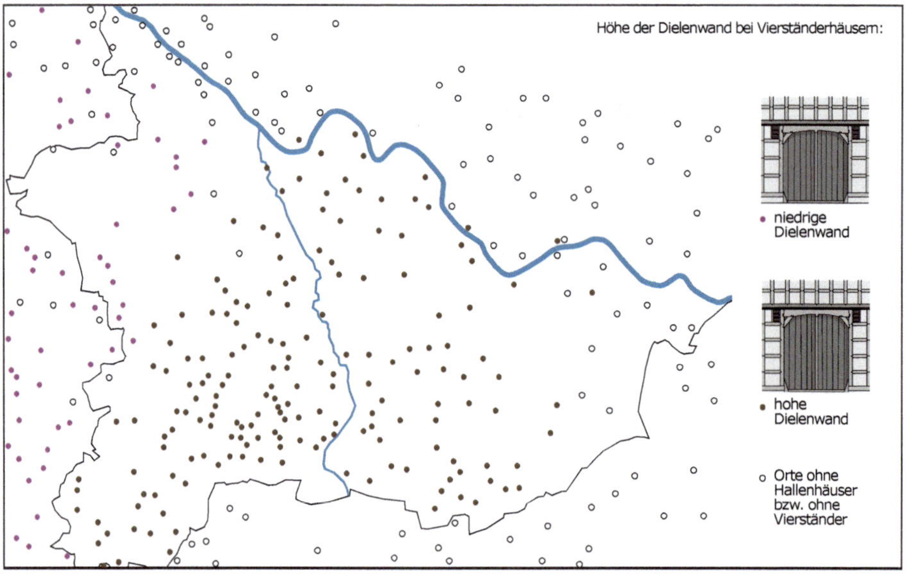

Abb. 7: In großen Teilen Lüchow-Dannenbergs wurden im 19. Jahrhundert Hallenhäuser mit knapp vier Meter hohen Dielenwänden gebaut. Weiter westlich sind die Fachwerkwände niedriger (Quelle: eigener Entwurf).

3.6 Höhe der Dielenwände

Weniger auffällig sind die unterschiedlich hohen Balkenlagen in der Diele bzw. die unterschiedlich hohen Dielenwände (Abb. 7). Im westlichen Teil des Untersuchungsgebietes baute man im 19. Jahrhundert Vierständerhäuser mit durchlaufender Balkenlage, also mit gleicher Deckenhöhe im Wohn- und im Wirtschaftsteil. Die unterschiedlichen Raumhöhen werden hier durch unterschiedliche Bodenniveaus und hohe Fundamente gebildet. Dennoch haben diese Häuser oft eine vergleichsweise niedrige Diele. Die Höhe der Fachwerkwände von der Schwelle bis zum Rähm beträgt zumeist deutlich weniger als 3,5 m.

In den übrigen Gebieten gibt es immer einen Höhenversprung zwischen der Balkenlage in der Diele und den Deckenbalken im Wohnteil, wobei wiederum unterschiedliche Konstruktionen in den Gebieten um Lüchow und um Dannenberg vorkommen, die jedoch nur im Inneren der Häuser erkennbar sind und daher nicht in diese Kartierung einbezogen wurden. In beiden Fällen sind die Dielenwände in der Regel etwa 3,8 m bis 4 m hoch.[4]

4 Hauslandschaften

Betrachtet man das räumliche Auftreten der beschriebenen Merkmale im Zusammenhang, so lassen sich regionaltypische Gebäude mit charakteristischen Merkmalen oder Merkmalskombinationen beschreiben (Abb. 8). Sie bilden kleinräumig unterscheidbare Hauslandschaften mit ausgeprägten Übergangsbereichen. Mit der Betrachtung weiterer Merkmale ließe sich vermutlich ein noch differenzierteres Bild zeichnen. Zur Veranschaulichung der unterschiedlichen Haustypen sind Typ 2 und Typ 5a bespielhaft in Abb. 9 dargestellt. Sie stehen stellvertretend für typische Gebäude im Raum Dannenberg (Typ 2) und im Raum Lüchow, bzw. westlich von Lüchow (Typ 5a).

Die Hauslandschaften entsprechen zwar nicht genau den alten Ämtern, aber es fällt auf, dass die sehr ähnlichen Hauslandschaften 5a und 5b etwa dem Kerngebiet des alten Amtes Lüchow entsprechen und dass der Typ 2 wesentlich auf das Gebiet des alten Amtes Dannenberg beschränkt ist.

---

4 Die hier nur sehr knapp beschriebenen unterschiedlichen Bauweisen sind Beispiele für den unterschiedlichen Umgang mit dem Problem, einen in Vierständerkonstruktion ausgeführten Wirtschaftsteil mit hoher Diele und einen Wohnteil mit niedrigeren Räumen miteinander zu verbinden. Alle Versuche, unterschiedlich hohe Balkenlagen in einem zusammenhängenden Hallenhausgerüst zu kombinieren, führten sowohl bei Zwei- als auch bei Vierständern zu konstruktiven Schwierigkeiten, deren Beschreibung jedoch den Rahmen der hier dargestellten Zusammenhänge sprengt.

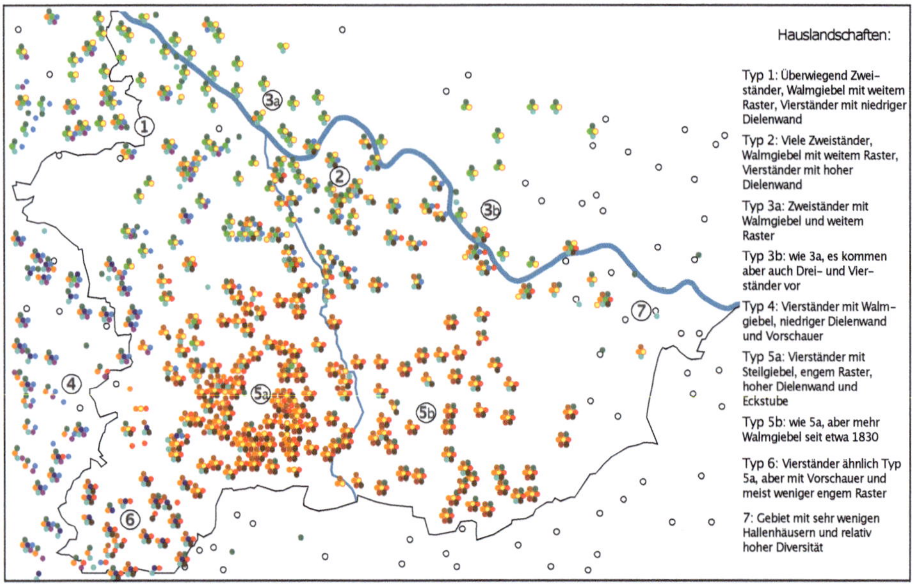

Abb. 8: Legt man die Ergebnisse der vorigen Kartendarstellungen übereinander, so zeigen sich Gebiete mit typischen Merkmalskombinationen, die als Hauslandschaften aufgefasst werden können (Quelle: eigener Entwurf).

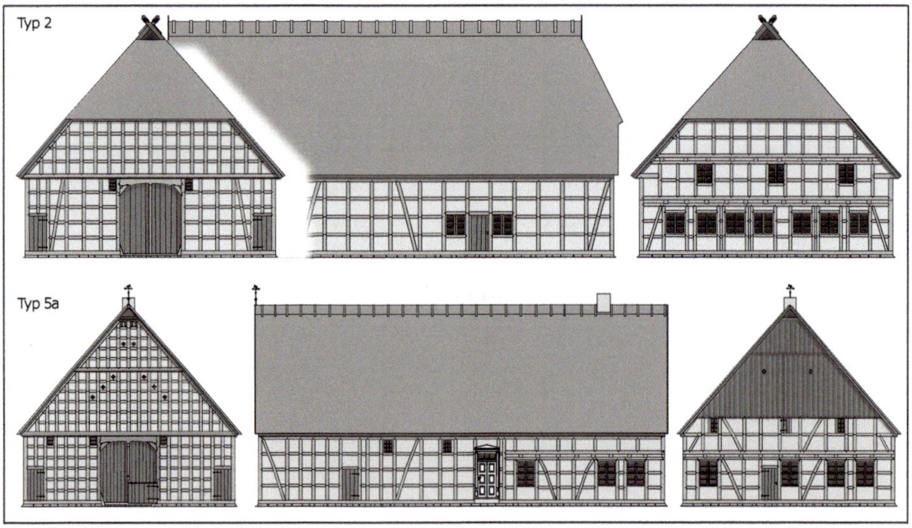

Abb. 9: Beispiele für Häuser der Hauslandschaften „Typ 2" und „Typ 5a". Das obere Haus wurde 1848 in Pisselberg bei Dannenberg errichtet, das untere 1849 in Mammoissel westlich von Lüchow. Zur besseren Anschauung sind die Traufwände beider Häuser gespiegelt dargestellt (Quelle: eigener Entwurf).

5 Gründe für die baulichen Unterschiede

An die Feststellung von Unterschieden schließt sich die Frage nach den zugehörigen Ursachen an. Dazu gibt es für den untersuchten Raum keine bekannten schriftlichen Quellen, so dass sich keine gesicherten Gründe angeben lassen. Betrachtet werden hier zwei ganz unterschiedliche Erklärungsebenen.[5]

Zum einen könnten naturräumliche oder wirtschaftliche Ursachen ausschlaggebend sein. So sind beispielsweise die Häuser auf den ertragreicheren Marschböden im Raum Dannenberg im 19. Jahrhundert oft größer als im südlichen Landkreis (vgl. Abb. 8) und weisen geräumigere Stallungen auf. Und wie bereits angedeutet, hängt die Ausbildung von Eckstuben möglicherweise mit dem Leinengewerbe zusammen.

Die Giebelform und die Kleinteiligkeit des Fachwerkrasters lassen sich auf dieser Ebene aber kaum erklären. Hierbei handelt es sich eher um Traditionen oder Moden, die unabhängig von der Nutzung sind und damit die zweite Erklärungsebene darstellen. Grenzen solcher Merkmale könnten auch auf Grenzen des Austausches zwischen den Bauherren und Zimmerleuten der verschiedenen Gebiete hindeuten.

6 Zimmerleute und Hauslandschaften

Welchen Einfluss auf die Bauausführung der Bauherr hatte und welchen der Zimmermeister, lässt sich nicht pauschal angeben. Man kann erwarten, dass von ein und derselben Zimmerei grundsätzlich ähnliche Häuser gebaut wurden. In Lüchow-Dannenberg kommt es nur ausnahmsweise vor, dass neben den Bauherren auch die Zimmermeister namentlich am Wirtschaftsgiebel der Hallenhäuser erwähnt werden. Hinweise auf die Baumeister liefern aber charakteristische Ornamente im Bereich der Groot Dör. *Greenwood* (2019) hat dargestellt, dass sich diese Ornamente vermutlich bestimmten lokalen Zimmereibetrieben zuordnen lassen. Betrachtet man die Ornamente und die Konstruktionsweise der zugehörigen Bauten, so zeigt sich erwartungsgemäß, dass Hallenhäuser mit gleichen Ornamenten auch die gleichen konstruktiven Merkmale aufweisen.

Blütenornamente als Firmenzeichen verwendete nach *Greenwood* (2019) offenbar die Zimmerei Klinge aus Lüchow. Alle Häuser mit diesem Zeichen stehen in der Umgebung von Lüchow (Abb. 10) und sie ähneln stark den Häusern mit sogenannten Wolfszahn-Ornamenten (wahrscheinlich Zeichen einer Zimmerei aus Lüchow oder aus Krummasel/Kiefen) und jenen mit dem Kringelstiel-Ornament (wahrscheinlich Zeichen einer Zimmerei aus Bülitz oder aus Zargleben). Alle diese Hallenhäuser gehören zum Typ 5a mit Steilgiebel, eng gerastertem Giebelfachwerk und Eckstube. Die Handwerksbetriebe stan-

[5] Regionale Bauvorschriften, die als Grundlage für die betrachteten Unterschiede ebenfalls in Frage kommen, sind nicht bekannt.

den offenbar im Austausch miteinander und verstanden sich als Vertreter der gleichen Bautradition. Wenig Austausch scheint es dagegen mit den Zimmereien gegeben zu haben, die Vogelmotive verwendeten. Man findet diese Darstellungen nur im Dannenberger Raum und nur an Häusern mit Walmgiebel, mittigen Stuben und einheitlich verzimmerten Traufwänden (Abb. 10).

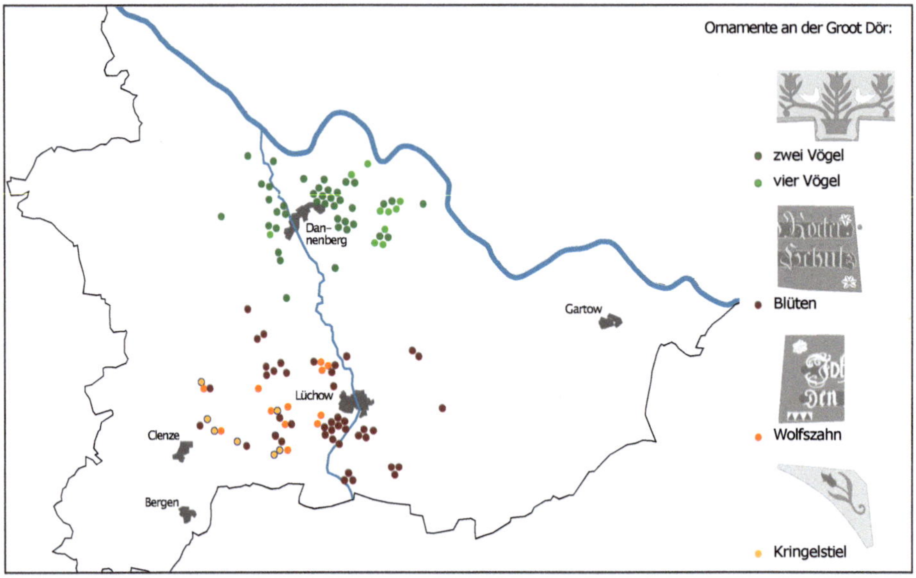

Abb. 10: Vorkommen charakteristischer Ornamente im Bereich der Groot Dör (Quelle: nach Greenwood 2019, verändert).

Offenbar entwickelte die vernakuläre Architektur innerhalb regionaler Kommunikation unter den Zimmerleuten kleinräumig unterscheidbare Baukulturen. Dabei sind keine scharfen Verbreitungsgrenzen spezifischer Ausprägungen erkennbar, z. B. entlang der Grenzen der alten Ämter Lüchow und Dannenberg, weil die Wirkungsbereiche der Zimmerleute darüber hinausgingen.

Außerdem gibt es Übergangsbereiche mit Gebäuden, die Merkmale verschiedener Typen in sich vereinen (Abb. 8). Dies kann als Hinweis auf Entscheidungen der Bauherren gedeutet werden, die sich an verschiedenen benachbarten Beispielen orientierten.

7 Hauslandschaften und regionale Identität

Im Hinblick auf das Thema der Tagung stellt sich die Frage, ob die beschriebene spezifische vernakuläre Architektur in Beziehung steht zur regionalen Identität der Bewohner. Hinweise hierzu gibt es für das inselartige Vorkommen von Häusern mit

Steilgiebeln im südlichen Teil des Untersuchungsgebietes (Hauslandschaften 5a, 5b und 6) und die Ausprägung weiterer spezifischer Merkmale (enges Fachwerkraster, Eckstube und Stockwerkszimmerung) insbesondere um und westlich von Lüchow (Hauslandschaft 5a). Untersuchungen zum Aussterben der wendischen Sprache kurz nach 1700 haben gezeigt, dass die letzten nachgewiesenen Sprecher dieses Idioms aus diesem Gebiet kamen (*Olesch* 1971). Alle Aufnahmen eines Fotoalbums von 1866 „aus dem Land der Wenden", dass Bauern als Geschenk für König Georg V. von Hannover zusammengestellt hatten (*Burkhardt-Liebig et al.* 2016), stammen ebenfalls aus der Hauslandschaft 5a. Sie scheint weitgehend identisch zu sein mit dem Restgebiet als wendisch wahrgenommener bzw. sich selbst als wendisch betrachtender Bewohner, die sich nach dem Niedergang der eigenen Sprache schließlich mit der übrigen Bevölkerung assimilierten.

Ein Zusammenhang zwischen der regionalen Identität und der Bauweise, wie er durch diese räumliche Korrelation nahegelegt wird, lässt sich jedoch nicht durch schriftliche Quellen stützen. Nach *Schröder* (2010) ist aus den vorhandenen Quellen nicht ersichtlich, „ob sich über Sprache und Herkunft hinaus die slawischstämmige Bevölkerung im Untersuchungszeitraum (Mitte 17. bis Ende 18. Jahrhundert) auch durch weitere kulturelle Symbole und Zeichen wie Kleidung, Schmuck oder Habitus von der deutschen Bevölkerung abhob."

Heute wird die Bezeichnung Wendland zumeist synonym mit dem gesamten Landkreis Lüchow-Dannenberg verwendet und sicher ging der historisch von slawischstämmigen Bewohnern besiedelte Raum noch deutlich über dies Gebiet hinaus. Die Besonderheit der von Rundlingsdörfern geprägten Landschaft westlich von Lüchow kommt aber auch in den Bestrebungen zum Ausdruck, eine „Siedlungslandschaft Rundlinge im Wendland" zum Weltkulturerbe erklären zu lassen (*Samtgemeinde Lüchow Wendland 2020*). Alle hierfür ausgewählten Dörfer liegen in der Hauslandschaft 5a.

Zusammenfassung

Im Landkreis Lüchow-Dannenberg und in dessen direkter Umgebung wurden verschiedene Konstruktionsmerkmale ortstypischer Bauernhäuser aus dem 19. Jahrhundert untersucht. Anhand der räumlichen Verteilung dieser Merkmale lassen sich Hauslandschaften beschreiben, in denen offenbar unter den Zimmerleuten und Bauherren eine gemeinsame Vorstellung über die zu wählende Bauweise herrschte. Zwischen diesen kleinräumigen Hauslandschaften gibt es keine scharfen Grenzen, sondern Übergangsbereiche.

Summary: House landscapes of the Lüchow-Dannenberg district in the 19th century

In the small rural area of the district of Lüchow-Dannenberg and its immediate vicinity, various construction features of typical local farmhouses from the 19th century were investigated. Based on the spatial distribution of these features, house landscapes can be described in which there was apparently a common idea among the carpenters and builders about the construction method to be chosen. However, these very local techniques used did not result in sharply defined borders: instead they overlap with each other, hence become transitional areas.

Literatur

Baumgarten, K. (1970): Hallenhäuser in Mecklenburg, eine historische Dokumentation. – Berlin (Volkskundliche Veröffentlichungen, hrsg. von der Deutschen Akademie der Wissenschaften zu Berlin, 54).

Burkhardt-Liebig, I.; Greenwood, A.; Kulow, B. u. Wübbenhorst, D. (2016): Frühe Fotografien aus dem Wendland. Ein Geschenk der Bauern an ihren König Georg V., 1866, hrsg. vom Verein zur Förderung des Wendlandhofes Lübeln und der Rundlinge e. V. – Lüchow.

Busch, J. u. Schröer, L. [Hrsg.] (2017): Bauernhof – Ruine – Baudenkmal, Hof Grube in Lüdinghausen-Seppenrade. – Detmold.

Eitzen, G. (1951): Das Bauernhaus im Lüneburger Wendland. – In: Lüneburger Blätter, 2, S. 87–104.

Eitzen, G. (1950), Alte Bauernhäuser in der Dannenberger Elbmarsch. – In: Neues Archiv für Niedersachsen, 15, S. 98–107.

Eitzen, G. (1967): Das Bauernhaus im Kreise Lüchow-Dannenberg. – In: Deutsches Jahrbuch für Volkskunde 13, S. 27–49.

Eitzen, G. (2006), Bauernhausforschung in Deutschland, Gesammelte Aufsätze 1938–1980, hrsg. im Auftrag des Landwirtschaftsmuseum Lüneburger Heide e. V. – Heidenau (Veröffentlichungen des Landwirtschaftsmuseums Lüneburger Heide, 14).

Greenwood, A. (2019): Zimmermannszeichen in wendländischen Hausinschriften. – In: Hannoversches Wendland, 19. – Lüchow 2019, S. 333–346.

Olesch, R. (1971): Zur geographischen Verbreitung des Dravänopolabischen. – In: *Olesch, Reinhard, Schmitt, Ludwig Erich u. Gröschel, Joachim [Hrsg.]*: Festschrift für Friedrich von Zahn, Band 2: Zur Sprache und Literatur Mitteldeutschlands. – Köln u. Wien 1971, S. 126–137.

Samtgemeinde Lüchow (Wendland) (2020): Siedlungslandschaft Rundlinge im Wendland als UNESCO-Weltkulturerbe? Informationsbrief der Samtgemeinde Lüchow, des Rundlingsvereins e. V. und des Vorsitzes des Fachausschusses Welterbe und regionale Entwicklung, Dezember 2020.

Seedorf, H. H. u. Meyer, H.-H. [Hrsg.] (1996): Landeskunde Niedersachsen, Natur und Kulturgeschichte eines Bundeslandes, Band II: Niedersachsen als Wirtschafts- und Kulturraum. – Neumünster.

Schepers, J. (1976): Haus und Hof westfälischer Bauern, 3. verbesserte Auflage. – Münster.

Schröder, H. (2013): Slawen und Deutsche im Hannoverschen Wendland. Wahrnehmungsgeschichtliche Aspekte in der Frühen Neuzeit, 2. Aufl. – Gütersloh (Göttinger Forschungen zur Landesgeschichte, 17).

Siedlungsforschung. Archäologie – Geschichte – Geographie 39, 2021, S. 169–188

Regionale Resilienz und historische Pfadabhängigkeiten in der spanischen Peripherie

Hürden und Chancen einer integrierten und eigenständigen Regionalentwicklung in der Sierra de Albarracín

Alistair Adam Hernández

1 Einführung

Die Einbettung eines Ortes im politisch-administrativen Mehrebenensystem eines Staates steht unmittelbar im Zusammenhang mit seiner Fähigkeit, auf soziale, ökonomische und ökologische Herausforderungen erfolgreich zu reagieren. Darüber hinaus bilden prägende Faktoren wie Landschaft, natürliche Ressourcen, Organisations- und Entscheidungsfindungskultur, Mentalität oder Identität ein dichtes und meist unübersichtliches Geflecht an relevanten Wechselbeziehungen untereinander. Anhand eines Beispiels aus der spanischen Peripherie soll der vorliegende Beitrag ein wenig Licht auf die Wirkungsweise und Interdependenzen solcher Faktoren werfen, die sich je nach Konfiguration als Hürden oder Chancen für eine integrierte und eigenständige Regionalentwicklung herausstellen können.

Die dargestellten Analysen und Erkenntnisse sind in einer im Dezember 2020 abgeschlossenen Dissertation im Fach Geographie der Universität Vechta begründet, die sich dem Themenkomplex der Resilienz von Dörfern und ländlichen Gemeinschaften in Europa widmete (*Adam Hernández* 2021). Diese Studie ging der Frage nach, ob Resilienz als multidisziplinäres Konzept eine geeignete Heuristik entfalten kann zur Klärung der Frage, warum sich gewisse Dörfer und ländliche Gemeinschaften trotz widriger Bedingungen in der Peripherie nicht nur bemerkenswert stabil halten, sondern auch proaktiv Wandlungsprozesse zu ihren Gunsten gestalten.

Aufgrund der reizvollen und zugleich unübersichtlichen Deutungsvielfalt des umstrittenen Konzepts Resilienz (s. z. B. *Gruber* 2011, S. 6; *Wink* 2016, S. 2) wurden zuerst seine Reichweite und Kritik analysiert sowie ihr Mehrwert für die Dorfentwicklung in der Forschungsarbeit dargelegt. In einem zweiten Schritt wurden bedeutende Beiträge aus den Disziplinen Psychologie, Sozialökologie und Gemeinwesenentwicklung vorgestellt und zu einem interdisziplinären konzeptionellen Rahmen für Resilienz im Dorf zusammengeführt. Diese eigene Konzeptualisierung, bestehend aus einem achtdimensionalen Resilienz-Modell, konnte im Zuge einer Mixed-Methods-Untersuchung empirisch auf die Probe gestellt werden. Mittels teilnehmender Beobachtung, Befragung, Dorfgesprächen und Experteninterviews wurden die Erfahrungen und Lernprozesse dreier besonders dynamischer und anpassungsfähiger Dörfer aus der Peripherie des Vereinigten Königreichs, Spaniens und Deutschlands[1] für die Erprobung und Optimierung des Modells erschlossen.

Es sind vor allem die empirischen Befunde im Themenspektrum der historisch gebildeten regionalen politisch-administrativen Strukturen und Identitäten sowie ihre Wechselwirkungen zu Pfadabhängigkeiten in Regionalentwicklungsprozessen aus der spanischen Untersuchungsregion, die „Sierra de Albarracín" in der aragonischen Provinz Teruel, welche den erkenntnisreichen Nährboden für die darauffolgenden Kapitel liefern. Diese Strukturen und Prozesse mit ihren eigentümlichen und tradierten Merkmalen bilden unvermeidlich Abhängigkeiten, welche in unterschiedlichen Intensitäten bis in die Gegenwart hineinwirken und des Öfteren als Hürden, aber auch als Chancen für eine integrierte und eigenständige Regionalentwicklung hervortreten.

In den folgenden Kapiteln wird zunächst die Untersuchungsregion charakterisiert und vorgestellt. Anschließend werden die historischen kulturpolitischen Entwicklungen in der Sierra de Albarracín beschrieben, welche die Region aus heutiger Sicht zur spanienweiten kommunalen Singularität mit bewegter und konfliktträchtiger Geschichte machen. Darauf bezugnehmend erläutert der Beitrag, welche Wechselwirkungen die historisch verwachsenen Strukturen und Prozesse haben, sowohl mit der regionalen Identität und der Artikulation des kollektiven Willens, als auch mit der Herausbildung von prägenden Werthaltungen und einer schwachen zivilgesellschaftlichen Initiative. Abschließend wird anhand eines Vorzeigebeispiels endogener Regionalentwicklung im Hauptort Albarracín reflektiert, wie die diskutierten Faktoren die regionale Resilienz der Sierra de Albarracín beeinflussen.

---

1 Zusätzlich zum hier behandelten Untersuchungsort Albarracín wurden die englische Marktgemeinde Wooler in der Grafschaft Northumberland sowie die deutsche Gemeinde Oberndorf an der Oste im niedersächsischen Landkreis Cuxhaven im Rahmen der Dissertation beforscht.

2 Charakterisierung der Region „Sierra de Albarracín“

Die Sierra de Albarracín ist mit etwa drei Einwohnern pro Quadratkilometer (IAEST 2020) ein sehr dünn besiedelter und peripherer Landstrich im Nordosten Spaniens, etwa in einem weiten Viereck zwischen den Hauptstädten Madrid, Barcelona, Saragossa und Valencia. Sie befindet sich am südöstlichen Rand des iberischen Gebirgssystems und ist Teil einer Gebirgsregion namens *Montes Universales* (wörtlich: Universalgebirge), die in jüngster Zeit hohe mediale Aufmerksamkeit als Epizentrum der spanischen Landflucht auf sich gezogen hat (*Rajadel* 2018). Die Kleinstadt Albarracín – Gegenstand der Untersuchung im Rahmen der erwähnten Dissertation – ist mit etwa 1.000 Einwohnern (IAEST 2020) und ihrer Lage auf 1.171 m Höhe der Hauptort des gleichnamigen aragonischen Verwaltungsbezirks, der sogenannten „Comarca de la Sierra de Albarracín“. Diese gehört kommunalpolitisch zur aragonischen Provinz Teruel.

Die Naturlandschaft der *Sierra* ist aufgrund ihrer geographischen Höhenlage durch ein kaltes und trockenes mediterranes Gebirgsklima mit kontinentalen Nuancen beeinflusst, was mit bescheidenen durchschnittlichen Jahrestemperaturen von 11°C und einer Jahresniederschlagsmenge von 480 mm einhergeht. Darüber hinaus findet sich in der gesamten Sierra de Albarracín eine Vielfalt von Ökosystemen, die zweifelsfrei als unberührte Wildnis gelten: Canyons, Schluchten, steile Felsklippen, breite Wälder, enge Täler, Weiden und Bergwiesen sowie eine reiche und gebirgstypische Flora und Fauna. Schließlich ist ein weiteres Naturmerkmal dieses Landstriches die Quelle des längsten Flusses auf der iberischen Halbinsel, des Tajo, sowie anderer bedeutsamer Flüsse wie des Guadalaviar (ab Teruel trägt er den Namen Turia und fließt bis Valencia weiter), der Cabriel, der Ebrón oder der Gallo zu sein. Diese bilden verwinkelte Auen und Rückstaue sowie beeindruckende Wasserfälle auf ihrem Weg durch die *Sierra*. Alles zusammen ein beträchtlicher, aber auch für den Menschen schwer zu handhabender Naturraum (*Sáez Pérez* 2007, S. 40).

Kulturlandschaftlich ist die Sierra de Albarracín somit von der herausfordernden Orographie und der historischen land- und forstwirtschaftlichen sowie jagdlichen Nutzung geprägt. Obst- und Ackerbau wird in den engen Flusstälern vorrangig praktiziert (Abb. 1) und die umfangreichen Kiefernwälder sind in der zweiten Hälfte des 20. Jahrhunderts bis zur Einführung von ausländischem Importholz in den spanischen Markt – im Nachgang des spanischen Beitritts der Europäischen Union – eine bedeutsame Wohlstandsquelle der kleinen Gemeinden und Dörfer dieser Region gewesen. Jedoch ist die Viehzucht, insbesondere die Schafhaltung in Verbindung mit der historischen Wanderschäferei, noch heute ein stark identitätsstiftender Wirtschaftssektor mit einer überaus relevanten Beschäftigungsquote. Im Jahr 2020 waren ca. 20 % der Sozialversicherungspflichtigen der Sierra de Albarracín in Landwirtschaft, Viehzucht und im Jagdgewerbe tätig (IAEST 2020). Das europaweit einzigartige Museum der Transhumanz in der Gemeinde Guadalaviar sowie die jährlichen Viehwanderungen mit Schaf-, Ziegen- und Rinderherden bis in die wärmeren Provinzen im Norden Andalusiens zeugen noch heute von diesem besonderen Stellenwert.

Abb. 1: Siedlungskern des Ortes Tramacastilla und landwirtschaftliche Parzellen im engen Tal des Flusses Guadalaviar (Foto: Alistair Adam Hernández).

Jenseits der unbestreitbar agrarischen Identität dieses Landstriches ist die Entwicklung des Dienstleistungssektors und dabei insbesondere des Tourismus und der Gastronomie das aufstrebende ökonomische Zugpferd der letzten drei Jahrzehnte gewesen. Dies fand als Reaktion zur äußerst starken Abwanderung in Folge des Zusammenbruchs der beschriebenen traditionellen Gebirgslandwirtschaft im dritten Viertel des 20. Jahrhunderts statt (*Sáez Pérez* 2007, S. 109). In diesem Zusammenhang besticht die touristische Magnetkraft des Hauptorts Albarracín durch sein wunderbar erhaltenes architektonisches Erbe und seinen ausgeprägten mittelalterlichen Charakter, welcher bereits im Jahr 1961 als historisch-künstlerisches Ensemble und Nationaldenkmal deklariert worden ist. Derzeit sind weitere ca. 20 % der Sozialversicherungspflichtigen der Sierra de Albarracín in der Gastronomie und im Hotelgewerbe tätig (IAEST 2020). Konkret in Albarracín übertraf im Jahr 2018 die Zahl der touristischen Unterkünfte die Zahl der gemeldeten Einwohner im Ort mit insgesamt 1.197 gemeldeten Schlafgelegenheiten bzw. Betten. Eine Entwicklung, die zweifelsohne als *Touristifizierung* des historischen Stadtkerns bezeichnet werden kann (*Yubero Bernabé u. García Hernández* 2016, S. 187).

Schließlich soll auf die beunruhigende demographische Entwicklung in diesem Landstrich der spanischen Peripherie hingewiesen werden. Obwohl die Sierra de Albarracín historisch stets eine dünn besiedelte Region mit einer Bevölkerungsdichte von maximal etwa elf Einwohnern pro Quadratkilometer (IAEST 2020) während ihres demographischen Höhepunkts in den 1920er Jahren gewesen ist, steht sie kurz- und mittelfristig aufgrund einer spürbar veralteten Bevölkerungspyramide vor sehr wahrscheinlichen Wüstungsprozessen in vielen Dörfern und Gemeinden. Die folgende Abb. 2 setzt die demographische Verteilung der Kleinstadt Albarracín und der Comarca de la Sierra de Albarracín ins Verhältnis zum provinz- und landesweiten Kontext.

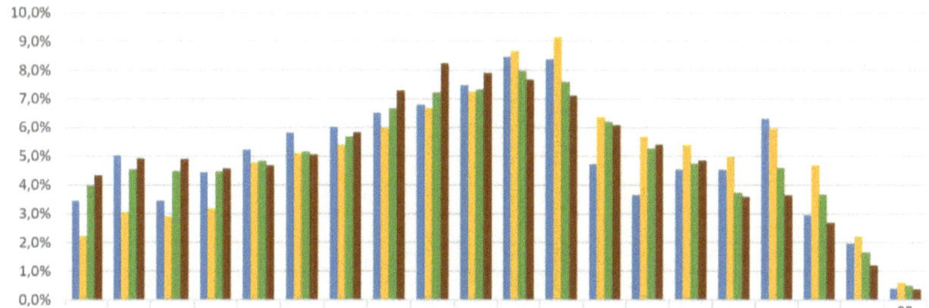

	00 bis 04	05 bis 09	10 bis 14	15 bis 19	20 bis 24	25 bis 29	30 bis 34	35 bis 39	40 bis 44	45 bis 49	50 bis 54	55 bis 59	60 bis 64	65 bis 69	70 bis 74	75 bis 79	80 bis 84	85 bis 89	90 bis 94	95 und mehr
Albarracín	3,4%	5,0%	3,4%	4,4%	5,2%	5,8%	6,0%	6,5%	6,8%	7,5%	8,5%	8,4%	4,7%	3,6%	4,5%	4,5%	6,3%	3,0%	2,0%	0,4%
Sierra de Albarracín	2,2%	3,0%	2,9%	3,2%	4,8%	5,1%	5,4%	6,0%	6,7%	7,2%	8,7%	9,1%	6,4%	5,7%	5,4%	5,0%	5,9%	4,7%	2,2%	0,6%
Provinz Teruel	4,0%	4,5%	4,5%	4,4%	4,8%	5,2%	5,7%	6,7%	7,2%	7,3%	8,0%	7,6%	6,2%	5,3%	4,7%	3,7%	4,6%	3,7%	1,6%	0,5%
AG Aragonien	4,3%	4,9%	4,9%	4,6%	4,7%	5,0%	5,8%	7,3%	8,2%	7,9%	7,7%	7,1%	6,1%	5,4%	4,8%	3,6%	3,6%	2,7%	1,2%	0,4%

Abb. 2: Vergleich der demographischen Verteilung nach Altersgruppen für die Gemeinde Albarracín, die Comarca de la Sierra de Albarracín, die Provinz Teruel und die gesamte Autonome Gemeinschaft Aragonien zum 1. Januar 2018 (Quelle: eigene Darstellung auf Datenbasis des kommunalen Melderegisters durch IAEST 2020).

Aus den insgesamt 25 Mitgliedsgemeinden der Comarca de la Sierra de Albarracín sind vor allem die 20 kleineren Gemeinden mit bis zu 300 Einwohnern besonders von einer baldigen Siedlungsaufgabe gefährdet. Schließlich haben davon zwölf Gemeinden weniger als 100 Einwohner (IAEST 2020).

3 Die Historische Gemeinschaft von Albarracín – Eine kulturhistorische Singularität auf spanischem Staatsgebiet

Einmalig im spanischen Staatsgebiet ist die Sierra de Albarracín vor dem Hintergrund ihrer seit dem 12. Jahrhundert historisch gewachsenen und bis heute noch erhaltenen kommunalen Organisationsstruktur. Diese trägt den Namen „Historische Gemeinschaft von Albarracín" (span.: Comunidad Histórica de Albarracín) und umschloss zu ihrer Gründungszeit 17 Dörfer sowie die Kleinstadt Albarracín. Ihr heutiges Wappen ist in Abb. 3 zu sehen. Wie ebenfalls andere solche Historischen Gemeinschaften Aragoniens – z. B. die von Teruel, Daroca oder Calatayud – entstand sie aus einer dreifachen Notwendigkeit: Erstens musste sie ein umfangreiches kommunales Eigentum von Wäldern, Weiden und Ackerland bewirtschaften und verteidigen, welches die historische Gemeindeflur bzw. die Allmende ausmachten. Zweitens war die Bewirtschaftung dieser Gemeinschaftsgüter an die Erhebung und Zahlung von Steuern und Abgaben an eine zentrale Obrigkeit gekoppelt, die meistens eine Referenzstadt – in diesem Fall Albarracín – darstellte. Drittens organisierten sich somit die Dörfer als Gegengewicht der zentralen Macht der Stadt und beriefen eigene Vertreter und Richter, die nach und nach ihre hegemoniale Stellung in Frage stellten und das politische Kräfteverhältnis nivellierten.

Bereits zu Beginn des 15. Jahrhunderts war die politisch-administrative Struktur der Gemeinschaft von Albarracín ausgereift und bot insgesamt 22 Dörfern und der Stadt eine gemeinsame Koordinations- und Entscheidungsstruktur mit dem Namen „Concejo General de Ciudad y Tierra". Die Dörfer untereinander waren in vier heute noch erhaltene Dorfgruppen namens „Sesmas" organisiert, die in der Abb. 5 erkennbar sind. Trotz der politischen und militärischen Instabilität dieser Epoche erlebte die Historische Gemeinschaft von Albarracín vom 14. bis zum 18. Jahrhundert eine wirtschaftliche Blütezeit als überregionale Handelsdrehscheibe und erreichte – trotz wiederkehrender kriegerischer Auseinandersetzungen – einen nennenswerten Wohlstand auf der Grundlage der Wollindustrie, des Bergbaus und insbesondere der heute noch bedeutsamen Viehzucht (*Cutanda Pérez* 2008, S. 117–120).

Mit der ersten liberalen Verfassung von Cádiz im Jahr 1812 ergaben sich fundamentale Veränderungen für die territoriale Organisation des Königreichs Spanien und somit ebenfalls für die Sierra de Albarracín. Die Entstehung der heutigen Gemeinden und Provinzen sollte in diesem Zuge die Historische Gemeinschaft von Albarracín samt all ihrer Funktionen und Organe per gerichtlicher Auflösungsanordnung im Jahr 1840 außer Kraft setzen. Nur aufgrund verschiedener Gegebenheiten, wie beispielsweise der Existenz einflussreicher Vertreter aus Albarracín in der neu entstandenen Provinzregierung von Teruel, die ihre Privatdarlehen an die Historische Gemeinschaft durch die Auflösung hätten verlieren können, wurde das Auflösungsprozedere verhindert. Somit überlebte diese historische kommunale Organisationsform bis zum heutigen Tag mit einem landesrechtlichen Sonderstatus inklusive rechtlicher Handlungsfähigkeit nach anerkannter Satzung (*Cutanda Pérez* 2008 S. 118–123).

In jüngster Vergangenheit haben sowohl das zu verwaltende wirtschaftliche Eigentum als auch die Institution der Historischen Gemeinschaft drastisch an Bedeutung verloren (*Sáez Pérez* 2007, S. 214).

Abb. 3: Wappen der Historischen Gemeinschaft von Albarracín auf einer Verglasung ihres Sitzungsgebäudes im Ort Tramacastilla (Foto: Alistair Adam Hernández).

Nichtsdestotrotz spielte sie weiterhin eine Schlüsselrolle bei wichtigen Entwicklungen wie der Elektrifizierung der Dörfer, der Aufstellung von Mobilfunkmasten, der Tourismusförderung oder der Initiierung und finanziellen Unterstützung einer integrierten Regionalentwicklung anhand der EU-kommissionseigenen Initiative LEADER II ab dem Jahr 1996. Noch heute tagen weiterhin alle traditionellen Gremien der Historischen Gemeinschaft, die gemeinsame Angelegenheiten unter Federführung der Stadt Albarracín regeln, wie beispielsweise die Veräußerung von Wald- und Holzbeständen, die Flächenverpachtung oder die Verteilung der daraus entstehenden Einnahmen.

Jedoch erlebte sie während der letzten aragonischen Kommunalreform zur Aufstellung einer regionalen und fast deckungsgleichen Bezirksverwaltungsstruktur, die bisher erwähnte Comarca de la Sierra de Albarracín, eine letzte brisante Existenzkrise. Seit der Gründung dieser zusätzlichen Repräsentations- und Verwaltungsebene mit 25 Mitgliedsgemeinden im Jahr 2003 – zwei Dörfer bzw. Gemeinden sind zu diesem neuen Konstrukt hinzugekommen – ist die Region in eine politisch-administrative Sackgasse mit hinderlichen Parallelstrukturen geraten. Dies hat eine spanienweit einmalig komplexe und vielschichtige Verwaltungsgliederung mit insgesamt sechs Ebenen zur Folge gehabt. Darunter sind die Gemeindeverwaltungen, die Entscheidungsgremien der Historischen Gemeinschaft von Albarracín, die Verwaltung der Comarca de la Sierra de Albarracín, die Provinzverwaltung von Teruel, die Regierung der Autonomen Gemeinschaft Aragonien und die Spanische Zentralregierung. Das Logo der neu gegründeten Bezirksverwaltungsstruktur namens „Comarca", eingebettet im sogenannten Regionalisierungsprozess namens „Comarcalización" ist in der grünen Straßenbeschilderung auf der Abb. 4 erkenntlich.

Abb. 4: Straßenbeschilderung im Ort Tramacastilla mit den Logos der Comarca de la Sierra de Albarracín und des Regionalisierungsprozesses Comarcalización. Im Hintergrund die eher an Gewerbehallen erinnernden modernen Schafställe der örtlichen Viehzüchter (Foto: Alistair Adam Hernández).

Vor dem Hintergrund dieser bewegten, etwa siebenhundertjährigen Entwicklungsgeschichte hat die Historische Gemeinschaft von Albarracín eine bemerkenswerte Persistenz als kommunale Organisationsstruktur deutlich unter Beweis gestellt. Jedoch ist die Einbettung einer ländlichen Gemeinschaft bzw. einer Gemeinde im politisch-administrativen Mehrebenensystem eines Staates mit den sich daraus ergebenden Kompetenzen, Finanz- und Personalausstattungen sowie auch Entscheidungs- und Handlungsspielräumen ausschlaggebend für ihre Resilienz und damit für ihre Fähigkeit, um Wandlungsprozesse proaktiv und erfolgreich zu gestalten. Die unübersichtliche und unkoordinierte Natur des hier beschriebenen Mehrebenensystems ist einerseits in der Festigkeit der historisch gewachsenen Strukturen verwurzelt, sorgt aber andererseits insgesamt für die Infragestellung seiner Zukunftsfähigkeit aufgrund seiner bewiesenen begrenzten Wandlungsfähigkeit.

4 Ein unlösbarer Konflikt als Grundstein der Beziehung zwischen Stadt und Gemeinden der Historischen Gemeinschaft von Albarracín

Im Mittelpunkt dieses kommunalen Strukturdickichts steht eine heute noch auffällige Feindseligkeit zwischen der Stadt Albarracín und den umliegenden Dörfern der Historischen Gemeinschaft, welche die jahrzehntelange Entwicklung von Verwaltung, Politik und Sozialstruktur des untersuchten Gebiets in ganz besonderer Form prägt (*Cutanda Pérez* 2008, S. 123).

Ursprung der konfliktträchtigen Beziehung ist ein kontroverser Verteilungsschlüssel für die generierten Bewirtschaftungseinnahmen aus dem gemeinsamen Vermögen der Historischen Gemeinschaft von Albarracín. Das Vermögen besteht hauptsächlich aus den Ländereien und Wäldern in der Umgebung von Albarracín und zwischen den 23 dazugehörigen Gemeinden, die auf der Abb. 5 in dunkler Farbe markiert sind. Die länglich gezogenen Landstriche zwischen den Gemeinden korrespondieren meistens mit Wäldern und Durchgangszonen in den hohen Lagen, die für das Grasen und die Bewegung der Viehherden in der Vergangenheit von Bedeutung waren, aber auch heute besonderen Schutz genießen.

Nach einer historisch festgelegten Regelung erhält die Stadt Albarracín die Hälfte des anhand dieser Flächen erwirtschafteten Profits und die andere Hälfte wird gleichmäßig auf die insgesamt 23 an dieser Gütergemeinschaft beteiligten Gemeinden verteilt. Somit erhält jede Gemeinde 2,174 % und Albarracín 52,174 % der hauptsächlich durch die Veräußerung von Wald- und Holzbeständen sowie die Flächenverpachtung erzielten Einnahmen. Diese bisher unveränderte Regelung ist heute noch der spürbarste Bestandteil eines historisch verankerten Ungerechtigkeitsgefühls unter den Mitgliedsgemeinden und bildet den Kern der gelebten Animosität zwischen den Bewohnern der Dörfer und der Stadt.

Während des 20. Jahrhunderts und inmitten des Zerfalls der örtlichen Wirtschaft dauerten die vielfältigen Auseinandersetzungen im Kontext der Verwaltung und Nutzung der Gemeinschaftsgüter an, bis im Jahre 1992 ein von den Dörfern ausgehender Vorschlag zur Satzungsänderung der Historischen Gemeinschaft durch die Stadt Albarracín abgelehnt und gerichtlich angefochten wurde. Erst im Jahr 2007 konnte diese Institution, gedrängt durch die Neugründung der größtenteils überlappenden Verwaltungsstruktur Comarca de la Sierra de Albarracín und eine diesbezüglich nötige Kompetenzabgrenzung, eine neue Satzung verabschieden, welche sogar in der Präambel, Kapitel II, § 7, 1. die Pflicht zur Förderung harmonischer Beziehungen unter den Mitgliedsgemeinden benennt. Somit ist die Beseitigung des erbitterten Streits zwischen Stadt und Dörfern der Historischen Gemeinschaft von Albarracín in Theorie und Gesetz zwar gewünscht, aber in der Praxis bewusst und unbewusst allgegenwärtig.

Abb. 5: Organisationsgrundstruktur der Dörfer in der Historischen Gemeinschaft von Albarracín anhand der vier „Sesmas" und der Stadt Albarracín (mitte rechts). Die dunkelbraune Gebietskulisse markiert das ausgedehnte Gemeindegebiet von Albarracín (Quelle: Instituto de Estudios Turolenses, abgebildet in: Sáez Pérez 2007, S. 213).

5 Historisch gewachsene Hürden und Hindernisse der Regionalentwicklung in der Sierra de Albarracín

Obwohl das einmalige kulturelle und institutionelle Erbe der Historischen Gemeinschaft von Albarracín solide Anhaltspunkte für eine regionale Identitätsbildung liefert, bleibt diese bis heute wenig ausgeprägt. Menschen und Institutionen fokussieren sich weiterhin auf die Gemeinde bzw. den Ort oder das Dorf als referentiellen Handlungsraum, obwohl die allbekannten Herausforderungen eindeutig auf regionaler und supraregionaler Ebene verortet sind. Dies hängt stark damit zusammen, dass die historisch funktionsfähige Einheit zur Gestaltung von Wirtschaft und Gesellschaft traditionell und bis heute unangefochten eine weitestgehend autarke Gemeinde bzw. das einzelne Dorf darstellt. Die periphere und isolierte Lage dieser Bergdörfer mit zudem beschwerlichen klimatischen und orographischen Bedingungen liefert dafür unwiderlegbare Argumente.

Dieses autonome Modell kommunaler Selbstverwaltung funktionierte in der Sierra de Albarracín bis spät in die 1970er und 1980er Jahre überaus erfolgreich, solange die Gemeindeverwaltungen ausreichende Einnahmen vor allem aus der Forstwirtschaft, Holzverarbeitung und Flächenverpachtung erzielten. In den holzreicheren und damit wohlhabenderen Gemeinden war es in den 1980er Jahren immer noch üblich, dass Strom- und Wasserversorgung sowie Müllentsorgung gebührenfrei für die Einwohner von der Gemeindeverwaltung übernommen wurden. Jahrhunderte lang und bis vor wenigen Jahrzehnten entwickelte die Ortsebene in diesem Landstrich eine hegemoniale Rolle mit bis zum heutigen Tag reichenden Konsequenzen beispielsweise für eine verminderte regionale institutionelle Kooperationsfähigkeit oder die defizitäre Entwicklung einer eigenständigen zivilgesellschaftlichen Initiative.

In diesem Sinne war die historische Gemeinschaft von Albarracín für etwa sieben Jahrhunderte ein nützliches Instrument für die kommunale Organisation sowie eine bis vor wenigen Jahrzehnten sehr lukrative Gütergemeinschaft (*Sáez Pérez* 2007, S. 211). Dennoch handelte es sich dabei um eine vielmehr pragmatische und weniger identitätsbildende politische Institution, welche die konsequente Aufteilung der auf Gemeinschaftsflächen erwirtschafteten Ressourcen statt ihrer Bündelung garantierte. Daraus entwickelten sich ein ausgeprägter Individualismus „à la jedes Dorf für sich“ und ein hinderliches Kirchturmdenken, welche sowohl in der Politik als auch in der Gesellschaft fest institutionalisiert sind.

Diese Tradition der „konsequenten Aufteilung“ stand einer integrierten Regionalentwicklung in den letzten Jahrzehnten im Wege und behinderte einerseits konkrete Vorhaben bzw. erstickte potentielle Kooperations- und Gemeinschaftsprojekte unter den Gemeinden bereits in ihrem Keim. Regionalentwicklung als stetiger Lern-, Abstimmungs- und Beteiligungsprozess von Akteuren, so wie sie im europäischen Förderprogramm

LEADER[2] vorgesehen ist, stellt sich im Wirkungsraum der LEADER-Region ASIADER[3] als ausgesprochen herausfordernd dar. Anhand der durchgeführten Interviews mit bis zu 20 Schlüsselpersonen der Sierra de Albarracín war diesbezüglich ein breiter Konsens leicht erkennbar: Alle wünschten sich ausdrücklich eine höhere Kooperationsfähigkeit von Politik, Verwaltung, Wirtschaft und Zivilgesellschaft, in dem Einzel- und Ortsinteressen der regionalen Entwicklungsanstrengung nicht im Wege stehen sollten.

Entscheidungsträger in der Sierra de Albarracín – vor allem Gemeindebürgermeister und Gemeinderäte – ließen sich jedoch sehr schwer von der Notwendigkeit interkommunaler Kooperationen überzeugen und verfielen leicht in Neid-Debatten, welche des Öfteren zu überdimensionierten, verdoppelten und nicht abgestimmten Infrastrukturen in den Kommunen geführt haben. Rechtlich verankerte Abstimmungs- und Ausgleichsmechanismen der Regionalplanung, wie sie beispielsweise in Deutschland längst etabliert sind, befinden sich aufgrund des jungen Staatsaufbaus, eines unvollkommenen Föderalismus und fehlender Planungstradition im Königreich Spanien noch in einer Ausbreitungs- und Etablierungsphase (*Rodríguez Martínez* 2010, S. 2).

Ähnlich herausfordernd verhält es sich in der Region, wenn bei selten entworfenen interkommunalen Projekten eine Kofinanzierung unter mehreren Gemeinden aufgestellt werden soll. Dies gelingt meist nur, wenn Einzelvorteile kurzfristig und leicht vorstellbar sind, wie es beispielsweise im Kontext investiv-baulicher Projekte der Fall ist. Für langfristig und eher strategisch angelegte Projekte mit unschätzbarem oder abstrakt zu beschreibendem Ergebnis, wie etwa der Entwicklung einer gemeindeübergreifenden Landtourismusstrategie, erfordert dies sensible und aufwändige Vorarbeit bzw. Koordination, z. B. durch das ansässige Regionalmanagement.

6 Auswirkungen lokaler und regionaler Artikulierung auf individuelle und zivilgesellschaftliche Initiativen und Akteure

Eine integrierte, eigenständige und partizipative Regionalentwicklung baut vorwiegend auf einer regionalen Dialogkultur, partnerschaftlichen Kooperationen sowie institutionellen und sozialen Innovationen auf. Dabei stellt ihr Rückgrat oft eine aktive, organisierte und engagierte Bürgerschaft dar. Jedoch spielten zivilgesellschaftliche Akteure und deren Organisationsformen in der Sierra de Albarracín eine untergeordnete Rolle. Verantwort-

---

2 LEADER ist ein Akronym, welches ein Europäisches Förderprogramm bezeichnet und im Französischen so viel wie „Verbindung zwischen Aktionen zur Entwicklung der ländlichen Wirtschaft“ heißt.

3 ASIADER ist ein Akronym, das für „Verein zur Integrierten Ländlichen Entwicklung der Sierra de Albarracín“ steht.

liche aus Verwaltung und Politik auf regionaler Ebene und auch Landesebene wünschten sich diesbezüglich allerdings eine stärkere Verantwortungsübernahme und protagonistische Mitwirkung der Bürger in den Dörfern. Aber wie bereits geschildert, hat die jahrhundertelange hegemoniale Rolle der Gemeinden in diesem peripheren Landstrich wenig Platz für zivilgesellschaftliche oder privatwirtschaftliche Initiativen gelassen und einen entwicklungshemmenden Assistenzialismus[4] fest etabliert. Einige Interviewpartner sprachen von einem passivitätsfördernden kommunalen Paternalismus als soziologischem Alleinstellungsmerkmal der Sierra de Albarracín.

Die fehlende zivilgesellschaftliche Eigeninitiative sowie die seltenen übergemeindlichen Projekte wurden überraschend oft mit dieser konformistischen und passiven Haltung der Bürger in Zusammenhang gebracht. Angesichts der zugegeben überwältigenden regionalen und örtlichen Herausforderungen dieses Landstrichs wären Individuen und Gemeinschaften leicht in eine hilflose Schockstarre oder bequeme Opferrolle gefallen. Die aktive Suche nach Mitstreitern für die Bewältigung kollektiver Herausforderungen in der Sierra de Albarracín ist ein kühnes Unterfangen. Zur beschriebenen passiven Haltung – so erläuterten es die Interviewpartner vielfach – hätten zusätzlich die Rohstoffindustrien rund um die Forstwirtschaft, Holzverarbeitung und Erzförderung mit überwiegenden Angestelltenverhältnissen (Tagelohnarbeit) beigetragen.

Die Empirie verdeutlichte somit die äußerst herausfordernde Rolle der wenigen aktiven und prominenten zivilgesellschaftlichen Akteure in der Sierra de Albarracín. Nur robuste, charismatische und außerhalb der Untersuchungsregion gut vernetzte Akteure waren in der Lage, Spielräume zu eröffnen, um alternative Pfade für Entwicklung zu legitimieren und überhaupt auszuprobieren. Ihre Autonomie in Bezug auf die institutionellen Schlüsselakteure zu erhalten, stellte sich in einem Umfeld starker politischer und wirtschaftlicher Interdependenzen als ausgesprochen schwierig heraus. Vor diesem Hintergrund waren Rückkehrer mit dem Wunsch, eigene wirtschaftlich und sozial-transformative Projekte in diesem Raum zu verwirklichen, deutlich erfolgreicher als beispielsweise neu Zugezogene. Nicht nur beherrschten erstere die idiosynkratischen Besonderheiten des Raumes und seiner Institutionen besser als letztere, sondern erstere konnten meistens auf eine familiäre und originäre Form der Legitimation zurückgreifen, die ihnen viele Türen offenhielten. Beispielsweise war der Zugang zu Land und Wohnraum außerhalb der existierenden Immobilien der eigenen Familie oder die Unterstützung durch Institutionen und fürsprechende Einzelpersonen für sie deutlich leichter.

Zusammenfassend kann festgehalten werden, dass unter den beschriebenen Bedingungen die zivilgesellschaftlichen und unternehmerischen Akteure dieser Region ihre Potentiale für eine positive Entwicklung heute und in baldiger Zukunft nur sehr begrenzt entfalten können. Aus Sicht des Autors benötigen sie ein zielgerichtetes, umfassendes,

[4] Der Begriff „Assistenzialismus" beschreibt eine expansive Fürsorgepolitik des Staates und das lethargische Warten der Bevölkerung auf öffentliche Hilfe (*Tombeil* 1999, S. 248).

langfristiges und von oben unterstütztes Entwicklungs- und Förderprogramm, welches von der Ebene der Autonomen Gemeinschaft forciert und finanziert sowie auf Provinzebene in seiner Umsetzung verankert wird. Nur mit einer außerordentlichen Hebelwirkung von außen ließen sich die historischen Pfadabhängigkeiten und die eingefahrenen Strukturen sowie Denk- und Handlungslogiken in der Sierra de Albarracín nachhaltig verändern.

7 Albarracín – Beneideter nationaler Leuchtturm mit begrenzter Wirkung in die Region hinein

Nichtsdestotrotz hat der Hauptort der Sierra de Albarracín, die Kleinstadt Albarracín, als erfolgreiche Tourismusdestination im peripheren Landesinneren eine nationale und internationale Bekanntheit erlangen können. Seine touristische Magnetkraft stellt das einmalige landschaftliche, kulturelle und architektonische Erbe der Stadt dar (Abb. 6), welches ohne die katalysierende Wirkung einer besonderen und beharrlichen Organisation keinesfalls in seiner heutigen umfassenden Form hätte entfaltet werden können. Gemeint ist die Organisation „Fundación Santa María de Albarracín“. Sie wurde im Jahr 1996 als Stiftung gegründet, hatte aber ihren Ursprung in zwei öffentlichen Bildungswerkstätten (span.: escuelas taller) zur Erhaltung des kulturellen und architektonischen Erbes am Ende der 1980er Jahre.

Abb. 6: Aussicht auf den historischen Kernort von Albarracín vom höchsten Punkt des Festungswalls fotografiert (Foto: Alistair Adam Hernández).

Zur damaligen Zeit initiierte die Stadt Albarracín zwei kommunal getragene Bildungswerkstätten zur Bekämpfung der besorgniserregenden Jugendarbeitslosigkeit im Zuge des progressiven Abbaus vor allem der Holzverarbeitungsindustrie. Dabei wurden junge Menschen an bauliche und kunsthandwerkliche Berufe der Restaurierung herangeführt, wodurch im Laufe der Jahre eine Reihe von religiösen und öffentlichen Gebäuden in der Kleinstadt saniert werden konnten. Aufbauend auf die fachliche und betriebswirtschaftliche Expertise sowie auf die gewachsenen Vertrauensbeziehungen des Werkstattleiters – ein charismatischer und mit Gemeindeverwaltung und Kirche gut vernetzter Rückkehrer – erfolgte im Jahr 1996 die Gründung der besagten Stiftung Santa María de Albarracín.

Im Stiftungsrat befindet sich ein ungewöhnliches und sehr durchschlagskräftiges Partnerkonsortium, bestehend aus der Stadtverwaltung, der ehemals regionalen Sparkasse, dem Bistum von Albarracín und Teruel und der Landesregierung Aragoniens. Bis dato konnten durch die Stiftung bis zu 14 Immobilien in Albarracín in Stand gesetzt werden, wie z. B. eine Künstlerresidenz, mehrere Museen und Tagungsorte sowie weitere historische und religiöse Gebäude. Deutlich mehr als in üblichen Marketing- und Tourismusbüros werden durch sie mit ca. 30 Mitarbeitenden die restaurierten Schmuckstücke im Ort für Kultur- und Musikveranstaltungen oder Fachkonferenzen vermarktet (z. B. die restaurierte Kathedrale, s. Abb. 7). Zudem werden durch die Stiftung jährlich internationale Restauratoren ausgebildet, die im Auftrag der Regierung Aragoniens landesweit für Restaurationsarbeiten tätig sind (Stiftung Santa María de Albarracín 2018).

Dass bis zum Eintritt der COVID-19-Pandemie Hotels, Ferienhäuser und Gastronomie durchgehend Kundschaft hatten, hing stark mit ihrer dynamisierenden Wirkung zusammen. Aber der langjährige Weg, um eine erfolgreiche Destination für Tagungs- und Kulturtourismus zu werden, wurde im Rahmen der Empirie als steinig und konfliktreich beschrieben: Eine ungesunde Rivalität zwischen der Stiftung und anderen institutionellen Akteuren habe sich entwickelt und fest etabliert.

Eine konfliktträchtige Koexistenz bestehe zwischen der Stiftung und der Stadtverwaltung sowie den lokalen und regionalen Touristikern. Letztere würden in der Stiftung eine potentielle Konkurrentin sehen, die Unterkünfte zu „dumping-Preisen" anbiete (Künstlerresidenz) und ihre dünne Arbeitskräftereserve begehre. Dabei blendeten sie die wesentliche Rolle der Stiftung bei der Bekanntmachung und Bewerbung der Destination gerne aus. Zudem schien die Beziehung zum Fachbereich Tourismusförderung der Comarca de la Sierra de Albarracín eher von einem Konkurrenz- als von einem Kooperationsverhältnis geprägt zu sein.

Bis zum Zeitpunkt der Untersuchung hatten die wertvollen Ansätze der Stiftung wenig Nachahmung in den Umgebungsgemeinden erfahren. Mehrere Versuche einer Kooperation mit der LEADER-Region ASIADER hatten aufgrund der kommunalpolitischen Einflussnahme und Uneinigkeit innerhalb der Historischen Gemeinschaft von Albarracín noch keine nennenswerten Früchte getragen. Viele Kommunalpolitiker sahen darin ein Spiegelbild des Urkonflikts zwischen Stadt und Dörfern und mochten sich nicht erneut aus der Stadt vorgeben lassen, wie sie ihre Gemeinde touristisch zu entwickeln und zu vermarkten hätten.

Abb. 7: Innenansicht der restaurierten Kathedrale von El Salvador mit Altaraufsatz im Hintergrund. Die Kathedrale wurde durch die Stiftung Santa María de Albarracín sechs Jahre lang mit einem Investitionsvolumen von eine Mio. Euro restauriert. Seit September 2016 kann sie in vollständig renoviertem Zustand lediglich im Rahmen einer geführten Tour besucht werden (Foto: Alistair Adam Hernández).

Diese polarisierende statt kohäsive Dynamik rund um die Entwicklung von Albarracín und der Region erzeugt ein eigenartiges Phänomen: Die Reputation und Anerkennung einer Schlüsselorganisation wie der Fundación Santa María de Albarracín ist außerhalb ihres unmittelbaren Wirkungsraums eindeutig größer als vor Ort. Somit wäre es für die Stiftung in den letzten Jahren beispielsweise leichter gewesen, Projekte zur Renovierung und touristischen Inwertsetzung von historischen Immobilien in den Nachbarregionen zu unterstützen als in der Comarca de la Sierra de Albarracín selbst. Daran wird erkennbar, wie das eingefahrene Konkurrenzdenken zwischen Stadt und Landgemeinden dafür sorgt, dass die endogenen Potentiale und Fähigkeiten der Region weitgehend ungenutzt und unterschätzt bleiben. Schließlich kann die Stiftung als Schlüsselorganisation angesichts der verankerten Kooperationskultur ihre katalysierende Wirkung kaum über die Stadtgrenzen hinaus für die Region als Ganzes entfalten.

Jedoch kann festgehalten werden, dass dieses Modell für die lokale Entwicklung in Albarracín stark von oben nach unten gesteuert wird und wenig Raum für bürgerschaftliche Selbstorganisation und Handlungsbefähigung geboten hat. Es waren eher die indirekten Effekte wie die touristische Vermarktung und Nutzung restaurierter Immobilien im Ort sowie die von der Stiftung organisierten Tagungen, Seminare, etc., die in Albarracín wesentlich für Lebendigkeit, Beschäftigung und Wohlstand sorgten.

Die empirischen Befunde bestätigen weiterhin die wesentliche Rolle der Stiftung Santa María als Katalysator einer erfolgreichen Tourismusentwicklung mit weitreichenden Nebeneffekten für die lokale Wirtschaft und Beschäftigungsmöglichkeiten. Für die gegenwärtigen und zukünftigen Herausforderungen in Albarracín stellt dies einen wertvollen Lernprozess dar. Daraus lässt sich zudem ableiten, dass Kooperationen im Untersuchungsraum enorm schwer zu realisieren sind, aber sich außerordentlich lohnen; ein starkes Argument, um sie auszuweiten und weiterzuführen. Dabei stellen sich dem Autor die Fragen, ob und wie diese Schlüsselorganisation womöglich in baldiger Zukunft zu einem erweiterten *Entwicklungswerkzeug* der Gemeinschaft durch eine breitere Einbindung von kollektiven Ressourcen (Wissen, Fertigkeiten, Netzwerke …) und durch die Förderung unternehmerischen und zivilgesellschaftlichen Engagements werden kann.

8 Fazit – Regionale Zukunftsfähigkeit angesichts widriger Umstände

Durch die diesem Beitrag zugrundeliegende Forschung wurde bestätigt, dass zwischen Resilienz aufbauenden Prozessen und der Aktivierung und Nutzbarmachung von kollektiver Intelligenz, Reflexion und Handlungsfähigkeit in Dörfern und Regionen enge Zusammenhänge bestehen. Darüber hinaus wurde die Rolle einer mündigen und selbstorganisierten Bürgerschaft hervorgehoben, welche sich als Stütze eines performativen Ehrenamts und einer gelebten partizipativen Demokratie in ein komplexes Mosaik von weiteren Resilienz fördernden Faktoren einfügen lässt.

Vor dem Hintergrund der im Beitrag beschriebenen, historisch angelegten soziokulturellen, politischen und ökonomischen Strukturen und Prozesse in der Sierra de Albarracín kann allgemein festgehalten werden, dass die Region aufgrund ihrer ausgeprägten Hierarchien und Pfadabhängigkeiten hohe Hürden an eine integrierte und eigenständige Entwicklung stellt. Das schwerwiegende Erbe einer im Keim ersticken zivilgesellschaftlichen bzw. stark eingeschränkten unternehmerischen Initiative aufgrund einer jahrzehntelangen hegemonialen Rolle der Gemeinden zeigte die Notwendigkeit auf, im Rahmen eines langfristigen Prozesses absichts- und ressourcenvoll ihre Kapazitäten für eine höhere Resilienz aufzubauen. Wüstungsprozesse werden so wie im ersten Kapitel beschrieben an vielen Stellen trotzdem nicht aufzuhalten sein (s. die alte Wüstung des Dorfs *Villanueva de las Tres Fuentes* direkt an der Grenze zwischen den Provinzen Teruel und Guadalajara in der Abb. 8).

Abb. 8: Das Dorf Villanueva de las Tres Fuentes in direkter Nachbarschaft der Comarca de la Sierra de Albarracín, aber gerade noch in der Provinz Guadalajara, wurde im letzten Viertel des 20. Jahrhunderts aufgegeben (Foto: Alistair Adam Hernández).

Das empirische Material bestätigte zudem übereinstimmend aus induktiven und deduktiven Quellen das postulierte Versagen des ausschließlich kommunalgetriebenen und im Kirchturmdenken eingefahrenen Entwicklungsmodells. Hinzu kommen zahlreiche Dysfunktionalitäten des noch jungen spanischen politischen Mehrebenensystems, welche einer ausgewogenen und wirksamen Governance im Wege stehen. Klar ist, dass die gegenwärtigen und zukünftigen Herausforderungen im Untersuchungsraum nicht auf einer Individual- oder Gemeindeebene gelöst werden können. Hierfür muss kollektives

Bewusstsein geschaffen, das Konkurrenzdenken bekämpft und die Kooperationsfähigkeit dringend geübt werden. Dabei scheint ein Mentalitätswandel sowohl der einzelnen Akteure als auch der Institutionen unerlässlich zu sein.

Angesichts der gewaltigen demographischen, ökonomischen und kulturellen Herausforderungen dieses entlegenen Landstriches in der spanischen Peripherie ist der hohe Druck auf Entscheidungsträger und Fachkräfte der Regionalentwicklung spürbar sowie eine örtlich wahrgenommene Perspektivlosigkeit gut nachvollziehbar. Handlungsempfehlungen mit ausreichender Hebelwirkung und Aussicht auf Erfolg zu formulieren, ist aus diesen Gründen offenkundig herausfordernd. Ein Leitspruch aus der Organisationsentwicklung könnte dabei Hoffnung spenden: „Kultur entsteht durch Kultur und Beispiele machen Schule“ (*Schmid* 2013).

So wie viele Interviewpartner es während der Empirie überzeugt zum Ausdruck brachten, ist es in der Sierra de Albarracín längst an der Zeit, neuartige und kreative Wege mit unüblichen Partnerschaften und Akteurskonstellationen zu gehen. Der nötige regionale Kultur- und Mentalitätswandel kann nur durch neue Praktiken und Reflexionen erprobt, gelernt und langfristig etabliert werden (d. h. Kultur verstanden als Kultivierungsprozess). Dabei ist der Blick von und nach außen von erheblicher Bedeutung (d. h. Beispiele als Quelle von Inspiration und Motivation). Allerdings ist der unvoreingenommene Blick nach innen auf die guten örtlichen Beispiele sowie auf die unentdeckten Potentiale und Möglichkeiten der Region umso vielversprechender.

Die Sierra de Albarracín kann zukunftsfähig bleiben. Nur wird dies davon abhängen, ob neue Akteurskonstellationen es schaffen, die tradierten Formen gemeinschaftlichen Handelns und Entscheidens dahin zu wandeln, dass eine wahrlich interkommunale und somit regional-funktionelle Identität und Kooperationsbereitschaft zur kulturellen Neuprägung dieses Raumes erhoben wird.

Zusammenfassung

Kleinstädte, Dörfer und ländliche Gemeinschaften in der europäischen Peripherie stehen heute vor gewaltigen Herausforderungen. In einer entlegenen und sehr dünn besiedelten Region Spaniens sticht eine besonders dynamische und bisher wirtschaftlich erfolgreiche Siedlung hervor – die Kleinstadt Albarracín. Jedoch stellen die historisch gebildeten politisch-administrativen Strukturen und Identitäten in der gesamten Sierra de Albarracín besondere Anforderungen an eine integrierte und eigenständige Regionalentwicklung. Darin erscheinen regionale Pfadabhängigkeiten schwer zu durchbrechen. Dieser Beitrag erkundet den Zusammenhang und die unübersichtlichen Wechselwirkungen zwischen historisch gewachsenen kommunalen Organisationsformen, regionaler Mentalität und Kooperationsfähigkeit sowie zivilgesellschaftlicher und unternehmerischer Initiative in der Sierra de Albarracín.

Summary: Regional resilience and historical path dependencies in the Spanish periphery

Small towns, villages and rural communities in Europe's periphery are currently facing enormous challenges. In a remote and very sparsely populated region of Spain, one particularly dynamic and so far economically successful settlement stands out: the small town of Albarracín. However, the historically formed political-administrative structures and identities in the entire Sierra de Albarracín require special demands on integrated and autonomous regional development. Against this backdrop, breaking out of regional path dependencies appears to be a difficult task. This article explores the connection and the unclear interactions between historically evolved forms of communal organisation, regional mentality and capacity for cooperation as well as civil society and entrepreneurial initiative in the Sierra de Albarracín.

Literatur

Adam Hernández, A. (2021): Das resiliente Dorf – Eine interdisziplinäre Analyse von Akteuren, Lernprozessen und Entwicklungen in drei ländlichen Gemeinschaften Europas. – München. (Hochschulschriften zur Nachhaltigkeit, 92).

Cutanda Pérez, E. (2008): La Comunidad de Albarracín. In: *Martínez González, J. [Hrsg.]*: Comarca de la Sierra de Albarracín – Comarcalización de Aragón. – Zaragoza.

Gruber, M. (2011): Regionale Resilienz – Neue Anforderungen für Österreichs Regionalpolitik? – Wien.

IAEST, [Instituto Aragonés de Estadística] (2020): Offizielle Bevölkerungszahlen und demographische Indikatoren vom Aragonischen Institut für Statistik für die Jahre 2018 bis 2020. – Zaragoza.

Rajadel, L. (2018): Con 2,8 vecinos por km^2, los Montes Universales rivalizan con Mongolia, el país más despoblado. – In: Heraldo de Aragón am 9. März 2018. – Zaragoza.

Rodríguez Martínez, F. (2010): El estado de la ordenación del territorio en España. – In: Cuadernos Geograficos, 47(47), 9–14, https://doi.org/10.30827/cuadgeo.v47i0.599.

Sáez Pérez, L. A. (2007): La economía de la Sierra de Albarracín. Centro de Estudios sobre la Despoblación y Desarrollo de Áreas Rurales (CEDDAR). – Zaragoza.

Schmid, B. (2013): Führung – Kultur – Entwicklung. – Heidelberg.

Stiftung Santa María de Albarracín (2018): Wirtschaftsjahresbericht 2017. – Albarracín.

Tombeil, A.-S. (1999): Regionale Entwicklungsprozesse in Südeuropa. – Wiesbaden, https://doi.org/10.1007/978-3-322-81260-5.

Wink, R. (2016): Resilienzperspektive als wissenschaftliche Chance. Eine Einstimmung zu diesem Sammelband. – In: *Wink, R. [Hrsg.]*: Multidisziplinäre Perspektiven der Resilienzforschung. – Wiesbaden, https://doi.org/10.1007/978-3-658-09623-6.

Yubero Bernabé, C. u. García Hernández, M. (2016): Turismo en Albarracín y Comarca. Acción pública local y dinámica reciente en clave de desarrollo turístico sostenible. – In: Anales de Geografía de la Universidad Complutense, 36(1), S. 173–194.

Siedlungsforschung. Archäologie – Geschichte – Geographie 39, 2021, S. 189–206

Vom natürlichen Gradienten zur kulturellen Grenze

Ein Beispiel von der Nordseeküste

Hansjörg Küster

1 Einleitung

Landschaften werden durch Natur, Kultur und Ideen geprägt (*Küster* 2012). Das gilt ganz besonders für deren Abgrenzungen; sie sind selten allein von Natur, Kultur oder Ideen bestimmt, sondern sie werden von allen drei Perspektiven festgelegt. Die Nutzung im Sinne von Kultur ist eine Reaktion auf natürliche Bedingungen. Und aus Natur und Nutzung wird eine Idee der Grenze abgeleitet. Sie bekam größere oder geringere Bedeutung. Das zeigt sich an einem Beispiel von der deutschen Nordseeküste.

2 Die Nordseeküste

Die Küsten der Nordsee zwischen Nordfrankreich, der englischen Ostküste und dem Süden der skandinavischen Halbinsel sind im jüngeren Eiszeitalter und im Holozän geformt worden – mit Ausnahme des Felsens von Helgoland. Nimmt man noch die Küsten der südlichen Ostsee hinzu, handelt es sich dabei wohl um die weltweit längste Küstenlinie, die ausschließlich aus weichen Sedimenten und nicht aus Felsen besteht.

Die Gletscher hinterließen sandige Ablagerungen der Geest, in denen auch vom Eis rund geschliffene Steine unterschiedlicher Größe enthalten sind. An die Geest brandet die Nordsee, deren Wasserstand seit der letzten Eiszeit um 120 bis 130 m gestiegen ist. Das Meer formte daher immer wieder in unterschiedlichen Höhen ein Geestkliff. Geestkliffs sind Steilküsten, die immer weiter unter der Wirkung des Wassers abbrechen, auch wenn der Meeresspiegel nicht ansteigt. In den Geestablagerungen enthaltene Steine bleiben direkt unterhalb des Geestkliffs liegen. Feinere Partikel werden von den Strömungen aufgenommen und verlagert. Mit abnehmender Kraft des Wassers bleibt zuerst der gröbere

Sand liegen; unter strömungsberuhigten Bedingungen lagern sich auch feinere Partikel ab, Schluff und Ton. Es kommt also zu einer Sortierung von Material: Aus Sand bilden sich Sandwatt, Strandwälle, Haken, Nehrungen, Barriereinseln, Platen und Sandbänke, auf denen sich unter der Wirkung des Windes Dünen entwickeln können. Aus den feinkörnigeren Ablagerungen, die im Allgemeinen im Schutz der Sandablagerungen, z. B. im Rückseitenwatt der Barriereinseln, zu finden sind, entwickeln sich Schlickwatt, Salzwiese und Marsch.

Die Form der südöstlichen Nordsee wird weitgehend durch die Lage der Geestkliffs festgelegt. Sie befinden sich auf der niederländischen Insel Texel, an der Altenwalder Geest bei Cuxhaven (Abb. 1), einer Moräne der vorletzten Eiszeit, und in Emmerlev Klev im Süden des dänischen Jütlands. Weitere Geestkliffs bestehen an den Inseln Nordfrieslands, die einen Geestkern haben, also Sylt, Amrum und Föhr. Durch Meeresvorstöße im Verlauf von Sturmfluten entstanden seit dem Mittelalter weitere Geestkliffs bei Dangast am Jadebusen und nördlich von Husum.

Abb. 1: Geestkliff der Altenwalder Geest bei Cuxhaven (Foto: Hansjörg Küster).

3 Ein natürlicher Gradient

In den Bereichen zwischen diesen Kliffs lagerten sich sandige und schluffige/tonige Sedimente ab. Diese Entwicklung setzt sich aktuell fort: Stets brechen Ablagerungen der Moränen an den Geestkliffs ab, im Wasser werden sie transportiert und im Sandwatt oder Schlickwatt nach Korngrößen sortiert und getrennt abgelagert. Der Sand wird, wenn er abtrocknet, durch den Wind weiterbewegt. Es entstehen Dünen, die durch die Vegetation festgehalten werden. Sie erreichen beachtliche Höhen, auf den Ostfriesischen Inseln von über 20 m, auf Sylt sind sie noch höher. Das Schlickwatt wird ebenfalls bewachsen, zuerst vom Queller, dann von ausdauernden Gräsern, vor allem von Andel und Rotschwingel, die eine sehr dichte Vegetationsdecke ausbilden.

Abb. 2: Der durchgehende Strandwall an der niederländischen Westküste, aufgenommen aus einem Verkehrsflugzeug aus ca. 11.000 m Höhe. Erkennbar ist im Vordergrund die Mündung des Rijn bei Katwijk an Zee (Foto: Hansjörg Küster).

Es entstanden nicht überall die gleichen Landschaftsformen aus Sand, Schluff und Ton; das hängt mit unterschiedlich hohen Tiden zusammen, den täglichen Höhenunterschieden zwischen Hoch- und Niedrigwasser, die im küstennahen Bereich und in den Ästuaren beobachtet werden. An der Nordsee bildeten sich beim Meeresspiegelanstieg Ästuare als untergegangene Flussmündungen unterschiedlicher Ausdehnung an Eider, Elbe, Weser und Ems. Nur dort, wo der Tidenhub geringer als 150 cm ist, können sich an den Küsten geschlossene Strandwälle und Nehrungen ausbilden. Besonders gut ausgeprägt sind sie an der südlichen Ostsee, wo es praktisch überhaupt keine regelmäßigen Tidenhübe gibt. Aus diesem Grund bildeten sich mächtige Nehrungen und Haken, hinter denen Wasser in ausgedehnten Haffs gestaut wurde. Geschlossene Strandwälle gibt es aber auch an der Nordsee, und zwar sowohl an der dänischen als auch an der niederländischen Westküste (Abb. 2), wo geringe Tidenhübe beobachtet werden.

Bei einem Tidenhub von 150 bis 300 cm ist der Strandwall unterbrochen. Unter der Einwirkung der hier stärkeren Ebb- und Flutströmungen bildeten sich Barriereinseln. Die Westfriesischen Inseln sind dabei der Tendenz nach länger als die Ostfriesischen Inseln, weil der Tidenhub von West nach Ost zunimmt. Barriereinseln sind in Nordfriesland nur ansatzweise ausgeprägt. Dort finden sich Inseln mit Geestkernen und vorgelagerten Sandbänken, die ähnlich langgestreckt sind wie die Barriereinseln; weitere Strandwälle mit Sandbänken liegen an der Westküste der Halbinsel Eiderstedt. Vor allem der starke Ebbstrom, der sich in Gatts oder Gaten zwischen den Inseln sammelt, lässt keinen geschlossenen Strandwall entstehen. Bei noch höherem Tidenhub, vor allem in den Ästuaren von Elbe und Weser, lagert sich ebenfalls Sand ab, aber in Form von annähernd runden Platen.

Die Zusammenhänge zwischen Inselformen und Tidenhub sind bereits länger bekannt und mehrfach dargestellt worden (z. B. *Behre* 1991, *Pott* 2003). Sie sind in Abb. 3 berücksichtigt. Die Unterschiede im Tidenhub sind entlang der gesamten Küste graduell; folglich sind auch die Küstenformen nach einem Gradienten ausgebildet: Bereiche mit geschlossenen Strandwällen gehen in Küsten über, denen längere und kürzere Barriereinseln vorgelagert sind, und mit höheren Tidenhüben gelangt man in Meeresbereiche, in denen runde Platen zu finden sind. Scharfe Grenzen sind zwischen diesen Regionen nicht ausgebildet. Deutlicher werden diese Abgrenzungen allerdings, wenn Aspekte der Nutzung berücksichtigt werden.

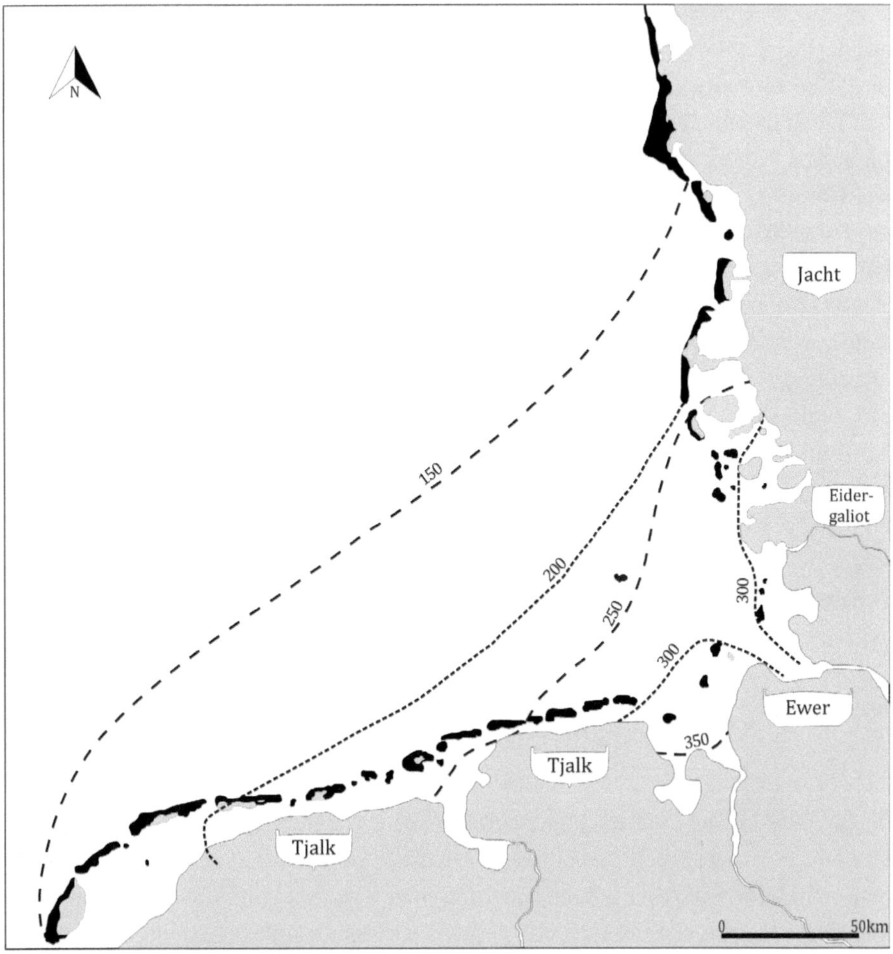

Abb. 3: Die Tidenhöhen an der südöstlichen Nordseeküste, die davon abhängenden Inselformen und die Verbreitungsgebiete der verschiedenen Formen von Küstenschiffen: Ewer, Tjalk, Eider-Galiot und Jacht (Karte der Tidenhübe nach Behre 1991, der Verbreitung der Küstenschiffe nach Szymanski 1929. Entwurf: Hansjörg Küster, Zeichnung: Maria Müller).

4 Nutzung der Marschen

Die Geschichte der Marschen soll hier nicht ausführlich erörtert werden, weil sie andernorts dargestellt ist (z. B. *Behre* 2008, *Küster* 2015). Sie sind exzellente Viehweiden, weil sie natürlicherweise waldfrei sind, denn heimische Bäume können eine auch nur gelegentliche Überflutung mit Salzwasser nicht ertragen. Das Gebiet musste also nicht gerodet werden (wie die allermeisten anderen Gegenden Mitteleuropas), bevor man die Marschen zu nutzen begann. Bei gelegentlichen Überflutungen der Marschen wurden Mineralstoffe abgelagert, die die Grasländer düngten. Allerdings konnten Menschen und die von ihnen gehaltenen Haustiere nur dann auf Dauer in den Marschen leben, wenn künstliche Hügel aufgeschüttet wurden, die Warften, Wurten oder Terpen, auf denen man sich vor Hochwasser in Sicherheit bringen konnte. Außerdem konnte man dort lebensnotwendiges Süßwasser in einer Zisterne, dem Fething, sammeln. Und es war notwendig, Mensch und Tier mit solchen Gütern zu versorgen, die es in der ständig vom Salzwasser bedrohten Marsch nicht gab. Man konnte zwar wohl etwas Getreide anbauen (*Körber-Grohne* 1967), es gab aber kein Holz zum Bau von Häusern und zum Heizen. Die Wurten konnten daher nur bestehen, wenn Waren, an denen es mangelte, per Boot herbeigeschafft werden konnten. Gewässer der Marschen, die Priele, reichten bis zu den Wurten, und dort konnten die leichten Boote an den Abhang der Wurt gezogen werden, um vor den wechselnden Wasserständen sicher zu sein. Sie waren auf Kiel gebaut. Dann ließ sich auch haltbares, aber häufig krumm gewachsenes Eichenholz beim Bau der Schiffsrümpfe verwenden, und die Boote ließen sich leicht auf das Gestade ziehen.

5 Verschiedene Typen von Küstenschiffen

Die Möglichkeit, die Wurten auf dem Wasserweg leicht erreichen zu können, endete mit dem Moment, in dem eine geschlossene Deichlinie vor allen Marschen entstand, die von den Geestkliffs Dänemarks bis zum geschlossenen Strandwall im Westen der Niederlande reichte. An den niederländischen und dänischen Küsten konnte man weiterhin Boote verwenden, die auf Kiel gebaut waren und ans Gestade gezogen werden konnten, um sie vor steigendem Wasserstand in Sicherheit zu bringen. Wenn man in See stechen wollte, schob man sie vom sicheren Dünengrund wieder ins Wasser. Es war praktisch, hier auf Kiel gebaute Boote zu verwenden, sie ließen sich auf dem Kiel wie auf einer Schiene schieben; einige Fischer waren dazu gemeinsam in der Lage. Alle Fischerboote an Binnenseen und an Meeresküsten ohne Tiden sind so konstruiert (Abb. 4). Auch die Jacht, die man als Bootstyp im dänischen Jütland und im Norden Nordfrieslands verwendete, ist ein auf Kiel gebautes Boot. Die heute bekannten Sportschiffe sind nach dem Prinzip des Aufbaus dieser Boote entwickelt worden.

Abb. 4: Auf Kiel gebaute Boote wurden an allen Binnenseen und an Meeresküsten ohne nennenswerte Tidenhübe verwendet. Lahemaa-Nationalpark in Estland (Foto: Hansjörg Küster).

Bei einem Tidenhub von über etwa 150 cm konnte man keine Jachten in der Küstenschifffahrt verwenden, namentlich nicht, wenn die Häfen vor einem Deich angelegt wurden. Dort waren keine Flächen vorhanden, auf die man die Boote aufs Gestade ziehen konnte, um sie vor dem Abtreiben bei höheren Wasserständen zu schützen.

Wann die Deichlinie geschlossen wurde, ist ungeklärt; man nimmt an, dass dies im 13. Jahrhundert geschah. Es ist auch nicht klar, wie die Deichlinie geschlossen wurde. Das nimmt Wunder, denn sie ist immerhin einige hundert Kilometer lang; ohne eine zentrale Organisation ist der Bau dieser riesenhaften Anlage kaum denkbar. Aber sie funktionierte. Und führte zu zahlreichen Veränderungen. Fortan wurde eine Marsch nur dann noch vom Meer überflutet, wenn ein Deich brach. Meersalz wurde im eingedeichten Land, das als Koog oder Polder bezeichnet wird, rasch vom Regenwasser ausgewaschen, während andere Mineralstoffe im Boden verblieben. Man konnte, sobald das Meersalz verschwunden war, Getreide und andere Kulturpflanzen hinter dem Deich anbauen, und erzielte für die damalige Zeit ungewöhnlich hohe Erträge. Allerdings war es immer problematisch, Regenwasser aus dem eingedeichten Land abfließen zu lassen. Man legte deswegen Siele in den Deichen an, die zunächst aus einfachen Klapptoren bestanden: Sie öffneten sich bei Niedrigwasser und ließen das Wasser abfließen, bei Hochwasser wurden sie aber vom Wasser zugedrückt, so dass kein Meerwasser in den Koog eindringen konnte. Später baute man Pumpen in die Deiche ein, die zunächst von Windmühlen, später von Diesel- oder Elektromotoren angetrieben wurden. Dies wurde notwendig, weil das eingedeichte Marschland immer weiter abtrocknete und dabei allmählich absackte, so dass es niedriger zu liegen kam als der Meerwasserspiegel.

Abb. 5: Sielhafen Greetsiel mit plattbödigen Fischkuttern (Foto: Hansjörg Küster).

Das abfließende Wasser schuf einigermaßen tiefe Rinnen vom Deich zu tieferen Meeresbereichen. Auf diesen Tiefs, die oft mit den Gatts zwischen den Inseln verbunden waren, konnten Boote den Deich und von dort das offene Meer erreichen. Am Deich entstanden Sielhäfen (*Schultze 1962*), über die die Marschen mit lebensnotwendigen Gütern versorgt werden konnten und über die Überschüsse aus der landwirtschaftlichen Produktion der Marschen für den Abtransport verladen werden konnten. Bei den reichen Erträgen, die die Marschäcker abwarfen, hatten diese Warenmengen einen beträchtlichen Umfang (Abb. 5). Allerdings konnten auf Kiel gebaute Boote für den Transport nicht verwendet werden, denn die wären bei fallendem Wasserspiegel umgekippt. Man entwickelte neue Schiffstypen mit einem platten Boden. Wegen ihres geringen Tiefgangs waren sie in den flachen Gewässern der Küstenregion einsetzbar. Bei sinkendem Wasserspiegel setzten sie sich auf dem Boden ab, kippten nicht um und konnten bei Niedrigwasser sogar von Land aus mit Wagen be- und entladen werden, ohne dass man dafür spezielle Hafenanlagen brauchte (Abb. 6); dafür nahm man Wagen mit großen Rädern, damit man genügend Zeit zum Laden hatte und noch bei Ebbe, fallenden Wasserständen, durch seichtes Wasser zu den Booten gelangte. Bei steigendem Wasserspiegel schwammen die Boote wieder auf und konnten die Häfen verlassen. Solche Plattbodenschiffe sind an der Nordseeküste seit der Mitte des 13. Jahrhunderts bekannt (*Szymanski* 1932), also seit der Zeit, in dem die Deiche an der Nordseeküste geschlossen wurden.

Abb. 6: Ewer in Assel, der sich bei Niedrigwasser auf dem Gewässerboden abgesetzt hat. Aquarell von Kurt Sieth (1917–1999) aus dem Jahre 1954 im Besitz des Verfassers. (Foto: Hansjörg Küster).

Vor allem zwei Typen von Plattbodenschiffen wurden verwendet, Ewer und Tjalk. Glücklicherweise wurden die Baupläne und die Verbreitung dieser Boote in einer Zeit dokumentiert, als sie noch verbreitet genutzt wurden (*Szymanski* 1929); einige Jahrzehnte später wäre dies nicht mehr möglich gewesen.

6 Ewer und Tjalk

Der Ewer hat einen völlig platten Boden aus Nadelholz, das, weil es nicht so haltbar ist wie Eichenholz, immer wieder ausgebessert werden muss. Nadelholz konnte auf einigen Flüssen bis in die Küstenregion geflößt werden, Kiefer aus Brandenburg und Fichte aus dem Elbsandsteingebirge sowie dem Thüringer Wald auf der Elbe nach Hamburg, Fichte auch aus dem Harz und dem Thüringer Wald auf der Weser nach Bremen. Allerdings wurde auf der Weser wohl weniger Nadelholz geflößt als auf der Elbe. Später kam das Holz auf dem Meer vor allem nach Hamburg, Fichtenholz aus Skandinavien und dem Baltikum, später Pitch-pine-Holz aus Nordamerika. Ewer wurden möglicherweise zuerst in den Niederlanden konstruiert, waren aber vor allem im Gebiet des Elbe-Ästuars und der angrenzenden Nordseegebiete unterwegs. Weiter im Westen wurden vor allem Tjalken genutzt, die im Schnitt einer Eider-Galiot ähnlich waren. Die Böden von Tjalk und Eider-Galiot waren ähnlich geformt, allerdings war ihre Unterseite nicht exakt platt wie der Boden eines Ewers, sondern leicht gewölbt; ihre Rümpfe waren komplett aus dem haltbareren Eichenholz gebaut.

Das Gebiet der Ewer wurde die Region mit den höchsten Tidenhüben in der Deutschen Bucht; Tjalken wurden dort eingesetzt, wo die Tidenhübe etwas geringer waren. Ewer, Tjalken und Eider-Galiots konnten in Sielhäfen zum Einsatz kommen, brauchten aber auch keinen eigenen Hafen, sondern wurden in den Prielen deichwärts gefahren, wo sie sich dann auf dem Boden absetzten und ent- oder beladen werden konnten. Die Querschnitte der Rümpfe von Ewer, Tjalk und Eider-Galiot sind in die Karte der Tidenhübe eingetragen (vgl. Abb. 3). Es zeigt sich, dass die Küstenschiffe in Abhängigkeit vom Tidenhub in unterschiedlichen Meeresgegenden der Nordsee eingesetzt wurden. Ewer waren besonders auf der Niederelbe und in angrenzenden Meeresgegenden unterwegs, also beispielsweise im Land Wursten zwischen Cuxhaven und Bremerhaven oder in Dithmarschen, im Gebiet nördlich der Elbmündung. Im Lauf der Zeit wurden sie vor allem zu Transporten zur Versorgung der Großstadt Hamburg genutzt. Tjalken wurden vor allem im Gebiet weiter im Westen verwendet, in Ost- und Westfriesland. Die sehr ähnlich gebauten Eider-Galiots kamen typischerweise im Eider-Mündungsgebiet vor. Man wird davon ausgehen können, dass die Niederländer, die sich im 17. Jahrhundert in Friedrichstadt an der Eider ansiedelten, ebenfalls Tjalken verwendeten. Jachten nutzte man dagegen nur bei niedrigeren Tidenhüben, in Nordfriesland und weiter nördlich. In Abhängigkeit von den unterschiedlichen Tiden bildeten sich verschiedene Handelsräume heraus, ein Ewer-Gebiet, außerdem Gegenden, in denen man Waren bevorzugt mit Tjalken transportierte, und weitere Regionen, in denen man auf Kiel gebaute Schiffstypen wie die Jacht verwendete. Es war nur unter Einschränkungen möglich, die Schiffe außerhalb des Gebietes zu verwenden, für das sie konstruiert worden waren. Dadurch wurden Grenzen zwischen den Handelsräumen gezogen, was sich im Folgenden noch klarer herausstellen wird.

Vor allem Ewer, aber auch Tjalken konnten ebenso an Kaimauern der großen Häfen in den Städten festmachen, die ebenfalls im hohen Mittelalter aufkamen. Sie waren also ideale Schiffe für einen Verkehr zwischen Sielhäfen, einfachen Schiffsländen und Überseehäfen. Vor allem der Hamburger Hafen entwickelte sich zum Überseehafen. Er war zeitweise der bedeutendste Hafen der Welt. Tjalken und besonders Ewer konnten wegen ihrer steil aufragenden Seitenwände auch an Hochseeschiffen festmachen, so dass die mitgeführten Waren nicht an Land zwischengelagert werden mussten, sondern unmittelbar von Schiff zu Schiff verladen werden konnten.

An Stelle der Ewer verwendet man heute Fischkutter, die aber im Bereich der inneren Deutschen Bucht ebenfalls einen platten Boden haben müssen, um flache Gewässer befahren und sich am Grund von leer laufenden Hafenbecken bei Niedrigwasser absetzen zu können (Abb. 7).

Abb. 7: Fischkutter, der sich bei Niedrigwasser auf dem Boden des Hafens von Dorum-Neufeld abgesetzt hat (Foto: Hansjörg Küster).

7 Ein Ewer-Versorgungsnetz für Hamburg

Groth (2005) befragte Landfrauen nach den Charakteristika „ihrer" Elbmarschen. Dabei kam das sehr interessante Ergebnis heraus, dass man sich in allen Elbmarschen auf die Produktion bestimmter Güter spezialisiert hatte. Überwiegend ging es dabei um Produkte aus der Landwirtschaft, aber auch Torf, Zement oder Ziegelsteine spielten eine Rolle. Und es wurde deutlich, dass diese Güter überwiegend zur Versorgung von Hamburg dienten, und zwar ursprünglich auf dem Wasserweg. Leicht verderbliche Lebensmittel wie Milch und Milchprodukte, empfindliches Obst und Gemüse sowie Eier kamen auf kurzem Weg aus stadtnahen Marschen nach Hamburg. Waren, die länger unterwegs sein konnten, kamen dagegen aus weiter entfernten Marschen, etwa Getreide, Kohl oder Raps. Rapsöl wurde zur Beleuchtung auf Hochseeschiffen gebraucht, auf denen man kein Holzfeuer und auch keinen Kienspan entzünden konnte.

Es gab verschiedene Formen von Ewern für alle diese Produkte. Salzewer kamen aus Lüneburg, Steinewer aus Itzehoe, Lägerdorf und Hemmoor, wo Kalkvorkommen zur Zementgewinnung genutzt wurden; man transportierte auch Ziegel aus Kehdingen auf ihnen. Torfewer fuhren von Bremervörde aus die Oste abwärts zur Elbe, kamen auch durch den Kanal zwischen Hamme und Oste direkt aus dem Teufelsmoor bei Gnarrenburg. Fischewer hatten einen Fischtransportkasten oder „Bünn": Durch eine Öffnung im Schiffsboden drang Salz- oder Brackwasser in sie ein, so dass die darin nach Hamburg transportierten Frischfische im Nordsee- oder Elbwasser schwammen (*Szymanski* 1932). Man kann eine Karte für verschiedene Herkunftsgebiete von Waren zeichnen, die auf Ewern nach Hamburg transportiert wurden (Abb. 8). Diese Gebiete sind mehr oder weniger deutlich voneinander abgrenzbar. Einige dieser Erzeugnisse sind bis heute charakteristisch für die Wirtschaft in einzelnen Gebieten geblieben.

Wie schon vor Jahrhunderten baut man bei Bardowick (nordwestlich von Lüneburg) mancherlei Gemüse an (Abb. 9). Die Vier- und Marschlande waren und sind ein wichtiges Anbaugebiet für Beerenobst und Rhabarber; letztgenannte Kulturpflanze wurde 1848 bei Kirchwerder zum ersten Mal in Deutschland angebaut. Zum mittlerweile wichtigsten Obstbaugebiet im nördlichen Europa wurde das Alte Land (*Tiemann* 2012; Abb. 10). Eine berühmte regionale Spezialität wurde Kohl aus Dithmarschen, und das Land Wursten südlich von Cuxhaven ist seit Jahrhunderten ein wichtiges Anbaugebiet für Raps (Abb. 11).

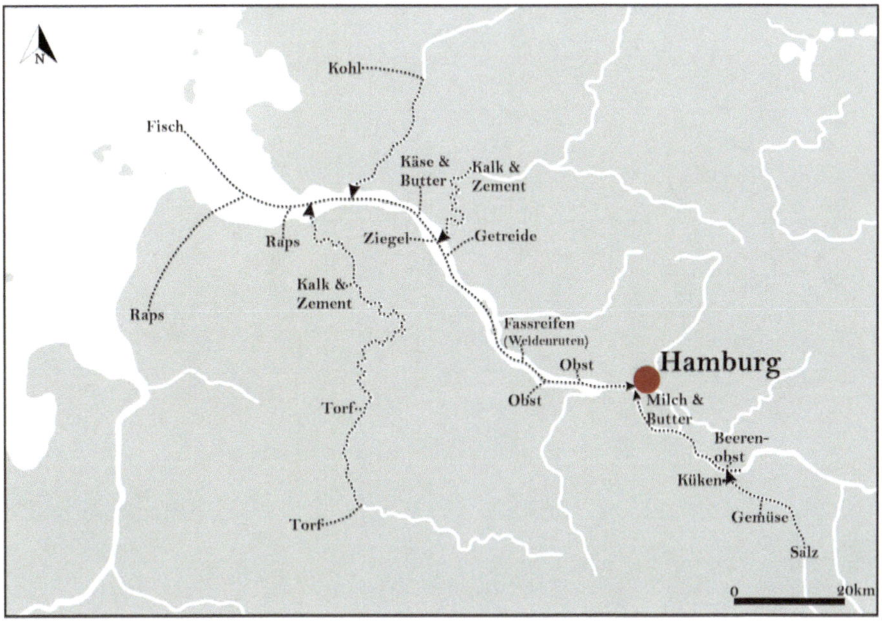

Abb. 8: In den Elbmarschen produzierte Güter, die mit Ewern nach Hamburg transportiert wurden (Entwurf: Hansjörg Küster, Zeichnung: Maria Müller).

Abb. 9: Gemüsekulturen in Bardowick (Foto: Hansjörg Küster).

Abb. 10: Obstbaumkulturen im Alten Land (Foto: Hansjörg Küster).

Abb. 11: Rapsanbau im Land Wursten bei Wremen (Foto: Hansjörg Küster).

Aus den einzelnen Gebieten kamen Händler nach Hamburg, die ihre Waren zum Teil direkt vom Ewer aus verkauften (das war vor allem von Fisch bekannt), zum Teil auf den Straßen der Stadt feilboten. Sie priesen laut rufend ihre Waren an. Christoffer Suhr (1771–1842) porträtierte viele dieser Straßenhändler zu Beginn des 19. Jahrhunderts. Später wurde ein Spiel entworfen, bei dem Kärtchen mit Porträts der Hausierer und deren charakteristische Aussprüche aufgenommen wurden, und man musste als Teilnehmer des Spiels die Anpreisungen der Händler in hamburgischem Platt nachmachen. Wer das am besten konnte, hatte das Spiel gewonnen (Abb. 12). Die Existenz dieses Spiels zeigt eindrücklich, dass sich die Hamburger Stadtbevölkerung über die verschiedenen Herkünfte und Identitäten der Straßenhändler bewusst war.

Abb. 12: Hamburger Ausruf. Erheiterndes Gesellschafts-Spiel für Groß und Klein. Beispiele von einzelnen Karten. Hamburg, Vetter's Magazin, um 1870 (im Besitz der Familie des Verfassers. Foto: Hansjörg Küster).

Im Austausch kamen städtische Güter in die ländlichen Regionen der Niederelbe. Sehr gut ist das zusammengefasst in der Karte „Hinterland des hamburgischen Gewerbefleißes im 17. und 18. Jahrhundert" (Abb. 13) von *Wölfle (1926)*. Namentlich Glocken und Altäre waren schwer zu transportieren, weil es damals noch kein flächendeckendes Netz von Landstraßen gab. Am besten funktionierte der Transport auf dem Wasserweg. Auf der Elbe und ihren Nebenflüssen war ein Transport mit dem Ewer möglich; auch küstennahe Marschen an der Nordsee waren erreichbar, namentlich Wursten, auch Dithmarschen und die Südküste Eiderstedts. Nur für die letzten Kilometer hinter den Deichen war ein Transport der schweren Glocken und Altäre über Land notwendig.

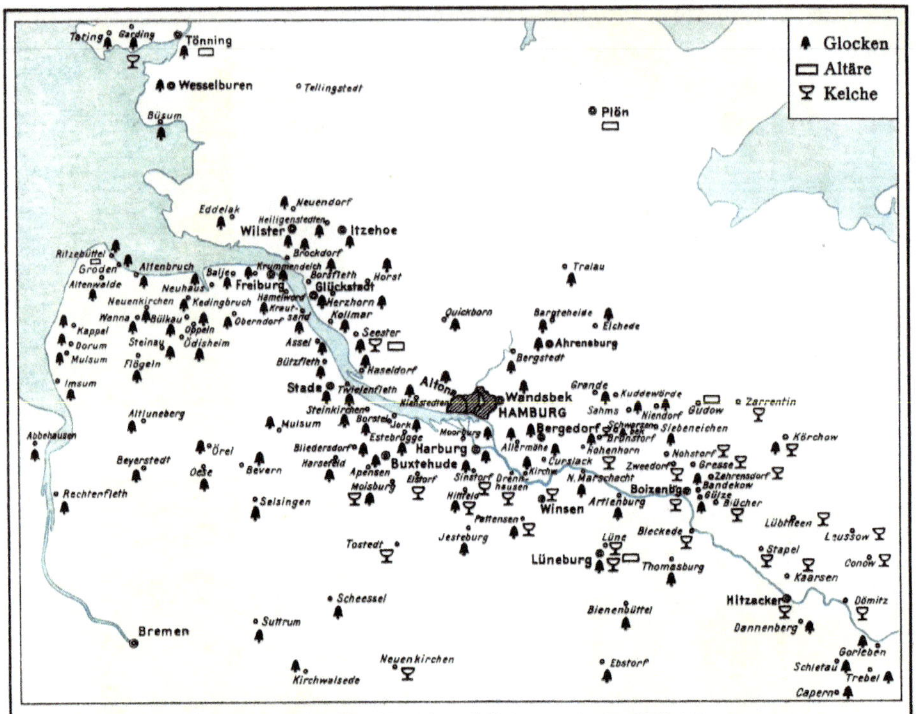

69. Hinterland des hamburgischen Gewerbefleißes im 17. und 18. Jahrhundert, veranschaulicht an Werken des Kunstgewerbes (1400—1800). Hauptzeit: 17. Jahrhundert und erste Hälfte des 18. — Die rein volkstümlichen Beziehungen würden einen anderen Umkreis ergeben; doch fehlen hierfür die Unterlagen.

Abb. 13: „Hinterland des hamburgischen Gewerbefleißes im 17. und 18. Jahrhundert" aus Wölfle (1926). Die Karte zeigt sehr gut das Verbreitungsgebiet, das mit Ewern befahren wurde (Foto: Hansjörg Küster).

8 Wie sich Grenzen herausbildeten

Diese Karte zeigt vielleicht am besten, wie das Handelsgebiet der Ewer rings um Hamburg entstand. Man könnte auch die Verbreitung anderer Handelsgüter zeigen und käme zu einem ähnlichen Resultat – spezielle Gewürze, die aus Übersee den Hamburger Hafen und von dort aus die Küstenregionen und das Land an der Niederelbe erreichten, beispielsweise Ingwer und Kardamom, ferner sogenannte Stinsen- oder Stinzenpflanzen, also Zwiebelgewächse wie Schachblumen, Krokusse und Kaiserkronen, die vor allem in Gärten bei den Steinhäusern (niederländisch „Stinsen") beliebt waren, außerdem Tee und viele weitere Produkte, mit denen die Marschbewohner ihren Reichtum demonstrierten.

Als wesentliche Merkmale bei der Herausbildung von Grenzen können dabei folgende Punkte herausgestellt werden. An den Küsten dieses Gebietes herrschen allgemein hohe Tidenhübe, die seit dem Deichbau eine Verwendung von auf Kiel gebauten Booten in der Küstenschifffahrt unmöglich machten. Man musste einen anderen Bootstyp verwenden, um die vor allem nach dem Deichbau erwirtschafteten Überschüsse in die Großstadt Hamburg zu bringen und sie dort zu verkaufen. Dort waren die unterschiedlichen Straßenhändler aus der Region bekannt, das zeigt das Spiel vom „Hamburger Ausruf". Das Gebiet an der Niederelbe und den umliegenden Bereichen der Nordseeküste grenzte sich von anderen benachbarten Räumen dadurch ab, dass wegen der geringeren Tidenhübe dort andere Schiffstypen Verwendung fanden.

Es sind also die natürlichen Bedingungen (Tidenhübe) nicht allein, die zur Grenzziehung führten, sondern die deswegen verwendeten Bootstypen und die Handelsnetze, die sich mit ihnen befahren ließen. Flüsse bildeten in früheren Jahrhunderten keine Grenzen, denn sie waren die zentralen Handelswege (*Borger* 1989, *Küster* 2013). Das änderte sich erst dann grundsätzlich, als Landverkehrswege wichtiger wurden als Wasserstraßen, und das ist eine moderne Erscheinung, die erst seit dem späten 19. Jahrhundert zum Tragen kam. Erst 1872 wurden die ersten Hamburger Elbbrücken gebaut, die dauerhaft erhalten blieben. Bis dahin spielte sich der gesamte Verkehr vom nördlichen zum südlichen Elbufer auf dem Wasserweg ab. Der regionale Transport auf dem Wasser nahm aber seitdem ab. Und das „Hinterland des hamburgischen Gewerbefleißes" als eine politische Einheit spielt keine Rolle mehr. Denn die Elbe wurde zur Grenze zwischen zuerst preußischen Provinzen, dann deutschen Bundesländern. Heute gehören die Länder Schleswig-Holstein, Hamburg, Niedersachsen und Mecklenburg-Vorpommern zu diesem Hinterland, und die Regionen gehen deutlich getrennte Wege. Menschen, die am rechten Elbufer leben, kennen diejenigen von der linken Elbseite kaum. Und die Auseinandersetzungen um Elbvertiefungen zeigen immer wieder, dass in Hamburg, Schleswig-Holstein und Niedersachsen unterschiedliche Interessen verfolgt werden.

Das Gebiet an der Niederelbe wurde keine dauerhafte Einheit. Man könnte sich die Grenzen denken, die um das Gebiet herumführen. Aber vielleicht ist es für die Erklärung, wie Grenzen zustande kommen, gerade günstig, dass sie letztlich keinen Bestand hatten. Man wäre bei der Erklärung der Grenze immer versucht, von deren tatsächlichem Bestand auszugehen. Entscheidend ist nämlich, dass man die Idee haben muss, eine Grenze zu fixieren. Natürliche und kulturelle Einflüsse führen zu einer solchen Idee, haben aber eher Gradienten als fixe Grenzen.

Zusammenfassung

An der Nordseeküste gibt es unterschiedlich hohe Tiden. In Abhängigkeit davon bildeten sich geschlossene Nehrungen, längere oder kürzere Barriereinseln oder runde Platen heraus. Zwischen den Gebieten mit verschiedenen Inselformen bildeten sich keine scharfen Grenzen heraus. Sie entstanden aber auf kulturellem Wege, und zwar durch die Küstenschifffahrt, für die man verschiedene Bootstypen verwendete. Mit Ewern wurde vor allem Hamburg versorgt. Es entstand ein Ewer-Verkehrsnetz am Ästuar der Elbe, und einzelne

Marschgebiete an der Elbe lieferten verschiedene Produkte nach Hamburg. Zwischen den Marschen bestehen dadurch deutliche kulturelle Unterschiede.

Summary: From natural gradient to cultural boundary: an example from the North Sea coast

Tides along the North Sea coast differ in heights resulting in the formation of certain islands: lidos, longer or shorter barrier islands and round islands called "Platen" and between these island gradients rather than distinct borders evolved. They were created by cultural means, namely by coastal navigation as it was necessary to use different boat types to navigate in areas of lower and higher tides. Between the operation areas of these boats distinct cultural boundaries developed. In the Elbe estuary, Ewer boats were used to transport different goods from the marshes to Hamburg. As a result distinct cultural differences evolved between the marshes, which still exist today.

Literatur

Behre, K.-E. (1991): Die Entwicklung der Nordseeküsten-Landschaft aus geobotanischer Sicht. – In: Berichte der Reinhold-Tüxen-Gesellschaft, 3, S. 45–58.

Behre, K.-E. (2008): Landschaftsgeschichte Norddeutschlands: Umwelt und Siedlung von der Steinzeit bis zur Gegenwart. – Neumünster.

Borger, G. J. (1989): Siedlung und Kulturlandschaft am Unterlauf großer Ströme von der Eiszeit bis zur frühen Neuzeit am Beispiel des Rhein-Maas-Deltas. – In: Siedlungsforschung, 7, S. 9–15.

Groth, C. (2005): Die holsteinischen Elbmarschen. Eigenart und Charakter einer Kulturlandschaft. – Diplomarbeit Leibniz-Universität Hannover.

Körber-Grohne, U. (1967): Geobotanische Untersuchungen auf der Feddersen Wierde. – Wiesbaden.

Küster, H. (2012): Die Entdeckung der Landschaft. Einführung in eine neue Wissenschaft. – München.

Küster, H. (2013): Natürliche Grundlagen von Grenzen in Schleswig-Holstein. – In: *Frandsen, S. B.; Krieger, M. u. Lubowitz, F. [Hrsg.]*: 1.200 Jahre Deutsch-Dänische Grenze. – Neumünster, S. 35–43.

Küster, H. (2015): Nordsee. Die Geschichte einer Landschaft. – Kiel/Hamburg.

Pott, R. (2003): Die Nordsee. Eine Natur- und Kulturgeschichte. – München.

Schultze, A. (1962): Die Sielhafenorte und das Problem des regionalen Typs im Bauplan der Kulturlandschaft. – Göttingen.

Szymanski, H. (1929): Die Segelschiffe der deutschen Kleinschiffahrt. – Lübeck (Nachdruck Norderstedt 1977).

Szymanski, H. (1932): Der Ever der Niederelbe. – Lübeck.

Tiemann, K.-H. (2012): Der Erwerbsgartenbau an der Niederelbe mit dem Zentrum Altes Land. – Jork.

Wölfle, K. (1926): Hamburger Geschichtsatlas. Heimatkundliche Karten und Bilder. – Hamburg.

Siedlungsforschung. Archäologie – Geschichte – Geographie 39, 2021, S. 207–237

Die Tierniederlegungen an der Hünenburg bei Watenstedt

Zur Regionalität eines jungbronze-/ früheisenzeitlichen Phänomens

Tobias Uhlig und Silke Grefen-Peters

1 Die Hünenburg bei Watenstedt – Zentrum von Austausch und Handel?[1]

Im östlichen Nordharzvorland südwestlich von Schöningen erhebt sich auf dem westlichen Sporn des Heeseberges die Hünenburg bei Watenstedt (Abb. 1). Der mächtige, den ovalen Hangkonturen folgende Ringwall ist derzeit noch bis zu 5 m in der Höhe erhalten und umschließt eine Fläche von 2,6 ha. Auf drei Seiten wird die Anlage durch die abfallenden Hänge des O-W-orientierten, karstigen Höhenzuges geschützt, während im Osten der mächtigste erhaltene Wallabschnitt zum Rücken des Heeseberges hin sichert. Die so befestigte Position bietet einen hervorragenden Ausblick nach Süden, Westen und Osten in die davor gelegene sumpfige Soltauaue und über die welligen Höhenzüge des Umlandes, bei klarer Wetterlage mit freiem Blick bis zum den Harz dominierenden Brocken. Seit dem 18. Jahrhundert wurde vermutet, dass es sich bei der Anlage um eine prähistorische Befestigung handeln könnte (*Steinmetz* 1997, S. 277–278; *Heske* 2006, S. 18–19).

[1] Die Ausgrabungen an der Hünenburg- Außensiedlung werden durch die DFG im Rahmen des Projektes „Landschafts- und Ressourcennutzung in der jüngeren Bronzezeit am Heeseberg (nördliches Harzvorland) im Spannungsfeld zwischen Herrschaft, Handwerk und Kult" (DFG Projektnr. 225412008) gefördert. Die Auswertung und Vorlage der hier vorgestellten Fläche 13 stellt das Dissertationsprojekt des Erstautors an der Universität Göttingen bei *Immo Heske* und *Lorenz Rahmstorf* dar.

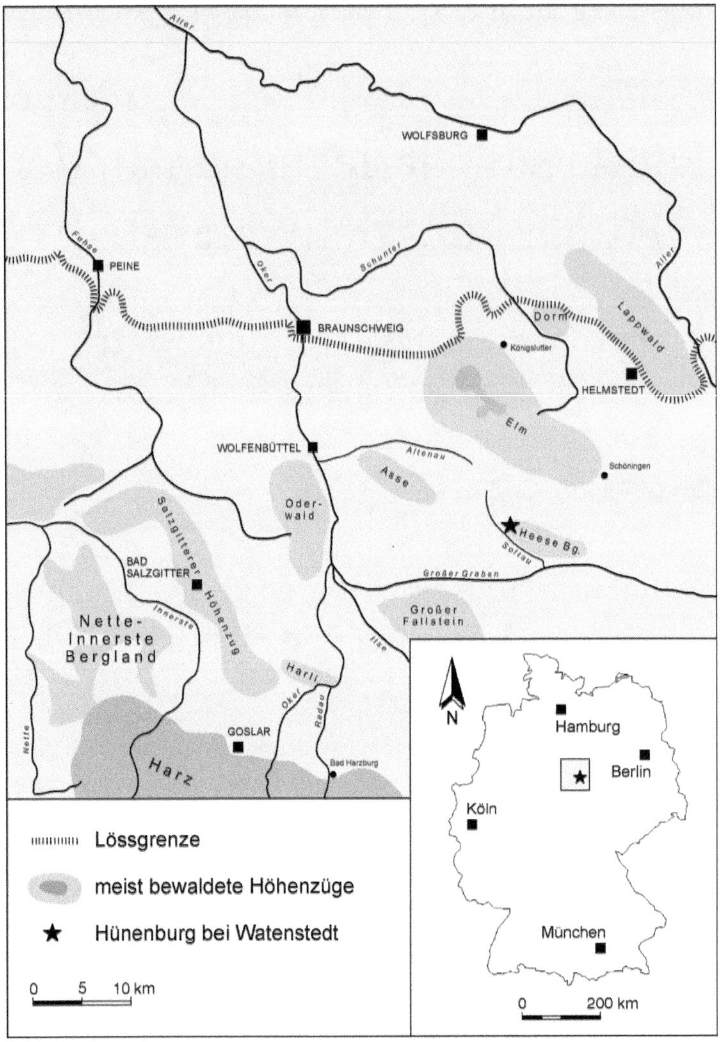

Abb. 1: Die Lage der Hünenburg bei Watenstedt auf dem Sporn des Heeseberges im nördlichen Harzvorland (Graphik: H. Marx).

Archäologische Untersuchungen seit 1998 konnten in der Hünenburg bei Watenstedt ein wichtiges Zentrum der jüngeren Bronze- und frühen Eisenzeit für das nördliche Harzvorland identifizieren. Nach dem aktuellen Forschungsstand kann von einer kontinuierlichen Nutzung des Heeseberges ab dem 14. Jahrhundert v. Chr. ausgegangen werden. Vom Heeseberg liegt die (wahrscheinlich ehemals überhügelte) Bestattung eines männlichen Individuums mit Kurzschwert vor, während ein erst 2018 entdeckter Graben, der mit etwas geringeren Ausmaßen innen den Konturen des späteren Walles folgt;

eine erste Befestigung andeutet (*Heske u. Posselt* 2021). Unmittelbar darauf erfolgte die Anlage des ersten fassbaren Wall-Graben-Systems um 1130 v. Chr. (*Heske* 2006, S. 40). Er bestand zunächst aus einem durch eine Bohlenkonstruktion stabilisiertem Erdwall mit vorgeblendetem Steinmauerwerk und begehbaren, kasemattenartigen Strukturen, die auch für die Vorratshaltung genutzt wurden (*Heske* 2006, S. 40–41; *Heske u. Posselt* 2021, S. 13–14). Im 11. Jahrhundert fiel diese Anlage dann einem Schadfeuer zum Opfer, wurde aber unmittelbar nicht nur wiedererrichtet, sondern sogar durch eine mächtige Erdschüttung verstärkt (*Heske* 2006, S. 41). Schon seit dem 14. Jahrhundert v. Chr. bestand südwestlich der Befestigung zu beiden Seiten eines Bachlaufs eine kleinere Ansiedlung (*Heske* u. *Posselt* 2021, S. 29; *Most* (i. Vorb.), S. 121–125). Ab dem 12. Jahrhundert v. Chr. erlebte diese Ansiedlung jedoch eine bemerkenswerte Expansion, die den in Mitteleuropa bisher extrem seltenen Befund einer zeitgleichen Außensiedlung am Südhang des Heeseberges erbrachte (Abb. 2; *Heske et al.* 2010).[2] Diese Außensiedlung ist geprägt durch eine bis zu einem halben Meter mächtige Kulturschicht sowie zahlreiche Siedlungsgruben, wobei hier besonders tiefe kegelstumpfförmige Gruben, die wahrscheinlich der Einlagerung von Saatgut dienten, hervorstechen (*Heske et al.* 2010, S. 169–170; *Heske* 2016, S. 25–26; *Most* (i. Vorb.), S. 121). Im Laufe des 10. Jahrhunderts v. Chr. expandierte diese Siedlung weiter und umfasste nach derzeitigem Stand mindestens 25 ha, wobei die Abgrenzung nach Westen und Osten noch immer unklar ist (*Heske u. Posselt* 2021, S. 6). Wohl schon ab der Periode IV war die Außensiedlung zudem ein Zentrum für Metallhandwerk: Gießformen für Markensicheln, Schmuckobjekte und Schwerter belegen ein spezialisiertes Handwerk. Das Fragment eines seltenen Bronzeschildes vom Typ „Nipperwiese" dokumentiert eine materiell privilegierte Oberschicht (*Heske* 2008; *Heske et al.* 2010, S. 177; *Heske* 2018, S. 127). Spektakuläres Zeugnis der Metallverarbeitung sind sicherlich die Bronzen, die bereits 1901 und 1903/04 bzw. 1907 südlich der Hünenburg in der Soltauniederung „Im Draun" entdeckt wurden. Es handelt sich um zwei separate Niederlegungen, die beide gegossene Bronzebecken, Pferdegeschirr und Schmucknadeln, darunter eine sehr frühe Eisennadel der Periode V enthielten (*Sprockhoff* 1956, S. 67; *Heske* 2006, S. 101–102). Das Fragment einer 2008 geborgenen Gussform konnte dabei an eines der Becken aus Hort I angepasst werden. Während Becken dieses Typs in ganz Mitteleuropa vorkommen, ist mit der Hünenburg ein Produktionszentrum dieser hochwertigen metallurgischen Produkte fassbar (*Sprockhoff* 1966, S. 101; *Heske* 2012, S. 5–8, 15).

---

2 Inzwischen sind auch aus Rathsdorf, Märkisch-Oderland (*Nüsse* 2013) und Lossow, Stadt Frankfurt an der Oder (*Beilke-Voigt* 2014) entsprechende Konstellationen bekannt, ohne dass bisher genauere Aussagen zu ihrer Rolle etwa als Versorgungs- oder Produktionsorte gemacht werden könnten.

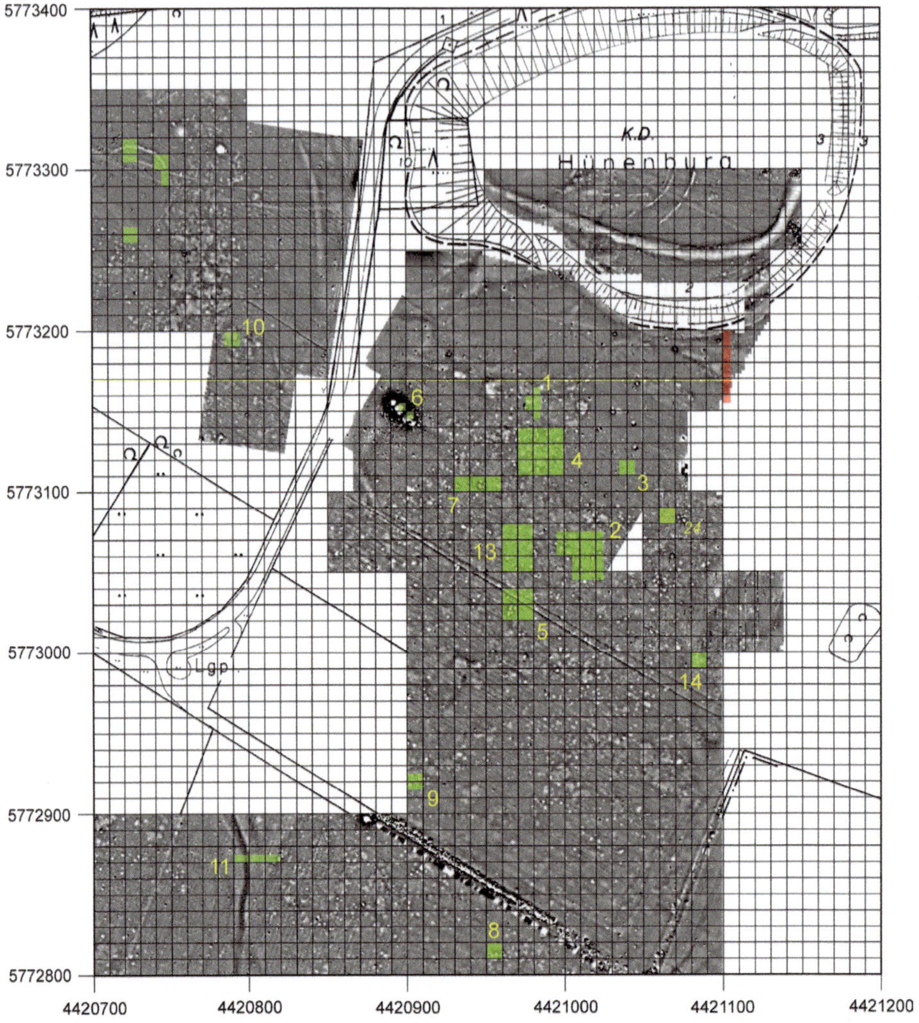

Abb. 2: Die zwischen 2006 und 2018 untersuchten Grabungsflächen in der Hünenburg-Außensiedlung, südlich der Befestigung. Die Außensiedlung erreichte während der Periode V beträchtliche Ausmaße von min. 25 ha (Graphik: H. Marx).

Die beiden Horte von Watenstedt sind dabei auch im Kontext einer Rekonstruktion der Mikroregion hervorzuheben. Im Umkreis der Hünenburg ist durch intensive Forschungen mittlerweile eine differenziert gegliederte Mikroregion der jüngeren Bronzezeit mit speziellen Arealen fassbar. So konzentrieren sich die Spuren metallurgischer Aktivitäten bisher im Fläche 5 genannten Außensiedlungsareal (*Heske* 2016). Im Bereich zwischen den Deponierungen und dem südlichen Rand der Außensiedlung finden sich regelhaft angelegte Reihen aus Herdstellen. Diese verweisen auf südskandinavische Traditionen und sind etwa zeitgleich mit der größten Ausdehnung der Außensiedlung während der Periode V im 9. Jahrhundert v. Chr. Entstanden (*Heske et al.* 2012, S. 318–322; *Schmidt u. Forler* 2003, S. 38; *Schmidt* 2014, S. 154).

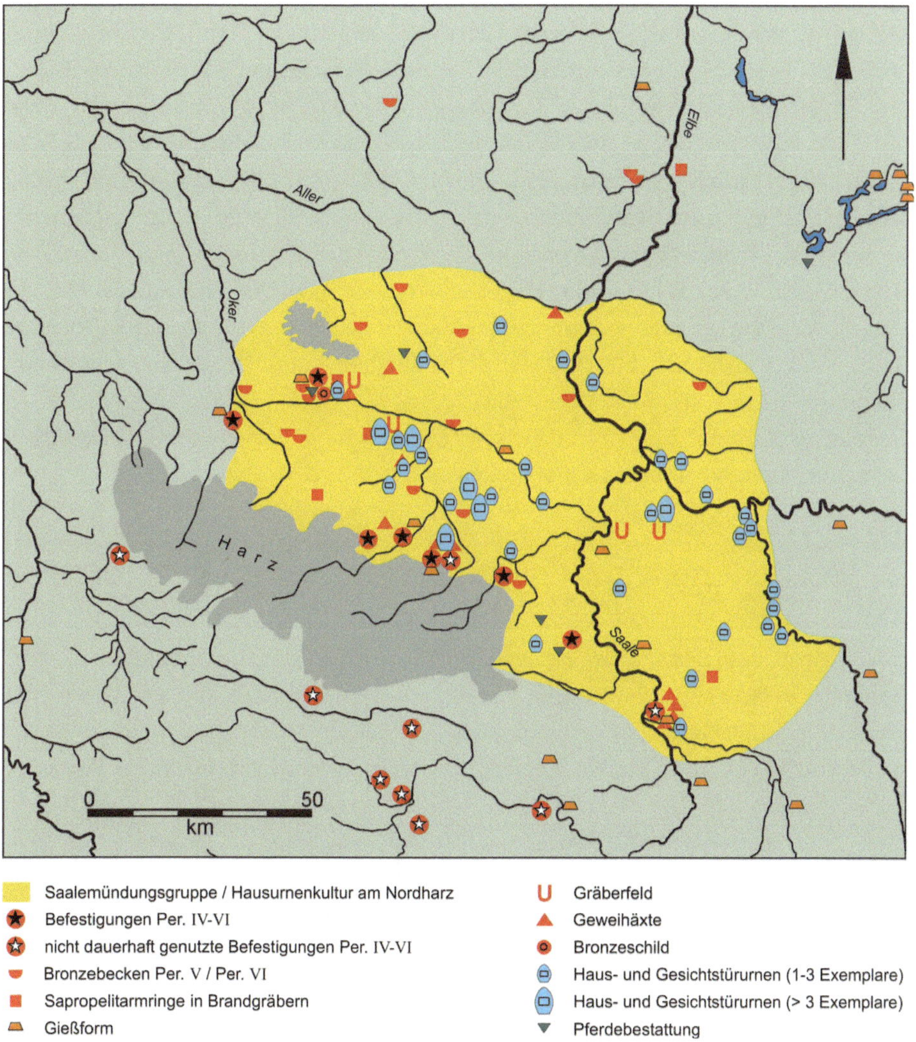

Abb. 3: Die kulturelle Prägung des nördlichen Harzvorlandes während der jüngeren Bronze- und frühen Eisenzeit. Kartiert ist das Auftreten von Hausurnen, menschlichen Bestattungen im Siedlungsbereich und gegossenen Bronzebecken sowie bekannte Pferdeniederlegungen (Quelle: nach Heske 2010, Abb. 9; Graphik: H. Marx).

Insgesamt kann die Hünenburg derzeit als zentraler Ort in einer Kontaktregion im nördlichen Harzvorland angesprochen werden. Diese Region ist dabei besonders durch das regelhafte Vorkommen befestigter Höhensiedlungen geprägt, die mit wenigen Ausnahmen von der Periode IV bis in die Periode VI bewohnt waren (Abb. 3; *Heske* 2006, S. 183, Abb. 64–65; *Falkenstein* 2013, S. 20–21). Auch wenn die Interpretation von „Befestigungshorizonten" nicht mehr unumstritten ist (*Krause* 2019, S. 6), entsteht der Eindruck, dass hier Knotenpunkte eines weitläufigen Austauschnetzwerkes besonders gesichert wurden. Auch in den Kleinfunden aus dem Bereich der Außensiedlung zeigen sich verschiedene Hinweise auf Austauschnetzwerke, so etwa Vasenkopfnadeln der Urnenfelderzeit oder nach Norddeutschland weisende Geweihäxte und Lappenschalen (*Heske* 2010, Abb. 9). Daneben fallen Keramikformen auf, die nicht dem einheimischen Saalemündungs- und Hausurnenstil entsprechen, sondern dem angrenzenden Lausitzer- oder Urnenfelderkreis zuzurechnen sind (*Most* (in Vorb.), S. 130). Hervorzuheben ist hier der naturwissenschaftliche Nachweis, dass die Mehrheit dieser Fremdformen dem Material nach aus denselben lokalen Tonen geformt wurde wie die einheimischen Gefäße, womit diese wahrscheinlich nicht als Import, sondern als lokales Produkt zu werten sind (*Most et al.* 2018, S. 64). Eine Glasperle aus dem benachbarten Urnenfriedhof von Beierstedt, Lkr. Helmstedt, verweist auf Kontakte, die in der frühen Eisenzeit bis nach Etrurien reichten (*Menck* 2017, S. 99, Abb. 94).

2 Niedergelegte Tierkörper im Siedlungsbereich

Eine weitere Besonderheit der Hünenburg-Außensiedlung ist das Auftreten von artikulierten, in Gruben niedergelegten Tierkörpern. Diese dürfen nicht mit den ebenfalls reichhaltig im Siedlungsabfall auftretenden Tierknochen gleichgesetzt werden, die eine Schlachtung, Zerteilung und umfassende Verwertung von Haustieren im Siedlungsbereich anzeigen (*Grefen-Peters u. Heske* 2018, S. 80; *Grefen-Peters u. Heske* 2020). Auf Basis dreier ausgewählter Knochenensembles, die im Rahmen der laufenden Forschungen archäozoologisch ausgewertet wurden, konnten die durch die Einlagerungsprozesse entstandenen Veränderungen an den Knochen, getrennt nach Kulturschicht und Befundfüllungen, detailliert analysiert werden. Der Hundeverbiss an maximal 15 % sowie Trocknungsrisse und andere Verwitterungsspuren an ca. 8 % der aufgefundenen Knochen zeigen an, dass die Knochen nach einer kurzen Zeit in der Oberfläche entweder in die Füllung aufgelassener Siedlungsgruben gelangten oder in die Kulturschicht eingebettet wurden. Der Umstand, dass weniger als 10 % der Knochen intakt erhalten sind und es sich hier meist um Phalangen und andere Kleinstknochen handelt, dokumentiert die intensive Verwertung der Tierkörper. Zwar tragen nur etwa 4 % aller untersuchten Knochen feine Schnittspuren, zwischen 30 und 65 % zeigen aber Schlag- und Hackspuren, durch die fast alle größeren Knochenelemente zerlegt wurden. Die durchschnittliche Fragmentgröße beträgt für Rinderknochen 8,3 cm, während Schweine bei 7,3 cm und die Schafe/Ziegen bei 6,95 cm liegen. Die Schlachtung und Zerlegung scheint nach ähnlichen Richtlinien artspezifisch durchgeführt worden zu sein (*Grefen-Peters u. Heske* 2020, S. 129–130).

Vor diesem Hintergrund erscheint das Vorkommen kompletter oder zumindest teilartikulierter tierischer Skelettpartien erklärungsbedürftig und weist auf eine intentionelle Niederlegung durch den Menschen hin. Die Forschung unterscheidet hier bisher zwischen Tierbestattungen und Tieropfern (*Stapel* 1999, S. 181; *Wagner* 2005, S. 581–582). Dabei meint eine Tierbestattung sowohl die Tötung und Niederlegung gemeinsam oder im Umkreis von menschlichen Bestattungen als auch die sorgfältige Niederlegung eines Tiers mit „menschlichen" Attributen wie sorgfältigem Grabschutz oder Beigaben (*Lang* 2006, S. 25). Als Opfer wird dagegen die Niederlegung von Tieren oder Tierpartien ohne Bestattungskontext gesehen. Das Vergraben stellt dabei die irreversible Entäußerung dar, mit der das Opfer der menschlichen Sphäre entzogen werden soll. Nicht ausgeschlossen werden kann aber auch ein besonderer Umgang mit z. B. kranken Tieren oder ein Unfall. Schwierig wird es hier definitorisch bei teilartikulierten Partien, bei welchen aufgrund ihrer regelhaften Komposition weder ein System noch ein möglicher Zusammenhang mit einer profanen Zerteilung ausgeschlossen werden kann. In seiner Bearbeitung des Phänomens auf den britischen Inseln schlug *James Morris* als neutrale Bezeichnung *Articulated Bone Groups* (ABGs) vor (*Morris* 2011, 1). Damit soll eine Einteilung in profan oder rituell vermieden und die Ansprache von der Interpretationshypothese getrennt werden.

Die jüngste Typologisierung durch *Angela Perri* versucht, dieses Phänomen für den Hund zu systematisieren: Sie unterscheidet zwischen Tierbestattungen, gemeinsamen Tier-Mensch-Bestattungen und der Beigabe von tierischen Skelettelementen ins menschliche Grab. Ihre beiden anderen Kategorien beinhalten intakte Niederlegungen, die Spuren menschlicher Manipulation zeigen und entweder „zweckmäßig"-wirtschaftlich zu erklären sind oder durch sorgfältige, regelhafte Niederlegungen als rituelle Handlungen qualifiziert werden. Die wichtigsten Faktoren, die sie heranzieht, sind Artikulation und Positionierung der Tiere im Befund, Hinweise auf Traumata und perimortale Handlungen sowie Pathologien, Alter, Geschlecht und Größe des entsprechend behandelten Tiers. Auch der Ort und die Beifunde können eine zentrale Rolle spielen, besonders, wenn die Niederlegung außerhalb eines menschlichen Gräberfelds erfolgt. Auch die Ähnlichkeit zum zeitgleichen menschlichen Totenkult ist zu prüfen (*Perri* 2017, S. 93). Die Anwesenheit von Siedlungsabfall in der entsprechenden Befundfüllung als Kriterium für eine profane Entsorgung zu werten, verbietet sich jedoch zumindest für die Hünenburg. Angesichts der hohen Befunddichte und Stärke der Kulturschicht wird es im 10. Jahrhundert v. Chr. im Bereich der Außensiedlung nahezu unmöglich gewesen sein, Erdarbeiten durchzuführen, ohne dass Siedlungsabfall sekundär verlagert wurde. *James Morris* spricht sich gegen starre Interpretationsschemata aus und fordert stattdessen einen „biographical approach". Hier stehen die Aussage individueller Befunde und das deponierte Tier selbst deutlich stärker im Fokus. Er sieht die Niederlegung in jedem Fall als Ausdruck einer besonderen Mensch-Tier-Beziehung, die eine individuelle Behandlung nach dem Tod des Tieres erforderte (*Morris* 2018, S. 116–120).

Es wird deutlich, wie schwer die Trennung zwischen Ansprache und Interpretation fällt – dies gilt im besonderen Maße für die Niederlegungen, die durch räumlichen Bezug nicht direkt dem Totenkult zugerechnet werden können. Auch basieren die Interpretationsvorschläge auf der Herausstellung von Regelmäßigkeiten, die an kleinen Serien nicht ohne weiteres zu leisten sind. Festzuhalten bleibt, dass das Vorkommen komplett artikulierter Skelette im Siedlungsareal für die Hünenburg-Außensiedlung erklärungsbedürftig ist – dass eine Ansprache aber nur durch eine individuelle Befunddiskussion einerseits und die Kontextualisierung mit dem unmittelbaren und regionalen archäologischen Umfeld erfolgen kann.

Abb. 4: Das in Fläche 4, Quadrant N I A 063 entdeckte Schädel-Extremitätendepot. Die artikulierte Lage der Rinderextremitäten in situ im Ostprofil des Befundes ist gut zu erkennen (Quelle: nach Grefen-Peters 2016a, Abb. 38b).

Diesem Ansatz folgend, können an der Hünenburg-Außensiedlung aus den Grabungen zwischen 2006 bis 2018 insgesamt zehn Hinweise auf ABGs identifiziert werden. Am häufigsten wird dabei das Rind beobachtet. Schon 2009 konnte in der am Nordrand der Siedlungsfläche ca. 50 m südlich des Befestigungswalles gelegenen Fläche 4 am Rande einer Siedlungsgrube ein Rinderschädel, der mit der Unterseite nach oben auf insgesamt drei teilartikulierten Rinderextremitäten lag, geborgen werden (Abb. 4). Es handelt sich ausschließlich um linke Extremitäten, die sich auf zwei Individuen aufteilen lassen, während der Schädel nicht zugeordnet werden kann. Die Abtrennung der Partien erfolgte nicht durch Schnitte durch das Gelenk, sondern durch die Zertrümmerung der unteren Tibiae bzw. des oberen Femurs. Schnittspuren an den Phalangen deuten wiederum Abhäuten und Zerlegung an. In zwei Fällen ist zudem der Talus vorhanden, während die Phalangen fehlen – ein für die Portionierung von Extremitäten typisches Phänomen (*Heske et al.* 2010, Tab. 1, Abb. 20; *Boschin u. Riedel* 2011, S. 604). Als Befunde traten vier desartikulierte menschliche Knochenreste hervor, die ebenfalls aus einem Schädeldach sowie drei Bruchstücken von Langknochen der linken Körperseite bestanden (*Heske et al.* 2010, S. 183, Tab. 3) Die identischen Lagerungsspuren weisen darauf hin, dass das Ensemble geschlossen niedergelegt wurde (*Heske et al.* 2010, S. 180–181; *Grefen-Peters* 2016a, S. 290–293). Erwähnenswert ist, dass alle Skelettelemente deutliche Spuren von Carnivorenverbiss zeigen – anders als alle folgenden Beispiele waren sie offensichtlich längere Zeit an der Oberfläche und somit Aasfressern zugänglich.

Von den Flächen 13 im Zentrum der Außensiedlung und 14 an ihrer östlichen Peripherie ist ein zweiter Modus von Rinderniederlegungen bekannt. In beiden Fällen handelt es sich um das deutlich manipulierte Rumpfskelett eines männlichen Rindes. Der Teilkadaver wurde auf der linken Körperseite liegend einmal O–W und einmal NO–SW ausgerichtet angetroffen, wobei in beiden Fällen die Halswirbelsäule stark überdehnt wurde, so dass der Kopf auf der rechten Körperseite mit Blick nach Osten zum Liegen kam. Der Teilverband aus Fläche 13 bestand aus dem Torso, inklusive kompletter Wirbelsäule bis zu den Lendenwirbeln. Dazu kamen der fragmentierte Hirnschädel, der aus zwei Fragmenten des Stirnbeins und der linken Maxilla bestand, während die Mandibula, einige Rippen sowie die proximale Hälfte des Beckens und das Kreuzbeins fehlen (Abb. 5). Bis auf einen der typischen Schlachttechnik folgenden abgeschlagenen Oberschenkelkopf sind die Extremitäten nicht vorhanden. Deutliche Brüche an Rippen und Wirbeln sind als perimortal einzustufen – sie stehen wahrscheinlich mit einer Entfleischung und dem Einbringen des Teilkadavers in die Grube in Verbindung. Hinweise auf die Todesursache finden sich an einer Rippe auf der rechten Brustseite. Eine 0,9 x 0,44 cm messende Kerbe, die mit dem Eindringen eines spitzen Gegenstanden in den Brustkorb erklärt werden kann, deutet auf einen Stich in die Brust hin. Das Fehlen der Sacral- und Schwanzwirbel könnte weiterhin auf eine Abhäutung hinweisen. Die Lage der oberen Halswirbel *in situ*, insbesondere die des Atlaswirbels, deutet auf eine Deponierung in artikuliertem Zustand hin. Mit den fehlenden Fleischpartien der Extremitäten sowie dem Abtrennen von Fleischpartien von Brust und Lenden kann von einer Entnahme der fleischreichen Partien ausgegangen werden. Auch die starke Stauchung erscheint nur für einen weitgehend entfleischten Körper plausibel. Der anschließend nur noch von Sehnen zusammengehaltene Torso wurde dann kompakt in einer spezifischen Form und Ausrichtung deponiert. Das Bild in Fläche 14 ist sehr ähnlich, hier fehlen Becken und Kreuzbein sowie die Schwanzwirbel, ebenso das linke Femur, die linke Kniescheibe und mehrere Phalangen. Während der Schädel in zerdrücktem Zustand diesmal vollständig ist, fehlen beide Hornzapfen (*Grefen-Peters* 2016b, S. 296). Die verbliebenen Extremitäten sind, anders als in der Fläche 13, vorhanden, aber alle vom Torso separiert: Die linke Vorderextremität lag unterhalb des Torsos, während beide Hinterextremitäten und Teile der linken Vorderextremität gebündelt unterhalb des Torsos gelagert waren. Schnittspuren finden sich nur am linken Radius. Das weitere Fehlen von Schnitt- und Schabespuren könnte darauf hindeuten, dass das teilweise desartikulierte Tier nicht entfleischt wurde (*Grefen-Peters* 2016b, S. 298). Alle drei Befunde lassen ein ähnliches Muster erkennen, bei dem die Extremitäten entfernt, der Kadaver teilweise entfleischt und der Torso unmittelbar danach niedergelegt wurde, während die Extremitäten mal direkt darunter, mal separat in den Boden gelangten – aufgrund des noch sichtbaren anatomischen Zusammenhangs der Läufe aus Fläche 4 muss dies ebenfalls relativ zeitnah erfolgt sein. Auffällig ist, dass es sich in allen Fällen um männliche Tiere handelt, die zwischen vier und sieben Jahre alt waren, was bereits jenseits des üblichen Schlachtalters der im restlichen Knochenmaterial fassbaren Rinder um drei Jahre liegt (*Grefen-Peters u. Heske* 2020, S. 131). Hervorzuheben sind Belastungsspuren, die sich am älteren Tier aus der Fläche 4 und dem Stier aus der Fläche 14 fanden und die darauf hinweisen, dass sie jeweils starken Belastungen – wahrscheinlich als Arbeitstier – ausgesetzt waren (*Heske et al.* 2010; S. 180; *Grefen-Peters* 2016a, S. 293; *Grefen-Peters* 2016b, S. 303).

Nur ca. 5 m südöstlich des Rinds konnte auf der Fläche 13 eine ebenfalls intakte Niederlegung eines Pferdeskeletts dokumentiert werden (Abb. 5). Es befand sich auf der Sohle einer großen, mehrfach gestörten Siedlungsgrube, die ca. 1,70 m unterhalb des heutigen Geländeniveaus lag. Die Befundfüllung enthielt klassischen Siedlungsabfall, darunter Fragmente einer Lappenschale, einen verzierten und einen unverzierten Doppelkonus sowie mehrere Vorratsgefäße mit einziehender Gefäßmündung. Eine fast intakt geborgene Tasse mit halbkreisförmigen Bogenriefen oberhalb des Umbruchs und einem oberrandständigen, unten von zwei Punktdellen begrenzten Henkel ist auffälligerweise fast unbeschädigt. Das Pferd war, anders als die Rinder, nahezu komplett, inklusive Extremitäten erhalten – durch die günstigen Lagerungsbedingungen waren noch Rippenknorpel vorhanden (*Grefen-Peters* 2016c, S. 308). Statt auf der Seite lag es in Rückenlage NO–SW ausgerichtet, mit nach Osten gebogener Kopf-Hals-Partie, die eng den Konturen der Grubenverfärbung folgt. Die Hinterläufe waren auffällig gespreizt, während die Vorderläufe stark angezogen auf dem Brustkorb zum Liegen kamen. (*ebd.*, 319). Die Lage der Gelenkköpfe, der artikulierte, geschlossene Unterkiefer und die komplett im anatomischen Verband befindliche Wirbelsäule zeigen, dass die Positionierung des Tiers vollartikuliert geschah (*ebd.*, 308, Abb. 62). Lediglich wenige Phalangen, zwei Griffelbeine, Handwurzelknochen und die Sesambeine sind nicht vorhanden, was die Frage aufwirft, ob die Grube für eine kurze Zeit offenstand (*Grefen-Peters* 2016c, 308). Nach der Epiphysenverwachsung und dem Zustand des Gebisses kann das Tier als männliches, ca. 5-jähriges Individuum angesprochen werden. Die Widerristhöhe des mittelschlank gewachsenen Tiers lag zwischen 130 und 133 cm, was für die jüngere Bronzezeit als relativ groß, nach modernen Maßstäben

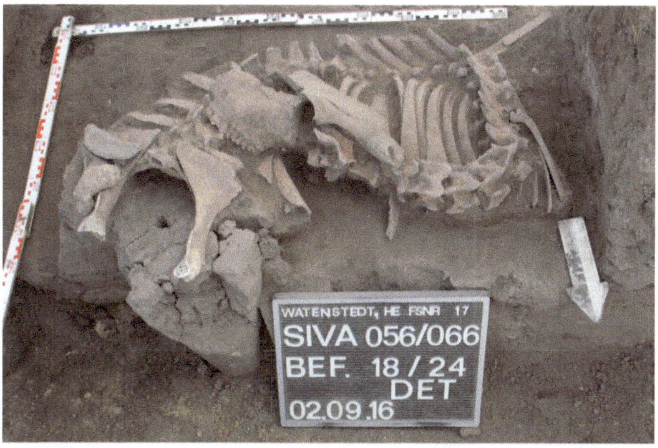

Abb. 5: Die Niederlegung eines Rindertorsos (oben) und die eines komplett artikulierten jungen Hengstes stammen aus der Fläche 13 (Quelle: Universität Göttingen).

allerdings unter dem durchschnittlichen Stockmaß der meisten Ponyrassen liegt (*Grefen-Peters* 2016c, Tab. 9b). Aufschlussreich ist der osteologische Nachweis einer Entzündung auf Höhe der ersten Molaren im Oberkiefer. Zusammen mit bandartigen Freilegungen des Dentins auf der vorderen Fläche des zweiten Unterkieferprämolaren deutet sich das Tragen einer möglicherweise schlecht geeigneten Trense an (*Grefen-Peters* 2016c, 310). Kombiniert mit scharfkantigen Gelenkrändern sowie ansetzende Knochenneubildungen an den Gelenkrändern von Metacarpen, Metatarsen und einigen Phalangen kann auf ein frühes Training sowie einen intensiven Arbeitseinsatz des Tieres, etwa beim Ziehen von Wagen, geschlossen werden. Auch die Pferdeniederlegung hat an der Hünenburg eine wahrscheinliche Parallele: Auf der Fläche 9, die ca. 300 m südlich hangabwärts liegt, wurde direkt neben einer steinernen Herdstelle ein Ensemble aus einem stark fragmentierten Pferdeschädel, den Wirbeln, der Halswirbelsäule im anatomischen Verband sowie Rippen und einem Oberschenkel dokumentiert. Eine Ausrichtung des Kopfes nach Norden kann angenommen werden. Die relative hohe Lage und die dort nur noch schwach ausgeprägte Kulturschicht sowie moderne Pflugspuren weisen auf eine sukzessive Zerstörung des Skeletts hin – ob es sich also um eine weitere Niederlegung handelt oder nur um ein Teilskelett und wie der genauer Lagekontext aussah, kann nicht mehr beurteilt werden.

Als weiteres Haustier ist das Schwein auf Fläche 13 ebenfalls als intakte Niederlegung vertreten, diesmal im äußersten Nordwesten der Fläche. Erneut war der Deponierungsort eine tiefe, sackförmige Siedlungsgrube, die auf der Sohle das im anatomischen Verband liegende Schweineskelett sowie im Planum darüber einen Stierschädel mit auffälliger Impressionsfraktur enthielt (Abb. 6). Erneut ist die Erhaltung vorzüglich und es liegen nahezu alle Knochen vor. Extremitäten bis hin zu den Phalangen, Wirbelsäule und Kopf sind nach der Lage *in situ* im Sehnenverband in die Grube gelangt. Das Tier lag auf der rechten Körperseite, eng an die nördliche Grubenwand geschmiegt, in klarer N-S-Ausrichtung. Die Geschlechtsdiagnostik deutet auf ein weibliches Schwein hin, dessen Alter von drei bis vier Jahren knapp über dem üblichen Schlachtalter des Siedlungsmaterials liegt. Außergewöhnlich ist die Beobachtung einer knöchernen (Lanzen)Spitze, die aus der Ulna eines Ovicapriden gefertigt worden war und im linken Brustbereich des Schweins angetroffen wurde. Zu dieser mutmaßlichen Tötungswaffe passt der Befund einer Rippenläsion auf Höhe des vorletzten Brustwirbels, der damit als Eintrittsstelle gelten kann. Das Schwein wurde demnach vor Ort getötet und, ohne entfleischt oder anderweitig manipuliert zu werden, in der Grube deponiert.

Weiterhin liegt im Bereich der Fläche 13 das intakte Skelett eines Haushundes vor, der nordöstlich einer gedachten Linie zwischen Schweine-, Rinder- und Pferdeniederlegung in einer tiefen Siedlungsgrube entdeckt wurde (Abb. 6). Es handelt sich um einen in Laufstellung auf der linken Körperseite liegenden Junghund von unter einem Jahr, der an einer Infektion infolge einer Verletzung am Schulterblatt, eventuell durch einen Viehtritt im Rahmen einer Hütetätigkeit, verursacht, starb. Wahrscheinlich war der Niederlegungsort eine kleinere Eingrabung, die sich als hellgrau-braune Verfärbung im Nordwesten der größeren Vorratsgrube zeigt. Dieser Eingrabung kann eine Steinpackung aus plattigem, lokal anstehendem Rogenstein zugeordnet werden, die dort schon ab dem Niveau von Planum 3 bemerkt und sukzessive abgebaut wurde. Die Positionierung, der mutmaßliche Steinschutz sowie die natürliche Todesursache deuten auf eine Art der Totenfürsorge hin, die die Ansprache als Tierbestattung wahrscheinlich macht. Erklärungsbedürftig sind jedoch die kleinen Schwanzwirbelknochen, die im anatomischen Verband auf dem linken Oberarm zum Liegen kamen – die Rute wurde also perimortal abgetrennt und einzeln mit ins Grab gegeben. Das Kupieren von Arbeitshunden hat historisch eine lange Tradition – warum es hier aber nach dem Tod des Tieres geschah, ist unklar.

Gänzlich anders präsentiert sich eine Reihe von Befunden mit stark dislozierten Ovicapridenskeletten. Zwei Individuen stammen aus einer tiefen Siedlungsgrube im Osten der Fläche 13, und ein weiteres von der Sohle der Siedlungsgrube, die die Eingrabung mit der oben vorgestellten Hundeniederlegung enthielt. Anders als alle bisher vorgestellten Tiere fanden sich die Knochen hier nicht im anatomischen Verband, sondern sind komplett disloziert – kleinere Partien wie Hand- und Fußknochen sind nur teilweise vorhanden und die Tibiae des einzeln gefundenen Tieres wurden sogar zur Markentnahme gespalten. Damit entsteht der Eindruck, dass sie als Fundniederschlag einer im Siedlungsbereich durchgeführten Schlachtung zu betrachten sind. Dem entgegen steht ein Befund aus der Grabungsfläche 10, die westlich, nahe der modernen Ortslage Watenstedt eröffnet wurde. Hier fanden sich in einer Siedlungsgrube mindestens zwei Ovicapriden, deren Torsi und Extremitäten weitgehend intakt waren, während die offensichtlich entfernten Schädel unterhalb, nahe der Grubensohle, zum Vorschein kamen.

In der Gesamtschau finden sich also die wohl intakt niedergelegten Kadaver verschiedener Haustiere regelhaft im gesamten Areal der Hünenburg-Außensiedlung,[3] wobei eine besondere Konzentration dieser Niederlegungen in der Fläche 13 zu beobachten ist (Abb. 7). Zentral für die weitere Ansprache dieser Befunde ist ihre Datierung: Während die Differenzierung über das Fundmaterial zunächst nur die grobe Zuordnung zur Besiedlung der Perioden IV–V anzeigt, belegt eine Reihe von Radiocarbondaten die Zugehörigkeit aller Tiere zur Blütezeit der Außensiedlung in der Periode V. Die ältesten Daten erbrachten die Schweineniederlegung (1026–938 cal BC) und der Hund (2849+–22, 1047–948 cal BC). Die beiden Rinder liegen bei 992–922 cal BC (Fläche 13) und 926–845 cal BC (Fläche 14), wozu auch das für das Pferd ermittelte Datum passt (973–857 cal BC). Das Alter der Ovicapriden wurde nur für ein Individuum auf Fläche 10 bestimmt und passt mit 996–918 cal BC ebenfalls in die vorliegende Reihe (*Nast* 2012). Auch wenn diese Ergebnisse feinchronologisch nicht belastbar sind, deutet sich ein relativ enger Zeitraum an, in dem diese in den Boden gelangten.

[3] Weitere Tierniederlegungen aus den frühen Grabungsjahren wurden teilweise für jüngere entsorgte Kadaver gehalten; vgl. ein weiterer Hund (Katnr. 303, *Heske* 2016, S. 65–66); ein kl. Wiederkäuer (Katnr. 4217a, *Heske* 2016, S. 120) sowie ein weiteres unbestimmtes Säugetier (*Heske* 2016, S. 43, ohne Katnr.).

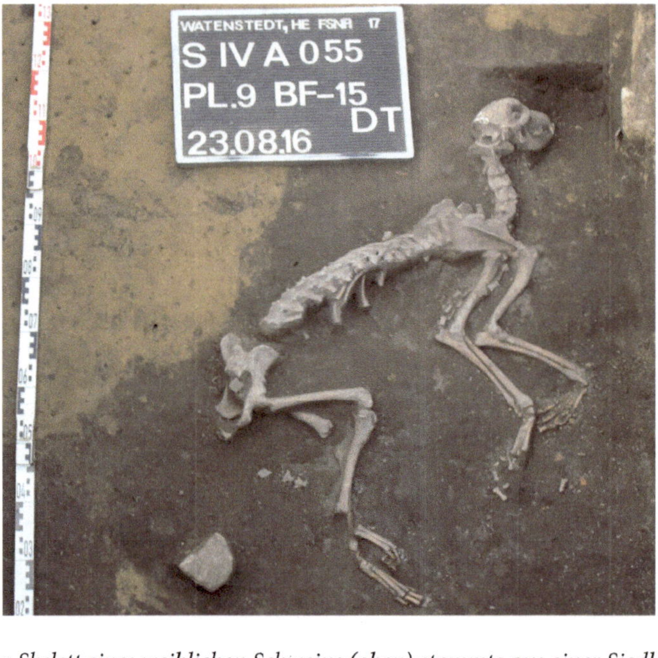

Abb. 6: Das Skelett eines weiblichen Schweins (oben) stammte aus einer Siedlungsgrube, die auch einen separat niedergelegten Rinderschädel enthielt. Der Hund (unten) starb eines natürlichen Todes. Ungewöhnlich ist die über die Vorderextremitäten gelegte, abgetrennte Rute (Quelle: Universität Göttingen).

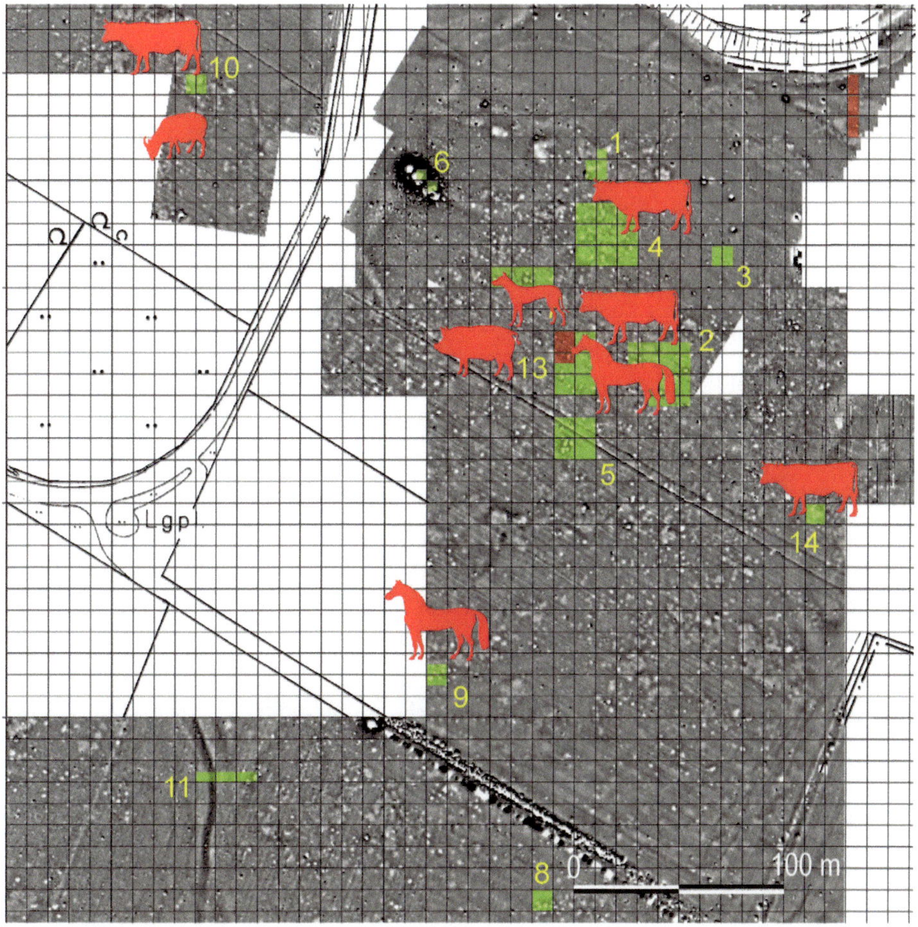

Abb. 7: Tierniederlegungen im Bereich der Hünenburg-Außensiedlung. Deutlich wird die Konzentration im Bereich der Fläche 13 (Quelle: eigener Entwurf).

3 Tierniederlegungen der jüngeren Bronze- und frühen Eisenzeit

In ihrer Arbeit zum Opfer im archäologischen Befund konstatiert *Ines Beilke-Voigt*, dass für die jüngere Bronzezeit in Norddeutschland und Südskandinavien keinerlei artikulierte Tierniederlegungen im Siedlungsbereich bekannt seien (*Beilke-Voigt* 2007, S. 190, dem schließt sich *Duerr* 2010, S. 188–190, an). Prominent für die Deutung dieser Befundgattung waren bisher die beiden Fundplätze von Lossow bei Frankfurt (an der Oder) und der Stillfried in Niederösterreich. In Lossow handelt es sich um früheisenzeitliche Schachtanlagen im Bereich einer älteren befestigten Höhensiedlung, die regellos mit Deponierungen von Tierskeletten sowie Teilskeletten und Schädeln, besonders von Pferd, Rind, Schaf/Ziege und Hirsch, zusammen mit zahlreichen menschlichen Knochen verfüllt waren (*Griesa* 2013, S. 53–65; *Benecke* 2013, S. 105–116). Am Stillfried, wo der Niederlegungsort ebenfalls eine späturnenfelderzeitliche Befestigungsanlage ist, sind zahlreiche Wildtiere und nur wenige Haustiere bekannt, die meist allein, selten aber mit menschlichen Knochen vergesellschaftet in Gruben, aber auch in Baustrukturen angetroffen wurden (*Griebel u. Hellschmidt* 2013, S. 330–331; *Pucher* 2018). Diese Fundplätze wurden als Kultzentren verstanden, in denen größere Kultgemeinschaften Fruchtbarkeitsrituale durchführten. Damit waren diese spätbronze-früheisenzeitlichen Tierdeponierungen im Siedlungsbereich ein auf wenige Höhensiedlungen beschränktes, isoliertes Phänomen.

Dieser Forschungsstand kann nicht nur mit Blick auf die Befunde aus der Hünenburg-Außensiedlung erweitert werden (Abb. 8). Schon *Hanns-Hermann Müller* (1993) stellte eine Reihe von intakt niedergelegten Pferden der Bronzezeit zusammen. Für den mitteldeutschen Raum zu nennen sind dabei die Doppelniederlegung von Zitz, Lkr. Potsdam-Mittelmark, Schöningen, Lkr. Helmstedt, und zwei einzeln deponierte Tiere aus Siersleben, Lkr. Mansfeld-Südharz, wobei der Schöninger Befund inzwischen in die vorrömische Eisenzeit umdatiert werden muss[4] (*Ulrich* 1953, Abb. 5–6; *Buck-Wetzel* 1966, S. 139–140, Abb. 21; *Thieme u. Maier* 1995, S. 178, Abb. 181). In Siersleben fällt auf, dass beide Pferde stark überdehnte Hälse aufwiesen, so dass der Kopf auf der Flanke des Tieres zum Liegen kam, ansonsten waren sie aber uneinheitlich einmal auf der linken Seite liegend O–W orientiert und einmal auf der rechten Körperseite liegend N–S ausgerichtet (*Ulrich* 1953, S. 346–347). In Zitz lagen dagegen beide Tiere gemeinsam in einer flachen Grube, wobei sie die leicht angewinkelten Extremitäten einander zugewendet hatten (*Buck-Wetzel* 1966, S. 140). Nicht aus dem Siedlungskontext stammen mehrere Befunde des ab Ha B1 belegten Gräberfelds bei Burgsdorf, Lkr. Mansfeld-Südharz. Die Befunde präsentierten sich als runde Gruben, die deutlich flacher als die Grabgruben eingetieft waren. Sie enthielten Schädelreste oder intakte Schädel sowie die unteren Extremitätenenden einmal von nur einem Individuum und ein zweites Mal von mindestens drei Individuen (*Wagner* 1983, S. 181; *Müller* 1993, S. 132–133). Ein vergleichbares Schädel-Extremitätendepot fand sich Anfang der 2000er Jahre auf einem Gräberfeld bei Esperstedt und dem Gräberfeld bei Dornstedt (*Grothe u. Bogen* 2006a, S. 176; *Glaser u. Döhle* 2006b, S. 201). Als Gemeinsamkeit der archäozoologischen Erschließung dieser Befunde fällt auf, dass es sich hier bevorzugt um weibliche Pferde handelt, die zudem bis zu 20 Jahre alt wurden. Deutlich jüngere Tiere liegen nur aus Zitz vor, wo ein 2–2,5 Jahre alter Hengst neben einem 15-jährigen geschlechtlich nicht bestimmbaren Tier platziert wurde (*Müller* 1993, S. 132–133).

Diese Regelhaftigkeit findet sich allerdings nicht in einer Reihe neuerer Befunde. Aus Esperstedt im Saalekreis wurde in einer offenen Siedlung eine ovale Siedlungsgrube mit

---

[4] Die Datierung erfolgte im Rahmen der Dissertation von S. *Most* (i. Vorb.), S. 169.

einem darin deponierten ca. 3 Jahre alten Hengst entdeckt. Auffällig war hier eine flache Steinplatte, auf die der Kopf gezielt gebettet worden war. Ein zweites, erneut sehr altes Tier (ca. 20 Jahre) aus demselben Siedlungsareal zeigt abermals einen bewusst positionierten Kopf, der allerdings nicht parallel zum Rücken liegt, sondern stark zurückgebogen ist, so dass der Schädel auf das Genick blickt. Beide Tiere sind vom Körperbau her als relativ zierlich zu bezeichnen (*Glaser u. Döhle* 2006a, S. 146). Leider sind diese Befunde nur relativchronologisch der jüngeren Bronzezeit zuzuordnen. Sogar noch unschärfer fällt die Datierung für zwei Pferdeniederlegungen von Niederröblingen, Lkr. Mansfeld-Südharz, aus. Diese stammen aus der metallzeitlichen Kulturschicht einer dicht belegten, als tell-artig charakterisierten Siedlung. Beide zeigen aber Spuren von Manipulation im Kopfbereich und an den Extremitäten. Das erste Individuum wurde nahe eines als Hausboden angesprochenen Lehmestrichs geborgen. In linker Seitenlage war es O–W ausgerichtet. Die Läufe sind ungewöhnlicherweise gestreckt und unter der Körpermitte zusammengeführt, so dass an ein Zusammenbinden der Fesseln gedacht werden kann. Dazu ist der Kopf weit nach hinten gebogen (*Ganslmeier* 2011, S. 218–219, Abb. 6). Ein weiteres Tier ist möglicherweise eisenzeitlich – es findet sich auf der linken Körperseite positioniert in einem Abstand von drei Metern gegenüber der Niederlegung eines Kalbs. Beiden Tieren fehlen der Schädel sowie die oberen Halswirbel, was für eine Enthauptung spricht (*Ganslmeier* 2011, S. 218–220, Abb. 7–8). Weitere größtenteils nur in Vorberichten bearbeitete Pferdeniederlegungen der jüngeren Bronze- und frühen Eisenzeit im Siedlungskontext stammen aus Haldensleben-Beberdüker, Lkr. Börde, und Hohenmölsen, Burgenlandkreis, sowie unsichere Befunde aus Zehmitz, Lkr. Anhalt-Bitterfeld, und Egeln, Salzlandkreis (*Schrickel* 2012, S. 99; *Renner* 1997, S. 103–104, Abb. 4; *Jarecki* 2004, S. 29). Eine Parallele für die ungewöhnliche Rückenlage der Watenstedter Pferdeniederlegung gibt es allerdings bisher nicht.

Ganz ähnlich präsentiert sich auch der Forschungsstand für die Rinderniederlegungen. Diese sind aus neolithischen Kontexten nichts Ungewöhnliches (*Behrens* 1964; *Pollex* 1998; *Becker* 2017, S. 101–103). Aus den angeführten Siedlungen bei Niederröblingen und Hohenmölsen sind neben den Pferden auch Rinderniederlegungen bekannt. Vereinzelt werden auch hier die zurückgebogenen Köpfe beobachtet, auffällig ist aber im Unterschied zu Watenstedt, dass es sich hier, sofern bestimmt, um jüngere Tiere handelt (*Ganslmeier* 2011b, S. 219–220, Abb. 9; *Renner* 1997, S. 103). Bemerkenswert sind hier aber auch zwei aufgrund der Überlieferungsbedingungen unsichere Befunde aus der Norddeutschen Tiefebene: Aus dem vorgelagerten Graben der Kratzeburg, Lkr. Mecklenburgische Seenplatte, stammen artikulierte Knochen des Schädels und der Vorderextremitäten, die mutmaßlich zu einem komplett deponierten Rind gehören, dass zwischen 1214 und 1053 cal BC dort niedergelegt wurde (*Küster* 2013, S. 93–94, Abb. 5.3.1; *Dräger* 2013, S. 258–259). Die stark vergangenen Reste eines ganzen Kalbes fanden sich dagegen bei Waren, ebenfalls Lkr. Mecklenburgische Seenplatte, in einem als „Kultgrube“ angesprochenen Grubenbefund, oberhalb zweier ebenfalls intakt deponierter Ovicapriden (*Schoknecht* 1997, S. 48, Abb. 2).

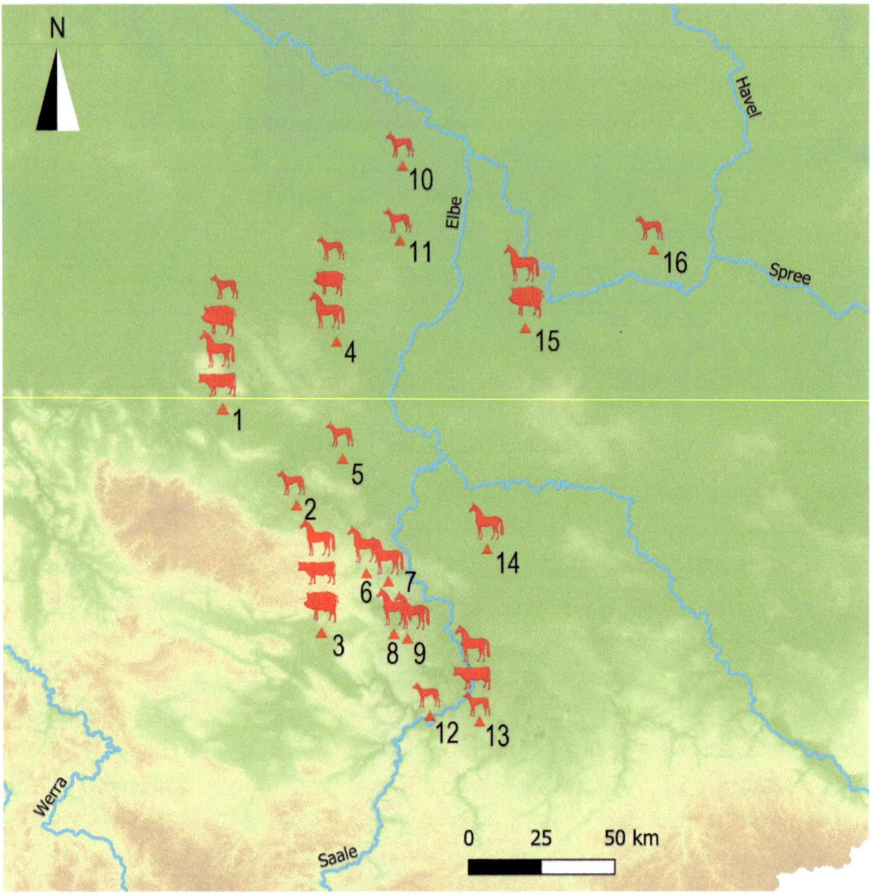

Abb. 8: Tierniederlegungen der jüngeren Bronze- und frühen Eisenzeit aus Mitteldeutschland. Insbesondere Pferd und Hund zählen zu den häufig niedergelegten Tieren. 1 Hünenburg bei Watenstedt, Lkr. Helmstedt; 2 Trasse B6n, Quedlinburg; 3 Niederröblingen, Lkr. Mansfeld-Südharz; 4 Haldensleben-Beberdüker, Lkr. Börde; 5 Egeln, Salzlandkreis; 6 Siersleben, Lkr. Mansfeld-Südharz; 7 Burgsdorf, Lkr. Mansfeld-Südharz; 8 Esperstedt, Lkr. Saalekreis; 9 Dornstedt, Saalekreis; 10 Zedau, Lkr. Stendal; 11 Nahrstedt, Lkr. Stendal, 12 Eula OT Naumburg, 13 Hohenmölsen, Lkr. Burgenlandkreis; 14 Zehbitz, Lkr. Anhalt-Bitterfeld; 15 Zitz, Lkr. Potsdam-Mittelmark; 16 Wustermark, Lkr. Havelland (Quelle: eigener Entwurf).

Als einzige Niederlegungsmodi erfreuen sich Hundeniederlegungen einer längeren Forschungsgeschichte – sie werden bereits seit dem Neolithikum beobachtet, allerdings meist im direkten oder indirekten menschlichen Grabkontext (*Andrałojć* 1986, S. 129; *Wegrzynowic* 1981, S. 510). In der Norddeutschen Tiefebene und im Mittelgebirgsraum können Hundeniederlegungen ab der jüngeren vorrömischen Eisenzeit und der Römischen Kaiserzeit als Charakteristikum gelten (*Scheibner* 2013, S. 33). Auch aus der jüngeren Bronzezeit sind entsprechende Befunde besonders für Mitteldeutschland gut fassbar: Bekannt sind erneut Niederröblingen mit mindestens drei Hunden (*Ganslmeier* 2011b, S. 217–218,), mehrere aus Hohenmölsen, je einer aus Egeln, wo möglicherweise eine Fesselung der Gliedmaßen vorliegt, Eulau, Wustermark 14, wo er direkt oberhalb eines versandeten Brunnens deponiert wurde, und Haldensleben-Beberdüker (*Renner* 1997, S. 103; *Beilke-Voigt* 1996, S. 135; *Schrickel* 2012, S. 99–100; *Spazier* 2012, S. 77). In der Siedlung bei Nahrstedt, Lkr. Stendal, fand sich ein auf der linken Körperseite liegendes Hundeskelett, dessen Schädel einem rezenten Entwässerungsgraben zum Opfer gefallen war. Das ca. einjährige, männliche Tier erreichte eine für sein Alter beeindruckende Widerristhöhe von 57,3 cm (*Hirsekorn et al.* 2011, S. 210–212). Kallusbildung an einer Phalange wird als Folge einer Bänderverletzung im Arbeitseinsatz interpretiert. Das ermittelbare Radiocarbondatum des Hundes zeigt aber an, dass er noch etwas älter ist als die anderen vorgestellten Niederlegungen (1411–1187 cal BC; *Hirsekorn et al.* 2011, S. 209). Auffällig ist, dass Manipulations- oder Tötungsspuren so gut wie nie beobachtet werden: Spuren sorgfältiger Positionierung oder gar Grabbeigaben, wie sie für die Ansprache als Bestattung gefordert werden, fehlen aber ebenso. Die Hundeniederlegungen zeigen besonders deutlich, dass sich eine einheitliche Interpretation aller Tierniederlegungen verbietet: Einzelne Tiere können als fürsorglich bestattete Individuen interpretiert werden, während diese Interpretation für das gefesselte Tier eher abwegig erscheint.

Bisher am seltensten wurden Niederlegungen von Ovicapriden und Schweinen beobachtet. Aus Esperstedt sind zwei Befunde mit Schweineniederlegungen bekannt, dabei ist auch ein junges Schwein, das gemeinsam mit dem Teilkadaver eines ca. halbjährigen Kalbes niedergelegt wurde (*Glaser u. Döhle* 2006a, S. 147, Abb. 29). In Haldensleben-Beberdüker wurden auf der Grubensohle in einer tiefen kegelstumpfförmigen Vorratsgrube der Schädel sowie die vordere Rumpfpartie einschließlich der Schulterblätter eines weiteren Schweins entdeckt (*Schrickel* 2012, S. 100, Abb. 3). Weitere intakte Niederlegungen wurden in Zitz und Hohenmölsen vorgenommen, ohne dass bisher weitere Details publiziert wären (*Renner* 1997, S. 103; *Teichert* 1986, S. 166). Im Vergleich sind die Schweineniederlegungen bisher recht uneinheitlich, was Ausrichtung und Auswahl der Tiere angeht. Meist handelt es sich um Jungtiere, die deutlich unter dem zu erwartenden Schlachtalter liegen. Dies ist auch bei dem für die Deutung entsprechender Niederlegungen wichtigen Fund von Großschkorlopp, Lkr. Leipzig, der Fall. Hier fanden sich die sorgfältig niedergelegten Skelette zweier vier- bis sechsmonatiger Ferkel in der oberen Füllung eines jungbronzezeitlichen Brunnens. Dieser war anscheinend planmäßig verfüllt worden. Unmittelbar unterhalb der Schweine fand sich ein Depot aus sieben zusammengebundenen Bronzeringen, so dass hier von der Nutzung des aufgelassenen Brunnens als Kultort ausgegangen wird und die für den Kult der Bronzezeit typische Wertentäußerung sowohl in der Niederlegung der Ferkel wie auch in der geläufigeren Form der Bronzeniederlegung fassbar wird (*Maraszek u. Egold* 2001, S. 125–126, Abb. 4A, S. 132).

4 Tierniederlegungen – Resultat einer regionalen Kultpraxis?

Die moderne Archäologie muss das Konzept von Identität auf verschiedenen Ebenen hinterfragen. Identität kann auf sozialer Zugehörigkeit, Geschlecht, Herkunft, Berufsfeld und Alter fußen; unterschieden werden muss ferner zwischen Selbst- und Fremdzuschreibung, individueller und kollektiver Identität. So oder so darf sie nicht als statisch gegebener Fakt, sondern muss als auf verschiedenen Wegen und in unterschiedlichen Kontexten immer wieder neu verhandeltes Konstrukt verstanden werden (*Hofmann* 2012, S. 13–14, Abb. 1). Dabei sind Regionalität und Identität in der klassischen archäologischen Methodik nacheinander eng verknüpft. Spätestens mit der Etablierung verschiedener Formenkreise entstand der Wunsch, in ihnen Personenverbände oder Bevölkerungsgruppen mit spezifischer Identität zu sehen (*Hofmann* 2012, S. 13). Verbreitungskarten von Leitformen oder Siedlungstypen werden genutzt, um Fundverbreitungen zu fassen und archäologische Kulturen zu definieren. Diese Kulturen müssen systemisch gedacht werden, wobei verschiedene intersubjektive Subsysteme der Verbreitung einer Fundkategorie zugrunde liegen können: Letztlich ist nur fallspezifisch zu entscheiden, ob beispielsweise die räumliche Verbreitung eines spezifischen Zierstils einen Werkstattkreis oder eine Stilprovinz oder vielleicht spezifische Austauschsysteme darstellt (*Nakoinz* 2005, S. 269, kritisch *Nikulka* 2016, S. 155).

Fasst man also das Vorkommen von jungbronze- und früheisenzeitlichen Tierniederlegungen im Siedlungsbereich zusammen, so wandelt sich das Bild von einem auf wenige herausragende Höhensiedlungen beschränkten Phänomen zu einer durchaus flächig auftretenden, in vielfältigen Ausprägungen vorliegenden Befundart, die auch in offenen Siedlungen zu erwarten ist. Zeitlich scheinen sie nicht vor dem 14. Jahrhundert v. Chr. anzusetzen zu sein und sind – zumindest den bisher vorliegenden absoluten Daten nach – besonders im 10. und 9. Jahrhundert v. Chr. geläufig. Die Verbreitung der bisher bekannten Befunde konzentriert sich dabei auffällig im Saalemündungsgebiet und in der östlichen Peripherie des Harzes. Schon *Immo Heske* nahm die Pferdeniederlegungen in eine Kartierung von typischen Formelementen wie gegossener Bronzebecken, Haus- und Gesichtstürurnen und menschlichen Knochenresten im Siedlungsbereich mit auf, welche sich mit dem über Hortfunde und keramisches Inventar definierten Formenkreis der Saalemündungsgruppe und ihrer früheisenzeitlichen Phase, der Hausurnenkultur gut deckt und auch das Nordharzvorland mit der Hünenburg einschließt (vgl. Abb. 3; *Heske* 2010, Abb. 9). Dem Ansatz von *James Morris* folgend könnte postuliert werden, dass in dieser Region verschiedenen Tierarten eine besondere Wertschätzung zukam, die wirtschaftlich und gesellschaftlich begründet sein könnte. Ein Blick auf die insgesamt 68 auswertbaren Tierniederlegungen im Arbeitsgebiet zeigt klar, dass Pferd und Rind die am häufigsten niedergelegten Arten sind, dicht gefolgt vom Hund.

Die wirtschaftliche Rolle bronzezeitlicher Tiere lässt sich zunächst über die Auswertung des tierischen Knochenmaterials fassen (*Heske u. Grefen-Peters* 2010, S. 17). Dabei muss aber bedacht werden, dass hier eine willkürlich zusammengestellte Stichprobe betrachtet wird, die durch Knochennutzung, Abfallbeseitigung, Taphonomie und Grabungstechnik maßgeblich beeinflusst wird (*Uerpmann* 1972, S. 10; *Bartosiewicz u. Bonsall* 2018, 2–3, S. 9; *Scheibner* 2015, S. 154). Gerade für die Hünenburg sind umfassende archäozoologische Auswertungen durch *Silke Grefen-Peters* erfolgt, die Tierknochenkomplexe dreier verschiedener Grabungsflächen aus der Außensiedlung auswertete, die insgesamt über 1.500 bestimmbare Knochen umfassten (Vorbericht 2009; Vorbericht 2011; *Grefen-Peters u. Heske* 2021). Hier zeigt sich, dass das Rind mit einigem Abstand der wichtigste Fleischlieferant war (Abb. 9). Pferd und Hund sind dagegen im Knochenmaterial rar, obwohl Schnittspuren und ein zertrümmerter Unterkiefer belegen, dass zumindest Hunde nach ähnlichem Muster wie andere Tiere zerlegt und verzehrt wurden. Während das Schlachtalter aber bei Rindern zwischen anderthalb und drei Jahren lag und somit auf eine gezielte Schlachtung für den maximalen Fleischertrag hinweist - ähnlich wie bei den Schweinen –, sind Hunde und besonders Pferde zum Zeitpunkt der Schlachtung bzw. des Todes deutlich älter. Demnach wurden Hunde und Pferde nicht zur Ernährung gehalten, auch wenn die Kadaver verstorbener Tiere verwertet wurden. Dieser Befund wiederholt sich auch in etwa zeitgleichen Tierknochenensembles aus Runstedt, Lkr. Helmstedt, Göttingen-Walkemühle, Lkr. Göttingen, oder Wallwitz, Lkr. Jerichower Land. Der Rinderanteil liegt meist um 50 %, gefolgt von Schweinen und Ovicapriden mit je ca. 20 %. Insgesamt ist an allen genannten Fundplätzen ein ähnliches Haustierspektrum fassbar. Hunde und Pferde sind deutlich seltener - nur in dem sehr kleinen Komplex aus Wallwitz erreichen die Pferde über 10 % nach Knochenanzahl (KNZ), während Hunde nur 5 % oder weniger ausmachen. (May 1971; *Stork u. Boessneck* 1973, S. 173; *Prilloff* 1985, Abb. 1). Diese Ähnlichkeit zwischen den Fundplätzen fügt sich gut in die durch *Albrecht Jockenhövel* postulierten „Haustierlandschaften" ein (*Jockenhövel* 1997, S. 213). Auffällig zu sehen ist eine solche an der Kratzeburg, Lkr. Mecklenburgische Seenplatte, die bereits deutlich in der norddeutschen Tiefebene liegt und sich mit ihrem auf ca. 70 % erhöhten Rinderanteil der Artenverteilung in den Küstenregionen annähert, wo 80 % Rinderknochenanteil keine Seltenheit sind (*Teichert* 1964, S. 107; *IJzereef* 1981, S. 24–25, Tab. 1; *Grimm* 2003, S. 191–192). Die Stichprobe von Wallwitz wegen ihrer geringen Größe ausklammernd, stammen alle anderen Komplexe aus dem Mittelgebirgsraum und sind daher wahrscheinlich auf die Nutzung ähnlicher landschaftlicher Grundgegebenheiten zurückzuführen. Einzelne Abweichungen, wie etwa die höhere Repräsentation von kleinen Wiederkäuern in der Hünenburg-Außensiedlung, könnten entsprechend mit lokalen naturräumlichen Bedingungen zusammenhängen: So bietet der Heeseberg mit seinen trockenen Südhängen ca. 240 ha Weidefläche für die genügsamen Ovicapriden im unmittelbaren Siedlungsumfeld.

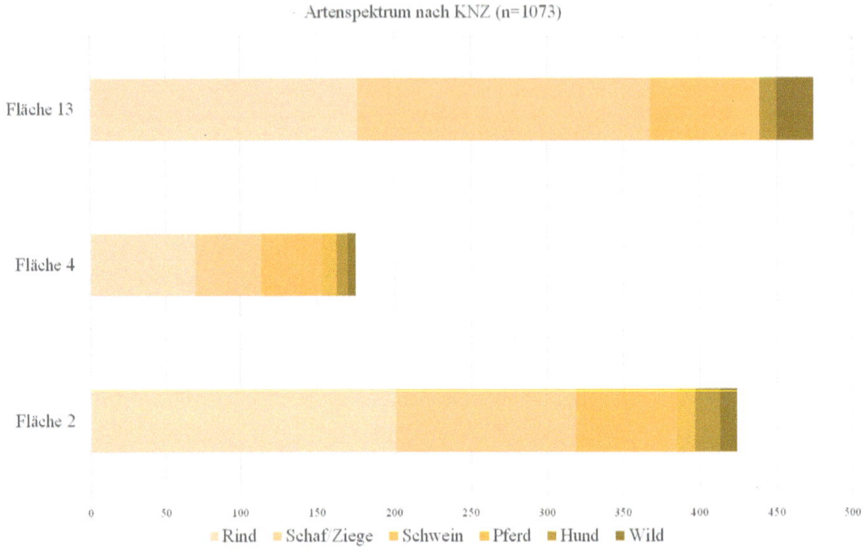

Abb. 9: Anteil nach Knochenzahl (KNZ) der einzelnen Arten an den bestimmbaren Schlachtabfällen aus den verschiedenen Flächen der Hünenburg-Außensiedlung. Hier tritt besonders das Rind als wichtiges Wirtschaftstier in den Vordergrund (Quelle: eigener Entwurf).

Die wirtschaftliche Rolle der Haustiere beschränkt sich aber nicht nur auf den Fleischertrag – ebenso wichtig waren Sekundärprodukte wie Milch, Haut/Fell und besonders Arbeitskraft (*Bogucki* 1999, S. 228; *Falkenstein* 2009, S. 153). Hier sei auf die Hinweise von Überbelastung, gerade an den Gelenken von Rindern, sowie Trensenabrieb für die Pferde und in einem Fall auch für einen Ovicapriden hingewiesen (*Heske* 2006, S. 137; *Grefen-Peters* 2016b, S. 298; *Grefen-Peters* 2016c, S. 310). Der Einsatz als Arbeitstier hatte durch die notwendige Ausbildung und das enge Zusammenspiel mit dem Menschen möglicherweise einen wesentlich größeren Einfluss auf die Entwicklung einer sozialen Rolle von Tieren. So fällt für die Tierniederlegungen als eine der wenigen Gemeinsamkeiten auf, dass hier oft alte Tiere mit Belastungsspuren gewählt werden. Während dies als Indiz für einen *Pius fraud* gewertet werden könnte, kann es auch auf die Auswahl von „Tieren mit Biographie" nach *Morris* hinweisen.

Hier bietet sich zuletzt der Vergleich der Behandlung von Tieren an anderen Fundplätzen an, die mit der Sphäre des Kultischen in Verbindung gebracht werden. Für die Jungbronze- und Früheisenzeit lassen sich drei regional tatsächlich begrenzte Modi fassen. Im nördlichen Alpenvorland findet sich seit der Mittelbronzezeit das Phänomen der Brandopferplätze. Diese meist prominent auf Anhöhen situierten Plätze fallen durch große Mengen akkumulierten Tierleichenbrandes auf (*Krämer* 1966, S. 118; *Torbrügge u.*

Uenze 1968, S. 211; *Weiss* 1997, S. 44–47). 99 % der Tiere sind Haustiere, wobei erneut das Rind und, teilweise regional verschieden, die kleinen Wiederkäuer und Schweine am häufigsten auftreten. Regelhaft finden sich dabei Schädelknochen sowie die der unteren Extremitäten, während die fleischreichen Langknochen und der Torso nur in absoluten Ausnahmefällen fassbar sind. Daraus wird geschlossen, dass hier entweder die Verbrennung von Fellen bzw. symbolischen Opfertieren ihren archäologischen Niederschlag findet oder dass sie Teil eines komplexen Ritualgeschehens waren, bei dem die restlichen Körperpartien andernorts verzehrt wurden (*Weiss* 1997, S. 72; *Lang* 2006, S. 19–21, Abb. 1). Kultmähler wurden auch für die Höhlenopferplätze postuliert, die sich von der Fränkischen Alb nach Westen und Norden ziehen und bis auf wenige Einzelfundplätze deutlich schlechter erfasst sind. Gerade schwer zugängliche Schachthöhlen dominieren in der späten Bronzezeit und wurden als Versenkungsopfer an chthonische Gottheiten interpretiert (*Schauer* 1981, S. 406; *Bökisch-Bräuer u. Zeitler* 1997, S. 7). In der Forschung dominierte lange Zeit die Frage nach rituellem Kannibalismus, bedingt durch das regelhafte Auftreten von dislozierten Menschenknochen, teils mit perimortalen Traumata (*Peter-Röcher* 1994, S. 97–98). Viele dieser Höhlen, allen voran die bekannten Kyffhäuserhöhlen, enthielten aber auch große Mengen an Tierknochen. Da viele typische Schlacht- und Manipulationsspuren vorlagen, wurde hier von Kultmählern ausgegangen, deren Abfälle der Profanisierung entzogen werden mussten und daher in den Höhlen entsorgt wurden (*Behm-Blancke* 1958, S. 276–277). Einzelne Befunde vermitteln jedoch ein deutlich differenzierteres Bild. So kann die Lichtensteinhöhle bei Förste mittlerweile als Bestattungsplatz einer regionalen Bevölkerung angesprochen werden (*Flindt et al.* 2013, S. 263–264). Nur ansatzweise publiziert sind die interessanten Befunde der zahlreichen Tierknochen: Im Bereich des dem prähistorischen Eingangsschacht am nächsten liegenden Berndsaals fanden sich etwa Pferde- und Hundeknochen sowie Hinweise auf eine komplett niedergelegte Rinderextremität. Weiter hinten in der Höhle im Bereich der Horstspalte fanden sich zahlreiche Ziegenknochen, die auf die Niederlegung zweier intakter Tiere – wohl als Teil der Bestattungsrituale – schließen lassen (*Schoon* 2010, S. 50–51). Die nur unzureichend überlieferten Beobachtungen und die fehlende archäozoologische Diagnostik vieler alt gegrabener Höhlenfundplätze erschwert die detaillierte Bewertung der Rolle, die Tiere im Höhlenkult einnahmen. Einzelbefunde zeigen aber, dass sie nicht nur als Mahlzeit gedacht wurden: Aus einer späturnenfelderzeitlich zu datierenden Füllschicht des Kleebergschachtes, Lkr. Amberg-Oberpfalz, findet sich der disloziert in den Schacht gestürzte Torso eines adulten Mannes, der spezifische Manipulationsspuren sowie Brandspuren an den Gelenkenden und einen zertrümmerten Schädel aufweist. Die vordere Körperhälfte eines großen Hundes, der fast identische Veränderungen durch Brand und stumpfe Gewalt aufweist, lagen unmittelbar darüber in einer mit Asche durchsetzen Schicht (*Leia* 1987, S. 31–32; *Schröter* 1987, S. 38–39; *Bokisch-Bräuer u. Zeitler* 1996, S. 26–30; *Ramminger* 2012, S. 238). Hier deutet sich eine enge Verknüpfung von Mensch- und Tierniederlegungen im Bereich des Totenkultes an. Auffällig sind hier zwei Beobachtungen zur räumlichen Verbreitung spätbronzezeitlicher Höhlennutzung: Zum einen hängt sie eng mit dem Naturraum und der Verfügbarkeit entsprechender Höhlen zusammen, zum anderen scheint sie sich mit der Verbreitung anderer Typen von Kultplätzen, wie etwa den Brandopferplätzen weiter im Süden, auszuschließen (*Parzinger* 1995, S. 204, Abb. 7). Gleiches gilt auch für die Praxis, vollständig verbrannte Tierleichenbrände kompletter Tierindividuen gemeinsam mit menschlichen Bestattungen und teilweise auch in eigenen Tiergräbern im Gräberfeldbereich niederzulegen. Sie fasst sich ebenfalls räumlich recht scharf begrenzt in der östlichen Peripherie der sogenannten Osterländischen Gruppe der Lausitzer Kultur, reicht im Westen aber bis an die Dübener Heide (*Teichert u. Teichert* 1976, S. 101–102; *Breddin* 1978, S. 80; *Bönisch* 1990, S. 72; *Heussner et al.* 1995, S. 201–204). Hier werden besonders Pferde und Rinder, seltener Ovicaprinen und Hunde nachgewiesen. Die Repräsentanz der aufgefundenen Knochenelemente zeigt, dass hier alle Körperpartien vorhanden sind – bei Leichenbrandgewichten zwischen 3 kg und 7 kg kann somit auf einen weitgehend intakten Körper in Abgrenzung zur deutlich weiter verbreiteten Sitte, einzelne Knochen- oder Knochenpartien, die als Speisebeigabe gedeutet werden, hinzuzufügen (z. B. *Gramsch* 2010, S. 203–204). Für einige Pferdebrandgräber wurden dazu Reste einer mitverbrannten Zäumung aus Knochen oder Metall dokumentiert, so dass ein Beigabencharakter vermutet wurde (*Breddin* 1989, S. 120; *Montag* 2002, S. 21).

Im Vergleich könnten die drei skizzierten rituellen Rollen von Tieren mit einer besonderen regionalen Identität und den damit verbundenen Riten diskutiert werden (vgl. Abb. 10). Da es sich um komplexe Vorgänge handelt, die weniger auf die Systematisierung spezieller Formen, sondern vielmehr auf die Durchführung spezifischer Rituale zielt, kann mit *Kerstin P. Hofmann* von einem in der materiellen Kultur sichtbaren Handeln von Personen oder Gruppen mit identitätskonstruierender Wirkung ausgegangen werden (*Hofmann* 2012, S. 15). Die Rolle eines Tieres im Bestattungsritus etwa ist mehr als der Beleg, dass entsprechende Haustiere von der Bestattungsgemeinschaft gehalten wurden, sondern spiegelt das Beziehungsgeflecht zwischen dem Bestatteten, der Bestattungsgemeinschaft, dem Tier, seiner imaginierten kosmologischen Rolle und gemeinsam imaginierten Jenseitsvorstellungen. Diese performative Komponente unterstreicht auch *Frank Nikulka*: Erst wenn ein spezifisch funktionaler Zusammenhang zwischen Individuen und Dingen wiederholt beobachtet wird, scheint es statthaft zu sein, auch der räumlichen Verbreitung dieses Phänomens Aufmerksamkeit zu schenken und Kernräume und Peripherien zu definieren (*Nikulka* 2016, S. 155).

Zwei wichtige Faktoren sprechen jedoch dagegen, die Tierniederlegungen als eigenständigen „Ritualkreis“ abzugrenzen: Erhaltungsbedingungen und der Forschungsstand. Auch wenn einzelne Befunde aus den sandigen Böden der Norddeutschen Tiefebene stammen (Kratzeburg und Waren), unterscheiden sich beispielsweise ihr Lagekontext und die Auswahl der deponierten Tiere deutlich von den mit der Hünenburg-Außensiedlung vergleichbaren Befunden – zudem scheinen die norddeutschen Befunde etwas älter zu sein. Damit deuten sie an, dass auch in diesen Gebieten möglicherweise mit weiteren, archäologisch nicht fassbaren Befunden und evtl. auch abweichenden Niederlegungsmodi zu rechnen ist. Weiterhin fällt bei der Durchsicht der Vergleichsfundplätze auf, dass alle Neufunde von großflächigen Siedlungsgrabungen stammen, die als Resultat zahlreicher linearer Bauprojekte in Sachsen-Anhalt in den letzten 15 Jahren durchgeführt wurden. Demnach ist mit Spannung zu fragen, ob – bei entsprechen Flächengrabungen – dieses Phänomen nicht auch in weiteren offenen Siedlungen der jüngeren Bronzezeit fassbar wäre.

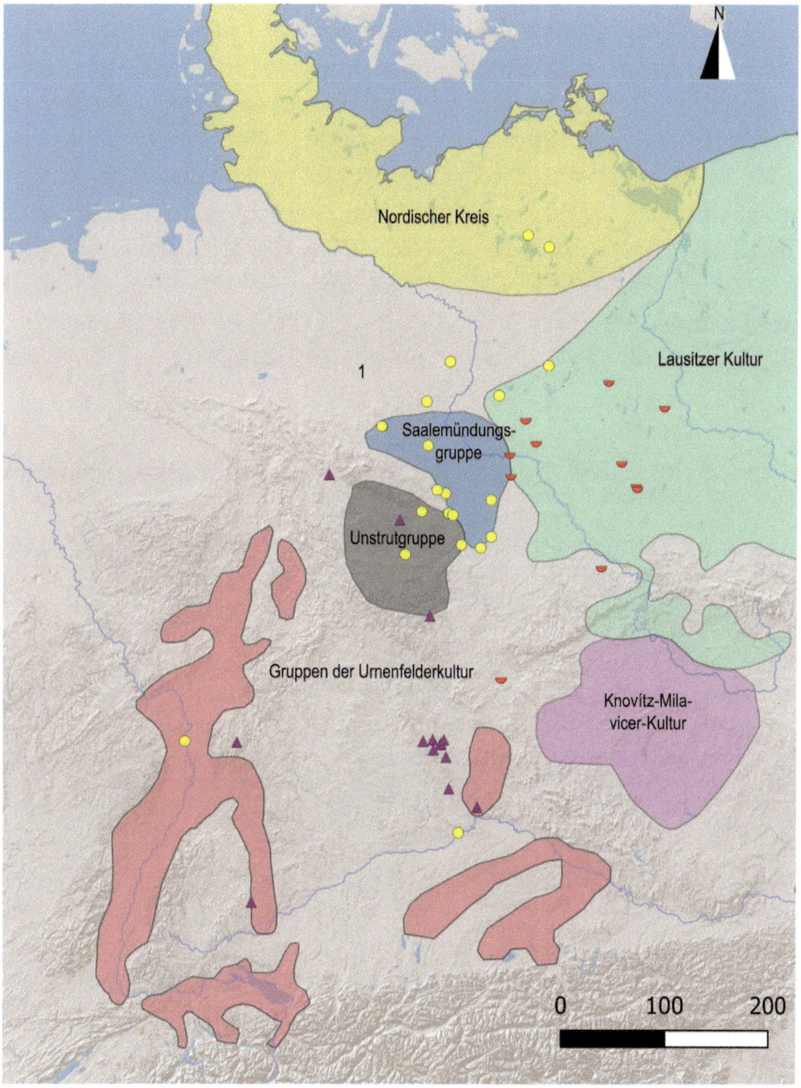

Abb. 10: Vereinfachte Darstellung jungbronzezeitlicher Kulturgruppen und Verbreitung dreier jungbronzezeitlicher Ritualtypen: Tierbrandgräber (Halbkreis), urnenfelderzeitliche Höhlenopferplätze (Dreieck) und Tierniederlegungen (Kreis) (Quelle: eigener Entwurf).

Zusammenfassung

Der Hünenburg genannte Ringwall auf dem Heeseberg bei Watenstedt, Lkr. Helmstedt, ist das Relikt eines bedeutenden Zentralortes der jüngeren Bronze- bis frühen Eisenzeit (1200–650 v. Chr.). Eine Besonderheit stellt dabei die Entdeckung einer zeitgleichen, über 25 ha großen Außensiedlung im südlichen Wallvorfeld dar. Im Fundmaterial finden sich Hinweise auf eine elitäre Oberschicht, spezialisierte Metallurgie und weitreichende Fernkontakte. Auf der zwischen 2013 und 2018 ergrabenen Fläche 13 zeigt sich mit offensichtlich bewusst niedergelegten, meist vollständig artikulierten Haustierskeletten eine weitere seltene Befundart. Tierniederlegungen aus dem Siedlungsbereich sind aus anderen urgeschichtlichen Epochen gut bekannt – ihre Interpretation, die von entsorgten Kadavern bis hin zu Tieropfern reicht, bereitet jedoch Schwierigkeiten. Ausgehend von den Befunden der Hünenburg-Außensiedlung wird erstmals eine größere Anzahl dieser Befunde für die Jungbronze- und frühe Eisenzeit gesammelt und ihre schwerpunktmäßige Verbreitung im nördlichen Mitteldeutschland vor dem Hintergrund der Regionalität bronzezeitlicher Kultpraktiken diskutiert.

Summary: The deposition of late Bronze Age articulated animal skeletons at the Hünenburg near Watenstedt – local tradition or research gap

The circular rampart called Hünenburg on the Heeseberg ridge near Watenstedt is the relic of a major late Bronze and early Iron Age centre (1200–650 BC). A nearly unique feature is a contemporary settlement of more than 25 ha on the southern slope nearby. The finds indicate the presence of a social elite, specialist metallurgists and far-reaching exchange networks. At the site of Plot 13, an area excavated between 2013 and 2018, another rare phenomenon becomes tangible: the intentionally deposited articulated skeletons of domestic animals. Animal deposits in settlement contexts are well known from other prehistoric periods. Their interpretation is not always easy, ranging from profane cadaver disposal to Animal Sacrifices. Starting with the depositions from the Hünenburg-settlement further findings of this kind from the late Bronze and Early Iron Age are collected. Their geographical distribution, centred in northern central Germany, is discussed against the background of the regional nature of Bronze Age ritual practices.

Literatur

Andrałojć, M. (1986): Pochówki Psów u Pradziejowych Społeczeństw Europy Środkowej. - Inowrocław.

Bartosiewicz, L. u. Bonsall, C. (2018): ‚Herd' Mentality. - In: *Stockhammer, P. W.; Athanassov, B.; Ivanova, M.; Petrova, V. u. Takorova, D. [Hrsg.]*: Social Dimensions of Food in the prehistoric Balkans. - Oxford, S. 2–13.

Becker, V. (2017): Spätneolithische Rinderdeponierungen, Archäozoologie und Kontext. - In: *Brieske, V.; Dickers, A. u. Rind, M. [Hrsg.]*: Tiere und Tierdarstellungen in der Archäologie. -, Münster (Veröffentlichungen der Altertumskommission für Westfalen Landschaftsverband Westfalen-Lippe, 22), S. 101–129.

Behrens, H. (1964): Die neolithisch-frühmetallzeitlichen Tierskelettfunde der Alten Welt. Studien zu ihrer Wesensdeutung und historischer Problematik, Veröffentlichungen des Landesmuseums für Vorgeschichte in Halle Heft 19, Berlin.

Behm-Blancke, G. (1958): Höhlen, Heiligtümer, Kannibalen. Archäologische Forschungen im Kyffhäuser. - Leipzig.

Beilke-Voigt, I. (1996): Zu den Ergebnissen der Ausgrabung einer jungbronze-früheisenzeitlichen Siedlung von Wustermark, Lkr. Havelland. - In: Veröffentlichungen des Brandenburgischen Landesmuseums für Ur- und Frühgeschichte 30, S. 131–139.

Beilke-Voigt, I. (2007): Das „Opfer" im archäologischen Befund. Studien zu den sog. Bauopfern, kultischen Niederlegungen und Bestattungen von ur- und frühgeschichtlichen Siedlungen Norddeutschlands und Dänemarks. - Rahden in Westfalen (Berliner Archäologische Forschungen, 4).

Beilke-Vogt, I. (2014): Das jungbronze- und früheisenzeitliche Burgzentrum von Lossow. Ergebnisse der Ausgrabungen 2008–2009. - Rahden in Westfalen (Materialien zur Archäologie in Brandenburg, 8).

Bockisch-Bräuer, C. u. Zeitler, J. P. (1996): Kulthöhlen, Funde, Deutungen, Fakten. - Nürnberg.

Bogucki, P. (1999): The Origins of human Society. - Oxford.

Boschin, F. u. Riedel, A. (2011): Ein spätbronzezeitlicher Tierknochenfundkomplex aus der Kupferbergbausiedlung Brixlegg-Mariahilfbergl (Tirol). - In: Annalen des Naturhistorischen Museums Wien, Serie A 113, S. 591–618.

Buck, D.-W. u. Wetzel, G. (1966): Eine Siedlung der jüngeren Bronzezeit von Zitz, Lkr. Brandenburg-Land (Vorbericht). - In: Ausgrabungen und Funde 11, S. 138–141.

Falkenstein, F. (2009): Zur Subsistenzwirtschaft der Bronzezeit in Mittel- und Südosteuropa. - In: *Bartelheim, M. u. Stäuble, H. [Hrsg.]*: Die wirtschaftlichen Grundlagen der Bronzezeit Europas. - Rahden in Westfalen (Forschungen zu Archäometrie und Altertumswissenschaft, 4), S. 147.

Falkenstein, F. (2013): Bronzezeitliche Höhen- und Burgsiedlungen in der nördlichen Mittelgebirgszone. - In: Archäologie in Niedersachen 16, S. 15–21.

Flindt, S.; Hummel, S.; Seidenberg, V.; Schoon, R.; Wolf, G.; Haßmann, H. u. Saile, T. (2013): Die Lichtensteinhöhle: Ein irregulärer Ort mit Skelettresten aus der Urnenfelderzeit: Vorbericht über die Ausgrabungen 1993–2011. - In: *Müller-Scheeßel, N. [Hrsg.]*: „Irreguläre" Bestattungen in der Urgeschichte: Norm-Ritual-Strafe. - Bonn, S. 347–364.

Ganslmeier, R. (2011): Von Rindern, Pferden und Hunden. Tiergräber und Tierdeponierungen in Niederröblingen. - In: *Meller, H. [Hrsg.]*: Kultur in Schichten. Archäologie am Autobahndreieck Südharz (A71). - Halle (Saale) (Archäologie in Sachsen-Anhalt, Sonderband, 14), S. 216–222.

Glaser, H.-U. u. Döhle, H.-J. (2006a): Eine Siedlung der späten Bronze- und frühen Eisenzeit bei Esperstedt. – In: *Meller, H. [Hrsg.]*: Archäologie auf der Überholspur. Ausgrabungen an der A38. – Halle (Salle) (Archäologie in Sachsen-Anhalt, Sonderband 5), S. 133–147.

Glaser, H.-U. u. Döhle, H.-J. (2006b): Eine ungewöhnliche Pferdeschädeldeponierung bei Dornstedt. – In: *Meller, H. [Hrsg.]*: Archäologie auf der Überholspur. Ausgrabungen an der A38. – Halle (Saale) (Archäologie in Sachsen-Anhalt, Sonderband 5), S. 199–201.

Grefen-Peters, S. (2016a): Die deponierten Rinderknochen aus Fläche 4, Befund 4 (Grabung 2006). – In: *Heske, I. [Hrsg.]*: Die Hünenburg-Außensiedlung bei Watenstedt, Ldkr. Helmstedt. Funde und Befunde der Ausgrabungen 2005 bis 2010. – Neumünster u. Hamburg (Hünenburgforschung 2), S. 290–295.

Grefen-Peters, S. (2016b): Die Rinderniederlegung aus Fläche 14, Befund 2/7 (Grabung 2013). – In: *Heske, I. [Hrsg.]*: Die Hünenburg-Außensiedlung bei Watenstedt, Ldkr. Helmstedt. Funde und Befunde der Ausgrabungen 2005 bis 2010. – Neumünster u. Hamburg (Hünenburgforschung, 2), S. 296–307.

Grefen-Peters, S. (2016c): Die Pferdeniederlegung aus Fläche 13, Befund 29 (Grabung 2014). – In: *Heske, I. [Hrsg.]*: Die Hünenburg-Außensiedlung bei Watenstedt, Ldkr. Helmstedt. Funde und Befunde der Ausgrabungen 2005 bis 2010. – Neumünster u. Hamburg (Hünenburgforschung, 2), S. 308–319.

Grefen-Peters, S. u. Heske, I. (2010): (K)eine halbe Sache. Rinder als Opfertiere in der Jungbronzezeit. Rituelle Tierknochendeponierungen aus der Hünenburg-Außensiedlung. – In: Archäologie in Niedersachsen, 13, S. 47–51.

Grefen-Peters, S. u. Heske, I. (2018): Der bronzezeitliche Bauernhof ist komplett (inkl. Hütehund)! – Tierdeponierungen, Tierskelette und Tierbestattungen aus der Hünenburg-Unterstadt. – In: Archäologie in Niedersachsen, 21, S. 80–84.

Grefen-Peters, S. u. Heske, I. (2020): Die Hünenburg bei Watenstedt, Ldkr. Helmstedt: Die Tierknochen aus den Siedlungsgruben und der Kulturschicht der Außensiedlung. – In: Nachrichten aus Niedersachsens Urgeschichte, 89, S. 115–139.

Grimm, J. M. (2003): Untersuchungen an Tierknochen aus der jungbronzezeitlichen Flachsiedlung Rodenkirchen-Hahnenknooper Mühle, Ldkr. Wesermarsch. Mit einem Exkurs zu den Knochengeräten. – In: Probleme der Küstenforschung im südlichen Nordseegebiet, 28, S. 185–234.

Heske, I. (2006): Die Hünenburg bei Watenstedt, Ldkr. Helmstedt. Eine ur- und frühgeschichtliche Befestigung und ihr Umfeld. – Neumünster (Göttinger Schriften zur Ur- und Frühgeschichte, 29).

Heske, I. (2010): Herrschaftssitz oder Eliteort? Zum Nachweis einer jungbronzezeitlichen Außensiedlung an der Hünenburg bei Watenstedt, Lkr. Helmstedt, und ihre Bedeutung im überregionalen Vergleich. – In: *Horejs, B. u. Kienlin, T. [Hrsg.]*: Siedlung und Handwerk. Studien zu sozialen Kontexten in der Bronzezeit. – Bonn, S. 285–298.

Heske, I. (2016): Die Hünenburg-Außensiedlung bei Watenstedt, Ldkr. Helmstedt, Funde und Befunde der Ausgrabungen 2005 bis 2010. – Neumünster u. Hamburg (Göttinger Schriften zur Vor- und Frühgeschichte, 34).

Heske, I. u. Posselt, M. (2021): Zur Befestigung. Vorbericht zu den Ausgrabungen 2013 bis 2019 am Wall der Hünenburg und in der Innenfläche. – Prähistorische Zeitschrift, 96, (i. Dr.).

Heske, I.; Grefen-Peters, S.; Posselt, M. u. Wiethold, J. (2010): Die jungbronzezeitliche Außensiedlung der „Hünenburg“ bei Watenstedt. Vorbericht über die Ausgrabungen 2005–2007. – In: Praehistorische Zeitschrift, 85, S. 159–190.

Heske, I. u. Grefen-Peters, S. (2010): Mensch und Tier – Eine Jahrtausende alte Beziehung. – In: Archäologie in Niedersachsen, 13, S. 11–26.

Heske, I. (2012): Zwei verzierte Nachbildungen gegossener Bronzebecken aus der Hünenburg-Außensiedlung bei Watenstedt, Kr. Helmstedt, und deren Verbreitung in der Südzone der nordischen Bronzezeit. – In: Germania, 90, S. 1–26.

Heske, I.; Lüth, P. u. Posselt, M. (2012): Deponierungen, Gargruben und ein verfüllter Wasserlauf. Zur Infrastruktur der Hünenburg-Außensiedlung bei Watenstedt-Lkr. Helmstedt. Vorbericht über die Grabungen 2011. – In: Praehistorische Zeitschrift, 87 (2), S. 308–337.

Hirsekorn, V.; Lühmann, J.; Prilloff, R.-J. u. Schwarz, W. (2011): Eine jungbronzezeitliche Hundebestattung aus Nahrstedt, Lkr. Stendal. – In: Archäologie in Sachsen-Anhalt, 5, S. 209–213.

Hofmann, K. P. (2012): Der Identität ihr Grab? Zur archäologischen Identitätsforschung anhand bronzezeitlicher Bestattungen des Elbe-Weser-Dreiecks. – In: *Heske, I. u. Horejs, B. [Hrsg.]*: Bronzezeitliche Identitäten und Objekte, Bonn (Universitätsforschungen zur prähistorischen Archäologie, 221), S. 13–25.

Ijzereef, G. F. (1981): Bronze Age Animal Bones from Bovenkarspel. The excavations at Het Valkje. – Amersfort (Nederlandse Oudheden, 10).

Jarecki, H. (2004): Ein Jahrtausende alter Siedlungsplatz. 300 000 v. Chr. – 1000 n. Chr. – In: *Meller, H. u. Oexle, J. [Hrsg.]*: Von Peißen nach Wiederitzsch. Archäologie an einer Erdgas-Trasse, Gröbers, S. 27–29.

Jockenhövel, A. (1997): Agrargeschichte der Bronzezeit und vorrömischen Eisenzeit (von ca. 2200 v. Chr. bis Christi Geburt). – In: *Lüning, J.; Jockenhövel, A.; Bender, H. u. Capelle, T. [Hrsg.]*: Deutsche Agrargeschichte. Vor- und Frühgeschichte. –Stuttgart, S. 141–261.

Krause, R. (2019): Fortresses and Fortifications. On Fortified Hilltop Settlements of the Bronze Age. – In: *Hansen, S. u. Krause, R. [Hrsg.]*: Bronze Age Fortresses in Europe. – Bonn (Universitätsforschungen zur Prähistorischen Archäologie, 335), S. 1–16.

Lang, A. (2006): Zur Teilung des Tieropfers an alpinen Brandopferplätzen. – In: *Teegen, W.-R.; Cordie, R.; Dörrer, O.; Rieckhoff, S. u. Steuer, H. [Hrsg.]*: Studien zur Lebenswelt der Eisenzeit, Festschrift R. Müller. – Berlin u. New York (Ergänzungsbände zum Reallexikon der Germanischen Altertumskunde, 53), S. 19–31.

Maraszek, R. u. Egold, A. (2001): Ein spätbronzezeitlicher Opferbrunnen von Großschkorlopp, Lkr. Leipziger Land. – In: Arbeits- und Forschungsberichte zur sächsischen Bodendenkmalpflege, 43, S. 123–140.

May, E. (1971): Paläozoologische Untersuchungen am Fundmaterial aus dem südlichen Niedersachsen. – In: Prähistorische Zeitschrift, 46, S. 149–156.

Menck, S. (2017): Das Gräberfeld der Hausurnenkultur von Beierstedt, Ldkr. Helmstedt. Bestattungsplatz einer Elite des jungbronze- und früheisenzeitlichen Machtzentrums der Hünenburg bei Watenstedt im Harzvorland? Funde und Befunde der Grabungen 2007 und 2008 unter Berücksichtigung der frühen Geländearbeiten von 1891/92. – Kiel u. Hamburg (Hünenburg-Forschungen, 3).

Morris, J. (2011): Investigating Animal Burials. Ritual, mundane and beyond, BAR British Series 532, https://www.academia.edu/425796/Investigating_Animal_Burials_Ritual_Mundane_and_Beyond (Zugriff: 31. Mai 2021).

Morris, J. (2018): Animal Biographies in the Iron Age of Wessex: Winnal Down, UK, Revisited. – In: *Livarda, A.; Madgwick, R. u. Riera Mora, S. [Hrsg.]*: The bioarchaeology of Ritual and Religion. – Oxford u. Philadelphia, S. 115–128.

Most, S. (i. Vorb.): Vernetzte Lebenswelten in der Hünenburg-Außensiedlung bei Watenstedt, Ldkr. Helmstedt. Untersuchungen zur jungbronze- und früheisenzeitlichen Bevölkerung und ihren Kommunikationsnetzwerken Fläche 2, Funde und Befunde der Ausgrabungen 2005 bis 2010, i. Vorb.

Most, S.; Hintz, R.; Struckmeyer, K.; Daszkiewicz, M. u. Schneider, G. (2018): Weit gereist oder lokal produziert? Naturwissenschaftliche Untersuchungen ausgewählter jungbronzezeitlicher Keramik aus Watenstedt und Rundstedt, Ldkr. Helmstedt. – In: Nachrichten aus Niedersachsens Urgeschichte, 87, S. 43–68.

Müller, H.-H. (1993): Pferde der Bronzezeit in Mitteleuropa. – In: Zeitschrift für Archäologie, 27, S. 131–150.

Nakoinz, O. (2005): Studien zur räumlichen Abgrenzung und Strukturierung der älteren Hunsrück-Eifel-Kultur. – Kiel (Universitätsforschungen zur Prähistorischen Archäologie, 118).

Nikulka, F. (2016): Archäologische Demographie, Methoden, Daten und Bevölkerung der europäischen Bronze- und Eisenzeit. – Leiden.

Nüsse, H.-J. (2013): Die Befestigte Siedlung von Rathsdorf am niederen Oderbruch – Zur Charakterisierung eines zentralen Ortes der jüngeren Bronze- und frühen Eisenzeit. – In: *Heske, I.; Nüsse, H.-J. u. Schneeweiß, J. [Hrsg.]*: Landschaft – Besiedlung und Siedlung. Archäologische Studien im nordeuropäischen Kontext. Festschrift Willroth. – Neumünster u. Hamburg (Göttinger Schriften zur Ur- und Frühgeschichte, 33), S. 127–137.

Perri, A. (2017): A typology of dog deposition in archaeological contexts. – In: *Rowley-Conwy, P.; Serjeantson, D. u. Halstead, P. [Hrsg.]*: Economic Zooarchaeology. Studies in Hunting, herding and Early Agricultre. – Oxford, S. 89–99.

Peter-Röcher, H. (1994): Kannibalismus in der prähistorischen Forschung: Studien zu einer paradigmatischen Deutung ihrer Grundlagen. – Bonn (Universitätsforschungen zur prähistorischen Archäologie, 20).

Pollex, A. (1998): Ein neolithisches Rinderskelett von Penkun, Lkr. Uecker-Randow. – In: Bodendenkmalpflege in Mecklenburg-Vorpommern, Jahrbuch 1997 (1998), S. 103–128.

Prilloff, R.-J. (1985): Tierknochen aus einer jungbronzezeitlichen und frühslawischen Siedlung von Wallwitz, Kr. Burg, – In: Jahresschrift für Mitteldeutsche Vorgeschichte, 68, S. 253–261.

Pucher, E. (2018): Krumme Hirsche und zahnlose Wölfe – bronzezeitliche Wildtierhaltung in Stillfried. – Langenweißbach (Beiträge zur Archäozoologie und Prähistorischen Anthropologie, XI), S. 71–91.

Renner, B. (1997): Die spätbronze- und früheisenzeitliche Siedlung Hohenmölsen-Süd, Ldkr. Weißenfels. – In: Archäologische Berichte aus Sachsen-Anhalt 1996 Teil I, S. 99–107.

Schauer, P. (1981): Urnenfelderzeitliche Opferplätze in Höhlen und Felsspalten. – In: *Lorenz, H. [Hrsg.]*: Studien zur Bronzezeit. Festschrift W. A. von Brunn. – Mainz, S. 403–418.

Schmidt, J.-P. (2014): Garküchen auf freiem Feld? – Feuerstellenplätze im Trassenverlauf von OPAL und NEL. – In: *Jantzen, D.; Saalow, L. u. Schmidt, J.-P. [Hrsg.]*: Pipeline: Archäologie. Ausgrabungen auf den großen Ferngastrassen in Mecklenburg-Vorpommern. – Schwerin, S. 145–154.

Schmidt, J.-P. u. Forler, D. (2003): Ergebnisse der archäologischen Untersuchungen in Jarmen, Lkr. Demmin. Die Problematik der Feuerstellenplätze in Norddeutschland und im südlichen Skandinavien. – In: Bodendenkmalpflege in Mecklenburg-Vorpommern, Jahrbuch 51, S. 7–79.

Schoknecht, U. (1997): Ein bronzezeitlicher Opferplatz bei Waren, Kreis Müritz. – In: Archäologische Berichte aus Mecklenburg-Vorpommern, 4, S. 46–52.

Schoon, R. (2010): Gefunden an einem besonderen Ort. Zu den Überresten von Tieren aus der Lichtensteinhöhle, – In: Archäologie in Niedersachsen, 13, S. 47–51.

Schrickel, M. (2012): Tierbestattungen. – In: *Meller, H. [Hrsg.]*: Haldensleben – VOR seiner ZEIT. Archäologische Ausgrabungen 2008–2012. – Halle (Saale) (Archäologie in Sachsen-Anhalt, Sonderband 17), S. 88–100.

Spazier, A. (2012): Kreisgrabenanlagen des 4–1. Jahrtausends v. Chr. in Mitteldeutschland. Vorbericht zu den Grabungen 2005 in Sachsen-Anhalt. - In: Archäologie in Sachsen-Anhalt, 6, S. 71–89.

Sprockhoff, E. (1956): Jungbronzezeitliche Hortfunde der Südzone des nordischen Kreises (Periode V). - Mainz (Kataloge des RGZM, 16).

Sprockhoff, E. (1966): Ein Geschenk aus dem Norden. - In: *Degen, R.; Drack, W. u. Wyss, R. [Hrsg.]*: Helvetia Antiqua, Festschrift E. Vogt. - Zürich, S. 101–110.

Steinmetz, W.-D. (1997): Watenstedt, die Hünenburg auf dem Heeseberg. - In: *Steinmetz, W.-D. [Hrsg.]*: Das Braunschweiger Land. - Stuttgart (Führer zu archäologischen Denkmälern in Deutschland Band, 34), S. 277–281.

Stork, M. u. Boessneck, J. (1973): Tierknochenfunde aus der vorgeschichtlichen Elzrandsiedlung in der Gemarkung Runstedt, Kreis Helmstedt. - In: Neue Ausgrabungen und Forschungen in Niedersachsen, 8, S. 171–178.

Teichert, M. (1964): Die Tierreste von den jungbronzezeitlichen Burgwällen Kratzeburg und Gühlen-Glienicke, mit Beiträgen von F. Horst und H. Ullrich. - In: Prähistorische Zeitschrift, 42, S. 102–143.

Uerpmann, H.-P. (1973): Tierknochenfunde und Wirtschaftsarchäologie - eine kritische Studie der Methoden der Osteo-Archäologie. - In: Archäologische Informationen, 1, S. 9–25.

Ulrich, P. (1953): Ein Wohnplatz der Hausurnenkultur, Pferdebestattungen und Hockergräber bei Siersleben, Kr. Eisleben. - In: Jahresschrift für Mitteldeutsche Vorgeschichte, 37, S. 341–350.

Vorbericht 2009: Grefen-Peters, S., Die Hünenburg bei Watenstedt, Ldkr. Helmstedt. Tierknochen aus den Siedlungsgruben der Außensiedlung, TK1 [unpubl. Vorbericht]. - Braunschweig.

Vorbericht 2011: Grefen-Peters, S., Die Hünenburg bei Watenstedt, Ldkr. Helmstedt. Tierknochen aus den Kulturschichten der Außensiedlung, TK2 [unpubl. Vorbericht]. - Braunschweig.

Wagner, K. (1983): Ein Gräberfeld der jüngeren Bronzezeit in Burgsdorf. - In: Ausgrabungen und Funde, 28, S. 177–181.

Węgrzynowicz, T. (1981): Tierbestattungen und tierische Überreste als Beweise eines Kultwandelns in der Bronze- und Eisenzeit Polens. - In: *Lorenz, H. [Hrsg.]*: Studien zur Bronzezeit. Festschrift W. A. von Brunn. - Mainz, S. 499–507.

Weiss, R.-M. (1997): Prähistorische Brandopferplätze in Bayern. - Espelkamp (Internationale Archäologie, 35).

Siedlungsforschung. Archäologie – Geschichte – Geographie 39, 2021, S. 239–255

Weinlagen namens Grav, Grau, Gravos an der Mosel und in Frankreich, 9. bis 19. Jahrhundert

Franz Irsigler

Als ich mich 1994/95 in einem Beitrag für den bedeutenden belgischen Historiker *Adriaan Verhulst* mit dem Winzerdorf Mehring um 900/1222 befasste (*Irsigler* 1995/2006; *Irsigler* 1995), stieß ich auf eine vom Prümer Abt *Ansbald* zwischen 860 und 886 abgefasste Urkunde, überliefert im „*Goldenen Buch*" von Prüm (*Liber aureus Prumiensis*), das 116 Urkunden aus den Jahren 721–1103 enthält (*Nolden/Nösges/Finken* 1997). Es handelt sich um die Urkunde Nr. 94 mit dem Regest: „Abt *Ansbald* tauscht mit den Familiaren des Klosters verschiedene Güter in der Villa Mehring." (Erstdruck *Beyer* 1860, 1974, Nr. 98, S. 101–102; Regest *Goerz* 1876/1974, Bd. I, S. 215–216; Faksimile *Nolden* 1997, fol. 94a–94b; Übers. *Nösges/Finken* 1997, S. 346–347). Mit dem Gütertausch, wohl die erste im Detail fassbare Flurbereinigung im Karolingerreich seit der ersten und zweiten Gründung des Klosters 752 und 753 durch *Pippin I.* (*Irsigler* 1995/2006, S. 350–359), versuchte der Abt um 870 durch die Bildung von acht Großlagen die Qualität der nach Prüm zu liefernden Weine, die zum Teil weiter im Maasraum verkauft wurden, zu verbessern, vor allem durch eine *abbate plantate* genannte neue Lage im Norden des Steilhangs nach Pölich hin, wo bereits der Prümer Hörige *Daibertus* ein kleines Stück Weinberg als Eigengut besaß, das er gegen eine nicht genannte Summe an den Abt verkaufen musste. Er hat also schon intensiv in dem Steillagenbogen nach Pölich gerodet. Die Mehringer Winzer des 19. Jahrhunderts nannten die Abtsplenter „Planterberg", woraus um 1840 die nicht lateinkundigen preußischen Landmesser Plattenberg machten, weil sie die Wurzel *plantatio* nicht sehen konnten. So heißt die beste Lage des Weinortes Mehring noch heute.

Die acht Lagen, die *Ansbald* schuf, zählten neben der Abtsplanter, in die auch ein darunter liegendes Stück Wiese (*pradella*) integriert wurde – weshalb der Abt und die modernen Winzer statt Plattenberg manchmal die Bezeichnung Wieschen verwendeten – weitere Lagenamen, die sicher zu den ältesten an der Mosel gehören, in der Urkunde von ca. 870: *fossatum, fontanetum, vercorum, novello plantato, curtil, Langepitere, Bredepitere* und *subtus plantato*. Abgesehen von dem schwer zu deutenden *vercorum/vercel* und der Lage *in tradone* konnte ich alle ziemlich exakt verorten. Im Prümer Urbar von 893 nennt Exabt

Caesarius nur noch fünf der Weinbergslagen: *Vercel* (um 870 *vercorum*) verweist wohl auf *verculum*, junger Frühling, also auf eine Lage, in der im Frühjahr zuerst mit den Weinbergsarbeiten begonnen werden konnte, wahrscheinlich eine Tallage. Den Vorschlag von *Karl Lamprecht*, es könnte Föhren sein, hat er mit einem Fragezeichen versehen (*Lamprecht* 1885/86, S. 72); ich halte ihn für abwegig. Bongart (ursprünglich wohl *abolinum*, Apfelgarten) ist heute noch ein talnaher Flur- und Straßenname im Ortsbereich, aber ohne modernen Weinbau. *Curtil* von *curtile*, war sicher ein hofnaher (unterer Hof) oder zu einem der kleineren Höfe der bis zu 52 Winzer gehöriger Wingertsbesitz in Mehring, der nun aber von der Abtei beansprucht wurde. Ferner nennt 893 Caesarius auch die *Bredepitere*, wohl im zentralen oberen Ortsbereich (beim oberen Hof) und die *Langepitere* zwischen Liersch und Mehring (*Irsigler* 1995/2006, S. 354 mit Karten 1 und 2, S. 358 und 362).

Die *Ansbald*-Urkunde von ca. 870 nennt 22 Hörige, die, wie die folgende Tabelle zeigt, für ihre auf Befehl des Abtes, aber durchaus, wie er betont, aus freien Stücken „*per consensum et uoluntate fratrum uel predictis familiis*" abgegebenen kleinen Weinberge entschädigt wurden (*Irsigler* 1995/2006, S. 556):

(Nr.)	Name	Art und Umfang		Lage/Ort
(1)	Iohannes	7	Lauben (*trigolas*)	*inpetiolas*
(2)	Adalbertus	3	Lauben	*in iam nominato loco*
(3)	Engofredus	16	Lauben	*in loco qui dicitur* ***grau***
(4)	Helminus	8	Lauben	*inpetiolas*
(5)	Reginulfus	16	Lauben	Lörsch
(6)	Richbertus	8	Lauben	Lörsch
(7)	Bernoinus	13	Lauben	*inpeciolas*
(8)	Teotrada	1	Weinberg	*in* ***grau***
(9)	Willelmus	1	Weinberg	*in uercoro*
(10)	Adalbertus	1	Weinberg und	*in fontaneto*
		1	Parzelle Land	Rommersheim
(11)	Odulfus	1	Weinberg	*in fossato*
(12)	Engelardus und	1	Weinberg	*in fontaneto*
(13)	Sohn Bernoinus			
(14)	Reginbertus	1	Weinberg	*in fontaneto*
(15)	Teotfredus	1	Weinberg	*in tradone*
(16)	Willibertus	1	Weinberg und	*in* ***grau***
		3	Lauben von der Pichter des Godebertus	

(17)	Egnarius	1	Weinberg und	*in fossato*
		1	Acker	
(18)	Teotgarius	7	Lauben	*in abolino*
(19)	Rainelinus	1	Weinparzelle	Schweich
(20)	Berengarius	7	Lauben	*inpeciolas*
(21)	Daibertus		–	–
(22)	Drutlaicus	1	Acker	*subtus plantario*

Was die Größenordnung betrifft, sind nur vage Aussagen möglich. Die kleinsten Einheiten waren die Lauben (*trigolae*), von denen wohl vier eine Parzelle (*petiola*) ausmachten. Die Qualität *inpeciolas* bezeichnet Weinbergsbesitz, der in Einzelstücke oder Parzellen aufgeteilt ist. Eine *vinea* musste kein geschlossener Weinberg sein. Insgesamt dürfte die Besitzzersplitterung vor oder um 870 schon erheblich gewesen sein, hervorgerufen durch die Anlage neuer Parzellen, Erbteilung oder wohl auch Schenkung von kleinen Stücken oder durch Leiheprozesse. Dass der Abt die Tauschpartner benachteiligt hat, indem er ihnen Streubesitz zuwies, steht außer Frage. Immerhin hat er einigen auch Weinbesitz aus den bevorzugten Lagen *in uercoro, in fontaneto, in fossato* und vielleicht in dem nicht identifizierbaren *in tradone* (*Lamprecht* 1885/1969, Bd. II, S. 72, notierte mit Fragezeichen Fastrau auf der rechten Moselseite) zugeteilt, aber wohl nur Splitterbesitz. Der Vorschlag Fastrau ist aus topographischen Gründen abwegig.

Ausgehend von der Lage *fontanetum* (Quelle), die eine das ganze Jahr über laufende Wasserstelle auch bei großer Trockenheit bietet und mir vom damaligen Bürgermeister Hans Hoffranzen in einer beeindruckenden Fahrt durch die Mehringer Steillagen gezeigt wurde, konnte ich bis auf *vercorum/Vercel* und *in tradone* alle Lagen ziemlich präzise bestimmen und in einem Ausschnitt der *Tranchot*karte einzeichnen lassen (Abb. 1).

Dort findet man auch die wichtigsten Lagenamen, die der Abt bei der Vergabe von Kleinbesitz an die 22 *familiae* nutzte, nämlich *Grav* (*grau*) und *in abolino*. Die Angabe *inpetiolas, inpeciolas* ist von der älteren Forschung missgedeutet worden (*Lamprecht* 1885/1969, Bd. II, S. 72; *Willwersch* 1912/2020, S. 40–41; *Staab* 1993, S. 25, Anm. 72) als eigene Flur *Petiolae*. In Wirklichkeit heißt *inpetiolas* nur ‚in Stücken liegend, in Streulage'. Deshalb finde ich auch die von *Nösges* und *Finken* vorgeschlagene Übersetzung „im Stückberg" nicht gerade glücklich (*Nolden* 1997, S. 346–347). Eine vom Abt vergebene *vinea* konnte also aus mehreren Lauben (*trigolae*) oder Parzellen (*petiolae*) in Streulage bestehen.

Die für vergleichende Weinbau- und Weinregionenforschung interessanteste Lagebezeichnung war *grav* (Grau, Grav), in der an *Engofredus* 16 Lauben, an *Teotrada*, die einzige Witwe in der Liste der Hörigen, ein Weingarten (unbestimmter Größe) und an Willibertus ein weiterer Weingarten vergeben wurden. Die Engofredus verliehenen 16 *trigolae* lokalisiert *Lamprecht* in der „Flur Mehringer Berg b. Longen" (*Lamprecht* 1885/86, S. 72). Der bekannte Siedlungs- und Flurnamenforscher *Wolfgang Jungandreas* (1962, S. 461) hat

GRAU unter dem Hinweis auf galloromanisch **gravos* zurückgeführt und als Sand, Kies erklärt. Es muss also eine Weinlage auf Schwemm- oder Abtragungsboden gewesen sein, geschaffen von der Mosel – was unwahrscheinlich ist – oder dem starken Mühlenbach, der mitten durch den Ort fließt, wo heute noch eine nicht mehr betriebene Mühle (Abb. 2) steht. Das Gelände um die Mühle gehört schon zur Talweite, die Lage Grau ist also nicht im Steillagengebiet zu suchen. Etwas oberhalb der Mühle, auf der linken Bachseite, ist heute noch ein kleiner, recht flacher Weingarten zu sehen, höchstens 1–2 Ar groß (Abb. 3). Ich vermute, dass die Lage *grav* zwischen dem Ansatz der Steillage und der ersten, eher vorläufigen Bebauung des späten 9. Jahrhunderts lag, beiderseits des Mühlenbaches, und dann in den am Rand der Ortsbebauung liegenden Apfelgarten (*abolinum*, **von keltisch** **abol* = Apfel) oder Bongart überging.

Karte 1: Weinbergslagen in Mehring um 870/1222

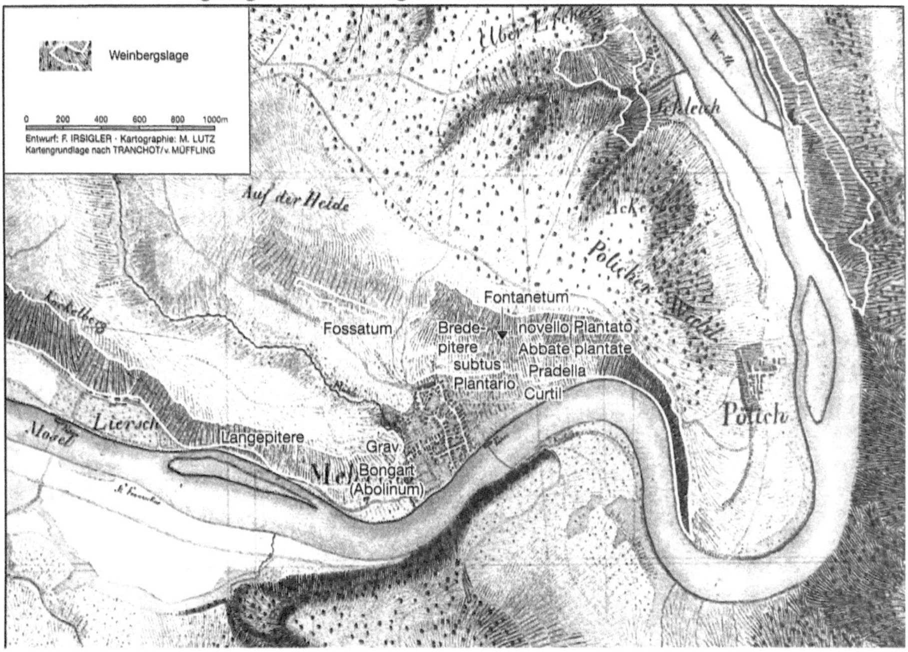

Abb. 1: Weinbergslagen in Mehring um 870/1222 (Quelle: Irsigler 1995/2006, S. 358).

Abb. 2: Mehring: Mühlenbach, im Hintergrund kleiner Wingert (Foto: Franz Irsigler).

Abb. 3: Mehring: Kleine Wingerte links vom Mühlenbach (Foto: Franz Irsigler).

Die Tatsache, dass der Abt erheblichen Besitz *in grav* vergab, darunter zwei Weingärten und die 16 Lauben (= vier Parzellen) des *Engobertus*, lässt mit Sicherheit annehmen, dass der dort vor 870 geerntete Wein im Kloster nicht besonders geschätzt war. Am Tisch des Abtes wurde der Wein aus der Abtsplenter (*abbate plantate*) getrunken. Andererseits könnte die Wahl des galloromanischen Lagenamens *grav* zusammen mit der großen Zahl galloromanischer Namen unter den Hörigen (*Ewig* 1980, S. 42–43; *Buchmüller-Pfaff* 1990, S. 784–789; *Anton* 1996, S. 16) auf besonders frühen Weinbau hindeuten.

Jungandreas (1962, S. 461) hat den Weinlagen- und Flurnamen *GRAU* in neun weiteren Orten, überwiegend an der Mosel, zwischen Trier und Pommern nachweisen können: in Euren, einem Trierer Vorort links der Mosel, bei Kasel, in Klüsserath, Wintrich, Wittlich, Olkenbach, in Bernkastel, bei Kröv und in Pommern. Vielleicht gehört auch noch der *Grainstein* (Grauenstein/Graustein) zwischen Detzem und Thörnich, von Mehring nur wenige Kilometer flussabwärts rechts der Mosel, in diese Reihe. Den Flurnamen *Graustein* (Grauer Stein) kennt auch *Dittmaier* (1993, S. 93) bei Trier in Thörnich im Jahre 1499: „*by dem grawen Stein*“, sowie in Detzem (belegt durch *Junk*): 1509 „*ain dem Grainsteyn*“. Der älteste Beleg gehört zu Rhaunen im Kreis Bernkastel: 1401 „*an dem grawen steyn*“. Deutlich entfernt von der Mosel befanden sich die *grav*-Lagen in Wittlich, wohl an der Lieser westlich des Ortsrandes, und in Olkenbach, heute ein Ortsteil von Bausendorf, an dem kräftigen Bach, der zwischen Reil und Alf in die Mosel mündet. Dass es in Olkenbach bis vor kurzem Weinbau gegeben hat, zeigen die Reste der Ummauerung eines Weinbergs in der Ortsmitte (Abb. 4). Die meisten Belege sind deutlich jünger als die für Mehring beschriebenen am Mühlenbach.

Abb. 4: Olkenbach: Reste der Ummauerung eines stillgelegten Weinbergs (Foto: Franz Irsigler).

In Euren belegt ein Verzeichnis von Gütern, Renten und Gefällen des Domkapitels zu Trier, das im Mittelrheinischen Urkundenbuch (*MUB* II 1865/1974, Nr. 11, S. 351–355) auf ca. 980–1180, von *Jungandreas* (1962, S. 461) auf „um 1200" datiert wird, folgendes: „*In ura habentur .X. diurnales ad elemosinam pertinentes. (et loca) in ingrau .II. diurnales*" (S. 353), also Tagwerke oder ein Landmaß, das an einem Tag gepflügt werden kann. Wenig später wird ergänzt: „*In villa ura .X. diurnales et dimidius quos hortwinus colit. In ingrau .II.* [diurnales]". Ferner werden in Euren zwei Mühlen erwähnt. Zumindest eine dürfte an dem aus dem Trierer Hospitienwald kommenden Bach gelegen haben, der durch den (heutigen) Katherweg, am Helenenbrunnen vorbei und dann über die Helenenstraße, die Eisenbahnstraße und den Techweg zur Mosel führt. Ein weiterer Bach ist heute noch zwischen Hermannstraße und Herresthaler Straße zu erkennen. Dort könnte die zweite Mühle gelegen haben. Wie in Mehring sind die *ingrau*-Weinberge am ehesten bei den Mühlen zu suchen.

Bei Kasel an der Ruwer, unweit der Mündung in die Mosel, weist *Steinhausen* (1932, S. 147) in einer römischen Siedlung die Flur *„in Grau"* nach.

In dem heute wohl berühmtesten Moselweinort Klüsserath, wo die Salm in die Mosel mündet und oberhalb der stillgelegten Mühle bzw. Salmbrücke die „Krainstraße" (mit Wurzel *Grav/Grau?*), zum Teil bebaut, in die Eifel führt (Abb. 5), belegt *Jungandreas* (1962, S. 461) zum Jahr 1265 zweimal Weinberge in *Greuwe* bzw. *Grouwe* unter Hinweis auf das damals noch in Manuskriptform befindliche Rheinische Flurnamenarchiv Bonn, unter Verantwortung von Vikar *Junk*, den ich auch hier als Autor nicht näher fassen konnte. In dem nur ein Jahr später von *Heinrich Dittmaier* gedruckt (unter Mitarbeit von *Paul Melchers*) vorgelegten Werk „Rheinische Flurnamen" (1963, S. 93) gibt es zwar den Flurnamen *Greuel* (*Greul*), aber nicht für Bernkastel und auch nicht zum Datum 1295, wofür als Bedeutung „*ge-räuhel, Abfall, wirres Durcheinander von Stroh und Zweigen" angegeben wird. Es müssen also am Bach oder an der Mosel gelegene Weinberge gewesen sein.

Abb. 5: Klüsserath: Krainstraße an der Salm mit Weinbergen, zum Teil bebaut (Foto: Franz Irsigler).

Den Bezug zu Sand und Kies stellen bei *Dittmaier* nur die Flurnamen *Grien* und *Griess* (Krieß) her. In Detzem ist dank einer amtlichen Verhochdeutschung eine Moselinsel „auf dem Grünen" bezeugt; in Enkirch (unweit Traben-Trarbach) heißt es 1490: *„hinder dem grine herin"*, und in Trittenheim (nach *Junks* Verzeichnis): 1546 *„uff dem Green"*. Als Bedeutungsschwerpunkt bietet *Dittmaier* an: „Grober Kies mit Sand untermischt, Kiesboden …, sandiges Ufer; Sandinsel im Fluß.“ Der älteste Beleg für *Griess* findet sich in Maring-Noviand an der Lieser: 1194 *Greis* (*MUB* II, S. 138), auch hier mit der Bedeutung „Sand, Kiesboden“.

Wintrich, rechts der Mosel etwas flussaufwärts von Brauneberg gelegen, zeigt auf der mir leider nicht zugänglichen Weinbaulagenkarte (o. J.) Kreis Bernkastel die Wingerte *Grau, Der Krau, Im obersten (mittelsten) Krau* (*Goldschmidt* 1925). Sie dürften im moselaufwärts gelegenen Teil des Ortes am Ufer und im leicht geneigten Hang zu finden gewesen sein (Abb. 6), vielleicht am Weiherbach oder am Rondelbach.

Abb. 6: Wintrich: Weinberg auf Sand- und Kiesboden, wohl am Weiherbach oder am Rondelbach (Foto: Franz Irsigler).

Zu Wittlich bietet *Jungandreas* folgende Informationen: a. 1311 *„ex orto quodam sito in me grauwe“* (*Staatsarchiv Koblenz*, heute Landeshauptarchiv, Abt. 96 Nr. 590); jüngere Akten des Katasteramtes verzeichnen knapp: *Im Grau*. In Olkenbach ist der Wingert *Krau* in der Weinbaulagenkarte Wittlich verzeichnet, ebenso im *Flurnamenarchiv Trier* (o. J.) unter *„In der Grau“*. *Josef Maret* (1961) geht in seinem Tätigkeitsbericht über das „Flurnamenarchiv Trier“ leider nicht im Detail auf den Flurnamen *Krau/Grau* ein.

Relativ spät, 1786, ist ein Weingarten *im Krau* in Bernkastel bezeugt (*Staatsarchiv Koblenz*, heute Landesarchiv, Abt. 1 C Nr. 18569 4). Den Hinweis gab offenbar ein Archivmitarbeiter namens *Mergen*. Eine exakte Lokalisierung des Weinbergs ist nicht möglich wegen der dichten Bebauung des Städtchens.

Unklar ist, ob der 1962 von *Jungandreas* für Kröv gelieferte Beleg in die *grav/Grau*-Reihe passt; denn er hat aus dem Aufsatz von *Heinrich Disselnkötter* (1936, S. 10) falsch oder zumindest verkürzt zitiert, und zwar aus dem ältesten Weistum des Kröver Reiches, in der älteren Forschung auf 1399 datiert. Bei *Jungandreas* heißt es: „Kröver Grenzbeschreibung o. J. *bis geen dem Grauw die Kadert inn biß uff die Moßell.*" Bei *Disselnkötter* steht: „*... und also oben langis bis geen dem Grauw (Graben?) herumb in biß uff die Moßel ...*". Die Deutung Graben und das Fragezeichen hat *Jungandreas* nicht beachtet. Der Graben könnte ein Teil der Ortsbefestigung gewesen sein. Auf der Basis der gesamten Überlieferung hat *Johannes Mötsch* (1997, S. 96–134, Edition des Weistums S. 114–134, Grenzbeschreibung, S. 116–118, bes. S. 117), der das Weistum auf ca. 1390–1400 bzw. „um 1399" datierte (S. 106–110), den Text wie folgt geglättet: „*... und die mitte Mosel uß biß nydenwendig Riler* [Ort Reil] *kirche an die marke, die da stet entuschen den von Punderich und dem rich* [Reich], *und also oben langis biß gen den gra*^{e}*n herumb in biß uff die Mosel entuschen den von Burge* [Burg] *und dem riche, und die mitte Mosel uz biß czu Kevenich* [Kövenig] ...". Das eigenartige gra^{e}n wird nur mit der Lösung „Graben?" erklärt (*Mötsch* 1998, S. 30 f.).

Als letzter Belegort wird von *Jungandreas* 1962 Pommern genannt: 1322 gab es „*in Gra duas petias vinearum*" (*Staatsarchiv Koblenz*, heute Landesarchiv, Abt. 96 Nr. 666). Die Handschrift 1722/434 im Stadtarchiv Trier, fol. 12v erwähnt zu 1560 (?) *Das groiß Gra, Das kleyn graghen*, fol. 13r: *wyngart in Grawen*, fol. 14v: *in Gra*. Einen 1962 noch bestehenden Wingert *Auf Grau* nennt die Weinbaulagenkarte Kreis Cochem (undatiert). Einige von mir vor kurzem befragte Bewohner von Pommern kannten diese Lagenamen nicht. Die Wingerte können aber nur an dem kräftig fließenden, stark bebauten Pommerbach gelegen haben, also durchaus geschätzte, auf Schwemmsand oder Kies gewachsene Weine geliefert haben (Abb. 7).

Zu den hier untersuchten Flur- und Weinlagenorten hat sich *Jungandreas* 1979 noch einmal in dem Buch über die Geschichte des Moselromanischen geäußert (S. 16 mit Verweis auf *Josef Maret* in Anm. 45: „a. 1173 FlN [Flurname] in *Greves* bei Noviand (G.), a. 1194 in *Greis*, heute im ‚Volksmund' unter *Gries*. Mehrzahl zu *Grau* gall.[oromanisch] **gravos* ‚Sand, Kies'. Vgl. afrz. [altfranzösisch] *greve* ‚Kies' ... a. 975 in *Gracha* (Graach) < trev. erisch **gravacum* ‚geröllreicher Ort'. Um 1168 Ruscel (Reuschel) FlN in Leiwen < mslrom. [moselromanisch] **rüscel* ‚Bach', ital.[ienisch] *ruscello*, frz. [französisch] *ruisseau*, vlat. [vulgolateinisch] **rivicellus*." Zu galloromanisch *gravos* = Sand, Kies hat sich *Hermann Gröhler* (1913, S. 158) geäußert. Den Ortsnamen Graux, a. 868, mit dem gleichen Wortstamm *gravos/Grau*, hat im Arrondissement Namur der bedeutende belgische Forscher *Albert Carnoy* (1939–1940, S. 226) nachgewiesen.

Werfen wir zum Abschluss einen kurzen Blick auf die Graves-Weine im benachbarten Frankreich. Wenn man von Trier aus den schnellsten Weg zum Mittelmeer zwischen Marseille und Montpellier mit dem Auto nehmen will, fährt man zuerst durch Lothringen auf der A 31 (E 21) über Toul, Langres, Dijon bis nach Lyon, wo man zur A 7 (E 15) kommt, zum ersten Mal die aus der Schweiz kommende Rhône sieht und dann bis nach Arles und die Mündung der Großen und Kleinen Rhône ins Mittelmeer das größte und ertragreichste Weinbaugebiet Frankreichs erlebt (*Duijker* 1983). Es ist auch das älteste in unserem großen Nachbarland; angeblich haben schon die Phoker, ein Stamm der Griechen, vor 2.400 Jahren den Weinbau in den Rhône-Raum gebracht. Heute weist man eher den Römern diese zukunftsträchtige Leistung zu, die inzwischen etwa 2,5 Mio. Hektoliter pro Jahr bringt. Im 2. vorchristlichen Jahrhundert (a. 121) haben die Römer unter *Quintus Fabius Maximus* bei Vienne die Allobroger und Averner besiegt. 43 v. Chr. wurde Lyon (keltischer Name *Lugdunum*) gegründet.

Abb. 7: Pommern: Pommerbach mit Kies- und Sandaufschüttung sowie Brücke (Foto: Franz Irsigler).

Das Weinbaugebiet Rhône weist zwei geographisch deutlich getrennte Regionen auf: die Nördliche und die Südliche Rhône. Beide bahnen sich einen Weg zwischen dem Zentralmassiv im Westen und Ausläufern der Alpen im Osten. Im Norden dient westlich des Flusses eine Granitunterlage dem Weinbau mit Terrassen und Steillagen, die durchaus an Mosel, Saar und Rhein erinnern. Die Böden bieten eine gute Drainage, die Steillagen erleben selten Nebel und Frost. Die Nordstrecke reicht von Vienne bis nach Montélimar.

Im südlichen Rhône-Weinbaugebiet ist die Talweite erheblich größer. Hier dominieren im Boden Kalkstein, Sand, Kies und Lehm; es gibt auch von Gletschern hinterlassene Felsbrocken und große Steine, welche die Drainage erleichtern und Wärme speichern. Man kann sagen, dass der größte Teil der an der südlichen Rhône zugelassenen Weine (13 rote und acht weiße Sorten) auf Sand und Kies geerntet werden, vor allem in Flussnähe (s. Abb. 8). Graves genannte Weine sind nicht darunter (Wikipedia Rhône: Weinbaugebiet), weil dieser Name dem Raum um Bordeaux vorbehalten ist, der noch vorgestellt wird.

Abb. 8: Châteauneuf-du-Pape (Rhône-Region) mit Schloss und Weinberg auf Sand- und Kiesboden (Quelle: https://commons.wikimedia.org/wiki/File:Chateauneuf_vineyard_%26_castle.jpg, Zugriff: 20. April 2021).

Fährt man weiter nach Süden und verlässt man die A 7 (E 15) zugunsten der A 9 (E 15) in Orange, kann man von Nimes auf einer guten Straße (N 113/E 80) nach Arles fahren und hat dann die Große Rhône wieder erreicht. Von Arles führt eine Landstraße (D 570 und D 58) in den bekannten Badeort Le Grau-du-Roi (der Sand des Königs), einen Fischerhafen und Weinbauort.[1] Mit den von *Hubrecht Duijker* zu den besten Weinen Frankreichs gezählten Rhône-Weinen konnten die *grav/Grau*-Weine der Mosel und einiger Nebenflüsse natürlich nicht mithalten. Aber die ersten Moselwinzer, sicher Galloromanen oder Kelten, haben die in Fluss- oder Bachnähe auf Sand- und Kiesböden wachsenden Wildreben (vitis sylvestris-Typ), die vor allem in Auwäldern eine reiche Traubenernte angeboten haben, vermutlich schon vor der Ankunft der Römer und der von ihnen gebrachten Rebsorten geschätzt (*Maul* 2005). Solche Wildreben, meist von mittelrheinischen Auwäldern auch nach Westen an Saar und Mosel verbreitet, gelten heute als „Elternteile" für die edlen Weinsorten des frühen und späteren Mittelalters, den weißen Elbling, den weißen Heunisch und im 15. Jahrhundert den Riesling.

1 https://www.tripadvisor.de/Tourism-g661409-Le_Grau_du_Roi_Gard_Occitanie-Vacations.html (Zugriff: 20. April 2021).

Der frühe Rangnachteil der *grav*-Weine an der Mosel gilt noch mehr für die berühmten Graves-Weine der Weinbauregion Bordeaux mit etwa 4.650 ha Fläche, wovon die regionale Appellation Graves ca. 3.450 ha in Produktion hat (Abb. 9). Sie verfügt seit dem 4. März 1937 über den Status einer Appellation d'Origine Contrôlée. Der Name leitet sich vom steinigen Boden (gravier: Kiesel) her, der in der lokalen Sprache *Las Grabas de Bourdeus* genannt wird [die Steine von Bordeaux]. Der nährstoffarme Boden ist von Steinen übersät. Diese Steine speichern die Sonnenenergie des Tages und geben die Wärme in der Nacht ab. Dadurch entsteht ein sehr günstiges Mikroklima, das den Reben zugutekommt. Das Gebiet erstreckt sich von der Stadt Bordeaux im Norden bis zur Gemeinde Langon im Süden auf einem ca. 55 km langen und maximal 10 km breiten Streifen (Nr. 34 auf der Abb. 9 und die Stadt Bordeaux selbst).

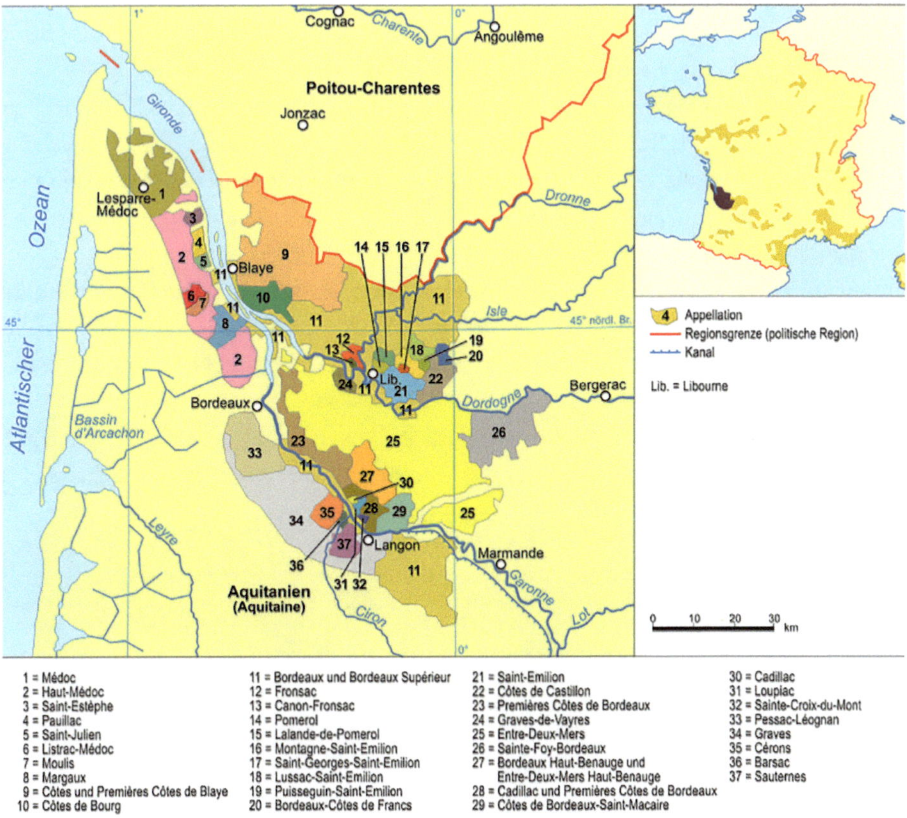

Abb. 9: Region Bordeaux/Graves (Nr. 34; Quelle: Domenico-de-ga, CC BY-SA 3.0, https://commons.wikimedia.org/w/index.php?curid=1599323).

Durch das rapide Wachstum der Stadt mussten in Bordeaux und seiner Umgebung zwischen 1908 und 1981 nicht weniger als 238 Weingüter aufgegeben werden. Die besten in der Stadt liegenden Weingüter sind sogenannte *Clos*, mit ummauerten Weinbergen und meist sehr respektablen Schlössern. Der berühmteste war der 1531–1551 von *Jean de Pontac* im Ortsteil Haut-Brion angelegte Weinberg, der unter dem Namen Château Haut-Brion das erste große Qualitätsweingut wurde. Noch älter war das um 1300 durch den Erzbischof von Bordeaux, *Bernard de Goth*, dem späteren Papst *Clemens V.* gegründete Weingut, das heute als Clos in der Stadt unter dem Namen Château Pape Clément immer noch existiert.

Weitere ummauerte Weingüter mit zum Teil sechs Meter hohen Mauern, die Traubendiebe abschrecken konnten, waren und sind: Château Les Carmes-Haut-Brion, im Ortsteil Pessac, Château La Mission Haut-Brion im Stadtteil Talence, Château Léoville-las-Cases, Clos Haut-Peyraguey, Clos Fourtet, Clos des Jacobins, Clos de l'Oratoire und Clos Saint-Martin [wikipedia.org = Clos_(Weinberg); *Robinson* 2007].

Ummauerte Weinberglagen gibt es heute auch noch in Deutschland, z. B. den Hattenheimer Pfaffenberg im Rheingau, den Steinberg bei Kloster Ebersbach, die Schlossmühle in Heidesheim und die Niersteiner Glöck. Neben Bordeaux gibt es in Frankreich in der Champagne, Burgund, an Loire, Rhône und im Südwesten weitere Clos, die meisten aber im Elsass, hier allein in Obernai 26 Stück.

Eine 0,75 Liter-Flasche 1er Cru classé des Jahrgangs 2016 kostet heute (20. April 2021) bei der Firma Millesima.de 3.200 Euro, es handelt sich um einen Rotwein (aus Pessac-Léognan), einen Cuvée (Verschnitt) aus 56 % Merlot, 37,5 % Cabernet Sauvignon und 6,5 % Cabernet Franc. Die Weinlese, offenbar mit Auslese von Einzelbeeren, dauerte vom 29. September bis zum 13. Oktober nach einem trockenen und sehr heißen Sommer. Mithalten kann bei so hohen Preisen nur das teuerste deutsche Weingut, der Scharzhof in einem Seitental der Saar (*Irsigler* 2015).

Zusammenfassung

An der Mosel zwischen Trier und Pommern sowie an zwei kleinen Nebenflüssen, Lieser und Olkenbach, hat der bekannte Siedlungs- und Flurnamenforscher *Wolfgang Jungandreas* ein knappes Dutzend von Weinbauzentren gefunden, die den Weinlagennamen Grav oder Grau aufweisen. Er leitet diese Bezeichnung von dem gallo-romanischen Wort gravos = Sand oder Kies ab, also meint er eine Lage, die durch den Erdabtrag eines aus dem Bergland (Eifel, Hunsrück) kommenden kräftigen Baches geschaffen und sich durchaus für Weinbau eignete. Heute sind davon nur noch bescheidene Reste in Mehring, Olkenbach, Klüsserath und Wintrich erhalten. Der Mehringer Weinbau, den ich schon 1995 untersucht habe, ist um 870 erstmals in einer Flurbereinigungsurkunde des Prümer Abtes als Grundherr und Weinbauförderer belegt, war aber sicher sehr viel älter. Wahrscheinlich ging er bis in die Spätantike zurück, wobei nicht auszuschließen ist, dass man in den Orten mit der Lage Grau auch schon Wildtrauben von dortigen Bäumen gegessen hat. Was die Qualität der hier gewachsenen Weine betrifft, konnten diese sicher nicht mit den in Frankreich auf Kies und Sand gepflanzten Reben des südlichen Rhôneraumes oder gar den Graves-Weinen aus Bordeaux mit seinen ummauerten Schlössern und Weinlagen oder aus dem etwa 55 km langen und bis zu 10 km breiten Graves-Gebiet im Süden von Bordeaux konkurrieren, woher heute die teuersten Weine Frankreichs kommen.

Summary: Vineyards called Grav, Grau, Gravos along the Moselle and in France, 9th to 19th century

Located along the river Moselle between Trier and the village Pommern, as well as on two small tributaries, the Lieser and Olkenbach, *Wolfgang Jungandreas*, the well-known researcher of settlement and rural onomastics, has found just under a dozen wine-growing centres that carry the vineyard name Grav or Grau. He derives this name from the Gallo-Roman word gravos = sand or gravel, he therefore means a site created by the erosion of a powerful stream coming from the mountainous region (Eifel, Hunsrück) and which was quite suitable for viticulture. Today, only modest remnants of this remain in Mehring, Olkenbach, Klüsserath and Wintrich. The Mehring vineyard, which I investigated as early as 1995, is first documented around 870 in a land consolidation document (Flurbereinigungsurkunde) of the abbot of Prüm as a landlord and vineyard promoter, but was surely much older. It probably dates back to late antiquity, although it cannot be ruled out that wild grapes were also eaten from trees in places of the Grau site. As far as the quality of the wines grown here is concerned, they certainly could not compete with the vines of the French southern Rhône region planted on gravel and sand, or even with the Graves wines from Bordeaux with its walled castles and vineyards, or those from the Graves region in the south of Bordeaux, which is about 55 km long and up to 10 km wide, where the most expensive wines in France are produced today.

Literatur

Anton, H. H. (1996): Trier von der Spätantike bis zur ausgehenden Karolingerzeit. – In: *Anton, H. H. u. Haverkamp, A. [Hrsg.]*: Trier im Mittelalter (2000 Jahre Trier, Bd. 2). – Trier, S. 1–159.

Beyer, H.; Eltester, L. u. Goerz, A. [Bearb.] (1860, 1865, 1874/1974): Urkundenbuch zur Geschichte der Mittelrheinischen Territorien. Bd. 1, bearb. v. Beyer, H. – Koblenz, Neudruck Aalen; Bd. 2, bearb. v. Beyer, H.; Eltester, L. u. Goerz, A. – Koblenz, Neudruck Aalen; Bd. 3, bearb. v. Eltester, L. u. Goerz, A. – Koblenz, Neudruck Aalen (MUB).

Buchmüller-Pfaff, M. (1990): Siedlungsnamen zwischen Spätantike und frühem Mittelalter. Die -(i)acum-Namen der römischen Provinz Belgica Prima. – Tübingen.

Carnoy, A. (1939–1940): Dictionnaire étymologique du nom des communes de Belgique y compris l'étymologie des principaux noms de hameaux et de rivières. – Leuven.

Disselnkötter, H. (1936): Auf den ältesten Spuren der Spanheimer Grafenfamilie an der Mosel. – In: Rheinische Vierteljahrsblätter 6, S. 1–27.

Dittmaier, H. [Bearb.] (1963): Rheinische Flurnamen. – Bonn.

Duijker, H. (1983): Die besten Weine – Rhône und Südfrankreich. – Zürich.

Ewig, E. (1980): Frühes Mittelalter (Rheinische Geschichte, hrsg. von Petri, F. u. a. 1, 2; Veröffentlichung des Instituts für geschichtliche Landeskunde der Rheinlande der Universität Bonn). – Düsseldorf.

Flurnamenarchiv Bonn (o. J.), masch.-schriftliche Kartei, bearb. von Dittmaier, H., mit urkundlichen Flurnamenbelegen für Detzem, Ensch, Klüsserath und Leiwen durch † Vikar Junk.

Flurnamenarchiv Trier (o. J.), masch.-schriftliche Kartei, bearb. von Maret, J. – Trier.

Goerz, A. (1878/1974): Mittelrheinische Regesten oder chronologische Zusammenstellung des Quellenmaterials für die Geschichte der Territorien der beiden Regierungsbezirke Koblenz und Trier. Teil 1: 509–1152. – Koblenz, Neudruck Aalen (MRR).

Goldschmidt, F. (1925): Deutsche Weinbauorte mit Weinbergslagen. – Main 1910, ^{2}1920, ^{3}1925.

Gröhler, H. (1913, 1933): Über Ursprung und Bedeutung der französischen Ortsnamen. Teil I, Heidelberg; Teil II: Romanische, germanische Namen, der Niederschlag der Lehnsverfassung, der Einfluss des Christentums, Namen verschiedenen Ursprungs. – Heidelberg.

https://de.wikipedia.org/wiki/Rhône_(Weinbaugebiet) (Zugriff: 23. April 2021).

https://de.wikipedia.org/wiki/Clos_(Weinberg) (Zugriff: 23. April 2021).

Irsigler, F. (1995): Mehring – ein Prümer Weinort um 900 n. Chr. – In: *Gehl, G. u. Reichertz, M. [Hrsg.]*: Die Karolinger als Stammväter Europas. – Weimar, S. 65–68.

Irsigler, F. (1995/2006): Mehring. Ein Prümer Winzerdorf um 900. – In: *Duvosquel, J.-M. u. a. [Hrsg.]*: Peasants & Townsmen in Medieval Europe. Studia in honorem Adriaan Verhulst. – Gent, S. 297–324. – Wieder in: *Henn, V. u. a. [Hrsg.]*: Miscellanea Franz Irsigler. Festgabe zum 65. Geburtstag. – Trier, S. 349–374.

Irsigler, F. (2015): Die Privatisierung des Scharzhofes zu Beginn des 19. Jahrhunderts. – In: Kurtrierisches Jahrbuch 55, S. 223–240.

Jungandreas, W. (1962): Historisches Lexikon der Siedlungs- und Flurnamen des Mosellandes. – Trier, s. v. GRAU (FlN); GRAUENSTEIN (FlN), S. 461.

Jungandreas, W. (1979): Zur Geschichte des Moselromanischen. Studien Lautchronologie und zur Winzerlexik. – Wiesbaden.

Lamprecht, K. (1885/86, 1969): Deutsches Wirtschaftsleben im Mittelalter, Untersuchungen über die Entwicklung der materiellen Kultur des platten Landes aufgrund der Quellen zunächst des Mosellandes, 3 Bde. – Leipzig, Neudruck Aalen.

Maret, J. (1961): Flurnamenarchiv Trier. Tätigkeitsbericht. – In: Kurtrierisches Jahrbuch 1, S. 59–87.

Matheus, M. (2020): Winzerdörfer: Wirtschafts- und Lebensformen zwischen Stadt und Land. Überlegungen zu einem Siedlungstyp in vergleichender europäischer Perspektive. – In: *Bünz, E. [Hrsg.]*: Landwirtschaft und Dorfgesellschaft im ausgehenden Mittelalter (Vorträge und Forschungen, 89). – Ostfildern, S. 127–166.

Maul, E. (2005): Die sehr alte Rebsorte Weißer Heunisch und ihre zum Teil berühmt gewordenen Kinder, wie z. B. Chardonnay. – In: Deutsches Weinbau-Jahrbuch 56, S. 129–145.

Mötsch, J. (1997): Des Weistum des Kröver Reiches von 1399. Edition und Datierung. - In: Rheinische Vierteljahrsblätter 61, S. 96–134.

Mötsch, J. (1998): Das Weistum des Kröver Reiches. - In: *Schaaf, E. unter Mitarb von Mötsch, J. [Hrsg.]*: Beiträge zur Geschichte des Kröver Reiches. - Bernkastel-Kues, S. 9–68.

Niermeyer, J. F. u. Van de Kieft, C., überarbeitet von Burgers, J. W. J. (1976, ²2002): Mediae Latinitatis Lexicon minus - Mittellateinisches Wörterbuch. - Leiden, Bd. II, s.v. peciola, S. 1016.

Nolden, R. (1997)/Nösges, N. u. Finken, A. [Hrsg./Übers.]: Das „Goldene Buch" von Prüm (Liber aureus Prumiensis). Faksimile, Übersetzung der Urkunden, Einband. Im Auftrag des Geschichtsvereins Prümer Land e. V. hrsg. von Reiner Nolden. - Prüm.

Robinson, J. [Hrsg.] (2007): Das Oxford Weinlexikon. - München.

Staab, F. (1993): Agrarwissenschaft und Grundherrschaft. Zum Weinbau der Klöster im Frühmittelalter. - In: *Gerlich, A. [Hrsg.]*: Weinbau, Weinhandel und Weinkultur. - Stuttgart, S. 1–47.

Steinhausen, J. (1932): Ortskunde Trier - Mettendorf. -Bonn.

Weinbaulagekarten der Oberfinanzdirektion Koblenz (o. J.) (für die Kreise Ahrweiler, Bernkastel, Cochem, Koblenz, Saarburg, St. Goar, Trier, Wittlich, Zell). - Koblenz.

Willwersch, M. (1912): Die Grundherrschaft des Klosters Prüm: Teil I und II. - Berlin (Digitalisierte Ausgabe Koblenz Landesbibliothekszentrum Rheinland-Pfalz 2020 dilibri - digitale Sammlung Rheinland-Pfalz).

Siedlungsforschung. Archäologie – Geschichte – Geographie 39, 2021, S. 257–288

Entlang der Goldenen Straße vom Mittelalter bis zur Neuzeit

Ein Beitrag zur Archäologie der bayerisch-böhmischen Grenzlandschaft (Bereich Bärnau–Tachau/Tachov)

Viviane Diederich und Michal Preusz

Die zeitliche und räumliche Entwicklung von Grenzen und Grenzlandschaften ist ein Teil der Siedlungsforschung, dem auch in der archäologischen und historischen Forschung eine wichtige Rolle zukommt.

Als Barrieren haben Grenzen in der Regel eine ein- und zugleich auch ausschließende Funktion (*Feuer* 2016, S. 5). Sie definieren Bereiche von Herrschaft und Verwaltung, markieren Privatbesitz oder den Wirkungsbereich eines Kultes. Entsprechend variieren die archäologischen Nachweise zu Grenzlinien und Grenzübergängen im Befund.

In unterschiedlichen Skalen bieten Parzellen mit Zäunen und Mauern, Stadtmauern, Landwehren und Befestigungsanlagen Hinweise auf die Existenz von Grenzsituationen, wobei diese eng mit der Idee von Territorien und Herrschaft verbunden sind (*Feuer* 2016, S. 48–56). Die zuweilen weiträumigen Herrschaftsgebiete, Königreiche oder Staaten beeinflussen die Entwicklung der umliegenden Regionen. Um diese Einflüsse analysieren zu können, erscheint eine interdisziplinäre Betrachtungsweise der Grenzlandschaft vielversprechend.

In einer Langfristperspektive kann ein archäologischer Blick auf Geländedenkmale und Fundstellen das Bild einer Grenzlandschaft erheblich konturieren. Speziell die Region Bärnau–Tachau (*tschech.* Tachov) an der deutsch-tschechischen Grenze bietet hierzu viel Potential. Archäologische Forschungen beiderseits der Grenze helfen aktuell, die langfristige Entwicklung unterschiedlicher Grenzsituationen zu untersuchen und die Wirkungen auf das Leben an der Grenzlinie zwischen Bayern und Böhmen zu rekonstruieren.[1] Die

---

[1] Dieser Artikel entsteht im Rahmen des gemeinsamen Forschungsprojekts „Socioeconomic Spaces crossing borders: Archäologische Untersuchungen einer Stadt an der bayerisch böhmischen Grenze 2019–2021“ unter der Leitung von *Prof. Dr. Rainer Schreg* (Otto-Friedrich-Universität Bamberg) und *Dr. Michal Preusz* (Universität Pilsen/Plzeň).

Möglichkeiten der historischen Archäologie nutzend, können wir die langfristigen Auswirkungen verschiedener Grenzsituationen untersuchen, indem wir schriftliche und materielle Quellen zusammenführen.

Im Mittelalter und in der frühen Neuzeit verlief hier eine Fernhandelsstraße, die deutsche und böhmische Städte miteinander verband. Die Goldene Straße, deren Bezeichnung im 14. Jahrhundert unter Kaiser Karl IV. geprägt wurde, stellt eine Verbindung zwischen den beiden Orten Bärnau und Tachau dar und verband nächstliegend vor allem die zwei mittelalterlichen Metropolen Nürnberg und Prag und war darüber hinaus Teil einer paneuropäischen Handelsverbindung, die von der iberischen Halbinsel bis nach Osteuropa reichte (*List* 2006). Ab 1945 entwickelte die Grenze einen ganz anderen Charakter, sie wurde zum „Eisernen Vorhang", der traditionelle Kontakte rigoros unterbrach. Wo Besetzung, Vertreibungen und bis 1990 der Kalte Krieg die Region prägten, entstehen nun wieder verstärkt neue Verbindungen zwischen Bayern und Böhmen, die historische Konflikte zu überwinden suchen.[2]

Ziel des Artikels ist es, zunächst eine Bestandsaufnahme der bisherigen Forschungsergebnisse zu bieten und damit die kulturhistorische Entwicklung der Grenzregion, die eng mit der Entwicklung der Goldenen Straße verwoben ist, zu verdeutlichen.

1 Der methodisch-theoretische Ansatz der „borderland-matrix" – die Grenzlandschaft

Eine Grenze zu beschreiben ist in der deutschen Sprache nur durch zusätzliche Adjektive möglich, z. B. offene, grüne, geschlossene etc. Während im Englischen zwischen „boundaries", „borders", also einer eher statischen oder restriktiven Grenze, und „frontiers", also einer durchlässigen Grenze oder Übergangszone unterschieden wird, werden im deutschen die drei Phänomene unter dem Begriff Grenze subsummiert.

Grenzlandschaften beschreiben Regionen um bzw. zwischen politischen oder kulturellen Einheiten. Grenzlandschaften beziehen sich also auf den geographischen Raum, der um Gebiets- oder Landesgrenzen anzunehmen ist. Gleichzeitig sind solche Regionen durch die besondere Situation des Übergangs von unterschiedlichsten Interaktionen gekennzeichnet und stellen so eine mehr oder weniger durchlässige Verbindungszone dar.

An dieser Stelle ist *Bradley Parker* zu nennen, der 2006 das Prinzip der „borderland-matrix" vorstellte, das es ermöglicht, anhand von fünf festgelegten Interaktionskriterien Grenzlandschaften in verschiedenen Zeitfenstern zu analysieren und mit einander zu vergleichen (*Parker* 2006, S. 80).

[2] Der Verein Via Carolina hat hierzu beispielsweise eine bilinguale Wanderung entlang der Goldenen Straße von Bärnau an Tachau organisiert.

Hier lassen sich die fünf Kriterien anwenden:

- Geographie,
- Kultur,
- Ökonomie,
- Politik,
- Demographie.

Gleichzeitig lässt sich die Permeabilität der Grenze oder Übergangszone für jede dieser Kategorien beurteilen.

Einen interdisziplinären Ansatz verfolgen wir, indem wir die Forschungsergebnisse von bisherigen Ausgrabungen in der Region, Geländebegehungen sowie Lidar-Scan-Analysen unter Zuhilfenahme historischer Quellen vor dem Hintergrund der verfügbaren Literatur zusammenführen und die Ergebnisse den Kriterien kultureller, ökonomischer und politischer Grenzlandschaften zuordnen.

Territoriale Grenzen lassen sich anhand von Befestigungen im archäologischen Befund erkennen. Die kulturellen und ökonomischen Entwicklungen sind eng miteinander verbunden, da einerseits die Bewaldung der Hochlandschaft die Grundlage für viele Gewerke und deren Erzeugnisse bildete, andererseits übte der Handelsweg der Goldenen Straße einen großen Einfluss auf die Entwicklung der Region und die Grenzstädte Bärnau und Tachau aus. Eine detaillierte Analyse der Orts- und Flurnamenkartierungen gibt Aufschluss über die siedlungsgeschichtliche Entwicklung dieser Region.

2 Die Topographie der Grenzlandschaft[3]

Bärnau und Tachau befinden sich in einer Mittelgebirgslandschaft. Der markante Gebirgskamm des hinteren Oberpfälzer Waldes befindet sich auf einer Höhe von 769 m ü. NHN etwa 1 km östlich von Bärnau in Richtung Tachau und stellt deshalb für jegliche Art von Übergang eine natürliche Barriere dar.

Das Grundgebirge ist hauptsächlich aus Kristallingestein (überwiegend Paragneise und Granite) aufgebaut. Auf diesen verwitterungsresistenten Gesteinen haben sich nur geringmächtige, lehmig-sandige Verwitterungsböden (Braunerden) erhalten, die in Nässezonen von Pseudogley verändert wurden und so einen Boden bilden, der zwar überwiegend leicht bearbeitet werden kann, aber vergleichsweise wenig ertragreich ist (*Thiem* 2000, S. XVI.).

[3] *Thiem* 2000, S. XIV, Abb. 2; Bayerisches Landesamt für Umwelt, Umwelt Bayern Atlas Bodenkarte 1:200.000.

In mittelalterlicher Zeit war das Gebiet von einem dichten Mischbergwald aus Buchen, Tannen und Fichten umgeben.[4]

Von hydrographischer Bedeutung ist die zwischen Wondreb und Waldnaab verlaufende europäische Hauptwasserscheide. „Zwar entspringen beide Bäche am Nordrand des Oberpfälzer Waldes und bilden gemeinsam die nach ihnen benannte Senke, doch fließt die Wondreb über das Elbsystem zur Nordsee und die Waldnaab über das Donausystem zum Schwarzen Meer" (*Thiem* 2000, S. XVI).

Charakteristisch für das Mittelgebirge in dieser Höhenlage und den kontinentalen Klimaeinfluss ist eine eher raue Witterung, die durch eine mittlere Jahresdurchschnittstemperatur von 10°C, durch eine jährliche Niederschlagsmenge von 916 mm, sowie durch eine Vegetationsperiode mit ca. 225 frostfreien Tagen, also einem langen Winter, gekennzeichnet ist.[5]

Aufgrund der weniger ertragreichen Böden bietet die Region vor allem Holz als natürliche Ressource. Nutzbare Eisenerzvorkommen werden in der Forschungsliteratur für die Region nicht erwähnt. Die Kristallingesteine und ihre Verwitterungsprodukte bieten mit ihren Anteilen an reinem Quarz Ausgangsprodukte für die neuzeitliche Glasproduktion in der Region.

Bärnau mit seiner Lage am Scheitel des Gebirges ist durch einen flachen und gleichmäßigen Anstieg angenehmer zu passieren als die steileren Passagen in der näheren Umgebung. Ein Übergang nach Böhmen wurde allerdings zusätzlich durch die ausgedehnte Bewaldung erschwert, die in mittelalterlicher Zeit noch kein Naherholungsgebiet war, sondern eine zusätzliche Gefahr (z. B. durch Wegelagerei) darstellte.

Der Transit von der Oberen Pfalz in das Königreich Böhmen erfolgte kurz hinter Bärnau über einen Höhenrücken des Oberpfälzer Waldes in Richtung Tachau.

Beide Gebiete, die Region um Bärnau und die Region um Tachau, befinden sich jeweils in der Peripherie ihrer Kernstädte Nürnberg bzw. Prag. Sie stellen also Randgebiete zweier Herrschaftsräume dar, die durch den Mittelgebirgszug des Oberpfälzer Waldes geographisch voneinander getrennt sind.[6]

Es gilt zu prüfen, welche Merkmale entlang der Verkehrsachse, also innerhalb der bilateralen Übergangszone zwischen Bärnau und Tachau, erkannt werden können und ob darüberhinaus in einem Transitkorridor kulturelle Gemeinsamkeiten beobachtet werden können (Abb. 1).

---

4 *Kölling* 2003, regionale natürliche Waldzusammensetzung Bayern, Bayerische Landesanstalt für Wald und Forst (LWF).

5 Die Angaben stammen vom Deutschen Wetterdienst. Niederschlagstabelle (Bärnau–Naab), Frost- und Eistage (relative Werte aus Hof).

6 Zu Raumbeziehungen von Zentralorten bzw. Kerngebieten zur Peripherie: *Feuer* 2016, *Müller* 2012 und *Gringmuth-Dallmer* 1996.

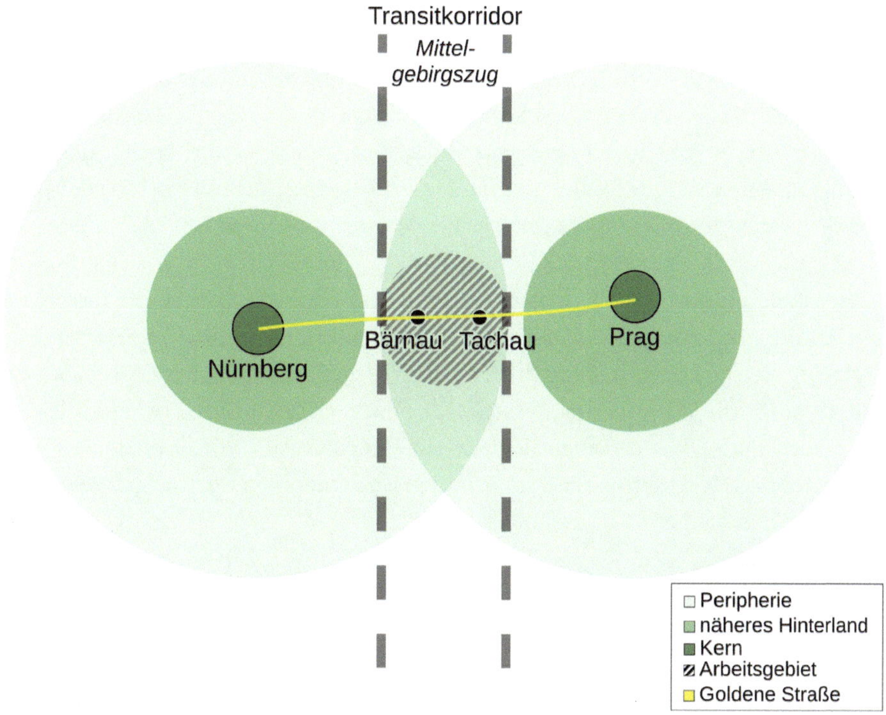

Abb. 1: Grafische Darstellung des Grenzraums und der Übergangsregion bei Bärnau/Tachau (Graphik: Viviane Diederich).

Das Arbeitsgebiet zur Erforschung dieser Transitzone haben wir in erster Näherung auf einen Umkreis von 15 km beschränkt, in dessen Mittelpunkt das Dorf Obora liegt, das auf der Goldenen Straße ungefähr die Mitte zwischen den Städten Bärnau auf der bayerischen Seite und Tachau auf tschechischer Seite einnimmt.

3 Die Entwicklung der Grenzlandschaft anhand historischer Quellen

Erst seit dem Hochmittelalter gibt es schriftliche Quellen, welche die historische Entwicklung der Region näher beleuchten. Für das Frühmittelalter ist zwar eine Siedlungsphase anzunehmen, doch erst mit der Gründung der Klöster Kladrau (Kladruby) 1115 und Waldsassen 1133 ist eine herrschaftliche Verwaltung dieser Grenzregionen greifbar. Die frühmittelalterliche Siedlungsstruktur ist hauptsächlich anhand von Ortsnamen zu rekonstruieren. Nördlich von Bärnau liegt der Ort Mähring, der einzige Ort mit dem Suffix *-ing*, das für die vorslawische Zeit charakteristisch ist und in die Zeit vor ca. 700/750 einzuordnen ist (*Klír* 2016, S. 318). Ähnliche Suffixe befinden an der bayerisch-böhmischen Grenze in der „Cham-Further Senke" entlang der alten Straße von Regensburg nach Prag (*Klír* 2016, S. 318). In der Oberpfalz und in Oberfranken sind viele Orte dokumentiert, die auf eine slawische Siedlungsgründung zurückgehen. Der Ort Naabwenden befindet sich nur unweit außerhalb des Untersuchungsbereichs und wird bereits in einer Quelle von 863 genannt (*Losert* 1993b, S. 207–270).

Orte mit den Suffixen *-feld* und *-bach*, bilden eine Gruppe von Siedlungen, die ebenfalls im 8. Jahrhundert gegründet worden sind, jedoch laut *E. Gagel* einer fränkischen Siedlungsgründungsphase, ebenso wie die Orte Griesbach, Lauterbach, Rodenbach, Schwarzenbach, sowie die späteren Wüstungen Reichenbach und Steinbach, sowie Ellenfeld zuzuschreiben sind. Diese befanden sich zum Teil an einer Altstraße in Richtung Eger in Böhmen (*Gagel* 1958, S. 104–106). Im 8. und 9. Jahrhundert wurde eine auf *-hausen* endende Bezeichnung bevorzugt (*Klír* 2016, S. 318).

3.1 Hoch- und Spätmittelalter

Im 12. Jahrhundert werden die Klöster Kladrau (Kladruby) 1115 (*Nováček* 2010) und Waldsassen 1133 großzügig mit Ländereien in der Peripherie Bayerns bzw. Böhmens ausgestattet. Wie sich die Verwaltungszusammenhänge in dem bewaldeten Grenzgebiet darstellen, ist noch nicht geklärt. Zudem fallen in diese Phase der Bau bzw. Wiederaufbau von Burgen im Umfeld der Altstraßen, die Teilabschnitten der Goldenen Straße entsprechen. Der Ausbau erfolgte vermutlich zum Schutz des Handelsweges, bis der Schutz der Siedlungen oder Städte erreicht wurde. Während die Burgen Tachau von 1126[7] und Pfrauenberg (Přimda) von 1131 (*Nováček u. Široký* 1998, S. 59) datieren, ist eine Burg bei Bärnau erst 1296 in den Schriftquellen erwähnt (*Busl* 2004, S. 11).

Die Burg Pfrauenberg befindet sich als womöglich älteste mittelalterliche Burg Tscheschiens knapp außerhalb des Untersuchungsgebiets. Kosmas erwähnt sie erstmals in seiner Chronik im Jahr 1121. Ihm zufolge wurde die Burg von Deutschen gegründet, kurze Zeit später von *Vladislav I.* erobert und dem Gebiet der Přemysliden angefügt.

Um 1300 wurden weitere Grenzburgen in höheren, schwer zugänglichen bewaldeten Lagen errichtet, z. B. die Burgen von Arnsburg und Schellenberg (Šelmberk). Über die Burg Arnsberg ist über die Erwähnung hinaus wenig bekannt. Wir vermuten ihre Lage in der Nähe des Gebirgskamms auf der Höhe zwischen dem Bärnauer Berg und dem Dorf Naab. Bei der Burg Šelmberk auf der böhmischen Seite handelte es sich um eine kleine be-

---

[7] *Sokol* 2014, S. 53–68; *Tomek* 1882, S. 155; *Durdík* 2007. Zur archäologischen Erforschung der Burg Tachau vgl.: *Nováček; Razím u. Ebel* 2004, S. 51–52.; *Pelant* 1988, S. 276, 277.

festigte Siedlung an dem „goldenen Reisfeld", auf Zlatý potok gelegen, an einem weiteren Übergang durch den Grenzwald. Die archäologische Forschung in Tschechien betrachtet diese Burg als einen kleineren Stützpunkt, der schon kurz nach Errichtung durch einen Brand zerstört wurde (*Durdík* 2002, S. 43–49).

Das Reichsdorf Bärnau, das um 1300 in historischen Quellen Erwähnung findet, stand zunächst zusammen mit den Nachbarorten Hohenthan und Griesbach unter der Verwaltung der Burg Flossenbürg (*Busl* 2004, S. 15 f., 25, 237). 1312 wird eine Burg *Bernaw* im Vertrag zu Tauchau genannt. Archäologisch ist ein Burgenbau bisher nicht nachgewiesen.

Die Region um Bärnau scheint zu Beginn des 14. Jahrhunderts jedoch ein Stützpunkt der Wegelagerei gewesen zu sein. So schrieb *Johann von Luxemburg*, König von Böhmen, im Jahr 1312 an das Kloster Waldsassen: „*... Da von der Burg Bernaw euch und den Reisenden und den Einwohnern unserer Lande bisher viel Ungemach wiederfahren ist ...*" solle die Burg geschleift werden, so dass „*... keine Räuberhöhle bestehe ...*" (StA Am, Waldsassen KL 97, fol. 660; *Busl* 2004, S. 17). Um den Unruhen zu begegnen, beauftragte der böhmische König Grenzbauern, sogenannte Chody („Chodones"), um die Stabilität der Landesgrenze zu gewährleisten und die entstandenen böhmisch-deutschen Konflikte zu lösen (*Maur* 1999, S. 5–8).

Das Gebiet des späteren Pflegeamtes um Bärnau ging bereits 1296 als Reichspfand an das Kloster Waldsassen, das sich dieses 1313 durch Kauf ganz aneignete und so die Unruhen beenden sollte. 1343 erhielt Bärnau vom Kloster Waldsassen mit kaiserlicher Erlaubnis von *Ludwig dem Bayern* das Egerer Stadtrecht (*Busl* 2004, S. 17).

Nur wenige Jahre später trennte *Kaiser Karl IV.* das Areal wieder vom Stiftsland Waldsassen ab, schloss es dem Königreich Böhmen an, gründete das Gebiet „Neuböhmen" (*Bobková* 1982, S. 5–32) und verlieh der Stadt 1353 die Tachauer Stadtrechte (*Thiem* 2000, S. XXVII). Bis dahin bildeten der Höhenrücken des Oberpfälzer Waldes und das bewaldete Gebiet die Grenzlinie des Herzogtums Bayern.

Er richtete um Bärnau eine „Meile" ein, die alle Handwerker der Region dazu verpflichtete, sich in Bärnau anzusiedeln. Diese zwang alle Ansässigen innerhalb der Meile dazu, am Markt in Bärnau zu handeln. Dafür sollten Zureisende freies Geleit erhalten (*Busl* 2004, S. 20). Zudem erhob *Karl IV.* die Verbindung über Bärnau nach Tachau zur Reichsstraße und schrieb den Fernhändlern die Benutzung derselben vor (*Busl* 2004, S. 524). Durch diese kaiserlichen wirtschaftspolitischen Maßnahmen erlebte die Region einen regen Aufschwung. Dass die Stadt unter direktem Schutz des Kaisers stand, sorgte für verlässliche Rahmenbedingungen für Handwerk und Handel. Der Stadt Tachau verlieh *Kaiser Karl IV.* bereits 1285 die Stadtrechte und stellte auch diese Stadt unter seinen direkten Schutz (*Nováček* u. Široký 1998, S. 62).

Der oberpfälzische bzw. böhmische Waldrand bildete ab 1350 für rund 50 Jahre keine politische Grenze mehr. Die Menschen in den beiden Städten profitierten von der Situation direkt an dem Gebirgspass. Hier konnten Waren neu verladen, Transportmittel repariert und Verpflegung beschafft werden. Eine wichtige Einnahmequelle der Bürgerschaft von

Bärnau und Tachau dürfte das Geleitrecht gewesen sein, das den Handelsverkehr durch die Hohlwegbündel vor Übergriffen schützte und die Reisenden von der Ortskenntnis der Ansässigen profitieren ließ.

3.2 Neuzeit

1404/05 eroberte *Pfalzgraf Johann* das Bärnauer Gebiet vom Königreich Böhmen zurück, gliederte es politisch wieder der Oberen Pfalz an und richtete nun das kurpfälzische Pflegeamt Bärnau ein. Die Stadt erhielt 1405 die Nürnberger sowie 1414 das Sulzbacher Stadtrecht (*Thiem* 2000, S. XXVI); und der Oberpfälzer Wald bildete erneut die politische Grenzlinie nach Böhmen.

Dass die Goldene Straße auch den Weg für Kommunikationsströme bereitete, wird durch den Aufenthalt des Predigers *Jan Hus* belegt, der 1414 über Bärnau auf der Goldenen Straße zum Konzil nach Konstanz reiste (*Busl* 2004, S. 178), wo er im Juli 1415 auf dem Scheiterhaufen verbrannt wurde. Dieser Vorfall war Auslöser für die Hussitenkriege und bedeutete neue Erschwernisse für die Region, als das Gebiet Schauplatz der Kriegshandlungen wurde. Diese fanden bei der Schlacht bei Hiltersried, ca. 50 km südlich von Bärnau gelegen, 1433 einen Höhepunkt, wurden jedoch dadurch nicht beendet.

Die Stadt Bärnau wurde 1421 erstmals von hussitischen Kämpfern eingenommen (*Busl* 2004, S. 178 f.). Tachau wurde 1427 von Hussiten belagert, die diese Stadt schließlich eroberten und sich so einen wichtigen Stützpunkt erkämpften (*Busl* 2004, S. 179 f.).

Viele Dörfer wurden verlassen oder zerstört. In der Siedlungsgeschichte ist eine Wüstungsperiode in der Region belegt. Auch der Handel nach Osteuropa über Bärnau und Tachau nach Prag kam zum Erliegen oder wich auf eine südlichere Route aus. Die im 14. Jahrhundert so florierende Handelsstecke konnte trotz neuer Fördermaßnahmen im 15. und 16. Jahrhundert nur teilweise wiederbelebt werden. Die Verlagerung der Haupthandelswege nach Süden über Vohenstrauß und Waidhaus nach Pfraumberg wirkte sich somit dauerhaft negativ auf die wirtschaftliche Lage und das Wachstum der Städte Bärnau und Tachau aus, was zunehmend zu einem Bedeutungsverlust der Märkte führte (*List* 2006, S. 225 f.).

In der Folgezeit des 16. und 17. Jahrhunderts traten vermehrt Konfliktsituationen in der Region auf. Zunächst wurden lokale Konflikte (*Busl* 2004, S. 182 f.), bald darauf die Bauernkriege und ab 1618 der Dreißigjährige Krieg in der Region um Bärnau und Tachau ausgetragen. Diese Konflikte sind archäologisch nur bedingt nachweisbar. Bei systematischen Begehungen mit Metalldetektoren wurden Militaria und Depots der verschiedenen Kriege aufgenommen. In Siedlungskontexten können Wüstungs- und Zerstörungs- bzw. Brandhorizonte auf solche Handlungen hinweisen.

3.3 Moderne

Auch in der jüngeren Zeit, im 20. Jahrhundert, war die Region um Bärnau–Tachau Schauplatz von militärischen Konflikten. Diese hinterließen aufgrund der Bunkerbauten aus Stahlbeton entsprechend massive Spuren in der (Grenz-)Landschaft. Während nach den Kriegsgeschehnissen der Neuzeit die Grenzregion weiterhin durchlässig war, wandelte sich diese in der Moderne zunehmend zu einer statischen, undurchlässigen Grenze.

Zu Beginn des 20. Jahrhunderts entwickelten sich die Bevölkerungszahlen auf der böhmischen Seite der Grenze rückläufig, da viele Menschen nach Sachsen, Bayern und Amerika auswanderten. Die schwere wirtschaftliche Situation bot den Nährboden für den aufkommenden Nationalsozialismus. Eine Kennzahl für diesen Trend bietet das Ergebnis der Volkszählung zu Beginn des 20. Jahrhunderts im böhmischen Gebiet, der zufolge eine überwiegende Mehrheit (97,9 %) der insgesamt 24.896 Personen in der Region Deutsch als sogenannte Verwaltungssprache wählte.[8]

In der Region lebte zudem eine kleine jüdische Gemeinde, deren Synagoge sich in Pořejov befand. Während des Zweiten Weltkriegs wurde der Großteil dieser Minderheit in Konzentrationslager deportiert und ermordet.

Nach dem Zweiten Weltkrieg verlor die Region ihre Bedeutung als Transitraum vollständig, mit ihrer Lage am „Eisernen Vorhang" – zwischen den von verschiedenen Weltanschauungen geprägten politischen Systemen; der westlichen, kapitalistisch geprägten gegenüber der östlichen, kommunistisch geprägten Weltsicht.

Die Errichtung dieser statischen, politischen Grenze beinhaltete die Einrichtung eines ca. 1 km breiten Sperrgebiets auf der böhmischen Seite entlang der Grenze. Sämtliche Dörfer und Siedlungen, die sich auf diesem Streifen befanden, wurden ab 1945 aus militärisch-strategischen Gründen geschleift und die Menschen evakuiert, bzw. vertrieben. Zwischen den 1950er und 1980er Jahren wurde Tachau Verwaltungssitz der sogenannten technischen Grenzsicherung.

4 Die Archäologie in der Grenzregion

Den interdisziplinären Ansatz der „borderland-matrix" anwendend, gliedert sich die archäologische Betrachtungsweise nach den verschiedenen Befundkategorien. In sich das kulturelle Kriterium bereits abdeckend, können darüber hinaus Erkenntnisse zu den weiteren Kriterien Politik, Demographie und Ökonomie gewonnen werden. Durch den Vergleich der Befundkategorien in den zwei Regionen können Verbindungen und kultu-

8 *Vaishar; Nosková* u. *Nováková* 2019. Entnommen der Karte über die Bevölkerungsentwicklung in der Region Tachau.

reller Austausch nachvollzogen und über verschiedene Zeiträume miteinander verglichen werden. So entsteht ein Gesamtbild der kulturellen Entwicklung in der Grenzlandschaft.

4.1 Burgen und Befestigungen

Auf der bayerischen Seite des Untersuchungsgebiets sind zwei Geländedenkmale von Befestigungsstrukturen noch sichtbar erhalten.

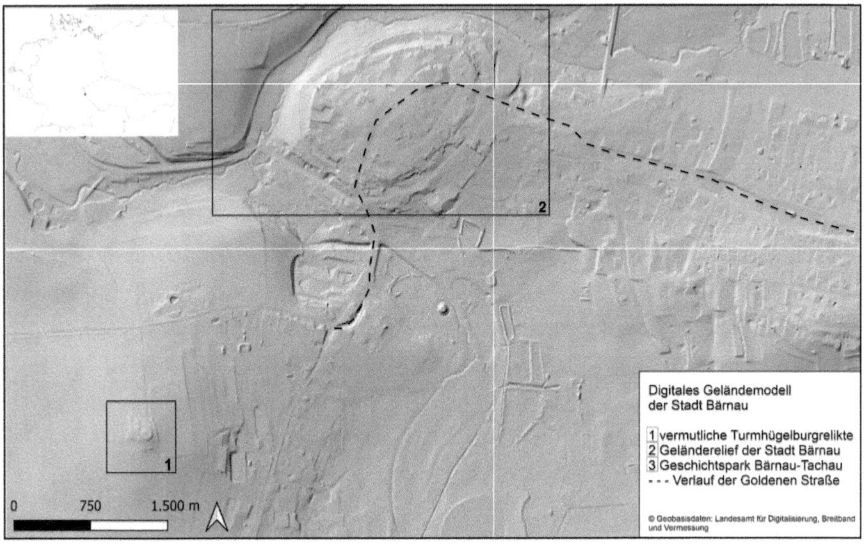

Abb. 2: Digitales Gelände Modell der Stadt Bärnau (o. re.) und die mutmaßliche Turmhügelburg (u. li), Altstraßenrelikte hier rot hervorgehoben (Graphik: Viviane Diederich, DGM BLFV).

Eine erste Analyse des digitalen Geländemodells der Stadt Bärnau und deren näheren Umgebung zeigen eine kreisrunde, turmhügelburgartige Erhebung südlich der Stadt (vgl. Abb. 2). Sie befindet sich unter der heutigen Kapelle St. Elisabeth. Ob es sich hierbei um die in historischen Quellen angesprochene Burg handelt oder um eine zweite Befestigungsstruktur außerhalb des historischen Stadtkerns, ist bisher nicht eindeutig zu klären. Insgesamt mutet diese Anlage jedoch als zu klein an, um in historischen Quellen prominent hervorgehoben zu werden. *Adalbert Busl* vermutete, dass sich die Burg in Bärnau vormals an der Stelle des heutigen Schlosses befand, ca. 200 m westlich vom Marktplatz und der Pfarrkirche gelegen (*Busl* 2004, S. 42 f.).

Direkt am Grenzkamm haben sich Spuren des Dreißigjährigen Krieges wie etwa die Tillyschanze auf dem Steinberg (oder Schmuckerberg) östlich von Bärnau erhalten. Die

Schanze wird erstmals 1611 erwähnt, als während der böhmischen Religionsunruhen *Heinrich Rumpf* den Ort sowie die Schanzen bei Waidhaus und Eslarn zusammen mit Abgesandten der pfälzischen Regierung besichtigte (*Kinder* 2013, S. 270). *Ulrich Kinder* gibt zu bedenken, dass die Tillyschanze bereits vor dem Dreißigjährigen Krieg bestanden haben könnte, spätestens jedoch 1621 von Truppen des *Grafen Johannes T'Serclaes von Tilly* errichtet worden sei (*Kinder* 2013, S. 270). 1702 soll die Schanze im Spanischen Erbfolgekrieg wiederaufgebaut oder ertüchtigt worden sein.

Die Relikte der Schanze sind heute noch gut erhalten. Auf der Wallkrone misst sie 27 m^2 und in ihrer Höhe von der Wallkrone bis zur Grabensohle 3 m. Um den Wall verläuft ein breiter Graben. Über eine Erdbrücke mit Tor konnte die Schanze von Osten aus betreten werden (*Kinder* 2013, S. 271). Auf zwei historischen Karten des 17. Jahrhunderts wird die Tillyschanze in stilisierter Form mit vier Eckbastionen dargestellt. Diese typische, jedoch nicht naturalistische Darstellungsform diente wahrscheinlich der besseren Wiedererkennung einer Schanze. Während der Schlacht zwischen Waidhaus und Roßhaupt (Rozvadov) stießen die Armeen der Katholischen Liga mit der von *Peter Ernst I. von Mansfeld* zusammen (*Matoušek; Hrnčiřík u.* Šámal 2018). Es ist anzunehmen, dass die Grenzübergänge bei Bärnau und Eslarn in diesem Zusammenhang vollständig geschlossen wurden.

Die Tillyschanze wurde bis ins 18. Jahrhundert weiter genutzt. So wurde sie 1702–1703 Teil der kurbayerischen Landesdefensionslinie (*Kerscher* 2002; *Kinder* 2013, S. 75 f., 220 f.).

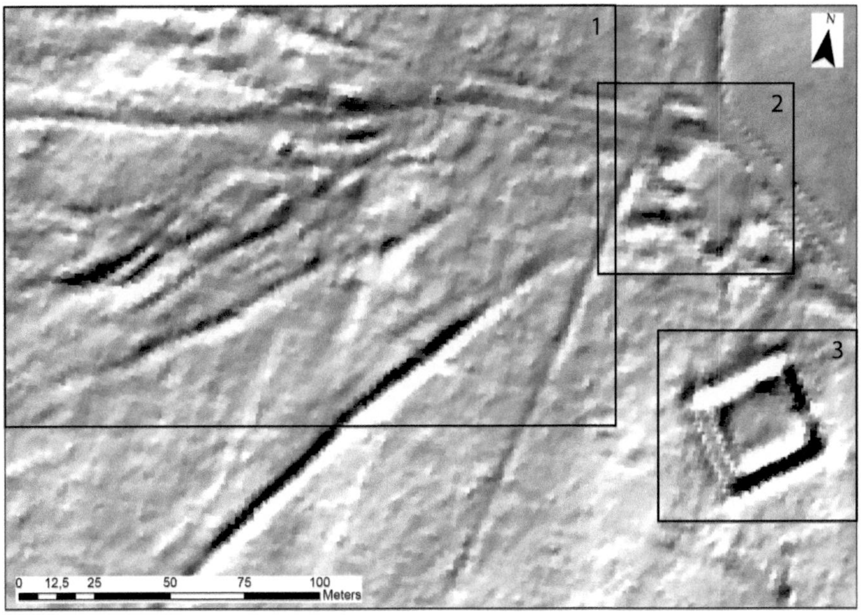

Abb. 3: Kulturrelikte an der bayerisch-böhmischen Grenze im Lidar-Scan 1) Hohlwege der Goldenen Straße auf dem Steinberg; 2) wahrscheinlich die Überreste einer Zollstation; 3) Feldbefestigung „Tilly Schanze" (Entwurf: Michal Preusz; Quelle: ČÚZK und LDBV Bayern).

4.2 Siedlungen und Städte

Die Entwicklung von Siedlungen und Veränderungen der Siedlungsstrukturen im Grenzgebiet können anhand schriftlicher Quellen untersucht werden. Für die vor- und frühgeschichtliche Zeit sind die Kenntnisse über die Siedlungsstruktur um Bärnau und im Landkreis Tirschenreuth noch relativ gering. So kann die anhand der Ortsnamen rekonstruierte Siedlungsentwicklung bislang nicht auf archäologischer Basis beurteilt werden. Die einzige nennenswerte Fundstelle – bereits außerhalb des Arbeitsgebiets gelegen – sind Ausgrabungen in einer früh- und hochmittelalterlichen Siedlung bei Tirschenreuth.

Eine Phase intensiveren Siedlungsausbaus in dem Grenzgebiet ist im 12. und 13. Jahrhundert festzustellen. In dieser Zeit gegründete Siedlungen beinhalten häufig das Suffix *-reuth* oder *-grün*, was eine Entstehung der Siedlung durch Rodung von Waldflächen nahelegt. Womöglich könnte die Bezeichnung auch angeben, dass es sich um eine Ortsgründung handelte, in der zunächst Holzfäller und holzverarbeitende Gewerke für eine anstehende Rodungsmaßnahme angesiedelt wurden. Zum Teil kann aus dem ersten Teil des Namens nachvollzogen werden, wer die Rodung betrieben hat (*Busl* 2004, S. 10). Dazu gehören Iglersreuth (1335), Tännersreuth (1327), Hermannsreuth (1352), Karlsreuth und der Ort Grün bei Schwarzenbach.

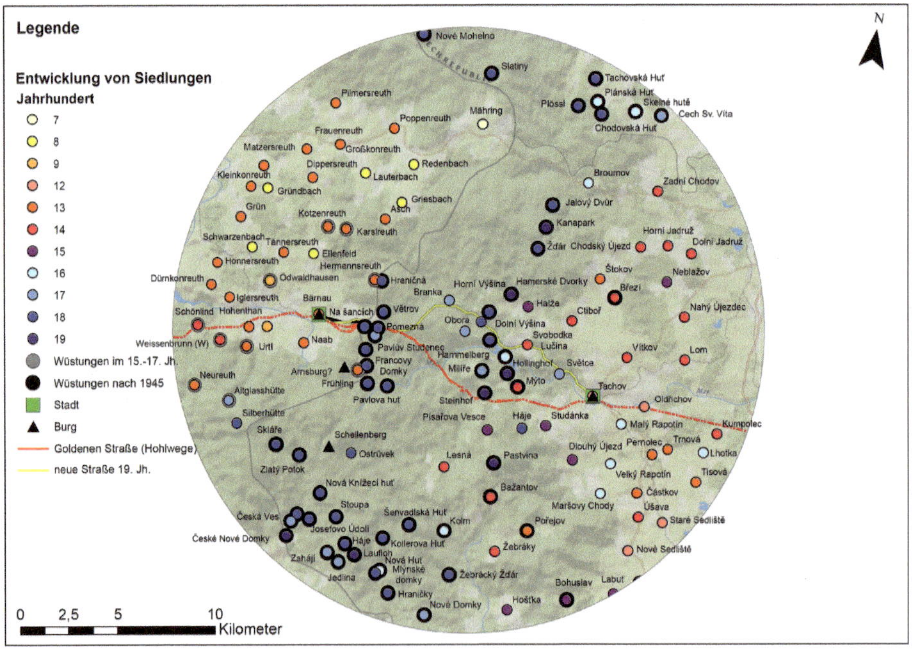

Abb. 4: Die Siedlungsentwicklung im Grenzgebiet (Graphik: Michal Preusz).

Die Errichtung von Klöstern war für die Besiedlung und die Verwaltung des Grenzgebietes von zentraler Bedeutung. Auf der bayerischen Seite übernahm diese Rolle das 1133 gegründete Kloster Waldsassen. Bärnau wird im 12. und 13. Jahrhundert noch als Dorf angesprochen, war jedoch auch Standort einer Burg und Sitz eines Gerichts. Die jüngsten archäologischen Ausgrabungen, die 2019 und 2020 in einem neuzeitlichen Gebäude im Zentrum Bärnaus (Bischof-Senestrey-Straße 2) stattfanden, bestätigen, dass Bärnau bereits vor dem Erhalt des Stadtrechts im 14. Jahrhundert städtische Architektur aufwies. Eine für mittelalterliche Städte typische schmale Parzellenaufteilung sowie der Befund eines Erdkellers aus dem späten 13. Jahrhundert, der sowohl steinerne als auch hölzerne Konstruktionsteile besaß, sind Belege dafür. Ähnliche Befunde sind bisher noch nicht aus Tachau, dafür aber aus Pilsen bekannt, wo diese Hausbauweise als Souterrainhaus angesprochen wird (*Čapek u. Netolický* 2014, S. 80–99).

Auf tschechischer Seite war das Kloster Kladrau von großer Bedeutung. In der Folge, im Jahr 1126, erwähnen historische Quellen erstmals die Siedlungen Odlřichov, Staré und Nové Sedliště, die sich südlich der Burg Tachau befinden (*Beranová* 2016). Nach den Ortsbezeichnungen scheinen diese Ortschaften schon in der Gründungsphase wesentlich einer tschechischsprachigen Bevölkerung zuzuordnen zu sein.

Während des 13. und 14. Jahrhunderts ist eine Zunahme von Siedlungsgründungen in dem Bereich um das 1285 zur Stadt unter königlichem Schutz erhobene Tachau festzustellen. Auch die Stadt selbst wuchs. Das mittelalterliche Tachau nahm bereits eine Fläche von gut 6 ha ein.

Siedlungsgründungen im böhmischen Gebiet dieser Zeit weisen neben ihrer tschechischen Bezeichnung auch eine deutschsprachige Bezeichnung auf, ein Hinweis auf den regen Kontakt der beiden Bevölkerungsgruppen. Diese Siedlungen befinden sich nun in höheren Lagen, näher an der Waldgrenze entlang der Linie Štokov–Studánka. Es gibt Hinweise darauf, dass sich dort deutschsprachige Bewohner ansiedelten. Auch auf bayerischem Gebiet sind bilinguale Ortsnamen bekannt. So hat der bereits angesprochene Ort Mähring 1181 die tschechische Bezeichnung: *Ugiez Boemice* (*Busl* 2004, S. 11).

Die bereits beschriebene Aufwertung der Orte Bärnau und Tachau zu Städten, die den direkten Schutz des Kaisers genossen, führte zu einer Blütezeit der Region, die stark vom Handel auf der Transitroute profitierte.

Die Entwicklung der Siedlungslandschaft erfuhr einen massiven Umbruch im 15. Jahrhundert, als die Hussitenkriege und weitere folgende Konflikte die bayerisch-böhmische Grenzregion trafen. So ist ein Bedeutungsverlust der Märkte anzunehmen (*List* 2006, S. 225 f.). Die Grenzlandschaft erlebte eine Wüstungsphase, in der viele Dörfer endgültig verlassen wurden: Hermannsreuth, Frühling, Kleham, Kontzenreuth, Karlsreuth, Lengenfeld, Neureuth (Wüstung nach 1400), Schönlind (Wüstung um 1434), Steinbach, Waidhausen (Wüstung um 1434), Weißenbrunn, Urtl (Wüstung nach 1400).

Neben den unmittelbaren Einflüssen von Kampfhandlungen und Flucht dürfte auch eine klimatische Veränderung an der Wende des späten Mittelalters zur frühen Neuzeit eine Rolle spielen, welche die raue Witterung in der sogenannten Kleinen Eiszeit mitbrachte und zu Ernteverlusten und Hungersnot führte.

Nach 1500 ist eine neue Siedlungsgründungsphase in der Siedlungskammer um Bärnau festzustellen. Die Höfe Heimhof, Stöberhof und Zeimatshof wurden gegründet, außerdem wurden weitere Siedlungen, die auf Baugewerke schließen lassen, wie die Ziegelhütte, die Wendermühle und die Holzmühle gegründet. Die Siedlungen wurden weiterhin in höheren Lagen und tiefer im Wald auf freiwerdenden, gerodeten Flächen angelegt.

4.3 Verkehrswege

Die Goldene Straße, von *Karl IV.* als kaiserliche Reichsstraße im 14. Jahrhundert etabliert, stellt für die Grenzregion ein wichtiges Strukturelement dar. Als bedeutender mittelalterlicher Handelsweg im Heiligen Römischen Reich führte die Straße von Prag über die Oberpfalz nach Franken in die Stadt Nürnberg (*Erben* 1868, K. 3.; *Hraše* 1885; *Roubík* 1938).

In der Region um Bärnau bestanden bereits in frühmittelalterlicher Zeit Verkehrsverbindungen über die Mittelgebirgsschwelle zwischen Bayern und Böhmen. Parallel hatte die Route von Prag nach Regensburg, die sogenannte Regensburger Straße (*Vávra* 1973, S. 56., *Maur* 2001, S. 5–40), eine große Bedeutung, die durch Domažlice und Cham und damit durch die sogenannte Cham-Further Senke führte. Mit dem wachsenden Einfluss der Städte Bamberg und Nürnberg wuchs der Bedarf, Kontakte mit dem Herrschaftsgebiet der Přemysliden zu intensivieren. Mit der gewachsenen Bedeutung nahmen ab dem 11. Jahrhundert auch böhmische Fürsten an den Reichstagen teil.

In bayerischen Quellen wird die Goldene Straße erstmals 1513 in einer Urkunde des Bärnauer Pflegers *Hans von Uttelhofen* erwähnt (*List* 2006, S. 10). Der historische Geograph *Ulrich List* rekonstruierte durch eine systematische Aufnahme historischer Quellen und Karten sowie durch Geländebegehungen den Verlauf der Altstraße. Es zeigt sich, dass die Goldene Straße ein differenziertes, vielverzweigtes Wegenetz darstellt, das nicht eindeutig in einer klaren Route festgehalten werden kann. Die Haupttrasse von West nach Ost verlief, Nürnberg durch das Laufer Tor verlassend, auf einer Hochterrasse an der Pegnitz entlang, zunächst in Richtung Sulzbach und Weiden. Von dort aus verlief sie nach Neustadt an der Waldnaab, über Rasthof und Plößberg, wo sich die Straße stellenweise in bis zu neun (+3) Spuren auffächert, und schließlich weiter nach Bärnau (*List* 2006, S. 64–77).

Zwischen Bärnau und Tachau sind die Altstraßenrelikte in Form von Hohlwegen oder bis zu neun Spuren breiten Hohlwegbündeln besonders gut erhalten. Heute ist das Gebiet weiterhin zum Großteil bewaldet. Durch die Auswertung von digitalen Geländemodellen des Gebiets lassen sich die Relikte der historischen Route in ihrer Gesamtheit und Komplexität betrachten. Es wird erwartet, dass Begehungen und Einzelfundeinmessungen weitere Erkenntnisse über Nutzungszeiträume und -verschiebungen erbringen.

An der Kapelle St. Elisabeth entlang, die möglicherweise auf einer hochmittelalterlichen Turmhügelburg errichtet wurde, erreicht die Goldene Straße Bärnau von Süden her.

Eine tief eingegrabene Hohlweggasse bezeugt den Verlauf der Altstraße. Der Hohlweg verläuft hinter den Häusern Naaber Straße 7 und 9 und biegt nicht ganz dem Verlauf des heutigen Kapellenwegs folgend in Richtung Elisabethkapelle ab. Auf der Vogelschen Karte um 1600 (Abb. 5) lässt sich die beschriebene Zufahrtsituation nachvollziehen.

Abb. 5: Eisenhammer von Bärnau (unten rechts). Detail des Libells zum Pflegamt Flossenbürg von Vogel und Strang in neun Teilkarten, 1600 (BayHStA, Pl. 21502).

Über den Hammerdamm in die Silberstraße einbiegend erreicht man den längsrechteckigen Markplatz der Stadt. Die Straße nach Böhmen führte über die heutige Bischof-Senestrey-Straße, direkt am sogenannten Ackerbürgerhaus vorbei,[9] aus der Stadt hinaus. Der heutigen Tachauer Straße folgend, verlief die Straße die Höhe nach Osten hinauf zum Grenzübergang an der Scheitelhöhe auf 767 m N.N. (*Stark* 1978, S. 18).

Parallel zur Tachauer Straße ist der Hohlweg weiterhin zu erkennen, obwohl er in den 1970er Jahren aufgefüllt wurde und seitdem als Grünanlage genutzt wird.

Auf dem Gebirgsrücken befindet sich die Tillyschanze, die Anfang des 17. Jahrhunderts errichtet wurde und südlich der Straße erkennbar ist. Früher war nördlich der Straße eine zweite Schanze sichtbar.[10] Daraus folgert *List*, dass die Straße im 17. Jahrhundert hier verlaufen sei, sonst wäre eine Anlage von Schanzen zu beiden Seiten der Straße unnötig gewesen (*List* 2006, S. 77).

Busl wies jedoch auch auf eine ältere Variante von Straßenverlauf und Grenzübergang hin. Diese ältere Trasse verlief südlich der Staatsstraße 2173, nördlich vom Stöberlhof den Hang hinauf nach Osten. In der Nähe der heutigen Grenze sind bis zu sieben Spuren erhalten, eine davon ist mindestens zwei Meter tief nachweisbar. Jedoch sind die Rinnen im

9 Dort fanden unter der Leitung von *Viviane Diederich* in den Jahren 2019 und 2020 Ausgrabungen statt, die Befunde ergaben, die uns vor die Zeit der Stadtgründungen zurückführen.

10 *List* zitiert die Angaben des Kreisheimatpflegers *Franz Busl*, *List* 2006, S. 77.

oberen Bereich verfüllt und durch eine neuere Fichtenanpflanzung überprägt worden. Bei dieser Wegvariante dürfte es sich um die ältere, spätmittelalterliche Route handeln, da sie nicht mit den heute bedeutenderen Wegen korreliert (*List* 2006, S. 77).

Abb. 6: Hohlwegrelikte der Goldenen Straße zwischen Bärnau und Tachau (Foto: Viviane Diederich).

Auf böhmischer Seite zweigt das Wegebündel der Goldenen Straße zwischen Tachau und Prag in eine nördliche und eine südliche Route ab. Der nördliche Zweig entspricht der Route nach bzw. von Bärnau. Zwischen Kladrau und Tachau sind die Altstraßenrelikte bereits detaillierter erforscht (*Široký u. Nováček 1998*, S. 65–66; *Postránecká* u. *Wasková* 2008, S. 73–83). Bei Geländebegehungen in einigen Teilen der Straße wurden mehrere Metallartefakte wie Hufeisen geborgen. Bei Hruškovna, einem Ort südöstlich von Prag gelegen, könnte eine Reihe mittelgroßer Hufeisen auf militärische Konflikte in der ersten Hälfte des 13. Jahrhunderts oder aus der ersten Hälfte des 15. Jahrhunderts hindeuten.

In der ersten Hälfte des 15. Jahrhunderts wurde die Grenzregion durch die Hussitenkriege für den Transitverkehr uninteressant. Die Stadt Bärnau fiel 1421 und 1428 Hussitenangriffen zum Opfer. Tachau wurde 1427 erobert (*Busl* 2004, S. 179 f.). Die Schlacht bei Tachau fand 1427 an der Goldenen Straße zwischen Mies/Stříbro und Tachau statt. Bei archäologischen Untersuchungen wurde ein Depot von Militaria aus dieser Zeit entdeckt. Bei Hruškovna konnte eine Vielzahl von mittelgroßen Hufeisen aus dem 13. und 15. Jahrhundert geborgen werde, die womöglich auf Truppenbewegungen schließen lassen (*Koscelník* 2014).

In jene Zeit datiert auch ein Depotfund bei Plößberg, etwa 10 km westlich von Bärnau gelegen, der eine Silbermünze und mehrere Prager Groschen enthielt, die während der Regierungszeit von *König Wenzel IV.* (1361–1419) geprägt worden sind (*Codreanu-Windauer* u. *Friedl* 2018, S. 367–386).

Es trat eine Wüstungsphase ein und die zuvor aufblühende Region wurde zu einem Krisenherd in der Peripherie der Herrschaftsgebiete. Der Transitverkehr kam fast gänzlich zum Erliegen und die Handelswege verlagerten sich, beispielsweise nach Ungarn oder Polen (*List* 2006, S. 221). Nachdem die kriegerischen Auseinandersetzungen Mitte des 15. Jahrhunderts endeten, konnte der Transitverkehr nur teilweise wieder über das Wegenetz der Goldenen Straße nach Prag gelenkt werden. Der zuvor angesprochene südliche Zweig der Straße von Nürnberg nach Prag begann mehr Bedeutung zu erlangen. Der Übergang fand nun zwischen Waidhaus und Pfraunberg statt (*Minátová* 1979, S. 26–35). Dieser südliche Teil der Straße von Tachau nach Prag ist bisher nur vereinzelt untersucht worden. Zu nennen sind beispielsweise die Untersuchungen zur Zollstelle in Stráž, die auf das 12. bis 13. Jahrhundert datiert werden kann (*Hajšman* 2001, S. 49–54; *Sokol* u. *Kasl* 2019, S. 627–663; *Olhava* u. *Sobol* 2018). Direkt an der Grenze wurde während der Erforschung eines Schlachtfeldes von 1621 zwischen Rozvadov und Waidhaus ein weiteres Wegebündel einer Importroute dokumentiert (*Matoušek; Hrnčiřík u. Šámal* 2018).

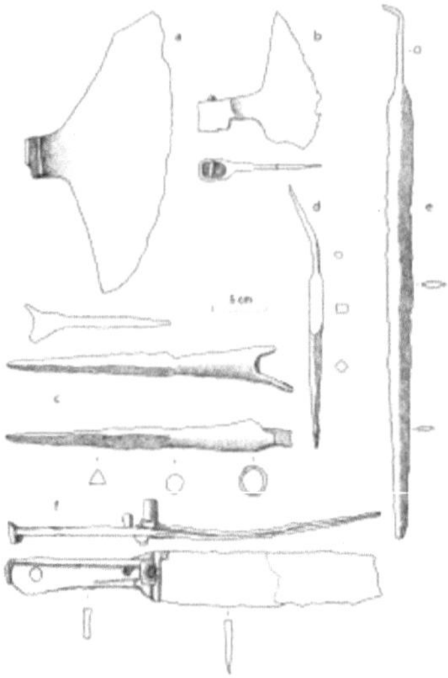

Abb. 7: Ein Beispiel für Militaria, die an den Eingängen der Goldenen Straße entdeckt wurden und wahrscheinlich mit der Schlacht der Kreuzfahrer und Hussiten in der Nähe von Tachau im Jahr 1427 zusammenhängen (übernommen von Koscelník 2014).

Die genannten Beispiele weniger, abschnittsweise erfolgter archäologischer Untersuchungen, die zu einem größeren Teil in Westböhmen stattfanden, zeigen, dass die Erforschung der historischen Handels- und Kommunikationswege von Prag nach Nürnberg noch am Anfang steht. Im Bereich Bärnau–Tachau sind erste Schritte zu einer genauen Rekonstruktion der Straße unternommen worden. Es ist bereits klar zu erkennen, dass der Straße neben der Verbindung zum Grenzübergang auch eine zentrale Rolle für die Entwicklung der Grenzlandschaft zukam. Der Verlauf der Handelsroute war zudem eng mit der Entwicklung und Veränderung der Siedlungsstrukturen verbunden. Dies wurde in der Phase nach den Hussitenkriegen besonders deutlich (s. u.). Nachdem die Handelsroute kriegsbedingt geringer frequentiert war und Ausweichrouten weiter südlich verliefen, wurde der Weg über Bärnau–Tachau nicht mehr reaktiviert. Daher konnte die Region ihre Attraktivität als Transitkorridor nicht wiedererlangen und es musste eine wirtschaftliche Neuorientierung stattfinden.

4.4 Gewerbliche Einrichtungen

Es zeichnete sich ab, dass der Rohstoffquelle Holz in der Neuzeit für die Forstwirtschaft und die Glasproduktion bei der Entwicklung der Grenzlandschaft eine verstärkte Rolle zukam. Knapp 7 km südlich von Bärnau wurde 1614 in der Nähe der heutigen Grenze eine Glashütte eingerichtet. *Pfalzgraf Philipp Ludwig* erlaubte *Paulußß Schierer* ihren Bau auf einem Grundstück am Silberberg. Zudem durfte *Schierer* einen Pocher, Wohnungen und eine Mühle errichten. Dies geschah jedoch nicht auf dem Berg, sondern ca. 15 Gehminuten entfernt im Tal, wo aus dem ehemaligen Glashüttengut der heutige Ortskern Altglashütte entstand (*Becker* 1989, S. 2, Anm. 1). Die Glashütte wurde in den 1980er Jahren mit Ehrenamtlichen aus der Region ausgegraben und 1989 in einer Magisterarbeit an der Otto-Friederich-Universität Bamberg ausgewertet (*Becker* 1989; *Fischer u. Wolf* 1982; *Busl* 1983, S. 137–149). Bis in die Zeit des Dreißigjährigen Krieges produzierte die Familie *Schierer* hier Glasgegenstände, bis der Betrieb 1630 aufgegeben wurde. In den Folgejahren des 17. Jahrhunderts wechselte die Glashütte mehrfach ihren Besitzer. 1664–1667 wurde sie als „fürstliche flossenbürgische Glashütte" direkt von der Regierung in Sulzbach betrieben. Aus dieser Zeit haben sich viele Inventar- und Produktionslisten erhalten, die in Verbindung mit den archäologischen Quellen einen detaillierten Eindruck von der Glasproduktion in der Region wiedergeben. Aufgrund des in hier anstehenden quarzhaltigen Kristallingesteins gelang es, in dieser Glashütte weißes Glas herzustellen und so ein Qualitätsmerkmal auszubilden, dass dem üblichen grünen Waldglas entgegenstand und auch in Frankfurt am Main offene Märkte fand (*Busl* 2004, S. 504). Produziert wurden insbesondere flache Scheibengläser, aber auch Hohlgläser für Stundengläser, Flaschen und Trinkgefäße sowie Perlen und Spinnwirtel.[11]

Die Familie *Schierer* betrieb zudem weitere Glas- und Eisenhütten in der böhmischen Region. Sie erwarb z. B. den Waldheimer Hof in der bayerischen-böhmischen Grenzgegend. Bereits 1592 erwarb *Pavel Schürer* mit kaiserlicher Zustimmung von *Rudolf II.* die Erlaubnis zur Errichtung einer Glashütte. *Schürer* kaufte an der sogenannten „Schönwaldstraße" ein Stück Wald und errichtete dort einen Bauernhof. Kurz darauf erweiterte er sein Waldgebiet um weitere 300 Waldstränge. Die Erzeugnisse dieser Glashütte wurden mit dem Prädikat „aus Waldheim" gekennzeichnet (*Rožmberský* 2010, S. 43–67). Mit dem Erwerb des Grundstücks der Altglashütte von *Pfalzgraf Philipp Ludwig* verband er seine Grundstücke zu beiden Seiten der Grenze.

Hier zeigt sich, dass die Grenzlandschaft weiterhin offen war und die Waldregion gemeinsam für Glaserzeugnisse genutzt wurde. In der Nähe von Bärnau entwickelte sich die Glasherstellung weiter. Auf der heute tschechischen Seite des Gebirges wurde beispielsweise der Ort Pavlova huť um 1740 gegründet (*Procházka* 2009).

Neben den Glaserzeugnissen waren die Herstellung von Pottasche, die für die Glasproduktion benötigt wird, sowie die Köhlerei ein wichtiger Produktionszweig für die Region. Bei Paulusbrunn sind Relikte der Holzkohlemeiler erkennbar.

---

11 Bei den Ausgrabungen im Ackerbürgerhaus konnte in Schichten des 17./18. Jahrhunderts eine Perle/ein Spinnwirtel geborgen werden, die in der Altglashütte hergestellt worden sein könnten.

Abb. 8: Funde der Knopfproduktion in Bärnau: Perlmuttreste und Unterlegholz (Foto: Viviane Diederich).

Insgesamt ist für die Zeit des 17. Jahrhunderts festzuhalten, dass nun die Nutzung der Ressource Holz die Siedlungsentwicklung in der Region stärker beeinflusste als der Transitverkehr.

Die Gründungen von Hammer- und Sägemühlen (z. B. Francův mlýn, eine Sägemühle, die 1555 erstmals Erwähnung findet) sind ein weiteres Indiz dafür, dass der wirtschaftliche Schwerpunkt der Region nun auf die vielseitigen Bereiche der Holzverarbeitung gelegt wurde.

Zwar wird die Trasse der Goldenen Straße mit tiefen Spurrillen allmählich durch eine leichter befahrbare Straße ersetzt, die von Tachau über die heutigen Dörfer Horní Výšina 1713 und Obora 1660 führte und über Paulusbrunn nach Bärnau verlief, ersetzt, doch führte dies nicht dazu, dass wieder vermehrt Handel über die Route Bärnau–Tachau stattfand.

Spätestens ab dem 19. Jahrhundert wurde die Gebirgsgrenze wieder zu einem Randgebiet, da die zuvor noch profitablen Werkstätten weniger Absätze verzeichneten und dem Gebiet bedeutende industrielle Möglichkeiten fehlten. Fast alle Glashütten, Mühlen und Schmelzbetriebe wurden geschlossen und die wirtschaftlichen Optionen reduzierten sich weiter auf Forstwirtschaft und Holzverarbeitung. Der zuvor für Brennstoff, Bauholz und Pottaschegewinnung genutzte Waldbestand begann sich zu Lasten von Agrar- und Weideflächen zu erholen.

Dass man im ersten Drittel des 20. Jahrhunderts versuchte, mit Nischenprodukten einen neuen Markt zu erschließen, zeigen die vielen Perlmuttreste, die für die Knopfproduktion in Heimarbeit importiert wurden. Muschelreste mit Bohrungen finden sich in großen Mengen in Bärnau und Paulusbrunn.

4.5 Neuzeitliche Grenzanlagen

In der Phase der zunehmenden Bedrohungslage vor dem Zweiten Weltkrieg wurden auf beiden Seiten des Gebirgszuges erhebliche Aufwendungen für den Aufbau von modernen Befestigungsanlagen (Bunker) getätigt. Das Stahlbetonbunkersystem der deutschen Wehrmacht wurde 1935–1937 am Ahornberg bei Bärnau errichtet.

Im Jahr 2014 führte das Institut für Archäologie an der Westböhmischen Universität in Pilsen erstmalig in Europa eine systematische Untersuchung des Grenzgebiets des sogenannten Eisernen Vorhangs durch. Der Verlauf der Befestigungen ist anhand von historischen Luftbildern, kartographischen Quellen und weiteren Archivdokumenten nachzuvollziehen (*Rak; Starková* u. *Funk* 2014, S. 42–61). Der Eiserne Vorhang hatte vier Entwicklungsphasen, die eine Veränderung der Grenzlandschaft bewirkten.

Die älteste Linie (1951–1965: EZOH) ist durch zahlreiche Porzellanisolatoren, die im Gelände hinterlassen wurden, dokumentiert. Sie „*... war mit einer elektrischen Hochspannungssperre ausgestattet und durch nur wenige Meter von der Grenze entfernte Minen ergänzt ...*“ (Archäologischer Atlas 2021).

Die einzelnen Linien des ehemaligen Eisernen Vorhangs sind weiterhin anhand der bewachsenen Waldschneisen nachvollziehbar. Stellenweise sind gestürzte Säulen mit Stacheldrahtresten erhalten, die sich in der Nähe des maschinell angelegten Wegesystems für zügige Grenzpatrouillen befanden.

Die zerstörungsfreie Forschung wurde durch eine kleine Grabung innerhalb des älteren Sperrabschnitts (EZOH) ergänzt, bei der Gruben für Säuleneinbringungen entdeckt wurden. Diese trugen drei Wände aus Stacheldraht, von denen die mittlere mit bis zu 6.000 Volt unter Spannung gesetzt wurde. Zudem stieß man auf einen gepflügten Streifen, der so angelegt war, dass die Ausbildung von Fußspuren begünstigt wurde. Die Linie aus den 1960er Jahren (U-60) wurde ebenfalls untersucht (*Rak*; *Starková* u. *Funk* 2014, S. 42–61).

Die inzwischen verfallenden Backsteingebäude der Basis der Firma „Vašíček" östlich der Straße wurden in den frühen 1960er Jahren gebaut, als sie die älteren sogenannten „UBA"-Kasernen ersetzten. „*Darüber hinaus sind der asphaltierte Hof, der zur Aufstellung der Einheit diente, die Garage, die Zwinger für Hunde, …, der Schweinestall, und die Überreste des Sportkomplexes erhalten geblieben*" (Archäologischer Atlas 2021). Die Ruinen der Quartiere der Soldaten, in Form der sogenannten finnischen Holzhäuser befinden sich westlich der heutigen Straße.

Die archäologische Forschung konzentrierte sich auf Oberflächenbegehungen unter der Verwendung von Metallsonden auf dem nahe gelegenen Deponiegebiet, in dem der Müll der Grenzeinheiten deponiert wurde. Die im Laufe der Zeit angefallenen Abfälle wurden im nahen Wald entsorgt und sind heute als hügelartige Anhäufungen im Gelände zu erkennen. Diese Funde sind eine wertvolle Quelle zur Rekonstruktion des Soldatenalltags in der Zeit des Kalten Krieges (*Vařeka* u. *Symonds* 2020).

4.6 Archäologie der Zeitgeschichte in der Grenzregion

Die Zeit nach 1945 bedeutete nicht nur eine Zäsur für das Leben an der Grenze und für die Bevölkerungs- und Siedlungsstruktur im Grenzgebiet, sondern zielte ideologisch motiviert auch darauf ab, die Erinnerung an die ursprünglich deutschstämmige Bevölkerung zu verdrängen. In den Dörfern wurden Friedhöfe gezielt zerstört, um auch letzte verbliebene Erinnerungsorte an die ursprünglich im Grenzgebiet beheimateten Familien zu vernichten (*Vařeka* u. *Vařeková* 2016, S. 225–244; *Funk* 2010, S. 267–279). Von dieser Verwüstung sind viele dutzend Siedlungen und tausende Gebäude in Westböhmen betroffen gewesen. Allein im Bezirk Tachau sind 27 Dörfer und Siedlungen wüst gefallen, von denen sich die meisten in dem von uns untersuchten Gebiet befinden. Erst nach 1989 bot sich wieder eine Zugangsmöglichkeit zu den Orten, anhand derer eine circa fünfhundertjährige Geschichte kulturellen Austauschs in der Region nachvollzogen werden kann. Diese sind auch Gegenstand für intensive archäologische Forschungen mit modernen Methoden, z. B. im Dorf Paulusbrunn direkt hinter Bärnau auf tschechischer Seite.

Durch die Analyse von Fernerkundungsdaten und die Verwendung moderner Geoinformationssysteme wird derzeit der Grundriss der Wüstung Paulusbrunn rekonstruiert und mit dem aktuellen Geländerelief abgeglichen. So können einzelne Gebäude wie Kirchen und Wohnhäuser oder infrastrukturelle Einrichtungen wie Plätze, Höfe oder Teiche lokalisiert werden (*Rak; Funk* u. *Váňa* 2012, S. 241–251).

Einige Nachkommen vertriebener Familien, die aus Paulusbrunn stammen, leben heute in Bärnau. Ihr Wissen über die Struktur der Siedlung und über die Nutzung und Bezeichnung verschiedener Gebäude ist bei der Rekonstruktion dieser Kulturlandschaft heute eine wichtige Quelle für die historisch-archäologische Forschung. Oft sind noch Fotos des Ortes im Besitz der Familien. Diese können georeferenziert den Geländedaten zugeordnet werden und so zur Rekonstruktion beitragen.

Weitere solcher Modellfeldforschungen fanden im Untersuchungsgebiet bei den Dörfern Bažantov und Pořejov statt, bei denen jedoch der wirtschaftliche Aspekt der Wassermühlen (*Galusová* 2010, S. 281–302.; *Galusová* u. *Funk* 2011, S. 395–405) und der Wirtschaftsgebäude im Vordergrund stand. Es zeigte sich, dass auch hier Mühlen, die bereits im 16. Jahrhundert erbaut wurden, in der Zeit ab 1945 abgerissen wurden (*Funk* 2007, S. 251–253; *Balý* 2007, S. 191–194). Eine weitere Nutzung dieser Wirtschaftsgebäude für die Menschen in der Grenzlandschaft wurde wohl weniger hoch priorisiert, als die Region endgültig zu einem Randgebiet zu erklären.

4.7 Exkurs: Keramik

Archäologische Hinterlassenschaften bergen das Potential, Rückschlüsse auf die transgressive, sozioökonomische Struktur einer Region wie einer Grenzlandschaft ziehen zu können. Zwar steht die archäologische Erforschung dieser Region gerade erst am Anfang, doch bieten die bei Ausgrabungen in Bärnau und Tachau getätigten Funde sowie Einzelfunde eine erste Grundlage, um die Entwicklung beidseits der Grenze zu vergleichen. Wie so oft spielen in der Archäologie die Keramikfunde eine wesentliche Rolle.

Die in Bärnau gefundene Keramik ist derzeit noch nicht vollständig ausgewertet, doch lassen sich bereits erste Charakteristika festhalten. Die Keramik des ausgehenden 13. Jahrhunderts ist überwiegend reduzierend gebrannt, nachgedreht, mit Quarz gemagert und hat einen deutlichen Glimmeranteil. Es kommen jedoch auch oxidierend gebrannte Scherben vor. Da kein Gefäß dieser Zeit intakt geborgen worden ist, ist das Formenspektrum bisher auf wenige flachbodige Töpfe mit Kragenrändern beschränkt. In wenigen Fällen waren Bodenmarken in der Form eines Radkreuzes und kreuzförmige Applikenverzierungen an der Außenwandung sowie Wellenverzierungen am Gefäßrand vorhanden. Als Bearbeitungsspuren sind Fingerriefen, aber auch feinere Rillen erkennbar, die wohl entstanden sind, als die noch feuchte Gefäßoberfläche mit einem Tuch geglättet worden ist.

Die Keramik des 15./16. Jahrhunderts ist weiterhin überwiegend reduzierend gebrannt, anders als im benachbarten Oberfranken, wo vielfach ein oxidierender Rand bevorzugt wurde. Für die Neuzeit ist im Ackerbürgerhaus ein vielseitigeres Keramikspektrum festzustellen. Nun treten vorwiegend oxidierend gebrannte Gefäße auf, die auf der Innenseite gelb- bis braun- und grünglasiert sind. Ein weißtoniger Einhenkelkrug mit passendem Deckel, der bereits vor Beginn der Grabungen bei Grabungssondagen im Frühjahr 2019 gefunden wurde, ist das bisher einzige vollständig erhaltene Gefäß der Untersuchung im Ackerbürgerhaus. Für das 18. Jahrhundert sind Malhornware niederrheinischer Art, Steinzeuge und glasierte Irdenwaren einschließlich Steingutfragmenten belegt. Diese Warenarten sprechen für einen gehobenen Haushalt in der Ackerbürgerstadt des 19. Jahrhunderts.

Abb. 9: Keramikscherben des 13. Jahrhunderts aus der Kellerverfüllung im Ackerbürgerhaus (Foto: Viviane Diederich).

Die Töpferei in der Region Tachau war in der zweiten Hälfte des 12. und in der ersten Hälfte des 13. Jahrhunderts technologisch vielfältig. Die Magerung bestand aus Quarzsand. In geringerem Maße enthielt der Ton auch kleine Glimmerpartikel. Die Keramik ist überwiegend oxidierend gebrannt und weist graubraune und rotbraune Töne auf. Aus morphologischer Sicht gab es henkellose Töpfe, konische Schüsseln und Deckel. Am Boden der Gefäße traten häufig plastische Bodenmarken auf (*Nováček; Razím* u. *Ebel* 2004, S. 65). Nach der Gründung der Stadt wurde die Produktion homogener und reduzierend gebrannter Keramik in dunkelgrauen und blaugrauen Farbtönen vorangetrieben. Das

Formenspektrum umfasst weiterhin vornehmlich henkellose Töpfe, erste Henkelgefäße kommen jedoch sporadisch hinzu. Die Randscherben weisen in der Regel hohe Kanten auf. Verwendete Formen bleiben Schüsseln, Deckel und Öllampen (*Nováček* 1996, S. 103; *Nováček; Razím* u. *Ebel* 2004, S. 65–67, 69) des 14. und 15. Jahrhunderts (*Krasanovská* 2016, S. 68–81).

Am Ende des Mittelalters sind die Stadt und ihre Umgebung von dünnwandigen Gütern geprägt, die in einer oxidierenden Umgebung zu hellen Ockertönen gebrannt werden. Die Oberfläche von Behältern, insbesondere die Oberseiten der Gefäßränder und -hälse ist normalerweise mit einer roten oder weißen Schleckerbemalung verziert (*Nováček* 1996, S.103–104; *Rayman* 2011b, S. 5; *Zelenka* 2005a, S. 4–5; *Zelenka* 2005b, S. 3–4). Diese in der Region Tachau dokumentierte Tradition ähnelte in vielerlei Hinsicht der mittelalterlichen Produktionstradition in Nord- und Mittelböhmen (*Vařeka* 1998, S. 128–132). Dies war außergewöhnlich in der Region Pilsen, da in West- und Südböhmen bis fast zum 18. Jahrhundert die Produktion von Reduktionskeramik vorherrschte (*Preusz* 2017, S. 174–177). Diese Besonderheit der Region Tachau erklärt sich aus der engen Verbindung der Keramikproduktion in die Oberpfalz, während die Oxidation von Waren in anderen westböhmischen Städten wie Domažlice und Pilsen allmählich an Beliebtheit gewann (*Preusz* 2017, S. 190). Keramik des 16. und 17. Jahrhunderts wurde in Tachau noch nicht näher untersucht (*Nováček* 1996, S. 92–109; *Rayman* 2009, S. 3–18; *Týž* 2012, unp.). Daher ist unser Wissen auf wenige veröffentlichte Sammlungen und Einzelfunde aus den nahe gelegenen Städten Bezdružice (*Zelenka* 2016, S. 213–229), Bor u Tachova (*Zelenka* 2007, S. 192–198), Plané u Mariánskéch Lázně (*Rayman* 2014, S. 123, Abb. 3.15), Burgen (*Hobl* 2015, S. 125–153) und Schlachtfelder (*Matoušek* 2006, S. 143, Abb. 37, 38; *Matoušek* 2011, S. 3–13) beschränkt. Die Erforschung der Keramik des 18. Jahrhunderts steht noch am Anfang.

Ein Vergleich der Keramikfunde auf bayerischer und böhmischer Seite lässt teilweise unterschiedliche Traditionen erkennen, zeigt aber auch einen Austausch. Eine systematische Erforschung von Keramik kann so unmittelbar zu einem Verständnis der Grenzlandschaft beitragen und nicht nur chronologische Daten liefern.

5 Fazit

Die Zusammenstellung der bisherigen Forschungsergebnisse zeigt, wie eng die kulturhistorische Entwicklung der Grenzlandschaft Bärnau–Tachau mit dem jeweils herrschenden, politischen System und dem Einfluss durch Handelsverkehr und Austausch auf der Goldenen Straße verknüpft war. Deutlich kann gezeigt werden, dass der Verlauf und die Frequentierung der Handelsroute „Goldene Straße" einen großen Einfluss auf die Entwicklung der Grenzlandschaft hatten. Erst durch das Wegfallen des Transitverkehrs wird deutlich, wie sehr die Randregionen zuvor davon profitiert hatten.

Hervorzuheben ist, dass der wirtschaftliche Aufschwung in der Grenzlandschaft mit der Beförderung der Altstraßenverbindung zur Reichsstraße verbunden ist und auf die gezielte Förderung der Regionen durch *Karl IV.* zurückgeht. Zu dieser Zeit sollten Bärnau und Tachau nicht mehr als Randregion gelten. Obwohl die Region um Bärnau im 14. Jahrhundert nur knapp über 50 Jahre an Böhmen angegliedert war, scheint dadurch ein Grundstein für einen gegenseitigen Kulturaustausch gelegt worden zu sein.

Die These eines Überschneidungskorridors bzw. Transitkorridors basiert hauptsächlich auf überregionalen kulturhistorischen Verbindungen, die sich in dieser Grenzlandschaft für die Zeiträume vom Spätmittelalter bis in die Neuzeit hinein bereits durch einen interdisziplinären Ansatz gut nachvollziehen lassen.

Eine verbindende Funktion kommt in besonderer Weise der Sprache zu. Bereits in mittelalterlicher Zeit deutete sich diese Bilingualität bei der Benennung von Orten an. Hierbei sind die Ergebnisse der detaillierten Siedlungsanalyse anhand der historischen Ortsnamen hervorzuheben. Der gemeinsam genutzte Wirtschafts- und Ressourcenraum des Oberpfälzer Waldes trug ebenfalls zum kulturellen Austausch bei.

Archäologisch zeigen sich im Baubefund sowie in der Sachkultur jedenfalls keine größeren Unterschiede, eine detaillierte Sachkulturanalyse – insbesondere auch anhand der Keramik – wird jedoch noch stattfinden, so dass hier weitere Ergebnisse zu erwarten sind.

Ab der frühen Neuzeit befindet sich die Grenzlandschaft wieder in peripherer Lage und ist wiederholt Schauplatz von kriegerischen Auseinandersetzungen. Die Hussitenkriege markieren anscheinend einen wichtigen Punkt in der Entwicklungsgeschichte der Region, da sie der Auslöser für die Umleitung der Haupttransitroute nach Süden sind.

Die natürliche Barriere des Höhenrückens des Oberpfälzer Waldes bot sich als strategisch günstige und vermutlich logische Lösung zur Platzierung von neuzeitlichen Grenzbefestigungen an, von denen die Tillyschanze ein weithin sichtbares Zeugnis ist.

Bis in die Neuzeit war der Grenzübergang fließend, wenn auch zu jeder Zeit durch Burgen mit Verwaltungsfunktion, später mit Schanzen, bewacht. In der Phase der zunehmenden Bedrohungslage vor dem Zweiten Weltkrieg wurde die Region zu beiden Seiten des Gebirgszuges durch umfassende Bunkersysteme befestigt.

Die Errichtung des sogenannten Eisernen Vorhangs führte nicht nur in unserem Untersuchungsgebiet zu einer Spaltung der Region und unterband jegliche Art des kulturellen Austauschs. Vielmehr markierte diese Grenze den Geltungsbereich zweier gänzlich unterschiedlicher politischer Systeme. Die Randlage von Bärnau und Tachau konnte in dieser Zeit nicht deutlicher sein, befanden sie sich doch jeweils am Ende einer kapitalistisch bzw. kommunistisch geprägten Weltsicht.

Zirka 1.000 Jahre lebten die Menschen hier im kulturellen Austausch, obwohl die Region besonders ab der Neuzeit kriegsbedingt regelmäßig Unruhen ausgesetzt war. Das Forschungsprojekt leistet mit der Rekonstruktion von Paulusbrunn einen – wie wir uns erhoffen – Beitrag zur Völkerverständigung in dieser Region, indem es mit seiner binationalen und interdisziplinären Anlage Perspektiven kombiniert und auf diese Weise Grenzen überschreitet.

Weitere Forschungen zu beiden Seiten der heutigen Grenze werden dazu beitragen, die kulturhistorische Entwicklung dieser besonderen Region detaillierter zu skizzieren, zu erfassen und nachvollziehbar zu präsentieren. Im archäologischen Befund wäre zu untersuchen, welche Wechselwirkungen sich innerhalb der unterschiedlichen Ebenen, z. B. von Stadt zu Land und von Herrschaft zu Gebiet abbilden und vor allem, welche weiteren Verbindungen im Kulturraum des Transitkorridors Bärnau–Tachau festgestellt werden können.

Summary: Along the ‚Golden Road' trade route from the Middle Ages until Modern Times. A contribution to the archaeology of the Bavarian-Bohemian Borderland (Area Bärnau–Tachau/Tachov)

Research of temporal and spatial development of borders and borderlands is an important aspect of landscape archaeology.

As barriers, borders usually have an inclusive and, at the same time, an exclusive function. They define areas of administration, mark private property or the area of activity of a cult. The archaeological evidence when crossing a border or of border lines varies accordingly.

The compilation of the research results to date shows how closely the cultural and historical development of the Bärnau–Tachau borderland is linked to the prevailing political system and the influence of trade and exchange on the "Golden Road".

It is necessary to examine which features can be recognized along the traffic axis, i.e. within the bilateral transition zone between Bärnau and Tachau, and whether a kind of "mixed culture" has established itself in a kind of transition corridor.

The thesis of an overlapping corridor or transit corridor is mainly based on trans-regional cultural-historical connections. Those can already be well understood in this borderland for the periods from the Late Middle Ages to the modern era through a cross-disciplinary approach.

It can clearly be shown that the course and the frequency of use of the Golden Road trade route had a major influence on the development of the borderland. Only when transit traffic had ceased it became clear how much the peripheral regions had previously benefited from it. It should be emphasized that the economic upswing in the borderland was strongly connected to the promotion of the Golden Road by Charles IV to support the region.

Language is a special connecting element. Already in medieval times this bilingualism was highlighted in the choice of place names. Here the results of the detailed settlement analysis on the basis of the historical place names are to be emphasized. The commonly used resources of the Upper Palatinate Forest also contributed to cultural exchange.

Archaeologically, there are no major differences in the findings of building or in the material culture, but a detailed material culture analysis – in particular on the basis of the pottery – will still take place, so that further results are to be expected.

With the reconstruction of *Paulusbrunn* the research project will contribute – as we hope – to international understanding in this region by combining perspectives with its binational and cross-disciplinary structure and thus crossing borders.

Literatur

Archäologischer Atlas (2021): Archäologischer Atlas der tschechisch-bayerischen Grenze im Mittelalter und in der Neuzeit. Lesna-Vašíčk, https://archaeoatlas.zcu.cz/lokalitade.php?id=68 (Zugriff: 30. April 2021).

Balý, R. (2007): Odkaz staveb zaniklých po roce 1945 v Pořejově na Tachovsku na příkladu čp. 7. – In: Dějiny staveb, 2007, S. 191–194.

Becker, H. (1989): Waldglas aus dem Oberpfälzer Wald. Untersuchungen in einer Glashütte des 17. Jahrhunderts bei Altglashütte, Lkr. Tirschenreuth. Unpublizierte Hausarbeit zur Erlangung des Magistergrades im Fachbereich Geschichts- und Geowissenschaften der Universität Bamberg.

Beranová, M. (2016): Sídelní zázemí Tachova v raném a vrcholném středověku. – Ústí nad Labem (unpubl. Diplomarbeit an der Uni J. E. P. Ústí nad Labem).

Bobková, L. (1982): České panství v Horní Falci za vlády KARLA IV. – In: Sborník Pedagogické fakulty v Ústí nad Labem, řada historická, 1982, S. 5–32.

Busl, A. (2004): Bärnau. Stadt und Land I. Geschichte bis zum Ende des Alten Reichs. – Weiden.

Busl, F. (1983): Altglashütte. Eine Glashütte aus dem 17. Jahrhundert. – In: Oberpfälzer Heimat 27, S. 137–149.

Busl, F. (2003): Die Tillyschanze auf dem Steinberg bei Bärnau. – In: Die Oberpfalz 91, S. 345–346.

Čapek, L. *u. Netoliký, P. (2014)*: Vyhodnocení zahloubených staveb (tzv. „zemnic" a „suterénů") z počátků měst v Čechách a na Moravě na základě studia jejich formální a prostorové struktury. – In: FORUM URBES MEDII AEVI 8, S. 80–99.

Codreanu-Windauer, S. u. Friedl, H. (2018): Verloren an der Goldenen Straße. Ein Münzschatz aus Rothhof, bei Plößberg. – In: Beiträge zur Archäologie in der Oberpfalz und in Regensburg, 12. – Büchenbach.

Deutscher Wetterdienst (2021): Niederschlag: vieljährige Mittelwerte 1981–2010, https://www.dwd.de/DE/leistungen/klimadatendeutschland/vielj_mittelwerte.html (Zugriff: 30. April 2021).

Deutscher Wetterdienst (2021): Frosttage: vieljährige Mittelwerte 1981–2010, https://www.dwd.de/DE/leistungen/klimadatendeutschland/vielj_mittelwerte.html (Zugriff: 30. April 2021).

Durdík, T. (2007): Hrad Přimda. – Praha.

Erben, K. J. (1868): Staré pomezní cesty a brány zemské v Čechách. – In: Květy 3, S. 331–334.

Feuer, B. (2016): Boundaries, Borders and Frontiers in Archaeology. A Study of spatial Relationships. - Jefferson.

Fischer, T. u. Wolf, H. (1982): Eine Glashütte aus dem nördlichen Oberpfälzer Wald (Gme. Bärnau), Landkreis Tirschenreuth, Oberpfalz. - In: Das Archäologische Jahr in Bayern 1981, S. 190–191.

Funk, L. (2007): Zaniklá ves Bažantov na Tachovsku. - In: Dějiny staveb 2007, S. 251–253.

Gagel, E. (1958): Karolingische Siedlungen bei Tirschenreuth. - In: Oberpfälzer Heimat, 3, S. 104–108.

Galusová, L. (2010): Archeologický nedestruktivní výzkum vodních děl zaniklých po roce 1945. - In: Acta Fakulty filozofické Západočeské univerzity v Plzni 5/4, S. 281–302.

Galusová, L. u. Funk, L. (2011): Možnosti a limity využití berní ruly jako prostředku poznání sítě vodních mlýnů západního a jihozápadního Plzeňska. - In: Archaeologia historica 36/2, S. 395–405.

Gringmuth-Dallmer, E. (1996): Kulturlandschaftsmuster und Siedlungssysteme. - In: Siedlungsforschung. Archäologie - Geschichte - Geographie 14, S. 7–31.

Graclík, C. (2017): Archeologický průzkum Norimberské cesty (úsek Tachov - Bärnau) s využitím dat leteckého laserového skenování. - Plzeň (unpubl. Bakkalaureatsarbeit KAR FF ZČU v Plzni).

Hajšman, J. (2001): Takzvaný Nový hrad u Stráže. - In: Hláska 12, 4,2001, S. 49–54.

Hobl, L. (2015): Keramický soubor z hradu Gutštejna. - In: Acta Fakulty filozofické Západočeské univerzity v Plzni 7/2, 2015, S. 125–153.

Hraše, J. K. (1885): Zemské stezky, strážnice a brány v Čechách. - Nové Město nad Metují.

Kerscher, H. (1998): Zur Topographie, Kartographie und Baugeschichte der Tillyschanze bei Eslarn, Lkr. Neustadt a.d. Waldnaab. - In: Beiträge zur Archäologie in der Oberpfalz 2, S. 423–448.

Kerscher, H. (2002): Zur Geschichte der topographischen Landesaufnahme und der topographischen Denkmälervermessung in Bayern, dargestellt an Beispielen aus der Oberpfalz. - In: Beiträge zur Archäologie in der Oberpfalz und Regensburg 5, S. 469–508.

Kinder, U. (2013): Der Befestigungsbau im Landkreis Tirschenreuth. - In: Arbeiten zur Archäologie Süddeutschlands, 28. - Büchenbach.

Klír, T. (2016): Sociální kontext slovansko-německého jazykového kontaktu. Severovýchodní Bavorsko a Chebsko v raném středověku. - In: Archaeologia historica 41/1, S. 301–337.

Kölling, C. (2003): Karte der natürlichen Zusammensetzung des Waldes in Bayern ohne Eingreifen des Menschen, hrsg. von der Bayerischen Landesanstalt für Wald und Forst (LWF). - Freising.

Koscelník, P. (2014): Lokalizace bojiště u Tachova z roku 1427, či náhodný soubor militarií? - In: Archeologie západních Čech 8, S. 113–124.

Krasanovská, H. (2015): Model výrobních okruhů a jeho aplikace na pozdně středověkou keramiku z měst jihozápadních Čech. - In: Acta FF ZČU 7 č. 2, S. 93–123.

Krasanovská, H. (2016): Keramické soubory z Tachova a Plané u Mariánských Lázní: nové poznatky o výzdobě a povrchové úpravě kuchyňské a stolní keramiky ze 14. století. - In: *Měřínský, Z. u. Klápště, J. [Hrsg.]*: Workshopy ke středověké a novověké keramice, Panská Lhota 2015. - Brno, S. 68–81.

List, U. (2006): Untersuchungen zum Transportwesen und den Transportwegen des Systems der „Goldenen Straße" zwischen dem mittelfränkischen und dem böhmischen Becken, seine ökonomische Entwicklung und Bedeutung (mit 34 Abbildungen). - In: *Ehrich, R.; Manske, D. u. Werner, E. [Hrsg.]*: Regensburger Beiträge zur Regionalgeographie und Raumplanung, 11, Teil 1. - Kallmünz.

Losert, H. (1993): Die früh- bis hochmittelalterliche Keramik in Oberfranken. - Köln (Zeitschrift für Archäologie des Mittelalters, Beiheft 8).

Losert, H. (1993b): Die slawische Besiedlung Nordostbayerns aus archäologischer Sicht. In: *Schmotz, K. [Hrsg.]*: Vorträge des 11. Niederbayerischen Archäologentages. - Buch am Erlbach, S. 207–270.

Minátová, H. (1979): Komunikace na území Českého lesa v letech 1500–1848. - In: Sborník okresního muzea v Tachově 12, S. 26–35.

Martínek, J. a kol. (2013): Moderní metody identifikace historických cest. Metodická příručka. - Brno.

Matoušek, V. (2006): Třebel. Obraz krajiny s bitvou. - Praha.

Matoušek, V. (2011): Zpráva o 1. sezóně systematického archeologického výzkumu bojiště z roku 1621 u Rozvadova. - In: Sborník muzea Českého lesa v Tachově 32, S. 3–13.

Matoušek, V.; Hrnčiřík, P. u. Šámal, Z. (2018): Rozvadov 1621. Výzkum bojiště třicetileté války. - České Budějovice.

Maur, E. (1999): Chody, Chodovy a Chodové. Pokus o vymezení středověkých sídel Chodů toponomastickou metodou. - In: Západočeský historický sborník 5, S. 5–8.

Maur, E. (2001): Řezenská cesta a zemské stezky na Domažlicku. - In: Západočeský historický sborník 7, S. 5–40.

Maur, E. (2006): Tachovský urbář asi z let 1366–1368. Vzácný pramen k historické topografii Českého lesa. - In: Dějepis: sborník katedry historie. „Třicet let učitelem učitelů dějepisu." Věnováno profesoru PhDr. Janu Kumperovi, CSc., vedoucímu katedry historie FPE ZČU k šedesátým narozeninám. - Plzeň, S. 104–113.

Müller, U. (2012): Networks of Towns - Networks of Periphery? Some Relations between the North European Medieval Town and its Hinterland. - In: *Kleingärtner, S. u. Zeilinger, G. [Hrsg.]*: Raumbildung durch Netzwerke? Der Ostseeraum zwischen Wikingerzeit und Spätmittelalter aus archäologischer und geschichtswissenschaftlicher Perspektive. Beiträge des am 28. und 29. Oktober 2010 in Kiel veranstalteten internationalen Workshops. - Bonn (Zeitschrift für Archäologie des Mittelalters, Beiheft 23), S. 55–78.

Nováček, K. (1996): Městská archeologie v Tachově: výsledky a perspektivy. Sborník Západočeského muzea - řada Historie 13, S. 92–109.

Nováček, K. [Hrsg.] (2010): Kladrubský klášter 1115–1421: osídlení-architektura-artefakty. - Plzeň.

Nováček, K.; Razím, V. u. Ebel, M. (2004): Opevnění města Tachova. - In: Průzkumy památek 11, č. 2, S. 51–91.

Oĺhava, R. u. Sabol, M. (2018): Nový Hrad u Stráže. Geodetické zaměření sond. - Praha.

Parker, B. (2006): Towards an Understanding of Borderland Processes. - In: American Antiquity, 2006, Vol. 71, No. 1, 2006, S. 77–100.

Pelant, J. (1988): Města a městečka Západočeského kraje. - Plzeň.

Preusz, M. (2017): Keramika 16. a 1. poloviny 17. století v jižních a západních Čechách. Inovace a kontinuita hrnčířské produkce. - Plzeň (unpubl. PhD Arbeit, Archäol. Institut an der UWB in Pilsen).

Procházka, Z. u. Úlovec, J. (1988): Hrady, zámky a tvrze okresu Tachov. - Praha.

Procházka, Z. (2009): Sklářství v Českém lese na Domažlicku a Tachovsku. Místopis skláren, brusíren a leštíren. - Domažlice.

Postránecká, K. u. Wasková, M. (2008): Změny v lokaci středověké vsi Ostrov na Tachovsku. - In: Archaeologia historica 33, S. 73–83.

Rak, M.; Funk, L. u. Váňa, M. (2012): Vesnice v zajetí železné opony. Možnosti archeologického poznání Studené války. – In: Antropowebzin 3, S. 241–251.

Rak, M.; Starková, L. u. Funk, L. (2014): Relikty „Studené války" jako součást kulturní historie. – In: Veřejná archeologie 5, S. 42–61.

Raßhofer, G. (2000): Archäologie im Landkreis Tirschereuth. In: *Knipping, D. u. Raßhofer, G. [Hrsg.]*: Denkmäler in Bayern. Band III.45. – München, S. 57–72.

Rayman, N. (2009): Hradební ulice – dům na parcele 34. – In: Sborník muzea Českého lesa v Tachově 31, S. 3–19.

Rayman, N. (2014): Městské hradby v Plané na základě archeologických výzkumů u kostela Nanebevzetí Panny Marie (okr. Tachov). – In: Archeologie západních Čech 7, 121–130.

Roubík, F. (1938): Silnice v Čechách a jejich vývoj. – Praha.

Rožmberský, P. (2010): Podnikatelé Schürerovi z Waldheimu a jejich působení v 17. století na Rokycansku. – In: Sborník Muzea Dr. Bohuslava Horáka v Rokycanech 22, S. 43–67.

Schnelbögl, F. [Hrsg.] (1973): Das „Böhmische Salbüchlein" Kaiser Karls IV. über die nördliche Oberpfalz 1366/68. – München u. Wien.

Schreg, R. (2014): Ecological approaches in medieval rural archaeology. – In: European Journal of Archaeology 17/1, S. 83–119.

Sokol, P. (2014): Archeologie na hradě Přimda. Památky západních Čech 4, S. 53–68.

Sokol, P. u. Kasl, F. (2019): Opevnění Nový hrad (zámeček) u Stráže (okres Tachov): zeměpanská strážnice a celnice z přelomu 12. a 13. století. – In: Archaeologia historica 44/2, S. 627–663.

Soukup, R. (2008): Říšská cesta řečená „Zlatá" Norimberk–Praha v úseku Bärnau–Tachov–Trnová. – In: Staré stezky 12, S. 53–78.

Široký, R. u. Nováček, K. (1998): K počátkům Norimberské cesty na Tachovsku. – In: Archaeologia historica 23, S. 59–71.

Thiem, W. (2000): Landschaft und Siedlung im Landkreis Tirschenreuth. – In: *Knipping, Detlef u. Raßhofer, Gabriele [Hrsg.]*: Denkmäler in Bayern. Landkreis Tirschenreuth (Band III. 45). – München.

Tomek, V. V. [Hrsg.] (1882): Kosmůw letopis český: S pokračowáními kanowníka Wyšehradského a mnicha Sázawského. – Praha.

Úlovec, *J. u. Klímová, H. (1994)*: Hrady „Šelmberk" a Schellenberg – představy a skutečnost. – In: Setkání na hranici 2. Česko-hornofalcké archivní symposium, Ústí nad Labem, S. 43–49.

Vaishar, A.; Nosková, H. u. Nováková, E. (2019): Historický vývoj národnostního osídlení v regionu Tachovska v letech 1945–2000 (specializovaná mapa). – Praha.

Vařeka, P. a kol. (2006): Archeologie zaniklých středověkých vesnic na Rokycansku I. – Plzeň.

Vařeka, P.; Balý, R.; Funk, L. u. Galusová, L. (2008): Archeologický výzkum vesnic středověkého původu na Tachovsku zaniklých po roce 1945. – In: Archaeologia Historica 33, S. 101–117.

Vařeka, P. u. Vařeková, Z. (2016): Contemporary cemeteries in the district of Tachov/Tachau (Western Bohemia) as an evidence of population and settlement discontinuity in the 2 nd half of the 20 th century. – In: *Meier, T. u. Schenk, W. [Hrsg.]*: Tod und Gedenken in der Landschaft (Siedlungsforschung. Archäologie – Geschichte – Geographie 33), S. 225–244.

Vařeka, P. u. Symonds, J. (2020): Divided Landscapes, Divided Peoples: An Archaeology of the Iron Curtain between Czechoslovakia and Western Germany. In: *Symonds, J. u. Vařeka, P. [Hrsg.]*: Archaeologies of Totalitarianism, Authoritarianism, and Repression – Dark Modenities. – New York, S. 171–198.

Vávra, I. (1973): Řezenská a norimberská cesta. – In: Historická geografie 11, S. 31–100.

Zelenka, A. (2007): Archeologický výzkum na parcele ppč. 75 a 76/2 v Boru u Tachova. – In: Sborník Západočeského muzea 18, S. 192–198.

Zelenka, A. (2016): Bezdružice (okr. Tachov). Příspěvek k raně novověkému vývoji poddanského města. – In: Archeologie západních Čech 10, S. 213–229.

Zückert, G. (1986): Die Tilly-Schanze bei Eslarn. – In: Oberpfälzer Heimat 30, S. 102–107.

Siedlungsforschung. Archäologie – Geschichte – Geographie 39, 2021, S. 289–305

Kulturlandschaften als Konzept zur Steuerung einer wissensbasierten Regionalentwicklung

Wahrnehmung und Entwicklung der Kulturlandschaft Senne in Nordrhein-Westfalen

Ulrich Harteisen

1 Einleitung

Kulturlandschaften werden oft im Kontrast zu Naturlandschaften gesehen und als ein Ergebnis des sich seit Jahrtausenden wandelnden Beziehungsgefüges von Mensch, Natur und Kultur beschrieben. Im Kontext des Naturschutzes wird der Begriff „Kulturlandschaft" auch heute noch auf Landschaftsräume reduziert, deren gegenwärtige Biotopausstattung die traditionellen Bewirtschaftungs- und Nutzungsformen widerspiegelt, die bis zum Beginn des 20. Jahrhunderts weite Teile Mitteleuropas prägten. Im Bundesnaturschutzgesetz heißt es in § 1 Abs. 4 Nr. 1 „*Zur dauerhaften Sicherung der Vielfalt, Eigenart und Schönheit sowie des Erholungswertes von Natur und Landschaft sind insbesondere Naturlandschaften und historisch gewachsene Kulturlandschaften, auch mit ihren Kultur-, Bau- und Bodendenkmälern, vor Verunstaltung, Zersiedelung und sonstigen Beeinträchtigungen zu bewahren*". Mit dem Begriff „historisch gewachsene Kulturlandschaft" sind die traditionell extensiv genutzten Kulturlandschaften (z. B. Heiden, Feuchtwiesen, Nieder- und Mittelwälder) gemeint, die eine hohe Artenvielfalt aufweisen und denen deshalb das besondere Interesse des Naturschutzes gilt. Im Kontext des Naturschutzes hat man den Begriff Kulturlandschaft so mit definierten Qualitäten aufgeladen und kommt mit der Pflege und Entwicklung historischer Kulturlandschaften einem gesetzlichen Auftrag nach. Die Verwendung des Begriffs Kulturlandschaft in der Geographie wird dagegen bewusst weiter gefasst und auch kontrovers diskutiert. *Schenk* (2002, S. 10) weist in diesem Zusammenhang auf das definitorische Problem hin, in dem er anmerkt, dass Einflüsse des Menschen mithin alle Landschaften der Erde betreffen und damit eine Unterscheidung in Natur- und

Kulturlandschaften eher wenig Sinn macht. Der Begriff Kulturlandschaft eignet sich nach *Schenk* (2002, S. 12) allerdings in besonderer Weise, um der „*Idee einer interdisziplinären Forschung in der regionalen Dimension aus dem Blickwinkel des wirtschaftenden, siedelnden und sich erholenden Menschen*" Ausdruck zu verleihen. Kulturlandschaft so verstanden kann der Regionalentwicklung die Wissensgrundlage bereitstellen. Ob damit auch eine verbesserte Steuerung einer integrierten Regionalentwicklung einhergehen kann, wird in diesem Beitrag diskutiert und am Beispiel der Kulturlandschaft Senne in der Anwendung hinterfragt.

Bevor der Blick auf diese Kulturlandschaft gerichtet wird, sollen jedoch zunächst einige Überlegungen dargestellt werden, die auf Zusammenhänge der Kulturlandschaftsforschung mit der traditionellen geographischen Landeskunde hinweisen. Dies ist auch deshalb von Bedeutung, da die geographisch-landeskundliche Forschung wichtige Daten für die Analyse von Kulturlandschaften liefert. Bedauerlich ist in diesem Zusammenhang, dass die geographisch-landeskundliche Forschung innerhalb der Disziplin Geographie in den vergangenen Jahrzehnten kontinuierlich an Bedeutung verloren hat. Auch mit Blick auf die Planungspraxis und auf die Aufgaben und Ziele der Regionalentwicklung erscheint es mehr denn je wichtig, über eine Neubewertung der geographischen Landeskunde nachzudenken.

2 Zur Bedeutung der geographischen Landeskunde für eine interdisziplinäre Kulturlandschaftsforschung

Zunächst ein Blick zurück: Der Geographentag 1969 in Kiel gilt als Wendepunkt der Geographie in Deutschland. Protestierende Studierende forderten eine Abkehr von der „Länderkunde" als zentralem Ansatz des Faches. Sie kritisierten die Länderkunde als wissenschaftstheoretisch unfundiert, holistisch und naturalistisch. Danach verlor die Länderkunde stark an Bedeutung. Im ‚Handbuch Landschaft' beschreibt der Geograph *Hans Gebhardt* den Prozess so (2019, S. 291): „*Im Rahmen einer symbolisch-konstruktivistischen Humangeographie geriet eine wie auch immer geartete Regional- und Landschaftsfokussierung weitgehend ins Abseits, da sie letztlich … eine vorwissenschaftliche Sicht bedeute.*"

Folgende zentrale Kritikpunkte wurden genannt:

- Die standardisierten geographisch-landeskundliche Beschreibungen seien unwissenschaftlich, da sie sich nicht an Problemstellungen orientierten, sondern häufig rein deskriptiv blieben und zudem wurde
- die Landeskunde als unpolitisch wahrgenommen, der eine kritische Bewertung der räumlichen Entwicklungen fehlte.

Die traditionelle geographische Landeskunde mit ihrem engen Bezug zur Landschaftsgeographie (Bezug zum physischen Raum) verlor in der Folgezeit schnell an Bedeutung. An ihre Stelle trat eine Landschaftsforschung, die sich seit den 1970er Jahren an der sozialkonstruktivistischen Landschaftstheorie orientiert (*Kühne* 2019, S. 69). Landschaft wird in diesem Kontext als ein Ergebnis gesellschaftlich gebildeter Deutungs- und Bewertungsmuster verstanden, auf deren Grundlage eine bewusstseinsinterne Synthese beobachteter materieller Gegenstände erfolgt, und als soziales Konstrukt bezeichnet wird (*Kühne* 2019, S. 69–70). Die Kritik an der traditionellen Landeskunde war für die wissenschaftliche Weiterentwicklung des Faches wichtig, allerdings kann festgestellt werden, dass in Folge der fundamentalen Kritik die geographisch-landeskundliche Forschung mit ihrer anwendungsorientierten Ausrichtung etwa im Bereich der Kulturlandschaftsforschung an Geographischen Instituten in Deutschland immer weniger stattfand. Der wichtige Beitrag der Kulturlandschaftsforschung zur Definition von Qualität und Identität von Landschaften mit seiner Bedeutung auch für eine nachhaltige Regionalentwicklung wird bis heute in der räumlichen Planung zu wenig beachtet und bedarf einer neuen Gewichtung innerhalb des Systems der Raumentwicklung. Gerade im Kontext der informellen Raumentwicklung, oft gesteuert durch förderpolitische Instrumente, steht die Raumkategorie „Region" heute mehr denn je im Mittelpunkt. Aufgabe der Regionalentwicklung ist es, die endogenen Potenziale einer Region zu analysieren und in Projekten in Wert zu setzen. Dieser Prozess setzt neben Kenntnissen über rechtliche, planerische und förderpolitische Rahmenbedingungen ein fundiertes landeskundliches Wissen voraus. Physische Geographie und Humangeographie konzeptionell zusammen zu denken, ganz im Sinne einer geographischen Landeskunde, erscheint in diesem Zusammenhang sinnvoll (*Gebhardt* 2019, S. 292). Das Konzept der Kulturlandschaftsforschung folgt dieser Idee und kann das Wissen über einen Landschaftsraum so verknüpfen und aufbereiten, dass

- raumgestaltende Prozesse verstanden sowie problemorientierte Raumanalysen möglich sind,
- Regionalbewusstsein und identitätsstiftende Prozesse entstehen und damit
- eine integrierte und sektorübergreifende Entwicklung der Region unter Berücksichtigung der endogenen Potenziale gelingen kann.

Das „Forschungskonzept Kulturlandschaft" erlaubt in idealer Weise die synthetische Betrachtung der verschiedenen Aspekte einer Kulturlandschaft, so den Blick auf die physisch-materielle Grundausstattung der Landschaft in Verbindung mit der sich wandelnden Nutzung im Kontext gesellschaftlicher Veränderungsprozesse und schließlich auch die Wahrnehmung der Kulturlandschaft als soziale Konstruktion und im Sinne eines kollektiven Handlungsraums einer nachhaltigen Regionalentwicklung (*Gailing* 2020, S. 458).

Der Autor dieses Beitrages hat vor mehr als 20 Jahren mit Methoden der historischen Geographie den Kulturlandschaftswandel in der Senne (Nordrhein-Westfalen) erforscht und hierbei den Blick auf die Prozesse und Prozessregler gerichtet, die für die Veränderungen verantwortlich waren (*Harteisen* 2020). Ausgehend von dieser Erkenntnislage und fasziniert von der Vielfalt und Eigenart dieser Landschaft wurde der Autor von 2002 bis 2008 als einer der beiden Vorsitzenden des Fördervereins Nationalpark Senne e. V. dann selbst zum Akteur für eine naturschutzorientierte Regionalentwicklung. Die in dieser Zeit geführten Gespräche mit Vertretern des britischen Militärs, den Sennekommunen sowie den zuständigen Landes- und Bundesbehörden erweisen sich retrospektiv als wertvolles Erfahrungswissen, welches zum Verständnis der komplexen Entwicklungsdynamik dieser Kulturlandschaft beiträgt. Auch nach der aktiven Zeit im Vorstand des Fördervereins Nationalpark Senne hat der Autor den Diskurs um die Entwicklung der Sennelandschaft weiterverfolgt und sich gelegentlich mit fachlich fundierten Positionen zu Wort gemeldet.

In den nachfolgenden Ausführungen wird nun der Versuch unternommen, das Wissen der traditionell ausgerichteten Kulturlandschaftsforschung mit dem gesammelten Erfahrungswissen zusammenzuführen, um beispielhaft aufzuzeigen, warum und wie das „Forschungskonzept Kulturlandschaft" in besonderer Weise geeignet ist, die Regionalentwicklung zu qualifizieren. Dabei wird der Fokus auf den bemerkenswerten Wandel der Wahrnehmung dieser Kulturlandschaft und die damit verbundenen, sich ändernden Entwicklungsziele gerichtet.

3 Eigenartige Senne: Ödland – abgesperrte Landschaft – Naturparadies

Zu Beginn soll ein Blick auf die Lage im Raum und die physisch-materielle Ausgangssituation geworfen werden: Die Senne erstreckt sich dem Teutoburger Wald zwischen den Städten Paderborn und Bielefeld westlich vorgelagert und wird naturräumlich noch dem Münsterland zugeordnet. Die Senne verdankt ihre Entstehung und landschaftliche Eigenart den Sandmassen, die mit den Schmelzwässern des Osning-Gletschers über die Gebirgspforten des Teutoburger Waldes in das südwestliche Vorland geschüttet und in der Senne abgelagert wurden (*Seraphim* 1978, S. 7 ff). Die so gekennzeichnete Sennelandschaft weist insgesamt eine Flächengröße von ca. 25.000 ha auf, allerdings wird in der Bevölkerung der Begriff Senne häufig gleichgesetzt mit dem Areal des Truppenübungsplatzes Senne, der mit 11.500 ha jedoch nur den südöstlichen Teilbereich dieses Sandgebietes umfasst.

Abb. 1: Die offene Heidelandschaft des Truppenübungsplatzes Senne (Foto: Ulrich Harteisen vom 28. Februar 2021).

Im Folgenden werden drei Entwicklungsphasen der Kulturlandschaft Senne skizziert, um zu verdeutlichen, wie sich mit einer Veränderung der Wahrnehmung einer Kulturlandschaft auch die regionalen Entwicklungsziele wandeln (*Harteisen* 2013).

3.1 Phase 1: Von der Urbarmachung des öden Landstrichs bis zur Ästhetisierung der Kulturlandschaft

Mit einem Blick auf ausgewählte zeitgenössische Darstellungen und Beschreibungen der Sennelandschaft soll zunächst ein Eindruck dieser Landschaft vermittelt werden, so wie sie sich in der zweiten Hälfte des 19. Jahrhunderts und auch noch zu Beginn des 20. Jahrhunderts dem Betrachter präsentierte. Im „Deutschen Bürgerbuch für 1845“ gibt es einen Beitrag von *Georg Weerth*, betitelt mit „Die Armen in der Senne“, in dem sich Aussagen über die Sennelandschaft und das Alltagsleben in der Senne finden:

> „Von den Höhen des Teutoburger Waldes sieht man in eine weite Ebene, die Senne genannt, deren ödester Theil sich zwischen Paderborn, Bielefeld und dem Fürsten-

> thum Lippe hinzieht. … Wir wollen von den Bergen hinuntersteigen und uns auf dem eigentlichen Terrain näher umsehen. – Eine Wüste nannten wir jenen Landstrich, und dennoch bevölkert. … Am schlimmsten sind die Leute daran, welche sich durch irgend einen günstigen Ackerfleck verleiten ließen, mitten in die eigentliche Senne zu ziehen, denn dort sind sie, wenn im Winter die ohnehin ungangbaren Wege ganz verschneien, von aller Welt abgeschnitten“ (zit. n. Lippischer Heimatbund 1990, S. 43 ff).

Die unfruchtbaren Sandböden der Senne konnten kaum die Ernährung der wachsenden Bevölkerung der Sennedörfer sichern und die unzureichende Verkehrsanbindung an die nächsten größeren Städte verstärkte die Isolation. Die Senne wird zu dieser Zeit als Ödnis bezeichnet, in der Elend und Krankheit den Alltag der Bewohner bestimmten (Siekmann 2004, S. 141 ff). Es wundert deshalb nicht, dass schon früh Überlegungen zur Kultivierung der Senneödnis erfolgten. Der Diplom-Handelslehrer Fritz Fleege-Althoff hat 1916 in seiner Schrift „Die Kultivierung der Lippischen Senne“ Motive und Möglichkeiten, Rentabilität und Bedeutung der Sennekultivierung beschrieben. Bei Fleege heißt es im Schlusswort:

> „Die hochbedeutsame, schon so oft im Parlament und Presse erörterte Frage der inneren Kolonisation in Lippe würde durch die Sennekultivierung greifbare Gestalt gewinnen, und sehr viele bisher noch fernstehende Kreise unseres Volkes gewännen Interesse an diesen wichtigen Problemen unseres wirtschaftlichen Lebens …“ (*Fleege* 1916, S. 86).

Seine Vision für die Senne fasst Fleege wie folgt zusammen:

> „Kurz: wo heute noch das ‚Monument der Trostlosigkeit‘ ins Land hinauszuragen scheint, da ist ein Stück Wirtschaftsleben entstanden, das Glück, Freude und Frieden beherbergt, das echt deutsches Neuland bildet, das einen Jungbrunnen darstellt für kommende Geschlechter“ (Fleege 1916, S. 87).

Tatsächlich wurden zwischen den Weltkriegen beachtliche Flächen der Senne kultiviert. In der Folge verschwanden immer mehr Heideflächen und vielerorts bestimmten Acker- und Gartenkulturen das Bild der Kulturlandschaft Senne. Die Kultivierung war allerdings auch mit massiven Eingriffen (Meliorationsmaßnahmen) in die Landschaft verbunden und diese unübersehbaren Eingriffe in die Sennelandschaft waren Auslöser für eine kritische Auseinandersetzung mit der Landschaftsveränderung und können als Beginn der Heimat- und Naturschutzbemühungen in der Senne angesehen werden. Der Vorsitzende des Lippischen Bundes für Heimatschutz und Heimatpflege, Bernhard Ebert, setzte sich 1914 mit den damals geplanten Arbeiten zur Urbarmachung und Besiedlung der Ödlandflächen der Senne auseinander:

> „Denn es läßt sich nicht verkennen, daß mit der Urbarmachung von Ödland viel landschaftliche Schönheit und Eigenart verloren geht. Und mancher Freund der Einsamkeit und unberührten Natur, der gerne Erhebung und Belehrung sucht auf den weiten Heideflächen der Senne, wird mit Wehmut an die Zeiten denken, wo auch dieses letzte Stück jungfräulicher Natur in unserem Lande der Vergangenheit angehört haben wird" (*Ebert* 1914, zit. n. *Siekmann* 2004, S. 337).

Ebert bedauert den Verlust von „landschaftlicher Schönheit" und „unberührter Natur", geht aber gleichzeitig von der Unvermeidbarkeit des landschaftlichen Wandels aus, sicherlich eine Haltung, die der damaligen Zeit zu Beginn des Ersten Weltkriegs geschuldet ist.

Neben diesem frühen Diskurs über Heimatschutz vs. Kultivierung wurden die Anfänge der Heimat- und Naturschutzbewegung in der Senne wie anderswo durch naturromantische Vorstellungen geprägt. In der zweiten Hälfte des 19. Jahrhunderts entdeckten immer häufiger Künstler die Ästhetik der Sennelandschaft. Plötzlich war die Senne nicht mehr nur öde und elend, sondern wurde zu einem bevorzugten Objekt einiger Landschaftsmaler. Noch ganz von der Romantik geprägt haben so etwa die lippischen Künstler *Ludwig Menke* und *Ernst Rötteken*, aber auch der aus Paderborn stammende Georg Lucas Landschaftsmotive der Senne festgehalten. Das bekannte Ölgemälde von *Ludwig Menke* „Die Senne" von 1865 vermittelt eindrucksvoll die stille weiträumige Schönheit der Sennelandschaft und lässt die Kargheit und Not, die dieser Landschaft auch innewohnte, fast vergessen.

Abb. 2: Die Senne. Ölgemälde von Ludwig Menke von 1865 (Quelle: Lippischer Heimatbund 1990, S. 19).

Das Ölgemälde von *Ludwig Menke* kann heute im Original im Lippischen Landesmuseum Detmold betrachtet werden. Die Landschaftsmaler der Senne haben mit ihrer Sichtweise zu einer veränderten Wahrnehmung der Senne beigetragen und die Grundlage für die Ästhetisierung der Senne gelegt oder wie es bei *Siekmann* (2004, S. 212) heißt, *„aus öde wird schön"*.

Es mag auch eine Auswirkung der populären Landschaftsgemälde der Senne gewesen sein, dass in den 1920er und 1930er Jahren immer mehr Menschen der nahen und wachsenden Großstädte (Bielefeld und Städte im Ruhrgebiet) diese schöne Landschaft nun auch selbst erleben wollten. Die Senne wurde als Erholungsraum entdeckt, gleichzeitig wurde schon zu dieser Zeit der Konflikt zwischen Erholungsnutzung und Naturschutz bemerkt. Anfang der 1930er Jahre erarbeitete der Geograph *Ludwig Maasjost* (1906–1990) seine Dissertation mit dem Titel: „Landschaftscharakter und Landschaftsgliederung der Senne" (*Maasjost* 1933). *Maasjost* gilt als Senneforscher mit einem ausgeprägten Bewusstsein für den Heimat- und Naturschutz, das wird auch in einigen Passagen seiner Dissertation deutlich. Die Kultivierungsbestrebungen in der Senne werden von *Maasjost* durchaus kritisch gesehen. In der in seiner Dissertation wenn auch knappen abschließenden Betrachtung zur *„Veränderung des Landschaftsbildes in jüngster Zeit durch Siedlung und Kultur"* heißt es:

> „... Das Endstadium, die wohlgeebnete, baumlose Berieselungswiese, findet immer mehr seine Verwirklichung. Die Vorstadien verschwinden. ... Immer mehr weichen die letzten Reste des Kiefernwaldes, die Knicks und Birkenlohen. Selbst der Kiefernwald muss mehr und mehr der vordringenden Kultur Platz machen. ... Die jüngste und stärkste Landschaftsveränderung erlitt die Heide. Lange war sie unberührt geblieben. ... Fläche um Fläche wird mit dem Dampfpflug umgebrochen. In 20 Jahren soll bei dem Fortschreiten der gegenwärtigen Kultivierung die ganze Heide verschwunden sein" (*Maasjost* 1933, S. 65).

Massjost war Anfang der 1930er Jahre Zeitzeuge eines rasanten Landschaftswandels in der Senne. Auch, wenn er in seiner Dissertation noch nicht explizit den Schutz der Sennelandschaft forderte, so wird gerade im letzten Abschnitt seiner Arbeit deutlich, dass er sehr wohl mit dem Landschaftswandel einen Verlust an landschaftlicher Vielfalt und Ursprünglichkeit verbindet. Die Arbeit schließt mit folgender Feststellung: *„Immer mehr verschwinden die Formen der Natur, unendlich fein, unendlich kompliziert, geworden im Laufe von Jahrtausenden durch die verschiedensten Kräfte der Natur, durch Meere, Eis, Wind, Regen, Quellen, Bäche. An ihre Stelle treten Formen der Kultur, nüchtern, einfach sachlich, geschaffen durch Menschengeist, gerade Linien, Furchen, Zäune, Gräben, Straßen, Drähte, Siedlungen. Kulturlandschaft verschlingt Naturlandschaft"* (*Maasjost* 1933, S. 66).

Abb. 3: Mit der Besiedlung der Kulturlandschaft Senne wurden großflächig ehemalige Heideflächen zu Ackerflächen umgewandelt. (Foto: Ludwig Maasjost, aufgenommen Anfang der 1930er Jahre in der Oberen Senne, Sennearchiv der Biologischen Station Kreis Paderborn - Senne).

„*Kulturlandschaft verschlingt Naturlandschaft*" – ein Veränderungsprozess, den *Maasjost* in Bezug auf die Senne wohl als erster Wissenschaftler wie auch Heimat- und Naturschützer in dieser Deutlichkeit zum Ausdruck bringt. *Maasjost* war nach dem Zweiten Weltkrieg als Professor für Geographie zunächst an der Pädagogischen Hochschule Paderborn und später an der Universität-Gesamthochschule Paderborn tätig und hat sich gerade auch in dieser Funktion für den Schutz der noch vorhandenen vielfältigen landschaftlichen, natürlichen und kulturellen Ressourcen in Ostwestfalen, so auch der Senne eingesetzt. In seiner Funktion als Hochschullehrer war er zudem ein wichtiger Multiplikator des Heimat- und Naturschutzes und seine geographisch-landeskundlichen Forschungen und Publikationen stellten eine wichtige wissenschaftliche Grundlage für die beginnende Diskussion von Zielen des Naturschutzes und der Heimatpflege dar.

Die 1930er und 1940er Jahre waren geprägt durch Kriegsvorbereitung und Krieg. In dieser Zeit wurde der bereits 1892 in einem südlichen Teilgebiet der Senne gegründete Truppenübungsplatz um ca. 6.000 ha im Nordbereich der Senne erweitert und umfasste damit mehr als 10.000 ha Fläche. Verbunden mit der Erweiterung des Truppenübungsplatzes wurde das Sennedorf Haustenbeck mit seinen 1.262 Einwohnern komplett abgesiedelt (*Harteisen* 2000, S. 105). Aus der besiedelten und landwirtschaftlich genutzten Landschaft wurde aufgrund der Ausdehnung der militärischen Sondernutzung die „abgesperrte Landschaft“, in deren Schatten sich zunächst noch fast unbemerkt langsam das „Naturparadies Senne“ entwickeln konnte.

3.2 Phase 2: Militär und Naturschutz – ein Bündnis auf Zeit?

Während im Umfeld des Truppenübungsplatzes Senne seit den 1950er Jahren durch die Intensivierung der Landwirtschaft und durch die Ausdehnung von Siedlungs- und Gewerbeflächen die landschaftliche Vielfalt und Eigenart der Kulturlandschaft Senne immer mehr verloren ging, entwickelten sich auf dem Areal des Truppenübungsplatzes Senne im Schatten der militärischen Nutzung Lebensräume mit einer großen Vielfalt von gefährdeten Tier- und Pflanzenarten. Die hohe naturschutzfachliche Wertigkeit dieses Areals war zunächst nur wenigen Naturschützern bekannt. Das sollte sich in den 1990er Jahren, als immer mehr Menschen die Gefährdung der Arten- und Lebensraumvielfalt erkannten und deren Schutz forderten, auch in der Senne ändern. 1984 wurde der „Arbeitskreis Naturschutz auf dem Truppenübungsplatz Senne“ gegründet, in dem Vertreter des deutschen und britischen Militärs, der Liegenschaftsverwaltung, der Bundesforstverwaltung und des amtlichen und ehrenamtlichen Naturschutzes gemeinsam Ziele und Maßnahmen des Naturschutzes auf dem Truppenübungsplatz Senne diskutierten, konkret verabredeten und durchführten (*Galonske u. Laight* 1992, S. 3). Die Erhaltung der Heidelandschaft auf dem Truppenübungsplatz Senne rückte in diesem Zusammenhang in den Mittelpunkt der Naturschutzbemühungen. Es entwickelte sich eine nahezu perfekte Win-Win-Situation zwischen dem Militär und dem Naturschutz. Nahezu perfekt aus der Sicht der Militärs und einer eher konservativen Naturschutzbewegung, nicht jedoch aus der Sicht vieler Bürgerinnen und Bürger, die im Umfeld des Truppenübungsplatzes Senne lebten und zunehmend die militärische Nutzung als Belastung erlebten. Mit der Gemeinschaft für Naturschutz Senne e. V. (GNS) trat ab 1975 eine Bewegung an, die ihre Aufgabe entsprechend des damals erwachenden „grünen Zeitgeistes“ immer mehr auch im politischen Diskurs um Naturschutzziele sah. Es war die Zeit einer neuen, jungen und kritischen Ökologiebewegung, die erstmalig laut die militärische Nutzung der Senne in Frage stellte und einen Nationalpark forderte.

Obwohl weiter abgesperrt und als Truppenübungsplatz genutzt, wurde die Kulturlandschaft Senne immer mehr zu einem sozialen Konstrukt, mit der eine wachsende Gruppe von Akteurinnen und Akteuren ein neues Entwicklungsziel – die Errichtung eines Nationalparks Senne – verband. Der Diskurs um die Zukunft der Senne gewann mit dem Ende des Kalten Krieges und der Auflösung der militärischen Blöcke in West und Ost erheblich an Dynamik und 1989/90 erschien ein Ende der militärischen Nutzung der Senne in greifbarer Nähe.

Abb. 4: Aufkleber Nationalpark Senne (Quelle: Gemeinschaft für Naturschutz Senne, 1990).

3.3 Phase 3: Quo vadis Senne?

Wissenschaftlich untermauert durch ein Gutachten des Naturwissenschaftlichen Vereins für Bielefeld und Umgebung e. V. und politisch gestützt durch 20.000 Unterschriften wurde 1990 von einer Bürgerinitiative die Errichtung eines Nationalparks Senne gefordert (*Otto* 2003, S. 124). Aus der Bürgerinitiative Nationalpark Senne heraus wurde 1998 dann der Förderverein Nationalpark Senne e. V. gegründet.

Der Förderverein Nationalpark Senne e. V. widmete sich zunächst folgenden Zielen:

- Erarbeitung einer Gebietskulisse für einen Nationalpark Senne,
- Pflege eines regelmäßigen Gedankenaustauschs mit dem britischen Militär zu Fragen des Naturschutzes auf dem Truppenübungsplatz Senne.

Die Akteurinnen und Akteure des Fördervereins Nationalpark Senne e. V. mussten allerdings feststellen, dass Anfang der 2000er Jahre und gut zehn Jahre nach dem Ende des Kalten Krieges an eine Umsetzung der Nationalparkplanung nicht mehr zu denken war, da ein Abzug des britischen Militärs, unter dessen Kommandantur der Truppenübungsplatz Senne schon seit 1945 stand, wieder in weite Ferne gerückt war. In den 2010er Jahren wurde die Diskussion um die Errichtung eines Nationalparks Senne dann zunehmend kontrovers geführt und es fällt auf, dass die Idee des Nationalparks immer mehr auch zu einem „politischen Spielball" konkurrierender Parteien wurde. Sehr anschaulich vermittelt dies ein Wahlplakat der CDU, welches in der Senneregion im Landtagswahlkampf 2012 verwendet wurde.

Abb. 5: Wahlplakat der CDU im Landtagswahlkampf Nordrhein-Westfalen 2012 (Foto: Ulrich Harteisen vom 13. Mai 2012).

Die CDU positionierte sich hier gegen die Entwicklung eines Nationalparks Senne und verband diese politische Position mit dem Slogan: Die Senne darf nicht sterben. Das Plakat soll wohl den Eindruck vermitteln, dass mit der Einrichtung eines Nationalparks Senne die dortige Heidelandschaft in Gefahr sei. Obwohl die Heidelandschaft der Senne nur etwa ein Viertel der Fläche des Truppenübungsplatzes prägt, steht dieser Landschaftstyp in besonderer Weise für die emotionale Aneignung der Landschaft im Sinne von Heimat. Vereinfacht lautet die Botschaft also: Ein Nationalpark Senne bedeutet Verlust von Heide und damit verbunden auch einen Verlust von Heimat. Assoziativ kann die Entwicklung eines Nationalparks Senne so als Bedrohung der Heimat wahrgenommen werden. Die Gegenüberstellung von möglichen Entwicklungsszenarien der Kulturlandschaft Senne wurde für einen polarisierenden Wahlkampf genutzt und war verbunden mit der Erwartung, mit dieser Botschaft neue Wähler zu gewinnen und das, obwohl im Jahr 2012 die militärische Nutzung der Senne überhaupt nicht zur Debatte stand. Diese politische Instrumentalisierung der Sennelandschaft ist aber sicher ein Indiz für die ausgeprägten emotionalen Bindungen, die viele Menschen in der Region mit einem bestimmten Bild der Kulturlandschaft Senne verbinden.

Fakt ist, dass der vom Landtag in Nordrhein-Westfalen 1991 gefasste einstimmige Beschluss zur Errichtung eines Nationalparks Senne nach Beendigung der militärischen Nutzung formal bis heute Gültigkeit hat. Allerdings halten die Bundesrepublik Deutschland und das Land Nordrhein-Westfalen aktuell an einer militärischen Nutzung der Senne fest und das, obwohl Großbritannien im Jahr 2021 fast alle britischen Soldaten aus Deutschland und auch der Senneregion abgezogen hat. Die militärische Nutzung prägt somit auch im Jahr 2021 faktisch die Entwicklung der Kulturlandschaft Senne. Daneben existiert jedoch das Konstrukt einer Landschaft, die als Nationalpark Senne in einer Zeit nach der Beendigung der militärischen Nutzung ganz anderen Ansprüchen gerecht werden soll.

Die Kulturlandschaft Senne wird gegenwärtig also mit mindestens zwei Ideen von Landschaft verbunden und je nachdem, mit wem man spricht, wird die Senne als der ideale militärische Übungsplatz oder das einmalige Naturparadies wahrgenommen und beschrieben. Die physisch-materielle Landschaft bietet beiden Ansprüchen faktisch schon heute einen Raum, so ist die Senne aufgrund ihrer einmaligen Arten- und Lebensraumvielfalt trotz und auch aufgrund der militärischen Nutzung eben bereits ein Naturparadies und eine schützenswerte Landschaft. Allerdings ist die Senne aufgrund der anhaltenden militärischen Nutzung nach wie vor ein abgesperrter Raum, der von den Menschen der Region nur sehr eingeschränkt erlebt werden kann und sicher trägt auch diese Sondersituation mit dazu bei, dass unterschiedliche Entwicklungsszenarien für diese Kulturlandschaft im Nebeneinander existieren.

In einer Zeit nach Beendigung der militärischen Nutzung steht die anspruchsvolle Aufgabe an, die Kulturlandschaft Senne entsprechend ihrer endogenen Potenziale und unter Berücksichtigung der gegenwärtigen und durchaus verschiedenen Vorstellungen der regionalen Akteurinnen und Akteure weiterzuentwickeln.

Der Autor vertritt seit vielen Jahren die Ansicht, dass die Einrichtung eines Nationalparks die richtige Entscheidung für die Zukunft der Senne und der Region wäre. In einem Nationalpark Senne auf der Fläche des heutigen Truppenübungsplatzes mit einer Flächengröße von ca. 12.000 ha, von der aktuell schon mehr als 55 % bewaldet sind, könnten die natürliche Waldentwicklung auf der überwiegenden Fläche und der Erhalt besonders wertvoller Kulturlandschaftsökosysteme im Nebeneinander umgesetzt werden. Mit der Einrichtung eines Nationalparks gewönnen nicht nur die Natur, sondern auch der Mensch und die Wirtschaft dieser Region. Der Blick in andere Nationalparkregionen zeigt dies deutlich und aktuelle Forschungsergebnisse zur regionalwirtschaftlichen Bedeutung deutscher Nationalparke belegen dies eindrucksvoll (*Job et al.* 2016). Diese Chance für die Entwicklung der Senneregion sollten die Anrainerkommunen nutzen und schon heute ihre kommunalen Entwicklungskonzepte auch an dem Ziel Nationalpark Senne orientieren. Am Ende ist es vermutlich gerade die mehr als 100-jährige militärische Geschichte der Senne, welche die Einrichtung eines Nationalparks nahelegt, denn wie alle Truppenübungsplätze ist auch der Truppenübungsplatz Senne mit Munitionsaltlasten aus vielen Nutzungsphasen kontaminiert. Eine Entsorgung der Altlasten wäre mit sehr hohen Kosten verbunden und flächendeckend kaum möglich. Allein diese Tatsache hat zur Folge, dass eine zivile Nutzung, z. B. durch Landwirtschaft oder Siedlungsentwicklung auch nach einer möglichen Beendigung der militärischen Nutzung weitgehend ausgeschlossen ist.

Die „Altlast-Problematik“ ist somit indirekt auch wieder ein Schutzfaktor für die Sennelandschaft, schließt sie doch eine konventionelle Nutzung nach einer möglichen Beendigung des militärischen Gebrauchs weitgehend aus. Ein Nationalpark Senne, der auf ausgewiesenen und sicheren Wegen erlebt werden könnte, wäre daher wohl die „Nutzung“, die am ehesten auch mit der Militärgeschichte der Senne kompatibel wäre.

Abb. 6: Kulturlandschaft Senne – eine abgesperrte Landschaft (Foto: Ulrich Harteisen vom 13. Mai 2012).

4 Fazit

Der Autor dieses Beitrages misst der Verknüpfung des „Forschungskonzeptes Kulturlandschaft“ mit dem „Entwicklungsinstrument Regionalentwicklung“ eine große Bedeutung bei, denn erst die analytische Perspektive der Kulturlandschaftsforschung ermöglicht die Identifizierung der endogenen Potenziale einer Landschaft, die dann im Rahmen einer zukunftsgerichteten Regionalentwicklung im Kontext gegenwärtiger Ansprüche an den Raum neu in Wert gesetzt werden können. Eine anwendungsorientierte Kulturlandschaftsforschung kann somit wertvolle Beiträge für die Praxis der Regionalentwicklung leisten und diese so auch steuern. Die Erfahrung zeigt, dass regionale Entwicklungskonzepte oft sehr vergleichbar und beliebig ausfallen, obwohl jede Region aufgrund ihrer spezifischen Kulturlandschaftsgenese endogene Potenziale aufweist, an der eine individuelle Entwicklung anknüpfen könnte. Woran liegt das? Einerseits fehlt es der Planungspraxis sicher oft an Zeit und Ressourcen, darüber hinaus mangelt es aber auch an der analytischen Perspektive und an der erforderlichen methodischen Kompetenz. Sicher kann es nur in Ausnahmefällen Aufgabe der Regionalentwicklung sein, eigenständig Daten zur Kulturlandschaft zu erheben, allerdings sollten vorhandene Daten mit größerer Selbstverständlichkeit zur Analyse des Status quo der Region herangezogen werden. Dies setzt zumindest voraus, dass die einschlägige Forschung zur Kulturlandschaft der Planungspraxis bekannt ist. Hier kann nun die Brücke zur geographischen Landeskunde geschlagen werden, die mit ihren engen Bezügen zur Kulturlandschaftsforschung die Grundlage für eine wissensbasierte Regionalentwicklung darstellen kann. Die geographische Landeskunde verfügt über die Methoden und Techniken, komplexe Zusammenhänge verständlich zu visualisieren (Karten, Graphiken, Raumsimulationen) und damit über eine Kompetenz, die auch in der Regionalentwicklung gefragt ist. Geographische Landeskunde kann zudem die Menschen an ihre Region heranführen, Entwicklungen erklären und dazu beitragen, Bindungen zur heimatlichen Landschaft aufzubauen. Wie das Fallbeispiel Senne zeigt, ist es sinnvoll, den traditionellen Ansatz der Kulturlandschaftsforschung um eine Analyse der akteursabhängigen Wahrnehmung und Konstruktion von Landschaft zu ergänzen. Unter dem Dach eines „Forschungskonzepts Kulturlandschaft“ können die Erkenntnisse der genannten Forschungsansätze zusammengeführt werden und bieten in ihrer Gesamtheit eine sehr gute Grundlage für eine integrierte und wissensbasierte Regionalentwicklung.

Zusammenfassung

Kulturlandschaften werden oft im Kontrast zu Naturlandschaften gesehen und als ein Ergebnis des sich seit Jahrtausenden wandelnden Beziehungsgefüges von Mensch, Natur und Kultur beschrieben. Einflüsse des Menschen betreffen aber nahezu alle Landschaften der Erde und damit wird eine Unterscheidung in Natur- und Kulturlandschaften eher wenig sinnvoll. Die Verwendung des Begriffs Kulturlandschaft wird in diesem Beitrag deshalb auch bewusst weiter gefasst und diskutiert, ob das Forschungskonzept Kulturlandschaft zur Steuerung einer endogenen und wissensbasierten Regionalentwicklung geeignet ist. In diesem Zusammenhang wird der Blick auch auf den Forschungsansatz der geographischen Landeskunde mit ihrer Bedeutung für die Analyse von Kulturlandschaften gerichtet und mit Bezug zur Planungspraxis und zu den Aufgaben und Zielen der Regionalentwicklung eine Neubewertung der geographischen Landeskunde angeregt. Am Beispiel der Kulturlandschaft Senne in Nordrhein-Westfalen werden diese Überlegungen angewandt und drei Entwicklungsphasen der Landschaftsentwicklung skizziert, um zu verdeutlichen, wie sich mit einer Veränderung der Wahrnehmung einer Kulturlandschaft auch die regionalen

Entwicklungsziele wandeln. Die Ausführungen unterstreichen, wie wichtig ein analytischer und mehrdimensionaler Blick auf eine Landschaft sind, um zukunftsweisende Entwicklungsziele für eine integrierte und nachhaltige Regionalentwicklung zu formulieren. Erst die analytische Perspektive der Kulturlandschaftsforschung ermöglicht die Identifizierung der endogenen Potenziale einer Landschaft, die dann im Rahmen einer zukunftsorientierten Regionalentwicklung im Kontext gegenwärtiger Ansprüche an den Raum neu in Wert gesetzt werden können. Eine anwendungsorientierte Kulturlandschaftsforschung kann somit wertvolle Beiträge für die Praxis der Regionalentwicklung leisten und diese so auch steuern.

Summary: Cultural landscapes as a concept for orienting knowledge-based regional development: perception and development of the Senne cultural landscape in North Rhine-Westphalia

Cultural landscapes are often considered in contrast to natural landscapes and are described as a result of the ever-changing interrelationship between man, nature and culture over thousands of years. But human influences affect almost all landscapes on earth and therefore a distinction between natural and cultural landscapes makes little sense. The use of the term cultural landscape is therefore deliberately broadened in this article and it is discussed whether the research concept of cultural landscape is suitable for guiding endogenous and knowledge-based regional development. In this context, the focus is first on the research approach of geographic regional studies with their importance for the analysis of cultural landscapes and, with reference to planning practice and the tasks and goals of regional development, a reassessment of geographic study is proposed. Using the example of the Senne cultural landscape in North Rhine-Westphalia, these considerations are applied and three development phases of landscape development are outlined in order to illustrate how regional development goals change as the perception of a given cultural landscape changes. The explanations underline how important an analytical and multi-dimensional view of a landscape is in order to formulate forward-looking development goals for integrated and sustainable regional development. Only the analytical perspective of cultural landscape research makes it possible to identify the endogenous potential of a landscape which can then be re-valued in the context of future-oriented regional development in view of current demands on the space. Application-oriented cultural landscape research can thus make valuable contributions to the practice of regional development and thus also give it direction.

Literatur

Fleege-Althoff, F. (1916): Die Kultivierung der Lippischen Senne. – Detmold.

Galonske, D. u. Laight, K. (1992): Die Zusammenarbeit aller betroffenen Stellen auf dem Truppenübungsplatz Senne im Sinne des Natur- und Artenschutzes. – In: *Regierungspräsident Detmold; Oberfinanzdirektion Münster u. Britische Rheinarmee [Hrsg.]*: Truppenübungsplatz Senne – Militär und Naturschutz. – Detmold u. Münster, S. 3–6.

Gesetz über Naturschutz und Landschaftspflege (Bundesnaturschutzgesetz – BNatSchG) vom 29. Juli 2009 (BGBl. I S. 2542), zuletzt geändert durch Artikel 5 des Gesetzes vom 25. Februar 2021 (BGBl. I S. 306), https://www.gesetze-im-internet.de/bnatschg_2009/BJNR254210009.html (Zugriff: 4. März 2021).

Gailing, L. (2020): Ostdeutsche Kulturlandschaften im Wandel. – In: *Becker, S. u. Naumann, M. [Hrsg.]*: Regionalentwicklung in Ostdeutschland. – Berlin, S. 455–466.

Gebhardt, H. (2019): Landeskunde und Landschaft – eine kritische Betrachtung. – In: *Kühne, O.; Weber, F.; Berr, K. u. Jenal, C. [Hrsg.]*: Handbuch Landschaft, RaumFragen: Stadt – Region – Landschaft. – Wiesbaden, S. 289–298.

Harteisen, U. (2000): Die Senne. Eine historisch-ökologische Landschaftsanalyse als Planungsinstrument im Naturschutz. – Münster (Siedlung und Landschaft in Westfalen, 28).

Harteisen, U. (2013): Geschichte der Heimat- und Naturschutzbewegung in der Senne. – In: Land-Berichte. Sozialwissenschaftliches Journal, Jg. XVI, H. 3, S.31–49.

Job, H.; Merlin, C.; Metzler, D.; Schamel, J. u. Woltering, M. (2016): Regionalwirtschaftliche Effekte durch Naturtourismus in deutschen Nationalparken als Beitrag zum Integrativen Monitoring-Programm für Großschutzgebiete. – In: BfN-Skripten 431. – Bonn-Bad Godesberg.

Kühne, O. (2019): Sozialkonstruktivistische Landschaftstheorie. – In: *Kühne, O.; Weber, F.; Berr, K. u. Jenal, C. [Hrsg.]*: Handbuch Landschaft, RaumFragen: Stadt – Region – Landschaft. – Wiesbaden, S. 69–79.

Kühne, O.; Weber, F. u. Jenal, C. (2019): Neue Landschaftsgeographie. – In: *Kühne, O.; Weber, F.; Berr, K. u. Jenal, C. [Hrsg.]*: Handbuch Landschaft, RaumFragen: Stadt – Region – Landschaft. – Wiesbaden, S. 119–134.

Lippischer Heimatbund u. Heimat- und Verkehrsverein Oesterholz-Haustenbeck (1990): Die Senne in alten Ansichten und Schilderungen. – Detmold.

Maasjost, L. (1933): Landschaftscharakter und Landschaftsgliederung der Senne. – Emsdetten.

Otto, K. (2003): 20.000 mal „JA" – Die Initiative Nationalpark Senne. – In: *Stiftung für die Natur Ravensberg [Hrsg.]*: Naturschutz neu denken. Festschrift für Dietmar Stratenwerth – 30 Jahre Vorkämpfer für Nachhaltigkeit. – Bielefeld, S. 124–131.

Seraphim, E. T. (1978): Erdgeschichte, Landschaftsformen und geomorphologische Gliederung der Senne. – In: *Seraphim, E. T. [Hrsg.]*: Beiträge zur Ökologie der Senne, 1. Teil, Berichte des Naturwissenschaftlichen Vereins für Bielefeld und Umgebung e.V., Sonderheft. – Bielefeld, S. 7–24.

Schenk, W. (2002): „Landschaft" und „Kulturlandschaft" – „getönte" Leitbegriffe für aktuelle Konzepte geographischer Forschung und räumlicher Planung. – In: Petermanns Geographische Mitteilungen, 146, H. 6, S. 6–13.

Siekmann, R. (2004): Eigenartige Senne. Zur Kulturgeschichte der Wahrnehmung einer peripheren Landschaft. – In: Lippische Studien, 20. – Detmold.

Siedlungsforschung. Archäologie – Geschichte – Geographie 39, 2021, S. 307–321

Nach Sachsen kamen Sachsen zuletzt

Die Produktivität des Sachsen-Namens zur Konstruktion regionaler Identität

Matthias Hardt und Melanie Augstein

1 Die Konstruktion von (regionaler) Identität

Was verbindet Menschen mit einer Region? Die Frage nach den identitätsstiftenden Merkmalen und Funktionen von Regionen und Landschaften steht im Zentrum dieses Buches. Region – Landschaft – Identität: Diese Begrifflichkeiten sind in unserem Sprachgebrauch fest verankert – doch was sind eigentlich ihre konzeptuellen Voraussetzungen?

Unter ‚Region' versteht man eine räumliche Ordnungskategorie, in der Regel eine Art ‚Teilraum' eines größeren geographischen Raumes, der von den verschiedensten Parametern oder Indikatoren – denkbar wären etwa naturräumliche, geographische, klimatische, ökologische, wirtschaftliche, sprachliche oder konfessionelle – konstituiert sein kann (vgl. *Weber* 2014).[1] Die Verschachtelung, Überlagerung und Parallelität dieser Paramater ist empirisch zu beobachten und impliziert die Anwesenheit verschiedenster sozialer Akteure (*Hansen u. Meyer* 2013, S. 3). Durch diese „*Mehrfachverortungen und räumliche Überlappungen*" (*Grunwald et al.* 2018, S. 15) von Akteuren sind auch multiple kulturelle Identitäten zu erwarten.

Der ‚Raum' wurde im Zuge des mit einer Neuorientierung in den Geschichts- und Kulturwissenschaften einhergehenden ‚spatial turns' zu einer kulturwissenschaftlichen Leitkategorie.[2] ‚Region' als räumlich bedingte Analyseeinheit stellt in den historischen Wissenschaften in der Tat einen forschungsleitenden Begriff dar – sein konkreter ‚Zu-

---

1 Nach *Matthias Weber* (2014) impliziert der Begriff ‚Region', anders als der des ‚Territoriums', keine festgelegten Grenzen oder die Existenz spezifischer Verwaltungsstrukturen. Grenzübergreifende Regionen können mit territorialen Mehrfachzugehörigkeiten zusammenfallen – zu nennen wären etwa das Eichsfeld, die Lausitzen, Pommern oder Burgund.

2 Vgl. *Bachmann-Medick* 2009, S. 284–328; *Assmann* 2011, S. 151–179; zur Raumsoziologie z. B. *Löw* 2001; *Schroer* 2005; zu Raumkonzepten aus Perspektive der [deutschsprachigen] Prähistorischen Archäologie z. B. *Müller-Scheeßel* 2013; *Reinhold* 2014.

schnitt' ist jeweils abhängig von den entsprechenden Forschungsfragen und angewandten Methoden. Die explizit interdisziplinär und kulturwissenschaftlich ausgerichteten Area Studies oder Regionalwissenschaften betrachten Regionen primär als interethnische, interkonfessionelle und interkulturelle Räume, als Räume komplexer Wechselbeziehungen (*Weber* 2014; *Traba* 2014).

‚Landschaft' insbesondere als Kulturlandschaft ist ‚gemachter Raum'.[3] Im positivistischen Sinne wurde Landschaft primär als konkreter und objektiv vorhandener Teil der Erdoberfläche verstanden (*Gailing* 2014, S. 57). Solche Entwürfe sind Konzeptionen von Landschaften als Hybriden (*ebd.* 59 f.), als ästhetischer Erfahrung und Ideologie (ebd. 60), als Differenz (*ebd.*) oder als Dualität (*ebd.* 61) gewichen. Damit werden ihre multiperspektivische Abhängigkeit von einem Betrachter und ihr Konstruktionscharakter stärker betont. In der Archäologie wird ‚Raum' häufig synonym als oder im Sinne von ‚Landschaft' gedacht und hat in diesem Verständnis eine ausgeprägt symbolische und semiotische Dimension. Insbesondere die angelsächsische Forschung fokussiert diese symbolische Implikation von Landschaft. Mit Rekurs auf die Studien von *Wendy Ashmore* und *Arthur Bernard Knapp* (*Ashmore u. Knapp* 2003) konzeptualisieren *Svend Hansen* und *Michael Meyer* Landschaft als Verankerungsraum historischer und/oder mythischer Erinnerung, als Quell soziokultureller Identität oder als Spiegel der sozialen Ordnung mit einem dynamischen, transformatorischen Potential (‚landscape as memory', ‚landscape as identity', ‚landscape as social order', ‚landscape as transformation') (*Hansen u. Meyer* 2013, S. 2).

Bleibt man bei dieser Perspektive auf ‚Landschaft' – und Gleiches gilt für ‚Region' – als Quelle soziokultureller Identität, und nimmt man *Matthias Weber*s (2014) Hinweis auf das aktuelle, vielerorts bemerkbare große Interesse der Zivilgesellschaften an Vergangenheit und regionaler Kultur und auf die Hinwendung zur regionalen oder lokalen Geschichte und zu identitätsstiftenden kulturellen Praktiken hinzu, stellt sich die Frage danach, was Identität eigentlich ist. Identität ist ein komplexer und widersprüchlicher, ein *„unscharfer"* Begriff (*Davidovic* 2006). Wohl auch aufgrund gerade dieser Unschärfe und Offenheit ist er eines der *buzzwords* der letzten Jahre. Neben ethnischer Identität gibt es weitere vielfältige und differenzierte Formen der Identität (*Antor* 2005, S. 39), wie etwa soziale, sexuelle oder religiöse Identitäten, um nur einige zu nennen. Diese Kategorien werden für die handelnden Akteure wohl nicht so strikt getrennt gewesen sein, wie die analytische wissenschaftliche Klassifikation den Anschein erweckt, können aber in unterschiedlichen sozialen Kontexten unterschiedlich betont werden (*Pohl* 2010, S. 18). Identität(en) sind damit potentiell dynamisch und prozessual und beruhen auf (Selbst- und Fremd-)Zuschreibungen (*Davidovic* 2006, S. 54).

Identität ist außerdem ein relationaler Begriff, der zwei Ebenen berührt – zum einen die personale Identität, das *„Bewusstsein des Menschen über seine eigene Kontinuität und Kohärenz"*, zum anderen die soziale, kollektive oder Gruppenidentität, welche die Vorstel-

[3] Zu verschiedenen Konzeptionen von Landschaft *Gailing* 2014.

lung von „*Gleichheit und Gleichartigkeit mit Anderen*" impliziert (*Davidovic* 2006, S. 41), aber auch die Konstruktion einer Alterität (*Horatschek* 2005, S. 71). Eine klare Grenzziehung ist nicht möglich, denn diese Ebenen bedingen und beeinflussen sich. Identitätsbildung ist ferner ein aktiv vollzogener Vorgang. Soziale Identitäten sind dementsprechend vielgestaltig und situativ, bestehen nebeneinander oder wechseln (*Horatschek* 2005, S. 71; *Müller-Scheeßel u. Burmeister* 2006, S. 12 f.). Identität ist damit mehr ein offenes Konzept denn eine festgeschriebene ‚Klammer', die hergestellt und ausgehandelt, mithin konstruiert werden muss (*Davidovic* 2006, S. 41; 46 f.). Das gilt auch für regionale Identität.

2 Sachsen und Sachsen

Im Wahlkampf vor der Landtagswahl am 30. August 2009 ließ sich der damals amtierende Ministerpräsident des Freistaates Sachsen, *Stanislaw Tillich*, auf und vor Wahlplakaten abbilden, auf denen er mit keiner weiteren Aussage als mit der Bezeichnung „Der Sachse" porträtiert wurde (*Baumann* 2017, S. 33). Für einen in der Selbstwahrnehmung erfolgreichen sächsischen Regierungschef müsste eine solche sehr allgemein gehaltene Aussage nicht weiter verwundern, wäre nicht bekannt, dass *Stanislaw Tillich*, wie es auf seiner damaligen Homepage (2011) hieß, „1959 in einer sorbischen Familie geboren" wurde und dass er „die sorbische Sprache und Kultur" pflege. Tillich betrachtete sich also offensichtlich selbst als Angehörigen der anerkannten nationalen Minderheit der Sorben in Ober- und Niederlausitz, und deshalb erscheint es, auch bezüglich der Konstruktion regionaler Identität, als außerordentlich bemerkenswert, dass er sich im Wahlkampf als „der Sachse" darstellen ließ. Welche Ziele Tillich auch immer mit der Selbstkategorisierung als „Sachse" verfolgte, ob er seine Herkunft aus dem Freistaat betonen wollte, die seine Vorgänger Kurt Biedenkopf und Georg Milbradt nicht hatten aufweisen können, oder ob er den weit verbreiteten „Sachsenstolz" (*Donath u. Thieme* 2011, S. 8; *Hermann* 2017, S. 14 f.; *Hermenau* 2017; *Baumann* 2017, S. 33; *Meyer* 2017, S. 54 f.) für sich und seine Partei instrumentalisieren wollte, sei dahin gestellt. Die offenkundig doppelte oder hybride Identität, die der damalige Chef des Freistaates pflegte, dessen heutiger Ministerpräsident *Michael Kretschmer* lediglich einen von ihm nicht weiter thematisierten slawischen Namen trägt (*Bischoff* 1967, S. 105), zeigt die Wirkmächtigkeit eines Namens bei der Konstruktion regionaler Identität und ihrer Vereinnahmung für politische Zwecke noch in der Gegenwart. Verwendet wurde und wird dazu allerdings „ein erbeuteter Markenname" (*Donath u. Thieme* 2011, S. 14), der das Gebiet des heutigen Freistaates Sachsen erst erreichte, nachdem er in anderen Teilen Europas bereits seit mehr als einem Jahrtausend Wirksamkeit entfaltet hatte. Er trägt den Namen einer seit der Römischen Kaiserzeit überlieferten gentilen Gruppe, deren Angehörige aber im ersten nachchristlichen Jahrtausend dort gar nicht ansässig waren, denn das im 10. Jahrhundert eingerichtete Markengebiet des ostfränkischen Reiches gegenüber den Elbslawen und das Land zwischen Saale und Elbe waren in dieser

Zeitspanne überwiegend von sorbischer Bevölkerung bewohnt (*Schlesinger* 1960; *Hardt u. Štefan* 2018). Der Sachsen-Name hat im heutigen Sachsen also einen Migrationshintergrund, und das, obwohl Sachsen bis heute als einziges Land in Deutschland und Europa den Namen der Sachsen ohne erläuternden Zusatz trägt. Dies unterscheidet den Freistaat von den Bundesländern Sachsen-Anhalt und Niedersachsen ebenso wie von Wessex, Sussex, Essex und Middlesex auf der britischen Hauptinsel (Abb. 1).

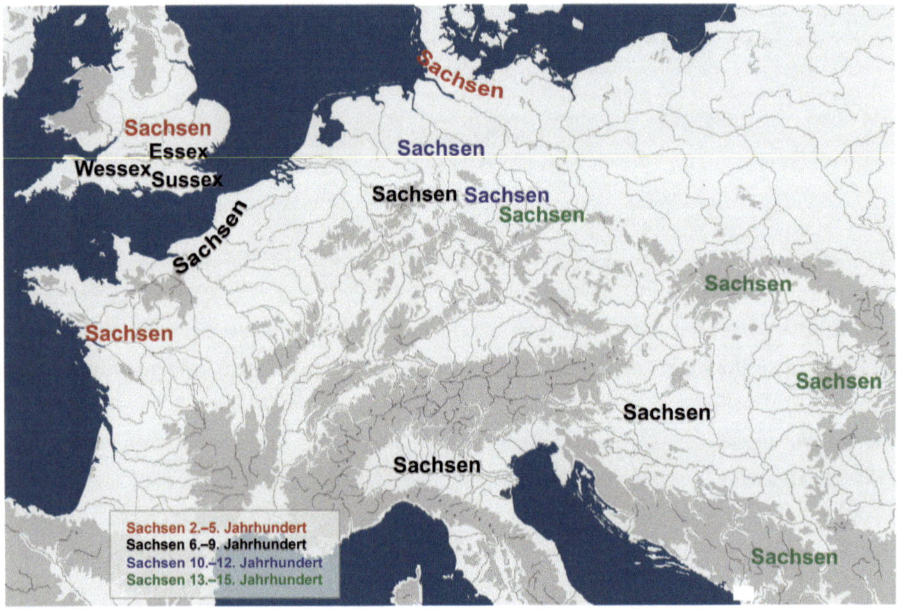

Abb. 1: Verbreitung des Namens Sachsen zwischen dem 2. und 15. Jahrhundert (Entwurf: Matthias Hardt u. Melanie Augstein).

Sachsen wurden im Verlauf des ersten nachchristlichen Jahrtausends zwischen der Jütischen Halbinsel und Norditalien und zwischen der Mündung der Loire, der Elbe und Pannonien überliefert. Von der „Landenge der kimbrischen Halbinsel", wo sie ein nicht über jeden Zweifel erhabener Eintrag im geographischen Handbuch des Ptolemaios aus der Mitte des 2. Jahrhunderts (*Ptolemaios, Geographie* II 11. 7, S. 218–219 und II. 11. 9, S. 220–221; *Springer* 2004, S. 17–29; *Flierman* 2017, S. 25–27; *Flierman* 2019, S. 26; *Ludowici* 2019, S. 33; *Rübekeil* 2019, S. 70 f.) verortet, sollen sie sich ausgebreitet haben nach Südwesten, über die Elbe, und entweder im Bündnis oder nach kriegerischer Integration der Chauken schließlich das Gebiet an Lippe und Ruhr erreicht haben (*Wenskus* 1961, S. 542–544; *Lammers* 1967; *Leube* 1986, S. 447 f.; *Mühlpfordt* 1997, S. 18–20; *Springer* 2004, S. 29-31; *Ludowici* 2019, S. 33 f.). Weil König *Chlothar I.* im Jahr 556 das Gebiet der Thüringer verwüsten ließ (*Gregor von Tours* IV, 10, S. 141; *Springer* 2004, S. 97–99; *Flierman*

2017, S. 68, 76; *Föller* 2019, S. 192 f.), als sich diese nach dem Tod des fränkischen Königs *Theudebald I.* mit Sachsen zu einem Aufstand verbündet hatten, ging man davon aus, dass Thüringer und Sachsen spätestens seit dieser Zeit eine gemeinsame Grenze hatten, wenn sich Sachsen nicht schon an der Zerschlagung des Thüringerreiches im Jahr 531 durch die Franken beteiligt hatten (*Hardt* 2009). Der ganze Nordwesten des späteren Deutschlands wäre also demnach schon in der Mitte des 6. Jahrhunderts sächsisch gewesen.

Während zwischen Elbe und Mittelgebirge eine sächsische Ausdehnungsbewegung stattgefunden haben sollte, waren im spätantiken Gallien ebenfalls Sachsen unterwegs, ohne dass ihnen dort aber eine dauerhafte Herrschaftsbildung gelungen wäre, sollten sie diese denn jemals angestrebt haben. Wahrscheinlich waren es eher Gruppen von Plünderern und von Schiffen aus agierende Piraten, die im 5. Jahrhundert die großen Flüsse und die Kanalküste unsicher machten (*Leube* 1986, S. 444; *Springer* 2004, S. 42–44; *Flierman* 2017, S. 27–30; *Flierman* 2019, S. 27). *Matthias Springer* meinte, „Saxones" sei für die Römer eine Sammelbezeichnung für seefahrende Plünderer und Piraten, für ein Lebensgefühl, weniger für eine ethnische Gruppe gewesen (*Springer* 2004, S. 37, 46). Wie dem auch sei, einige von ihnen wurden nach Niederlagen gegen römische oder im Auftrag Roms kämpfende andere Barbarenheere als Laeten angesiedelt und sollten zukünftig die Verteidigung Galliens gegen weitere auswärtige Gruppen sicherstellen. Die Einordnung mancher sächsischer Gruppen ist schwierig, so etwa derjenigen an der Loire um Angers, die nach Angaben der bei *Gregor von Tours* in Ausschnitten überlieferten Annalen von Angers, angeführt von einem gewissen *Adovaker*, im Jahr 465 an der Seite des Frankenkönigs *Childerich* gegen den rebellierenden römischen *comes Paulus* kämpfte (*Leube* 1986, S. 449; *Grahn-Hoek* 2001, S. 46–51; *Springer* 2004, S. 52 f.; *Flierman* 2017, S. 66, 76, 81). Möglicherweise war dieser *Adovaker* niemand anderer als jener *Odoaker*, der im Jahr 476 den letzten weströmischen Kaiser *Romulus Augustulus* absetzte und fortan in Italien als König an der Spitze eines multigentilen Heeres herrschte; vielleicht aber, so zumindest meint *Stéphane Lebecq*, war dieser Akteur an der Loire ‚nur' ein sächsischer Pirat namens *Eadwacer* oder *Eadric*, der geschickt zwischen den unterschiedlichen militärischen Gruppen in Gallien auf eigene Rechnung agierte (*Lebecq* 2002, S. 121). Dass Sachsen im spätrömischen Heer dienten, zeigt die Ala Saxonum der *Notitia Dignitatum*, die ihre Stationierung in Phoenicia erwähnt (*Springer* 2004, S. 44 f.; *Flierman* 2017, S. 50). Ob dort aber von der ursprünglich sächsischen Einheit mehr übrig geblieben war als ihr Name, wird in der Forschung bezweifelt (*Springer* 2004, S. 45).

Die maritime Ausrichtung vieler als Sachsen bezeichneter Gruppen wird auch in der nachrömischen Entwicklung Britanniens deutlich (*Leube* 1986, S. 476–480; *Springer* 2004, S. 47–52). Der sich auf beiden Seiten der Kanalküste erstreckende, in der *Notitia Dignitatum* erwähnte Militärbezirk des Litus Saxonicum diente der Abwehr von zur See fahrenden Plünderern (*Springer* 2004, S. 42–44; *Flierman* 2017, S. 30–32). Zu den Jahren 441/442 wird dann in den *Chronica Gallica* berichtet, *Britanniae usque ad hoc tempus variis cladibus eventibusque latae in dicionem Saxonum rediguntur* (*Chronica Gallica* 4, 126,

S. 660). Es handelte sich dabei um gentile Gruppen, die von den nachrömischen Eliten zunächst zum Schutz vor Picten und Scoten angeheuert worden waren und sich dann verselbständigt hatten (*Mühlpfordt* 1997, S. 26–33; *Springer* 2004, S. 48 f.; *Behr* u. *Hines* 2019, S. 142–144). Erst *Beda Venerabilis* schrieb im frühen 8. Jahrhundert, die *Saxones* auf der Insel seien aus dem Gebiet auf dem Festland gekommen, in dem nun die *Antiqui Saxones*, also die „alten Sachsen" lebten (*Beda* I, S. 15, *Flierman* 2017, S. 33; *Behr u. Hines* 2019, S. 144 f.). Noch *Torsten Capelle* ging davon aus, dass die Überfahrt von dort eine geschlossene Angelegenheit gewesen sei, vergleichbar mit dem Übergang der Wandalen *Geiserichs* nach Nordafrika im Jahr 429 (*Capelle* 1990, S. 7). *Springer* hielt dies mit Bezug auf namenkundliche Untersuchungen von *Jürgen Udolph* für weniger wahrscheinlich und glaubte, die Herkunftsgebiete der Krieger im westlichen Niedersachsen und in Flandern verorten zu müssen (*Springer* 2004, S. 50).

Wie dem auch sei, auf den Britischen Inseln trugen mehrere Königreiche den Namen der Sachsen, nämlich Essex, Sussex und Wessex (*Breay u. Story* 2018; *Yorke* 2019). Aber wurden damit geschlossene Siedlungsgebiete oder die Identitäten der regionalen Herrscherdynastien zum Ausdruck gebracht? Zumindest der Missionar *Bonifatius* war in der ersten Hälfte des 8. Jahrhunderts der Meinung, dass zwischen den Sachsen der Inseln und den Sachsen des Festlandes wenigstens eine sprachliche Verbundenheit bestehen müsse, denn auf diese wollte er sein Missionsprogramm aufbauen (*Bonifatius, Briefe* 46, S. 74–75).

Von den festländischen Sachsen gab es im 6. Jahrhundert aber auch Migrationen in andere Richtungen als über See auf die Britischen Inseln und nach Gallien. *Gregor von Tours* berichtet über Sachsen, die gemeinsam mit den Langobarden im Jahr 568 von Pannonien aus nach Italien gezogen seien und von dort aus zunächst Plünderungszüge ins südöstliche Gallien um Riez unternahmen. Dem *dux Mummolus* hätten sie geschworen, seine Hilfstruppen zu werden, sich dann aber plündernd und verheerend zum Frankenkönig *Sigibert I.* begeben, der sie wieder in ihren Herkunftsgebieten habe ansässig machen wollen, wo aber bereits Suavi, Schwaben, sesshaft geworden seien (*Gregor von Tours, Historiae* IV, 42, S. 175–177; V, 15, S. 213 f.; *Leube* 1986, S. 446; *Springer* 2004, S. 101–103; *Flierman* 2017, S. 68–70, 76). Während sich ältere Forscher, darunter auch *Reinhard Wenskus* (1986, S. 207, S. 209), sicher waren, diese Sachsen seien aus dem nordöstlichen Harzvorland gekommen, glaubt *Matthias Springer* Argumente dafür zu haben, auch diese Sachsen hätten ursprünglich im nördlichen Gallien gelebt (*Springer* 2004, S. 107), vielleicht dort, wo in der Nähe von Boulogne sur Mer eine *terra Saxonica* überliefert ist (*Yorke* 2002), oder um Bayeux, wo es noch im 9. Jahrhundert die *Otlinga Saxonia* gab (*Leube* 1986, S. 450; *Flierman* 2017, S. 79). Von einem fränkischen König seien sie im Zuge der Gotenkriege nach Italien geschickt worden, um dann zunächst zu *Alboin* zu fliehen und dann mit dessen Langobarden wieder nach Italien zurückzukehren (*Springer* 2004, S. 106). Es ist ein gewaltiges Konstrukt, das *Springer* hier aufgebaut hat, nur um wegzudiskutieren, dass es Sachsen aus Mitteldeutschland gegeben haben könnte, die mit den Langobarden aus Pannonien nach Italien zogen.

Im nördlichen Mitteleuropa waren Sachsen seit dem Jahr 772 Gegner *Karls des Großen* in einem über 30 Jahre lang andauernden Krieg (*Hardt* 2019), der nach der Kaiserkrönung am Weihnachtstag des Jahres 800 mit der Anerkennung *Karls* und der nun beginnenden Integration der Sachsen in das Frankenreich (*Lammers* 1970; *Ehlers* 2007) endete. War der sächsische Heerführer *Widukind* vielleicht bis zum Jahr 785 auf dem Weg zu einem sächsischen Königtum gewesen, ohne sich gegen die fränkischen Krieger durchsetzen zu können, so gelang es dem liudolfingischen Fürsten *Heinrich I.* schon im Jahr 919, in der Krise des ostfränkischen Reiches nach dem Aussterben der Karolinger im Osten, in Fritzlar zum König der östlichen Franken gewählt zu werden (*Schlesinger* 1974; *Becher* 2019a, S. 349; *Becher* 2019b). Unter seinem Sohn *Otto dem Großen* und den weiteren Angehörigen der aus dem Umland des Harzes stammenden liudolfingischen Dynastie (*Röckelein* 2019) wurden die Sachsen Träger einer Herrschaft, für die *Otto der Große* im Jahr 962 erneut den römischen Kaisertitel erwerben konnte (*Becher* 2012; *Becher* 2019a, S. 351). Während der damit verbundenen langjährigen Abwesenheit der ottonischen Herrscher bildete sich zwischen Harz und Elbe das von den Markgrafen aus dem Geschlecht der Billunger repräsentierte sächsische Herzogtum heraus, das auch die liudolfingische Königs- und Kaiserdynastie überlebte (*Ehlers* 1995; *Becher* 1996). Von den Zentren um Lüneburg und Braunschweig entwickelte sich ein Fürstentum, das nach dem Tod *Magnus des Guten* zunächst auf den Grafen *Lothar von Supplingenburg* und dann auf das Geschlecht der Welfen überging, dessen hervorragendster Vertreter *Heinrich der Löwe* werden sollte. Er unterlag im Jahr 1180 im Konflikt mit dem Schwaben *Friedrich Barbarossa*, und die Konsequenz war die Zerschlagung seines Herzogtums (*Ehlers* 1995, S. 1229 f.; *Reitemeier* 2017). Lediglich die östlichen Teile blieben unter dem Namen der Sachsen erhalten. Von Aschersleben und Wittenberg aus orientierten sich die Askanier als Inhaber der sächsischen Herzogswürde zukünftig nach Osten und elbaufwärts (*Blaschke* 1995, S. 1231), 1296 entstanden durch Erbteilung die Herzogtümer Sachsen-Lauenburg und Sachsen-Wittenberg. Als im Jahr 1422 die Wittenberger Askanier ausstarben, übertrug Kaiser *Sigismund* 1423 die inzwischen mit dem Wittenberger Herzogtum verbundene Kurwürde an die Wettiner, welche auch die Markgrafschaft Meißen innehatten (*Blaschke* 1995, S. 1231; *Thieme* 2017). 1485 wurden auch die wettinischen Gebiete geteilt (*Blaschke* 1990, S. 294–298; *Blaschke* 1995, S. 1234 f.), und erst 1547 erhielten die in Dresden residierenden Albertiner im Zuge der Reformation und des Schmalkaldischen Krieges die sächsische Kurwürde. Von den bis 1918 von Dresden aus herrschenden wettinischen Kurfürsten und Königen breitete sich der Name der Sachsen erst seitdem auf das ganze Land nördlich des Erzgebirges aus. Für den russischen Universalgelehrten *Michail Vasil'evič Lomonosov* gehörten in der Mitte des 18. Jahrhunderts auch Jena, Weimar und Erfurt zu Sachsen (*Mühlpfordt* 1968, S. 167 f.).

Allerdings war es nicht eine rein herrschaftlich-dynastische Angelegenheit, die den Namen der Sachsen ins heutige Sachsen brachte, sondern auch eine Sache des Rechts. Für die mittelhochdeutsch sprechenden Bewohner auch der Markgrafschaft Meißen galten die

Bestimmungen des zwischen 1220 und 1235 von *Eike von Repgow* verfassten Rechtsbuches des Sachsenspiegels, und darin wird die Markgrafschaft Meißen als eines von sieben sächsischen Fahnlehen bezeichnet (*Sachsenspiegel*, Landrecht CLII, III, 62 § 2,76). Man gehörte also auch vor dem 15. Jahrhundert irgendwie zu den Sachsen, und schon 1262 (*Jordan u. Lammers* 1990, S. 1226) und erneut 1374 wurde zwischen Obersachsen, in dem Sachsen-Wittenberg, und Niedersachsen, in dem Sachsen-Lauenburg lag, unterschieden (*Lindner* 1997, S. 90 f.).

Außer auf die Markgrafschaft Meißen wurde der Name der Sachsen im hohen Mittelalter sogar auf zugewanderte Bewohner der gebirgigen Randlandschaften des Karpatenbeckens im Königreich Ungarn übertragen; in den 1960er und 1970er Jahren kamen viele dieser Siebenbürger Sachsen aus dem heutigen Rumänien in die Bundesrepublik Deutschland und bilden dort bis heute vielfach vernetzte Communities. Die im Rahmen des europäischen Landesausbaus des 12. und 13. Jahrhundert in die Zips, nach Siebenbürgen und Serbien gekommenen Migranten waren aber überwiegend gar keine Sachsen, sondern sie kamen aus dem Rhein-Moselgebiet und aus Luxemburg; dennoch bezeichneten die Ungarn vielmehr alle, die aus dem Westen kamen, als Sachsen (*Zimmermann* 1996; *Gündisch* 1996, S. 123–125, S. 130–132; *Spremić* 2002; *Roth* 2003, S. 32 f.), so wie die Franzosen noch heute alle, die in ihrem östlichen Nachbarland leben, als Alemannen, les Allemands, bezeichnen. Und abschließend sei auch noch darauf hingewiesen: Im Finnischen und im Estnischen dient der Sachsenname noch heute zur Bezeichnung Deutschlands und seiner Bewohner, und wenn man von Polen aus zur Arbeit im Westen aufbricht, dann fährt man „na Saksy", nach Sachsen, auch wenn die Arbeitsstelle in Köln oder in Düsseldorf liegt. So hielten es schon die Iren des frühen Mittelalters, welche die Angelsachsen insgesamt als „Sachsen" bezeichneten (*Yorke* 2019, S. 60).

Die weit verbreitete, von den Trägern des Namens selbst oder von außen vorgenommene Zuordnung des Sachsen-Namens (*Zschieschang* 2019) zu Personengruppen, frühmittelalterlichen Herrschaftsbildungen und schließlich Ländern in ganz Europa zeigt, dass eine gentile Gruppenbezeichnung ‚wandern' konnte, ohne dass sich ganze Gruppen von Personen mitbewegten. Aus welchem Grund aber wurden wann und wo welchen Personen und Personenverbänden welche Namen gegeben, und welche Möglichkeiten hat die interdisziplinäre Erforschung der europäischen Frühzeit, diese Namen mit geographischen Regionen und Ländern sowie archäologischen Funden und Befunden in Verbindung zu bringen?

Diesen Problemen ist im Jahr 2015 das 66. Internationale Sachsensymposion in Leipzig nachgegangen (*Augstein u. Hardt* 2019). Dabei wurde u. a. die Frage nach „Identitäten und Imaginationen" gestellt. Ausgehend von den Sachsen, aber auch anderen Gentes, wurde der Zusammenhang von Namen, Regionen und Identität thematisiert. Dies betraf vor allem ethnische Identitäten und den Versuch, die aus den Schriftquellen überkommenen, namentlich bekannten Gruppen mit einem archäologisch ermittelten Fundniederschlag in Deckung zu bringen. Die ältere Forschung ging von feststehenden, statischen Gebilden hinter den Gentilnamen aus (*Schmidt* 1941); erst *Reinhard Wenskus* (1961) und *Herwig Wolfram* (1979) machten in ihren Forschungen zu den Ethnogenesen im frühmittelalterlichen Europa (zusammenfassend *Hardt* 2015) deutlicher, dass sich unter prestigeträchtigen Namen immer wieder gentile Gruppen neu erfinden konnten, ohne eine wirkliche Verbindung zu früheren Trägern dieser Namen in anderen, teilweise weit entfernten Regionen aufweisen zu können oder diesen sogar verwandtschaftlich verbunden gewesen zu sein. *Walter Pohl* wandte sich unter diesen Aspekten „sächsischen Identitäten" und „der Bedeutung der Ethnizität im frühmittelalterlichen Europa" zu. Ausgehend von dem „einen Blut und einen Gebein" (*Pohl* 2019, S. 23), aus denen sich nach *Bonifatius* die Sachsen des Festlandes genauso hervorgegangen wähnten wie sie die sächsischen Bewohner der Britischen Inseln als daraus entsprungen ansahen, ging *Pohl* zunächst auf die Bedeutung ein, die ethnische Kategorien für religiöse Diskurse in christlichen Zusammenhängen des frühen Mittelalters erhielten. Er wies erneut darauf hin, dass „die Einteilung der Welt in Völker im Christentum selbst angelegt" war und „der ethnischen Logik und Sprache des Alten Testaments" folgte (*Pohl* 2019, S. 25). Ethnizität war also „ein wesentlicher Teil der missionarischen Fremdwahrnehmung" (*Pohl* 2019, S. 25). In der Eigenbetrachtung der frühmittelalterlichen Menschen dagegen spielte nach *Reinhard Wenskus* nicht die tatsächliche Abstammung, sondern der Glaube daran die entscheidende Rolle für die Zugehörigkeit zu einem Stamm oder ‚Ethnos' (*Wenskus* 1961, S. 12). Diese Bewusstseins- oder Identitätsbildung weiter zu erforschen, ist für *Walter Pohl* eine Herausforderung, gerade auch wegen der „Widersprüchlichkeit der Quellen", die nicht „im Sinn einer folgerichtigen historischen Erzählung glatt zu bürsten" seien (*Pohl* 2019, S. 28). Trotz dieser Mahnung stellte *Pohl* abschließend fest, dass Sachsen „in Britannien und auf dem Kontinent in unterschiedlichen historischen Kontexten wichtigen Anteil an der Ausgestaltung der neuen ethnischen Landschaft des mittelalterlichen Europa" hatten (*Pohl* 2019, S. 28), und das lange, bevor ihr Name im späten Mittelalter an der mittleren Elbe erneut zur Schaffung regionaler Identität beitragen würde.

Zusammenfassung

Regionen und Identitäten werden in der gegenwärtigen Forschung als konstruierte räumliche und soziale Größen angesehen, die durch ein hohes dynamisches und transformatorisches Potential gekennzeichnet sind. Am Beispiel von Sachsen und ihrem auf verschiedenste Regionen der Antike sowie des frühen und hohen Mittelalters zwischen der Jütischen Halbinsel und Südosteuropa übertragenen Namen wird die Produktivität und schließliche Kurzlebigkeit oder Dauerhaftigkeit gentiler Eigen- oder Fremdbezeichnungen zur Konstruktion regionaler Identität beschrieben. Das Gebiet des heutigen Freistaates Sachsen erreichte der Name der Sachsen erst gegen Ende seiner Wirkmächtigkeit.

Summary: The Saxons were the last to come to Saxony – how productive the name ‚Saxon' was and how it helped to construct regional identity

In contemporary research regions and identities are seen as constructed spatial and social quantities characterized by a high dynamic and transformational potential. Using the example of Saxons and their name transferred to a wide variety of regions in antiquity as well as in the early and high Middle Ages between the Jutish Peninsula and Southeastern Europe, the productivity and eventual short-livedness or permanence of gentile proper or foreign names for the construction of regional identity is described. The name of the Saxons reached the territory of the present Free State of Saxony only towards the end of its efficacy.

Quellen

Beda der Ehrwürdige: Kirchengeschichte des englischen Volkes, hrsg. und übersetzt von *Günter Spitzbart*. 2. überarbeitete Auflage. – Darmstadt 1997.

Die Briefe des heiligen Bonifatius und Lullus, hrsg. von *Michael Tangl*. – Berlin 1916. (Monumenta Germaniae Historica. Episolae selectae, I).

Chronica Gallica, hrsg. von *Theodor Mommsen*. – Berlin 1892, Ndr. 1981 (Monumenta Germaniae Historica. Auctores Antiquissimi, IX), S. 615–666.

Gregor von Tours: Libri historiarum decem, hrsg. von *Bruno Krusch* und *Wilhelm Levison*. – Hannover 1951. (MGH Scriptores rerum Merovingicarum, I,1).

Notitia Dignitatum accedunt Notitia Urbis Constantinopolitanae et Latercula Prouinciarum, hrsg. von *Otto Seeck*. – Berlin 1876, Ndr. Frankfurt am Main 1962.

Ptolemaios, Geographie – Herrmann, J. [Hrsg.]: Griechische und lateinische Quellen zur Frühgeschichte Mitteleuropas bis zur Mitte des 1. *Jahr*tausends unserer Zeit. Bd. III. Von Tacitus bis Ausonius. – Berlin 1991 (Schriften und Quellen der Alten Welt, 37,3), S. 210–241.

Regesta Imperii -Böhmer, J. F.: Die Regesten des Kaiserreiches unter Heinrich II. (1002–1024), neu bearbeitet von *Theodor Graff*. – Innsbruck 1971.

Sachsenspiegel. Quedlinburger Handschrift, hrsg. von *Karl August Eckhardt*. – Hannover 1966 (Monumenta Germaniae Historicae. Fontes iuris Germanici antiqui in usum scholarum).

Thietmar von Merseburg: Chronicon, hrsg. von *Robert Holtzmann*. – Berlin 1935, (Monumenta Germaniae Historicae, SS rer. Germ. N. S. IX).

Literatur

Antor, H. (2005): Stichwort „Ethnizität". In: *Nünning, A. [Hrsg.]*: Grundbegriffe der Kulturtheorie und Kulturwissenschaft. – Stuttgart u. Weimar 2005, S. 38–39.

Ashmore, W. u. Knapp, A. B. [Hrsg.] (2003): Archaeologies of Landscape. Contemporary Perspectives. - Oxford.

Assmann, A. (³2011): Einführung in die Kulturwissenschaft. Grundbegriffe, Themen, Fragestellungen (Grundlagen der Anglistik und Amerikanistik, 27). - Berlin.

Augstein, M. u. Hardt, M. [Hrsg.] (2019): Sächsische Leute und Länder. Benennung und Lokalisierung von Gruppenidentitäten im ersten Jahrtausend. - Wendeburg (Neue Studien zur Sachsenforschung, 10).

Bachmann-Medick, D. (³2009): Cultural Turns. Neuorientierungen in den Kulturwissenschaften. - Reinbek bei Hamburg.

Baumann, J. (2017): Anders. - In: Sächsische Heimatblätter 63, S. 28–38.

Becher, M. (1996): Rex, Dux und Gens. Untersuchungen zur Entstehung des sächsischen Herzogtums im 9. und 10. Jahrhundert. - Husum 1996 (Historische Studien, 444).

Becher, M. (2012): Otto der Große. Kaiser und Reich. Eine Biographie. - München.

Becher, M. (2019a): Ostfränkische Könige aus Sachsen. Heinrich I. und sein Sohn Otto I. - In: *Ludowici, B. [Hrsg.]*: Saxones. Eine neue Geschichte der alten Sachsen. - Darmstadt, S. 348–352.

Becher, M. (2019b): Heinrich I. - König einer Wendezeit? In: *Freund, S. u. Köster, G. [Hrsg.]*: 919 - Plötzlich König. Heinrich I. und Quedlinburg. - Regensburg (Schriftenreihe des Zentrums für Mittelalterausstellungen Magdeburg, 5), S. 55–71.

Behr, C. u. Hines, J. (2019): Wer kommt im 4. und 5. Jahrhundert vom Kontinent nach Britannien, ab wann und warum? - In: *Ludowici, B. [Hrsg.]*: Saxones. Eine neue Geschichte der alten Sachsen. - Darmstadt, S. 141–153.

Bischoff, K. (1967): Sprache und Geschichte an der mittleren Elbe und Saale. - Köln u. Graz (Mitteldeutsche Forschungen, 52).

Blaschke, K. (1990): Geschichte Sachsens im Mittelalter. - Berlin.

Blaschke, K. (1995): Sachsen, IV. Herzogtum (Jüngeres: 1180 - 1500). - In: Lexikon des Mittelalters 7, Lfg. 6. - München u. Zürich. Sp. 1231–1235.

Capelle, T. (1990): Archäologie der Angelsachsen. Eigenständigkeit und kontinentale Bindung vom 5.–9. Jahrhundert. - Darmstadt.

Davidovic, A. (2006): Identität - ein unscharfer Begriff. Identitätsdiskurse in den gegenwartsbezogenen Humanwissenschaften. - In: *Burmeister, S. u. Müller-Scheeßel, N. [Hrsg.]*: Soziale Gruppen - kulturelle Grenzen. Die Interpretation sozialer Identitäten in der Prähistorischen Archäologie. - Münster, New York, München u. Berlin (Tübinger Archäologische Taschenbücher, 5) S. 39–58.

Donath, M. u. Thieme, A. (2011): Mythenlandschaft Sachsen. - In: *Donath, M. u. Thieme, A. [Hrsg.]*: Sächsische Mythen. Elbe, August, Eierschecke. - Leipzig, S. 8–21.

Ehlers, J. (1995): Sachsen, III., Herzogtum (9. Jahrhundert–1180). - In: Lexikon des Mittelalters 7, Lfg. 6. - München u. Zürich, Sp. 1227–1231.

Ehlers, C. (2007): Die Integration Sachsens in das fränkische Reich (751–1024). - Göttingen (Veröffentlichungen des Max-Planck-Instituts für Geschichte, 231).

Flierman, R. (2017): Saxon Identities, AD 150–900. - London, Oxford, New York, New Delhi und Sydney (Studies in Early Medieval History).

Flierman, R. (2019): Die Neuerfindung eines Volkes. Sächsische Identitäten vor und nach den Sachsenkriegen. - In: *Ludowici, B. [Hrsg.]*: Saxones. Eine neue Geschichte der alten Sachsen. - Darmstadt, S. 26–30.

Föller, D. (2019): Beschönigen – kritisieren – betrauern. Die Unterwerfung der Thüringer durch die Frankenkönige 531 in zeitgenössischen Zeugnissen. – In: *Ludowici, B. [Hrsg.]*: Saxones. Eine neue Geschichte der alten Sachsen. – Darmstadt, S. 186–193.

Gailing, L. (2014): Landschaft und Dinge. – In: *Samida, S.; Eggert, M. K. H. u. Hahn, H. P. [Hrsg.]*: Handbuch Materielle Kultur. Bedeutungen, Konzepte, Disziplinen. – Stuttgart u. Weimar, S. 56–64.

Grahn-Hoek, H. (2001): Gab es vor 531 ein linksniederrheinisches Thüringerreich? – In: Zeitschrift des Vereins für Thüringische Geschichte 55, S. 15–55.

Grunwald, S.; Hofmann, K. P.; Werning, D. A. u. Wiedemann, F. (2018): Identifikation durch Karten. Zu altertumswissenschaftlichen Kartierungspraktiken. – In: *Grunwald, S.; Hofmann, K. P.; Werning, D. A. u. Wiedemann, F. [Hrsg.]*: Mapping Ancient Identities. Methodisch-kritische Reflexionen zu Kartierungspraktiken. – Berlin (Berlin Studies of the Ancient World, 55), S. 7–25.

Gündisch, K. (1996): „Saxones" im Bergbau von Siebenbürgen, Bosnien und Serbien. – In: *Grimm, G. u. Zach, K. [Hrsg.]*: Die Deutschen in Ostmittel- und Südosteuropa. Geschichte–Wirtschaft–Recht–Sprache. Bd. 2. – München (Veröffentlichungen des Südostdeutschen Kulturwerks, Reihe B: Wissenschaftliche Arbeiten, 73), S. 119–132.

Hansen, S. u. Meyer, M. (2013): Parallele Raumkonzepte: Einführung in das Thema der Tagung. – In: *Hansen, S. u. Meyer, M. [Hrsg.]*: Parallele Raumkonzepte. – Berlin u. Boston (Berlin Studies of the Ancient World, 16), S. 1–7.

Hardt, M. (2009): Thüringer und Sachsen. – In: *Castritius, H.; Geuenich, D. u. Werner, M. [Hrsg.]*: Die Frühzeit der Thüringer. – Berlin und New York (Ergänzungsbände zum Reallexikon der Germanischen Altertumskunde, 63), S. 253–264.

Hardt, M. (2015): Ethnogenesen im frühmittelalterlichen Europa. Zum gegenwärtigen Stand der Forschung. – In: *Hahn, K.-R.; Thumser, M. u. Winkler, E. [Hrsg.]*: Estnisches Mittelalter. Sprache – Gesellschaft – Kirche. – Münster (Schriften der Baltischen Historischen Kommission, 20), S. 11–24.

Hardt, M. (2019): „Totschlag, Raub und Brandstiftung". Karolingische Hausmeier und Könige und die Sachsen östlich des Rheins. – In: *Ludowici, B. [Hrsg.]*: Saxones. Eine neue Geschichte der alten Sachsen. – Darmstadt, S. 276–278, 282 f.

Hardt, M. u. Augstein, M. (2019): Sächsische Leute und Länder – Eine Einführung. – In: *Augstein, M. u. Hardt, M. [Hrsg.]*: Sächsische Leute und Länder. Benennung und Lokalisierung von Gruppenidentitäten im ersten Jahrtausend. – Wendeburg (Neue Studien zur Sachsenforschung, 10), S. 9–21.

Hardt, M. u. Štefan, *I. (2018)*: Herrschaftsbildung bei den Slawen in Böhmen und Sachsen im Frühmittelalter/Budování slovanských útvarů v Čechách a Sasku v raném středověku. – In: *Wolfram, S.; Fajt, J.; Mölders, D. und Winzeler, M. [Hrsg.]*: Sachsen – Böhmen. 7000 Sasko Čechy. Begleitband zur Sonderausstellung/Doprovodna publikace k výstavě smac – Staatliches Museum für Archäologie Chemnitz vom 28. September 2018 bis 31. März 2019. – Dresden 2018 (Ausstellungskataloge des Staatlichen Museums für Archäologie Chemnitz, 2), S. 119–126.

Hermann, K. (2017): Vom Irrweg einer Nation? Historische Hintergründe sächsischer Besonderheiten. – In: Sächsische Heimatblätter 63, S. 11–15.

Hermenau, A. (2017): Das Geheimnis des Sachsenstolzes. Warum der „Nachbau West" zu Ende geht. – In: Sächsische Heimatblätter 63, S. 22–27.

Horatschek, A. (2005): Stichwort „Kollektive Identität". – In: *Nünning, A. [Hrsg.]*: Grundbegriffe der Kulturtheorie und Kulturwissenschaft. Stuttgart u. Weimar, S. 71–72.

Jordan, K. u. Lammers, W. (1990): Sachsen. – In: *Erler, A. u. Kaufmann, E. [Hrsg.] unter philologischer Mitarbeit von Schmidt-Wiegand, R.*: Handwörterbuch zur deutschen Rechtsgeschichte (HRG), Bd. 4. – Berlin, Sp. 1223–1227.

Kobuch, M. (1989): Der Weg des Namens Sachsen. – In: *Groß, Reiner [Hrsg.]*: Sachsen und die Wettiner. Chancen und Realitäten. Internationale wissenschaftliche Konferenz Dresden 27.–29. Juni 1989. Dresden (Dresdner Hefte), S. 30–35. Ndr. – In: *John, U. u. Cottin, M. [Hrsg.]*: Meissnisch-Sächsische Mittelalterstudien. Ausgewählte Schriften von Manfred Kobuch. – Beucha u. Markkleeberg 2021 (Schriften der Rudolf-Kötzschke-Gesellschaft, 6), S. 427–432.

Lammers, W. [Hrsg.] (1967): Entstehung und Verfassung des Sachsenstammes. – Darmstadt (Wege der Forschung, 50).

Lammers, W. [Hrsg.] (1970): Die Eingliederung der Sachsen in das Frankenreich. – Darmstadt (Wege der Forschung, 185).

Lebecq, S. (2002): The two faces of king Childeric. History, archaeology, historiography. – In: *Pohl, W. u. Diesenberger, M. [Hrsg.]*: Integration und Herrschaft. Ethnische Identitäten und soziale Organisation im Frühmittelalter. – Wien (Österreichische Akademie der Wissenschaften, Philosophisch-Historische Klasse, Denkschriften, 301 = Forschungen zur Geschichte des Mittelalters, 3), S. 119–132.

Leube, A. (1986): Die Sachsen. – In: Die Germanen. Geschichte und Kultur der germanischen Stämme in Mitteleuropa. Ein Handbuch in zwei Bänden. Ausgearbeitet von einem Autorenkollektiv unter Leitung von Bruno Krüger, Bd. II: Die Stämme und Stammesverbände in der Zeit vom 3. Jahrhundert bis zur Herausbildung der politischen Vorherrschaft der Franken. – Berlin (Veröffentlichungen des Zentralinstituts für Alte Geschichte und Archäologie der Akademie der Wissenschaften der DDR, 4/II), S. 443–485.

Lindner, M. (1997): Karl IV. und Mitteldeutschland. – In: *Lindner, M. [Hrsg.]*: Kaiser, Reich und Region. Studien und Texte aus der Arbeit an den Constitutiones des 14. Jahrhunderts und zur Geschichte der Monumenta Germaniae Historica. – Berlin. (Berlin-Brandenburgische Akademie der Wissenschaften, Berichte und Abhandlungen, Sonderband 2), S. 83–180.

Löw, M. (2001): Raumsoziologie. – Frankfurt am Main.

Ludowici, B. (2019): Die neue Geschichte der alten Sachsen. – In: *Ludowici, B. [Hrsg.]*: Saxones. Eine neue Geschichte der alten Sachsen. – Darmstadt, S. 31–35, 38 f.

Meyer, H. J. (2017): Vom Wert sächsischen Selbstbewusstseins. Und dessen Gefahren. – In: Sächsische Heimatblätter 63, S. 52–57.

Mühlpfordt, G. (1968): Lomonosov und die mitteldeutsche Aufklärung. Eine bildungs- und wirkungsgeschichtliche Untersuchung. – In: *Grasshoff, H. u. Lehmann, U. [Hrsg.]*: Studien zur Geschichte der russischen Literatur des 18. Jahrhunderts, Bd. 2. – Berlin (Deutsche Akademie der Wissenschaften zu Berlin; Veröffentlichungen des Instituts für Slawistik, 28/II), S. 135–231, 401–427.

Mühlpfordt, G. (1997): Die Sachsen – Weltwanderung eines Stammesnamens. – In: *John, U. u. Matzerath, J. [Hrsg.]*: Landesgeschichte als Herausforderung und Programm. Karlheinz Blaschke zum 70. Geburtstag. – Stuttgart (Quellen und Forschungen zur sächsischen Geschichte, 15), S. 11–40.

Müller-Scheeßel, N. (2013): Mensch und Raum: Heutige Theorien und ihre Anwendung. – In: *Eggert, M. K. H. u. Veit, U. [Hrsg.]*: Theorie in der Archäologie – Zur jüngeren Diskussion in Deutschland. – Münster, New York, München u. Berlin (Tübinger Archäologische Taschenbücher, 10), S. 101–137.

Müller-Scheeßel, N. u. Burmeister, S. (2006): Einführung: Die Identifizierung sozialer Gruppen. Die Erkenntnismöglichkeiten der Prähistorischen Archäologie auf dem Prüfstand. – In: *Burmeister, S. u. Müller-Scheeßel, N. [Hrsg.]*: Soziale Gruppen – kulturelle Grenzen. Die Interpretation sozialer Identitäten in der Prähistorischen Archäologie. – Münster, New York, München u. Berlin (Tübinger Archäologische Taschenbücher, 5), S. 9–38.

Pohl, W. (2010): Archaeology of Identity: Introduction. – In: *Pohl, W. u. Mehofer, M. [Hrsg.]*: Archaeology of Identity – Archäologie der Identität. – Wien (Denkschriften der Philosophisch-Historischen Klasse, 406 = Forschungen zur Geschichte des Mittelalters, 17), S. 9–23 [Gesamtliteraturverzeichnis des Bandes 289–325].

Pohl, W. (2019): Sächsische Identitäten und die Bedeutung der Ethnizität im frühmittelalterlichen Europa. – In: *Augstein, Melanie u. Hardt, Matthias [Hrsg.]*: Sächsische Leute und Länder. Benennung und Lokalisierung von Gruppenidentitäten im ersten Jahrtausend. Wendeburg (Neue Studien zur Sachsenforschung, 10), S. 23–31.

Reinhold, S. (2014): Raumkonstruktionen. – In: *Mölders, Doreen u. Wolfram, Sabine [Hrsg.]*: Schlüsselbegriffe der Prähistorischen Archäologie. – Münster, New York, München und Berlin (Tübinger Archäologische Taschenbücher, 11), S. 245–249.

Reitemeier, A. (2017): Saxony after 1180. – In: *Loud, G. A. u. Schenk, J. [Hrsg.]*: The Origins of the German Principalities, 1100–1350. Essays by German Historians. – London und New York, S. 256–263.

Roth, H. (2003): Kleine Geschichte Siebenbürgens. 2., durchgesehene Auflage. – Köln, Weimar und Wien.

Röckelein, H. (2019): Wächter der Grenze: das Geschlecht der Liudolfinger. – In: *Ludowici, B. [Hrsg.]*: Saxones. Eine neue Geschichte der alten Sachsen. – Darmstadt, S. 338–339.

Rübekeil, L. (2019): Singularität in jütischen Ethnika. – In: *Augstein, M. u. Hardt, M. [Hrsg.]*: Sächsische Leute und Länder. Benennung und Lokalisierung von Gruppenidentitäten im ersten Jahrtausend. – Wendeburg (Neue Studien zur Sachsenforschung, 10), S. 65–77.

Schlesinger, W. (1960): Die Verfassung der Sorben. – In: *Ludat, H. [Hrsg.]*: Siedlung und Verfassung der Slawen zwischen Elbe, Saale und Oder. Gießen, S. 75–102. Ndr. – In: *Schlesinger, W. (1961)*: Mitteldeutsche Beiträge zur deutschen Verfassungsgeschichte des Mittelalters. – Göttingen, S. 7–47.

Schlesinger, W. (1974): Die Königserhebung Heinrichs I. zu Fritzlar im Jahr 919. – In: *Magistrat der Stadt Fritzlar in Verbindung mit dem hessischen Landesamt für geschichtliche Landeskunde [Hrsg.]*: Fritzlar im Mittelalter. Festschrift zur 1250-Jahrfeier. – Marburg und Fritzlar, S. 121–143.

Schmidt, L. (1941): Die Ostgermanen. Geschichte der deutschen Stämme bis zum Ausgang der Völkerwanderung, Bd. 1. – München ^{2}1941 [Ndr. München 1969].

Schroer, M. (2005): Räume, Orte, Grenzen: Auf dem Weg zu einer Soziologie des Raums. – Frankfurt am Main.

Spremić, M. (2002): Sächsische Bergleute in Serbien im 13.–15. Jahrhundert. – In: *Ingenhaeff, W.; Staudinger, R. u. Ebert, K. [Hrsg.]*: Festschrift Rudolf Palme zum 60. Geburtstag. – Innsbruck, S. 521–535.

Springer, M. (2004): Die Sachsen. – Stuttgart (Kohlhammer Urban–Taschenbücher, 598).

Thieme, A. (2017): The Rise of the Wettins. – In: *Loud, G. A. u. Schenk, J. [Hrsg.]*: The Origins of the German Principalities, 1100–1350. Essays by German Historians. – London und New York, S. 239–255.

Traba, R. (2014): „Region", „Regionalismus", „Identität" und „Identifikation". Bemerkungen zur Begrifflichkeit und ihrer wissenschaftlichen Rezeption nach 1989. – In: *Olschowsky, B.; Traba, R.; Weber, M. u. Huterer, A. [Hrsg]*: Region, Staat, Europa. Regionale Identitäten unter den Bedingungen von Diktatur und Demokratie in Mittel- und Osteuropa. – München (Schriften des Bundesinstituts für Kultur und Geschichte der Deutschen im östlichen Europa, 50 = Schriften des Europäischen Netzwerks Erinnerung und Solidarität, 7), S. 33–40.

Weber, M. (2014): Region. – In: Online-Lexikon zur Kultur und Geschichte der Deutschen im östlichen Europa, ome-lexikon.uni-oldenburg.de/p32780 (Stand 17. Dezember 2014, Zugriff: 17. April 2021).

Yorke, B. (2019): Saxon Identity in Southern England. – In: *Augstein, M. u. Hardt, M. [Hrsg.]*: Sächsische Leute und Länder. Benennung und Lokalisierung von Gruppenidentitäten im ersten Jahrtausend. – Wendeburg (Neue Studien zur Sachsenforschung, 10), S. 57–63.

Wenskus, R. (1961): Stammesbildung und Verfassung. Das Werden der frühmittelalterlichen Gentes. – Köln.

Wenskus, R. (1986): Zur fränkischen Siedlungspolitik im Saalegebiet. – In: *Jäschke, K.-U. u. Wenskus, R. [Hrsg.]*: Festschrift für Helmut Beumann zum 65. Geburtstag. – Sigmaringen 1977, S. 125–136. [Ndr. in: *Wenskus, R.*: Ausgewählte Aufsätze zum frühen und preußischen Mittelalter. Festgabe zu seinem 70. Geburtstag, hrsg. von *Hans Patze*. – Sigmaringen, S. 201–212].

Wolfram, H. (1990): Die Goten. Von den Anfängen bis zur Mitte des 6. Jahrhunderts. Entwurf einer historischen Ethnographie. – München 1979, 3. veränderte Auflage München 1990.

Zimmermann, H. (1996): Die deutsch-ungarischen Beziehungen in der Mitte des 12. Jahrhunderts und die Berufung der Siebenbürger Sachsen. – In: *Zimmermann, H.*: Siebenbürgen und seine Hospites Theutonici. Vorträge und Forschungen zur südostdeutschen Geschichte. Festgabe zum 70. Geburtstag. Im Auftrag des Arbeitskreises für Siebenbürgische Landeskunde hrsg. von *Konrad Gündisch*. – Köln, Weimar und Wien (Schriften zur Landeskunde Siebenbürgens, 20), S. 83–101.

Zschieschang, C. (2019): (Die) Sachsen – Ein Terminus im Spannungsfeld dreier anderer: Denotat, Identität und Raumordnung. – In: *Augstein, Melanie u. Hardt, Matthias [Hrsg.]*: Sächsische Leute und Länder. Benennung und Lokalisierung von Gruppenidentitäten im ersten Jahrtausend. – Wendeburg (Neue Studien zur Sachsenforschung, 10), S. 33–43.

Siedlungsforschung. Archäologie – Geschichte – Geographie 39, 2021, S. 323–348

Sakrallandschaften der Zisterzienser im deutschen Südwesten

Abgrenzung und Identität im späteren Mittelalter

Peter Rückert

1 Einführung[1]

Sakrallandschaften sind besondere Kulturlandschaften. Ihre prägenden Elemente sind auf die Gestaltung durch geistliche Gemeinschaften zurückzuführen. Diese Elemente umfassen Siedlungen und Architektur ebenso wie landschaftliche Formationen. Als solche, geistlichen Gemeinschaften zuzuordnende Sakrallandschaften zeichnen sich diejenigen der Zisterzienser durch ihr markantes Profil nachhaltig aus, sowohl im siedlungsgenetischen wie im landschaftsgeschichtlichen Sinne. Ihre Erforschung ist bislang besonders von der rezenten kulturgeographischen Forschung vorangetrieben worden; vor allem *Winfried Schenk* sind etliche wegweisende Studien zu verdanken.[2]

Inzwischen werden Sakrallandschaften neben Städte-, Burgen- oder auch Klosterlandschaften selektiv erforscht und beschrieben.[3] Diese lassen sich durch die gemeinsamen Merkmale ihrer Exponenten entsprechend räumlich definieren. Mit „Sakrallandschaften" sind also alle geistlichen Institutionen eines Raumes angesprochen, dessen sakraler Charakter dadurch differenziert zu gewichten ist (*Rückert* 2019, S. 60). Wenn wir nun Sakrallandschaften der Zisterzienser in den Blick nehmen, dann wenden wir uns einzelnen Räumen im deutschen Südwesten zu, deren Landschaft von den Zisterziensern maßgeblich und nachhaltig gestaltet wurde (entsprechend *Schenk* 1998, S. 30 ff.).

---

1 Der Beitrag bietet gleichzeitig die Vorlage für den gleichnamigen Vortrag, der im Rahmen der 47. Tagung des Arbeitskreises für historische Kulturlandschaftsforschung in Mitteleuropa ARKUM e.V. „Landschaft – Region – Identität" (Leinefelde, 15.–18. September 2021) gehalten werden soll.

2 Siehe vor allem die Arbeiten von *Winfried Schenk* im Literaturverzeichnis.

3 Die folgenden methodischen Überlegungen basieren auf meinem Beitrag zur Sakralisierung der Landschaft (*Rückert* 2019) und führen diesen weiter aus.

Für die Zisterzen im deutschen Südwesten liegt inzwischen ein gediegener Forschungsstand vor, der gerade auf jüngeren kulturgeographischen und umweltgeschichtlichen Arbeiten aufbauen kann, welche den Beitrag der Zisterzienser an der Umweltgestaltung vor allem für deren Frühzeit, das 12. und 13. Jahrhundert, gut greifen lassen.[4] Daran ansetzend fragen wir im Folgenden nach der mit dieser monastischen Umweltgestaltung einhergehenden Abgrenzung und Identität – und zwar in einem räumlichen und einem sozialen Sinne. Konkret: Hatte die Gestaltung ihrer Umgebung für die Zisterzienser eine weitere programmatische Abgrenzung von ihrer Außenwelt zur Folge, wie von den Ordensstatuten für die Gemeinschaften „in eremo" vorgesehen?[5] Können wir zumal für die Gründungszeit der Zisterzen mit einer eigenen Identität der Konvente rechnen, die sich entsprechend auch im Bewusstsein ihrer Nachbarn spiegelte? Welche dynamischen raumgestalterischen Prozesse können wir über das Mittelalter hinweg bei den einzelnen Zisterzen verfolgen, und welche Medien klösterlicher Repräsentanz und Identität wurden dafür eingesetzt? Wie also lässt sich schließlich die „Raumwirksamkeit einer Heilsidee" (*Schenk* 1989) in räumlicher Abgrenzung zur profanen Außenwelt greifen und inwieweit war sie mit nachhaltiger sakraler Identität verbunden?

Für die weiteren Betrachtungen werden wir zwei räumliche Ebenen unterscheiden müssen: zunächst die Klosteranlage selbst mit dem sie umgebenden Klosterbezirk gegenüber dem Klosterterritorium, den Orten, die zur Grundherrschaft des Klosters gehörten.[6] Die Klosteranlage mit ihren Klausurgebäuden für die Mönche steht jeweils von vornherein für die Abgrenzung und Identität ihrer Klostergemeinschaft. Die raumgreifende Gestaltung des engeren Klosterbezirks wie des weiteren Klosterterritoriums nach dem zisterziensischen Autarkieprogramm kann darüber hinausgehende Erkenntnisse auch landschaftsgeschichtlich breiter einordnen lassen.

Dafür nehmen wir im Folgenden zunächst die Perspektive der Zisterzienser selbst ein, deren Schrift- und Bildzeugnisse neben ihren Klosteranlagen einen großartigen Einblick in die Dynamik ihrer Entwicklung und ihre Selbstdarstellung anbieten.[7] Wo möglich sollen aber auch die Stimmen von außen, der benachbarten geistlichen und weltlichen Herrschaften sowie der bäuerlichen Nachbarn gehört werden, wenn diese auch nur sporadisch überliefert und indirekt zu erfassen sind. Um Abgrenzung und Identität klösterlicher Gemeinschaften differenziert zu gewichten, muss diese unterschiedliche Wahrnehmung, müssen Innen- und Außensicht freilich jeweils eigens beachtet werden.

---

4 Vgl. *Rückert* 2009a sowie zuletzt den Forschungsüberblick bei *Rückert* 2021 (im Druck).

5 Zu dem lange diskutierten Problemkreis um Ideal und Wirklichkeit/Norm und Realität bei den Zisterziensern vgl. zuletzt den einschlägigen Sammelband von *Felten u. Rösener* 2009.

6 Dazu weiter problematisierend *Schich* 2001.

7 Zur zisterziensischen Überlieferungsdichte und -qualität vgl. *Goez* 2003 sowie *Rückert* 2009c.

2 Gründungssituationen der Zisterzienser im deutschen Südwesten

Ausgehend von den Ordensstatuten und ihren bekannten Vorgaben in Hinblick auf Gründung und Wirtschaftsstruktur der Zisterzen, die eine abgelegene Klosteranlage und Eigenwirtschaft der Mönche – abseits vom weltlichen Treiben ihrer Umgebung – vorsahen, ist ihre programmatische Umweltgestaltung bereits zu erwarten; zumal im 12. Jahrhundert, der Zeit der großen Gründungswellen der Zisterzienserklöster, die bald ganz Europa erfassen sollten.[8]

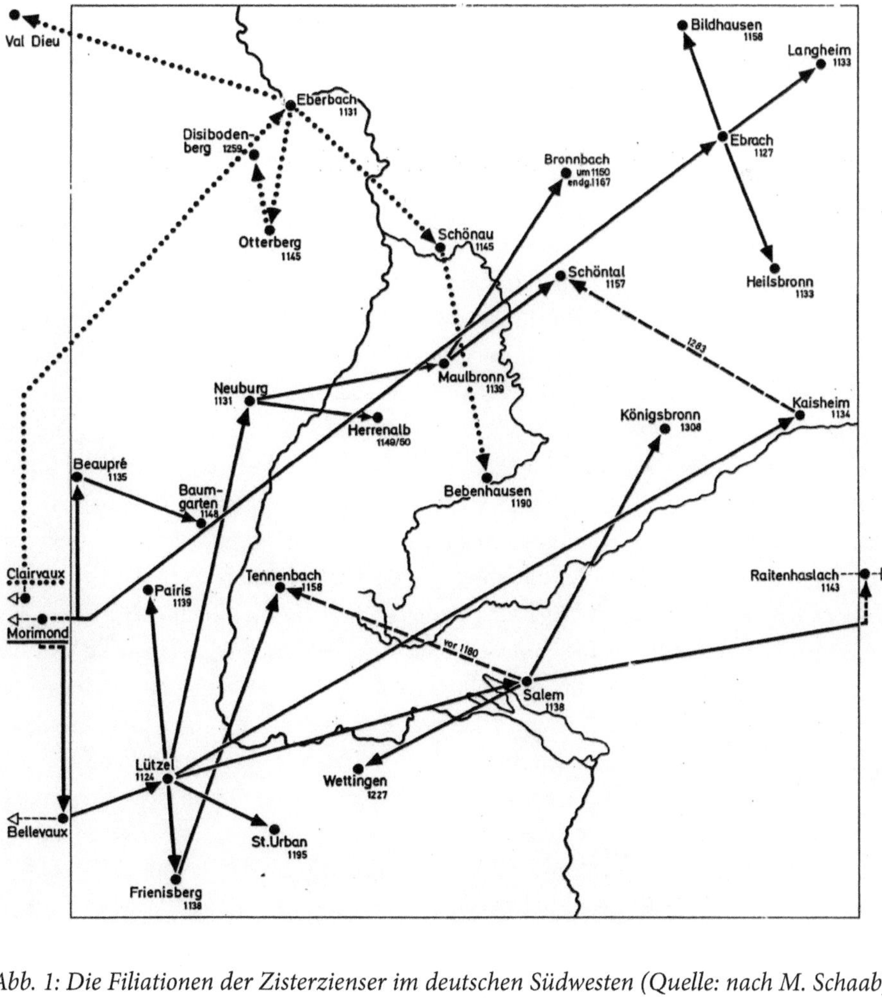

Abb. 1: Die Filiationen der Zisterzienser im deutschen Südwesten (Quelle: nach M. Schaab).

8 Zum Folgenden vgl. *Rösener* 1997 sowie ausführlicher *Rückert* 2019.

Zunächst wollen wir versuchen, auf der Basis der Informationsfülle, welche gerade die schriftlichen Dokumente der südwestdeutschen Zisterzen bieten, uns den einzelnen Klöstern und ihren Anfängen zu nähern. Wir betrachten unterschiedliche Gründungssituationen und kommentieren zunächst das topographische Umfeld (Abb. 1): Allein für die beiden Schwarzwaldklöster Herrenalb (*Rückert* 2001) und Tennenbach (*Rupf* 2004; *Stadelmaier* 2014) sowie Schönau im südlichen Odenwald (*Schaab* 1963) wird dabei eine Neugründung deutlich. Alle anderen Klosteranlagen konnten auf Vorgängersiedlungen gründen und bereits vorhandene Strukturen aufnehmen und weiterführen. In unserem Raum sind die neuen Klöster der Zisterzienser tatsächlich kaum „in eremo", sondern meistens am Rande der bereits altbesiedelten Landschaften entstanden. Fast immer war also ein Siedlungsansatz vorhanden, ob wie bei Salem oder Bebenhausen ein noch weitgehend bestehendes Dorf (*Scholkmann u. Pfrommer* 2008), bei Maulbronn eine Wüstung (*Rückert* 1997), bei Schöntal ein Hof bzw. Gut (*M. M. Rückert* 1999), bei Eberbach ein Augustiner-Chorherrenstift (*Palmer* 1998) oder vielfach auch eine Burg oder Befestigungsanlage wie bei Bronnbach (*Rückert* 1994) oder Ebrach (*Goez* 2003).

Damit wird zunächst das Problem der geeigneten räumlichen Ressourcen für den Neuansatz einer Zisterze deutlich; gleichzeitig auch das Streben der Mönche nach ausbaufähigen Plätzen, die sie in ihrem Sinne autark gestalten konnten. Dass dabei zunächst der Wille des Stifters bzw. das Angebot des Stiftungsgutes ausschlaggebend war, ist selbstverständlich. Unter diesen Prämissen sind die frühen südwestdeutschen Zisterzen als Gründungen nach dem „Idealplan" des jungen Ordens durchaus gelungen: Es gelang allen, sich nach etwa einem Jahrzehnt zu etablieren, allein bei Maulbronn musste bald ein Ortswechsel vollzogen werden, der offenbar der schlechten natürlichen Eignung des ursprünglichen Klostergrundes geschuldet war (*Eberl* 1999). Und im Falle von Bebenhausen war die Gründung eines Prämonstratenserstifts wenige Jahre zuvor misslungen, so dass der Pfalzgraf von Tübingen seinen Stiftungsauftrag an die Zisterzienser nach Schönau weitergab, die sich hier auch gleich etablieren konnten (*Sydow* 1984).

Weitere Parallelen der frühen Zisterzen werden deutlich: Als Stifter für die Klostergründungen treten in der Regel adelige Herren auf, zum Teil auch Ministeriale, die oft mit Unterstützung der zuständigen Diözesanbischöfe die neuen Klöster auf ihren Gütern einrichteten. Bei diesen „Basisgütern" handelte es sich, wie gesagt, nur selten um intakte Siedlungen, sondern meist um wüst liegende Orte, einen Hof oder eine Burg, die den Mönchen überlassen wurden. Deutlich wird dann deren Zug ins Tal: Bei Bronnbach oder Schöntal etwa wird das neue Kloster ausgehend von der älteren Siedlung auf der Höhe im Flusstal angelegt. Auch die übrigen Klosteranlagen befanden sich im Tal, konnten dort aber oft auf ältere Siedlungsstrukturen zurückgreifen.[9] Der Eindruck einer Wiederinwertsetzung

9 Zu den Klosterverlegungen siehe den älteren Forschungsstand bei *Niedermeier* 1973 sowie allgemeiner dazu *Reicke* 1938. Aus architekturgeschichtlicher Sicht mit weiteren Beispielen aus dem europäischen Kontext *Untermann* 2001, vor allem S. 173 ff.

älteren Kulturgeländes durch die frühen Zisterzienser ist für den deutschen Südwesten jedenfalls einschlägig.

Der Erfolg war erstaunlich: Nach den ersten Dezennien ihres Bestehens galten die Zisterzen als selbständige sakrale Orte, abseits vom weltlichen Treiben der benachbarten Dörfer und Städte. Die wirtschaftliche Autarkie schien mit Hilfe der weltlichen und geistlichen Förderer zu gelingen und war – zumindest was den Bau der Klosteranlagen und deren frühe Bewirtschaftung anging – auch mit eigener Hände Arbeit zu vollbringen. Nach Aussage des ersten Bronnbacher Abtes *Diether*, der mit seinem Gründungskonvent aus Maulbronn gekommen war, ließ er die neue Klosteranlage in Bronnbach durch seine Maulbronner Mönche entwerfen und auch bauen (*Scherg* 1976, S. 238). Die Gründungskonvente legten mit Hand an, um ihre neue Heimat zu gestalten. Auch die späteren, sicher idealisierten bildlichen Darstellungen zeigen die Mönche bzw. Konversen beim Klosterbau, wie in Maulbronn oder in Schönau.

Hier, im südlichen Odenwald, hat sich ein spätmittelalterlicher Bilderzyklus in späteren Abzeichnungen aus der Mitte des 16. Jahrhunderts erhalten, der den Ablauf der Schönauer Klostergründung eindrücklich zeigt und als kulturlandschaftsgeschichtliche Quelle noch nicht näher herangezogen wurde (*Großmann* 2019). Man erkennt den Wormser Bischof und den Grafen von Lauffen als Klostergründer bei der Platzwahl im locker bestandenen Waldland, dort wo zwei Bäche sich treffen (Abb. 2). Mit einer Bildsäule wird hier im Jahr 1142 der Ort des zukünftigen Klosters markiert. Hinter dem Wald sind etliche Burgen und Höfe zu erkennen, die den Eindruck einer nahen Zivilisation verstärken. Sie werden als Besitz der Klostergründer verstanden, wozu auch ein adeliger Herr namens *Bligger von Steinach* gehörte (*Großmann* 2019, S. 10 f.).

Das Folgeblatt zeigt dann schon die Konversen beim Bau der Klosteranlage (*Großmann* 2019, S. 12 f.): Die Eingriffe in die Umgebung fallen besonders durch die Anlage eines Steinbruchs, die neue Wegeführung und natürlich den Bau der mächtigen Klosterkirche auf, welche jetzt für die Sakralisierung dieser Landschaft stehen sollte (Abb. 3). Wie wir wissen, hatten die Zisterzienser, die 1145 aus dem Kloster Eberbach im Rheingau nach Schönau kamen, von den Klosterstiftern einen genau bemessenen Klosterbezirk übertragen bekommen, dessen Gestaltung sie nun zum Bau ihrer Klosteranlage umsetzten (*Schaab* 1963). Bemerkenswert an dieser Darstellung ist jedenfalls, dass hier ausnahmslos Konversen die Bauarbeiten übernehmen – vor allem wohl Bauern aus den umliegenden Dörfern, die sich dem Konvent gleich angeschlossen hatten; so erscheint es in der Klostertradition. Bei den weiteren Ausbauarbeiten sieht man dann auch Mönche am Werk, und bereits wenige Jahrzehnte später sind die wesentlichen Gebäude der Klosteranlage errichtet, mit einer Mauer umschlossen und von der Außenwelt abgegrenzt (*Großmann* 2019, S. 22 f.).

Abb. 2: Die Gründung des Klosters Schönau 1142. Federzeichnung, um 1550 (Quelle: Germanisches Nationalmuseum Nürnberg, Inv. Hz. 195).

Abb. 3: Der Bau des Klosters Schönau durch die Laienbrüder. Federzeichnung, um 1550 (Quelle: Germanisches Nationalmuseum Nürnberg, Inv. Hz. 196).

Vergleichen wir die Gründungssituation in Schönau mit den benachbarten Zisterzen Maulbronn, Herrenalb und Salem: Hier in Salem war es im Jahr 1123 Herr *Guntram von Adelsreute*, der seinen Besitz, der sich über verschiedene Dörfer und Weiler im dicht besiedelten Linzgau am nördlichen Bodensee erstreckte, in eine Klostergründung für die Zisterzienser investieren wollte.[10] *Guntram* wandte sich daher im Jahr 1134 an den Abt der elsässischen Zisterze Lützel, um von dort einen Gründungskonvent für seine Klosterstiftung zu mobilisieren. Neben dem weitgehend geschlossenen Stammbesitz um Adelsreute und Tepfenhard verfügte er auch über einen zweiten Güterkomplex knapp 20 km westlich, im Tal der Aach gelegen (vgl. die Karte bei *Knapp* 2009, S. 14). Dazu gehörte auch der Ort Salmannsweiler, ein kleines Dorf mit einer Pfarrkirche, auch dieses umgeben von einigen kleineren Weilern. Hier sollte ein geistlicher Ort entstehen, der die Erinnerung an den Klosterstifter und seine mit ihm aussterbende Familie bewahren konnte.

Im Frühjahr 1137 zogen dann Zisterziensermönche und einige Konversen aus der Abtei Lützel unter Führung von *Frowin*, ihrem Cellerar, in Salmannsweiler ein. Allerdings befand sich dieses Dorf in bedauernswertem Zustand: die Kirche „ansehnlich, aber aus Altersgründen fast ruinös", die Ackerflächen „zum Teil bewirtschaftet, zum Teil wüst" (*Rückert* 2014, S. 26). Dazu gehörten zwölf Stücke Land mit Wäldern und Wiesen – ein böser Ort, der den Zisterziensern aus Lützel da angeboten wurde. Sie machten sich ans Werk, Salmannsweiler wurde bald „zur Abtei befördert" und 1138 die Klosterweihe vollzogen. Schon nach einigen Jahren entstand mit Unterstützung der Anwohner die neue Klosteranlage, die unter Führung von Abt *Frowin* ganz dem üblichen, schlichten zisterziensischen Bauschema entsprechen sollte (ausführlich dazu *Knapp* 2004). Aus Salmannsweiler mit seiner Pfarrkirche wurde das neue Kloster, in dem die Mönche ihr geistliches Leben streng nach der Regula Benedicti ausrichteten. Aus Adelsreute und umgebenden Weilern wurden Grangien aufgebaut, bewirtschaftet von Laienbrüdern des Klosters, ausgegrenzt von ihrer Umwelt, rechtlich immun wie das Kloster selbst (*Rösener* 1974).

Schon im Jahr 1140 bestätigte Papst Innozenz II. für Abt Frowin die Schenkung des Guntram von Adelsreute, zunächst *villam que antiquitus Salemanneswilare nuncupatur, nunc autem mutato nomine Salem dicitur* („das Dorf, das von alters her Salemanneswilare genannt wird, nun aber mit geändertem Namen Salem heißt").[11] Aus dem Dorf Salmannsweiler war also das Zisterzienserkloster Salem geworden, ein Namenswechsel mit programmatischer Bedeutung! (*Rückert* 2014, S. 28 ff.).

Wir erkennen in dieser Namensänderung nicht nur ein verkürzendes Wortspiel, sondern einen bewussten Namenswechsel mit besonderem, religiösem Impetus. Das alttestamentliche „Salem", das „Haus des Friedens" wird damit bezeichnet, gleichzeitig der alte Name von Jerusalem – der mehrschichtige, programmatische Bezug dieser Namenswahl leuchtet auf: Eine „Stätte des Friedens" soll das neue Kloster werden, an Jerusalem, die

[10] Zum Folgenden zuletzt ausführlicher *Rückert* 2021 (im Druck).

[11] Dieser und die nachfolgenden Belege bei *Rückert* 2014, S. 27 f.

heilige Stätte der Christenheit, und das himmlische Jerusalem gleichzeitig erinnernd – in diesen Jahren der intensiven Heilig-Land-Verehrung und Kreuzzugsdiskussion ein Name von politischem Gehalt, bedenkt man nur die sich in den nächsten Jahren anschließende Propaganda *Bernhards von Clairvaux* für den Zweiten Kreuzzug. Die Bedeutung *Bernhards* wie auch die breite Kreuzzugsbegeisterung des örtlichen Adels sollte dann auch für die nächsten Gründungen der Zisterzienser in Maulbronn und Herrenalb eine zentrale Rolle spielen.

Am nördlichen Schwarzwaldrand beobachten wir im Jahr 1138 zunächst den missglückten Versuch des edelfreien Herrn *Walter von Lomersheim*, in seinem Gut Eckenweiher ein Zisterzienserkloster zu gründen (*Eberl* 1999). Da es dem Ort jedoch an vielem, was für eine klösterliche Anlage notwendig war, fehlte, wurden die Mönche kaum zehn Jahre später mit wesentlicher Unterstützung Bischof *Gunthers von Speyer* nach Maulbronn versetzt. Wie seiner Urkunde von 1148 zu entnehmen ist, war jener Ort damals allerdings völlig unbebaut (*penitus incultum*) und galt wegen räuberischer Hinterhalte für Durchreisende als sehr gefährlich (*Eberl* 1999, S. 79 ff.).

Die von Eckenweiher nach Maulbronn übergesiedelten Zisterzienser fanden hier eine ehemalige Siedlungsstelle vor, die nicht allzu lange Zeit zuvor noch bewohnt und bewirtschaftet worden war und recht beträchtliche Ausmaße besaß (*Rückert* 1997). Mittlerweile lag das gesamte Gelände allerdings wüst, und die Nachricht von Räubern, die dort ihr Unwesen trieben, lässt die Verwilderung und Abgeschiedenheit der Gegend nur umso plastischer erscheinen. Die Darstellungen auf den berühmten Maulbronner Stiftungstafeln nehmen dieses Bild dann Mitte des 15. Jahrhunderts wieder auf, um an die bedeutenden Anfänge des Klosters zu erinnern: Der wüste Ort wird als Räubernest dargestellt, wo wehrlose Reisende und Pilger auf einer vorbeiziehenden Fernstraße überfallen wurden (Abb. 4); daneben der Bau der Klosterkirche durch die Mönche, die alle Arbeiten selbst verrichten. Mit dem Einzug der Zisterzienser werden die Räuber vertrieben, es wird gerodet, Kirche und Kloster werden gebaut und aus der einstigen Räuberhöhle wird ein gottgefälliger sakraler Ort – ein großartiger Gründungsmythos, der als Topos für das zeitgenössische Idealprogramm der Zisterzienser steht, das geistige wie wirtschaftliche Dimensionen vereint und aktiver Umweltgestaltung nachdrücklich eine sakrale Aura verleiht! (*Rückert* 2019).

In Maulbronn lassen die aktuellen baugeschichtlichen Befunde inzwischen nicht nur Teile der Vorgängerbesiedlung erfassen (*Untermann* 2019, S. 25 f.), auch der erste Abschluss der Bauarbeiten für die Klosteranlage und ihre Ummauerung wird für die Zeit bald nach 1200 greifbar (*Lutz* 1997, S. 366). Die Abgrenzung von der Umgebung, der Schutz des Konvents vor der Außenwelt wurde auch in Maulbronn durch aufwändige Bau- und Befestigungsmauern gleich von vornherein mitgedacht und geleistet (ebenso *Schich* 2001, S. 206).

Abb. 4: Das Gelände des späteren Klosters Maulbronn als „Räubernest". Maulbronner Altartafel, um 1450 (Vorlage: Landesdenkmalamt Baden-Württemberg).

Machen wir noch einen Seitenblick in den tiefen Schwarzwald nach Herrenalb.[12] Abt Berthold von Neuburg hatte gemeinsam mit dem schon benannten Bischof Gunther von

[12] Zum Folgenden wieder ausführlicher *Rückert* 2021 (im Druck).

Speyer die Anlage des Tochterklosters an der Alb vorangetrieben; beide ebenso inspirierte wie erfahrene Klostergründer (*Rückert* 2001, S. 34). Doch treten hier in erster Linie Berthold von Eberstein und seine Familie als Initiatoren und Gestalter auf; die Stiftung des Klosterterritoriums ist von ihnen genau bemessen und aus dem umgebenden Waldland herausgeschnitten worden (Abb. 5). Wenn auch in den beschriebenen Grenzen keinerlei Ansiedlung genannt wird, so wird doch deutlich, dass die benachbarten Flächen bereits weitgehend besetzt waren und auch wirtschaftlich genutzt wurden; ein Vergleich mit Schönau drängt sich auf.

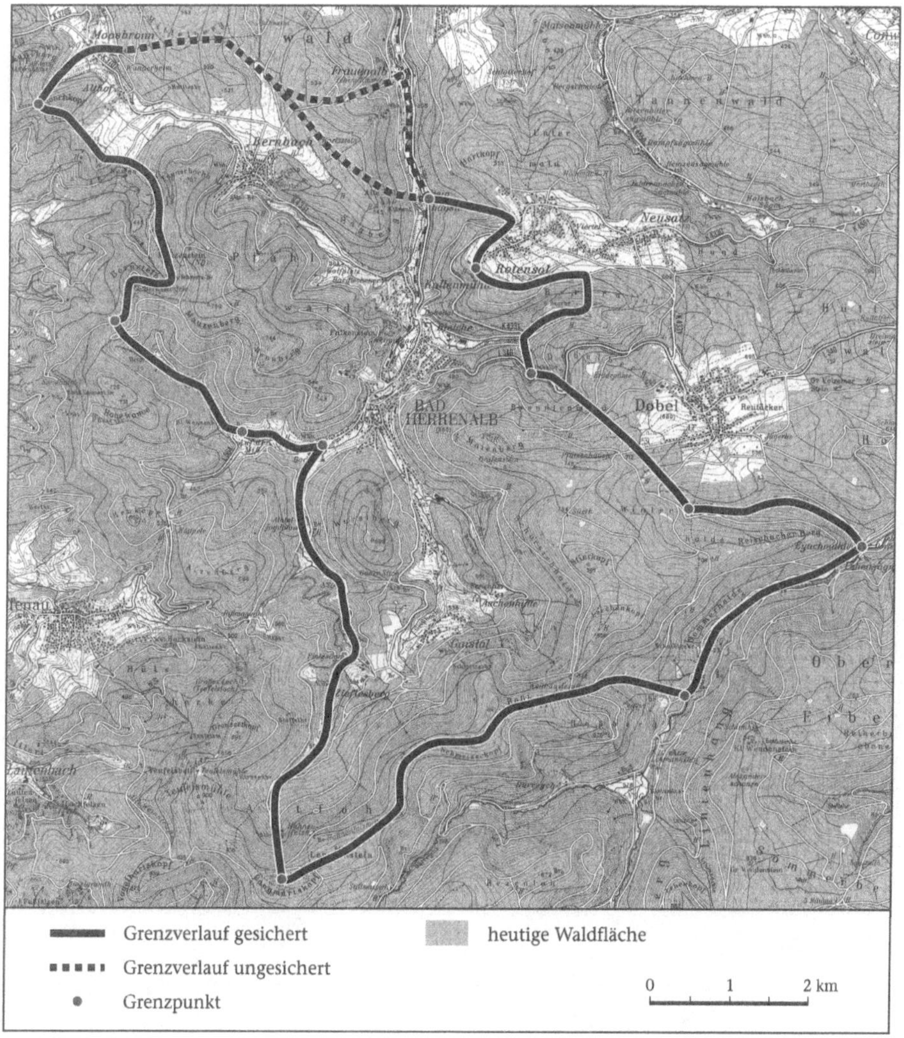

Abb. 5: Der Klosterbezirk Herrenalb (nach der Gründungsurkunde von 1148) (Entwurf: P. Rückert, Graphik: Ch. Peh).

Zum Zeitpunkt der Gründung des Klosters Herrenalb war das obere Albtal jedenfalls noch weitestgehend unbesiedelt. Offenbar hatten die Ebersteiner ihr Territorium hier aber bereits mit der Burg Falkenstein besetzt, wie archäologische Befunde belegen. Mit ihrer Gründung von Herrenalb wurde diese Burg zumal als Herrschaftszentrum überflüssig und aufgelassen. Ob die Burg ähnlich wie in Bronnbach oder Ebrach auch zur ersten Unterbringung für die Mönche aus Neuburg dienen konnte und von hier aus dann die Bauarbeiten im Tal unterstützt wurden, ist nicht bekannt, steht aber zu erwarten. Offenbar wurden sogar Mauersteine aus der Burganlage abgebrochen, um sie für den neuen Klosterbau wiederzuverwenden (*Rückert* 2001).

Die Zisterziensermönche von Herrenalb sollten jetzt neben ihren geistlichen Aufgaben, die sie vor allem zum frommen Gedenken für ihre Stifter übernommen hatten, auch deren Kolonisationswerk fortführen:[13] Die Rodung und Bewirtschaftung ihrer unwirtlichen Umgebung stand von vornherein mit auf dem Programm von Herrenalb. Hier wurde die Repräsentanz weltlicher Herrschaft – manifestiert in der beherrschenden Burganlage – gleichsam sakralisiert; vertauscht in ein Zisterzienserkloster, das genauso raumgreifend für seine Stifter wirken sollte, nun aber im geistlichen Gewand und mit eigener sakraler Ausstrahlung!

Dabei war das Stiftergedenken für die Herrenalber Mönche essentiell und stand hier, in Stein gemeißelt, auch konkret vor Augen: Die „Sprechenden Türen" am Eingang zur Klosterkirche vom Paradies her und an der Westseite des Paradies-Portals richteten sich mit ihren kunstvollen Aufforderungen zunächst an die Stifterfamilie von Eberstein wie an die Mönche selbst: „Wenn Du fragst, Leser, mit welchem Namen unser Stifter genannt wurde: Er trug den Namen *Bertholdus*. Nun hält ihn mit den Heiligen für ewig der Himmel fest" – „Zur Pforte des Lebens kommt eilends herbei, ihr Brüder. Die ganz würdig sind, mögen nun frommen Herzens eintreten" (*Neumüllers-Klauser* 2001) (Abb. 6).

Die Gestaltung dieser Portale mit ihren Inschriften wird epigraphisch auf die Jahre um 1180 bzw. 1200 datiert. Der Klostergründer, Berthold von Eberstein († nach 1158), war offenbar noch nicht allzu lange verstorben; seine Stiftung sollte ihm den Platz im Himmel sichern, die Mönche hatten mit ihrer Dignität und ihren Gebeten dafür zu sorgen. Sie selbst sollten zur Himmelspforte eilen, die hier am Klosterparadies für sie aufgetan wird – die Identität des heiligen Ortes, verkörpert durch die Mönche und den Klosterstifter, wird hier proklamiert; nicht nur zur Vergewisserung für die Mönche selbst und ihre Stifterfamilie, sondern für alle, die zum Kirchenportal treten und lesen können!

Ziehen wir aus den vorgestellten Gründungssituationen ein kurzes Zwischenfazit, dann erkennen wir – bei allen unterschiedlichen Voraussetzungen für die Klostergründungen – die unmittelbare Abgrenzung der Zisterzienserklöster von ihrer Umgebung; zunächst durch die einheitliche, an den Ordensvorgaben orientierte Gestaltung der Klosteranlagen (*Untermann* 2001; dazu auch *Schich* 1999), durch deren schnelle

[13] Vgl. dazu wiederum *Rückert* 2019, S. 63 f.

Ummauerung und Umwehrung. Damit einher ging auch die programmatische Entwicklung zur Identität dieser neuen sakralen Orte, die zunächst freilich in den Konventen selbst greifbar wird. Die Integration der bäuerlichen Anwohner und Nachbarn als Bauarbeiter und Konversen, wie bei Schönau oder Salem, oder die programmatische Namengebung der neuen Sakralorte wie bei Salem oder Herrenalb, die auch schnell auf die Umgebung wirkte und von den Anwohnern aufgegriffen wurde, sprechen jedenfalls für sich.

Abb. 6: Tympanon des Paradieses von Herrenalb, um 1200 (Vorlage: V. Himmelein).

Auffällig ist sicher, dass die Abgrenzung eines eigenen Klosterbezirks für Schönau und Herrenalb vorgenommen wurde, also gerade die beiden Gründungen, die im „unbesiedelten" Waldland angelegt wurden. Bei Salem und Maulbronn hatten bereits Vorgängersiedlungen mit eigenen Markungen bestanden, die offenbar jetzt weiter bzw. wieder in Anspruch genommen werden konnten. Auch wenn man Überlieferungslücken in Rechnung stellt, so ist doch davon auszugehen, dass es zunächst diese genau bemessenen Klosterbezirke bzw. -gemarkungen waren, welche den Rahmen für die ortsnahen wirtschaftlichen Aktivitäten der Konvente boten. Daneben spielte der entferntere Klosterbesitz, der von den weiteren Ausstattungsgütern für die Klöster herrührte, eine eigene Rolle, die dann zum Ausbau der Klosterterritorien genutzt werden sollte, wie für etliche Zisterzen im deutschen Südwesten bekannt.[14]

---

[14] Vgl. etwa zuletzt für Tennenbach *Stadelmaier* 2014.

3 Zisterziensische Umweltgestaltung: Abgrenzung und Identität

Verfolgen wir die weitere Umweltgestaltung durch die Zisterzienser im kleinräumigen Fokus: Die neuen Klosteranlagen wurden alle zu sakralen Mittelpunkten ihrer Landschaft, gleichzeitig zum Anziehungspunkt der ansässigen Bevölkerung – insoweit man sich den Zisterziensern vielleicht als Konverse anschließen wollte – wie zum Gegenpol durch die systematische Entfernung bäuerlicher Siedlungen und Anwohner aus der näheren Umgebung des Klosters (*Rösener* 1991). Die Heilsvermittlung der Zisterzienser galt ja zunächst ihren Konventen und Stiftern, nicht den Gemeinden in ihrer Umgebung!

Die Zisterzienser schafften sich also Einsamkeit und Autarkie selbst; ihre Klöster lagen bald für sich in einer zuvor kaum bewirtschafteten Umgebung, deren Ausbau und wirtschaftliche Gestaltung vielversprechend fortzuführen waren. Der Aufbau der Klosteranlage brachte gleich Entwässerungs- und Kanalisierungsarbeiten in den Flusstälern mit sich, zum Teil fortgeführt in einer ausgefeilten Teichwirtschaft, wie in Maulbronn oder Bebenhausen (*Schich* 1999, *Knapp* 2020). Die wirtschaftlichen Anstrengungen wurden fortgesetzt im weiteren Erwerb und Aufbau von Wirtschaftshöfen, Curien bzw. Grangien, als Außenstationen, deren Vernetzung und Konkurrenz mit ihrer dörflichen Umgebung freilich vielfach nicht zu vermeiden war (*Stadelmaier* 2014).

Ein kurzer Blick in unsere Klöster verrät, dass sie in den Jahren um 1200 kräftig prosperierten. Schönau etwa konnte 1190 bereits den Gründungskonvent für die neue Zisterze Bebenhausen bei Tübingen stellen. Die päpstliche Besitzbestätigung von 1204 nennt dann 16 Grangien des Klosters, die damals von Mönchen und Konversen zu kleinen Siedlungseinheiten ausgebaut bzw. zusammengefasst wurden (*Schaab* 1963). Ein Blatt der angesprochenen Schönauer Zeichnungen zur Privilegierung des Klosters zeigt Darstellungen der Klosteranlage und dreier Grangien (*Großmann* 2019, S. 16 f.). Alle sind sie mit geflochtenen Zäunen eingefasst; sie bestehen aus einem Steinbau bzw. Wohnturm, neben Scheunen, Ställen und Speichern, den Eingang markieren große Zufahrtstore. Die Klosteranlage selbst wird umfasst von einer starken Steinmauer mit prächtig gestaltetem Eingangstor (Abb. 7). Eine kleine Pforte wird hier gerahmt von zwei Abtsfiguren – wohl als Darstellungen des Schönauer Stifterabts und *Bernhards von Clairvaux* zu verstehen. Dahinter erkennt man die Klosterkirche mit Klausur und Nebengebäuden sowie mehreren Kapellen. Die religiöse Botschaft dieser beiden Torwächter ist deutlich; die plastischen Steinfiguren auf ihren Konsolen zeigen die sakrale Aura des Ortes kunstfertig an.

Diese Aura des Klosters und seine Abgrenzung von der Außenwelt wird eindrücklich in einer weiteren Darstellung vorgeführt (*Großmann* 2019, S. 32 f.): Hier erkennt man den geköpften Leichnam eines aufsässigen Konversen, der mit den anderen Laienbrüdern um sein Begräbnis auf dem Klosterfriedhof bittet, während der Teufel bereits auf dem Grab vor der Klostermauer auf ihn wartet. *Humum sacram* erbittet der Tote – in geweihter Erde des Klosters soll man ihn begraben, was Abt *Gottfried* (1182–1192) schließlich auch genehmigt.

Abb. 7: Die Klosteranlage von Schönau. Federzeichnung, um 1550 (Quelle: Germanisches Nationalmuseum Nürnberg, Inv. Hz. 198, Ausschnitt).

Ebenso wie für Schönau informiert uns die dichte schriftliche Überlieferung auch für Salem und Maulbronn genauer darüber, dass neben die neue Anlage von Klosterhöfen auch die gezielte Entsiedlung von Gütern trat, die dann als Gutshöfe von den Zisterziensern weiter betrieben wurden (*Rückert* 2019, S. 68; daneben auch *Rückert* 1997, S. 20). Diese Besitzkonzentration hatte oft die Aufgabe oder Reduzierung älterer Siedlungsstellen zur Folge, so wie etwa die *villa Mendlishausen* bald von der *curtis*, dem Salemer Gutshof, abgelöst wurde (*Rösener* 1985) oder die Grangie Bachhaupten aus einem alten Pfarrdorf entstand (*Rückert* 2014, S. 33) (Abb. 8).

Betont wird gleichzeitig die Bedeutung Salems für den Landesausbau seiner näheren Umgebung, in der zunächst ein Sumpfgelände trockenzulegen war (*Rückert* 2014). Diese produktive Landschaftsgestaltung tritt mit dem systematischen Ausbau der Grangienwirtschaft hervor und impliziert jedenfalls um 1200 noch eine zentrale Beteiligung der Mönche und Konversen an der Rodungsarbeit und Melioration. Damals prosperierte das Kloster derartig, dass bald ein geschlossenes Salemer Territorium vor Augen tritt und die dominante Grundherrschaft Salems zwischen Bodensee und Donau deutlich wird (*Fleischer* 2004). Im 13. Jahrhundert liefen dann auch die von Salem ausgehenden, nachhaltigen Veränderungen der Landschaft spürbar aus: Auch wenn der Anteil der Eigenwirtschaft in Salem noch längerfristig bemerkenswert bleibt, eine vergleichbar prägnante Umweltgestaltung sollte damit kaum mehr hervortreten (*Knapp u. Jaklin Latk* 2009).

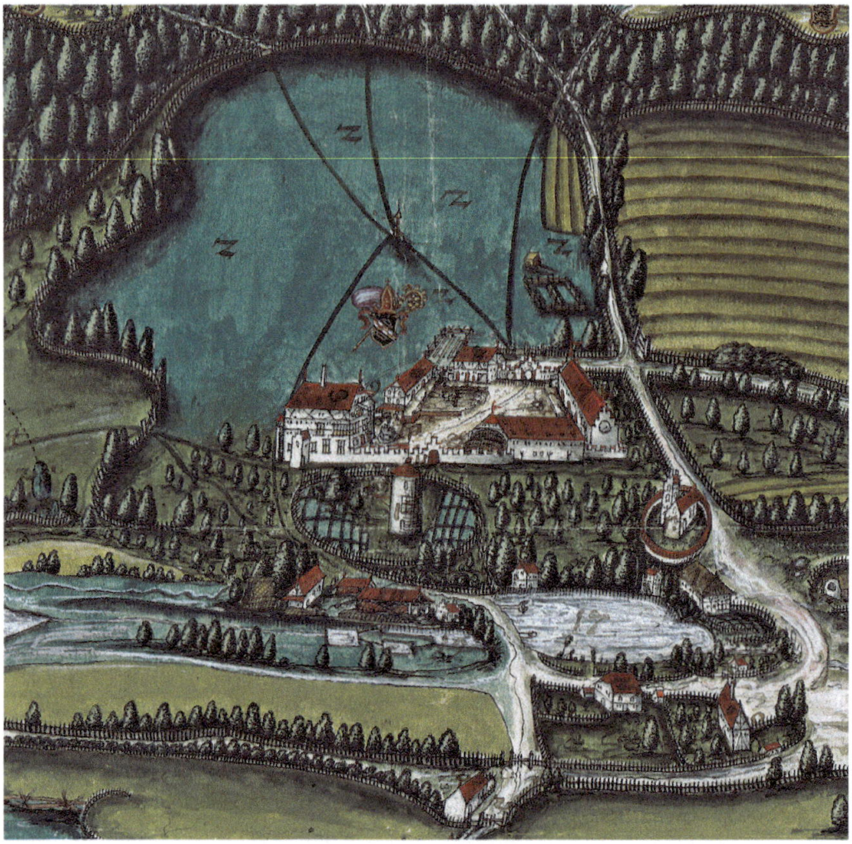

Abb. 8: Bachhaupten, Grangie des Klosters Salem. Ausschnitt aus einer Karte von 1608/09 (Quelle: Hauptstaatsarchiv Stuttgart C 3 Bü 3670/I).

Für die Zisterzienser in Maulbronn ist die Gestaltung ihrer Umwelt zu einer „autarken" Klosterlandschaft detailliert zu verfolgen. Mit dem Aufbau ihrer Klosteranlage an der Stelle des wüsten Dorfes Maulbronn dehnte der Konvent seine Aktivitäten schon bald auf die nähere Umgebung aus (*Rückert* 1997 mit Abb.). In Füllmenbach, einem ebenfalls wüsten und nun dicht bewaldeten Gut, wurde gerodet und eine Grangie aufgebaut, ebenso wie im benachbarten Diefenbach, das aber immerhin noch teilweise bewohnt geblieben war (*Rückert*

1997, S. 20). Anders als in Diefenbach, wo die dörfliche Struktur des Ortes erhalten bleiben sollte, setzten die Maulbronner Mönche im nahen Elfingen ihr Umgestaltungsprogramm durch: Nach der Entschädigung der Elfinger Einwohner verließen diese ihr Dorf, so dass auch die Pfarrkirche aufgehoben werden konnte und die Pfarrgüter an das Kloster kamen. Ein großer Eigenbetrieb mit eigener Kapelle wurde eingerichtet; die Bewirtschaftung der Ackerflächen wurde von Konversen des Klosters übernommen (Abb. 9).

Abb. 9: Der Elfinger Hof des Klosters Maulbronn. Ansicht aus dem Forstlagerbuch von Andreas Kieser, 1684 (Quelle: Hauptstaatsarchiv Stuttgart H 107/16 Bd. 5, Bl. 14).

Jetzt konnte auch die weitere Umgebung über die alte Klostergemarkung hinaus zur zisterziensischen „Musterlandschaft“ werden: In nächster Nähe der Klosteranlage wurden bald die Grangien Bullisbach, Salzach und Weissach angelegt und der Wasserlauf der Salzach zu einem weitläufigen Seen- und Bewässerungssystem um das Kloster ausgebaut (*Rückert* 1997, S. 24; *Gillich* 2019) (Abb. 10). Inzwischen bieten auch archäobotanische Befunde entsprechende Informationen zur neuen Landnutzung vor Ort (*Rösch* 2013). Rodung, nachfolgender Ackerbau und ortsnahe Waldnutzung wie die Anlage des Terrassenweinbaus, der sich im heutigen Klosterweinberg noch finden lässt, spiegeln sich in den Pollendiagrammen wider (dazu auch die Beiträge bei *Eidloth* 2014). Auch die hochmittelalterlichen Bewässerungskanäle und Fischzuchtbecken lassen sich archäologisch noch in der Bausubstanz der Klosteranlage nachweisen (zuletzt *Knapp* 2020).

Abb. 10: Karte der Klostergemarkung Maulbronn von Johann Michael Spaeth, 1761. Ausschnitt mit Flurlagen der ehemaligen Grangien Bullisbach und Salzach (Quelle: Hauptstaatsarchiv Stuttgart N 1 Nr. 65).

Bis um 1250 hatten die Maulbronner Mönche ihre nähere Umgebung in ihrem wirtschaftlichen Sinne als „autarke" zisterziensische Landschaft gestaltet und ihre Bewirtschaftung in ihrer eigenen Hand (*Rückert* 1997, S. 21 ff.). Mit dem grundherrschaftlichen Ausbau des Maulbronner Territoriums, der wiederum über die Anlage von Grangien als Ausgangspunkte und dezentrale Organisationsstellen funktionierte, übernahmen neben den Konversen verstärkt Lohnarbeiter die Betriebe bis zu deren weitgehender Verpachtung im späten Mittelalter. Allein die klosternahen Eigenbetriebe sollten später noch erhalten bleiben.

Als im Jahr 1407 ein Privileg Papst *Gregors XII.* den Maulbronner Mönchen in den Grangien Elfingen, Bullisbach und Salzach gestattet, den Fremden und Reisenden die Sakramente zu reichen, werden besonders die Männer und Frauen angesprochen, welche diese Klostergüter bewirtschaften (*Rückert* 1997, S. 25 f.). Inzwischen hatten sich die Mönche und die wenigen Laienbrüder offenbar ganz ins Kloster zurückgezogen. Der Maulbronner Klosterbezirk war zu einer „Durchgangslandschaft" für Reisende und Pilger geworden – wir erinnern an die entsprechende Darstellung auf der Maulbronner Stiftertafel aus dieser Zeit (vgl. Abb. 4). Jedenfalls wird man von einer „sakralen Landschaft" sprechen dürfen, die als solche ebenso von den Anwohnern und Bauern wie von den Fremden wahrgenommen wurde: Die mächtige Klosteranlage mit ihren Türmen und Mauern beherrschte das Salzachtal, die Klosterseen durchzogen, die Weinberge und Obstwiesen begleiteten, der

Klosterwald umschloss es – wir erhalten im 15. Jahrhundert den Eindruck einer blühenden Landschaft um Maulbronn, die sich wohl gegenüber ihren Nachbarterritorien durchaus abhob – dort beherrschten weithin verlassene Dörfer und Höfe, aufgelassene und verwüstete Ackerflächen das Bild (*Rückert* 2009b).

Abb. 11: Karte des württembergischen Klosteramts Herrenalb, 1782 (Ausschnitt; Quelle: Hauptstaatsarchiv Stuttgart N 5 Nr. 34).

Diesen Eindruck verstärkte sicher die raumgreifende Präsenz der Mönche, die etwa in Salem noch im 14. Jahrhundert bei gemeinsamen Erntearbeiten mit ihrem Abt auf den Feldern anzutreffen waren (*Rückert* 2019) – hier war die ganze Mönchsgemeinschaft *ad laborem solemnem*, zur „heiligen Arbeit“ aufgerufen. Wenn die Mönche dann mit ihren Prozessionen und geistlichen Spielen den weiten Klosterbezirk einnahmen, wie für Maulbronn jetzt erkannt (*Krüger* 2019), wurde die Heilsgeschichte gleichsam ins Kloster geholt. Die Sakraltopographie des Klosterbezirks wurde mit den heiligen Stätten identifiziert, danach benannt und entsprechend durch Kreuzwege und Plastiken architektonisch gestaltet. Die Klosterlandschaft wurde sakral aufgeladen, der Klosterbezirk als Heiliges Land inszeniert – die Zisterzienser als Akteure konnten sich damit genauso identifizieren wie das Laienpublikum, das daran Anteil nehmen wollte.

Aus dem späten 15. Jahrhundert sind auch die ältesten Grenzsteine bekannt, welche die Abgrenzung des Maulbronner Territoriums durch das Klostersymbol, den Abtsstab, repräsentierten (*Drös* 1997, S. 47). Freilich galt diese Versteinung mit dem Herrschaftssymbol des Abtes zunächst als weithin bekannte Markierung der Herrschaftsansprüche der mächtigen Abtei; ebenso wird gleichzeitig eine Identifizierung der Zisterzienser mit diesem Zeichen deutlich, da sich auch andere Klöster, wie Herrenalb, des Krummstabs als Wappen bedienten, bevor dieses dann – je nach Kloster – bald weiter individualisiert werden sollte.

Kehren wir damit schließlich noch einmal ins Tal der Alb zurück, dort wo die sakrale Botschaft für den Klosterstifter *Berthold von Eberstein* am Kirchenportal zu lesen war. *Bertholds* Sohn *Eberhard* hatte das monastische Programm seines Vaters fortgeführt und gemeinsam mit seiner Mutter unweit der Zisterze, an der Grenze des Herrenalber Klosterbezirks, um 1190 ein Frauenkloster gegründet (*John* 2001). Das neue Kloster wurde den Benediktinern übergeben, denn hier sollten jetzt auch *Eberhards* Schwestern als Benediktinerinnen einziehen – und Frauenkonvente der Zisterzienser waren noch nicht approbiert. Unabhängig von ihrer Ordenszugehörigkeit sollte diese *Cella sancte Marie* das Männerkloster ergänzen; Herren- und Frauenalb machten das Albtal nun durchgängig zur sakralen Landschaft (Abb. 11).

Die Herrenalber Mönche, die gerade den Ausbau ihres Klosterbezirks forcierten, hatten damals sicher den Aufbau der neuen Klosterzelle mit ihrer Stifterfamilie zu unterstützen (*Rückert* 2019). Damit dominierten die Zisterzienser in Herrenalb und ihre Schwestern, die Benediktinerinnen in Frauenalb, ihre Umgebung bald ebenso in herrschaftlich-wirtschaftlicher Hinsicht, wie ihre Klosteranlagen und -bezirke für ihre sakrale Präsenz standen. Ihre primäre geistige und politische Bedeutung für die Stifterfamilie, als Grablege und Versorgungsinstitution für die Grafen von Eberstein, sollte sich nun bald besonders durch das raumgreifende Wirken der Zisterzienser von Herrenalb zur eigenen sakralen Repräsentation der Klöster verselbständigen.[15]

4 Fazit

Nehmen wir die eingangs gestellten Fragen und methodischen Probleme wieder auf: Auch wenn aus den zeitgenössischen Schriftzeugnissen und Bildern sowie ihren mächtigen Klosteranlagen und Wirtschaftsbauten fast ausschließlich die Perspektive der Zisterzienser spricht, ist es doch möglich, mit der Rezeption und Verbreitung der klösterlichen Traditionen und religiösen Praktiken auch die Stimmen von außen zu hören. Schon die Unterstützung der Zisterzienser bei der Gründung ihrer Klöster durch adelige Stifter und geistliche Gewalten zeugt von ihrer breiten Akzeptanz und der Ausstrahlung des Ordens

15 Vgl. hierzu ausführlicher wiederum *Rückert* 2021 (im Druck).

im 12. Jahrhundert. Es lohnte sich offenbar, in eine Klostergründung für die Zisterzienser zu investieren, die damals mit ihrer überzeugenden Frömmigkeit, Armut und Weltabgeschiedenheit den potenten Stiftern eine gute Heilsvorsorge versprechen konnten.

Die von ihren Ordensstatuten vorgesehene programmatische Abgrenzung von ihrer Außenwelt wurde zunächst auch von allen Zisterzen im deutschen Südwesten deutlich vollzogen: Die Klosteranlagen wurden mit steinernen Mauern von ihrer Umgebung abgegrenzt; die Klostergrangien als solche ebenfalls deutlich markiert. Ebenso wurden die Klosterbezirke und zunehmend ausgedehnten Territorien bald durch Grenzsteine bezeichnet, womit natürlich vor allem die eigenen Hoheitsansprüche zum Ausdruck gebracht werden sollten.

Schnell tritt eine eigene Identität der Konvente zum Vorschein, die sich mit der gemeinsamen Gestaltung ihrer Klosteranlage und Umgebung eine geistliche Heimstatt schufen. Hierfür konnte die programmatisch angesetzte Autarkie entsprechend der herrschaftlichen und kulturlandschaftlichen Vorgaben mehr oder weniger konsequent umgesetzt werden. Aber immer ging mit der neuen Klosteranlage eine Sakralisierung der näheren Umgebung einher, die in Namengebungen, Zeichen, Symbolen und sakralen Handlungen repräsentativ gezeigt und performativ aufgeladen wurde: Kloster- und Flurnamen wurden zu programmatischen Medien, nach außen gerichtete Darstellungen an den Klostertoren oder Inschriften an den Kirchentüren, Kreuzwege und Plastiken auf dem Klostergelände, Wappen und Zeichen auf Mark- und Grenzsteinen, ganz abgesehen von den klanglichen Botschaften, dem Sound der Kirchenglocken, die in der weiten Umgebung zu hören waren.

Der spätmittelalterliche Reisende konnte freilich die Sakrallandschaften der Zisterzienser schon an ihrem Erscheinungsbild erkennen: Die großen Klosterhöfe mit ihren ausgedehnten Parzellen strukturierten die Kulturlandschaft, Teich- und Kanalsysteme gestalteten die Bach- und Wiesentäler bis hin zu den Klosterbauten, in denen die Wasserkraft für die Klostermühle und den breiten Bedarf des Konvents und seiner Werkstätten genutzt wurde. Der umgebende Klosterwald diente als Nutz- und Weidewald, nahe Sonderkulturen, womöglich Weinberge, jedenfalls Obst- und Gemüsegärten zum Eigenbedarf und zur Vermarktung – immer waren diese Landschaftselemente zunächst bestimmt von der Eigenwirtschaft der Mönche, die sie gestalteten, auch wenn sie späterhin in anderen Händen weiter betrieben werden sollten (ebenso *Schich* 2001, S. 207).

Es ist davon auszugehen, dass mit der Existenz der Klöster und ihrer Konvente die sakrale Identität dieser Landschaften nachhaltig verbunden blieb. Das Wissen um ihre Entstehung, die programmatischen Ideale ihrer Anfänge wurden in den Konventen immer wieder erneuert und gepflegt und entsprechend auch in die profane Außenwelt getragen und inszeniert. Auch Jahrhunderte nach der Auflösung der Zisterzienserklöster im deutschen Südwesten hat sich die „Raumwirksamkeit einer Heilsidee“ hier ihre Anschaulichkeit im Landschaftsbild zumindest beispielhaft bewahrt und konnte sich dadurch zu einem wesentlichen Bereich der modernen Kulturlandschaftsforschung und -pflege entwickeln (*Schenk* 2019).

Summary: Sacred landscapes of the Cistercians in the German southwest – demarcation and identity in the Later Middle Ages

The programmatic demarcation from the outside world envisaged by the statutes of the order was initially clearly carried out by all the Cistercians in the German southwest: the monastery complexes were demarcated from their surroundings with stone walls; the monastery granges were also clearly marked as such. Likewise, the monastery districts and increasingly extensive territories were soon marked by boundary stones, which were primarily intended to express the monastery's own claims to sovereignty. The convents quickly developed their own identity and created their own spiritual home by jointly designing their monastery complex and surroundings. For this, the programmatically set autachy could be implemented more or less consistently according to the manorial and cultural landscape specifications.

But the new monastery complex was always accompanied by a sacralisation of the immediate surroundings, which was represented to the public and charged performatively in naming, signs, symbols and sacred acts: monastery and field names became programmatic media, outward-facing representations on the monastery gates or inscriptions on the church doors, cross ways and sculptures on the monastery grounds, coats of arms and signs on district and boundary stones, not to mention the sonic messages, the sound of the church bells, which could be heard in the extended surroundings.

The late medieval traveller could already recognise the sacred landscapes of the Cistercians by their appearance: the large monastery courtyards with their extensive plots structured the cultural landscape, pond and canal systems shaped the stream and meadow valleys right up to the monastery buildings, where water power was used for the monastery mill and the broad needs of the convent and its workshops. The surrounding monastery forest served as a commercial and pasture forest, nearby special crops, possibly vineyards, in any case orchards and vegetable gardens, were used for their own consumption and were sold on markets. Always these landscape elements were initially determined by the monks' own economy, who created them, even when in later times they were run by others.

It can be assumed that the sacral identity of these landscapes remained permanently linked to the existence of the monasteries and their convents. The knowledge of their origins, the programmatic ideals of their beginnings were constantly renewed and cultivated in the convents and carried into the profane outside world accordingly. Even centuries after the disintegration of the Cistercian monasteries in the German southwest, the "spatial effectiveness of an idea of salvation" (Schenk) has retained its vividness in the landscape here, at least in an exemplary way, and has thus been able to develop into an essential area of modern cultural landscape research and conservation.

Literatur

Drös, H. (1997): Maulbronner Klosterheraldik. Wappen des Klosters und der Äbte in vor- und nachreformatorischer Zeit. – In: Maulbronn. Zur 850jährigen Geschichte des Zisterzienserklosters, hrsg. vom Landesdenkmalamt Baden-Württemberg. – Stuttgart, S. 15–30.

Eberl, I. (1999): Gründung und frühe Geschichte des Klosters Maulbronn. – In: *Rückert, P. u. Planck, D. [Hrsg.]*: Anfänge der Zisterzienser in Südwestdeutschland. Politik, Kunst und Liturgie im Umfeld des Klosters Maulbronn. – Stuttgart (Oberrheinische Studien, 16), S. 79–100.

Eidloth, V. [Hrsg.] (2014): Kloster Maulbronn und sein landschaftliches Erbe. – Esslingen (Regierungspräsidium Stuttgart – Landesamt für Denkmalpflege, Arbeitsheft 36).

Felten, F. J. u. Rösener, W. [Hrsg.] (2009): Norm und Realität. Kontinuität und Wandel der Zisterzienser im Mittelalter. – Berlin (Vita regularis, 42).

Fleischer, A. (2004): Zisterzienserabt und Skriptorium. Salem unter Eberhard I. von Rohrdorf (1191–1240). – Wiesbaden (Imagines Medii Aevi, 19).

Gillich, A. (2019): Wasser als Ressource. Zur Erforschung des Wassersystems von Kloster Maulbronn. – In: *Krätschmer, M.; Thode, K. u. Vossler-Wolf, C. [Hrsg.]*: Klöster und ihre Ressourcen. Räume und Reformen monastischer Gemeinschaften im Mittelalter. – Tübingen (RessourcenKulturen, 7), S. 117–126.

Goez, E. (2003): Pragmatische Schriftlichkeit und Archivpflege der Zisterzienser. Ordenszentralismus und regionale Vielfalt, namentlich in Franken und Altbayern (1098–1525). – Münster u. a. (Vita regularis, 17).

Großmann, G. U. (2019): Buggo, Poppo und Bligger. Geschichten aus einem Kloster. – Nürnberg.

John, H. (2001): Frauenalb – die ergänzende Klostergründung. – In: *Rückert, P. u. Schwarzmaier, H. [Hrsg.]*: 850 Jahre Kloster Herrenalb. Auf Spurensuche nach den Zisterziensern. – Stuttgart (Oberrheinische Studien, 19), S. 167–178.

Knapp, U. (2004): Salem. Die Gebäude der ehemaligen Zisterzienserabtei und ihre Ausstattung. Stuttgart (Forschungen und Berichte der Bau- und Kunstdenkmalpflege in Baden-Württemberg, 11).

Knapp, U. (2009): Auf den Spuren der Mönche. Bauliche Zeugnisse der Zisterzienserabtei Salem zwischen Neckar und Bodensee. – Regensburg.

Knapp, U. (2020): Die Zisterzienser und das Wasser, unter besonderer Berücksichtigung der Abteien Bebenhausen, Maulbronn und Salem. – Petersberg.

Knapp, U. u. Jaklin Latk, M. (2009): Salem. Ein Kloster gestaltet eine Landschaft. Begleitband zur Ausstellung des Kulturamts Bodenseekreis und der Staatlichen Schlösser und Gärten Baden-Württemberg im Schloss Salem. – Tettnang.

Krüger, R. (2018): Das Maulbronner Kruzifix. Kreuz und Passionsspiel im spätmittelalterlichen Maulbronn. – Maulbronn.

Lutz, D. (1997): Die Maulbronner Klosterbefestigung. – In: Maulbronn. Zur 850jährigen Geschichte des Zisterzienserklosters, hrsg. vom Landesdenkmalamt Baden-Württemberg. – Stuttgart, S. 345–368.

Neumüllers-Klauser, R. (2001): Stifter – Schirmer – Mönche. Mittelalterliche Inschriften im Kloster Herrenalb. – In: *Rückert, P. u. Schwarzmaier, H. [Hrsg.]*: 850 Jahre Kloster Herrenalb. Auf Spurensuche nach den Zisterziensern. – Stuttgart (Oberrheinische Studien, 19), S. 61–74.

Niedermeier, H. (1973): Klostertranslationen bei den Zisterziensern. – In: Cîteaux, 24, S. 31–52.

Palmer, N. F. (1998): Zisterzienser und ihre Bücher. Die mittelalterliche Bibliotheksgeschichte von Kloster Eberbach im Rheingau. – Regensburg.

Reicke, S. (1938): Zum Rechtsvorgang der Klosterverlegung im Mittelalter. In: Festschrift Ulrich Stutz. - Stuttgart (Kirchenrechtliche Abhandlungen, 117/118).

Rösch, M. (2013): Die Weiher des UNESCO-Welterbes Kloster Maulbronn als wirtschafts- und umweltgeschichtliche Archive. - In: Archäologische Ausgrabungen in Baden-Württemberg 2012, S. 71–75.

Rösener, W. (1974): Reichsabtei Salem. Verfassungs- und Wirtschaftsgeschichte des Zisterzienserklosters von der Gründung bis zur Mitte des 14. Jahrhunderts. - Sigmaringen (Vorträge und Forschungen, Sonderband 13).

Rösener, W. (1985): Die Entwicklung des Zisterzienserklosters Salem im Spannungsfeld von normativer Zielsetzung und gesellschaftlicher Anpassung während des 12. bis 14. Jahrhunderts. - In: Zeitschrift für die Geschichte des Oberrheins, 133, S. 43–65.

Rösener, W. (1991): Grundherrschaft im Wandel. Untersuchungen zur Entwicklung geistlicher Grundherrschaften im südwestdeutschen Raum vom 9. bis 14. Jahrhundert. - Göttingen.

Rösener, W. (1999): Das Wirken der Zisterzienser im südwestdeutschen Raum im 12. Jahrhundert. - In: *Rückert, P. u. Planck, D. [Hrsg.]*: Anfänge der Zisterzienser in Südwestdeutschland. Politik, Kunst und Liturgie im Umfeld des Klosters Maulbronn. - Stuttgart (Oberrheinische Studien, 16), S. 9–24.

Rösener, W. (2005): Tradition und Innovation im hochmittelalterlichen Mönchtum. Kontroversen zwischen Cluniazensern und Zisterziensern im 12. Jahrhundert. - In: *Schmidt, H.-J. [Hrsg.]*: Tradition, Innovation, Invention. Fortschrittsverweigerung und Fortschrittsbewusstsein im Mittelalter. - Berlin u. New York, S. 399–421.

Rösener, W. (2009): Die Agrarwirtschaft der Zisterzienser: Innovation und Anpassung. - In: *Felten, Franz Josef u. Rösener, Werner [Hrsg.]*: Norm und Realität. Kontinuität und Wandel der Zisterzienser im Mittelalter. - Berlin (Vita regularis, 42), S. 67–96.

Rösener, W. u. Rückert, P. [Hrsg.] (2014): Das Zisterzienserkloster Salem im Mittelalter und seine Blüte unter Abt Ulrich II. von Seelfingen (1282–1311). - Ostfildern (Oberrheinische Studien, 31).

Rückert, M. M. (1999): Die Anfänge der Klöster Schöntal und Bronnbach und ihr Verhältnis zur Mutterabtei Maulbronn. - In: *Rückert, P. u. Planck, D. [Hrsg.]*: Anfänge der Zisterzienser in Südwestdeutschland. Politik, Kunst und Liturgie im Umfeld des Klosters Maulbronn. - Stuttgart (Oberrheinische Studien, 16), S. 101–126.

Rückert, P. (1997): Die Bedeutung Maulbronns für die Siedlungsgenese zwischen Stromberg und Schwarzwald im Mittelalter. - In: Maulbronn. Zur 850-jährigen Geschichte des Zisterzienserklosters, hrsg. vom Landesdenkmalamt Baden-Württemberg. - Stuttgart, S. 15–30.

Rückert, P. (2001): Das Albtal im 12. Jahrhundert. Eine zisterziensische Einöde? - In: *Rückert, P. u. Schwarzmaier, H. [Hrsg.]*: 850 Jahre Kloster Herrenalb. Auf Spurensuche nach den Zisterziensern. - Stuttgart (Oberrheinische Studien, 19), S. 27–44.

Rückert, P. (2009a): Zisterzienser und Landesausbau: Ordensideal und Realität im deutschen Südwesten. - In: *Felten, F. J. u. Rösener, W. [Hrsg.]*: Norm und Realität. Kontinuität und Wandel der Zisterzienser im Mittelalter. - Berlin (Vita regularis, 42), S. 97–116.

Rückert, P. (2009b): Umweltveränderungen im deutschen Südwesten. Agrarwirtschaft und Landnutzung zwischen Mittelalter und Neuzeit. - In: *Scholkmann, B. u. a. [Hrsg.]*: Zwischen Tradition und Wandel. Archäologie des 15. und 16. Jahrhunderts. - Büchenbach (Tübinger Forschungen zur historischen Archäologie, 3), S. 511–520.

Rückert, P. (2009c): Legitimation - Tradition - Repräsentation. Pragmatische Schriftkultur bei den Zisterziensern im deutschsprachigen Südwesten. - In: *Fleith, B. u. Wetzel, R. [Hrsg.]*: Kulturtopographie des deutschsprachigen Südwestens im späteren Mittelalter. Studien und Texte. - Berlin u. New York, S. 99–119.

Rückert, P. (2014): Von Salmannsweiler zu Salem: Gestaltung zisterziensischer Kulturlandschaft als heilsgeschichtliches Programm. – In: *Rösener, W. u. Rückert, P. [Hrsg.]*: Das Zisterzienserkloster Salem im Mittelalter und seine Blüte unter Abt Ulrich II. von Seelfingen (1282–1311). – Ostfildern (Oberrheinische Studien, 31), S. 19–38.

Rückert, P. (2019): Zur Sakralisierung der Landschaft. Zisterzienser im deutschen Südwesten. – In: *Krätschmer, M.; Thode, K. u. Vossler-Wolf, C. [Hrsg.]*: Klöster und ihre Ressourcen. Räume und Reformen monastischer Gemeinschaften im Mittelalter. – Tübingen (RessourcenKulturen, 7), S. 59–74.

Rückert, P. (2021, im Druck): Zisterzienser in ihrer Umwelt am Oberrhein: Zwischen Anpassung und Gestaltung. – In: *Dendorfer, J. u. Krieb, S. [Hrsg.]*: Zisterzienser und Zisterzienserinnen am Oberrhein (12.–14. Jahrhundert). – Ostfildern (Oberrheinische Studien).

Rupf, P. F. (2004): Das Zisterzienserkloster Tennenbach im mittelalterlichen Breisgau. Besitzgeschichte und Außenbeziehungen. – Freiburg u. München (Forschungen zur oberrheinischen Landesgeschichte, 48).

Schaab, M. (1963): Die Zisterzienserabtei Schönau im Odenwald. – Heidelberg (Heidelberger Veröffentlichungen zur Landesgeschichte und Landeskunde, 8).

Scherg, L. (1976): Die Zisterzienserabtei Bronnbach im Mittelalter. Studien zur Geschichte der Abtei von der Gründung bis zur Mitte des 14. Jahrhunderts. – Würzburg (Mainfränkische Studien, 14).

Schenk, W. (1989): Zur Raumwirksamkeit einer Heilsidee: eine Forschungs- und Literaturübersicht zu historisch-geographischen Fragestellungen der Zisterzienserforschung. – In: Siedlungsforschung, 7, S. 249–262.

Schenk, W. (1991): Zisterziensisches Erbe in der mainfränkischen Kulturlandschaft am Beispiel von Ebrach und Frauental. – In: *Brückner, W. u. Lenssen, J. [Hrsg.]*: Zisterzienser in Franken. – Würzburg (Kirche, Kunst und Kultur in Franken, 2), S. 55–68.

Schenk, W. (1998): Zisterzienser als Gestalter von Kulturlandschaften – Bewertung der landeskulturellen Leistungen und planerischer Umgang mit dem landschaftlichen Erbe. – In: *Schich, W. [Hrsg.]*: Zisterziensische Wirtschaft und Kulturlandschaft. – Berlin (Studien zur Geschichte, Kunst und Kultur der Zisterzienser, 3), S. 8–32.

Schenk, W. (2001a): Identifizierung, Erhaltung und Pflege sowie mediale Vermittlung des landschaftlichen Erbes des Zisterzienserordens, dargestellt an Beispielen aus Süddeutschland. – In: *Rückert, P. u. Schwarzmaier, H. [Hrsg.]*: 850 Jahre Kloster Herrenalb. Auf Spurensuche nach den Zisterziensern. – Stuttgart (Oberrheinische Studien, 19), S. 211–222.

Schenk, W. (2001b): Süddeutsche Kulturlandschaften unter zisterziensischem Einfluß: Historisch-geographische Ausprägungen und aktuelle planerische Anforderungen. – In: *Knefelkamp, U. [Hrsg.]*: Zisterzienser. Norm, Kultur, Reform – 900 Jahre Zisterzienser. – Berlin u. a., S. 211–238.

Schenk, W. (2002): Zisterzienser als Gestalter von Kulturlandschaft. Forschungsstand, offene Fragen und Konzept zum Umgang mit dem landschaftlichen Erbe. – In: *Otten, T. u. Wiemer, K. P. [Hrsg.]*: Ora et labora. Quellen und Elemente der Nachhaltigkeit zisterziensischen Lebens. – Köln (Zisterzienser im Rheinland, 5), S. 71–88.

Schenk, W. (2004): Zisterzienser im Fokus historisch-geographischer Forschungen. Ein Literaturbericht. – In: Cistercienser Chronik, 111, S. 79–84.

Schenk, W. (2008): Landschaft als materialisiertes Gedächtnis – historisch-geographische Erfassung und Bewertung des räumlichen Erbes der Zisterzienser im Rahmen der Kulturlandschaftspflege. – In: *Czaja, R.; Heimann, H.-D. u. Wemhoff, M. [Hrsg.]*: Klosterlandschaften. Methodisch-exemplarische Annäherungen. – München, S. 53–62.

Schenk, W. (2019): Vielfalt in der Einheit – von Zisterziensern geprägte Kulturlandschaften zwischen Typus und Individualität. Zehn Thesen zur raumbezogenen Forschung zum Zisterzienserorden/ Diversity in Unity – Cultural Landscapes Shaped by Cistercians between Archetype and Individuality. Ten Theses about Spatial Research on the Cistercian Order. – In: *Gunzelmann, T. u. Kastner, B. [Hrsg.]*: Vielfalt in der Einheit – Zisterziensische Kulturlandschaften in Mitteleuropa/ Diversity in Unity – Cistercian Landscapes in Central Europe. – München (Schriftenreihe des Bayerischen Landesamtes für Denkmalpflege, 19), S. 45–54.

Schich, W. [Hrsg.] (1998): Zisterziensische Wirtschaft und Kulturlandschaft. – Berlin (Studien zur Geschichte und Kultur der Zisterzienser, 3).

Schich, W. (1999): Klosteranlage und Wasserversorgung bei den Zisterziensern. – In: *Rückert, P. u. Planck, D. [Hrsg.]*: Anfänge der Zisterzienser in Südwestdeutschland. Politik, Kunst und Liturgie im Umfeld des Klosters Maulbronn. – Stuttgart (Oberrheinische Studien, 16), S. 25–42.

Schich, W. (2001): Die Gestaltung der Kulturlandschaft im engeren Umkreis der Zisterzienserklöster zwischen mittlerer Elbe und Oder. – In: *Knefelkamp, U. [Hrsg.]*: Zisterzienser. Norm, Kultur, Reform – 900 Jahre Zisterzienser. – Berlin u. a., S. 179–210.

Scholkmann, B. u. Pfrommer, J. (1998): Kloster und Archäologie. Ausgrabungen in der Zisterzienserabtei Bebenhausen. – In: *Schwitalla, U. u. Setzler, W. [Hrsg.]*: Die Zisterzienser in Bebenhausen. – Tübingen, S. 35–64.

Stadelmaier, C. (2014): Zwischen Gebet und Pflug. Das Grangienwesen des Zisterzienserklosters Tennenbach. – Freiburg u. München (Forschungen zur oberrheinischen Landesgeschichte, 58).

Sydow, J. (1984): Die Zisterzienserabtei Bebenhausen. – Berlin u. New York (Germania Sacra, NF 16, 2).

Untermann, M. (2001): Forma Ordinis. Die mittelalterliche Baukunst der Zisterzienser. – München u. Berlin 2001.

Untermann, M. (2019): Planen, Bauen, Aufgeben? Mittelalterliche Klosterbaukonzepte als Quelle für den Umgang mit Ressourcen. – In: *Krätschmer, M.; Thode, K. u. Vossler-Wolf, C. [Hrsg.]*: Klöster und ihre Ressourcen. Räume und Reformen monastischer Gemeinschaften im Mittelalter. – Tübingen (RessourcenKulturen, 7), S. 19–38.

Siedlungsforschung. Archäologie – Geschichte – Geographie 39, 2021, S. 349–377

Die kartographische Erfassung von Landschaften im Ostseeraum im 17. Jahrhundert als Herrschaftsinstrument des frühmodernen schwedischen Staates

Haik Thomas Porada

1 Zwischen Ryck und Rhein – neuere Kontakte in der historisch-geographischen Forschung nach dem Mauerfall

In den 1990er Jahren ergaben sich mehrfach Kontakte zwischen dem Seminar für Historische Geographie an der Rheinischen Friedrich-Wilhelms-Universität zu Bonn sowie dem Historischen und dem Geographischen Institut der Ernst-Moritz-Arndt-Universität in Greifswald. Einerseits war es ein Mitglied des Arbeitskreises für genetische Siedlungsforschung, *Ivo Asmus*, der nach seinem Studium in Bonn und Kiel nach Greifswald gewechselt war und hier nun die Wahrnehmung der Bonner historisch-geographischen Tradition förderte. Andererseits war das Interesse von Mitgliedern des Seminars in Bonn, darunter *Benno von Knobelsdorff-Brenkenhoff* (1915–2002) und *Rolf Plöger*, an dem in Greifswald nach dem Mauerfall wiederauflebenden Editions- und Forschungsvorhaben zur schwedischen Landesaufnahme von Pommern aus den Jahren 1692 bis 1709 sehr groß. Immerhin hatte *Fritz Curschmann* (1874–1946), der Nestor der Historischen Geographie in Greifswald, dieses Projekt bereits vor dem Zweiten Weltkrieg, ja letztlich sogar schon vor dem Ersten Weltkrieg in seinen Grundzügen als Teil des Historischen Atlas von Pommern entwickelt (*Asmus, Porada u. Schleinert* 1998; *Porada* 2021b). Ende der 1990er Jahre sprach mich schließlich *Klaus Fehn* auf einer Tagung zur Kulturlandschaftsforschung an der Universität Rostock an, ob ich nicht dem Arbeitskreis beitreten wolle. Während *Winfried Schenk* Nachfolger von *Klaus Fehn* auf dem Bonner Lehrstuhl und kurze Zeit später auch Vorsitzender des Arbeitskreises geworden war, hatte ich 2002 in Leipzig die Redaktion der Reihe „Landschaften in Deutschland" übernommen. Durch *Winfried Schenks* und *Andreas Dix'* Mitgliedschaft im Wissenschaftlichen Beirat dieser traditionsreichen Reihe mit einem deutlichen historisch-geographischen Schwerpunkt und durch die gemeinsame Tätigkeit im Arbeitskreis, der auf der denkwürdigen Jahrestagung 2005 in Greifswald zum eingetragenen Verein unter dem neuen Akronym ARKUM weiterentwickelt worden war, hat sich meine persönliche Einbindung in die historisch-geographische Forschung und Vermittlung seither deutlich verstärkt.

Dank der beiden letzten Vertreter der historisch-geographischen Schule in Greifswald, *Bruno Benthien* (1930–2015) und *Eginhard Wegner* (1918–2001), waren für die Studentengeneration, die zu Beginn der 1990er Jahre am dortigen Geographischen Institut studierte, die Kenntnis und der Gebrauch der flächendeckend aus der Zeit um 1700 vorhandenen Gemarkungskarten und Beschreibungsbände der schwedischen Landesaufnahme des westlichen Teils von Pommern eine Selbstverständlichkeit. Faszinierend waren die Möglichkeiten zu einer Betrachtung der Kulturlandschaftsentwicklung über einen Zeitraum vom Mittelalter bis ins 20. Jahrhundert, die dank der Qualität der Arbeit der schwedischen Landmesser einen Trittstein deutlich vor den preußischen Urmesstischblättern aus dem zweiten Viertel des 19. Jahrhunderts boten (vgl. z. B. *Wegner* 2009/10). Für einige von uns führte der Wunsch, die schwedischen Texte verstehen zu können, direkt zu einer Fächerkombination aus Geschichte, Geographie und Skandinavistik. Mit dem seit 1918 an der Greifswalder Universität bestehenden Nordischen Institut waren die Rahmenbedingungen dafür günstig. Und dank der neugewonnenen Freiheit seit dem Umbruch 1989/90 war ein Studium in Skandinavien auch nicht mehr das Privileg von „Reisekadern". Die Chance, ausgehend von einer auf wundersame Weise in Vorpommern über die Stürme der Zeit geretteten seriellen Quelle der Frühen Neuzeit den eigenen Blick für die faszinierende Geschichte des Ostseeraums zu weiten, haben seither wieder einige Greifswalder Absolventinnen und Absolventen genutzt.[1]

2 Drei exemplarische Biographien von schwedischen Landmessern des 17. Jahrhunderts

Die Ergebnisse der teils nur wenige Jahre, teils aber auch mehrere Jahrhunderte währenden Herrschaft Schwedens über unterschiedliche Territorien des Ostseeraums sind auf vielen Gebieten staatlicher Verwaltungstätigkeit betrachtenswert. Erst die – im Vergleich mit weiten Teilen des restlichen Europas – modernen Verwaltungsstrukturen ermöglichten dem nordischen Staat eine Großmachtpolitik, die den Nordosten und schließlich auch

1 Die Grundlage für diesen Beitrag bilden die Ausführungen in *Porada* 2009, die hier überarbeitet und aktualisiert worden sind.

die Mitte des Kontinents für mehr als ein Jahrhundert nachhaltig prägen sollte (*Tuchtenhagen* 2007). Die Übertragung eines elementaren Bestandteils des seinerzeit modernen schwedischen Staatswesens auf die baltischen und deutschen Besitzungen der Krone Schweden, die Vermessung für fiskalische und die für militärische Zwecke, soll mit diesem Beitrag skizzenhaft vorgestellt werden. Mit den prächtigen Kartenwerken des 17. und 18. Jahrhunderts steht auch dem heutigen Betrachter noch eines der Resultate der sogenannten Schwedenzeit im Ostseeraum anschaulich vor Augen. Nicht nur in öffentlichen Einrichtungen, sondern – zumindest in Skandinavien – auch in einer Reihe von privaten Sammlungen lässt sich dieser Kartenreichtum studieren, z. B. in Schloss Krapperup in Schonen (*Ramsay* 1992).

Als Einführung mögen drei beispielhaft ausgewählte Lebensläufe schwedischer Landmesser eine Vorstellung von den räumlichen und gesellschaftlichen Dimensionen der schwedischen Großmachtzeit vermitteln. Es handelt sich um *Gunno Eurelius Dahlstierna* (1661–1709), *Brynolf Hesselgren* (1666–1734) und *Per* Örneklou (nach 1630 bis nach 1701). Die hier im Folgenden nachgezeichneten Kurzbiographien stützen sich auf das grundlegende Werk von *Viktor Ekstrand* (1896–1903), der sowohl die Akten des damals noch in Stockholm beheimateten Landesvermessungswerks als auch des Reichs- und Kriegsarchivs umfassend gesichtet hatte.

Gunno Eurelius wurde 1661 auf dem Pfarrhof Örs in Dalsland, einer schwedischen Grenzlandschaft zu Norwegen, als Sohn eines Propstes geboren. Im benachbarten Värmland erhielt er in Karlstad auf dem Gymnasium seine Ausbildung. Bereits 1677 finden wir ihn unter den Uppsalaer Studenten. Von dort zog er gemeinsam mit 38 weiteren Landmessern 1681 nach Livland als Mitglied der für die Reduktion im Baltikum arbeitenden Landmesserkommission. Sein spezieller Auftrag war neben den Reduktionsarbeiten, d. h. also der Einziehung von in adlige Hände gelangtem Kronland, die Erstellung einer neuen Karte von Livland. Als diese Kommission 1684 vorerst ihre Tätigkeit einstellen musste, boten ihm Bürgermeister und Rat der Stadt Riga die Stellung eines Stadtingenieurs an, die er aber dankend ablehnte. Stattdessen nutzte er die Gelegenheit für diverse Schiffsreisen auf der Ostsee, um sich in Steuermannskunst und Seekartographie zu üben. Schließlich ging er nach Deutschland, wo er 1687 an der Leipziger Universität sein Magisterexamen in Philosophie ablegte. Er wurde mit einer Abhandlung „De Electro" promoviert, was ihm das Angebot einer Professur an der Alma Mater Lipsiensis einbrachte (*Eurelius* 1687). Diesen Ruf lehnte er ebenso ab wie den der Universität Dorpat, die ihm eine Mathematikprofessur anbot. Ende der 1680er Jahre standen diesem Mann in ganz Europa die Türen offen, nachdem sein in Livland vollbrachtes kartographisches Gesellenstück bekannt geworden war. Ihn erreichte sogar das Angebot, die Halbinsel Morea, die heutige Peloponnes, zu vermessen, die die Republik Venedig 1687/88 vom Osmanischen Reich zurückerobert hatte. Dies geschah vermutlich auf Vermittlung des in venezianische Dienste getretenen schwedischen Feldmarschalls *Otto Wilhelm Graf Königsmarck* (1639–1688), der zuvor als Generalgouverneur über Schwedisch-Pommern amtierte. *Königsmarck* war übrigens für die Demolierung der Akropolis in Athen mitverantwortlich, die damals als Munitionsmagazin genutzt wurde, das er sprengen ließ (*Förster u. Porada* 2016).

Kurze Zeit später verlagerte *Gunno Eurelius* seine Tätigkeit an die südliche Ostseeküste. Nach einem erfolglosen Versuch im Jahre 1681 hatte der schwedische König *Karl XI.* (1655–1697) 1690 beschlossen, Pommern und die anderen schwedischen Besitzungen in Deutschland vermessen zu lassen. Dazu ließ er neun junge Landmesser, die bis dahin Studenten an der Universität Uppsala waren und die alle aus Värmland stammten, in Stockholm examinieren und 1691 nach Pommern entsenden. Zu ihrem Inspektor wurde *Gunno Eurelius* ernannt, dem schließlich im Jahre 1700 die Direktion über das Königliche Generallandmesserkontor in Stockholm übertragen wurde. 1702 wurde er unter dem Namen *Dahlstierna* in den Adelsstand erhoben, womit auf seine Herkunft aus Dalsland Bezug genommen wurde. Sein Lebenswerk, die Erstellung eines vollständigen Katasters aller deutschen Provinzen Schwedens, gab er aber auch in der neuen Stellung nicht auf. Als er 1709 starb, war das Werk so gut wie vollendet. Unter seiner Aufsicht war für vier deutsche Territorien das erste vollständige Kataster auf der Basis einer Vermessung entstanden, dem großmaßstäbliche Flurkarten zugrunde lagen. *Dahlstierna* war, typisch für erfolgreiche Vertreter neu geadelter Familien in jener Zeit, mit mehreren Gütern belehnt worden. Er verfügte über zahlreiche weitere Talente. Sowohl in Pommern als auch in Schweden wurde er ob seiner vollendeten Dichtung, die einen der Höhepunkte des karolinischen Barocks auf diesem Gebiet der Kunst markiert, verehrt. (*Ekstrand* 1896–1903, S. XXXVII–XLI). Seine Nachkommen hinterließen in Pommern zahlreiche weitere Spuren (*Fukarek* u. *Porada* 2006; *Porada* 2015a).

Einer der Mitarbeiter *Dahlstiernas* war *Brynolf Hesselgren*, der, ebenfalls als Sohn eines Geistlichen aus Värmland stammend, seine Ausbildung auf dem Gymnasium in Karlstad und auf der Universität Uppsala erhielt. Wie viele seiner späteren Kollegen sollte auch er eigentlich Theologe werden, aber durch das Studium der Mathematik hatte er die Aufmerksamkeit des Direktors des Stockholmer Generallandmesserkontors, *Karl Freiherr Gripenhielm* (1655–1694), auf sich gezogen, der ihn mit den anderen aus Värmland stammenden Studenten nach Pommern beorderte (*Ekstrand* 1896–1903, S. XXIX–XXXV). Dort war er zehn Jahre tätig. Nach Ausweis der von seiner Hand überlieferten Karten ist er als ein sehr begabter Landmesser und Zeichner zu charakterisieren. In den Jahren 1695, 1698 und 1700 war er gemeinsam mit zwei weiteren Landmessern an der Vermessung der Herrschaft Wismar beteiligt, also der Stadt Wismar, des Amtes Neukloster und der Insel Poel in Mecklenburg. 1701 wiederum finden wir ihn als sogenannten Landrenovator im Herzogtum Pfalz-Zweibrücken, wo er zweieinhalb Jahre lang das südlichste Territorium vermaß, das in Personalunion von *Karl XII.* (1682–1718), dem letzten schwedischen König aus dem Hause Wittelsbach, regiert wurde (*Budell* 2009; *Porada* 2020, 2021a). Von 1703 bis 1709 war er schließlich als ordentlicher Landmesser in Västmanland in Schweden tätig, ehe er als Inspektor in der Stockholmer Zentrale sein Auskommen fand. Als der Nordische Krieg sich in seiner Endphase nach Norwegen verlagert hatte, wurde *Hesselgren* 1716 Opfer einer Intrige. Unter dem Vorwurf des Landesverrats wurde er für zweieinhalb Jahre in den Kerker geworfen. Nach seiner Rehabilitierung, die erst nach dem Tod König *Karls XII.* möglich war, erhielt er als Entschädigung ein Gut in der Nähe von Gripsholm. Auch in sein Amt wurde er wieder in Ehren eingeführt, schließlich zum Oberinspektor im Range eines Kämmerers in das Kammerkollegium aufgenommen. Als er 1734 starb, wurde er auf seinen Wunsch hin in den Ketten seiner Kerkerhaft in der Jakobikirche zu Stockholm beigesetzt (*Ekstrand* 1896–1903, S. LXXIV–LXXV). Diese Kirche grenzt unmittelbar an das von 1689 bis 1975 genutzte Gebäude des Generallandmesserkontors, ein ehemaliges Lusthaus der 1654 abgedankten schwedischen Königin *Christina* (*Wartenberg* u. *Porada* 1998, S. 55, *Albrecht* et al. 2019, S. 100).

Mit *Per* Örneklou haben wir dagegen ein Beispiel für eine gescheiterte Existenz unter den zahlreichen schwedischen Landmessern im letzten Drittel des 17. Jahrhunderts vor uns. Er wurde in den 1630er Jahren in Narwa als Sohn des schwedischen Statthalters *Peder Larsson Alebeck*, später geadelt auf den Namen Örneklou, und der *Margareta von Rosen* geboren. 1658 ist er im Range eines Majors in den Quellen nachweisbar. Er hatte also eine militärische Laufbahn eingeschlagen. Es gibt Hinweise darauf, dass er als Festungskommandant in Altdamm bei Stettin in diesen Jahren tätig war (*Porada* 1998, 2001). Als nicht völlig gesichert muss die Annahme gelten, Örneklou sei zwischen 1670 und 1675 als Landmesser tätig gewesen. Von ihm ist eine kleinere Pommern-Karte in der Königlichen Bibliothek in Stockholm aus dem Jahre 1670 erhalten geblieben (*Fukarek* u. *Porada* 2006, S. 22). In der gesamten Zeit erscheint er aber als Offizier; 1675 wurde er zum Oberstleutnant bei den sogenannten Hälsinglands Dreimännern, einem aus dieser mittelschwedischen Landschaft rekrutierten Regiment, befördert. Von Zeitgenossen, insbesondere seinen adligen Standesgenossen, wurde er als verhasster Glücksritter beschrieben, der sich voll und ganz hinter die Reduktionspläne König *Karls XI.* gestellt hatte. Er gilt als geistiger Ahnherr für die Allgemeine oder Waldkommission, die ab 1689 den Grund für die Reduktionen legte und dazu zahlreiche Landmesser beschäftigte. Schließlich wurde er zum Landeshauptmann in Skaraborgs län in Westschweden ernannt, kurze Zeit später aber abberufen und noch 1690 als Landeshauptmann auf Ösel (estnisch: Saaremaa), eingesetzt. Aus dieser Position teilte er 1698 der Direktion des Generallandmesserkontors in Stockholm mit, er habe im Residenzhaus in Arensburg ein bequemes Landmesserkontor eingerichtet. Aber auch auf Ösel wurde er schon 1701 abgesetzt, floh daraufhin nach Deutschland und starb vermutlich in Lübeck (*Ekstrand* 1896–1903, S. 259).

Anhand dieser drei exemplarisch vorgestellten Lebensbilder aus dem Kreis der schwedischen Landmesser sollte deutlich werden, mit welcher enormen Mobilität diese damals neuartige Funktionselite im gesamten Ostseeraum und teilweise darüber hinaus tätig war. Eine Sicht nur auf Schweden-Finnland oder auf das Baltikum bzw. auf die südliche Ostseeküste verbietet sich, will man den Gesamtzusammenhang erkennen. Nur so können Unterschiede und Parallelen in der Entwicklung und Bedeutung der schwedischen Vermessungen in den einzelnen Bereichen erkannt werden. Deshalb werden im Folgenden das Baltikum und Ingermanland, die historische Landschaft um St. Petersburg, in den Vergleich mit den Verhältnissen an der südlichen Ostseeküste einbezogen.

3 Die Rolle von Landesvermessung und Kartenproduktion im Kampf um das Dominium Maris Baltici

Bereits seit der zweiten Hälfte des 16. Jahrhunderts nahm die politische, militärische und wirtschaftliche Bedeutung Schwedens beträchtlich zu. Nachdem die Stadt Reval und der Adel im nördlichen Estland bereits 1561 der schwedischen Krone die Treue geschworen hatten, begann die Inbesitznahme fast des gesamten Ostseeraumes, deren zweite Etappe 1629 nach der schrittweisen Eroberung ganz Estlands, Ingermanlands, Kareliens sowie Livlands abgeschlossen war, abgesehen davon, dass von 1629 bis 1635 zusätzlich weite Teile Ostpreußens von schwedischen Truppen besetzt waren (*Lingenberg* 1972). Mit dieser schwedischen Expansion waren allerdings auch die Kontrahenten um Einflusssphären im Ostseeraum deutlich auszumachen – Dänemark, Russland und Polen, wobei gerade die Auseinandersetzungen mit Russland den Konflikt mit den anderen beiden Mächten noch um ein Jahrhundert überdauern sollten und erst mit dem völligen Verlust auch der östlichen schwedischen Reichshälfte beendet werden konnten. Dieser Verlust ist als ein Prozess zu charakterisieren, der sich vom Nordischen Krieg bis zur Abtretung Finnlands 1809 hinzog (*Kirby* 1998; *Asche u. Schindling* 2003).

Schwedens Eingreifen in den Dreißigjährigen Krieg führte zur Eroberung deutscher Gebiete und endete mit dem Friedensschluss von Münster und Osnabrück im Jahre 1648. Der Artikel 10 dieses Vertrages, der der politischen Entwicklung Europas bis 1815 eine völkerrechtliche Grundlage gab, legte die Eroberungen Schwedens fest. Dabei bediente man sich für Pommern, Wismar und Bremen-Verden ähnlicher rechtlicher Konstruktionen, die das schwedische Staatsoberhaupt für diese Gebiete als Herzog von Pommern, Herrn zu Wismar, Herzog von Bremen und Fürsten von Verden in Personalunion zu einem Fürsten des Heiligen Römischen Reiches deutscher Nation machte und so eine Vertretung schwedischer Interessen auf dem deutschen Reichstag und in den jeweiligen Reichskreisen erlaubte. Mit der pommerschen Beute hatte sich Schweden neben dem Dauerkonflikt mit Dänemark (*Meier* 2003; *Krüger* 2019), Russland und Polen auch an der Südgrenze seines Dominium Maris Baltici mit Brandenburg (seit 1701 Preußen) einen weiteren erbitterten Widersacher geschaffen.

Ermöglicht wurde die zumindest bis in die zweite Hälfte des 17. Jahrhunderts erfolgreiche Außenpolitik Schwedens durch die Entwicklung seiner Wirtschaft, die auf eigener Rohstoffbasis (Eisen, Kupfer, Holz, Wasser für energetische Zwecke) in großem Umfang

Exportwaren und Rüstungsgüter für Armee und Flotte bereitstellen konnte. Dabei standen Krieg und gesteigerte Effizienz der staatlichen Verwaltung in einem engen Abhängigkeitsverhältnis. Der Krieg ernährte den Krieg, z. B. zu Beginn des Dreißigjährigen Krieges über die Zolleinkünfte aus den preußischen Häfen und dann fortlaufend durch die in den besetzten Gebieten im Heiligen Römischen Reich deutscher Nation erhobenen Kontributionen. In Friedenszeiten war die gesamte Kriegsmaschinerie in Europa gefährdet, da es dann kaum einer Macht noch möglich war, die großen stehenden Heere zu unterhalten (*Roberts* 1979). Zu den externen Finanzierungsquellen für die schwedische Großmachtpolitik zählten an erster Stelle französische Geldtransfers, ohne die das nordische Königreich sich kaum in all den Kriegen des 17. Jahrhunderts hätte behaupten können. Zur finanziellen Absicherung bediente sich Schweden außerdem einer effektiven Steuerpolitik, die, unterlegt mit einer kartographischen Aufnahme, auf der genauen Kenntnis des Landes und der materiellen und finanziellen Leistungsfähigkeit seiner Bevölkerung beruhte (*Kain* u. *Baigent* 1992). Befördert wurde die Entwicklung des Vermessungswesens direkt durch König *Gustav II. Adolf* (1594–1632), der 1628 an seinen Generalmathematicus *Anders Bure* (1571–1646, 1624 auf den Namen *Bureus* geadelt) eine Instruktion erließ, wonach dieser mit der Ausbildung eines Korps von Landmessern beginnen sollte. Seit Beginn der 1630er Jahre hatte sich die erste von ihm geschulte Generation von Landmessern etabliert, die auch in ihren Amtsbezeichnungen noch kein einheitliches Erscheinungsbild abgab. Sie nannten sich Geograph oder Geodät, vor allem aber Ingenieur. Das zivile Vermessungswesen war zu diesem Zeitpunkt noch ein Teil der Aufgaben, die vom Kammerkollegium, der obersten Finanzbehörde, wahrgenommen wurden, wobei die Landmesser selbst außerordentlich dezentralisiert arbeiteten und lebten. Die Errichtung eines in Stockholm ansässigen Landmesserkontors unter einem eigenen Direktor mit weitreichenden Vollmachten zog sich bis in die 1680er Jahre hin. Ein wichtiger Meilenstein auf diesem Weg war die Einrichtung eines zentralen Dienstes in der Person von *Peder Menlös* (†1665), der seit 1642 als Inspektor der Landesvermessung in der Kammer tätig war. Dieser Prozess muss im Zusammenhang mit den zeittypischen Professionalisierungstendenzen gesehen werden, wobei vor allem die zentrale Prüfung der Landmesser und die ständige Kontrolle der Qualität ihrer Arbeiten durch die Stockholmer Zentrale zu einer deutlichen Verbesserung auch der Kartenerstellung vor Ort beitrug (*Tollin* 2008b). Aus den in großer Dichte und Vollständigkeit überlieferten und zum Teil bereits edierten Quellen ist deutlich das Bemühen des Generallandmesserkontors in Stockholm erkennbar, auch während der zweiten geometrischen Aufnahme die Landmesser in allen Teilen des Reiches zu steuern und zu kontrollieren (*Ekstrand* 1901–1906, z. B. Nr. 1 und Nr. 78, S. 79–92). Eine weitere zentrale Behörde – das Fortifikationskorps – war mit der militärischen Kartierung des Landes und seiner Eroberungen befasst, die bereits früh zu Detail- und Übersichtskarten von Städten, Provinzen und des gesamten Reiches sowie der entsprechenden Befestigungsanlagen, Wege, Flussstraßen und Küstenbereiche führte (*Munthe* 1902 ff.; *Ehrensvärd* 1991).

Das im Auftrag des Generallandmesserkontors entstandene zivile Kartenmaterial im Maßstab 1:2.000 bis 1:5.000 leitete eine neue Form der Besitzstandsdokumentation ein, aus der sich bis heute etwa 10.000 bis 12.000 exakt vermessene sogenannte ältere geometrische Gemarkungs- bzw. Flurkarten erhalten haben (*Höglund* 2008, S. 12). Von 15.000 bis 17.000 Karten spricht dagegen *Tollin* (2005). Die Vermessungen waren für Schweden und Finnland in den Grenzen vor dem Frieden von Brömsebro von 1645 in der Hauptsache zwischen 1630 und 1655 durchgeführt worden. Im Anschluss wurde die Landesvermessung für knapp drei Jahrzehnte auf kleinmaßstäbliche, sogenannte geographische Karten konzentriert. Diese Aufnahmen halfen auch bei der Einziehung von ehemals verpfändetem Land der Krone, den sogenannten Reduktionen. Die Reduktionen wurden in Schweden nach der Abdankung der Königin *Christina* (1626–1689) und dem Regierungsantritt ihres Nachfolgers, König *Karl X. Gustav* (1622–1660), seit 1655 mit begrenzter Wirkung angeschoben. Erst unter König *Karl XI.* wurden seit 1680 per Reichstagsbeschluss im gesamten Reich die Reduktionen durchgesetzt.

Abb. 1: Geometrische Karte der Domäne und des Dorfes von Gudhem (Gudhems kungsgård och by), vermessen und gezeichnet 1647 von Johan Botvidsson. Maßstab 1:3.333 (Quelle: Riksarkivet Stockholm, Geometriska jordeboken P2:19–20).

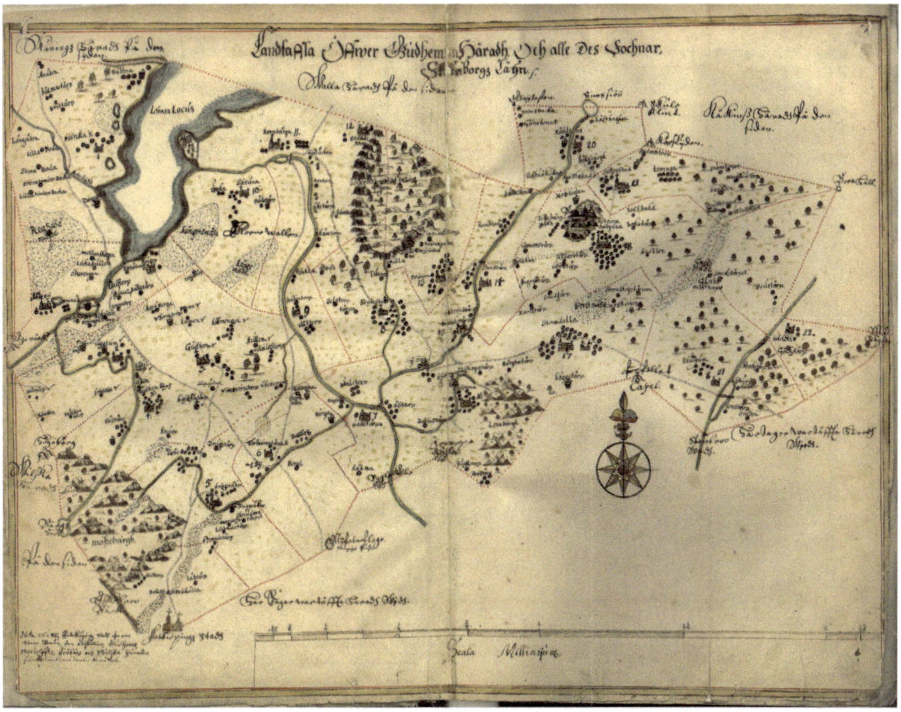

Abb. 2: Geographische Karte des Bezirks von Gudhem (Gudhems härad), vermessen und gezeichnet 1647 von Johan Botvidsson. Maßstab 1:50.000 (Quelle: Riksarkivet Stockholm, Geometriska jordeboken P2:översiktskarta).

Weitere ergänzende Vermessungen ermöglichten *Karl Gripenhielm* 1688 die Zeichnung einer Generalkarte von ganz Schweden im Maßstab 1:3.000.000 – die erste Karte, der eine genaue geometrische Vermessung des Landes zu Grunde lag (*Pauli* 1984, S. 64 f.; *Sporrong* u. *Wennström* 1990). Der Nutzen der Kartierung lag auf der Hand und führte dazu, dass auch in den eroberten Gebieten ähnliche Vermessungen – nun auch primär zum Zwecke der Steuererhebung und für die Reduktionen – erfolgten (*Wernicke* 1997). Die Ergebnisse dieser seit den 1680er Jahren wiederum großmaßstäblich erfolgten Landesaufnahme werden im Unterschied zu der zwischen 1630 und 1655 nur im Mutterland betriebenen Form als jüngere geometrische Karten bezeichnet. Zu dieser Gruppe gehören auch die Karten, die in Ingermanland, im Baltikum, in Pommern, in Wismar, in Bremen-Verden und in Pfalz-Zweibrücken entstanden.

Teile Pommerns, Mecklenburgs, Niedersachsens und der Pfalz kamen dank der Pommerschen Kommission des Königlichen Generallandmesserkontors in Stockholm in den Genuss eines historischen Superlativs: Sie können für sich in Anspruch nehmen, die ältesten kartographisch unterlegten, flächendeckenden Kataster Deutschlands zu besitzen.

Es gibt zahlreiche Indizien dafür, dass sowohl in Preußen als auch in Mecklenburg, in Hannover und in Bayern eine intensive Rezeption des schwedischen Vermessungswesens stattfand – vermutlich nicht erst, seitdem ihnen die schwedischen Gebiete am Ende des Nordischen Krieges zugefallen waren. Das Baltikum, Ingermanland und Finnland wiederum haben aufgrund des im 17. Jahrhundert erreichten Standes der schwedischen Landesaufnahme eine wegweisende Funktion für die Entwicklung der russischen Kartographie gehabt, denn zu den wertvollsten Beutezielen des russischen Zarentums im östlichen Ostseeraum zählten neben den Karten des Landmesserkontors in Narwa und des Fortifikationskorps auch die schwedischen Landmesser selbst, die im Zuge der Kampfhandlungen in Ingermanland, in Karelien und im Baltikum mehr als einmal verschleppt und für den Aufbau des russischen Vermessungswesens eingesetzt wurden (*Ekstrand* 1896–1903, 1912; *Jäger* 1987; *Ehrensvärd* 2007, S. 40–43). Der wohl prominenteste Fall eines „erbeuteten" schwedischen Kartographen ist *Philipp Johann von Strahlenberg* (1677–1747), dem wir unser modernes Kartenbild von Sibirien verdanken (*Ehrensvärd* 2011).

Die Organisationsstrukturen für die Landesaufnahme und die damit verbundene Kartenproduktion sind von Territorium zu Territorium sehr unterschiedlich gewesen. Das im Jahre 1675 von Riga nach Narwa verlegte Landmesserhauptkontor für die östliche Reichshälfte hatte z. B. neben der zivilen großmaßstäblichen Landesaufnahme, insbesondere zu Steuerzwecken, von Anfang an den Auftrag, auch kleinmaßstäbliche Übersichtskarten und Fortifikationsrisse anzufertigen. Die Situation, wie sie in Narwa bis zur russischen Eroberung Ingermanlands und des Baltikums während des Nordischen Krieges bestand, d. h. eine enge Kooperation zwischen zivilen Landmessern, Fortifikationsoffizieren und Seekartographen, war für die Geschichte des schwedischen Vermessungswesens eher ungewöhnlich (*Ehrensvärd* 2007, S. 33–34). Das Generallandmesserkontor in Stockholm mit seinen über das gesamte Reich verteilten Kommissionen war eine rein zivile Behörde, die hier ausgebildeten Landmesser kamen zum übergroßen Teil auch aus der zivilen Sphäre und wechselten höchst selten in den militärischen Sektor. Zur Rekrutierungsbasis des schwedischen Landmesserkorps hat *Clas Tollin* (2007a, 2008a) interessante Beobachtungen angestellt. Die Pommersche Kommission z. B. wurde erst im Siebenjährigen Krieg Mitte des 18. Jahrhunderts zeitweise in einen Kartenlieferanten für aktuelle militärische Operationen gegen Preußen umgewandelt (*Fukarek u. Porada* 2006).

Elizabeth Baigent (2005) hat in vergleichender europäischer Perspektive die Entstehung von frühmodernen Katastern und dabei auch die schwedischen Vermessungen des 17. Jahrhunderts untersucht. Sie kommt zu der Feststellung, dass in der ersten Phase der großmaßstäblichen Aufnahme Schwedens und Finnlands keine explizite steuertechnische Motivation gegeben war. Vielmehr handelte es sich bei den Vermessungen und Kartierungen der 1630er und 1640er Jahre um eine Art Bestandsaufnahme des Landes, an dem neben dem Staat auch vereinzelt Adlige für ihren privaten Gebrauch beteiligt waren. Der am Ende des Jahrhunderts vor allem im Zusammenhang mit der großen Reduktionen gerade vom Adel sowohl in Schweden, vor allem aber im Baltikum und in

Pommern gegen die Vermessungen geleistete Widerstand war zu diesem Zeitpunkt noch nicht spürbar. Sie sieht eine der Triebfedern im sogenannten Göthizismus oder Gotizismus. Hiermit bezeichnet man die Ideologie der schwedischen Eliten, die ganz wesentlich die Jahrzehnte der Expansion im Ostseeraum und in Mitteleuropa begleitete. Dabei spielte die Rechtfertigung der jüngeren Linie des Hauses Wasa gegenüber den Ansprüchen der älteren, in Polen regierenden Linie eine Rolle, aber auch die Durchsetzung der lutherischen Orthodoxie als Staatsreligion und eine Umdeutung frühmittelalterlicher skandinavischer Traditionen im biblischen Sinne, wie sie *Olof Rudbeck* d. Ä. (1630–1702) Professor für Naturgeschichte an der Universität Uppsala vorgenommen hatte. Demnach war Schweden das Manheim, also eine germanische Landschaft, die aber zugleich als Wurzel für die Völker des Alten Testaments gesehen wurde. Alle schwedischen Könige des 17. Jahrhunderts hatten diese Ideologie mehr oder weniger tief verinnerlicht und ihr politisches Handeln danach ausgerichtet. Deshalb gab es auch Aktivitäten des frühmodernen schwedischen Staates, die nicht immer unmittelbar einer fiskalischen oder ökonomischen Kosten-Nutzen-Rechnung unterworfen gewesen sind. Die Erfassung des gesamten Reiches war aus den unterschiedlichen Perspektiven zu einem Prestigeprojekt geworden. Dazu gehörte „Suecia antiqua et hodierna“ (posthum 1716 veröffentlicht), ein Kupferstichwerk von *Erik Jönsson Graf Dahlbergh* (1625–1703) über die bedeutendsten Städte und Herrenhöfe des Landes, genauso wie die fast zeitgleiche Errichtung eines zentralen antiquarischen Dienstes und eben des Landmesserkorps innerhalb der Kammer. Der antiquarische Dienst stand übrigens unter der Ägide von *Johan Bureus* (1568–1652), einem Cousin von *Anders Bureus* (1571–1646), der als Begründer der Landesvermessung in Schweden gilt (*Ekstrand* 1896–1903, S. XVII–XXIX).

Neben dem Fortifikationskorps, also einem militärtopographischen Dienst, gab es für die Bergwerke in Dalarna und angrenzenden Regionen nördlich von Stockholm eine eigene Vermessungsbehörde, die sich an den Markscheidern in den Gruben der deutschen Mittelgebirge ein Vorbild nahm. Die Entwicklung der schwedischen Seekartographie war eng mit der in der zweiten Hälfte des 17. Jahrhunderts kräftig ausgebauten zentralen Marinebasis Karlskrona in Blekinge verknüpft (*Loeck* 1988).

Im Laufe des 17. Jahrhunderts wurde aus der für europäische Verhältnisse einmaligen kartographischen Bestandsaufnahme des schwedischen Reiches zunehmend eine den Steuerbehörden zuarbeitende Einrichtung. Sie wurde bei Grenzstreitigkeiten eingesetzt, um Gerichtskosten zu sparen. Der Einsatz von Kartographen zur Vorbereitung von Gerichtsurteilen bei Grenz- und Nutzungsstreitigkeiten war auch in einzelnen Territorien des Heiligen Römischen Reichs deutscher Nation bereits seit dem Ende des 15. Jahrhunderts gebräuchlich. Allerdings waren die dabei entstandenen Karten durchweg an den konkreten Fall gebunden und nicht das Ergebnis einer vom Landesherrn veranlassten flächendeckenden Landesaufnahme (*Recker* 2001). Die schwedische Behörde nahm sogar bereits erste Separationen in den Dörfern vor und ließ damit erahnen, was im 18. und 19. Jahrhundert ihre Hauptaufgabe werden sollte. Schließlich schuf sie mit ihren Flächen-

und Bonitierungskartierungen eine wesentliche Basis für die Arbeit der nachgelagerten Kommissionen zur steuerlichen Veranschlagung von Grund und Boden. Ihre wichtigste Funktion in der zweiten Hälfte des 17. Jahrhunderts war es aber, die Reduktionen überhaupt erst zu ermöglichen. Damit erlangte die schwedische Krone die Ländereien wieder, die vor allem in den Zeiten der Vormundschaftsregierungen für Königin *Christina* und *Karl XI.* an den Hochadel gefallen waren. Den Hintergrund bildeten die dramatischen Finanzlücken, die der Krone zunehmend ein selbständiges Agieren unmöglich machten. Verschärft wurde diese Situation durch den Umstand, dass wesentliche Teile des Kronlandes, auch in den neu eroberten Provinzen, z. B. Gotland, Ösel oder die landesherrlichen Tafelgüter in Pommern, der in Rom lebenden, abgedankten Königin *Christina* von 1654 bis zu ihrem Tode 1689 als sogenannte Unterhaltsländer dienten. Die Auseinandersetzungen mit dem Adel führten zu einer Stärkung des absolutistischen Charakters der schwedischen Monarchie in der sogenannten Karolinischen Zeit, also der Zeit, in der die drei Könige aus dem Hause Wittelsbach das Reich regierten. Die Durchsetzungskraft gegenüber dem Hochadel beruhte auf dem Bündnis der Krone mit dem Bauernstand innerhalb Schweden-Finnlands, der im Gegensatz zu den meisten anderen europäischen Staaten im Reichstag vertreten war und ganz wesentlich über ein landschaftlich organisiertes Aushebungssystem für die Regimenter, das sogenannte Einteilungswerk, den Blutzoll für die schwedische Großmachtzeit zu bezahlen hatte. Hier liegt auch das Geheimnis für das erstaunlich lange Durchhaltevermögen der schwedischen Krone. Ohne den Konsens mit dem Bauernstand wäre die schwedische Expansion wohl nur ein sehr kurzfristiges Phänomen geblieben. Dies gilt umso mehr, als der Adel in dieser Zeit eine Verschlechterung der politischen Stellung der Bauern nach baltischem und pommerschem Vorbild durchaus anstrebte.

Der schwedische Staat entwickelte sich im 17. Jahrhundert zu einer Militärmaschinerie ohne gleichen. Allein in den ersten beiden Jahren des Eingreifens in den Dreißigjährigen Krieg vermochte es diese vorher periphere Macht, mehr als 140.000 Soldaten ständig unter Waffen zu halten. Auch in späteren Kriegen, z. B. in der Frühphase des schwedisch-polnischen Krieges 1655, wurden ähnliche Truppenstärken erreicht, die aufgrund ihrer Zerstörungskraft zum Bild von der Sintflut in der polnischen Geschichte führten (*Frost* 1993). Wenn auch diese Truppen zu einem erheblichen Teil aus geworbenen Regimentern bestanden, so waren doch die durch zwei große Militärreformen möglich gewordenen Aushebungen im Mutterland enorm. In manchen Gemeinden Schwedens und Finnlands fehlten weniger aufgrund großer Schlachten als vielmehr durch die Seuchenzüge in den Feldlagern und Garnisonen ganze Generationen von Männern.[2] Letztlich ist die logis-

2 Die in den schwedischen Konglomeratstaat seit dem 16. Jahrhundert inkorporierten Territorien waren durch zahlreiche Kriege in eine schwere demographische Krise geraten. Dies traf gleichermaßen für den östlichen, westlichen und südlichen Ostseeraum zu. Auch wenn es immer wieder Projekte zur Peuplierung gab (vgl. z. B. für einen Stadtgründungsversuch der Südküste des Finnischen Meerbusens um 1630: *Porada* 2015b), so wurden doch alle zaghaften Erholungs-

tische Leistung, die hinter dieser Kriegsführung stand, aus historischer Sicht eines der großen Phänomene frühneuzeitlicher Geschichte in Europa (*Busch* 2000). Die rasche Entwicklung und der Ausbau des bürokratischen Staates auf allen Ebenen lassen sich – neben der Militär- und Finanzverwaltung – auch an der Entwicklung der Landesvermessung im Ostseeraum ablesen.

4 Organisation und Resultate der Landesaufnahme im Rahmen der schwedischen Herrschaft in Nordost- und Mitteleuropa

In den eroberten Gebieten sind mindestens zwei Etappen der Kartierung zu konstatieren; zunächst die Bestrebung, gleich nach der militärischen Einnahme ein genaues Kartenmaterial herzustellen, das der militärisch-administrativen Entscheidungsfindung und der Fortifikation dienen konnte (*Gäfvert* 1999), z. B. die Übersichtskarte von Pommern um 1655 und die Stadtpläne pommerscher Städte mit ihren Befestigungen 1656–1664 von *Hans Heinrich Craußе* (geb. um 1620, geadelt 1664 in Stockholm auf von Crausenstein, vgl. *Hacker* 1995, *Petersohn* 2007), die Übersichtskarte von Schonen von *Gerhard Buhrmann* (1653–1701) von 1684 (Pauli 1984), die Pläne von Stadt und Festung Wismar von 1639 und 1651 (*Hoppe* 1995), eine Reihe von Karten für Est- und Livland aus den 1630er und 1640er Jahren (*Ehrensvärd* 2000). In einer zweiten Etappe wurde die flächendeckende Anfertigung von Grundkarten für die Eigentumsdokumentation und für die Steuererhebung vorgenommen. Die geometrische Aufnahme von Schonen erfolgte ab 1681. Die ersten umfassenden Vermessungen an der östlichen und an der südlichen Ostseeküste fanden in gestaffelter Form statt: 1639 begannen Landmesser unter Leitung von *Erik Nilsson Aspegreen* (1615–1672) mit einer großmaßstäblichen Aufnahme Ingermanlands, die sie 1643 abschlossen. Auftraggeber war *Karl Karlsson Freiherr Gyllenhielm* (1574–1650), ein natürlicher Sohn König *Karls IX.*, der *Aspegreen* zuvor bereits in Uppland auf seinen eigenen Gütern als Landmesser beschäftigt hatte. Ab 1643 war *Aspegreen* zum Landmesser in Wiborg ernannt worden. Von dort aus war er bis zu seinem Tod 1672 in Karelien tätig. Neben ihm war *Måns Arvidsson Brandsköld* (nach 1600–vor 1673) im Auftrag des Generalgouverneurs *Bengt Graf Oxenstierna* (1623–1702) im westlichen Ingermanland tätig, ehe er 1661 den für einen Landmesser ungewöhnlichen Sprung zum Kommandanten von Kexholm schaffte (*Ehrensvärd* 2007, S. 21–24; *Tollin* 2008b, S. 23–24). In Livland wurde die Landesaufnahme von 1681 bis 1684 sowie von 1687 bis zur russischen Eroberung 1710 vorangetrieben, in Estland von 1687 bis 1709 (*Ehrensvärd* 2001, S. 5–33), auf Ösel und Dagö

anzeichen meist schon durch den nächsten Krieg wieder zunichte gemacht. Dies galt für die Territorien im Heiligen Römischen Reich ebenso wie für das Baltikum, Ingermanland und Karelien.

von 1702 bis 1709, in Pommern von 1691 bis 1698 sowie von 1705 bis 1709, etwas zeitversetzt 1695, 1698 und 1700 in Wismar, dann von 1696 mit Unterbrechungen bis 1705 in Bremen-Verden und schließlich ab der Wende vom 17. zum 18. Jahrhundert auch in Pfalz-Zweibrücken. Die Vermessungen im ersten Jahrzehnt des 18. Jahrhunderts waren in der Regel notwendig geworden, weil während dieser Zeit viel wüstgefallenes Ackerland wieder in Kultur genommen worden war. Die Aufnahme für diese sogenannten jüngeren geometrischen Karten erfolgte in Pommern in einem Maßstab von durchschnittlich 1:8.333, während im Baltikum der Maßstab der Karten bei etwa 1:10.400 lag. *Ekstrand* (1901–1906, Nr. 103, S. 125–142), verweist bei der Instruktion für Pommern vom 15. August 1691 ausdrücklich darauf, dass ansonsten die allgemeine Instruktion des Generallandmesserkontors in Stockholm vom 19. Mai 1688 galt – mit Ausnahme von Bremen-Verden, wo am 3. März 1697 die „Instruktion för landtmätarne, hvilka äro efter K. M:ts Nådiga befallning förordnade till Hertigdömet Bremen och Verdens Geometriska aftagande, hvarefter de uti denna dem anförtrodda förrättning hafva sig att regulera och rätta" erlassen worden war, die allerdings weitgehend gleichlautend mit der pommerschen Instruktion wäre, ausgenommen die folgenden Punkte: Eine Hufenzahl wird nicht angegeben, sondern stattdessen mit den Begriffen Marschland, Geestland, Morgen, Wenden, Jucken, Ruten und Fuß operiert. Das Land ist eingeteilt in Domänen, Meiereien, Dörfer, Ländereien, „byar och hemman". Außerdem wäre für Bremen-Verden abweichend von Pommern angewiesen worden, dass die renovierte Arbeit am 1. Mai eines jeden Jahres an das Kammerkollegium zu übersenden sei, die Konzepte aber in Stade zu verbleiben hätten.

Für Livland und für Pommern wurde seit der Besetzung nach einer geeigneten Steuerberechnung gesucht, denn die livländischen und pommerschen Grundbesitzer gaben entsprechend tradierter ständischer Praxis ihren steuerbaren Grundbesitz nach eigenem Gutdünken an (*Asmus* 1996; *Dunsdorfs* 1950/1974). Für sie hätte eine genaue Vermessung steuerliche Nachteile gebracht. Lange konnten sich die Landstände widersetzen, aber 1681 sollten schließlich Vermessungsarbeiten in beiden Territorien beginnen. Doch mangels ausreichend qualifizierter einheimischer Landmesser, abweichender Definition der Haussteuerklassen und strittiger Normierung der zu verwendenden Längenmaße konnten zumindest an der südlichen Ostseeküste keine Fortschritte erzielt werden. Für Pommern kam das Vermessungswerk bald zum Erliegen, in Livland war die Qualität der Karten der bis 1684 andauernden ersten Kampagne nur sehr mäßig. Um die Bemühungen in den Ostseeprovinzen fortzusetzen, wurden 1691 in Schweden und Finnland alle noch verfügbaren Landmesser mit dem unverzüglichen Befehl ausgestattet, sich in Stockholm einzufinden, um von dort gemeinsam mit dem Gouverneur *Robert Graf Lichton* (1631–1692) gen Riga zu segeln und die Arbeit aufzunehmen. Immerhin 38 Landmesser traten ihren Dienst an, wenn auch viele die neugebildete Livländische Kommission des Stockholmer Generallandmesserkontors bald wieder verließen.

1691 setzten sich König und Regierung für Pommern unter Berufung auf Landtagsbeschlüsse aus der Herzogszeit und auf den 1681 mit den Landständen ausgehandelten

Rezess sowie die Lustrationsinstruktion endgültig durch (*Ekstrand* 1901–1906, Nr. 102, S. 122–125). Unter Lustration ist eine Besichtigung sämtlicher Liegenschaften in Vorbereitung auf eine steuerliche Neueinschätzung zu verstehen. Diesmal wurden acht schwedische Landmesser berufen, vereidigt und als sogenannte Pommersche Kommission des Stockholmer Generallandmesserkontors nach Pommern beordert (*Pauli* 1984, S. 67). Die Instruktion für diese Kommission wurde vom Kammerkollegium inhaltlich modifiziert und am 15. August 1691 an den Leiter der Kommission, *Gunno Eurelius*, gesandt (*Ekstrand* 1901–1906, Nr. 103, S. 125–142).

An die Landmesser wurden hohe Anforderungen gestellt. Sie mussten ein umfassendes Wissen auf den Gebieten der Mathematik und der Geodäsie sowie Kenntnisse der zivilen Baukunst und des Fortifikationswesens nachweisen (*Rubow-Kalähne* 1960, S. 196). Das Beherrschen der deutschen Sprache, insbesondere des Niederdeutschen, und landwirtschaftliche Kenntnisse waren für die sachgerechte Einschätzung der agrarischen Verhältnisse nötig. Für die im Baltikum und in Ingermanland eingesetzten schwedischen Landmesser ist davon auszugehen, dass in ihrer praktischen Arbeit neben der deutschen Sprache auch zunehmend Kenntnisse des Estnischen, Livischen, Wotischen, Finnischen, Lettischen und Russischen gefordert waren.

Die Vermessungstätigkeit begann immer im Frühjahr. Die Landmesser reisten von einem Gut, Ackerwerk oder Dorf zum anderen, nahmen zusammen mit ein oder zwei Gehilfen die Vermessungen vor, befragten die Gutsherren, Bauern, Pastoren und die ältesten Einwohner nach wirtschaftlichen, historischen, sozialen, administrativen Verhältnissen und den Grenzverläufen; sie nahmen Einblick in Lehnbriefe, Kaufkontrakte und andere Verträge. Im Winter wurde das Aufgenommene in Reinkarten umgesetzt und Reinschriften der zugehörigen Beschreibungstexte angefertigt (*Tollin* 2007a).

Darüber hinaus wurden in den größeren Städten alle Grundstücke mit ihren Häusern, Eigentümern und Bewohnern aufgenommen. Entsprechende Anweisungen hatte das Generallandmesserkontor in Stockholm am Ende der 1690er Jahre erlassen. Um dem Ziel der Vermessung endlich gerecht zu werden, wurden in allen schwedischen Besitzungen hochrangige Beamte bzw. Kommissionen mit der Erstellung neuer Steuermatrikeln auf der Basis der Landesaufnahme betraut. Diese Arbeit war für Pommern 1709 beendet. Eine richtige Steuermatrikel wurde bedingt durch den Nordischen Krieg allerdings erst knapp 20 Jahre später durch den schwedischen Regierungsrat *Magnus Lagerström* vorgelegt, was letztlich dazu führte, dass die Karten der Landesaufnahme bis zum heutigen Tage in Vorpommern umgangssprachlich als „schwedische Matrikelkarten" bezeichnet werden (*Porada* 2003, *Kroll* 2019). Im Baltikum und in Ingermanland konnten die neuen schwedischen Steuermatrikeln dagegen aufgrund der raschen Besetzung der dortigen Territorien durch russische Truppen nicht mehr fertiggestellt werden (*Drolshagen* 1923, S. 202).

Die unsicheren Verhältnisse des Nordischen Krieges (1700–1721) bewogen zuerst die Schwedischen Regierungen in Riga, Reval und Narwa, die drohende Besetzung Schwedisch-Pommerns nach der Schlacht von Poltawa 1709 schließlich auch die Regierung in

Stettin sowie den Reichsrat, das gesamte Vermessungswerk nach Stockholm zu überführen. Die Überführung von Pommern ins schwedische Mutterland scheiterte. Die Karten und Beschreibungsbände gelangten nach Kopenhagen und wurden auf verworrenen Wegen nach dem Friedensschluss an Schweden (für das nördliche Vorpommern) und nach langwierigen diplomatischen Verhandlungen ab 1724 an Preußen (für das südliche Vorpommern und das angrenzende westliche Hinterpommern) ausgehändigt – an die Berliner Behörden übrigens in mehreren Einzellieferungen über einen Zeitraum von mehr als einem Jahrhundert. Ein Kartenband befindet sich sogar heute noch in der Königlichen Bibliothek in Kopenhagen (*Helk* 1966/67; *Porada* 2004). Ähnlich erging es den baltischen und ingermanländischen Beständen. Entweder misslang ihre Evakuierung oder sie wurden zerstört bzw. von russischen Truppen erbeutet. Soweit Karten doch nach Stockholm gerettet worden waren, wurden diese in zwei Schritten 1726 und 1825 an Russland übergeben. Allein die 1825 im Stockholmer Generallandmesserkontor vom russischen Attaché *Alexander Lavonius* abgeholten Karten und Akten betrafen mehr als 1.746 Güter und Dörfer in Ingermanland und 373 Güter und Wohnplätze in Karelien, d. h. dem früheren Kexholms län (*Ehrensvärd* 2007, S. 41). Damit war die Odyssee dieses wertvollen Archivguts keineswegs beendet. So wurden z. B. die im Estnischen Historischen Archiv lagernden Karten 1944 beim Abzug der deutschen Wehrmacht nach Böhmen gebracht, von wo sie 1945 durch die Rote Armee nach Riga und später nach Dorpat transportiert wurden. Allein im Zusammenhang mit diesen „Evakuierungsmaßnahmen“ am Ende des Zweiten Weltkrieges verschwanden etwa 500 Karten. Für das nördliche Livland werden im Estnischen Historischen Archiv in Dorpat im Bestand „Landmesserkontor in Livland“ insgesamt noch etwa 80 großmaßstäbliche Gemarkungskarten und 25 kleinmaßstäbliche Übersichtskarten verwahrt, während im Bestand „Archiv des Generalgouverneurs in Estland“ insgesamt 429 Gemarkungskarten mit 83 Beschreibungstexten und vier Umgebungskarten verwahrt werden. Einzelne Karten aus der Produktion der Landmesserkontore in Riga und später in Narwa befinden sich darüber hinaus noch in den Beständen einiger Gutsarchive und anderer Provenienz in Dorpat (*Tarkiainen* 2005, S. 61 f.). Ähnlich dramatisch stellt sich die Bestandsgeschichte für die mehr als 3.000 Landmesserkarten im südlichen Livland dar. Aber auch für Ingermanland, Karelien und selbst Finnland ist die Geschichte der Kartenbestände aus der Schwedenzeit ein Spiegelbild der bewegten Geschichte dieses Raumes in den zurückliegenden drei Jahrhunderten. Heute finden sich schwedische Karten für Finnland, Kexholms län, Ingermanland, Estland, Ösel und Livland im Reichsarchiv in Helsinki, im Estnischen Historischen Archiv in Dorpat, in der Bibliothek der Russischen Akademie der Wissenschaften zu St. Petersburg, im Russischen Marinearchiv in St. Petersburg, im älteren Kriegshistorischen Archiv in Moskau sowie im Lettischen Historischen Archiv in Riga, nicht zuletzt natürlich auch im Reichsarchiv in Stockholm und in diversen schwedischen Privatarchiven.

Die Unterlagen, die im Zusammenhang mit dem Wirken der Pommerschen Kommission des Generallandmesserkontors in Stockholm entstanden waren und den nach dem

Frieden von Stockholm 1721 preußisch gewordenen Teil Pommerns südlich der Peene und östlich des Peenestroms betrafen, gelangten etappenweise von Kopenhagen nach Berlin und wurden von dort zuständigkeitshalber an die Kriegs- und Domänenkammer Stettin überwiesen. Sie wurden in der Folgezeit nur zur Klärung von Grenz- und Eigentumsfragen herangezogen. Dieser Teil kam zunächst ins Regierungsarchiv und nach 1830 ins neugegründete Staatsarchiv Stettin.

Die das restliche Schwedisch-Vorpommern nördlich der Peene betreffenden Karten und Ausrechnungsbände wurden in Stralsund aufbewahrt. Aus ihnen wurde 1728 ein Kataster verfertigt. Es wurde jedoch ebenso wie das Originalwerk kaum genutzt, allerdings wurden die Karten bei Grenzstreitigkeiten im weiterhin schwedischen wie im seit 1720 preußischen Pommern zu Rate gezogen (*Wartenberg* 1996, S. 211; *Asmus* 1996, S. 87). Der Übergang zu Preußen ließ dann neue Formen der Besteuerung aufkommen, das alte Material wurde nicht mehr benutzt und geriet in Vergessenheit, bis es Anfang des 20. Jahrhunderts auf dem Boden des Stralsunder Regierungsgebäudes wieder aufgefunden worden ist (*Drolshagen* 1923, S. 226–232). Die Stralsunder Bestände an Karten und Akten, die im Zusammenhang mit der ersten zivilen schwedischen Landesaufnahme Pommerns aus der Zeit um 1700 standen, wurden daraufhin mit den im Stettiner Staatsarchiv befindlichen vereinigt. Fast das gesamte in Stettin verwahrte Archivgut war während des Zweiten Weltkrieges aus Gründen des Luftschutzes auf diverse Güter in der gesamten Provinz Pommern ausgelagert worden. Weil sich die Karten und zugehörigen Beschreibungsbände bei Kriegsende im Kreis Anklam befanden, gehörten sie zum Grundstock des 1946 begründeten Landesarchivs Greifswald (*Rätz u. Rodig* 1984).

Da die Pommersche Kommission des Generallandmesserkontors über den engeren Zeitraum der großen Vermessungskampagne zwischen 1691 und 1709 hinaus bis ans Ende der Schwedenzeit tätig war, die letzten schwedischen Landmesser im Jahre 1815 schließlich in preußische Dienste übernommen wurden und als solche der nunmehr preußischen Administration im neuen Regierungsbezirk Stralsund dienten, befanden sich bei Auflösung dieser Regierung 1932 immer noch zahlreiche Karten, Gebäudegrundrisse und Pläne aus dem letzten Jahrhundert schwedischer Herrschaft in Stralsund, die auf Initiative der Greifswalder Universität nicht an das Staatsarchiv Stettin abgegeben, sondern in der Universitätsbibliothek zu Greifswald eingelagert wurden, wo sie sich auch heute noch befinden. Mit Hilfe dieser wertvollen Kartensammlung der Regierung Stralsund, die auf diese Weise vor dem Schicksal der Kartensammlung des Stettiner Staatsarchivs bewahrt wurde, die seit Ende des Zweiten Weltkrieges als verschollen gilt, besteht die Chance, die Frage, wie die schwedische Landesvermessung in Pommern nach dem Nordischen Krieg organisiert war, wenigstens ansatzweise zu beantworten. Zwei Berichte aus dem Jahre 1817 von *Joachim Quistorp* (1766–1848), einem der letzten schwedischen Landmesser, der zugleich einer der ersten preußischen in der bis 1817/18 gebildeten neuen Regierung zu Stralsund war, zeigt einerseits, wie rudimentär schon damals das Wissen über das Wirken der ersten Generation schwedischer Landmesser in Pommern war, andererseits aber auch, dass der Zusammenhang durchaus noch erkannt worden ist – ein Zusammenhang, der durch die „Wiederentdeckung" der Karten auf dem Dachboden der Stralsunder Regierung knapp 90 Jahre später durch *Carl Drolshagen* zumindest der landesgeschichtlichen Forschung in Pommern überhaupt erst wieder verdeutlicht werden musste (*Porada* 2009, S. 70–73). Auch die Biographie von Joachim Quistorp kann als exemplarisch für die letzte Generation von Landmessern gelesen werden, die in den unter schwedischer Herrschaft verbliebenen Territorien in Norddeutschland tätig waren. Er kam aus Mecklenburg zum Studium nach Greifswald. Nach einer Lehre bei einem Landmesser in Skaraborg in Westschweden im Jahre 1793 bestand er ein Jahr später sein Examen und bekleidete bereits 1796 den Rang eines ordentlichen Landmessers in Schwedisch-Vorpommern (*Ekstrand* 1896–1903, S. 260, Nr. 3.162). Von seiner Hand stammt u. a. eine Karte von Gingst auf Rügen, die im Stockholmer Reichsarchiv erhalten blieb. Seine Karten dienten später z. B. *Friedrich von Hagenow* (1797–1865) als Vorlage für dessen Arbeiten in Neuvorpommern und Rügen zur Erstellung antiquarischer Karten. Bei ihm ging der in Sternberg geborene *Heinrich Christian August Quistorp* (1783–1853) seit 1798 in die Lehre. Sein Examen in Pommern bestand der jüngere *Quistorp* 1804. Von seiner Hand sind Karten über Pommern aus dem Jahre 1806 bekannt (*Ekstrand* 1896–1903, S. 261, Nr. 3.179). Das weitverzweigte Beziehungsgeflecht einzelner Angehöriger der Familie Quistorp in der ausgehenden Schweden- und frühen Preußenzeit Vorpommerns ist auch in kulturgeschichtlicher Hinsicht bemerkenswert (*Gülzow* 1937).

Lediglich die Einbeziehung ziviler schwedischer Landmesser in die Militärkartierung während des Siebenjährigen Krieges und ein größerer Einsatz, der 1806 auf Rügen begann, aber wegen des Einmarsches der napoleonischen Truppen bald wieder abgebrochen werden musste, wurden bisher schon näher untersucht (*Ekstrand* 1896–1903, S. 261; *Krüger* 1998). Bei der letztgenannten Kampagne ist aber davon auszugehen, dass daran nur bedingt zivile Landmesser beteiligt waren, da das umfangreiche Kartenmaterial, das unter König *Gustav IV. Adolf* (1778–1837) zu Beginn des 19. Jahrhunderts in Pommern erstellt worden war, im Wesentlichen den Offizieren des Fortifikationskorps zuzuschreiben ist. Darauf deutet auch der heutige Aufbewahrungsort für diese Karten – das Kriegsarchiv in Stockholm hin. Bisher ist es allerdings nicht gelungen, die Frage zu klären, was aus den Karten und Plänen im schwedischen Fortifikationsarchiv in Stralsund wurde, die nach 1815 noch in Stralsund vorhanden waren. Das spannende Schicksal der zahlreichen schwedischen Militärkarten aus dem Siebenjährigen Krieg, die heute etwa je zur Hälfte im Kriegsarchiv in Stockholm und in der Kartensammlung der Staatsbibliothek Preußischer Kulturbesitz zu Berlin (dort als sogenannter Schwedischer Militäratlas) verwahrt werden, hat *Ulla Ehrensvärd* (1995) nachgezeichnet.

Heute befindet sich das Gros der Hinterlassenschaft der Pommerschen Landmesserkommission in Greifswald – im Landesarchiv, in der Kartensammlung des Geographischen Instituts der Universität sowie in der Universitätsbibliothek. Größere Bestandteile dieses Werkes liegen außerdem in Kopenhagen, Stockholm und Gävle, einzelne Fragmente in Stettin und in mehreren Stadt- und Pfarrarchiven Vorpommerns. Zahlreiche Karten wurden bereits während oder kurz nach der eigentlichen Vermessung Ende des 17. Jahrhunderts kopiert, die Beschreibungstexte von den Landmessern selbst ins Deutsche übersetzt. Offensichtlich bot diese Tätigkeit im Auftrage einzelner Adelsfamilien, Städte und Pfarrer den Landmessern die Chance auf ein Zubrot. Bis 1945, teilweise sogar bis in die jüngste Zeit, waren deshalb in einer Reihe von Guts-, Pfarr- und Stadtarchiven in Vorpommern sogenannte Matrikelkarten mit deutschsprachigen Beschreibungstexten und Arealausrechnungen vorhanden. Auch die Greifswalder Universität als die größte landbesitzende Hochschule Deutschlands hat im Universitätsarchiv solche Karten für ihre Güter verwahrt. Für Pommern sind insgesamt mehr als 1.500 Ur- und Reinkarten und 74 Beschreibungs- und Ausrechnungsbände der schwedischen Landesaufnahme von 1691 bis 1709 in öffentlichen Archiven und Bibliotheken überliefert. In dieser Angabe sind Kopien, die teils zeitgleich mit den Reinkarten entstanden, nicht enthalten (*Asmus* 1996, S. 93–95; *Porada* 2004). Deutschsprachige Beschreibungstexte für zahlreiche Gemarkungen in Schwedisch-Pommern mit dem Titel „Geometrische Ausrechnung ...“ lagern heute im Staatsarchiv Stettin (*Porada* 2005).

Die Karten im Archiv des Landesvermessungswerks, das sich seit Mitte der 1970er Jahre am neuen Standort dieser Institution in Gävle befand, sind 2008 in den Bestand des Reichsarchivs in Stockholm überführt und damit der Forschung leichter zugänglich gemacht worden (*Höglund* 2008, S. 15, Anm. 5). Zu diesem Bestand zählen auch die Karten der schwedischen Vermessungen in der Herrschaft Wismar, die im wesentlichen im Zusammenhang mit einer Kampagne im Amt Neukloster im zweiten Drittel des 18. Jahrhunderts entstanden waren (*Wartenberg u. Porada* 1998). Im Landeshauptarchiv Schwerin wurden kürzlich die Karten für die erste schwedische Vermessung der Insel Poel aus dem Jahre 1698 wiederentdeckt, zu denen die im Landesarchiv Greifswald überlieferten Beschreibungs- und Ausrechnungstexte gehören (*Schleinert* 2008). Auch für das Herzogtum Pfalz-Zweibrücken ist neben einzelnen Karten, die im Stockholmer Reichsarchiv lagern, dank intensiver Recherche, die mehrere schwedische Originalkarten sowohl in staatlichen als auch in kommunalen Archiven in der Pfalz zutage förderten, eine teilweise Rekonstruktion des Vermessungsverlaufs möglich (*Budell* 2009). Für diese Landesaufnahme befindet sich ebenfalls ergänzendes Schriftgut im Landesarchiv Greifswald. Für das Herzogtum Bremen mit dem Amt Wildeshausen und dem Hamburger Domkapitel sowie für das Fürstentum Verden konnten bis auf eine heute in Stockholm lagernde Karte von der Hand *Johan Gabriel Hööks*, der hier seit dem Jahr 1700 tätig war, über die Insel Krautsand in der Elbe von 1704 sowie die heute in der Abteilung Stade des Niedersächsischen Landesarchivs verwahrten Karten und Beschreibungstexte von Agathenburg, einem kleinen Teil des Amtes Rotenburg von 1701, der Insel Krautsand von 1703 und eines Teils des Amtes Neuhaus von 1705 noch keine weiteren Hinweise auf das Material aus der dortigen Landesaufnahme entdeckt werden. Dafür werden die Finanzknappheit während des Nordischen Krieges und die dänische Eroberung von Bremen-Verden 1712 verantwortlich gemacht, die zu einem Ende der Vermessungen führten (*Ekstrand* 1896–1903, S. 260, 262, Nr. 3.183; *Deggim u. Fiedler* 2013).

5 Stand und Perspektiven der Forschung

Dank der Vermessungsanstrengungen während der unterschiedlich lange währenden schwedischen Herrschaft haben heute viele Ostseeanrainerstaaten eine ähnlich gute Quellenlage für das 17. und 18. Jahrhundert, die es erlaubt, wirtschaftliche, soziale und ökologische Entwicklungen auch großräumig zu untersuchen. Der Vorteil für eine vergleichende Betrachtung im gesamten Ostseeraum liegt auf der Hand.

In den zurückliegenden Jahren ist zunehmend deutlich geworden, welch große Bestände an Karten und zugehörigen Beschreibungstexten aus der schwedischen Großmachtzeit in schwedischen, finnischen, russischen, estnischen, lettischen, deutschen, dänischen und polnischen Archiven lagern. Nimmt man die Quellenlage für die Territorien innerhalb des Heiligen Römischen Reiches deutscher Nation näher in den Blick, so konnte im Laufe des 20. Jahrhunderts in den jeweiligen Archiven vor Ort ein mehr oder weniger großer Teil der Hinterlassenschaft der schwedischen Landmesser für das Herzogtum Pommern, die Herrschaft Wismar, das Herzogtum Bremen und das Fürstentum Verden sowie das Herzogtum Pfalz-Zweibrücken wiedergefunden werden. Gemeinsam war allen deutschen Territorien, dass ihre zivile Vermessung durch Mitglieder der ursprünglich in Stettin, später dann in Stralsund, ansässigen Pommerschen Kommission des Generallandmesserkontors in Stockholm durchgeführt worden ist.

Zwar hatte sich die Forschung in Skandinavien, aber auch in Deutschland, noch bis in die zweite Hälfte des 20. Jahrhunderts vereinzelt mit der schwedischen Militärkartographie des 17. und 18. Jahrhunderts beschäftigt. Ebenso wie die zentral von der Flottenbasis Karlskrona seit Ende des 17. Jahrhunderts betriebene Seekartographie Schwedens, die mehr als ein Jahrhundert lang im Ostseeraum führend war (*Loeck* 1989) und neben der finnischen und der baltischen auch die pommersche und die mecklenburgische Küste sehr genau erfasste,[3] spielte aber die zivile Vermessung und Katastrierung der Gebiete in der Forschung nach dem Zweiten Weltkrieg nur noch eine marginale Rolle. Hier hat sich

[3] Der handgezeichnete Atlas „Special-Hydrographische Chartor och Beskrifningar öfwer De till Sweriges Crono Conquesterade Provinciers Siö-Couster“ im Format 42 x 55 cm, von *Petter Gedda* zusammengestellt (erarbeitet gemeinsam mit *Werner von Rosenfeldt*) und 1693 an König *Karl XI.* dediziert, deckt die Küsten von Blekinge, Schonen, Halland und Göteborg mit Bohulän ab und wird als Depositum des Stockholmer Kriegsarchivs im Marinemuseum in Karlskrona verwahrt. Die ursprünglich dazugehörende Generalkarte sowie einige Spezialkarten der vorpommerschen Küste und die über Karlskrona und Varberg sind mittlerweile leider verlorengegangen. 1694 bis 1695 wurde dieser erste Höhepunkt schwedischer Seekartographie in Amsterdam als „General-Hydrographisk Chart-Book öfwer Östersiön, och Katte-Gatt“ gedruckt. Vgl. dazu *Ehrensvärd* 2006, S. 275.

die Lage in den zurückliegenden gut 30 Jahren grundlegend geändert. Erinnert sei hier nur an das 1990 wiederaufgenommene Editionsvorhaben der Historischen Kommission für Pommern, das diese gemeinsam mit dem Landesarchiv Greifswald betreibt (*Schleinert* 2004; *Asmus* 2011).[4] Wissenschaftler aus Schweden, Dänemark, Finnland, Estland, Lettland und Deutschland haben in den zurückliegenden drei Jahrzehnten eine ganze Reihe gemeinsamer Forschungsprojekte aufgelegt, um eine der größten gemeinsamen Quellengruppen im Ostseeraum systematisch aufzuarbeiten (*Krüger, Pápay u. Kroll* 2002; *Braun u. Kroll* 2003; *Kroll u. Krüger* 2004; *Busch, Kroll u. Scholz* 2013; *Busch et al.* 2011, 2015). Dabei ist von insgesamt mehreren Tausend großmaßstäblichen Gemarkungskarten allein für das 17. Jahrhundert im Bereich der zivilen schwedischen Vermessungen auszugehen. Wesentliche Impulse für diese Entwicklung setzten dabei *Staffan Helmfrid* (1927–2017) und seine Schüler vom Kulturgeographischen Institut der Universität Stockholm, denen es gelang, über einen Zeitraum von mehreren Jahrzehnten immer neue Projekte zur Inwertsetzung der älteren und jüngeren geometrischen sowie der geographischen Karten aus der Frühzeit der Landesaufnahme in Schweden zu starten. Dabei reichte die Spannweite von der Kulturlandschaftspflege bis hin zu der gerade abgeschlossenen Arbeit an der Nationalausgabe der älteren geometrischen Karten und Kataster (*Tollin* 1996; *Porada* 2018; *Sporrong* 2019). Die Ergebnisse dieses digitalen Editionsvorhabens, mit dem im Januar 2004 vom Stockholmer Reichsarchiv in Zusammenarbeit mit dem Behördenarchiv des Landesvermessungswerkes in Gävle begonnen wurde und das sich der Unterstützung des Jubiläumsfonds der schwedischen Reichsbank erfreuen konnte, sind dokumentiert unter: https://riksarkivet.se/geometriska. Gerade hat *Clas Tollin* (2021) einen umfassenden Abschlussbericht im Auftrag der Königlich Schwedischen Akademie für Literatur, Geschichte und Altertümer und des Reichsarchivs zu diesem Projekt veröffentlicht. Neben Finnland und dem Baltikum hat diese Gruppe von Forschern aus ganz unterschiedlichen Disziplinen in den zurückliegenden Jahren auch zunehmend den früheren deutschen Territorien der schwedischen Krone ihre Aufmerksamkeit geschenkt. Vereinzelt konnten bereits Untersuchungsergebnisse publiziert und dabei auf das in Schweden entwickelte Methodenspektrum bei der Auswertung der Karten aus den Landesaufnahmen des 17. Jahrhunderts zurückgegriffen werden (*Tollin* 2007; *Büttner u. Porada* 2014; *Albrecht et al.* 2019; *Porada u. Schleinert* 2019).

Zu welch einer Horizonterweiterung – auch für die allgemeine Geschichte der Frühen Neuzeit oder die klassische Landesgeschichte – die Beschäftigung mit den Karten und den

---

[4] Eine aktuelle Übersicht findet sich unter: https://hiko-pommern.de/veroeffentlichungen/. 2020 konnte der erste der auf vier Bände angelegten Edition für die Stadt Stralsund im Rahmen der von der Historischen Kommission für Pommern herausgegebenen Reihe „Die Schwedische Landesaufnahme von Vorpommern 1692–1709“ im Verlag Ludwig in Kiel erscheinen, der die Beschreibung der Stadtfeldmark, des St.-Jürgen-Viertels innerhalb der Stadtmauern sowie zwei der drei Vorstädte, nämlich des Knieper- und des Frankendamms, enthält, erscheinen. 2021 soll das St.-Nikolai-Viertel folgen, in den kommenden beiden Jahren dann das St.-Marien-Viertel mit dem Tribseer Damm und das St.-Jakobi-Viertel.

Kartographen der schwedischen Großmachtzeit führen kann, zeigt eine erste umfassende Gesamtdarstellung sowohl der zivilen als auch der militärischen Vermessungspraxis seit dem Mittelalter für den Norden und Nordosten Europas, die *Ulla Ehrensvärd* (1927–2015) dank ihrer umfassenden Kenntnis der Kartographiegeschichte des Ostseeraumes vorgelegt hat (*Ehrensvärd* 2006). Die in Schweden offensichtlich in den letzten Jahrzehnten wieder aufgelebte Begeisterung für alte Karten und für die Kartographiegeschichte des Landes hat sich verschiedentlich in der breiten Öffentlichkeit manifestiert. So beging die Kartographische Gesellschaft beim Landesvermessungswerk im November 2008 ihr 100jähriges Jubiläum, was die schwedische Regierung zum Anlass nahm, ein „Jahr der Karte" auszurufen. Das schwedische Fernsehen produzierte in diesem Zusammenhang eine zehnteilige Serie zur schwedischen Kartographie. Der Stolz auf eine der Innovationen der schwedischen Großmachtzeit wirkt nicht zuletzt auf diese Weise noch lange nach.

Für zahlreiche Territorien des Heiligen Römischen Reiches deutscher Nation hat sich in den vergangenen Jahren eine rege Forschung zu den jeweiligen frühen Landesaufnahmen entwickelt (z. B. *Marx-Jaskulski* u. *Wenz-Haubfleisch* 2020), wobei den Querverbindungen zu den schwedischen Vermessungskampagnen an der Ostsee- und Nordseeküste sowie in der Pfalz leider immer noch zu wenig Beachtung geschenkt wird. Eine vergleichende Betrachtung auf aktuellem Forschungsstand, wie sie sich dank der vorzüglichen Quellenlage im Ostseeraum etabliert hat, ist auch für Mitteleuropa noch ein Desiderat. Eine der zu klärenden Fragen, die sich geradezu aufdrängt, wäre die nach der Vorbildwirkung der schwedischen Landesaufnahme auf die benachbarten Territorien im Heiligen Römischen Reich, z. B. auf Brandenburg-Preußen, Hannover oder, vermittelt über die Pfalz, auf Bayern. Eine ähnliche Feststellung ist ja bereits für Russland gemacht worden, dessen eigene kartographische Dokumentation ganz wesentlich durch die Kriege mit Schweden im Ostseeraum vorangetrieben wurde. Das Ausmaß, in dem sich die Nachbarn und Konkurrenten in diesem speziellen Teil des frühneuzeitlichen Staatsbildungsprozesses beobachtet und voneinander gelernt haben, der Grad der Interaktionen, die es auch in der Sphäre der Landmesser und Kartographen grenzübergreifend – nicht nur in Kriegszeiten – gegeben hat, sind lohnende Themen für künftige Forschungen. Dabei können wir viel über die Funktion von Karten bei der Dokumentation des Charakters von Landschaften, ihres Zustandes vor mehr als drei Jahrhunderten und damit auch ihrer Genese sowie ihrer speziellen, zum Teil bis heute prägenden Identität lernen. Das Regionale im weiträumigen Vergleich verstehen zu lernen, noch dazu wenn es von einer speziellen Funktionselite, wie den schwedischen Landmessern, nach einheitlichen Standards dokumentiert worden ist, erscheint mit der hier vorgestellten Quellengruppe besonders lohnenswert.

Zusammenfassung

Dank der Vermessungsanstrengungen während der unterschiedlich lange währenden schwedischen Herrschaft haben heute viele Ostseeanrainerstaaten eine ähnlich gute Quellenlage für das 17. und frühe 18. Jahrhundert, die es erlaubt, wirtschaftliche, soziale und ökologische Entwicklungen auch großräumig zu untersuchen. Der Vorteil für eine vergleichende Betrachtung im gesamten Ostseeraum liegt auf der Hand. In diesem Beitrag werden die kartographische Erfassung von Landschaften im Ostseeraum und in Mitteleuropa als ein Herrschaftsinstrument des frühmodernen schwedischen Staats sowie die Forschungsperspektiven thematisiert, die sich aus dem damals entstandenen Quellenmaterial ergeben.

Summary: The cartographic registration of landscapes in the Baltic Sea region in the 17th century as an instrument of rule of the Early Modern Swedish state

Thanks to the surveying efforts during the Swedish reign of various lengths many Baltic Sea states today have a similarly good body of source material for the 17th and early 18th centuries, which allows economic, social and ecological developments to be studied even on a large scale. The advantage for a comparative study of the entire Baltic Sea region is obvious. The article will elaborate on the cartographic registration of landscapes in the Baltic Sea region as an instrument of rule used by the Swedish state and its implications for today.

Literatur

Albrecht, G.; Beckmann, H.; Bergemann, K.-J.; Bobertz, B.; Büttner, B.; Gottlob, T.; Hartleib, J.; Kneißl, R.; Porada, H. T.; Schirren, C. M. u. Zölitz, R. (2019): Dämme, Pässe, Brücken, Schanzen und eine Heerstraße – zur Rekonstruktion mittelalterlicher und frühneuzeitlicher Infrastruktur in einer norddeutschen Grenzlandschaft. – In: *Hardt, M.; Heinrich-Tamáska, O.; Tamáska, M. u. Schenk, W. [Hrsg.]*: Orte und Landschaften der Mobilität. – Bonn (Siedlungsforschung. Archäologie – Geschichte – Geographie, 36), S. 99–152.

Asche, M. u. Schindling, A. [Hrsg.] (2003): Dänemark, Norwegen und Schweden im Zeitalter der Reformation und Konfessionalisierung – Nordische Königreiche und Konfession 1500 bis 1660. – Münster (Katholisches Leben und Kirchenreform im Zeitalter der Glaubensspaltung, 62).

Asmus, I. (1996): Die geometrische Landesvermessung von Schwedisch-Pommern 1692–1709. – In: Baltische Studien – Pommersche Jahrbücher für Landesgeschichte N. F. 82, S. 79–98.

Asmus, I. (2011): Die bisherige Editionspraxis der Landesaufnahme von Schwedisch-Pommern seitens der Historischen Kommission für Pommern. – In: *Busch, M. u. a. [Hrsg.]*: Die schwedische Landesaufnahme von Pommern 1692–1709. Perspektiven eines Editionsprojekts. Beiträge des Workshops am 9. und 10. Oktober 2009 im Pommerschen Landesmuseum Greifswald. Kiel (Die Schwedische Landesaufnahme von Vorpommern 1692–1709, Sonderband 2), S. 93–114.

Asmus, I.; Porada, H. T. u. Schleinert, D. [Hrsg.] (1998): Geographische und historische Beiträge zur Landeskunde Pommerns - Eginhard Wegner zum 80. Geburtstag. - Schwerin (Sonderband der Greifswalder Geographischen Arbeiten - Wissenschaftliche Beiträge des Geographischen Institutes der Ernst-Moritz-Arndt-Universität).

Baigent, E. (2005): Monarchs, ministers, and maps: the geometrical mapping of early modern Sweden in international perspective. - In: *Roeck Hansen, B. [Red.]*: Nationalutgåva av de äldre geometriska kartorna. Konferens i Stockholm 27–28 november 2003. - Stockholm (Kungl. Vitterhets Historie och Antikvitets Akademien, konferenser, 57), S. 23–60.

Braun, F. u. Kroll, S. [Hrsg.] (2004): Städtesystem und Urbanisierung im Ostseeraum in der Frühen Neuzeit - Wirtschaft, Baukultur und Historische Informationssysteme. Beiträge des wissenschaftlichen Kolloquiums in Wismar vom 4. und 5. September 2003. - Münster (Geschichte - Forschung und Wissenschaft, 5).

Budell, G. (2009): Anmerkungen zur schwedischen Landesaufnahme des ehemaligen Herzogtums Pfalz-Zweibrücken. - In: *Schmelz, C. u. Zimdars, J. [Hrsg.]*: Innovationen im Schwedischen Großreich - Eine Darstellung anhand von Fallstudien. - Hamburg (Schriften der David-Mevius-Gesellschaft 3), S. 25–43.

Busch, M. (2000): Absolutismus und Heeresreform - Schwedens Militär am Ende des 17. Jahrhunderts. - Bochum (Europa in der Geschichte, 4).

Busch, M.; Kroll, S.; Olesen, J. E.; Schoebel, M. u. Zölitz, R. [Hrsg.] (2011): Die schwedische Landesaufnahme von Pommern 1692–1709 – Perspektiven eines Editionsprojekts. Beiträge des Workshops am 9. und 10. Oktober 2009 im Pommerschen Landesmuseum Greifswald. - Kiel (Die schwedische Landesaufnahme von Vorpommern 1692–1709, Sonderband 2).

Busch, M.; Kroll, S.; Olesen, J. E.; Schoebel, M. u. Zölitz, R. [Hrsg.] (2015): Die Schwedische Landesaufnahme von Pommern 1692–1709. Ergebnisse eines Editionsprojekts im Kontext der Forschung. - Kiel (Die schwedische Landesaufnahme von Vorpommern 1692–1709, Sonderband 3).

Busch, M.; Kroll, S. u. Scholz, R. D. (2013): Geschichte - Kartographie - Demographie: Historisch-Geographische Informationssysteme im methodischen Vergleich. - Berlin (Geschichte - Forschung und Wissenschaft, 45).

Büttner, B. u. Porada, H. T. (2014): Nordiska stormän och deras besittningar på ön Rügen under medeltiden. - In: Medeltida storgårdar - 15 uppsatser om ett tvärvetenskapligt forskningsproblem. - Uppsala (Acta Academiae Regiae Gustavi Adolphi, 131), S. 269–295.

Deggim, C. u. Fiedler, B.-C. (2013): Karten als Quellen regionalgeschichtlicher Forschung. Zur Einführung. - In: Stader Jahrbuch (Stader Archiv - Neue Folge 103), S. 11–16.

Drolshagen, C. (1920): Die schwedische Landesaufnahme und Hufenmatrikel von Vorpommern als ältestes deutsches Kataster 1. - Greifswald (Beiheft zum 17./38. Jahresbericht der Geographischen Gesellschaft Greifswald).

Drolshagen, C. (1923): Die schwedische Landesaufnahme und Hufenmatrikel von Vorpommern als ältestes deutsches Kataster 2. - Greifswald (Beiheft zum 40./41. Jahresbericht der Geographischen Gesellschaft Greifswald).

Dunsdorfs, E. (1950/1974): Der Große Schwedische Kataster in Livland 1681–1710. - Stockholm u. Melbourne (Kungliga Vitterhets Historie och Antikvitets Akademien, Handlingar, 72).

Ehrensvärd, U. (1991): Militär kartläggning i Baltikum, Pommern, vid gränsen mot Norge och i Finland. - In: *Ehrensvärd, Ulla [Hrsg.]*: Kartor. Fem seklers svensk kartografi. - Stockholm.

Ehrensvärd, U. (1995): Svensk kartläggning av Pommern 1758–63. - In: Kartbladet 3, S. 16–22.

Ehrensvärd, U. (1995): Die schwedische Landesaufnahme von Pommern in den Jahren 1758–1763. – In: *Neumann, J. [Hrsg.]*: Karten hüten und bewahren. Festgabe für Lothar Zögner. – Gotha (Kartensammlung und Kartendokumentation, 11), S. 52–56.

Ehrensvärd, U. (2000): Svensk kartläggning i Baltikum. – In: *Hoppe, G. [Red.]*: Öster om Östersjön. – In: Ymer 120, S. 225–239.

Ehrensvärd, U. (2001): Topographica Estoniae – Handritade kartor och ritningar över Estland i svenska offentliga samlingar/Handgezeichnete Karten und Zeichnungen von Estland in schwedischen öffentlichen Sammlungen. – In: Eesti Teadusliku Seltsi Rootsis Aastaraamat/Annales Societatis Litterarum Estonicae in Svecia, XII, 1991–1999. – Stockholm u. Tallin 2001, S. 5–289.

Ehrensvärd, U. (2006): Nordiska kartors historia. Från myter till verklighet. – Helsingfors 2006.

Ehrensvärd, U. (2007): Nyenskans, Svenskarnas stad vid Neva. En kartläggning. – In: Nordenskiöldsamfundets tidskrift, 67. – Helsingfors 2007, S. 13–47.

Ehrensvärd, U. (2011): Die Sibirienkarte Philipp Johann von Strahlenbergs (1730) und ihre Bedeutung für das moderne Kartenbild vom nördlichen Asien. – In: Cartographica Helvetica, 44, S. 3–19.

Ekstrand, V. (1896–1903): Svenska Landtmätare 1628–1900. Biografisk Förteckning. – Umeå u. Uppsala.

Ekstrand, V. (1901–1906): Samlingar i landtmäteri, I–III. – Stockholm.

Ekstrand, V. (1912): Supplement till Svenska landtmätare 1628–1900. – Stockholm (Bilaga till Tidsskrift för landtmäteri 1912).

Förster, T. u. Porada, H. T. (2016): Bragagna und Zeese – Vom Fischen in der Adria und in der Ostsee. Aquarelle und Fotografien von Luigi Divari aus Venedig sowie Exponate des Deutschen Meeresmuseums Stralsund im Vergleich. – In: KulturReport, hrsg. von der Stiftung Mitteldeutscher Kulturrat, Heft 3, S. 15–17.

Eurelius, G. (1687): Elektron Dissertatione Historico-Physica Cum permissu Venerandae Facultatis Philosophicae In Illustri Academia Philyrea/Praeside … M. Gunnone Eurelio Dalia-Sueco … Respondens Andreas Eurelius Philosophiae Baccalaureus & SS. Theologiae Stud. fr: Pridie Calendas Maii Anno Chr. MDCXXCVII. In Collegio Principum Maiori … – Leipzig.

Frost, R. (1993): After the Deluge – Poland-Lithuania and the Second Northern War 1655–1660. – Cambridge.

Fukarek, S. u. Porada, H. T. (2006): Die Stadt Grimmen und ihr Museum. Mit einem Exkurs zur schwedisch-pommerschen Kartographiegeschichte anhand eines wertvollen Exponats aus der Sammlung. – In: Pommern – Zeitschrift für Kultur und Geschichte, 44, Heft 3, S. 18–29.

Gäfvert, B. (1999): Att känna territoriet – Svensk kartering under Trettioåriga krigets dagar. – In: *Abukhanfusa, K. [Red.]*: Mare Nostrum – Om Westfaliska freden och Östersjön som ett svenskt maktcentrum. – Stockholm (Skrifter utgivna av Riksarkivet, 13).

Gülzow, E. (1937): Ernst Moritz Arndts Briefe an seinen Schwiegervater. – Grimmen (Grimmener Heimatbücherei, 3).

Hacker, H. (1995): Hans Heinrich Craußе – ein Kartograph Pommerns im 17. Jahrhundert. – In: Pommern. Kunst – Geschichte – Volkstum, 33, Heft 3, S. 20–27.

Helk, V. (1966/67): Om pommerske matrikler og matrikelkort i dansk besiddelse. – In: Arkiv – Tidsskrift for arkivforskning, 1, S. 65–70.

Höglund, M. (2008): Inledning. – In: *Höglund, M. [Red.]*: 1600-talets jordbrukslandskap – En introduktion till de äldre geometriska kartorna. – Stockholm u. Sundbyberg (Skrifter utgivna av Riksarkivet, 29), S. 9–15.

Hoppe, K.-D. (1995): Die schwedischen Festungen in Mecklenburg und Vorpommern. – In: *Karge, Wolf [Hrsg.]*: Ein Jahrtausend Mecklenburg und Vorpommern – Biographie einer norddeutschen Region in Einzeldarstellungen. – Rostock, S. 171–178.

Jäger, E. (1987): Versuch einer Periodisierung der Kartographiegeschichte des Baltikums (1539–1844). – In: *Scharfe, W.; Kretschmer, I. u. Wawrik, F. [Hrsg.]*: Kartographiehistorisches Colloquium, Wien '86, 29.–31. Oktober 1986. Vorträge und Berichte. – Berlin, S. 91–106.

Kain, R. J. P. u. Baigent, E. (1992): The cadastral map in the service of the state. A history of property mapping. – Chicago u. London.

Kirby, D. (1998), Northern Europe in the Early Modern Period – The Baltic World 1492–1772. – London u. a.

Kroll, S. (2019): Die Folgen des Großen Nordischen Krieges für Grimmen. – In: *Porada, H. T. u. Schmidt, W. [Hrsg.]*: Kirchliches Leben zwischen Trebel und Strelasund. Beiträge zur Geschichte des Kirchspiels und der Synode Grimmen. – Kiel, S. 467–480.

Kroll, S. u. Krüger, K. [Hrsg.] (2006): Städtesystem und Urbanisierung im Ostseeraum in der Frühen Neuzeit. Urbane Lebensräume und Historische Informationssysteme. Beiträge des wissenschaftlichen Kolloquiums in Rostock vom 15. und 16. November 2004. – Münster u. Hamburg (Geschichte – Forschung und Wissenschaft, 12).

Krüger, J. (1998): Die Bemühungen Schwedens zur Anlegung einer Stadt auf Rügen im Jahre 1806. – In: Heimathefte für Mecklenburg und Vorpommern, 8, Heft 1, S. 12–16.

Krüger, J. (2019): Der letzte Versuch einer Hegemonialpolitik am Öresund. Dänemark-Norwegen und der Große Nordische Krieg 1700–1721. – Berlin (Nordische Geschichte, 13).

Krüger, K.; Pápay, G. u. Kroll, S. [Hrsg.] (2003): Stadtgeschichte und Historische Informationssysteme – Der Ostseeraum im 17. und 18. Jahrhundert. Beiträge des wissenschaftlichen Kolloquiums in Rostock vom 21. und 22. März 2002. – Münster (Geschichte – Forschung und Wissenschaft, 1).

Lingenberg, H. (1972): Die schwedische Besetzung des Weichsel-Nogat-Deltas und ihr kartographisches Abbild. – In: Westpreußen-Jahrbuch, 22, S. 47–59.

Loeck, G. (1988): Beiträge schwedischer Kartographen zur Seekartographie Pommerns bis 1815. – In: Baltische Studien, N.F. 74, S. 113–128.

Loeck, G. (1989): Die pommersche Küste in der Schwedischen Seekartographie bis zur Mitte des 19. Jahrhunderts. – In: Deutsches Schiffahrtsarchiv, 12, S. 195–218.

Marx-Jaskulski, K. u. *Wenz-Haubfleisch, A. [Hrsg.]* (2020): Pragmatische Visualisierung. Herrschaft, Recht und Alltag in Verwaltungskarten. – Marburg (Schriften des Hessischen Staatsarchivs Marburg, 38).

Meier, M. (2003): Dänemarks Ringen um Stralsund und Rügen im 17. Jahrhundert. – In: *Busch, M. [Hrsg.]*: Terra et Mars. Aspekte der Landes- und Militärgeschichte. Festschrift für Eckardt Opitz zum 65. Geburtstag. – Neumünster, S. 63–81.

Munthe, L. W. (1902 ff.): Kongl. Fortifikationens historia (sechs Teile). – Stockholm.

Pauli, U. (1984): Den geometriska uppmätningen av Pommern. – In: Karolinska förbundets årsbok, S. 63–79.

Petersohn, J. (2007): Stockholmer Fund bringt Licht ins Wolgaster Dunkel – Ein Detailplan des Wolgaster Herzogsschlosses aus dem 16. Jahrhundert. – In: Pommern – Zeitschrift für Kultur und Geschichte, 45, Heft 1, S. 20–27.

Porada, H. T. (1998): Die Karriere eines schwedischen Beamten in der Mitte des 17. Jahrhunderts in den Festungen Stettin und Altdamm. – In: *Asmus, I.; Porada, H. T. u. Schleinert, D. [Hrsg.]*: Geographische und historische Beiträge zur Landeskunde Pommerns – Eginhard Wegner zum 80. Geburtstag. – Schwerin (Sonderband der Greifswalder Geographischen Arbeiten – Wissenschaftliche Beiträge des Geographischen Institutes der Ernst-Moritz-Arndt-Universität), S. 269–275.

Porada, H. T. (2001): Die Etablierung der schwedischen Finanzverwaltung auf lokalem Niveau in Pommern – Das Beispiel der Stadt und Festung Altdamm. – In: *Hacker, H.-J. u. Wernicke, H. [Hrsg.]*: Der Westfälische Frieden – Wende in der Geschichte des Ostseeraumes. Für Prof. Dr. Dr. h.c. Herbert Ewe zum 80. Geburtstag. – Hamburg (Greifswalder Historische Studien, 3), S. 197–246.

Porada, H. T. (2003): Die Baulichkeiten und Liegenschaften des Augustiner-Eremiten-Klosters und des Stadthofes des Prämonstratenserklosters Pudagla („die Papen-Collatie") in Anklam zwischen Reformation und ausgehender Schwedenzeit. – In: *Kimminus-Schneider, C. u. Schneider, M. [Red.]*: Klöster und monastische Kultur in Hansestädten – Beiträge des 4. wissenschaftlichen Kolloquiums Stralsund 12. bis 15. Dezember 2001. – Rahden in Westfalen (Stralsunder Beiträge zur Archäologie, Geschichte, Kunst und Volkskunde in Vorpommern, 4), S. 185–204.

Porada, H. T. (2004): Pommersche Karten aus der Schwedischen Landesvermessung in der Königlichen Bibliothek in Kopenhagen. Mit einem Exkurs über Quellen zur schwedischen Landesaufnahme im Staatsarchiv Stettin. – In: Pommern – Kultur und Geschichte, 42, Heft 2, S. 18–22.

Porada, H. T. [Bearb.] (2005): Nordica, Baltica und Sueco-Pomeranica im Staatsarchiv Stettin – Schwerin (Publikationen des Lehrstuhls für Nordische Geschichte an der Ernst-Moritz-Arndt-Universität Greifswald, 6).

Porada, H. T. (2009): Das Zusammenwirken von Geodäsie, Steuererhebung und Militärpolitik in der schwedischen Großmachtzeit. – In: *Schmelz, C. u. Zimdars, J. [Hrsg.]*: Innovationen im Schwedischen Großreich – Eine Darstellung anhand von Fallstudien. – Hamburg (Schriften der David-Mevius-Gesellschaft, 3), S. 45–73.

Porada, H. T. (2015a): Die vier ältesten bekannten Karten von der Stadt Grimmen und ihrer Feldmark. Ulla Ehrensvärd (1927–2015) in dankbarer Erinnerung gewidmet. – In: *Buske, Norbert; Porada, H. T. u. Schmidt, W. [Hrsg.]*: Die Marienkirche in Grimmen und ihre Gemeinde. Beiträge zur Kirchengeschichte einer pommerschen Stadt. – Kiel 2015, S. 221–240 u. 422–426.

Porada, H. T. (2015b): Capurg: Das Projekt einer schwedischen Stadtgründung im Baltikum. Quellen zur Landes- und Kirchengeschichte der baltischen Lande im 16. und frühen 17. Jahrhundert in pommerschen Archiven. – In: *Oldach, R. u. Wegener Friis, T. [Hrsg.]*: Staat – Militär – Gesellschaft. Festschrift für Jens E. Olesen zum 65. Geburtstag. – Greifswald (Publikationen des Lehrstuhls für Nordische Geschichte, 20), S. 63–91.

Porada, H. T. (2016): Ein erfülltes Leben für die Kartographiegeschichte. Nachruf auf Ulla Ehrensvärd (1927–2015). – In: Kartographische Nachrichten – Journal of Cartography and Geographic Information, 66, Heft 4, S. 217–218.

Porada, H. T. (2018): Staffan Helmfrid 1927–2017. – In: Kartographische Nachrichten – Journal of Cartography and Geographic Information, 68, Heft 1, S. 39–40.

Porada, H. T. (2020): Das Grabmal für Henning von Stralenheim in der früheren Stiftskirche St. Arnual in Saarbrücken als Zeugnis der schwedischen Großmachtzeit (Teil 1). – In: Pommern – Zeitschrift für Kultur und Geschichte, 58, Heft 4, S. 19–28.

Porada, H. T. (2021a): Das Grabmal für Henning von Stralenheim in der früheren Stiftskirche St. Arnual in Saarbrücken als Zeugnis der schwedischen Großmachtzeit (Teil 2). – In: Pommern – Zeitschrift für Kultur und Geschichte, 59, Heft 1, S. 2, 4–11.

Porada, H. T. (2021b): Der südliche Ostseeraum in historisch-geographischer Perspektive. Zur Entwicklung des Historischen Atlas von Pommern seit 1911. – In: *Wüst, W. [Hrsg.]*: Der Historische Atlas (von Bayern) als Ideengeber und Rezipient historischer Diskurse. – München (Zeitschrift für bayerische Landesgeschichte, 83/2, im Druck).

Porada, H. T. u. Schleinert, D. (2019): Burg, Archidiakonat, Schloß und Amt Tribsees. Die zentralörtlichen Funktionen einer pommerschen Stadt in Mittelalter und Neuzeit. – In: *Porada, H. T. u. Schmidt, W. [Hrsg.]*: Kirchliches Leben zwischen Trebel und Strelasund. Beiträge zur Geschichte des Kirchspiels und der Synode Grimmen. – Kiel, S. 379–412.

Rätz, L. u. Rodig, U. (1984): Zur Geschichte der Schwedischen Landesmatrikel. Erfahrungen und Probleme bei der Erschließung eines historischen Kartenbestandes. – In: Archivmitteilungen, 34, Heft 3, S. 96–100.

Ramsay, M. [Red.] (1992): Kartskatter på Krapperup. – Krapperup u. Helsingborg (Krapperups museum, 11).

Recker, G. (2001): Prozeßkarten in den Reichskammergerichtsakten. Ein methodischer Beitrag zur Erschließung und Auswertung einer Quellengattung. – In: *Baumann, A.; Westphal, S.; Wendehorst, S. u. Ehrenpreis, S. [Hrsg.]*: Prozeßakten als Quelle. Neue Ansätze zur Erforschung der Höchsten Gerichtsbarkeit im Alten Reich. – Köln, Weimar u. Wien, S. 165–182.

Roberts, M. (1979): The Swedish Imperial Experience 1560–1718. – Cambridge.

Rubow-Kalähne, M. (1960): Matrikelkarten von Vorpommern 1692–98 nach der schwedischen Landesaufnahme. Eine kurze Erläuterung zu den Kartenblättern Neuenkirchen, Greifswald, Wusterhusen und Hanshagen. – In: Wissenschaftliche Veröffentlichungen des Deutschen Instituts für Länderkunde N.F. 17/18. – Leipzig (Sonderband zum 4. Internationalen Archivkongress in Stockholm 1960), S. 189–207.

Schleinert, D. (2004): Das Passauer Viertel in Stettin Anno 1706. Schwedische Landesaufnahme: Grundstücksbeschreibungen Stettins werden ediert. – In: Pommern – Zeitschrift für Kultur und Geschichte, 42, Heft 1, S. 18–22.

Schleinert, D. (2008): Die schwedische Landesaufnahme der Insel Poel 1698. – Bremen (Quellen und Studien aus den Landesarchiven Mecklenburg-Vorpommerns, 9).

Sporrong, U. (2019): Persönliche Erinnerungen an Staffan Helmfrid (1927–2017). Historische Geographie und Kulturlandschaftsanalyse als Lebensaufgabe. – In: *Hardt, M.; Heinrich-Tamáska, O.; Tamáska, M. u. Schenk, W. [Hrsg.]*: Orte und Landschaften der Mobilität. – Bonn (Siedlungsforschung. Archäologie – Geschichte – Geographie 36), S. 397–429.

Sporrong, U. u. Wennström, H.-F. [Red.] (1990): Sveriges kartor. – Stockholm (Sveriges Nationalatlas, 1), S. 34–41.

Tarkiainen, Ü. (2005): Geometriska kartor från Estland och norra Livland som källor för bosättningshistorisk forskning. – In: *Roeck Hansen, B. [Red.]*: Nationalutgåva av de äldre geometriska kartorna. Konferens i Stockholm 27–28 november 2003. – Stockholm (Kungl. Vitterhets Historie och Antikvitets Akademien, konferenser, 57), S. 61–80.

Tollin, C. (1996): Ättebackar och ödegärden – De äldre lantmäterikartorna i kulturmiljövården. – Stockholm u. Uppsala.

Tollin, C. (2005): Den svenska storskaliga karteringen 1633 till 1655. – In: *Roeck Hansen, B. [Red.]*: Nationalutgåva av de äldre geometriska kartorna. Konferens i Stockholm 27–28 november 2003. – Stockholm (Kungl. Vitterhets Historie och Antikvitets Akademien, konferenser, 57), S. 6–22.

Tollin, C. (2007a): När Sverige sattes på kartan. – In: *Jansson, Ulf [Red.]*: Kartlagt land – Kartan som källa till de areella näringarnas geografi och historia. – Stockholm u. Eskilstuna (Skogs- och Lantbrukshistoriska meddelanden, 40 – Supplement till Kungl. Skogs och Lantbruksakademiens Tidskrift), S. 51–69.

Tollin, C. (2007b): Historical Settlement and Land Use in Western Pomerania: The Golchen Example. – In: *Blomkvist, N. u. Lindström, T. [Hrsg.]*: The Significant Detail – Europeanization at the Base of Society: the Case of the Baltic Rim 1100–1400 AD. – Visby (CCC papers, 9), S. 39–50.

Tollin, C. (2008a): When Sweden was put on the Map. – In: *Palang, H.; Sooväli, H.; Antrop, M. u. Setten, G. [Hrsg.]*: European Rural Landscapes: Persistance and Change in a Globalising Environment. – Dordrecht, Boston u. London 2004, S. 191–208.

Tollin, C. (2008b): De första lantmätare. – In: *Höglund, M. [Red.]*: 1600-talets jordbrukslandskap – En introduktion till de äldre geometriska kartorna. – Stockholm u. Sundbyberg (Skrifter utgivna av Riksarkivet, 29), S. 16–31.

Tollin, C. (2021): Sveriges kartor och lantmätare 1628 till 1680. Från idé till tolvtusen kartor. Tillägnas minnet av Staffan Helmfrid och Ulf Sporrong. – Stockholm (Kungl. vitterhets historie och antikvitets akademien, handlingar, antikvariska serien, 58 = Skrifter utgivna av riksarkivet, 43).

Tuchtenhagen, R. (2007): Zentralstaat und Provinz im frühneuzeitlichen Nordosteuropa. – Wiesbaden (Veröffentlichungen des Nordost-Instituts, 5).

Wartenberg, H. [Bearb.] (1996): Die schwedische Landesaufnahme von Vorpommern 1692–1709. Karten und Texte. Hg. von der Historischen Kommission für Pommern in Verbindung mit dem Vorpommerschen Landesarchiv Greifswald. Ortsbeschreibungen, 2, 1: Insel Rügen, Halbinsel Jasmund. – Greifswald.

Wartenberg, H. u. Porada, H. T. (1998): Schwedische Vermessungen in Pommern und Mecklenburg. – In: Schwedenzeit, hrsg. vom Stadtgeschichtlichen Museum Wismar. – Rostock u. Wismar, S. 55–76.

Wegner, E. (2009/10): Das Land Loitz zwischen 1200 und 1700. Ein Beitrag zu einer historisch-geographischen Untersuchung Vorpommerns, Text- und Kartenband, hrsg. und eingel. von *Dirk Schleinert*. – Kiel (Die schwedische Landesaufnahme von Vorpommern 1692–1709, Sonderband).

Wernicke, H. (1997): Steuererhebung und Kataster: die Landesaufnahme der schwedischen Provinz Pommern um 1700, in: Informations- und Kommunikationstechniken der öffentlichen Verwaltung (Jahrbuch für europäische Verwaltungsgeschichte, 9), S. 97–108.

Siedlungsforschung. Archäologie – Geschichte – Geographie 39, 2021, S. 379–399

Landschaften benannt und umbenannt

Landschaftsnamen als Quellen historischer Regionalisierungsprozesse

Andreas Dix

1 Warum Landschaftsnamen?

Über den Zusammenhang von Landschaften, von Regionen und der Ausbildung mit ihnen räumlich verknüpfter Identitäten ist schon sehr viel geschrieben worden. Gleichwohl ist nicht zu leugnen, dass bisher die zugrundeliegenden Prozesse häufiger postuliert als genauer rekonstruiert und analysiert wurden. Auch wenn dies nicht mehr in einem positivistischen Sinne wie in der älteren landes- und volkskundlichen Literatur geschieht, stehen doch zumeist individuelle Orte und Raumausschnitte am Anfang der Untersuchungen. Hinzu kommt oft ein breites Spektrum an Artefakten und Relikten, die als Ausgangspunkte vielfältiger Zuschreibungen sowie sozialer und politischer Praktiken beschrieben werden.[1] Landschaftsnamen und die Tatsache individueller Benennungen von Landschaften spielen darin, soweit bisher zu sehen, nur eine marginale Rolle. Das überrascht, denn mit einer Benennung lässt sich eigentlich am schnellsten eine räumliche Individualität herstellen, eine Abgrenzung zwischen innen und außen konstituieren, schließlich Inklusion und Exklusion definieren.

Die Eigenschaft von Namen als Universalien aller Sprachen ist es, die in den letzten Jahren die Onomastik oder Namenforschung zu einem ergiebigen Forschungsfeld hat werden lassen.[2] Immer neue Themen werden untersucht; schon längst nicht mehr stehen nur die traditionellen Personen-, Orts- und Flurnamen im Mittelpunkt der Forschung. Nun werden auch Namen von Nahrungsmitteln, Glocken, Kanonen, von Kletterrouten oder Höhlen untersucht. Gleichzeitig rückt damit die Namenpragmatik, also der Aspekt der

---

[1] *Pohl* untersucht neben anderen Faktoren für die Region Friaul in Oberitalien z. B. umfassend Symbole des Regionalbewusstseins, wozu „konkrete Symbole", wie landschaftliche Elemente, geschichtliche oder folkloristische Symbole gehören, siehe *Pohl* 1993, S. 154–169.

[2] So in einer großen Bandbreite im aktuellen deutschsprachigen Lehrbuch (*Nübling, Fahlbusch u. Heuser* 2012), zum Begriff der Universalien siehe S. 14.

Verwendung sprachlicher Aussagen und ihrer Kontexte, in den Vordergrund. Jetzt geht es nicht mehr nur vorrangig darum, die Etymologie von Namen zu ergründen, vielmehr um die Frage, welche Funktionen Namen übernehmen und wie mit ihnen umgegangen wird.[3] Es liegt deshalb nahe zu überlegen, inwiefern Landschaftsnamen dazu beitragen, regionale Identitäten zu formen. Durch diesen Raumbezug wird das Thema der Landschaftsnamen zu einem geographischen, in einer diachronen Perspektive zu einem historisch-geographischen.

Dazu sollen hier einige Überlegungen angestellt und Forschungsperspektiven in drei Abschnitten entwickelt werden: Zunächst wird in einem ersten Abschnitt der Forschungsstand zu Landschaftsnamen skizziert. In einem zweiten Abschnitt soll der Frage nachgegangen werden, inwieweit das Thema der historischen Entwicklung regionaler Identitäten mit Landschaftsnamen verknüpft werden kann. In einem dritten Abschnitt geht es um eine Typologie von Benennungs- und Umbenennungsprozessen, die an Beispielen erläutert wird.

2 Der Forschungsstand zu Landschaftsnamen

Zunächst ist die Frage nicht einfach zu klären, was ein Landschaftsname eigentlich ist. Dieses Kompositum birgt ebenfalls alle Probleme des Begriffes Landschaft in sich.[4] Deswegen ist gelegentlich versucht worden, den Begriff Landschaftsname durch andere Bezeichnungen, wie Choronym, zu ersetzen, was sich aber nicht durchgesetzt hat.[5]

Erschwerend kommt hinzu, dass im internationalen Zusammenhang eine andere Nomenklatur gepflegt wird. So existiert im englischen keine eigene Kategorie des Landschaftsnamens und es wird im Sinne von Toponymen generell von Place Names gesprochen.[6] In der deutschsprachigen Literatur hingegen gibt es eine lang eingeführte Unterscheidung einzelner Typen von Toponymen.

Immerhin kann man zunächst pragmatisch einige grundlegende und eher alltagsweltlich erfahrbare Charakteristika festhalten:

a. In der Größenordnung der von ihnen benannten Objekte in der realen Welt stehen sie gewöhnlich zwischen Siedlungs- und Flurnamen auf der einen und auf der anderen

---

3 Der israelische Kartograph *Naftali Kadmon* hat diese Perspektive erstmals für Toponyme dargestellt (*Kadmon* 2000).

4 Zur aktuellen Operationalisierung des Landschaftsbegriffes jetzt *Kühne, Weber u. Jenal* 2019.

5 *Kapfhammer* versucht den Begriff des Choronyms zudem als eine Art Dachbegriff für Namen einzuführen, die generell größere Räume abdecken (*Kapfhammer* 1989, 1990).

6 So werden im aktuellen Oxford Handbook of Names and Naming (*Hough* 2016) unter Place Names folgende Namenkategorien subsumiert: Settlement Names, River Names, Hill and Mountain Names, Island Names und als eigene Kategorie Rural Names, die als Flurnamen übersetzt werden können.

Seite Namen wie Ländernamen, Benennungen von Meeren oder Einheiten subkontinentalen wie kontinentalen Ausmaßes.[7]

b. Zumeist markieren sie geographische Einheiten, die sich z. B. durch natürliche, kulturelle und historische Merkmale von benachbarten Einheiten deutlich unterscheiden.
c. Der Übergang zu kleinräumigeren und klar abgrenzbaren geographischen Objekten, wie Bergen und Tälern ist oftmals fließend.
d. Im Gegensatz zu Länder-, Orts-, Flur- oder Straßennamen sind Landschaftsnamen zumindest im deutschsprachigen Raum nicht rechtlich festgelegt. Während es für die amtliche Schreibung der genannten Namenskategorien rechtlich verbindliche Festlegungen gibt, bilden Landschaftsnamen eine erheblich fluidere Kategorie. Eine gewisse Vereinheitlichung erfolgt durch die kartographische Aufnahme von Landschaftsnamen in die Kartenwerke der amtlichen Kartographie.

Die Orts- und Flurnamenforschung hat bis heute einen immensen Datenbestand geschaffen, der für viele Themen rund um die Geschichte von Kulturlandschaften unverzichtbar ist.[8] Hierzu gehören die großen Serien der Orts- und Flurnamenbücher, wie das Historische Ortsnamenbuch von Bayern.[9] Vor allem die diachrone Schichtung von Namen, ihre zeitliche Zuordnung und Bedeutung bleiben wichtige Themen der Namenforschung, allerdings stehen die beiden jüngsten deutschsprachigen Lehrbücher zur Onomastik für ein erheblich erweitertes Verständnis von Namen.[10] Die Forschung interessiert sich jetzt intensiver für die Frage, in welchen Zusammenhängen Namen funktionieren. Hierfür steht das Gebiet der Namenpragmatik, also die Untersuchung der Prozesse der Namengebung und Namenverwendung. Damit rückt die Funktion des Namens in einem breiteren sozialen und politischen Kontext in den Mittelpunkt. Dies hat zur Folge, dass sich der zeitliche Schwerpunkt der Namenforschung, der traditionellerweise im Mittelalter lag, in die jüngeren Zeiten verschiebt, wo die Quellenlage eher eine Forschung zu diesen Fragen zulässt.[11]

---

7 Dieser Definition folgen *Nübling, Fahlbusch u. Heuser* 2012, S. 210.

8 Zum Potential dieser Forschung siehe die Beispiele bei *Aehnlich u. Meineke* 2015. Es sollte auch kein Widerspruch zwischen den genannten Forschungsschwerpunkten konstatiert werden. Vielmehr wird gerade die etymologische Forschung, die z. B. in den Langzeitvorhaben der Akademien betrieben wird, weiterhin von zentraler Bedeutung sein.

9 Als Beispiel für den reichen Wissensbestand sei das Ortsnamenbuch des ehemaligen Landkreises Staffelstein in Oberfranken genannt (*Fastnacht* 2007). Als Überblicksdarstellung aus diesem Projekt siehe die Lexika von *Reitzenstein*, hier z. B. für den fränkischen Anteil von Bayern (*Reitzenstein* 2009). Zum Stand der Ortsnamenforschung siehe jetzt die Arbeiten von *Debus u. Schmitz* (2004) und *Bily* (2017–2020).

10 *Debus* 2012; *Nübling, Fahlbusch u. Heuser* 2012 bieten hier bereits viele Ansatzpunkte, die aber in den letzten Jahren besonders auch durch diese Autoren und in einem internationalen Rahmen erheblich weitergetrieben wurde.

11 Nichtsdestotrotz zeigen z. B. jüngere Forschungen zu klassischen Themen, wie z. B. der Patrozinienforschung, dass auch hier durch neue, diachrone und interdisziplinäre Ansätze vielversprechende Ergebnisse erzielt werden können (*Dräger, Fahlbusch u. Nübling* 2016).

Als These wäre zu überprüfen, ob das gestiegene Interesse an Onomastik auch mit der wachsenden Bedeutung des Themas Identität und kollektiver Identität zu tun hat.[12]

Aufschlussreich ist nun, dass beide Lehrbücher die Kategorie der Landschaftsnamen extra ausweisen. Neben der bereits aufgeführten, rein quantitativ an der Größe der benannten Fläche angelehnten pragmatischen Definition von *Nübling* u. a. ergeben sich aus der Definition bei *Debus* erste Deutungsangebote für das Verhältnis von Landschaftsnamen und regionaler Identität. Danach benennen Landschaftsnamen „vorwiegend nicht politisch-administrativ definierte Raumeinheiten mit Siedlungskomplexen, was als ‚Tagesreiseumkreis' bezeichnet werden kann. Den Bewohnern sind sie als engere Heimat bewusst."[13] Allerdings schlägt hier wieder die altbekannte Unschärfe des Landschaftsbegriffes durch. Mag diese Definition für die überwältigende Zahl von Landschaftsnamen gelten, die nur lokal oder regional bekannt sind, so erstreckt sich der Begriff doch auch auf größere Gebiete. In der Strukturierung der Belege älterer Landschaftsnamen folgen beide den von *Reitzenstein* auf der Basis von Archivbelegen vorgeschlagenen zwölf Typen oder Motiven mit jeweiligen Beispielen:[14]

Raumbezeichnung	(Allgäu)
Geländeerhebung	(Alpen, Ardennen, Hunsrück, Knüll, Steigerwald)
Gewässer	(Isarwinkel, Wetterau)
Morphologie	(Grabfeld)
Bewuchs	(Fichtelgebirge, Rhön, Schwarzwald)
Tier	(Spessart, Vogelsberg)
Himmelsrichtung	(Westerwald)
Verkehrsweg	(Bergstraße)
Siedlung	(Breisgau, Burgwald, Chiemgau)
Person	(Elsaß, Karwendel, Pfaffenwinkel)
Institution	(Abteiland)
Ethnie	(Böhmerwald, Odenwald)

Hier handelt es sich um fest eingeführte Landschaftsnamen mit einer langen Tradition, die sicher unbestritten sind. Das Ziel, möglichst frühe Belege und damit Hinweise für die

12 Siehe u. a. *Antweiler* 2017; *Raab* 2021 in der 8. Auflage des Staatslexikons der Görres-Gesellschaft. In der 7. Auflage (erschienen 1985–1993) taucht das Lemma Identität noch nicht auf.

13 *Debus* 2012, S. 187. Tagesreiseumkreis ist hier vermutlich als eine Distanz zu verstehen, die vorindustrielle Raumverhältnisse widerspiegelt, also konkret die Tatsache, dass man im Regelfall zu Fuß gegangen ist.

14 *Reitzenstein* 1998, für die Belege und die Erläuterung sei auf den Aufsatz selbst verwiesen.

Wortherkunft und -bedeutung zu finden, stützt sich auf ein sehr spezifisches und eingeschränktes Spektrum an Quellen. So sind die Angaben nahezu ausschließlich aus urkundlichen Quellen entnommen worden. Erst ab dem 16. Jahrhundert treten Karte und Atlas, in Bayern prominent vertreten durch die Landtafeln von *Philipp Apian* (1531–1589), als neue Quellen hinzu, die bis heute die Pragmatik von Landschaftsnamen ganz entscheidend prägen. Zwar wurden diese immer auf vielen verschiedenen Wegen tradiert, aber mit dem Aufkommen flächendeckender Kartenwerke stieg ihre Zahl und Dichte. Eine wichtige Feststellung ist nun, dass die Überlieferung der Landschaftsnamen auf Karten anderen Regeln folgt und so andere Ergebnisse liefert, als wenn man nur Namenverzeichnisse oder Urkunden heranzieht. Das begrenzte Format von Karten, der Zwang auch andere Informationen auf Topographischen Karten unterzubringen und schließlich der Anspruch auf Lesbarkeit begrenzen die Zahl und die Möglichkeiten der Darstellung von Landschaftsnamen ganz anders als in Texten. Die Verbreitung von Atlanten und Karten in weiteren Teilen der Öffentlichkeit spätestens seit dem 18. Jahrhundert macht es wahrscheinlich, dass Landschaftsnamen gegenüber anderen Namentypen überproportional durch Karten tradiert wurden. Über die Redaktionsprozesse im Vorlauf der Kartenproduktion weiß man indes wegen der Quellenlage relativ wenig. Auch die Darstellungen in den älteren Lehrbüchern der Kartographie lassen vermuten, dass die Gestaltung von Karten und besonders ihres jeweiligen Anteils an Schrift oft weniger ein Prozess ist, der einer strikt reproduzierbaren mathematisch-naturwissenschaftlichen Logik folgte, sondern dem eher künstlerische Aspekte zu Grunde lagen.[15] Kartenwerke wurden dann wegen ihres besonderen „Duktus" gelobt, womit man eine gefällige und eben gut lesbare Kartengrafik meinte. Weitere Restriktionen entstehen durch die Bindung an Maßstäbe und die damit zusammenhängenden Blattschnitte. Erst in der digitalen Kartographie sind diese Restriktionen aufgehoben und gerade durch das blattschnittfreie und maßstablose Zoomen fallen viele Unregelmäßigkeiten und Leerstellen auf Karten überhaupt erst auf.

Forschung zu Landschaftsnamen bezieht sich überwiegend auf Einzelbeispiele. Diachron und räumlich vergleichende Forschungen und Darstellungen gibt es nur wenige. Lang hingegen ist die Tradition der Zusammenstellung geographischer Namen aller Art für unterschiedliche Gebiete; eine Tradition, die sich aus der älteren topographischen Literatur seit dem 18. Jahrhundert entwickelte.[16] Neben sogenannten Zeitungslexika gab es später speziellere Namenlexika, die dann am Anfang einer wissenschaftlichen Toponomastik stehen.[17] Die Nutzung von geographischen Namen als Quellen für die Geographie

---

15 So z. B. im seinerzeit führenden Lehrbuch der Kartographie *Eckert* 1921, S. 339–346.

16 Zur älteren topographischen Literatur siehe *Knoll* 2013.

17 Als Beispiele für Zeitungslexika siehe das ab 1704 erstmals und später unter dem Namen *Johann Hübner* in vielen Auflagen erschienene Reale Staats- und Zeitungs-Lexicon oder *Benjamin Ritters* 1836 in einer ersten Auflage herausgegebenes Geographisch-statistisches Comptoir- und Zeitungs-Lexicon.

lag auf der Hand.[18] In den Verzeichnissen überwiegen die Ortsnamen: Sie führen zwar auch die wichtigen Landschaftsnamen auf, einen guten Überblick erhält man aber dadurch nicht.[19]

Auch gibt es bisher noch keine umfassende Datenbank von Landschaftsnamen für alle deutschsprachigen Gebiete. Zumindest für das Gebiet der Bundesrepublik Deutschland liegt aber eine Karte vor, die Landschaftsnamen und die jeweils von ihnen bezeichneten Gebiete in ihren Abgrenzungen zeigt. Es handelt sich um die Karte „Deutschland. Landschaften. Namen und Abgrenzungen", Maßstab 1:1.000.000, herausgegeben durch das Bundesamt für Kartographie und Geodäsie (BKG) in Verbindung mit dem Ständigen Ausschuss für geographische Namen (StAGN). Diese Karte wurde 1983 von dem Bochumer Geographen *Herbert Liedtke* begründet und ist seitdem mehrfach aktualisiert worden. Die Herausgabe der aktuellen, 7. Auflage 2017 wurde vom Autor genutzt, durch eine digitale Aufarbeitung des Namenmaterials neue Verfahren der Überprüfung von Landschaftsnamen zu erproben und damit Material für eine Weiterentwicklung der Karte vorzulegen.[20]

Zunächst ist festzuhalten, worin die Besonderheiten der Karte liegen und was sie für die Arbeit mit Landschaftsnamen wertvoll macht:

a. Aufgenommen wurde anhand der Pragmatik der Namen. Es wurden also nur solche Namen berücksichtigt, die auch weithin als gebräuchlich gelten können. Hierzu gehören Namen, die naturräumlich, historisch und wirtschaftsräumlich bezeichnete Räume benennen. Was eine Landschaft ist, lässt sich aber gerade in einem kulturellen und historischen Kontext nie präzise definieren.
b. Die Abgrenzungen der Landschaften, die durch Linien dargestellt werden, sind eine neue Information, da in offiziellen Topographischen Karten normalerweise nur die ungefähre Lage einer Landschaft durch die Schrift angegeben werden kann.
c. Das Ergebnis war die Aufnahme von 754 Namen mit den von ihnen benannten Arealen, wie sie allgemein im Gebrauch sind. Intendiert war nie eine vollständige Sammlung. Ausgewählt werden konnten nur die Namen, die noch hinreichend genau auf einer kleinmaßstäbigen Karte im Maßstab 1:1.000.000 darzustellen sind.

Mittlerweile sind die Namen und ihre Geometrien auch in den Web-Map-Service-Dienst des BKG „Geographische Namen 1:250.000 (GN 250)" aufgenommen worden.

---

[18] Siehe hierzu die Werke von *Johann Jakob Egli* (1872, 1886) und die Einführung von *Nagl* (1903).

[19] Im deutschen Sprachraum hat der von *Berger* (1993) herausgegebene Duden-Band zu Geographischen Namen bisher keine Neubearbeitung erfahren.

[20] Zur Karte hat *Liedtke* eine umfangreiche Dokumentation und Erläuterung der einzelnen Landschaftsnamen publiziert (*Liedtke* 2002), im Überblick auch das entsprechende Blatt mit Erläuterungen im Nationalatlas der Bundesrepublik Deutschland (*Liedtke* 2003). Zu Vorläufern siehe *Bürgener* 1967.

Als wesentliche Grundlage für die Auswahl der Landschaftsnamen diente ursprünglich die Auswertung folgender Überblickskarten:

a. Amtliche Übersichtskarte der Bundesrepublik Deutschland 1:500.000 (World Series 1404). – Frankfurt am Main 1978 ff.
b. Karte: Relief und Landschaftsnamen 1:1.000.000. – Bad Godesberg 1965.
c. Karte: Regionale geographische Namen der Deutschen Demokratischen Republik ca. 1:800.000. – Berlin 1982, erarbeitet von *Erfried Haack*.

Die Auswahl der Namen erfolgte also aus einer ausgesprochen kartographischen Logik. Zwar liegen den Namen in Karten umfangreiche redaktionelle Vorarbeiten zugrunde, aber oftmals entscheiden auch andere Kriterien, wie verfügbarer Platz oder Lesbarkeit über die Aufnahme in eine Karte. Deshalb stand am Anfang der Bearbeitung der Neuauflage auch die Frage, inwieweit diese damals aus Karten erhobenen Namen heute noch kongruent zum allgemeinen Gebrauch sind.

Bereits *Kapfhammer* hatte in seiner frühen Besprechung der Karte angemerkt, dass das Kriterium der „Gebräuchlichkeit“ relativ unscharf und dementsprechend schwer zu operationalisieren sei.[21] Gebräuchlichkeit kann man auch als Pragmatik übersetzen und es stellt sich tatsächlich die Frage, wie man feststellen kann, ob Namen nur erfunden worden sind oder ob sie tatsächlich so weit im Gebrauch sind, dass auch weithin verstanden wird, worum es sich bei den entsprechenden Gebieten handelt. Die automatisierte Auswertung von Kartenschrift ist noch sehr aufwändig, deshalb muss man auf die Auswertung digitaler Datenbanken und digitalisierter Literaturbestände zurückgreifen, die dann aber einen langen diachronen und sehr breiten Zugriff auf Quellen ermöglichen. In einem ersten Schritt wurden u. a. einige leicht zugängliche digitale Bestände untersucht:

a. Historische Enzyklopädien, hier vor allem die beiden vollständig vorliegenden Werke des „Großen vollständigen Universal-Lexicon aller Wissenschafften und Künste“ von *Johann Heinrich Zedler* (Leipzig 1731–1754) sowie die monumentale, 242 Bände umfassende, von *Johann Georg Krünitz* herausgegebene „Ökonomische Enzyklopädie“ (Brünn 1773–1858).
b. Digitale Sprachkorpora, wie das digitale Wörterbuch der deutschen Sprache (DWDS).
c. Online-Enzyklopädien, vor allem Wikipedia. Hier ist zu vermuten, dass besonders mit den regionalen Verhältnissen und dem Namengebrauch vertraute Nutzerinnen und Nutzer diese Artikel schreiben oder bearbeiten.
d. Virtuelle Deutsche Landesbibliographie. Hier ist davon auszugehen, dass sich der Gebrauch von Landschaftsnamen vor allem in Titeln der regionalen Literatur niederschlägt.

---

[21] *Kapfhammer* 1987, S. 50. *Kapfhammer* diskutiert die Probleme anhand von bayerischen Beispielen.

Auf diese Weise ließen sich fast alle Namen recherchieren und verifizieren. Mittlerweile ist die digitale Materialbasis so groß, dass man auch mit einer weiteren Verschneidung von digitalen Quellenbeständen tatsächlich die Namen herausfiltern kann, die über eine zeitlich stabile Überlieferung verfügen. Gleichzeitig bleiben aber auch noch Fragen offen, denn es fallen räumliche Ungleichgewichte in der Verteilung der Landschaftsnamen auf. Während besonders Südniedersachen mit einer Vielzahl relativ kleiner benannter Landschaften gesegnet ist, gibt es anderswo, z. B. in Franken, große weiße Flecken – eine Tatsache, die immer wieder für Irritationen und entsprechende Anfragen sorgt.

3 Landschaftsnamen und ihre Funktionen

Es kann sicher vermutet werden, dass eine Benennung auch eine Individualität einer Landschaft in dem Sinne herstellt, dass dem Namen weitere Attribute hinzugefügt werden können. Dieser Prozess der Identifizierung und Individualisierung wird in der Onomastik untersucht.[22] Auffällig ist, dass diese Tatsache in der Literatur zu Identität und kollektiver Identität keine große Rolle zu spielen scheint. Es stehen allgemein soziale Praktiken und Narrative im Vordergrund, in dem Benennungen eine eher untergeordnete Rolle spielen, jedenfalls wäre dieser Zusammenhang noch näher zu untersuchen.[23] Auch eine erste Sondage der entsprechenden geographischen Literatur von geographischer Seite brachte keine befriedigenden und weiterführenden Erkenntnisse. Eine Existenz regionaler Identität und ihre Bindung an individuelle und überschaubare Raumausschnitte werden von allen Autorinnen und Autoren bejaht. Die Wirkung von Namen im allgemeinen und Geographischen Namen im speziellen, die ja eigentlich gerade bei Exklusions- und Inklusionsprozessen eine gewisse Bedeutung haben müssten, spielt hierbei aber keine bisher erkennbare Rolle.[24] Bemerkenswert früh hat *Dietrich Bartels* 1981 auf das Motiv der Verankerung in überschaubaren territorialen Einheiten im Sinne einer Beheimatung als anthropologisches Grundbedürfnis hingewiesen. *Paasi* hat in seinen Arbeiten auch auf einer breiten Literaturbasis in jüngerer Zeit die Ausbildung regionaler Identitäten untersucht.[25] Die Anschlussfähigkeit zu einer Critical Toponymy oder zu Critical-Place-Names-Studies wäre zu prüfen, die sich seit einigen Jahren eben mit der Namenpragmatik im

---

22 Z. B. bei Nübling, Fahlbusch u. Heuser 2012, S. 20–22.

23 Zum Problem der Bestimmung und Untersuchung kollektiver Identitäten auch jenseits eines nationalen Rahmens siehe *Niethammer* 2000; dazu auch *Giesen* 2016; *Antweiler* 2017; zuletzt zusammenfassend *Raab* 2021.

24 Dazu liegt übergreifend bisher nur wenig Forschung vor, z. B. *Helleland* 2009; *Gammeltoft* 2016.

25 *Bartels* Aufsatz steht in bemerkenswertem Kontrast zu seinen vorherigen Arbeiten. Interessanterweise erschien er in einer Zeit, in der parallel ein steigendes Interesse an Kulturlandschaften zu verzeichnen ist (*Bartels* 1981); später *Weichhart* 1990; *Paasi* 2003 u. a.

Sinne von gesellschaftlichen Aushandlungsprozessen und Konflikten beschäftigen.[26] Diese Forschung wiederum hat bisher nicht so sehr die Landschaftsnamen, sondern vor allem urbane Räume, wie Straßen-, Platz- und Bezirksnamen sowie Namen einzelner Objekte und Bauten im Blick.

Interessant ist nun die Tatsache, dass es neben der sehr bunten und zufällig wirkenden Überlieferung von Landschaftsnamen durch Alltagskommunikation mit der Naturräumlichen Gliederung ein weiteres und konkurrierendes System von Landschaftsnamen gibt.

In der Bundesrepublik wurde hauptsächlich zwischen 1953 und 1962 ein umfangreiches Kartenwerk im Maßstab 1:200.000 zusammen mit Erläuterungen erarbeitet, in dem nach strengen naturwissenschaftlichen Kriterien, wie Relief, Böden, Bewuchs, Klima usw. das gesamte Land in ein hierarchisches System von Flächen überlappungsfrei eingeteilt wird. Als Problem ergibt sich hierbei, dass diese so abgegrenzten Räume ganz unterschiedlich neu benannt wurden. Man bediente sich einerseits der eingeführten Namen, andererseits wurden viele neue Begriffe eingeführt, die traditionellerweise als Landschaftsnamen nicht gebräuchlich sind. Zumeist wurden diese Namen aus dem Fachvokabular der Geomorphologie abgeleitet. Auf diese Weise entstand eine Mischung traditioneller, eingeführter Namen mit neuen Begriffen. Manchmal ist auch nicht zu entscheiden, welcher Name neu ist und welcher schon eine längere Geschichte hat. Es gibt eine sehr umfangreiche Literatur zu den Verfahren und den Abgrenzungsergebnissen, die schließlich in der Publikation eines Handbuches und einer Kartenserie im Maßstab 1:200.000 hauptsächlich zwischen 1953 und 1962 mündeten.[27] Parallele Arbeiten zu einer Naturräumlichen Gliederung in der DDR wurden von *Joachim Schultze* 1955 publiziert.[28] Es ist zwangsläufig, dass die Zielsetzung dieses Projektes die Übernahme eingeführter Landschaftsnamen ausschloss. Vielmehr hielt man diese weitgehend für ungeeignet, da sie sich meistens nicht mit den neuen Abgrenzungen deckten und zu wenig aussagekräftig waren. Um die Einheitlichkeit zu bewahren, wurde vorgeschlagen, ein Grundwort aus einer Liste geographischer Begriffe wie Ebene, Gebirge, Becken, Tal, Platten auszuwählen und dieses dann an einen konkreten geographischen Raum anzulehnen. Die Folge war klar: „Es ist nicht zu vermeiden, daß bei der hier angewandten Art der Gliederung alte liebe Landschaftsnamen, wie z. B. Grabfeld, Kraichgau u. a. nicht erscheinen, weil diese Räume keine physisch-geographische Einheiten sind."[29]

---

[26] Zum Konzept siehe hierzu Vuolteenaho u. Berg 2009; Rose-Redwood, Alderman u. Azaryahu 2010; Dix 2015.

[27] Die Diskussionen um möglichst großflächige einheitliche, meistens physiogeographisch begründete Raumgliederungen reicht auch im internationalen Zusammenhang weiter zurück (z. B. beschrieben bei *Boesch* 1946; *Schmithüsen* 1951). Unmittelbare Vorarbeiten für die Naturräumliche Gliederung sind durch *Kornrumpf* und *Brückner* (1943) publiziert worden. Zur Naturräumlichen Gliederung im Überblick siehe *Otremba u. Meynen* 1948; *Huttenlocher* 1949.

[28] Für die DDR am besten zusammenfassend *Schultze* 1955.

[29] Neben anderen Aufsätzen *Otremba u. Meynen* 1948, S. 160–161, hier S. 161.

Man müsste sich nun nicht weiter mit dieser speziellen Form wissenschaftlicher Benennung von Landschaften auseinandersetzen, gäbe es nicht interessante Interferenzen zwischen beiden Namenschichten. Der Bestand an überlieferten und alltagsweltlich gebräuchlichen Landschaftsnamen weist viele Überschneidungen, Unklarheiten und weiße Flecken auf, die diese Namen für Planungs- und Verwaltungsvorgänge schwer handhabbar machen. Das Aufkommen digitaler Verfahren und die Ablösung traditioneller gedruckter Nachschlagewerke durch Wikipedia hat nun die Übernahme solcher sehr klar strukturierter Karten und Namenbestände wieder attraktiver gemacht, weil man auf diese Weise relativ schnell große Gebiete einheitlich, lückenfrei und ohne Überlappungen abdecken kann. So ist zu erkennen, dass in den deutschsprachigen Artikeln der Wikipedia zu Landschaften in den entsprechenden beschreibenden Abschnitten gerne auf diesen Namenbestand zurückgegriffen wird.

Verstärkt wird der Einfluss der Naturräumlichen Gliederung bis heute noch dadurch, dass diese Namen aus der Naturräumlichen Gliederung von Naturschutzbehörden in einer vereinfachten und angepassten Version genutzt werden, um Naturschutzgebiete aller Kategorien zu benennen und abzugrenzen. Diesen Namen kommt obendrein eine neue Qualität zu, weil sie im Gegensatz zu traditionellen Landschaftsnamen durch Gesetze und Verordnungen amtlich festgelegt werden müssen. Auf diese Weise bürgern sich Namen ein oder werden traditionelle Namen in ihrer bisherigen Abgrenzung verändert. Dies führt gelegentlich zur unterschiedlichen Nutzung von Namen, die auch nicht durch eine einfache Festlegung gelöst werden kann. Der Versuch, diese Art der Gliederung auch auf humangeographische Inhalte zu übertragen, wurde, soweit zu sehen, nur mit einer Gliederung der Bundesrepublik in Wirtschaftsräume unternommen, die aber weitgehend folgenlos blieb.[30] Das Prinzip der Naturräumlichen Gliederung fand auf diese Weise Eingang in viele Abläufe räumlicher Planung und wurde durch eine Arbeitsgruppe der Sächsischen Akademie der Wissenschaften bis in die jüngste Zeit hinein auch begrifflich weiterentwickelt.[31]

4 Benennung und Umbenennung von Landschaften

Nicht nur die Wortbedeutung, sondern auch der Prozess der Benennung selbst gibt Hinweise auf die Frage, ob und inwieweit Landschaftsnamen zur Bildung einer Identität beitragen können. Zur besseren Übersichtlichkeit werden drei Schwerpunkte unterschieden, die sich in der Realität tatsächlich viel stärker überschneiden.

---

30 *Hottes, Meynen u. Otremba* 1972. Ob es auch noch weitere Versuche gegeben hat, ist bisher unklar. Es wäre ein reizvolles Projekt, einmal die Argumente einer Übertragbarkeit dieses Konzeptes mit den Ergebnissen realer Versuche zu konfrontieren.

31 Hierzu zuletzt *Mannsfeld u. Syrbe* 2008.

4.1 Landschaftsnamen als Dokumentation der Landnahme

Landschaftsnamen können als Hinweis auf die Inbesitznahme, die Nutzung und Kontrolle über ein bestimmtes Gebiet dienen. Durch die individuelle Benennung wird in der Kommunikation Eindeutigkeit und darüber hinaus auch Zugehörigkeit erzeugt, die sich in spezifischen Namenbeständen niederschlagen. Hierzu gehören die frühesten fassbaren Landschaftsnamen aus dem 8.–9. Jahrhundert oder die Überschichtung slawischer Namen durch deutsche Ortsnamen in der Kontaktzone slawischer und germanischer Ethnien.[32] Gerade für die moderne Kontaktlinguistik sind die räumlich dicht verteilten Toponyme im Grenzbereich slawischer und deutscher Sprache von großem Interesse, wie sie *Eichler* u. a. für Franken untersucht haben.[33]

Der Begriff Landnahme verweist schließlich auf einen kolonialen Zusammenhang, der nicht nur für die europäischen Verhältnisse, sondern auch für die europäische Expansion Geltung beanspruchen darf. Eine neue Koloniallinguistik hat sich am deutschen Beispiel mit Orts- und Landschaftsnamen beschäftigt. So lassen sich die deutschen Kolonialtoponyme in den ehemaligen Kolonien auch anhand des Kartenmaterials untersuchen. Es überrascht nicht, dass hier deutsche Namen eingeführt wurden. Und wie in anderen Kolonialreichen auch gibt es Nationalhelden, nach denen Landschaften benannt werden, wie das Bismarckgebirge in Neu Guinea.[34] Natürlich existieren wahrscheinlich schon sehr lange indigene Benennungen, die aber gegenüber den „Aufschreibesystemen" der Europäer unterlegen waren und oft verschwanden, wenn sie nicht wiederum durch Forschungen der Europäer aufgenommen, gesammelt und dadurch konserviert wurden. Den Reichtum an Landschaftsnamen innerhalb indigener Gruppen konnte der Geograph und Ethnologe *Franz Boas* (1858–1942) am Beispiel der Kwakiutl (heute Kwakwa̱ka̱'wakw) belegen, die an der Nordwestküste Kanadas auf und in der Umgebung von Vancouver Island leben.[35] Gleichzeitig schufen die europäischen Kolonialmächte durch diese Benennungen erst einen Raum und seine (europäische) Struktur, die dann später auch bei Umbenennungen bestehen blieb. Auf einem Mikromaßstab durchaus vergleichbar sind die großflächigen Aufnahmen und Neubenennungen für die großen Projekte nationaler Landesaufnahmen im Europa des 19. Jahrhunderts. *Gugerli* und *Speich* konnten am Beispiel der *Dufour*-Karte (1845–1865) für die Schweiz zeigen, wie gerade schwer oder überhaupt

---

32 *Polenz* 1961, zum slawisch-deutschen Sprachkontakt, seinem Niederschlag in den Toponymen sowie historisch-geographischen Auswertungsmöglichkeiten siehe z. B. *Walther* 1998.

33 *Eichler* u. a. haben hierzu umfangreiches Material vorgelegt, z. B. zur Stadt und zum Landkreis Bamberg in Oberfranken (*Eichler et al.* 2001).

34 Hierzu vertieft *Stolz u. Warnke* 2015; *Urbach* (2020) weist auch auf ein Projekt der Bismarck-Stiftung hin, das weltweit nach sog. „Bismarckierungen" sucht und diese kartiert.

35 *Boas* 1934. *Boas* ist nach seiner Emigration aus Deutschland mit dieser und anderen Untersuchungen zu einem der Gründungsväter moderner ethnologischer Forschung in Nordamerika geworden.

nicht zugängliche Bereiche des Hochgebirges gar nicht, nicht eindeutig oder manchmal je nach Blickrichtung aus den Tälern mehrfach benannt waren, bevor die Vermessung hier durch Benennungen und Normierungen sowohl für eine individuelle Unterscheidbarkeit gesorgt, als auch einen homogenen Raum geschaffen hat, der im Falle der *Dufour*-Karte zum ersten Mal die Schweiz als Nationalstaat sichtbar gemacht hat.[36] Damit ist ein Hinweis auf die Vielschichtigkeit der identitätsstiftenden Prozesse gegeben, denn die individuelle Nennung einer Bergspitze oder eines Passes hat eben nicht nur auf einer lokalen sondern auch auf einer nationalen Ebene Identifikationspotenzial. Hier werden nicht nur durch die Kartenbilder, sondern vor allem durch die Namen, die sie transportieren, räumliche Vorstellungen geprägt, die gerade auf der nationalen Ebene bis heute durchgehend sehr wirkmächtig sind.

4.2 Landschaftsnamen als Beleg für politisch-territoriale Prozesse

Im Grunde sind damit auch schon territoriale Prozesse gemeint, aber es lassen sich neben einer klassischen Landnahme auch bei territorialen Veränderungen gezielte Umbenennungskampagnen und damit die gezielte Auslöschung einer Landschaftsnamenschicht und ihre Ersetzung durch eine neue beobachten. Diese spielen oft eine zentrale Rolle in Prozessen des Nation-Building, also der Schaffung homogener, klar begrenzter Räume mit einer einheitlichen Identität.[37] Die Umbenennung von Siedlungsplätzen war hier ein häufiges, preiswertes und vor allem schnell umsetzbares Verfahren, für das man wahrscheinlich in der Geschichte aller Nationalstaaten Beispiele finden kann.[38] Im 19. Jahrhundert wurden zunehmend prägnante Landschaften und ganze Landschaftsbilder national vereinnahmt und überhöht, wobei die Benennung ein integraler Bestandteil der Wirkung ist.[39] Ein prägnantes Beispiel hierfür ist die Italianisierung der Toponymie Südtirols, die der Historiker und Geograph *Ettore Tolomei* (1865–1952) in ganz systematischer Art und Weise vorgeschlagen hat.[40] In seinem „Prontuario dei nomi locali dell' Alto Adige“ finden sich ganze Listen mit Vorschlägen für einen Ersatz der ursprünglichen deutschen Namen. Dabei hat *Tolomei* Strategien entwickelt, die sich so oder so ähnlich in anderen Projekten dieser Art wiederfinden, beispielweise in der durchgreifenden Polonisierung des neu entstandenen Grenzgebietes im Westen Polens

36 *Gugerli u. Speich* 2002, S. 76–84. Gleichzeitig weisen sie auf die Bedeutung der Kommunikation dieser Namen durch Schulatlanten hin.

37 Zur Binnenmechanik nationaler Identitäten siehe *Estel* 2002. Zum Gebrauch von Namen in diesen Prozessen siehe *Kadmon* 2004.

38 Z. B. *Meckelein* 1955; *Murray* 2000; *Lietz* 2005; *Fuchs* 2013.

39 Zur politischen und symbolischen Aufladung von Landschaften im Zusammenhang mit dem Nation-Building siehe *Dix* 2002; *Guldin* 2014.

40 *Tolomei* 1929; zu *Tolomei* im speziellen siehe *Ferrandi* 1986; *Framke* 1987.

nach dem Zweiten Weltkrieg.[41] Es werden Namen neu erfunden, ursprüngliche Namen in die neue Sprache übersetzt oder es wird in der Geschichte des Landes nach Anknüpfungspunkten für Namen gesucht, in Südtirol z. B. in der römischen Zeit. Diese Italianisierung hat unmittelbar und bis heute zu Konflikten geführt, die ganz wesentlich mit kollektiven Identitäten zu tun haben.

Einem anderen Modus folgen die Umbenennungen im Zuge der Dekolonisierung der Namenlandschaft in den ehemaligen europäischen Siedlerkolonien. Das US Board on Geographic Names als zuständige Regierungsinstanz in den USA veröffentlicht regelmäßig Berichte und Entschlüsse zu Namensänderungen. Tatsächlich gibt es in einem Land subkontinentalen Ausmaßes auch noch abgelegene Landstriche, wie Inseln, Buchten oder kleine Täler, die bisher noch nicht benannt waren und für die die lokale Bevölkerung nun einen Namen vorschlägt. Häufiger geschieht es aber mittlerweile, dass Namen aus der Zeit der europäischen Landnahme wieder ihren älteren indigenen Namen oder einen neuen Namen mit indigenen Bezügen bekommen sollen. Hierbei ist die Entscheidung, welche indigene Gemeinschaft das Recht der Benennung hat, bedingt durch die früher häufig mobile Lebensweise, keine triviale Angelegenheit. Weiterhin werden großflächig Namen ausgetauscht, die heute eine pejorative Konnotation haben und über deren Beseitigung und Ersatz es mittlerweile einen unumstrittenen gesellschaftlichen Konsens gibt. Hierzu gehören z. B. Namen mit dem Bestandteil „Squaw“. So wurde kürzlich der Name „Squaw Creek“ im Tillamook County im Bundesstaat Oregon in „Nestucca Bob Creek“ umbenannt, nach einem historischen Anführer der indigenen Gemeinschaft der Tillamook.[42] Etymologie und Bedeutung des Wortes Squaw ist nicht so leicht zu bestimmen. Auch wenn unklar ist, wo das Wort ursprünglich herkommt und ob es bereits ursprünglich eine pejorative Bedeutung hatte, so hat sich diese Meinung aber ähnlich wie bei den notorischen N-Wörtern gerade auch bei Repräsentanten indigener Gruppen klar herausgebildet, worauf nun zunehmend Rücksicht genommen wird. Man kann diese Veränderungen namenpragmatisch als Aspekte gesellschaftlicher Veränderungen und ihrer gleichzeitigen topographischen Fixierung lesen.[43]

---

41 *Hartwich* 2012, S. 81. Zur Situation an der polnischen Westgrenze in der unmittelbaren Nachkriegszeit siehe auch *Halicka* 2013.

42 Siehe die Auflistungen unter „Domestic Names“ auf der Homepage des US-Board on Geographic Names, https://www.usgs.gov/core-science-systems/ngp/board-on-geographic-names/domestic-names (Zugriff: 31. Mai 2021).

43 Zum Wort „Squaw“ ausführlich *Bright* 2000. Zur Bedeutung von Geographischen Namen in indigenen Sprachen siehe *Watt* 2009.

4.3 Landschaftsnamen als Belege für Wahrnehmungs- und Bedeutungswandel

Die bisherigen Ausführungen bezogen sich vorrangig auf die Gesamtheit von Toponymen. Explizite Forschung zu Landschaftsnamen gibt es im deutschsprachigen Bereich nur wenig. Ein Schwerpunkt ist hierbei der Bezug von Namen zu den benannten Flächen und die Tatsache, dass die Bezugsflächen der Landschaftsnamen variabel sind. In einem bemerkenswerten Aufsatz hat *Hans Fehn* 1966 verschiedene Beispiele der Flächenveränderung und Umbenennung untersucht und dabei z. B. die Ausdehnung des Geltungsbereiches der Landschaftsnamen Fichtelgebirge, Fränkische Alb und Allgäu oder auch das Verschwinden der älteren Bezeichnung Osning zugunsten des Teutoburger Waldes festgestellt.[44] Seine Forderung, diese Veränderung einmal systematisch für alle Landschaftsnamen zu analysieren, ist bis heute ein Forschungsdesiderat geblieben.[45]

Neben den älteren, weithin noch mittelalterlichen Belegen für Landschaftsnamen verdichtete sich das Landschaftsnamenbild durch eine zunehmende Produktion von Karten. Großen Einfluss entwickelte hier der Tourismus, der Anfang des 19. Jahrhunderts zunächst von den Briten als soziales Phänomen eingeführt wurde. Dies stellte eine räumliche Innovation dar, die rasch von einer einheimischen, meist bürgerlichen Bevölkerung aufgegriffen wurde und die erhebliche Auswirkungen auf die Wahrnehmung der eigenen Umgebung hatte. In diesem Zusammenhang wurden zunehmend Landschaften nachbenannt oder Namen ergänzt. Beliebteste Namen sind hier die Alpen und die Schweiz. Als globales Phänomen finden sich jetzt sowohl Alpen als auch Schweizen weltweit. Alleine in Deutschland hat *Frei* 129 solcher Schweiz-Benennungen nachweisen können, die natürlich alle einen bestimmten Landschaftsausschnitt mit einer positiven und individuellen Konnotation versehen sollten.[46] Die Fränkische Schweiz kann als eines der frühen und prägnantesten Beispiele einer solchen Landschaftsnachbenennung gelten. *Wilfried Krings* hat in einem materialreichen Aufsatz minutiös nachgewiesen, wer mit welchen Publikationen zur Etablierung eines solchen neuen Namens am Beginn des 19. Jahrhunderts beigetragen hat. Es waren vor allem die bürgerlichen Kreise aus dem nahen Erlangen und Bamberg, die sich diesem neuen Trend anschließen wollten, wandern gehen oder auch Naturforschung betrieben, wofür die Karsthöhlen ein erster überregionaler Anziehungs-

---

44 *Fehn* 1966 auf der Basis der Forschungen von *Crämer* (1954, 1955) und *König* (1975) zum Allgäu, *Bürgener* (1961) zum Osning und Teutoburger Wald, zum Böhmerwald aktuell noch *Stallhofer* 2000, 2013.

45 *Fehn* 1966, S. 153. *Fehns* Aufsatz ist eines der wenigen Beispiele für eine vergleichende Forschung zu Landschaftsnamen geblieben.

46 *Frei* 2017. Die von *Frei* genannte Zahl ist kritisch zu bewerten, da zum Teil schwer überprüfbare Quellen genutzt werden und nachweislich auch existierende Schweizen und Alpen bei ihm nicht auftauchen. Dies ist möglicherweise aber auch ein aus den Kartenmaßstäben abgeleitetes Problem.

punkt waren.[47] Es ist also oft am Anfang ein Elitenphänomen, das dann erst nach und nach zum Allgemeingut wurde. Gleichzeitig dehnten sich diese Gebiete oft aus, wie *Popp* und *Heinritz* durch einen Kartenvergleich zeigen konnten.[48]

Auch für die gegenwärtige Zeit kann man feststellen, dass der Bestand an Landschaftsnamen auch heute nicht starr fixiert ist, sondern wegen bestehender vielfältiger Interessen und Identifikationsbedürfnisse weiterhin ein Wandel beobachtbar ist. In der Beratungsarbeit der beim Bundesamt für Kartographie und Geodäsie angesiedelten Ständigen Arbeitsgruppe für geographische Namen (StAGN) ist dies spürbar und gleichzeitig geben die Anfragen auch einen Einblick in ein bestehendes gesellschaftliches Benennungsbedürfnis von Landschaften. Ein aktueller Fall aus Brandenburg verdeutlicht, wie auch in rezenten Prozessen Landschaftsnamen eine zentrale Rolle spielen können: Im Norden von Brandenburg gibt es einen ehemaligen, nach dem Zweiten Weltkrieg angelegten großen Truppenübungsplatz, der Teil einer größeren Landschaft ist, die entweder Wittstock-Ruppiner Heide oder Kyritz-Ruppiner Heide genannt wird. 2009 wurde der Truppenübungsplatz geschlossen. Der Name Wittstock-Ruppiner Heide ist in der Naturräumlichen Gliederung der DDR, die parallel zu derjenigen in Westdeutschland erarbeitet wurde, belegt. So wurde er dann im Naturschutz übernommen und im Jahre 2000 ein Teil des ehemaligen Truppenübungsplatzes als FFH-Gebiet (Naturschutzgebiet nach der Flora-Fauna-Habitat-Richtlinie der EU) Wittstock-Ruppiner Heide mit einer Fläche von 9.349 ha an die EU gemeldet. Damit hat dieser Name einen rechtlich bindenden, mithin offiziellen Charakter. Gleichzeitig gab es aber bereits seit der Wiedervereinigung 1990 einen langanhaltenden und bundesweit wie international beachteten Protest, der sich gegen die Weiternutzung des Truppenübungsplatzes durch die Bundeswehr wandte. In diesem Zusammenhang wurde das Gebiet nun immer Kyritz-Ruppiner Heide genannt. Mittlerweile wird dieser im kollektiven Gedächtnis der Region stark verwurzelte Widerstand und mit ihm diese Variante des Landschaftsnamens zunehmend als Teil der regionalen Geschichte und Identität kommuniziert. Die Verwendung dieses Namens hat sich seit 2011 nochmals intensiviert, denn nun wird von touristischer Seite der Name Kyritz-Ruppiner Heide verwendet. In diesem Sinne ist er stärker in der Öffentlichkeit präsent, gleichzeitig bleibt aber natürlich der davon abweichende amtliche Name des FFH-Gebietes bestehen. In dieser Situation hat die Vermessungsverwaltung des Landes Brandenburg angefragt, welcher Name vorzuziehen ist. Diese Entscheidung muss schließlich im Land getroffen werden, zeigt aber die Schwierigkeiten, die durch den unterschiedlichen Umgang mit Landschaftsnamen entstehen.

---

[47] *Krings* 2019. Sein Beitrag kann als Vorbild für weitere Untersuchungen dieser Art gelten.

[48] *Popp u. Heinritz* 2019. Ihr Beitrag erschien in einem Band der Reihe „Landschaften in Deutschland" zur Fränkischen Schweiz, dessen räumliches Untersuchungsgebiet durch den Naturpark „Fränkische Schweiz – Veldensteiner Forst" vorgegeben wurde. Dies hat bei der Abgrenzung zu einigen Problemen geführt und zeigt gleichzeitig die heutige Wirkmächtigkeit der naturschutzfachlichen Benennung von Landschaften.

Die Beispiele, die hier nur kurz angerissen werden konnten, belegen, dass es eben genauso akribischer und quellengestützter Forschung bedarf, um einen gegenseitigen Einfluss von Benennung und Identifikation nachweisen zu können, wie sie bisher auch schon Standard in der Namenforschung ist. Gleichzeitig sollte der große, vorliegende Quellenbestand einmal mehr auch für die hier vorgestellten Fragestellungen genutzt werden.

Zusammenfassung

Landschaftsnamen sind in der bisherigen Forschung zu Toponymen weniger beachtet worden. Hier wird untersucht, inwieweit Landschaftsnamen eine Bedeutung für die Entwicklung räumlicher Identitäten haben. Dazu wird der gegenwärtige Forschungsstand zu Landschaftsnamen dargestellt. Aufbauend auf ein Konzept der Critical Toponymy werden die Funktionen von Landschaftsnamen und der bisherige Stand der Sammlung und Analyse von Landschaftsnamen vorgestellt sowie als konkurrierendes System die Naturräumliche Gliederung diskutiert. In einem dritten Kapitel werden Landschaftsnamen in ihrer Wirkung in drei Bereichen unterschieden und näher analysiert. Hierzu gehört erstens der Landschaftsname als Hinweis auf Landnahmen allgemein. Zweitens die Funktion von Umbenennungen als symbolischer Teil von allgemeinen territorialen und politischen Prozessen und schließlich die Landschaftsnamen als Beleg und Hinweise für den Wandel von Wahrnehmungen und Bedeutungen.

Summary: Landscapes named and renamed – landscape names as sources of historical regionalisation processes

Landscape names have received less attention in previous research on toponyms. In this article the extent to which landscape names have a significance for the development of spatial identities will be analysed. For this purpose the current state of research on landscape names is presented. Building on a concept of Critical Toponymy, the functions of landscape names and the current state of the collection and analysis of landscape names are presented and the "Naturräumliche Gliederung", a spatial classification system, based on natural features is discussed as a competing way of landscape naming. In a third chapter, landscape names are analysed in more detail by creating three distinct chapters. This includes, firstly, the landscape name as a reference to the conquer of land in general. Secondly, the function of renaming as a symbolic part of general territorial and political processes, and finally, landscape names as evidence and indications of changes in perceptions and meanings.

Literatur

Aehnlich, B. u. Meineke, E. [Hrsg.] (2015): Namen und Kulturlandschaften. – Leipzig (Onomastica Lipsiensia, 10).

Antweiler, C. (2017): Kollektive Identität. – In: *Kühnhardt, L. u. Meyer, T. [Hrsg.]*: Bonner Enzyklopädie der Globalität. – Wiesbaden, S. 443–453.

Bartels, D. (1981): Menschliche Territorialität und Aufgabe der Heimatkunde. – In: *Riedel, W. [Hrsg.]*: Heimatbewusstsein. Erfahrungen und Gedanken. Beiträge zur Theoriebildung. – Husum, S. 7–13.

Berger, D. (1993): Geographische Namen in Deutschland. – Mannheim. (Duden Taschenbücher, 25).

Bily, I. (2017-2020): Ortsnamen. – In: *Cordes, A. u. a. [Hrsg.]*: Handwörterbuch der deutschen Rechtsgeschichte. Band 4. – Berlin, 2. völlig überarb. u. erw. Auflage [2017–2020], Sp. 212–217.

Boas, F. (1934): Geographical names of the Kwakiutl Indians. – New York.

Boesch, H. (1946): Beiträge zur Frage der geographischen Raumgliederung in der amerikanischen Literatur. – In: Vierteljahrsschrift der Naturforschenden Gesellschaft in Zürich 91, S. 37–50.

Bright, W. (2000): The sociolinguistics of the „S-Word". Squaw in american placenames. – In: Names 48, 2000, S. 207-216.

Bürgener, M. (1961): Zu Geschichte und Geltungsbereich der Landschaftsnamen Teutoburger Wald und Osning. – In: Berichte zur deutschen Landeskunde 28, S. 88–92.

Bürgener, M. (1967): Die Landschaftsnamen Deutschlands. Erläuterungen zur Übersichtskarte „Deutschland. Relief und Landschaftsnamen". – In: *Meynen, E. [Hrsg.]*: Institut für Landeskunde. 25 Jahre Amtliche Landeskunde. Beiträge der Mitarbeiter. – Bad Godesberg, S. 338–343.

Crämer, U. (1954): Das Allgäu. Werden und Wesen eines Landschaftsbegriffs. – Remagen. (Forschungen zur deutschen Landeskunde, 84).

Crämer, U. (1955): Zum Landschaftsbegriff Oberschwaben. – In: Alemannisches Jahrbuch 1955, S. 81–94.

Debus, F. (2012): Namenkunde und Namengeschichte. Eine Einführung. – Berlin (Grundlagen der Germanistik, 51).

Debus, F. u. Schmitz, H.-G. (2004): 222. Überblick über Geschichte und Typen der deutschen Orts- und Landschaftsnamen. – In: *Besch, W. [Hrsg.]*: Sprachgeschichte. Ein Handbuch zur Geschichte der deutschen Sprache und ihrer Erforschung. Teilband 4. – Berlin u. a., 2. vollständig neu bearb. u. erw. Auflage, S. 3468–3514.

Dix, A. (2002): Das Mittelrheintal – Wahrnehmung und Veränderung einer symbolischen Landschaft des 19. Jahrhunderts. – In: Petermanns Geographische Mitteilungen 146 (6), S. 44–53.

Dix, A. (2015): Umstrittene Räume – umstrittene Namen. Perspektiven der Critical Toponymies. – In: *Steinkrüger, J. u. Schenk, W. [Hrsg.]*: Zwischen Geschichte und Geographie, zwischen Raum und Zeit. Beiträge der Tagung vom 11. und 12. April 2014 an der Universität Bonn. – Münster (Historische Geographie/Historical Geography, 1), S. 25–33.

Dräger, K.; Fahlbusch, F. u. Nübling, D. [Hrsg.] (2016): Heiligenverehrung und Namengebung. – Berlin u. Boston.

Eckert, M. (1921, 1925): Die Kartenwissenschaft. Forschungen und Grundlagen zu einer Kartographie als Wissenschaft. – Berlin u. Leipzig, Bd. 1, 1921; Bd. 2, 1925.

Egli, J. J. (1872): Nomina geographica. Versuch einer allgemeinen geographischen Onomatologie. – Leipzig 1872.

Egli, J. J. (1886): Geschichte der geographischen Namenkunde. – Leipzig 1886.

Eichler, E.; Greule, A.; Janka, W. u. Schuh, R. (2001): Beiträge zur slavisch-deutschen Sprachkontaktforschung. Bd. 1, Siedlungsnamen im oberfränkischen Stadt- und Landkreis Bamberg. - Heidelberg (Slavica, 1).

Estel, B. (2002): Nation und nationale Identität. - Wiesbaden.

Fastnacht, D. (2007): Ehemaliger Kreis Staffelstein. - München (Historisches Ortsnamenbuch von Bayern. Oberfranken, 5).

Fehn, H. (1966): Historische Landschaftsnamen und ihr wechselnder Geltungsbereich. Eine vergleichende Betrachtung. - In: Erdkunde 20, 1966, S. 149–153.

Ferrandi, M. (1986): Ettore Tolomei. L'uomo che inventò l'Alto Adige. - Trento/Trient.

Framke, G. (1987): Im Kampf um Südtirol. Ettore Tolomei (1865–1952) und das „Archivio dell' Alto Adige". - Tübingen (Bibliothek des Deutschen Historischen Instituts in Rom, 67).

Frei, P. (2017): Transferprozesse der Moderne. Die Nachbenennungen „Alpen" und „Schweiz" im 18. bis 20. Jahrhundert. - Bern u. a.

Fuchs, S. (2013): German(ic) toponyms in the American Midwest. A study of place, identity, and heritage. - Erlangen (Erlanger Geographische Arbeiten, 40).

Gammeltoft, P. (2016): Names and geography. - In: *Hough, C. [Hrsg.]*: The Oxford handbook of names and naming. - Oxford (Oxford handbooks in linguistics).

Giesen, B. (2016): Kollektive Identität. Die Intellektuellen und die Nation 2. - Frankfurt am Main, 3. Auflage.

Gugerli, D. u. Speich, D. (2002): Topografien der Nation. Politik, kartografische Ordnung und Landschaft im 19. Jahrhundert. - Zürich.

Guldin, R. (2014): Politische Landschaften. Zum Verhältnis von Raum und nationaler Identität. - Bielefeld.

Halicka, B. (2013): Polens Wilder Westen. Erzwungene Migration und die kulturelle Aneignung des Oderraums 1945–1948. - Paderborn u. a.

Hartwich, M. J. (2012): Das schlesische Riesengebirge. Die Polonisierung einer Landschaft nach 1945. - Wien u. a. (Neue Forschungen zur schlesischen Geschichte, 23).

Helleland, B. (2009): Place names as a means of landscape identity. - In: *Jordan, P.; Bergmann, H.; Cheetham, C. u. Hausner, I. [Hrsg.]*: Geographical names as a part of the cultural heritage. - Wien (Wiener Schriften zur Geographie und Kartographie, 18), S. 25–31.

Hottes, K. H.; Meynen, E. u. Otremba, E. (1972): Wirtschaftsräumliche Gliederung der Bundesrepublik Deutschland. Geographisch-landeskundliche Bestandsaufnahme 1960–1969. - Bonn-Bad Godesberg (Forschungen zur deutschen Landeskunde, 193).

Hough, C. [Hrsg.] (2016): The Oxford handbook of names and naming. - Oxford.

Huttenlocher, F. (1949): Die naturräumliche Gliederung. - In: Geographische Rundschau 1, 1949, S. 41–46.

Kadmon, N. (2000): Toponymy. The lore, laws, and language of geographical names. - New York.

Kadmon, N. (2004): Toponymy and geopolitics. The political use and misuse of geographcial names. - In: The Cartographic Journal 41, S. 85–87.

Kapfhammer, G. (1987): Über Namen und Abgrenzungen von Landschaften in Bayern. Bemerkungen zu einer Initiative des „Ständigen Ausschusses für geographische Namen". - In: Blätter für oberdeutsche Namenforschung 24, S. 50–57.

Kapfhammer, G. (1989): Choronym: Die zukünftige wissenschaftliche Bezeichnung für Landschaftsname? Ein Beitrag zur Begriffsklärung. - In: Blätter für oberdeutsche Namenforschung 26, S. 32–34.

Kapfhammer, G. (1990): Gebietsnamen in Bayern. – In: *Harmening, D. u. Wimmer, E. [Hrsg.]*: Volkskultur – Geschichte – Region. Festschrift für Wolfgang Brückner zum 60. Geburtstag. – Würzburg (Quellen und Forschungen zur Europäischen Ethnologie, 7), S. 618–628.

Knoll, M. (2013): Die Natur der menschlichen Welt. Siedlung, Territorium und Umwelt in der historisch-topografischen Literatur der Frühen Neuzeit. – Bielefeld.

König, W. (1975): Der Landschaftsname Allgäu. Zur Abhängigkeit seines Bedeutungsumfangs von regionalen, psychologischen und soziologischen Faktoren. – In: Alemannica. Landeskundliche Beiträge. Festschrift für Bruno Boesch zum 65. Geburtstag. – Bühl in Baden (Alemannisches Jahrbuch 1973/1975), S. 184–200.

Kornrumpf, M. u. Brückner, E. (1943): Landschaftskundliche Raumgliederung Großdeutschlands. Eine Gemeinschaftsarbeit des Reichsforschungsrates, Fachsparten Raumforschung und Forst- und Holzforschung. Vorläufige Ausgabe Herbst 1943 ohne Generalgouvernement. [Karte im Maßstab 1:1.000.000]. – Heidelberg, Berlin u. Magdeburg (Beilage zu Raumforschung und Raumordnung, Text in: Raumforschung und Raumordnung 8 (1), 1944. Zugleich Reichsatlaswerk Bd. 1).

Krings, W. (2019): Pfade zum Landschaftsmodell Fränkische Schweiz und zu seiner Namengebung. – In: Archiv für Geschichte von Oberfranken 99, S. 163–188.

Kühne, O.; Weber, F. u. Jenal, C. (2019): Neue Landschaftsgeographie. – In: *Kühne, Olaf; Weber, Florian; Berr, Karsten u. Jenal, Corinna [Hrsg.]*: Handbuch Landschaft. – Wiesbaden, S. 119-134.

Liedtke, H. (2002): Namen und Abgrenzungen von Landschaften in der Bundesrepublik Deutschland. – Flensburg, 3. Auflage (Forschungen zur deutschen Landeskunde, 239).

Liedtke, H. (2003): Landschaften und ihre Namen. – In: *Institut für Länderkunde [Hrsg.]*: Bundesrepublik Deutschland. Nationalatlas. Band 2, Relief, Boden und Wasser. – Wiesbaden, S. 30–31.

Lietz, G. (2005): Zum Umgang mit dem nationalsozialistischen Ortsnamen-Erbe in der SBZ/DDR. – Leipzig (Onomastica Lipsiensia, 4).

Mannsfeld, K. u. Syrbe, R.-U. [Hrsg.] (2008): Naturräume in Sachsen. – Leipzig (Forschungen zur deutschen Landeskunde, 257).

Meckelein, W. (1955): Ortsumbenennungen und –Neugründungen im europäischen Teil der Sowjetunion. Nach dem Stand der Jahre 1910/1938/1951 mit einem Nachtrag für Ostpreußen 1953. – Berlin (Osteuropa-Institut der Freien Universität Berlin. Wirtschaftswissenschaftliche Veröffentlichungen, 2).

Murray, J. (2000): Politics and place-names: Changing names in the late soviet period. – Birmingham (Birmingham Slavonic Monographs, 2).

Nagl, J. W. (1903): Geographische Namenkunde. Methodische Anwendung der namenkundlichen Grundsätze auf das allgemeiner zugängliche topographische Namenmaterial. – Leipzig u. Wien (Die Erdkunde. Eine Darstellung ihrer Wissensgebiete, ihrer Hilfswissenschaften und der Methode ihres Unterrichtes, 18).

Niethammer, L. (2000): Kollektive Identität. Heimliche Quellen einer unheimlichen Konjunktur. – Reinbek bei Hamburg.

Nübling, D.; Fahlbusch, F. u. Heuser, R. (2012): Namen. Eine Einführung in die Onomastik. – Tübingen.

Otremba, E. u. Meynen, E. (1948): Die Grundsätze der Naturräumlichen Gliederung Deutschlands. – In: Erdkunde 2, 1948, S. 156–167.

Paasi, A. (2003): Region and place: regional identity in question. – In: Progress in Human Geography 27, S. 475–485.

Pohl, J. (1993): Regionalbewusstsein als Thema der Sozialgeographie. Theoretische Überlegungen und empirische Untersuchungen am Beispiel Friaul. – Kallmünz u. Regensburg (Münchener Geographische Hefte, 70).

Polenz, P. v. (1961): Landschafts- und Bezirksnamen im frühmittelalterlichen Deutschland. Untersuchungen zur sprachlichen Raumerschließung. Band 1: Namentypen und Grundwortschatz. – Marburg.

Popp, H. u. Heinritz, G. (2019): Begriff, räumliche Entwicklung und inhaltliche Assoziationen. – In: *Popp, H.; Bitzer, K. u. Porada, H. T. [Hrsg.]*: Die Fränkische Schweiz. Traditionsreiche touristische Region in einer Karstlandschaft. – Wien, Köln u. Weimar (Landschaften in Deutschland, 81), S. 12–24.

Raab, J. (2021): Identität, soziologisch. – In: Staatslexikon online, 8. Auflage, https://www.staatslexikon-online.de/Lexikon/Identit%C3%A4t (Zugriff: 31. Mai 2021).

Reales Staats- und Zeitungs-Lexicon … Mit einer Vorrede Johann Hübners. (1704). – Leipzig.

Reitzenstein, W.-A. Freiherr von (1998): Landschaftsnamen. – In: *Nail, Norbert [Hrsg.]*: Die Welt der Namen. Sechs namenkundliche Beiträge. – Marburg, S. 63–78.

Reitzenstein, W.-A. Freiherr von (2009): Lexikon fränkischer Ortsnamen. Herkunft und Bedeutung. Oberfranken, Mittelfranken, Unterfranken. – München.

Ritter, B. (1836): Geographisch-statistisches Comptoir- und Zeitungs-Lexicon. … – Leipzig.

Rose-Redwood, R.; Alderman, D. u. Azaryahu, M. (2010): Geographies of toponymic inscription: new directions in critical place-name studies. – In: Progress in Human Geography 34, S. 453–470.

Schmithüsen, J. (1951): „Régions Géographiques" und „Naturräumliche Gliederung", ein methodischer Vergleich. – In: Berichte zur deutschen Landeskunde 10, S. 87–92.

Schultze, J. H. (1955): Die naturbedingten Landschaften der Deutschen Demokratischen Republik. – Gotha (Ergänzungsheft zu Petermanns geographischen Mitteilungen, 257).

Stallhofer, B. (2000): Grenzenloser Böhmerwald? Landschaftsnamen, Regionen und regionale Identitäten. Bayerischer Wald, Šumava, Český les und Mühlviertel im geographisch-empirischen Vergleich. – Kallmünz u. Regensburg (Regensburger Beiträge zur Regionalgeographie und Raumplanung, 7).

Stallhofer, B. (2013): Wo liegt eigentlich der Böhmerwald? Konstrukte und Bedeutung des Landschaftsnamens gestern und heute. – In: *Gamerith, W.; Anhuf, D. u. Struck, E. [Hrsg.]*: Passau und seine Nachbarregionen. Orte, Ereignisse und Verbindungen – ein geographischer Wegweiser. – Regensburg, S. 325–337.

Stolz, T. u. Warnke, I. H. (2015): Aspekte der kolonialen und postkolonialen Toponymie unter besonderer Berücksichtigung des deutschen Kolonialismus. – In: *Schmidt-Brücken, D.; Schuster, S.; Stolz, T.; Warnke, I. H. u. Wienberg, M. [Hrsg.]*: Koloniallinguistik. Sprache in kolonialen Kontexten. – Berlin u. Boston (Koloniale und postkoloniale Linguistik, 8), S. 107–175.

Tolomei, E. (1929): Prontuario dei nomi locali dell' Alto Adige. – Rom.

Urbach, K. (2020): Gründung des Deutschen Reiches – Kaiserkrönung in Versailles. In: *Fahrmair, A. [Hrsg.]*: Deutschland. Globalgeschichte einer Nation. – München, S. 392–395.

Vuolteenaho, J. u. Berg, L. D. (2009): Towards Critical Toponymies. – In: *Berg, L. D. u. Vuolteenaho, J. [Hrsg.]*: Critical Toponymies. The contested politics of place naming. – Farnham u. Burlington, S. 1–18.

Walther, H. (1998): Die Landesnatur im weiteren Umfeld Leipzigs zur Zeit des hochmittelalterlichen Landesausbaus im Spiegel der parallelen altsorbischen und mittelhochdeutschen Toponyme. – In: Onomastica Slavogermanica 23, S. 177–184.

Watt, B. (2009): Cultural aspects of place names with special regard to names in indigenous, minority and regional languages. – In: *Jordan, P.; Bergmann, H.; Cheetham, C. u. Hausner, I. [Hrsg.]*: Geographical names as a part of the cultural heritage. – Wien (Wiener Schriften zur Geographie und Kartographie, 18), S. 21–24.

Weichhart, P. (1990): Raumbezogene Identität. Bausteine zu einer Theorie räumlich-sozialer Kognition und Identifikation. – Stuttgart 1990 (Erdkundliches Wissen, 102).

Siedlungsforschung. Archäologie – Geschichte – Geographie 39, 2021, S. 401–422

Stadtmorphologien im Mittelalter

Anngret Simms

Als ich in den frühen 1980er Jahren Gast als Humboldt-Stipendiatin bei *Klaus Fehn* am Institut für Historische Geographie in Bonn war, fragte ich *Helmut Jäger* am Rande einer Seminarveranstaltung, was ich tun müsse, um ein Historischer Geograph zu werden? Seine Antwort war kurz und eindeutig: „Sprechen Sie mit Winfried Schenk". Dazu ergab sich ausführlich die Gelegenheit, als *Winfried Schenk* 2015 für zwei Wochen Gast in unserem Haus in Dublin war. Er hatte einen Intensivkursus für die englische Sprache belegt, um die Arbeiten der englischsprachigen Kollegen besser verstehen zu können, wobei ihn der theoretische Aspekt besonders interessierte. Spät am Nachmittag, nach Sprachschulende, saßen wir gemeinsam im Garten und tranken einen *sundowner*, wie es mein Mann David aus seiner Jugend in Indien kannte, und diskutierten.

Von Interesse für meinen Gast waren u. a. Themen wie die stadtmorphologische Schule von *M. R. G. Conzen*, die dieser als Flüchtling aus Hitlers Berlin in Newcastle in England gegründet hatte und die durch die Initiative seiner Schüler in Birmingham zu internationaler Bedeutung heranwuchs, wie die Zeitschrift *Urban Morphology* bestätigt. Ich freue mich, aus dieser Tradition einen kleinen Beitrag leisten zu können.

Stadtmorphologie war eine Forschungsrichtung, die *Conzen* aus seiner Studienzeit durch die Arbeiten von *Otto Schlüter* in Berlin bekannt war. *Schlüter* hatte die Idee der Morphologie der Kulturlandschaft entwickelt. *Conzen*s Verdienst war es, den Schwerpunkt in der Erforschung der gebauten Stadt vom Endprodukt (dem Stadtplan und seinen Besonderheiten) auf den Prozess (agency) der Stadtwerdung zu richten. Uber die Analyse des Stadtplanes hinweg wird nach den sozioökonomischen dynamischen Kräften gesucht, die den städtischen Raum über lange Zeit hinweg geformt haben.

Als Schüler von *Helmut Jäger* spielten schriftliche Quellen eine wichtige Rolle für *Winfried Schenk* und diese Erfahrung teilte ich mit ihm, als ich als junge Kollegin unter den Einfluss von *Helmut Jäger* kam. Bei seinem ersten Besuch in unserer Universitätsbibliothek in Dublin fragte er mich nach der Herausgabe von primären Quellen aus dem Mittelalter. Es eröffnete sich mir eine faszinierende Welt, wie sie *Winfried Schenk* in seinen Arbeiten zur Rekonstruktion der Europäischen Kulturlandschaft wiederholt dargestellt hat. Ein weiteres gemeinsames Interesse gilt den Städten an der Südküste der Ostsee, denen *Winfried Schich* 1997 in der Siedlungsforschung einen längeren Aufsatz gewidmet hat. Mein Großvater hat 1943 die spätmittelalterliche Chronik meiner Geburtstadt Rostock, die *Vicke-Schorler-Rolle,* im Hinstorff Verlag veröffentlicht und ich möchte diese einzigartige Quelle in meinem Beitrag benutzen.[1]

1 Einflüsse auf frühe Stadtlandschaften

Im 12. Jahrhundert erfuhren die mittelalterlichen Städte einen wichtigen qualitativen Wandel durch die Verleihung von Stadturkunden. Eine große Zahl von neuen Städten wurden in diesem Jahrhundert auf Initiative von Feudalherren geschaffen. Z. B. gründeten die Herzöge von Zähringen im Jahre 1191 die Stadt Bern in der Schweiz. Die Bilderchronik der Stadt aus dem späten 15. Jahrhundert zeigt den Herzog bei einem Besuch auf der Baustelle unterhalb seiner Burg, auf der Steinhauer arbeiteten und Bäume gefällt wurden (*Stercken* 2015 u. 2019) (Abb. 1).

Stadturkunden wurden von Stadtherren im Mittelalter nach bestimmten Vorbildern vergeben, entweder war es das Lübische Recht oder das Magdeburger Recht oder in den Gebieten in Ostmitteleuropa, in denen die slawischen Fürsten vorherrschten, war es das *ius teutonicum*. Mit der Stadturkunde wurden den Stadtbewohnern individuelle Bauplätze übergeben zu einem festgelegten Preis. Die Bürger erhielten das Recht, von Steuern und Dienstleistungen für einen Stadtherren befreit zu werden, und sie erhielten das Privileg, von anderen Bürgern gerichtet zu werden. Es läge auf der Hand, anzunehmen, dass das Konzept des Hausplatzes gleichzeitig mit der Stadturkunde entstand. Aber bei den Ausgrabungen zur Wikingerzeit in Dublin haben die Archäologen jedoch Häuser auf rechteckigen Hausstellen aus dem 11. Jahrhundert gefunden, d. h. vor der Zeit der Stadturkunden (Abb. 2).

Stadturkunden ermöglichten den Stadtbewohnern ein städtisches Gemeinwesen mit horizontalen gesellschaftlichen Verflechtungen, wie es sie in den Kaufmanns- und Handwerkerzünften gab. Diese wurden ursprünglich zum Schutz ihrer Mitglieder gegründet. Die Zünfte symbolisierten, dass die Bürger berechtigt waren, sich gemeinschaftlich zu organisieren. Es war sozusagen der erste Schritt in der Entwicklung zur Selbstverwaltung. Im 12. Jahrhundert stellte die Elite unter den Bürgern das städtische Patriziat dar. Diese Männer stammten aus Familien, aus denen die höheren Verwaltungsbeamten kamen, oder von kleinen Landbesitzern ab. Zu Beginn war städtischer Grundbesitz für sie eine genauso wichtige Quelle von Reichtum wie Handel, aber mit dem Wachstum der mittelalterlichen Stadt auf der Grundlage von lokalem, regionalem und Fernhandel vollzog sich der Wandel von Reichtum, der auf Landbesitz begründet war, in Richtung auf Reichtum, der auf Handel basierte. Nur eine begrenzte Zahl von Einwohnern verfügte über das Bürgerrecht. Z. B. Priester, Juden und Leute ohne materiellen Besitz durften es nicht in Anspruch nehmen. Handwerker kämpften bittere Schlachten für ihre Mitgliedschaft im Stadtrat. Im

[1] Das Thema dieses Beitrags habe ich bereits in dem folgenden Aufsatz angesprochen: *Simms* 2014.

frühen 14. Jahrhundert waren sie erfolgreich. Gesellschaftliche Harmonie gab es selten in mittelalterlichen Städten.

Abb. 1: Die Gründung von Bern 1191 aus der Spiezer Chronik von Diebold Schilling 1484/85 (Quelle: Burgerbibliothek Bern, Mss.h.h.I.16).

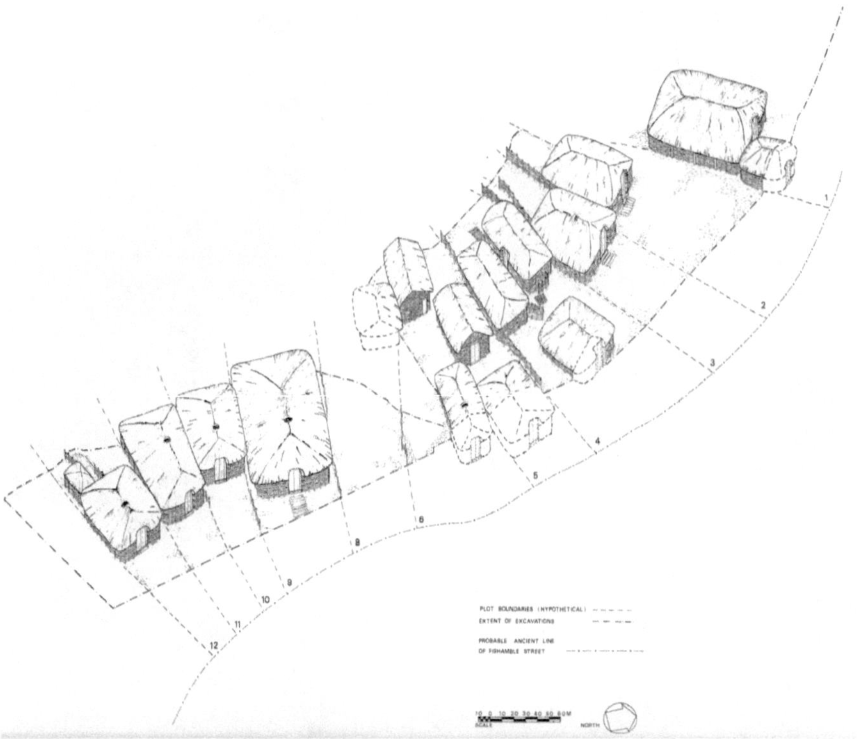

Abb. 2: Rekonstruktion von mittelalterlichen Häusern und Hausparzellen in der Fishamble Street in Dublin (Quelle: Wallace 1992, S. 28, Fig. 2).

Es geschah nicht von heute auf morgen, dass die städtischen Räte autonome lokale Regierungen wurden, was sie in den deutschen Ländern in größerem Ausmaß erreichten als zum Beipsiel in England oder Irland, wo die feudalen Bande stärker blieben. Der erste Rat im Gebiet des Heiligen Römischen Reiches, der vom Stadtherrn unabhängig war, wurde 1196 in Utrecht errichtet. Lübeck folgte 1201 und Köln 1216 (*Nicholas* 1997, S. 234). Selbst dann behielten die Stadtherren einige Rechte für sich wie z. B. Ernennungen zu Ämtern im Polizeiwesen oder beim Strafrecht und bei der Ernennnung von Mitgliedern des Stadtrates. Bis zum 14. Jahrhundert hatten sich große Städte wie Köln mit circa 40.000 und Lübeck mit etwa 25.000 Einwohnern erfolgreich ihre Unabhängigkeit erkämpft, während andere wie z. B. Rostock und Hamburg mit 10.000 bis 15.000 Einwohnern nur eine relative Unabhängigkeit genießen konnten. Circa 95 % aller städtischen Bewohner lebten in kleinen Städten zwischen 2.000 und 10.000 Einwohnern. Hier spielten die Stadtherren eine größere Rolle. Rathäuser wurden zum Ausdruck der Macht und des Stolzes einer Stadt und deshalb waren sie eine Herausforderung an den Stadtherrn. Als Kaiser *Friedrich II.* im Jahre 1232 den unabhängigen Stadtrat von Worms abschaffte, riss er auch das Rathaus ab.

2 Stadtlandschaften – einheitliche Elemente und Unterschiede

Die Veröffentlichungen des Europäischen Historischen Städteatlas-Projekts geben auf der Grundlage ihrer Stadtpläne einen Eindruck von der räumlichen Organisation von Städten über ganz Europa hinweg. Ein Vergleich von drei Städten jeweils aus Irland, Deutschland und Ungarn während des 13. Jahrhunderts deutet an, wie gemeinsam angewandte Konzepte wie Stadtrecht, individuelle Bauparzellen, Pfarrkirchen, Klöster, Schulen, Marktplätze und Stadtmauern dazu beitrugen, dass Europa im Mittelalter ein einheitlicher Kulturbereich wurde (siehe Tabelle 1 und *Simms* 2013).

Tab. 1: Morphologische Kräfte und Stadtdominanten im 13. Jahrhundert in Kilkenny (John Bradley), Kalkar (Margaret Wensky) and Sopron (Katalin Szende et al.).

	Kilkenny (Ireland)	**Kalkar (Rheinland)**	**Sopron (Ungarn)**
Gründer	Richard fitz Gilbert de Clare (Strongbow) baute eine Burg aus Erde in Kilkenny im Jahr 1173 südlich der Kathedrale mit Wurzeln in der frühchristlichen Zeit.	Herzog Dietrich VI. von Kleve gründete die Stadt im Jahr 1230 auf grüner Wiese (mit Erlaubnis des Erzbischofs von Köln).	König Béla IV. gründete die Stadt ca. 1247 am Standort, an dem früher eine römische Stadt gestanden hatte (keine Siedlungskontinuität), die von einer ispán-Burg ersetzt wurde.
Urkunde	Urkunde verliehen von William Marshall, Graf von Pembroke, im Jahre 1207.	Älteste überlieferte Urkunde von 1347.	Urkunde verliehen von Ladislaus IV. im Jahre 1277, die sich auf Privilegien bezieht, die die Könige Béla IV. an Stephan V. einst verliehen hatten.
Straßenplan	Geradlinig nord-südlich verlaufende Hauptstraße mit verbindenden Seitenstraßen über den Fluss.	Geradlinig nord-südlich verlaufende Hauptstraße von west-östlichen Straßen gekreuzt.	Drei parallel laufende Straßen und Häuser entlang der Ausfallstraßen.

Bauplätze	20 Fuß breit (Urkunde, 1207).	44 Fuß breit und 140 Fuß lang (Urkunde, 1347).	Keine Angaben.
Marktplatz	Erweiterung der Hauptstraße. Das Marktkreuz wurde 1335 errichtet.	Ein Viereck, zuerst erwähnt 1326, später wurde der Markt vergrößert.	Ein unregelmäßiger Platz vor dem Rathaus für teure Güter. Fleischverkauf auf dem Salzmarkt. Verkauf von Fisch, Geflügel und Gemüse an den Toren und entlang der Mauern.
Stadtmauern	Unterstützung zum Mauerbau ca. 1248, ca. 1300. Umschlossenes Gebiet 28 ha.	Seit dem 14. Jahrhundert ist die Stadt von einem doppelten Erdwall und Graben umgeben. Die Stadtmauer wird erstmals 1394 erwähnt. Umschlossenes Areal ca. 25 ha.	Mittelalterliche Stadtmauern erbaut 1297–1340 auf den Überresten der römischen Mauern und der Mauern der ispán-Burg. Umschlossenes Areal ca. 8,7 ha.
Pfarrkirche	**St. Marien**, ca. 1205. Geschlossen 1960.	**St. Nicolai** erwähnt 1273, neu erbaut nach dem Feuer von 1409; noch als Pfarrkirche genutzt.	**St. Michaelis** Pfarrkirche, vor 1278 außerhalb der Mauern nördlich der Stadt erbaut. Noch in Nutzung als Pfarrkirche.

Klöster, Kranken-häuser und Synagogen	**St. Canice's Cathedral,** erbaut, ca. 1205–1285 (über einer romanischen Kirche). Rundturm erbaut c. 1100. **St. John's Abbey**, Augustiner-Abtei, gegründet von William Marshall dem Älteren im Jahre 1211, aufgelöst im Jahre 1540. Heute Ruinen. **Black Abbey Church**, Holy Trinity Priory (Dominikaner), gegründet von William Marshall dem Jüngeren ca. 1225, aufgelöst 1540, für katholische Gottesdienste wieder eröffnet im Jahre 1816. **St. Francis' Abbey**, Franziskaner Abtei gegründet von Richard Marshall ca. 1231–1234, aufgelöst im Jahre 1540. Heute Ruinen. **St. John the Evangelist Hospital** errichtet vor 1202, ersetzt durch St. John's Abbey im Jahre 1211, geschlossen vermutlich im 14. Jahrhundert. **St. John the Baptist's Hospital** (Knights of St. Thomas the Martyr of Acan) gegründet vor 1219, geschlossen vermutlich im 14. Jahrhundert. **St. Mary Magdalen's Hospital**. Aussätzigen-Hospital errichtet 1327, aufgelöst im Jahre 1541.	**Gasthauskirche**, Hospital aufgezeichnet 1358. **St. Cäcilie**, Kleiner Beginenkonvent gegründet 1413 von Albert Paepe und seiner Frau Eva. Im Jahre 1465 von den Augustinern übernommen. **St. Ursula**, Großer Beginenkonvent, erbaut vor 1430 von Arnd Snoick. Im Jahr 1578 wurden die beiden Beginenhäuser vereint. Sie wurden 1802 aufgelöst. **Dominikaner-Abtei**, Gegründet von Herzog Johann I. nach seiner Rückkehr aus dem Heiligen Land im Jahre 1455. Aufgelöst 1802. Gebäude abgerissen.	**St. Johanniskirche und Konvent der Johanniter** mit Hospital, erbaut 1247. Die Kirche ist eine Kapelle. Die Klostergebäude wurden im 19. Jahrhundert säkularisiert. Das Hospital wurde bereits 1797 abgerissen. **Franziskanerkirche und -kloster**, später Benediktiner, erbaut 1278 auf Anordnung des Königs, noch in Gebrauch als Kirche. Die früheren Abteigebäude werden als Altersheim benutzt. **Gotische Synagoge** erbaut um die Wende vom 13. zum 14. Jahrhundert wahrscheinlich auf königliche Initiative. Errichtung eines jüdischen Museums in Vorbereitung.

Rathaus	Tholsel auf der Haupstraße im 13. Jahrhundert, abgerissen ca. 1795.	Altes Rathaus ersetzt mit einem repräsentativeren Bau 1438–1446.	Das erste Rathaus wird 1422 erwähnt; 1459 neu erbaut an einer anderen Stelle; 1496 auf dem Marktplatz neu errichtet, wo es heute noch als Rathaus genutzt wird.
Population	ca. 2.800 Menschen im späten 12. Jahrhundert.	ca. 1.000 Menschen wahrend des Mittelalters und ca. 5.000 Menschen am Ende des Mittelalters.	4.200 Menschen im Mittelalter.

Obwohl der Vergleich der drei Städte Kilkenny (Irland), Kalkar (Deutschland) und Sopron (Ungarn) erstaunliche Ähnlichkeiten über lange geographische Entfernungen zeigt, gibt es auch einige faszinierende Unterschiede. Z. B. gab es in Kilkenny eine besonders große Anzahl von Klöstern, die von aristokratischen Familien gestiftet worden waren, wahrend es in Kalkar weniger Klöster gab, von denen einige von Bürgern der Stadt gegründet worden waren, während die Franziskaner und später die Benediktiner in Sopron königliche Gründungen waren.

3 Planung in mittelalterlichen Städten

Mit der Verleihung einer Urkunde durch einen Herrn wurden die Stadtbewohner offiziell zum Partner bei der Erbauung einer Stadt. Die Stadtherren veranlassten die Auslegung einer neuen Stadt nach einem regelmäßigen Plan. Nur vereinzelt erfahren wir aus den Urkunden oder Chroniken, wie die Stadtleute ihre Stadt im Einzelnen erbauten.

Die Erbauung von neuen Städten beinhaltete oft die Umorganisation von existierenden Siedlungsstrukturen. Wir hören von Bürgern als Planer nur in der zweiten Hälfte des 13. Jahrhunderts, als der Einfluss der Stadtherren geringer wurde. In Bern wurde der Übergang zur gemeinschaftlichen Planung durch den Bau der Brücke, die Gründung von Bettelorden, die Zerstörung der herrschaftlichen Burg, die Verbesserung des Trinkwassers und die Einschränkung von bestimmten Beschäftigungen wie z. B. der Lederproduktion in bestimmten Bereichen der Stadt deutlich erkennbar (*Stercken* 2006, S. 30).

Stadtbürger bauten Rathäuser und Pfarrkirchen ebenso wie Brücken und Stadtmauern. Die Finanzierung dieser Arbeiten kam zum Teil von Förderungen und zum Teil durch die

Zahlung von Geldsummen, welche die Stadtleute sich selber auferlegt hatten. Z. B. musste in Dresden im 13. Jahrhundert jeder, der eine Bude in der Linnenhalle unterhielt, einen Beitrag zur Erhaltung der Brücke zahlen. Der Chronist *Vicke Schorler* schrieb 1611 über Rostock:

> „Der Bau der Brücke außerhalb des Steintors hat begonnen … Um diese Brücke zu finanzieren mussten alle Bürger, die ein Haus besaßen, zwei mal drei Gulden zahlen, und diejenigen, die in Buden lebten, mussten die Hälfte davon zahlen, und die, die in Kellern lebten, nur einen Viertel." (*Schorler* 1939)

Architektonische Harmonie in bestimmten Teilen der mittelalterlichen Stadt beruhte hauptsächlich auf Bauregeln, und nicht auf einer allgemeinen kulturellen Übereinstimmung. In kleineren Landstädten waren die lokalen Herren aktiv beim Stadtbau. In Kalkar z. B. übergab der Herzog von Kleve seinem Koch und dessen Frau 1326 ein Grundstück (*area*) mit der Anleitung, dass sie eine Straße bauen sollten mit Steinpflaster, bis sie auf den nächsten Steinweg trafen (*Wensky u. Weiss* 2001).

4 Zeitgenössische Darstellung von mittelalterlichen Städten am Beispiel von Rostock in der Vicke-Schorler-Rolle aus dem 16. Jahrhundert

Rostock, an der südlichen Ostseeküste gelegen, erhielt im Jahre 1218 Lübisches Recht. Im 14. Jahrhundert verfügte es als Mitglied der Hanse über einen erfolgreichen Hafen. Die Stadt zählte ca. 12.000 Einwohner. *Vicke Schorler* stellte seine Bilderchronik von Rostock zwischen 1578 und 1586 her, kurz bevor mehrere Veränderungen an den mittelalterlichen Gebäuden unter dem Einfluss von Renaissance und Barock vorgenommen wurden. *Schorlers* Manuskript liegt im Archiv der Stadt Rostock. Die Rolle ist 18,7 m lang und 60 cm breit. Die Gebäude sind darauf in Frontalansicht von der Straßenseite, die Menschen zum Teil aus der Vogelschau dargestellt. *Schorler* zeichnete seine Gebäude mit Bleistift und dann kolorierte er sie mit Wasserfarbe. Innerhalb der ummauerten Stadt von Rostock zeigt er 325 private Häuser, von denen die meisten aus Backstein erbaut sind mit einem Backsteingiebel (Abb. 3) im gotischen Stil. *Schorler*s Darstellungen zeigen die Schönheit der Uniformität im Baustil. Die Stadtmauern und die Tore waren auch aus Backstein erbaut. Das mittelalterliche Rostock hatte vier Pfarrkirchen, die größte war St. Marien auf dem Neumarkt (Abb. 4). Im 13. Jahrhundert erbaut, war sie die Kirche der Stadtleute und spiegelte ihren Reichtum und ihre Macht wider. In der ummauerten mittelalterlichen Stadt gab es früher fünf Klöster, von denen alle außer einem von Feuer zerstört wurden, oder sie wurden nach der Reformation abgerissen. So wurden z. B. die Steine des Dominikanerklosters St. Johannes vom Herzog Johann Albrecht von Mecklenburg-Schwerin im Jahre 1566 für den Bau der Befestigungen außerhalb des Steintors benutzt. Dieses Ereignis erinnert uns daran, dass in der Frühneuzeit die Macht, die die Bürger besessen hatten, wieder von den Territorialfürsten zurückgefordert wurde.

Abb. 3: Mittelalterliche Häuser in Rostock mit Staffelgiebeln in Backstein erbaut im gotischen Stil (Quelle: Vicke-Schorler-Rolle, 1583–1625, Stadtarchiv Rostock).

Der wichtigste öffentliche Bau in der Stadt war das Rathaus und das Gericht auf dem Neumarkt mitten in der Stadt, das 1265 durch einen Beschluss des Stadtrats zwei frühere kleinere Rathäuser ersetzte hatte (Abb. 5). Mit seinen sieben Türmen über dem dekorativen gotischen Giebel, mit den korrespondierenden sieben Bögen am Erdgeschoss und sieben großen Fenstern im ersten Geschoss war es nach dem Muster des Rathauses von Lübeck gebaut, dessen Stadtrecht Rostock besaß. Dieses Rathaus ist ein gutes Beispiel dafür, wie wichtig Symmetrie in der Architektur des 13. Jahrhunderts war.

Abb. 4: Mittelalterliche Pfarrkirche St. Marien in Rostock (Quelle: Vicke-Schorler-Rolle, 1583–1625, Stadtarchiv Rostock).

Das Rathaus war eng mit dem Marktplatz verbunden, auf dem die Handelsgüter mit Steuern belegt und auf ihre Qualität geprüft wurden. In unserer Chronik wird der Markt gezeigt als eine lebhafte Institution für den Verkauf von lokalen Produkten. Nahrungsmittel waren das Hauptverkaufsgut. Sie wurden von tragbaren Bänken verkauft, oder sie hingen an Stangen, während Schweine frei herumliefen. Getrockneter Fisch hing von hölzernen Rahmen herunter und Keramik und Töpfe wurden angeboten. Die Chronik zeigt Ochsen, die Schlitten zum Brunnen ziehen, der mit einem eindrucksvollen Dach bedeckt ist. Mitten auf dem Marktplatz waren Pranger aufgestellt unter einem hohen Dach. Hier wurden geringere Vergehen bestraft. Das Gefängnis befand sich in den Kellerräumen des Rathauses. Ein Gebäude mit dem Namen ‚Waage' ist von Interesse, weil es andeutet, wie die Stadtleute das Marktgeschehen kontrollierten. Die Chronik zeigt ein zweistöckiges Haus, in dessen Erdgeschoss Pferde eintreten, wahrscheinlich mit Säcken von Getreiden, die man auf ihr Gewicht prüfte (Abb. 6).

Abb. 5: Mittelalterliches Rathaus am Neumarkt in Rostock (Quelle: Vicke-Schorler-Rolle, 1583–1625, Stadtarchiv Rostock).

Abb. 6: Mittelalterliche Waage in Rostock (Quelle: Vicke-Schorler-Rolle, 1583–1625, Stadtarchiv Rostock).

Bürgerliche Institutionen waren wichtige Bestandteile mittelalterlicher Städte. Dazu gehörten vor allen Dingen Krankenhäuser, die vom Stadtrat unterhalten wurden, oder von Klöstern oder von privaten Stiftern. In Rostock war das Hospital Zum Heiligen Geist aus dem späten 13. Jahrhundert ein eindrucksvolles Gebäude mit fünf Giebeln. In der Mitte der Fassade, zwischen den beiden großen Eingängen, war der Regenraum, in dem man an nassen Tagen Schutz finden konnte (Abb. 7). Der Reichtum des Krankenhauses kam aus dem Nachlass von wohlhabenden Bürgern. Krankenhäuser waren auch der Ort, an dem arme Leute versorgt wurden, dazu gehörten auch verlassene Kinder, und sie waren ein Platz, an den sich reiche Leute ohne Familie im Alter zurückziehen konnten, wenn sie im Gegenzug ihren Nachlass dieser Einrichtung stifteten.

Abb. 7: Mittelalterliches Spital zum Heiligen Geist in Rostock (Quelle: Vicke-Schorler-Rolle, 1583–1625, Stadtarchiv Rostock).

Eine weitere wichtige Institution für das mittelalterliche Rostock war die Universität, die im Jahre 1419 von der Stadt mit dem Einverständnis des Papstes begründet wurde. Sie war eine der ältesten Universitäten in Nordeuropa und nutzte eine Anzahl von Gebäuden, darunter das Lektorium (*Auditorium Magnum*), ein großes Fachwerkhaus mit Giebel, das ursprünglich das Rathaus in der Neustadt gewesen war (Abb. 8). Im Erdgeschoss stand ein Brunnen und links von dem Gebäude die „Wasserburg", ein Brunnen mit Dach.

Die Chronik zeigt einen Aufmarsch von 57 Studenten mit Degen, die nach ihren erfolgreich verteidigten Promotionsprüfungen mit Musik auf die Stadt zugehen. Links von der Wasserburg stehen fünf Häuser, die der Universität gehörten. Vier von diesen Häusern waren giebelseitig, nur eines hatte seinen First parallel zur Straße, war also traufständig errichtet worden. Links von dieser Reihe von fünf Häusern standen die neuen Häuser, in denen Studenten nach ihren Prüfungen feierten. Das kleinste Haus mit einem einfachen gotischen Giebel gehörte einem Mann mit dem Namen *David Chytraeus*, welcher der Theologe *in situ* war. Sein Haus hatte zwei Eingänge zu den Kellerwohnungen. Das Haus mit dem Giebel zur Straße wurde als *Auditorium Medicum* gebraucht. Dasjenige mit dem glatten Giebel war das *Collegium juris*. Die Chronik zeigt auch ein großes Gebäude, das 1582 als *Collegium* bezeichnet wurde. Der volle Titel war *Collegium facultatis artium, domus collegii*. Es diente als Residenz für acht Professoren und ihre Studenten, von denen viele aus Schweden kamen.

Abb. 8: Mittelalterliches Universitätsgebäude in Rostock im früheren Stadthaus (Quelle: Vicke-Schorler-Rolle, 1583–1625, Stadtarchiv Rostock).

Ein anderer dominierender Aspekt der mittelalterlichen Stadt waren die Wohnungen der aristokratischen Familien oder der Äbte der großen Klöster, die Landbesitz außerhalb der Stadt hatten und periodisch in der Stadt wohnten. Seit 1263 gibt es Hinweise dafür, dass die Äbte des Zistersienserklosters Doberan in Rostock Stadthöfe unterhielten. In unserer Chronik wird dieses Gebäude Doberaner Hof genannt. Es ist ein gotisches Gebäude mit einem großen Stufengiebel im Dach und großen Kaminen, die aus dem Dach herausragen (Abb. 9). Als das Kloster in Doberan 1552 aufgelöst wurde, kam das Gebäude in säkulare Hände und wurde zur Reitschule der Universität.

Abb. 9: Mittelalterliches Stadthaus in Rostock im Besitz des Zisterzienserklosters in Doberan (Quelle: Vicke-Schorler-Rolle, 1583–1625, Stadtarchiv Rostock).

Neben dem Rathaus stand eine Anzahl von Häusern, deren reich verzierte Giebel dem Markt zugewandt waren; sie waren größer als die durchschnittlichen Rostocker Stadthäuser. *Schorler* sagt uns in seiner handgeschriebenen Chronik, dass hier die aristokratischen Familien wohnten, die in die Stadt kamen. Am anderen Ende der Skala gab es die kleineren Häuser, die man ‚Buden' nannte, oder ‚Halbhäuser'. Sie waren ca. 20 Fuss weit zur Straße hin. Außerdem gab es die Kellerwohnungen zum Vermieten. In einer Auflistung von 1617, die *Schorler* erwähnt, stehen für Rostock die folgenden Zahlen: 755 Häuser, 1.302 Buden und 326 Keller für eine Bevölkerung von 14.000 Menschen. Das bedeutet, dass über die

Hälfte der Bevölkerung Rostocks am Ende des Mittelalters nicht in den attraktiven Gebäuden wohnte, die in der Schorler-Rolle gezeigt werden, sondern in deren Kellern oder in den bescheideneren Buden.

5 Städtischer Landbesitz und soziale Topographie

Wieviel wissen wir über städtischen Bodenbesitz im Mittelalter? Lübeck, im westlichen Teil der Ostsee gelegen, ist eine der Städte, für die diese Frage auf interdisziplinärer Ebene erforscht worden ist. Im Mittelalter, im 12. Jahrhundert, zur Zeit der Gründung der Stadt durch Herzog Heinrich den Löwen, war der Herzog der Besitzer des Bodens. Es wird angenommen, dass er dann Land an die Kaufleute verkauft hat, an *ministeriales* (eine besondere Gruppe von Leuten, die dem Herrn bestimmte Dienste schuldeten), Adelige und Klöster nach dem Prinzip des *ius hereditarium* (Erbzinssrecht, *Hammel-Kiesow* 1996, S. 48). Lange glaubten Historiker, dass die Besitzstücke in Lübeck von Anfang an dieselbe schmale Form hatten. Sie wurden Gründungsparzellen genannt. Aber inzwischen wissen wir aufgrund von archivalischen Quellen und aufgrund von archäologischen Ausgrabungen, dass die frühesten Besitzeinheiten in der Stadt mit der Bezeichnung *hereditates*, in zeitgenössischen Bauabkommen auf Latein geschrieben, ziemlich groß sein konnten. Aber aufgrund der Bevölkerungszunahme während des 13. Jahrhunderts und weil viele Kaufleute und Handwerker Reichtum angesammelt hatten und es sich leisten konnten, das Besitztum zu kaufen, das sie bis dahin nur gemietet hatten, gab es zunehmend das Bedürfnis, die großen Bodenstücke zu unterteilen. Nach 1276 wurde in Lübeck dieser Prozess erleichtert mit einer Bestimmung, die vom Stadtrat herausgegeben wurde, die allen Bewohnern erlaubte, ihre Besitztümer nach bestimmten Richtlinien käuflich zu erwerben (*Hammel-Kiesow* 1996, S. 53). Dieser Vorgang wurde unterstützt von der Tatsache, dass der Besitz, den eine Familie am meisten anstrebte, das eigene Haus war. Hausbesitz erlaubte es, Kredit aufzunehmen. Im 14. Jahrhundert waren die meisten der größten Besitzeinheiten unterteilt in kleinere Einheiten, entweder für Eigenbesitzer, oder zum Vermieten.

Eine Karte (Abb. 10), welche die Topographie von verschiedenen Tätigkeiten im mittelalterlichen Göttingen zeigt, verdeutlicht, dass bestimmte Berufe in Gruppen angesiedelt zu finden waren. Im Jahre 1458 gab es 54 Mitglieder der Kaufmannsgilde in Göttingen, die um den Markt und in den angrenzenden Straßen lebten. Einige Kaufleute wohnten nahe der Stadttore und in Seitenstraßen, aber sie gehörten nicht zu den reichen Kaufmannsfamilien. Eine andere deutlich wahrnehmbare Gruppe waren die Wollweber, die im südlichen Teil der Stadt wohnten, wo sie Zugang zu fließendem Wasser hatten. Die Leineweber, die nicht ein so hohes Ansehen genossen wie die Wollweber, und die weniger Steuern zahlten, finden wir am Rande der Stadt. Die Anzahl der Schuhmacher in einigen Straßen ist bemerkenswert. Die Bäcker wuchsen im 14.–15. Jahrhundert zu einer starken Gruppe heran, als die Einwanderung vom Land in die Stadt anwuchs. Handwerker verkauften ihre Produkte aus ihren Werkstätten, außer den Fleischern, die ihre eigenen Kauftische auf dem Marktplatz unterhielten. Schmiede, Tischler und Schneider waren nicht in bestimmten Straßen konzentriert.

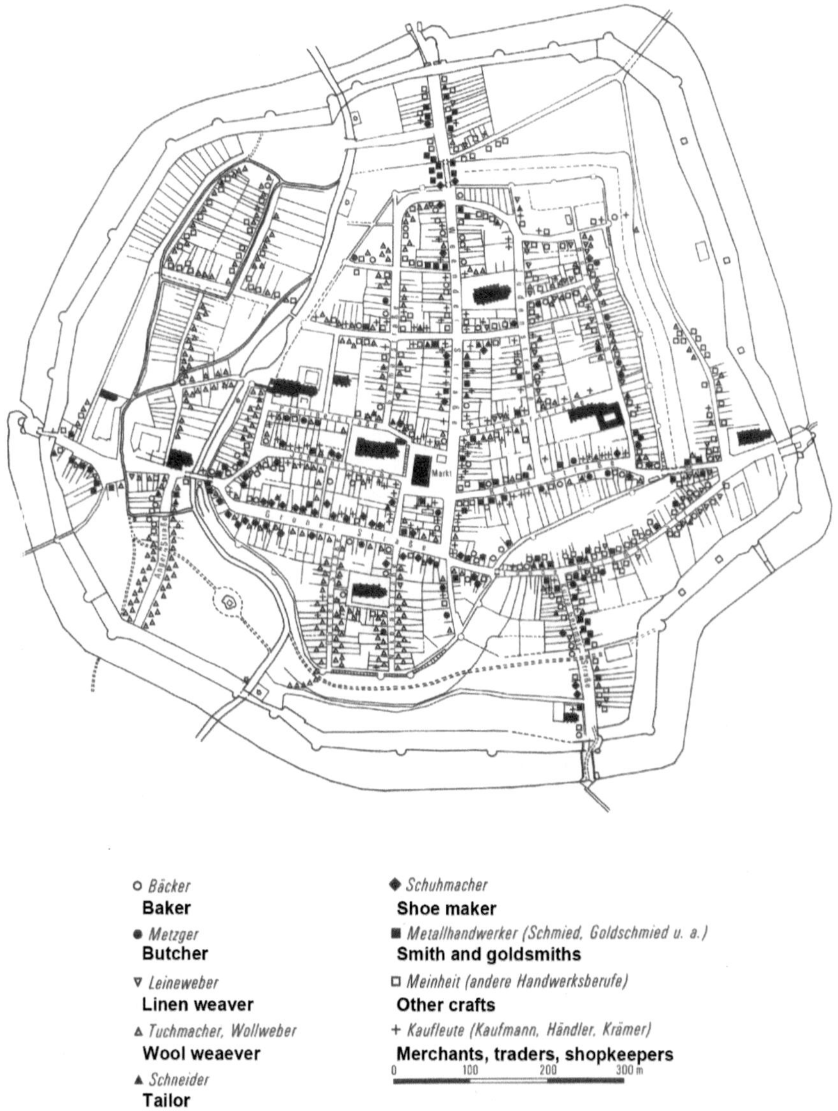

Abb. 10: Räumliche Verteilung ausgewählter Berufsgruppen der Hausbesitzer in Göttingen für das Jahr 1458 (Quelle: Denecke 1987).

Die soziale Stratifikation der Stadt geht von der Mitte zur Peripherie hin mit den reichsten Familien um den Marktplatz herum. *Dietrich Denecke* zeigt uns, dass am Ende des 14. Jahrhunderts 74 % aller Steuern, die in Göttingen eingenommen wurden, aus dem Marktgebiet kamen.

Das Muster wird komplizierter, wenn wir uns die Einwohner eines einzelnen Hauses anschauen, in denen ein Kaufmann lebte mit anderen, die entweder Teile seines Hauses mieteten, oder in seinem Haus angestellt waren. Die Qualität der Häuser war am höchsten um den Markt herum und in den angrenzenden Straßen. In der Mitte des heutigen Göttingen kann man noch mittelalterliche Kreuzgewölbe finden, die das Fundament von großen Steinhäusern oder von Fachwerkhäusern aus dem 13. bis 15. Jahrhundert waren. Die Grundmauern von kleineren Fachwerkhäusern wurden am Rande der Stadt nahe der Stadtmauer ausgegraben.

6 Kulturelle Leitmotive in mittelalterlichen Kaufmannsstädten

Die Widmung von Pfarrkirchen an den heiligen Nikolaus in einer Vielzahl von mittelalterlichen Städten in Mittel-, Ostmittel- und Nordeuropa und auf den britischen Inseln stellt ein Leitmotiv für Kaufmannsiedlungen dar (*Blaschke* 2003). Ein gutes Beispiel, auf welche Weise Kirchenpatrozinien die verschiedenen Entwicklungsstufen einer Stadt widerspiegeln, ist Rostock. Der älteste Teil der ummauerten Stadt ist das nordöstliche Viertel, in dem die älteste Kirche in Rostock steht, die St. Peter geweiht ist. Südlich von St. Petri steht die große gotische Kirche, die dem heiligen Nikolaus gewidmet ist. Diese Kirche wurde von Fernkaufleuten errichtet an der Stelle, an der die Fernstraße in die Stadt hineinführt. Im Jahre 1218 wurden beide Kirchen in die Altstadt integriert. Im Jahre 1232 wurde der mittlere Teil der heutigen Altstadt inkorporiert und die neue Pfarrkirche erhielt das Patrozinium St. Marien. Kurze Zeit später, 1250, wurde in einer westlichen Erweiterung, aber noch innerhalb der Stadtmauern, die Kirche St. Jakobi gebaut. In Stralsund, ungefähr 80 km östlich von Rostock, auch an der Küste, finden wir genau die gleiche chronologische Abfolge von Kirchenpatrozinien. In unserem Zusammenhang ist das ein interessantes Detail, weil es anzeigt, dass es allgemein anerkannte Muster von Kirchenwidmungen gab.

Die Einführung von Universitäten, die im späten Mittelalter in deutschen Städten erbaut wurden, waren häufig das Ergebnis der Initiative von fürstlichen Stiftern, nicht so in Rostock, wo der Stadtrat der Gründer der Universität war, oder in Greifswald, wo der Bürgermeister *Heinrich Rubenow* sich gemeinsam mit dem Landesherrn engagierte. Die Einrichtung von Krankenhäusern erfolgte meistens auf Initiative von mittelalterlichen Stadtbürgern, oft von einem Ehepaar. Die Gründung von Klöstern war normalerweise das Privileg aristokratischer Familien. Seit dem 13. Jahrhundert wurden Bettelorden in Städten errichtet: Dominikaner, Franziskaner und Augustiner.

In unserem Bemühen, die morphologischen Kräfte zu verstehen, die zum Werden mittelalterlicher Städte beitrugen, haben wir die weiteren sozialen Prozesse untersucht, die beteiligt waren. Diese sind komplex, weil sie das Resultat des Zusammenwirkens verschiedener Kräfte waren. Im früheren Mittelalter sorgten die Landesherren für die notwendige Sicherheit ihrer Kaufmannsiedlungen. Die Verleihung von lateinischen Stadturkunden im späten 12. und 13. Jahrhundert schuf einen gemeinsamen städtischen Rahmen für das mittelalterliche Europa. Diese Urkunden stellten eine Abmachung dar zwischen dem weltlichen oder geistlichen Fürsten und seinen Stadtbürgern, die für beide Parteien Nutzen brachte. Die Aufteilung des Raumes innerhalb der mittelalterlichen Stadt in individuelle schmale Bodenstücke, die an eine Straße angrenzten, wurde überall in Europa wiederholt, weil es eine willkommene Methode war, Steuern einzuziehen und einem größtmöglichen Teil von Einwohnern Zugang zur Straße erlaubte.

Meist gründeten die Herren die Städte nicht durch eine Urkunde, sondern gaben eine Urkunde an Siedlungen, die bereits wirtschaftlich produktiv waren. In den altbesiedelten Gebieten erlaubten die Stadtherren (und besonders die Bischöfe) den Städten ein größeres Ausmaß von Selbstregierung lediglich, wenn sie dazu gezwungen waren. Die Herren übten eher die Kontrolle über die kleinen Landstädte aus, während sie diese über die großen Städte mehr oder weniger während des 13. und 14. Jahrhunderts verloren hatten. Die Zünfte waren der Mechanismus, wie die Stadtleute größere administrative Unabhängigkeit erringen konnten. Die Institutionen des Christentums (Pfarrkirchen, Klöster, Schulen) sorgten für die kulturelle und geistige Grundlage mittelalterlicher Städte. In diesem Rahmen etablierten sich Verhaltensmuster, wie z. B. in der Namensgebung von Pfarrkirchen. Während im 13. Jahrhundert der Kampf um Unabhängigkeit von den Feudalherren, die die Kontrolle über ihre Städte behalten wollten, die Stadträte sehr beschäftigte, tobte im 14. Jahrhundert der Kampf innerhalb der Stadt, als Zünfte sich darum bemühten, eine mit den alten Kaufmannsgilden vergleichbare Stellung zu erlangen. Ob diese Entwicklung die morphologische Ausformung der spätmittelalterlichen Stadt in irgendeiner Form beeinflusste, ist eine interessante Forschungsfrage.

Für die frühe Stadtentwicklung steht es außer Frage, dass die Stadtherren Einfluss auf die topographische Entwicklung der Städte hatten. Siedlungen, die in der karolingischen Zeit in der Umgebung von grundherrlichen Kirchen entstanden, deren Friedhof sich zu späteren Marktplätzen entwickelten, weisen später einen Stadtplan auf, in dem Straßen konzentrisch um die ursprüngliche Kirche angelegt sind, wie z. B. in Wetzlar. Im Gegensatz dazu, in den geplanten mittelalterlichen Städten östlich der Elbe, liegt die Betonung auf dem Markt, der die Interessen der Kaufleute und Handwerker widerspiegelt, und die Pfarrkirche wurde fast immer am Rand des Marktplatzes erbaut (*Simms* 2006, 2007).

Die topographische Identität der mittelalterlichen Stadt ging zurück auf ihre Konstitution und die Planungsvorstellungen der Zeit. Wie sonst ließe sich die mittelalterliche Vorliebe für orthogonal angelegte Stadtgrundrisse mit regelmäßigen Parzellen erklären, wie in den Bastidenstädten Südfrankreichs und Ostmitteleuropas, im Gegensatz zu Burgstädten mit einer einzigen, von Parzellen gesäumten Hauptstraße, wie sie von anglo-normannischen Feudalherren im Zuge ihrer Kolonisierung Englands und Irlands errichtet wurden? Orthogonal angelegte Stadtpläne spiegeln die Idee der Planung des städtischen Raums wieder. Dieser Ansatz stellt eine Neuerung im Mittelalter dar, die möglicherweise von Feudalherren im Zuge eines Modernisierungsbestrebens eingeführt wurde. Mit dem Wachstum der Städte und der Entwicklung der städtischen Selbstverwaltung nahm der Einfluss der Herren, ob weltlich oder kirchlich, ab, wurde aber nie ganz aufgegeben.

In Annäherung an *Henri Lefebvre* versuchten wir die sozioökonomischen Komponenten zu verstehen, die zum Bau der Stadt im Mittelalter beitrugen. In diesem erweiterten Zusammenhang kann Stadtmorphologie einen wichtigen Beitrag zur Stadtgeschichte leisten.

Zusammenfassung

In der englischen stadtmorphologischen Schule liegt das Hauptgewicht der Forschung nicht in der Auswertung von Stadtplänen sondern in der Erklärung von Prozessen, die zum Wachstum einer Stadt beitrugen. Eine kurze allgemeine Darstellung der wichtigsten Prozesse bei der mittelalterlichen Stadtwerdung und eine Tabelle mit der Auflistung der morphologischen Faktoren in drei mittelalterlichen Städten – Kilkenny in Irland, Kalkar in Deutschland und Sopron in Ungarn – zeigen, dass es im 13. Jahrhundert eine gemeinsame europäische Stadtlandschaft gegeben hat. Die Vicke-Schorler-Rolle (1578–1586) und die Rostocker Chronik (1583–1625) des gleichen Autors bieten ausgezeichnete Quellen für das gebaute Rostock im Spätmittelalter.

Das Thema von städtischem Landbesitz und sozialer Differenzierung wird am Beispiel der Arbeit von *Dietrich Denecke* über Göttingen dargestellt. Die Bedeutung von kulturellen Leitmotiven in mittelalterlichen Kaufmannsstädten wird *Karlheinz Blaschke* folgend am Beispiel der Verbreitung der Kirchen mit dem Patrozinium St. Nikolai diskutiert.

Summary: Urban morphologies in the Middle Ages

In the English Urban Morphological School the focus of research in the built environment is not on the exploration of the town-plan as the all important artifact but on the explanation of processes (agency) that contributed to the growth of towns. A short discussion of the major elements of medieval urban agency and a tabulated presentation of the major morphological agents in the formation of Kilkenny (Ireland), Kalkar (Germany) and Sopron (Hungary) in the 13th century show the extent to which there was at the time a common European urban landscape.

A major case study is Rostock explored on the basis of the Vicke Schorler Rolle, 1578–1586, providing illustrations of the major urban institutions in the town and of the

755 large redbrick houses with stepped gables and cellars that were used for housing. The topic of urban property and social differentiation is briefly discussed in relation to Goettingen. The importance of cultural leitmotives in medieval merchant towns is addressed using the example of churches dedicated to St Nicholas.

Literatur

Blaschke, K. (2003): Stadtplanforschung. Neue Methoden und Erkenntnisse zur Entstehung des hochmittelalterlichen Städtewesens in Mittel-, Ost- und Nordeuropa. – In: Sitzungsberichte der Sächsischen Akademie der Wissenschaften zu Leipzig, Philologisch-historische Klasse, 138 (4), S. 3–42.

Bureš, M., Voltech, K., u. Vareka, P. (1997): The formation of high medieval tenements along the Old Town Square in Prague. – In: *De Boe, G. u. Verhaeghe, F. [Hrsg.]*: Urbanism in Medieval Europe: Papers of the Medieval Europe Brugge 1997 Conference 1, hg. vom Instituut voor het Archeologisch Patrimonium. – Zellik, S. 205–210.

Clarke, H. B. (2002): Dublin, Part 1, To 1610, Irish Historic Towns Atlas No. 11, hg. von der Royal Irish Academy. – Dublin.

Clarke, H. B. u. Simms, A. [Hrsg.] (1985): The Comparative History of Urban Origins in Non-Roman Europe, parts I and II. – Oxford (British Archaeological Reports).

Conzen, M. (2008): Retrieving the pre-industrial built environments of Europe: the Historic Towns Atlas programme and comparative morphological study. – In: Urban Morphology, 12 (2), S. 143–56.

Czaja, R. (2010): Die Gestaltung des Sozialgefüges mittelalterlicher Städte am Beispiel Polens. – In: *Opll, F. u. Sonnlechner, C. [Hrsg.]*: Europäische Städte im Mittelalter – Innsbruck (Forschungen und Beiträge zur Wiener Stadtgeschichte, 52), S. 203–216.

Denecke, D. (1987): Sozialtopographie der mittelalterlichen Stadt Göttingen. – In: *Denecke, D. u. Kühn, H. M. [Hrsg.]*: Göttingen. Geschichte einer Universitätsstadt 1. – Göttingen, S. 199–210.

Fouquet, G. (1999): Bauen für die Stadt: Finanzen, Organisation und Arbeit in Kommunalen Baubetrieben des Spätmittelalters. – Köln (Städteforschung A/48).

Hammel-Kiesow, R. (1996): Property patterns, buildings and the social structure of urban society. Some reflections on Ghent, Lübeck and Nowgorod. – In: *Eliassen, F. E. u. Ersland, G. A. [Hrsg.]*: Power, Profit and Urban Land: Land Ownership in Medieval and Early Modern Northern European Towns, Historical Urban Studies. – Aldershot, U. K., S. 37–60.

Lilley, K. D. (2009): City and Cosmos: The Medieval World in Urban Form. – London.

Nicholas, D. (1997): The Growth of the Medieval City: From Late Antiquity to the Early Fourteenth Century. – London.

Opll, F. (2010): Planung oder Genese? Zur städtischen Entwicklung Wiens bis zum Ende des 13. Jahrhunderts. – In: *Opll, F. u. Sonnlechner, C. [Hrsg.]*: Europäische Städte im Mittelalter. – Innsbruck (Forschungen und Beiträge zur Wiener Stadtgeschichte, 52), S. 217–252.

Sachsenspiegel (1220–1230). Übersetzerin: *Maria Dobozy*. – Philadelphia 1999.

Schich, W. (1997): Der Ostseeraum aus der Sicht der mittelalterlichen Siedlungsgeschichte – mit besonderer Berücksichtigung der Seestädte an der südwestlichen Ostseeküste. – In: Siedlungsforschung 15, S. 53–79.

Schorler, V. (1939): Wahrhaftige Abcontrafactur der hoch loblichen und weitberumten alten See-und Hansestadt Rostock, Heubtstadt im Lande zu Mecklenburg 1578–1586 (Original in Wasserfarben), hg. vom Stadtarchiv Rostock. – Rostock.

Simms, A. (2006): Interlocking spaces: the relative location of medieval parish churches, churchyards, marketplaces and town-halls. – In: *Clarke, H. B. u. Philips, S. [Hrsg.]*: Ireland, England and the Continent in the Middle Ages and Beyond: essays in memory of a turbulent friar, F. X. Martin, O. S. A. – Dublin, S. 222–232.

Simms, A. (2007): Mittelalterliche Grüdungsstädte als Ausdruck regionaler Identität – In: *Jeute, G. H.; Scheeweiß, J. u. Theune, C. [Hrsg.]*: Aedificatio Terrae: Beiträge zur Umwelt und Siedlungsarchäologie Mitteleuropas. Festschrift für Eike Grimgmuth-Dallmer zum 65. Geburtstag. – Rahden in Westfalen, S. 347–354.

Simms, A. (2013): Unity in diversity: a comparative analysis of thirteenth century Kilkenny, Kalkar and Sopron. – In: *Duffy, S. [Hrsg.]*: Princes, Prelates and Poets in Medieval Ireland. Essays in honour of Kathrin Simms. – Dublin, S. 107–123.

Simms, A. (2014): Urban corporate governance and the shaping of medieval towns. – In: *Larkham, Peter J. u. Conzen, Michael [Hrsg.]*: Shapers of urban form: explorations in morphological agency. – London, S. 63–80.

Simms, A. u. Clarke, H. B. (2019): Lords and Towns in Medieval Europe. The European Historic Towns Atlas Project. – London u. New York.

Stercken, M. (2015): Town-planning in the 12th and 13th century. Symbolic meaning – pragmatic process – In: *Simms, A. u. Clarke, H. [Hrsg.]*: Lords and Towns in Medieval Europe. – London u. New York, S. 198–211.

Stercken, M. (2019): Bern 1484/1485 – Medialisierung städtischer Ursprünge – In: *Kiening, C. u. Stercken, M. [Hrsg.]*: Medialität. Historische Konstellationen.– Zürich (Medienwandel – Medienwechsel – Medienwissen, 42), S. 209–222.

Wallace, P. F. (1992): The Viking age buildings of Dublin. 2 Bände. – Dublin 1992.

Siedlungsforschung. Archäologie – Geschichte – Geographie 39, 2021, S. 423–445

Vom Exkursionsführer zur Gesamtaufnahme der historischen Landschaft

Ein halbes Jahrhundert Historisch-Landeskundliche Exkursionskarte von Niedersachsen

Niels Petersen

1 Historische Geographie in den Genen

„Sie betreiben hier Historische Geographie, ohne es zu wissen", rief *Winfried Schenk* den Bearbeiterinnen und Bearbeitern wohlwollend zu. Er war als Festredner zur Vorstellung der gerade erschienenen Ausgabe Braunschweig/Salzgitter der Regionalkarte zur Geschichte und Landeskunde von Niedersachsen im Juni 2016 eingeladen. „Ich kenne das Projekt aus Lehrveranstaltungen von Prof. Jäger in Würzburg und bin erstaunt, aber vor allem erfreut, dass es das noch immer gibt", schrieb er vorweg. Mit seinem Vortrag über „Historische Geographie zwischen Grundlagenforschung und Anwendung" führte er den Anwesenden die offenkundige Relevanz seiner Disziplin vor Augen.

Natürlich: Historische Karten, Ortsjubiläen, Orts- und Flurnamen, Siedlungsentstehung auf der einen und Verkoppelung auf der anderen Seite sind Themen, die im Zentrum von Bürgeranfragen an landesgeschichtliche Institute und Gedächtnisinstitutionen stehen. Seminare für Heimatforschung und Exkursionen von Geschichtsvereinen bedienen dieses Interesse an der eigenen Umgebung regelmäßig. Die oft beklagte Überalterung der Geschichtsvereine verweist dabei wohl weniger auf mangelndes Interesse. Sie hat eher mit unterschiedlichen Zeitbudgets und Freizeitverhalten der Generationen zu tun, denn überschaubare Projekte mit erkennbarem Erfolg sowie Exkursionen an sonst nicht zugängliche Orte locken auch andere Gäste. Dass bei Jüngeren durchaus Interesse an der Geschichte ihrer Heimat besteht, zeigt sich an der regen Beteiligung an landesgeschichtlichen Seminaren an den Hochschulen. Der niedersächsische Erlass zur ‚Region im Unterricht' findet deswegen nur schleppend seinen Weg in den schulischen Alltag, weil den Lehrkräften oft

Zeit und Arbeitsmaterialien fehlen. In Niedersachsen haben sich die Landschaftsverbände dieses Problems angenommen und sogenannte ‚Kleine Landeskunden' gefördert (*Drews* 2017; *Schlichting* 2013; *Denecke* 2010; Schaumburgische Landschaft u. *Würffel* 2003). Sie erschließen in übersichtlichen und reich bebilderten Artikeln die Thematiken eines regionsbezogenen Unterrichts: Geschichte, Kulturlandschaft, Landeskunde, Wirtschaft und Gesellschaft sowie Kultur. Manches berührt den Kanon der Historischen Geographie direkt.

Abb1: Vorstellung der Regionalkarte Braunschweig/Salzgitter am 8. Juni 2016 im Städtischen Museum Braunschweig. Im Pulk versteckt: Winfried Schenk.

Im universitären Betrieb hingegen sind diese Themen viel seltener zu finden. Historische Geographie wird (erneut) allenfalls als kartographische Hilfswissenschaft (miss)verstanden (*Schenk* 2011, S. 4). In der deutschen Geschichtswissenschaft sind die großen Projekte der Historischen Atlanten bestenfalls abgeschlossen oder leider mangels Förderung (und fachlichem Interesse) aufgegeben worden. Die Städteatlanten als Sonderform befassen sich noch mit jenen Städten, für die Geldgeber die Aufgabe finanzieren mögen. Die Fördersituation spiegelt zugleich aber auch das (zugegeben allenfalls subjektiv vom Autor wahrgenommene) bescheidene Interesse der Historikerinnen und Historiker am Umgang mit geographischen Zusammenhängen wider. Wenn Karten zum Einsatz kommen, dienen sie meist der Illustration des geschriebenen Wortes und sind selten eigene Inhaltsträger. Oftmals erstellen die Autorinnen und Autoren die Karten selbst, mit den Folgen, die ein solches ‚Heimwerkertum' mit sich bringt. Dies erstaunt angesichts der geübten Praxis, keinen Vortrag mehr ohne eine Art von Visualisierung zu halten.

Im Falle der Umweltgeschichte liegt die Nähe zur Historischen Geographie dagegen auf der Hand: Sie beschäftigt sich mit dem Raum, mit Stoffkreisläufen, Klima und Wetter, Wasser und Naturlandschaft, Kulturlandschaft, Urbanisierung und Industrialisierung (*Schanbacher* 2020; *Herrmann* 2016).[1] Umwelthistorische Themen sind bei Studierenden beliebt und sie fragen auch nach dem nötigen Handwerkszeug, das sie in Fächern wie Landeskunde oder Historischer Geographie hätten finden können.

Viele dieser Themen finden sich auch in der landeshistorischen Forschung wieder, in der die Kenntnis der Agrargeschichte und von Siedlungs- und Wüstungsvorgängen, von Klöstern und Burgen als zentralen Orten und Wirtschaftsbetrieben und so fort unabdingbar ist, um vormoderne Entwicklungen in ihrem umgrenzten Untersuchungsraum zu verstehen. Das Verständnis von ‚Landschaft' als Konzept spielt in allen Themen eine Rolle, nicht nur im geographischen Sinn, sondern auch als sakrale Landschaft, Gewerbe- oder Herrschaftslandschaft. Ein Thema wie Altstraßenforschung hat dann eine Förderchance, wenn es eine methodisch innovative Komponente besitzt. Eine Zusammenarbeit mit Kolleginnen und Kollegen aus der Archäologie und die Verwendung digitaler Instrumente erhöhen freilich auch die Aussagekraft der Ergebnisse. Hier bieten sich die Digital Humanities als Partner an, die in ihrem Kanon neben Text und Bild auch den Raum als Analysekategorie führen und digitale und automatisierte Visualisierungs- und Analysekonzepte entwickeln (*Jannidis; Kohle u. Rehbein* 2017).[2]

In dieser gemischten Gemengelage lässt sich die Entwicklung der am Institut für Historische Landesforschung seit 1964 herausgegebenen historisch-landeskundlichen Kartenreihe verorten (*Petersen* 2015).[3] Ihr Konzept im Wandel durch die Jahrzehnte, die Rezeption und Nutzung der Karten sowie Perspektiven für die Zukunft sollen im Folgenden nachvollzogen werden.

Gegründet wurde das Institut für Historische Landesforschung 1958 mit dem Ziel, alle Wissenschaften, die sich mit einer historischen Fragestellung dem Lande Niedersachsen zuwenden, zu einer die Fächer und Fakultäten übergreifenden Arbeitsgemeinschaft zusammenzuführen und ihre Untersuchungen aufeinander abzustimmen. Obwohl Niedersachsen keinen Bindestrich im Namen trägt, ist es kein homogenes Bundesland. Zwar propagierte die Heimatbewegung seit den 1890er Jahren einen Niedersachsen-Begriff.

---

1 Bei *Herrmann* 2016 insbesondere das Kapitel Räume, S. 103–125. Noch immer lesenswert: *Jäger* 1994.

2 Insbesondere die Kapitel Geographische Informationssysteme (S. 299–314) sowie Informationsvisualisierung, S. 328–344.

3 Zum aktuellen Stand des Vorhabens vgl. https://www.uni-goettingen.de/de/98790.html (Zugriff: 31. Mai 2021).

Dessen territoriale Ausdehnung blieb jedoch noch unscharf. Osnabrück und das Oldenburger Münsterland tendierten beispielsweise eher zu Westfalen. Bei der Gründung des Bundeslandes wurden, nicht ohne Widerstände, schließlich die Länder Hannover, Braunschweig, Schaumburg-Lippe und der Freistaat Oldenburg miteinander vereinigt.[4] Die identitären Zentrifugalkräfte waren bis weit in die 1970er Jahre hinein spürbar. Die Rivalität zwischen Hannover und Braunschweig als den wirtschaftlichen Zentren war das eine. Die Entfernungen und kulturlandschaftlichen Unterschiede zwischen Harz und Nordseeküste, Lüneburger Heide und Südniedersachsen musste man politisch überbrücken. Dies sollte auch durch eine „erfundene Tradition" (*Martens* 2008, S. 16) erleichtert werden. 1956 sprach der Ministerpräsident *Hellwege* von einem „Land mit alter Stammestradition", dabei bezog er sich auf Ausführungen des Protagonisten der niedersächsischen Landesgeschichte, *Georg Schnath* (*Reeken* 2010, insb. S. 27–34, 82–96 und 128–131). *Schnath* war von 1938 bis 1959 Leiter des Staatsarchivs in Hannover und von 1938 bis 1971 Vorsitzender der Historischen Kommission für Niedersachsen und Bremen. In seine Amtszeit fällt die Gründung des Instituts für Historische Landesforschung an der Universität Göttingen, an der die Kommission großen Anteil hatte. *Georg Schnath* wurde 1958 sein erster Direktor und übernahm die neu geschaffene Professur für niedersächsische Landesgeschichte. Seine wiederholt publizierten Deutungen von Niedersachsen als einer historisch zwangsläufigen, quasi natürlichen Einheit war damit auch frühes Institutsprogramm. Dabei blieb das Institut über seinen Direktor eng mit der Regierung und der Kommission verbunden.

Als erstes Langzeitprojekt des noch jungen Instituts wurde 1964 die Historisch-Landeskundliche Exkursionskarte von Niedersachsen ins Leben gerufen. Zum Erstlingsblatt Duderstadt trugen Geographen, Ur- und Frühgeschichtler, Allgemein- und Kirchenhistoriker, Juristen, Philologen und Denkmalpfleger bei. Die Grundkarte im Maßstab 1:50.000 wurde von der Landesvermessung zur Verfügung gestellt. Der Initiator der Reihe, *Helmut Jäger*, führte im Vorwort aus:

> „Da die Karte in erster Linie als Grundlage für die Vorbereitung und Durchführung von Exkursionen gedacht ist, war bei der Auswahl der Objekte ihre Bedeutung, wenn nicht ihre Anschaulichkeit maßgebend … Vollständigkeit, wie sie bei einer archäologischen Landesaufnahme oder einer Inventarisation von Bau- und Kunstdenkmälern erstrebt wird, sollte und konnte bei dem Zweck der Karte und angesichts noch bestehender Forschungslücken nicht erreicht werden."

Dennoch bestand der Anspruch, die Karte als „informierendes Hilfsmittel bei der Lektüre einschlägiger landeskundlicher Darstellungen und als Ausgangspunkt für künftige Untersuchungen" zur Verfügung zu stellen. 1977 beschrieb der Herausgeber *Erhard Kühlhorn* das Konzept so:

---

[4] Vgl. zur Gründungsgeschichte: *Martens* 2008.

> „In erster Linie wollen wir an historisch-landeskundlichen Fragen interessierte Kreise ansprechen, denn immer wieder wird die heute überall zu beobachtende Gleichgültigkeit gegenüber der Geschichte, nicht zuletzt der Landesgeschichte, beklagt. Hier soll unsere Exkursionskarte eine Brücke schlagen und zur Beschäftigung mit landesgeschichtlichen Themen anregen. Wie sich nach dem Vorliegen von vier Blättern bereits gezeigt hat, vermag sie sogar auf speziellen Sachgebieten arbeitenden Fachkollegen noch Neues und Ansatzpunkte für weitere Forschung bieten" (*Kühlhorn* 1977b, Vorwort).

Der Bearbeiter des Blattes Esens, *Hajo van Lengen*,[5] benannte die Zielgruppen explizit: Die Bearbeitung würde zum einen den derzeitigen Forschungsstand klären und die vorhandenen Forschungslücken weiter schließen, „und zum anderen damit dem (infolge des Fremdenverkehrs) angestiegenen Informationsbedürfnis einer breiteren Öffentlichkeit hinsichtlich einer wissenschaftlich fundierten wie anschaulich und überschaubar dargebotenen historischen Landeskunde dieses Raumes" entsprechen (*Lengen* 1978). 2003 wurde die Abkehr vom Exkursionsführer explizit vollzogen, hatte sich jedoch schon seit mindestens einem Jahrzehnt in der Signaturen- und Themenwahl angedeutet:

> „Der Name Exkursionskarte" so *Gerhard Streich*, „läßt immer wieder das inhaltliche Mißverständnis entstehen, daß allein ein Führer zu sehenswerten kulturhistorischen Überresten und Baudenkmälern beabsichtigt ist, also zu vorhandenen Relikten, die als ausgewählte Beispiele mit guter Anschaulichkeit vorgeführt werden sollen. Diese Absicht wird natürlich auch verfolgt, aber nicht vorrangig. ... Es handelt sich hier um eine historisch-landeskundliche Grundkarte, die in möglichst größter Vollzähligkeit flächendeckend die thematisierten Gegenstände sichtbar macht und nicht nur für den Heimatfreund, sondern gleichermaßen auch für die Fachwissenschaften für eine interdisziplinäre Zusammenschau zur Verfügung stellt" (*Bei der Wieden u. Streich* 2003, Vorwort).

Eine solche Kartenserie war neu und wurde bald bundesweit an den geographischen Instituten als beispielhaft in der Lehre eingesetzt. Das Vorhaben war jedoch nicht einzigartig. Bereits 1957 hatten die Dresdner Kommission für Heimatforschung und die dortigen Geographen unter der Ägide der Akademie der Wissenschaften zu Berlin damit begonnen, eine „umfassende Aufnahme aller heimatlichen Werte" herauszugeben (*Porada* 2004).[6] Die Schriftenreihe „Werte der deutschen Heimat", heute unter dem Titel „Landschaften in

---

5 Im Jahr nach Erscheinen wurde er zum Direktor der Ostfriesischen Landschaft berufen und war auf diesem Posten für ein Vierteljahrhundert tätig.

6 Stand der Reihe: http://landschaften-in-deutschland.de/reihe/ueber-die-reihe (Zugriff: 31. Mai 2021). Die Reihe versteht sich heute zu Recht als „zentrale Plattform für den interdisziplinären Kulturlandschaftsdiskurs".

Deutschland" weitergeführt, legte von vornherein einen Schwerpunkt auf die textliche Beschreibung der Kulturlandschaft und ihrer Geschichte und griff dabei „nach dem Vorbilde der Geologie auf das beste vorhandene Kartenwerk [zurück], das Meßtischblatt 1:25.000", welches für die kommenden Jahrzehnte die Größe der darzustellenden Gebiete vorgab. In Göttingen entschied man sich hingegen für die TK50 als Grundlage und stellte die Kartierung in den Vordergrund, weshalb bis heute von Karte und Erläuterungsheft gesprochen wird, denn letzteres sollte eben allenfalls erklärenden Charakter besitzen.

2 Das Wachsen des Kartenprogramms

Zum Signaturenprogramm der ersten Ausgabe der Historisch-Landeskundlichen Exkursionskarte, dem Blatt Duderstadt, gehörten Altstraßen (bis Hochmittelalter, bis Neuzeit, Hohlwege, alle in Rot), vorgeschichtliche Siedlungen, Burganlagen, Gräber (alle in Grün), Anlagen des Mittelalters (alle in Rot): Wüstungen (Lage bekannt, vermutet, unbekannt), Wölbäcker und Lesesteinhaufen, Pfalzen, Burgen, Warten, Landwehrgraben, Wehrkirche, Tieplatz. Schließlich in Lila Archidiakonatskirchen, Sedeskirchen, Gerichtsstätten, kunsthistorisch bemerkenswerte Objekte, Grenzen um 1800. Während bei den meisten Eintragungen die Eignung als Exkursionsziel im Vordergrund stand, sind Straßen und Wüstungen von Beginn an möglichst vollständig aufgenommen worden.

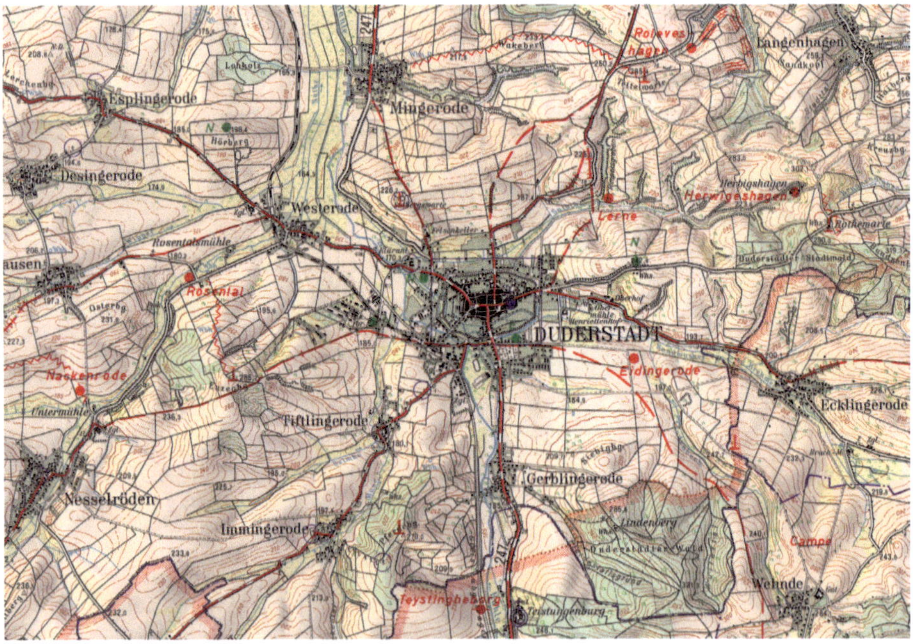

Abb. 2: Ausschnitt aus dem Kartenbild der Exkursionskarte Duderstadt, 1957.

Helmut Jäger wurde 1963 auf die Professur für Kulturgeographie an die Universität Würzburg berufen und verließ Göttingen. Die Grundlagen und die Ausrichtung der Karte, die er maßgeblich verantwortet hat, blieben bestehen. Die zweite Ausgabe, das Blatt Osterode, erschien 1970 in der Verantwortung des Geographen *Erhard Kühlhorn*, der in seiner wissenschaftlichen Arbeit einen Schwerpunkt auf die Wüstungsforschung gelegt hatte. Aufgrund der Besprechungen der ersten Ausgabe nahm er einige Änderungen und Erweiterungen vor. Die Signaturfarben wurden besser sortiert, vorgeschichtliche Eintragungen waren nun blau, mittelalterliche rot. Grenzen und Kunstgeschichte blieben lila. Mit dem neuen Bearbeitungsgebiet kamen auch neue Signaturen hinzu. Die Nähe zum Harz brachte Hütten, Bergbauanlagen und Mühlen. In der dritten Ausgabe, dem Blatt Göttingen, und auch im Vorwort zur vierten Ausgabe (Moringen) musste sich *Kühlhorn* der Wünsche nach Erweiterung der Kartenthemen erwehren. Die Kartenreihe werde in sich uneinheitlich, wenn immer wieder neue Signaturen hinzukämen: „Selbst dem strengsten Kritiker dürfte einleuchten, daß sich bei einem solchen Unternehmen nicht alle Wünsche erfüllen lassen, und darüber hinaus bei einem Kartenwerk, das einmal rund 120 Blätter umfaßt, nicht ständig die Bearbeitungsgrundsätze geändert werden können" (*Kühlhorn* 1977a, Vorwort). Damit beschrieb er ein Problem, das über die nächsten Jahrzehnte nicht gelöst wurde.

Gerade als lokale Bearbeiter an Bedeutung gewannen, je weiter sich das Bearbeitungsgebiet von Göttingen entfernte, wurden Spannungen unvermeidlich: „Der Herausgeber muß deshalb gelegentlich Toleranz gegenüber vorgetragenen Wünschen üben, auch wenn man im Einzelfall anderer Meinung sein kann" (*Kühlhorn* 1978b, Vorwort). Einerseits steht jede Ausgabe im Gesamtzusammenhang. Andererseits ist die jeweilige Ausgabe zugleich an die Öffentlichkeit der bearbeiteten Region gerichtet, die relevante Regionalspezifika zu Recht in der Karte erwartet.

Ein wichtiges Element der Karten waren von Beginn an die Altstraßen. Ein kritischer Begleiter des Vorhabens seit seiner Frühzeit ist *Dietrich Denecke*, der 1967 mit einem Thema der historisch-geographischen Wegeforschung zwischen Harz und Solling promoviert wurde. Die 1969 erschienene Dissertation ist ein bis heute regelmäßig zitiertes Werk der Verkehrsgeschichte und Altstraßenforschung (*Denecke* 1969). Aus seinen aktuellen Forschungen konnte *Denecke* die Altstraßen auf den Blättern Osterode und Moringen bearbeiten, wobei man feststellte, dass die Anschlüsse zu den von *Kühlhorn* bearbeiteten südlich anschließenden Karten nicht passten. In Zukunft sollte hierauf geachtet werden. Das Problem ergab sich jedoch für die kommenden Ausgaben nicht, denn nun verließ man eine systematische Bearbeitung Südniedersachsens zugunsten von Einzelausgaben in anderen Landschaften. Nach 1975 befanden sich gleich drei Ausgaben in Bearbeitung: das Doppelblatt Diepholz/Rahden, die Ausgabe Wolfsburg sowie Esens an der Nordseeküste. Sie alle wurden nun federführend von Bearbeitern vor Ort verantwortet, während das Göttinger Institut Redaktion und Produktion betreute, sowie auf Einhaltung der Vorgaben achtete. Die Kartenthemen sind bei Diepholz und Rahden nur dünn besetzt, das

Bearbeitungsgebiet zeichnet sich durch große Moorflächen aus (*Kühlhorn* 1978, Vorwort). *Kühlhorn* wies auf die schlechte Quellen- und Forschungslage hin. Die Ausgabe Wolfsburg war in mancherlei Hinsicht problematisch. Durch die Abhängigkeit vom Blattschnitt entstand ein inhaltlich wenig sinnvolles Bearbeitungsgebiet, in dem die Stadt Wolfsburg vom südlichen Kartenrand angeschnitten wurde. Die ansonsten mit Eintragungen sehr dünn besäte Karte wurde nun, und das war in der Redaktion umstritten, um Grenzlinien zwischen ostfälischem und nordniedersächsischem Sprachgebiet ergänzt. Man hielt auch an der Bearbeitungsgrenze 1810 fest. Die Folgen der Industrialisierung sollten durch die Grundkarte sichtbar werden, die hier sicher richtigerweise als eigene Informationsebene angesehen wurde. Auch das Blatt Lüneburg litt unter dem ungünstigen Blattschnitt, der die Raumwirkung der Salzstadt erahnen ließ, in Ermangelung des (bis heute nicht erschienenen) südlichen Anschlussblatts aber die Darstellung nicht erlaubt.

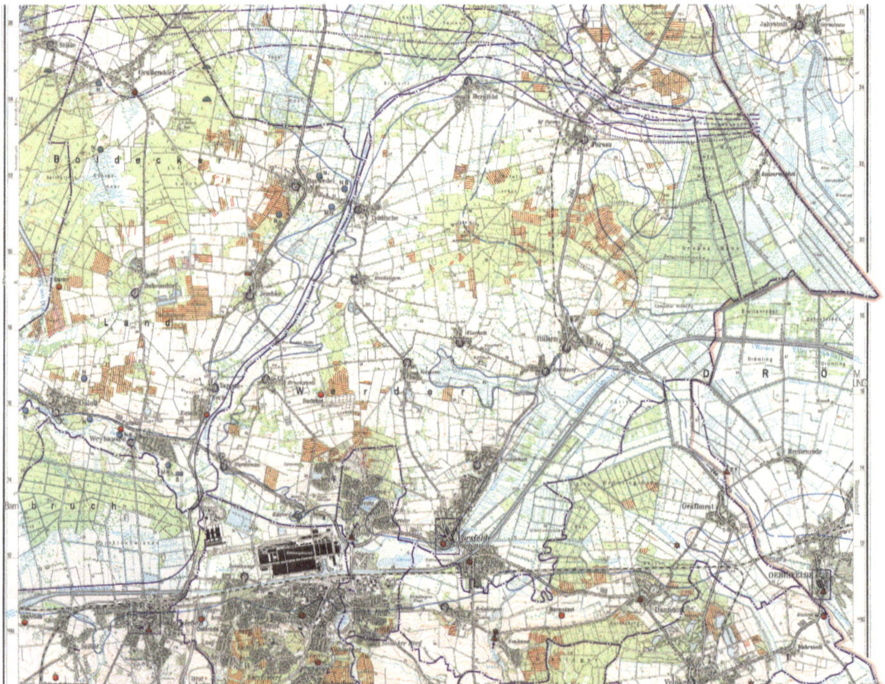

Abb. 3: Sprachgrenzen auf dem Blatt Wolfsburg.

Ganz andere naturräumliche Voraussetzungen als die bisherigen Blätter und damit auch andere Anforderungen an die Kartenthemen brachte die Bearbeitung der Karte Esens mit sich. Sie umfasste die Marsch und Küste sowie die Inseln Langeoog und Baltrum. Der Raum war sorgfältig ausgewählt worden, da hier alle Elemente vorkamen, die den ostfriesischen Küstenraum auszeichneten. So konnte die Karte als Pionierblatt dazu dienen, grundsätzliche Fragen zu klären, um, so war es geplant, die übrigen ostfriesischen Blätter einheitlich bearbeiten zu können. Warften und historische Deichlinien, Geestrand und Inselformen über die Zeit kamen als Signaturen hinzu. In der siedlungsgeschichtlich dynamischen Küstenregion wurden erstmals im Kartenbild zeitliche Entwicklungen nachvollziehbar. Das 1981 erschienene Blatt Lüneburg bietet wieder ein vertrautes Kartenbild, das inhaltlich an die ersten Ausgaben anschließt. Dem persönlichen Durchsetzungsvermögen des Bearbeiters *Hans Heinrich Seedorf* ist es geschuldet, dass auf dem Blatt Rotenburg (Wümme) die Moorgebiete des 18. Jahrhunderts in die Karte aufgenommen wurden. Ferner kamen Rittergüter und Vorwerke sowie Einzelhöfe hinzu. Das Blatt Stadthagen brachte eine Signatur für Sandsteinbruch ins Programm ein, das Blatt Wangerland Siele und Sielhäfen. Mit dem Blatt Barsinghausen setzte sich die Farbe Lila für Frühneuzeitsignaturen durch, die nun an Zahl zunahmen. Vor allem Wirtschaftsanlagen wie Hammerwerke, Glashütten, Ziegeleien, Kalkwerke bis hin zu Zuckerfabriken sowie Krüge und Richt- und Gerichtsstätten gesellten sich zum Signaturenbestand hinzu. Dabei verlor der Herausgeber *Gerhard Streich* kein Wort über die von *Kühlhorn* so regelmäßig betonte Notwendigkeit, am Ursprungskonzept festzuhalten, um eine Einheitlichkeit aller Kartenblätter zu gewährleisten. Spätestens seit dem Blatt Höxter aus dem Jahr 1996 vermehrten sich die Signaturen stetig. (Frühneuzeitliche) Wirtschaftsanlagen gewannen immer mehr an Gewicht im Kartenbild. Es kamen aber auch Eintragungen hinzu, die keinen materiellen Niederschlag hinterließen, wie mittelalterliche Zollstellen und Münzrechte. Die 2003 erschienene Karte Harsefeld/Stade erschloss eine weitere Region Niedersachsens.

Als in jeder Hinsicht aus der Art geschlagen gilt die Ausgabe Hannover. Dieses Doppelblatt sollte zur Weltausstellung in Hannover, der EXPO2000 erscheinen, kam dann aber erst 2007 in Druck. Das Beiheft von über 300 Seiten zeigte, dass das Format Exkursionskarte auf einen urbanen und stark industrialisierten Raum kaum noch anzuwenden war. Man hatte sich entschieden, erstmals konsequent auch Wirtschaftsanlagen aus der Zeit nach 1810 bis 1945 aufzunehmen. Inhaltlich war dies eigentlich zwingend. Der Maßstab von 1:50.000 war jedoch nicht geeignet, um diese Menge an Signaturen noch zu integrieren. Das war den Herausgebern auch bewusst und sie sprechen es im Vorwort an, konnten aber wohl auch nicht mehr zurück. Das Ergebnis stellte, gemessen an der Zahl der Karteneinträge, mühelos den Höhepunkt der Reihe dar, zugleich kann es aber auch als gescheitert gelten. Zahlreiche äußere Umstände waren für diese Entwicklung mitverantwortlich, die 2009 zum Anlass genommen wurde, das Konzept zu überdenken.

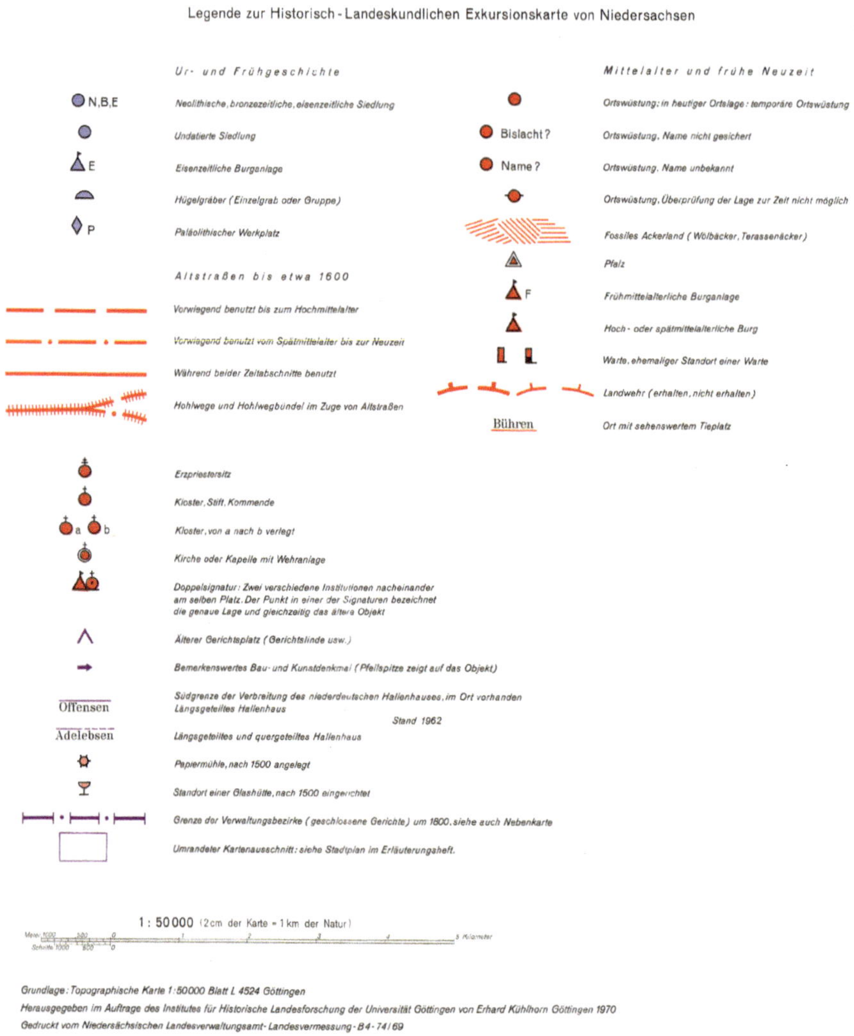
Legende zur Historisch-Landeskundlichen Exkursionskarte von Niedersachsen
Ur- und Frühgeschichte
N,B,E
Neolithische, bronzezeitliche, eisenzeitliche Siedlung
Undatierte Siedlung
E
Eisenzeitliche Burganlage
Hügelgräber (Einzelgrab oder Gruppe)
P
Paläolithischer Werkplatz
Altstraßen bis etwa 1600
Vorwiegend benutzt bis zum Hochmittelalter
Vorwiegend benutzt vom Spätmittelalter bis zur Neuzeit
Während beider Zeitabschnitte benutzt
Hohlwege und Hohlwegbündel im Zuge von Altstraßen
Mittelalter und frühe Neuzeit
Ortswüstung; in heutiger Ortslage: temporäre Ortswüstung
Bislacht?
Ortswüstung, Name nicht gesichert
Name?
Ortswüstung, Name unbekannt
Ortswüstung, Überprüfung der Lage zur Zeit nicht möglich
Fossiles Ackerland (Wölbäcker, Terassenäcker)
Pfalz
F
Frühmittelalterliche Burganlage
Hoch- oder spätmittelalterliche Burg
Warte, ehemaliger Standort einer Warte
Landwehr (erhalten, nicht erhalten)
Bühren
Ort mit sehenswertem Tieplatz
Erzpriestersitz
Kloster, Stift, Kommende
a b
Kloster, von a nach b verlegt
Kirche oder Kapelle mit Wehranlage
Doppelsignatur: Zwei verschiedene Institutionen nacheinander am selben Platz. Der Punkt in einer der Signaturen bezeichnet die genaue Lage und gleichzeitig das ältere Objekt
Älterer Gerichtsplatz (Gerichtslinde usw.)
Bemerkenswertes Bau- und Kunstdenkmal (Pfeilspitze zeigt auf das Objekt)
Offensen
Südgrenze der Verbreitung des niederdeutschen Hallenhauses, im Ort vorhanden
Längsgeteiltes Hallenhaus
Stand 1962
Adelebsen
Längsgeteiltes und quergeteiltes Hallenhaus
Papiermühle, nach 1500 angelegt
Standort einer Glashütte, nach 1500 eingerichtet
Grenze der Verwaltungsbezirke (geschlossene Gerichte) um 1800, siehe auch Nebenkarte
Umrandeter Kartenausschnitt: siehe Stadtplan im Erläuterungsheft.
1 : 50000 (2cm der Karte = 1 km der Natur)
Meter 1000 500 0 1 2 3 4 5 Kilometer
Schritte 1000 500 0
Grundlage: Topographische Karte 1:50000 Blatt L 4524 Göttingen
Herausgegeben im Auftrage des Institutes für Historische Landesforschung der Universität Göttingen von Erhard Kühlhorn Göttingen 1970
Gedruckt vom Niedersächsischen Landesverwaltungsamt-Landesvermessung-B4-74/69

Abb. 4: Die Entwicklung der Kartenthemen (Blatt Göttingen, Höxter, Hildesheim).

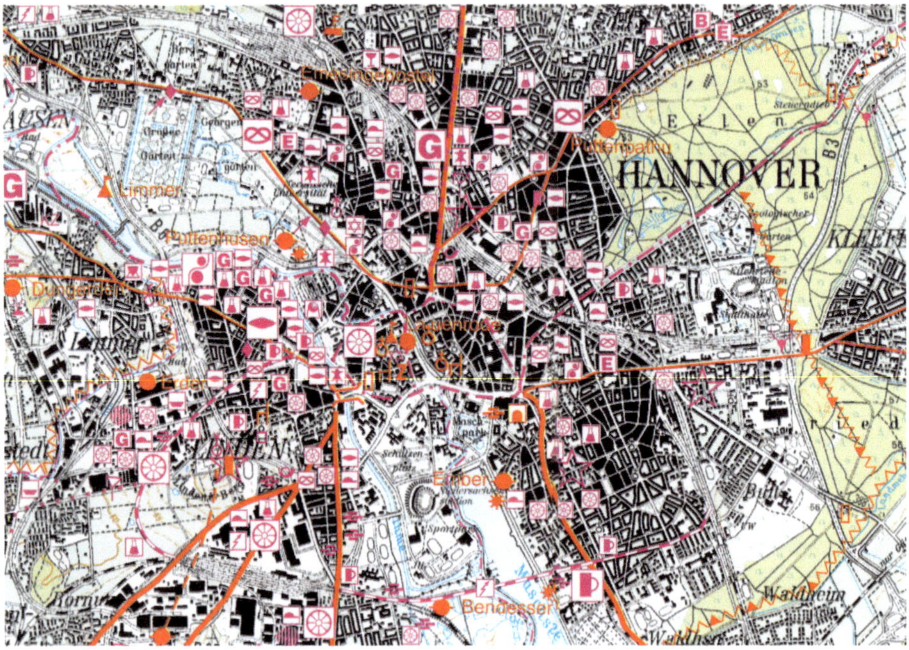

Abb. 5: Das Kartenbild im Stadtgebiet Hannover. Mehr als der Maßstab fassen kann.

3 Das Beiheft: Eine schwierige Angelegenheit.

Das Beiheft sollte in seiner ursprünglichen Konzeption der Vorbereitung von historisch-landeskundlichen Exkursionen dienen. Die ersten Ausgaben erhielten daher alle einen charakteristischen Kunststoffbezug. Bis auf die Wüstungen, die fast immer in einem eigenen Katalog besonders aufgeführt worden sind, dienten die Kapitel eher zur allgemeinen Einführung, ohne direkten Bezug zu einzelnen Eintragungen. Es gab einen festen Kapitelbestand, von dem selten etwas ausgelassen, gelegentlich aber etwas hinzugefügt wurde. Diese Kapitel sind:

- Naturräumliche Gliederung mit der Darstellung der Topographie und Geologie mit besonderen Höhen, Flüssen, Böden und Bewuchs (z. B. Waldflächen) und ggf. Landnutzung. In einer Ausgabe erhielten die Gewässer ein eigenes Kapitel, in zwei Ausgaben wird besonders die Entwicklung der Kulturlandschaft behandelt.
- Ur- und Frühgeschichte mit dem vormittelalterlichen Siedlungsgeschehen, vor allem die Darstellung bedeutenderer Fundplätze.
- Politische und territoriale Entwicklung, die die Darstellung der Herrschaftsgeschichte der Region zum Ziel hat. Dies ist für das Verständnis von historischen Grenzen und Raumbeziehungen wie überhaupt des historischen Geschehens zentral.

- Verwaltungs- und Gerichtsbezirke um 1800 erklären die in der Karte eingezeichneten Grenzen. Beispielsweise bei der Suche nach Überlieferung aus diesen Gebieten ist das Wissen um die Verwaltungszugehörigkeit relevant.
- Ländliche Siedlungen bilden das dominierende Siedlungsgeschehen auf den Karten, ihre Genese und Gestalt sowie die Flurformen werden hier erklärt.
- Wüstungen lassen sich auch als Unterthema des Kapitels „ländliche Siedlungen" verstehen. Von Beginn des Vorhabens an lag ein besonderes Augenmerk auf ihrer Lokalisation und schriftlichen wie archäologischen Überlieferung. Insbesondere bei den frühen Ausgaben gingen die Bearbeiter noch selbst ins Feld. Inzwischen wird systematisch mit den Kreisarchäologien zusammengearbeitet, die den aktuellen Überblick über die Fundsituation haben. Die schriftliche Überlieferung spielt nach wie vor eine große Rolle.
- In fast allen Exkursionskarten wurden Hausformen in einem eigenen Kapitel thematisiert. Dazu zählte die Verbreitung des niederdeutschen Hallenhauses, die Erklärung von Zweiständer- und Vierständerbau usw. In der Regionalkarte wird dieses Thema nicht mehr in einem eigenen Kapitel behandelt, kann aber unter ländlicher Siedlung Erwähnung finden.
- In der Regel betrifft die städtische Siedlung auf den Kartenblättern selten mehr als eine oder zwei Städte, in dichter besiedelten Bereichen wie im Braunschweigischen auch mehr. Hier werden ihre Geschichte und ihr Grundriss sowie etwaige Besonderheiten thematisiert.
- Mittelalterliche Wehranlagen umfassen Fluchtburgen und Wälle, die klassischen Höhenburgen und andere feste Häuser sowie Landwehren und Warten. Auch hier führt die Mischung aus Archäologie und Geschichtswissenschaft zu aussagekräftigen Beiträgen.
- Die Kirchengeschichte oder, wie die Kapitel später bezeichnet werden, Geschichte der christlichen und jüdischen Gemeinschaften befasst sich in der Regel mit den Bauten, d. h. mit Kirchen und Synagogen sowie den jeweiligen Friedhöfen. Je nach Verfasserin bzw. Verfasser können hier auch kirchenorganisatorische Zusammenhänge (Pfarreibezirke/Kirchspiele oder Archidiakonatssprengel) behandelt werden.
- Während auf den frühen Karten kunstgeschichtlich hervorzuhebende Denkmäler mit einem Pfeil markiert wurden, ist dies mit der Zeit unterblieben. Das Kapitel mit der Beschreibung der Denkmallandschaft hat sich jedoch bis heute erhalten.
- Wirtschaftsanlagen fanden sich im Verlauf der Kartenreihe immer zahlreicher auf den Karten wieder, entsprechend mussten sie in einem eigenen Kapitel erklärt werden. Dieses Kapitel variierte von Ausgabe zu Ausgabe am meisten, weil sich die Wirtschaftslandschaften zwischen Bergland und Küste sehr charakteristisch voneinander unterscheiden. Mit Einführung der Regionalkarte wurden nun auch Industriebetriebe bis 1945 berücksichtigt.
- Altstraßen als Ausdruck der Verkehrsbeziehungen im Siedlungsgefüge waren von Beginn an ein dominierendes Element der Karte. *Dietrich Denecke* hat hier methodische

Grundlagen entwickelt. Dennoch hängt die Qualität der Eintragungen nach wie vor stark von den Bearbeitenden ab, da die Quellenlage zu historischen Straßenverläufen in der Regel unbefriedigend ist.

- Erst in jüngerer Zeit wurden Amtssitze und Rittergüter in einem eigenen Kapitel vorgestellt, die in vielen Bearbeitungsgebieten zahlreich erhalten sind.
- In zwei Ausgaben wurden Dialektgrenzen besonders thematisiert.
- Wasserbau, Inseln und Deiche, Siele und Sielhäfen sowie maritime Anlagen finden dort Berücksichtigung, wo diese Elemente landschaftsprägend waren.

Abb. 6: Die Ausgaben des Kartenwerks über die Zeit.

Wenngleich vom Herausgeber ständig Disziplin angemahnt wurde, wollten regionale Besonderheiten auch immer herausgestellt werden. Die Tendenz zeigte sich schon beim Blatt Göttingen, der dritten Ausgabe: Das Beiheft nahm an Umfang zu. Der Landeskundler *Hans Heinrich Seedorf* merkte in seiner Rezension zur Ausgabe Moringen an, deren Beiheft schon 200 Seiten umfasste: „so wächst doch andererseits die Gefahr, das Ziel der Bearbeitung von etwa 120 Blättern für Niedersachsen nie zu erreichen" (*Seedorf* 1978, S. 374). Er dachte dabei auch an künftige Bearbeiterinnen und Bearbeiter, die Anspruch und Umfang abschrecken würden, so dass das Vorhaben nie zu Ende gebracht werden könne. *Seedorf* mahnte zudem an, dass „das Hauptgewicht bei der Karte liegen, [und] das Erläuterungsheft die dargestellten und im Gelände sichtbaren Objekte wirklich nur ‚erläutern' und knapp in größere Zusammenhänge einordnen sollte." Andererseits kritisierte ein Rezensent die Ausgabe Esens als „ungewöhnlich knapp ... eine solche Verkürzung [mindert] den Informationswert der Darstellung für den Leser an einigen Stellen erheblich" (*Schaer* 1980). Dieser Widerspruch blieb lange unaufgelöst. *Kühlhorn* erklärte 1981 im Vorwort zum Blatt Lüneburg:

> „So knappe Artikel aber, wie sie etwa das Handbuch der historischen Stätten Deutschlands, hier völlig zu recht ... bietet, reichen keinesfalls aus, denn sie erläutern nicht, sondern deuten bestenfalls an. Die meisten Benutzer legen jedoch, wie die Erfahrung zeigt, Wert auf eingehendere, flüssig geschriebene Beiträge. Häufig wird über mangelndes Interesse für Geschichte geklagt, das sich jedoch kaum mit Stichwortartikeln wecken läßt. Der Gleichgültigkeit gegenüber der Landesgeschichte entgegenzuwirken ist aber *eine* Aufgabe unserer Exkursionskarte" (*Kühlhorn* 1982, Vorwort).

Heute sieht es die Redaktion anders. Karte und Beiheft können keine Landeskunden ersetzen. Nutzeranfragen über die vergangenen zehn Jahre haben gezeigt, dass das Interesse gerade dem Einzelobjekt gilt, das auf der Karte verzeichnet ist. Daher ging man sukzessive dazu über, Objektbeschreibungen zulasten einleitender Texte mehr Raum einzuräumen. Durch den Hinweis auf allgemeine Literatur und allseits verfügbare Informationen im Internet fällt es der Leserschaft überdies heute leichter, sich zurecht zu finden.

1983 verstarb *Erhard Kühlhorn* unerwartet im Alter von 63 Jahren. Der über mittelalterliche Burgkapellen promovierte Historiker *Gerhard Streich* übernahm die Betreuung des Langzeitvorhabens. Als erstes erschien unter seiner Redaktion das Blatt Stadthagen, das vom Direktor des Niedersächsischen Staatsarchivs Hannover *Dieter Brosius* verantwortet wurde. Aus Kostengründen, aber für die künftige Ausrichtung der Exkursionskarte sinnbildlich, wurde auf den charakteristischen Kunststoffbezug verzichtet. Außerdem wurden nun mehr Abbildungen in den Text aufgenommen.

Ein zunehmend bedeutendes Problem wurden lange Bearbeitungszeiten der Ausgaben. Da mit ehrenamtlichen Mitarbeiterinnen und Mitarbeitern gearbeitet wurde, hatte man keine Handhabe, zügige Bearbeitungszeiten durchzusetzen. Die Ausgabe Rotenburg (Wümme) und das Blatt Vechta brauchten beispielsweise rund ein Jahrzehnt bis zum Erscheinen. Beim Blatt Barsinghausen, das 1994 erschien, fielen gleich mehrere Bearbeiter aus oder verzögerten die Fertigstellung so lang, dass einige Beiträge hätten aktualisiert werden müssen. Auch gab es immer wieder Konflikte zwischen Bearbeitern untereinander oder mit dem Herausgeber oder auch mit Personen, die nicht um die Mitarbeit gebeten worden waren, sich dazu aber prädestiniert oder berechtigt fühlten. Mit der Bearbeitung des Blattes Lüneburg, die fast im Alleingang durch die kurz zuvor eingesetzte Stadtarchivarin *Uta Reinhardt* vorgenommen wurde, war *Erhard Kühlhorn* offenkundig nicht glücklich. Im Vorwort deutet er an, er habe noch zwei Autoren hinzugezogen, damit die Darstellung nicht zu einseitig gerate. Die 2003 erschienene Karte Harsefeld/Stade wurde dann maßgeblich von Archivarinnen und Archivaren und professionellen Historikerinnen und Historikern erarbeitet, die durch ihre institutionelle Anbindung einen besseren Zugriff auf Materialien hatten und eher dazu in der Lage waren, die Themen in einem überschaubaren Zeitraum zu bearbeiten. Wo es möglich ist, versucht die Redaktion einen Mitarbeiterkreis vor Ort zu gewinnen, der institutionell angebunden ist und aus Kreis- und Stadtarchäologien, Museen und Archiven sowie Hochschulen stammt. Dabei bleibt die Ortskenntnis jedoch unerlässlich und auch viele Heimatforscherinnen und -forscher können hier wichtige Informationen beisteuern.

4 Von der Exkursionskarte zur Regionalkarte

Über die Vorstellungen der Begründer der Kartenreihe, in erster Linie *Helmut Jäger*, in Bezug auf die Laufzeit des Vorhabens ist nichts bekannt. Mit fortschreitender Bearbeitungszeit, spätestens nach den ersten Jahrzehnten, wurde offenbar, dass selbst die strengste Einhaltung des Themenkanons ein Problem nicht lösen konnte. Mit jedem Jahr veralteten die ersten Ausgaben der Exkursionskarte mehr, nicht nur dass sie vergriffen und nicht mehr verfügbar waren. Der Forschungsstand war insbesondere in der Archäologie bald überholt. Hinzu kam die sukzessive Erweiterung des Themenspektrums, das tatsächlich zu der von *Kühlhorn* befürchteten Divergenz zwischen frühen und späteren Karten führte.

Eine einmalige Chance und ein Segen für das Gesamtprojekt war die Möglichkeit, mit einer Förderung durch das Land Niedersachsen ab 2010 alle bisher erschienenen Kartenblätter auf einen einheitlichen, aktuellen Forschungsstand zu bringen. Damit verbunden waren die Digitalisierung aller Ausgaben und der Aufbau einer GIS-Karte. *Gerhard Streich* nahm nun jede Karte erneut in die Hand, korrigierte und aktualisierte die Einträge auf der Grundlage neuer Erkenntnisse. Nun konnten auch neuere Themen auf den alten Karten ergänzt werden.

Zur Vorbereitung dieser Arbeit informierten sich Institutsmitglieder über aktuelle technische und inhaltliche Anforderungen an ein zeitgemäßes Kartenprojekt. Dabei bot sich das faszinierende Bild eines sich gerade vollziehenden Generationen- und Methodenumschwungs. Im Geographischen Institut der Universität Göttingen beklagte sich der Kartograph, der mit Freehand und CorelDraw die Karten für die laufenden Vorhaben zeichnete, über das Nachlassen der Aufgaben. Promovierende würden ihre Karten mittlerweile selbst zeichnen, neue Projekte würden GIS verwenden. Als Ende 2009 eine Delegation des Instituts zum Leibniz-Institut für Länderkunde in Leipzig reiste, stellte sich heraus, dass die Verwendung von GIS dort keineswegs bereits etabliert war. Vielmehr entsponnen sich lebhafte Diskussionen über den Sinn des Einsatzes von GIS bei gedruckten Kartenwerken. Um eine langfristige Datenhaltung zu gewährleisten und eine Nachnutzung in anderen

Kontexten zu ermöglichen, entschied man sich bei der Exkursionskarte für die Umstellung der Produktion auf GIS.

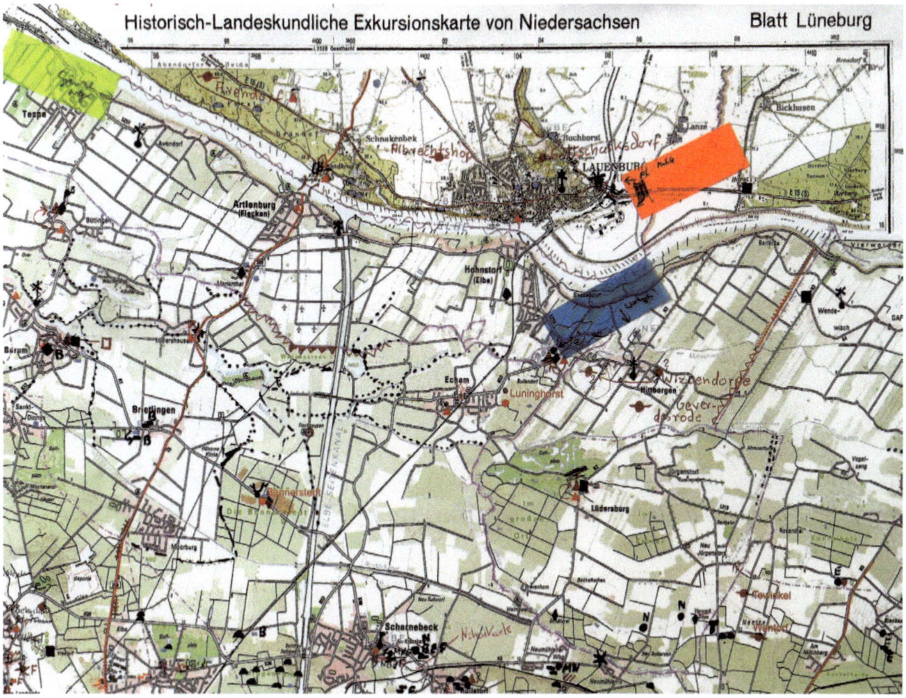

Abb. 7: Ein Traum wird wahr: Die Renovierung aller bisher erschienenen Karten nimmt Form an.

Für die Bearbeiterinnen und Bearbeiter vor Ort ändert sich dadurch nichts. Sie arbeiten in der Regel weiterhin mit Kartenausdrucken, auf denen die Signaturen mit dem Filzstift eingetragen werden. Dass die Arbeit mit Karten ungleich mehr Präzision erfordert als eine textliche Umschreibung, ist hinlänglich bekannt. Eine Karte verzeiht nicht, ist die Eintragung erst einmal vorgenommen. Die Lokalisierung von historischen Wirtschaftsbetrieben, Gerichten und Grenzen kann oft nur unter Heranziehung von Altkarten geschehen, die ihre eigenen methodischen Herausforderungen mit sich bringen.

Die von *Gerhard Streich* 2003 formulierte Hinwendung zu einer historisch-landeskundlichen Grundkarte wurde 2009 in einer Reform der Konzeption umgesetzt. Es wurde zwar die mit dem Blatt Hannover neu hinzugekommene Epoche der Industrialisierung beibehalten. Da die Karte diese Signaturen offenkundig nicht darstellen konnte, verlagerte man sie auf eine digitale Karte im PDF-Format auf einem beigelegten Datenträger (*Streich u. Reitemeier* 2011, Einführung). Außerdem, um nach fast 50 Jahren nun signifikante Fortschritte in der Abdeckung des Raumes zu erreichen, wurden fortan immer zwei TK50-Blätter gemeinsam bearbeitet und zusammen in einer Ausgabe veröffentlicht. Der Institutsdirektor *Arnd Reitemeier* und Reihenverantwortlicher *Gerhard Streich* formulierten es in der Einleitung zum ersten neuen Blatt Einbeck-Seesen folgendermaßen: „Erst in dem georeferenzierten Format kommt die Anwendungsbreite und -vielfalt zum Tragen, vor allem auch hinsichtlich einer künftig möglichen Verknüpfung mit anschließenden Blättern. … Erst durch die blattübergreifende großräumige Verknüpfung der Themen und Zeitschichten wird der Wert dieser Kulturtopographie für die Geschichte des Landes sichtbar." Verbunden wurde damit die Hoffnung auf eine deutlich verkürzte Bearbeitungszeit, „die das Ziel einer landesweiten Erfassung in absehbarer Zeit realisierbar erscheinen lassen" (*Ebda.*). Vereinbart wurde nun eine enge Kooperation mit dem Landesamt für Geoinformation und Landentwicklung, das fortan die TK liefert und die Karten produziert und vertreibt. Damit kam auch der vermisste Kunststoffumschlag zurück.

Der durch den Datenträger zusätzlich gewonnene Platz öffnete nun Tür und Tor für neue Themen, mehr Abbildungen, längere Textfassungen und Anhänge. Außerdem konnten nun weitere Grundkarten als zusätzliche Informationsträger angeboten werden, insbesondere kam hier die Preußische Landesaufnahme infrage. Die vier seitdem erschienenen Ausgaben der Regionalkarte (Einbeck/Seesen; Hildesheim/Bad Salzdetfurth; Goslar/Bad Lauterberg; Braunschweig/Salzgitter) variierten die Verteilung von Informationen zwischen gedrucktem Beiheft und Datenträger. Durch die Bearbeitung von Doppelblättern kam man in der Abdeckung des Landes schneller voran. Auch der Kreis der ehrenamtlichen Bearbeiterinnen und Bearbeiter präferierte es, eine größere zusammenhängende Region in einem Stück erfassen zu können.

Mit Stand 2020 werden alle bisherigen Karteneintragungen auf einem internen Server blattschnittfrei vorgehalten. Der nächste Schritt ist die Hinterlegung jeder Eintragung mit weiteren Informationen, um auf diese Weise zu einem nutzbaren digitalen Atlas zu gelangen. Zur Erprobung der digitalen Präsentation erstellte das Institut drei digitale Karten, die online veröffentlicht wurden. Mit der Karte der historischen Klosterstandorte in Niedersachsen werden die Daten des 2012 erschienenen Niedersächsischen Klosterbuchs in komprimierter Form präsentiert (*Petersen u. Kaplan* 2017). Durch Filter werden Orden, Zeitschichten, Bistümer und weiteres sichtbar gemacht. Eine weitere Karte erschließt den Chausseebau in Niedersachsen um 1800 (*Vries; Busch u. Petersen* 2020). Schließlich erschien im April 2021 mit der Viabundus-Plattform eine umfangreiche Kartenanwendung zu Handelsstraßen und verkehrsrelevanten Orten des Hanseraums (*Holterman* 2021). Diese Daten sind für die Bearbeitung künftiger Ausgaben der Regionalkarte nutzbar, so dass nun Synergieeffekte durch die digitale Arbeitsweise sichtbar werden.

Abb. 8: Digitale Kartenanwendungen des Instituts für Historische Landesforschung.

Neben der überregionalen Bearbeitung von Einzelthemen erscheinen weiterhin Ausgaben der Regionalkarte. Mit der Ausgabe Elbe-Weser-Dreieck beschreitet die Redaktion allerdings wiederum einen neuen Weg. Nicht ein Doppelblatt, sondern gleich zwölf Blätter der TK50 werden hier von demselben Mitarbeiterkreis unter der Koordination von *Norbert Fischer* und mit dem Mitarbeiterkreis um den Landschaftsverband Stade in einem Durchgang erschlossen. Es ist allerdings anzumerken, dass acht der zwölf Kartenblätter durch Meer, Fluss oder Ländergrenzen stark angeschnitten sind. Weitere neun Blätter, die südlich anschließen, sollen in den kommenden fünf Jahren gemeinsam erarbeitet werden. Die Erläuterungen im Beiheft sind, nun auch anders als *Kühlhorn* es sich wünschte, weniger allgemein als vielmehr auf das Einzelobjekt bezogen. Auf diese Weise lassen sich Text und Objekt in Zukunft auch besser für digitale Formate miteinander verbinden.

„In Rheinland-Pfalz plant man jetzt eine analoge Publikation nach dem Vorbild unserer Exkursionskarte, und es wäre zu wünschen, daß weitere Bundesländer diesem Beispiel folgten" (*Kühlhorn* 1977a, Vorwort). Dieser Wunsch von *Erhard Kühlhorn* aus dem Jahr 1976 blieb unerfüllt. In Rheinland-Pfalz verblieb das Vorhaben offenbar im Planungsstadium. Jedoch entstanden in den letzten Jahren sogenannte digitale Regionalportale, die verschiedene regionale Angebote landeskundlicher Art zusammenführen. KuLaDig, LeoBW, Bavarikon, Saxorum sind umfangreiche Anwendungen, während in Niedersachsen noch immer zahlreiche Angebote unverbunden nebeneinanderstehen. Die Entwicklung des digitalen Denkmalatlas durch das Landesamt für Denkmalpflege ist ein großer Schritt in die richtige Richtung, dem weitere folgen müssten (*Niedersächsisches Landesamt für Denkmalpflege* 2020). Das Fernziel der Regionalkarte sollte es sein, einmal in einem solchen Landesportal aufzugehen.

5 Als Fazit: Zielgruppen

„Wir leben überall auf historischem Boden" wurde 2011 die Ausgabe Einbeck/Seesen beworben. Es ging immer darum, die historische Dimension der Region, ‚vor Ort' eben, sichtbar zu machen und zu erklären. Gerade deswegen bleibt es eine wichtige Aufgabe, für das Kartenwerk zu werben. Die Denkmalpflege nutzt die Exkursions- und Regionalkarten, um Funde historisch einordnen zu können, womit das Kartenwerk relevant für planerische Zwecke geworden ist. An das Institut regelmäßig gerichtete Nachfragen zu einzelnen Objekten und nach vergriffenen Ausgaben zeigen, dass die Heimatforschung die Karten wahrnimmt und für ihre Arbeit gewinnbringend nutzen kann. Sie bietet nach wie vor einen möglichen Einstieg in die Geschichte der Region, denn sie erschließt sie bis vor die eigene Haustür. Neben einer an die Wissenschaft gerichteten historisch-geographischen Gesamtaufnahme muss dies immer das Ziel der Regionalkarte bleiben. Technisch ist zudem die Entwicklung hin zur App unausweichlich. Die Karte auf dem mobilen Endgerät würde ihr den ursprünglichen Exkursionscharakter in gewisser Weise zurückgeben, wenn der eigene Standort mit den Kartendaten korreliert und der Zugriff auf Objektdaten unmittelbar möglich wird.

Jede Ausgabe der Regionalkarte muss durch Drittmittel finanziert werden. Die Ansprache der Öffentlichkeit in der Region liegt daher auch im Interesse der Geldgeber, die in der Regel vor Ort angebunden sind. Oft sind dies Landschaftsverbände, Sparkassen und lokale Stiftungen, denen das Vorhaben förderwürdig erscheint, während sich das Land aus der Finanzierung inzwischen zurückgezogen hat. Daher mag es auch sinnvoll sein, in Zukunft ähnlich wie die Reihe ‚Landschaften in Deutschland' zusammenhängende Landschaften oder Landkreise zu erschließen und vom Blattschnitt, der mit der Digitalisierung ohnehin an Bedeutung verliert, abzugehen.

An Perspektiven für dieses historisch-geographische Vorhaben fehlt es also nicht, vielleicht aber bald an historischen Geographinnen und Geographen.

Zusammenfassung

Seit 1964 veröffentlicht das Institut für Historische Landesforschung der Universität Göttingen ein historisch-thematisches Kartenwerk historischer Plätze in Niedersachsen auf der Basis der offiziellen topographischen Karte im Maßstab 1:50.000. Vom ursprünglichen Gedanken, eine Anleitung zu Exkursionen an die Hand zu geben, löste sich die Redaktion zunehmend und entwickelte das Kartenwerk zu einer historisch-topographischen Gesamtaufnahme der Region. Auch das Bewusstsein, ein Werk der historischen Geographie zu schaffen, verblasste mit der immer stärkeren Beteiligung von Historikerinnen und Historikern an der Bearbeitung der Karten. Der Wandel der Ideen und Konzepte und die Herausforderungen, ein ganzes Bundesland auf 120 Kartenblättern mit Hilfe von Bearbeiterinnen und Bearbeitern in den einzelnen Regionen zu erschließen, steht im Mittelpunkt des Beitrages. Das Kartenwerk wird weiterhin am Institut fortgeführt und gezielt auf neue digitale Methoden und Veröffentlichungsformen vorbereitet.

Summary: From an excursion guide to an overall survey of the historical landscape: half a century of Lower Saxony's historical regional research excursion map

Since 1964 the Institute of Historical Landscape Research of the University of Göttingen has published a historically themed map series of historical places in Lower Saxony based on the official topographical map at a scale of 1:50,000. The editors broke away from the original idea of providing a guide to excursions and developed the map series into an overall historical-topographical survey of the region. The consciousness of creating a work of historical geography also faded with the increasing involvement of historians in the editing process of the maps. The change of ideas and concepts and the challenges of making an entire federal state accessible on 120 map sheets with the help of editors in the individual regions is the focus of this article. The map series will continue to be maintained at the Institute and will be specifically prepared for new digital methods and forms of publication.

Literatur

Bei der Wieden, B. u. Streich, G. [Hrsg.] (2003): Historisch-Landeskundliche Exkursionskarte, Blatt Harsefeld-Stade. – Bielefeld (Veröffentlichungen des Instituts für Historische Landesforschung, Nr. 2.17).

Denecke, A. [Hrsg.] (2010): Die Lüneburger Heide und das Hannoversche Wendland. Eine kleine Landeskunde für das ehemalige Fürstentum Lüneburg. – Braunschweig.

Denecke, D. (1969): Methodische Untersuchungen zur historisch-geographischen Wegeforschung im Raum zwischen Solling und Harz. – Göttingen.

Drews, P. (2017): Kleine Landeskunde Südniedersachsen. – Holzminden.

Herrmann, B. (2016): Umweltgeschichte. Eine Einführung in Grundbegriffe. – Berlin.

Holterman, B. u. a. [Hrsg.] (2021): Viabundus. Pre-modern Street Map 1.0 (release 19-4-2021). – Göttingen, https://www.viabundus.eu (Zugriff: 31. Mai 2021).

Jäger, H. (1994): Einführung in die Umweltgeschichte. – Darmstadt.

Jannidis, F.; Kohle, H. u. Rehbein, M. [Hrsg.] (2017): Digital Humanities. Eine Einführung. – Stuttgart.

Kühlhorn, E. [Hrsg.] (1977a): Historisch-Landeskundliche Exkursionskarte, Blatt Moringen. – Hildesheim (Veröffentlichungen des Instituts für Historische Landesforschung, Nr. 2.4).

Kühlhorn, E. [Hrsg.] (1977b): Historisch-Landeskundliche Exkursionskarte, Blatt Wolfsburg. – Hildesheim 1978 (Veröffentlichungen des Instituts für Historische Landesforschung, Nr. 2.6).

Kühlhorn, E. [Hrsg.] (1978a): Historisch-Landeskundliche Exkursionskarte, Blatt Diepholz-Rahden. – Hildesheim (Veröffentlichungen des Instituts für Historische Landesforschung, Nr. 2.5).

Kühlhorn, E. [Hrsg.] (1982): Historisch-Landeskundliche Exkursionskarte, Blatt Lüneburg. – Hildesheim (Veröffentlichungen des Instituts für Historische Landesforschung, Nr. 2.4).

Lengen, H. v. (1978): Vorwort. – In: *Kühlhorn, E. [Hrsg.]*: Historisch-Landeskundliche Exkursionskarte, Blatt Esens. Hildesheim (Veröffentlichungen des Instituts für Historische Landesforschung, Nr. 2.7).

Martens, M. (2008): Erfundene Traditionen? Die Gründung des Instituts für Historische Landesforschung an der Universität Göttingen. – Bielefeld 2008 (Göttinger Forschungen zur Landesgeschichte, Nr. 5).

Niedersächsisches Landesamt für Denkmalpflege [Hrsg.] (2020): Denkmalatlas Niedersachsen. – Hannover, https://denkmalatlas.niedersachsen.de (Zugriff: 31. Mai 2021).

Petersen, N. u. Kaplan, F. [Hrsg.] (2017): Niedersächsische Klosterkarte online. – Göttingen, https://www.landesgeschichte.uni-goettingen.de (Zugriff: 31. Mai 2021).

Petersen, N. (2015): Die Regionalkarte zur Geschichte und Landeskunde von Niedersachsen. Ein Grundlagenprojekt der historischen Landesforschung. – In: Berichte zur Denkmalpflege in Niedersachsen H 1., 2015, S. 24–28.

Porada, H. T. (2004): Landschaften in Deutschland – Werte der deutschen Heimat. Die landeskundliche Inventarisierung am Leibniz-Institut für Länderkunde Leipzig. – In: Mitteldeutsches Jahrbuch für Kultur und Geschichte, 11, 2004, S. 291–295.

Reeken, D. v. (2010): *„… gebildet zur Pflege landesgeschichtlicher Forschung“*. 100 Jahre Historische Kommission für Niedersachsen und Bremen. – Hannover 2010 (Veröffentlichungen der Historischen Kommission für Niedersachsen und Bremen, Nr. 255).

Schaer, F.-W. (1980): Rezension zu Exkursionskarte Esens. – In: Oldenburger Jahrbuch, 80, 1980, S. 249–250.

Schanbacher, A. [Hrsg.] (2020): Ressourcen in historischer Perspektive. Landschaft, Literatur und Nachhaltigkeit. - Göttingen.

Schaumburgische Landschaft [Hrsg.] u. Würffel, M. [Red.] (2003): Schaumburger Land. Eine kleine Landeskunde. - Braunschweig.

Schenk, W. (2011): Historische Geographie. - Darmstadt.

Schlichting, F. [Hrsg.] (2013): Elbe-Weser-Dreieck. Eine kleine Landeskunde der ehemaligen Herzogtümer Bremen und Verden. - Stade.

Seedorf, H. H. (1978): Rezension zu Exkursionskarte Moringen. - In: Niedersächsisches Jahrbuch für Landesgeschichte 50, 1978, S. 374–375.

Streich, G. u. Reitemeier, A. [Hrsg.] (2011): Blätter Einbeck und Seesen. - Hannover (Regionalkarte zur Geschichte und Landeskunde, Nr. 1).

Vries, M. d.; Busch, R.; Petersen, N. u. a. (2020): Karte des historischen Chausseebaus in Niedersachsen. - Göttingen (https://www.landesgeschichte.uni-goettingen.de/chausseen).

Siedlungsforschung. Archäologie – Geschichte – Geographie 39, 2021, S. 447–455

Denkmalatlas Niedersachsen – Kulturdenkmale im Kontext

Utz Böhner, Ulrich Knufinke und Christina Krafczyk

Seit Beginn des Jahres 2020 präsentiert das Niedersächsische Landesamt für Denkmalpflege (NLD) die Kulturdenkmale des Bundeslandes in einem öffentlich zugänglichen Verzeichnis – dem Denkmalatlas Niedersachsen (denkmalatlas.niedersachsen.de). Das auf fünf Jahre angelegte Qualifizierungsprojekt im Masterplan Digitalisierung des Landes Niedersachsen zielt darauf, fundierte Informationen zu Bau- und Kunstdenkmalen und archäologischen Denkmalen digital zugänglich zu machen. Der Denkmalatlas richtet sich an alle interessierten Bürgerinnen und Bürger, an Denkmaleigentümerinnen und -eigentümer, Behörden, die Wirtschaft sowie an Wissenschaftlerinnen und Wissenschaftler. Vor der Veröffentlichung werden die bislang intern in einem Denkmalinformationssystem geführten Daten aktualisiert und geprüft.

Das NLD schafft mit dem Denkmalatlas Niedersachsen eine Basis zum breit angelegten Dialog mit der Öffentlichkeit. Ohne bürgerschaftliches Engagement wird Denkmalpflege kaum eine nachhaltige, über Generationen hinausreichende Wirkung entfalten. Hierfür braucht es fundierte Informationen und einen stetigen Austausch, der im Denkmalatlas Niedersachsen ein innovatives Medium findet.

Für die Wissenschaft ist der Denkmalatlas als Wissensplattform sowohl Informationsgeber als auch -nehmer. Er ist auch deshalb als Publikationsplattform spezifischer Forschungsergebnisse interessant, weil er nachhaltig vorgehalten wird: Als offizielles Denkmalverzeichnis, dessen Vorhaltung hoheitliche Aufgabe des NLD ist, werden die Daten nicht nur langfristig gesichert, sondern auch stetig aktualisiert und technisch zugänglich gehalten.

Der Denkmalatlas kann auch von Partnern mit Inhalten angereichert und mit externen Datenbanken verlinkt zu werden. Zum einen lassen sich über Internetverweise Inhalte kontextualisieren und damit vertiefen, z. B. korrespondiert der Denkmalatlas mit weiteren Webportalen wie dem Kulturerbe Niedersachsen oder mit digitalen bzw. digitalisierten Veröffentlichungen. Zum anderen kann der Denkmalatlas in Webseiten anderer Institutionen eingebunden werden; er besitzt zudem offene Schnittstellen zur Synchronisierung von Datenbeständen. So kann der Denkmalatlas auch für das jetzt aufzubauende Netzwerk Landesgeschichte digital eine wichtige Rolle spielen. Umgekehrt erhoffen wir uns durch die Vernetzung einen erheblichen Zufluss an Informationen aus der historischen Forschung, die unsere Kenntnis der Denkmallandschaft vertiefen werden.

Abb. 1: Denkmalatlas Niedersachsen – seit Januar 2019 am Start.

1 Verzeichnisqualifizierung in der Bau- und Kunstdenkmalpflege

Der Denkmalatlas Niedersachsen wird nach Abschluss der Qualifizierung über 100.000 Einträge zu Bau- und Kunstdenkmalen enthalten. Dies betrifft rund 37.000 Einzeldenkmale und etwa 10.000 Gruppen baulicher Anlagen, wie Ensembles in Niedersachsen bezeichnet werden. Darüber hinaus werden auch die konstituierenden Bestandteile der Gruppen sowie Teile eines Baudenkmals wie Pflanzen, Frei- und Wasserflächen in der Umgebung von Baudenkmalen mit eigenen Datensätzen erfasst und für den Denkmalatlas qualifiziert. Sämtliche Datensätze werden hinsichtlich ihrer Aktualität und Plausibilität geprüft. Parallel dazu werden einige Status-Begriffe geändert, um die Bezeichnungen besser an die im Niedersächsischen Denkmalschutzgesetz verwendeten Formulierungen anzupassen.

Die Qualifizierung der Denkmaldatensätze erfolgt nach einheitlichen Standards. Dazu gehören, neben aussagekräftigen Fotos und geprüften Kartierungen, auch individuelle Objekterläuterungen. Je nach Objekt werden Beschreibungen, Angaben zum Objekttyp, den beteiligten Künstlern oder Architektinnen sowie differenzierte Begründungen des Denkmalwerts veröffentlicht.

Mit der Qualifizierung ist ein Team von rund zehn Kolleginnen und Kollegen in Zusammenarbeit mit den Gebietsreferentinnen und -referenten des NLD sowie den Unteren Denkmalschutzbehörden beschäftigt, wobei die landesweite Bearbeitung sukzessive erfolgt. So konnten zu Beginn der Online-Stellung 2020 bereits die Bau- und Kunstdenkmale der vier Städte Buxtehude, Nordhorn, Northeim und Wolfsburg veröffentlicht werden. Bis Ende 2023 werden alle Städte und Landkreise Niedersachsens qualifiziert und im Denkmalatlas zu sehen sein.

2 Verzeichnisqualifizierung in der Archäologie

Im niedersächsischen Denkmalinformationssystem sind etwa 130.000 archäologische Fundstellen verzeichnet. Viele der Fundstellen gehen auf Meldungen Ehrenamtlicher von Begehungen mit und ohne Metallsonde zurück. Bei Oberflächenfundstreuungen können erst Ausgrabungen klären, ob im Untergrund noch Reste von vorgeschichtlichen oder jüngeren Siedlungen, Bestattungsplätzen oder anderen Hinterlassenschaften erhalten sind. So lange bleiben diese Verdachtsflächen.

Im Denkmalatlas Niedersachsen werden nach Abschluss des Projektes ca. 30.000 obertägig erhaltene archäologische Baudenkmale wie Grabhügel, Großsteingräber, Befestigungen, Landwehren, Altdeiche und Wurten geführt. Darüber hinaus gibt es jedoch eine große Anzahl von Bodendenkmalen, darunter wissenschaftlich besonders bedeutende wie Moorwege und jungsteinzeitliche Erdwerke, aber auch Siedlungen, Urnenfriedhöfe usw., die ebenfalls vor der weiteren Zerstörung bewahrt werden müssen. Bei Bodendenkmalen ist im Gegensatz zu den archäologischen oberflächennahen Fundstreuungen gesichert, dass im Untergrund – in der Regel unterhalb des Pflughorizontes – noch archäologische Relikte erhalten sind. Der Nachweis kann über Luftbildbefunde (*Song u. a.* 2019) oder geophysikalische Messmethoden wie die Geomagnetik erfolgen. Sie werden bewusst nicht im Denkmalatlas Niedersachsen verzeichnet, um Raubgrabungen keinen Vorschub zu leisten.

In der Archäologie waren zum Start des Projekts Denkmalatlas Niedersachsen etwa 20.000 obertägig erhaltene Denkmale in 28 Landkreisen und sieben kreisfreien Städten im Verzeichnis der Kulturdenkmale registriert. Im Rahmen der Qualifizierung im Projekt Denkmalatlas besteht die größte Herausforderung für die Archäologie darin, für die noch nicht bearbeiteten Regionen (zehn Landkreise und die kreisfreie Stadt Emden) die obertägig erhaltenen Denkmale vor Ort zu prüfen, zu dokumentieren und in das Verzeichnis aufzunehmen. Die Arbeiten in den Landkreisen Cuxhaven, Goslar und Stade wurden 2019 aufgenommen, ab dem Spätsommer 2020 begannen die Arbeiten in den Landkreisen Ammerland und Aurich sowie 2021 in den Landkreisen Diepholz und Hildesheim.

Parallel dazu werden die bereits in das Verzeichnis der Kulturdenkmale aufgenommenen archäologischen Baudenkmale qualifiziert und für den Denkmalatlas aktualisiert. Mit Hilfe der seit 2019 nahezu flächendeckend für Niedersachsen zur Verfügung stehenden

Airborne-Laserscanning-Daten des Landesamtes für Geoinformation und Landesvermessung, die besonders für die Waldgebiete einen enormen Erkenntnisgewinn erbringen, können die Lage der Objekte sowie die Flur- und Flurstücksangaben überprüft und ggf. berichtigt werden (*Nelson u. Niemuth* 2020; *Thiemann et al.* 2021). Eventuell vorhandene Altfotos und Pläne werden gescannt und hochgeladen, wenn möglich auch neue Fotos vor Ort aufgenommen. Im Zuge der Auswertung der Airborne-Laserscanning-Daten werden zudem häufig bislang unbekannte potenzielle Denkmalobjekte (zumeist Grabhügel, aber auch Wallanlagen und Altackersysteme) entdeckt, die im Gelände überprüft und verifiziert werden müssen. Zahlreiche Hinweise erreichen das Team auch von Kolleginnen und Kollegen der Kommunalarchäologien und von Ehrenamtlichen bzw. ehrenamtlich Beauftragten.

3 Technik

In der niedersächsischen Denkmalpflege werden über ein web-basiertes Denkmalinformationssystem alle Fachdaten zentral erfasst. Das Denkmalinformationssystem steht dabei den Unteren Denkmalschutzbehörden, Kommunalarchäologien, ehrenamtlich Beauftragten sowie Wissenschaftlerinnen und Wissenschaftlern zur Verfügung. Die für den Denkmalatlas benötigten Daten werden vom Denkmalinformationssystem über einen Web Feature Service (WFS) als XML-Datenstrom an den Denkmalatlas Niedersachsen abgegeben und täglich aktualisiert. Der Denkmalatlas Niedersachsen enthält ausschließlich Daten zu Denkmalen, die in das Verzeichnis der Kulturdenkmale aufgenommen wurden; in der Denkmalkartierung werden die zugehörigen Schutzflächen geführt. Alle Objekte des Denkmalatlas sind noch heute erhalten, Informationen zu ehemaligen, d. h. heute nicht mehr erhaltenen Denkmalen, oder sogenannten Nicht-Denkmalen werden nicht geführt. Daher kommt dem Portal nicht der Anspruch zu, alle Objekte mit landesgeschichtlicher, kulturgeschichtlicher bzw. historischer Bedeutung zu verzeichnen.

Der Zugang zum Denkmalatlas Niedersachsen erfolgt über folgende Komponenten:

- Denkmalatlas Startseite – Objektportal (www.denkmalatlas.niedersachsen.de)
- denkmal.viewer – kartenbasierter Geodatenviewer (https://www.geobasisdaten.niedersachsen.de/mapbender_nldviewer/application/denkmalatlas)
- denkmal.dienste
    - Web Map Service (WMS) (https://www.adabweb.niedersachsen.de/adabweb/denkmalatlas/wms?SERVICE=WMS&VERSION=1.3.0&REQUEST=GetCapabilities)
    - OGC-API – INSPIRE-Dienst

Im objektbezogen Portal werden die Denkmale mit allen beschreibenden Metadaten und Fotos auf Datenblättern dargestellt. Auch sind eine Schnellsuche und eine erweiterte Suche in das Portal integriert. Der denkmal.viewer ist ein klassischer Geodatenviewer, der die Denkmale in mehreren Fach-Layern in einer Kartenansicht zeigt. Zusätzlich kann im denkmal.viewer die Hintergrundkarte thematisch gewechselt werden (Amtliche Karte, Orthofoto, Historische Karte). Über den denkmal.viewer sind eine räumliche Darstellung und Verschneidung der Denkmallandschaft möglich.

Abb. 2: Denkmalatlas Niedersachsen – denkmal.viewer.

Die Geodatendienste (WMS, WFS und OGC-API) ermöglichen die Einbindung des Denkmalatlas Niedersachsen in andere Fachanwendungen und Portale. Der WMS-Dienst des Denkmalatlas ist ein raster-basierter Darstellungsdienst, wobei die Aufteilung in Fach-Layer und die Darstellung vorgegeben sind. Der WMS-Dienst enthält als GetFeatureInfo einige Attribute, wie z. B. den Objekttyp, die Adresse eines Objektes und den Link zu einem Vorschaubild, die für einen Tooltip (kleines Pop-up-Fenster in Anwendungsprogrammen oder Webseiten) verwendet werden können. Der Denkmalatlas Niedersachsen bietet zusätzlich im Rahmen der INSPIRE-Verordnung der EU für Schutzgebiete (Protected sites) eine OGC-API, bei der die Denkmaldaten als Vektordaten ausgegeben werden. Über die OGC-API (Application Programming Interface des Open Geospatial Consortium) können die Daten aus dem Denkmalatlas direkt in ein Geographisches Informationssystems (GIS) eingebunden, abgefragt und gefiltert werden. Dies ermöglicht insbesondere für Forschungsvorhaben einen leichten Zugriff auf die Daten. Die OGC-API wird erst im Laufe des Jahres 2021 veröffentlicht werden.

In der Regel werden, sofern nicht anders angegeben, alle Daten im Denkmalatlas Niedersachsen unter der freien Creative Commons Lizenz CC BY-SA 4.0 veröffentlicht.

4 Online-Kommunikation

Nicht zuletzt die Corona-Krise sorgte kurz nach der Veröffentlichung des Portals dafür, dass das Augenmerk vieler Bürgerinnen und Bürger auf digitale Angebote gelenkt wurde. Die Reisebeschränkungen schärften den Blick für kulturell und historisch Interessantes vor der eigenen Haustür, so dass der Denkmalatlas Niedersachsen als effektiver „Denkmalführer für die Hosentasche" genutzt wird. Um das Interesse in der breiteren Öffentlichkeit für fachliche Recherchen zu unterstützen, wurden mit den denkmal.themen, denkmal.objekten und denkmal.aspekten redaktionelle Beiträge eingeführt: Wo finden sich beispielsweise in Niedersachsen Landwehren oder Großsteingräber? Welche Bauten der Nachkriegsmoderne in Hannover sind Baudenkmale? Wie wird das UNESCO-Weltkulturerbe in Niedersachsen geschützt? Zusätzlich bietet der Denkmalatlas Einblicke in besondere archäologische Funde, Methoden oder die tägliche Arbeit von Denkmalschützerinnen und Denkmalschützern mit ihren facettenreichen Aufgabenfeldern. Auf diese Weise sind innerhalb des ersten Jahres nach dem Start des Denkmalatlas Niedersachsen knapp 100 Beiträge zusammen gekommen.

Um eine breite Öffentlichkeit anzusprechen, hat das NLD unter dem Handle @denkmalatlas seit März 2020 einen Twitter-Account und seit Herbst 2020 – zum ‚digitalen Tag des offenen Denkmals' – einen Instagram-Account eröffnet. Besonders wichtig ist hierbei die Möglichkeit, auf Feedback und Fragen zu reagieren. Zudem wurden über den Winter die Veranstaltungsformate virtualisiert und als denkmalatlas.live auf dem YouTube-Kanal des NLD veröffentlicht. Ein monatlich erstellter Newsletter bietet allen Interessierten die Möglichkeit, über Neuigkeiten zur Denkmalpflege in Niedersachsen und zum Denkmalatlas auf dem Laufenden zu bleiben.

Parallel zum Denkmalatlas Niedersachsen werden Sammlungsbestände und Veröffentlichungen zu den Denkmalen digitalisiert und über den Denkmalatlas Niedersachsen zur Verfügung gestellt. So ist nun z. B. die Plansammlung *Conrad Wilhelm Hases* im Kulturerbe Niedersachsen (https://kulturerbe.niedersachsen.de/sammlung/slg0223/) einsehbar. Die Schriftenreihen des Niedersächsischen Landesamtes für Denkmalpflege werden in Zusammenarbeit mit der Universitätsbibliothek Heidelberg digitalisiert und ebenfalls eingestellt. Die seit den 1990er Jahren veröffentlichten Denkmaltopographien zu den Baudenkmalen in Niedersachsen enthalten vertiefende Informationen zu den Denkmalobjekten. Nach der Digitalisierung der Reihe konnten über den Denkmalatlas Niedersachsen mehr als 20.000 Internetverweise von den Denkmalen auf die entsprechenden Seiten in den Denkmaltopographien gesetzt werden.

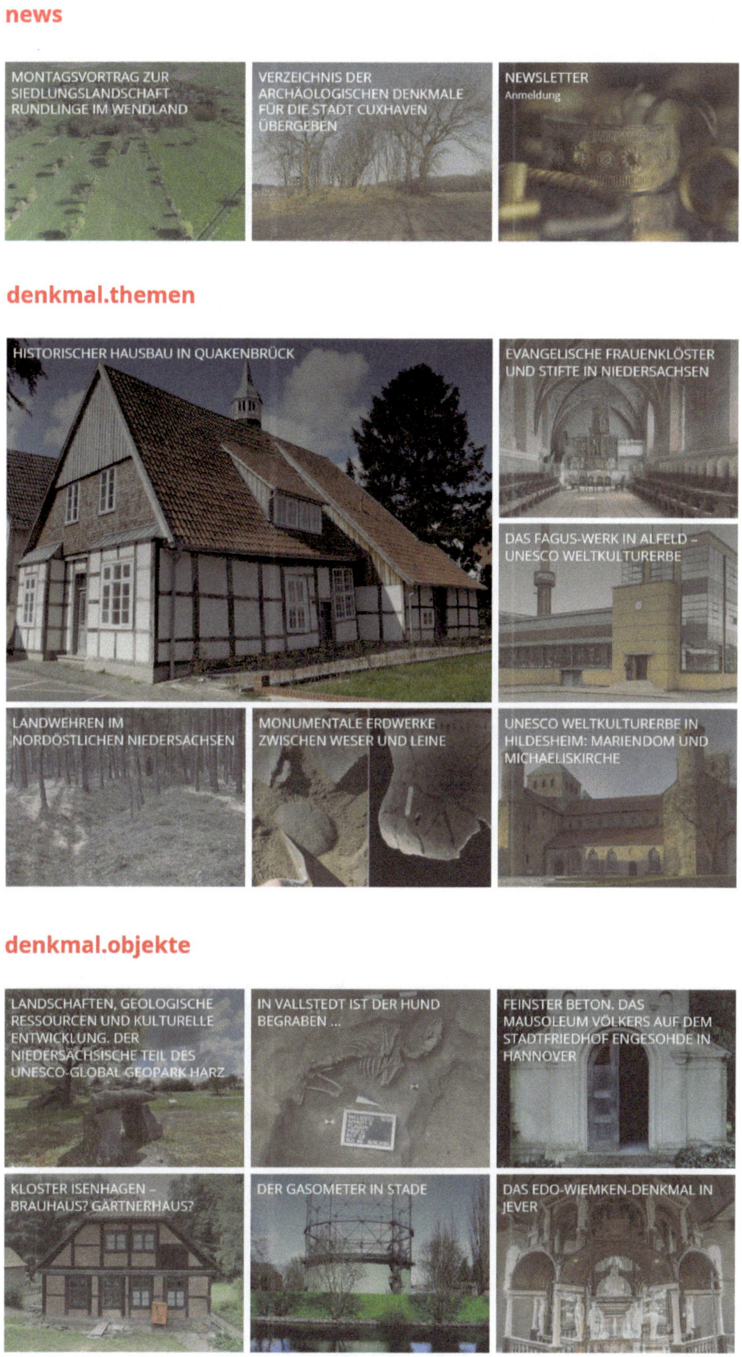

Abb. 3a–c: Denkmalatlas Niedersachsen – denkmal.news, denkmal.themen und denkmal.objekte.

5 Ausblick

Kulturdenkmale sind als Teil von Siedlungs-, Wirtschafts- und Industrielandschaften auch stets prägende Teile einer Kulturlandschaft. Der Denkmalatlas Niedersachsen trägt zur Identifizierung und Definition dieser Räume bei, besonders in Kombination mit den historischen Kulturlandschaften. Jüngst wurde durch *Christian Wiegand* eine Übersicht der Kulturlandschaften Niedersachsens veröffentlicht. Hier wird zum einen die gesamte Landesfläche basierend auf natürlichen Gegebenheiten und Unterschieden in der historisch bedingten regionalen Prägung wie z. B. der Siedlungsformen in 42 Kulturlandschaftsräume unterteilt, und zum anderen 71 eher kleinräumige ‚historische Kulturlandschaften landesweiter Bedeutung' definiert, deren geschichtliche Entwicklung in ihrem heutigen Erscheinungsbild sichtbar geblieben ist (*Wiegand* 2019).

Der Denkmalatlas Niedersachsen stellt erstmals eine große Anzahl von Objekten mit Beschreibungen und Fotos der Objekte vor. Außerdem kann basierend auf der Kartierung der Objekte das jeweilige Denkmal mit anderen Quellen räumlich verschnitten werden. Das Beispiel der erhöhten historischen Wohnplätze, der sogenannten Wurten, kann dies exemplarisch veranschaulichen. Im Denkmalinformationssystem sind Angaben zu über 8.100 Wurten verzeichnet. Die Verschneidung der Wurten über die OGC-API des Denkmalatlas in Quantum-GIS mit der Bodenkarte BK50 und den Deichlinien über WMS-Dienste des Landesamtes für Bergbau, Energie und Geologie zeigt, dass Wurten nahezu ausschließlich in den Marschen angelegt wurden und eng mit dem Deichbau verzahnt sind. Doch dies ist erst der Anfang für weitere Forschungen. Der Denkmalatlas Niedersachen ist ein Werkzeug, das insbesondere den Zugang zu bisher nicht veröffentlichten Denkmaldaten für die Forschung erleichtert.

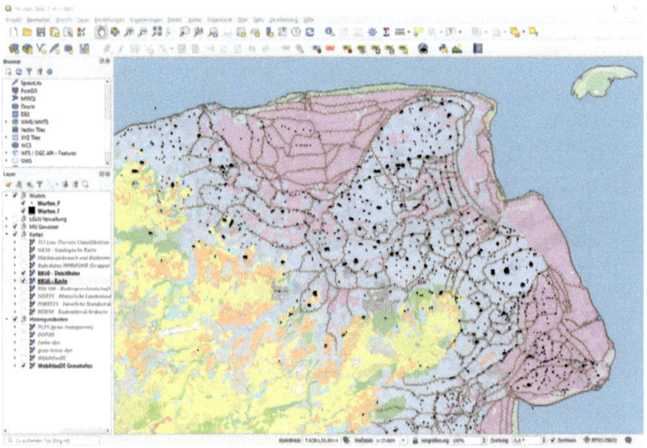

Abb. 4: Verschneidung der Wurten über eine OGC-API des Denkmalatlas Niedersachsen mit der Bodenkarte BK50 und den Deichlinien im Landkreis Friesland und der Stadt Wilhelmshaven in Quantum-GIS 3.16.

Zusammenfassung

Das Niedersächsische Landesamt für Denkmalpflege tritt mit dem Denkmalatlas Niedersachsen in einen direkten Dialog mit der Öffentlichkeit. In einem auf fünf Jahre angelegten Qualifizierungsprojekt werden Informationen zu den Denkmalen der Bau- und Kunstdenkmalpflege und Archäologie digital zugänglich gemacht. Der Denkmalatlas Niedersachsen liefert einen Beitrag zur Erforschung und Darstellung von Siedlungs- und Kulturlandschaften. Offene geo-basierte Webdienste und Lizenzen sind die Schnittstelle einer forschungsorientierten Denkmalpflege mit anderen Forschungseinrichtungen.

Summary: Monument Atlas of Lower Saxony – Cultural monuments in context

With the *Monument Atlas of Lower Saxony* the Lower Saxony State Service for Cultural Heritage is entering into a direct dialogue with the public. In a five-year qualification project information on monuments of architectural and artistic heritage and archaeology is made digitally accessible. The *Monument Atlas of Lower Saxony* contributes to the research and presentation of settlement and cultural landscapes. Open geo-based web services and licenses are the interface of a research-oriented cultural heritage with other research institutions.

Literatur

Nelson, H. u. Niemuth, A. (2020): Laserscans in der Verzeichnisqualifizierung. – In: Berichte zur Denkmalpflege in Niedersachsen 3/2020, S. 29–32.

Schäfer, A. [Hrsg.] (2018): Kulturlandschaft in neuem Licht – Eine Einführung zu LiDAR in der Archäologie. – Bamberg (Forschungen des Instituts für Archäologische Wissenschaften, Denkmalwissenschaften und Kunstgeschichte, 8) DOI: 10.20378/irbo-51051.

Song, B.; Leidorf, K. u. Heller, E. (2019): Luftbildarchäologie: Spuren der Vergangenheit aus der Luft – Darmstadt.

Thiemann, F.; Schulze, M. u. Böhner, U. (2021): State-wide Calculation of Terrain-Visualisations and Automatic Map Generation for Archaeological Objects. – In: ISPRS Journal of Photogrammetry and Remote Sensing, Spatial Inf. Sci., XLIII-B2-2021, 907–913, https://doi.org/10.5194/isprs-archives-XLIII-B2-2021-907-2021

Wiegand, C. (2019): Kulturlandschaftsräume und historische Kulturlandschaften landesweiter Bedeutung in Niedersachsen, hrsg. vom Niedersächsischen Landesbetrieb für Wasserwirtschaft, Küsten- und Naturschutz. – Hannover (Naturschutz und Landschaftspflege in Niedersachsen, 49).

Siedlungsforschung. Archäologie – Geschichte – Geographie 39, 2021, S. 457–475

Vernetzte Lokalität und Regionalität als Zukunftsmodell

Perspektiven für die Historische Geographie?

Carl-Hans Hauptmeyer

1 Ausgangslage

Dieser Text zu Ehren des hochgeschätzten Kollegen *Winfried Schenk* wird geschrieben im ersten Quartal des Jahres 2021, in einer Zeit, in der sich der alltägliche Umgang mit dem wissenschaftlichen Tun dramatisch verändert hat. Meine ursprüngliche Absicht für diesen Beitrag war, aus dem Selbsterlebten über die Veränderungen zu schreiben: seit Beginn des eigenen Studiums der Geschichte und Geographie 1967, seit dem Anfang des Arbeitskreises für Genetische Siedlungsforschung in Mitteleuropa und seit dem Beginn der eigenen Arbeiten als Historiker, der sich stets der angewandten Regionalgeschichte verpflichtet fühlt. Ich wollte rekapitulieren, und zwar von der geographischen und der historischen Landeskunde über die Kulturlandschaftsforschung bis zum „Spatial Turn" innerhalb der Geschichtswissenschaft. Die entsprechenden Textentwürfe sind zerrissen, sie passen derzeit nicht. Vielmehr möchte ich nunmehr einen essayistischen Beitrag liefern zu den Herausforderungen für die Historische Geographie in dieser Phase des spürbaren Umbruchs, annehmend, dass dieser anhalten wird. Damit knüpfe ich an meinen für die historisch-geographische Debatte verfassten Beitrag über „Internationales System und regionale Entwicklung" an (*Hauptmeyer* 2015) und setze ihn fort mit dem historisch-geographischen Schwerpunkt zu Lokalität, Regionalität, Nachhaltigkeit und Resilienz.[1]

In diesen Monaten der coronabedingten Einschränkungen können vertraute Formen des Forschens im Gelände, in Bibliotheken und Archiven nicht oder nur sehr eingeschränkt durchgeführt werden. Wissenschaftliche Kommunikation im zwischenmensch-

[1] Ich danke meinen ehemaligen Wissenschaftlichen Mitarbeitern *Dr. Nadja Wischmeyer* und *Dr. Olaf März* für die anregenden Beiträge und Diskussionen sowie *Prof. Dr. Kurt-Jürgen Maaß* (ehemaliger Generalsekretär des Instituts für Auslandsbeziehungen in Stuttgart und Herausgeber der Zeitschrift Kulturaustausch) für die kritisch-kreative Durchsicht des Textes.

lichen Kontakt ist von der akademischen Lehre bis zu theorieorientierten Symposien wenn überhaupt, so nur via Internet möglich. Der Lockdown bindet an den Ort, er vereinzelt und reduziert die Möglichkeiten persönlicher Nähe auf sehr wenige Menschen. Berührende Gemeinschaft bleibt auf ein Minimum beschränkt. Selbst wenn alsbald wieder freiere Lebensformen möglich werden sollten, die aktuellen Erfahrungen werden nachwirken.

In dieser Situation blitzen in schier unübersehbarer Fülle neue Gedanken auf, was uns global und lokal, was die Weltgesellschaft und die Einzelnen bedroht. Parallel dazu wird ungeahnte Kreativität freigesetzt. Stets hat die Menge der divergierenden Argumente mit uns Menschen und mit dem Raum zu tun, den beiden zentralen Themen der Geschichte und der Geographie. Das wirkt daher geradezu zwangsläufig auf die kleine Kohorte derjenigen ein, die sich im zeitlichen Längsschnitt beiden Disziplinen verpflichtet fühlen. Welche Forschungsfelder werden sich der Historischen Geographie öffnen, welche anderen dürften weniger Berücksichtigung finden? Niemand kann verbindlich die Zukunft beschreiben. Doch Szenarien zu entwickeln, bleibt stets eine Möglichkeit, um auf neue Gegebenheiten vorbereitet zu sein.

Die aktuell grassierenden Coronaviren zeigen uns die Labilität der menschlichen Vergesellschaftungsvarianten. Menschen durchstreifen nicht mehr fußläufig, wie die längste Zeit ihrer Aktivität auf der Welt, Terrains in kleinen, meist voneinander isolierten Horden und tauschen sich gelegentlich – ob freundlich oder feindlich – mit anderen Horden aus. Heute sind die Menschen überall und sie verkehren global. Die Erde ist ein „Dorf" für fast acht Mrd. Menschen geworden. Einst wäre eine einzelne Horde von einem gefährlichen Virus bedroht worden – heute sind es nun alle Menschen auf der ganzen Welt. (*Klingholz* 2021).

Das trifft uns in einer Phase, in der den Zukunftsinteressierten klar ist, dass „Global Challenges" bevorstehen oder „The Great Transformation" jetzt stattfindet (*Ther* 2019). Wenn ich hierfür die in den Medien verbreiteten klischeehaften Schlagworte aufgreife: Offenbar stellen Bevölkerungsexplosion, Umweltzerstörung und ungelöste Energiefragen zusammengenommen eine globale Herausforderung von möglicherweise existenzieller Art für die Menschheit dar (*Schätzing* 2021). Es wird die Frage gestellt: Steht uns ein Ökozid bevor? Auf diese Weise werden Bedrohungen formuliert, obgleich parallel sehr rationale Debatten geführt werden, die beispielsweise abwägen, in welche Richtungen die globale demographische Entwicklung gehen könnte, wie ein nachhaltiger Umgang mit den natürlichen Ressourcen der Erde fortan machbar wäre oder welche neuen Wege des Energieverbrauchs, der Energiegewinnung und der Energieeinsparung eingeschlagen werden sollten.

Manche Horrorvisionen können nichtsdestoweniger durchaus Angst machen, doch sachliche, rationale Diskussionen bleiben für eine kreative Zukunftsgestaltung das beste Mittel. Daher plädiere ich dafür, dass sich die Historische Geographie als diejenige Disziplin, die Raum- und Zeitfragen unmittelbar miteinander verbindet, mutiger und häufiger an den wissenschaftlichen Überlegungen zu demographischen Entwicklungen, nachhaltigen Raumgestaltungen und innovativer Energienutzung beteiligt. Dieses sollte am Beispiel von Mikro- und Mesoräumen geschehen, zu denen die Historische Geographie eine immense Fülle von Studien lieferte und liefert; daher mein Blick auf Lokalität und Regionalität.

Zwar wird die Historische Geographie den Raumwissenschaften zugeordnet, doch arbeitet sie vielfach mit historischen Methoden, da sie die Einwirkungen der Menschen, der menschlichen Gesellschaften, auf den Raum erforscht (*Jäger* 1969). Damit rückt die von den Menschen gestaltete Landschaft in den Mittelpunkt der Betrachtung. Diese Kulturlandschaftsforschung reduziert sich freilich nicht auf das Ergebnis der von Menschen geformten Landschaft. Vielmehr müssen stets die physiogeographischen Grundbedingungen beachtet werden. Vor allem sind sodann die den Menschen historisch jeweils gegebenen Möglichkeiten zu bedenken, mit denen sie gestalterisch wirksam werden (*Fehn u. Simms* 2005). Insofern sind kulturelle Bedingungen aus dem gesamten Spektrum menschlicher Handlungsleitlinien vom Sozialen oder Wirtschaftlichen bis zum Rechtlichen, Politischen oder Religiösen einzubeziehen (*Schenk* 2011).

Mit phasenhafter Zunahme und Verdichtung der Bevölkerung rückt die Siedlungsweise in den Fokus. Genetische Siedlungsforschung steht damit im unmittelbaren Zusammenhang mit Kulturlandschaftsforschung. Wenn heute vielfach populistisch von einem drohenden „Ökozid" gesprochen wird, so kann die Historische Geographie viele Fragen beantworten helfen, wie der Weg war, dass es soweit kommen konnte, denn Umweltgeschichte und Historische Geographie stehen zunehmend miteinander in Verbindung, ebenso auch Denkmalpflege und Kulturlandschaftsschutz zum Erhalt kulturell wertvoller und ökologisch sinnvoller Landschaften oder Siedlungsweisen (*Kleefeld u. Burggraaff* 1997). Altlandschaftsforschung darf dabei keineswegs vergessen werden, da nicht mehr existente Kulturlandschaftstypen zum einen für das Problem der Zerstörung ökologisch nutzbarer Räume und zum anderen für die bis heute beispielhaft sinnvolle, vielleicht vorbildhafte Nutzung und Gestaltung stehen (*Hauptmeyer* 1996).

Historische Geographie ist nicht „L'art pour l'art", die nur Reliktforschung betreibt. Sie setzt sich vielmehr mit Prozessen auseinander und mit den dahinterstehenden gesellschaftlichen Strukturen. Insofern ermittelt sie Brüche (Disruptionen), Kontinuitäten (Persistenzen) und erschließt zugleich Zufälligkeiten (Kontingenzen). Sie kontextualisiert damit die Systemgebundenheit ebenso wie die prinzipielle Offenheit historischer Vorgänge. Das kann auf höchst unterschiedlichen Feldern geschehen: Klimaforschung, Ermittlung von Stoffkreisläufen, ökologische Landschaftsforschung, nachhaltige Energiewirtschaft u. v. a. m. In zunehmendem Maße bekam die Historische Geographie somit in den letzten Jahrzehnten eine anwendungsorientierte Komponente, die bis in regionale und lokale Planungsprozesse hineinwirkt (*Dix, Schenk u. Steinkrüger* 2020). Dies ist kongruent zum Ansatz der angewandten Regionalgeschichte (*Hauptmeyer* 2010). Allerdings: Von der Geschichtswissenschaft ausgehende Kooperationen blieben nach meiner Beobachtung selten, auch wenn in der Geschichtsforschung ein „Spatial Turn" stattfand (*Döring u. Thielmann* 2009) und sie in den letzten Jahrzehnten über „Citizen Science" (*Finke* 2015) wieder öfter Berührung zu dem Handeln und den Interessen der Menschen vor Ort gewinnt.

Umso höher ist zu würdigen, dass sich Historische Geographie offenbar ohne Wenn und Aber als fachübergreifende Disziplin zwischen Geographie und Geschichte versteht und aus beiden Fächern und ihren jeweiligen Hilfswissenschaften ein weites Methodenspektrum übernimmt. Sie greift raumrelevante Themen aus allen historischen Perioden auf. Diese erörtert sie vorrangig an kleinräumigen Beispielen, fallweise auch an globalen und geopolitischen. Es gelingt ihr zugleich, Grundlagenforschung und Anwendungsfragen – bis beispielweise zum Geocaching – zu umfassen (*Dix* 2021).

Letztlich sind es Raum-Zeit-Modelle, die der Historischen Geographie helfen, lange Entwicklungen von regionaler Konstanz oder Variabilität zu erklären. Sie liefern Muster, unter welchen Bedingungen raumhistorische Änderungen eintreten. Sie lenken den Blick auf geschichtliche Verläufe, die zur Hilfe genommen werden können für die Diskussion zukünftiger Entwicklungsvarianten. Sie sind kompatibel, um Detailmodelle regionaler Vielfalt zu integrieren. Raum-Zeit-Modelle geben zumindest Anhaltspunkte für regionale Diversifikationen und Zukunftsszenarien (*Hauptmeyer* 2015).

In welchen historisch erprobten Gesellschaftsmodellen lägen dann Chancen? Welche neuen räumlichen Entwicklungen ließen sich daraus ableiten? Die Antwort könnte für die Historische Geographie und ihre spezifischen Zugangsweisen lauten: vernetzte Lokalität und Regionalität als globales Zukunftsmodell.

2 Die prinzipielle Herausforderung

In diesen Wochen wird oft behauptet: „Corona bringt es an den Tag!" Gemeint ist die Verletzlichkeit unserer Welt und der bisweilen plakativ formulierte drohende Ökozid. Das hieße: Immer mehr, immer intensiver, geht nicht mehr (*Ökozid* 2020). Die Gegenidee dazu wäre alt: Mäßigung, Selbstbescheidung, Verzicht auf Expansion. Denn verbreiteten Schlagworten wie „Klimakatastrophe", „Weltüberbevölkerung", „existenzielle Energiekrise" dürfte global kaum mit Mitteln weiterer Expansion und ungebremsten Wachstums entgegengetreten werden können (*Lange et al.* 2020). Anderenfalls, so lautet das Szenario, hieße es, mit stetig steigender Geschwindigkeit auf den Abgrund zuzufahren, und zwar in der illusionären Hoffnung, es werde schon keinen Absturz geben, irgendein Wunder verspräche Rettung. Sollte das wirklich so zutreffen: Die Geschichte kennt bereits eine Fülle von Abstürzen, doch waren die Menschen bisher nicht als Spezies insgesamt davon bedroht. Wenn wir heute von „Global Grand Challenges" oder von „The Great Transformation" sprechen, dann ist offenbar im Prinzip bereits klar, dass wir den zwingend notwendigen Wandel tatsächlich benötigen, wollen wir nicht in eine globale existenzielle Katastrophe geraten (*Schneidewind* 2018).

Historische Entwicklungen verlaufen zumeist nicht linear. Zwar ist Homo Sapiens die einzige von allen Hominiden überlebende Gattung, allerdings gingen mächtige Hochkulturen unter, blühende Landschaften verödeten. Krisen, Abbrüche, Rückschritte waren und sind allgegenwärtig. Aus Krisen muss nicht totaler Verlust entstehen, sondern kann ebenso epochaler Wandel erwachsen (*Bösch; Deitelhoff u. Kroll* 2020). Seit nunmehr 50 Jahren werden außergewöhnliche Krise und möglicher gänzlicher Verlust prophezeit: Club of Rome, Global 2000, Konferenzen von Rio und Paris etc. Umso rascher und stärker wäre das Ruder zu wenden, hin zu einem epochalen Wandel ohne weitere Expansion und ohne ungebremstes Wachstum. Das leitende Denkkonzept wäre zu verändern. Das Motto dazu hätten wir bereits: Small is beautiful. Welche Stärken lägen in kleinteiligen menschlichen Vergesellschaftungsformen? Wie ließen sich ihre Vorteile in neue nachhaltige Wirtschaft und resiliente Gesellschaftskonzepte übertragen? Antwortversuche auf diese Fragen könnten helfen, neue Wirkungsräume für die Historische Geographie zu öffnen.

In meinem langjährigen Tun als Regionalhistoriker wurde mir immer wieder deutlich, wieviel kleine Gruppen zu leisten vermögen. Ich meine damit die so häufig unterschätzte Kreativität des Dorfes, die variantenreiche Individualität der kleinen Stadt, das Aufblühen von Peripherien, der Erfolg metropolenferner Regionen, die Innovationskraft der Stadtquartiere. Wenn alles dieses miteinander verbunden wird, entstünde quasi eine neue vernetzte Schwarmintelligenz. Ist das ein Wunschtraum oder gar eine Realitätsreduktion? Dass es beides nicht von vornherein sein muss, möchte ich zu belegen versuchen. Es geht darum, einmal plakativ benannt, zu zeigen, dass durch Vernetzung in kleinteiligen Vergesellschaftungsformen ebenso viel Zukunftskraft stecken kann wie in einer flirrenden, hippen Metropole und vermutlich mehr als in einer waffenklirrenden Diktatur.

Utopien spuken aktuell viele herum: Energiewunder durch Wasserstoff, Wohnraum auf dem Mond oder gar dem Mars, seltene Mineralien von Asteroiden, „Homo Deus“ als Kreuzung aus Computer und Mensch dank Künstlicher Intelligenz (*Hariri* 2017). Auszuschließen ist alles dieses nicht, doch näher läge ein einfacherer Weg, der ohne zu erhoffende, wundergleiche spektakuläre Innovationen verwirklicht werden könnte.

In kulturanthropologischer Forschung wird immer wieder hervorgehoben, was Menschen angestammt sind, nämlich „Hordentiere“. Kleine Gemeinschaft „können“ Menschen am besten (*Junger* 2017). Nach einem solchen Argument wird gemeinhin umgehend die Gegenrede laut: Die Menschen hätten sich immer expansiv verhalten, sie hätten stets andere Menschen in ihrer Gruppe oder durch Kampf zwischen den Gruppen unterdrückt. „Homo homini lupus“ formulierten bereits *Plautus* ca. 200 v. Chr. und *Hobbes* 1642. Freilich sind die Menschen immer wieder auch fürsorgliche Realisten, fähig zur Agape, zu Nächstenliebe und Feindesliebe. So gelang es den Menschen stets aufs Neue, Mitmenschlichkeit als Motto des Zusammenlebens zu kreieren: Zehn Gebote, Erbarmen im Buddhismus, Wohltätigkeit im Islam, kategorischer Imperativ der europäischen Aufklärung, sodann Menschenrechte und Demokratie. Das schwarz-weiße Ying-Yang-Symbol drückt diese von den Menschen selbst nicht trennbare Ambivalenz einzigartig aus.

Möglich ist es den Menschen, sich trotz aller Rückschläge stets aufs Neue vorzunehmen, die durch epochalen Wandel entstandenen schwarzen Felder, die uns vielleicht global in ungewohntem Maße bedrohen, durch weiße zu ersetzen. Das verlangt immer wieder Neuanfänge.

Jüngst wurde der Forschungsstand zur historischen Katastrophenforschung in einer Systematisierung der Ergebnisse überblickend dargestellt. Verschiedene Formen historischer Krisen wurden über einen langen Zeitraum beobachtet und dabei die unterschiedlichen Vorbereitungs- und Reaktionsstrategien auf diese Ereignisse in Abhängigkeit von den sozialökonomischen Kontexten der jeweiligen historischen Gesellschaften und Kulturen interpretiert (*Bavel* 2020). Viele sich aktuell zu Wort meldende Autorinnen und Autoren sind der Ansicht, es begänne seit den 1970er Jahren eine neue Zeit, ein epochaler Wandel (*Bösch* 1979). Wirtschaftliche Interessen waren dabei immer wieder die treibenden Motive. Die neue Weltordnung zeigt jüngst China als stärksten Motor. Auf ein bestimmtes Jahr sich zu fixieren, ist gewagt. Doch ein Paradigmenwechsel ab spätestens 1980 ist mit dem Ende der industriellen Moderne unübersehbar. Aus westlicher Sicht gedieh Dynamisierung zum Leitstichwort und aus ihr folgten Liberalisierung, Öffnung der Märkte, Ordnungssprengung, Beschleunigung der Globalisierung und eine ungeahnte Entfaltung individueller und kollektiver Identitäten (*Reckwitz* 2019). Die Schattenseiten der gesteigerten Singularitätswünsche werden mittlerweile sichtbar, und in der Coronazeit übernimmt der Staat die Risikopolitik. Grundsatzüberlegungen greifen um sich. Nahrung, Trinkwasser, Behausung, Energie, Gesundheitsversorgung und Bildung sind und bleiben die Basis gelingenden Menschenlebens. Hierzu scheint die Solidarität zu steigen, da eingesehen wird, dass anderenfalls allgegenwärtige Krisen nicht bewältigt werden können (*Göpel* 2020).

In diesem Spannungsfeld von Globalität und Kleinteiligkeit könnte und sollte, so wiederhole ich, die Historische Geographie mit ihren spezifischen Themen stärker auf sich aufmerksam machen: auf Prozesse, gesellschaftliche Strukturen, Disruptionen, Persistenzen und Kontingenzen, und zwar nunmehr unter den Leitfragen zu Nachhaltigkeit und Resilienz. Die besondere Herausforderung bestünde in der Antwort auf die Frage: Können spezifische Denkmuster, Handlungsweisen, gesellschaftliche und ökonomische Modelle aus dem Erforschten zukunftsrelevant nutzbar gemacht werden?

Diese Frage liegt heute nahe, weil wir uns von tradierten politischen Strukturen und vermeintlich bewährten Vorstellungen des überregionalen Zusammenlebens aus dem 19. und 20. Jahrhundert trennen müssen. Gerade osteuropäische Staaten versuchen zwar noch aktuell „das Nationale" aufrecht zu erhalten. Doch beispielsweise in West- und Mitteleuropa haben wir uns von der Vorstellung, eine Nation wohnt in einem Staat, faktisch verabschiedet. Hier leben zunehmend Menschen aus sehr unterschiedlichen Kulturkreisen zusammen, für die kaum eine gemeinsame Identität behauptet werden könnte. Aus diesem Grund dürfte die Bedeutung von Identitätsinseln in der Zukunft zunehmen, zumal die globalen Wanderungsbewegungen keinesfalls abebben.

Bei solchen Gedanken stellt sich für mich die weitere Frage, ob wir uns einer historischen Wahrscheinlichkeitsforschung stellen sollten, allemal mit der Skizzierung von Szenarien, um eine Historisierung der Zukunft anzustreben, also das Für und Wider zukünftiger Entwicklungen antizipativ historisch zu bewerten.

3 Die Hypothese

Leitprinzip des Nachfolgenden ist die Überzeugung, dass die Aufklärung, die Menschenrechte und die Demokratie unverzichtbar sind für eine lebenswerte Zukunft. Gerade aus der deutschen Perspektive darf mit Recht gesagt werden: Nie wieder Diktatur – und daher auch keine irgendwie geartete „Ökodiktatur". Gerade aus mitteleuropäischer Sicht darf freilich ebenso mit Recht hervorgehoben werden, welche starken kleinteiligen, vom Subsidiaritätsprinzip getragenen Kräfte vorhanden sind und sich immer wieder in verschiedenen Vergesellschaftungsformen manifestiert haben, und zwar als vernetzte Dezentralität (so bereits *Hauptmeyer* 2015).

Um einem Missverständnis vorzubeugen: Subsidiarität schließt eine übergeordnete politische Organisationsform keinesfalls aus, z. B. einen Staat. Dieser muss die Menschenrechte garantieren, die Rechtsordnung aufrechterhalten, die Steuerungshoheit in Notstandsfällen ausüben und dem Gemeinwohl dienende exekutive Gewalt haben. Der Staat bleibt damit auf diejenigen Aufgaben beschränkt, die zwingend im größeren Zusammenhang organisiert werden müssen, auch als Hilfe zur Selbsthilfe (*Blickle* 2002). Die kleinen sozialen Einheiten und Netzwerke erhalten freilich neue Beachtung. Die idealisierte Hoffnung lautet: Werteverfall und Sinnkrise in modernen Gesellschaften könnten durch eine moral- und traditionsgebundene Verpflichtung des Individuums gegenüber dem Gemeinwohl gemindert werden (*Kaiser* 2007). In geschichtswissenschaftlicher Interpretation geht es letztlich um das endogene Potenzial von Kommune und Region. Hieraus erwächst dem Individuum eine zusätzliche Verantwortung und vernetzte Regionalisierung bietet eine starke Zukunftschance.

Die Gefahren einer solchen Situation liegen auf der Hand. Sie bestehen weniger darin, dass die selbstorganisierten gesellschaftlichen Handlungen ggf. unzureichender demokratischer Kontrolle unterliegen und sich Sonderinteressen breitmachen können. Bedrohlicher ist vielmehr, dass in einer digital vernetzten Welt, die von der Kommunikation bis in die Energieverteilung und Haushaltsversorgung reicht, eine Totalüberwachung der Gesellschaft durch monopolartige Unternehmen, die ihre eigenen „Echoräume" der „Follower" kontrollieren (Social Media), und durch Geheimdienste nicht mehr undenkbar erscheint, wie wir täglich aus den Medien erfahren. Um es zuzuspitzen: Droht uns also ein Kampf der Internetgiganten um die Knotenpunkte im Netz, ein Cyberwar? Würden dann subsidiäre Vergesellschaftungsformen wie Kommune und Region quasi Wagenburgen der Zurückgebliebenen? Dieses alles sind faktisch drohende Gefahren einer totalitären Institutionalisierung, die es zu verhindern gälte.

Demokratiedebatten werden traditionell und aktuell aus dem Kontext Aufklärung, Amerikanische Revolution, Französische Revolution, Menschenrechte, Gewaltenteilung und Konstitution geführt (*Richter* 2020). Global gesehen steht die These im Vordergrund, dass Demokratie ein „westliches" Phänomen sei und Aufklärung als Basis verlange und somit z. B. in Feudal- oder in Patronage-Klientel-Systemen nicht gelingen könne. Zumeist wird auch ein Zusammenhang zwischen Demokratie und einem Minimum von Wohlhabenheit und sozialer Gerechtigkeit angenommen. Eine weitere Argumentation möchte ich hinzufügen, eine aus der mitteleuropäischen Geschichte stammende historische Tradition des Mittelalters und der frühen Neuzeit, die bis in das 19. Jahrhundert hinein währte und dann sogar neue Ausdrucksformen fand. Ein traditionelles Schlagwort dafür wäre „bruderschaftlich", ohne dass damit bereits Demokratie im Sinn von Konstitution, Menschenrechten und Gewaltenteilung gemeint ist. Geeigneter sind heute Begriffe wie konföderativ, genossenschaftlich, solidarisch, mitmenschlich, tolerant – also Basisverhaltensweisen für gelebte Demokratie.

Wesentliche Hinweise aus den letzten Jahren – darauf sei hier erneut verwiesen – stammen u. a. von *Elinor Ostrom*, Trägerin des Wirtschaftsnobelpreises von 2009, und *Jeremy Rifkin*. Ostrom stellt das hohe Potenzial der „Commons" für das soziale und ökonomische Gedeihen heraus, also die von den Menschen lokal und regional aufgebaute Selbstorganisation (*Ostrom* 2011). Erweitert wurde dies jüngst mit weltweiten Beispielen (*Haller u. Breu* 2019). Rifkin macht deutlich, welche Chance in der dezentralen Energiegewinnung für eine vernetzte und fair organisierte Welt besteht (*Rifkin* 2011). Bei uns werden solche Ideen offenbar einstweilen am ehesten aufgegriffen mit den Hinweisen, dass der sogenannte ländliche Raum aktuell eine neue Wertschätzung erfährt, allemal im weiteren Umland von Agglomerationen oder in deren Zwischenbereichen (*Kaczorowski u. Swarat* 2018).

Region erwächst aus einem Faktorengeflecht von Lokalitäten, von kleinteiligen sozialen Vergesellschaftungsformen. Deutschland kennt nicht nur den preußischen Weg zum Obrigkeitsstaat bis hin zu seinem brutalsten Beispiel, dem mordenden NS-Staat. Deutschland besitzt, was vielfach nicht genügend gewürdigt wird, eine bis in das Mittelalter zurückreichende Tradition regionaler Eigenständigkeit (heute Föderalismus), von Kommunalität (kommunale Selbstverwaltung) und von gemeindlich-genossenschaftlichen Organisationsformen (heute Vereine, Genossenschaften, Zweckverbände). In vielen Gebieten Deutschlands bewahrt die christliche Kirche weiterhin eine prägende kulturelle Bindungskraft. Weiteres sei nur kurz genannt: Tarifautonomie (Gewerkschaften), stabiles Ausbildungssystem im dualen Weg, Industrie- und Handelskammern, Unternehmerverbände, Berufsgenossenschaften. *Otto von Giercke* trug in seinem großen Werk über das deutsche Genossenschaftsrecht (1868–1913) die breiten historischen Grundlagen zusammen.

Wir leben in Deutschland in einem der am besten organisierten Rechtsstaaten der Welt. Kennzeichnend hierfür sind:

- Funktionsfähige Demokratie, denn unsere Bevölkerung hat 30 bzw. 75 Jahre Demokratieerfahrung,
- vergleichsweise stabile Ökonomie,

- sozialstaatliche Absicherungen,
- hohe Akzeptanz der kulturellen Vielfalt,
- geringer Populismus; es droht uns einstweilen keine Selbstopferung der Demokratie durch eine Diktatur der Simplifizierer und Sozialspalter, obwohl es Ansätze hierzu gibt.

Subsidiarität ist dann der zentrale Begriff für zivilgesellschaftliches Engagement, Identität und Heimatbewusstsein. Eigenverantwortung steht vor staatlichem Handeln. Von unten her werden die anstehenden Probleme gelöst, also kommunal und regional. Der Staat bleibt auf diejenigen Aufgaben beschränkt, die zwingend im größeren Zusammenhang organisiert werden müssen.

Ein Beispiel hierfür gibt das 2015 bis 2019 durchgeführte Projekt über „erfolgreiche Metropolenferne Regionen" (*Danielzyk u. Hauptmeyer* 2019), speziell an den Beispielen Oberschwaben sowie Emsland und auch Ostwestfalen-Lippe. Das wesentliche Ergebnis lautet: Dezentralität hat Zukunft. Sie stärkt die Handlungsoptionen der Menschen, der Unternehmen und Organisationen. Sie ist eine lebenswerte Alternative zu den „überhitzten" Metropolen mit ihren Agglomerationsnachteilen. Die entscheidenden zukunftssichernden Entwicklungselemente sind oft „weiche" Faktoren, wie Vertrauen, Kooperationswille, Kreativität, Innovationsbereitschaft und sozialer Zusammenhalt trotz dynamischen Wandels.

Die Erfolgsfaktoren wuchsen selbstverständlich nicht nur endogen, sondern waren zugleich exogener Art, wie es die deutsche Wirtschaftsentwicklung nach dem Zweiten Weltkrieg, die sich stetig verdichtende Weltwirtschaft und die Wanderungswellen mit sich brachten. Der regionale Erfolg resultiert oftmals explizit aus dem funktionierenden Zusammenspiel dieser exogenen Impulse und endogenen Potenziale. Einige Erfolgsfaktoren stehen unmittelbar in Verbindung mit den raumstrukturellen Charakteristika der Regionen, gemeint sind die Metropolenferne und die Polyzentralität. Die Metropolenferne kann die Heimatverbundenheit und die kleinräumige Identifikation mit der eigenen Region stärken. Insbesondere für Zuwanderer bieten sich hier Integrationspotenziale ohne Identitätsverluste. Die jeweils über Jahrhunderte bestehende Herrschaftsferne prägt noch heute das regionale Gemeinschaftsbewusstsein; regionale Feste und Traditionen bestehen weiter fort und werden neu in Wert gesetzt.

Die Polyzentralität begünstigt die jene Regionen auszeichnende Branchen- und Unternehmensvielfalt und bildet zugleich einen Puffer gegenüber negativen Schocks. Differenziert sind die Konsum- und Beschäftigungsmöglichkeiten für die regionale Bevölkerung. Die mittelgroßen Städte bieten eine Fülle urbaner Elemente: Austausch, Innovation, Versorgungs- und Erlebnismöglichkeiten. Die Fallstudien zeugen von dem Potenzial deutscher Regionen, auch ohne eine zentrale urbane Agglomeration im globalen Kontext ökonomisch erfolgreich zu sein und zugleich traditionell dem ländlich-kleinstädtischen Raum zugeschriebene gesellschaftliche Verhaltensweisen eines Miteinanders zu bewahren und kreativ weiterzuentwickeln. Sich wechselseitig beeinflussende gesellschaftliche, politische und ökonomische Faktoren sind die wesentlichen Gründe für die sozioökonomisch erfolgreiche Entwicklung der im Projekt untersuchten Gebiete:

- Gesellschaft: familiär kirchlich-religiöse Bindung und regionales Gefühl der Zusammengehörigkeit (Heimat),
- Politik: starke kommunale Verwaltung und gute Verbindung zur Wirtschaft, interkommunale Kooperationen und starke Persönlichkeiten an der politischen Spitze,
- Wirtschaft: mittelständische, auf globalen (Nischen-)Märkten erfolgreich produzierende Unternehmen, gewinnbringendes Nebeneinander mit erfolgreichen großindustriellen Unternehmen, Branchenvielfalt, Tradition sozialer und Gesundheitsdienstleistungen.

Die Entwicklung endogener Potenziale und die Aufnahme exogener Anregungen müssen also zusammenkommen, um erfolgreiche Entwicklungspfade zu generieren. Ein einmal begonnener positiver Prozess intensiviert die Verbindung der Menschen untereinander. Das stärkt die Bereitschaft zu Kreativität und Innovationsfähigkeit. Regionale Identitäten können intensiviert und zugleich ökonomische Erfolge generiert werden.

Regionale, auf kulturellen Traditionen beruhende Kräfte und Werte wie Vertrauen oder Solidarität sind in Deutschland keinesfalls erlahmt. Vielmehr besitzen „Moralische Ökonomie", verstanden als ein „solidarischer Hedonismus" und ein „altruistischer Egoismus", ein hohes Potenzial. Hierfür lohnt sich Zukunftsforschung und kreativer, aber kritischer Einsatz der Digitalisierung zu Gunsten nachhaltiger Reformen.

Wem solche übersteigerten Formulierungen zu weit gehen, denen möchte ich zumindest vorschlagen, dem Prinzip der Subsidiarität offen gegenüberzustehen und aus den Erwägungen nicht auszuklammern, dass vernetzte Lokalität und Regionalität als Zukunftsmodelle durchaus denkbar sind. Vernetzung ist dabei von besonderer Bedeutung. „Digital" und „smart" sind die aktuellen Stichworte. Gerade *Rifkin* wies früh darauf hin, wie auf diese Weise vernetzte Regionen komplexe überregionale Steuerungen entwickeln können und spricht in diesem Sinne von einer „lateralen" Gesellschaft (*Rifkin* 2011). Mit Blick auf die Ressourcennutzung könnte das Leitmotiv der Raumgestaltung und des wirtschaftlichen Handelns der ökologische Fußabdruck werden, unter der Leitfrage: Was hilft, um die natürlichen Ressourcen unserer Erde zu regenerieren und wie wird vermieden, sie weiterhin zu vernichten? Die Ökobilanz eines jeden Produkts, einer jeden Dienstleistung sollte deren eigener Maßstab sein.

4 Ein Blick auf „Präwachstumsgesellschaften"

Könnte die Historische Geographie Beiträge zur „Postwachstumsdebatte" leisten und sich ein neues Forschungsfeld eröffnen? Die in dieser Hinsicht wohl neueste Publikation (*Lange et al.* 2020) bietet meines Erachtens hierzu keine zureichenden Anhaltspunkte. Es werden zwar zutreffende Gegenwartsanalyen geliefert, viele Ideen vorgetragen und einzelne lokale Vorhaben erläutert, doch die Möglichkeit, Anregungen aus der „Präwachstumsökonomie" zu nutzen, wird nicht angesprochen. Meine Annahme hierzu ist: In der Geographie gibt es nur noch sehr wenige Forscherinnen und Forscher, die längere historische Entwicklungen einbeziehen und sich nicht aktuellen Raumphänomenen allein widmen. Vermutlich haben diese Wissenschaftlerinnen und Wissenschaftler von ihrer Ausbildung her und der Prägung ihrer Denkmuster wenige Zugänge zu geschichtlichen Dimensionen. Raum ist dann eine Kategorie ausschließlich der Gegenwart, in der sich Zukunft entwickeln soll, über dessen historischen Kontext freilich kaum Wissen besteht. Parallel scheint in der Geschichtswissenschaft der Anteil der Forscherinnen und Forscher, die außerhalb der Neuen und Neuesten Geschichte arbeiten, immer geringer zu werden. Und der Raum stellt häufig nur die Kulisse des jüngsten Geschehens dar, dessen historische Tiefe kaum wahrgenommen wird. Periodenübergreifende Stellendenominationen sind zudem immer seltener zu finden. Der Beginn dieser Tendenzen in beiden Disziplinen ließ sich schon vor 45 Jahren feststellen (*Hauptmeyer* 1976). Dabei muss gerade die Kulturlandschaftsforschung lange zeitliche Linien betrachten und Längsschnitte ermöglichen, wie die Aufsätze und Leitthemen der Zeitschrift „Siedlungsforschung" in bisher 37 Bänden eindrücklich zeigen.

Eine Leitvorgabe für eine wissenschaftliche Disziplin zu geben, wäre vermessen, zumal zweckungebundene Grundlagenforschung oft eher Innovation ermöglicht als anwendungsorientierte. Die Verknüpfung von Kulturlandschaftsforschung mit Fragen der Umweltgeschichte belegt freilich, dass zum Thema „Nachhaltigkeit" explizit und implizit eine Fülle von Informationen zu gewinnen ist, wie ebenfalls zahlreiche Arbeiten von ARKUM-Mitgliedern zeigen. Wenn es um eine zukunftsfähige „Postwachstumsgesellschaft" gehen soll, müsste es konsequent sein, auf „Präwachstumsgesellschaften" zurückzuschauen. Hierzu reicht für diejenigen, die älter als 65 Jahre sind, ein Blick auf ihre Kindheit aus. Wie wenig wurde weggeworfen, wieviel wurde bis zum endgültigen Zerfall weitergenutzt? Wie gering war die Bedeutung einer Angebotsökonomie, die Kaufanreize künstlich schafft, für die aus funktionaler Sicht kein Bedarf bestand? Wie groß war selbst im Dorf das Angebot zur Deckung der Grunddaseinsfunktionen? Wie wenig überregionaler Verkehr war hierzu nötig? Ein solcher Rückblick darf freilich nicht romantisierend geschehen und z. B. übersehen, dass viele Objekte der Kindheit trotz ihrer geringen Menge einen per se höchst negativen „ökologischen Fußabdruck" hatten (z. B. Emissionen der Autos oder der Kohlekraftwerke).

Wieder aufgegriffen werden sollte die von *Wittram* aufgeworfene Frage, wie im historischen Kontext mit der Kategorie Zukunft umzugehen wäre (1965). Hierüber hinaus diskutierte *Koselleck* sehr differenziert verschiedene geschichtliche Zeiterfahrungen und erörterte für vergangene Gegenwarten das Verhältnis der Vergangenheit zur jeweils erwarteten Zukunft (1979). Diese hier abgewogenen methodologischen und methodischen Probleme zwischen Geschichte und Zukunft bleiben evident. Heute liegt die Frage nahe, ob wir uns, wie ich es nenne, einer historischen Wahrscheinlichkeitsforschung stellen sollten, allemal mit der Skizzierung von Szenarien, um eine Historisierung der Zukunft anzustreben, also das Für und Wider zukünftiger Entwicklungen antizipativ historisch zu bewerten. Um nicht missverstanden zu werden: Zukunft ist zu komplex, um vorhergesagt zu werden und es gab und gibt große Fehleinschätzungen (*Radkau* 2017). Doch jeder Mensch lernt u. a. aus Erfahrung. Alltagshandeln wird also aus der Selektion selbst gelebter Geschichte gespeist. Menschen sind, ob sie es wollen oder nicht, Teil eines kollektiven Gedächtnisses (das Folgende nach *Hauptmeyer* 2010). Darüber hinaus wird Geschichte inszeniert, z. B. in Museen. In Schulen, Erwachsenenbildung, Universität wird Historie angewandt, wenn aus ihr ausgewählt und sie als Geschichte gelehrt wird. Die Sozialwissenschaften, die Geisteswissenschaften generell, sind voll von historischen Inhalten.

Immer, wenn über die Anwendung von historischer Erfahrung in aktuellen Vorhaben debattiert wird, kommt ein gewichtiges Gegenargument, nämlich die Gefahr der Instrumentalisierungen von Geschichte. Diese Gefahr eines Missbrauchs von historischem Wissen ist nie auszuschließen, nicht zuletzt auch, weil die Quellenlage (welche Zeugnisse sind überhaupt erhalten geblieben?) und Erkenntnisinteressen der Forschung (was soll aus der Geschichte ermittelt werden?) nur die Erfassung von Ausschnitten vergangener Wirklichkeit zulassen. Nie kann die gesamte vergangene Realität ermittelt werden. Hinzu kommen die Argumente der Kritiker, die sagen, gesellschaftliche Prozesse seien ohnehin zu komplex für Wahrscheinlichkeitsvorhersagen. Dagegen wende ich ein: Da alles Handeln historisch verankert ist, bis hin zu den Leitbildern, aus denen heraus wir aktuell agieren – wer, außer historisch gut gebildeten und entsprechend methodisch geschulten Personen sollte sich dann mit Zukunftsüberlegungen beschäftigen? Doch wohl am wenigsten diejenigen, die meinen, Ideen, Szenarien und Planungen seien ein innovativer und kreativer Prozess, der gerade nicht auf historischen Erkenntnissen aufbauen sollte. Gerade diese Personen projizieren vermutlich am ehesten ihre unreflektierten Wunschbilder vom Sein in eine Planung.

Welche Anwendungsaspekte von Geschichte kann es geben?

- Selbstverständlich die Erfassung und Erklärung der aktuellen Situation mit historischen Methoden.
- Sodann wäre die Frage zu beantworten, ob es aus historischer Erkenntnis wahrscheinlich wäre, dass eine beabsichtigte Zukunftsentscheidung relativ erfolgreich sein dürfte – oder auch nicht?
- Das hieße, Konzepte zu schaffen, die sich wahrscheinlicher Bruchstellen widmen und nicht von vornherein linearer Kontinuitäten annehmen.
- Besonderes Augenmerk sollte auf Entwicklungen gerichtet werden, die im Kontext aktueller zukünftiger Überlegungen höchst sinnvoll wären, jedoch einst nicht weiterverfolgt wurden oder disruptiv endeten. Unter welchen Umständen könnte ein solches Geschehen heute erfolgreicher sein?

Das „historische Szenarienset für die Zukunft" hieße also: das Schaffen von räumlich-gesellschaftlichen Konzepten gemäß historischer Vorüberlegung, Fortschreibung aktueller Entwicklungslinien sowie das Erkennen von wahrscheinlichen Bruchstellen.

Jede Theorie bildet nur begrenzt die Realität ab und jede dieser Theorien hat historische Hintergründe. Planung tut not, aber entsteht stets auf historisch determinierten Ist-Zuständen und deshalb ist eine gute Planung stets eine historisch orientierte Planung. Den im weiten Terrain der Historischen Geographie Arbeitenden steht quasi das gesamte Material der „vergangenen räumlichen Zukünfte" zur Verfügung. Ohnehin interpretieren sie das Vergangene stets unter der Frage: Warum ist es so gekommen, wie es geschah – und nicht anders? Daher erneut: Historisch orientierte Wissenschaft ermittelt Kontinuitäten und Brüche, erklärt, warum Stabilität entstand oder wie aus Labilität Ungeahntes erwuchs, ja warum sich in seltenen Fällen das nahezu Unwahrscheinlichste durchsetzte. Dieses Erklärungspotenzial schafft Varianten für die Beschreibung möglicher Zukunftsvorstellungen.

Aktuell erinnert *Volker Ladenthin* daran: „Historia magistra vita". Er fasst zusammen: „Es gibt kein voraussetzungsloses Handeln." Weiter führt er aus: „Wir sind eine prassende Moderne, wenn wir glauben, alles ließe sich jedes Mal von jeder Generation immer wieder neu denken." Und schließlich: „Ohne Geschichte wissen wir nicht, dass die *memoria* zum Stammkapital der menschlichen Vernunft gehört." (*Ladenthin* 2021, S. 274 f.)

Diese Art des Blickes auf Vergangenes erfolgt nicht, um Traditionen zu bewahren, ist nicht rückwärtsgerichtet. Es geht vielmehr darum, Geschehenes, vergeblich Erprobtes oder zwischenzeitlich Vergessenes als „Spielmaterial" einzubeziehen in Überlegungen für Zukünftiges, also als Kreativitätspotenzial (*Hofmeister; Warner u. Zott* 2021). Bei solchen Überlegungen geht es auch nicht um das lineare Hochrechnen von Entwicklungen, auch nicht um einen ungeheuer großen Datenpool, aus dem Varianten ermittelt werden könnten (obwohl das eine bisweilen vertretene reizvolle Idee bleibt). Es geht um die Grundsatzfrage der historisch orientierten Wissenschaft: Warum so und nicht anders? Geschichtswissenschaftliche Literatur ist voller Erläuterungen, warum bestimmte Handlungsstränge sich nicht durchsetzten, andere hingegen umso mehr. Aber kaum ein historisches Buch schließt mit einer Zusammenfassung dieser Varianten. Und wenn die dominanten Faktoren, die bestimmte Entwicklungen ermöglichten oder verhinderten, genannt werden, dann verbleiben sie im Speziellen. Abstraktionen, was wir aus dem Untersuchungsgegenstand lernen können, um mit aktuellen Problemen umzugehen, werden vermieden.

Offensiv könnte sich die Historische Geographie in die aktuellen Debatten um ökologische Zukunft, Resilienz und Nachhaltigkeit einmischen, und zwar mit dem Wissen über vormoderne „Präwachstumsgesellschaften". Ich stelle mir z. B. ein Forschungsprojekt vor, das systematisch historische Beispiele sammelt für nachhaltige Landschaftsnutzungskonzepte. Allein mit Durcharbeit der bisher 37 Bände der Zeitschrift „Siedlungsforschung" ließe sich ein Kompendium aufbauen, gar nicht zu denken an die Fülle der Werke zu historischen Kulturlandschaften. Auswertungen, die heute mit digitalen Methoden vereinfacht werden können, ließen sich beziehen auf Fragen wie diese:

- Welche anthropogen verursachten Landschaftszerstörungen waren unumkehrbar?
- Wie wurden Übernutzungskrisen gelöst?
- Welche Landschaftsnutzungskonzepte erwiesen sich als besonders schonend?
- Anschließend wäre jeweils die interpretationsrelevante Frage zu stellen: Welche Schlüsse für heutige Nachhaltigkeitskonzepte können wir hieraus ziehen?

Historisch-geographisch ausgebildeten Forscherinnen und Forschern ist die Fülle der Zusammenhänge klar, doch dieses Wissen ist wenig verbreitet unter den aktuell Handelnden. Ich nenne zwei nahezu beliebig austauschbare Beispiele: Hochmittelalterliche Rodungen führten zu steigender Bodenerosion und zur Akkumulation von Auelehm in Flusstalniederungen bis hin zur Verschlickung von Häfen. In der nachfolgenden Wüstungsphase nahm die waldbedeckte Fläche wieder zu, es fand eine Siedlungskonzentration statt und der Eintrag von Feinsubstrat in Flüsse sank. Oder: Der Harzer Bergbau kam Mitte des 14. Jahrhunderts zum Erliegen. Das lag weniger am schwer zugänglichen Erz, als vielmehr am Mangel an Holzkohle zur Verhüttung. Nicht mehr genutzte Erzgänge soffen ab. 100 Jahre später war genügend und nun auch beforsteter Wald nachgewachsen, so dass ausreichend Köhlerei betrieben werden konnte. Um das Sümpfen von wassergefüllten Gruben entstand eine neue Technik des Wasserabpumpens, energetisch gespeist von künstlichen Seen in Höhenlagen.

In der Historischen Geographie gibt es mit der angewandten Kulturlandschaftsforschung bereits einen starken Strang, der zu aktuellen und zukünftigen Planungs- und Handlungsbereichen führt. Vielerlei ist denkbar, so z. B.:

- die Begleitung der anstehenden ökologischen Transformation des gesamten europäischen bzw. westlich-industriell geprägten Agrarsektors,
- die Erhaltung und Regeneration der Biodiversität an Land und im Meer durch Auswertung historischer Forschungsreisen von Geographen und deren Material,
- der Ausbau historischer Kulturlandschaftskataster, um gerade im digitalen Zeitalter angemessene Datengrundlagen zu haben,
- ein „deep-mapping" mit GIS-Hilfe, um die Idee der Annales-Schule einer „histoire totale" in Geodatenbanken zu realisieren.

In umgekehrter, also von der Gegenwart ausgehender Betrachtungsweise könnte beispielsweise geschaut werden, wie insbesondere in Singapur heute städtische Agglomeration neu gedacht wird. Die Verdichtung erfolgt zwar wie in vielen Metropolen in der Höhe, doch wird das Augenmerk auf Begrünung und Durchlüftung sowie auf Funktionsvielfalt gelegt. Ein einzelnes Gebäude ist quasi eine ökologische-vertikale Kleinstadt, die mit benachbarten Einheiten in Verbindung steht, umfassend digital vernetzt und „smart" (*Busenkell u. Cachola-Schnell* 2011; Woha-Architektur). Ein Gebäude ist somit eine vielfältige Kulturlandschaft in der Höhe und nicht in der Fläche. Im Rahmen dieser städtebaulichen Konzeption wird von Bau zu Bau immer genauer erprobt, welche klimatischen und edaphischen Bedingungen zu beachten sind, welche Zusammenhänge von Grün, Garten und Park mit dem Leben, Arbeiten, Wohnen der Menschen bestehen, wie ein nachhaltiges Miteinander von Mensch und künstlicher Landschaft erwachsen kann. Als ich davon vor einem Jahrzehnt erstmalig erfuhr, hoffte ich sofort, dass die dortigen Planerinnen und Planer etwas von historisch-geographischer Kulturlandschaftsforschung wüssten und dass sie auf deren Ergebnisse zurückgriffen und stellte mir entsprechende Gesprächskreise vor; es muss nicht immer neu erfunden werden.

Meine Idee für zukünftige Arbeitsfelder der Historischen Geographie in der Nachhaltigkeitsdebatte ist, die Interpretation erforschter Sachverhalte und die hieraus gewonnen abstrakten Muster qualitativ in aktuelle, ähnlich gelagerte Problemkontexte zu übertragen und somit historisch fundierte Zukunftsvarianten denkbar und sichtbar zu machen.

5 Folgerungen

Historische Geographie versteht sich zumeist als fachübergreifende Disziplin zwischen Geographie und Geschichte. Sie übernimmt aus beiden Fächern und ihren jeweiligen Hilfswissenschaften ein weites Methodenspektrum, greift raumrelevante Themen aus allen historischen Perioden auf, kleinräumige Detailphänomene werden ebenso erörtert wie global geopolitische. Es sind stets Raum-Zeit-Modelle, die der Historischen Geographie helfen, Muster von langer regionaler Konstanz oder hoher Variabilität zu erklären. Sie lenken den Blick auf geschichtliche Entwicklungen, die Bestandteil der Diskussion über zukünftige räumliche Gestaltungsvarianten sein können und Anhaltspunkte für regionale Diversifikationen und Zukunftsszenarien geben.

Weltweite Herausforderungen um Bevölkerung, Umwelt und Energie sind unübersehbar. Ein epochaler Wandel ohne weitere Expansion und ohne ungebremstes Wachstum scheint geboten. Die immer neu zu stellende Doppelfrage sollte dabei lauten: Was hilft, die natürlichen Ressourcen unserer Erde zu regenerieren, wie wird vermieden, sie weiterhin zu vernichten? Die Ökobilanz sollte der Maßstab allen Tuns sein. Daraus resultieren Nachhaltigkeit und Resilienz als Leitstichworte für die Zukunft. Wenn heute sogar von einem drohenden „Ökozid" gesprochen wird, so kann die Historische Geographie viele Fragen beantworten helfen, wie der Weg bisher war und in welchen räumlich-historisch erprobten Gesellschaftsmodellen Chancen liegen könnten.

Ausgehend von der aktuell häufigen Verbindung von Kulturlandschaftsforschung mit Aspekten der Umweltgeschichte bieten sich neue Projektfelder der Historischen Geographie in der Nachhaltigkeitsdebatte an, nämlich erforschte Sachverhalte so zu interpretieren, dass abstrahierte Muster gewonnen werden, die qualitative Übertragbarkeiten auf ähnliche aktuelle Vorgänge ermöglichen, um Zukunftsvarianten bereitzustellen. Das

„historische Szenarienset für die Zukunft" hieße also: das Schaffen von Konzepten gemäß historischer Vorüberlegung, Fortschreibung aktueller Entwicklungslinien, die Abwägung von Alternativmodellen sowie das Erkennen von möglichen oder zu erwartenden Bruchstellen. Eine Historisierung der Zukunft anzustreben, hieße also, das Für und Wider zukünftiger Entwicklungen antizipativ historisch zu bewerten.

Hierbei ist nicht nur auf persistente Kulturlandschaftstypen zurückzugreifen. Die keinesfalls aufzugebende Grundlagenforschung und die Anwendungsfrage lassen sich gerade dann miteinander verbinden, wenn heute nicht mehr existente Kulturlandschaftsformen untersucht werden, und zwar um zu ermitteln, warum ökologisch nutzbare Räume zerstört wurden und ob sie bis heute beispielhaft sinnvolle, vielleicht vorbildhafte Nutzung und Gestaltung besaßen, die in aktuelle Planungsideen übergehen könnten.

In einer an Nachhaltigkeit und Resilienz orientierten „Postwachstumsgesellschaft" dürfte das Konzept vernetzter Lokalität und Regionalität ein wichtiges Element globaler Zukunftsmodelle sein. Nachhaltigkeitsszenarien können gerade in kleinen Räumen mit den jeweiligen landschaftlichen Gegebenheiten und den kulturellen Kontexten in Einklang gebracht werden. Subsidiarität wäre das Leitprinzip, mit dem übergeordnetes (staatliches) Handeln eingegrenzt wird auf Prozesse, die nur auf diese Weise zu regulieren sind. Sie böte zugleich die Basis für gelebte Demokratie nach ethischen Prinzipien. Diktatorische Wege zur Lösung der globalen Zukunftsprobleme sind nicht erstrebenswert. Demokratische Mitbestimmung eröffnet hingegen Vielfalt innerhalb staatlicher und überstaatlicher Gestaltung. Dezentralität hat daher Zukunft. Der Erfolg resultiert aus dem wechselseitig funktionierenden Zusammenspiel exogener Impulse und endogener Potenziale bzw. umgekehrt kleinteiliger Anregungen und großräumiger Übernahmen.

Im Mittelpunkt steht das gesellschaftliche und politische Leitbild der Eigenverantwortung und der Lösung von Zukunftsproblemen zunächst aus dem lokalen und regionalen Kontext als solchem. Übergeordnete Einrichtungen der Kommunen, der Länder/Regionen oder des Staates/der Staatenverbünde geben den Rahmen, damit die Prinzipien des öffentlichen Gemeinwohls und des Rechts umfassend gesichert sind. Deutschland besitzt hierzu eine bis in das Mittelalter zurückreichende Tradition regionaler Eigenständigkeit unter Begriffen wie konföderativ, genossenschaftlich, solidarisch, mitmenschlich. Solche Zuschreibungen verweisen auf Basisverhaltensweisen für gelebte Demokratie, ohne dass damit bereits Demokratie im Sinn von Konstitution, Menschenrechten und Gewaltenteilung gemeint ist.

Nachhaltiges Handeln fängt im Kleinen an. Aus der Fülle der historisch-geographischen Forschungen kann gleichsam ein Kompendium über „Präwachstumsgesellschaften" entstehen, das im Kontext anzustrebender Nachhaltigkeit und Resilienz allemal Beispiele zu liefern vermag: Szenarien, Spielmaterial, Kreativitätspools. Die Entwicklung endogener Potenziale und die Aufnahme exogener Anregungen lassen sich hierzu vereinen, um erfolgreiche Entwicklungspfade zu generieren.

Es könnten also spezifische Denkmuster, Handlungsweisen, gesellschaftliche und ökonomische Modelle aus dem Erforschten zukunftsrelevant ermittelt werden. Im Kontext von Globalität und Kleinteiligkeit sollte Historische Geographie mit ihren spezifischen Themen stärker auf sich aufmerksam machen. Prozesse, gesellschaftliche Strukturen, Disruptionen, Persistenzen und Kontingenzen, und zwar nunmehr unter den Leitfragen: War es nachhaltig? Kann es nachhaltig werden? Historische Geographie sollte sich heute von diesem Impetus tragen lassen. Sie kann in der Debatte um Nachhaltigkeit und Resilienz neue, umfassende und richtungsweisende Aufgaben übernehmen.

Zusammenfassung

Unter ökologischen Gesichtspunkten sind große Veränderungen nötig (Great Transformation). Nachhaltigkeit, Resilienz und ökologischer Fußabdruck könnten Leitbegriffe einer zukünftigen Postwachstumsgesellschaft werden, die von vernetzter Dezentralität geprägt sein dürfte. Diktatorische Wege zur Lösung der globalen Zukunftsprobleme sind nicht erstrebenswert. Demokratische Mitbestimmung eröffnet hingegen Vielfalt innerhalb staatlicher und überstaatlicher Gestaltung. Damit rückt Subsidiarität in den Mittelpunkt und Regionalität sowie Lokalität gewinnen große Bedeutung.

Die Historische Geographie widmet sich in der Kulturlandschaftsforschung zunehmend Themen der Umweltgeschichte. Forschungsergebnisse der Historischen Geographie sollten verstärkt in die aktuelle Umweltdebatte eingebracht werden, um an der Entwicklung von Szenarien mitzuwirken: vernetzte Lokalität und Regionalität als Zukunftsmodell.

Summary: Networked locality and regionalism as a future model. Are these perspectives for Historical Geography?

From an ecological point of view, major changes are needed (Great Transformation). Sustainability, resilience and ecological footprint can become guiding concepts of a future post-growth society, which is likely to be characterized by networked decentralization. Dictatorial ways to solve the global problems of the future are not desirable. Democratic co-determination, on the other hand, opens up diversity within state and supranational arrangements. Subsidiarity thus moves into the centre of attention and regionalism and locality gain great importance.

Historical Geography increasingly devotes itself to topics of environmental history in cultural landscape research. Results of Historical Geography should therefore be brought into the current environmental debate more often in order to participate in the development of scenarios: networked locality and regionalism as a future model.

Literatur

Bavel, B. v. u. a. (2020): Disasters and History. The Vulnerability and Resilence of Past Societies. – Cambridge.

Bösch, F. (2019): Zeitenwende 1979. Als die Welt von heute begann. – München.

Bösch, F.; Deitelhoff, N. u. Kroll, S. [Hrsg.] (2020): Handbuch Krisenforschung. – Wiesbaden.

Busenkell, M. u. Cachola-Schnell, P. [Hrsg.] (2011): Architektur atmet – Breathing Architecture. – München u. a.

Danielzyk, R.; Hauptmeyer, C.-H.; Friedsmann, P. u. Wischmeyer, N. (2019): Erfolgreiche metropolenferne Regionen. Das Emsland und der Raum Bodensee-Oberschwaben. – Ludwigsburg.

Dix, A.; Schenk, W. u. Steinkrüger, J.-E. (2020): Historische Geographie. – In: *Gebhardt, Hans Rüdiger u. a. [Hrsg.]*: Geographie. – Berlin, 3. Auflage, S. 1063–1075.

Dix, A. [Hrsg.] (2021): Zwischen Geschichte und Geographie, zwischen Raum und Zeit II. – Berlin (Historische Geographie/Historical Geography, 6).

Döring, J. u. Thielmann, T. [Hrsg.] (2009): Spatial Turn. Das Raumparadigma in den Kultur- und Sozialwissenschaften. – Bielefeld, 2. Aufl.

Fehn, K. u. Simms, A. [Hrsg.] (2005): Wege der Historischen Geographie und Kulturlandschaftsforschung. – Stuttgart.

Finke, P. (2015): Freie Bürger, freie Forschung. Die Wissenschaft verlässt den Elfenbeinturm. – München.

Gierke, O. v. (1868–1913): Das deutsche Genossenschaftsrecht. 4 Bde. – Berlin.

Göpel, M. (2020): Unsere Welt neu denken. Eine Einladung. – Berlin.

Haller, T. u. a. [Hrsg.] (2019): The Commons in a Glocal World. Global Connections and Local Responses. – Abingdon u. New York.

Harari, Y. N. (2017): Homo Deus. Eine Geschichte von Morgen. – München.

Harteisen, U.; Dittrich, C.; Reeh, T. u. Eigner-Thiel, S. (2019): Zukunft von Leben und Arbeiten in Ländlichen Räumen. – Göttingen (Göttingen Göttinger Geographische Abhandlungen, 122).

Hauptmeyer, C.-H. (1976): Geschichte und Geographie. Beziehungen und Gemeinsamkeiten in Forschung, Hochschullehre und Abiturprüfung. – In: Internationales Jahrbuch für den Geschichts- und Geographieunterricht 17, S. 132–144.

Hauptmeyer, C.-H. (1996): Kulturlandschaftsforschung und Kulturlandschaftspflege aus regionalhistorischer Sicht. – In: Siedlungsforschung,14, S. 301–313.

Hauptmeyer, C.-H. (2010): Planung aus historischer Perspektive. Was trägt die Geschichtswissenschaft zur räumlichen Planung bei? – In: *Scholich, D. u. Müller, P. [Hrsg.]*: Planungen für den Raum zwischen Integration und Fragmentierung. – Frankfurt am Main u. a. (Stadt und Region als Handlungsfeld, 9), S. 57–68.

Hauptmeyer, C.-H. (2015), Internationales System und regionale Entwicklung. Historisch-geographische Modellbildungen am Beispiel Niedersachsens. In: *Steinkrüger, J.-E. u. Schenk, W. [Hrsg.]*: Zwischen Geschichte und Geographie, zwischen Raum und Zeit. – Berlin(Historische Geographie/Historical Geography, 1), S. 36–44.

Hauptmeyer, C.-H. (2020): Erfolgreiche metropolenferne Regionen. – In: urbanLab Magazin. Fachzeitschrift für Stadt- und Quartiersplanung, S. 10–17.

Hofmeister, S.; Warner, B. u. Ott, Z. [Hrsg.] (2021): Nachhaltige Raumentwicklung für die Große Transformation. Herausforderungen, Barrieren und Perspektiven für Raumwissenschaften und Raumplanung. – Hannover (Forschungsberichte der ARL 15).

Jäger, H. (1969): Historische Geographie. – Braunschweig.

Jungler, S. (2017): Tribe. Das verlorene Wissen um Gemeinschaft und Menschlichkeit. – München.

Kaczorowski, W. u. Swarat, G. (2018): Smartes Land – von der Smart City zur Digitalen Region. – Glückstadt.

Kleefeld, K.-D. u. Burggraaff, P. [Hrsg.] (1997): Perspektiven der Historischen Geographie. – Bonn.

Klingholz, R. (2021): Zuviel für diese Welt. Wege aus der doppelten Überbevölkerung. – Hamburg.

Koselleck, R. (1979): Vergangene Zukunft. Zur Semantik geschichtlicher Zeiten. – Frankfurt am Main.

Ladenthin, V. (2021): Nice to have, but useless? Warum wir die historischen Fächer brauchen. – In: Forschung & Lehre, 28, H. 4, S. 274 f.

Lange, B.; Hülz, M.; Schmid, B.; Schulz, C. [Hrsg.] (2020): Postwachstums-Geographien. Raumbezüge diverser und alternativer Ökonomien. – Bielefeld.

Ökozid (2020), https://www.daserste.de/unterhaltung/film/themenabend-klimakrise/film/index.html (Zugriff: April 2021).

Ostrom, E. (2011): Was mehr wird, wenn wir teilen. Vom gesellschaftlichen Wert der Gemeingüter. – München.

Radkau, J. (2017): Geschichte der Zukunft. Prognosen, Visionen, Irrungen in Deutschland von 1945 bis heute. – München.

Reckwitz, A. (2019): Das Ende der Illusionen. Politik, Ökonomie und Kultur in der Spätmoderne. – Berlin.

Richter, H. (2020): Demokratie. Eine deutsche Affäre. Vom 18. Jahrhundert bis zur Gegenwart. – München.

Rifkin, J. (2011): Die dritte industrielle Revolution. Die Zukunft der Wirtschaft nach dem Atomzeitalter. – Frankfurt am Main u. New York.

Schätzing, F. (2021): Was, wenn wir einfach die Welt retten? Handeln in der Klimakrise. – Köln.

Schenk, W. (2011): Historische Geographie. – Darmstadt.

Schneidewind, U. (2018): Die Große Transformation: Eine Einführung in die Kunst gesellschaftlichen Wandels. – Frankfurt am Main.

Ther, P. (2019): Das andere Ende der Geschichte. Über die Große Transformation. – Berlin.

Wittram, R. (1965): Die Zukunft in den Fragestellungen der Geschichtswissenschaft. In: *Wittram, R.; Gadamer, H.-G. u. Moltmann, J. [Hrsg.]*: Geschichte. Element der Zukunft. – Tübingen, S. 7–32.

Woha-Architektur, https://woha.net/woha/ (Zugriff: April 2021).

Siedlungsforschung. Archäologie – Geschichte – Geographie 39, 2021, S. 477–520

Das Klevische Kataster als Quelle für die regionale Historische Geographie am Unteren Niederrhein

Peter Burggraaff und Klaus-Dieter Kleefeld

1 Einleitung

Das Klevische Kataster ist für die Erforschung der Kulturlandschaftsgeschichte am Unteren Niederrhein eine Quelle, in der die frühneuzeitliche Landschaft um 1730 mit Siedlungsgefüge, Landnutzung, Allmenden, Straßen, Wegen, Deichen, Gewässern in einem umgerechneten Maßstab von etwa 1:2.000 dargestellt worden ist. In diesem Beitrag werden Forschungsvorhaben am Unteren Niederrhein vorgestellt, die unter Anwendung des Klevischen Katasters erarbeitet worden sind:

1. Kartenprojekt „Kulturlandschaftswandel am Unteren Niederrhein“ (1985–1992, Geschichtlicher Atlas der Rheinlande, Universität Trier, Landschaftsverband Rheinland LVR und Gesellschaft für rheinische Geschichtskunde) und Forschungsprojekt „Kulturlandschaftsgenese am Unteren Niederrhein“ (1989–1992, Kreis Kleve und LVR-Amt für Bodendenkmalpflege).
2. Regionalisierung historischer Landnutzungs- und Siedlungsentwicklung als methodischer Beitrag im Rhein-LUCIFS-Projekt, das Akronym steht für „Land use and climate impacts on fluvial systems during the period of agriculture“ (Geographisches Institut der Universität Bonn 2002–2003, www.lucifs.uni-bonn.de).
3. Das Zisterzienserinnenkloster Graefenthal (2007–2008, Buchprojekt LVR-Amt für Denkmalpflege, Arbeitsheft der rheinischen Denkmalpflege, 72, 2008).
4. Uedemerbruch. Naturschutz und Kulturgeschichte gemeinsam erleben und entwickeln (2011–2013, Naturschutzzentrum im Kreis Kleve in Kooperation mit der Universität Koblenz, www.kuladig.lvr.de).
5. Vermittlungsprojekt „Waldgeschichte erleben am Niederrhein“ (2010–2012, NABU Naturschutzstation Kranenburg e. V.).

2 Kulturlandschaftswandel und Kulturlandschaftsgenese am Unteren Niederrhein

In beiden Forschungsvorhaben stand der Wandel der Kulturlandschaft im Mittelpunkt. Beim ersten ging es um die Erarbeitung einer thematischen Karte des Kulturlandschaftswandels im Geschichtlichen Atlas der Rheinlande. Hierfür wurden zwei Wandelkarten mit dem Zeitraum 1150–1730 und 1730–1984 erarbeitet, die 1993 veröffentlicht worden sind. Im Rahmen des Projektes des LVR-Amtes für Bodendenkmalpflege, des Kreises Kleve und des Seminars für Historische Geographie der Universität Bonn „*Kulturlandschaftsgenese am unteren Niederrhein*" wurden interdisziplinär mit maßgeblicher Beteiligung der Archäologie drei Wandelkarten in der weitgehend holozän geprägten Flussaue erstellt (*Burggraaff* 1991, S. 20–23; *Burggraaff* u. *Wegener* 1990, S. 167–173):

1. Periode 275 n. Chr.–1150, Kartierungsgrundlage: archäologisch geprägte Landschaftsrekonstruktion aufgrund der Fundstellen des Ortsarchivs des LVR-Amtes für Bodendenkmalpflege und deren Außenstelle Xanten (Bearbeitet seitens der Archäologie durch *Sabine Wirtz* und *Wolfgang Wegener*),
2. Kulturlandschaftswandel 1150–1730, Kartierungsgrundlage: topographische Rekonstruktion im Maßstab 1:50.000 auf der Grundlage Klevischer Katasterkarten, Vorgehensweise: Rückschreibung unter Benutzung von Quelleneditionen und Altkarten vor 1730 (Bearbeitet seitens der Historischen Geographie durch *Peter Burggraaff* und *Stefan Zöldi*).
3. Kulturlandschaftswandel 1735–1984/1990, Kartierungsgrundlage: topographische Karte im Maßstab 1:50.000, Vorgehensweise: Kartenvergleich der Klevischen Katasterkarten, Landesaufnahmen und topographischen Karten (Bearbeitet seitens der Historischen Geographie durch *Peter Burggraaff*).

Für die Darstellung des Kulturlandschaftswandels waren die Lesbarkeit und Prägnanz in der Darstellung wichtige Leitgedanken. Deswegen wurde entschieden, die Entwicklung der Kulturlandschaft in zwei Atlaskarten und im Projekt in drei großen Zeitepochen darzustellen. Hiermit kam die Darstellung der Dynamik der Kulturlandschaftsentwicklung besser zur visuellen Geltung. Dies gilt besonders für Gebiete mit einer dynamischen Entwicklung im unmittelbaren Bereich des Rheins, mit großräumigen Kultivierungen und Umgestaltungen. Dabei ergaben sich für die Archäologie wertvolle Informationen zu früheren Kulturlandschaftssituationen als potentiellen Fundbereichen.

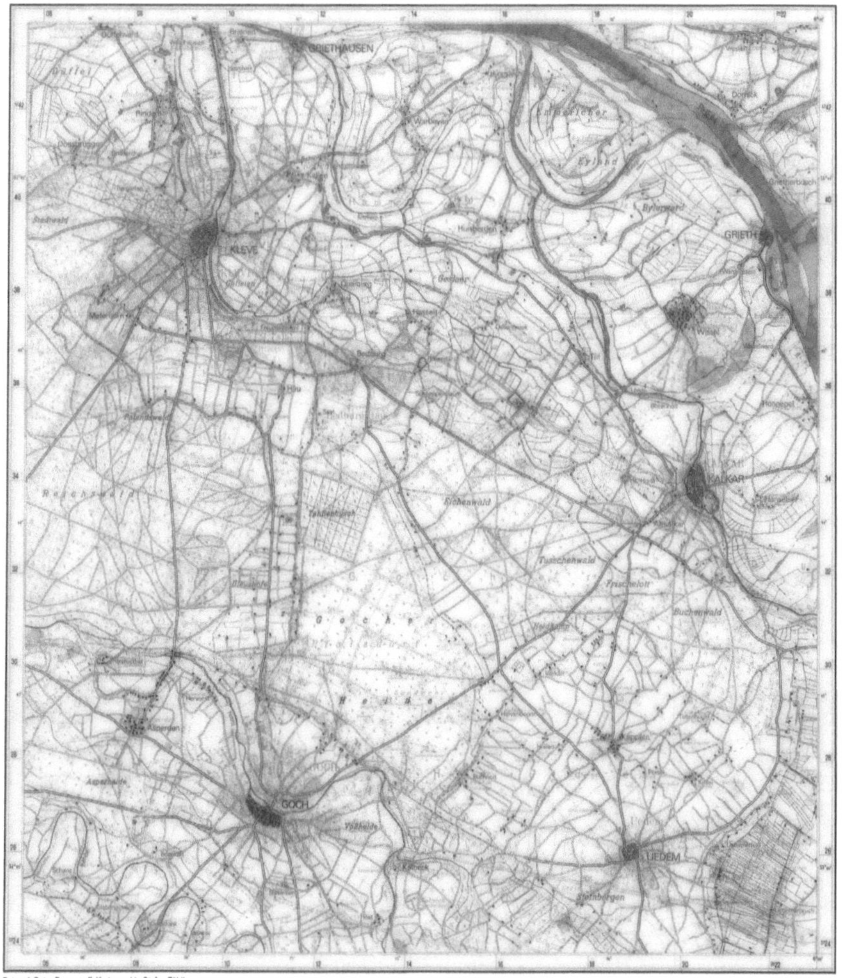

Entwurf: Peter Burggraaff, Kartographie Stefan Zöldi
Grundlage: Topographische Karte 1:50.000, Blatt 4302: Kleve, Ausgabe 1984, vervielfältigt mit Genehmigung des Landesvermessungsamtes Nordrhein-Westfalen vom 18.10.1988, Nr. 554/88

Abb. 1: Topographische Rekonstruktion.

Für die mehrstufige Kartierung spricht auch eine ausgewogene Gliederung der Karte. Die ersten beiden Perioden orientieren sich an historischen Ereignissen – dem Einfall germanischer Stämme in die Provinz Germania inferior seit 275 n. Chr.[1] und dem Beginn des Landesausbaus um 1150. Die Auswahl des Zeitschnittes 1730 bezieht sich auf die Flächenabdeckung der Klevischen Katasterkarten.

Für die Erstellung der Kulturlandschaftswandelkarte der Periode 1150–1730 wurde die Topographie um 1730 auf der Grundlage der Klevischen Katasterkarten rekonstruiert und

[1] Diese seitens der Archäologie erstellte Karte wird im vorliegenden Beitrag nicht behandelt.

eine kartographische Grundlage im Maßstab 1:50.000 erarbeitet. Die Grundlage ist nicht nur als Darstellungsmedium, sondern auch als eine topographische Darstellung der Kulturlandschaft um 1730 zu verstehen. Für Elten und das ehemalige geldrische Gebiet nördlich von Emmerich (Klein-Netterden, Speelberg, Elsepaß, Borghees und Hassent) fehlten Klevische Katasterkarten und es mussten die Urkatasterkarten (1820–1830) und für den Ostteil des Reichswaldes die *Tranchot*karte herangezogen werden.

Wegen des gewählten Maßstabs 1:50.000 waren Generalisierungen erforderlich. Dies bedeutete, dass für die Darstellung der Landnutzung nur Kulturland (Acker- und Grünland), Wald und Heide dargestellt wurden. Außerdem konnte wegen des Maßstabes die Parzellierung nicht dargestellt werden. Bei der Bausubstanz wurde eine funktionale Einteilung (s. Abb. 1) vorgenommen. Außerdem wurde zwischen Hauptstraßen, übrigen Straßen und Wegen unterschieden. Ein weiteres Problem stellte der Rhein dar. In der topographischen Rekonstruktion musste auch der Rheinlauf um 1730 abgebildet werden. Für die Rekonstruktion des Flusslaufes, die auf der Grundlage der Klevischen Katasterkarten durchgeführt worden ist, sind zur Überprüfungszwecken die Rheinstromkarten von *Foris* (Landesarchiv NRW, Nr. 2646 und veröffentlicht in *Spies* 1938) und von *Johann Bücker* von 1713 sowie die Arbeiten von *Straßer* (1992) herangezogen worden.

Die „topographische" Rekonstruktion dient als Kartierungsgrundlage für die Darstellung des Kulturlandschaftswandels der Periode 1150–1730. Für den Bezug zur heutigen Kulturlandschaft ist die Rekonstruktionskarte mit der damaligen aktuellen Topographie im hellen Grauton unterlegt worden.

Die chronologische Darstellung der Stufen der Landschaftsentwicklung von 1150 bis 1730 basierte auf folgenden historischen Ereignissen und Entwicklungen mit fünf Zeitstufen:

- **Stufe 1** thematisiert die Genese und Stabilisierung des Siedlungsprozesses bis zur Mitte des 12. Jahrhunderts in der Grundherrschaft und die Ausbildung präurbaner Zentren.
- **Stufe 2** (1150–1350) stellt die Bildung der Herrschaften Geldern und Kleve, die Binnenkolonisation und den Stadtwerdungsprozess in den Mittelpunkt.
- **Stufe 3** (1350–1500) umfasst die spätmittelalterliche Konsolidierungsphase. Neben dem Aufschwung der Städte und ihrem Gewerbe bis ca. 1450 sind als Elemente der Kulturlandschaftsentwicklung Neulanderschließung, die herrschaftlich gelenkte Anlage von Banndeichsystemen und Landwehren hervorzuheben.
- **Stufe 4** (1500–1600) umfasst die Zeit des niederrheinischen Großterritoriums Kleve-Mark-Jülich-Berg-Ravensberg (1521–1609). Sie war durch Siedlungsverdichtung in den meisten Städten und Verbesserungen der Verkehrsstruktur gekennzeichnet. Gegen Ende des 16. Jahrhunderts wirken sich erstmals die negativen Folgen des Achtzigjährigen Krieges von 1568 bis 1648 im Untersuchungsraum aus.
- **Stufe 5** (1600–1730) ist zunächst überschattet durch die Auswirkungen des Achtzig- bzw. Dreißigjährigen Krieges. Zwischen 1648 und 1730 erfolgt der Wiederaufbau unter frühabsolutistischen Vorzeichen u. a. mit der Schaffung der Residenzlandschaft Kleve.

Die Erstellung der Karte 1150–1730 war durch das Fehlen von flächendeckendem Kartenmaterial entsprechend schwieriger und basiert vor allem auf Quellenmaterial in Form von Quelleneditionen (u. a. *Dössler* u. *Oediger* 1974; *Ilgen* 1910; 1921–1925; *Kastner* 1988; *Lacomblet* 1840–1858; *Oediger* 1967; 1982; *Schleidgen* 1983; 1986; *Wilkes* 1937). Es konnten nicht alle Elemente datiert werden und somit enthält die Karte „weiße Flecken". Unsichere Datierungen werden mit Schraffierungen und gerissenen Linien kenntlich gemacht.

Die kartographische Darstellung des Kulturlandschaftswandels 1730–1990 richtete sich einerseits nach den 1990 dargestellten Elementen der als Grundlage genutzten Ausgabe der topographischen Karte und andererseits nach den benutzten älteren Karten seit ca. 1730. Die Arbeit mit generalisierten kleinmaßstäbigen Karten im Maßstab 1:50.000 bedeutet, dass nicht alle kleineren Kulturlandschaftselemente wie Straßen, Wege und Gebäude dargestellt sind. Außerdem fehlen detaillierte Informationen über die Parzellierung, die nur ansatzweise aus dem Straßen-, Wege- und Grabengefüge zu entnehmen sind.

Die Perioden wurden mit der Neuerstellung von Landesaufnahmen und umfassender Bearbeitung der topographischen Karten verknüpft. Die vier gewählten Zeitstufen beziehen sich auf die um 1730 erstellten Klevischen Katasterkarten, die 1802–1805 erstellten Blätter der *Tranchot*karte, die 1895 erstellten Blätter der Preußischen Neuaufnahme und die damalige aktuelle Ausgabe der Topographischen Karte 1:50.000 (1984 für den Atlas und 1990 für das Projekt). Für die Erfassung der Veränderungen des Gewässers gab es zwei Stufen: seit 1730 unverändert, nach 1730 verändert.

Die beiden Kulturlandschaftswandelkarten sind jeweils chronologisch aufgebaut (s. Abb. 2). Die Kulturlandschaftsentwicklung seit 1730 bis heute ist mit dem Vergleich aufgrund des vorliegenden Kartenmaterials relativ gut zu erfassen. Dadurch lassen sich die Veränderungen als Periode datieren. Für die Karte mit dem Zeitraum 1150–1730 sind solche genauen Datierungen schwieriger, weil man hier hauptsächlich auf nicht kartographisches Quellenmaterial und ungenauere Inselkarten angewiesen ist. Verschiedene Datierungskriterien, die allerdings eine unterschiedliche Genauigkeit aufweisen, konnten in diesem Zusammenhang weiterhelfen:

- eine absolute Datierung, die exakt belegt ist (z. B. Gründungsurkunde),
- eine grobe Datierung (z. B. zwischen 1230 und 1290),
- eine relative Datierung (älter bzw. jünger als),
- die älteste Erwähnung in den schriftlichen Quellen, die aber nicht mit absoluten Datierungen gleichzusetzen ist,
- eine Deutungsdatierung aufgrund von Hinweisen wie Namensformen, Patrozinien, natürliche Beschaffenheit, Bau- und Strukturformen usw.,
- eine unsichere Datierung, die nur auf Vermutungen oder eine vergleichende Betrachtung (Analogie) basiert.

Erstnennungen, die nicht mit einer absoluten Datierung gleichzusetzen sind, werden jener Periode zugeordnet, in der sie erwähnt wurden, auch wenn sie möglicherweise älter sind.

Ein weiteres Problem trat bei der Erfassung des Landesausbaus auf: Können von exakt datierten Kultivierungen dann alle Elemente automatisch gleich datiert werden? Problematisch ist ebenfalls, dass bei den in den Quellen erwähnten Gehöften die genaue Lage nicht immer gesichert ist. Dies gilt besonders für die von Rheinmäanderbildung betroffenen Gebiete. Viele erwähnte Elemente konnten nur aufgrund der heute noch überlieferten Namen lokalisiert werden. Bei den Wegen war die Datierung sehr schwierig, weil viele Wege durch ständige Nutzung (Karrenspuren usw.) entstanden sind. *Gorissen* (1952; 1953) hat in seinen Städteatlanten einen Versuch unternommen, Wege zu datieren, die für die Bearbeitung übernommen worden sind.

Schließlich muss noch bemerkt werden, dass auf diesen Karten nicht die Bausubstanz um 1730 bzw. heute Ausgangspunkt der Datierung ist, sondern der Standort. Viele Gebäude hatten Vorgängerbauten, die zerstört, abgebrannt, abgerissen und an gleicher Stelle wieder aufgebaut wurden. Dies gilt in hohem Maße für die Zerstörungen des Zweiten Weltkrieges, die im Untersuchungsgebiet verheerend waren. Außerdem sind Bauwerke wie Kirchen, Schlösser, Mühlen und Festungsanlagen immer wieder nach den zeitgemäßen Bau- und Kunstvorstellungen umgestaltet, erweitert und sogar neuaufgebaut worden. Nur wenn der Standort sich verändert, wie bei den Rheinlaufveränderungen, wird der Bauwerkstandort neu datiert.

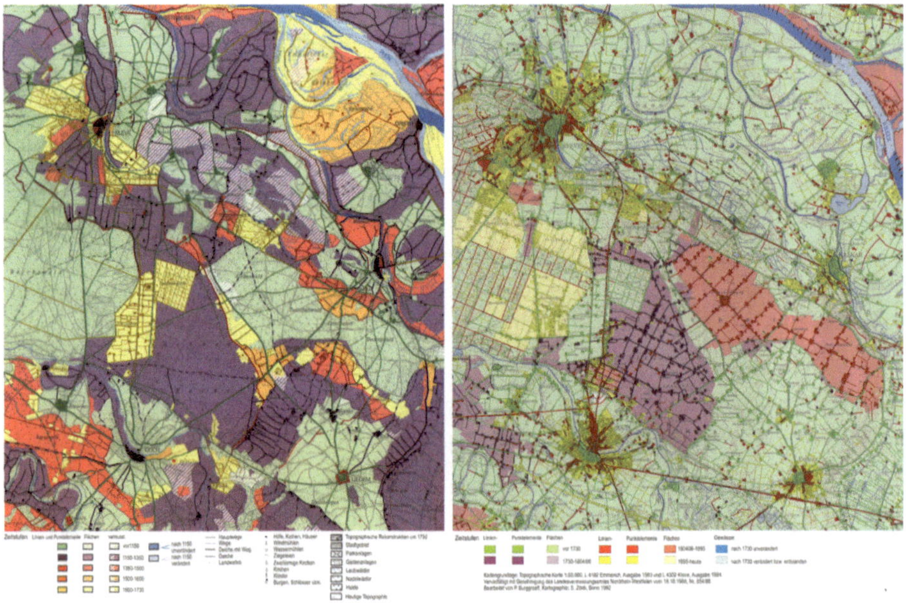

Abb. 2: Kulturlandschaftswandel 1150–1730 und 1730–1984.

3 Regionalisierung historischer Landnutzungs- und Siedlungsentwicklung als methodischer Beitrag im Rhein-LUCIFS-Projekt

In der globalen Umweltforschung ist die Landnutzung in ihrer historischen Variabilität ein wichtiger anthropogener Steuerungsfaktor der Umweltveränderung. Die bisherigen Kenntnisse für das gesamte Rheineinzugsgebiet sind nicht befriedigend, da sie nur generalisierende bzw. kleinräumige Aussagen gestatten. Daher müssen besser aufgelöste Aussagen zur Landnutzungsentwicklung getroffen werden. Hierfür wurden die agrargeschichtlichen „human impacts" analysiert und Archivrecherchen durchgeführt. Deren Auswertung war die Grundlage für die Modellierung, die diese Faktoren berücksichtigen (*Burggraaff* u. *Bub* 2005 [2006], S. 343).

Am Beispiel des untersuchten Raumes am Unteren Niederrhein wurden auf einer mikro- bis mesoskaligen Betrachtungsebene Veränderungen der Landnutzung durch Rodungen und Kultivierungen rekonstruiert, die sich auch auf den Ablauf naturgeographischer Prozesse auswirkten.

Das Rhein-LUCIFS-Projekt basierte auf der Frage nach den zentralen Steuerungsfaktoren der fluvialen Dynamik des Rheineinzugsgebietes auf einer langen Zeitskala. Neben dem Klima spielen auch anthropogene Faktoren mit Wandel der Landnutzung und der agraren Bewirtschaftungsformen sowie der Kulturlandschaft eine bedeutende Rolle. Das historisch-geographische Teilprojekt konzentrierte sich auf die diesbezügliche Auswertung der schriftlichen Archivquellen und die Erarbeitung von historischer Landnutzung und Kulturlandschaftswandel. Hierdurch verkürzte sich die zeitliche Tiefe der Untersuchung auf die durch die Quellen definierte historische Periode seit etwa 1150 (*Burggraaff* u. *Bub* 2005 [2006], S. 343).

Die Archivquellen ermöglichen eine zeitliche „Eindringtiefe" bis ins 14. Jahrhundert und vereinzelt ins 9. Jahrhundert und schließen an die Daten der archäologischen und naturgeographischen „Archive" an. Zur Bestimmung der großflächigen anthropogenen Beeinflussung wurde der zeitliche Schwerpunkt auf die Kulturlandschaft der 1730er Jahre und die nachfolgenden Jahrhunderte gelegt, die seit der Einstellung des Klevischen Katasters 1738 durch nachfolgende Landesaufnahmen und topographische Karten[2] sehr gut zu erfassen ist. Nach 1800 haben agrartechnische Innovationen allmählich den „human impact" wie die Umstellung von der Mehrfelder- auf die Fruchtfolgewirtschaft, intensive Düngung, Einsatz von Maschinen und Bekämpfungsmitteln in seinen Auswirkungen auf die Umwelt zunehmend verstärkt.

---

2 Die *Tranchot*karte von 1803–1813, die Preußische Uraufnahme (1842–1850), die Preußische Neuaufnahme (1892–1912) und nachfolgende Ausgaben der topographischen Karte 1:25.000.

Auf der Grundlage der Auswertung verschiedener Archivquellen wurden die anthropogenen Einflussfaktoren hervorgehoben und in Zeitreihen zusammengefasst. Ein wichtiges Ergebnis war die unzureichende unmittelbare Quellenüberlieferung über die Landwirtschaft und die Dominanz der Forstakten. Deswegen wurden auch indirekte Indikatoren zu landwirtschaftlichen flächenbezogenen Daten herangezogen. Belegt ist, dass die Landnutzung in der Neuzeit einer großen und wachsenden Dynamik unterlag und das Verständnis bestimmter landwirtschaftlichen Techniken immer noch zu statisch ist (*Spek* 1996).

Folgende Arbeitsschritte wurden durchgeführt:

- Archivrecherche und Auswahl geeigneter Altkarten sowie ihrer Analyse,
- Erstellung von historischen Landnutzungskarten zu den Querschnitten 1350 und 1730,
- Verwendung der vorliegenden Kulturlandschaftswandelkarten 1150–1730 und 1730–heute,
- Flächennutzungsbilanzierung ausgewählter Indikatoren (Lange Reihen),
- Methodenentwicklung und Modifikationen vorhandener Methoden.
- Die Auswertung von Primärquellen erfolgte nach den Anforderungen von LUCIFS. Das Teilprojekt hat sich somit zum Ziel gesetzt:
- Erarbeitung methodischer Grundlagen und Werkzeuge zum besseren Verständnis der Landnutzungsdynamik und der fluvialen Dynamik des Rheins.
- Erarbeitung eines raumzeitlich differenzierten Verständnisses der Steuerungsfaktoren von Landnutzungsänderungen.
- Beschreibung der Landnutzungsgenese von ca. 1150 n. Chr. bis heute mit dem 18. und 19. Jahrhundert als Schwerpunkt (*Burggraaff* u. *Bub* 2005 [2006], S. 344).

Der Untere Niederrhein war aufgrund der vielseitigen naturräumlichen Beschaffenheit mit Auen, Uferwällen, Terrassen, Höhenzügen, Sanderflächen und feuchten Bruchgebieten mit unterschiedlich ablaufenden naturgeographischen Prozessen als Untersuchungsraum sehr geeignet. Das Wechselspiel zwischen den fluviatilen Prozessen und dem menschlichen Handeln hat diese Landschaft geprägt. Ein weiterer Vorteil war, dass der Untersuchungsraum intensiv untersucht worden ist. Er entspricht dem Ausschnitt der zwei Atlaskarten (*Burggraaff* 1992), weil für die Flächenbilanzierung ein einheitlicher und vergleichbarer Referenzraum erforderlich war.

Der Hauptanteil des ausgewerteten Quellenmaterials befindet sich im Landesarchiv NRW in Duisburg. Für die Landschaftsanalyse wurden die Verwaltungsakten des 18. Jahrhunderts Kleve-Mark und Kleve Kammer, Wasserbau-, Zehnt-, Forst- und Domänenakten ausgewertet. Die wichtigsten Kartenquellen waren die Klevischen Katasterkarten-, Forstkarten, Zehntkarten der Schlütereien (anderswo Kellnereien) Kleve und Kalkar und die „Rheinstromkarten" mit Überflutungs- und von Uferabtragungsbereichen.

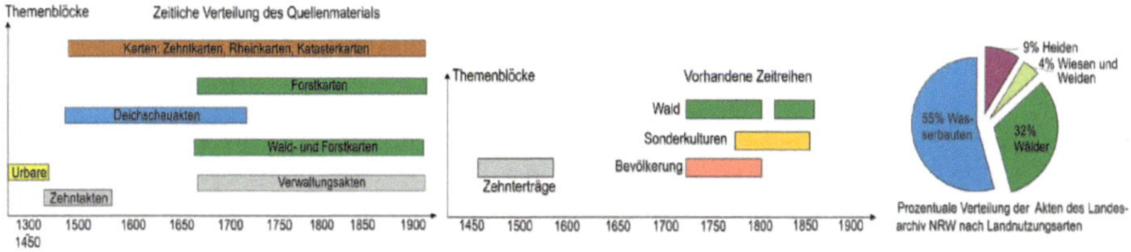

Abb. 3: a) Zeitliche Verteilung des Quellenmaterials; b) Vorhandene Zeitreihen und c) Prozentuale Verteilung der Akten des Hauptstaatsarchiv Düsseldorf nach Landnutzungsarten (Quelle: Burggraaff u. Bub 2005 [2006]).

Die schriftlichen Quellen sind thematisch nicht gleichmäßig repräsentativ. Ein Schwerpunkt liegt vor allem auf den Wasserbau- und Forstakten. Aufgrund der Zielsetzung des Projektes wurden diese Primärquellen bezüglich der Entwicklung der Landnutzung ausgewertet. Die Aktengruppen gliederten sich in die Themenbereiche Wald, Heide, Wasser- und Ackerbau. Nach einer quellenkritischen Bewertung wurden folgende Flächen analysiert:

- Offenlandflächen: Bewirtschaftungsformen nach Bodengüte, Brachen und Intensivstandorten (Sonderkulturen), raumzeitlicher Anbau von landwirtschaftlichen Nutzpflanzen, technische Bodenbearbeitung, Meliorationen, Weideland und die Heuerträge, Viehwirtschaft, Allmendenutzung, Allmendeteilungen, Zehntertrags- und Bevölkerungsentwicklung.
- Wasserflächen: Beeinträchtigung des natürlichen Verhaltens des Rheins durch wasserbauliche Eingriffe des Menschen und damit zusammenhängende Fixierung des Flussbetts in raumzeitlichem Wandel, Hochwasserkatastrophen und deren Auswirkungen, Deichbauphasen.
- Waldflächen: Baumartenwechsel in Raum und Zeit, Waldnutzungsformen und Betriebsarten, forstliche Gesetzgebung, Forstfrevel (*Burggraaff* u. *Bub* 2005 [2006], S. 351).

Die einzelnen Aktenrubriken erfassten isolierte Zeitskalen, die in der Gesamtbetrachtung Trends in der Landnutzungsentwicklung verzeichnen. Außerdem beziehen sich aus den Akten erfasste Daten meistens auf unterschiedliche räumliche Skalen wie Territorial-, Kreis- oder Gemeindegrenzen. Da diese Grenzen sich im Laufe der Zeit veränderten, sind flächendeckende multitemporale Vergleiche ohne Einsatz von geographischen Informationssystemen zunächst nicht möglich, sondern nur aufgrund von zeitlich fixierten Einzelbeispielen belegbar (Abb. 3).

Altkarten sind für die Verortung von historischen Landnutzungsflächen wichtig und liegen für das späte 16. bis in das 18. Jahrhundert des Untersuchungsgebietes vor. Sie können in kleinmaßstäbige territoriale Übersichtskarten wie die Karte von *Christiaan 's*

Grooten von 1573 und großmaßstäbige thematisch orientierte Kataster-, Deichschau-, Rheinstrom-, Grenzkarten, usw. unterteilt werden (*Burggraaff* u. *Bub* 2005 [2006], S. 348).

Karten dieser Zeitstellung sind vor der Benutzung generell quellenkritisch zu prüfen. Sie lassen sich nicht ohne weiteres in ein geographisches Informationssystem überführen. So war ebenfalls zu prüfen, ob die Datierung der Darstellung mit dem Erscheinungsjahr der Karte übereinstimmt. Zudem muss bei der Verwendung dieser Karten immer der Zweck, wofür die Karten hergestellt worden sind, beachtet werden. Weiterhin müssen der Darstellungsmaßstab, die damaligen Vermessungs- und Darstellungstechniken und das Alter der Karte Beachtung finden (*Burggraaff* 1988, S. 191). Zudem ist darauf hinzuweisen, dass *„Altkarten häufig separierte Überreste eines Gesamtvorganges sind“* (*Burggraaff* u. *Bub* 2005 [2006], S. 348).

Mit den präzisen Klevischen Katasterkarten lassen sich ältere ungenauere kartographische Darstellungen der Erbenbücher und Deichschauen des späten 16. und frühen 17. Jahrhunderts parzellenbezogen übertragen und zuordnen (*Aymans* 1988, S. 214–215).

Detailliert sind ebenfalls die Rheinstromkarten von *Johann Bücker* 1713 (Hauptstaatsarchiv Düsseldorf - Landesarchiv NRW 1984) und von *Foris* von 1728 (s. Abb. 4), die eine genaue Situation der Flussläufe und ihren Ansiedlungen wiedergibt. Ebenfalls ist auf die interessante *„Carte vom Herzogtum Cleve, worauf zu ersehen, wie die Überströmung in Dezember 1740 und Januar 1741 …“* (s. Abb. 5) mit den großen Überschwemmungsgebieten 1740–1741 hinzuweisen.

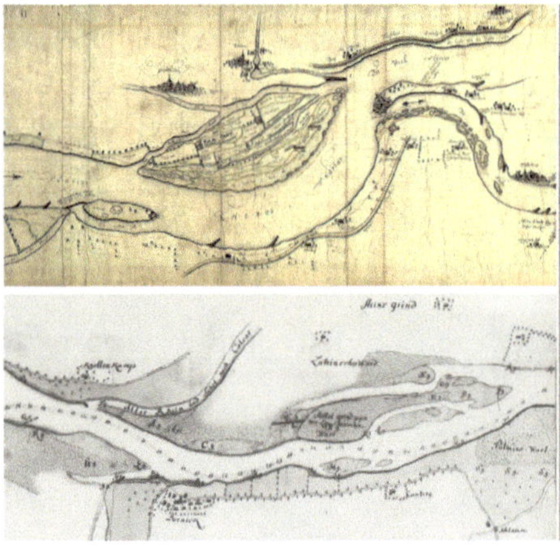

Abb. 4: Karte des Rheins von Duisburg bis Arnheim aus dem Jahre 1713, Blatt 11: Salmorth und Rheinstromkarte von Foris 1728 (Abschnitt Dornick, Quelle: Landeshauptarchiv NRW, Nr. 2646).

Abb. 5: „Carte vom Herzogtum Cleve, worauf zu ersehen, wie die Überströmung in Dezember 1740 und Januar 1741 …“ (Quelle: Landesarchiv NRW, Nr. 2472).

Als neuzeitliche Landesaufnahmen und Karten wurden die französische *Tranchot*karte von 1802–1805, die Preußische Uraufnahme von 1844–1845 und die preußische Neuaufnahme von 1893–1895 sowie das Urkataster von 1820 genutzt.

Die Landnutzung wurde für 1350 und 1730 (Abb. 6) auf der Grundlage der topographischen Rekonstruktion im Maßstab 1:50.000 erarbeitet (*Burggraaff* 1992, S. 19). Sie bildet ebenfalls die Grundlage für die Kulturlandschaftswandelkarte 1150–1730 (s. Abb. 2), die aufgrund der Quellen rekonstruiert werden konnte.[3] Die intensiveren Hauptnutzungsarten Ackerbau und Sonderkulturen sowie die extensive Wald-, Weide- und Heidenutzung sowie die Siedlungsflächen sind quantitativ im Verhältnis zueinander erfasst.

Um zu multitemporalen Aussagen zu gelangen, wurden Querschnitte auf der Basis der ausgewerteten Archivalien zu Längsschnitten nach den oben erwähnten zeitlichen Zäsuren zusammengefasst. Dies ermöglichte die Abbildung von Prozessen in raumzeitlichen Graphiken mit entsprechenden Indikatoren (*Burggraaff* u. *Bub* 2005 [2006], S. 353). Der erste zeitliche Schnitt für die diesbezüglichen Tabellen bezog sich um 1730 auf das Klevische Kataster von 1731 bis 1738 (*Aymans* 1986, S. 14–28). Deswegen lag ein Schwerpunkt der Untersuchung im 18. Jahrhundert und den nachfolgenden Perioden mit den agrartechnischen Innovationen des 19. und 20. Jahrhunderts und dem Übergang von multifunktionaler Waldwirtschaft zu monofunktionaler Forstwirtschaft, die einen sehr dynamischen Landschaftswandel nach sich zog. Im Rahmen der Kulturlandschaftsanalyse konnten neue innovative Faktoren wie die agraren Bewirtschaftungsformen, Mechanisierung und Modernisierung mit ihren Auswirkungen herausgearbeitet werden.

In den für das LUCIFS-Projekt festgelegten Zeitskalen waren die vorhandenen Quellen lediglich ungleichmäßig verteilt. Dabei ist das Mittelalter unterdurchschnittlich und das 18. Jahrhundert überdurchschnittlich repräsentiert. Dieser grundsätzlich auf das Rheineinzugsgebiet übertragbare Befund lässt sich voraussichtlich nicht beheben. Auch sind einzelne Themenbereiche unterschiedlich häufig bezeugt, so sind z. B. Akten, die unmittelbare Hinweise auf die Ackernutzung geben, nicht als gesonderte Quellengattung, sondern nur vergleichsweise mit anderen Quellengruppen spärlich in Urbaren und Steuerlisten vorhanden. Damit muss eine mittelbare Erschließung der Quellen erfolgen, d. h. es sind indirekte Aussagen abzuleiten.

Anknüpfend an das Klevische Kataster lag der zweite zeitliche Schwerpunkt auf dem 19. Jahrhundert. Für 1855 wird die Landnutzung in Kleve von den Forst- und Landwirten sehr anschaulich beschrieben (*Tietz* 1855, S. 83). Diese Quelle ist von sehr großer Bedeutung, da sie zeitgenössische Bewertungen und Agrartechniken beschreibt.

Weiterhin wurde Sekundärliteratur ausgewertet, die sich intensiv mit den historischen Quellen befasst hat. Herausragende Werke über den Unteren Niederrhein verfasste *Goris-*

[3] Hierzu muss bemerkt werden, dass die Nutzungsgrenzen nicht immer exakt sind, da es in den Quellen vor 1730 an genauen Karten fehlt.

sen 1950, 1952 und 1953, die auf Primärquellen fußen. Neben der Landschaftsentwicklung hinaus befasste er sich auch mit der sozioökonomischen und demographischen Entwicklung der Region und deren Auswirkung auf die Landschaft.

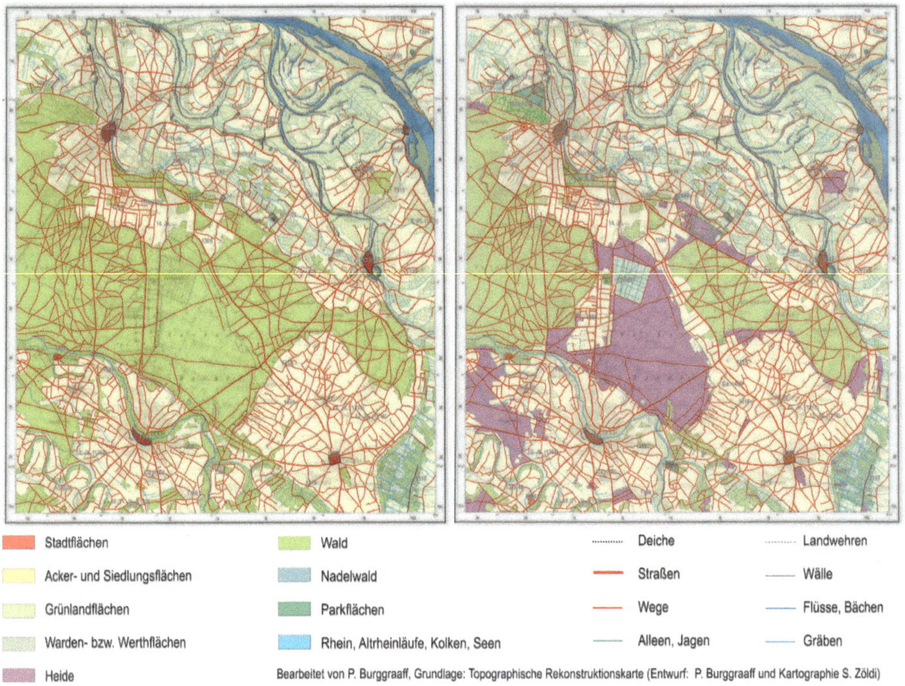

Abb. 6: Landnutzung 1350 und 1730.

Nach den Zielsetzungen von Rhein-LUCIFS ist eine halbquantitative Bilanzierung im Niederrheingebiet bei folgenden Nutzflächen und Bestimmungsfaktoren für einige Zeiträume möglich (s. Abb. 7).

Zusammenfassend überwiegt heute noch immer der Ackerbau, während die Grünlandwirtschaft die zweite Position einnimmt. Die Waldfläche hat sich mittels Rodungen und Kultivierungen seit dem 8. bzw. 9. Jahrhundert reduziert und hat heute nur einen relativ geringen Anteil von 15 %. Die seit dem 14. Jahrhundert entstandenen Heideflächen sind bis heute verschwunden. Durch die Erweiterung der bebauten Flächen nahmen ebenfalls die Siedlungsflächen mit der zugehörigen Flächenversiegelung stark zu. Die Versiegelung hat ebenfalls Konsequenzen für den Ablauf des Niederschlagswassers, da das Wasser dort nicht mehr in den Boden eindringen und versickern kann und auf dem schnellsten Weg abfließt. Die Abfuhrkapazitäten müssen entsprechend erweitert werden. Im Rahmen der Kiesabgrabungen hat sich der Anteil der Wasserflächen vergrößert und somit die hydrologische Situation erheblich verändert.

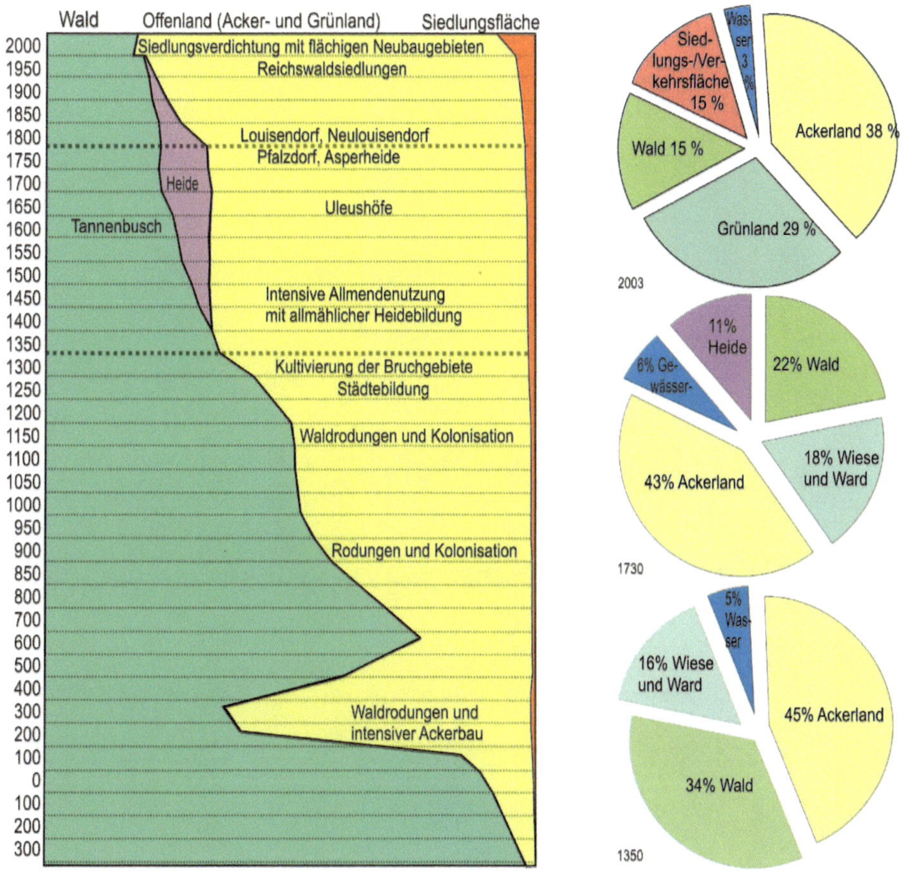

Abb. 7: Lange Reihen Flächenbilanz von 1350, 1730 (Landnutzungskarten) und 2003 (Quelle: Landesamt für Datenverarbeitung und Statistik: Flächenerhebung 2003).

4 Das Zisterzienserinnenkloster Graefenthal

In dieser Untersuchung (*Burggraaff* u. *Kleefeld* 2008 [2009], S. 343–355) ging es um die räumlichen Auswirkungen (*Schenk* 2002, S. 71–88) des 1248 gegründeten Zisterzienzerinnenklosters Graefenthal in der Niersniederung zwischen Asperden und Kessel auf die unmittelbar umgebende Kulturlandschaft im ehemaligen Amt Asperden, der Herrlichkeit Kessel, der Stadt Goch und im Amt Gennep (s. Abb. 8 u. 9). In den Quellen wird das Kloster auch als „*Neukloster*“ oder als „*Vallis Comitis*“ bezeichnet (*Burggraaff*, *Schuhmann* u. *Voss* 1992, S. 189–195).

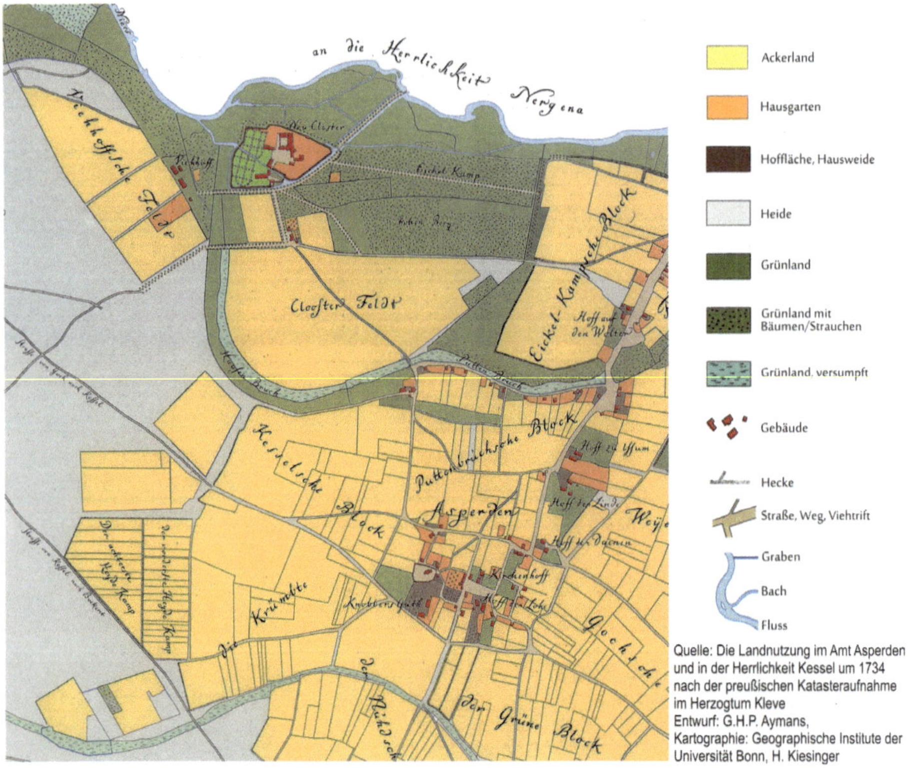

Abb. 8: Standort des Klosters Graefenthal.

Graf Otto II. von Geldern gründete Graefenthal 1248 in einer seit der Römerzeit und dem Frühmittelalter bestehenden Kulturlandschaft in der Niersniederung auf dem Gelände der ehemaligen Burg Rott nördlich von Asperden. Im Kloster zogen hochadelige Nonnen der Münsterabtei aus Roermond ein. Somit ist die gräfliche Gründung als eine Versorgungsstätte für die unverheiratet gebliebenen adligen Frauen zu betrachten, weil viele männliche Adelige als potenzielle Heiratskandidaten auf den Kreuzzügen den Tod fanden. Das neue Kloster wurde dem 1123 gegründeten Zisterzienserkloster Kamp bei Kamp-Lintfort unterstellt.

Unmittelbar nach der Gründung begann man mit dem Aufbau des Klosters im gotischen Stil. Bereits 1252 erfolgte die Altarweihe der Klosterkirche. Von 1251 bis 1376 wurden im Chor vor dem Hauptaltar 13 Grafen bzw. Herzöge von Geldern mit ihren Ehefrauen bestattet. Außerdem wurden dort auch Nonnen, Geistliche und weitere adlige Personen beigesetzt. 1258 waren die ebenfalls im gotischen Baustil und in Ziegelsteinbauweise errichteten Bauten des Klosters fertig gestellt und geweiht.

Die wirtschaftliche Grundlage Graefenthals war durch großzügige Stiftungsgüter vom *Grafen Otto II. von Geldern* mit dem Viehhof und den Patronaten der Kirchen von Gendt, Leuth und Kessel (*Scholten* 1899, S. 64–65) auf eine sichere Grundlage gestellt worden. Die Güter umfassten Acker-, Grün- und Waldland sowie eine Fischerei an der Niers zwischen der Asperdenschen Brücke und Kessel (*Scholten* 1899, S. 64). Dieser Besitz bildete die Grundlage für die spätere Grundherrschaft des Klosters. Für die landwirtschaftlichen Arbeiten wurden Laienschwestern erwähnt. Mit diesen Schwestern konnte das Glaubensideal des Ordens mit Eigenversorgung umgesetzt werden. Die adligen Zisterzienserinnen und Laienschwestern wurden in den Anfangsjahren bei den Bau- und Feldarbeiten nach 1260 auch von den Laienbrüdern des aufsichtführenden Zisterzienserklosters Camp unterstützt.

Im Laufe des 14. Jahrhunderts musste die Eigenbewirtschaftung aufgegeben werden und es wurde eine grundherrschaftliche Pachtwirtschaft eingeführt. Graefenthal entwickelte sich mit Einkünften in Form von Renten, Pachten, Häuserzins, Steuern und Kurmedalen,[4] Einkünfte der Kirchenpatronate, Zoll- und Steuervergünstigungen und Naturalabgaben in Form von Zehnten und sogenannten „Rauchhühnern“[5] zu einer wohlhabenden und bedeutenden Grundherrschaft.

Neben den erwähnten Kirchenpatronaten erwarb das Kloster zwischen 1280 und 1320 die Patronate der benachbarten Kirchen von Asperden, Hassum und Hommersum (*Scholten* 1899, Asperden: S. 73, Hassum: S. 96–77, Kessel: S. 110). Weitere Einkünfte erwarb das Kloster durch das Privileg, Bier zu brauen (Stadtarchiv Goch, Urkunde 13). Ebenfalls besaß Graefenthal 1302 bzw. 1337 Weinberge bei Sinzig am Rhein, in Kessel und auf dem Gut Lempt am Gocher Berg (Abb. 10, vgl. Hauptstaatsarchiv Düsseldorf – Landesarchiv NRW, Bestand Graefenthal, Urkunden-Nr. 6–7, 16 von 1302 und 1337. Vgl. auch *Jung* 1963, S. 113–114). Hiermit wird belegt, dass es auch am unteren Niederrhein Weinbau gab. In der Klevischen Katasterkarte ist dort kein Weinbau mehr eingetragen.

Das Kloster besaß auch Wassermühlen. Am 8. Mai 1301 schenkte *Graf Reinhold von Geldern* dem Kloster die Niersmühle in Asperden (s. Abb. 9) und erwarb das Kloster Wassermühlen in Viller (1291) und Hervorst (*Scholten* 1899, S. 78–81 ff.; S. 85–95) sowie Windmühlen in Goch und Wemb bei Weeze (*Scholten* 1899, Urkunden 42–44, 82, 136, 255, Stadtarchiv Goch A 47, Dijkhof: Oorkondenboek Nr. 1282.05.20, 1282.05.21 und 1282.05.23).

Das Kloster erhielt 1307 auch die Nutzungsrechte an dem Heemholtwald zwischen Goch und Hommersum (*Scholten* 1899, Urk. 105, Stadtarchiv Goch A 47.2.; *Schmitz* 1940, S. 47–49). Seit 1350 entwickelte sich der Wald durch die Übernutzung des Waldes mit der

---

4 Nach dem Urbar von 1381 gehörten zum Kloster 237 und 1450 etwa 190 Kurmedalen (*Scholten* 1899, S. 39). Es handelte sich dabei um unfreie Bauern, deren Erben als Kurmede das beste Stück Vieh, ein gutes Kleid oder einen Anteil des Nachlasses dem Kloster leisten mussten.

5 Nach dem „Rauch“, d. h. dem Herd bemessene Abgabe eines Huhnes.

Viehhaltung, dem Plaggenstich und der Rodung der Geerbten zur Heide. Diese Fläche ist auf der Landnutzungskarte von 1734 als „*Asperdische Heijde*" auf der Grundlage der Klevischen Katasterkarten dargestellt (s. Abb. 9). Über diese Rechte gab es bis etwa 1650 häufig Streit mit der Stadt Goch. Bis 1653 ließ das Kloster Graefenthal dort etwa 90 Morgen Heideland kultivieren. Seit 1770 wurden weitere Kultivierungen vorgenommen. 1772 entstand dort als Erweiterung für die wachsende Bevölkerung der 1741 gegründeten „Pfälzer" Kolonie Pfalzdorf die zweite Pfälzer Siedlung Asperheide, die bereits 1786 186 Einwohner zählte (s. Abb. 19, vgl. *Burggraaff* 1992, S. 41).

Nach einem Urbar von 1381 verfügte das Kloster über einen umfänglichen Grundbesitz, der durch die Genehmigung, dass die Nonnen das Erbe von Verwandten annehmen durften, noch weiter zunahm. Das Kloster stieg um 1400 zu einer der reichsten Grundherrschaften am Unteren Niederrhein auf.

Von 1474 bis 1705 folgte eine Periode von fast kontinuierlichem Niedergang. Während des Burgundischen Krieges (1473–1477) wurde das Kloster zerstört. Trotz des Wiederaufbaus durch den Herzog von Kleve konnte das Kloster jedoch seine frühere Bedeutung nicht mehr erlangen.

Nach einer Visitation von 1574 lebten in Graefenthal mit der Äbtissin weitere 17 Nonnen. Die 1581–1582 auftretende Pest im benachbarten Asperden wirkte sich auch auf das Kloster aus. Im Jahre 1583 wurde das Kloster durch Plünderungen und Kontributionsforderungen während des spanisch-niederländischen Krieges (1568–1648) bzw. Truchsessischen Krieges (1583–1588) schwer getroffen. Während des Dreißigjährigen Krieges (1618–1648) nahm die Verschuldung weiter zu und es mussten Klostergüter veräußert werden, die 1647 zu drastischen Sparmaßnahmen führten. Im Französisch-Holländischen Krieg (1672–1678) kam es zu großen Flur- und Feldschäden, Viehdiebstahl, Brandschatzungen und Repressalien durch die französische Armee. Deswegen musste sich das Kloster zwischen 1680 und 1695 erneut verschulden und 15 Wirtschaftshöfe und eine Windmühle verkaufen.

Erst nach 1705 trat eine wirtschaftliche Verbesserung ein. Es wurde wieder Land gekauft und das Kloster renoviert: 1717 wurden die große und kleine Remise, die Bäckerei, die Brauerei, 1725 das Gartenhäuschen, das zweistöckige barocke Torhaus sowie der Taubenturm errichtet und eine barocke Gartenanlage innerhalb der Klostermauer und außerhalb der Mauer Alleen angelegt (s. Abb. 8). Das einsturzgefährdete Dormitorium wurde erneuert und schließlich 1793 die Klosterkirche umgebaut und instandgesetzt.

Am 9. Juni 1802 wurde die Grundherrschaft von den französischen Behörden aufgehoben und das rundum erneuerte Kloster säkularisiert. Die Klostergebäude und Teile des Klosterbesitzes wurden von Mylius aus Aachen, dem früheren Rentmeister *Franz Christoph Horstermans*[6] und *Michael Franz Severin Sinsteden* (*Koepp* 1993, S. 30) aus Kleve angekauft. Sinsteden erwarb später die Abteigebäude, das Refektorium, der Konventbau, die

6 Er überführte das Klosterarchiv unversehrt nach Gaesdonck. Vgl. *Scholten* 1899, S. 68–256.

Infirmie, Brauerei und das Herrenhaus (*Hohmann* u. *Koepp* 1997, 427, S. 3) und wurde alleiniger Eigentümer. Er wandelte das Kloster in ein landwirtschaftliches Gut um. Da die Kirche nicht mehr benötigt wurde, erfolgte 1808 der Abriss der Klosterkirche. Die Steine wurden für den Neubau der katholischen Kirche der Kolonie Pfalzdorf verwendet. Das Hochgrab des Stifters ist erhalten geblieben. Die Grabplatten von adligen Familien, Geistlichen und Nonnen, die in der Kirche bestattet waren, wurden als Fußbodenbelag in der neuen Kirche in Pfalzdorf eingebaut.

Nach dem Abriss der Kirche gestaltete der Düsseldorfer Hofgärtner *Maximilian Friedrich von Weyhe* im Auftrag von *Sinsteden* 1809 das Klostergelände intra muros mit einem englischen Garten und der freistehenden Grabtumba des 1271 verstorbenen *Otto II. von Geldern* als Mittelpunkt um (*Koepp* 1991, S. 5–12, Beleg S. 9). Beim Vergleich des Gartenplans mit dem Urkatasterplan 1823 stellte sich heraus, dass die von *Weyhe* vorgesehene Einbeziehung der landwirtschaftlich genutzten Flächen im Bereich des südlichen Torhauses niemals verwirklicht worden ist.

Graefenthal blieb über 150 Jahre im Besitz der Familie *Sinsteden*, die 1963 nach Irland auswanderte. In diesem Jahr erwarb *Franz Kleinmanns* das Gut und ließ den Ostflügel restaurieren. Das Gut wurde weiterhin landwirtschaftlich genutzt. Er ließ im Nordflügel mit massiven Stahlbetonträgern ein Getreidesilo anlegen. 1988 erwarb die Stadt Goch die Anlage.

Von den einstigen Klosterbauten existieren bis heute neben dem Wassergraben, die Klostermauer, die gemauerte Brücke, das zweigeschossige Torhaus des 18. Jahrhunderts, der Taubenturm sowie die Remisen aus Backstein. Vom Kreuzgang sind der Nordflügel mit dem Kapitelhaus sowie der anschließende Ostflügel erhalten.

4.1 Der Klosterbesitz um 1730

Graefenthal hatte um 1730 wegen seines Besitzes großen Einfluss auf die Kulturlandschafts- und Siedlungsentwicklung der unmittelbaren Umgebung. Das Amt Asperden bestand aus vier Kirchspielen:

1. Asperden mit den Bauernschaften Hervorst-Bimmen, Boeckelt und Gaesdonck,
2. Hassum mit der Plees,
3. Hommersum mit Viller und
4. Kessel.[7]

[7] Am 9. November 1647 wurde Kessel eine Herrlichkeit und zu einem Zutphener und unsterblichen Klevischen Lehn (*Scholten* 1899, S. 69).

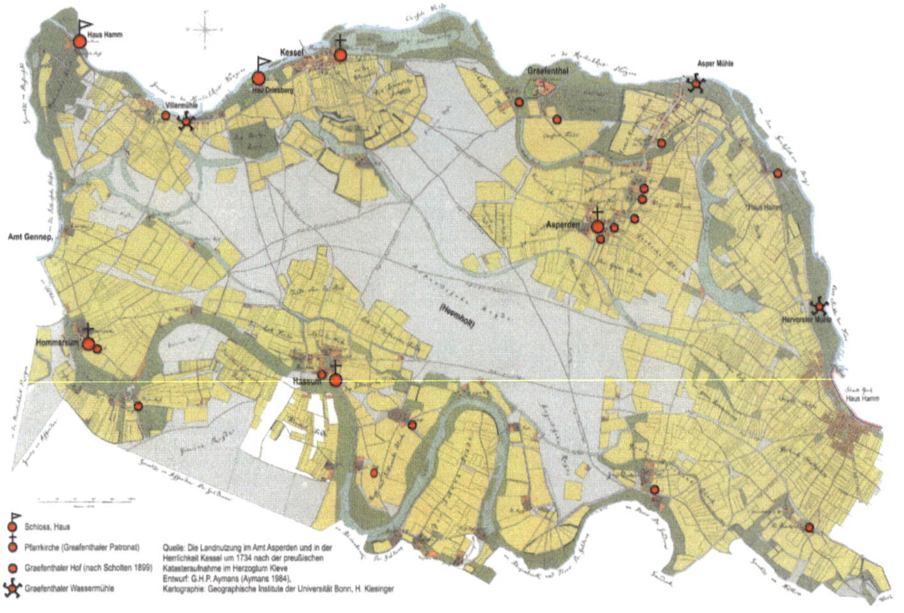

Abb. 9: Graefenthaler Besitz im Amt Asperden und in der Herrlichkeit Kessel.

Der Grundbesitz bzw. Einkünfte in den Ämtern Asperden, Goch und Gennep befanden sich in folgenden Orten: Asperden, Gennep, Goch, Hassum, Hervorst (Bimmen), Heijen, Hommersum mit Viller und Kessel. Dazu gehörten auch die Wassermühlen in Viller und Asperden sowie eine Kornmühle in Hervorst und in Goch.[8]

Einen guten und detaillierten Überblick über die klösterlich geprägte Kulturlandschaft des frühen 18. Jahrhunderts vermitteln die Klevischen Katasterkarten des Amtes Asperden und der Herrlichkeit Kessel (1734), des Amtes Goch (1736), der Stadt und des Amtes Gennep (1731) sowie der Herrlichkeit Heijen (1732).[9] In den zugehörigen Registern gibt es detaillierte Angaben über den Klosterbesitz der Jahre 1732–1736.[10] Auf dieser Karte sind die bei Scholten (1899) erwähnten Patronate, Gehöfte und Wassermühlen des Klosters eingetragen.

1737 ließ die Äbtissin ein Zehntbuch auf der Grundlage des Klevischen Katasters erstellen (*Aymans* 1984, S. 202). Nach dem Zehntbuch mit den Katasterkarten und dem Register

8 Vgl. Archiv Huis Berg, 's-Heerenberg/NL. Kartular über den Grundbesitz des Klosters von 1553.

9 Diese Karten sind in den Jahren 1984–1990 von *Gerhard Aymans* und seinen Mitarbeitern *Marlies Boeckels*, *Thomas Faber*, *Wolfgang Jansen* und *Astrid Schild* in Landnutzungskarten im Maßstab 1:10.000 im Geographischen Institut der Universität Bonn umgearbeitet worden.

10 *Aymans* 1984, S. 202–221. Das Register wurde nicht aufgearbeitet und veröffentlicht.

des Klevischen Katasters betrug der Grundbesitz im Amt Asperden 592 Morgen. Im Amt Goch besaß das Kloster am rechten Niersufer den „*Lembtsche[n] Hof*" mit Landflächen von über 73 Morgen (s. Abb. 10, vgl. *Schumann* 1990, S. 57). Im westlich angrenzenden Amt Gennep war der Grundbesitz von Graefenthal vergleichsweise bescheiden. Dort besaß das Kloster in der Bauernschaft Milsbeek vier Morgen und 309 Quadratruten Torffehn und in der Bauernschaft Ottersum 17,5 Morgen (s. Abb. 10, vgl. *Aymans, Burggraaff* u. *Jansen* 1988, S. 151 u. S. 169, mit einem Register).

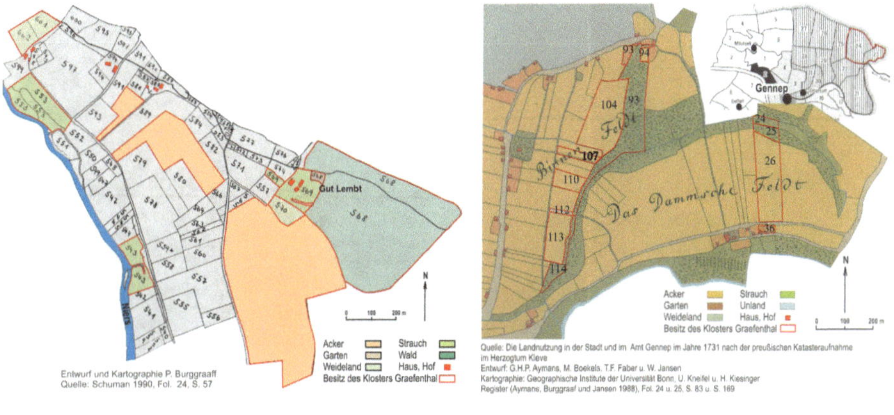

Abb. 10: Graefenthaler Besitz im Amt Goch (1736) und im Amt Gennep, Bauernschaft Ottersum (1731).

Darüber hinaus besaß das Kloster ebenfalls Güter in den heutigen niederländischen Provinzen Gelderland (Betuwe und Overbetuwe), in Noordbrabant('s-Hertogenbosch) und Limburg.[11] Das Kloster hatte im preußischen Teil des Herzogtums Geldern ebenfalls Besitzungen. Außerdem besaß das Kloster Weinberge in Bodendorf an der Ahr, Remagen und Sinzig im unteren Mittelrheintal.

1802 umfasste der Grundbesitz von Graefenthal 6.300 Morgen Ackerland, Weiden, Wiesen und Wald sowie eine Fischzucht bei Asperden und 36 Bauernhöfe.

Graefenthal stellt für den Niederrhein und die angrenzenden niederländischen Gebiete ein besonders wertvolles kulturelles Erbe dar. Es übte großen Einfluss auf die Kulturlandschaftsentwicklung der Region aus. Das ehemalige Kloster ist seit 1982 in der Denkmallis-

---

11 Aus einer Aufstellung von 1565 wird die geographische Verteilung des Graefenthaler Grundbesitzes bzw. der Einkünfte deutlich: Afferden, Angeren, Appeldorn, Beuningen, Bocholt, Bodendorf an der Ahr, Bracht (Breyell, Kaldenkirchen, Lobberich), Buren, Driel, Druten, Düffelward, Gendt, (Doorenburg), Geldern, Grave, Grefrath, Grietherbusch, Hau, 's-Hertogenbosch, Hien, Hülm, Kervenheim, Ketelbruch, Kevelaer, Kleve, Leeuwen, Leuth, Malden, Mook, Nederasselt, Nijmegen, Overasselt, Persingen, Pont, Puyflyk, Remagen und Sinzig am Mittelrhein, Straelen, Tiel, Veert, Walbeck, Winssen, Weeze und Zaltbommel.

te der Stadt Goch eingetragen. Allerdings steht nur die ehemalige Klosteranlage innerhalb der Ringmauer unter Schutz. Leider wurde die Niersaue, die für den gewählten Standort sehr wichtig war, nicht geschützt und ist heute durch die Kiesgewinnung nicht mehr vorhanden.

Durch die fast 200-jährige landwirtschaftliche Nutzung Graefenthals wurde alte Bausubstanz zerstört: Abriss der Klosterkirche, Umgestaltungen unter Missachtung des überlieferten kulturellen Erbes, wie der Einbau eines Weizensilos mit Betongerüst 1965. Allerdings gehört die landwirtschaftliche Nutzung wiederum ebenfalls zur Geschichte von Graefenthal.

1987 erwarb die Stadt Goch die Anlage und ließ die 1,3 km lange Ringmauer im Rahmen von Arbeitsbeschaffungsmaßnahmen zwischen 1989 bis 1991 sanieren. Aufgrund des geplanten großflächigen Kiesabbaus und angedachter Umgestaltung des Klosters als Tagungskomplex mit Golfplatz formierte sich eine Aktionsgruppe *„Ehemaliges Zisterzienserinnenkloster Graefenthal“*, die sich mit den Belangen des ehemaligen Klosters als hoch bedeutendem kulturellem Erbe befasste. Das Hauptziel war die Erhaltung und Nutzung Graefenthals innerhalb der damals noch vorhandenen historisch gewachsenen unmittelbaren Umgebung.

Eine neue Entwicklungsphase des Klosters begann 2004 mit dem Erwerb durch *IJsbrandt Roovers* aus dem benachbarten Heijen (Gemeinde Gennep). Im Einvernehmen mit der Denkmalpflege, der Stadt Goch und in enger Zusammenarbeit mit dem Förderverein Kloster Graefenthal e. V.[12] wurden die vorhandene Bausubstanz, wie ein Teil des Kreuzgangs, instandgesetzt und neuen Nutzungen zugeführt, die dem bedeutenden kulturhistorischen Erbe im deutsch-niederländischen Grenzgebiet gerecht werden. Über die heutigen Aktivitäten im Kloster informiert eine Internetseite (http://www.kloster-graefenthal.de/veranstaltungen, Zugriff: 20. Juni 2015).

Aufgrund der vorliegenden schriftlichen Quellen, der Altkarten und vor allem der erstellten Landnutzungskarten von 1731–1736 auf der Grundlage der Klevischen Katasterkarten (*Aymans* 1988, S. 203–221; *Aymans* 1986, S. 14–28) sowie der Literatur konnten die Entwicklung von Graefenthal und die umgebende Kulturlandschaft detailliert untersucht werden. Hierdurch ist es möglich geworden, dass diese Kulturlandschaft als „bedeutsamer Kulturlandschaftsbereich Niers und Kendel“ aufgrund der vorgeschichtlichen und römerzeitlichen Besiedlung, des hochmittelalterlichen Landesausbaus und wegen der Raumwirksamkeit des Klosters Graefenthal für den Landesentwicklungsplan Nordrhein-Westfalen ausgewiesen wurden (Erhaltende Kulturlandschaftsentwicklung in Nordrhein-Westfalen 2007).

---

[12] Der grenzüberschreitende, 2005 gegründete deutsch-niederländische Förderverein Kloster Graefenthal e. V. hat folgende Ziele: 1. Graefenthal vor dem Verfall zu retten und 2. Graefenthal zu einem lebendigen Forum vielfältiger deutsch-niederländischer Begegnungen werden zu lassen. Es finden regelmäßig Ausstellungen, Konzerte, Exkursionen und Vorträge statt (http://www.kloster-graefenthal.de/fv, Zugriff: 20. Juni 2015).

5 Uedemerbruch: Naturschutz und Kulturgeschichte gemeinsam erleben und entwickeln

Im Projekt „*Naturschutz und Kulturgeschichte gemeinsam erleben und entwickeln*“ des Naturschutzzentrums Kleve e. V. (2011–2013) wurden Zusammenhänge, Gemeinsamkeiten und Unterschiede zwischen dem Naturschutz und der historisch gewachsenen Kulturlandschaft im Projektgebiet Uedemerbruch herausgearbeitet (*Büdding* et al. 2012). Da Naturschutz in der Kulturlandschaft stattfindet, war die gemeinschaftliche Betrachtung und Kartierung zielführend. Das Projektgebiet umfasst eine charakteristisch gegliederte Bruchlandschaft mit Grün-, Ackerland und Wald in Gemengelage und leicht ansteigenden Sanderflächen westlich von Uedemerfeld und östlich von Uedemerbruch, hauptsächlich Ackerland (Abb. 11).

Das Hauptziel dieses Projektes war die gemeinsame naturschutzfachliche und kulturhistorische Betrachtung der Kulturlandschaft und einer gemeinsam entwickelten Bewertung. Hierzu wurden Daten erhoben sowie naturschutzfachliche und kulturhistorische Kartierungen durchgeführt, die im digitalen kulturlandschaftlichen Informationssystem des Landschaftsverbandes Rheinland (www.kuladig.lvr.de) mit einer Verschneidung der beiden Aspekte als Mehrwert von Kulturlandschaftselementen abrufbar sind.

Auch in diesem Projekt bildete das Klevische Kataster eine wichtige Grundlage für die kulturlandschaftliche Untersuchung. Mit den Karten und dem Register konnte die damalige Landnutzung detailliert dargestellt werden (Abb. 12, 14).

Die Kulturlandschaftsentwicklung hängt auch mit der vorgegebenen naturräumlichen pleistozänen Beschaffenheit der Sanderfläche (Uedemerfeld) und dem holozänen Uedemerbruch zusammen. Diese naturräumliche Differenzierung ermöglichte damals unterschiedliche Nutzungen, die heute noch im Landschaftsbild ablesbar sind.

Um 1150 war die Landschaft um Uedem mit Ausnahme der 863 erwähnten Rodungsinsel „*Odeheimero Marka*“ (Uedem) mit Wald bestockt (*Ilgen* 1910, S. 26; *Gorissen* 1952, S. 1). Erst im 13. Jahrhundert folgte eine Expansion mit der Waldrodung „*Uedemerfeld*“ (1236 erstmals erwähnt) und der Kultivierung „*Uedemerbruch*“ (1295 erstmals erwähnt). Uedemerfeld ist eine geplante lineare Waldhufensiedlung mit einer Länge von ca. 5 km in einer charakteristischen Lage am Rande des Uedemerbruchs, das vom *Grafen Dietrich VIII. von Kleve* (1256–1305) 1295 gegen Erbpacht und Zehnt für die Kultivierung vergeben wurde (*Zschocke* 1963, S. 44). Holländische Entwässerungsspezialisten („*Broeker*“) wurden für die Entwässerung ins Land geholt. Die Kultivierung von Uedemerbruch steht im Zusammenhang mit der planmäßigen Binnenkolonisation am Unteren Niederrhein zwischen 1290 und 1340. Die Bruchkolonisation umfasste nach dem Klevischen

Urbar von 1319 des *Grafen Dietrich IX. von Kleve* (1310–1347) *„44 hoeven 1 margen end 1 hunt"*, die auf 76 Besitzer verteilt waren.[13]

Die durchgeführte Kulturlandschaftsanalyse (Abb. 13) mit der Darstellung und Beurteilung von prägenden Landnutzungsformen, Siedlungsstrukturen und kulturlandschaftlichen Objekten bezog sich auf das Klevische Kataster von 1734. Somit konnten 280 Jahre Kulturlandschaftsentwicklung kartographisch mit Landnutzungsstadien als Querschnittskarten und Kulturlandschaftswandel als Längsschnittkarte nachvollziehbar dargestellt werden.[14]

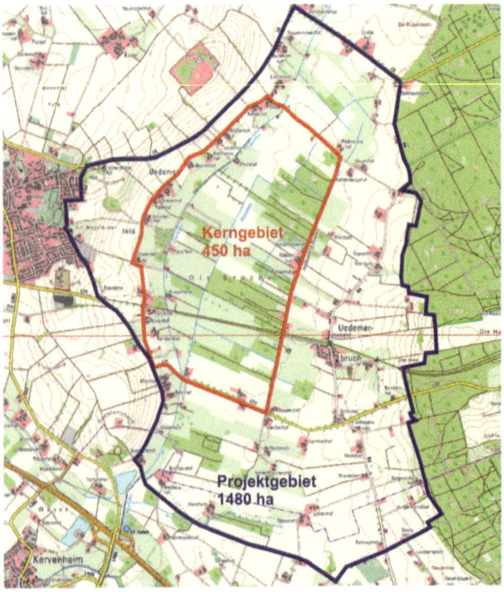

Abb. 11: Projektgebiet mit Kerngebiet Uedemerbruch.

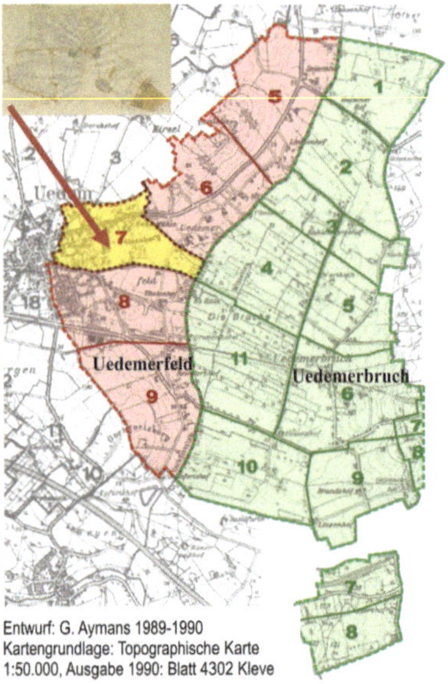

Abb. 12: Blattweiser der Einzelblätter der Klevischen Katasterkarten.

---

13 *Oediger* 1982, I, S. 128. Bemerkenswert ist, dass Uedemerfeld im Gegensatz zu Uedemerbruch im Urbar als Teil des Amtes Uedem aufgelistet wird. Dagegen bilden die Bauernschaften Buchholt, Persel und das *„Bruch zwischen Muste und Steenbergen"* eigene Rubriken. Aus den aufgeführten Namen geht hervor, dass Uedemerfeld unter Uedem verzeichnet ist *Oediger* 1982, I, S. 128.

14 Die gewählten Landnutzungsstadien bezogen sich auf die neu erstellte *Tranchot*karte von 1802/1804, die neu erstellte preußische Uraufnahme von 1843, die neu erstellte Neuaufnahme von 1892, die um 1950 bearbeitete topographische Karte und die aktuelle topographische Karte.

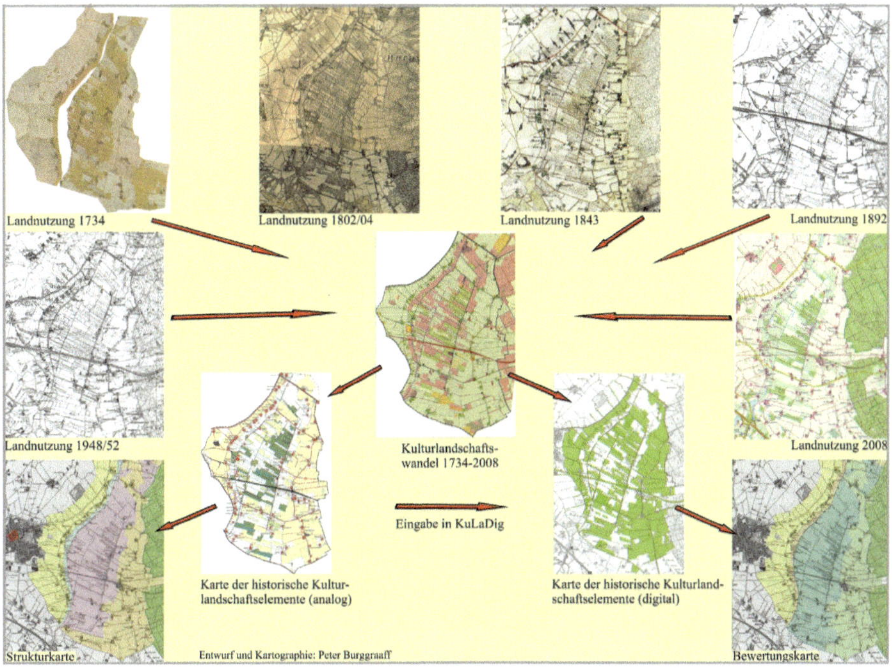

Abb. 13: Schema der Kulturlandschaftsanalyse mit Landnutzungskarten, Kulturlandschaftswandelkarte, Karte der historischen Kulturlandschaftselemente, Struktur- und Bewertungskarte.

Die Landnutzung ist auf den Klevischen Katasterkarten sehr detailliert dargestellt. Es wurde unterschieden in: „Bauland (Ackerland), Garten, Kohl- und Baumgarten mit Hecken, Weide, Wiese, Heide, Bruch mit Strauch, Bruch ohne Strauch, Busch und bepflanzte Heide". Ein Gesamtbild der Landnutzung im Projektgebiet wurde durch die Montage der einzelnen Kartenblätter von Uedemerfeld und Uedemerbruch ermöglicht, die hervorragend aneinander passten. Allerdings passten die beiden montierten Blätter von Uedemerfeld (Blatt 5 bis 9) und Uedemerbruch (Blatt 1 bis 10) nicht zusammen (Abb. 14).

In den höher gelegenen Teilen des Projektgebietes dominiert der Ackerbau und in den tiefer gelegenen Arealen das Bruch- und Grünland (Weiden und Wiesen) sowie der Wald. Die im Kataster dargestellten parzellierten Bruchflächen von Uedemerfeld, die zu dieser Zeit nicht parzelliert waren, wurden extensiv als Allmende genutzt. Diese gehörten zu den kultivierten Flächen von 1295 und wurden ursprünglich als Ackerland verwendet. Deswegen sind sie als Eigentums- und nicht als „Gemeine" Flächen dargestellt worden.[15]

[15] Siehe „Register des Kirchspiels Udemerbruch, Ambt Udem, vermessen Ano 1734 durch A. du Moulin".

Die vorherrschende Dominanz der Bruchflächen im niedrigsten Teil von Uedemerbruch belegt, dass die Entwässerung damals nicht optimal funktionierte. Durch die Ackernutzung und ständige Entwässerung ist das Bodenniveau bezüglich des Grundwasserspiegels gesunken. Der hierdurch entstandene größere Höhenunterschied erschwerte zunehmend die Entwässerung und führte zu einer Vermassung.

Unmittelbar östlich von Uedemerfeld erstreckte sich bis zum Leitgraben ein langer, schmaler, nicht parzellierter Bruchlandstreifen, der von den Uedemerfelder Bauern als Allmende genutzt wurde. In der Mitte dieser Bruchlandzone befinden sich nordwestlich von Haus Kolk vier Waldparzellen und eine Weideparzelle.

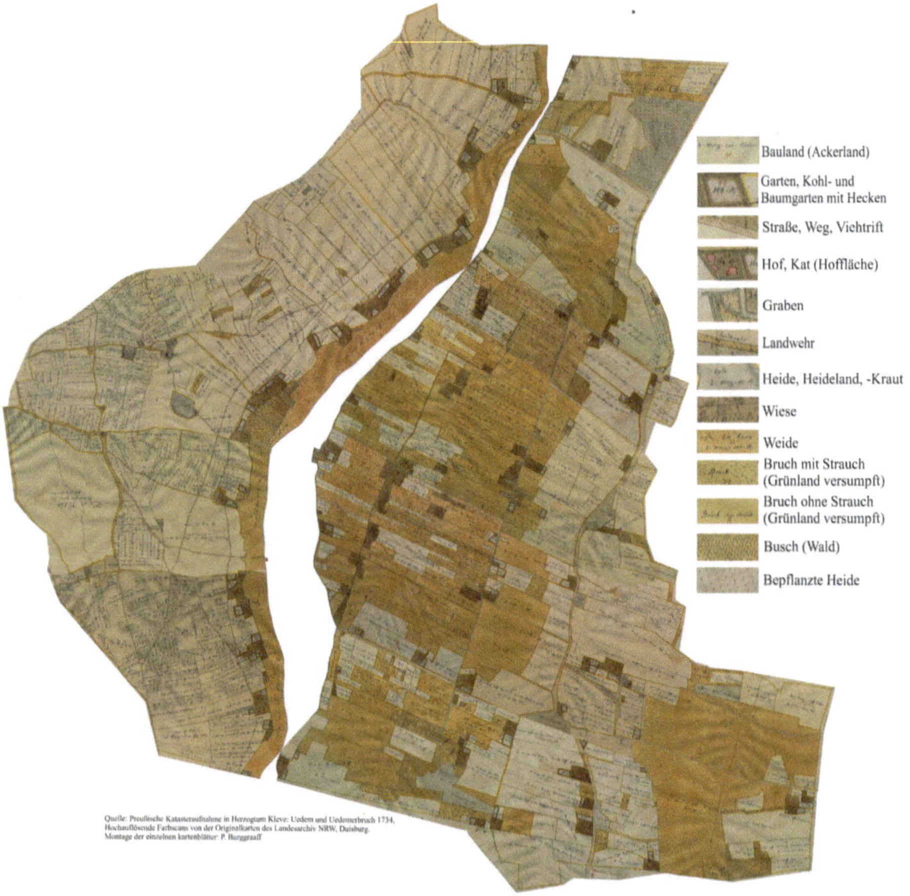

Abb. 14: Landnutzung in Uedemerfeld und Uedemerbruch nach den montierten Klevischen Katasterkarten von Uedemerfeld und Uedemerbruch (Nr. 11 von du Moulin und Enbers, 1734, Quelle: Landesarchiv NRW).

Am Nordrand des Projektgebietes befindet sich eine um 1730 aufgeforstete Heidefläche (bepflanzte Heide) östlich des „*Großen hueff*". Außerdem befinden sich 14 kleinere Waldflächen (Busch) im Projektgebiet (Abb. 14). Auf der Karte sind im höher gelegenen östlichen Teil von Uedemerbruch fünf kleinere Heide- und Ödlandflächen eingetragen. In Uedemerfeld befinden sich an der Hohen Mühle auch kleinere Heideflächen.

Die linear geprägte Siedlungsstruktur und Streifenparzellierung von Uedemerfeld ist deutlich ablesbar. Dies gilt auch für Uedemerbruch. Dort befinden sich die Gehöfte und Katen entlang des Leitgrabens, der Holländischen Straße, der Dorf-/Marienbaumstraße und Labbecker Straße im Süden, die auch auf den Klevischen Katasterkarten dargestellt sind. Darüber hinaus ist das Entwässerungssystem mit den Gräben und Leitgraben ebenfalls präzise dargestellt worden.

Aufgrund der extensiven Landnutzung, die auf den genauen Klevischen Katasterkarten von 1734 präzise dargestellt worden ist und der damaligen agraren Bewirtschaftungsmethoden müssten die Rahmenbedingungen für eine artenreiche Flora und Fauna im Uedemerbruch durchaus optimal gewesen sein.

Die Landnutzung 1802/1804 hat sich seit 1734 kaum verändert. Die *Tranchot*karte zeigt weitgehend das ähnliche Landnutzungsgefüge von 1734. Auffallend ist, dass die meisten Bruchflächen der Klevischen Katasterkarten auf der *Tranchot*karte eine Waldsignatur haben, die hierdurch auf dem Kartenblatt dominieren. Im östlichen Uedemerbruch dominiert wiederum das Ackerland. Das Feuchtland unmittelbar östlich der Hofreihung von Uedemerfeld weist jedoch eine etwas abweichende Waldsignatur auf. Da die Bewirtschaftungs- und Landnutzungssituation sich kaum verändert haben, gilt dies auch für die Rahmenbedingungen der Flora und Fauna. Das Siedlungsgefüge hat sich im Vergleich zu 1734 nur geringfügig verändert.

Das gleiche gilt auch für das Landnutzungsgefüge von 1843. Die Uraufnahme zeigt eine ähnliche Landnutzung. Es gibt einige kleinflächige Heidekultivierungen, die sich auf den südöstlichen Teil des Projektgebietes beschränkten. Die Rahmenbedingungen für Flora und Fauna haben sich kaum verändert. Es gibt wenige abgegangene Höfe und Katen sowie einige neue Höfe. Im östlich angrenzenden königlichen Hochwald gab es erste Nadelholzaufforstungen insbesondere mit Kiefern. 1826 wurden ähnlich wie im Reichswald quadratische Abteilungen angelegt. Außerdem wurde zwischen 1804 und 1843 das Forsthaus Nachtigall gebaut. Die meisten alten Waldwege sind nicht mehr eingetragen.

Das Landnutzungsgefüge von 1892 weist mehr Veränderungen auf. Die meisten Feuchtgebiete östlich der Uedemerfelder Höfereihung wurden in Grünland umgewandelt und parzelliert. Dies galt auch für die verbliebenen Heideflächen im südöstlichen Teil des Projektgebietes. In Uedemerbruch sind Waldareale gerodet und in Grünland umgewandelt worden. Die Besiedlung hat sich vor allem in Uedemerbruch verdichtet. Eine weitere signifikante Veränderung war die Errichtung der Boxteler Bahn der Nordbrabantschen-Deutschen Eisenbahngesellschaft vom niederländischen Boxtel über Goch nach Wesel zwischen 1875 und 1878 (*Lehmann* 1998). Hierzu wurde in Uedemerbruch ein Bahndamm mit Unterführungen für die Straßen errichtet. Uedemerfeld und Uedemerbruch erhielten jeweils eine eigene Haltestelle. Der Hochwald erfuhr eingreifende Veränderungen. Die dominierende Laubbaumvegetation ist bis auf wenige Areale von Nadelholzaufforstungen ersetzt worden. Die vorhandenen Abteilungen sind ähnlich wie im Reichswald 1856 halbiert, neu nummeriert und mit Steinen markiert worden. An der Grenze zum Hochwald gab es östlich des Forsthauses Nachtigall und in der Abteilung 151 des Hochwaldes sowie bei Gelemannshof im Südosten Sand- bzw. Kiesgruben.

Die Landnutzung 1948/1950 weist vor allem im nördlichen Teil des Projektgebietes Veränderungen auf. Dort sind weitere Waldflächen gerodet und kultiviert worden. Erste Mechanisierungsansätze führten allmählich zu einer intensiveren und gleichzeitig arbeitsextensiveren Bewirtschaftung. Außerdem wurden zunehmend Kunstdünger und Schädlingsbekämpfungsmittel eingesetzt, die sich negativ auf die vorhandene Flora und Fauna auswirkten. 1906 erhielt Uedemerfeld neben der bestehenden Haltestelle einen Bahnhof, auf dem landwirtschaftliche Erzeugnisse und Kohle verladen wurden. Der Bahnbetrieb wurde 1945 eingestellt und die Gleise sind abgetragen worden. Außerdem sind einige neue Gehöfte an der Dorfstraße bzw. Marienbaumer Straße errichtet worden. Uedemerbruch wurde 1905 zum Pfarrrektorat erhoben. Zwischen 1895 und 1897 war bereits eine neue Kirche zur Hl. Familie im neugotischen Stil gebaut und am 4. März 1897 geweiht worden. Dort entwickelte sich ein kleiner Ortskern.

Die heutige Landnutzung wird von einer dynamisch modernisierten Landwirtschaft geprägt, die mit einem deutlich vermehrten Maschineneinsatz, zunehmender Arbeitsextensivität und stark erweiterter Produktivität einherging. Die dynamische Modernisierung der Landwirtschaft und die Auswirkungen der europäischen Landwirtschaftspolitik seit den 1950er Jahren haben die Landwirtschaft verändert. Die heutigen Gehöfte sind meistens mit großen Laufstall-, Futter- und Siloanlagen modernisiert worden. Dies gilt auch für den Maschinenpark. In Uedemerbruch ist seit den ausgehenden 1960er Jahren an der Südseite des Bahndammes am kleinen Ortszentrum ein geschlossenes Neubaugebiet entstanden. In Uedemerfeld hat sich das Siedlungsgefüge nur geringfügig verändert. Durch die östliche bauliche Erweiterung von Uedem ist die Neubebauung nahe an Uedemerfeld gerückt.

Die kulturlandschaftliche Entwicklung seit 1734 wurde durch den Vergleich und die Interpretation der erstellten Landnutzungskarten von 1734, 1802/1804, 1843, 1894, 1948/1950 und 2008 in einer Kulturlandschaftswandelkarte auf der Grundlage der neuesten Ausgabe der deutschen Grundkarte im Maßstab 1:10.000 eingearbeitet. Somit gibt diese Karte Einblicke in die Datierung der punktuellen, linien- und flächenhaften Kulturlandschaftselemente und verdeutlicht die Chronologie der erfassten kulturlandschaftlichen Entwicklung der letzten etwa 280 Jahre. Während die im 19. Jahrhundert einsetzenden Veränderungen so im Kartenbild visuell erfasst sind, werden die Prozesse und Faktoren, die zur Herausbildung des Landschaftsbildes mit seinen seit 1734 erhaltenen Elementen und Strukturen führten, beschrieben und analysiert. Die Veränderungen und die Persistenz (Verharrung) sind in der Wandelkarte durch die chronologisch angeordneten Farben deutlich ablesbar, ebenso der Anteil historisch gewachsener Strukturen im Verhältnis zu den umfangreichen Flächenveränderungen zwischen 1948/1950–2008. Die Wandelkarte hilft bei der Einschätzung von Landschaften hinsichtlich struktureller historischer Bewahrung oder zeitgenössischer Überformung.

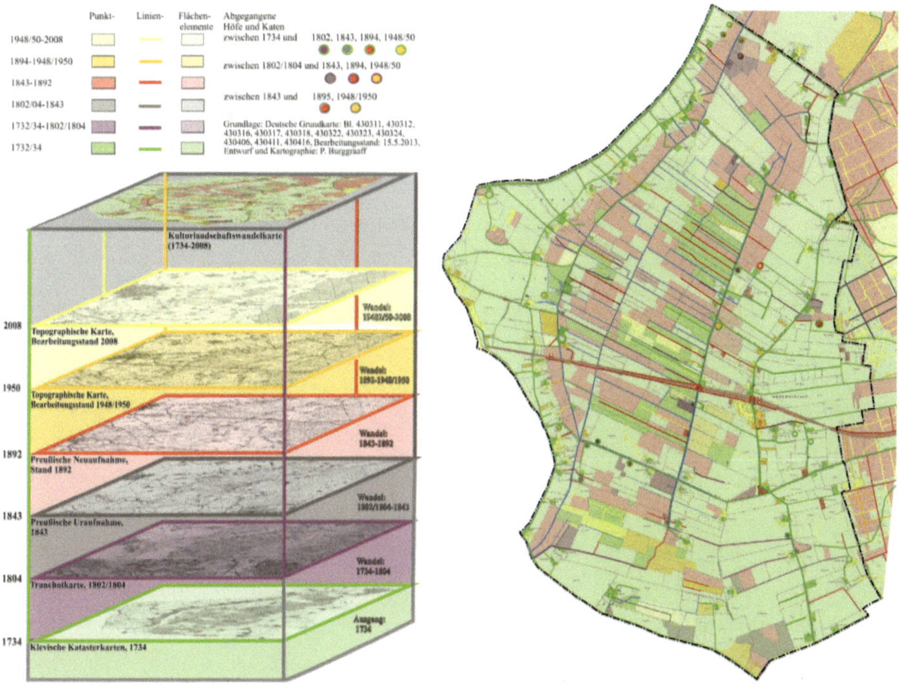

Abb. 15: Schematische Darstellung des Kulturlandschaftswandels mit entsprechenden Kartenquellen[16] und Kulturlandschaftswandelkarte 1734–2008: Grundlage Deutsche Grundkarte (Quelle: Bezirksregierung Köln, Abt. 7: Geobasis NRW).

Abb. 15 stellt die Kulturlandschaftswandelkarte dar. Mit unterschiedlichen Farben werden die Veränderungen in der Kulturlandschaft für die verschiedenen Epochen chronologisch hervorgehoben. Deren Festlegung hängt mit der Erscheinung neu erstellter Landesaufnahmen und umfassender Berichtigung von Ausgaben topographischer Karten zusammen.

Die dominante grüne Kolorierung deutet auf einen guten historischen strukturellen Erhaltungszustand im Vergleich mit den Klevischen Katasterkarten hin. Die Struktur von 1734 ist bis heute weitgehend persistent. Dies gilt für Wege, Gräben, Höfe, Katen und die Landnutzung. In der Wandelkarte (Abb. 15) sind Landnutzungsveränderungen (Rodungen, Kultivierungen und Aufforstungen), neue und abgegangene Bausubstanz sowie neue Gräben,

16 Landesarchiv NRW. Klevische Katasterkarten: Nr. 11. Uedem, *du Moulin* und *Enbers*, 1734.

Wege, Straßen und Eisenbahntrassen je nach Entstehungsperiode in den Farben Lila, Rot, Orange und Gelb dargestellt. Die Umwandlung von Grün- in Ackerland und umgekehrt ist nicht dargestellt.[17] Aus der Wandelkarte geht hervor, dass die meisten flächenhaften Veränderungen sich in Uedemerbruch finden. Dies betrifft vor allem die Grünlandflächen östlich der Hofreihung von Uedemerfeld und des Uedemerbruchs. Viele der auf den Klevischen Katasterkarten dargestellten Bruchflächen sowie der auf der *Tranchot*karte und der Uraufnahme dargestellten Waldflächen sind gerodet und in Grün- bzw. Ackerland umgewandelt worden.

Für die Bearbeitung dieses Projektes waren die Klevischen Katasterkarten außerordentlich nützlich. Sie ermöglichten detaillierte Einblicke in die frühneuzeitliche Kulturlandschaft, die für die Bearbeitung dieses Projektes sehr wichtig waren. Die detaillierte Darstellung der Landnutzung ermöglichte Aussagen über die damalige Flora und Fauna und ihre Lebensräume.

6 Waldgeschichte erleben am Niederrhein

Im Projekt Waldgeschichte in der Euregio Rhein-Waal der NABU-Naturschutzstation e. V. in Kranenburg sind der Reichswald als größte Waldfläche und Dämmerwald, Diersfordter Wald und Duisburger Stadtwald untersucht worden (*Boosten* et al. 2012). Im vorliegenden Beitrag wird der Reichswald hervorgehoben. In diesem Projekt, in Zusammenarbeit mit dem Forsthistoriker *Bernward Selter* (Münster) bearbeitet, wurde ebenfalls eine Kulturlandschaftsanalyse durchgeführt. Problematisch war, dass die Klevischen Katasterkarten der Herrlichkeit Nergena mit dem Reichswald verschollen sind. Nur das Register, das für die Untersuchung ausgewertet werden konnte, ist vorhanden. Von den ehemaligen Teilen des Reichswaldes wie der Gocher Heide mit dem Tannenbusch (1620–1648), den Uleushöfen (um 1650), dem Kalkarer Wald, Zwischenwald, Frischelott und der Gemarkung Uedem mit Keppeln, Uedemerfeld und Uedemerbruch liegen Klevische Katasterkarten vor. In diesem Zusammenhang gab es eine erfreuliche Entwicklung. In Mai 2015 hat das Landesarchiv Nordrhein-Westfalen Digitalisate der Karten *„von dem königlichen Klevischen oder Reichswald und des Siebendaels“* von Kapitän-Ingenieur *Simon*[18] im Internet zugänglich gemacht (s. Abb. 17). Diese Karten ähneln den Klevischen Katasterkarten, denn Kapitän-Ingenieur *Simon* hat auch die Blätter der benachbarten Ämter Gennep (1731) und Asperden (1737) des Klevischen Katasters erstellt.

---

17 Grün- und Ackerland sind als landwirtschaftliche Nutzflächen (Kulturflächen) zusammengefasst worden, weil diese Umstellungen recht dynamisch und somit in den vorgegebenen Zeitepochen schwierig zu differenzieren sind.

18 Auf Verordnung der Kriegs- und Domänenkammer vermessen und im Mai 1740 vollendet durch den Kapitän-Ingenieur *Simon* (17 Blätter). Landeshauptarchiv NRW, Nr. 1021.

Eine Rekonstruktion der Klevischen Katasterkarten auf der Grundlage des Registers mit Hilfe der Tranchotkarte und der Karten des Urkatasters der 1820er Jahre sowie der Forstkarten der zweiten Hälfte des 18. Jahrhunderts war aus Zeitgründen nicht möglich. Daher musste für die Kulturlandschaftsanalyse auf die flächendeckend vorliegende *Tranchot*karte von 1802–1805 und auf die vom *Peter Burggraaff* erarbeiteten Kulturlandschaftswandelkarten des Geschichtlichen Atlas der Rheinlande zurückgegriffen werden.

Heute ist der Reichswald – auch in seiner ursprünglichen Größe – mit dem heutigen Hochwald im Osten in naturgeographischer Hinsicht aufgrund seiner pleistozänen Geomorphologie der Saale-Eiszeit an der Nord- und Südseite mit relativ steil abfallenden Hängen deutlich von den angrenzenden, tiefer gelegenen naturräumlichen Einheiten abzugrenzen, die meistens im Holozän geprägt worden sind. Er wurde nur von der Niederung des heutigen Uedemerbruches durchschnitten.

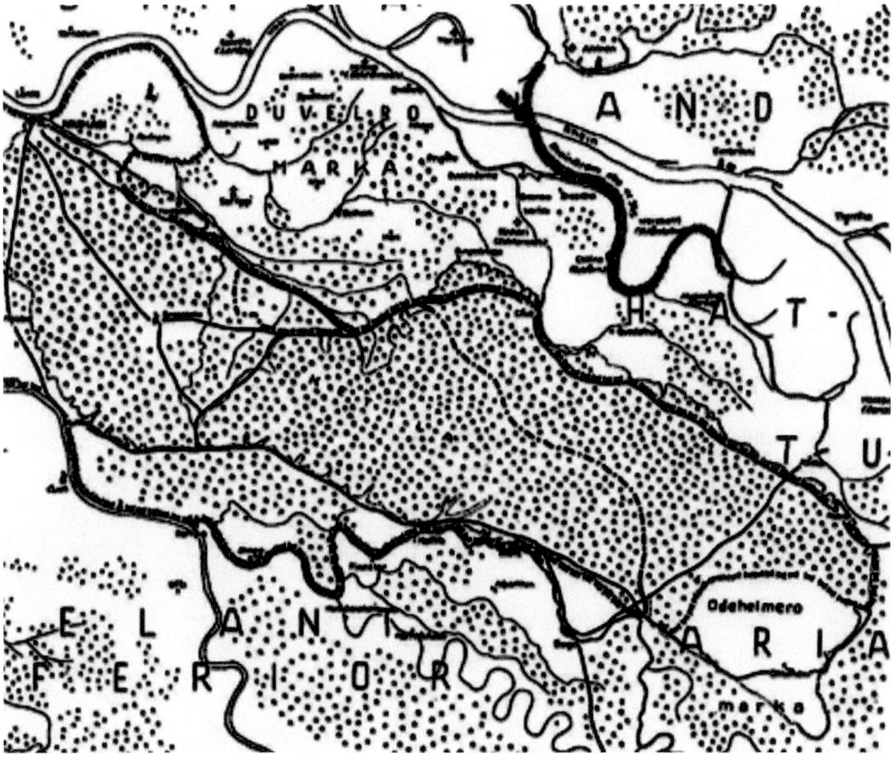

Abb. 16: Die Ausdehnung der Waldflächen im Bereich des Nimwegener Reichs im 8. Jahrhundert (Quelle: Gorissen 1952).

Das alte Nimwegener Reich dehnte sich ca. 65–70 km vom niederländischen Tiel bis nach Kalkar aus. Vom 7. bis 9. Jahrhundert erstreckte sich der Reichswald (*Ketila* oder Ketelwald) auf den niederrheinischen Höhen bis zum Hochwald. Die erste größere Kultivierungsfläche ist die Rodungsinsel *Odeheimero Marka*, die 866 erstmals erwähnt wurde.

6.1 Der Kulturlandschaftswandel des Reichswaldes seit ca. 1150

Um 1150 nahmen die Waldrodungen und Kultivierungen aufgrund des Bevölkerungswachstums im Reichswald zu. Sie erfolgten zwischen 1150 und 1200 südlich von Kleve (*Jörissen* 1990, S. 440 ff.). Zwischen Kleve und Materborn wurde um 1300 der „*Hag*" mit einer Fläche von 160 bis 210 ha den Klever Stadtbürgern in Erbpacht zur Rodung überlassen (*Burggraaff* u. *Bub* 2005, S. 359). Rodung und Kultivierung der Waldhufensiedlung Frasselt erfolgten um 1300.[19]

Mit einen Schiedsspruch zwischen den Grafen von Kleve und Geldern wurden 1266 die Auseinandersetzungen um ältere Rodungen, die seit 1162 vom Prämonstratenserkloster Bedburg ausgingen, auf acht Jahre geschlichtet und damit beendet (*Jörissen* 1990, S. 441). Die wirtschaftliche Bedeutung des Waldes bekam nun mehr Gewicht. Trotzdem konnte die Stadt Kleve 1370 immerhin einen Teil des Reichwaldes vom Klever Herzog erwerben (*Gorissen* 1952, S. 59; *Krings* 1976, S. 21 f.).

Der zweite Rodungskern befand sich bei der Rodungsinsel Uedem („*Odeheimero Marca*", 866). Dort entstanden die Waldhufensiedlungen Uedemerfeld (1236) und Buchholz (um 1250), außerdem die Rodungskerne von Keppeln sowie der Bauernschaften Persel, Steinbergen, Kirsel, Hollen und Verkellen. Diese Kultivierungen werden im Klevischen Urbar von 1319 mit den Abgaben aufgelistet (*Oediger* 1982, EKV I, Nr. 86–87, 89–90, 124 u. 165; EKV II, zu Nr. 86–87, 89–90, 124 u. 165). Nicht auszuschließen ist, dass diese Bauernschaften älter sind.[20] 1295 folgte die Entwässerung und Kultivierung des Uedemerbruchs. Hiermit endete die Rodungstätigkeit mit Ausnahme kleinerer Kultivierungen an den Waldrändern zunächst bis 1741.

Eine weitere Reduzierung des Reichswaldes erfolgte durch das aufkommende städtische Textil- und Wollgewerbe in Goch um 1300. Die Landwirtschaft wurde mit dem Anbau von Flachs und der Schafhaltung Rohstofflieferant für dieses Gewerbe. Für die Schafe waren stadtnah gelegene Weideflächen notwendig. Hierfür waren die nördlich angrenzenden Waldflächen des Reichswaldes gut geeignet. Deswegen erwarb die Stadt Nutzungsrechte am Wald. *Graf Reinald von Geldern* schenkte der Stadt Goch zwischen 1361 und 1371 etwa 10.000 Morgen des Reichswaldes, der späteren Gocher Heide (*Krings* 1976, S. 22).

---

19 *Gorissen* 1950, S. 45, 68 f. Demnach war die Gegend um Frasselt bereits in fränkischer Zeit besiedelt. Frasselt war eine Doppelrodung.

20 Die Latenschaft Verkellen zu Keppeln gehörte zur Erstausstattung des Stiftes Wissel, das 1167 gegründet wurde. Vgl. hierzu *Ilgen* 1910, S. 89; *Oediger* 1982, EKV I, S. 54 u. Nr. 152, EKV II, zu Nr. 150 u. 152; *Zschocke* 1963, S. 42.

Durch die seit 1347 wiederholt auftretenden Pestpandemien von 1349–1350, 1356 und 1369–1370 gab es eine Bevölkerungsabnahme von ca. 25 bis 30 % (*Ennen* 1981, S. 61; *Wisplinghoff* 1981, S. 38). Diese Entwicklung führte zur spätmittelalterlichen Agrarkrise mit bis 1375 sinkenden Getreidepreisen. Dadurch nahm der Bedarf an Rodungen und Kultivierungen ab. Außerdem war eine Bewegung vom Land in die Stadt zu verzeichnen. Erst um 1390 stabilisierte sich die Wirtschaft. Trotz des reduzierten Bedarfs an Neuland gab es wenige kleinere Rodungs- und Kultivierungsaktivitäten – südwestlich von Kleve (Scholasterberg), südlich von Materborn, südöstlich von Hau und nördlich von Keppeln. Im Umland von Kalkar wurden 1363 der Wald des Bovenholt und des Hoenskamp in der Gemarkung von Altkalkar kultiviert.

Im 15. und 16. Jahrhundert gab es kaum Rodungen. Einige kleine Flächen wurden zwischen Kalkar und Uedem erschlossen. Außerdem sind kleinflächige Rodungen in „*Nielende umb den Hogewald*" mit über 50 Parzellen überliefert.

Abb. 17: Montage der „Karten von dem königlichen klevischen oder Reichswald und des Siebendaels. Auf Verordnung der Kriegs- und Domänenkammer vermessen und im Mai 1740 vollendet durch den Kapitän-Ingenieur Simon" (17 Blätter, Quelle: Landesarchiv NRW, Nr. 1021).

Erst im 17. Jahrhundert und vor allem nach dem Achtzig- und dem Dreißigjährigen Krieg folgten ab 1648 raumwirksame Maßnahmen und Kultivierungen in der Gocher Heide. Die erste Maßnahme war die Aufforstung des sogenannten Tannenbusch 1620 durch den brandenburgischen *Kurfürsten Johann Sigismund*, den 1648 der *Große Kurfürst Friedrich Wilhelm* zu seiner heutigen Größe von 252 holländischen Morgen mit der

Anlage von Alleen erweitern ließ (*Krings* 1976, S. 35 f.). Es war das erste und älteste staatlich gelenkte Nadelholzaufforstungsprojekt im Niederrheingebiet. Der Tannenbusch ist heute mit den Alleen fast komplett erhalten, allerdings finden sich dort nur vereinzelt Nadelholzbestände.

Ein landwirtschaftliches Investitionsprojekt wurde 1647 nördlich von Goch realisiert. Die hoch verschuldete Stadt verkaufte 1647 wiederum Teile ihrer Heide. Der Kaufmann *Dirk Janssens Uleus* aus 's-Hertogenbosch kaufte um 1650 davon 150 Morgen und ließ dort im Norden des Siedlungsareals quasi als Geldanlage die landwirtschaftlichen *Uleus*güter mit einem Sternbusch und Plaisirbusch anlegen. Sein Beispiel fand Nachahmung, und weitere gut betuchte Käufer aus Kleve, Weeze, Nijmegen, Gennep und Duisburg kauften ebenfalls Land und investierten ihr Kapital in große ertragreiche Höfe. Es handelte sich hier allerdings um die fruchtbarsten Teile der Gocher Heide (*Gorissen* 1952, S. 72 f.; *Krings* 1976, S. 36; *Frankewitz* 1986, S. 245). Die Gehöfte und der Tannenbusch sind im Klevischen Kataster des Amtes Goch von 1732 verzeichnet. Stern- und Plaisirbusch sind zwischen 1732 und 1804 kultiviert worden. Der Tannenbusch und das Gebiet der sogenannten *Uleus*höfe sind bis heute strukturell sehr gut erhalten geblieben.

Bis 1730 blieb der Teil des Reichswaldes westlich der Straße Kleve–Goch (B 9) flächenmäßig unverändert. Diese Situation ist in der Montage der 17 Kartenblätter der Karte „*von dem königlichen Klevischen oder Reichswald und des Siebendaels*“ von 1740 dargestellt (Abb. 17).

Mit den Klevischen Katasterkarten lässt sich die Besiedlung der Gocher Heide kartographisch gut verfolgen, die zunächst auf einem zufälligen Ereignis beruhte. 1741 konnte eine auf dem Weg nach Amerika befindliche protestantische Exulantengruppe aus der Region Simmern als Folge des Österreichischen Erbfolgekrieges (1740–1748) die Grenze bei Schenkenschanz zu den Generalstaaten nicht überqueren. Die Exulanten baten daraufhin die preußischen Behörden in Kleve um ein Niederlassungsrecht, welches gewährt wurde. 19 Exulanten-Familien konnten sich 1741 mit Zustimmung der königlich preußischen Regierung auf der Gocher Heide niederlassen. Jede Familie erhielt etwa 10 ha Land in Erbpacht. Nach anfänglichen Schwierigkeiten konnte sich mit der Gewährung von befristeter Steuerbefreiung, Bereitstellung von Baumaterialien sowie Freistellung vom Militärdienst die neue Kolonie Pfalzdorf ziemlich schnell entwickeln. Mit gezielten Anwerbungen in den Jahren 1742–1745 wurde die Gocher Heide bis 1780 vollständig kultiviert (*Mott* 1989 u. *Zbroschzyk* 2014). Als Erweiterung von Pfalzdorf entstanden die benachbarten Kolonien Louisendorf (1820–1827) und Neulouisendorf (1828–1833).

Auf der Grundlage der Generalvermessung der Gocher Heide vom Herbst 1770 bis Frühjahr 1771 von *Johann Casper Hoffeles* erarbeitete *Werner Weber* die Landnutzungskarte von Pfalzdorf, aus der ersichtlich wird, dass die Kultivierung und Besiedlung noch nicht abgeschlossen waren (Abb. 18).

Beim Kartenvergleich der *Tranchot*karte von 1804–1805 mit der Uraufnahme von 1843 fällt sofort auf, dass sich das gewachsene Waldwegenetz im Reichswald, das auch auf der

Vermessung von 1740 dargestellt ist (s. Abb. 17), drastisch verändert hat. Aufgrund der quadratischen Abteilungsstruktur der Forstverwaltung von 1826 ist das alte herkömmliche Wegenetz bis auf die Durchgangsstraßen und wenige Ausnahmen nicht mehr dargestellt. Hiermit könnte der Eindruck vermittelt werden, dass das alte Wegenetz keinen Bestand mehr hatte. Dieser Eindruck ist aber falsch. Trotz der neuen Abteilungseinteilung war das Wegenetz durchaus noch vorhanden und lässt sich noch heute an vielen Stellen im Wald erahnen. Es ist zu vermuten, dass die Ingenieur-Offiziere, die aus anderen preußischen Gebieten stammten, diese Wege, die durch die neuen Abteilungswege gequert wurden, nicht kartiert haben. Auf der Neuaufnahme von 1894 ist das vorhandene alte Wegenetz mit den 1856 halbierten Abteilungen wiederum dargestellt.[21]

Abb. 18: Die Kultivierung von Pfalzdorf mit dem Tannenbusch und den Uleushöfen 1771 (Quelle: Weber 2013).

Innerhalb der forstwirtschaftlichen Struktur mit sechs Revieren (Unterförstereien: Asperden, Frasselt, Grünewald, Materborn, Nergena und Tannenbusch) gab es 117 quadratische Abteilungen (außer im Revier Tannenbusch). Die Forsthäuser Asperden, Frasselt, Grunewald, Materborn und Tannenbusch sind 1826 errichtet worden. Die Oberförsterei befand sich in Kleve (Forstgarten).

Beim Vergleich der Uraufnahme von 1843 mit der Neuaufnahme von 1894 fällt wiederum auf, dass große Teile des herkömmlichen Waldwegenetzes mit der Abteilungsstruktur abermals dargestellt sind. Die alte quadratische Einteilung mit 117 Abteilungen von 1826 wurde von der Forstverwaltung als zu groß und unpraktisch empfunden

21 Vgl. die *Tranchot*karte von 1802–1805, die Uraufnahme von 1843 und die Neuaufnahme von 1894.

und 1856 halbiert. Es gab seitdem 231 Abteilungen, deren Nummern bis 1994 auch auf der topographischen Karte abgebildet waren. An dem Punkt, an dem jeweils vier nummerierte Abteilungen aneinandergrenzten, befinden sich Grenzsteine mit den jeweiligen Abteilungsnummern, von denen die meisten immer noch im Gelände anzutreffen sind.[22]

Diese Periode 1894–1953/54 der Kulturlandschaftsentwicklung ist gekennzeichnet durch eine im Vergleich zu den früheren Zeiträumen zunehmende Dynamik und Intensität, die Auswirkungen zweier Weltkriege – vor allem durch die Auswirkungen der Kriegshandlungen in den Jahren 1944 und 1945 – und des Wiederaufbaus nach 1945. Diese Ereignisse haben den Reichswald nachhaltig verändert.

Die Landnutzung im Amt Asperden und in der Herrlichkeit Kessel um 1734 (Ent.: G. Aymans, Kartographie H. Kiesinger (Geographisches Institut der Universität Bonn)

Kartenaufnahme der Rheinlande durch Tranchot und v. Müffling (1801-1828), 1:25.000. Verschiedene Blätter. Blatt 8 Goch und Blatt 9 Gennep

Preußische Kartenaufnahme 1:25.000 – Uraufnahme (1842-1850) des preußischen Topographischen Bureaus, Blatt 4202 Kleve und Blatt 4302 Goch

Abb. 19: Die Entwicklung der Kolonie Asperheide 1734–1844.

Die Erschließung großer Forste durch Waldbahnen wurde zwar schon 1904 durch das preußische Ministerium für Landwirtschaft, Domänen und Forsten propagiert, die Anlage der Schmalspur-Reichswaldbahn erfolgte aber erst während des Ersten Weltkrieges im Jahr 1917 (*Koepp* 1989). Die forstwirtschaftliche Struktur blieb weitgehend unverändert. Südlich von Nütterden wurde ein weiteres Forsthaus errichtet.

Die wichtigsten Verkehrsstraßen durch den Reichswald sind die B 504, die L 484 von Materborn nach Gennep und die K 18 von Asperden nach Kleve. Sie wurden mittels Befestigung an die rasche Zunahme des motorisierten Verkehrs angepasst.

Den tiefsten Einschnitt in der Entwicklung des Reichswaldes bedeutete die Zerstörung weiter Teile des Waldgebietes in den letzten Monaten des Zweiten Weltkrieges.

22 Vgl. die Uraufnahme von 1843 und die Neuaufnahme von 1894, siehe die Kulturlandschaftswandelkarte. *Kreuer* 1986, S. 106; *Hoenselaar* 1963, S. 83 ff.

Auch sind im Laufe des Krieges am und im Reichswald Befestigungsanlagen, Stellungen und Kampfgrabensysteme angelegt worden. Am 7. Februar 1945 wurde das Gebiet Kriegsschauplatz. Die Schlacht im Reichswald (Operation Veritable) fand vom 7. Februar 1945 bis zum 22. Februar 1945 statt. Die schweren Kämpfe dauerten über zwei Wochen an und kosteten über 10.000 meist junge alliierte und deutsche Soldaten das Leben. Auch unter der Zivilbevölkerung waren zahlreiche Opfer zu beklagen. Erst nach dieser Schlacht konnten die Alliierten bei Wesel den Rhein überqueren (*Ashauer* u. *Endemann* 2010).

1948 gab es im Reichswald 2.500 ha Kahlfläche, weitere 500 ha waren nur schlecht bestockt und rund 2.000 ha durch Splitter entwertet. Zu Beginn des Zweiten Weltkrieges 1939 hatte der Reichswald noch eine Gesamtfläche von 6.739 ha. Letztendlich haben Kriegs- und Krisenjahre dem Wald so sehr zugesetzt, dass der Holzvorrat von 1,1 Mio. Festmeter im Jahre 1935 auf nur noch rund 280.000 Festmeter im Jahr 1953 verringert worden ist (*Hondong* 1987, S. 49; Akten Altforstamt Kleve, Reviergeschichte, S. 15 ff.; *Dasbach* 1987, S. 97 f.).

Zusätzlich zu den Kriegsschäden reduzierten vor allem die Reparationshiebe von Engländern, Kanadiern und Niederländern nach dem 8. Mai 1945 die verbliebene Holzbestände (*Menden* u. *Schulte* 2003, S. 268 f.; *Wegener* 1998). Die vielen Brände durch explodierende Munition bzw. Unachtsamkeit und die unkontrollierte Brennholzentnahme der notleidenden Bevölkerung schadeten dem Wald noch mehr.

1948 wurde am ehemaligen Standort des Forsthauses Streepe vom Kreis Kleve eine Sammelgräberstätte ausgewiesen. Die Gestaltung des Ehrenfriedhofs nahm der Architekt *Philip Hepworth* vor. Unter der Aufsicht eines Beauftragten der CWGC (Commonwealth War Graves Commission) begannen die Umbettungen. Bereits im Januar 1948 war die ordnungsgemäße Überführung und Bestattung aller im Kreisgebiet gefallenen alliierten Soldaten durchgeführt.

Um den Waldschutz zu intensivieren wurde am 31. März 1950 das „Gesetz zum Schutze des Waldes“ erlassen. Kernpunkte waren die Wiederaufforstung, die Bepflanzung von Ödländern, das Verbot der weiteren Umwandlung von Wald in andere Kulturarten sowie von Übernutzungen. Zwischen 1949 und 1963 wurde mit 4.100 ha Kulturen das größte Aufforstungsvorhaben in der Bundesrepublik durchgeführt (*Hondong* 1987, S. 47).

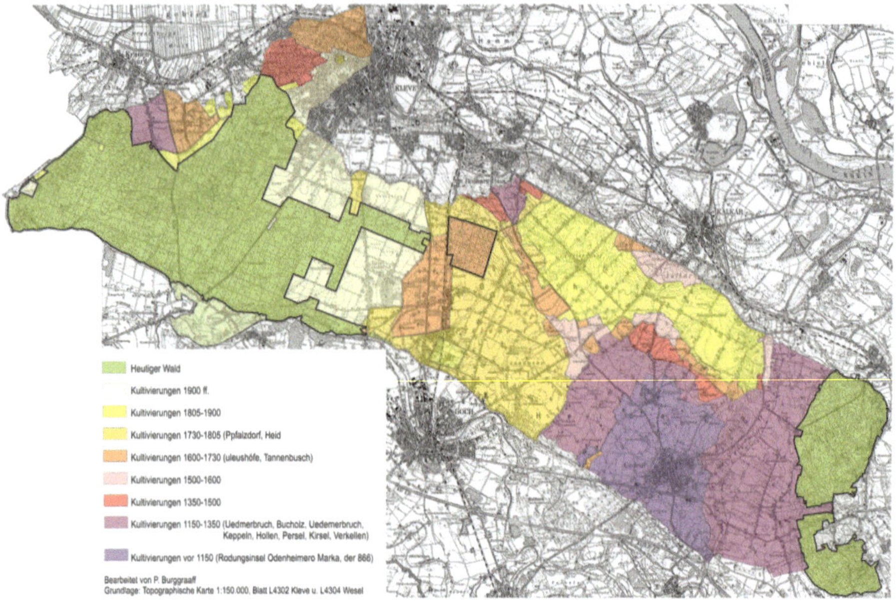

Abb. 20: Die Entwicklung des Reichswaldes (Entwurf: P. Burggraaff).

Die letzte großflächige Rodung im Reichswald fand 1949–1951 statt. Der große Flüchtlingszustrom nach Kriegsende erforderte erhebliche Siedlungserweiterungen. Aufgrund der Zerstörungen des Reichswaldes, der Reparationshiebe und Brände beschloss die Landesregierung von Nordrhein-Westfalen 1949, im östlichen Teil des immer noch 6.500 ha großen Reichswaldes Dörfer für die Ansiedlung von Flüchtlingen einzurichten. Von den drei angelegten Siedlungen Reichswalde, Nierswalde und Rodenwalde (Vorschlag) erhielten nur die beiden erstgenannten einen Ortskern (*Ganser* 1998).

Hiermit war die Jahrhunderte währende Reduzierung des Reichswaldes, die in Abb. 21 dargestellt ist, durch Rodungen und Kultivierung abgeschlossen.

In der Periode von 1953/54 bis 2009 fanden die Veränderungen im unmittelbaren Umfeld des Reichwaldes mittels einer Siedlungsverdichtung statt und im Norden und Nordosten war der Wald fast komplett von Neubaugebieten umgeben. An der Süd- und Westseite ist die Siedlungsverdichtung weniger ausgeprägt, weil dort die Niers im östlichen Bereich eine natürliche Grenze bildet und sich im westlichen Bereich die deutsch-niederländische Staatsgrenze befindet.

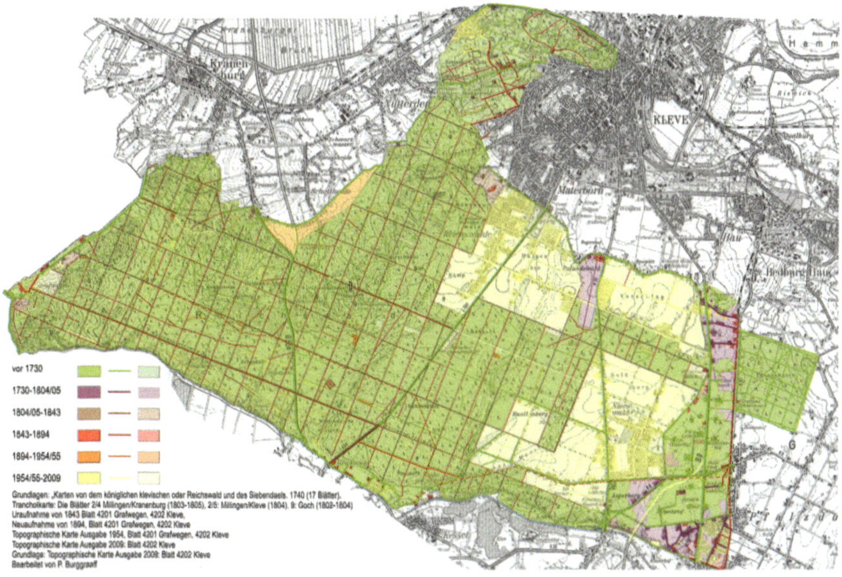

Abb. 21: Die Entwicklung des Reichswaldes.

7 Schlussbemerkungen

Die Projektbeispiele belegen die besondere Bedeutung des Klevischen Katasters für die vergleichende historische Kulturlandschaftsforschung. Für die weitere Erforschung der Kulturlandschaft am Unteren Niederrhein ist es sehr zu begrüßen, dass die Klevischen Katasterkarten hochauflösend digitalisiert und die Register erfasst werden. Der Wert dieser hochauflösenden Digitalisate hat sich beim Projekt „*Uedemerbruch: Naturschutz und Kulturgeschichte gemeinsam erleben und entwickeln*" hervorragend bewährt.

Methodisch lässt sich damit sowohl ein „top-down"-, als auch „bottom-up"-Ansatz verfolgen, denn die historische Kulturlandschaft setzt sich aus größeren räumlichen Strukturen zusammen, die über lange Zeit stabil das Landschaftsbild prägen. Hinzu kommt die unmittelbare Überlieferung von historischen Kulturlandschaftselementen, die wiederum gegenständliche Quellen der Forschung sind. Neben der unmittelbar überlieferten Substanz beinhaltet auch die Beibehaltung von Standorten eine Aussage: Obwohl unsere Gegenwart die Landschaft in kürzester Zeit sehr massiv in Anspruch nimmt, sind doch viele historische Zeugnisse noch vorhanden. Der Vergleich mit dem hervorragenden Kartenwerk bietet dann Aussagen zum Erhalt des landschaftlichen Kulturerbes. Damit geht das Kulturgut der Altkarten eine Verbindung mit dem in der Landschaft befindlichen kulturellen Erbe ein. Unsere Aufgabe ist die Sorgfalt der Überlieferung, um nachfolgenden

Generationen diese wertvollen kulturellen Zeugnisse weiterzureichen. Künftige digitale Systeme werden mit Sicherheit weitere Auswertungsperspektiven enthalten.

Zusammenfassung

Das Klevische Kataster aus der ersten Hälfte des 18. Jahrhunderts ist eine hervorragende Quelle für die Kulturlandschaftsforschung am Unteren Niederrhein. Der vorliegende Beitrag enthält fünf Beispiele zu Projekten, in denen die Autoren innerhalb einer Kulturlandschaftsanalyse dieses präzise Kartenwerk ausgewertet haben.

Zukünftig bietet die digitale Kartographie noch weitere technische Verfahren an. Entscheidend ist das Verständnis einer Altkarte als historische Quelle. Diese muss kritisch ausgewertet werden. Die Kulturlandschaftswandelkarten in den Beispielen sind das Ergebnis entsprechender historisch-geographischer Auswertung.

Das Besondere des Klevischen Katasters ist die zeitliche Eindringtiefe bis in die Frühe Neuzeit mit einer kartographischen Präzision und Zuverlässigkeit bei den Eintragungen und Vermessungen.

Summary: The cadastre of Cleves

The cadastre of Cleves with detailed maps and property registers from the first half of the 18th century is an excellent source for cultural landscape research in the area of the Lower Rhine. This article presents five examples of projects in which the authors have evaluated these precise map series within a cultural landscape analysis.

In the future, digital cartography will offer even more technical procedures. It is crucial to understand an old map as a historical source. This must be evaluated critically. The cultural landscape change maps in the examples are the result of corresponding historical-geographical evaluation.

What is special about the Clevain cadastre is the depth of time penetration into the early modern period with cartographic precision and reliability in its entries and measurements.

Literatur

Ashauer, G. u. Endemann, W. (2010): 1945 am Niederrhein. Kämpfe, Menschen, Spuren. - Goch.

Aymans, G. (1984): Amt Asperden und Herrlichkeit Kessel im Herzogtum Kleve. Eine Landnutzungskarte auf der Grundlage der preußischen Katasteraufnahme der Jahre 1732–1736. - In: *Hövelmann, G. [Hrsg.]*: 250 Jahre Klevisches Kataster: Studien zur Geschichte der Kartographie und des Vermessungs- und Katasterwesens am Niederrhein. - Kleve (Schriftenreihe des Kreises Kleve), S. 202–221.

Aymans, G. (1985): Die handschriftliche Karte als Quelle geographischer Studien. – In: Handkarten als Geschichtsquellen. – Köln (Archivberatungsstelle Rheinland, Archivheft, 16), S. 21–46.

Aymans, G. (1986): Die preußische Katasteraufnahme im Herzogtum Kleve der Jahre 1731–38. – In: Erdkunde 40, S. 14–28.

Aymans, G. (1988): Historische Karte und Kartenwerke aus der Sicht eines Geographen. – In: Auswertung und Erschließung historischer Landkarten. – Köln (Archivberatungsstelle Rheinland, Archivheft, 16), S. 203–221.

Aymans, G.; Burggraaff, P. u. Jansen, W. (1988): De regio Gennep aan de ketting. Gennep, Heijen, Milsbeek, Oeffelt, Ottersum, Ven-Zelderheide in kadasterkaarten (1731–1732). – Venlo.

Baumann, J. (1959): Die Pfälzer Siedlungen am linken Niederrhein. Ihre agrargeographische und kulturlandschaftliche Entwicklung seit dem 18. Jahrhundert. – Bonn.

Boosten, M.; Burggraaff, P.; Groot, C. de; Jansen, P. u. Selter, B. (2012): Bosgeschiedenis Euregio Rijn-Waal/Waldgeschichte Euregio Rhein-Waal. – Wageningen, december 2012/Dezember 2012.

Brunk, S. (1967): Aufbau und Entwicklung der Reichswaldsiedlung. – Kleve (Diss. Univ. Bonn 1952).

Büdding, M.; Burggraaff, P.; Teske, M. u. Werneke, U. (2012): Naturschutz und Kulturgeschichte gemeinsam erleben und entwickeln. Abschlussbericht. – Rees.

Burggraaff, P. (1988): Die Bedeutung alter Karten im Tätigkeitsbereich der Angewandten Historischen Geographie. – In: Auswertung und Erschließung historischer Landkarten. – Köln (Archivberatungsstelle Rheinland, Archivheft 18), S. 175–202.

Burggraaff, P. (1991): Genese einer Kulturlandschaft am Unteren Niederrhein zwischen Rees und Kleve. Ein interdisziplinäres Pilotprojekt. – In: Kulturlandschaft. Zeitschrift für Angewandte Historische Geographie 1, H. 1, S. 20–23.

Burggraaff, P. (1992 [1993]): Kulturlandschaftswandel am unteren Niederrhein seit 1150. Karte IV.7.1: Kulturlandschaftswandel am unteren Niederrhein 1150–1730, Karte IV.7.2: Kulturlandschaftswandel am unteren Niederrhein 1730–1984. – Köln (Geschichtlicher Atlas der Rheinlande, H. IV.7).

Burggraaff, P. (im Druck): Prof. Dr. Gerhard Aymans und seine Bemühungen um die Edition und Erforschung des Klevischen Katasters (1731–1738). – In: Tagungsband 19. und 20. Dezember 2015 (im Druck).

Burggraaff, P. (2016): Uedemerbruch. Naturschutz und Kulturgeschichte gemeinsam erleben und entwickeln. – In: *Brand, R. van den; Hermans, F.; Löhr, W.; Oerding, U. u. Thissen, B. [Hrsg.]*: Epitaph für Stefan Frankewitsch. Ein Gedenkbuch für den Freund und Kollegen. – Geldern 2015 (Geldrisches Archiv, 16 u. Stichting Historie Peel-Maas-Niersgebied/Stiftung Geschichte des Raumes Peel-Maas-Niers, 23), S. 581–616.

Burggraaff, P. u. Bub, G. (2005 [2006]): Das Modellgebiet Unterer Niederrhein im DFG Projekt Rhein-LUCIFS. – In: Siedlungsforschung 23, S. 343–415.

Burggraaff, P.; Dix, A. u. Kleefeld, K.-D. (2005 [2006]): Der historisch-geographische Beitrag zum DFG RheinLUCIFS. – In: Siedlungsforschung 23, S. 295–305.

Burggraaff, P. u. Kleefeld, K.-D. [Hrsg.] (2008): Entdeckungslandschaft Unterer Niederrhein – Land zwischen Maas und Rhein. Neue Forschungen zur Kulturlandschaft des Niederrheins auf der Grundlage der Arbeiten von Gerhard Aymans und Rudolf Strasser. Symposium im Kloster Graefenthal, Goch-Asperden, 2006). – St. Augustin (Colloquium Geographicum, 30).

Burggraaff, P. u. Kleefeld, K.-D. (2008 [2009]): Raumwirksamkeit des Zisterzienserinnen-Klosters Graefenthal auf die umgebende Kulturlandschaft. – In: Graefenthal. Ein Kloster der Zisterzienserinnen am Niederrhein. – Neustadt/Weinstraße (Arbeitsheft der rheinischen Denkmalpflege, 72), S. 343–355.

Burggraaff, P. u. Kleefeld, K.-D. (2008 [2010]): Die Bedeutung von Altkarten für die historisch-geographische Kulturlandschaftsanalyse. – In: *Brunner, K. u. Markus, H. [Hrsg.]:* 10. Kartographisches Colloquium Bonn 14.–16. September 2000. Vorträge – Berichte – Poster. – Bonn, S. 81–91.

Burggraaff, P. u. Kleefeld, K.-D. (2009/2010): Angewandte Kulturlandschaftsforschung im Rheinland – Beispiele aus der Praxis. – In: Rheinische Kulturlandschaften. Rheinisches Jahrbuch für Volkskunde 38 (Siegburg 2010), S. 269–293.

Burggraaff, P. u. Kleefeld, K.-D. (2010): Der Niederrhein. Natur- und Kulturerbe. – In: Der Niederrhein. Natur- und Kulturerbe. Dokumentation der Tagung vom 10.–12. November 2009 in Xanten, Ratssaal. – Köln, S. 12–27.

Burggraaff, P. u. Kleefeld, K.-D. (2011): Historisch-geographische Forschungen zum Niederrhein. Vom regionalen Fallbeispiel zu grundsätzlichen Fragen der landeskundlichen Bestandsaufnahme von Gewässern. – In: *Denzer, V.; Klotz, S. u. Porada, H. T. [Hrsg.]:* Die historisch-landeskundliche Bestandsaufnahme und Darstellung von Gewässern und Gewässernutzungen. – Leipzig (forum ifl, 15), S. 7–15; Farbtafel I–XIII, S. 136–145.

Burggraaff, P.; Schumann, A. u. Voß, T. (1991): Das ehemalige Zisterzienserinnenkloster Graefenthal. – In: Kalender für das Klever Land 1992. – Kleve, S. 189–195.

Burggraaff, P. u. Wegener, W. (1990): Genese einer Kulturlandschaft am Unteren Niederrhein zwischen Rees und Kleve. Ein interdisziplinäres Forschungsprojekt des Rheinischen Amtes für Bodendenkmalpflege und des Kreises Kleve. – In: Kalender für das Klever Land 1991. – Kleve, S. 167–173.

Dijkhof, E. C. [Hrsg.] (1993): Oorkondenboek van Gelre en Zutphen tot 1326 vijfde aflevering abdij Grafenthal bij Goch (eerste gedeelte). – 's-Gravenhage (Reihe: Rijks Geschiedkundige Publicatien uitgegeven door het Institut voor Nederlandse Geschiedenis).

Dösseler, E. u. Oediger, F. W. (1974): Die Lehnregister des Herzogtums Kleve. – Siegburg (Das Hauptstaatsarchiv und seine Bestände, 8).

Ennen, E. (1981): Grundzüge des niederrheinländischen Städtewesens im Spätmittelalter (1350–1550). – In: *Ennen, E. [Hrsg.]:* Soziale und wirtschaftliche Bindungen im Mittelalter am Niederrhein. Referate der 1. Niederrhein-Tagung des Arbeitskreises niederrheinischer Kommunalarchivare (10.–11. Oktober 1980 in Kleve). – Kleve, S. 55–94.

Erhaltende Kulturlandschaftsentwicklung in Nordrhein-Westfalen. Grundlagen und Empfehlungen für die Landesplanung, hrsg. vom Landschaftsverband Westfalen-Lippe und Landschaftsverband Rheinland. – Münster u. Köln 2007.

Frankewitz, S. (1985): Die geldrischen Ämter Geldern, Goch und Straelen im späten Mittelalter. – Geldern.

Ganser, H.-K. (1988): Rodungen im Reichswald Kleve nach dem Zweiten Weltkrieg. – In: *Landesforstverwaltung NRW [Hrsg.]:* Forstwirtschaft in Nordrhein-Westfalen. Zwischen Nachkriegswirtschaft und Neuorganisation (1945–1972). – Düsseldorf, S. 93–98.

Gorissen, F. (1950): Heimat im Reichswald. – Kleve.

Gorissen, F. (1952): Kleve. Niederrheinischer Städteatlas: Reihe 1, Klevische Städte 1. – Kleve.

Gorissen, F. (1953): Kalkar. Niederrheinischer Städteatlas: Reihe 1, Klevische Städte 2. – Kleve.

Gorissen, F. (1954): Kellen. Siedlung und Gemeinde in ihrer geschichtlichen Entwicklung. – Kellen.

Gorissen, F. (1985): Rindern (Harenatium – Rinharen). Römisches Limeskastell, angloschottisches Coenobium Willibrords, feudale Grundherrschaft und Herrlichkeit, Deichschau. Band 1. Von den Anfängen der Besiedlung bis zum Ende der Herrlichkeit – Darstellung und Quellen. – Kleve.

Hauptstaatsarchiv Düsseldorf [Hrsg.] (1984): Karte des Rheins von Duisburg bis Arnheim aus dem Jahre 1713 von Johann Bücker (mit Erläuterungen von E. Wisplinghoff). – Düsseldorf.

Hesmer, H. (1958): Wald und Forstwirtschaft in Nordrhein-Westfalen. Bedingtheiten, Geschichte, Zustand. – Hannover.

Hoenselaar, G. (1963): Zur Geschichte des Klever Reichswaldes. – Diplomarbeit Universität Göttingen.

Hövelmann, G. [Hrsg.] (1984): 250 Jahre Klevisches Kataster: Studien zur Geschichte der Kartographie und des Vermessungs- und Katasterwesens am Niederrhein. – Kleve 1984 (Schriftenreihe des Kreises Kleve) und erschienen in Nachrichten aus dem öffentlichen Vermessungsdienst des Landes Nordrhein-Westfalen 17, H. 3.

Hohmann, K. (1992): Gemeinde Uedem am Niederrhein. – Neuß (Rheinische Kunststätten, 378).

Hohmann, K.-H. u. Koepp, H.-J. (1997): Die ehemalige Zisterzienserinnenabtei Neukloster zu Graefenthal (Stadt Goch). – Köln (Rheinische Kunststätten, 427), S. 3.

Hondong, H. (1987): Multifunktionale Forstwirtschaft und Naturschutz. Dargestellt am Beispiel des Klever Reichswaldes. – Unveröffentlichte Diplomarbeit. Universität Freiburg.

Ilgen, T. (1910): Zum Siedlungswesen im Klevischen. – In: Westdeutsche Zeitschrift für Geschichte und Kunst, 29, S. 1–83.

Ilgen, T. (1925): Quellen zur inneren Geschichte der rheinischen Territorien: Herzogtum Kleve I–II. – Köln 1921– (Publikationen der Gesellschaft für rheinische Geschichtskunde, 38).

Jörissen, J. (1990): Chronik der Gemeinde Bedburg-Hau. – Kleve.

Kastner, D. (1988): Die Gocher Landrolle. Ein Landerschließungsprojekt des 14. Jahrhunderts. – Kleve (Schriftenreihe des Kreises Kleve, 6).

Koepp, H.-J. (1989): Die Schmalspurbahn des Reichswaldes als Waldbahn und Munitionstransportzug. – In: Kalender für das Klever Land, S. 119–128.

Koepp, H.-J. (1991): Gartenplan für Graefenthal. Der Gartenplan vom M.F. Weyhe. – In: An Niers und Kendel, Heft 25, S. 5–12, Beleg S. 9.

Koepp, H.-J. (1993): Über die Familie Sinsteden. Graefenthal – Ein Kloster im Wandel der Zeit. Ausstellungskatalog Museum für Kunst und Kulturgeschichte der Stadt Goch. – Goch, S. 30.

Klostermann, J. (1992): Das Quartär der niederrheinischen Bucht. – Krefeld.

Kreuer, W. (1986): Landschaftsbewertung und Erholungsverkehr im Reichswald bei Kleve. Eine Studie zur Praxis der Erholungsplanung. – Paderborn.

Krings, W. (1976): Wertung und Umwertung von Allmenden im Rhein-Maas-Gebiet vom Spätmittelalter bis zur Mitte des 19. Jahrhunderts. Eine historisch-sozialgeographische Studie. – Assen.

Krings, W. (1980): Persistente Muster in der Agrarlandschaft des Baaler Bruchs, Gemeinde Weeze. – In: *Aymans, G. [Hrsg.]*: Niederrheinische Studien. – Bonn (Arbeiten zur Rheinischen Landeskunde, 46), S. 101–116.

Lacomblet, T. J. (1966): Urkundenbuch für die Geschichte des Niederrheins. Nachdruck der Ausgabe 1840–1858. – Düsseldorf, 4 Bde.

Lehmann, M. (1998): Der blaue Brabant. Die Geschichte der Boxteler Bahn. – Kalkar.

Lehmann, M. (2005): Eine Kornkammer des Klever Landes – 800 Jahre Uedemerfeld. – Uedem.

Menden, N. u. Schulte, A. (2003): Beseitigung der Kriegsfolgen und Wiederaufbau des Waldes. – In: *Schulte, A. [Hrsg.]*: Der Wald in Nordrhein-Westfalen. Bd. 1. – Münster, S. 271–280.

Mott, B. (1989): Pfälzer am Niederrhein. Die Geschichte der Pfälzersiedlungen Pfalzdorf, Louisendorf und Neulouisendorf im Rahmen der preußischen Binnenkolonisation des 18. und 19. Jahrhunderts. – Goch u. Kalkar.

Negendank, J. u. Richter, G. (1982): Geographische und geologische Grundlagen. – Köln (Geschichtlicher Atlas der Rheinlande, Lfg. 1, Karten I/1–I/5 und Beiheft).

Oediger, F. W. (1964): Stifts- und Klosterarchive. Bestandsübersichten. – Siegburg (Das Landesarchiv NRW und seine Bestände, 4).

Oediger, F. W. [Hrsg.] (1967): Die Erzdiözese Köln um 1300. Erstes Heft. Der Liber Valoris. – Bonn (Erläuterungen zur geschichtlichen Handatlas der Rheinlande, 9 = Publikationen der Gesellschaft für Rheinische Geschichtskunde, 12).

Oediger, F. W. [Hrsg.] (1982): Quellen zur inneren Geschichte der rheinischen Territorien. Grafschaft Kleve, 2: Das Einkünfteverzeichnis des Grafen Dietrich IX: von 1319 und drei kleinere Verzeichnisse des rechtrheinischen Bereichs. Erster Teil: Text. Zweiter Teil: Erläuterungen. – Düsseldorf (Publikationen der Gesellschaft für Rheinische Geschichtskunde, XXXVIII).

Renes, J. (2010): Innere Kolonisation. Das holländische Erbe am Niederrhein aus der Sicht der niederländischen Perspektive. – In: Der Niederrhein. Natur- und Kulturerbe. Dokumentation der Tagung vom 10.–12. November 2009 in Xanten, Ratssaal. – Köln, S. 163–169.

Schenk, W. (2002): Zisterzienser als Gestalter von Kulturlandschaft. Forschungsstand, offene Fragen und Konzepte zum Umgang mit dem landschaftlichen Erbe. – In: *Otten, T. und Wiemer, K.P. [Hrsg.]*: Ora et labora. Quellen und Elemente der Nachhaltigkeit zisterziensischen Lebens. – Köln, S. 71–88.

Scherer, T. (1989): Zur Geschichte des Klever Reichswaldes. Unter besonderer Betrachtung der Nachkriegszeit. – Diplomarbeit. Universität Göttingen.

Schleidgen, W.-R. [Bearb.] (1983): Kleve-Mark Urkunden. 1: 1223–1368. 2: 1368–1394. Regesten des Bestandes Kleve-Mark Urkunden im Nordrhein-Westfälischen Hauptstaatsarchiv in Düsseldorf. – Siegburg (Veröffentlichungen der staatlichen Archive des Landes Nordrhein-Westfalen. Reihe C: Quellen und Forschungen, 13 und 23).

Schleidgen, W.-R. (1986): Das Kopiar der Grafen von Kleve. – Kleve (Klever Archiv, 6).

Schmitz, Alphons (1940): Eine alte Marktgenossenschaft des Kleverlandes. – In: Kalender für das Klever Land 1940, S. 47–49.

Scholten, R. (1984): Das Cistercienserinnen-Kloster Grafenthal oder Vallis comitis zu Asperden im Kreise Kleve. – Kleve 1899. Nachdruck Geldern.

Schumann, A. (1990): Abschlußbericht zur AB-Maßnahme „Erstellung historischer Karten" (mit einem Register). – Goch (Unveröffentlichtes Manuskript, Stadtarchiv Goch), S. 57.

Scotti, J. J. [Hrsg.] (1826): Sammlung der Gesetze und Verordnungen, welche in dem Herzogthum Cleve und in der Grafschaft Mark über Gegenstände der Hoheit, Verfassung, Verwaltung und Rechtspflege ergangen sind. Vom Jahre 1418 bis zum Eintritt der königlich preußischen Regierungen im Jahre 1816. – Düsseldorf.

Spek, T. (1996): Die bodenkundliche und landschaftliche Lage von Siedlungen, Äckern und Gräberfeldern in Drenthe (nördliche Niederlande). Eine Studie zur Standortwahl in vorgeschichtlicher, frühgeschichtlicher und mittelalterlicher Zeit (3400 v. Chr.–1500 n. Chr.). – In: Siedlungsforschung 14, S. 95–193.

Spies, W. (1938): Der Unterlauf des Rheinstromes zu Friedrichs dem Großen Zeiten. – In: Die Heimat 17, S. 215–226.

Thomas, W. (1995): Uedemer Adelshöfe – Gravenhorst, Haus Kolk, Holthuysen. – Uedem (Schriftenreihe des Geschichtskreises im Heimat- und Verkehrsverein Uedem, H. 1).

Thomas, W. (1996): Die Trockenlegung von Uedemerbruch und die Holländische Straße. – Uedem (Schriftenreihe des Geschichtskreises im Heimat- und Verkehrsverein Uedem, H. 13).

Tietz (1855): Der Reichswald bei Cleve. Die Clever Landschaft. Festschrift für die XVII. Versammlung der Land- und Forstwirthe zu Cleve. – Bonn.

Tillmann, H. (1964): Geschichte des Amtes Uedem. – Uedem.

Vereinigung der Landesdenkmalpfleger in der Bundesrepublik Deutschland: Denkmalpflege und historische Kulturlandschaft. Stellungnahme der Vereinigung der Landesdenkmalpfleger, bearb. Juni 06/2001 von der Arbeitsgruppe städtischer Denkmalpflege. Arbeitsbl. 16 2001, www.denkmalpflege-forum.de/Download/ (Zugriff: 31. Mai 2021).

Weber. W. (2013): Die älteste Karte von Pfalzdorf. Gesamtausgabe in drei Teilen. – Pfalzdorf.

Wegener, H.-J. (1998): Vor 50 Jahren: North German Timber Control. Heute nur noch ein Kapitel der Forstgeschichte. – In: *Landesforstverwaltung NRW [Hrsg.]*: Forstwirtschaft in Nordrhein-Westfalen. Zwischen Nachkriegswirtschaft und Neuorganisation (1945–1972). – Düsseldorf, S. 29–34.

Werneke, U.; Schwöppe, M.; Ahrendt, W. u. Bremer, G. (2000): Natur und Landschaft im Kreis Kleve. – In: 25 Jahre Kreis Kleve – Eine runde Sache, hrsg. vom Kreis Kleve. – Kleve.

Wilkes, C. (1937): Quellen zur Rechts- und Wirtschaftsgeschichte des Archidiakonats und Stifts Xanten. – Bonn (Veröffentlichungen des Vereins zur Erhaltung des Xantener Doms e. V., III).

Wisplinghoff, E. (1981): Zur Lage der Landwirtschaft und der bäuerlichen Bevölkerung im Klever Land während des späten Mittelalters. – In: *Ennen, E. u. Flink, K. [Hrsg.]*: Soziale und wirtschaftliche Bindungen am Niederrhein. – Kleve, S. 37–54.

Zbroschzyk, Markus (2014): Die preußische Peuplierungspolitik in den rheinischen Territorien Kleve, Geldern und Moers im Spannungsfeld von Theorie und räumlicher Umsetzung im 17.–18. Jahrhundert. – Bonn (Dissertation der Universität Bonn).

Zschocke, H. (1963): Die Waldhufensiedlungen am linken deutschen Niederrhein. – Wiesbaden (Kölner Geographische Arbeiten, 16).

Karten

Landesarchiv NRW. Klevische Katasterkarten: Nr. 11. Uedem, du Moulin und Enbers, 1732–1734 (hochauflösende Farbscans, zu Verfügung gestellt vom Landesarchiv Nordrhein-Westfalen und dem Stadtarchiv Kleve).

„Karten von dem königlichen klevischen oder Reichswald und des Siebendaels. Auf Verordnung der Kriegs- und Domänenkammer vermessen und Mai 1740 vollendet durch den Kapitän-Ingenieur Simon" (17 Blätter). Landesarchiv NRW, Nr. 1021).

Müller-Miny, H. (1977): Geographisch-landeskundliche Erläuterungen zur Tranchot-von Müfflingschen Kartenaufnahme der Rheinlande 1801–1828 – mit Bezug auf die heutigen Blätter der Topographischen Karte 1:25.000. – In: Nachrichten aus dem öffentlichen Vermessungsdienst des Landes Nordrhein-Westfalen 10, S. 83–114.

*Schmidt, R. u. Müller-Miny, H. (*1973*):* Die Kartenaufnahme der Rheinlande durch Tranchot und v. Müffling 1801–1828. 1: Geschichte des Kartenwerkes und vermessungstechnische Arbeiten. 2: Das Gelände. Eine quellenkritische Untersuchung. – Köln u. Bonn (Publikationen der Gesellschaft für rheinische Geschichtskunde, XII u. XII).

Landesvermessungsamt Nordrhein-Westfalen/Bezirksregierung Köln, Abt. 7: Geobasis NRW [Hrsg.]:

Kartenaufnahme der Rheinlande durch Tranchot und von Müffling, mehrfarbige Nachdrucke im Maßstab 1:25.000. Die Blätter 2/4 Millingen/Kranenburg (1803–1805), 2/5: Millingen/Kleve (1804), 6: Grieth (1804), 8: Gennep (1804–1805), 9: Goch (1802–1804), 10: Kalkar (1802–1804). Bonn-Bad Godesberg 1968.

Luftbildkarte 1:25.000 (1986). Die Blätter 4102 Elten, 4103 Emmerich, 4202 Kleve, 4203 Kalkar, 4302 Goch, 4303 Uedem. – Bonn-Bad Godesberg.

Topographische Aufnahme 1:25.000 (Uraufnahme) des preußischen Topographischen Bureaus. Aufnahme Rheinprovinz 1842–1850. Die Blätter: 4102 Elten, 4103 Emmerich, 4202 Kleve, 4203 Kalkar, 4302 Goch, 4303 Uedem. – Bonn-Bad Godesberg 1991/95.

Topographische Aufnahme 1:25.000 (Neuaufnahme) der Königlichen preußischen Landesaufnahme. Aufnahme 1895–1912. Reproduktion der Blätter 4102 Elten, 4103 Emmerich, 4202 Kleve, 4203 Kalkar, 4204 Goch, 4303 Uedem. – Bonn-Bad Godesberg.

Topographische Aufnahme 1:25.000 Reproduktion der Blätter 4102 Elten, 4103 Emmerich, 4202 Kleve, 4203 Kalkar, 4302 Goch, 4303 Uedem (Ausgaben 1948–1955). – Bonn-Bad Godesberg.

Topographische Karte 1:25.000 (Ausgaben 1984–1990). Die Blätter 4102 Elten, 4103 Emmerich, 4202 Kleve, 4203 Kalkar, 4302 Goch, 4303 Uedem. – Bonn-Bad Godesberg.

Topographische Karte 1:50.000 (Ausgabe 1989/90). Die Blätter L4102 Emmerich, L4302 Kleve.

Siedlungsforschung. Archäologie – Geschichte – Geographie 39, 2021, S. 521–539

Zusammenspiel von Mensch und Umwelt in Bad Waldsee

Interdisziplinäre Forschung zu mittelalterlicher bis frühneuzeitlicher Stadt- und Klimaentwicklung und deren Auswirkung auf Gewässer

Claudia Höhnke, Kim J. Krahn und Kristin Haas

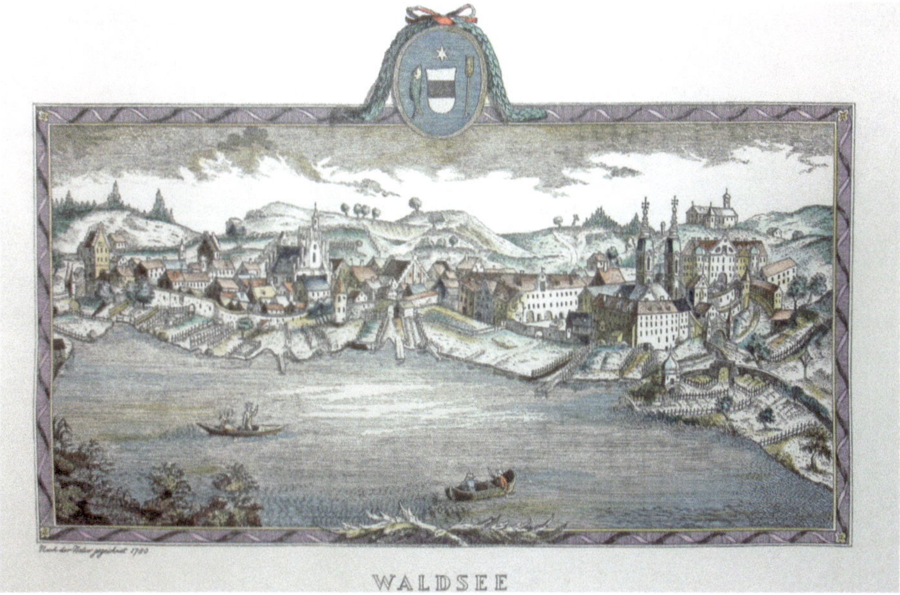

Abb. 1: Stadtsee und Altstadt von Waldsee. Der sogenannte Handwerkerstich von 1780 (Quelle: Stadtarchiv Bad Waldsee).

Der Stadtsee des oberschwäbischen Kneippkurorts Bad Waldsee, ca. 23 km nordöstlich von Ravensburg gelegen, ist sowohl Naherholungsgebiet als auch Umweltarchiv (Abb. 1). Seine außerordentlich gut erhaltenen, meist jahreszeitlich geschichteten Sedimentlagen ermöglichen bei einer parallelen Betrachtung der schriftlichen Überlieferung ein interdisziplinäres Forschungsvorhaben zur Wirtschafts- und Umweltgeschichte zwischen 1200 und 1800. Das dazu von 2020 bis 2023 laufende DFG-Projekt „Auswirkungen mittelalterlicher bis frühneuzeitlicher Stadtentwicklung auf Gewässer am Beispiel von Bad Waldsee" mit seinen Fragestellungen und Zielen sowie den am Projekt Beteiligten werden in diesem Beitrag vorgestellt. Nach der Darstellung der Stadtgeschichte von Bad Waldsee im Überblick werden die jeweilige Methodik und zentrale Themenfelder aus der Perspektive der Geschichtswissenschaft und der Geobiowissenschaften beschrieben.

1 Das DFG-Projekt Bad Waldsee

1.1 Interdisziplinäre Archivforschung

Bei diesem Projekt werden die Umweltauswirkungen der Stadtentwicklung auf Gewässer am Beispiel von Bad Waldsee im Zeitraum zwischen ca. 1200 bis 1800 untersucht. Dabei steht die langfristige Beziehung zwischen Mensch und Umwelt im Vordergrund. Es sollen Veränderungen und Krisen der städtischen Wirtschaftsweise sowie die Resilienz dieses gekoppelten ökologisch-soziologischen Systems gegenüber regionalen Einflussfaktoren verfolgt werden.

Das Projekt wird geleitet von *Prof. Dr. Sigrid Hirbodian* vom Institut für Geschichtliche Landeskunde und Historische Hilfswissenschaften an der Universität Tübingen, *Prof. Dr. Peter Rückert* vom Hauptstaatsarchiv Stuttgart, *Prof. Dr. Matthias Hinderer* vom Institut für Geowissenschaften im Fachgebiet Angewandte Sedimentgeologie an der Technischen Universität Darmstadt, *Prof. Dr. Antje Schwalb* vom Institut für Geosysteme und Bioindikation an der Technischen Universität Braunschweig sowie *PD Dr. Elena Marinova-Wolff* vom Landesamt für Denkmalpflege Baden-Württemberg. Bearbeitet wird das Projekt von den Wissenschaftlichen Mitarbeiterinnen *Dr. Kim J. Krahn* von der TU Braunschweig, *Kristin Haas* von der TU Darmstadt und *Claudia Höhnke* von der Universität Tübingen sowie Mitarbeiterinnen und Mitarbeitern des Landesamtes für Denkmalpflege Baden-Württemberg. Außerdem besteht eine enge Kooperation mit Fachkolleginnen und Fachkollegen der Johann-Wolfgang-Goethe-Universität Frankfurt und des Geoforschungszentrums Potsdam sowie mit *Michael Tassilo Wild*, dem Leiter des Stadtarchivs Bad Waldsee.

Sowohl anthropogene Einflüsse als auch natürliche, klimatische Ereignisse lassen sich anhand von historischen, schriftlichen sowie geobiowissenschaftlichen Archiven erforschen. Daher werden Seesedimentkerne aus dem Stadtsee geochemisch-biologisch untersucht und lokale dendrochronologische Analysen an Hölzern aus Bad Waldsee durchgeführt. Zugleich werden aus der schriftlichen Überlieferung eine bevölkerungs-, klima- und wirtschaftsgeschichtliche Analyse vorgenommen sowie eine Wirtschaftstopographie von Bad Waldsee erstellt.

Nach Erhebung und Auswertung der historischen und naturwissenschaftlichen Daten, deren Abgleich sowie einer gemeinsamen Analyse und Interpretation sollen die Erkenntnisse zu einem Modell des mittelalterlichen bis frühneuzeitlichen Mensch-Klima-Umweltsystems für Bad Waldsee und seine Umgebung zusammengeführt werden (Abb. 2). Mit dem hier verfolgten interdisziplinären Ansatz und der Verwendung unterschiedlicher Archive können das Prozessverständnis wesentlich verbessert und kausale Zusammenhänge deutlicher aufgedeckt werden.

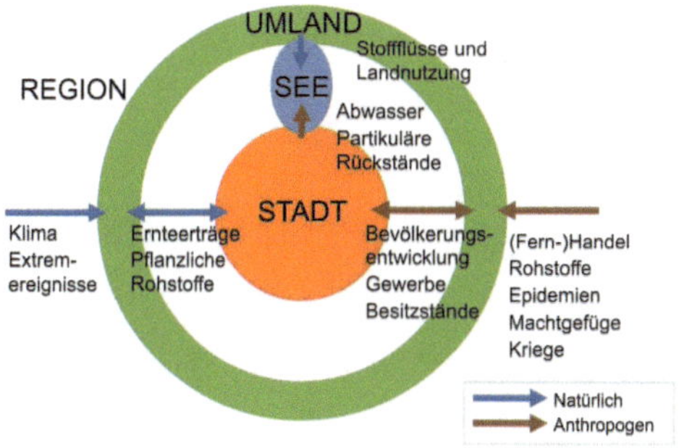

Abb. 2: Leitbild für das Wirkungsgefüge Stadt-Umland-Region und dessen Steuerungsfaktoren, angepasst an das Fallbeispiel Bad Waldsee (Quelle: eigener Entwurf).

Das Forschungsvorhaben zeichnet sich durch die interdisziplinäre Zusammenarbeit von Geobiowissenschaften und Geschichtswissenschaft aus. Wirtschafts-, sozial- und umweltgeschichtliche Phänomene werden erstmals gemeinsam von Geistes- und Naturwissenschaften in bis zu einer jahrgenauen Auflösung untersucht und interpretiert. Die Stadt bietet einzigartige Voraussetzungen für das Forschungsprojekt, da zum einen der Stadtsee direkt neben dem mittelalterlichen Stadtkern liegt und zum anderen die Sedimente dieses Sees über große Abschnitte laminiert sind und damit teilweise jahrgenau bis in die frühe Neuzeit untersucht und datiert werden können. Zusätzlich macht eine sehr gute schriftliche Quellenlage umfangreiche geschichtswissenschaftliche Untersuchungen möglich.

1.2 Die Stadtgeschichte im Überblick

Die schriftliche Überlieferung geht zurück bis auf das Jahr 926, mit der ersten historiographischen Erwähnung der Siedlung *walahse* im Kontext der Ungarneinfälle. 1181 bestätigte *Kaiser Friedrich I.* eine Klerikergemeinschaft in Waldsee als Augustinerchorherren-Stift, ehe Waldsee 1298 durch *König Albrecht I.* zur Stadt erhoben wurde. Die Stadt stand anfänglich unter der Herrschaft der Herren von Wallsee, die zunächst Ministeriale der Welfen und Staufer waren. Nachdem diese ab 1278 in die Dienste *König Rudolfs I.* traten und schließlich in die österreichischen Erblande übersiedelten, verkauften sie Waldsee 1331 an die österreichischen *Herzöge Albrecht II.* und *Otto von Habsburg*. In den Jahren 1386 bzw. 1402 verpfändeten die Habsburger Waldsee an die Truchsessen von Waldburg. Diese Pfandherrschaft führte zu zahlreichen Konflikten zwischen den Truchsessen und den Bürgern Waldsees, die sich stets den Habsburgern zugehörig fühlten (*Buck* 1993, S. 20–21). Von Spannungen und Streitigkeiten war auch das Verhältnis zwischen den Truchsessen von Waldburg und den Habsburgern geprägt, da letztere stets versuchten, ihre Machteinflüsse in der Pfandschaft geltend zu machen (*Quarthal* 1980, S. 53–54). Schließlich löste sich die Stadt 1680 selbst aus der Pfandschaft aus und blieb bis zum Ende des Alten Reiches unter der Herrschaft Österreichs. Danach wurde Waldsee in das Königreich Württemberg eingegliedert.

2 Geschichtswissenschaftliche Forschung

Im Rahmen einer Promotionsstelle am Institut für Geschichtliche Landeskunde und Historische Hilfswissenschaften im Fachbereich Geschichtswissenschaft an der Universität Tübingen wird die breite schriftliche Überlieferung, vor allem in Form von Urkunden, Akten, Urbaren und Rechnungen von *Claudia Höhnke* aufgearbeitet. Die Konjunkturen von Gewerbe und Handel, insbesondere mit Getreide, sowie die Produktion von Leinwand und Barchent stehen im Zentrum der Untersuchungen.

Der ganze Raum Oberschwaben war im späten Mittelalter und in der frühen Neuzeit eine Exportlandschaft für Getreide und hat vor allem in der Ostschweiz wichtige Absatzmärkte gefunden (*Irsigler* 2019, S. 276). Die Bedeutung des Getreidehandels in Waldsee ist noch heute etwa durch das Kornhaus im Zentrum des mittelalterlichen Stadtkerns oder auch am Stadtwappen zu erkennen (Abb. 1), das neben einem Fisch und einem Marienstern eine Kornschaufel als Symbol zeigt (*Hruza* 1995, S. 460). Archivalische Quellen wie etwa Getreidepreistabellen oder Berichte zu Mengenangaben des ausgeführten Korns dienen als Forschungsgrundlage, um Rückschlüsse auf ertragreiche Erntejahre und wirtschaftliche Konjunkturphasen ziehen zu können. Marktordnungen oder überlieferte Streitigkeiten zum Kornhandel sollen Einblicke in das mittelalterliche bis frühneuzeitliche Marktgeschehen einer landsässigen Stadt und die Identifizierung von wichtigen Akteuren und Akteursnetzwerken ermöglichen.

Neben dem Getreidehandel bildeten Leinwand- und Barchentproduktion eine Gewerbelandschaft in Oberschwaben, in die neben den Reichstädten auch Landstädte wie Waldsee eingebunden waren (*Kießling* 2019, S. 328). Bereits im 14. Jahrhundert war die Region von der Leinwandherstellung geprägt. In Waldsee zeigt sich dies etwa durch eine Urkunde *Herzog Leopolds IV. von Österreich*, in der er 1397 den Bürgern der Stadt gestattet, eine baufällige Brotlaube neu zu errichten und bei dieser Gelegenheit auch ein Gewandhaus zu erbauen (StABW Nr. 13). Ein spezielles Gebäude eigens für Leinwandprodukte macht die Bedeutung der Ware für den städtischen Handel deutlich (*Sydow* 1994, S. 38–39). Einen regelrechten Wirtschaftsboom erfuhr das Leinwandgewerbe, als mit dem Import von Baumwolle die Produktion von Barchent, einem Mischgewebe aus Leinen und Baumwolle, hinzukam. Importiert wurde die Baumwolle aus dem östlichen Mittelmeerraum über Venedig oder Genua (*Sczesny* 2019, S. 245).

Die hohe Nachfrage nach Leinen und Barchent stellte die Weber jedoch oft vor große Herausforderungen, sowohl auf dem Land als auch in den Städten. Da die Gewinnung der Flachsfaser und die Weiterverarbeitung zu Garn sehr aufwendig war, wurde das Produkt im Verlauf des Spätmittelalters zur Mangelware und rasch auch zum Spekulationsobjekt. Fürkäufer, eine Art Warenspekulanten, und Zwischenhändler kauften das Garn auf, noch bevor das Produkt an den Marktorten angelangt war. So standen die städtischen und ländlichen Weber in Konkurrenz zueinander (*Spohr* 2013, S. 23). Bündnisse sollten Lösungsansätze zur Schwächung der ländlichen Weber und zur Sicherung des Warenzustroms auf die Märkte bieten. Beim ersten oberdeutschen Garnbündnis von 1476 (StARV, A 01 Reichsstädtisches Archiv, Bü 37b/3) schlossen sich die Weberzünfte von elf (Reichs-)Städten, wie etwa Memmingen und Ravensburg, und darunter auch die Landstadt Waldsee zusammen. Dabei wurden zur Stärkung der städtischen Märkte Zwei-Meilen-Zonen vereinbart, innerhalb derer der Aufkauf auf dem Land verboten war. Auf den Märkten wurde die Maximalmenge auf 25 Pfund pro Wochenkauf beschränkt. Zur Abwehr der Landweber wurden diese außerdem von der städtischen Schau und damit vom Markt ausgeschlossen (*Kießling* 1989, S. 492). Waldsee konnte zwar in seiner Bedeutung für die Textilwirtschaft keinen vergleichbaren Rang wie etwa die Reichsstadt Memmingen einnehmen (*Ammann* 1953, S. 266). Bemerkenswert jedoch sind die Teilhabe der Landstadt am überwiegend reichsstädtischen Garnbündnis von 1476 sowie die städtischen Einrichtungen zur Veredelung der Stoffe, wie etwa die Bleiche, welche Waldsee als Zentrum der Textilwirtschaft auswies (*Spohr* 2013, S. 67).

Neben dem Themenkreis zu Gewerbe und Handel stellen die Landnutzung und Landschaftsentwicklung um Waldsee einen weiteren Teil der Untersuchungen dar. Hierbei wird nach den Bodennutzungssystemen, der Fruchtfolge sowie dem Anbau von Sonderkulturen gefragt. Erkenntnisse darüber, welche Getreidesorten angebaut wurden, sowie über den Umfang der Ernteerträge können beispielsweise durch die Auswertung von Urbaren gewonnen werden. Auch sollen die Ausdehnung der Waldbestände, Wüstungserscheinungen und Phasen von Nutzflächenausbau nachvollzogen werden. Durch die kleinräumige, landeskundliche Forschung bietet sich die Chance, neue Perspektiven in Bezug auf große Forschungsfelder zu gewinnen (*Hirbodian* 2020, S. 441), wie etwa die Frage nach den Handlungsspielräumen in Phasen von agrarwirtschaftlicher Regression (*Rückert* 2020, S. 87).

Ebenfalls eine zentrale Rolle spielt die Ereignisgeschichte, wobei die Herrschaftsverhältnisse und die Auswirkungen von kriegerischen Auseinandersetzungen die Stadtentwicklung besonders beeinflussten. Hierbei muss vor allem der Dreißigjährige Krieg mit dem Einfall schwedischer Truppen in Waldsee hervorgehoben werden (*Klocker* 1973, S. 46–47). Auch hier bietet die interdisziplinäre Zusammenarbeit ein deutliches Erkenntnispotential. Brände, die beispielsweise mit den Plünderungen der Schweden einhergingen, lassen sich potenziell in den Seesedimenten nachweisen und ergänzen somit die historische Überlieferung. Welche Konsequenzen der Dreißigjährige Krieg für Waldsee hinsichtlich der Entwicklung der Wirtschaft, aber auch der Bevölkerung in Anbetracht starker Seuchenverbreitung durch die Mobilität von Soldaten und deren Trosse hatte und was dies langfristig bedeutete, soll im Rahmen der Arbeit ebenfalls erforscht werden.

Das historische Klima mit seinen Auswirkungen auf die Agrarwirtschaft, aber auch auf die Resilienz der Bevölkerung in Waldsee sind ebenfalls Gegenstand der Dissertation.

3 Geobiowissenschaftliche Forschung

Für das bessere Verständnis der sozioökonomischen Entwicklung von Bad Waldsee ist es entscheidend, auch klimatische Einflussfaktoren mit zu berücksichtigen. Diese wirkten sich nicht nur auf die Nahrungsversorgung und Rohstoffverfügbarkeit aus, sondern beeinflussten auch Handelsrouten. Gleichzeitig wirkte der Mensch z. B. über Waldrodung, Bewirtschaftung, Metallverarbeitung und Abwassereinleitung stark auf sein Umland und die vorhandenen Gewässer ein. Sowohl klimatische Schwankungen als auch anthropogene Einflüsse können am Grund von Seen in Form von Sedimentlagen archiviert werden. Hier wird neben dem klassischen historischen Schriftarchiv das Archiv „See“ ausgewertet und verglichen. Es handelt sich bei diesem Archiv um Sedimentbohrkerne aus dem Stadtsee und ergänzend aus dem Schlosssee, die aus meist jahreszeitlich geschichteten (warvierten) Sedimenten bestehen. Im Rahmen einer Promotionsstelle am Institut für Angewandte Geowissenschaften an der TU Darmstadt werden von *Kristin Haas* die Sedimentationsbedingungen im See geklärt und ein Altersmodell erstellt. Außerdem wird der anthropogene Einfluss auf die Seesedimente mittels verschiedener geochemischer Methoden untersucht. Zeitgleich analysiert *Dr. Kim J. Krahn* an der TU Braunschweig am Institut für Geosysteme und Bioindikation die Diatomeen (Kieselalgen) sowie die stabilen Isotope in den Seesedimenten, um damit vergangene Änderungen im Klima und dem aquatischen Ökosystem zu rekonstruieren.

3.1 Die Gewässer von Bad Waldsee

Die Stadt Bad Waldsee liegt auf einer Landenge zwischen dem Stadtsee und dem Schlosssee (Abb. 3). Die Altstadt grenzt dabei unmittelbar an das Südwestufer des Stadtsees an.

Sein Einzugsgebiet von ca. 1.975 ha wird heutzutage zu 57 % landwirtschaftlich genutzt, seine Fläche beträgt etwa 14 ha mit einer maximalen Tiefe von 10,7 m. Beide Seen sind über den Pfaffenbach verbunden, der vom Stadtsee über die Altstadt in den Schlosssee fließt. Der Stadtsee wird jeweils im Frühjahr und Herbst durchmischt und bildet während der Sommermonate eine stabile Schichtung aus. In der Schichtungsphase ist die unterste Wasserschicht (Hypolimnion) bis ca. einen Meter über dem Grund von Juli bis November komplett sauerstofffrei. Das Seewasser ist kalkreich, gut gepuffert und wird aktuell als eutroph eingestuft (*LUBW* 2014, S. 59–62). In den letzten Jahrzehnten wurden im Zuge eines Sanierungsprogramms in Stadtsee und Schlosssee regelmäßig die Algen untersucht, so dass der heutige Gewässerzustand gut dokumentiert und erforscht ist (https://www.seenprogramm.de/, Zugriff: 18. April 2021).

Abb. 3: Satellitenbild der Altstadt von Bad Waldsee mit angrenzendem Stadt- und Schlosssee (Kartengrundlage: Stadtgebiet Bad Waldsee [online], 47°55"5"N 9°45'10"E, verändert nach Google Earth).

Im Rahmen eines vorhergehenden DFG-Projekts („Vegetationsgeschichtliche Untersuchungen zu eisenzeitlichen Zentralisierungsprozessen im südlichen Mitteleuropa") wurde im Jahr 2006 ein Sedimentkern aus dem tiefsten Bereich des Stadtsees entnommen (Abb. 4). Dieser rund 8 m lange Sedimentkern umfasst die letzten ca. 3.300 Jahre und ist mit Ausnahme der eisenzeitlichen Phase jahreszeitlich laminiert. Die einzelnen Sedimentlagen (Laminae) sind ca. 3–10 mm dick und weisen eine maximale Dicke im Mittelalter auf. Der für dieses Projekt geplante Untersuchungszeitraum von 1200 bis 1800 hat eine Mächtigkeit von ungefähr 3,5 m. Die Sedimentkerne des Schlosssees sind zwar ebenfalls überwiegend laminiert, jedoch sind die einzelnen Laminae weniger deutlich ausgebildet. Der See soll daher für Vergleichszwecke eingeschränkt genutzt werden. Weitere Sedimentkerne wurden im September 2010 gezogen.

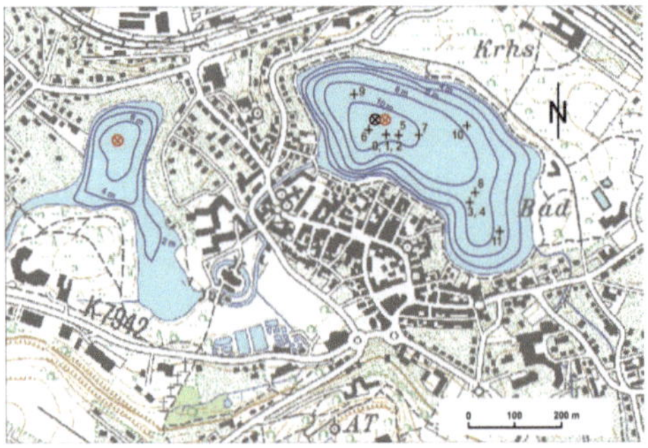

Abb. 4: Stadtsee (rechts) und Schlosssee (links) in Bad Waldsee mit Bohrlokationen. +: J. Merkt; x: M. Rösch (schwarz: 2006, rot: 2010). Ausschnitt aus der TK 50 Blatt 8.124 (verändert).

3.2 Jahreszeitlich geschichtete Seesedimente

Vor mehr als 100 Jahren wurde die jahreszeitliche Genese von feingeschichteten Seesedimenten bewiesen und zur Erstellung einer exakten Geochronologie genutzt (*De Geer* 1912, S. 458). In dieser fundamentalen Arbeit wurde auch erstmals der Begriff Warve für jahreszeitlich geschichtete Sedimente etabliert. Im Gegensatz zum heutigen Sprachgebrauch bezog sich der damalige Ausdruck auf jahreszeitlich laminierte, proglaziale Sedimente. Heutzutage werden Warven als *„laminierte Sedimente stehender Wasserkörper* [bezeichnet], *die im jahreszeitlichen Rhythmus aus dünnen horizontalen Lagen wechselnder Zusammensetzung aufgebaut sind."* (*Zolitschka* 1990, S. 39). Seitdem sind Warven in allen Sedimentationsmilieus stehender Gewässer nachgewiesen und untersucht (*Zolitschka et al.* 2015, S. 9). Warvierte Sedimente, wie sie im Stadtsee von Bad Waldsee abgelagert wurden, stellen eine Besonderheit dar (Abb. 5). Mittels Warvenzählung bieten sie eine zusätzliche unabhängige und präzise Datierungsmöglichkeit, eine sogenannte Warvenchronologie. Diese eignet sich besonders gut für eine exakte Bestimmung schneller Klimawechsel und der Dauer von kurzen Klimaphasen wie beispielsweise des mittelalterlichen Klimaoptimums (1200–1350). Man unterscheidet zwischen klastisch-physikalischen und biochemischen Warven, die allerdings selten in Reinform anzutreffen sind. Es handelt sich meistens um Misch- oder Übergangstypen. Die klastisch-physikalischen Warven kommen bevorzugt in Regionen hoher geographischer Breite und in Gebirgen vor. In Hochgebirgsseen überwiegt der externe Sedimenteintrag, der durch die sommerliche Schnee- bzw. Gletscherschmelze kontrolliert wird. Die Sedimente bestehen aus einer gröberen Sommerlage und einer feinkörnigen Winterlage. In den mittleren Breiten, zu denen auch die Region um Bad Waldsee zählt, überwiegen biochemische Warven. Das vegetationsbedeckte Einzugsgebiet dieser Seen führt zur Reduzierung des externen Sedimenteintrags und zu erhöhtem Nährstoffgehalt im See. „*Lagenbildend treten im Frühling und im Sommer Algenblüten und die Fällung von Kalzit auf, die eine oder mehrere helle Sublamina bilden. Die kontrastierende dunkle Sublamina wird aus organischer Substanz und Tier- und Pflanzenbestandteilen aufgebaut, die im Herbst im See absterben oder aus dem Uferbereich durch Umlagerungsprozesse in das zentrale Seebecken transportiert werden.*“ (*Zolitschka* 1998, S.5). Die Qualität und Erhaltung der Warven wird von mehreren Faktoren beeinflusst. Die Form des Seebeckens ist dabei entscheidend. Tiefe Seen mit einem flachen zentralen Bereich sind besonders günstig, da die Sedimentoberfläche vor Strömung und Rutschungen geschützt wird. Außerdem kann die Warvengenese durch Bioturbation gestört werden. Deshalb kommen Warven meist in tiefen Seen mit sauerstoffarmen Tiefenwasser vor, in dem Organismen nicht überleben können. Diese Bedingungen sind im Stadtsee gegeben. Des Weiteren können frühdiagenetische Prozesse, wie beispielsweise die Zersetzung organischen Materials oder Mineralneubildungen die Sedimentzusammensetzung nachträglich verändern.

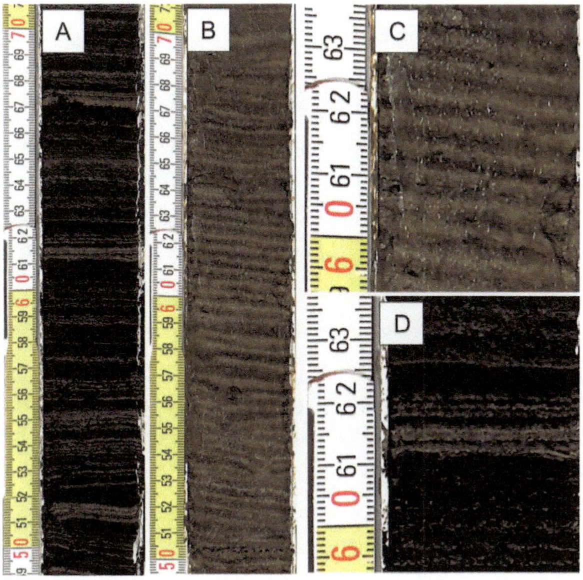

Abb. 5: A, C Warvendicke während der Eisenzeit bis zur Römerzeit. Die Warven sind durchschnittlich 1 mm dick. B, D Warven während des Mittelalters bis zur frühen Neuzeit. Die Warven sind bis zu 1 cm dick und zeigen charakteristische helle (Winter-) und dunkle (Sommer-)Sublaminae.

3.3 Datierung und Altersmodell

Um eine hochauflösende Klimarekonstruktion zu ermöglichen, ist eine präzise Datierung vonnöten (*Brauer et al.* 2014, S. 48). Seesedimente werden meist mittels Radiokohlenstoffmethode an Pflanzengroßresten datiert. Dies dient als Grundlage zur Erstellung eines Altersmodells der Sedimente. Ergänzend wird der Zeitraum des Mittelalters bis zur Frühen Neuzeit detailliert sedimentologisch aufgenommen, um eine exakte Warvenchronologie zu erhalten. Da jahreszeitlich geschichtete Sedimentabschnitte in ungeschichtete ältere und jüngere Ablagerungen eingebettet sind, wird die Warvenchronologie als schwebend bezeichnet. Durch die Verknüpfung mit historischen Ereignissen und die hohe chronologische Genauigkeit kann die schwebende Warvenchronologie in eine absolute (Warven-) Chronologie überführt werden.

3.4 Seesedimente als Umweltarchive

Die Ablagerungsprozesse und die Zusammensetzung von Seesedimenten werden hauptsächlich von klimatischen Bedingungen und der Geologie des Einzugsgebietes beeinflusst. Das Arbeitskonzept des Projekts verfolgt einen sogenannten Multi-Proxy-Ansatz, d. h. sedimentologische, biochemische und biologische Parameter der Seesedimente werden als indirekte Anzeiger (Proxies) für vergangene Änderungen genutzt und im Sinne einer umfassenden Umweltrekonstruktion zusammen analysiert. Diese Vorgehensweise ähnelt einem Puzzle, bei dem sich ein umso genaueres Bild ergibt, je mehr Puzzlesteine zusammengeführt werden können.

Neben den natürlichen Prozessen werden anthropogen verursachte Umweltveränderungen im See archiviert. Der Stadtsee ist eng mit der Stadt und dem Umland verknüpft (Abb. 2) und speichert daher in seinen Sedimenten Informationen über lokale und regionale Auswirkungen von Klimaveränderungen im direkten Lebensumfeld des Menschen sowie über die Stadt- und Umlandentwicklung.

Obwohl eine weitreichende Einflussnahme des Menschen auf Seen bis zum Mittelalter aufgrund der geringen Siedlungsdichte in Mitteleuropa in der Regel ausgeblieben ist, sind Entwicklungen des im Neolithikum einsetzenden Ackerbaus und die Nutzungsintensität der Landschaft regional gut anhand von Pollenanalysen und detritischer Einträge aus der Bodenerosion zu rekonstruieren (*Dotterweich* 2008, S. 199; *Marquer et al.* 2017, S. 20). Diffuse Nährstoffeinträge aus der Landwirtschaft waren in vorindustrieller Zeit für gewöhnlich gering, da keine Intensivlandwirtschaft betrieben wurde und die Felder nur unzureichend gedüngt werden konnten. In Einzelfällen kam es nichtsdestotrotz durch Abwassereinleitungen aus Siedlungen bereits im Neolithikum zur Eutrophierung von Seen (*Hillebrand et al.* 2014, S. 566). In Bad Waldsee deuten die Sedimente des Stadtsees die besondere Situation einer verstärkten anthropogenen Einflussnahme auf das Gewässer spätestens ab dem Mittelalter an.

Historische Klimaereignisse wie Trockenzeiten, Temperaturextreme oder Hochwässer können aus einer Kombination von instrumentellen Aufzeichnungen ab ca. 1750 und der Auswertung historischer Quellen abgeleitet werden. Für Mitteleuropa liegen umfangreiche Abschätzungen der historischen Klimaentwicklung der letzten ca. 1.000 Jahre in Form von Publikationen oder Datenbanken vor (*Pfister* 1999, S. 32–43; *Glaser* 2013, S. 9, 53–57). *Glaser* (2013, S. 201–206) unterscheidet dabei: (1) eine markante Wärmeperiode von 1200–1350, (2) eine Übergangsperiode zwischen 1350–1550 mit fortschreitender Abkühlung, (3) eine noch kühlere Periode von 1550–1850, die als „Kleine Eiszeit" bekannt ist, sowie (4) das moderne Klimaoptimum mit vergleichsweise milden Wintern. Der Höhepunkt der Kältephase wurde während der zweiten Hälfte des 17. Jahrhunderts erreicht. Insbesondere während Abkühlungsphasen kam es aufgrund der kürzeren Vegetationsperiode zu einer deutlichen Verschlechterung der agrarwirtschaftlichen Bedingungen mit häufigen Missernten und Ernteausfällen. Historische regionale Klimadaten für Oberschwaben fehlen dagegen bisher weitgehend.

Für die Flüsse Mitteleuropas liegen Zeitreihen für Fluthäufigkeiten vor. *Glaser et al.* (2010, S. 235–236) identifizieren vier Perioden gehäufter Hochwasserereignisse: 1540–1600, 1640–1700, 1730–1790 und 1790–1840. Für die Donau bei Ulm liegt eine Hochwasserrekonstruktion seit dem 14. Jahrhundert vor (*Glaser u. Stangl* 2004, S. 501; *Glaser et al.* 2010, S. 245–246). Diese umfasst Höhepunkte in der zweiten Hälfte des 17. Jahrhunderts und in der Mitte des 18. Jahrhunderts. Die für Mitteleuropa als tausendjähriges Ereignis angesehene Hochwasserlage im Jahr 1342 mit verbreiteter massiver Bodenerosion (*Glaser* 2013, S. 231–232) ist für Oberschwaben bisher nicht nachgewiesen. Im Sediment führen Hochwasserereignisse zur Bildung detritischer Lagen, die anhand von Dünnschliffen ermittelt werden können. Solche Lagen bestehen aus gröberem Material, das durch erosive Prozesse von seinem Ursprungsort entfernt wurde und an anderer Stelle wieder abgelagert wurde. Aus der Häufigkeit detritischer Sedimentlagen können Hochwasserhäufigkeiten über mehrere Jahrhunderte abgeleitet und Bezüge zum Klimageschehen im Nordatlantik nachgewiesen werden (*Wirth et al.* 2013, S. 112). Durch die Bestimmung der Sedimentfazies, die sogenannte Mikrofazies-Analyse (*Brauer* et al. 2009, S. 2), können jahreszeitliche Schwankungen detailliert rekonstruiert und die Warvengenese geklärt werden.

3.5 Methoden der Umweltrekonstruktion

Eine Vorstudie bezüglich aquatischer Mikrofossilreste zeigte einen hervorragenden Erhaltungszustand für Diatomeen in den Sedimenten von Stadt- und Schlosssee (Abb. 6). Diese Organismen reagieren sensibel auf chemische Parameter wie Nährstoffe (*Hall u. Smol* 1992, S. 417–418), pH (*Whitmore* 1989, S. 882) sowie Salinität (*Gasse et al.* 1997, S. 547) und eignen sich entsprechend besonders für die Rekonstruktion der Gewässerqualität. Darüber hinaus beeinflussen physikalische Faktoren wie z. B. das Mischungsverhalten des Sees (*Kienel et al.* 2017, S. 37), die Länge der Eisbedeckung (*Lotter u. Bigler* 2000, S. 125) und die Tiefe (*Hofmann et al.* 2020, S. 315–316) die Artenzusammensetzung und lassen auf vergangene Umweltveränderungen schließen. In paläolimnologischen Studien sind Diatomeen etablierte Proxies, um Klimawandel (*Rühland et al.* 2015, S. 1), Versauerung (*Curtis et al.* 2010, S. 92) sowie Eutrophierung (*Hall u. Smol* 1999, S. 128) nachzuzeichnen. Beispielsweise sind im Zusammenhang mit einem Bevölkerungswachstum steigende Nährstoff-Gehalte zu erwarten, wohingegen für die Zeit des Dreißigjährigen Kriegs und während der Pestwellen bereits verringerte Gesamtphosphor-Werte in deutschen Gewässern nachgewiesen wurden (*Schönfelder* 2002, S. 125). Mit Hilfe von Transferfunktionen und internationalen Datenbanken (EDDI-Datensätze, *Battarbee et al.* 2001, S. 2) können neben qualitativen Untersuchungen z. B. auch Gesamtphosphor, pH und Salinität quantitativ rekonstruiert werden.

Stratigraphische Variationen in den stabilen Isotopenzusammensetzungen (δ^{18}Ocarb, δ^{13}Ccarb, δ^{15}Norg, δ^{13}Corg) der im Sediment enthaltenen Karbonate und Organik werden in Zusammenarbeit mit *Dr. Birgit Plessen* vom Geoforschungszentrum in Potsdam untersucht und sollen Einblicke in Änderungen der Sommeroberflächenwassertemperaturen, der Hydrologie und der Produktivität des Gewässers liefern (*Leng u. Marshall* 2004, S. 811–816; *Brodie et al.* 2011, S. 3076–3077). Die δ^{15}Norg-Werte können zudem Rückschlüsse auf veränderte Einleitung von gelöstem Stickstoff aus Abwässern zulassen (*Botrel et al.* 2014, S. 419).

Mit diesen Methoden sollen die Klimaentwicklung im Einzugsgebiet von Bad Waldsee und einhergehende Veränderungen in den Seen sowie der anthropogene Einfluss über mehrere Jahrhunderte hochaufgelöst nachgezeichnet werden. Besonderes Augenmerk gilt der Rückkopplung von Klima und der Stadt-Umland-Entwicklung während des Übergangs von der mittelalterlichen Klimaanomalie in die „Kleine Eiszeit" (1550–1850) sowie der Bedeutung von Extremereignissen. In diesem Projekt eröffnet sich zudem die einzigartige Gelegenheit, zu überprüfen, ob, wann und wie sich die Geschichte der Stadt und ihres Umfelds auf die Seeentwicklung und Gewässerqualität ausgewirkt hat und wie schnell sich Wasserqualität und aquatisches Ökosystem von den anthropogenen Aktivitäten erholt haben.

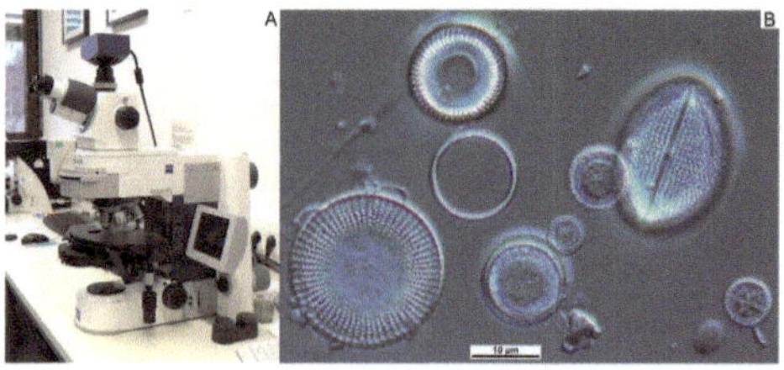

Abb. 6: A: Forschungsmikroskop für die lichtmikroskopische Analyse der laboratorisch aufbereiteten Sedimentproben am Institut für Geosysteme und Bioindikation der TU Braunschweig. B: Diatomeen-Präparat aus Kern WAS-B des Stadtsees bei 1.000-facher Vergrößerung.

Neben der Eutrophierung können die Einträge persistenter Schadstoffe wie Schwermetalle und organischer Schadstoffe (*Fernandez* 2011, S. 1906) im See nachgewiesen werden. Rußpartikel aus Verfeuerungsprozessen wie dem häuslichen Herdfeuer, Köhlerei oder Stadtbränden werden als dünne Ruß- oder Aschelagen im Sediment abgelagert. Hierbei handelt es sich um polyzyklische aromatische Kohlenwasserstoffe, die bei unvollständigen Verbrennungsprozessen entstehen und deren Spektrum auf die Herkunftsquellen schließen lässt (*Dvorská* 2011, S. 422). Die Analysen erfolgen mittels Gaschromatographie. Diese organischen geochemischen Untersuchungen werden in Zusammenarbeit mit *Prof. Dr. Christoph Schüth* und *Dr. Thomas Schiedek* an der TU Darmstadt durchgeführt. Schwermetalle gelangen oftmals durch mittelalterliche Bergbautätigkeiten (*Thevenon* 2011, S. 230), Metallverarbeitung, Textilherstellung sowie durch Farbpigmente, die beim Färben und Gerben genutzt wurden, in den See. Mittels anorganischer geochemischer Untersuchungen und sequenzieller Extraktion können die Metallspezies und die Bioverfügbarkeit ermittelt werden. In Abschnitten mit erhöhter anthropogener Belastung (polyzyklische aromatische Kohlenwasserstoffe und Schwermetalle) werden außerdem ökotoxikologische Tests durchgeführt. Ziel ist es zu überprüfen, ob bereits im Mittelalter umfangreiche Umweltbelastungen mit Schadstoffen durch anthropogene Aktivität hervorgerufen wurden und mit welchen Aktivitäten diese einhergingen. Voruntersuchungen zeigten bereits, dass die Sedimente des Stadtsees erhöhte Schadstoffgehalte aufweisen und mit neuzeitlichen Ablagerungen des Neckars vergleichbar sind. Auch wenn keine bedenklichen Schadstoff-Konzentrationen über den heutigen Grenzwerten zu erwarten sind, können präzise Analysemethoden auch sehr geringe frühe Schadstoffeinträge sichtbar machen, die aus mittelalterlichen oder frühneuzeitlichen Produktionstechniken stammen, aber auch von katastrophalen Ereignissen wie Plünderungen oder Einquartierungen während des Dreißigjährigen Kriegs. Zuständig für dieses Arbeitsgebiet innerhalb des Projekts sind *Prof. Dr. Henner Hollert* und *Florian Gigl* vom Institut für Ökologie, Evolution und Diversität der Johann-Wolfgang-Goethe-Universität Frankfurt.

Die Mineralzusammensetzung des Sediments wird von Veränderungen im Einzugsgebiet des Sees beeinflusst und über µXRF Scans an den Sedimentkernen abgeleitet. Die Messungen erfolgten in Kooperation mit dem Geoforschungszentrum in Potsdam unter der Leitung von *Dr. Rik Tjallingii* und *Prof. Dr. Achim Brauer*. Neben redoxsensitiven Metallen wie Mangan kann die Konzentration weiterer Elemente im Sediment gemessen werden. So geben erhöhte Gehalte der Elemente Silizium, Titan und Aluminium Hinweise auf erhöhten klastischen externen Stoffeintrag in den See. In der Regel ist dies auf gesteigerte Bodenerosion im Einzugsgebiet durch Waldrodung, städtische Bautätigkeit oder Intensivierung der Landwirtschaft zurückführen. Unter Hinzuziehung weiterer Daten lassen sich mögliche Auswirkungen und Ursachen gesteigerter Erosion ableiten. Beispielsweise liefern Pollenanalysen Hinweise auf Veränderungen der Vegetation oder den erstmaligen Anbau von Sonderkulturen in der Region. Die Pollenanalysen werden von *Dr. Lucia Wick* vom Institut für prähistorische und naturwissenschaftliche Archäologie in Bern übernommen. Neben Pollen, Sporen und Mikroholzkohle werden Nicht-Pollen-Palynomorphe erfasst. Dazu gehören Sporen von Pilzen, Algen und Wurmeier. Aussagen zur Tierhaltung, zum Weidebetrieb und zum Gewässerzustand können hieraus abgeleitet werden. Zur Rekonstruktion von Feuergeschehen werden von *Dr. Sara Saeidi* vom Landesamt von Denkmalpflege auch makroskopische Holzkohlepartikel erfasst. So können Brandereignisse in der Stadt sowie in der näheren Umgebung rekonstruiert werden. Ergänzend werden dendrochronologische Datensätze aus bauarchäologischen Untersuchungen an historischen Gebäuden in Bad Waldsee und Umgebung herangezogen, die von *Dr. Oliver Nelle* und *Dr. Sara Saeidi* vom Landesamt für Denkmalpflege in Hemmenhofen hinsichtlich klimatischer Veränderungen aufgearbeitet und ausgewertet werden.

4 Fazit

Die mittelalterliche Entwicklung in Mitteleuropa ist durch die Entstehung zahlreicher städtischer Zentren gekennzeichnet, über deren Umweltauswirkung wenig bekannt ist. Es mangelt an geeigneten Umweltarchiven in der Nähe dieser städtischen Zentren, die sowohl eine hohe zeitliche Auflösung wie auch lange Kontinuität bieten. Nur unter diesen Rahmenbedingungen ist eine systematische Verknüpfung von geobiowissenschaftlichen und historischen Archiven möglich, die kausale Zusammenhänge aufdecken kann, wie es hier am Beispiel von Bad Waldsee geplant ist. Neben der seltenen topographischen Konstellation einer mittelalterlichen Stadt direkt an einem See liegt im gewählten Fallbeispiel Bad Waldsee die – auch international – einmalige Situation vor, dass die Lamination der Seesedimente mit dem Einsetzen eines intensivierten anthropogenen Einflusses nicht, wie meist üblich, aussetzt, sondern die Warven ab dem Mittelalter bis zur frühen Neuzeit sogar besonders deutlich und gut aufgelöst sind.

Durch die gemeinsame Forschungsarbeit von Geschichts- und Geobiowissenschaften können Lücken in der schriftlichen Überlieferung geschlossen, historische Ereignisse verifiziert und neue Perspektiven auf umwelt-, klima- und wirtschaftsgeschichtliche Fragestellungen eröffnet werden. Gleichzeitig kann eine bessere Unterscheidung in klimatische und anthropogene Ursachen der komplexen sedimentologischen und biochemischen Signalbildung erfolgen und die Sensitivität des Ökosystems, einschließlich dessen Resilienz, detaillierter abgeschätzt werden. Historisch dokumentierte kurzfristige (z. B. extreme Witterungsereignisse, Brände, Pest) und längerfristige (z. B. Klimaänderung, Bevölkerungsrückgang) Veränderungen in den Steuerungsgrößen dienen dazu als Test und Validierung.

Zusammenfassung

Der Stadtsee in Bad Waldsee (Oberschwaben) stellt mit seinen jahreszeitlich geschichteten Sedimenten ein einzigartiges Archiv von Wirtschafts- und Umweltgeschichte seit dem Mittelalter dar. Im Sediment gespeicherte Signale können jahrgenau über Jahrhunderte mit schriftlichen Quellen korreliert werden und ermöglichen so bei einer parallelen Auswertung der verschiedenen Archive eine detaillierte Abschätzung des Zusammenspiels von Mensch und Umwelt. In einem neuen interdisziplinären DFG-Projekt werden zeitlich hochaufgelöste geobiowissenschaftliche Analysen an Sedimentkernen aus dem Stadtsee durchgeführt und mit Informationen aus historischen Schriftzeugnissen, Urkunden, Urbaren oder Karten ausgewertet und kalibriert. Aus geschichtswissenschaftlicher Sicht stehen die Konjunktur von Gewerbe und Handel, insbesondere mit Getreide, sowie die Produktion von Leinwand und Barchent im Zentrum der Untersuchungen. Den Rahmen dazu bilden die Landnutzung und Landschaftsentwicklung, der ereignisgeschichtliche Kontext sowie die Einflüsse des historischen Klimas. Auf Grundlage dieser Ergebnisse wird eine historische Wirtschaftstopographie von Bad Waldsee erstellt.

Schwerpunkte der naturwissenschaftlichen Arbeiten stellen Diatomeen- und Pollenanalysen sowie geochemisch-sedimentologische Untersuchungen dar. Diese sollen die Klima- und Gewässerqualitätsentwicklung nachzeichnen, die Sedimentationsbedingungen klären, die Einträge persistenter Schadstoffe rekonstruieren sowie potenzielle Emittenten identifizieren und die Ökotoxizität abschätzen. Darüber können detaillierte Informationen über die Reaktion eines Stadtgewässers auf wechselnde Emissionen der Stadt und das langfristige Verhalten von persistenten Schadstoffen in der aquatischen Umwelt abgeleitet werden. Ziel ist es, grundlegende Erkenntnisse zur Entwicklungsgeschichte der Umweltbelastung in Deutschland und zur Resilienz von aquatischen Systemen zu gewinnen und erstmalig die Auswirkungen sozio-ökonomischer Entwicklungen für die vorindustrielle Zeit der Stadtentwicklung von 1200 bis 1800 auf die Umwelt bewerten zu können.

Summary: Human-environment interaction in Bad Waldsee: interdisciplinary research on medieval to early modern urban and climate development and the effect on waterbodies

Lake Stadtsee located in the city of Bad Waldsee (Swabia) represents, with its seasonally laminated sediments, a unique archive of economic and environmental history since medieval times. Signals preserved in the sediment can be correlated with historic documents precisely to the year over centuries and thus enable a detailed assessment of the human-environment interaction. In a new interdisciplinary DFG project, high-resolution geobioscientific analyzes are carried out on sediment cores from Lake Stadtsee and are evaluated and calibrated with results from historic documents, stock books or maps. From the historical point of view, the study focuses on the business cycle of trade and commerce, especially with grain, as well as the production of linen and fustian. The economic evolution is framed by land use and landscape development, the historical context and the influence of historical climate. The findings will be used to create an historical economic topography for Bad Waldsee.

Geobiologic research focuses on diatom and pollen analyzes as well as geochemical-sedimentological investigations. These methods allow for tracing the development of climate and water quality, clarify sedimentation conditions, reconstruct the inputs of persistent pollutants, identify potential emitters, and provide estimates for ecotoxicity. In addition, detailed information about the response of urban surface waters to changing emissions of the city and the long-term behavior of persistent pollutants on lakes can be derived. The goal is to gain fundamental knowledge on historic human impact on the environment in Germany and the resilience of aquatic systems and, for the first time, an assessment of the impact of socio-economic development for the preindustrial development phase of a city from AD 1200 to 1800.

Danksagung

Wir bedanken uns bei der Deutschen Forschungsgemeinschaft (DFG) für die Förderung des Projekts „Auswirkungen mittelalterlicher bis frühneuzeitlicher Stadtentwicklung auf Gewässer am Beispiel von Bad Waldsee“ (Projektnummer 443614159).

Quellen

Stadtarchiv Bad Waldsee Nr. 13.

Stadtarchiv Ravensburg, A 01 Reichsstädtisches Archiv, Bü 37b/3.

Literatur

Ammann, H. (1953): Die Anfänge der Leinenindustrie des Bodenseegebiets. – In: Alemannisches Jahrbuch 1953, S. 251–313.

Battarbee, R. W.; Juggins, S.; Gasse, F.; Anderson, N. J.; Bennion, H.; Cameron, N. G.; Ryves, D. B.; Pailles, C.; Chalié, F. u. Telford, R. (2001): European Diatom Database (EDDI). An information system for palaeoenvironmental reconstruction. UCL Environmental Change Research Centre. – London, UK. (ECRC Research Report 81).

Botrel, M.; Gregory-Eaves, I. u. Maranger, R. (2014): Defining drivers of nitrogen stable isotopes ($\delta^{15}N$) of surface sediments in temperate lakes. – In: Journal of Paleolimnology Nr. 52, S. 419–433.

Brauer, A.; Dulski, P.; Mangili, C.; Mingram, J. u. Liu, J. (2009): The potential of varves in high-resolution paleolimnological studies. - In: PAGES News Nr. 17 (3), S. 1–4.

Brauer, A.; Hajdas, I.; Blockley, S. P.E.; Bronk Ramsey, C.; Christl, M.; Ivy-Ochs, S.; Moseley, G. E.; Nowaczyk, N. N.; Rasmusse, S. O.; Roberts, H. M.; Spötl, C.; Staff, R. A. u. Svensson, A. (2014): The importance of independent chronology in integrating records of past climate change for the 60-8 ka INTIMATE time interval. - In: Quaternary Science Reviews, Nr. 106, S. 47–66.

Brodie, C. R.; Casford, J. S. L.; Lloyd, J. M.; Leng, M. J.; Heaton, T. H. E.; Kendrick, C. P. u. Yongqiang, Z. (2011): Evidence for bias in C/N, $\delta^{13}C$ and $\delta^{15}N$ values of bulk organic matter, and on environmental interpretation, from a lake sedimentary sequence by pre-analysis acid treatment methods. - In: Quaternary Science Reviews Nr. 30, S. 3076–3087.

Buck, H. (1993): Recht und Rechtsleben einer oberschwäbischen Landstadt. Das Stadtrecht von Waldsee. - Bergatreute 1993 (Veröffentlichungen des Stadtarchivs Bad Waldsee, 8).

Curtis, C.; Flower, R. J.; Rose, N.; Shilland, J.; Simpson, G.; Turner, S.; Yang, H. u. Pla, S. (2010): Palaeolimnological assessment of lake acidification and environmental change in the Athabasca Oil Sands Region, Alberta. - In: Journal of Limnology Nr. 69 (1), S. 92–104.

De Geer, G. (1912): Geochronologie der letzten 12000 Jahre. - In: Geologische Rundschau Nr. 3, S. 457–471.

Dotterweich, M. (2008): The history of soil erosion and fluvial deposits in small catchments of central Europe: Deciphering the long-term interaction between humans and the environment — A review. - In: Geomorphology Nr. 101 (1–2), S. 192–208.

Dvorská, A.; Lammel, G. u. Klánová, J. (2011): Use of diagnostic ratios for studying source apportionment and reactivity of ambient polycyclic aromatic hydrocarbons over Central Europe. - In: Atmospheric Environment Nr. 45 (2), 2011, S. 420–427.

Fernandez, P.; Vilanova, R. M.; Martinez, C.; Appleby, P. u. Grimalt, J. O. (2000): The Historical Record of Atmospheric Pyrolytic Pollution over Europe Registered in the Sedimentary PAH from Remote Mountain Lakes. - In: Environmental Science and Technology Nr. 34, S. 1906–1913.

Gasse, F.; Barker, P.; Gell, P. A.; Fritz, S. C. u. Chalie, F. (1997): Diatom-inferred salinity in palaeolakes: An indirect tracer of climate change. - In: Quaternary Science Reviews Nr. 16, S. 547–563.

Glaser, R. u. Stangl, H. (2004): Climate and Floods in Central Europe since AD 1000: Data, Methods, Results and Consequences. - In: Surveys in Geophysics Nr. 25 (5–6), S. 485–510.

Glaser, R.; Riemann, D.; Schönbein, J.; Barriendos, M.; Brazdil, R.; Bertolin, C.; Camuffo, D.; Deutsch, M.; Dobrovolny, P.; van Engelen, A.; Enzi, S.; Halickova, M.; Koenig, S. J.; Kotyza, O.; Limanowka, D.; Mackova, J.; Sghedoni, M.; Brice, M. u. Himmelsbach, I. (2010): The variability of European floods since AD 1500. - In: Climate Change Nr. 101, S. 235–256.

Glaser, R. (2013): Klimageschichte Mitteleuropas. 1200 Jahre Wetter, Klima, Katastrophen. - Darmstadt.

Hall, R. I. u. Smol, J. P. (1992): A weighted—averaging regression and calibration model for inferring total phosphorus concentration from diatoms in British Columbia (Canada) lakes. - In: Freshwater Biology Nr. 27, S. 417–434.

Hall, R. u. Smol, J. P. (1999): Diatoms as indicators of lake eutrophication. - In: *Stoermer, E. u. Smol, J. P. [Hrsg.]:* The Diatoms: Applications for the Environmental and Earth Sciences. - Cambridge, S. 128–168.

Hillebrand, M.; van Geel, B.; Hasenfratz, A.; Hadorn, P. u. Haas, J.-N. (2014): Non-pollen palynomorphs show human- and livestock-induced eutrophication of Lake Nussbaumersee (Thurgau, Switzerland) since Neolithic times (3840 bc). - In: The Holocene Nr. 24 (5), S. 559–568.

Hirbodian, S. (2020): Landwirtschaft und Dorfgesellschaft im ausgehenden Mittelalter. Zusammenfassung. – In: *Bünz, E. [Hrsg.]*: Landwirtschaft und Dorfgesellschaft im ausgehenden Mittelalter (Vorträge und Forschungen, 89). – Ostfildern, S. 437–452.

Hofmann, A. M.; Geist, J.; Nowotny, L. u. Raedar, U. (2020): Depth-distribution of lake benthic diatom assemblages in relation to light availability and substrate: implications for paleolimnological studies. – In: Journal of Paleolimnology Nr. 64, S. 315–334.

Hruza, K. (1995): Die Herren von Wallsee. Geschichte eines schwäbisch-österreichischen Adelsgeschlechts (1171–1331). – Linz (Forschungen zur Geschichte Oberösterreichs, 18).

Irsigler, F. (2019): Getreidemärkte und Getreidepreise in Oberschwaben. – In: *Hirbodian, S.; Kießling, R. u. Weber, E. E. [Hrsg.]*: Herrschaft, Markt und Umwelt. Wirtschaft in Oberschwaben 1300–1600. – Stuttgart, S. 269–286.

Kienel, U.; Kirillin, G.; Brademann, B.; Plessen, B.; Lampe, R. u. Brauer, A. (2017): Effects of spring warming and mixing duration on diatom deposition in deep Tiefer See, NE Germany. – In: Journal of Paleolimnology Nr. 57, S. 37–49.

Kießling, R. (1989): Die Stadt und ihr Land. Umlandpolitik, Bürgerbesitz und Wirtschaftsgefüge in Ostschwaben vom 14. bis 16. Jahrhundert. – Köln (Städteforschung: Reihe A, Darstellungen, 29).

Kießling, R. (2019): Im Spannungsfeld von lokalem Markt und europäischen Fernhandel – Oberschwaben als Wirtschaftsregion der Vormoderne. – In: *Hirbodian, S.; Kießling, R. u. Weber, E. E. [Hrsg.]*: Herrschaft, Markt und Umwelt. Wirtschaft in Oberschwaben 1300–1600. – Stuttgart, S. 323–350.

Klocker, H. (1973): Die Stadt Bad Waldsee. – Bad Waldsee.

Leng, M. J. u. Marshall, J. D. (2004): Palaeoclimate interpretation of stable isotope data from lake sediment archives. – In: Quaternary Science Reviews Nr. 23, S. 811–831.

Lotter, A. F. u. Bigler, C. (2000): Do diatoms in the Swiss Alps reflect the length of ice-cover? – In: Aquatic Sciences Nr. 62, S. 125–141.

LUBW (Landesanstalt für Umwelt, Messungen und Naturschutz Baden-Württemberg) (2014): ISF Arbeitsbericht 2012. – Karlsruhe.

Marquer, L.; Gaillard, M.; Sugita, S.; Poska, A.; Trondman, A. K.; Mazier, F.; Nielsen, A. B.; Fyfe, R.; Jönsson, A. M.; Smith, B.; Kaplan, J. O.; Alenius, T.; Birks, H. J. B.; Bjune, A. E.; Christiansen, J.; Dodson, J. R.; Edwards, K. J.; Giesecke, T.; Herzschuh, U.; Kangur, M.; Koff, T.; Latałowa, M.; Lechterbeck, J.; Olofsson, J. u. Seppä, H. (2017): Quantifying the effects of land use and climate on Holocene vegetation in Europe. – In: Quaternary Science Reviews Nr. 171, S. 20–37.

Rückert, P. (2020): Umwelt und Klima um 1500. Strukturen und Tendenzen ökonomischer Rahmenbedingungen. – In: *Bünz, E. [Hrsg.]*: Landwirtschaft und Dorfgesellschaft im ausgehenden Mittelalter (Vorträge und Forschungen, 89). – Ostfildern, S. 75–100.

Rühland, K. M.; Paterson, A. M. u. Smol, J. P. (2015): Diatom assemblage responses to warming: Reviewing the evidence. – In: Journal of Paleolimnology Nr. 54, S. 1–35.

Pfister, C. (1999): Wetternachhersage – 500 Jahre Klimavariationen und Naturkatastrophen (1496–1995). – Bern.

Quarthal, F. (1980): Landstände und landständisches Steuerwesen in Schwäbisch-Österreich. – Stuttgart (Schriften zur südwestdeutschen Landeskunde, 16).

Rühland, K. M.; Paterson, A. M. u. Smol, J. P. (2015): Lake diatom responses to warming: reviewing the evidence. – In: Journal of Paleolimnology Nr. 54, S. 1–35.

Schönfelder, I. (2002): Die Ableitung biozönotischer und chemisch-physikalischer Referenzzustände für Seen in der Ökoregion 14 mittels Diatomeenanalyse. – In: *Deneke, R. u. Nixdorf, B. [Hrsg.]*: Implementierung der EU-Wasserrahmenrichtlinie in Deutschland. Ausgewählte Bewertungsmodelle und Defizite. BTUC-AR 5/2002, S.119–127.

Sczesny, A. (2019): Der Strukturwandel der oberschwäbischen Textillandschaft im 15. und 16. Jahrhundert. Kulturgeschichtliche Aspekte. – In: *Hirbodian, S.; Kießling, R. u. Weber, E. E. [Hrsg.]*: Herrschaft, Markt und Umwelt. Wirtschaft in Oberschwaben 1300–1600. – Stuttgart, S. 245–268.

Spohr, M. (2013): Auf Tuchfühlung. 1000 Jahre Textilgeschichte in Ravensburg und am Bodensee. – Konstanz (Historische Stadt Ravensburg, 6).

Sydow, J. (1994): Der spätmittelalterliche Markt im deutschen Südwesten. – In: *Treffeisen, J. u. Andermann, K. [Hrsg.]*: Landesherrliche Städte in Südwestdeutschland. – Sigmaringen (Oberrheinische Studien, 12), S. 27–43.

Thevenon, F.; Williamson, D.; Bard, E.; Anselmetti, F. S.; Beaufort, L. u. Cachier, H. (*2011*): (Pre-)historic changes in natural and anthropogenic heavy metals deposition inferred from two contrasting Swiss Alpine lakes. – In: Quaternary Science Reviews Nr. 30, S. 224–233.

Whitmore, T. J. (1989): Florida diatom assemblages as indicators of trophic state and pH. – In: Limnology and Oceanography Nr. 34, S. 882–895.

Wirth, S. B.; Glur, L.; Gilli, A. u. Anselmetti, F. S. (2013): Holocene flood frequency across the Central Alps – solar forcing and evidence for variations in North Atlantic atmospheric circulation. – In: Quaternary Science Reviews Nr. 80, S. 112–128.

Zolitschka, B. (*1990*): Jahreszeitlich geschichtete Seesedimente ausgewählter Eifelmaare. Paläolimnologische Untersuchungen zur spät- und postglazialen Klima- und Besiedlungsgeschichte. – In: Documenta naturae Nr. 60, S. 1–226.

Zolitschka, B. (*1998*): Paläoklimatische Bedeutung laminierter Sedimente. – In: Relief, Boden Paläoklima Nr. 13, S. 1–176.

Zolitschka, B.; Francus, P.; Ojala, A. E. K. u. Schimmelmann, A. (*2015*): Varves in lake sediments – a review. – In: Quaternary Science Reviews Nr. 117, S. 1–41.

https://www.seenprogramm.de/ (Zugriff: 18. April 2021).

Siedlungsforschung. Archäologie – Geschichte – Geographie 39, 2021, S. 541–565

Texte als Bausteine der Umweltforschung

Von der analogen Analyse über Datenbanken und virtuelle Forschungsumgebungen zum Crowdsourcing und Maschinellen Lernen

Rüdiger Glaser, Michael Kahle, Franck Borel, Rafael Hologa, Oliver Rau und Antje Kellersohn

1 Texte und Textinterpretation als Bausteine der Klima- und Umweltforschung

Texte sind wesentliche Bausteine wissenschaftlicher Erkenntnisse und Kommunikation. Ihre Erschließung erfordert spezifische Praktiken und Zugänge (*Reuber* 2020, *Pfaffenbach* 2020, *Dzudzek, Glasze u. Matissek* 2020). Die in der historischen Umweltforschung verwendeten Quellen stellen eine Sonderform dar, da nicht immer alle für die moderne Textanalyse notwendigen Informationen greifbar sind. So fehlen in historischen Kontexten bisweilen Hinweise auf die Verfasser. Häufig sind auch der Kontext der Abfassung oder die Intention nicht überliefert. Zwischen der Abfassung und dem öffentlichen Zugang liegt bisweilen ein zeitlicher Versatz. Zudem müssen Datierungsfragen geklärt werden, da Kalenderreformen durchgeführt wurden und die historisch übliche Zuweisung auf den nächsten Heiligentag zu entsprechenden Zeitsprüngen führten. Handschriftliche Überlieferungen stellen besondere Herausforderungen an die Transkription, ebenso der Bedeutungswandel von Begriffen und die unterschiedlichen Schreibweisen. Ähnlich anspruchsvoll ist oft auch die örtliche Zuordnung. Für die Erschießung und Auswertung historischer Quellen wurden daher eigene Standards entwickelt.

2 Analoge Analyse der Auswertung historischer Textquellen

Grundsätzlich folgt die Analyse von Textquellen in der Historischen Klimatologie den Grundprinzipien der Hermeneutik. Ein besonderes Augenmerk ruht dabei auf der Quellenkritik. Ziel ist das Verständnis von Texten in ihrem historischen Entstehungskontext. Von wem wurde die Quelle und mit welcher Intention wurde der Text erstellt? Zentrale Frage dabei ist, welcher Deutungskontext sich aus dem Zeitgeist ergibt. Mit welcher Intention wurde die Quelle geschaffen, welche Umwelt- und vor allem Klimawahrnehmung herrschte zur Zeit der Abfassung und welche zeitspezifischen Erkenntnisformen standen überhaupt zur Verfügung (*Glaser* 2013). Ziel der Hermeneutik ist es nach *Mayring* (2015), eine „Kunstlehre" des Auslegens bzw. Interpretierens von Texten und der Realität zu entwickeln. Im hermeneutischen Zirkel werden verschiedene Zugänge und Interpretationsperspektiven eingenommen, indem der gleiche Text immer wieder aus dem jeweils aktuell herrschenden Kontext mit dem entsprechenden Vorverständnis neu interpretiert wird. Die Diskrepanz zwischen der Abfassung und dem jeweiligen Erkenntnishorizont nennt man hermeneutische Differenz. Der Übergang zur darauffolgenden Interpretation ist fließend (*Winiwarter u. Knoll* 2007).

In vielen Ansätzen wird über die qualitative Analyse hinaus mittels einer systematischen Textanalyse eine Quantifizierung angestrebt (*Mayring* 2015). Unter der systematischen Textanalyse wird die Analyse der Semiotik als Lehre des allgemeinen Bedeutungsaustausches kommunizierender Individuen verstanden, ebenso die der Syntaktik, der Semantik und der Pragmatik als Relation zwischen Zeichen und den diese benutzenden Individuen sowie die Sigmatik der Quellen. Insgesamt soll über die verschiedenen Schritte der Explizierenden und der zusammenschauenden Kontextanalyse eine Objektivierung erreicht werden.

Besonders aufschlussreich sind historische Quellen, in denen über einen längeren Zeitraum bzw. über mehrere Generationen hinweg kontinuierlich das Umweltgeschehen für eine bestimmte Region dokumentiert ist. Da in solchen Chroniken oftmals dieselben Aspekte Gegenstand der Dokumentation sind, sind sie prädestiniert, um längere Zeitreihen zu spezifischen Umweltparametern abzuleiten. Auf diese Weise kann das Umweltgeschehen nicht nur im quellenkritischen Kontext, sondern auch komparativ im Laufe der Zeit oder im Verhältnis zu anderen Regionen gesetzt werden. So liefert beispielsweise die Hauschronik der Wiesenbronner Familie Hüßner mit ihren Aufzeichnungen vielfältige Hinweise zu Klima, Anbaufrüchten, Phänologie, Wirtschaft und Geschichte in Mainfranken in den Jahren 1750–1894. Darin heißt es beispielsweise für das Jahr 1762:

> „Anno 1762 war ein rechts hartes jahr, maßen der weinstock zu anfang deß Meyen halb erfroren und gegen zu ende deß Meyen folgent den garauß gemacht, daß dabey auch war eine solche trockene dürr dabey, daß es 2 monath nichts regnen that, dan hero der

> edle same auch nicht fort wacksen kont, und eine schlechte ernde; daß korn galt im Juny schon 12 fl. und 30 kr. frk., biß gegen den Herpst 11 thl. frk., der eymer most, weil eß wenig geben, ist er noch gut worden, gult 3 thl. und der habern galt 4 fl. 16 kr. frk."

Der Text wurde aus dem Manuskript transkribiert und mit dem Anfang der 1990er Jahre weit verbreiteten Textverarbeitungsprogramm WORD5 in eine erste digitale Form überführt und schließlich publiziert (*Glaser, Schenk u. Schröder* 1991). Die inhaltlichen Aussagen beziehen sich sehr typisch für eine mit der Landwirtschaft betraute Familie am Rand des Steigerwalds Mitte des 18. Jahrhunderts auf den Witterungsgang, die entsprechenden Auswirkungen auf die Landwirtschaft und die Preise: Offensichtlich war der Jahresbeginn 1762 kalt. Weitere Kennzeichen sind die zwei Frostereignisse im Mai, die den Reben folgenschwer zusetzten. Zudem wird eine zweimonatige Dürreperiode angeführt, in der es keinen Niederschlag gab, was sich wiederum schlecht auf die Entwicklung der Anbauprodukte auswirkte und eine schlechte Ernte zur Folge hatte. Verschiedene Preisangaben zu Getreide und Wein, der gering, aber gut ausfiel, runden das Bild ab.

Derartige Hinweise wurden oft in mehrjähriger Recherchearbeit in umfassenden Datensammlungen zusammengeführt und publiziert. Bekannt ist beispielsweise die Sammlung Weikinn (1958–1963), die von *Börngen u. Tetzlaff* (2000) abgeschlossen wurde. Derartige Sammlungen haben eine lange Tradition, wie etwa die zu den Hochwasserereignissen an der Elbe von Pötzsch (1784) zeigt. Kritikpunkte an diesen Sammlungen sind der oft unkritische kompilative Charakter sowie die Verwendung von nicht überprüften Sekundärquellen. Trotz dieser berechtigten Kritik bieten sie wichtige Ansatzpunkte für weiterreichende wissenschaftliche Forschung (*Muddelsee et al.* 2002).

Die Erschließung historischer Quellen erforderte in der analogen Zeit oftmals zeitaufwendige akribische Archivrecherchen. Findbehelfe, wie Repertorien, hatten in dem bis dato geltenden Verständnis von „historisch" oftmals keine eigenen Rubriken für Umwelt oder Wetter, Witterung und Klima. Erst mit dem ökologischen Turn der 1970er Jahre setzte sich schließlich ein entsprechendes Verständnis und mit einem zeitlichen Versatz auch eine Integration in einschlägigen Findhilfen durch.

3 Datenbanken, neue Formate und Zugänge im Rahmen der Digitalisierung

Die rasant voranschreitende Digitalisierung seit den 1990er Jahren mit der Verbreitung des Internets eröffnete neue Recherche-, Erfassungs- und Auswertungsmöglichkeiten: Wo früher mühsame, zeitaufwändige und kostenintensive Archivrecherche notwendig war oder langwierige Fernleihen bemüht werden mussten, können heute zunehmend digitale Quellenbestände und Informationen über das Internet erschlossen werden. Zusätzlich erleichtern komfortable Suchfunktionen das Erschließen von Textquellen, wodurch relevante Textbausteine systematisch mittels a priori festgelegter Kodierschemata oder alternativ über thesaurierende Suchverfahren gesammelt und kodiert werden können.

Aktuelle Beispiele für neue Zugangsoptionen liefern die digitalisierten Bestände der Monumenta Germaniae Historica MGH (www.dmgh.de), oder die der Freiburger Zeitung (https://www.ub.uni-freiburg.de/recherche/digitale-bibliothek/freiburger-historische-bestaende/freiburger-zeitung). Auch einschlägige Werke aus den digitalisierten Beständen von Google Books oder von Archive.org bieten leicht zugängliche Informationen. Mittlerweile sind auch umfassende Bildergalerien von Hochwassermarken und viele andere Digitalisate online verfügbar.

Für fachlich einschlägige Analysen stehen mittlerweile eine Reihe von beeindruckenden Datenbanken online zur Verfügung. Zu diesen zählen u. a. Pediflood (*Barriendos et al.* 2014), ORRION (*Martin et al.* 2016), ICOADS (*Woodruff et al.* 2011), CLIWOC (*García-Herrera et al.* 2005), euroclimhist.ch (*Pfister* 2015) oder REACHES (*Wang et al.* 2018). Dazu kommen fachlich spezifizierte Datenbanken, beispielsweise zu Dürren wie EDII (*Stahl et al.* 2016), oder von marinen sowie frühen instrumentellen Daten (*Kaspar et al.* 2015, *Cram et al.* 2015). Weitere Zugänge finden sich unter https://www.ncdc.noaa.gov/data-access/paleoclimatology-data/datasets/historical. In den national geförderten Digitalisierungsprojekten DADIGI und HISTOR des DWD wurden entsprechende Sammlungen aus deutschen Archivbeständen integriert (*Kaspar et al.* 2015).

Im Rahmen dieser Bemühungen kommen zunehmend auch Fragen der Datenstandardisierung auf. So werden bei PAGES verschiedene Paläodaten in einem gemeinsamen Datenformat (LiPD) nach den FAIR (Findable-Accessible-Interoperable and Reusable) Prinzipien zusammengeführt. Damit eröffnen sich neue Möglichkeiten der Big Data Analyse sowie der Reanalyse (*McKay u. Emile-Geay* 2016, *Wilhelm et al.* 2018, *Khider et al.* 2019).

3.1 HISKLID – Kodierung, Indizierung und Cross Validierung historischer Quellentexte

Die recherchierten Quellentexte für den mitteleuropäischen Raum wurden zunächst in HISKLID digital erfasst. Zeit bzw. Zeiträume, Ort, Quelle und Inhalt wurden dazu kodiert bzw. indiziert. Ein Teil der HISKLID Daten sowie das Kodierschema sind publiziert (*Glaser u. Militzer* 1993, *Glaser* 1996). In Tab. 1 ist die Kodierung des obigen Textzitates nach dem HISKLID Format abgebildet. Die Texte wurden dabei in einen numerischen, „maschinenlesbaren" Code überführt. Wesentlicher Bestandteil dieses Arbeitsschrittes ist die Indizierung der klimatischen Angaben (*Glaser* 1996).

Tab. 1: Kodierung des Textzitates von 1762 in HISKLID.

1762	05	41	18711-55	40	01	
1762	05	40	18711-55	-2		
1762	06		18711-55		02	01
1762			18711-55		0124	01
1762			18711-55		0132	01
1762			18711-55		04	01
1762	16		18711-55		02	01

Die Cross-Validierung des oben wiedergegebenen Textauszuges mit den numerischen Angaben der Baur'schen Temperaturreihe für Mitteleuropa bestätigt die inhaltlichen Gewichtungen und Beschreibungen. War der Januar gegenüber der Klimanormalperiode 1961–1990 um nicht ganz 1°C zu mild, blieb der Februar rund 1°C unter den langjährigen Vergleichswerten, der März sogar 3,3°C, was die Bezeichnung eines „harten Jahres" verständlich macht. Da der April 2,2°C zu warm ausfiel und auch der Mai 0,8°C über den Vergleichswerten lag, erscheint auch der Hinweis auf die Trockenheit und das Fehlen von Regen plausibel. Die Werte von März und April überstiegen auch die Grenzen der einfachen Standardabweichung, was sie als auffällig bzw. extrem einordnen lässt. Zudem handelt es sich um, wie ebenfalls erwähnt, – agrarökologisch wichtige Monate.

Die Cross-Validierung mit den instrumentellen Daten ermöglicht eine Bewertung der Quelle und zeigt, wie plausibel die schriftlichen Hinweise sind. Wenn derartige Instrumentendaten nicht vorliegen, kann eine Plausibilitätsprüfung auch über die zusammenschauende Interpretation mit anderen Quellen erfolgen. Benachbarte Regionen sind aufgrund der Synopsis, d. h. des Gesamtbildes von Wettersituationen und Witterungsabläufen nicht unabhängig voneinander, sondern kausal miteinander verknüpft. Im Fall der Hüßner-Hauschronik bestätigen Quellen aus Stuttgart und dem Raum Bodensee sowie Mainfranken den Witterungsgang, insbesondere die Kälte im Februar und März, die Frostereignisse im Mai sowie die Hitze und Dürre im Sommer. Auch die gute Weinqualität dieses Jahrganges findet mehrfach Erwähnung. Damit werden die Inhalte der Wiesenbronner Hauschronik gleich mehrfach bestätigt.

Das HISKLID Format wurde schließlich in tambora.org übernommen und weiterentwickelt. Dies bezieht sich zum einen auf die Erweiterung des hierarchischen Kodierschemas, zum anderen auf die Bezugnahme auf eine Ortsdatenbank, die nunmehr mit Geokoordinaten hinterlegt ist. Die Quellen wurden in gängigen Formaten abgelegt und damit weiter standardisiert.

4 tambora.org – kollaborative Forschungsumgebung als neue IT-basierte Form der Wissenskommunikation und Partizipation in der Historischen Klimatologie

Durch die rasante Entwicklung der letzten Jahre ergeben sich nicht nur effektive Möglichkeiten der Datenvorhaltung, sie eröffnen auch grundlegend neue Perspektiven einer weitreichenden Wertschöpfung und Kollaboration. Kollaborative Forschungsumgebungen, die oft auch virtuelle Forschungsumgebung (VFU), E-Portale, oder Englisch „Collaborative Research Environment" (CREs) genannt werden, stellen neue Formen partizipativer Datenablage und Nutzung dar. Sie wurden seit den 2000er Jahren entwickelt, um großen, ortsübergreifenden Arbeitsgruppen eine geeignete Plattform zu bieten, um Daten, Methoden und Erkenntnisse zu kommunizieren, zu teilen und zu verbreiten. Dabei wurden sie stets nicht nur als technisches Vehikel, sondern auch als sozial integrierendes Instrument angesehen (*Kahle, Glaser u. Hologa* 2020, *Carusi u. Reimers* 2010). Durch die Öffnung nach außen beinhalten sie auch eine gesellschaftspolitische Komponente, insbesondere durch die Adressierung weiterer Stakeholder oder die Einbeziehung von Bürgerwissenschaften (*Candela et al.* 2013).

Auf tambora.org ist der komplette Workflow der Historischen Klimatologie stringent umgesetzt, ergänzt um ein Rechte- und Verwaltungssystem sowie Publikationsmöglichkeiten (*Riemann et al.* 2015).

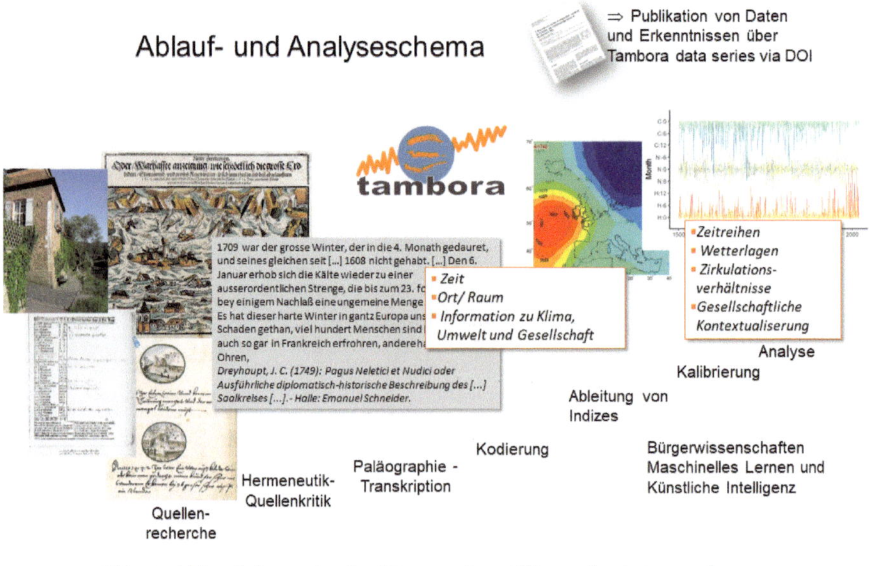

Abb. 1: Ablaufschema in der Historischen Klimatologie in tambora.org.

In einer langjährigen Kooperation mit dem Institut für Länderkunde (IfL) in Leipzig wurden in zwei DFG-finanzierten Förderphasen auch die 66.000 Einträge umfassenden Datenbestände von Weikinn in tambora.org überführt (*Weikinn* 1958; *Börngen u. Tetzlaff* 2000). Im Laufe der Vorhaben kamen weitere Datenbestände, u. a. aus dem ANF-DFG geförderten Vorhaben Transrisk hinzu (*Himmelsbach et al.* 2015). Gespiegelt werden diese Datensätze im Datenbankprojekt ORRION des französischen Projektpartners. Das Geographische Institut der Universität Augsburg beteiligte sich mit dem IBT Datenbestand (Inundationes Bavariae Thesaurus), in dem Hochwasserereignisse aus dem Alpenvorland enthalten sind (*Böhm* 2013; *Böhm et al.* 2014).

Die Universitätsbibliothek Freiburg, die ganz wesentlich zur Entwicklung und technischen Realisierung beitrug, verpflichtete sich zudem, tambora.org zu hosten und damit die Datenbestände, aber auch die Erkenntnisse und Methoden langfristig zu sichern. Die UB Freiburg als eine Körperschaft des öffentlichen Rechts garantiert auch rechtliche Standards wie die freie Zugänglichkeit und einen an guter wissenschaftlicher Praxis orientierten Umgang.

Besonders hervorzuheben ist die Möglichkeit einer arbeitsteiligen Vorgehensweise vor allem für jene Arbeitsschritte, die ein Expertenwissen erfordern, beispielsweise bei der Transkription von Handschriften, für die spezifische paläographische Kenntnisse unabdingbar sind. Ähnlich verhält es sich bei den Kalibrierungsverfahren, die in aller Regel eine Anwendung statistischer Verfahren voraussetzen. Für die Ableitung von Schätzwerten der Temperatur und des Niederschlages wurden die Indexwerte kalibriert. Dazu wurden Verfahren wie das Varianz-Scaling und Regressionsansätze verwendet (*Glaser u. Riemann* 2009, *Glaser u. Kahle* 2020).

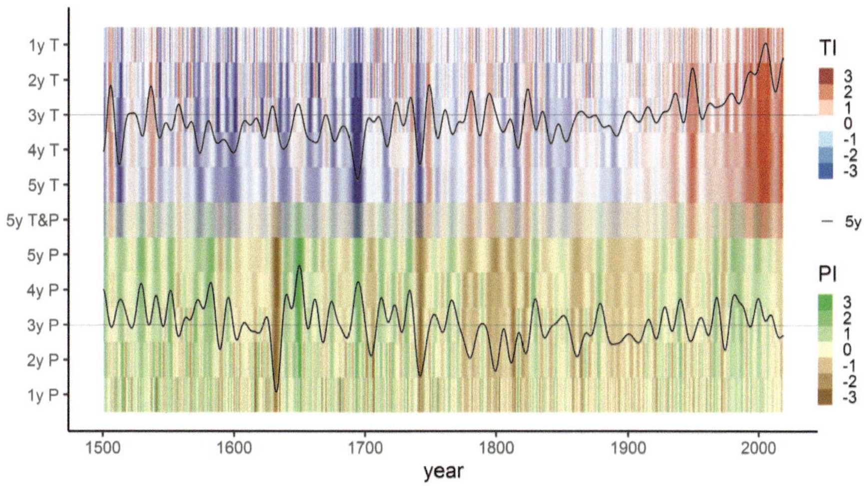

Abb. 2: Temperatur- und Niederschlagsentwicklung in Mitteleuropa seit 1500. Im oberen Teil sind die Temperaturen als die einjährigen (1y), zweijährigen (2y) usw., im unteren die Niederschlagswerte analog abgebildet. Die schwarze Linie repräsentiert das gefilterte 5-jährige Mittel (Quelle: Glaser et al. 2020).

Für die Interpretation wiederum ist klimatologisches Fachwissen notwendig. Ein derart arbeitsteiliges Vorgehen und standardisiertes Werkzeugrepertoire verbessert die Qualität von Projekten. Somit trägt es zur methodischen und inhaltlichen Konsolidierung bei, schafft neue Netzwerke und ermöglicht neue Formen kollaborativer Zusammenarbeit. Zugleich regt tambora.org die Kooperation über die enge Wissenschaftsgemeinde hinaus an und ist im Sinne von OpenScience auch für weitere Nutzergruppen erreichbar (*Heim et al.* 2018). Diese Facetten unterstreichen die immer wieder vorgetragene Komponente kollaborativer Plattformen als soziales Konstrukt und des Wissenstransfers. Auch ermöglicht eine derartige Arbeitsweise ein fachlich breit aufgestelltes Peer-Reviewing-Verfahren. tambora.org bietet durch die Vergabe von DOIs (Digital Object Identifier) eine zufriedenstellende Lösung für die wichtige und zugleich sensible Frage der Urheberrechte bzw. der Rechteverwertung und Publikation an. Textsammlungen, Quellenkompilationen, Transkriptionen oder sonstige Editionen können zitierfähig publiziert werden (*Schönbein et al.* 2016; *Vogt et al.* 2016).

Perspektivisch können über Algorithmen neue Einträge in kausale klimatologische Zusammenhänge und in den bisherigen Gesamtkontext gestellt werden, um unplausible Einträge zu identifizieren. Nutzer sollen auf diese Weise nicht nur eine zeitnahe Einordnung zu ihren Einträgen erhalten und damit einen ersten motivierenden Eindruck der eigenen Beiträge, sondern vor allem auch eine vorläufige Verifikation. Eine derartige Rückkopplung und Verifikation kann entsprechend kartographisch visualisiert und unterstützt werden (*Kahle u. Glaser* 2020).

Ein wichtiges Desiderat ist und bleibt die Erschließung und Einbindung neuer Datenbestände und Nutzungsformen über die Erweiterung des Nutzerkreises, ebenso wie die Vernetzung mit bestehenden Datenbanken. Vor allem über die Einbeziehung aktueller Daten und Darstellungsformen wie der Bürgerwissenschaften sind neue Akzente möglich.

4.1 Einbindung tagesaktueller Textquellen

Besonders hervorzuheben ist der inhaltliche Anschluss von historischen Quellen an tagesaktuelle Texte und Meldungen, wie sie in Zeitungsartikeln, Berichten und Dokumenten enthalten sind. Für diese „aktuelle Klimahermeneutik" gilt, dass sie die numerischen, instrumentell generierten Daten durch die Betonung von Folgen, Wahrnehmungen und Reaktionen, wie sie in den Texten schwerpunktmäßig enthalten sind, strukturell ergänzt. Gerade auch die Bewertung des aktuellen Klimawandels und seiner Folgen anhand von verschiedenen Medienformaten ist mittlerweile wissenschaftlich etabliert (*Kirilenko u. Stepchenkova* 2012; *Schmidt, Ivanova u. Schaefer* 2013, *Boussalis u. Coan* 2016). Rezente, schriftliche Aufzeichnungen stellen eine wichtige Ergänzung zu instrumentellen Messungen dar. Ihre Bewertung und Analyse unterliegt den gleichen Arbeitsschritten. Dies bedeutet auch, dass sie mit den aus historischen Texten extrahierten Daten direkt in Bezug gesetzt werden können.

Der nachfolgende Artikel aus der Main-Post (*Amling* 2018) veranschaulicht dies und lässt aufgrund der regionalen Zuordnung Bezüge zur Hauschronik der Wiesenbronner Familie Hüßner zu. Die Main-Post hat 286.000 Leser, die digitale Ausgabe eine Gesamtreichweite von 793.000.[1] Das Verbreitungsgebiet liegt in Mainfranken um die Städte Würzburg und Schweinfurt.

Abb. 3: Beispiel für die Integration rezenter Zeitungsartikel in tambora.org aus der Main-Post.

Über geeignete Indexverfahren kann zudem der Zeitraum mit rein textbasierten Informationen und den Abschnitten, die durch instrumentelle Messungen belegt sind, erweitert werden. Zudem sind derartige, möglichst lange Überlappungen für die Kalibrierung der Indexwerte sehr wichtig.

Insgesamt lassen sich damit durchgängige Zeitreihen ableiten, die gerade auch für heutige Fragestellungen wie Trendverhalten oder Wiederkehrzeiten von ausgewählten Klimaextremen wie Dürren und feuchten Perioden von Bedeutung sind (*Glaser u. Kahle* 2020, *Ionita et al.* 2021). Die gesellschaftlichen Folgen von Dürren wurden von *Erfurt et al.* (2019 und 2020) dargestellt.

5 Crowdsourcing: Neue Medien und digitale Beteiligungsformen

Gegenüber der historischen Umweltforschung stehen der aktuellen Analyse des Umweltgeschehens eine Reihe neuer Quellen zur Verfügung, die maßgeblich auf die Entwicklungen neuer Medienformate und auf die Möglichkeiten vielfältiger digitaler Beteiligungsformate

[1] https://www.mainpost.de/storage/med/mediadaten/936832_Online_Faltblatt_Main-Post_Einzelseiten.pdf (Zugriff: 15. April 2021).

und des Crowdsourcings von relevanten Informationen zurückzuführen sind. Abhängig vom Beteiligungs- und Medienformat sowie der Datenakquise werden Informationen generiert, aus denen sich vielversprechende Daten für die Umweltforschung ableiten lassen. Wettermelder auf diversen regionalen Radioprogrammen, imposante Bildsequenzen von Sturmjägern, Twitter-Meldungen zu Klimakatastrophen, spontane Bottom-up-Initiativen, die den Katastrophenschutz unterstützen, seien hierfür exemplarisch aufgeführt.

Somit bietet das digitale Zeitalter der Gesellschaft vielfältige Optionen, um den Ablauf, aber auch Folgen und Maßnahmen zum aktuellen Wetter-, Witterungs- und Klimageschehen als Textnachricht, im Bild, oder in Ton- und Filmsequenzen festzuhalten. Neben dem inhaltlichen Wert ermöglichen solche Informationen auch Einblicke in die gesellschaftliche Perzeption von Umweltphänomenen.

Im Kontext von Wetter, Witterung und Klima lassen sich einerseits Quellen unterscheiden, deren Informationen sich auf ein konkretes Ereignis beziehen und bei denen Laien aufgrund eines solchen indirekt Informationen für die Umweltforschung produzieren. Andererseits entstehen zunehmend neue Beteiligungsformen in der Umweltforschung durch bürgerwissenschaftliche Projekte. Dann erfolgt die Dokumentation von Umweltphänomenen vor dem Hintergrund einer spezifischen Agenda, beispielsweise bei phänologischen Beobachtungen.

Bei Informationsquellen, die vor dem Hintergrund eines konkreten Ereignisses entstanden sind, handelt es sich meist um extreme Wetterereignisse, die Individuen dazu animieren, ihre Beobachtungen mittels sozialer Medien mit der allgemeinen Öffentlichkeit zu teilen. Vor allem bei Unwettern und Klimakatastrophen steigt die Zahl von einschlägigen Einträgen bzw. Meldungen rapide an. Solche Formen der „Umweltberichterstattung" sind in der Regel losgelöst von einer organisierten Beteiligung. Die auf diese Weise generierten Informationen bzw. der mit Mitteln des Web 2.0 geteilte sog. user-generated content sind hinsichtlich ihrer inhaltlichen Struktur sehr heterogen und unterscheiden sich abhängig vom Medienformat. Aufgrund der großen Anzahl von Meldungen bei einem Wetterextremereignis ergeben sich vielfältige Möglichkeiten des Crowdsourcings, der statistischen Auswertung. Insbesondere durch Verfahren des Textminings lassen sich beispielsweise aus Twitter-Meldungen umfassende Einsichten über die gesellschaftliche Wahrnehmung von Wetterphänomen und deren Kontextualisierungen ableiten.

Demgegenüber etablieren sich bei Informationen, die aus dem Kontext von bürgerwissenschaftlichen Aktivitäten stammen, oftmals feste, quasi institutionalisierte Beobachtungs- und Meldestrukturen, die zum Teil auch von öffentlichen Trägern unterstützt werden. Im deutschsprachigen Raum haben sich insbesondere Projekte langfristig etablieren können, die auf indirekte Umweltachtungen abzielen. Exemplarisch seien die Initiativen „CrowdWater", „Wettermelden.at", das „Pollentagebuch", „SenseBox" und „Die Apfelblütenaktion" genannt. Bei allen Projekten geht es darum, dass Laien ihre Beobachtungen möglichst strukturiert melden. Die auf diese Weise überregional zusammengeführten Daten können oft eine gute Grundlage bilden, um weitere Einblicke in die raum-zeitliche

Dynamik der beobachteten Phänomene zu ermöglichen. Zugleich stellen sie einen wichtigen Beitrag zur Dokumentation des Klimawandels im regionalen Kontext dar.

Ebenso tragen bürgerwissenschaftliche Aktivitäten vielversprechend zur Erschließung und Auswertung historischer Datenbestände bei. Besonders weit gediehen sind die Transkriptionen von klimarelevanten Informationen aus unzähligen Schiffstagebüchern, etwa im Projekt oldweather.org. Diese stehen im Zusammenhang mit dem International Comprehensive Ocean-Atmosphere Data Set (ICOADS) (*Freeman et al.* 2016). Hierbei werden die handschriftlichen und daher nur schwer automatisch auswertbaren Aufzeichnungen von Schiffstagebüchern von Bürgerwissenschaftlern transkribiert und damit einer weiterführenden Auswertung zugänglich gemacht. Von den Wetterdetektiven (www.weatherdetective.net.au) konnten, unterstützt von den öffentlichen Medien, bis Oktober 2015 mehr als 400.000 Einträge von 11.000 Bürgerwissenschaftlern transkribiert werden.

Auch im Rahmen von Forschungsarbeiten zur Historischen Klimatologie auf tambora.org wurden die Möglichkeiten bürgerwissenschaftlicher Öffnungen anhand von Transkriptionen der Freiburger Zeitung und des Nordischen Mercurius getestet. Potenziale bestehen u. a. in Historischen Vereinen, denkbar ist die Adressierung von einschlägigen universitären Seminaren oder Transkriptionen im Rahmen von Schulprojekten. Somit kann eine größere Erschließung erzielt werden, bei der die Beteiligten auch zur Kreuzvalidierung eingebunden werden können. Denn die breite Nutzung von Laien erfordert solche Formen der Rückkopplung und Qualitätssicherung, um den wissenschaftlichen Standard und die Authentizität zu garantieren.

Neben institutionalisierter Bürgerwissenschaft sind auch weitere Praktiken zu beobachten, bei denen Laien aus der Bevölkerung aktuelle Wetter-, Witterungs- und Klimaereignisse dokumentieren und somit potentielles Quellenmaterial für die Umweltforschung liefern. So binden verschiedene regionale Sendeprogramme oder Wetterdienste Laien als Wettermelder ein. Sie verbreiten individuelle instrumentelle Messdaten von Freiwilligen als aktuelle Wetternews und stärken damit sowohl ihr regionales Profil als auch die Aktualität ihrer Berichterstattung. Einige Themen sind nicht nur aufgrund ihres Inhaltes spektakulär, sondern auch beeindruckend umgesetzt, etwa die zeitnahe Meldung und Bilddokumente von Sturmjägern (storm-chasers.de). Besonders viele und kreative Beteiligungsformen treten jeweils im Kontext von Klimakatastrophen auf. So finden sich beispielsweise in einem regionalen Mitmachlexikon zum Katastrophenhochwasser von 2013 in Halle an der Saale zum Teil minutiös aufgelöste Text- und Bilddokumentationen. Auch Bürgerreporter, die umfassende Vor-Ort-Analysen liefern, oder Inhalte auf spontan eingerichteten Hilfsportalen und entsprechenden Blogs, in denen Hilfesuchende während eines solchen Extremereignisses Aufrufe schalten können, repräsentieren das breite Spektrum solcher Informationsquellen. Zur Einschätzung der räumlichen Dimension eines Ereignisses sind gerade auch neue Formen des kollaborativen Webmappings und der kartographischen Dokumentation von Schäden und Auswirkungen besonders aufschlussreich.

Alle genannten Informationsquellen stellen neben den klassischen Textquellen ein eigenes neues Genre aktueller hermeneutischer Vermittlung von Wetter, Witterung und Klima dar. Aus deren Nutzung ergeben sich weitreichende Möglichkeiten einer inhaltlichen und methodischen Brücke zwischen historischen und rezenten Daten. Um die Qualität der Aussagen zu validieren, sind Verfahren zur Parallelisierung und zur komparativen Zusammenschau aktueller hermeneutischer Informationen einerseits und zeitgleich erhobener Messdaten andererseits besonders aufschlussreich. Darüber hinaus könnten mit der Nutzung aktueller hermeneutischer Einträge auch Schlüsse auf historische Informationen gezogen werden. Im günstigsten Fall könnten damit durchgängige gleichartige Datentypen generiert und neue Möglichkeiten der Kalibrierung von Kodierschemata, Indizierung und Kalibrierung getestet werden.

6 Maschinelles Lernen: Automatisierung der Textanalyse

Als weiterer Schritt zur Bewältigung und Nutzung der enorm gestiegenen Datenmengen werden zunehmend Verfahren der Automatisierung und deren Analyse mittels Statistik und künstlicher Intelligenz angewandt. In diesem Kontext beschäftigen sich die „Digital Humanities" mit der Erforschung textbasierter geisteswissenschaftlicher Fragestellungen mit digitalen Methoden. Eine methodologische Grundlage dieser Ansätze ist die hermeneutische Interpretation (*Rabus* 2019). Texte, die vor einigen Jahren noch selbst für Menschen schwer lesbar waren, sind heute mittels automatischer Texterkennung (Optical Character Recognition – OCR) in Sekundenbruchteilen erschlossen. In vielen Ansätzen wird über die qualitative Analyse hinaus mittels Wortzerlegung (Tokenizing) eine Quantifizierung angestrebt. Um über Wortgrenzen hinweg zu kommen und die grammatikalischen Zusammenhänge zu erkennen, kommen zunehmend Methoden aus dem Bereich der Künstlichen Intelligenz und des Maschinellen Lernens zur Anwendung. Gängige Verfahren sind u. a. Text Mining (*Matuschek* 2014), Natural Language Processing (NLP), Reinforcement Learning und Klassifizierung. Ihre Anwendung auf Zeitungsarchive und -informationen im Kontext klimatischer Fragestellungen zeigen u. a. *Yzaguirre, Smit u. Warren* (2016) mit der beeindruckenden Analyse von über zwei Millionen Artikeln sowie *Kang u. Park* (2018) anhand von koreanischen Zeitungen.

6.1 Automatisierung des quellenkritischen Ablaufschemas

Automatisierte Konzepte sind als Unterstützung bei der Erschließung und der Extraktion klimarelevanter Informationen aus schriftlichen Quellen gedacht. Nachfolgend ist dargestellt, wie eine Automatisierung des quellenkritischen Ablaufs mit Hilfe von Algorithmen, wie z. B. maschinellem Lernen, in der Historischen Klimatologie umgesetzt werden kann.

Zunächst stellt sich die Frage, welche Arbeitsschritte des quellenkritischen Ablaufs grundsätzlich automatisiert werden können. Kann man beispielsweise mit Hilfe neuronaler Netze Zeit, Ort oder das semantische Profil aus schriftlichen Quellen automatisch ermitteln? Wo können allenfalls nur Verbesserungen in der Verarbeitung erwartet werden, wo können sie den Bearbeiter gar ersetzen? Um diese Fragen zu beantworten, werden der quellenkritische Arbeitsablauf und seine Bestandteile im Detail betrachtet, um sie zu systematisieren und zu formalisieren. Bei dieser Aufgabe sind folgende Gedanken von zentraler Bedeutung:

Jede schriftliche Quelle wird mit einer spezifischen und unveränderlichen Fragestellung konfrontiert: Welche Klimainformation ist in der vorliegenden Quelle enthalten? Diese simple Feststellung markiert den Unterschied zu den historischen Wissenschaften, die eine Quelle immer wieder neuen Fragestellungen unterwerfen.

1. Jeder quellenkritische Arbeitsablauf kann als geordnete Menge von Arbeitsschritten beschrieben werden.
2. Jeder Arbeitsschritt ist ein Vorgang in der Zeit, welcher ein Objekt erzeugt oder ein gegebenes Objekt verändert.

Ein Modell, welches diese Überlegungen berücksichtigt, definiert einen Arbeitsschritt wie in Abb. 4 dargestellt ist.

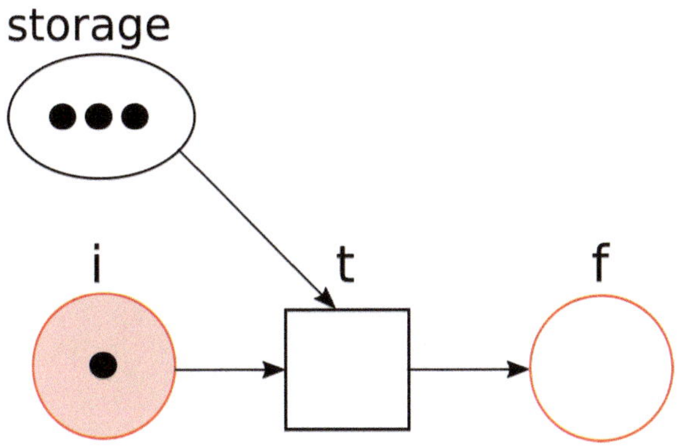

Abb. 4: Ein vollständiger Arbeitsschritt besteht aus einem Anfangszustand s, einer Transition t und einem Endzustand f. Die Erzeugung oder Zustandsänderung des Objektes geschieht von s über t nach f. Im Speicher befinden sich die Endzustände. Diese können festgesetzt sein oder aber auch wachsen.

Ein Arbeitsschritt ist eine Relation R zwischen der Menge der Anfangszustände S und den Endzuständen F. Das entspricht der Abbildung von S auf F:

$$R_t : S \to F$$

Automatisieren lassen sich jene Arbeitsschritte, bei denen der Definitionsbereich der Anfangszustände S mit einer Funktion f(S) auf die Zielmenge F abgebildet werden kann:

$$F = f(S)$$

Die Automatisierung bezeichnet somit den Vorgang, einen Anfangszustand mit einem Endzustand paarweise in Relation zu stellen. Hierzu legen wir mögliche oder gegebene Endzustände in einem Speicher ab. Solcherart sind wir auch für das Trainieren von Neuronalen Netzen gerüstet, wenn automatische Klassifikationen vorgenommen werden. Da der Speicher die Menge der möglichen Endzustände darstellt, bildet er, fast schon nebenläufig, die Grundlage einer Wissensbasis für die Historische Klimatologe: Mit jeder Aufnahme eines neuen Urhebers oder Autors einer Quelle in den Speicher wächst die Kenntnis darüber, welcher Autor klimarelevante Beobachtungen gemacht hat. Dies ermöglicht dann z. B. die gezielte Suche nach weiteren Quellen desselben Autors.

Es gibt Speicher mit endlichen Elementen, wie beispielsweise beim Arbeitsschritt zur Bestimmung der Lesbarkeit der klimarelevanten Informationen einer Quelle. In diesem Fall finden wir im Speicher die Elemente lesbar, zum Teil lesbar und nicht lesbar. Andere Speichertypen sind wachsende Speicher, deren Anzahl der Endzustände stetig wächst. Dies ist z. B. der Fall bei der Verortung von Klimaereignissen.

Letzteres führt zur Frage, ob Arbeitsschritte mit wachsendem Speicher irgendwann gesättigt sind, bzw. ob die Grundmenge der Speicher, wie z. B. die Menge der schriftlichen Quellen, endlich ist. Kenntnisse über die Grundmenge sind von entscheidender Bedeutung, wenn wir wissen wollen, wie zuverlässig ein Algorithmus mit unbekannten Quellen umzugehen im Stande ist.

Da ein Arbeitsablauf nichts anderes als eine Abfolge von Arbeitsschritten ist, kann ein Arbeitsablauf als lineare Ordnung, z. B. in Form eines Hasse-Diagramms, dargestellt werden (Abb. 5).

Bei näherer Analyse des Arbeitsablaufes werden Erkenntnisse über das Zusammenwirken der Arbeitsschritte, der Gestalt oder Typisierung von Arbeitsabläufen und die Möglichkeit, Arbeitsschritte zu parallelisieren, gewonnen.

Aus einem Arbeitsablauf lassen sich Ablaufpläne erstellen. Sie bestimmen, in welcher Reihenfolge die einzelnen Arbeitsschritte erfolgen. Bei einem Ablaufplan handelt es sich um eine lineare Erweiterung, welche auf den Arbeitsablauf angewandt wird. Die Anzahl der möglichen Ablaufpläne lässt sich auch berechnen (Abb. 6). Die fast schon absurd anmutende Anzahl möglicher Ablaufpläne ist ein Zeichen für die Komplexität des quellenkritischen Ablaufes und weist auf die Problematik der Nachvollziehbarkeit von Ergebnissen aus dem quellenkritischen

Ablauf hin: Ohne Kenntnisse des Ablaufplans lassen sich Ergebnisse kaum rekonstruieren. Es stellt sich die Frage, ob unterschiedliche Ablaufpläne zum selben Ergebnis führen. Hier wird die Bedeutung von virtuellen Forschungsumgebungen besonders deutlich: Arbeitsabläufe und Arbeitsschritte sind formalisiert. Einzelne Arbeitsschritte können nachvollzogen werden und sorgen für zuverlässige Ergebnisse und damit auch für verlässliche Daten. Diese sind wiederum Voraussetzung für die Automatisierung und die Anwendung des Maschinellen Lernens.

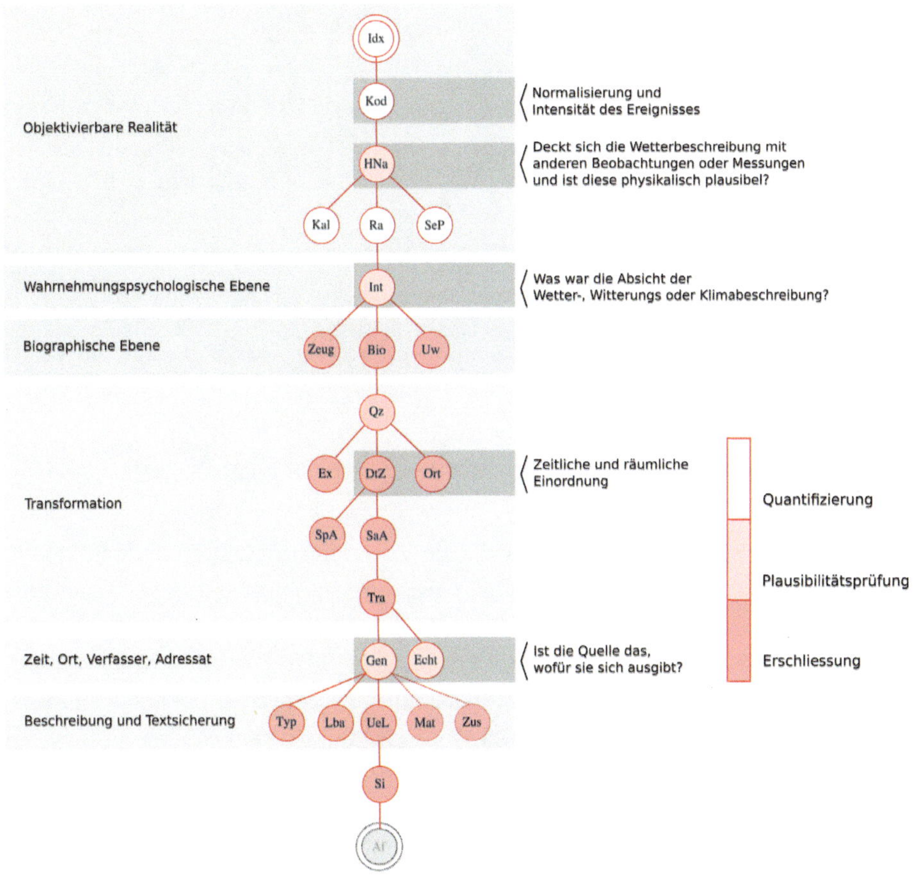

Idx Index
Kod Klassifikation und Kodierung
HNa Historische und naturwissenschaftliche Kenntnisse
SeP Semantisches Profil
Ra Raumbezug
Kal Kalenderanpassungen
Int Intention und Motivation des Autors
Uw Umwelt und Zeitgeist
Bio Biographie des Autors
Zeug Augenzeuge oder Zeitzeuge
Qz Quellenzuordnung
Ort Ort oder Raum
DtZ Datum oder Zeitraum
Ext Extraktion als Zitat
SpA Sprachliche Aufschlüsselungen
SaA Sachliche Aufschlüsselung
Tra Transkription
Gen Genese
Echt Echtheit
Typ Quellentyp oder Quellengattung
Mat Material des Textträgers
UeL Überlieferung
Lba Lesbarkeit
Zus Äußerer Erhaltungszustand
Si Sichten
Af Auffinden

Abb. 5: Beispiel für einen vollständigen Arbeitsablauf zur Erschließung schriftlicher Quellen in der Historischen Klimaforschung als Hasse-Diagramm.

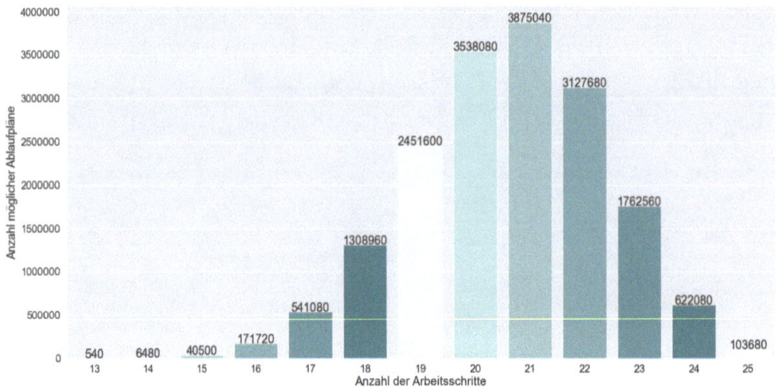

Abb. 6: Anzahl möglicher Ablaufpläne eines Arbeitsablaufes gruppiert nach der Anzahl der Arbeitsschritte.

6.2 Textanalyse mittels Statistik und Künstlicher Intelligenz

Nachfolgend werden ein historisches und ein modernes klimarelevantes Textzitat zu Mainfranken mittels Statistik und künstlicher Intelligenz verarbeitet und analysiert. Dazu wurde der Textkorpus aus tambora.org in Wörter zerlegt und mit den Indizes der Temperatur und des Niederschlags der entsprechenden Monate verschnitten. Über bayessche Verfahren können so einzelnen Wörtern Wahrscheinlichkeiten für ihr Auftreten in bestimmten Klassen zugeordnet werden. Aus diesen lassen sich Wortwolken in unterschiedlichen Größen und Farben darstellen. Verwendet wurden die mitteleuropäischen Angaben aus tambora.org seit 1500. Dabei kristallisieren sich Schlüsselwörter heraus, welche die Wahrscheinlichkeit für eine Klasse entweder besonders erhöhen oder auch herabsenken (Abb. 7).

Umgekehrt lassen sich die ermittelten Wortlisten verwenden, um ein Zitat einer Klasse zuzuordnen. Dies soll anhand zweier Beispiele aus historischer und rezenter Zeit verdeutlicht werden. Der erste Satz stammt aus dem Jahr 1756 der Hauschronik der Wiesenbronner Familie Hüßner (*Glaser, Schenk u. Schröder* 1991): „In meyen aber, als der weinstock auß der wollen hervorging, ist ein frost eingefallen und sind die augen sehr erfroren, jedoch gewann er wieder einen guten fortgang, und trieben wieder frische augen und ein gutes ansehen." Das zweite, moderne Textbeispiel aus dem Main-Post-Artikel von 2018 lautet (*Amling* 2018): „Für den heutigen Nachmittag waren eigentlich Gewitter gemeldet, doch die Sonne strahlt wie so oft in den letzten Wochen fast ungetrübt vom Himmel."

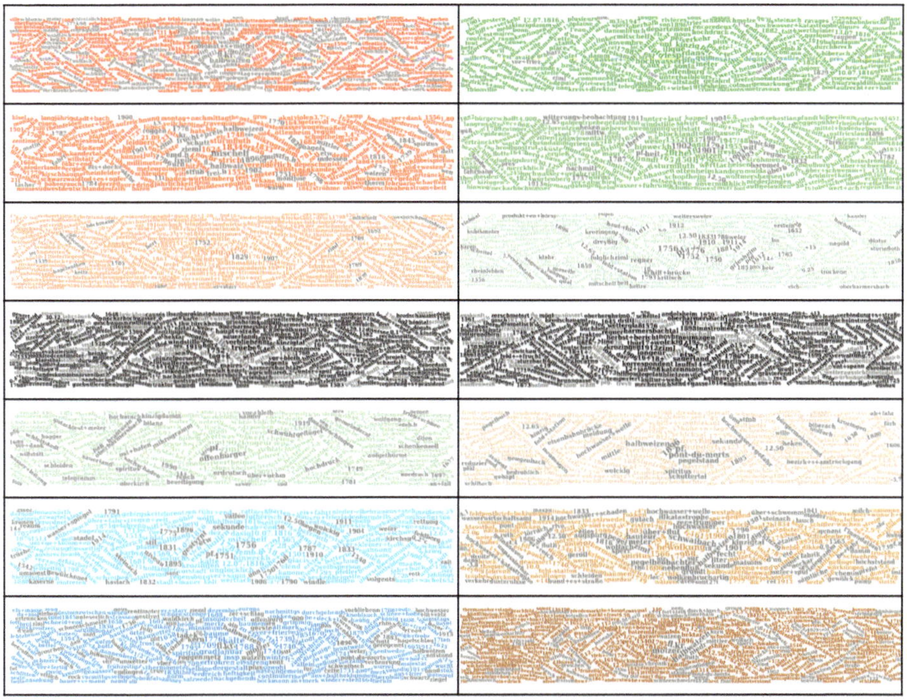

Abb. 7: Wortwolken für aus dem tambora-Korpus generierte Schlüsselwörter in den sieben Indexklassen für die Temperatur (links) von ‚sehr heiss' Indexwert +3, rot) bis ‚sehr kalt' (Indexwert -3, blau) und Niederschlag (rechts) von ‚sehr feucht' (Indexwert +3, grün) bis ‚sehr trocken' (Indexwert -3, braun). Wörter, die eher unwahrscheinlich in der Klasse auftreten, sind grau dargestellt.

Das Tokenizing für die markantesten Begriffe der beiden Textzitate ergibt folgendes Bild: Für das Zitat von 1756 und die Zuweisung zu den thermischen Indexklassen sind beispielsweise die Begriffe ‚Frost' und ‚erfrieren' besonders prägend. Interessant ist auch der Begriff ‚eingefallen', da er auf ein extremes Ereignis hinweist, mit gleicher Wahrscheinlichkeit für sehr heiße und sehr kalte Temperaturen. Für das Zitat von 2018 dominiert hingegen der Begriff ‚Sonne' die thermische Prägung (Abb. 8). Bei der jahreszeitlichen Zuweisung in Abb. 9 ist der Begriff ‚Gewitter' ein eindeutiges Sommer-Phänomen. Der Begriff ‚Meyen' wird dem Frühling zugewiesen. Problematisch ist der Begriff ‚hervor+geh' für hervorgehen, da dieser dem Herbst und erst in zweiter Präferenz dem Frühling zugewiesen wird.

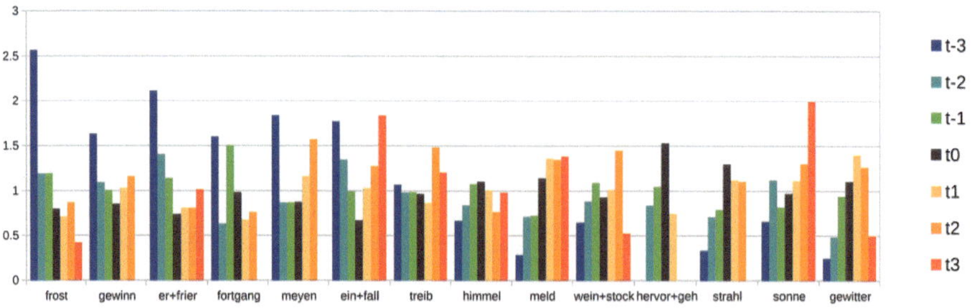

Abb. 8: Tokenizing für die beiden Quellenzitate der Hüßner-Hauschronik von 1756 und des Main-Post-Artikels von 2018 bezüglich der Temperatur-Indexklassen. Dargestellt sind die Schlüsselbegriffe und die Wahrscheinlichkeit des Auftretens.

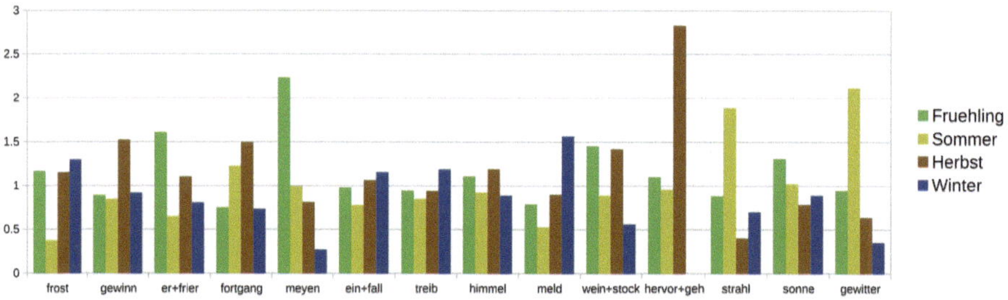

Abb. 9: Tokenizing für die beiden Quellenzitate der Hüßner-Hauschronik von 1756 und des Main-Post-Artikels von 2018 bezüglich der assoziierten Jahreszeiten.

In der automatischen Zuordnung zu den Jahreszeiten und Temperaturklassen (siehe Abb. 10 und Abb. 11) wurden die Einzelwahrscheinlichkeiten aller Wörter multipliziert. Die Zuweisung ergibt aufgrund der besonderen Disposition von Wein wie dargestellt zu Frühjahr und Herbst eine präferierte Zuweisung in den Herbst, vor dem Frühjahr, obwohl ein Großteil des Zitates sich auf den Frühling bezieht und explizit der Mai erwähnt wird. Der Begriff ‚hervorgehen' ist für diese Gewichtung verantwortlich. Eine monatsweise Klassifizierung erweist sich in einem solchen Fall als präziser. Der Begriff ‚Frost' und ‚erfroren' schlägt sich in der Klassenzuweisung -2 wieder (Abb. 10).

Für den Satz „Für den heutigen Nachmittag waren eigentlich Gewitter gemeldet, doch die Sonne strahlt wie so oft in den letzten Wochen fast ungetrübt vom Himmel" aus dem Main-Post-Artikel von 2018 ergibt sich eine eindeutige saisonale Zuweisung in den Sommer und auch in die entsprechende Temperaturklasse (Abb. 11).

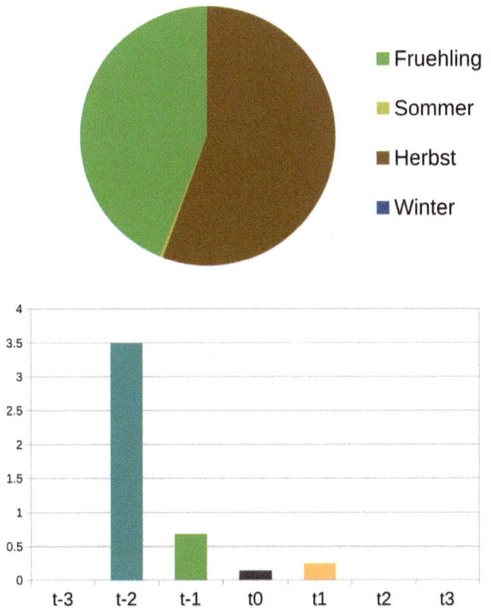

Abb. 10: Automatisch erzeugte Zuordnung der Jahreszeiten und der Temperaturklassen des Hüßner-Zitates zum Jahr 1756.

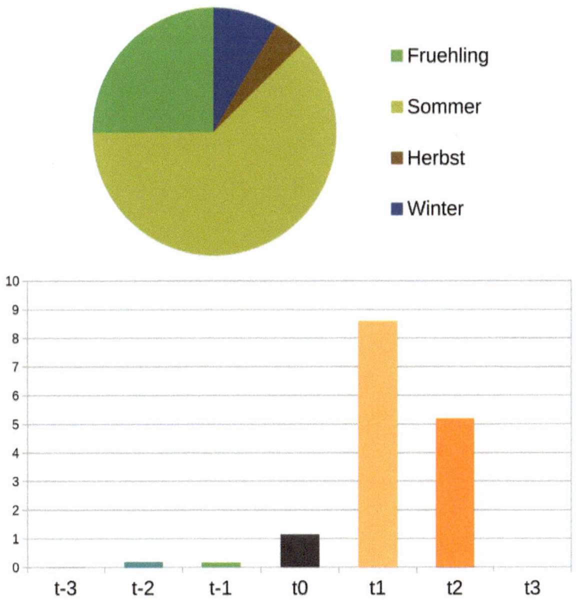

Abb. 11: Automatisch erzeugte Zuordnung der Jahreszeiten und der Temperaturklassen des Main-Post-Zitates von 2018.

Auch andere Dimensionen eignen sich für eine derartige Klassifikation, beispielsweise Niederschlagsindizes, Windstärken, Hochwasserintensitäten oder Zeitepochen wie Jahrhunderte. Die Auswertung weiterer Textstellen aus dem betreffenden Gebiet und Zeitraum erhöht die Genauigkeit und wird einfach durch Zusammenfügen der Zitate bewerkstelligt. Auch durch weiteres Training von Begriffen und entsprechenden Zuweisungen wird die automatische Klassifizierung verbessert. Dies kann beispielsweise durch Harvesting von rezenten Zeitungsartikeln in Kombination mit amtlichen Messdaten erfolgen. Fehlzuweisungen in historischen Dokumenten können fortlaufend manuell korrigiert werden, wobei dazu auch Verfahren des Crowdsourcings denkbar wären. Der hier skizzierte einfache Ansatz über einzelne kontextlose Wörter kann weiter verfeinert werden, indem Wortpaare oder ganze Phrasen verwendet werden. Durch solche verbesserten Verfahren können die Syntax und vor allem auch die sprachlichen Besonderheiten der historischen Texte berücksichtigt werden. Durch ausgefeiltere Wort-Vektorisierung und die Verwendung von rekursiven, neuronalen Netzen kann auch der Informationsgehalt von grammatikalischen und semantischen Strukturen erschlossen werden.

Alles in allem ist der Weg zukunftsweisend, weil damit große Datenmengen, wie sie durch die Digitalisierung anfallen bzw. angeboten werden, bewältigt werden können.

7 Fazit

Durch die neuen Möglichkeiten der Informationstechnologien und durch die Verbreitung des Internets ergeben sich vielfache neue Perspektiven der Datenakquise und der weiterreichenden Erschließung neuer Bestände sowie der Nutzung von bereits vorliegenden Digitalisaten im Bereich der historischen wie auch rezenten Umwelt- und Klimaforschung.

Leistungsfähige Datensammlungen und Datenbanken bieten schon heute vielfältige neue Möglichkeiten der Datenkombination und Interpretation.

Virtuelle Forschungsumgebungen ermöglichen darüber hinaus arbeitsteilige und dezentrale Arbeitsweisen, was sich für überregionale Projekte und Arbeitsgruppen geradezu aufdrängt. In ihnen kann die komplexe Arbeits- und Verwertungskette, die für die historische Umweltforschung besteht, abgebildet werden. Die Einbindung in öffentliche Einrichtungen wie Bibliotheken ist ein wichtiger Garant für die nachhaltige Sicherung, den Regelbetrieb und die rechtliche Handhabung.

Die Einbeziehung von Bürgerwissenschaften und sozialen Netzwerken bietet weiterreichende Möglichkeiten, etwa für die Erschließung und Aufbereitung historischer Bestände. Einige Aktivitäten wie die von Sturmjägern, Wettermeldern ergänzen das bisherige Portfolio. Von besonderem Interesse ist aber auch, inwieweit die neuen Medien neue Formen der Darstellung und neue Formen der Nutzbarmachung hervorbringen. Oft sind diese räumlich dichter und zeitlich höher aufgelöst als andere Informationen. Andererseits sind in sozialen Netzwerken auch viele Fakenews abrufbar und Klimaleugner aktiv. Wie auch bei historischen Angaben ist eine kritische Sicht unabdingbar.

Von besonderem Interesse ist aber die Erschließung tagesaktueller Klima- und Umweltinformation, wie sie vielfach im Netz angeboten wird. Die Nutzung dieser aktuellen hermeneutischen Klima- und Umweltangaben bietet die Möglichkeit, an die historischen Informationen anzuschließen und kalibrierte lange Zeitreihen abzuleiten. Vor allem die Umsetzung der Indexverfahren über Wort-Statistiken sind geeignet, die Schnittstelle zwischen textbasierten Informationen und instrumentellen Phasen zu überbrücken. Des Weiteren können durch zeitgleich erhobene Messdaten Kalibrierungen und Abschätzungen zur Qualität der aus Textangaben extrahierten Daten und Zeitreihen gemacht werden. Das Ablaufschema, einschließlich der notwendigen quellenkritischen Bewertung, ist weitgehend automatisierbar.

Textbasierte Quellen erlauben gegenüber instrumentellen Daten eine Bewertung von Wahrnehmungen, Folgen, Reaktionen und gesellschaftlichen Kontexten, die durch instrumentelle Messdaten nicht abbildbar sind. So gesehen ist die vielfach geäußerte Bewertung der Objektivität von instrumentellen Daten gegenüber den a priori subjektiven Einschätzungen der Betroffenen und Beteiligten zu relativieren bzw. durch geeignete Verfahren zu evaluieren.

Die Digitalisierung hat auf die historische wie auch moderne Klima- und Umweltforschung einen ähnlichen Einfluss wie die Erfindung des Buchdrucks durch *Gutenberg*. Die Nutzung von Maschinellem Lernen und Künstlicher Intelligenz eröffnet neue Möglichkeiten, was die Menge der bearbeiteten Daten anbelangt, und in diesem Kontext auch neue Perspektiven der inhaltlichen Bewertung und methodischen Umsetzung.

Zusammenfassung

In dem Beitrag werden die weitreichenden methodischen Änderungen der textbasierten historischen und aktuellen Umweltforschung thematisiert, wie sie sich seit den 1990er Jahren durch die Digitalisierung ergeben haben. In der Darstellung wird kurz die klassische, analoge Analyse von Textquellen mit ihrer aufwendigen Archivarbeit, der Transkription und quellenkritischen Interpretation skizziert. Darauf aufbauend wird die neuere Entwicklung, wie sie sich im Kontext der Digitalisierung ergibt, vorgestellt. Diese umfasst die Einbindung in Datenbanken und die dafür notwendige Kodierung bis zur Integration in virtuelle Forschungsumgebungen am Beispiel von tambora.org. Des Weiteren wird auf die Besonderheiten der Verstetigung und nachhaltigen Sicherung sowie der Publikationsmöglichkeiten eingegangen.

Schließlich werden die Potenziale neuer Auswertungsformate von Künstlicher Intelligenz und anderen Analyseverfahren sowie die Möglichkeiten von Crowdsourcing und automatischen Verfahren wie Data Harvesting thematisiert.

Summary: Texts as basic elements of environmental research – from classical analysis to databases and collaborative research environments towards machine learning and crowdsourcing

This paper addresses the far-reaching methodological changes in text-based historical and contemporary environmental research that have occurred since the 1990s as a result of digitisation. The paper briefly outlines the classical analogue analysis of text sources with its laborious archival work, transcription, and source-critical interpretation.

Based on this, the more recent development, as it arises in the context of digitisation, is presented. This includes the integration into databases and the coding necessary for this up to the integration into collaborative research environments (CRE) using the example of tambora.org. In addition, the particularities of the continuation and sustainable preservation as well as the publication possibilities will be discussed.

Finally, the potentials of new evaluation formats of artificial intelligence and other analysis methods as well as the possibilities of crowdsourcing and automatic methods such as data harvesting will be addressed.

Literatur

Amling, K. (2018): Bratwurst und Flamingos in Marktsteft, Main Post, https://web.archive.org/web/20210408120805/https://www.mainpost.de/regional/kitzingen/bratwurst-und-flamingos-in-marktsteft-art-10039397 (Zugriff: 31. Mai 2021).

Börngen, M. u. Tetzlaff, G. (2000): Quellentexte zur Witterungsgeschichte Europas von der Zeitenwende bis zum Jahr 1850, Bd. 5. – Berlin u. Stuttgart.

Borel, F. (2010): HISKLIDCore, Expressum Nr. 6; UB Freiburg, https://ojs.ub.uni-freiburg.de/exp/article/view/389/338 (Zugriff: 31. Mai 2021).

Bruijn, J. A. de; de Moel, H. u. Jongman, B. (2019): A global database of historic and real-time flood events based on social media. – In: Sci Data 6, S. 311, https://doi.org/10.1038/s41597-019-0326-9.

Dzudzek, I.; Glasze, G. u. Mattissek, A. (2020): Diskursanalyse als Methode der Humangeographie. – In: Lehrbuch Geographie. – Berlin.

Erfurt, M.; Glaser, R. u. Blauhut, V. (2019): Changing impacts and societal responses to drought in southwestern Germany since 1800. – In: Regional Environmental Che, S. 1–13, https://doi.org/10.1007/s10113-019-01522-7.

Erfurt, M.; Skiadaresis, G.; Tijdeman, E.; Blauhut, V.; Bauhus, J; Glaser, R.; Schwarz, J.; Tegel, W. u. Stahl, K. (2020): A multidisciplinary drought catalogue for southwestern Germany dating back to 1801. – In: Nat. Hazards Earth Syst. Sci., 20 (11), S. 2979–2995, https://doi.org/10.5194/nhess-20-2979-2020.

García-Herrera, R.; Können, G. P.; Wheeler, D. A.; Prieto, M. R.; Jones, P. D. u. Koek, F. B. (2005): CLIWOC: a climatological database for the World's oceans 1750–1854. – In: Climatic Change 73, S. 1–12.

Glaser, R.; Schenk, W. u. Schröder, A. (1991): Die Hauschronik der Wiesenbronner Familie Hüßner. Ihre Aufzeichnungen zu Wirtschaft, Geschichte, Klima und Geographie Mainfrankens von 1750–1894. – In: Materialien zur Erforschung früherer Umwelten (MEFU) 1, S. 1–57.

Glaser, R. (1996): Data and Methods of Climatological Evaluation in Historical Climatology. – In: HSR (Historical Social Research) Vol. 21, 4, S. 56–88.

Glaser, R. (2013): Klimageschichte Mitteleuropas. 1200 Jahre Wetter, Klima, Katastrophen: [mit Prognosen für das 21. Jahrhundert]. Sonderausgabe, 3., unveränd. Aufl. – Darmstadt.

Glaser, R. u. Riemann, D. (2009): A thousand-year record of temperature variations for Germany and Central Europe based on documentary data. – In: Journal of Quaternary Science, 24 (5), S. 437–449.

Glaser, R.; Himmelsbach, I. u. Bösmeier, A. (2017): Climate of migration? How climate triggered migration from southwest Germany to North America during the 19th century. – In: Climate of the Past, 13, S. 1573–1592, https://doi.org/10.5194/cp-13-1573-2017.

Glaser, R.; Riemann, D.; Vogt, S. u. Himmelsbach, I. (2018): Long- and Short-Term Central European Climate Development in the Context of Vulnerability, Food Security, and Emigration. – In: *Leggewie, C. u. Mauelshagen, F. [Hrsg.]*: Climate Change and Cultural Transition in Europe. – Berlin (Climate und Culture 4), S. 85–118.

Glaser, R.; Hologa, R.; Bösmeier, A.; Heim, B.; Kahle, M.; Scholze, N. u. Schliermann-Krauss, E. (2020): Klimageschichte der Frühneuzeit als Topos der universitären Forschung und Lehre. Die Kleine Eiszeit (1430–1830) in Unterricht und Lehre, 120, S. 105–125.

Glaser, R. u. Kahle, M. (2020): Reconstructions of droughts in Germany since 1500 – combining hermeneutic information and instrumental records in historical and modern perspectives. – In: Clim. Past (Climate of the Past), 16, S. 1207–1222: https://cp.copernicus.org/articles/16/1207/2020/cp-16-1207-2020-discussion.html, (Zugriff: 31. Mai 2021).

Glaser, R.; Kahle, M.; Kellersohn, A. u. Rau, O. (2020): Dem Klimawandel auf der Spur. Der Weg schriftlicher Quellen aus den Archiven in die virtuelle Forschungsumgebung. – In: Archivnachrichten, 60, S. 8–14.

Heim, B.; Glaser, R.; Kahle, M. u. Hologa, R. (2018): Westmittelfranken (1016–1840). DOI: 10.6094/tambora.org/2018/c331/csv.zip.

Ionita, M.; Dima, M. u. Nagavciuc, V. (2021): Past megadroughts in central Europe were longer, more severe and less warm than modern droughts. – In: Commun Earth Environ 2, 61, https://doi.org/10.1038/s43247-021-00130-w.

Kahle, M.; Glaser, R. u. Hologa, R. (2020): Virtuelle Forschungsumgebungen – neue Formen kollaborativer Zusammenarbeit. – In: Geographie. Physische Geographie und Humangeographie, S. 205–212.

Kahle, M. u. Glaser, R. (2020): Fossgis2020: Javascript-Bibliotheken zur Einbindung von historischen Umwelt-und Klimainformationen als Kartenlayer, DOI: 10.13140/RG.2.2.34723.40481 u. DOI: 10.5446/46488.

Khider, D.; Emile-Geay, J.; McKay, N.; Gil, Y.; Garijo, D.; Ratnakar, V., Alonso-Garcia, M., Bertrand, S.; Bothe, O.; Brewer, P.; Bunn, A.; Chevalier, M.; Comas-Bru, L.; Csank, A.; Dassié, E.; DeLong, K.; Felis, T.; Francus, P.; Frappier, A.; Gray, W.; Goring, S.; Jonkers, L.; Kahle, M.; Kaufman, D.; Kehrwald, N.; Martrat, B.; McGregor, H.; Richey, J.; Schmittner, A.; Scroxton, N.; Sutherland, E. u. Thirumalai, K. (2019): PaCTS 1.0: A Crowdsourced Reporting Standard for Paleoclimate Data Paleoceanography and Paleoclimatology: 1-63, http://dx.doi.org/10.1029/2019PA003632.

Martin, B.; Giacona, F.; Furst, B.; Edelblutte, C.; Holleville, N.; Vitoux, M.C.; Glaser, R.; Himmelsbach, I.; Schönbein, J.; Heitz, C.; Wassmer, P.; Haziza, E. u. Christiany, L. (2016): ORRION: A specific information sharing tool to (re)build a "flood risk culture" in the Rhine Graben (France–Germany) E3SWeb Conf.: 7: 1-8, http://www.e3s-conferences.org/articles/e3sconf/abs/2016/02/e3sconf_flood2016_15005/e3sconf_flood2016_15005.html (Zugriff: 31. Mai 2021).

Matuschek, O. (2014): Data-Mining in den Reisetagebüchern James Silk Buckinghams 1815/1816: neu entwickelte Suchalgorithmen und effiziente Arbeitsmethoden in der Historischen Klimatologie. – Dissertation Albert-Ludwigs-Universität Freiburg, www.freidok.uni-freiburg.de/volltexte/9623/ (Zugriff: 31. Mai 2021).

Mayring, P. (2015): Qualitative Inhaltsanalyse, Grundlagen und Techniken, 12. Auflage. – Weinheim und Basel.

McKay, N. u. Emile-Geay, J. (2016): The Linked Paleo Data framework – a common tongue for paleoclimatology. Clim. Past, 12, 1093–1100, https://doi.org/10.5194/cp-12-1093-2016.

Mudelsee, M.; Börngen, M.; Tetzlaff, G. u. Feck-Yao, W. (2002): Towards predicting catastrophic flood events: an analysis of historical data of rivers Elbe and Oder. – In: *Tetzlaff, G., Trautmann, T. u. K. S. Radtke [Hrsg.]*: Zweites Forum Katastrophenvorsorge „Extreme Naturereignisse – Folgen, Vorsorge, Werkzeuge", DKKV. – Bonn.

Pfister, C. (2015): Euro-Climhist, Module Switzerland, Release 2. – In: *Pfister, C., Rohr C. [Hrsg.]*: Euro-Climhist. Informationssystem zur Witterungs- und Klimageschichte, www.euroclimhist.unibe.ch (Zugriff: 31. Mai 2021).

Pötzsch, C. G. (1784): Chronologische Geschichte der großen Wasserfluthen des Elbstroms seit tausend und mehr Jahren, Bd. 1. – Dresden.

Riemann, D.; Glaser, R.; Kahle, M. u. Vogt, S. (2015): The CRE tambora.org – new data and tools for collaborative research in climate and environmental history. – In: Geoscience Data Journal, S. 53–67, http://dx.doi.org/10.1002/gdj3.30.

Schönbein, J.; AlDyab, G.; Yuan, L.; Vogt, S.; Weintritt, O.; Kahle, M.; Hologa, R. u. Glaser, R. (2016): The Chronicle of Ibn Tawq – over 7000 Climate and Environmental Records from Damascus, Syria, AD 1481 to 1501. – In: *Glaser, R.; Kahle, M. u. Hologa, R. [Hrsg.]*: tambora.org data series vol. II, DOI: 10.6094/tambora.org/2016/c157/serie.pdf.

Stahl, K.; Kohn, I.; Blauhut, V.; Urquijo, J.; De Stefano, L.; Acacio, V.; Dias, S.; Stagge, J. H.; Tallaksen, L. M.; Kampragou, E.; Van Loon, A. F.; Barker, L. J.; Melsen, L. A.; Bifulco, C.; Musolino, D.; Carli, A.; de, Massarutto, A.; Assimacopoulos, D. u. Van Lanen, H. A. J. (2016): Impacts of European drought events. Insights from an international database of text-based reports. – In: Nat Hazards Earth Syst Sci Discuss 3:801-819, DOI: 10.5194/nhessd-3-5453-2015.

Vogt, S.; Glaser, R.; Kahle, M.; Hologa, R.; Münch, L.; Erfurt, M.; Wodzikowska, J. u. Riemann, D. (2016): The Grotzfeld Data Set – Coded Environmental, Climatological and Societal data for the Near and Middle East from AD 801 to 1821. – In: *Glaser, R.; Kahle, M. u. Hologa, R. [Hrsg.]*: tambora.org data series vol. I, DOI: 10.6094/tambora.org/2016/c156/serie.pdf.

Wang, P.; Lin, K. H. u. Liao, Y. C. (2018): Construction of the REACHES climate database based on historical documents of China. Sci Data 5, 180288, https://doi.org/10.1038/sdata.2018.288.

Weikinn, C. (1958–1963): Quellentexte zur Witterungsgeschichte Europas von der Zeitwende bis zum Jahre 1850, Bd. I–IV. – Berlin.

Wilhelm, B.; Ballesteros Cánovas, J. A.; Macdonald, N.; Toonen, W. H. J.; Baker, V.; Barriendos, M.; Benito, G.; Brauer, A.; Corella, J. P.; Denniston, R.; Glaser, R.; Ionita, M.; Kahle, M.; Liu, T.; Luetscher, M.; Macklin, M.; Mudelsee, M.; Munoz, S.; Schulte, L.; George, S. S.; Stoffel, M. u. Wetter, O. (2018): Interpreting historical, botanical, and geological evidence to aid preparations for future floods. – In: Wires Water, 1–22, https://doi.org/10.1002/wat2.1318.

Winiwarter, V. u. Knoll, M. (2007): Umweltgeschichte. – Köln.

Woodruff, S. D.; Worley, S. J.; Lubker, S. J.; Ji, Z.; Freeman, J. E.; Berry, D. I.; Brohan, P.; Kent, E. C.; Reynolds, R. W.; Smith, S. R. u. Wilkinson, C. (2011): ICOADS Release 2.5: extensions and enhancements to the surface marine meteorological archive. – In: International Journal of Climatology, 31, S. 951–967.

Siedlungsforschung. Archäologie – Geschichte – Geographie 39, 2021, S. 567–583

Nachruf auf Winfried Schich (1938–2021)

Matthias Hardt

Am 22. März 2021 ist *Winfried Schich* in Berlin gestorben. Er gehörte seit den Anfängen im Jahr 1974 zunächst dem Arbeitskreis für genetische Siedlungsforschung in Mitteleuropa und dann dem daraus hervor gegangenen Arbeitskreis für historische Kulturlandschaftsforschung an und hat vom ersten Band 1983 bis zum 19. Band 2001 als Mitherausgeber der Zeitschrift „Siedlungsforschung“ gewirkt. Er hat den Arbeitskreis damit maßgeblich geprägt und ist dafür im Rahmen der Jahrestagung im Jahr 2005 in Münster in Westfalen geehrt worden. Als Stadt- und Landeshistoriker[1] war interdisziplinäre Arbeitsweise für ihn selbstverständlich; Namenkunde,[2] Archäologie,[3] Kunstgeschichte und nicht zuletzt historische Geographie[4] waren für ihn unverzichtbare Wissenschaften bei der von der Interpretation historiographischer Texte, Urkunden und Karten ausgehenden komparatistischen Erforschung regionaler und überregionaler geschichtlicher Entwicklungen.

Winfried Schich wurde am 20. Januar 1938 in Berlin-Kaulsdorf geboren und verbrachte seine Kindheit in Kriegs- und Nachkriegszeit zwischenzeitlich im ländlichen Westfalen, im sauerländischen Wenholthausen bei Neheim-Hüsten im Kreis Meschede, wo er auch eingeschult wurde. Erst zu Beginn der 1950er Jahre kehrte er nach Berlin zurück. An der Freien Universität Berlin studierte er Geschichte, Slawistik und Geographie, legte die Staatsprüfung für das höhere Lehramt in Geschichte und Russisch ab und arbeitete seit 1968 am Osteuropa-Institut der Freien Universität als wissenschaftlicher Mitarbeiter. Im Jahr 1974 ist er von *Heinz Quirin*[5] mit einer Arbeit über „Würzburg im Mittelalter. Studien zum Verhältnis von Topographie und Bevölkerungsstruktur“[6] promoviert worden. Am Friedrich-Meinecke-Institut der Freien Universität Berlin konnte er seit 1970 als Ange-

1 *Schich* 1996c; 2001b; 2002a; 2003a; 2006b; 2008d; *Bulach u. Hardt* 2008.

2 *Schich* 1985c; 2001c.

3 *Schich* 2004b; 2010a.

4 *Schich* 1988; 2007c.

5 *Schich* 2001; 2012.

6 *Schich* 1977.

höriger der in ihrer Terminologie und Methode von *Walter Schlesinger*[7] und *Wolfgang H. Fritze*[8] geprägten interdisziplinären Arbeitsgruppe „Germania Slavica" wirken;[9] im Jahr 1979 habilitierte er sich dort mit „Studien zum Verhältnis von slawischer und deutscher Siedlung in der Germania Slavica". Lehrstuhlvertretungen an der Christian-Albrechts-Universität in Kiel sowie an der Universität Hamburg bereiteten ihn auf die 1982 erfolgte Berufung zum Professor für Mittelalterliche Geschichte an der Gesamthochschule Kassel vor. Im Jahr 1992 erhielt er den Lehrstuhl für Landesgeschichte an der Humboldt-Universität zu Berlin, den er bis zu seiner Pensionierung im Jahr 2003 ausfüllte.

Winfried Schichs in Forschung und Lehre vertretenes Interesse galt der Geschichte und Topographie mittelalterlicher Städte,[10] ihrer Entstehung und Struktur in Mittel- und Ostmitteleuropa,[11] den in ihnen lebenden Minderheiten[12] und der Bedeutung ihrer Pfarrkirchen und Bettelordensklöster,[13] ihren Stadtbefestigungen[14] und den Burgen, an die sie häufig topographisch anschlossen.[15] Unverzichtbar damit verflochten war für ihn die städtische Eingebundenheit in die ländliche Besiedlung des Umlandes, dessen Wandel er im Rahmen von Untersuchungen an hessischen,[16] meißnischen[17] oberlausitzischen,[18] schlesischen,[19] brandenburgischen,[20] mecklenburgischen[21] und pommerschen[22] Beispielen wiederholt beschrieben hat. Würzburg,[23] Kassel,[24] Jüterbog,[25] Brandenburg an der Havel,[26] weitere Städte des Havellandes[27] und schließlich nicht nur zum

7 *Schich* 1988; 2010c.

8 *Schich u. Bahl* 1994; *Schich* 2013.

9 *Schich* 2002.

10 *Schich* 1983.

11 *Schich* 1985; 1987a; 1987b; 1987d; 1993; 1996b; 1997c; 1998; 1999a; 2003; 2004; 2005a; 2006; 2009; 2010; 2015; 2017a.

12 *Schich* 1986; 1987b; 1994b; 2002d.

13 *Schich* 1994/95; 1997a; 2002e; 2007b; 2016b; 2017.

14 *Schich* 1996a; *Schich u. Gebuhr* 2004.

15 *Schich* 1997b; 2014.

16 *Schich* 2001c; 2001d.

17 *Schich* 2008c.

18 *Schich* 2006a.

19 *Schich u. Stephan* 2015; 2016.

20 *Schich* 1987c; 1998c; 2002b; *Schich u. Franke* 2005; *Schich* 2006c; 2008; 2012a; 2016.

21 *Schich* 2005e.

22 *Schich* 1995b; 2009b.

23 *Schich* 1977; 2001e.

24 *Schich* 1989a.

25 *Schich* 2015b; 2015c; 2016c.

26 *Schich* 1989; 1993a; 1993b; 1994; 1997e; 1998c; 1998d; 2005d; 2008b; 2008e; 2009c; 2018; 2021.

27 *Schich* 1983b; 1983c; 1987d.

„Stadtjubiläum" 1987 Berlin,[28] Frankfurt an der Oder,[29] Landsberg an der Warthe,[30] Prenzlau[31] und Kolberg[32] fanden immer wieder seine Aufmerksamkeit. Die von ihm mitverantwortete Neubearbeitung des Städtebuchs Brandenburg und Berlin, die im Jahr 2000 erschien, ermöglicht einen umfassenden Überblick zur Geschichte brandenburgischer Städte.[33]

Sein Interesse an slawischer Philologie sensibilisierte ihn für die Verwurzelung der Städte und ländlichen Siedlungen Brandenburgs in der slawischen Frühzeit.[34] Seine Zugehörigkeit zur 1977 gegründeten Arbeitsgruppe „Germania Slavica" an der Berliner Freien Universität und seine wohlwollende Förderung und Begleitung der am Leipziger Geisteswissenschaftlichen Zentrum Geschichte und Kultur Ostmitteleuropas (GWZO) von 1996 bis in die Gegenwart fortgesetzten wissenschaftlichen Forschungen zur Germania Slavica und zur Frühzeit Ostmitteleuropas machten ihn zu einem bedeutenden Vertreter derjenigen Historiker und Archäologen, die unermüdlich daran erinnerten, dass es eine ernst zu nehmende slawische Komponente in der deutschen Geschichte gab. Seine Herkunft aus einem Stadtteil im Osten Berlins ließ sein Interesse auch an den wissenschaftlichen Entwicklungen in der DDR nie versiegen und eröffnete ihm Möglichkeiten der Moderation, wie z. B. im Rahmen der Trierer Tagung zum zehnjährigen Bestehen des Arbeitskreises mit dem Thema „Die genetische Siedlungsforschung in Mitteleuropa und seinen Nachbarräumen" im Jahr 1984, als er den Austausch mit dem dort anwesenden *Joachim Herrmann* vom Zentralinstitut für Alte Geschichte und Archäologie der Akademie der Wissenschaften der DDR suchte (*Fehn* 1988, 784 f.) und in der zugehörigen zweibändigen Publikation zu dieser Konferenz „ergänzende Literatur zur genetischen Siedlungsforschung in Polen" hinzufügte (*Schich* 1988).

Der Orden der Zisterzienser und seine geistlichen Gemeinschaften,[35] ihre Geschichte, ihre Wirtschaft[36] und ihre Stadthöfe,[37] insbesondere ihre Bedeutung im europäischen Landesausbau[38] begleiteten *Winfried Schich* nahezu während seines ganzen Forscher-

---

28 *Schich* 1985a; 1987e; 1987f; 1987h; 1989; 1989b; 2000a; 2010b; 2012a; 2012b; 2012c.

29 *Schich* 2017.

30 *Schich* 2017d.

31 *Schich* 2009a; *Schich* 2011.

32 *Schich* 1998a; 2003b; 2005b; 2010a.

33 *Schich* 2000 mit Beiträgen zu Brandenburg an der Havel, Fehrbellin, Friesack, Ketzin, Kremmen, Nauen, Pritzerbe, Rhinow, Teupitz und Ziesar.

34 *Schich* 1977a; 2010d; *Schich u. Fritze* 1977; *Schich u. Strzelczyk* 1997.

35 *Schich u. Chłopocka* 1980; *Schich* 1984; 1994a; 1997; 2004c; 2009b; 2009d; 2012d; 2016a.

36 *Schich* 1979; 1980; 1987g; 1990b; 2009b.

37 *Schich* 1976; 1992; 1996; 1998b; 2014a; 2014c; *Schich u. Bulach* 2016.

38 *Schich* 1994/95a; 2001a; 2002e; 2009b; 2015a.

lebens. Salem,[39] Heilsbronn,[40] Dobrilugk,[41] Zinna,[42] Chorin[43] und Leubus[44] behandelte er in Aufsätzen, die Ausstattungsurkunde des Markgrafen Otto II. von 1193 für Lehnin zuletzt in einer für die Historische Kommission zu Berlin beschriebenen „Schlüsselquelle",[45] und in dem 2007 von ihm mitherausgegebenen zweibändigen Brandenburgischen Klosterbuch verfasste er den Artikel zum Zisterzienserinnenkloster Boitzenburg selbst.[46]

Die Beteiligung der Zisterzienser an der Umwandlung der Kulturlandschaft, ihr Einwirken auf Verlauf und Fließgeschwindigkeit von Gewässern[47] schärfte *Winfried Schichs* Blick auf Entwicklungen, die inzwischen als Infrastrukturgeschichte bezeichnet werden. Seine Darstellung der Havel als Wasserstraße mit ihren Mühlendämmen, Flutrinnen und Schleusen[48] gehört in diesen Bereich ebenso wie sein Interesse an Mühlenbau und -technik insgesamt,[49] an Wegen und Straßen[50] sowie früher Salzgewinnung.[51] Unvergessen ist sein Auftritt während der Jahrestagung des Arbeitskreises 1990 in Passau, als er aus dem Stegreif die Bedeutung und den Wandel des Erscheinungsbildes von Grenzen in Ostmitteleuropa[52] skizzierte.

Ein ebenso freundliches und inspirierendes Verhältnis, wie *Winfried Schich* es auf solchen Tagungen und Konferenzen (die erste von ihm besuchte Jahrestagung war diejenige im Jahr 1978 in Wilhelmshaven) zu seinen Kollegen und Kolleginnen pflegte, verband ihn auch mit seinen Studierenden. Die intensivste dabei von ihm genutzte Lehrform war die Exkursion, in deren Verlauf er vor Ort Kulturlandschaftselemente in ihrer Bedeutung erklärte und Landschaften, Städte, Siedlungen und Klöster in ihrer geschichtlichen Entwicklung lebendig werden ließ. Unvergessen sind die Reisen nach Ober- und Nordhessen 1994, auf den Spuren des Salzes in die Berchtesgadener und Salzburger Alpen 1995, an die Ostseeküste im Jahr 1996 und in die Neumark im Jahr 2001. Seinen 80. Geburtstag würdigten Schüler und Schülerinnen sowie Kollegen und Kolleginnen auf einer Tagesexkursion mit Bus und Schiff von Berlin nach Brandenburg

---

39 *Schich* 2014c.

40 *Schich* 1982.

41 *Schich* 2007d.

42 *Schich* 2007e.

43 *Schich* 1996d; 2017b.

44 *Schich* 1985b; 1999b.

45 *Schich* 2021a.

46 *Schich* 2007a.

47 *Schich* 1999.

48 *Schich* 1995a; 1997.

49 *Schich* 2008a; 2015a.

50 *Schich* 1990; 2002c; 2015c.

51 *Schich* 1981; 1989c; 2000b.

52 *Schich* 1991; 2014b.

an der Havel. Ein landesgeschichtliches Kolloquium veranstaltete er gemeinsam mit Kollegen aus Ur- und Frühgeschichte und Kunstgeschichte bis weit nach seiner Pensionierung in den Räumen der landesgeschichtlichen Vereinigung für die Mark Brandenburg, deren Ehrenmitglied er war.

Mit Winfried Schich, der dem „Wissenschaftlichen Arbeitskreis für Mitteldeutschland" (Mitteldeutscher Arbeitskreis) bis zu dessen Auflösung angehörte, der Mitglied der Brandenburgischen Historischen Kommission, der Historischen Kommission für Pommern, der Historischen Kommission für Hessen und des Vorstandes der Historischen Kommission zu Berlin sowie auswärtiger Angehöriger der Polnischen Akademie der Gelehrsamkeit in Krakau gewesen ist, verlieren die europäische und deutsche Wissenschaft und unser Arbeitskreis einen außergewöhnlich herzenswarmen und liebevollen Menschen, der in unserer Erinnerung und in unseren Herzen fortleben wird.

Abb. 1: Winfrid Schich während seines Vortrages über „Zisterziensische Grangien und Landesausbau in Mecklenburg" in der Sitzung des Landesgeschichtlichen Forschungscolloquiums am 18. Januar 2011 im Lesesaal der Landesgeschichtlichen Vereinigung in Berlin-Mitte (Foto: Ulrich Waack).

Literatur

Bulach, D. u. Hardt, M. (2008): Vorwort. - In: *Bulach, D. u. Hardt, M. [Hrsg.]*: Zentrum und Peripherie in der Germania Slavica. Beiträge zu Ehren von Winfried Schich. - Stuttgart (Forschungen zur Geschichte und Kultur des östlichen Mitteleuropa, 34), S. 7–11.

Fehn, K. (1988): Zusammenfassung der Diskussion zu übergreifenden Themen nach den regionalen Vortragsblöcken der Tagung 1984. - In: *Fehn, K. u. a. [Hrsg.]*: Genetische Siedlungsforschung in Mitteleuropa und seinen Nachbarräumen, Teilband 2. - Bonn, S. 783–794.

Schich, W. (1976): Die Stadthöfe der fränkischen Zisterzienserklöster in Würzburg. Von den Anfängen bis zum 14. Jahrhundert. - In: Zisterzienser-Studien 3. - Berlin (Studien zur europäischen Geschichte, 13), S. 45–94.

Schich, W. (1977): Würzburg im Mittelalter. Studien zum Verhältnis von Topographie und Bevölkerungsstruktur. - Köln u. Wien (Städteforschung, Reihe A; Darstellungen, 3).

Schich, W. (1977a): Zum Verhältnis von slawischer und hochmittelalterlicher Siedlung in den brandenburgischen Landschaften Zauche und Teltow. - In: Jahrbuch für die Geschichte Mittel- u. Ostdeutschlands, 26, S. 53–85; ND in: *Schich*, Wirtschaft und Kulturlandschaft, 2007, S. 193–222.

Schich, W. (1979): Zur Rolle des Handels in der Wirtschaft der Zisterzienserklöster im nordöstlichen Mitteleuropa während der zweiten Hälfte des 12. und der ersten Hälfte des 13. Jahrhunderts. - In: Zisterzienser-Studien 4. - Berlin (Studien zur europäischen Geschichte, 14), S. 133–168.

Schich, W. (1980): Die Wirtschaftstätigkeit der Zisterzienser im Mittelalter. Handel und Gewerbe. - In: *Elm, K. u. a. [Hrsg.]*: Die Zisterzienser. Ordensleben zwischen Ideal und Wirklichkeit. - Bonn (Schriften des Rheinischen Museumsamtes, 10), S. 217–236.

Schich, W. (1981): Beobachtungen und Überlegungen zur Salzgewinnung in Mecklenburg und Vorpommern in der slawisch-deutschen Übergangsperiode. - In: *Fritze, W. H. [Hrsg.]*: Germania Slavica II - Berlin (Berliner Historische Studien, 4), S. 93–120.

Schich, W. (1982): Heilsbronn - ein Zisterzienserkloster im Mittelalter. - In: Jahrbuch des Historischen Vereins für Mittelfranken, 89, 1977/81 (1982), S. 57–79.

Schich, W. (1983a): Stadtrandphänomene bei den Städten im Großberliner Raum (Berlin-Cölln, Spandau und Köpenick) vom 13. bis zum 16. Jahrhundert. - In: Siedlungsforschung. Archäologie - Geschichte - Geographie, 1 (1983), S. 65–85.

Schich, W. (1983b): Die Entstehung der mittelalterlichen Stadt Spandau. - In: *Ribbe, Wolfgang [Hrsg.]*: Slawenburg - Landesfestung - Industriezentrum. Untersuchungen zur Geschichte von Stadt und Bezirk Spandau. - Berlin, S. 55–95.

Schich, W. (1983c): Spandau als slawische Burgstadt. - In: *Müller, A. von u. Müller-Muči, K. von [Hrsg.]*: Die Ausgrabungen auf dem Burgwall in Berlin-Spandau, Teil 1. Textband. - Berlin (Berliner Beiträge zur Vor- und Frühgeschichte, N.F. 3), S. 121–129.

Schich, W. (1984): Exordium Cistercii, Summa Cartae Caritatis et Capitula in einer Handschrift in der Herzog August Bibliothek zu Wolfenbüttel. -In: Analecta Cisterciensia, 40, S. 3–24; ND in: *Schich*, Wirtschaft und Kulturlandschaft, 2007, S. 13–31.

Schich, W. (1985): Slavic proto-towns and the German colonial town in Brandenburg. - In: *Clarke, Howard B. u. Simms, Anngret [Hrsg.]*:The Comparative History of Urban Origins in Non-Roman Europe: Ireland, Wales, Denmark, Germany, Poland and Russia from the Ninth to the Thirteenth Century. - Oxford (B.A.R. International Series, 255), S. 531–545.

Schich, W. (1985a): Die Entstehung Berlins im Urbanisierungsprozeß innerhalb der Germania Slavica. - In: Jahrbuch für die Geschichte Mittel- und Ostdeutschlands, 34, S. 10–20.

Schich, W. (1985b): Guben und das schlesische Zisterzienserkloster Leubus. – In: Gubener Heimatkalender, 29, S. 58–64.

Schich, W. (1985c): Zum Verhältnis von Ortsnamen und Siedlungsgeschichte. Erläuterungen zu einer Karte über die frühmittelalterlich-slawische und hochmittelalterliche Siedlung im Havelland. – In: *Eichler, E.; Saß, E. u. Walther, H. [Hrsg.]*: Der Eigenname in Sprache und Gesellschaft (XV. Internationaler Kongreß für Namenforschung 13.–17. August 1984), T. VI. Vorträge und Mitteilungen in der Sektion 5. Eigennamen und nichtlinguistische Gesellschaftswissenschaften. – Leipzig, S. 284–290.

Schich, W. (1986): Braunschweig und die Ausbildung des sogenannten „Wendenparagraphen". – In: Jahrbuch für die Geschichte Mittel- und Ostdeutschlands, 35, S. 221–233.

Schich, W. (1987a): Die Herausbildung der mittelalterlichen Stadt in der Mark Brandenburg. Der Wandel der Topographie, Wirtschaft und Verfassung im 12./13. Jahrhundert. – In: *Jäger, H. [Hrsg.]*: Stadtkernforschung. – Köln u. Wien 1987 (Städteforschung, Reihe A, 27), S. 213–243; ND in: *Schich*, Wirtschaft und Kulturlandschaft, 2007, S. 297–326.

Schich, W. (1987b): Zum Problem der Juden in der frühen deutschrechtlichen Stadt im östlichen Mitteleuropa. – In: *Jersch-Wenzel, S. [Hrsg.]*: Deutsche – Polen – Juden. Ihre Beziehungen von den Anfängen bis ins 20. Jahrhundert. – Berlin (Einzelveröffentlichungen der Historischen Kommission zu Berlin, 58), S. 65–101.

Schich, W. (1987c): Das Verhältnis der frühmittelalterlich-slawischen zur hochmittelalterlichen Siedlung im Havelland. – In: *Ribbe, W. [Hrsg.]*: Das Havelland im Mittelalter. Untersuchungen zur Strukturgeschichte einer ostelbischen Landschaft in slawischer und deutscher Zeit. – Berlin (Germania Slavica V = Berliner Historische Studien, 13), S. 177–245.

Schich, W. (1987d): Die Entstehung des Städtewesens im Havelland: Die großen Städte. – In: *Ribbe, W. [Hrsg.]*: Das Havelland im Mittelalter. Untersuchungen zur Strukturgeschichte einer ostelbischen Landschaft in slawischer und deutscher Zeit. – Berlin (Germania Slavica V = Berliner Historische Studien, 13), S. 341–381.

Schich, W. (1987e): Das mittelalterliche Berlin. – In: *Ribbe, W. [Hrsg.]*: Geschichte Berlins, Bd. 1. – München, S. 137–248 (2. Aufl. 1988, 3. Aufl. Berlin 2002).

Schich, W. (1987f): Der mittelalterliche Stadtkern, seine Zerstörung und die Sehnsucht nach dem alten Berlin. – In: Bürger, Bauer, Edelmann. Berlin im Mittelalter (Ausstellungskatalog). – Berlin, S. 64–71 (und weitere Beiträge).

Schich, W. (1987g): Zum Problem des Einstiegs der Zisterzienser in den Handel im 12. Jahrhundert unter besonderer Berücksichtigung des Ordensstatutes „De nundinis". – In: *Strzelczyk, Jerzy (Red.)*: Historia i kultura cystersów w dawnej Polsce i ich europejskie związki [Geschichte und Kultur der Zisterzienser im alten Polen und ihre europäischen Zusammenhänge]. – Poznań 1987 (Uniw. im. Adama Mickiewicza w Poznaniu, Seria historia, 135), S. 33–59; ND in: *Schich*, Wirtschaft und Kulturlandschaft, 2007, S. 33–53.

Schich, W. (1987h): Hansestadt Berlin. Die Entstehung und wirtschaftliche Entwicklung Berlins im Mittelalter. Ein Beitrag zur 750-Jahrfeier Berlins. – In: Prisma. Zeitschrift der Gesamthochschule Kassel, Nr. 39, S. 55–59.

Schich, W. (1988): Ergänzende Literatur zur genetischen Siedlungsforschung in Polen. – In: *Fehn, K. u. a [Hrsg.]*: Genetische Siedlungsforschung in Mitteleuropa und seinen Nachbarräumen, Teilband 2, Bonn, S. 751–761.

Schich, W. (1988a): Walter Schlesinger (1908–1984). Seine Bedeutung für die genetische Siedlungsforschung in Mitteleuropa. – In: Siedlungsforschung. Archäologie – Geschichte – Geographie, 6, 1988, S. 215–221.

Schich, W. (1989): Początki i rozwój dwóch „stolic" średniowiecznej Marchii Brandenburskiej: Brandenburga i Berlina [Anfänge und Ausbau zweier „Hauptstädte" der mittelalterlichen Mark Brandenburg: Brandenburg und Berlin]. – In: Przegląd Zachodni, 45, S. 69–84; deutsche Fassung in: Schich, Wirtschaft und Kulturlandschaft, 2007, S. 327–342.

Schich, W. (1989a): Die Entstehung der Stadt Kassel. 1075 Jahre Kassel – 800 Jahre Stadt Kassel. – Kassel (Quellen und Perspektiven zur Entwicklung Kassels, 1), 3. verb. Aufl. 1992.

Schich, W. (1989b): Die Hansestadt Berlin. – In: Die Hanse. Lebenswirklichkeit und Mythos. Eine Ausstellung des Museums für Hamburgische Geschichte, Bd. 1. – Hamburg 1989, S. 264–267.

Schich, W. (1989c): Salzproduktion und Salzhandel mitteleuropäischer Klöster im frühen und hohen Mittelalter. Von Marsal bis Wieliczka. – In: *Lamschus, C. [Hrsg.]*: Salz – Arbeit und Technik. Produktion und Distribution in Mittelalter und Früher Neuzeit. – Lüneburg (De Sulte, 3), S. 136–162.

Schich, W. (1990): „Zwei Wege von Brandenburg nach Magdeburg" – Eine Straßenkarte von 1688. – In: *Rothe, H.; Schmidt, R. u. Stellmacher, D. [Hrsg.]*: Gedenkschrift für Reinhold Olesch. – Köln u. Wien (Mitteldeutsche Forschungen, 100), S. 139–165.

Schich, W. (1990b): Der frühe zisterziensische Handel und die Stadthöfe der fränkischen Zisterzienserklöster. – In: *Wollenberg, K. [Hrsg.]*: In Tal und Einsamkeit. 725 Jahre Kloster Fürstenfeld. Die Zisterzienser im alten Bayern, Bd. 3. Kolloquium. – Fürstenfeldbruck, S. 121–143; ND in: *Schich*, Wirtschaft und Kulturlandschaft, 2007, S. 55–88.

Schich, W. (1991): Die „Grenze" im östlichen Mitteleuropa im hohen Mittelalter. – In: Siedlungsforschung. Archäologie – Geschichte – Geographie, 9 (1991), S. 135–146; ND in: *Schich*, Wirtschaft und Kulturlandschaft, 2007, S. 427–437.

Schich, W. (1992): Der Handel der rheinischen Zisterzienserklöster und die Einrichtung ihrer Stadthöfe im 12. und 13. Jahrhundert. – In: *Kottje, R. [Hrsg.]*: Die niederrheinischen Zisterzienser im späten Mittelalter. Reformbemühungen, Wirtschaft und Kultur. – Köln u. Bonn (Zisterzienser im Rheinland, 3), S. 49–73.

Schich, W. (1993): Zur Größe der *area* in den Gründungsstädten im östlichen Mitteleuropa nach den Aussagen der schriftlichen Quellen. – In: *Jenks, S.; Sarnowsky, J. u. Laudage, M.-L. [Hrsg.]*: Vera Lex Historiae. Studien zu mittelalterlichen Quellen. Festschrift für Dietrich Kurze zum 65. Geb., – Köln u. Weimar, S. 81–115; ND in: *Schich*, Wirtschaft und Kulturlandschaft, 2007, S. 379–406; Kurzfassung in: Byarkaeologi 4. Møde i Ribe den 7.–8. maj 1991, hrsg. von *Per Kristian Madsen*. – Ribe 1992, S. 5–7.

Schich, W. (1993a): Zur Genese der Stadtanlage der Altstadt und Neustadt Brandenburg. – In: *Schich, W. [Hrsg.]*: Beiträge zur Entstehung und Entwicklung der Stadt Brandenburg im Mittelalter. – Berlin (Veröffentlichungen der Historischen Kommission zu Berlin, 84), S. 51–101.

Schich, W. (1993b): Brandenburg (Havel). – Altenbeken (Deutscher Städteatlas, Lieferung V, Nr. 2).

Schich, W. (1994): Neue Überlegungen zu den mittelalterlichen Stadtsiegeln von Brandenburg an der Havel. – In: *Jähnig, Bernhardt u. Schulz, Knut [Hrsg.]*: Festschrift zum 125jährigen Bestehen des Herold zu Berlin. 1869–1994. – Berlin (Herold-Studien, 4), S. 69–83.

Schich, W. (1994a): Zum Wirken der Zisterzienser im östlichen Mitteleuropa im 12. und 13. Jahrhundert. – In: Zisterziensische Spiritualität. Theologische Grundlagen, funktionale Voraussetzungen und bildhafte Ausprägungen im Mittelalter (I. Himmeroder Kolloquium), bearb. von Clemens M. Kasper OCist. u. Klaus Schreiner. – St. Ottilien (Studien und Mitteilungen zur Geschichte des Benediktinerordens und seiner Zweige, Erg.Bd. 34), S. 269–294; ND in: *Schich*, Wirtschaft und Kulturlandschaft, 2007, S. 81–103.

Schich, W. (1994b): Zum Ausschluß der Wenden aus den Zünften nord- und ostdeutscher Städte im späten Mittelalter. - In: *Czacharowski, A. [Hrsg.]*: Nationale ethnische Minderheiten und regionale Identität in Mittelalter und Neuzeit. - Toruń 1994, S. 31–51; erneut in: Mit Fremden leben. Eine Kulturgeschichte von der Antike bis zur Gegenwart, hrsg. von *Alexander Demandt*. - München 1995, S. 122–136, 263–270; ND in: *Schich*, Wirtschaft und Kulturlandschaft, 2007, S. 407–426.

Schich, W. (1994/95): Stadt und Kirche im Havelland während des Mittelalters. - In: Wichmann-Jahrbuch des Diözesangeschichtsvereins Berlin, N.F. 3, S. 61–85.

Schich, W. (1994/95a): Klöster und Kulturlandschaft. - In: Mitteilungen der Arbeitsgemeinschaft für Archäologie des Mittelalters und der Neuzeit, 5, S. 25.

Schich, W. (1995): Stadt: Ostmitteleuropa, Hoch- und Spätmittelalter. - In: Lexikon des Mittelalters, 7. - München, Sp. 2204–2205.

Schich, W. (1995a): Die Havel als Wasserstraße im Mittelalter. Brücken, Dämme, Mühlen, Flutrinnen. - In: Jahrbuch für brandenburgische Landesgeschichte 45, S. 31–55 (auch selbständig als: Humboldt-Universität zu Berlin, Öffentliche Vorlesungen, 22; erneut in: Spandauer Notizen, Jahresausgabe 1995, S. 9–38.

Schich, W. (1995b): Usedom-Grobe und Brandenburg-Parduin. - In: *Mangelsdorf, G. [Hrsg.]*: Die Insel Usedom in slawisch-frühdeutscher Zeit. - Frankfurt am Main u. a. (Greifswalder Mitteilungen. Beiträge zur Ur- und Frühgeschichte und Mittelalterarchäologie, 1), S. 151–161.

Schich, W. (1996): Topographische Lage und Funktion zisterziensischer Stadthöfe im Mittelalter. - In: Der Adel in der Stadt des Mittelalters und der Frühen Neuzeit. - Marburg (Materialien zur Kunst- und Kulturgeschichte in Nord- und Westdeutschland, 25), S. 279–294; ND in: *Schich*, Wirtschaft und Kulturlandschaft, 2007, S.127–142.

Schich, W. (1996a): Stadttor. - In: Lexikon des Mittelalters, Bd. 8. - München, Sp. 27–28.

Schich, W. (1996b): Die Gründung von deutschrechtlichen Marktorten und Städten östlich der Elbe im 12. u. 13. Jahrhundert. - In: *Brachmann, H. u. Klápště, J. [Hrsg.]*: Hausbau und Raumstruktur früher Städte in Ostmitteleuropa (Památky Archeologické, Supplementum 6). - Prag, S. 7–16; ND in: *Schich*, Wirtschaft und Kulturlandschaft, 2007, S. 343–358.

Schich, W. (1996c): Eine neue Gesamtdarstellung zur brandenburgischen Geschichte. - In: Jahrbuch für brandenburgische Landesgeschichte, 47, S. 192–199.

Schich, W. (1996d): Die Anlage des brandenburgischen Zisterzienserklosters Chorin in einem slawischen Siedlungsgebiet. - In: *Kurnatowska, Z. [Hrsg.]*: Słowiańszczyzna w Europie średniowiecznej [Festschrift für Lech Leciejewicz], Band 2. - Wrocław, S. 201–211.

Schich, W. (1997): Die Havel und die Oder als Verkehrswege im 12. und 13. Jahrhundert. Einige Bemerkungen auf der Grundlage der schriftlichen Überlieferung. - In: Beiträge zum Oderprojekt, 2. - Berlin, S. 103–107.

Schich, W. (1997a): Ecclesia forensis im 12. Jahrhundert. Die ecclesia forensis in Pasewalk - Markt- oder Sendkirche? - In: *Beck, F. u. Neitmann, K. [Hrsg.]*: Brandenburgische Landesgeschichte und Archivwissenschaft. Festschrift für Lieselott Enders zum 70. Geb. - Weimar, S. 37–55; ND in: *Schich*, Wirtschaft und Kulturlandschaft, 2007, S. 359–378.

Schich, W. (1997b): Landsberg - Burg oder Stadt. Siedlungsgeschichtliche Bemerkungen zu einem in Mitteleuropa verbreiteten Ortsnamen. - In: Život v archeologii středověku. Das Leben in der Archäologie des Mittelalters (Festschrift für Miroslav Richter u. Zdeněk Smetánka). - Praha, S. 561–567; ND in: *Schich*, Wirtschaft und Kulturlandschaft, 2007, S. 439–448.

Schich, W. (1997c): Der Ostseeraum aus der Sicht der mittelalterlichen Siedlungsgeschichte - mit besonderer Berücksichtigung der „Seestädte" an der südwestlichen Ostseeküste. - In: Siedlungsforschung. Archäologie - Geschichte - Geographie, 15, S. 53–79.

Schich, W. (1997d): Zisterzienserklöster im Land Brandenburg. – In: *Gooß, G. u. Hennig, J. [Hrsg.]*: Alle Brandenburger Zisterzienserklöster. Eine kulturhistorische Wanderung. – Berlin (Kulturhistorische Wanderungen, 1), S. 12–19.

Schich, W. (1997e): Die Anfänge der Neustadt Brandenburg und des Neustädter Heiliggeistspital. – In: Veröffentlichungen des Brandenburgischen Landesmuseums für Ur- und Frühgeschichte, 31, S. 95–110 (auch im SD Archäologische Untersuchungen in der Neustadt Brandenburg, hrsg. von der Stadt Brandenburg an der Havel, S. 101–116).

Schich, W. (1998): Die Gründung der Stadt Friedland durch die Markgrafen von Brandenburg im Jahre 1244. – In: *Buchholz, W. u. Mangelsdorf, G. [Hrsg.]*: Land am Meer. Pommern im Spiegel seiner Geschichte. Roderich Schmidt zum 70. Geburtstag. – Köln, Weimar u. Wien 1995, S. 111–131, erneut in: Pommern und Mecklenburg als Nachbarn – 750 Jahre Grenzstadt Friedland. – Friedland (Friedländer Heimatblätter, 7), S. 6–27.

Schich, W. (1998a): Die pommersche Frühstadt im 11. und frühen 12. Jahrhundert am Beispiel von Kolberg (Kołobrzeg). – In: *Jarnut, J. u. Johanek, P. [Hrsg.]*: Die Frühgeschichte der europäischen Stadt im 11. Jahrhundert. – Köln, Weimar u. Wien (Städteforschung, Reihe A, 43), 1998, S. 273–305; ND in: *Schich*, Wirtschaft und Kulturlandschaft, 2007, S. 263–296.

Schich, W. (1998b): Grangien und Stadthöfe der Zisterzienserklöster im Raum östlich der mittleren Elbe bis zum 14. Jahrhundert. – In: *Schich, W. [Hrsg.]*: Zisterziensische Wirtschaft und Kulturlandschaft. – Berlin (Studien zur Geschichte, Kunst und Kultur der Zisterzienser, 3), S. 64–98; ND in: *Schich*, Wirtschaft und Kulturlandschaft, 2007, S.143–172.

Schich, W. (1998c): Die Kulturlandschaft im 19. und 20. Jahrhundert. Von der vorindustriellen Stadt Brandenburg zur Stadt der Großindustrie. – In: *Heinrich, G.; Heß, K.; Schich, W. u. Schößler, W. [Hrsg.]*: Stahl und Brennabor. Brandenburg an der Havel im 19. und 20. Jahrhundert. – Potsdam (Bibliothek der Brandenburgischen und Preußischen Geschichte, 3), S. 13–38.

Schich, W. (1998d): 1000 Jahre Geschichte in Stichworten. – In: *Heinrich, G.; Heß, K.; Schich, W. u. Schößler, W. [Hrsg.]*: Stahl und Brennabor. Brandenburg an der Havel im 19. und 20. Jahrhundert. – Potsdam (Bibliothek der Brandenburgischen und Preußischen Geschichte, 3), S. 624–653.

Schich, W. (1999): Klosteranlage und Wasserversorgung bei den Zisterziensern. – In: *Rückert, P. u. Planck, D. [Hrsg.]*: Anfänge der Zisterzienser in Südwestdeutschland. Politik, Kunst und Liturgie im Umfeld des Klosters Maulbronn. – Stuttgart (Oberrheinische Studien, 16), S. 25–41; ND in: *Schich*, Wirtschaft und Kulturlandschaft, 2007, S. 173–190.

Schich, W. (1999a): *Berlyn, Struzberch, Vrankenvorde … et alia loca plurima exstruxerunt.* Zum Bau der Städte in der Mark Brandenburg im 13. Jahrhundert. – In: *Janssen, W. u. Wensky, M. [Hrsg.]*: Mitteleuropäisches Städtewesen in Mittelalter und Frühneuzeit. Edith Ennen gewidmet. – Köln, Weimar u. Wien, S. 105–140.

Schich, W. (1999b): Das schlesische Kloster Leubus und die Gründung von Müncheberg und Münchehofe an der Westgrenze des Landes Lebus im zweiten Viertel des 13. Jahrhunderts. – In: *Felten, F. J. u. Jaspert, N. [Hrsg]*: Vita Religiosa im Mittelalter. Festschrift für Kaspar Elm zum 70. Geburtstag. – Berlin (Ordensstudien XIII = Berliner Historische Studien, 31), S. 193–216; ND in: *Schich*, Wirtschaft und Kulturlandschaft, 2007, S. 105–125.

Schich, W. (2000): Land und Städte in Brandenburg und Berlin. Die Städte im Mittelalter. – In: *Engel, E.; Enders, L.; Heinrich, G. u. Schich, W. [Hrsg.]*: Städtebuch Brandenburg und Berlin. – Stuttgart, Berlin u. Köln (Deutsches Städtebuch. Handbuch städtischer Geschichte. Neubearbeitung, 2), S. XXVII–XXXVI.

Schich, W. (2000a): Das Zeugnis der neueren Grabungen, die dendrochronologischen Datierungen und die neueste Literatur zu den Anfängen von Berlin und Cölln. – In: *Fritze, W. H.*: Gründungsstadt Berlin. Die Anfänge von Berlin-Cölln als Forschungsproblem, bearb., hrsg. und durch einen Nachtrag ergänzt von *Winfried Schich*. – Potsdam (Kleine Schriftenreihe der Historischen Kommission zu Berlin, 5), S. 114–120.

Schich, W. (2000b): Die Rolle der Salzgewinnung in der Wirtschaftsentwicklung der Ostseeslawen. – In: *Leciejewicz, L. u. Rębkowski, M. [Hrsg.]*: Salsa Cholbergiensis. – Kolberg, S. 95–107.

Schich, W. (2001): Heinz Quirin (1913–2000) – Mittelalterliche Geschichte, Historische Landeskunde und Siedlungsgeschichte Mitteldeutschlands in der Tradition der Leipziger Kötzschke-Schule. – In: Siedlungsforschung. Archäologie – Geschichte – Geographie, 19, S. 341–350.

Schich, W. (2001a): Die Gestaltung der Kulturlandschaft im engeren Umkreis der Zisterzienserklöster zwischen mittlerer Elbe und Oder. – In: *Knefelkamp, Ulrich [Hrsg.]*: Zisterzienser – Norm, Kultur, Reform – 900 Jahre. – Berlin, Heidelberg u. New York, S. 179–209.

Schich, W. (2001b): Es kamen *disse von Suawen, iene vome Rine*. Zur Herkunft der Zuwanderer in die Mark Brandenburg im 12. und 13. Jahrhundert. – In: *Neitmann, K. u. Theil, J. [Hrsg.]*: Die Herkunft der Brandenburger. Sozial- und mentalitätsgeschichtliche Beiträge zur Bevölkerung Brandenburgs vom hohen Mittelalter bis zum 20. Jahrhundert. – Potsdam (Brandenburgische Historische Studien, 9), S. 17–40 (2. Aufl. 2003).

Schich, W. (2001c): Von Ritte bis Martinhagen und Freienhagen – Ortsnamen und Siedlungen im Baunatal im Mittelalter. Festvortrag zur 1225-Jahrfeier der Stadtteile Altenritte und Großenritte der Stadt Baunatal am 16. November 2000, hrsg. von Magistrat der Stadt Baunatal. – Baunatal.

Schich, W. (2001d): Der hochmittelalterliche Landesausbau im nördlichen Hessen und im Raum östlich der mittleren Elbe im Vergleich – mit besonderer Berücksichtigung der Klöster und Städte. – In: *Baumgärtner, I. u. Schich, W. [Hrsg.]*: Nordhessen im Mittelalter. Probleme von Identität und überregionaler Integration. – Marburg/Lahn (Veröffentlichungen der Historischen Kommission für Hessen, 64), S. 29–51.

Schich, W. (2001e): Die topografische Entwicklung Würzburgs im Hoch- und Spätmittelalter (1000 bis 1400). – In: *Wagner, U. [Hrsg.]*: Geschichte der Stadt Würzburg, Bd. 1. Von den Anfängen bis zum Ausbruch des Bauernkriegs. – Stuttgart 2001, S. 183–210.

Schich, W. *(2002)*: „Germania Slavica" – die ehemalige interdisziplinäre Arbeitsgruppe am Friedrich-Meinecke-Institut der Freien Universität Berlin. – In: Jahrbuch für die Geschichte Mittel- und Ostdeutschlands, 48, S. 269–297.

Schich, W. (2002a): Die ostelbische Kulturlandschaft des 10. und 12. Jahrhunderts im Vergleich. – In: *Borgolte, M. [Hrsg.]*: Polen und Deutschland vor 1000 Jahren. – Berlin (Europa im Mittelalter, 5), S. 61–89.

Schich, W. (2002b): Hochmittelalterlicher Landesausbau und spätmittelalterlicher Wüstungsprozeß. Beobachtungen im Gebiet um Reetz im Hohen Fläming. – In: *Aurig, R. u. a. [Hrsg.]*: Im Dienste der historischen Landeskunde. Beiträge zu Archäologie, Mittelalterforschung, Namenkunde und Museumsarbeit vornehmlich in Sachsen. Festgabe für Gerhard Billig zum 75. Geburtstag. – Beucha 2002, S. 209–228.

Schich, W. (2002c): Oppida, Kirchenbauten und Fernhandelsstraße zwischen Berlin und Oderberg im 13. Jahrhundert. – In: *Felten, F. J.; Irrgang, S. u. Wesoly, K. [Hrsg.]*: Ein gefüllter Willkomm. Festschrift für Knut Schulz zum 65. Geburtstag. – Aachen, S. 143–171.

Schich, W. (2002d): Zur Diskriminierung der wendischen Minderheit im späten Mittelalter. Die Ausbildung des „Wendenparagraphen" in den Zunftstatuten nordostdeutscher Städte. – In: Europa Regional, 10, H. 2, S. 57–61.

Schich, W. (2002e): Die „Christianisierung“ der Kulturlandschaft zwischen Elbe und Oder im 12. und 13. Jahrhundert. - In: Siedlungsforschung. Archäologie - Geschichte - Geographie, 20, S. 93–116.

Schich, W. (2003): Die Bildung der Städte im westslawischen Raum in der Sicht der älteren und der jüngeren Forschung. - In: *Müller-Mertens, E. u. Böcker, H. [Hrsg.]*: Konzeptionelle Ansätze der Hanse-Historiographie. - Trier (Hansische Studien, XIV), S. 115–140.

Schich, W. (2003a): Der Ausbau des Landes Stargard unter der Herrschaft der Markgrafen von Brandenburg - die mittelalterlichen Grundlagen der Kulturlandschaft im östlichen Teil von Mecklenburg-Strelitz. In: *Stark, K. [Hrsg.]*: Vom Anfang und Ende Mecklenburg-Strelitzer Geschichte. - o. O. [Friedland in Meckl.], S. 11–44.

Schich, W. (2003b): Slawische Frühstadt und kommunale Stadt Kolberg (Kołobrzeg). Neuere siedlungsgeschichtliche Erkenntnisse zur Entwicklung der Stadt im Mittelalter. - In: Jahrbuch für die Geschichte Mittel- und Ostdeutschlands, 49, S .1–24.

Schich, W. (2004): Die Rolle der Städte bei der Erfassung des Landes östlich der Elbe im 13. Jahrhundert. - In: *Czaja, R. [Hrsg.]*: Das Bild und die Wahrnehmung der Stadt und der städtischen Gesellschaft im Hanseraum im Mittelalter und in der frühen Neuzeit. - Toruń, S. 91–114.

Schich, W. (2004a): Redende mittelalterliche Städtesiegel vor allem brandenburgischer Städte. - In: *Escher, F. [Hrsg.]*: Collectanea Brandenburgensia. Festschrift für Eckart Henning zum 65. Geb. - Berlin (Jahrbuch für brandenburgische Landesgeschichte, 55), S. 9–30.

Schich, W. (2004b): Der Beitrag der Landesarchäologie für die Landesgeschichte. - In: Archäologisches Nachrichtenblatt 9, 2004, Heft 2, S. 152–165.

Schich, W. (2004c): Ausstattung und Anlage des Klosters Lehnin und seiner Tochterklöster Paradies, Chorin und Himmelpfort im Vergleich. - In: *Karczewska, J. [Red.]*: Opactwo cysterskie w Paradyżu. Jego rola w dziejach i kulturze pogranicza. - Zielona Góra 2004, S. 23–42.

Schich, W. (2005): Die Bildung der „Seestädte“ an der südwestlichen Ostseeküste. - In: *Misāns, I. u. Wernicke, H. [Hrsg.]*: Riga und der Ostseeraum. Von der Gründung 1201 bis in die Frühe Neuzeit. - Marburg/Lahn (Tagungen zur Ostmitteleuropa-Forschung, 22), S. 37–63.

Schich, W. (2005a): Die markgräflichen Stadtgründungen in der Neumark: die Anfänge unter Johann I. und Otto III. - In: Nowa Marchia - prowincja zapomniana - wspólne korzenie. Zeszyty Naukowe, 3. - Gorzów Wlkp. S. 103–123, 227–254 (einschließlich polnischer Übersetzung).

Schich, W. (2005b): Anlage und Funktion des Schlosses und des Schloßbezirks in Mittelalter und Renaissance. - In: *Ribbe, W. [Hrsg.]*: Schloß und Schloßbezirk in der Mitte Berlins. Das Zentrum der Stadt als politischer und gesellschaftlicher Ort. - Berlin (Publikationen der Historischen Kommission zu Berlin), S. 25–44.

Schich, W. (2005c): Berlin. - In: *Cordes, A. u. a. [Hrsg.]*: Handwörterbuch zur deutschen Rechtsgeschichte, Lfg. 3, 2. völlig überarbeitete und erweiterte Auflage. - Berlin, Sp. 534–538.

Schich, W. (2005d): Brandenburg. - In: *Cordes, A. u. a. [Hrsg.]*: Handwörterbuch zur deutschen Rechtsgeschichte, Lfg. 3, 2. völlig überarbeitete und erweiterte Auflage. - Berlin, Sp. 656–661.

Schich, W. (2005e): Landesausbau und Stadtgründungen in Mecklenburg im 13. Jahrhundert. - In: *Leciejewicz, L. u. Rębkowski, M. [Red.]*: Civitas Cholbergiensis. Transformacja kulturowa w strefie nadbałtyckiej w XIII w. - Kołobrzeg, S. 15–30.

Schich, W. (2006): Klöster und Städte als neuartige zentrale Orte des hohen Mittelalters im Raum östlich der mittleren Elbe. - In: *Spieß, K.-H. [Hrsg.]*: Landschaften im Mittelalter. - Stuttgart, S. 113–133.

Schich, W. (2006a): Berzdorf auf dem Eigen in der Oberlausitz. Der Aufbau einer Kulturlandschaft im 13. Jahrhundert und ihre Zerstörung im 20. Jahrhundert. - In: *Meyer, T. u. Popplow, M. [Hrsg.]*: Technik, Arbeit und Umwelt in der Geschichte. Günter Bayerl zum 60. Geburtstag. - Münster, S. 381–394.

Schich, W. (2006b): Ersterwähnungen und Ortsjubiläen. Betrachtungen zur brandenburgischen Siedlungsgeschichte. – In: *Neitmann, Klaus [Hrsg.]*: Der erste „Tag der brandenburgischen Orts- und Landesgeschichte". Dokumentation der Tagung vom 6. November 2005 in Potsdam und Leitfaden für Ortschronisten in Brandenburg. – Potsdam (Einzelveröffentlichungen der Brandenburgischen Historischen Kommission, 9; Einzelveröffentlichungen des Brandenburgischen Landeshauptarchivs, 3), S. 79–88.

Schich, W. (2006c): Historische Entwicklung im Mittelalter. – In: *Kinder, S. u. Porada, H. T. [Hrsg.]*: Brandenburg an der Havel und Umgebung. Eine landeskundliche Bestandsaufnahme im Raum Brandenburg an der Havel, Pritzerbe, Reckahn und Wusterwitz. – Köln, Weimar u. Wien (Landschaften in Deutschland. Werte der deutschen Heimat, 69), S. 39–50 (außerdem die ortsgeschichtlichen Beiträge zu den Standorten A 3, 11, 14, 17; B 5, 7, 9, 10, 11, 16; C 2, 4, 8, 10, 11, 15; D1, 5 und die Übersicht im Anhang L).

Schich, W. (2007): Wirtschaft und Kulturlandschaft. Gesammelte Beiträge 1977 bis 1999 zur Geschichte der Zisterzienser und der „Germania Slavica", bearb. u. hrsg. von *Ralf Gebuhr* u. *Peter Neumeister*. – Berlin (Bibliothek der Brandenburgischen und Preußischen Geschichte, 12).

Schich, W. (2007a): Boitzenburg. – In: *Heimann, H.-D.; Neitmann, K. u. Schich, W. mit Bauch, M.; Franke, E.; Gahlbeck, C.; Popp, C. u. Riedel, P. [Hrsg.]*: Brandenburgisches Klosterbuch. Handbuch der Klöster, Stifte und Kommenden bis zur Mitte des 16. Jahrhunderts, Bd. 1 u.2. – Berlin (Brandenburgische Historische Studien, 14), 2. Auflage 2010, S. 212–228.

Schich, W. (2007b): Die Markgrafen von Brandenburg und die Ansiedlung der Franziskaner in den Städten östlich der Elbe im 13. Jahrhundert. – In: *Landesdenkmalamt Berlin [Hrsg.]*: Kirchenruine des Grauen Klosters in Berlin. Geschichte, Forschung, Restaurierung. – Petersberg (Beiträge zur Denkmalpflege in Berlin, 23).

Schich, W. (2007c): Die Historische Geographie und ihre Quellen. – In: Der Herold. Vierteljahrsschrift für Heraldik, Genealogie und verwandte Wissenschaften NF 17, Heft 1/2, S. 143–149.

Schich, W. (2007d): Das Kloster Dobrilugk in der Niederlausitz im 12. und 13. Jahrhundert und die niederländische Siedlung an der Kleinen Elster. – In: *Beenakker, J. J. J. M.; Horsten, F. H.; de Kraker, A. M. J. u. Renes, H. [Hrsg.]*: Landschap in ruimte en tijd. Liber amicorum aangeboden aan Guus J. Borger. – Amsterdam, S. 344–356.

Schich, W. (2007e): Das Zisterzienserkloster Zinna und der Ausbau des „neuen Landes" im östlichen Barnim. – In: *Jeute, G. H.; Schneeweiß, J. u. Theune, C. [Hrsg.]*: Aedificatio terrae. Beiträge zur Umwelt- und Siedlungsarchäologie Mitteleuropas. Festschrift für Eike Gringmuth-Dallmer zum 65. Geburtstag. – Rahden in Westfalen (Internationale Archäologie. Studia honoraria, 26), S. 315–323.

Schich, W. (2008): Veränderungen im Verhältnis von Zentrum und Peripherie innerhalb der Germania Slavica durch den hochmittelalterlichen Landesausbau – mit besonderer Berücksichtigung der brandenburgischen Mittelmark. – In: *Bulach, D. u. Hardt, M. [Hrsg.]*: Zentrum und Peripherie in der Germania Slavica. Beiträge zu Ehren von Winfried Schich. – Stuttgart (Forschungen zur Geschichte und Kultur des östlichen Mitteleuropa, 34), S. 13–37.

Schich, W. (2008a): Die havelländische Mühle Klinke und die Frühzeit der Wassermühlen in der Mark Brandenburg. – In: *Biermann, F.; Müller, U. u. Terberger, T. [Hrsg.]*: „Die Dinge beobachten …" Archäologische und historische Forschungen zur frühen Geschichte Mittel- und Nordeuropas. Festschrift für Günter Mangelsdorf zum 60. Geburtstag. – Rahden in Westfalen (Archäologie und Geschichte im Ostseeraum, 2), S. 437–450.

Schich, W. (2008b): Stichworte Abtshof, Altstädtischer Kietz, Domkietz, Doppelstadt, Heiliggeisthospitäler, Kietze, Name Brandenburg, Neustädtischer Kietz, Stadtbildung, Stadtgemarkung, Stadtrecht, Stadtsiegel. – In: *Geißler, U. u. Heß, K. [Hrsg.]*: Brandenburg an der Havel. Lexikon zur Stadtgeschichte. – Berlin (Einzelveröffentlichungen der Brandenburgischen Historischen Kommission, 13), S. 17 f., 25, 81, 85 f., 153, 205 f., 258, 348 f., 350 f., 353 f., 355.

Schich, W. (2008c): Marktgründungen im Elbe-Saale-Raum um die Mitte des 12. Jahrhunderts. Überlegungen auf der Grundlage der Kührener Urkunde von 1154. – In: *Bünz, E. [Hrsg.]*: Ostsiedlung und Landesausbau in Sachsen. Die Kührener Urkunde von 1154 und ihr historisches Umfeld. – Leipzig (Schriften zur sächsischen Geschichte und Volkskunde, 23), S. 321–335.

Schich, W. (2008d): Die Landesherrschaft und die Entwicklung der Kulturlandschaft im Bereich der Mark Brandenburg vom 13. bis zum 16. Jahrhundert. – In: *Badstübner, E.; Knüvener, P.; Labuda, A. S. u. Schumann, D. [Hrsg.]*: Die Kunst des Mittelalters in der Mark Brandenburg. Tradition – Transformation – Innovation. – Berlin, S. 14–29.

Schich, W. (2008e): Siedlungsstandorte einer Stadtentwicklung, dargestellt in Suchpunkten einer historisch-landeskundlichen Bestandserfassung: das Beispiel Brandenburg an der Havel. – In: *Denecke, D. u. Porada, H. T. [Hrsg.]*: Die Darstellung von Städten im Rahmen einer landeskundlichen Erfassung und Übersicht. 50 Jahre „Landschaften in Deutschland – Werte der deutschen Heimat". – Leipzig (forum ifl, 9), S. 47–54.

Schich, W. (2009): Redende Siegel brandenburgischer und anderer deutscher Städte im 13. und 14. Jahrhundert. – In: *Späth, M. [Hrsg.]*: Die Bildlichkeit korporativer Siegel im Mittelalter. Kunstgeschichte und Geschichte im Gespräch. – Köln, Weimar u. Wien (*sensus*. Studien zur mittelalterlichen Kunst, 1), S. 113–129.

Schich, W. (2009a): Prenzlau von der Stadtwerdung bis zum Ende der Askanierherrschaft. – In: *Neitmann, K. u. Schich, W. [Hrsg.]*: Geschichte der Stadt Prenzlau. – Horb am Neckar 2009 (Einzelveröffentlichungen der Brandenburgischen Historischen Kommission, 16), S. 27–62.

Schich, W. (2009b): Der Beitrag der Zisterzienser zur Entwicklung der Kulturlandschaft und der Wirtschaft südlich der Ostsee. – In: Glaube, Macht und Pracht. Geistliche Gemeinschaften des Ostseeraums im Zeitalter der Backsteingotik. Beiträge einer interdisziplinären Fachtagung vom 27. bis 30. November 2007 im Alfried Krupp Wissenschaftskolleg Greifswald. – Rahden in Westfalen (Archäologie und Geschichte im Ostseeraum, 6), S. 235–253.

Schich, W. (2009c): Die Bedeutung von Brandenburg an der Havel für die mittelalterliche Mark Brandenburg. In: *Müller, J.; Neitmann, K. u. Schopper, F. [Hrsg.]*: Wie die Mark entstand. 850 Jahre Mark Brandenburg. – Wünsdorf (Forschungen zur Archäologie im Land Brandenburg, 11; Einzelveröffentlichungen des Brandenburgischen Landeshauptarchivs, 9), S. 431–451.

Schich, W. (2009d): Die askanischen Markgrafen von Brandenburg und die Gründung von Zisterzienser- und Zisterzienserinnenklöstern im späten 13. Jahrhundert. – In: *Lomičková, Radka [Hrsg.]*: Sedlec. Historie, architektura a umělecká tvorba sedleckého kláštera ve středoevropském kontextu kolem roku 1300 a 1700. Mezinárodní sympozium, Kutná Hora. Mezinárodní Sympozium, Kutná Hora 18.–20. září 2008 – Sedletz. Geschichte, Architektur und Kunstschaffen im Sedletzer Kloster im mitteleuropäischen Kontext um die Jahre 1300 und 1700. Internationales Symposium, Kuttenberg 18.–20. September 2008. – Praha, S. 113–135.

Schich, W. (2010): Zur Herkunft des Stierbildes im Stadtsiegel von Luckau im späten Mittelalter. – In: Niederlausitzer Studien 36, S. 4–24.

Schich, W. (2010a): Die Grabungen im mittelalterlichen Stadtkern von Berlin und ihre Bedeutung für die Landesgeschichte. – In: *Haspel, J. u. Wemhoff, M. [Hrsg.]*: Miscellanea Archaeologica IV. Festschrift für Wilfried Menghin. – Petersberg (Beiträge zur Denkmalpflege in Berlin, 32), S. 90–105.

Schich, W. (2010b): Stadtwerdung zwischen Elbe und Oder im 12. und frühen 13. Jahrhundert. Fragen zu den Anfängen von Berlin und Cölln. – In: Jahrbuch für brandenburgische Landesgeschichte 61, S. 302–313.

Schich, W. (2010c): Walter Schlesinger und die Stadtgeschichtsforschung. Von der Heimatgeschichte und mitteldeutschen Landesgeschichte zur Erforschung der Anfänge des Städtewesens in Mitteleuropa – oder: Von der Burg zur Stadt. – In: Hessisches Jahrbuch für Landesgeschichte 60, S. 213–236.

Schich, W. (2010d): Slawen und Deutsche im Gebiet der Germania Slavica. – In: *Kaser, K. u. a. [Hrsg.]*: Kontinuitäten und Brüche: Lebensformen – Alteingesessene – Zuwanderer von 500–1500. – Klagenfurt (Wieser Enzyklopädie des europäischen Ostens 12), S. 323–329.

Schich, W. (2011): Gründung und Aufbau der „freien Stadt" Prenzlau. – In: Mitteilungen des Uckermärkischen Geschichtsvereins zu Prenzlau 17, S. 5–27.

Schich, W. (2012): Heinz Quirin (1913–2000) – Von der sächsischen Heimatforschung zur Mittelalterlichen Geschichte und Historischen Landeskunde. – In: *Bünz, E. [Hrsg.]*: 100 Jahre Landesgeschichte (1906–2006). Leipziger Leistungen, Verwicklungen und Wirkungen. – Leipzig (Schriften zur Sächsischen Geschichte und Volkskunde, 38), S. 317–341.

Schich, W. (2012a): Das Vordringen der Markgrafen von Brandenburg auf den Barnim und die Anfänge Berlins. – In: *Historische Kommission zu Berlin [Hrsg.]*: Alte Mitte – Neue Mitte? Positionen zum historischen Zentrum von Berlin. – Berlin (Kleine Schriften der Historischen Kommission zu Berlin, 10), S. 71–79.

Schich, W. (2012b): Der Ausbau Berlins im 13. Jahrhundert und der überlieferte Stadtgrundriss. – In: *Historische Kommission zu Berlin [Hrsg.]*: Alte Mitte – Neue Mitte? Positionen zum historischen Zentrum von Berlin. – Berlin (Kleine Schriften der Historischen Kommission zu Berlin, 10), S. 113–121.

Schich, W. (2012c): Die Bedeutung des Marktes für den Landesausbau östlich der Elbe im 12. und frühen 13. Jahrhundert – mit Überlegungen zu den Anfängen der Doppelstadt Berlin-Cölln. – In: *Fey, C. u. Krieb, S. [Hrsg.]*: Adel und Bauern in der Gesellschaft des Mittelalters. Internationales Kolloquium zum 65. Geburtstag von Werner Rösener. –Korb (Studien und Texte zur Geistes- und Sozialgeschichte des Mittelalters, 6), S. 45–64.

Schich, W. (2012d): Monastische Kultur als transkonfessionelles Phänomen. Konferenz Moskau – Vladimir – Suzdal 10.–15. September 2012 – Monastyrskaja kul'tura kak transkonfessional'ny fenomen. Meždunarodnaja konferencija, hrsg. vom Deutschen Historischen Institut Moskau. – Moskau, S. 57–58.

Schich, W. (2013): Wolfgang H. Fritze (1916–1991) – Ostmitteleuropahistoriker und Landeshistoriker. – In: *Beck, F. u. Neitmann, K. [Hrsg.]*: Lebensbilder brandenburgischer Archivare und Historiker. – Berlin (Brandenburgische Historische Studien, 16), S. 174–183.

Schich, W. (2014): Die wettinische Burg Landsberg und die brandenburgischen Städte Alt- und Neu-Landsberg. Ihre Entstehung und frühe Funktion. – In: *Auert-Watzik, S. u. Mertens, H. [Hrsg.]*: Zeiten und Wege. Landsberg als historischer Vernetzungsort sächsischer Geschichte zwischen Mittelalter und Moderne. – Landsberg (Beiträge zur Landsberger Regionalgeschichte, 2), S. 11–48.

Schich, W. (2014a): Wirtschaftshöfe auswärtiger Zisterzienserklöster in Mecklenburg und der Landesausbau im 13. Jahrhundert. – In: *Gringmuth-Dallmer, E. u. Klápště, J. [Hrsg.]*: Tradition – Umgestaltung – Innovation. Transformationsprozesse im hohen Mittelalter. – Prag (Praehistorica XXXI, 2), S. 149–165.

Schich, W. (2014b): Ein slawisches Wort in der deutschen Sprache: Die „Grenze" im östlichen Mitteleuropa während des hohen Mittelalters. – In: Grenzgänge. Brandenburgs Grenzen und Nachbarn in Geschichte und Gegenwart. Begleitschrift zur Ausstellung im Schloss Freienwalde und im Dominikanerkloster Prenzlau, Bad Freienwalde (Oder) – Prenzlau 2014, S. 9–22.

Schich, W. (2014c): Salem und die Städte im südwestdeutschen Raum. Die Stadthöfe bis zum frühen 14. Jahrhundert. – In: *Rösener, W. u. Rückert, P. [Hrsg.]*: Das Zisterzienserkloster Salem im Mittelalter und seine Blüte unter Abt Ulrich II. von Seelfingen (1282–1311). – Ostfildern (Oberrheinische Studien, 31), S. 91–122.

Schich, W. (2015): Von Frankfurt an der Oder nach Landsberg an der Warthe. Die Anfänge der markgräflichen Stadtgründungen in der Neumark unter Johann I. und Otto III. – In: *Neitmann, K. [Hrsg.]*: Adel, Städte und Landesherr in der mittelalterlichen und frühneuzeitlichen Neumark. – Berlin (Bibliothek Brandenburgischer und Preußischer Geschichte, 14), S. 183–211.

Schich, W. (2015a): Die Bedeutung der Wassermühle für die zisterziensische Klostergemeinschaft im 12. und 13. Jahrhundert. – In: *Maříková, M. u. Zschieschang, C. [Hrsg.]*: Wassermühlen und Wassernutzung im mittelalterlichen Ostmitteleuropa. – Stuttgart (Forschungen zur Geschichte und Kultur des östlichen Mitteleuropa, 50), S. 77–97, 325–326.

Schich, W. (2015b): Das Privileg Erzbischof Wichmanns von Magdeburg von 1174 für Jüterbog. Bemerkungen zur Überlieferung und zur Zeugenliste. – In: Jahrbuch für brandenburgische Landesgeschichte 66, S. 251–259.

Schich, W. (2015c): Die Anfänge der *aedificatio provinciae* Jüterbog, eines Landes an der Straße von Magdeburg nach Schlesien. – In: Blätter für deutsche Landesgeschichte 151, S. 121–143.

Schich, W. (2016): Das Havelland – eine historische Landschaft in der „Germania Slavica". – In: *Escher, F. u. Theilig, S. [Hrsg.]*: Germania Slavica. Die slawische Geschichte Brandenburgs und Berlins. Begleitheft zur Ausstellung im Rathaus Spandau vom 26. Mai bis 14. Juli 2016. – Freiburg im Breisgau, Berlin u. Wien, S. 21–30.

Schich, W. (2016a): Zisterzienserklöster in der Germania Slavica und ihr Beitrag zur Gestaltung der Kulturlandschaft und zur Entwicklung der Wirtschaft im 12. und 13. Jahrhundert. – In: *Steindorff, L. u. Auge, O. [Hrsg.]*: Monastische Kultur als transkonfessionelles Phänomen. Beiträge einer deutsch-russischen interdisziplinären Tagung in Vladimir und Suzdal. Berlin u. Boston (Veröffentlichungen des Deutschen Historischen Instituts Moskau, 4), S. 353–365.

Schich, W. (2016b): Die Gründung des Franziskanerklosters in Prenzlau und die Situation des Klostergrundstücks am Rand der Stadt im 13. und 14. Jahrhundert. – In: Jahrbuch für brandenburgische Landesgeschichte 67, S. 27–45.

Schich, W. (2016c): Erzbischof Wichmanns Privileg für Jüterbog von 1174. – In: 100 Schlüsselquellen zur Geschichte von Berlin, Brandenburg und Preußen, www.hiko-berlin.de/Jueterbog-1174 (Zugriff: 6. Mai 2021).

Schich, W. (2017): Die historische Grundlage der Jubiläumsfeiern brandenburgischer Städte im Jahr 2016. Von der militärischen zur wirtschaftlichen Erfassung des Landes. – In: Jahrbuch für brandenburgische Landesgeschichte 68, S. 225–234.

Schich, W. (2017a): Die Entstehung von mittelalterlichen Doppelstädten in der Mark Brandenburg. – In: *Beilke-Voigt, I. u. Nakoinz, O. [Hrsg.]*: Enge Nachbarn. Doppel- und Mehrfachburgen in der Bronzezeit und im Mittelalter, mittelalterliche Doppelstädte. – Berlin (Studies of the Ancient World, 47), S. 307–329.

Schich, W. (2017b): Die Anfänge des Klosters Mariensee/Chorin an zwei Standorten im Klostergebiet. Ein Diskussionsbeitrag. – In: Jahrbuch für brandenburgische Landesgeschichte 68, S. 9–31.

Schich, W. (2017c): Das Privileg Markgraf Johanns I. von Brandenburg für Frankfurt (Oder) von 1253. – In: 100 Schlüsselquellen zur Geschichte von Berlin, Brandenburg und Preußen, www.hiko-berlin.de/Frankfurt-Oder-1253 (Zugriff: 6. Mai 2021).

Schich, W. (2017d): Die Gründungsurkunde für Landsberg an der Warthe von 1257. – In: 100 Schlüsselquellen zur Geschichte von Berlin, Brandenburg und Preußen, www.hiko-berlin.de/Landsberg-1257 (Zugriff: 6. Mai 2021).

Schich, W. (2018): Muräne oder Maräne? Bemerkungen zum markgräflichen Zollprivileg für die Brandenburger Bürger von 1170. – In: Jahrbuch für brandenburgische Landesgeschichte 69, S. 213–222.

Schich, W. (2021): Das markgräfliche Zollprivileg für die Brandenburger Bürger von 1170. – In: 100 Schlüsselquellen zur Geschichte von Berlin, Brandenburg und Preußen, www.hiko-berlin.de/Zollprivileg-1170 (Zugriff: 6. Mai 2021).

Schich, W. (2021a): Die Ausstattungsurkunde Markgraf Ottos II. von Brandenburg für das Zisterzienserkloster Lehnin aus dem Jahr 1193. – In: 100 Schlüsselquellen zur Geschichte von Berlin, Brandenburg und Preußen, www.hiko-berlin.de/Lehnin-1193 (Zugriff: 6. Mai 2021).

Schich, W. u. Bahl, Peter (1994): Bibliographie Wolfgang H. Fritze. – In: *Wolfgang Fritze*, Untersuchungen zur frühslawischen und frühfränkischen Geschichte bis ins 7. Jahrhundert. Zum Druck befördert sowie durch ein Nachwort, einen Nachruf und durch ein Verzeichnis der Veröffentlichungen von Wolfgang H. Fritze ergänzt durch *Dietrich Kurze, Winfried Schich* u. *Reinhard Schneider*. – Frankfurt am Main u. a. (Europäische Hochschulschriften, III, 581), S. 442–460.

Schich, W. u. Bulach, Doris (2016): Höfe und sonstige Besitzungen auswärtiger Klöster und Stifte in Mecklenburg, 1. westlich und südlich von Mecklenburg gelegene Klöster und Stifte. – In: *Huschner, W.; Münch, E.; Neustadt, C. u. Wagner, W. E. [Hrsg.]*: Mecklenburgisches Klosterbuch. Handbuch der Klöster, Stifte, Kommenden und Prioreien (10./11.–16. Jahrhundert), Bd. 2. – Rostock 2016, S. 1269–1295.

Schich, W. u. Chłopocka, Helena (1980): Die Ausbreitung des Zisterzienserordens östlich von Elbe und Saale. – In: *Elm, K. u. a. [Hrsg.]*: Die Zisterzienser. Ordensleben zwischen Ideal und Wirklichkeit. – Bonn (Schriften des Rheinischen Museumsamtes, 10), S. 93–104.

Schich, W. u. Franke, Ellen (2005): Die Besiedlung des Barnim im 13. Jahrhundert auf der Grundlage verschiedener Quellengattungen. – In: *Biermann, F. u. Mangelsdorf, G. [Hrsg.]*: Die bäuerliche Ostsiedlung des Mittelalters in Nordostdeutschland. – Greifswald (Greifswalder Mitteilungen. Beiträge zur Ur- und Frühgeschichte und Mittelalterarchäologie, 7), S. 227–242.

Schich, W. u. Fritze, Wolfgang H. (1977): Vorkoloniale und hochmittelalterliche Besiedlung der Zauche und des Hohen Teltow. – Berlin (Historischer Handatlas von Brandenburg und Berlin, Abt. IV, Lieferung 56).

Schich, W. u. Gebuhr, Ralf (2004): Die Befestigung brandenburgischer Städte im Mittelalter und in der Frühen Neuzeit. – In: *Arbeitsgemeinschaft „Städte mit historischen Stadtkernen" des Landes Brandenburg [Hrsg.]*: Der grüne Mantel der Städte. Brandenburgische Stadtbefestigungen einst und jetzt. Über die Geschichte und heutige Funktion von Stadtmauern, Wall- und Grabenanlagen in den historischen Stadtkernen des Landes Brandenburg. – Potsdam, S. 17–25.

Schich, W. u. Stephan, Joachim (2015): Strukturalne przemiany na Śląsku wywołane akcją kolonizacyjną na przykładzie biskupiego księstwa nyskiego. – In: Studia Geohistorica. Rocznik historyczno-geograficzny 3, S. 205–215.

Schich, W. u. Stephan, Joachim (2016): Strukturelle Veränderungen in Schlesien durch den mittelalterlichen Landesausbau am Beispiel des Breslauer Bistumslandes Neisse-Ottmachau. – In: Jahrbuch für die Geschichte Mittel- und Ostdeutschands 62, S. 25–95.

Schich, W. u. Strzelczyk, Jerzy (1997): Slawen und Deutsche an Havel und Spree. Zu den Anfängen der Mark Brandenburg. – Hannover (Studien zur internationalen Schulbuchforschung, Schriftenreihe des Georg-Eckert-Instituts, Bd. 82/B IV).

Anschriften der Autoren, Herausgeber und Vorstandsmitglieder des Arbeitskreises

Autoren und Herausgeber

Dr. Alistair Adam Hernández: Akademie für Raumentwicklung in der Leibniz-Gemeinschaft (ARL) – Vahrenwalder Straße 247, D-30179 Hannover. E-Mail: adam@arl-net.de

Dr. Melanie Augstein: Professur für Ur- und Frühgeschichte am Historischen Seminar der Universität Leipzig – Ritterstraße 14, D-04109 Leipzig. E-Mail: melanie.augstein@uni-leipzig.de

Dr. Rudolf Bergmann: Landschaftsverband Westfalen-Lippe (LWL), LWL-Archäologie für Westfalen – An den Speichern 7, D-48157 Münster. E-Mail: rudolf.bergmann@lwl.org

Dr. Utz Böhner: Niedersächsisches Landesamt für Denkmalpflege – Scharnhorststraße 1, D-30175 Hannover. E-Mail: utz.boehner@nld.niedersachsen.de

Franck Borel: Universität Basel, Universitätsbibliothek – Schönbeinstraße 18–20, CH-4056 Basel, Schweiz. E-Mail: franck.borel@unibas.ch

Drs. Peter Burggraaff: Am Mühlenberg 6, 53539 D-Kelberg-Zermüllen.
E-Mail: peter.burggraaff@t-online.de

Viviane Diederich M.A.: Institut für Archäologische Wissenschaften, Denkmalwissenschaften und Kunstgeschichte (IADK), Otto-Friedrich-Universität Bamberg – Am Kranen 14, D-96047 Bamberg.
E-Mail: viviane.diederich@uni-bamberg.de

Prof. Dr. Andreas Dix: Professur für Historische Geographie, Geographisches Institut, Otto-Friedrich-Universität Bamberg, – Am Kranen 12, D-96047 Bamberg.
E-Mail: andreas.dix@uni-bamberg.de

Prof. Dr. Rüdiger Glaser: Physische Geographie, Institut für Umweltsozialwissenschaften und Geographie, Albert-Ludwigs-Universität Freiburg – Schreiberstraße 20, D-79085 Freiburg.
E-Mail: ruediger.glaser@geographie.uni-freiburg.de

Dr. Silke Grefen-Peters: Wilhelm-Börker-Str.7, D-38104 Braunschweig. E-Mail: grefenpeters@ossatura.de

Prof. Dr. Eike Gringmuth-Dallmer: Ostseestraße 98, D-10409 Berlin. E-Mail: eike.gringmuth@gmail.com

Kristin Haas, M.Sc.: Institut für Angewandte Geowissenschaften, Fachbereich Angewandte Sedimentgeologie, Technische Universität Darmstadt – Schnittspahnstraße 9, D-64287 Darmstadt.
E-Mail: haas@geo.tu-darmstadt.de

Prof. Dr. Matthias Hardt: Leibniz-Institut für Geschichte und Kultur des östlichen Europa (GWZO) – Specks Hof (Eingang A) Reichsstraße 4–6, D-04109 Leipzig. E-Mail: matthias.hardt@leibniz-gwzo.de

Prof. Dr. Ulrich Harteisen: Hochschule für angewandte Wissenschaft und Kunst (HAWK), Fakultät Ressourcenmanagement – Büsgenweg 1a, D-37077 Göttingen, E-Mail: ulrich.harteisen@hawk.de

Prof. em. Dr. Carl-Hans Hauptmeyer: Schlehenweg 2, D-31832 Springe-Lüdersen.
E-Mail: hauptmeyer@hist.uni-hannover.de

Claudia Höhnke, M.A.: Institut für Geschichtliche Landeskunde und Historische Hilfswissenschaften, Eberhard-Karls-Universität Tübingen – Wilhelmstraße 36 (Raum 409), D-72074 Tübingen.
E-Mail: claudia.hoehnke@uni-tuebingen.de

Rafael Hologa, M.Sc.: Physische Geographie, Institut für Umweltsozialwissenschaften und Geographie, Albert-Ludwigs-Universität Freiburg – Schreiberstraße 20, D-79085 Freiburg.
E-Mail: rafael.hologa@geographie.uni-freiburg.de

Prof. em. Dr. Franz Irsigler: Falkensteinerhof 2, D-54329 Konz-Niedermennig.
E-Mail: irsigler@uni-trier.de

Michael Kahle: Physische Geographie, Institut für Umweltsozialwissenschaften und Geographie, Albert-Ludwigs-Universität Freiburg – Schreiberstraße 20, D-79085 Freiburg.
E-Mail: michael.kahle@geographie.uni-freiburg.de

Dr. Antje Kellersohn: Albert-Ludwigs-Universität Freiburg, Universitätsbibliothek – Platz der Universität 2, D-79098 Freiburg. E-Mail: antje.kellersohn@ub.uni-freiburg.de

Dr. Klaus-Dieter Kleefeld: Landschaftsverband Rheinland, Abteilung Digitales Kulturerbe – Gürzenich-Quartier, Augustinerstraße 10–12, D-50667 Köln, E-Mail: DrKlaus-Dieter.Kleefeld@lvr.de

Dr. Ulrich Knufinke: Niedersächsisches Landesamt für Denkmalpflege – Scharnhorststraße 1, D-30175 Hannover. E-Mail: ulrich.knufinke@nld.niedersachsen.de

Dr.-Ing. Christina Krafczyk: Niedersächsisches Landesamt für Denkmalpflege – Scharnhorststraße 1, D-30175 Hannover. E-Mail: christina.krafczyk@nld.niedersachsen.de

Dr. Kim Jasmin Krahn: Institut für Geosysteme und Bioindikation, Technische Universität Braunschweig – Langer Kamp 19c, D-38106 Braunschweig. E-Mail: k.krahn@tu-braunschweig.de

Prof. Dr. Hansjörg Küster: Leibniz-Universität Hannover, Institut für Geobotanik – Nienburger Straße 17, D-30167 Hannover. E-Mail: kuester@geobotanik.uni-hannover.de

Dr. Niels Petersen: Institut für Historische Landesforschung, Georg-August-Universität Göttingen – Heinrich-Düker-Weg 14, D-37073 Göttingen. E-Mail: niels.petersen@phil.uni-goettingen.de

Prof. Dr. Haik Thomas Porada: Abt. Theorie, Methodik und Geschichte der Geographie, Leibniz-Institut für Länderkunde e.V. – Schongauerstraße 9, D-04328 Leipzig.
E-Mail: h_porada@leibniz-ifl.de

Mgr. et Mgr. Michal Preusz, Ph.D.: Katedra archeologie, Fakulta filozofická, Západočeská univerzita v Plzni – Sedláčkova 15, CZ-306 14 Plzeň, Tschechische Republik. E-Mail: preusz@kar.zcu.cz

Oliver Rau: Albert-Ludwigs-Universität Freiburg, Universitätsbibliothek – Platz der Universität 2, D-79098 Freiburg. E-Mail: oliver.rau@ub.uni-freiburg.de

Prof. Dr. Peter Rückert: Landesarchiv Baden-Württemberg, Hauptstaatsarchiv Stuttgart – Konrad-Adenauer-Straße 4, D-70173 Stuttgart. E-Mail: peter.rueckert@la-bw.de

Anngret Simms, PhD, Dr.h.c., MRIA, Emeritus Professor of Historical Geography, UCD: 3, Gilford Rd., Sandymount, Dublin 4, Irland. E-Post: Anngret.Simms@ucd.ie

Dr. Jan-Erik Steinkrüger: Josef-Wirmer-Straße 5, D-53123 Bonn. E-Mail: jan-erik_steinkrueger@web.de

Prof. Dr. Rolf Peter Tanner: PHBern, Institut Sekundarstufe I und Institut Sekundarstufe II – Fabrikstrasse 8, CH-3012 Bern, Schweiz. E-Mail: rolf.tanner@phbern.ch

Tobias Uhlig: Altenbekener Damm 76, D-30173 Hannover.
E-Mail: tobias.uhlig@phil.uni-goettingen.de

Prof. Dr. Ute Wardenga: Abt. Theorie, Methodik und Geschichte der Geographie, Leibniz-Institut für Länderkunde e.V. - Schongauerstraße 9, D-04328 Leipzig. E-Mail: u_wardenga@leibniz-ifl.de

Dr. Dirk Wübbenhorst: Groß Sachau 15, D-29459 Clenze. E-Mail: dirk.wuebbenhorst@web.de

Irene Zerza: Geographisches Institut der Rheinischen Friedrich-Wilhelms-Universität Bonn, Historische Geographie - Meckenheimer Allee 166, D-53113 Bonn. E-Mail: zerza@geographie.uni-bonn.de

Vorstandsmitglieder des Arbeitskreises

Dr. Rudolf Bergmann: Landschaftsverband Westfalen-Lippe (LWL), LWL-Archäologie für Westfalen - An den Speichern 7, D-48157 Münster. E-Mail: rudolf.bergmann@lwl.org

Prof. Dr. Vera Denzer: Institut für Geographie, Universität Leipzig - Johannisallee 19a, D-04103 Leipzig. E-Mail: denzer@rz.uni-leipzig.de

Prof. Dr. Andreas Dix: Professur für Historische Geographie, Geographisches Institut, Otto-Friedrich-Universität Bamberg, - Am Kranen 12, D-96047 Bamberg. E-Mail: andreas.dix@uni-bamberg.de

Prof. Dr. Matthias Hardt: Leibniz-Institut für Geschichte und Kultur des östlichen Europa (GWZO) - Specks Hof (Eingang A) Reichsstraße 4–6, D-04109 Leipzig. E-Mail: matthias.hardt@leibniz-gwzo.de

Prof. Dr. Ulrich Harteisen: Hochschule für angewandte Wissenschaft und Kunst (HAWK), Fakultät Ressourcenmanagement -Büsgenweg 1a, D-37077 Göttingen, E-Mail: ulrich.harteisen@hawk.de

Prof. Dr. Haik Thomas Porada: Abt. Theorie, Methodik und Geschichte der Geographie, Leibniz-Institut für Länderkunde e.V. - Schongauerstraße 9, D-04328 Leipzig. E-Mail: h_porada@leibniz-ifl.de

Prof. Dr. Johannes Renes: Departement Sociale Geografie en Planologie, Universität Utrecht - Heidelberglaan 2, NL-3584 CS Utrecht, Niederlande. E-Mail: j.renes@geo.uu.nl

Prof. Dr. Peter Rückert: Landesarchiv Baden-Württemberg, Hauptstaatsarchiv Stuttgart - Konrad-Adenauer-Straße 4, D-70173 Stuttgart. E-Mail: peter.rueckert@la-bw.de

Prof. Dr. Winfried Schenk: Geographisches Institut der Rheinischen Friedrich-Wilhelms-Universität Bonn, Historische Geographie - Meckenheimer Allee 166, D-53113 Bonn.
E-Mail: winfried.schenk@giub.uni-bonn.de

PD Dr. Orsolya Tamáska-Heinrich: Leibniz-Institut für Geschichte und Kultur des östlichen Europa (GWZO) - Specks Hof (Eingang A) Reichsstraße 4–6, D-04109 Leipzig.
E-Mail: orsolya.heinrich-tamaska@leibniz-gwzo.de

Prof. Dr. Rolf Peter Tanner: PHBern, Institut Sekundarstufe I und Institut Sekundarstufe II - Fabrikstrasse 8, CH-3012 Bern, Schweiz. E-Mail: rolf.tanner@phbern.ch

Content

Schwerpunktthemen der bisher erschienenen Bände der Zeitschrift Siedlungsforschung. Archäologie – Geschichte – Geographie

Band 1, 1983, S. 15–166
Stadtrandphänomene
Mit Beiträgen von: Busso von der Dollen, Burkhard Hofmeister, Winfried Schich, Felix Escher, Wolfgang Hofmann, Eberhard Bohm, Franz Irsigler, Henriette Meynen.

Band 2, 1984, S. 7–185
Mittelalterliche und frühneuzeitliche Siedlungsentwicklung in Moor- und Marschengebieten
Mit Beiträgen von: Michael Müller-Wille, Hans-Jürgen Nitz, Hendrik van der Linden, Guus J. Borger, Ekkehard Wassermann, Klaus Brandt, Rosemarie Krämer, Dietrich Hoffmann, Hans Joachim Kühn und Bodo Higelke.

Band 3, 1985, S. 7–85
Methodische und konzeptionelle Weiterentwicklungen in der historischgeographischen Siedlungs- und Kulturlandschaftsforschung
Mit Beiträgen von: Klaus Fehn, Dietrich Denecke, Helmut Hildebrandt und Neek Maqsud, Hans-Jürgen Nitz.

Band 4, 1986, S. 9–184
Verkehrswege und ihre Bedeutung für die Kulturlandschaft
Mit Beiträgen von: Karlheinz Willroth, Birgitta Hardh, Svend Gissel, Franz Irsigler, Karel A.H.W. Leenders, Ulrich Troitzsch, Frank Norbert Nagel, Gerhard Oberbeck.

Band 5, 1987, S. 9–204
Städtisches Wohnen
Mit Beiträgen von: Wilfried Krings, Günter P. Fehring, Miroslav Richter und Zdenek Smetánka, Pavel J. Michna und Vladimír Nekuda, Herbert Knittler, Jürgen Ellermeyer, Josef Ehmer, Renate Banik-Schweitzer.

Band 6, 1988, S. 9–214
Frühe Umwelten
Mit Beiträgen von: Helmut Jäger, Walter Janssen, Jens Lüning und Arie J. Kalis, Karl-Ernst Behre, Helmut Bender, Ulf Dirlmeier, Christian Pfister, Jürgen Hagel, Engelbert Schramm, Achim Rost, Reinhard Mook und Helge Salvesen, Günter Bayerl, Hubert Mücke.

Band 7, 1989, S. 9–216
Siedlungs- und Kulturlandschaftsentwicklung am Unterlauf großer Ströme am Beispiel des Rhein-Maas-Deltas
Mit Beiträgen von: Guus J. Borger, J.H.F. Bloemers, W.J.H. Willems, H. A. Heidinga, Peter Henderikx, Herbert Sarfatij, Adriaan Verhulst, Jan Bieleman, J.D. H. Harten, Jelier A. J. Vervloet, Johannes Renes und Gerard P. van der Ven.

Band 8, 1990, S. 9–206
Siedlungsprozesse an der Höhengrenze der Ökumene. Am Beispiel der Alpen
Mit Beiträgen von: Klaus Aerni, Hans-Rudolf Egli, René Wyss, Jürg Rageth, Paul Gleirscher, Werner Kreisel, Werner Meyer, Werner Bätzing, Hans Becker, Susanne Pacher.

Band 9, 1991, S. 9–227
Der Einfluss politischer Grenzen auf die Siedlungs- und Kulturlandschaftsentwicklung
Mit Beiträgen von: Franz Irsigler, Hermann Parzinger, Helmut Bender, Vladimír Nekuda, Armin Ratusny, Hans-Jürgen Nitz, Winfried Schich, Ludwig Schober, Johann-Bernhard Haversath, Klaus Fehn.

Band 10, 1992, S. 9–210
Die Besiedlung der höheren Mittelgebirge
Mit Beiträgen von: Dietrich Denecke, Wolf-Dieter Sick, Uwe Kühl, Jörg Stadelbauer, Rainer Graafen, Heiko Steuer, Eike Gringmuth-Dallmer, Gerhard Billig und Volkmar Geupel, Wolfgang Schwabenicky.

Band 11, 1993, S. 9–291
Entstehung und Entwicklung kleinerer Städte
Mit Beiträgen von: Klaus Fehn, Hans Losert, Hans-Georg Stephan, Gabriele Isenberg, Miroslav Richter und Tomáš Velímský, Lieselott Enders, Michel Pauly, Ronald Flückiger-Seiler, Ernst Pleßl, Martina Stercken, Gerhard Henkel, Alois Mayr.

Band 12, 1994, S. 9–233
Wüstungsprozesse – Wüstungsperioden – Wüstungsräume

Mit Beiträgen von: Dietrich Denecke, Rudolf Bergmann, Manfred Balzer, Günter Mangelsdorf, Vladimír Nekuda, Rostislav Nekuda, Ervín Černý, Alojz Habovštiak, Hans Krawarik, Peter Rückert, Peter Čede, Johannes Renes.

Band 13, 1995, S. 9–249
Brüche in der Kulturlandschaftsentwicklung
Mit Beiträgen von: Hans-Jürgen Nitz, Georg Kossack, Walter Janssen, Karlheinz Blaschke, Felix Escher, Frank Hering, Dieter Scholz, Heinz Günter Steinberg, Thomas Wölker, Luise Grundmann, Heinz Schürmann, Horst Förster, Jörg Stadelbauer.

Band 14, 1996, S. 7–313
Kulturlandschaftsmuster und Siedlungssysteme
Mit Beiträgen von: Eike Gringmuth-Dallmer, Günter Löffler, Harm Tjalling Waterbolk, Theo Spek, Wim A. Ligtendag, Johannes A. Mol und Paul Noomen, Johannes Ey, Dirk Meier, Hans-Rudolf Egli, Carl-Hans Hauptmeyer.

Band 15, 1997, S. 9–220
Maritime Kulturlandschaften am Beispiel des Ostseeraumes
Mit Beiträgen von: Michael Müller-Wille, Christer Westerdahl, Winfried Schich, Andreas Dix, Achim Leube, Axel Priebs, Rolf Plöger, Bruno Benthien, Susanne Schumacher-Gorny, Gerd Hoffmann, Walter Dörfler, Michael Müller-Wille und Jörn Thiede.

Band 16, 1998, S. 9–362
Bergbau- und Industrielandschaften unter besonderer Berücksichtigung von Steinkohlenbergbau und Eisen- und Stahlindustrie
Mit Beiträgen von: Klaus Fehn, Wolfgang Wegener, Hans-Werner Wehling, Rolf Plöger, Johannes Biecker und Heinrich Otten, Michael Hartenstein, Horst Kranz, Jörg Wiesemann, Johannes Renes, Georg Römhild, Günther Hein, Christoph Willms.

Band 17, 1999, S. 9–318
Dörfer in vorindustriellen Altsiedellandschaften
Mit Beiträgen von: Werner Rösener, Johann-Bernhard Haversath, Mathias Austermann, Norbert Gebauer, Udo Recker, Birgitta Vits, Ulrich Reuling, Reinhard Bauer, Jürg Tauber, Friedrich Eigler, Hans Krawarik, Armin Ratusny, Eike Gringmuth-Dallmer, Matthias Hardt, Hans-Jürgen Nitz.

Band 18, 2000, S. 9–261
Zukunftsperspektiven der genetischen Siedlungsforschung in Mitteleuropa
Mit Beiträgen von: Klaus Fehn, Winfried Schenk, Peter Rückert, Klaus-Dieter Kleefeld, Hermann Parzinger, Perdita Pohle, Dirk Meier, Karl Martin Born, Matthias Koch,

Günther Moosbauer, Hansjörg Küster, Renate Gerlach, Bernward Selter, Gabriele Recker, Ulrich Stanjek, Oliver Karnau, Josef Mangold, Franz Maier, Helmut Flachenecker, Jürgen Vollbrecht, Heinrich Otten. Die Beiträge von Dietrich Denecke und Rudolf Bergmann finden sich in Band 19, 2001.

Band 19, 2001, S. 9–270
Wald und Siedlung
Mit Beiträgen von: Winfried Schenk, Günter Moosbauer (mit einem Beitrag von Matthias Leopold und Jörg Völkel), Chrystina Häuber, Hansjörg Küster, Christoph Morissey, Peter Rückert, Bernd-Stefan Grewe, Aline Kottmann und Reinhold Schaal, Bernward Selter, Anton Schuler, Richard Pott und Holger Freund, Franz Schmithüsen, Per Grau Møller.

Band 20, 2002, S. 9–237
Religion und Kulturlandschaft
Mit Beiträgen von: Winfried Schenk, Leszek Paweł Słupecki, Jerzy Strzelczyk, Izabela Skierska, Ralf Gebuhr, Winfried Schich, Rudolf Bergmann, Jerzy Piekalski, Krzysztof R. Mazurski, Peter Čede, Oliver Karnau, Zoltán Ilyés, Klaus Fehn, Dietrich Denecke.

Band 21, 2003, S. 7–215
Singuläre und periodische Großveranstaltungen in ihrer Auswirkung auf die historische Kulturlandschaft
Mit Beiträgen von: Klaus Fehn, Karl-Heinz Willroth, Hans-Wilhelm Heine, Hauke Jöns, Caspar Ehlers, Christoph Bartels, Monika Meyer-Künzel, Dieter Rödel und Franz Kümmerle, Klaus Fesche, Olaf Mußmann, Siegfried Zelnhefer.

Band 22, 2004, S. 7–202
Kernräume und Peripherien
Mit Beiträgen von: Dietrich Denecke, Franz Irsigler, Günter Mangelsdorf, Heiko Steuer, Christian Lübke, Hans Rudolf-Egli, Klaus Fehn, Reinhard Zölitz-Möller, Helmut Klüter, Reinhold E. Lob.

Band 23, 2005, S. 9–294
Naturkatastrophen und Naturrisiken
Mit Beiträgen von: Thomas Glade, Karl-Ernst Behre, Guus J. Borger, Elke Freifrau von Boeselager, Manfred Jakubowski-Tiesen, Eike Gringmuth-Dallmer, Peter Rückert, Birgit Heuser-Hildebrandt, Martin Gudd, Christian Rohr, Lukas Clemens, Mathias Deutsch und Karl-Tilman Rost, Christian Stolz, Thomas Meier, Klaus Fehn.

Band 24, 2006, S. 9–312
Historische Kulturlandschaftsforschung im Spannungsfeld von älteren Ansätzen und aktuellen Fragestellungen und Methoden
Mit Beiträgen von: Winfried Schenk, Klaus Fehn, Ute Wardenga, Sebastian Brather, Eike Gringmuth-Dallmer, Fred Ruchhöft, Rainer Schreg, Udo Recker, Rudolf Bergmann, Theo Spek, Johannes Renes und C.A. Kolen, Peter Rückert, Axel Posluschny.

Band 25, 2007, S. 9–312
Flüsse und Flusstäler als Wirtschafts- und Kommunikationswege
Mit Beiträgen von: Franz Irsigler, Stephan Freund, Eike Gringmuth-Dallmer, Vladimír Salač, Thomas Fischer, Matthias Hardt, Peter Ettel, Roman Grabolle, Petra Weigel, Christian Zschieschang, Hans Friedrich Kniehase, Horst-Günter Wagner, Volker Kaminske, Klaus-Dieter Kleefeld, Johannes Ey, Jette Anders, Pierre Fütterer, Max Linke, Stefan Baumeier und Thomas Küntzel.

Band 26, 2008, S. 7–286
Städtische Siedlungen und ihr Umland
Mit Beiträgen von: Susanne Siewers, Donat Wehner, Pim Kooij, Thomas Küntzel, Franz Irsigler, Ragnhild Berge, Renger E. de Bruin, Rolf Peter Tanner, Peter Burggraaff und Klaus-Dieter Kleefeld, Peter Rückert, Annika Björklund, Klaus Fehn, Raf Verbruggen, Michael Kriest, Orsolya Heinrich-Tamaska, Rainer Schreg.

Band 27, 2009, S. 7–244
Seen als Siedlungs-, Wirtschafts- und Verkehrsräume
Mit Beiträgen von: Matthias Hardt, Hans-Rudolf Egli, Albert Hafner und Christian Harb, Orsolya Heinrich Tamáska und Sylvia Hipp, Heidemarie Hüster Plogmann, Thomas Meier, Hans-Ulrich Schiedt, Armand Baeriswyl, Rolf Tanner, Roland Flückiger-Seiler.

Band 28, 2010, S. 7–212
Konsum und Kulturlandschaft
Mit Beiträgen von: Thomas Gunzelmann, Andreas Dix, Thomas Eißing, Peter Rückert, Hans Becker und Helmut Hildebrandt, Volkmar Eidloth, Manuel Schramm, Klaus Fehn.

Band 29, 2011, S. 9–392
Homogenisierung und Diversifizierung von Kulturlandschaften
Mit Beiträgen von: Vera Denzer, Anne Dietrich, Matthias Hardt und Haik Thomas Porada, Anngret Simms, Orsolya Heinrich-Tamáska, Matthias Hardt, Marcin Wołoszyn, Christian Schneider, Christian Zschieschang, Christofer Herrmann, Wieland Carls, Vera Denzer, Anne Dietrich und Haik Thomas Porada, Anton Schindling, Johannes Meier,

Jürgen Lafrenz, Andreas Dix, Gerhard Gabel, Jan Erik Steinkrüger, Rolf Peter Tanner, Winfried Schenk, Rainer Luick, Verena Gawel.

Band 30, 2012/13, S. 7–236
Rohstoffgewinnung und Stadtentwicklung
Mit Beiträgen von: Franz Irsigler, Ulrich Müller, Uwe Meyerdirks, Frederik Heinz, Götz Goldammer, Hansjörg Rümelin, Antje Seidel, Martin Pries, Peter Welke.

Band 31, 2014, S. 9–394
Offene Landschaften
Mit Beiträgen von: Manfred Rösch, Johannes Renes, Jens Schneeweiß und Natalya Ryabogina, Eike Gringmuth-Dallmer, Peter Rückert, Tim Soens, Dries Tys und Erik Thoen, Orsolya Heinrich-Tamáska, Àgnes B. Tódt, Ilona Bede und Csaba Szalontani, Márta Tóber und Andrea Kiss, István Petrovics, Máté Tamáska, Franz Maier, Edit Pocsik, Andrea Kiss und Zoltán Karancsi, Máté Tamáska, Peter Čede.

Band 32, 2015, S. 9–481
Jagdlandschaften in Mitteleuropa
Mit Beiträgen von: Anngret Simms, Haik Thomas Porada, Stefan Klotz und Winfried Schenk, Haik Thomas Porada und Martin Heinze, Werner Konold, Heiko Laß, Helmut Witticke, Mario Küßner, Manfred Rösch, Thomas Westphalen, Werner Rösener, Thomas Eißing, Martin Knoll, Katharina Winkler, Annett Steinert, Andreas Zechner, Sabine Bock, Haik Thomas Porada, Claudia und Rainer Hohberg, Christoph Hinkelmann, Inge Gotzmann, Axel Armbruster, Roswitha Kirsch-Stracke, Holger Reinhardt und Daniel Rimbach, Erik Borg und Bernd Fichtelmann.

Band 33, 2016, S. 9–387
Tod und Gedenken in der Landschaft
Mit Beiträgen von: Thomas Meier, Jürgen Hasse, Gernot Meier, Stefan Brauckmann, Wolfgang Wegener, Hauke Kenzler, Max Linke, Zoltán Ilyés †, Pavel Vařeka und Zdeňka Vařeková, Lucyna Przybylska, Karen M. de Vries, Alexander Holthuis und Maarten G.J. Duijvendak, Klaus Fehn, Claudia Binder und Thomas Meier, Nicolas Schroeder.

Band 34, 2017, S. 9–411
Landschaft als Ressource. Energie, Ökonomie, Demographie
Mit Beiträgen von: Norbert Kühn, Winfried Schenk, Klaus-Dieter Kleefeld, Elke Janßen-Schnabel, Martin Vollmer-König, Martin Knoll, Michael Kamp, Martina Gelhar, Bernward Selter, Wolfgang Hassenpflug, Thomas Büttner, Hans-Rudolf Egli, Franz Irsigler, Stefan Sonderegger, Andreas Weigl, Markus Zbroschzyk, Viktoria Baur, Maurice Paulis-

sen, Christina Mauelshagen und Eva-Maria Jakobs, Anje Gillich, Michael Tempel und Jörn Schultheiß, Christina Vossler-Wolf, Winfried Schenk und Klaus Fehn.

Band 35, 2018, S. 9–400
Orte und Landschaften der Muße, Freizeit und Erholung
Mit Beiträgen von: Volkmar Eidloth, Andreas Thiel, Peter Rückert, Andrea Schaer, Dietrich Denecke, Franz Irsigler, Volkmar Eidloth und Hans Renes, Gilbert Norden, Katrin Schulze, Claus-Joachim Kind, Folker Reichert, Kilian Jost, Petra Martin, Marcus Mogk, Johannes Hofmeister, Klaus Fehn.

Band 36, 2019, S. 9–366
Orte und Landschaften der Mobilität
Orsolya Heinrich-Tamáska und Máté Tamáska, Balázs Komoróczy und Marek Vlach, Johannes Preiser-Kapeller, Gerd-Otto Albrecht, Heiko Beckmann, Klaus-Jürgen Bergemann, Bernd Bobertz, Bengt Büttner, Thomas Gottlob, Jörg Hartleib, Rolf Kneißl, Haik Thomas Porada, C. Michael Schirren und Reinhard Zölitz, Zdzisław Noga, Máté Tamáska, Zsuzsa Frisnyák, Jakub Taczanowski, Stephan Krause, Rolf Peter Tanner, Michael Kriest, Konrad Schliephake, Roman Lukas Palkoska.

Band 37, 2020, S. 9–290
Exklusion|Inklusion – Transkulturalität im Raum
Timo Felber, Ulrich Müller und Thomas Meier, Oliver Nakoinz und Daniel Knitter, David Schnur, Jürgen Heyde, Thomas Schader, Martin Krieger, Ellinor Forster, Markus Zbroschzyk, Patrick Reitinger, Rolf Peter Tanner, David Fuchs und Jan Peter Kosok, Alina Strzempa, Oliver Auge.

Band 38, 2021, S. 9–346
Les pays de l'entre-deux: Übergangsräume - Grenzregionen - Konfliktzonen
Olaf Kühne, Rolf Peter Tanner, Hans-Rudolf Egli, Eike Gringmuth-Dallmer, Florian Weber, Folker Reichert, Peter Rückert, François Genton, Peter Burggraaff, Klaus Fehn, Jerzy Piekalski, Anna Łuczak, Paweł Duma, Agnieszka Latocha, Tomáš Klír, Maria Legut-Pintal, Tomasz Stolarczyk und Małgorzata Chorowska, Georg Mölich, Jürgen Lafrenz, Carsten Gräbel.

Die bisher erschienenen Bände der Zeitschrift Siedlungsforschung sind zu beziehen bei: ARKUM e. V. c/o Geographisches Institut/Historische Geographie, Universität Bonn, Meckenheimer Allee 166, 53115 Bonn, Tel. 0228-735871 und 737652, Fax 0228-737650, E-Mail: hist.geo@uni-bonn.de